国外计算机科学教材系列

离 散 数 学

（第七版）

Discrete Mathematics
Seventh Edition

［美］ Richard Johnsonbaugh 著

黄林鹏　陈俊清　王德俊　王　欣　等译

电子工业出版社
Publishing House of Electronics Industry
北京·BEIJING

内 容 简 介

本书从算法分析和问题求解的角度，全面系统地介绍了离散数学的基础概念及相关知识，并在其前一版的基础上进行了修改与扩展。书中通过大量实例，深入浅出地讲解了数理逻辑、组合算法、图论、Boole 代数、网络模型、形式语言与自动机理论、计算几何等与计算机科学密切相关的前沿课题，既着重于各部分内容之间的紧密联系，又深入探讨了相关的概念、理论、算法和实际应用。本书内容叙述严谨、推演详尽，各章配有相当数量的习题与书后的提示和答案，为读者迅速掌握相关知识提供了有效的帮助。

本书既可作为计算机科学及计算数学等专业的本科生和研究生教材，也可作为工程技术人员和相关人员的参考书。

Authorized translation from the English language edition, entitled Discrete Mathematics, Seventh Edition, 9780131593183 by Richard Johnsonbaugh, published by Pearson Education, Inc., publishing as Prentice Hall, Copyright © 2009 Pearson Education Inc.

All rights reserved. No part of this book may be reproduced or transmitted in any form or by any means, electronic or mechanical, including photocopying, recording or by any information storage retrieval system, without permission from Pearson Education, Inc.

CHINESE SIMPLIFIED language edition published by PEARSON EDUCATION ASIA LTD., and PUBLISHING HOUSE OF ELECTRONICS INDUSTRY Copyright © 2015.

本书中文简体字版专有出版权由 Pearson Education（培生教育出版集团）授予电子工业出版社。未经出版者预先书面许可，不得以任何方式复制或抄袭本书的任何部分。

本书贴有 Pearson Education（培生教育出版集团）激光防伪标签，无标签者不得销售。

版权贸易合同登记号　图字：01-2008-2493

图书在版编目（CIP）数据

离散数学：第 7 版／（美）约翰逊鲍夫（Johnsonbaugh, R.）著；黄林鹏等译. —北京：电子工业出版社，2015.2
（国外计算机科学教材系列）
书名原文：Discrete Mathematics, Seventh Edition
ISBN 978-7-121-25392-8

Ⅰ. ①离… Ⅱ. ①约… ②黄… Ⅲ. ①离散数学-高等学校-教材 Ⅳ. ①O158

中国版本图书馆 CIP 数据核字（2015）第 009701 号

策划编辑：冯小贝
责任编辑：冯小贝
印　　刷：三河市鑫金马印装有限公司
装　　订：三河市鑫金马印装有限公司
出版发行：电子工业出版社
　　　　　北京市海淀区万寿路 173 信箱　邮编　100036
开　　本：787×1092　1/16　印张：47.25　字数：1331 千字
版　　次：2005 年 10 月第 1 版（原著第 6 版）
　　　　　2015 年 2 月第 2 版（原著第 7 版）
印　　次：2019 年 1 月第 3 次印刷
定　　价：89.00 元

凡所购买电子工业出版社图书有缺损问题，请向购买书店调换。若书店售缺，请与本社发行部联系，联系及邮购电话：(010)88254888。

质量投诉请发邮件至 zlts@phei.com.cn，盗版侵权举报请发邮件至 dbqq@phei.com.cn。

服务热线：(010)88258888。

出 版 说 明

21世纪初的5至10年是我国国民经济和社会发展的重要时期,也是信息产业快速发展的关键时期。在我国加入WTO后的今天,培养一支适应国际化竞争的一流IT人才队伍是我国高等教育的重要任务之一。信息科学和技术方面人才的优劣与多寡,是我国面对国际竞争时成败的关键因素。

当前,正值我国高等教育特别是信息科学领域的教育调整、变革的重大时期,为使我国教育体制与国际化接轨,有条件的高等院校正在为某些信息学科和技术课程使用国外优秀教材和优秀原版教材,以使我国在计算机教学上尽快赶上国际先进水平。

电子工业出版社秉承多年来引进国外优秀图书的经验,翻译出版了"国外计算机科学教材系列"丛书,这套教材覆盖学科范围广、领域宽、层次多,既有本科专业课程教材,也有研究生课程教材,以适应不同院系、不同专业、不同层次的师生对教材的需求,广大师生可自由选择和自由组合使用。这些教材涉及的学科方向包括网络与通信、操作系统、计算机组织与结构、算法与数据结构、数据库与信息处理、编程语言、图形图像与多媒体、软件工程等。同时,我们也适当引进了一些优秀英文原版教材,本着翻译版本和英文原版并重的原则,对重点图书既提供英文原版又提供相应的翻译版本。

在图书选题上,我们大都选择国外著名出版公司出版的高校教材,如Pearson Education培生教育出版集团、麦格劳-希尔教育出版集团、麻省理工学院出版社、剑桥大学出版社等。撰写教材的许多作者都是蜚声世界的教授、学者,如道格拉斯·科默(Douglas E. Comer)、威廉·斯托林斯(William Stallings)、哈维·戴特尔(Harvey M. Deitel)、尤利斯·布莱克(Uyless Black)等。

为确保教材的选题质量和翻译质量,我们约请了清华大学、北京大学、北京航空航天大学、复旦大学、上海交通大学、南京大学、浙江大学、哈尔滨工业大学、华中科技大学、西安交通大学、国防科学技术大学、解放军理工大学等著名高校的教授和骨干教师参与了本系列教材的选题、翻译和审校工作。他们中既有讲授同类教材的骨干教师、博士,也有积累了几十年教学经验的老教授和博士生导师。

在该系列教材的选题、翻译和编辑加工过程中,为提高教材质量,我们做了大量细致的工作,包括对所选教材进行全面论证;选择编辑时力求达到专业对口;对排版、印制质量进行严格把关。对于英文教材中出现的错误,我们通过与作者联络和网上下载勘误表等方式,逐一进行了修订。

此外,我们还将与国外著名出版公司合作,提供一些教材的教学支持资料,希望能为授课老师提供帮助。今后,我们将继续加强与各高校教师的密切联系,为广大师生引进更多的国外优秀教材和参考书,为我国计算机科学教学体系与国际教学体系的接轨做出努力。

电子工业出版社

教材出版委员会

主　任　　杨芙清　　北京大学教授
　　　　　　　　　　中国科学院院士
　　　　　　　　　　北京大学信息与工程学部主任
　　　　　　　　　　北京大学软件工程研究所所长

委　员　　王　珊　　中国人民大学信息学院院长、教授

　　　　　　胡道元　　清华大学计算机科学与技术系教授
　　　　　　　　　　国际信息处理联合会通信系统中国代表

　　　　　　钟玉琢　　清华大学计算机科学与技术系教授、博士生导师
　　　　　　　　　　清华大学深圳研究生院信息学部主任

　　　　　　谢希仁　　中国人民解放军理工大学教授
　　　　　　　　　　全军网络技术研究中心主任、博士生导师

　　　　　　尤晋元　　上海交通大学计算机科学与工程系教授
　　　　　　　　　　上海分布计算技术中心主任

　　　　　　施伯乐　　上海国际数据库研究中心主任、复旦大学教授
　　　　　　　　　　中国计算机学会常务理事、上海市计算机学会理事长

　　　　　　邹　鹏　　国防科学技术大学计算机学院教授、博士生导师
　　　　　　　　　　教育部计算机基础课程教学指导委员会副主任委员

　　　　　　张昆藏　　青岛大学信息工程学院教授

译 者 序

　　离散数学以研究离散量的结构和相互间的关系为主要目标，包括数理逻辑、集合论、数论、图论、组合学和计算几何等，是计算机科学与技术专业的一门重要基础课。

　　本书的第一版出版于20世纪80年代，那时许多大学需要一门涉及组合数学、算法和图论等内容的课程来拓宽学生的数学知识和处理抽象概念的能力。该书的出版满足了这种需求，并对以后离散数学课程的发展产生了深远的影响。本版本的离散数学教材，不仅包括了算法、组合数学、集合、函数、数学归纳法等内容，同时还涉及证明的理解和构造技术，通过学习，学生可提高数学涵养，从而更好地理解后续课程的内容。

　　自本书第四版引进国内以来，译者就一直使用该教材用于离散数学课程的教学。从内容上来看，这是一本深入浅出的好教材，不要求学生掌握任何预备知识，可广泛应用于普通高等院校、成人教育、远程教育和高等专科学校计算机相关专业的离散数学教学。可以说这是国内目前可见的最明了、简单的离散数学教材，可适用于任何层次的学生以不同的途径学习，包括自学和网络教学。

　　本书由上海交通大学计算机系的黄林鹏教授与陈俊清、土德俊和王欣等共同翻译，由黄林鹏审校。此外还要感谢彭冲、徐小辉、伍建、张迎春、冯志宇、杨欢和林海源等的帮助。

　　这里还要提一下我的研究生导师左孝凌教授，他在20世纪80年代撰写的离散数学教材曾再版30余次，影响了几代学子。译者在1986—1988年间作为他的研究生，在他的指导下开始学习离散数学知识，在此饮水思源，并表示感谢。

　　由于译者水平所限，错误难免，译文不当之处难免，敬请读者将意见发送到lphuang@sjtu.edu.cn，译者将不胜感激。

黄林鹏
上海交通大学

北京培生信息中心	Beijing Pearson Education Information Centre
北京市东城区北三环东路 36 号	Suit 1208, Tower D, Beijing Global Trade Centre,
北京环球贸易中心 D 座 1208 室	36 North Third Ring Road East,
邮政编码:100013	Dongcheng District, Beijing, China 100013
电话:(8610) 57355171/57355169/57355176	TEL: (8610)57355171/57355169/57355176
传真:(8610) 58257961	FAX: (8610)58257961

尊敬的老师:

您好!

　　为了确保您及时有效地申请教辅资源,请您务必完整填写如下教辅申请表,加盖学院公章后将扫描件用电子邮件的形式发送给我们,我们将会在 2-3 个工作日内为您开通属于您个人的唯一账号以供您下载与教材配套的教师资源。

请填写所需教辅的开课信息:

采用教材				□中文版 □英文版 □双语版
作　者		出版社		
版　次		ISBN		
课程时间	始于　年　月　日	学生人数		
	止于　年　月　日	学生年级	□专科　　□本科 1/2 年级	
			□研究生　□本科 3/4 年级	

请填写您的个人信息:

学　校			
院系/专业			
姓　名		职　称	□助教 □讲师 □副教授 □教授
通信地址/邮编			
手　机		电　话	
传　真			
official email(必填) (eg:XXX@ruc.edu.cn)		email (eg:XXX@163.com)	
是否愿意接受我们定期的新书讯息通知:		□是　　□否	

Publishing House of Electronics Industry
电子工业出版社: www.phei.com.cn
　　　　　　　　www.hxedu.com.cn
北京市万寿路 173 信箱高等教育分社(100036)
联系电话: 010-88254555
E-mail: Te_service@phei.com.cn

系 / 院主任:_____(签字)

(系 / 院办公室章)

____年____月____日

前　言

　　这本新版的离散数学书籍是基于作者多年来的教学经验并根据读者意见修改而成的，可作为一个或两个学期的离散数学课程的教材，本书不需要读者事先掌握形式化方法，也不需要具备微积分的知识，当然更不需要计算机科学的前期知识。本书包括例题、练习、图表、问题求解要点，每个章节还包括复习、注释、自测题和上机练习等，这些丰富的材料可帮助读者快速掌握离散数学的基本知识。与本书配套的材料还包括教学参考书和Web站点。

　　在20世纪80年代初期，几乎没有离散数学入门课程的合适教材。但那时许多大学需要一门涉及组合数学、算法和图论等内容的课程来拓宽学生的数学知识和处理抽象概念的能力。本书第一版（1984年）的出版满足了这种需求，并对离散数学课程的发展产生了深远的影响。此后，离散数学课程得到了包括数学和计算机等专业的许多学科的认可。美国数学学会（MAA）的一个专门小组曾提议离散数学应作为一学年的课程讲授。电气和电子工程师协会（IEEE）的教育委员会也建议在大学一年级开设离散数学课程。随后，美国计算机学会（ACM）和IEEE给出了离散数学课程的推荐性大纲。本版和前面各版一样，不仅包括了算法、组合数学、集合、函数、数学归纳法等被这些组织所认可的内容，同时还涉及证明的理解和构造技术，学生通过学习可提高数学上的涵养。

逻辑和证明方面的修改

　　本书第7版的修改来自于许多读者对本书先前版本的意见和要求。对第6版的最大修改是第1章~第3章。本书第6版的第1章"逻辑和证明"，在第7版中被分为两章："集合与逻辑"（第1章）和"证明"（第2章）。除了集合一节，第6版中的第2章（"数学的语言"）和第3章（"关系"）被合并为第7版中的第3章（"函数、序列和关系"）。

　　"集合"一节现在是本书的第1节。这种改变使本书可以自始至终使用与集合相关的术语。现在可以在例题和练习的证明中使用集合的概念，由此可以给出比先前版本更有意思的例子，甚至可以在完整讨论证明和证明技术之前就可以使用集合来引入证明的概念（例如，证明两个集合是相等的，证明一个集合是另一个集合的子集）。

　　对于证明构造的内容也大大拓宽了。2.1节和2.2节是和数学系统、证明技术相关的新章节。除此之外，还有关于等价性证明和存在性证明（包括构造和非构造存在性证明）的扩展内容。几乎每一个证明都有前导性的讨论章节和/或相关的图解。问题求解部分包括了如何进行证明，如何书写证明，以及证明中常见的错误等额外的建议和例子。有两个新的问题求解部分，一个是关于量词的，另一个与证明有关（参见证明实数的若干性质）。

　　关于证明的论据和规则的讨论则被移到关于命题的讨论之后。与量词有关的推理规则被整合进量词一节。

　　例题和练习的数量也有了大量的提升。在第6版，前3章大约有1370个例题和练习。而在第7版，前3章大约有1640个例题和练习。当然，不仅数量增加了，质量也得到了提高。对于第6版中的大部分例题，第7版都进行了讨论并增加了分析内容。

对第 6 版进行的其他修改

对第 6 版进行的其他修改如下：

- 在本书前面就引入了整数（Z，Z^+，Z^-，Z^{nonneg}）、有理数（用 Q 代替 Z）、实数（用 R 代替 Z）的概念描述和记法（参见 1.1 节"集合"）。
- 给出定理 5.1.17 和定理 5.1.22 的证明，本书第 6 版只是给出证明概要，这两个定理描述了从给定的两个整数的素因子表示法中得出最大公因子和最小公倍数的过程。
- 给出计算两个整数 a 和 b 的最大公因子的递归算法 $\gcd(a, b)$（参见算法 5.3.9 和算法 5.3.10），以及如何计算满足 $\gcd(a, b) = sa + tb$ 的整数 s 和 t 的算法。
- 6.1 节增加了包含排斥原理。
- 6.1 节增加了几个实例以说明乘法原理和加法原理的应用。这些例题所处的位置在讲解应该使用哪种原理或混合使用两种原理之前。
- 和广义排列组合有关的章节（第 6 版中的 6.6 节）现在放在 6.1 节和 6.2 节之后（基本原理、排列与组合），因为广义排列组合的概念和 6.1 节、6.2 节中的内容较为相近。
- 在介绍鸽巢原理（6.8 节）之前给出了一些简单、直接的"热身"练习。
- 加入更多的（8.6 节）图同构的练习。这些练习分为 3 类，一类要求给出两个给定的图是同构的证明，另一类要求给出两个给定的图不是同构的证明，还有一类是要求读者确定是否两个给定的图是同构的并给出证明。
- 9.3 节新增了一些使用回溯法的练习，包括流行的数独智力游戏。
- 给出更多的例题和练习以提示常见的错误（例如，在 2.1 节复习和练习前的"常见错误"部分就给出了一些证明中常见的错误，例 6.2.24 也说明了一个常见的计数错误）。
- 在参考文献中加入了近期的一些书籍和文章。一些参考书籍被更新为最新的版本。
- 例题的数量增加到 650 个（第 6 版大概有 600 个例题）。
- 练习的数量增加到 4200 个左右（第 6 版大概有 4000 个练习）。

内容和结构

本书内容包括：

- 集合和逻辑（包括量词）。实例包括 Google 搜索引擎的使用（例 1.2.13）等。本书使用程序逻辑来讨论自然语言到符号表达式的翻译过程。例 1.6.15 讨论了逻辑游戏，该游戏给出了一种确定量化命题函数的值是否为真的方法。
- 讨论了证明技术（第 2 章），包括直接证明、反例、反证法、逆否证明法、分情况证明法、（构造和非构造）存在性证明和数学归纳法。使用循环不变式作为数学归纳法的应用例子之一。其中包括了一节可选的、简短的对归结证明方法（自动证明技术的基础）的讨论。
- 函数、序列、和与积的记法、串和关系（第 3 章），包括新的 13 位国际标准书号（ISBN）的构造、Hash 函数和伪随机数发生器（3.1 节）的介绍、偏序关系在任务调度中的应用（3.3 节）和关系数据库（3.6 节）等。
- 详细讨论了算法、递归算法和算法分析技术（第 4 章）。在说明"大 O"和相关记法之前列举了若干例子（4.1 节和 4.2 节），对引入该记法的动机进行了简要的介绍。算法的使用将贯穿全书。本书将提到许多现代算法可能不具有传统算法的许多特征（如许多现代算法不是通用的、确定的，甚至不是有限的）。为了说明这一点，本章给出了一个随机算法作为例子（例4.2.4）。算法以伪代码的灵活形式给出，它和目前流行的程序设计语言如C、C++和Java相似（本书不要求读者预先具有计算机科学的知识，所使用的伪代码的描述在附录C中给出）。本身介绍的算法包括覆盖算法（4.4节）、计算最大公约数的欧几里得算法（5.3节）、RSA公钥算法（5.4节）、排列组合生成算法（6.4节）、归并排序算法（7.3节）、Dijkstra最短路径算法（8.4节）、回溯算法（9.3节）、深度优先和广度优先算法（9.3节）、树的遍历算法（9.6节）、博弈树求值算法（9.9节）、网络最大流量算法（10.2节）、寻找最小距点对算法（13.1节）和凸包计算算法（13.2节）等。

- 关于函数增长的"大O"、Ω、Θ记法的讨论（4.3节）。使用这些记法可以准确地描述函数的增长及算法的时间和空间复杂度问题。
- 数论的介绍（第5章）。包括一些传统的结论（如整除性、素数个数是无限的、基本的算术定理）和数论算法（如寻找最大公约数的欧几里得算法、基于重复平方方法计算数的指数的算法，计算满足$\gcd(a, b) = sa + tb$的整数s和t的算法，计算一个整数针对某个模的逆的算法等。本章介绍的方法可应用于RSA公钥算法（5.4节）中涉及的计算。
- 排列、组合、离散概率和鸽巢原理（第6章）。可选章节（6.5节和6.6节）介绍了离散概率。
- 递推关系及其在算法分析中的应用（第7章）。
- 图，包括并行计算机体系结构的图型表示和映射、旅行商问题、Hamilton回路、图的同构、平面图（第8章）等。定理8.4.3给出了Dijkstra算法正确性的证明。
- 树，包括二叉树、树的遍历、最小生成树、决策树、排序的时间下界、树的同构（第9章）等。
- 网络最大流量算法和匹配问题（第10章）。
- Boole代数，重点是Boole代数与组合电路的关系（第11章）。
- 介绍了基于有限自动机的建模技术和应用（第12章）。例12.1.11讨论了SR触发电路。例12.3.19以von Koch雪花为例，给出了分形的语法描述。
- 第13章介绍了计算几何学。
- 附录给出了矩阵理论、一些基本的代数概念和伪代码的描述。
- 强调了本书各部分内容之间的相互联系。例如，数学归纳法与递归算法的密切关系（4.4节）；Fibonacci数列在欧几里得算法分析中的应用（5.3节）；本书有许多练习需要数学归纳法的应用；本书还介绍了如何通过定义节点集上的等价关系的方法来刻画图的分支（见例8.2.13后的讨论）的方法，给出了计算n个节点的非同构二叉树的个数（定理9.8.12）的技术。
- 强调证明细节的理解和证明的构造。多数定理的证明带有插图注释并（或）有专门的讨论。有独立的小节（问题求解部分）向学生讲解如何进行问题求解及如何进行定理证明。一些章节后的问题求解要点则对本章节涉及的主要技术和方法进行总结。
- 包括了大量的应用描述，特别是离散数学在计算机科学中的应用。
- 利用图表描述概念、表示算法的工作原理、对定理进行阐释，从而使内容讲解更加生动。有些定理的证明辅以图示，从而对证明进行一步的解释。
- 每节都包含练习。
- 每章的注解部分给出了学习建议和推荐进一步阅读的文献资料目录。
- 每章都包含复习部分。
- 每章都包含自测题。
- 上机练习。

- 参考文献部分包含了160多条文献。
- 给出了本书所使用的数学记法和算法符号。

每章内容按下面的方式组织：

概述
章节
章节复习
章节练习
章节
章节复习
章节练习
……
注释
本章复习
本章自测题
上机练习

　　章节练习帮助学生复习本章节的重要概念、定义、定理和求解技巧等，书后附有部分章节练习的答案。尽管章节练习是为复习章节准备的，但也可作为课后作业或考试题目。

　　注释给出了进一步学习的建议。本章复习给出每章的基本概念。在本章自测题中，对应每节给出4道练习，相关的答案在书后给出。

　　上机练习包括项目、一些算法的实现及其他与程序设计有关的活动。本书不要求读者具备程序设计的能力，本书也没有给出程序设计内容的介绍，因而这些练习只是为那些具有程序设计基础并愿意利用计算机来分析离散数学概念的读者准备的。

　　此外，几乎各章都有问题求解部分。

练习

　　书中包括4200多个练习，其中145个是上机练习。超过一般难度的练习题用"*"标出。一些练习（约占三分之一）在书后有提示或答案。其他练习的答案可以在教师手册中找到。有少数练习明确标出需要微积分知识，但书中的主要章节不涉及微积分的概念。因此除了那些有标识的练习之外，其他练习是不需要用到微积分知识的。

例题

　　本书包括650多个例题。这些例题向学生展示如何使用离散数学解决问题、介绍理论的应用、阐述证明过程，从而使有关内容的讲解更加生动。

问题求解

　　问题求解部分旨在帮助学生对一些问题进行研究和探索，展示如何给出一个问题的证明。问题求解部分的结构不同于本书的正文，是对一个问题进行讨论之后出现的独立一节，其目的是展示另一种求解问题的方法、讨论如何寻找问题的答案、说明问题求解和证明的技巧，而不是简单地给出一个问题的证明和答案。

问题求解部分由问题陈述开始，接着是讨论解决问题的方法。在得出求解方法以后，进一步说明该如何正确地书写形式化的求解过程。最后，再对使用的求解技巧进行总结。此外，有的问题求解部分还包括注释并讨论其与数学和计算机科学其他内容的联系，有的给出问题的背景和进一步阅读的参考文献目录，有的则以练习作为结束。

教师手册

选用本书作为教材的教师可与当地的 Prentice Hall 代表联系，并从出版社那里免费得到配套的教师手册①。本书没有给出的练习答案可以在教师手册中找到。

网站

本书第 7 版的网站是

http：//condor. depaul. edu/~ rjohnson/dm7th

网站内容包括：

- 对有难度的内容进行进一步的解释，给出了到其他离散数学站点的链接。书中带有[www]的图标表示本书网站有进一步的解释或有一个相关的链接；
- 补充材料；
- 计算机程序；
- 勘误表。

致谢

许多同仁对本书的出版提供了有益的帮助，他们是 Gray Andrus、Kendall Atkinson、Greg Bachelis、André Berthiaume、Gregory Brewster、Robert Busby、David G. Cantor、Tim Carroll、Joseph P. Chan、Hon-Wing Cheng、I-Ping Chu、Robert Crawford、Henry D'Angelo、Jerry Delazzer、Br. Michael Driscoll、Carl E. Eckberg、Herbert Enderton、Susanna Epp、Bob Fisher、Brendan Frey、Dennis Garity、Gerald Gordon、Jerrold Grossman、Reino Hakala、Mark Herbster、Craig Jensen、Steve Jost、Martin Kalin、Aaron Keen、Nicholas Krier、Warren Krueger、Glenn Lancaster、Miguel Lerma、Donald E. G. Malm、Nick Meshes、Truc Nguyen、Suely Oliveira、Kevin Phelps、Jenni Piane、Randall Pruim、Mansur Samadzadeh、Sigrid(Anne)Settle、David Stewart、James H. Stoddard、Chaim Goodman Strauss、Bogdan Suceava、Michael Sullivan、Edward J. Williams、Anthony S. Wojcik 和 Hanyi Zhang 等。感谢所有发来信件和电子邮件的读者。

本版本特别要感谢我在 DePaul 的同事 Greg Brewster，他提供了关于 Internet 地址分配的咨询意见。

感谢加州州立大学 Fullerton 分校的 Scott Annnin、Westminster 学院的 Natacha Fontes-Merz、Loyola 大学的 Ronald I. Greenberg、莱斯大学的 John Greiner、哥伦比亚大学的 Eitan Crinspun、Fayetteville 州立大学的 Wu Jing、UNC Charlotte 的 Harold Reiter、Ashland 大学的 Christopher N. Swanson，他们浏览了本书初稿并给出意见。

---

① 具体申请方式请参见译者序后面的"教学支持说明"。

感谢本书编审 Patricia Johnsonbaugh，她仔细阅读了本书的草稿、改进了行文结构，找出了许多不该出现的错误并且协助作者完成了索引的编定。

本书的出版得到了 Prentice Hall 出版社的支持，在此特别感谢副编辑 Dee Bernhard、资深管理编辑 Scott Disanno、编辑部主任 Marcia Horton、编辑助理 Jennifer Lonschein、资深编辑 Holly Stark 和产品编辑 Irwin Zucker。

Richard Johnsonbaugh

目　　录

第1章　集合与逻辑 1
1.1　集合 1
1.2　命题 13
1.3　条件命题与逻辑等价 21
1.4　论证和推理规则 31
1.5　量词 36
1.6　嵌套量词 50
注释 60
本章复习 60
本章自测题 62
上机练习 63

第2章　证明 65
2.1　数学系统、直接证明和反例 65
2.2　更多的证明方法 74
2.3　归结证明 87
2.4　数学归纳法 90
2.5　强数学归纳法和良序性 106
注释 113
本章复习 113
本章自测题 114
上机练习 115

第3章　函数、序列和关系 116
3.1　函数 116
3.2　序列和串 136
3.3　关系 147
3.4　等价关系 157
3.5　关系矩阵 167
3.6　关系数据库 171
注释 176
本章复习 176
本章自测题 177
上机练习 178

第4章　算法 180
4.1　简介 180

- 4.2 算法举例 184
- 4.3 算法的分析 190
- 4.4 递归算法 210
- 注释 217
- 本章复习 218
- 本章自测题 218
- 上机练习 219

第 5 章 数论简介 220
- 5.1 因子 220
- 5.2 整数的表示和整数算法 228
- 5.3 欧几里得算法 242
- 5.4 RSA 公钥密码系统 254
- 注释 256
- 本章复习 256
- 本章自测题 257
- 上机练习 258

第 6 章 计数方法与鸽巢原理 259
- 6.1 基本原理 259
- 6.2 排列与组合 273
- 6.3 广义的排列和组合 287
- 6.4 排列组合生成算法 293
- 6.5 离散概率简介 298
- 6.6 离散概率论 302
- 6.7 二项式系数和组合恒等式 312
- 6.8 鸽巢原理 317
- 注释 321
- 本章复习 321
- 本章自测题 322
- 上机练习 324

第 7 章 递推关系 325
- 7.1 简介 325
- 7.2 求解递推关系 336
- 7.3 在算法分析中的应用 353
- 注释 367
- 本章复习 368
- 本章自测题 368
- 上机练习 369

第 8 章 图论 370
- 8.1 简介 370

8.2	路径和回路	380
8.3	Hamilton 回路和旅行商问题	392
8.4	最短路径算法	399
8.5	图的表示	404
8.6	图的同构	408
8.7	平面图	415
8.8	顿时错乱问题	421

注释 ... 426
本章复习 ... 426
本章自测题 ... 427
上机练习 ... 429

第 9 章 树 ... 431

9.1	简介	431
9.2	树的术语和性质	438
9.3	生成树	444
9.4	最小生成树	451
9.5	二叉树	457
9.6	树的遍历	463
9.7	决策树和最短时间排序	469
9.8	树的同构	475
9.9	博弈树	483

注释 ... 491
本章复习 ... 491
本章自测题 ... 492
上机练习 ... 495

第 10 章 网络模型 ... 497

10.1	简介	497
10.2	最大流算法	502
10.3	最大流最小割定理	510
10.4	匹配	513

注释 ... 519
本章复习 ... 520
本章自测题 ... 520
上机练习 ... 521

第 11 章 Boole 代数与组合电路 ... 522

11.1	组合电路	522
11.2	组合电路的性质	528
11.3	Boole 代数	533
11.4	Boole 函数与电路合成	539
11.5	应用	544

注释 ... 552
　　本章复习 ... 552
　　本章自测题 ... 553
　　上机练习 ... 555

第12章　自动机、文法和语言 ... 556
　12.1　时序电路和有限状态机 ... 556
　12.2　有限状态自动机 ... 561
　12.3　语言和文法 ... 567
　12.4　不确定有限状态自动机 ... 576
　12.5　语言和自动机之间的关系 ... 582
　　注释 ... 587
　　本章复习 ... 588
　　本章自测题 ... 589
　　上机练习 ... 590

第13章　计算几何 ... 591
　13.1　最小距点对问题 ... 591
　13.2　计算凸包的一种算法 ... 596
　　注释 ... 603
　　本章复习 ... 603
　　本章自测题 ... 604
　　上机练习 ... 604

附录A　矩阵 ... 605

附录B　代数学复习 ... 609

附录C　伪代码 ... 619

部分习题答案 ... 625

参考文献 ... 732

符号表 ... 737

第1章 集合与逻辑

第1章首先介绍集合。集合是一些对象的全体，但不考虑对象出现的顺序。离散数学关心的对象有图（顶点和边的集合）和布尔代数（在其上定义了某种操作的集合）等。本章介绍集合的术语和记法。在讨论证明和证明技术之后，第2章会以更加形式化的方法来处理集合。虽然逻辑和证明将在第1章剩余部分和第2章才介绍，但读者在1.1节就会有所体验。

逻辑是研究推理的。它特别关注推理的正确性。逻辑重点研究命题之间的关系，而不是一个具体命题的内容。作为一个例子，考虑下面的论断：

所有的代数学家都穿凉鞋。
任何一个穿凉鞋的人都是代数学家。
因此，所有的数学家都是代数学家。

从技术上说，逻辑并不能帮助大家确定这些命题是否为真；然而，如果前两个命题为真，逻辑可以保证命题

所有的数学家都是代数学家。

也为真。 [WWW]

逻辑对阅读证明和构造证明都是非常重要的，证明将在第2章中详细介绍。理解逻辑有助于问题的清晰表达。例如，在Illinois州的Naperville有这样的法令："一个市民拥有超过三条狗和三只猫是违法的。"那么拥有五只狗、没有猫的市民是否违法呢？请读者思考这个问题，并在阅读完1.2节之后再来分析这个问题（参见1.2节，练习74）。

1.1 集合

在数学的各个分支和数学的实际应用中，集合都是基本的概念。集合是一些对象的全体。对象有时也可看做元素或成员。如果一个集合的元素的数目是有限的且不是很多，便可以通过列举出它的所有元素来描述它。例如等式

$$A = \{1, 2, 3, 4\} \tag{1.1.1}$$

描述了由1、2、3、4四个元素组成的集合A。一个集合由它的元素所决定而与描述它时列举其元素的特定顺序无关。A也可以写成

$$A = \{1, 3, 4, 2\}$$

组成集合的元素被假设为两两不同的，虽然有时因为某种原因，可把集合中的某些元素重复列举多次，但集合中只包含一个这样的元素。因此，式(1.1.1)中定义的集合A也可写成

$$A = \{1, 2, 2, 3, 4\} \quad \text{[WWW]}$$

如果集合是一个包含了很多元素的有限集或是无限集，则可以通过列举集合中每个元素必须满足的性质来描述。例如等式

$$B = \{x \mid x \text{ 是正的偶数}\} \quad (1.1.2)$$

指由所有正的偶数构成的集合 B，即 B 由整数 2, 4, 6, …组成。短竖线"|"读做"条件是"。式(1.1.2)读做"B 等于所有 x 组成的集合，条件是 x 为正的偶整数"。这里，B 中元素必须满足的性质是"是一个正的偶数"。请注意，必须满足的性质写在短竖线之后。

一些关于数的集合经常出现在数学，特别是离散数学中，如图 1.1.1 所示。符号 $\mathbf{Z}$ 来自于德语单词 Zahlen，意为整数（integer）。有理数是整数相除的商，因此用 $\mathbf{Q}$ 表示商（quotient）。实数集 $\mathbf{R}$ 是数轴上所有点组成的集合，如图 1.1.2 所示①。

符号	集合	成员示例
$\mathbf{Z}$	整数	$-3, 0, 2, 145$
$\mathbf{Q}$	有理数	$-1/3, 0, 24/15$
$\mathbf{R}$	实数	$-3, -1.766, 0, 4/15, \sqrt{2}, 2.666, \cdots, \pi$

图 1.1.1　数的集合

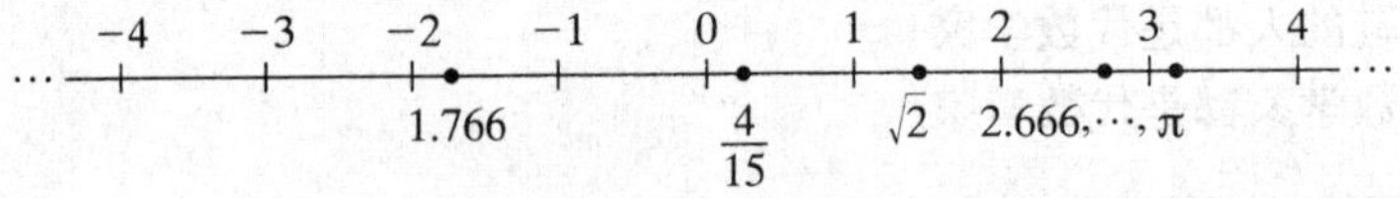

图 1.1.2　数轴

为了表示上述三个集合中的非负数值，本书使用上标 nonneg。例如，$\mathbf{Z}^{\text{nonneg}}$ 表示非负整数的集合，即 0, 1, 2, 3, …。

如果 X 是一个有限集，记为

$$|X| = X \text{ 中元素的个数}$$

那么 $|X|$ 称为集合 X 的**势**（cardinality）。

例 1.1.1　对于式(1.1.1)中的集合 A，$|A| = 4$，即集合 A 的势为 4。集合 $\{\mathbf{R}, \mathbf{Z}\}$ 的势为 2，因为它仅包括 2 个成员，即集合 $\mathbf{R}$ 和集合 $\mathbf{Z}$。

给定一个集合 X 的描述，例如式(1.1.1)或式(1.1.2)，则对任何一个元素 x，可以确定 x 是否属于 X。如果集合 X 用列举元素的方法描述成员如式(1.1.1)，那么只需看 x 是否出现在元素列表中。如果集合采用式(1.1.2)的方式描述，那么需要检查 x 是否具有集合描述中所列出的性质。如果 x 属于 X，记做 $x \in X$，如果 x 不属于 X，记做 $x \notin X$。例如，$3 \in \{1, 2, 3, 4\}$，但是

$$3 \notin \{x \mid x \text{ 是正偶数}\}$$

不含任何元素的集合称为空集（或 NULL），记为 $\varnothing$。因此 $\varnothing = \{\}$。

如果两个集合 X 和 Y 包含的元素相同，则称 X 与 Y 相等，记做 $X = Y$。换言之，如果满足以下两个条件：

- 对于任意 x，如果 $x \in X$，那么 $x \in Y$
- 对于任意 x，如果 $x \in Y$，那么 $x \in X$

那么 $X = Y$。

条件 1 保证集合 X 的每个成员都属于集合 Y，条件 2 保证集合 Y 的每个成员都属于集合 X。■

---

① 实数可以从一些更基本的概念如集合或整数构造而成，也可通过描述其必须满足的相关性质（公理）来获得。对于本书，仅需将实数当做数轴上的点。如何构造实数及对实数公理的讨论则超出本书的范围。

例 1.1.2 如果
$$A = \{1, 3, 2\}, B = \{2, 3, 2, 1\}$$
那么不难看出，A 和 B 包含相同的元素。因此 $A = B$。∎

例 1.1.3 证明如果
$$A = \{x \mid x^2 + x - 6 = 0\}, B = \{2, -3\}$$
则 $A = B$。

根据例 1.1.2 前两个集合相等的标准。必须证明：对于每个 x，

$$\text{如果 } x \in A \text{ 则 } x \in B \tag{1.1.3}$$

并且

$$\text{如果 } x \in B \text{ 则 } x \in A \tag{1.1.4}$$

为了证明式(1.1.3)，假设 $x \in A$，则
$$x^2 + x - 6 = 0$$
解方程得 $x = 2$ 或 $x = -3$。x 无论取何值，都有 $x \in B$。因此式(1.1.3)成立。

为了证明式(1.1.4)，假设 $x \in B$，则 $x = 2$ 或 $x = -3$。若 $x = 2$，则
$$x^2 + x - 6 = 2^2 + 2 - 6 = 0$$
有 $x \in A$。若 $x = -3$，则
$$x^2 + x - 6 = (-3)^2 + (-3) - 6 = 0$$
同样有 $x \in A$。因此式(1.1.4)同样成立。最后得出 $A = B$ 的结论。∎

如果集合 X 不等于集合 Y，记为 $X \neq Y$，那么 X 和 Y 的所有元素不能完全相同，即至少存在一个元素属于 X 而不属于 Y，或者存在一个元素属于 Y 而不属于 X。

例 1.1.4 令
$$A = \{1, 2, 3\}, \quad B = \{2, 4\}$$
则 $A \neq B$，因为至少存在一个元素属于 A（例如 1）而不属于 B。另外，同样存在一个元素属于 B（例如 4）而不属于 A。∎

设 X 和 Y 是两个集合。若 X 的每个元素都属于 Y，则称 X 是 Y 的子集，记做 $X \subseteq Y$。简言之，如果对于任意的 $x \in X$，存在 $x \in Y$，那么 X 是 Y 的子集。

例 1.1.5 设
$$C = \{1, 3\}, A = \{1, 2, 3, 4\}$$
不难看出，C 的每个元素都属于 A。因此，C 是 A 的子集，记为 $C \subseteq A$。∎

例 1.1.6 令
$$X = \{x \mid x^2 + x - 2 = 0\}$$

证明 $X \subseteq \mathbf{Z}$。

必须证明对于任意的 x，如果 $x \in X$，那么 $x \in \mathbf{Z}$。假设 $x \in X$，则

$$x^2 + x - 2 = 0$$

解方程得 $x = 1$ 或 $x = -2$。对于任意一个解，都有 $x \in \mathbf{Z}$。因此，对于任意的 x，如果 $x \in X$，那么 $x \in \mathbf{Z}$。最后得到 X 是 $\mathbf{Z}$ 的子集，记为 $X \subseteq \mathbf{Z}$。∎

例 1.1.7 整数集 $\mathbf{Z}$ 是有理数集 $\mathbf{Q}$ 的子集。如果 $n \in \mathbf{Z}$，那么 n 能被表示为两个整数的商，例如 $n = n/1$。因此 $n \in \mathbf{Q}$，$\mathbf{Z} \subseteq \mathbf{Q}$。∎

例 1.1.8 有理数集 $\mathbf{Q}$ 是实数集 $\mathbf{R}$ 的子集。如果 $x \in \mathbf{Q}$，那么 x 必对应于数轴上的一点（参见图 1.1.2）。因此 $x \in \mathbf{R}$。∎

如果集合 X 不是集合 Y 的子集，那么至少存在一个元素属于 X 而不属于 Y。

例 1.1.9 令

$$X = \{x \mid 3x^2 - x - 2 = 0\}$$

证明集合 X 不是集合 $\mathbf{Z}$ 的子集。

假设 $x \in X$，则

$$3x^2 - x - 2 = 0$$

解方程得 $x = 1$ 或 $x = -2/3$。取 $x = -2/3$，则 $x \in X$，而 $x \notin \mathbf{Z}$。因此，集合 X 不是集合 $\mathbf{Z}$ 的子集。∎

任何集合 X 都是其自身的子集，因为集合 X 的每个元素必属于集合 X。空集是任何集合的子集。假设空集 $\varnothing$ 不是某个集合 Y 的子集，根据例 1.1.9 前面的讨论，必定至少存在一个元素属于空集 $\varnothing$，而不属于集合 Y。显然这种假设是不成立的，因为依据定义，空集不包含任何元素。

如果集合 X 是集合 Y 的子集，并且集合 X 不等于集合 Y，则称集合 X 是集合 Y 的**真子集**（proper subset），记为 $X \subset Y$。

例 1.1.10 令

$$C = \{1, 3\}, A = \{1, 2, 3, 4\}$$

那么 C 是 A 的真子集，因为 C 是 A 的子集并且 C 不等于 A。记为 $C \subset A$。∎

例 1.1.11 例 1.1.7 证明了 $\mathbf{Z}$ 是 $\mathbf{Q}$ 的子集。事实上，$\mathbf{Z}$ 是 $\mathbf{Q}$ 的真子集，因为 $1/2 \in \mathbf{Q}$，而 $1/2 \notin \mathbf{Z}$。∎

例 1.1.12 例 1.1.8 证明了 $\mathbf{Q}$ 是 $\mathbf{R}$ 的子集。事实上，$\mathbf{Q}$ 是 $\mathbf{R}$ 的真子集，因为 $\sqrt{2} \in \mathbf{R}$，而 $\sqrt{2} \notin \mathbf{Q}$。（例 2.2.3 将证明 $\sqrt{2}$ 不是两个整数的商）。∎

集合 X 的所有子集组成的集合，记做 $\mathcal{P}(X)$，称为集合 X 的**幂集**（power set）。

例 1.1.13 如果 $A = \{a, b, c\}$，则 $\mathcal{P}(A)$ 的元素为

$$\varnothing, \{a\}, \{b\}, \{c\}, \{a, b\}, \{a, c\}, \{b, c\}, \{a, b, c\}$$

除了 $\{a, b, c\}$ 之外，其他的子集合都是 A 的真子集。同时，

$$|A| = 3, \quad |\mathcal{P}(A)| = 2^3 = 8$$

2.4小节（参见定理 2.4.6）给出一个形式化的证明，说明上述结果在一般情况下也成立，即一个含有 n 个元素的集合的幂集含有 2^n 个元素。

给定两个集合 X 和 Y，有很多集合操作符可用于 X 和 Y 从而生成新的集合。集合

$$X \cup Y = \{x \mid x \in X \text{ 或 } x \in Y\}$$

称做 X 与 Y 的**并集**（union）。并集由属于 X 或属于 Y（或同时属于两者）的所有元素组成。

集合

$$X \cap Y = \{x \mid x \in X \text{ 且 } x \in Y\}$$

称做 X 与 Y 的**交集**（intersection）。交集由同时属于 X 和 Y 的所有元素组成。

集合

$$X - Y = \{x \mid x \in X \text{ 且 } x \notin Y\}$$

称做 X 与 Y 的**差集**（difference，或相对余集）。差集 $X - Y$ 由所有属于 X 而不属于 Y 的元素组成。

例 1.1.14 如果 $A = \{1, 3, 5\}$，$B = \{4, 5, 6\}$，则

$$A \cup B = \{1, 3, 4, 5, 6\}$$
$$A \cap B = \{5\}$$
$$A - B = \{1, 3\}$$
$$B - A = \{4, 6\}$$

注意 $A - B \neq B - A$。 ∎

例 1.1.15 因为 $\mathbf{Q} \subseteq \mathbf{R}$，

$$\mathbf{R} \cup \mathbf{Q} = \mathbf{R}$$
$$\mathbf{R} \cap \mathbf{Q} = \mathbf{Q}$$
$$\mathbf{Q} - \mathbf{R} = \varnothing$$

集合 $\mathbf{R} - \mathbf{Q}$ 称为无理数集，由实数集中的所有非有理数组成。 ∎

如果 $X \cap Y = \varnothing$，那么集合 X 和 Y **不相交**（disjoint）。如果集合 X 和 Y 是 $\mathcal{S}$ 中的不同集合且 X 和 Y 不相交，那么集族 $\mathcal{S}$ **两两不相交**（pairwise disjoint）。

例 1.1.16 集合

$$\{1, 4, 5\} \text{ 和 } \{2, 6\}$$

不相交。集族

$$\mathcal{S} = \{\{1, 4, 5\}, \{2, 6\}, \{3\}, \{7, 8\}\}$$

两两不相交。 ∎

有时所研究的集合都是某个集合 U 的子集。此时 U 称为全集或全域。全集 U 一般是明确给出的或是能从上下文推导出来的。给定全集 U 和 U 的一个子集 X，集合 $U - X$ 称为 X 的余（补）集，记为 $\overline{X}$。

例 1.1.17 令 $A = \{1, 3, 5\}$，如果全集 U 取为 $U = \{1, 2, 3, 4, 5\}$，则 $\overline{A} = \{2, 4\}$。如果全集取为 $U = \{1, 3, 5, 7, 9\}$，则 $\overline{A} = \{7, 9\}$。余集显然依赖于讨论问题时所取的全集。■

例 1.1.18 令全集为整数集 $\mathbf{Z}$，则 $(\overline{\mathbf{Z}^-})$ 为正整数集的补集，即负整数集 $\mathbf{Z}^{\text{nonneg}}$。■

Venn 图提供了一种关于集合的形象化的表示。在 Venn 图中，用一个矩形表示全集（参见图 1.1.3），用圆表示全集的子集。圆的内部表示集合的成员。在图 1.1.3 中，可以看到全集 U 中有两个集合 A 和 B。既不在 A 中也不在 B 中的元素在区域 1 中，即 $\overline{(A \cup B)}$。区域 2 中的元素在 A 中但不在 B 中。区域 3 表示 $A \cap B$，即 A 和 B 共有的元素。区域 4 表示 $B - A$，即在 B 中但不在 A 中的元素。[WWW]

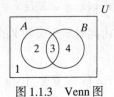

图 1.1.3　Venn 图

例 1.1.19 Venn 图中的特定区域用阴影表示。图 1.1.4 表示集合 $A \cup B$，图 1.1.5 表示集合 $A - B$。

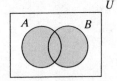 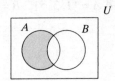

图 1.1.4　$A \cup B$ 的 Venn 图　　　　图 1.1.5　$A - B$ 的 Venn 图　■

为了表示三个集合，可用三个相互交叠的圆（参见图 1.1.6）。

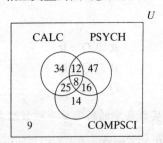

图 1.1.6　三个集合 CALC、PSYCH 和 COMPSCI 的 Venn 图。数字表示属于该区域的学生数

例 1.1.20 在 165 个学生中，8 个人既学习微积分和心理学又学习计算机科学；33 个人既学习微积分又学习计算机科学；20 个人既学习微积分又学习心理学；24 个人既学习心理学又学习计算机科学；79 个人学习微积分；83 个人学习心理学；63 个人学习计算机科学。问有多少人三门课程中一门都没有学？

令 CALC、PSYCH 和 COMPSCI 分别表示学习微积分、心理学和计算机科学的学生的集合，U 表示所有 165 个学生的集合（参见图 1.1.6）。因为有 8 个学生既学习微积分和心理学又学习计算机科学，所以在表示 CALC ∩ PSYCH ∩ COMPSCI 的区域中写上 8。在既学习微积分又学习计算机科学的 33 个学生中，有 8 个也学习心理学；因此，有 25 个学生既学习微积分又学习计算机科学但没有学习心理学，所以在表示 CALC ∩ $\overline{\text{PSYCH}}$ ∩ COMPSCI 的区域中写上 25。类似地，在表示 CALC ∩ PSYCH ∩ $\overline{\text{COMPSCI}}$ 的区域中写上 12，在表示 $\overline{\text{CALC}}$ ∩ PSYCH ∩ COMPSCI 的区域中写上 16。在学习微积分的 79 个学生中，已经有 45 个人被计算过了。这样，还有34个人只学习微积分，因此在表示 CALC ∩ $\overline{\text{PSYCH}}$ ∩ $\overline{\text{COMPSCI}}$ 的区域中写上34。类似地，在表示 $\overline{\text{CALC}}$ ∩ PSYCH ∩ $\overline{\text{COMPSCI}}$ 的区域中写上47，在表示 $\overline{\text{CALC}}$ ∩ $\overline{\text{PSYCH}}$ ∩ COMPSCI 的区域中写上14。至此，共计算了156个学生。因此还有9个学生一门课程也没学。∎

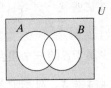

图1.1.7　阴影区域表示集合 $\overline{(A \cup B)}$ 和 $\overline{A} \cap \overline{B}$，这两个集合相等

Venn图也可用来研究集合的某些性质。例如，在Venn图中画出 $\overline{(A \cup B)}$ 和 $\overline{A} \cap \overline{B}$（参见图1.1.7），可以看出这两个集合相等。可以形式化地证明对所有 x，如果 $x \in \overline{(A \cup B)}$ 则 $x \in \overline{A} \cap \overline{B}$，并且如果 $x \in \overline{A} \cap \overline{B}$ 则 $x \in \overline{(A \cup B)}$。定理1.1.21给出了一些有用的集合的性质。

定理1.1.21[①]　令 U 是全集，A、B 和 C 是 U 的子集。下列性质成立。

(a) 结合律：

$$(A \cup B) \cup C = A \cup (B \cup C), (A \cap B) \cap C = A \cap (B \cap C)$$

(b) 交换律：

$$A \cup B = B \cup A, A \cap B = B \cap A$$

(c) 分配律：

$$A \cap (B \cup C) = (A \cap B) \cup (A \cap C), A \cup (B \cap C) = (A \cup B) \cap (A \cup C)$$

(d) 同一律：

$$A \cup \varnothing = A, A \cap U = A$$

(e) 补余律：

$$A \cup \overline{A} = U, A \cap \overline{A} = \varnothing$$

(f) 等幂律：

$$A \cup A = A, A \cap A = A$$

(g) 零律：

$$A \cup U = U, A \cap \varnothing = \varnothing$$

(h) 吸收律：

$$A \cup (A \cap B) = A, A \cap (A \cup B) = A$$

(i) 对合律：

$$\overline{\overline{A}} = A$$

(j) 0/1律：

$$\overline{\varnothing} = U, \overline{U} = \varnothing$$

---

① 本书原英文版中"例"、"定理"、"定义"的标号混合排序。为与原文版保持一致，中文版未做改动。

(k) De Morgan 律：
$$\overline{(A \cup B)} = \overline{A} \cap \overline{B}, \overline{(A \cap B)} = \overline{A} \cup \overline{B}$$

证明 具体证明在详细讨论了逻辑及证明技巧之后，留做练习（参见2.1小节，练习44~54）。
[WWW]

定义任意集族 $\mathcal{S}$ 的并集是由所有至少属于 $\mathcal{S}$ 的一个集合 X 的元素构成的集合。形式上即为
$$\cup \mathcal{S} = \{x \mid x \in X, \text{对某个} X \in \mathcal{S}\}$$

类似地，定义任意集族 $\mathcal{S}$ 的交集是由所有属于 $\mathcal{S}$ 的每个集合 X 的元素 x 构成的集合。形式上即为
$$\cap \mathcal{S} = \{x \mid x \in X, \text{对所有} X \in \mathcal{S}\}$$

如果
$$\mathcal{S} = \{A_1, A_2, \cdots, A_n\}$$
记
$$\bigcup \mathcal{S} = \bigcup_{i=1}^{n} A_i, \qquad \bigcap \mathcal{S} = \bigcap_{i=1}^{n} A_i$$

如果
$$\mathcal{S} = \{A_1, A_2, \cdots\}$$
记
$$\bigcup \mathcal{S} = \bigcup_{i=1}^{\infty} A_i, \qquad \bigcap \mathcal{S} = \bigcap_{i=1}^{\infty} A_i$$

例 1.1.22 对 $i \geq 1$，给定
$$A_i = \{i, i+1, \cdots\} \quad \text{且} \quad \mathcal{S} = \{A_1, A_2, \cdots\}$$
则
$$\bigcup \mathcal{S} = \bigcup_{i=1}^{\infty} A_i = \{1, 2, \cdots\}, \qquad \bigcap \mathcal{S} = \bigcap_{i=1}^{\infty} A_i = \varnothing$$

集合 X 的一个划分将 X 分成一些不相交的子集。形式化地说，X 的非空子集构成的集族 $\mathcal{S}$ 称为集合 X 的一个划分，如果 X 的每个元素属于且仅属于 $\mathcal{S}$ 的一个元素。应注意，如果 $\mathcal{S}$ 是 X 的一个划分，则 $\mathcal{S}$ 是两两不相交的且 $\cup \mathcal{S} = X$。

例 1.1.23 因为集合
$$X = \{1, 2, 3, 4, 5, 6, 7, 8\}$$
中的每个元素恰属于集族
$$\mathcal{S} = \{\{1, 4, 5\}, \{2, 6\}, \{3\}, \{7, 8\}\}$$
中的一个元素，所以 $\mathcal{S}$ 是 X 的一个划分。

这节开头曾指出集合是元素的无序汇集,即集合由它的元素决定而与列举出这些元素时的特定顺序无关。但是有时需要考虑顺序。元素的有序对记做(a, b),有序对(a, b)与有序对(b, a)被认为是不同的,除非$a = b$。换言之,$(a, b) = (c, d)$当且仅当$a = c$且$b = d$。设X与Y是集合,用$X \times Y$表示所有有序对(x, y)组成的集合,其中$x \in X$,$y \in Y$,称$X \times Y$为X与Y的**笛卡儿积**(Cartesian product)。

例 1.1.24 如果$X = \{1, 2, 3\}$,$Y = \{a, b\}$,则

$$X \times Y = \{(1, a), (1, b), (2, a), (2, b), (3, a), (3, b)\}$$
$$Y \times X = \{(a, 1), (b, 1), (a, 2), (b, 2), (a, 3), (b, 3)\}$$
$$X \times X = \{(1, 1), (1, 2), (1, 3), (2, 1), (2, 2), (2, 3), (3, 1), (3, 2), (3, 3)\}$$
$$Y \times Y = \{(a, a), (a, b), (b, a), (b, b)\}$$

例 1.1.24 说明,在一般情况下,$X \times Y \neq Y \times X$。

注意在例 1.1.24 中,$|X \times Y| = |X| \cdot |Y|$(都为 6)。原因是有 3 种方法从集合$X$中选择一个元素作为有序对的第一个成员,有 2 种方法从集合Y中选择一个元素作为有序对的第二个成员,所以$3 \cdot 2 = 6$(参见图 1.1.8)。这个命题对所有的有限集合X和Y都成立,即$|X \times Y| = |X| \cdot |Y|$永远成立。

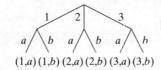

图 1.1.8 $|X \times Y| = |X| \cdot |Y|$,其中$X = \{1, 2, 3\}$,$Y = \{a, b\}$。有 3 种方法从集合$X$中选择一个元素作为有序对的第一个成员(图的上半部分),而对于每一种选择,有 2 种方法从集合Y中选择一个元素作为有序对的第二个成员(图的下半部分),因为共有 3 组,每组 2 个,所以集合$X \times Y$包含$3 \cdot 2 = 6$个元素(标号见图的底部)

例 1.1.25 一家餐馆有四种餐前开胃菜,

$$r = 排骨,n = 烤干酪辣味玉米片,s = 虾,f = 炸干酪$$

和三种主菜,

$$c = 鸡肉,b = 牛肉,t = 鲑鱼$$

若令$A = \{r, n, s, f\}$,$E = \{c, b, t\}$,则笛卡儿积$A \times E$包含了 12 种可能的由一种开胃菜和一种主菜组成的正餐。

有序列表并不限于只包含两个元素。一个n元组记为$(a_1, a_2, \cdots, a_n)$,其中也是考虑顺序的。例如,

$$(a_1, a_2, \cdots, a_n) = (b_1, b_2, \cdots, b_n)$$

当且仅当

$$a_1 = b_1, a_2 = b_2, \cdots, a_n = b_n$$

集合$X_1, X_2, \cdots, X_n$的笛卡儿积定义为所有n元组$(x_1, x_2, \cdots, x_n)$构成的集合,其中$x_i \in X_i$,$i = 1, \cdots, n$,并记为$X_1 \times X_2 \times \cdots \times X_n$。

例 1.1.26 如果

$$X = \{1, 2\}, Y = \{a, b\}, Z = \{\alpha, \beta\}$$

则

$$X \times Y \times Z = \{(1, a, \alpha), (1, a, \beta), (1, b, \alpha), (1, b, \beta), (2, a, \alpha), (2, a, \beta), (2, b, \alpha), (2, b, \beta)\}$$

注意，在例1.1.26中，有$|X \times Y \times Z| = |X| \cdot |Y| \cdot |Z|$。一般情况下，

$$|X_1 \times X_2 \times \cdots \times X_n| = |X_1| \cdot |X_1| \cdots |X_n|$$

上述命题的证明留做练习（参见2.4小节，练习26）。

例1.1.27 设A是餐前开胃菜的集合，E是主菜的集合，D是餐后甜食的集合，则笛卡儿积$A \times E \times D$包含了所有可能的由一种开胃菜、一种主菜和一种甜食组成的正餐。

问题求解要点

为了证明集合A和集合B相等，即$A = B$，需要证明对每个x，如果$x \in A$则$x \in B$，并且如果$x \in B$则$x \in A$。

为了证明集合A和集合B不相等，即$A \neq B$，只需至少找到一个元素属于A而不属于B，或者至少找到一个元素属于B而不属于A。两个条件只需满足其一；并不需要满足两个条件（有时可能不能同时满足两种情况）。

为了证明集合A是集合B的子集，即$A \subseteq B$，需要证明对每个x，如果$x \in A$，则$x \in B$。注意如果A是B的子集，有可能$A = B$。

为了证明集合A不是集合B的子集，只需至少找到一个元素属于A而不属于B。

为了证明A是B的真子集，即$A \subset B$，首先如前述方法证明A是B的子集，然后证明$A \neq B$，即存在一个元素$x \in B$，但$x \subset A$。

Venn图可以表示集合间的关系。可以通过Venn图判断关于集合的命题是真还是假。

集合由它包含的元素决定而与列举出这些元素时的特定顺序无关，与之相对，有序对和n元组考虑元素的顺序。

本节复习

1. 什么是集合？
2. 集合如何用符号表示？
3. 描述集合$\mathbf{Z}$、$\mathbf{Q}$、$\mathbf{R}$、$\mathbf{Z}^+$、$\mathbf{Q}^+$、$\mathbf{R}^+$、$\mathbf{Z}^-$、$\mathbf{Q}^-$、$\mathbf{R}^-$、$\mathbf{Z}^{nonneg}$、$\mathbf{Q}^{nonneg}$和$\mathbf{R}^{nonneg}$，对每个集合分别给出两个成员。
4. 如果X是有限集，$|X|$表示什么？
5. 如何表示x是集合X的元素？
6. 如何表示x不是集合X的元素？
7. 如何表示空集？
8. 给出集合X等于集合Y的定义。如何表示X等于Y？
9. 说明一种证明集合X和集合Y相等的方法。
10. 说明一种证明集合X和集合Y不相等的方法。
11. 给出集合X是集合Y的子集的定义。如何表示X是Y的子集？
12. 说明一种证明集合X是集合Y的子集的方法。
13. 说明一种证明集合X不是集合Y的子集的方法。
14. 给出集合X是集合Y的真子集的定义。如何表示X是Y的真子集？
15. 说明一种证明集合X是集合Y的真子集的方法。
16. 什么是集合X的幂集？如何表示？

17. 给出集合 X 与集合 Y 的并的定义。如何表示 X 与 Y 的并集?
18. 如果 $\mathcal{S}$ 是一个集族,$\mathcal{S}$ 的并集的定义是什么? 如何表示 $\mathcal{S}$ 的并集?
19. 给出集合 X 与集合 Y 的交的定义。如何表示 X 与 Y 的交集?
20. 如果 $\mathcal{S}$ 是一个集族,$\mathcal{S}$ 的交集的定义是什么? 如何表示 $\mathcal{S}$ 的交集?
21. 给出集合 X 与集合 Y 是不相交的集合的定义。
22. 什么是两两不相交的集族?
23. 给出集合 X 与 Y 的差集的定义。如何表示差集?
24. 什么是全集?
25. 什么是集合 X 的余集? 如何表示?
26. 什么是 Venn 图?
27. 画出一个包含三个集合的 Venn 图,并标出每个区域代表的集合。
28. 陈述集合的结合律。
29. 陈述集合的交换律。
30. 陈述集合的分配律。
31. 陈述集合的同一律。
32. 陈述集合的补余律。
33. 陈述集合的等幂律。
34. 陈述集合的零律。
35. 陈述集合的吸收律。
36. 陈述集合的对合律。
37. 陈述集合的 0/1 律。
38. 陈述集合的 De Morgan 律。
39. 什么是集合 X 的划分?
40. 给出集合 X 与 Y 的笛卡儿积的定义。怎样表示笛卡儿积?
41. 给出集合 $X_1, X_2, \cdots, X_n$ 的笛卡儿积的定义。怎样表示笛卡儿积?

练习

在练习 1~16 中,设全集为集合 $U = \{1, 2, 3, \cdots, 10\}$,$A = \{1, 4, 7, 10\}$,$B = \{1, 2, 3, 4, 5\}$,$C = \{2, 4, 6, 8\}$,列出下列集合的元素。

1. $A \cup B$
2. $B \cap C$
3. $A - B$
4. $B - A$
5. $\overline{A}$
6. $U - C$
7. $\overline{U}$
8. $A \cup \emptyset$
9. $B \cap \emptyset$
10. $A \cup U$
11. $B \cap U$
12. $A \cap (B \cup C)$
13. $\overline{B} \cap (C - A)$
14. $(A \cap B) - C$
15. $\overline{(A \cap B)} \cup C$
16. $(A \cup B) - (C - B)$
17. $\emptyset$ 的势是多少?
18. $\{\emptyset\}$ 的势是多少?
19. $\{a, b, a, c\}$ 的势是多少?
20. $\{\{a\}, \{a, b\}, \{a, c\}, a, b\}$ 的势是多少?

在练习 21~24 中,仿照例 1.1.2 和例 1.1.3 证明 $A = B$。

21. $A = \{3, 2, 1\}$,$B = \{1, 2, 3\}$
22. $C = \{1, 2, 3\}$,$D = \{2, 3, 4\}$,$A = \{2, 3\}$,$B = C \cap D$
23. $A = \{1, 2, 3\}$,$B = \{n \mid n \in \mathbf{Z}^+, n^2 < 10\}$
24. $A = \{x \mid x^2 - 4x + 4 = 1\}$,$B = \{1, 3\}$

在练习 25~28 中,仿照例 1.1.4 证明 $A \neq B$。

25. $A = \{1, 2, 3\}$,$B = \emptyset$
26. $A = \{1, 2\}$,$B = \{x \mid x^3 - 2x^2 - x + 2 = 0\}$
27. $A = \{1, 3, 5\}$,$B = \{n \mid n \in \mathbf{Z}^+, n^2 - 1 \leq n\}$
28. $B = \{1, 2, 3, 4\}$,$C = \{2, 4, 6, 8\}$,$A = B \cap C$

在练习 29~32 中,确定每对集合是否相等。

29. $\{1, 2, 2, 3\}$,$\{1, 2, 3\}$
30. $\{1, 1, 3\}$,$\{3, 3, 1\}$
31. $\{x \mid x^2 + x = 2\}$,$\{1, -1\}$
32. $\{x \mid x \in \mathbf{R}, 0 < x \leq 2\}$,$\{1, 2\}$

在练习 33~36 中,仿照例 1.1.5 和例 1.1.6 证明 $A \subseteq B$。

33. $A = \{1, 2\}$,$B = \{3, 2, 1\}$
34. $A = \{1, 2\}$,$B = \{x \mid x^3 - 6x^2 + 11x = 6\}$
35. $A = \{1\} \times \{1, 2\}$,$B = \{1\} \times \{1, 2, 3\}$
36. $A = \{2n \mid n \in \mathbf{Z}^+\}$,$B = \{n \mid n \in \mathbf{Z}^+\}$

在练习 37~40 中，仿照例 1.1.9 证明 A 不是 B 的子集。

37. $A = \{1, 2, 3\}, B = \{1, 2\}$
38. $A = \{x | x^3 - 2x^2 - x + 2 = 0\}, B = \{1, 2\}$
39. $A = \{1, 2, 3, 4\}, C = \{5, 6, 7, 8\}, B = \{n \mid n \in A, n + m = 8, \text{ 其中 } m \in C\}$
40. $A = \{1, 2, 3\}, B = \varnothing$

在练习 41~48 中，画出 Venn 图，并用阴影标记给出的集合。

41. $A \cap \bar{B}$
42. $\bar{A} - B$
43. $B \cup (B - A)$
44. $(A \cup B) - B$
45. $B \cap \overline{(C \cup A)}$
46. $(\bar{A} \cup B) \cap (\bar{C} - A)$
47. $((C \cap A) - \overline{(B - A)}) \cap C$
48. $(B - \bar{C}) \cup ((B - \bar{A}) \cap (C \cup B))$

49. 对受欢迎饮料进行调研的某电视商业节目给出了如下的 Venn 图：

口味好　　容量少

其中阴影部分表示什么？

在练习 50~54 中，学生总数为 191。其中有 10 个人既学习法语和商业又学习音乐；36 个人既学习法语又学习商业；20 个人既学习法语又学习音乐；18 个人既学习商业又学习音乐；65 个人学习法语；76 个人学习商业；63 个人学习音乐。

50. 学习法语和音乐但没有学习商业的有多少人？
51. 学习商业但不学习法语也不学习音乐的有多少人？
52. 有多少人学习法语或商业（包括二者都学）？
53. 学习音乐或法语（包括二者都学）但不学习商业的有多少人？
54. 3 门课中一门课程都没学的有多少人？
55. 在一次总共有 151 名观众的收视调查中，68 个人收看了 "Law and Disorder"；61 个人收看了 "25"；52 个人收看了 "The Tenors"；16 个人既收看了 "Law and Disorder" 又收看了 "25"；25 个人既收看了 "Law and Disorder" 又收看了 "The Tenors"；19 个人既收看了 "25" 又看了 "The Tenors"；26 个人一个节目也没有收看。问有多少人 3 个节目都收看了？
56. 一组学生，每个学生学习一门数学课程或一门计算机科学课程或两门都学。学习数学课程的学生中的五分之一同时也学习计算机科学课程，学习计算机科学课程的学生中的八分之一同时也学习数学课程。学习数学课程的学生超过三分之一吗？

在练习 57~60 中，设 $X = \{1, 2\}$, $Y = \{a, b, c\}$，列出下列集合的元素。

57. $X \times Y$
58. $Y \times X$
59. $X \times X$
60. $Y \times Y$

在练习 61~64 中，设 $X = \{1, 2\}$, $Y = \{a\}$, $Z = \{\alpha, \beta\}$，列出下列集合的元素。

61. $X \times Y \times Z$
62. $X \times Y \times Y$
63. $X \times X \times X$
64. $Y \times X \times Y \times Z$

在练习 65~72 中，给出每个集合的几何描述（考虑将集合的元素当成坐标）。

65. $\mathbf{R} \times \mathbf{R}$	66. $\mathbf{Z} \times \mathbf{R}$	67. $\mathbf{R} \times \mathbf{Z}$	68. $\mathbf{R} \times \mathbf{Z}^{\text{nonneg}}$
69. $\mathbf{Z} \times \mathbf{Z}$	70. $\mathbf{R} \times \mathbf{R} \times \mathbf{R}$	71. $\mathbf{R} \times \mathbf{R} \times \mathbf{Z}$	72. $\mathbf{R} \times \mathbf{Z} \times \mathbf{Z}$

在练习 73~76 中，列举每个集合的所有划分。

73. $\{1\}$　　　　74. $\{1, 2\}$　　　　75. $\{a, b, c\}$　　　　76. $\{a, b, c, d\}$

在练习 77~82 中，判断命题是否成立。

77. $\{x\} \subseteq \{x\}$　　　　78. $\{x\} \in \{x\}$　　　　79. $\{x\} \in \{x, \{x\}\}$

80. $\{x\} \subseteq \{x, \{x\}\}$　　　　81. $\{2\} \subseteq \mathcal{P}(\{1, 2\})$　　　　82. $\{2\} \in \mathcal{P}(\{1, 2\})$

83. 列举 $\mathcal{P}(\{a, b\})$ 的成员。哪一个成员是 $\{a, b\}$ 的真子集?

84. 列举 $\mathcal{P}(\{a, b, c, d\})$ 的成员。哪一个成员是 $\{a, b, c, d\}$ 的真子集?

85. 设集合 X 有 10 个成员，则 $\mathcal{P}(X)$ 有多少个成员? X 有多少个真子集?

86. 设集合 X 有 n 个成员，则 X 有多少个真子集?

在练习 87~90 中，集合 A 和集合 B 必须满足何种关系，才能使以下等式成立?

87. $A \cap B = A$　　　　88. $A \cup B = A$　　　　89. $\overline{A} \cap U = \varnothing$　　　　90. $\overline{A \cap B} = \overline{B}$

两个集合 A 与 B 的对称差是集合 $A \triangle B = (A \cup B) - (A \cap B)$。

91. 如果 $A = \{1, 2, 3\}$，$B = \{2, 3, 4, 5\}$，求 $A \triangle B$。

92. 用语言描述集合 A 与 B 的对称差。

93. 给定全集 U，描述 $A \triangle A$、$A \triangle \overline{A}$、$U \triangle A$ 和 $\varnothing \triangle A$。

94. 设 C 是一个圆，$\mathcal{D}$ 是 C 的所有直径组成的集合。问 $\cap \mathcal{D}$ 是什么?（这里，圆的"直径"的含义为以圆周上点为端点的穿过圆心的线段。）

*95. 设 P 表示大于 1 的整数的集合。对于 $i \geq 2$，定义①

$$X_i = \{ik \mid k \in P\}$$

试描述 $P - \bigcup_{i=2}^{\infty} X_i$。

1.2　命题

句子(a)~(f)哪个为真，哪个为假（不能既真又假）?

(a) 能整除 7 的正整数只有 1 和 7 本身②。

(b) Alfred Hitchcock 由于导演 *Rebecca* 而于 1940 年获得奥斯卡金像奖。

(c) 对于每个正整数 n，存在一个大于 n 的素数③。

(d) 地球是宇宙中唯一存在生命的星球。

(e) 买两张星期五 "Unhinged Universe" 摇滚剧场的票。

(f) $x + 4 = 6$。

---

① 有标注 * 的练习表示其是超过一般难度的问题。

② "整除"意为"除尽"，严格地说，如果存在整数 q，使 $m = dq$，则称非负整数 d 整除整数 m。q 称为商。第 5 章将详细介绍整数。

③ 整数 $n > 1$ 为素数，当且仅当只有 1 和本身 n 可以整除 n。例如 2、3、11 是素数。

句子(a)为真。句子(a)是表明了7是素数。

句子(b)为假。尽管 *Rebecca* 获得了1940年的奥斯卡最佳影片奖,但当年 John Ford 由于执导 *The Grapes of Wrath* 而获得了最佳导演奖。令人奇怪的是 Alfred Hitchcock 从来没有获得过奥斯卡导演奖。

句子(c)为真。这是表达存在无限个素数的另一种说法。

句子(d)可能为真,也可能为假(不会同时既为真又为假),但是当今还没有人知道为真还是为假。

句子(e)既不为真也不为假,句子(e)是命令句。

等式(f)是否为真取决于变量 x 的值。

一个句子或者为真,或者为假,但不能同时既真又假,这样的句子称为**命题**(proposition)。句子(a)~(d)是命题,而句子(e)和(f)不是命题。命题通常用陈述句表示(而不是疑问句或命令句等)。命题是所有逻辑理论的基本构成单元。

就像代数中用字母表示数字一样,这里使用变量如 p、q 和 r 表示命题。也用符号

$$p: 1 + 1 = 3$$

来定义 p 是命题 $1 + 1 = 3$。

在一般的口语和书面语言中,常使用连接词连接两个命题,如"与"和"或"。例如命题"天正在下雨"与"天很冷"可以连接成单一命题形式"天正在下雨与天很冷"。下面给出"与"和"或"的形式定义。

定义 1.2.1 令 p 和 q 是命题。

p 和 q 的合取,记做 $p \wedge q$,即命题

$$p \text{ 与 } q$$

p 和 q 的析取,记做 $p \vee q$,即命题

$$p \text{ 或 } q$$
∎

例 1.2.2 如果

$$p: \text{天正在下雨}$$
$$q: \text{天很冷}$$

那么,p 和 q 的合取是

$$p \wedge q: \text{天正在下雨 与 天很冷}$$

p 和 q 的析取是

$$p \vee q: \text{天正在下雨 或 天很冷}$$
∎

合取式 $p \wedge q$ 的真值由 p 和 q 的真值决定,真值的定义与通常"与"的解释相同。考虑例1.2.2中的命题

$$p \wedge q: \text{天正在下雨与天很冷}$$

若天正在下雨(p 为真)并且天很冷(q 为真),则认为命题

$$p \wedge q: \text{天正在下雨与天很冷}$$

为真。若天不在下雨（p为假）或者天不冷（q为假），则认为命题

$$p \wedge q: 天正在下雨与天很冷$$

为假。

类似合取和析取这样的命题的真值可以由**真值表**（truth table）来表达。由单个命题$p_1, \cdots, p_n$组成的命题P的真值表给出了$p_1, \cdots, p_n$所有可能的真值组合，并且给出与每一种真值组合相应的P的真值。用T代表真，F代表假。采用真值表来形式化的定义$p \wedge q$的真值。

定义 1.2.3 命题$p \wedge q$的真值由真值表来定义，如下所示：

p	q	$p \wedge q$
T	T	T
T	F	F
F	T	F
F	F	F

注意，定义1.2.3的真值表中给出了p与q所有4种真值指派。

定义1.2.3表明如果p和q都为真，则命题$p \wedge q$为真。其余情况$p \wedge q$都为假。

例 1.2.4 如果

$$p: 十年是十个年头$$
$$q: 千年是一百个年头$$

那么p为真，q为假，则合取

$$p \wedge q: 十年是十个年头 \text{ 与 } 千年是一百个年头$$

为假。

例 1.2.5 在大多数的编程语言中"与"的定义和定义1.2.3相同。例如在Java语言中，（逻辑）"与"记做&&，表达式

```
x < 10 && y > 4
```

为真当且仅当变量x小于10（x < 10为真）并且变量y大于4（y > 4为真）。

析取式$p \vee q$的真值同样由p和q的真值决定，真值的定义与通常的"或"的解释相同。考虑例1.2.2的命题

$$p \vee q: 天正在下雨 \text{ 或 } 天很冷$$

若天正在下雨（p为真）或者天很冷（q为真），或两者同时为真，则认为命题

$$p \vee q: 天正在下雨 \text{ 或 } 天很冷$$

为真（$p \vee q$为真）。若p和q都为真时，p和q的兼或命题为真。若天不在下雨（p为假）且天不冷（q为假），则认为命题

$p \vee q$: 天正在下雨或天很冷

为假（$p \vee q$ 为假）。上述或的定义是 p 和 q 的**兼或**（inclusive-or），即当 p 为真或 q 为真或 p 和 q 同时为真时，其值为真。对于 p 和 q 的**异或**（exclusive-or）（参见练习 66）p exor q，其定义为当 p 为真或 q 为真时，值为真，当 p 和 q 同时为真时，值为假。

定义 1.2.6 命题 $p \vee q$ 的真值由真值表来定义，如下所示：

p	q	$p \vee q$
T	T	T
T	F	T
F	T	T
F	F	F

例 1.2.7 如果

p: 千年是 100 个年头

q: 千年是 1000 个年头

那么，p 为假，q 为真，则析取

$p \vee q$: 千年是 100 个年头 或 千年是 1000 个年头

为真。

例 1.2.8 在大多数的编程语言中"兼或"的定义和定义 1.2.6 相同。例如在 Java 语言中，（逻辑）"或"记做 ||，表达式

x < 10 || y > 4

为真当且仅当变量 x 小于 10（x < 10 为真）或变量 y 大于 4（y > 4 为真）或两者都为真。

在一般的语言中，被组合起来的命题（例如 p 和 q 组合成命题 $p \vee q$）通常讨论的都是有关联的内容，但在逻辑中，这些命题未必相关。例如在逻辑中，允许出现诸如

"3 < 5" 或 "巴黎是英国的首都" 这样的命题

逻辑只关心命题的形式和命题真值之间的关系，并不关心每个命题的内容是否相关。（上面给出的命题为真，因为 3 < 5 为真。）

本节的最后讨论一元逻辑操作符"非（否定）"。

定义 1.2.9 p 的否定是命题

非 p

记做 $\neg p$。命题 $\neg p$ 的真值由真值表来定义，如下所示：

p	$\neg p$
T	F
F	T

在汉语中，有时将 ¬p 理解为 "p 的说法是不正确的"。例如，若

p: 巴黎是英国的首都

则 p 的否定为

¬p: 巴黎是英国的首都的说法是不正确的

或者简单地看成

¬p: 巴黎不是英国的首都

例 1.2.10 如果

p: π 于 1954 年被计算到了小数点后 1 000 000 位

则 p 的否定是命题

¬p: π 没有于 1954 年被计算到了小数点后 1 000 000 位

直到 1973 年 π 才被计算到了小数点后 1 000 000 位，所以 p 为假（此后，π 被计算到了小数点后 2000 亿位）。因为 p 为假，所以 ¬p 为真。

例 1.2.11 在大多数的编程语言中"非"的定义和定义 1.2.9 相同。例如在 Java 语言中，(逻辑)"非"记做"！"，表达式

! (x < 10)

为真当且仅当变量 x 不小于 10（x 大于等于 10）。

在逻辑操作符 ¬、∧ 和 ∨ 混合的表达式中，在省略括号的情况下，首先计算 ¬，然后计算 ∧，最后计算 ∨。这种顺序称为**操作符的优先级**（operator precedence），在代数中，操作符的优先级决定了先计算 · 和 /，后计算 + 和 –。

例 1.2.12 设命题 p 为假，命题 q 为真，命题 r 为假，求命题

¬$p \vee q \wedge r$

的真值。

首先计算出 ¬p 为真，然后计算出 $q \wedge r$ 为假，最后计算出

¬$p \vee q \wedge r$

为真。

例 1.2.13 Web 搜索 有各种 Web 搜索引擎（如 Google、Yahoo、AltaVista）允许用户输入关键字，然后由搜索引擎与 Web 页面进行匹配。例如，输入 mathematics 会产生一个包含 mathematics 的（巨大的）列表。有些搜索引擎允许用户使用操作符 and、or 和 not 及括号进行关键字的组合（参见

图1.2.1），这样可以实现更复杂的搜索。Google的搜索引擎将and作为默认操作符，例如，输入discrete mathematics，系统将返回同时包含discrete和mathematics的网页列表。而或操作符是OR，非操作符是减号 -。此外，嵌在双引号中的短语通常被当做一个单词。例如，为了搜索包含如下关键字的网页

$$\text{"}Alfred\ Hitchcock\text{"} \text{ and } (Herrmann \text{ or } Waxman) \text{ and } (\text{not } tv)$$

用户可以输入

$$\text{"Alfred Hitchcock" Herrmann OR Waxman -tv} \tag{1.2.1}$$

对于没有学习过离散数学的用户，可以点击Google主页上的Advanced按钮，这时将看到一个页面，用户可以在其中的输入框中输入搜索内容，同样可以得到图1.2.1的搜索结果。

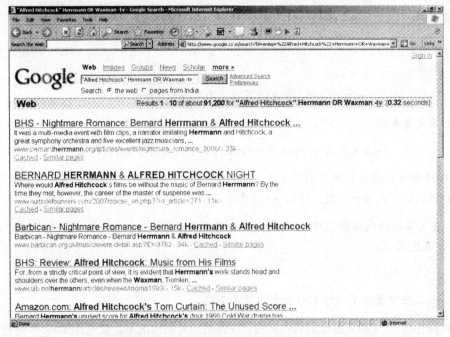

图1.2.1 Google搜索引擎，允许用户使用与（空格）、或（OR）和非（-）操作符来组合关键字。如图所示，Google可以找到约91 000个包含"*Alfred Hitchcock*" and (*Herrmann* or *Waxman*) and (not *tv*)的网页

问题求解要点

对于由命题 $p_1, \cdots, p_n$ 组成并使用操作符（如 ¬、∨）的命题 P 来说，有一些简便的方法可以判断 P 的真值，但真值表总可给出 $p_1, \cdots, p_n$ 真值的所有可能组合下 P 的真值。

本节复习

1. 什么是命题？
2. 什么是真值表？
3. 什么是 p 和 q 的合取？如何表示？
4. 给出 p 和 q 合取的真值表。
5. 什么是 p 和 q 的析取？如何表示？
6. 给出 p 和 q 析取的真值表。
7. 什么是 p 的否定？如何表示？
8. 给出 p 的否定的真值表。

练习

确定练习1~11中的每个句子是否是命题。如果是命题,写出它的否定式。(对于命题不用关心其真值。)

1. $2 + 5 = 19$
2. $6 + 9 = 15$
3. $x + 9 = 15$
4. 服务生,能拿点坚果仁吗? 我的意思是,能给客人拿点坚果仁吗?
5. 对某一正整数 n,$19340 = n \cdot 17$。
6. Audrey Meadows 是 "The Honeymooners" 中 Alice 的原型。
7. 给我摘一串葡萄来。
8. 台词 "Play it again, Sam" 出现在电影 *Casablanca* 中。
9. 每个大于4的偶数是两个素数的和。
10. 两个素数之差。
*11. 这个声明是错的。

练习12~15中的问题与掷10次硬币相关。写出命题的否定式。

12. 10次都是正面朝上。
13. 有一次正面朝上。
14. 有一次正面朝上,有一次背面朝上。
15. 至少有一次正面朝上。

给定命题 p 为假,命题 q 为真,命题 r 为假,判断练习16~21中的每个命题的真假。

16. $p \vee q$
17. $\neg p \vee \neg q$
18. $\neg p \vee q$
19. $\neg p \vee \neg(q \wedge r)$
20. $\neg(p \vee q) \wedge (\neg p \vee r)$
21. $(p \vee \neg r) \vee \neg((q \vee r) \vee \neg(r \vee p))$

给出练习22~29中每个命题的真值表。

22. $p \wedge \neg p$
23. $(\neg p \vee \neg q) \vee p$
24. $(p \vee q) \wedge \neg p$
25. $(p \wedge q) \wedge \neg p$
26. $(p \wedge q) \vee (\neg p \vee q)$
27. $\neg(p \wedge q) \vee (r \wedge \neg p)$
28. $(p \vee q) \wedge (\neg p \vee q) \wedge (p \vee \neg q) \wedge (\neg p \vee \neg q)$
29. $\neg(p \wedge q) \vee (\neg q \vee r)$

在练习30~32中,令 $p: 5 < 9$,$q: 9 < 7$,$r: 5 < 7$,将每个命题用符号表达式表示,并判断每个命题的真假。

30. $5 < 9$ 并且 $9 < 7$。
31. 不存在 $5 < 9$ 并且 $9 < 7$。
32. $5 < 9$ 或者 不存在 $9 < 7$ 并且 $5 < 7$。

在练习33~38中,令 p: Lee学习计算机科学,q: Lee学习数学。用文字表述每个符号表达式。

33. $\neg p$
34. $p \wedge q$
35. $p \vee q$
36. $p \vee \neg q$
37. $p \wedge \neg q$
38. $\neg p \wedge \neg q$

在练习39~43中,令 p: 你踢足球,q: 你错过了期中考试,r: 你通过了这门课程。用文字表述每个符号表达式。

39. $p \wedge q$
40. $\neg q \wedge r$

41. $p \vee q \vee r$
42. $\neg(p \vee q) \vee r$
43. $(p \wedge q) \vee (\neg q \vee r)$

在练习44~48中，令 p: 今天是星期一，q: 正在下雨，r: 天气很热。用文字表述每个符号表达式。

36. $p \vee q$
37. $\neg p \wedge (q \vee r)$
38. $\neg(p \vee q) \wedge r$
39. $(p \wedge q) \wedge \neg(r \vee p)$
40. $(p \wedge (q \vee r)) \wedge (r \vee (q \vee p))$

在练习49~54中，令 p: 有飓风，q: 正在下雨。用符号表达式表示每个命题。

49. 没有飓风。
50. 有飓风并且正在下雨。
51. 有飓风但是没有下雨。
52. 没有飓风也没有下雨。
53. 或者有飓风，或者正在下雨（或者既有飓风又下雨）。
54. 或者有飓风，或者正在下雨但是没有飓风。

在练习55~59中，令 p: 你每天跑10圈，q: 你很健康，r: 你服用大量维他命。用符号表达式表示每个命题。

55. 你每天跑10圈，但你不是很健康。
56. 你每天跑10圈，你每天服用大量维他命，并且你很健康。
57. 你每天跑10圈或者你每天服用大量维他命，并且你很健康。
58. 你不是每天跑10圈，你不是每天服用大量维他命，并且你不是很健康。
59. 你很健康或者你不是每天跑10圈，并且你不是每天服用大量维他命。

在练习60~65中，令 p: 你听过"Flying Pigs"摇滚音乐会，q: 你听过"Y2K"摇滚音乐会，r: 你耳鼓疼。用符号表达式表示每个命题。

60. 你听过"Flying Pigs"摇滚音乐会，并且你耳鼓疼。
61. 你听过"Flying Pigs"摇滚音乐会，但是你没有耳鼓疼。
62. 你听过"Flying Pigs"摇滚音乐会，你听过"Y2K"摇滚音乐会，并且你耳鼓疼。
63. 你或者听过"Flying Pigs"摇滚音乐会，或者听过"Y2K"摇滚音乐会，但是你没有耳鼓疼。
64. 你没有听过"Flying Pigs"摇滚音乐会，并且也没有听过"Y2K"摇滚音乐会，但是你耳鼓疼。
65. 下面的说法不对：或者你听过"Flying Pigs"摇滚音乐会，或者你听过"Y2K"摇滚音乐会，或者你没有耳鼓疼。
66. 给出 p 和 q 异或的真值表。注意如果 p 为真，或者 q 为真，但不同时为真，则 p 和 q 的异或为真。

在练习67~73中，如果"或"被解释为兼或，试阐述每句话的意思；而如果"或"被解释为异或（参见练习66），试阐述每句话的意思。

67. 为了进入乌托邦，你必须出示驾车证或护照。
68. 为了进入乌托邦，你必须拥有驾车证或护照。
69. 学习数据结构的先决条件是上过C++或Java课程。

70. 这辆汽车提供一个设备（cupholder），可以加热或冷却你的饮料。
71. 我们可以提供 1000 美元现金或两年免利息。
72. 你需要带薯条或沙拉的汉堡吗？
73. 如果少于 10 个人签到或下了至少 3 英尺①的雪，那么会议将被取消。
74. 有一个时期，在 Illinois 州的 Naperville 市，法令"该市的任何人拥有超过三只狗和三只猫的财产是违法的" 是有效的。Charles Marko 有五只狗，没有猫，他违反这个法令了吗？给出解释。
75. 写出一条命令在 Web 上搜索 North Dakota 或 South Dakota 的国家公园。
76. 写出一条命令在 Web 上搜索除癌症外的肺部疾病。
77. 写出一条命令在 Web 上搜索 Illinois 州不属于中西部联盟的小联盟棒球联队。

1.3 条件命题与逻辑等价

院长宣布

$$\text{如果数学系获得 60 000 美元的额外收入，则可雇用一名新教员。} \tag{1.3.1}$$

句子(1.3.1)表明在数学系获得 60 000 美元的额外收入的条件下，数学系将雇用一名新教员。像句子(1.3.1)这样的命题称为**条件命题**。

定义 1.3.1 如果 p 和 q 是命题，那么命题

$$\text{如果 } p, \text{ 则 } q \tag{1.3.2}$$

称为条件命题，并且表示成

$$p \to q$$

命题 p 称为假设（前件），命题 q 称为结论（后件）。∎

例 1.3.2 如果定义

p: 数学系获得 60 000 美元的额外收入
q: 数学系雇用一名新教员

那么命题(1.3.1)采用了命题(1.3.2)的形式。假设是"数学系获得 60 000 美元的额外收入"，结论是"数学系雇用一名新教员"。∎

院长的命题(1.3.1)的真值是如何确定的呢？先假设数学系获得 60 000 美元的额外收入，若数学系雇用了一名新教员，院长的命题显然为真。（利用例 1.3.2 中的符号，若 p 和 q 都为真，则 $p \to q$ 为真。）反之，如果数学系获得 60 000 美元的额外收入但没有雇用一名新教员，则院长的命题(1.3.1)为假（若 p 为真，q 为假，则 $p \to q$ 为假）。下面假设数学系没有获得 60 000 美元的额外收入，这时数学系可能雇用了一名新教员。（可能有些教员退休了，雇用了新教员顶替他们的位置。也可能数学系并没有雇用新教员。）此时当然不能得出院长的命题为假的结论。当数学系没有获得 60 000 美元的额外收入时，无论数学系有没有雇用新教员，院长的命题都为真。（若 p 为假，无论 q 为真为假，$p \to q$ 都为真。）上述的讨论可以用下面的定义进行总结。

---

① 1 英尺 = 0.304 m。

定义 1.3.3 条件命题 $p \to q$ 的真值由真值表来定义，如下所示：

p	q	$p \to q$
T	T	T
T	F	F
F	T	T
F	F	T

为了让读者进一步理解为什么 p 为假时将 $p \to q$ 定义为真，给出下面的例子。大多数的读者同意命题

$$\text{对于所有的实数 } x,\ \text{若 } x > 0,\ \text{则 } x^2 > 0 \qquad (1.3.3)$$

为真。(1.5 节将定义并详细讨论形如"所有的……"的命题。) 在接下来的讨论中，令 $P(x)$ 为 $x > 0$，$Q(x)$ 为 $x^2 > 0$。命题(1.3.3)为真意味着无论用哪个实数代替 x，命题

$$\text{如果 } P(x),\ \text{则 } Q(x) \qquad (1.3.4)$$

都为真。例如，若 $x = 3$，则 $P(3)$ 和 $Q(3)$ 都为真（$3 > 0$ 并且 $3^2 > 0$），并且由定义 1.3.3，命题(1.3.4)为真。现在考虑当 $P(x)$ 为假的情况。若 $x = -2$，则 $P(-2)$ 为假（$-2 > 0$ 为假）但 $Q(-2)$ 为真（$(-2)^2 > 0$ 为真）。为了使这种情况下命题(1.3.4)为真，必须把 $p \to q$ 在 p 为假且 q 为真时定义为真。这就是定义 1.3.3 中真值表第三行的情况。若 $x = 0$，则 $P(0)$ 和 $Q(0)$ 都为假（$0 > 0$ 和 $0^2 > 0$ 都为假）。为了使这种情况下命题(1.3.4)为真，必须把 $p \to q$ 在 p 和 q 都为假时定义为真。这就是定义 1.3.3 中真值表第 4 行的情况。练习 74 和练习 75 也说明了当 p 为假时将 $p \to q$ 定义为真的必要性。

例 1.3.4 令

$$p: 1 > 2, \quad q: 4 < 8$$

那么，p 为假，q 为真。因此，

$$p \to q \text{ 为真},\quad q \to p \text{ 为假}$$

在逻辑操作符 $\vee$、$\wedge$、$\neg$ 和 $\to$ 混合的表达式中，最后计算 $\to$。例如

$$p \vee q \to \neg r$$

相当于

$$(p \vee q) \to (\neg r)$$

例 1.3.5 假设 p 为真，q 为假，并且 r 为真，给出下面每个命题的真值。

(a) $p \wedge q \to r$　　(b) $p \vee q \to \neg r$　　(c) $p \wedge (q \to r)$　　(d) $p \to (q \to r)$

(a) 因为 $\to$ 的优先级低，所以先计算 $p \wedge q$，因为 p 为真且 q 为假，有 $p \wedge q$ 为假。所以 $p \wedge q \to r$ 为真（不管 r 为真或为假）。

(b) 首先计算 $\neg r$，因为 r 为真，所以 $\neg r$ 为假。然后计算 $p \vee q$。因为 p 为真且 q 为假，所以 $p \vee q$ 为真。所以，$p \vee q \to \neg r$ 为假。

(c) 因为 q 为假，有 $q \to r$ 为真（不管 r 为真或假）。又因为 p 为真，所以 $p \wedge (q \to r)$ 为真。

(d) 因为 q 为假，有 $q \to r$ 为真（不管 r 为真或假）。所以 $p \to (q \to r)$ 为真（不管 p 为真或假）。

若条件命题由于前件为假而为真，则称做**默认为真**（true by default）。例如因为数学系没有获得 60 000 美元的额外收入，使得命题

　　　　　数学系获得 60 000 美元的额外收入，则数学系雇用一名新教员

为真，称这个命题默认为真或**空虚真**（vacuously true）。

一些和命题(1.3.2)形式不同的句子可以改写成条件命题，请看下面的例子。

例 1.3.6 将下面的命题改写成命题(1.3.2)的条件命题形式。

(a) 如果 Mary 努力学习，她将成为一名好学生。
(b) 仅当 John 是大二、大三或大四的学生，John 才学习微积分。
(c) 你一唱歌，我的耳朵就难受。
(d) Cubs 获得世界职业棒球大赛冠军的必要条件是他们有一个右替补投手。
(e) Maria 访问法国的充分条件是 Maria 到达埃菲尔铁塔。

(a) "如果"后面紧跟的子句是前提，等价于

　　　　　如果 Mary 努力学习，则她将成为一名好学生。

(b) 这个句子的意思是 John 要学习微积分，必须是大二、大三或大四的学生。如果他是大一的学生，则不能学习微积分。所以，如果他学习微积分，一定是大二、大三或大四的学生。于是，这个句子等价于

　　　　　如果 John 学习微积分，则他是大二、大三或大四的学生。

注意

　　　　　如果 John 是大二、大三或大四的学生，则他学习微积分。

不是(b)的等价形式。如果 John 是大二、大三或大四的学生，他可能学习微积分，也可能不学习微积分。（具有学习微积分的条件，但可能不打算学。）

"如果 p，则 q"强调前提，"p 仅当 q"强调结论，两者只有形式上的区别。

(c) "一……就……"相当于"如果……，则……"，所以等价形式为

　　　　　如果你唱歌，则我的耳朵难受。

(d) 如果某个条件是达到某个结果所必需的，则称其为必要条件。必要条件成立时并不确保结果成立；但是，若必要条件不成立，则结果一定不成立。上面的句子含义为：如果 Cubs 获得世界职业棒球大赛的冠军，可以肯定他们有一个右手的替补投手，因为如果没有这个投手，他们不可能获得世界职业棒球大赛的冠军。所以这个句子的等价形式为

　　　　　如果 Cubs 获得世界职业棒球大赛的冠军，则他们有一个右替补投手。

这个句子表达了必要条件的含义。

注意

　　　　　如果 Cubs 他们有一个右替补投手，则他们获得世界职业棒球大赛的冠军。

不是这个句子的等价形式。有一个右替补投手并不能保证他们获得世界职业棒球大赛的冠军。然而，如果没有一个右替补投手，则他们肯定不能获得世界职业棒球大赛的冠军。

(e) 如果某个条件可以保证达到某个结果，则称其为充分条件。如果充分条件不成立，则结果可能成立也可能不成立；但如果条件成立，则可以保证结果成立。在上面的句子中，如果

Maria 到了埃菲尔铁塔，则保证一定到了法国。(当然通过其他方法也可以访问法国，比如去里昂。) 于是，上面的句子的等价形式为

>如果 Maria 到达埃菲尔铁塔，则 Maria 访问了法国。

这个前提表示一个充分条件。

注意

>如果 Maria 访问法国，则 Maria 到达了埃菲尔铁塔。

不是上面的句子的等价形式。前面已经提到过，不去埃菲尔铁塔，去其他地方也可以访问法国。 ■

例 1.3.4 说明了当命题 $q \to p$ 为假时，命题 $p \to q$ 可以为真。将命题 $q \to p$ 称为命题 $p \to q$ 的逆命题。因此，当逆命题为假时，相应的条件命题可以为真。

例 1.3.7 形式化地写出条件命题

>如果 Jerry 获得奖学金，则他会上大学。

和它的逆命题。假定 Jerry 没有获得奖学金，但中了彩票并去上大学。给出原命题和逆命题的真值。

令

>p：Jerry 获得奖学金。
>q：Jerry 上大学。

原命题可形式化地表示为 $p \to q$。由于前提 p 为假，所以条件命题为真。

逆命题为

>如果 Jerry 上大学，则他获得了奖学金。

逆命题可以形式化地写做 $q \to p$。由于前提 q 为真，结论 p 为假，所以逆命题为假。 ■

另一个有用的命题是

>p 当且仅当 q

当 p 和 q 的真值相同时这个命题为真（p 和 q 都为真或 p 和 q 都为假）。

定义 1.3.8 如果 p 和 q 是命题，命题

>p 当且仅当 q

称为双条件命题，表示成

>$p \leftrightarrow q$

命题 $p \leftrightarrow q$ 的真值由真值表来定义，如下所示：

p	q	$p \leftrightarrow q$
T	T	T
T	F	F
F	T	F
F	F	T

■

在数学定义中,"if" 通常被解释成"当且仅当"。例如,考虑集合相等的定义:如果集合 X 和集合 Y 包含相同的元素,则 X 与 Y 相等。这个定义的意思就是集合 X 和集合 Y 包含相同的元素当且仅当 X 与 Y 相等。

表示"p 当且仅当 q"的另一种方法是"p 是 q 的充分必要条件"。"p 当且仅当 q"有时写成"p iff q"。

例 1.3.9 命题

$$1 < 5 \text{ 当且仅当 } 2 < 8 \tag{1.3.5}$$

可以用符号表示成

$$p \leftrightarrow q$$

其中令

$$p: 1 < 5, \quad q: 2 < 8$$

因为 p 和 q 都为真,所以 $p \leftrightarrow q$ 为真。∎

表示式(1.3.5)的另一种方法是:$1 < 5$ 的充分必要条件是 $2 < 8$。

在有些情况下,两个不同的命题都取相同的真值,不管构成它们的命题各取什么真值,称这样的两个命题**逻辑等价**(logically equivalent)。

定义 1.3.10 假设命题 P 和 Q 由命题 $p_1, \cdots, p_n$ 组成。如果给定任意 $p_1, \cdots, p_n$ 的真值,P 和 Q 都为真,或者 P 和 Q 都为假,则称 P 和 Q 是逻辑等价的,写成

$$P \equiv Q$$

∎

例 1.3.11 De Morgan 逻辑定律 这里验证 De Morgan 第一定律

$$\neg(p \vee q) \equiv \neg p \wedge \neg q, \quad \neg(p \wedge q) \equiv \neg p \vee \neg q$$

De Morgan 第二定律 $\neg(p \wedge q) \equiv \neg p \vee \neg q$ 留做练习(参见练习 76)。

通过写出 $P = \neg(p \vee q)$ 和 $Q = \neg p \wedge \neg q$ 的真值表,对于给定 p 和 q 的任意真值,都可以验证或者 P 和 Q 都为真,或者 P 和 Q 都为假:

p	q	$\neg(p \vee q)$	$\neg p \wedge \neg q$
T	T	F	F
T	F	F	F
F	T	F	F
F	F	T	T

因此,P 和 Q 是逻辑等价的。∎

例 1.3.12 证明在 Java 语言中,表达式

```
x < 10 || x > 20
```

和

```
!(x >= 10 && x <= 20)
```

是逻辑等价的。(在 Java 语言中,>= 相当于 ≥,<= 相当于 ≤。)

将表达式 x >= 10 记做 p,将表达式 x <= 20 记做 q,表达式 !(x >= 10 && x <= 20) 可写做 $\neg(p \wedge q)$。根据 De Morgan 第二定律,$\neg(p \wedge q)$ 等价于 $\neg p \vee \neg q$。因为 $\neg p$ 表示 x < 10,$\neg q$ 表示

x>20，所以¬p∨¬q表示x<10 ‖ x>20。所以表达式x<10 ‖ x>20和!(x>=10 && x<=20)是逻辑等价的。∎

下面的例子给出了$p \to q$的否定的逻辑等价形式。

例 1.3.13 证明$p \to q$的否定式与$p \wedge \neg q$是逻辑等价的。

需证明

$$\neg(p \to q) \equiv p \wedge \neg q$$

可通过写出$P = \neg(p \to q)$和$Q = p \wedge \neg q$的真值表来验证，对于任意给定p和q的真值，或者P和Q都为真，或者P和Q都为假：

p	q	$\neg(p \to q)$	$p \wedge \neg q$
T	T	F	F
T	F	T	T
F	T	F	F
F	F	F	F

因此，P和Q是逻辑等价的。∎

例 1.3.14 利用$\neg(p \to q)$和$p \wedge \neg q$的逻辑等价性（参见例1.3.13），用自然语言和形式语言分别表示命题

如果Jerry获得了奖学金，则他上大学。

的否定。令：

p：Jerry获得奖学金。

q：Jerry上大学。

上述命题可以形式化的表示为$p \to q$，它的逻辑否定等价于$p \wedge \neg q$。用自然语言可将$p \wedge \neg q$表示为

Jerry获得奖学金并且没有上大学。∎

下面根据定义证明$p \leftrightarrow q$逻辑等价于$p \to q$与$q \to p$。即

p当且仅当q

逻辑等价于

如果p则q 与 如果q则p

例 1.3.15 真值表可说明

$$p \leftrightarrow q \equiv (p \to q) \wedge (q \to p)$$

p	q	$p \leftrightarrow q$	$p \to q$	$q \to p$	$(p \to q) \wedge (q \to p)$
T	T	T	T	T	T
T	F	F	F	T	F
F	T	F	T	F	F
F	F	T	T	T	T

∎

再次考虑集合相等的定义：如果集合 X 和集合 Y 包含相同的元素，那么 X 与 Y 相等。前面提到这个定义的意思就是集合 X 和集合 Y 包含相同的元素当且仅当 X 与 Y 相等。例 1.3.15 展示了一个等价的描述：如果集合 X 和集合 Y 包含相同的元素，那么 X 与 Y 相等；如果 X 与 Y 相等，那么集合 X 和集合 Y 包含相同的元素。

在本节的最后，给出条件命题的逆否命题的定义。将看到（参见定理 1.3.18）逆否命题是条件命题的另一种逻辑等价形式。练习 77 中给出了条件命题的另外一种逻辑等价形式。

定义 1.3.16　条件命题 $p \rightarrow q$ 的逆否命题（或称转换命题）是命题 $\neg q \rightarrow \neg p$。∎

注意逆否命题与逆命题的区别。一个条件命题的逆命题只是对换了 p 和 q 的位置，而逆否命题是在对换 p 和 q 的同时还把 p 和 q 都取否定。

例 1.3.17　用符号表示条件命题

$$\text{如果网络断了，则 Dale 不能访问因特网。}$$

用符号和文字写出该命题的逆命题和逆否命题。假设网络没有断，并且 Dale 可以访问因特网，给出原命题、逆命题和逆否命题的真值。

令

$$p: \text{网络断了。}$$
$$q: \text{Dale 不能访问因特网。}$$

那么，原命题可以用符号写成 $p \rightarrow q$。因为前提 p 为假，所以条件命题 $p \rightarrow q$ 为真。

逆否命题用符号写做 $\neg q \rightarrow \neg p$，用文字表示为

$$\text{如果 Dale 可以访问因特网，则网络没有断。}$$

因为前提 $\neg p$ 和结论 $\neg q$ 都为真，所以逆否命题为真。（定理 1.3.18 将证明条件命题和它的逆否命题是逻辑等价的，即这两个命题永远具有相同的真值。）

逆命题是用符号写做 $q \rightarrow p$，用文字表示为

$$\text{如果 Dale 不能访问因特网，则网络断了。}$$

因为前提 q 为假，所以逆命题为真。∎

一个重要的事实是，条件命题和它的逆否命题是逻辑等价的。

定理 1.3.18　条件命题 $p \rightarrow q$ 和它的逆否命题 $\neg q \rightarrow \neg p$ 是等价的。

证明　真值表

p	q	$p \rightarrow q$	$\neg q \rightarrow \neg p$
T	T	T	T
T	F	F	F
F	T	T	T
F	F	T	T

表明 $p \rightarrow q$ 和 $\neg q \rightarrow \neg p$ 是逻辑等价的。

在通常的语言中，"如果"常常用来表示"当且仅当"的意思。考虑这个句子

$$\text{如果你修好我的电脑，我将付给你 50 美元。}$$

这个句子所希望表达的意思是

> 如果你修好我的电脑，我将付给你 50 美元，与
> 如果你不能修好我的电脑，我不会付给你 50 美元。

逻辑上等价于（参见定理 1.3.18）

> 如果你修好我的电脑，我将付给你 50 美元，与
> 如果我付给你 50 美元，你修好我的电脑。

逻辑上等价于（参见例 1.3.15）

> 你修好我的电脑当且仅当我付给你 50 美元。

在通常的论述中，实际要表达的意思往往（但不总是）没有明确表达出来，但数学和逻辑要求严格精确的表示。只有用"如果"和"当且仅当"等数学语言严格定义下，才能表达没有歧异的、严格的命题。事实上，逻辑严格地区分条件命题、双条件命题、逆命题和逆否命题。

问题求解要点

在形式化的逻辑中，"如果"和"当且仅当"是完全不同的两个概念。条件命题 $p \rightarrow q$（如果 p，则 q）除 p 为真且 q 为假时都为真。而双条件命题 $p \leftrightarrow q$（p 当且仅当 q）当 p 和 q 真值相同时才为真。

判断由命题 $p_1, \cdots, p_n$ 组合而成的命题 P 和 Q 是否逻辑等价，只需写出 P 和 Q 的真值表。若整个真值表 P 和 Q 的真值始终相等，则 P 和 Q 是逻辑等价的。若某一情况下 P 和 Q 的真值不等，则说明 P 和 Q 不是逻辑等价的。

逻辑表达式的 De Morgan 律

$$\neg(p \vee q) \equiv \neg p \wedge \neg q, \quad \neg(p \wedge q) \equiv \neg p \vee \neg q$$

给出了"或"（$\vee$）的否定和"与"（$\wedge$）的否定的公式。简单地说，"或"的否定是否定的"与"，"与"的否定是否定的"或"。

例 1.3.13 给出了一个很重要的等价关系

$$\neg(p \rightarrow q) \equiv p \wedge \neg q$$

在本书的后面部分会经常用到这个等价关系。这个等价关系说明条件命题的否定可以写成"与"的形式。注意等式的右边没有条件操作符。

本节复习

1. 什么是条件命题？条件命题如何表示？
2. 给出条件命题的真值表。
3. 在条件命题中，什么是前提？
4. 在条件命题中，什么是结论？
5. 什么是必要条件？
6. 什么是充分条件？
7. 什么是 $p \rightarrow q$ 的逆命题？
8. 什么是双条件命题？双条件命题如何表示？
9. 给出双条件命题的真值表。
10. P 和 Q 逻辑等价的含义是什么？
11. 叙述 De Morgan 逻辑定律。
12. 什么是 $p \rightarrow q$ 的逆否命题？

练习

在练习 1~10 中，用形如命题(1.3.2)的式子重新描述每个命题。

1. Joey 将通过离散数学考试,如果他努力学习。
2. Rosa 可以毕业,如果她获得 160 个学分。
3. Fernando 购买一台计算机的必要条件是他得到 2000 美元。
4. Katrina 选修算法课程的充分条件是她学过离散数学。
5. 获得这份工作的条件是他要认识一个了解老板的人。
6. 你可以去 Super Bowl,除非你付得起门票。
7. 如果有安全许可证,你就可以检查这架飞机。
8. 如果可以制造出更好的汽车,Buick 就会制造它们。
9. 当主席讲演时,听众会睡觉。
10. 只有结构良好,程序才是可读的。
11. 写出练习 1~10 中每个命题的逆命题。
12. 写出练习 1~10 中每个命题的逆否命题。

设 p 和 r 为假,q 和 s 为真,给出练习 13~20 中每个命题的真值。

13. $p \to q$
14. $\neg p \to \neg q$
15. $\neg(p \to q)$
16. $(p \to q) \land (q \to r)$
17. $(p \to q) \to r$
18. $p \to (q \to r)$
19. $(s \to (p \land \neg r)) \land ((p \to (r \lor q)) \land s)$
20. $((p \land \neg q) \to (q \land r)) \to (s \lor \neg q)$

练习 21~30 是关于 p、q 和 r 的命题;p 为真,q 为假,而 r 的状态此时未知。确定每个命题为真、为假还是未知。

21. $p \lor r$
22. $p \land r$
23. $p \to r$
24. $q \to r$
25. $r \to p$
26. $r \to q$
27. $(p \land r) \leftrightarrow r$
28. $(p \lor r) \leftrightarrow r$
29. $(q \land r) \leftrightarrow r$
30. $(q \lor r) \leftrightarrow r$

在练习 31~39 中,确定每个命题的真值。

31. 如果 $3 + 5 < 2$,则 $1 + 3 = 4$。
32. 如果 $3 + 5 < 2$,则 $1 + 3 \neq 4$。
33. 如果 $3 + 5 > 2$,则 $1 + 3 = 4$。
34. 如果 $3 + 5 > 2$,则 $1 + 3 \neq 4$。
35. $3 + 5 > 2$ 当且仅当 $1 + 3 = 4$。
36. $3 + 5 < 2$ 当且仅当 $1 + 3 = 4$。
37. $3 + 5 < 2$ 当且仅当 $1 + 3 \neq 4$。
38. 如果地球有 6 个月球,那么 $1 < 3$。
39. 如果 $1 < 3$,那么地球有 6 个月球。

在练习 40~43 中,令 $p: 4 < 2$,$q: 7 < 10$,$r: 6 < 6$。用符号表达式表示每个命题。

40. 如果 $4 < 2$,则 $7 < 10$。
41. 如果($4 < 2$ 并且 $6 < 6$),则 $7 < 10$。
42. 如果不存在 $6 < 6$ 和 7 不小于 10 的情况,则 $6 < 6$。
43. $7 < 10$ 当且仅当($4 < 2$ 并且 6 不小于 6)。

在练习 44~49 中,令 p: 你每天跑 10 圈,q: 你很健康,r: 你服用大量维他命。用符号表达式表示每个命题。

44. 如果你每天跑 10 圈,那么你将很健康。
45. 如果你没有每天跑 10 圈或你没有服用大量维他命,那么你将不会很健康。
46. 你服用大量维他命是你很健康的充分条件。

47. 你很健康当且仅当你每天跑 10 圈并服用大量维他命。
48. 如果你很健康，那么你明天跑 10 圈或服用大量维他命。
49. 如果你很健康并每天跑 10 圈，那么你不用服用大量维他命。

在练习 50~55 中，令 p：今天是星期一，q：正在下雨，r：天气很热。用文字表述每个符号表达式。

50. $p \to q$ 51. $\neg q \to (r \wedge p)$ 52. $\neg p \to (q \vee r)$
53. $\neg(p \vee q) \leftrightarrow r$ 54. $(p \wedge (q \vee r)) \to (r \vee (q \vee p))$ 55. $(p \vee (\neg p \wedge \neg(q \vee r))) \to (p \vee \neg(r \vee q))$

在练习 56~59 中，写出每个命题的符号表达式。用符号和文字写出每个句子的逆命题和逆否命题。同时，给出每个条件命题、它的逆命题和它的逆否命题的真值。

56. 如果 4 < 6，则 9 > 12。
57. 如果 4 > 6，则 9 > 12。
58. |1| < 3，如果 −3 < 1 < 3。
59. |4| < 3，如果 −3 < 4 < 3。

对练习 60~69 中的每一对命题 P 和 Q，说明是否有 $P \equiv Q$。

60. $P = p, Q = p \vee q$
61. $P = p \wedge q, Q = \neg p \vee \neg q$
62. $P = p \to q, Q = \neg p \vee q$
63. $P = p \wedge (\neg q \vee r), Q = p \vee (q \wedge \neg r)$
64. $P = p \wedge (q \vee r), Q = (p \vee q) \wedge (p \vee r)$
65. $P = p \to q, Q = \neg q \to \neg p$
66. $P = p \to q, Q = p \leftrightarrow q$
67. $P = (p \to q) \wedge (q \to r), Q = p \to r$
68. $P = (p \to q) \to r, Q = p \to (q \to r)$
69. $P = (s \to (p \wedge \neg r)) \wedge ((p \to (r \vee q)) \wedge s), Q = p \vee t$

在练习 70~73 中，利用 De Morgan 逻辑定律，写出每个命题的否命题。

70. Pat 将使用跑步机或举重器。
71. Dale 聪明而且有趣。
72. Shirley 将乘公交车或骑自行车去学校。
73. 红辣椒和洋葱在制作辣椒粉时是必不可少的。

练习 74 和练习 75 进一步说明了当 p 为假时，必须将 $p \to q$ 定义为真。将 p 为假时 $p \to q$ 的真值表稍做改变，练习 74 中将改动后的操作符记做 imp1，练习 75 中将改动后的操作符记做 imp2。这两种修改后的定义都会得出和直观不一致的结论。

74. imp1 的真值表定义成

p	q	p imp1 q
T	T	T
T	F	F
F	T	F
F	F	T

证明 p imp1 $q \equiv q$ imp1 p。

75. imp2 的真值表定义成

p	q	p imp2 q
T	T	T
T	F	F
F	T	T
F	F	F

(a) 证明

$$(p \text{ imp2 } q) \wedge (q \text{ imp2 } p) \not\equiv p \leftrightarrow q \tag{1.3.6}$$

(b) 如果改变 imp2 使得当 p 为假 q 为真时 p imp2 q 为假，说明式(1.3.6)仍然为真。

76. 验证 De Morgan 第二定律，$\neg(p \wedge q) \equiv \neg p \vee \neg q$。

77. 证明$(p \rightarrow q) \equiv (\neg p \vee q)$。

1.4 论证和推理规则

考虑下面一系列命题

这个错误或者出现在模块 17 或者出现在模块 81 中。
这个错误是一个数值计算错误。
模块 81 没有数值计算错误。 (1.4.1)

假设这些句子为真，可得结论

错误出现在模块17。 (1.4.2)

这种从一系列命题推出一个结论的过程称为**演绎推理**（deductive reasoning）。如式(1.4.1)所示，已知的命题称为**假设**（hypotheses）或称为**前提**（premises），由假设得出的命题称为**结论**（conclusion），如式(1.4.2)所示。一个（演绎）**论证**（deductive argument）由假设和结论组成。数学和计算机科学中的许多证明都是演绎证明。

任何论证过程都有形式

如果 p_1 并且 p_2 并且……并且 p_n，则 q (1.4.3)

如果结论是由前提得出的，那么说明式(1.4.3)的论证过程是正确的；即如果 p_1 并且 p_2 并且……并且 p_n 为真，则 q 必然也为真。从以上讨论可得下面的定义。

定义 1.4.1 论证过程是一系列命题，可以写成

$$\begin{array}{c} p_1 \\ p_2 \\ \vdots \\ p_n \\ \hline \therefore q \end{array}$$

或者

$$p_1, p_2, \cdots, p_n / \therefore q$$

符号 $\therefore$ 读做"所以"。命题 $p_1, p_2, \cdots, p_n$ 称为假设（或前提），命题 q 称为结论。如果 p_1 并且 p_2 并且……并且 p_n 都为真，那么 q 必为真，则论证过程是有效的；否则论证过程是无效的（或是错误的）。

[WWW]■

对于有效的论证，有时可说结论遵从假设。注意，不能直接说结论为真，只是说如果给定假设，则必得到结论。论证过程有效是因为其形式，不是因为其内容。

大型论证的每一步都会产生中间结论。为了保证整个论证的正确性,论证的每一步都必须产生正确的中间结论。一些**推理规则**（rules of inference）,即简明有效的论证,通常被用于大型的论证过程之中。

例 1.4.2　确定论证过程

$$\begin{array}{c} p \to q \\ p \\ \hline \therefore q \end{array}$$

是有效的。

[第一种解法] 给所有有关的命题建立真值表：

p	q	$p \to q$	p	q
T	T	T	T	T
T	F	F	T	F
F	T	T	F	T
F	F	T	F	F

注意到,只要前提 $p \to q$ 和 p 为真,结论 q 就为真。所以论证过程是有效的。

[第二种解法] 可以不用写出真值表,而直接验证只要前提为真,结论就为真。
假设 $p \to q$ 和 p 为真,q 必为真,不然 $p \to q$ 应该为假。所以,论证过程是有效的。■

例 1.4.2 中的论证使用非常广泛,并被称为**假言推理**（modus ponens rule of inference）或**分离定律**（law of detachment）。一些有用的命题推理规则在图 1.4.1 中列出,这些规则可以通过真值表进行验证（参见练习 24~29）。

推理规则	名称	推理规则	名称
$\begin{array}{c} p \to q \\ p \\ \hline \therefore q \end{array}$	假言推理	$\begin{array}{c} p \\ q \\ \hline \therefore p \land q \end{array}$	合取
$\begin{array}{c} p \to q \\ \neg q \\ \hline \therefore \neg p \end{array}$	拒取	$\begin{array}{c} p \to q \\ q \to r \\ \hline \therefore p \to r \end{array}$	假设三段论
$\begin{array}{c} p \\ \hline \therefore p \lor q \end{array}$	附加	$\begin{array}{c} p \lor q \\ \neg p \\ \hline \therefore q \end{array}$	析取三段论
$\begin{array}{c} p \land q \\ \hline \therefore p \end{array}$	化简		

图 1.4.1　命题的推理规则

例 1.4.3　下面的推理过程使用了哪个推理规则？

如果一台计算机有 32 MB 内存,则可以运行"Blast'em"。如果这台计算机可以运行"Blast'em",则音响效果有震撼力。因此,如果这台计算机有 32 MB 内存,则音响效果有震撼力。
令 p 表示命题"计算机有 32 MB 内存",q 表示命题"计算机可以运行'Blast'em",设 r 表示命题"音响效果有震撼力"。整个论证可以用符号表示成

$$p \to q$$
$$q \to r$$
$$\therefore p \to r$$

因此，论证过程使用了假设三段论推理规则。

例 1.4.4 用符号表示论证

> 如果 2 = 3，则我吃掉我的帽子。
> 我吃掉我的帽子。
> ∴ 2 = 3

并确定论证是否有效。

令

$$p: 2 = 3, \quad q: 我吃掉我的帽子。$$

论证可以写成

$$p \to q$$
$$q$$
$$\therefore p$$

如果论证是有效的，那么要 $p \to q$ 和 q 同时为真，则 p 必为真。假设 $p \to q$ 和 q 都为真，这在 p 为假、q 为真的时候是可能的。在这种情况下，p 为假，所以论证过程是无效的。这种谬误被称为**肯定结论谬误**（fallacy of affirming the conclusion）。

还可以通过检查例 1.4.2 中的真值表来确定例 1.4.4 中的论证是否有效。在真值表的第三行，前提为真，结论为假。因此论证是无效的。

例 1.4.5 用符号表示在本节开始提到的论证

> 这个错误或者出现在模块 17 或者出现在模块 81 中。
> 这个错误是一个数值计算错误。
> 模块 81 没有数值计算错误。
> ∴ 错误出现在模块 17。

并证明此论证是有效的。

令

> p：这个错误出现在模块 17。
> q：这个错误出现在模块 81。
> r：这个错误是个数值计算错误。

则论证可以写成

$$p \vee q$$
$$r$$
$$r \to \neg q$$
$$\therefore p$$

可以使用假言推理从 $r \to \neg q$ 和 r 推出 $\neg q$。又可以使用析取三段论从 $p \vee q$ 和 $\neg q$ 推出 p。因此结论 p 可以从假设推出，因而论证是有效的。

例 1.4.6 给定下面的假设：如果 Chargers 有好的后援支持，则 Chargers 可以打败 Broncos。如果 Chargers 可以打败 Broncos，则 Chargers 可以打败 Jets。如果 Chargers 可以打败 Broncos，则 Chargers 可以打败 Dolphins。Chargers 有好的后援支持。通过推理规则（参见图 1.4.1）说明由假设可以得出 Chargers 可以打败 Jets 和 Chargers 可以打败 Dolphins 的结论。

令 p 表示命题"Chargers 有好的后援支持"，q 表示命题"Chargers 可以打败 Broncos"，r 表示命题"Chargers 可以打败 Jets"，s 表示命题"Chargers 可以打败 Dolphins"。则有假设：

$$p \to q$$
$$q \to r$$
$$q \to s$$
$$p$$

使用假设三段论可以从 $p \to q$ 和 $q \to r$ 得到 $p \to r$。使用假言推理可以从 $p \to r$ 和 p 得到结论 r。使用假设三段论可以从 $p \to q$ 和 $q \to s$ 得到 $p \to s$。使用假言推理可以从 $p \to s$ 和 p 得到结论 s。使用合取可以从 r 和 s 得到结论 $r \wedge s$。因为 $r \wedge s$ 代表命题"Chargers 可以打败 Jets 并且 Chargers 可以打败 Dolphins"，所以由假设推出了结论。∎

问题求解要点

为了说明小型论证或证明的有效性，通常可以通过真值表来验证。在实际中，论证和证明则一般使用推理规则。

本节复习

1. 什么是演绎推理？
2. 什么是论证中的假设？
3. 什么是论证中的前提？
4. 什么是论证中的结论？
5. 什么是有效的论证？
6. 什么是无效的论证？
7. 阐述假言推理规则。
8. 阐述拒取推理规则。
9. 阐述附加推理规则。
10. 阐述化简推理规则。
11. 阐述合取推理规则。
12. 阐述假设三段论推理规则。
13. 阐述析取三段论推理规则。

练习

在练习 1~5 中，用符号表示每个论证过程，并说明每个论证是否有效。令

p: 我努力学习。q: 我的成绩是 A。r: 我发财了。

1. 如果我努力学习，则我的成绩是 A。
   我努力学习。
   ∴我的成绩是 A。

2. 如果我努力学习，则我的成绩是 A。
   如果我没有发财，则我的成绩不是 A。
   ∴我发财了。

3. 我努力学习当且仅当我发财了。
   我发财了。
   ∴我努力学习。

4. 如果我努力学习或者如果我发财了，则我的成绩是 A。
   我的成绩是 A。
   ∴如果我不努力学习，则我发财了。
5. 如果我努力学习，则我的成绩是 A 或者我发财了。
   我的成绩不是 A 并且没有发财。
   ∴我不努力学习。

在练习 6~10 中，用文字表述每个论证，并确定每个论证是否有效。令

p: 有 4 M 内存总比没有好。q: 将买更多的内存。r: 将买一台计算机。

6. $p \to r$ 7. $p \to (r \lor q)$ 8. $p \to r$ 9. $\neg r \to \neg p$ 10. $p \to r$
   $p \to q$ $r \to \neg q$ $r \to q$ r $r \to q$
   ∴ $p \to (r \land q)$ ∴ $p \to r$ ∴ q ∴ p p
                                                                                                                   ∴ q

在练习 11~15 中，确定每个论证是否有效。

11. $p \to q$ 12. $p \to q$ 13. $p \land \neg p$ 14. $p \to (q \to r)$ 15. $(p \to q) \land (r \to s)$
    $\neg p$ $\neg q$ ∴ q $q \to (p \to r)$ $p \lor r$
    ∴ $\neg q$ ∴ $\neg p$ ∴ $(p \lor q) \to r$ ∴ $q \lor s$

16. 证明如果 $p_1, p_2 / \therefore p$ 并且 $p, p_3, \cdots, p_n / \therefore c$ 是有效的论证，则论证 $p_1, p_2, \cdots, p_n / \therefore c$ 也是有效的。

17. 评价下面的论证过程：

    有软盘比什么都没有好。
    什么都没有硬盘好。
    ∴软盘比硬盘好。

在练习 18~20 中，说明每个论证使用何种推理规则。

18. 钓鱼是一项大众运动，所以钓鱼是一项大众运动或者曲棍球在加州非常普及。

19. 如果钓鱼是一项大众运动，则曲棍球在加州非常普及。钓鱼是一项大众运动，所以，曲棍球在加州非常普及。

20. 钓鱼是一项大众运动或者曲棍球在加州非常普及。钓鱼在加州不是非常普及，所以，钓鱼是一项大众运动。

在练习 21~23 中，使用推理规则给出论证过程并说明结论遵从假设。

21. 假设：如果汽车有油，我会去商店。如果我去商店，我会买苏打。汽车有油。结论：我会买苏打。

22. 假设：如果汽车有油，我会去商店。如果我去商店，我会买苏打。我没买苏打。结论：汽车没有油，或者汽车变速箱故障。

23. 假设：如果 Jill 会唱或者 Dweezle 会跳，则我会买这张 CD 唱片。Jill 会唱。我会买这台 CD 唱机。结论：我会买这张 CD 唱片并且我会买这台 CD 唱机。

24. 证明拒取推理是有效的（参见图 1.4.1）。　　25. 证明附加推理是有效的（参见图 1.4.1）。
26. 证明化简推理是有效的（参见图 1.4.1）。　　27. 证明合取推理是有效的（参见图 1.4.1）。
28. 说明假设三段论是有效的（参见图 1.4.1）。　　29. 说明析取三段论是有效的（参见图 1.4.1）。

1.5 量词

1.2 节和 1.3 节中关于命题的逻辑还不能描述数学和计算机科学中的多数情景。例如句子

$$p: n \text{ 是一个奇数} \qquad [\text{WWW}]$$

前面说过,命题是一个或者为真或者为假的语句。因为 p 的真假取决于 p 的值 n,因此语句 p 不是命题。例如,当 $n = 103$ 时 p 为真,当 $n = 8$ 时 p 为假。因为数学和计算机科学中的多数语句使用变元,所以必须扩展逻辑系统使之包括这样的语句。

定义 1.5.1 设 $P(x)$ 是包含变元 x 的语句,并且设 D 是一个集合。对于 D 中的每一个 x,$P(x)$ 是一个命题,称 P 是(相对于 D 的)一个命题函数或谓词。D 称为 P 的论域。 ∎

在定义 1.5.1 中,论域决定了变元 x 可能的取值范围。

例 1.5.2 设 $P(n)$ 是语句

$$n \text{ 是一个奇数}$$

则 P 是一个论域为 $\mathbf{Z}^+$ 的命题函数,因为对于任意的 $n \in \mathbf{Z}^+$,$P(n)$ 是一个命题(即对于任意的 $n \in \mathbf{Z}^+$,$P(n)$ 或者为真,或者为假,但是不会既真又假)。例如,如果 $n = 1$,得到命题

$$P(1): 1 \text{ 是一个奇数}$$

(命题为真)。如果 $n = 2$,得到命题

$$P(2): 2 \text{ 是一个奇数}$$

(命题为假)。 ∎

命题函数 P 本身既不为真也不为假。然而,对于命题论域中的每一个 x,$P(x)$ 是一个命题,所以,它或者为真或者为假。可以把命题函数当做一个命题类,论域中的每个元素对应一个命题。例如,如果 P 是一个命题函数,其论域是正整数集合 $\mathbf{Z}^+$,便得到命题类

$$P(1), P(2), \cdots$$

每个 $P(1), P(2), \cdots$ 或者为真,或者为假。

例 1.5.3 下面是一些命题函数。

(a) $n^2 + 2n$ 是一个奇数(论域 = $\mathbf{Z}^+$)。
(b) $x^2 - x - 6 = 0$(论域 = $\mathbf{R}$)。
(c) 2003 年,棒球手的命中率超过 0.300(论域 = 棒球手集合)。
(d) 餐馆被 *Chicago* 杂志排名二星以上(论域 = *Chicago* 杂志排名的餐馆)。

在语句(a)中,对于每个正整数 n,得到一个命题;因此,语句(a)是一个命题函数。

同样,在语句(b)中,对于每一个实数 x,得到一个命题;因此,语句(b)是一个命题函数。

可以把语句(c)的"棒球手"作为变元。只要用一个具体的棒球手替换"棒球手"变元,这个语句就变成了一个命题。例如,如果用"Barry Bonds"替换"棒球手",语句(c)成为

$$2003 \text{ 年,Barry Bonds 的命中率超过 } 0.300。$$

命题为真。如果用"Alex Rodriguez"替换"棒球手",语句(c)成为

> 2003 年，Alex Rodriguez 的命中率超过 0.300。

命题为假。因此，语句(c)是一个命题函数。

语句(d)与语句(c)有同样的形式：此处变元为"餐馆"。无论何时用一个被 *Chicago* 杂志排名的餐馆替换句子中的"餐馆"变元，语句就变成一个命题。例如，如果用"Yugo Inn"替换"餐馆"，语句(d)成为

> Yugo Inn 被 *Chicago* 杂志排名二星以上。

命题为假。如果用"Le Français"替换"餐馆"，则语句(d)成为

> Le Français 被 *Chicago* 杂志排名二星以上。

命题为真。因此，语句(d)是一个命题函数。■

多数数学和计算机科学中的语句使用"每个"和"有一个"这样的术语。例如，在数学中有下面的定理：

> 对每个三角形 T，T 的内角之和为 $180°$。

在计算机科学中，有这样的定理：

> 对有的程序 P，P 的输出是 P 本身。

下面来扩展 1.2 节和 1.3 节中的逻辑系统，以便可以处理包含"每个"和"有一个"这样的语句。

定义 1.5.4 设 P 是关于论域 D 的命题函数。语句

$$\text{对每个 } x, P(x)$$

称为全称量词语句。符号 $\forall$ 的意思是"对每个"。因此，语句

$$\text{对每个 } x, P(x)$$

可以写成

$$\forall x\, P(x)$$

符号 $\forall$ 称为全称量词。

如果对于 D 中的每一个 x，$P(x)$ 为真，则语句

$$\forall x\, P(x)$$

为真。如果至少存在一个 x 在 D 中使 $P(x)$ 为假，则语句

$$\forall x\, P(x)$$

为假。■

例 1.5.5 对于全称量词语句

$$\forall x\, (x^2 \geq 0)$$

论域是实数集合 $\mathbf{R}$。这个语句为真，因为对于所有的实数 x，x 的平方都大于等于 0。■

根据定义 1.5.4，当论域中至少存在一个 x 使 $P(x)$ 为假时，全称量词语句

$$\forall x\, P(x)$$

为假。在论域中使 $P(x)$ 为假的 x 称为语句

$$\forall x\, P(x)$$

的**反例**(counterexample)。

例 1.5.6 考虑全称量词语句

$$\forall x\, (x^2 - 1 > 0)$$

论域是实数集 **R**。这个句子为假,因为当 $x = 1$ 时,命题

$$1^2 - 1 > 0$$

为假。所以 1 是语句

$$\forall x\, (x^2 - 1 > 0)$$

的一个反例。虽然 x 取某些值时命题函数为真,但一个反例就可以使全称量词语句为假。■

例 1.5.7 假设 P 为在包含 $\{d_1, \cdots, d_n\}$ 的论域上的命题函数。下面的伪代码①可以判断

$$\forall x\, P(x)$$

的真假。

```
for i = 1 to n
    if (¬P(d_i))
        return false
    return true
```

这段代码通过循环对论域中的元素 d_i 一一进行判断。若找到一个使 $P(d_i)$ 为假的 d_i,则 if 语句中的条件 $\neg P(d_i)$ 为真,然后程序返回假(表示 $\forall x\, P(x)$ 为假)并且结束。这时 d_i 是 $\forall x\, P(x)$ 的一个反例。若对每一个 d_i,$P(d_i)$ 都为真,则 if 语句中的条件 $\neg P(d_i)$ 永远为假。这时,循环语句运行完后程序返回真(表示 $\forall x\, P(x)$ 为真)并结束。

注意到当 $\forall x\, P(x)$ 为真时,循环必须运行结束,对论域上的每一个 x 进行验证,以保证 $\forall x\, P(x)$ 为真。而当 $\forall x\, P(x)$ 为假时,一旦在循环中发现一个使 $P(x)$ 为假的 x,即可确定 $\forall x\, P(x)$ 为假。■

称命题函数 $P(x)$ 中的变元 x 为**自由变元**(意思是 x 可以在论域中自由选取)。在全称量词语句

$$\forall x\, P(x) \tag{1.5.1}$$

中,称变元 x 为**约束变元**(bound variable)(意思是 x 受量词 $\forall$ 的"约束")。

前面已经指出命题函数没有真值。另一方面,定义 1.5.4 给量词语句 (1.5.1) 赋予一个真值。总之,带自由(非限定)变元的句子不是命题,不带自由变元(没有非限定变元)的句子是命题。

$$\forall x\, P(x)$$

也可表示为

$$\text{对所有 } x, P(x)$$

或者

---

① 本书中的伪代码在附录 C 进行了解释。

$$\text{对任意} x, P(x)$$

符号 ∀ 可以读做 "对每个"、"对所有" 或者 "对任意"。

可以通过证明对于论域上的每个 x, $P(x)$ 为真,来证明

$$\forall x\, P(x)$$

为真。证明

$$\forall x\, P(x)$$

的另一种方法是将 x 看做论域 D 上的任意元素,若 x 无论在论域上如何取值 $P(x)$ 都为真,则 $\forall x\, P(x)$ 为真。

有时,为了表示论域 D,把全称量词语句写成

$$\text{对 } D \text{ 中的每个 } x, P(x)$$

例 1.5.8 全称量词语句

$$\text{对每个实数 } x, \text{ 如果 } x > 1, \text{ 则 } x + 1 > 1$$

为真。这时,必须验证语句

$$\text{如果 } x > 1, \text{ 则 } x + 1 > 1$$

对每一个实数 x 为真。

令 x 为任意实数。对于任意实数,$x \leq 1$ 或者 $x > 1$ 为真。当 $x \leq 1$ 时,条件命题

$$\text{如果 } x > 1, \text{ 则 } x + 1 > 1$$

默认为真(由于前件为假,所以条件命题为真。当前件为假时,不管结论是真还是假,条件命题都为真。)通常不需要考虑默认为真的情况。

现在假设 $x > 1$。不管 x 的具体值如何,有 $x + 1 > x$。因为

$$x + 1 > x \text{ 并且 } x > 1$$

有结论 $x + 1 > 1$,所以结论为真。如果 $x > 1$,前提和结论都为真;因此条件命题

$$\text{如果 } x > 1, \text{ 则 } x + 1 > 1$$

为真。

已经说明了对任意实数 x,命题

$$\text{如果 } x > 1, \text{ 则 } x + 1 > 1$$

为真。因此全称量词语句

$$\text{对每个实数 } x, \text{ 如果 } x > 1, \text{ 则 } x + 1 > 1$$

为真。■

证明

$$\forall x\, P(x)$$

为假的方法和证明其为真的方法截然不同。为了证明

$$\forall x\, P(x)$$

为假，只需在论域中找到一个使 $P(x)$ 为假的 x 就足够了。在论域中使 $P(x)$ 为假的值 x 是句子的反例。

下面将介绍存在量词语句。

定义 1.5.9 令 P 是关于论域 D 的命题函数。语句

$$存在\, x,\ P(x)$$

称为存在量词语句（existentially quantified statement）。符号 $\exists$ 的意思是"存在"。因此，语句

$$存在\, x,\ P(x)$$

可以写成

$$\exists x\, P(x)$$

符号 $\exists$ 称为存在量词（existential quantifier）。

如果至少有一个 x 在 D 中使 $P(x)$ 为真，则语句

$$\exists x\, P(x)$$

为真。如果对 D 中所有的 x，$P(x)$ 为假，则语句

$$\exists x\, P(x)$$

为假。

例 1.5.10 考虑存在量词语句

$$\exists x \left(\frac{x}{x^2+1} = \frac{2}{5} \right)$$

论域为 $\mathbf{R}$，此语句为真，因为可以找到至少一个实数 x 使命题

$$\frac{x}{x^2+1} = \frac{2}{5}$$

为真。例如，如果 $x = 2$，可以得到真命题

$$\frac{2}{2^2+1} = \frac{2}{5}$$

并不是每个 x 都能使这个命题为真。例如，如果 $x = 1$，则命题

$$\frac{1}{1^2+1} = \frac{2}{5}$$

为假。

根据定义 1.5.9，若论域上的每个 x 都使 $P(x)$ 为假，则存在量词语句

$$\exists x\, P(x)$$

为假。

例 1.5.11 为了验证存在量词语句

$$\exists x \in \mathbf{R} \left(\frac{1}{x^2+1} > 1 \right)$$

为假，必须证明对于每个实数 x 有

$$\frac{1}{x^2+1} > 1$$

为假。注意

$$\frac{1}{x^2+1} > 1$$

为假，仅当

$$\frac{1}{x^2+1} \leq 1$$

为真。因此，必须证明对于每个实数 x 有

$$\frac{1}{x^2+1} \leq 1$$

为真。为此，设 x 为任意实数。因为 $0 \leq x^2$，在这个不等式的两边都加 1 得到 $1 \leq x^2+1$。如果在不等式两边除以 x^2+1，得到

$$\frac{1}{x^2+1} \leq 1$$

因此，对所有实数，语句

$$\frac{1}{x^2+1} \leq 1$$

为真。所以，对所有实数 x，语句

$$\frac{1}{x^2+1} > 1$$

为假。说明了存在量词语句

$$\exists x \left(\frac{1}{x^2+1} > 1 \right)$$

为假。∎

例 1.5.12 假设 P 是一个论域为集合 $\{d_1, \cdots, d_n\}$ 的命题函数。下面的伪代码可以判断

$$\exists x\, P(x)$$

的真假。

```
for i = 1 to n
    if (P(d_i))
        return true
return false
```

这段代码通过循环对论域中的元素 d_i 一一进行判断。若找到一个使 $P(d_i)$ 为真的 d_i，则 if 语句中的条件 $P(d_i)$ 为真，然后程序返回真（表示 $\exists x\, P(x)$ 为真）并且结束。这时程序在论域中找到了一个使 $\exists x\, P(x)$ 为真的 d_i。若对于每一个 d_i，$P(d_i)$ 都为假，则 if 语句中的条件 $P(d_i)$ 永远为假。这时，循环语句运行完后程序返回假（表示 $\exists x\, P(x)$ 为假）并结束。

注意当 $\exists x\, P(x)$ 为真时，一旦在循环中发现一个使 $P(x)$ 为真的 x，即可确定 $\exists x\, P(x)$ 为真。而当 $\exists x\, P(x)$ 为假时，循环必须运行结束，对论域上的每一个 x 进行验证，以保证 $\exists x\, P(x)$ 为假。■

对于
$$\exists x\, P(x)$$
也可表示为
$$\text{存在某个 } x,\ P(x)$$
或者
$$\text{对某个 } x,\ P(x)$$
或者
$$\text{至少有一个 } x,\ P(x)$$

符号 $\exists$ 可以读做"存在某个"、"对某个"或者"至少有一个"。

例 1.5.13 关于论域 $\mathbf{Z}^+$ 正整数的存在量词语句

对于某个 n，如果 n 为素数，则 $n+1$、$n+2$、$n+3$ 和 $n+4$ 不是素数

为真，因为至少可以找到一个正整数 n 使条件命题

如果 n 为素数，则 $n+1$、$n+2$、$n+3$ 和 $n+4$ 不是素数

为真。例如，如果 $n = 23$，可以得到真命题

如果 23 为素数，则 24、25、26 和 27 不是素数

（条件命题为真，因为前提"23 为素数"和结论"24、25、26 和 27 不是素数"都为真。）有些 n 的值使条件命题为真（例如，$n=23, n=4, n=47$），而另外一些值使条件命题为假（例如，$n=2, n=101$）。关键是找到了一个值使条件命题

如果 n 为素数，则 $n+1$、$n+2$、$n+3$ 和 $n+4$ 不是素数

为真。因此，存在量词语句

有一个正整数 n，如果 n 为素数，则 $n+1$、$n+2$、$n+3$ 和 $n+4$ 不是素数

为真。■

在例 1.5.11 中，通过证明相关的全称量词语句为真，说明了存在量词语句为假。下面的定理使这一关系更为精确。这个定理推广了 De Morgan 逻辑定律（参见例 1.3.11）。

定理 1.5.14 广义 De Morgan 定律 如果 P 是命题函数，(a) 和 (b) 中的每一对命题有相同的真值（即或者都为真或者都为假）。

(a) $\neg(\forall x\, P(x));\ \exists x\, \neg P(x)$
(b) $\neg(\exists x\, P(x));\ \forall x\, \neg P(x)$

证明 这里只证明 (a)，(b) 留给读者自行证明（参见练习 68）。

假设命题 $\neg(\forall x\, P(x))$ 为真，则命题 $\forall x\, P(x)$ 为假。由定义 1.5.4，只要论域中至少有一个 x 使 $P(x)$ 为假，则命题 $\forall x\, P(x)$ 为假。但是，如果在论域中至少有一个 x 使 $P(x)$ 为假，则至少在

> 论域中有一个 x 使 $\neg P(x)$ 为真。同样根据定义 1.5.9，当论域中至少有一个 x 使 $\neg P(x)$ 为真时，命题 $\exists x \neg P(x)$ 为真。因此，如果命题 $\neg(\forall x\, P(x))$ 为真，则命题 $\exists x \neg P(x)$ 为真。同样，如果命题 $\neg(\forall x\, P(x))$ 为假，则命题 $\exists x \neg P(x)$ 为假。
>
> 所以，(a) 中的一对命题总是有相同的真值。

例 1.5.15 令 $P(x)$ 是语句

$$\frac{1}{x^2+1} > 1$$

在例 1.5.11 中，已通过验证

$$\exists x\, P(x)$$

为真而证明了

$$\forall x\, \neg P(x) \tag{1.5.2}$$

为假。

借助定理 1.5.14 可以调整这种证明方法。证明了命题 (1.5.2) 为真以后，通过对式 (1.5.2) 取否定可以得出

$$\neg(\forall x\, \neg P(x))$$

为假的结论。根据定理 1.5.14(a)，

$$\exists x\, \neg\neg P(x)$$

或其逻辑等价式

$$\exists x\, P(x)$$

也为假。 ■

例 1.5.16 用符号来表示句子

$$\text{每个摇滚迷都喜欢 U2}$$

并用符号和文字分别表示这个语句的否定。

令命题函数 $P(x)$ 表示 "x 喜欢 U2"，给定的语句可用符号表示为

$$\forall x\, P(x)$$

论域为所有的摇滚迷。

根据定理 1.5.14(a)，命题 $\neg(\forall x\, P(x))$ 与

$$\exists x\, \neg P(x)$$

逻辑等价。这个命题可用文字叙述为：存在一个摇滚迷不喜欢 U2。 ■

例 1.5.17 用符号表示句子

$$\text{有些鸟不会飞。}$$

并用符号和文字分别表示这个语句的否定。

令命题函数 $P(x)$ 表示 "x 会飞"，给定的句子可用符号表示为

$$\exists x\, \neg P(x)$$

(这个句子也可以表示为 $\exists x\, Q(x)$，其中命题 $Q(x)$ 表示 "x 不会飞"。可以用很多种方式表示同一句话。) 论域是所有的鸟。

根据定理 1.5.14(b)，命题 ¬($\exists x \neg P(x)$) 与

$$\forall x \neg\neg P(x) \quad \text{或} \quad \forall x\, P(x)$$

逻辑等价。这个命题可用文字叙述为：所有的鸟都会飞。 ∎

全称量词命题是命题

$$P_1 \wedge P_2 \wedge \cdots \wedge P_n \tag{1.5.3}$$

的一般化，这在某种意义上说是用任意的 $P(x)$ 代替单个命题 $P_1, P_2, \cdots, P_n$，其中 x 是论域中的元素，并且用

$$\forall x\, P(x) \tag{1.5.4}$$

代替式(1.5.3)。当且仅当对所有 $i = 1, \cdots, n$，P_i 为真时，命题(1.5.3)为真。命题(1.5.4)的真值也同样定义：当且仅当对于论域中的所有 x，$P(x)$ 为真时，式(1.5.4)为真。

例 1.5.18 假设命题函数 P 的论域为 $\{-1, 0, 1\}$。则命题函数 $\forall x\, P(x)$ 等价于

$$P(-1) \wedge P(0) \wedge P(1)$$ ∎

类似地，存在量词命题是命题函数

$$P_1 \vee P_2 \vee \cdots \vee P_n \tag{1.5.5}$$

的一般化，这在某种意义上说是用任意的 $P(x)$ 代替单个命题 $P_1, P_2, \cdots, P_n$，其中 x 是论域中的元素，并且用

$$\exists x\, P(x)$$

代替式(1.5.5)。

例 1.5.19 假设命题函数 P 的论域为 $\{1, 2, 3, 4\}$。则命题函数 $\exists x\, P(x)$ 等价于

$$P(1) \vee P(2) \vee P(3) \vee P(4)$$ ∎

前面的讨论解释了定理 1.5.14 是如何推广 De Morgan 逻辑定律的（参见例 1.3.11）。回想 De Morgan 第一逻辑定律说明命题

$$\neg(P_1 \vee P_2 \vee \cdots \vee P_n) \quad \text{和} \quad \neg P_1 \wedge \neg P_2 \wedge \cdots \wedge \neg P_n$$

有相同的真值表。在定理 1.5.14(b) 中，

$$\neg P_1 \wedge \neg P_2 \wedge \cdots \wedge \neg P_n$$

被

$$\forall x \neg P(x)$$

代替，而

$$\neg(P_1 \vee P_2 \vee \cdots \vee P_n)$$

被

$$\neg(\exists x\, P(x))$$

代替。

例 1.5.20 用文字叙述的语句经常有一个以上的解释。考虑莎士比亚的名句

发光的不都是金子。

这个句子的一个可能的解释是：每一个发光的物体都不是金子。然而，这肯定不是莎士比亚的本意。正确地解释应该是：有些发光的物体不是金子。

如果设 $P(x)$ 是命题函数 "x 发光" 并且 $Q(x)$ 是命题函数 "x 是金子"，则第一种解释变成

$$\forall x(P(x) \to \neg Q(x)) \tag{1.5.6}$$

第二种解释变成

$$\exists x(P(x) \land \neg Q(x))$$

使用例 1.3.13 的结论，可以看出

$$\exists x(P(x) \land \neg Q(x))$$

和

$$\exists x \neg(P(x) \to Q(x))$$

的真值是一样的。由定理 1.5.14，

$$\exists x \neg(P(x) \to Q(x))$$

和

$$\neg(\forall x \, P(x) \to Q(x))$$

的真值是一样的。这样表示第二种解释的等价方法是

$$\neg(\forall x \, P(x) \to Q(x)) \tag{1.5.7}$$

比较式 (1.5.6) 和式 (1.5.7) 可以看出，出现歧义的原因在于否定是作用于 $Q(x)$（得到第一种解释）还是作用于

$$\forall x(P(x) \to Q(x))$$

整个语句（得到第二种解释）。语句

$$\text{发光的不都是金子。}$$

的正确解释是对整个语句的否定。

在肯定句中，"任何"、"所有"、"每个"、"每一个"有相同的含义。在否定句中，情况有所不同：

$$\text{不是所有 } x \text{ 满足 } P(x)$$
$$\text{不是每个 } x \text{ 满足 } P(x)$$
$$\text{不是每一个 } x \text{ 满足 } P(x)$$

被认为与

$$\text{对某些 } x, \neg P(x)$$

有相同的含义；而

$$\text{没有任何 } x \text{ 满足 } P(x)$$
$$\text{没有 } x \text{ 满足 } P(x)$$

意思是

$$\text{对所有的 } x, \neg P(x)$$

其他例子参见练习 57~66。 ■

量词推理规则

本节最后将引入一些量词语句的推理规则，并说明如何与命题的推理规则一起使用（参见 1.4 节）。

假设 $\forall x P(x)$ 为真。根据定义 1.5.4，对于论域 D 中的每个 x，$P(x)$ 都为真。特别是，如果 d 是 D 中的某个元素，则 $P(d)$ 为真。已经证明论证

$$\forall x P(x) \\ \therefore P(d) \text{ 如果 } d \in D$$

是有效的。这条推理规则称为**全称例化**（universal instantiation）。类似的论证（参见练习 74~76）可以证明其他在图 1.5.1 中列出的推理规则是正确的。

推理规则	名称
$\forall x P(x)$ $\therefore P(d)$ 如果 $d \in D$	全称例化
对任何 $d \in D$，$P(d)$ $\therefore \forall x P(x)$	全称一般化
$\exists x P(x)$ $\therefore$ 有一个 $d \in D$，$P(d)$	存在例化
有一个 $d \in D$，$P(d)$ $\therefore \exists x P(x)$	存在一般化

图 1.5.1 量词语句的推理规则，论域为 D

例 1.5.21 给定

$$\text{对于每个正整数，} n^2 \geq n$$

为真，可以通过全称例化规则得到 $54^2 \geq 54$，因为 54 是一个正整数（即论域中的一个元素）。∎

例 1.5.22 令 $P(x)$ 表示命题函数"x 拥有一台笔记本电脑"，论域为上数学 201（离散数学）课程的学生集合。假设泰勒上数学 201 课程，并拥有一台笔记本电脑；用符号表示，即为 P（泰勒）为真。因此可以通过存在一般化规则得到 $\exists x P(x)$ 为真。∎

例 1.5.23 用符号表示下面的论证，并使用推理规则证明此论证是有效的。

对于每个实数 x，如果 x 为整数，则 x 是有理数。$\sqrt{2}$ 不是有理数，因此 $\sqrt{2}$ 不是整数。

如果令 $P(x)$ 表示命题函数"x 是整数"，$Q(x)$ 表示命题函数"x 是有理数"，则论证可以表示为

$$\forall x \in \mathbf{R}(P(x) \to Q(x)) \\ \neg Q(\sqrt{2}) \\ \therefore \neg P(\sqrt{2})$$

因为 $\sqrt{2} \in \mathbf{R}$，可以通过全称例化规则得到 $P(\sqrt{2}) \to Q(\pi)$。合并 $P(\sqrt{2}) \to Q(\pi)$ 和 $\neg Q(\pi)$，然后通过拒取推理规则（参加图 1.4.1）得到 $\neg P(\sqrt{2})$。因此论证是有效的。∎

例 1.5.23 中的论证称为**全称拒取推理**（universal modus tollens）。

例 1.5.24 给出如下假设：每个人都喜欢 Microsoft 或者 Apple。Lynn 不喜欢 Microsoft，证明由假设可得出结论"Lynn 喜欢 Apple。"

令 $P(x)$ 表示命题函数 "x 喜欢 Microsoft"，$Q(x)$ 表示命题函数 "x 喜欢 Apple"。第一个前提是 $\forall x\,(P(x) \vee Q(x))$。通过全称例化规则，得到 $P(\text{Lynn}) \vee Q(\text{Lynn})$。第二个前提是 $\neg P(\text{Lynn})$。析取三段论推理规则（参见图 1.4.1）得出 $Q(\text{Lynn})$，代表命题 "Lynn 喜欢 Apple"。这样，便可以从假设得到结论。 ∎

问题求解要点

通过证明论域中的每个 x 都可以使命题 $P(x)$ 为真，可以证明全称量词语句

$$\forall x\; P(x)$$

为真。在论域中找到某个 x 可以使命题 $P(x)$ 为真，不能就此证明全称量词语句

$$\forall x\; P(x)$$

为真。

为了证明存在量词语句

$$\exists x\; P(x)$$

为真。需要找到论域中的某个值 x 使命题 $P(x)$ 为真，只需一个值即可证明。

为了证明全称量词语句

$$\forall x\; P(x)$$

为假。需要找到论域中的某个值 x（一个反例）使命题 $P(x)$ 为假。

为了证明存在量词语句

$$\exists x\; P(x)$$

为假，需要证明论域中的每个 x 都使命题 $P(x)$ 为假。在论域中找到某个值 x 使命题 $P(x)$ 为假，并不能就此证明全称量词语句

$$\exists x\; P(x)$$

为假。

本节复习

1. 什么是命题函数？
2. 什么是论域？
3. 什么是全称量词语句？
4. 什么是反例？
5. 什么是存在量词语句？
6. 描述推广的 De Morgan 逻辑定律。
7. 解释如何证明全称量词语句为真。
8. 解释如何证明存在量词语句为真。
9. 解释如何证明全称量词语句为假。
10. 解释如何证明存在量词语句为假。
11. 阐述全称例化推理规则。
12. 阐述全称一般化推理规则。
13. 阐述存在例化推理规则。
14. 阐述存在一般化推理规则。

练习

在练习 1~6 中，说明语句是否为命题函数。对于是命题函数的语句，给出对应的论域。

1. $(2n+1)^2$ 是奇数。
2. 选择 1~10 之间的一个整数。
3. 设 x 是一个实数。
4. 这部电影获得 1955 年奥斯卡最佳影片奖。
5. $1 + 3 = 4$
6. 存在 x 使得 $x < y$（x, y 为实数）。

在练习7~11中，设$P(n)$是命题函数"77可以被n整除"。用文字表示每个命题，并说明命题的真假。其中论域为正整数集合。

7. $P(11)$ 8. $P(1)$ 9. $P(3)$
10. $\forall n\, P(n)$ 11. $\exists n\, P(n)$

在练习12~20中，令$P(x)$是命题函数"$x \geq x^2$"。判断下列命题的真假。其中论域为$\mathbf{R}$。

12. $P(1)$ 13. $P(2)$ 14. $P(1/2)$
15. $\forall x\, P(x)$ 16. $\exists x\, P(x)$ 17. $\neg(\forall x\, P(x))$
18. $\neg(\exists x\, P(x))$ 19. $\forall x\, \neg P(x)$ 20. $\exists x\, \neg P(x)$

在练习21~27中，假设命题函数P的论域为$\{1, 2, 3, 4\}$。仅利用否定、合取和析取重写下面的命题函数。

21. $\forall x\, P(x)$ 22. $\forall x\, \neg P(x)$ 23. $\neg(\forall x\, P(x))$ 24. $\exists x\, P(x)$
25. $\exists x\, \neg P(x)$ 26. $\neg(\exists x\, P(x))$ 27. $\forall x((x \neq 1) \rightarrow P(x))$

在练习28~33中，设命题函数$P(x)$表示语句"x学习数学课程"，论域为所有学生。用文字表示每个命题。

28. $\forall x\, P(x)$ 29. $\exists x\, P(x)$ 30. $\forall x\, \neg P(x)$
31. $\exists x\, \neg P(x)$ 32. $\neg(\forall x\, P(x))$ 33. $\neg(\exists x\, P(x))$

34. 用符号和文字表示练习28~33中命题的否定式。

在练习35~42中，令$P(x)$表示语句"x是职业运动员"，$Q(x)$表示语句"x踢足球"，论域为所有人。用文字表示每个命题，并确定每个命题的真值。

35. $\forall x\, (P(x) \rightarrow Q(x))$ 36. $\exists x\, (P(x) \rightarrow Q(x))$
37. $\forall x\, (Q(x) \rightarrow P(x))$ 38. $\exists x\, (Q(x) \rightarrow P(x))$
39. $\forall x\, (P(x) \vee Q(x))$ 40. $\exists x\, (P(x) \vee Q(x))$
41. $\forall x\, (P(x) \wedge Q(x))$ 42. $\exists x\, (P(x) \wedge Q(x))$

43. 用符号和文字表示练习35~42中每个命题的否定式。

在练习44~47中，令$P(x)$表示语句"x是一名会计师"，$Q(x)$表示"x拥有一辆保时捷跑车"。用符号表示每个语句。

44. 所有的会计师都拥有一辆保时捷跑车。
45. 某一个会计师拥有一辆保时捷跑车。
46. 所有拥有一辆保时捷跑车的人都是会计师。
47. 某个拥有一辆保时捷跑车的人是会计师。
48. 用符号和文字表示练习44~47中每个命题的否定式。

在练习49~54中，确定每个语句的真值，其中论域为实数集$\mathbf{R}$。并验证你的答案。

49. $\forall x(x^2 > x)$ 50. $\exists x(x^2 > x)$
51. $\forall x(x > 1 \rightarrow x^2 > x)$ 52. $\exists x(x > 1 \rightarrow x^2 > x)$
53. $\forall x(x > 1 \rightarrow x/(x^2 + 1) < 1/3)$ 54. $\exists x(x > 1 \rightarrow x/(x^2 + 1) < 1/3)$

55. 用文字和符号表示练习49~54中每个命题的否定式。

56. 例 1.5.7 中给出的伪代码能否写成这样：

    for $i = 1$ to n
      if $(\neg P(d_i))$
        return false
      else
        return true

在练习 57~66 中，每个语句的字面意思是什么？所要表达的真正意思又是什么？重新表述每个语句使其含义清晰，并用符号表示。

57. 亲爱的 Abby 说：所有的男人都不会欺骗他们的妻子。
58. San Antonio 特快新闻说：All old things don't covet twenty-somethings.
59. 所有 74 家医院都不会每月给出报告。
60. 经济学家 Robert J. Samuelson 说：每一个环境问题都不是一个灾难。
61. Door 县的一名议员说：这仍然是 Door，但我们依然没有地位。
62. Martha Stewart 专栏的标题：所有的灯影都不可能被清除掉。
63. 纽约时代报标题：这个世界所有地方都欠缺幸福和阳光。
64. 一个关于房产资助的故事的标题：每个人都不能承载家庭负担。
65. George W. Bush：我理解这个国家的每个人都不同意我所做出的决定。
66. 新闻周刊：正式调查是在合适的情形下做出的正确措施，但不是每个情形都是合适的。
67. (a) 使用真值表证明，如果 p 和 q 是命题，则 $p \to q$ 或者 $q \to p$ 其中至少之一为真。

    (b) 设 $I(x)$ 是命题函数 "x 是一个整数" 并且设 $P(x)$ 是命题函数 "x 是一个正数"。论域是所有实数集合 **R**。判断下面的证明过程是否正确，该证明过程证明所有的整数是正数，或所有的正实数是整数。

    根据(a)，$\forall x((I(x) \to P(x)) \vee (P(x) \to I(x)))$ 为真。用文字表述：对所有的 x，如果 x 是整数，则 x 是正数；或者如果 x 是正数，则 x 是整数。因此，所有整数是正数，或所有正实数是整数。

68. 证明定理 1.5.14(b)。
69. 分析电影评论员 Roger Ebert 的一段评论：没有一个好的影片会让人觉得很冗长，也没有一个差的影片会使人觉得它很短。*Love Actually* 是个好影片，但是它很冗长。
70. 说明下面的论证使用了哪种推理规则？

    每个有理数有 p/q 的形式，其中 p 和 q 是整数。所以，9.345 有 p/q 的形式。

在练习 71~73 中，使用推理规则给出相应论证来说明可以从假设得到结论。

71. 假设：班上的每个人都有图形计算器。每个有图形计算器的人都懂得三角函数。结论：班上的 Ralphie 懂得三角函数。
72. 假设：Titan 队的成员 Ken 可以把球击得很远。每个可以把球击得很远的人都可以挣一大笔钱。结论：Titan 队有的成员可以挣一大笔钱。
73. 假设：离散数学班的每一个人都喜欢证明。离散数学班上有的人从来不做微积分题目。结论：有的人喜欢证明但从来不做微积分题目。
74. 证明全称一般化是有效的（参见图 1.5.1）。
75. 证明存在例化是有效的（参见图 1.5.1）。
76. 证明存在一般化是有效的（参见图 1.5.1）。

1.6 嵌套量词

考虑用符号表示语句

$$\text{任意两个正实数的和为正。}$$

首先因为涉及到两个数,所以需要两个变量,记为 x 和 y。这个论断可以重新表示成:如果 $x>0$ 与 $y>0$,则 $x+y>0$。语句中提到任意的两个正实数的和都是正数,所以需要两个全称量词。如果令 $P(x, y)$ 表示表达式 $(x>0) \wedge (y>0) \rightarrow (x+y>0)$,则上面的语句可以用符号表示为

$$\forall x \forall y\, P(x, y)$$

用文字描述为:对于每个 x,对于每个 y,如果 $x>0$ 并且 $y>0$,则 $x+y>0$。这个两变元命题函数 P 的论域是 $\mathbf{R} \times \mathbf{R}$,即每个变元 x 和 y 的值都属于实数集。像 $\forall x \forall y$ 这样的多量词,称为**嵌套量词**(nested quantifier)。本节将详细讨论嵌套量词。

例 1.6.1 用文字描述

$$\forall m \exists n (m < n)$$

其中论域为 $\mathbf{Z} \times \mathbf{Z}$。

首先将这个语句重新表述为:对于每个 m,存在 n 使得 $m<n$。这个语句的含义是无论选取怎样的整数 m,都存在一个比 m 大的整数 n。换个说法就是:不存在最大的整数。 ∎

例 1.6.2 用符号表示论断

$$\text{每个人都爱某一个人。}$$

令 $L(x, y)$ 表示语句"x 爱 y"。
表示"每个人"需要一个全称量词,而表示"某一个人"需要一个存在量词。所以,可以用符号表示上述语句为

$$\forall x \exists y\, L(x, y)$$

即对于每个人 x,都存在一个人 y,使得 x 爱 y。
注意

$$\exists x \forall y\, L(x, y)$$

并不是原语句的正确表达,它的意思是存在一个人 x,对于所有的人 y,使得 x 爱 y。简而言之,就是某个人爱所有的人。量词的顺序非常重要,交换量词的顺序将会改变命题的含义。 ∎

根据定义,如果对于每个 $x \in X$ 和每个 $y \in Y$,$P(x, y)$ 都为真,则论域为 $X \times Y$ 的语句

$$\forall x \forall y\, P(x, y)$$

为真。如果至少存在一个 $x \in X$ 和一个 $y \in Y$,使得 $P(x, y)$ 为假,则语句

$$\forall x \forall y\, P(x, y)$$

为假。

例 1.6.3 考虑语句

$$\forall x \forall y ((x>0) \wedge (y>0) \rightarrow (x+y>0))$$

其中论域为 $\mathbf{R} \times \mathbf{R}$。这个语句为真,因为对于每个实数 x 和每个实数 y,条件命题

$$(x>0) \wedge (y>0) \rightarrow (x+y>0)$$

为真。简单地说,对于每个实数 x 和每个实数 y,如果 x 和 y 都是正数,则它们的和为正数。 ∎

例 1.6.4 考虑语句
$$\forall x \forall y((x > 0) \land (y < 0) \to (x + y \neq 0))$$
其中论域为 $\mathbf{R} \times \mathbf{R}$。这个命题为假，因为当 $x = 1$，$y = -1$ 时，条件命题
$$(x > 0) \land (y < 0) \to (x + y \neq 0)$$
为假。说明 $x = 1$ 和 $y = -1$ 是此命题的一个反例。∎

例 1.6.5 假设 P 是一个论域为 $\{d_1, \cdots, d_n\} \times \{d_1, \cdots, d_n\}$ 的命题函数。下面的伪代码可以判断
$$\forall x \forall y \, P(x, y)$$
的真假。

```
for i = 1 to n
    for j = 1 to n
        if (¬P(d_i, d_j))
            return false
return true
```

这段伪代码通过循环对论域中的有序对一一进行判断。若找到一个使 $P(d_i, d_j)$ 为假的有序对 d_i, d_j，则 if 语句中的条件 $\neg P(d_i, d_j)$ 为真，然后程序返回假（表示 $\forall x \forall y \, P(x, y)$ 为假）并且结束。这时对 d_i, d_j 是一个反例。若对于每一个有序对 d_i, d_j，$P(d_i, d_j)$ 都为真，则 if 语句中的条件 $\neg P(d_i, d_j)$ 永远为假。这时，循环语句运行完后程序返回真（表示 $\forall x \forall y \, P(x, y)$ 为真）并结束。∎

根据定义，如果对于每个 $x \in X$，都至少存在一个 $y \in Y$，使得 $P(x, y)$ 为真，则论域为 $X \times Y$ 的语句
$$\forall x \exists y \, P(x, y)$$
为真。如果至少存在一个 $x \in X$，对于每个 $y \in Y$，都使得 $P(x, y)$ 为假，则语句
$$\forall x \exists y \, P(x, y)$$
为假。

例 1.6.6 考虑语句
$$\forall x \exists y (x + y = 0)$$
其中论域为 $\mathbf{R} \times \mathbf{R}$。这个语句为真，因为对于每个实数 x，至少存在一个 y（即 $y = -x$），使得 $x + y = 0$ 为真。简单地说，对每个实数 x，存在一个实数 y，使得 x 和 y 的和为零。∎

例 1.6.7 考虑语句
$$\forall x \exists y (x > y)$$
其中论域为 $\mathbf{Z}^+ \times \mathbf{Z}^+$。这个命题为假，因为至少存在一个正整数 x，即 $x = 1$，使得对于每个整数 y，$x > y$ 都为假。∎

例 1.6.8 假设 P 是一个论域为 $\{d_1, \cdots, d_n\} \times \{d_1, \cdots, d_n\}$ 的命题函数。下面的伪代码可以判断
$$\forall x \exists y \, P(x, y)$$
的真假。

```
for i = 1 to n
    if (¬exists_dj(i))
        return false
```

```
            return true
        exists_dj(i){
            for j =1 to n
                if (P(d_i, d_j))
                    return true
            return false
        }
```

如果对每个 d_i，存在 d_j，使 $P(d_i, d_j)$ 为真，则对于每个 i，存在 j 使 $P(d_i, d_j)$ 为真。于是，对于每一个 i，函数 exists_dj(i) 返回真。由于 if 条件中的 ¬exists_dj(i) 永远为假，所以第一个循环将执行结束并返回真以表示命题 $\forall x \exists y\, P(x)$ 为真。

如果对于某个 d_i，对每个 j，$P(d_i, d_j)$ 都为假，则对于这个 i，对每个 j，$P(d_i, d_j)$ 都为假。于是，函数 exists_dj(i) 中的循环将执行结束，并返回假。由于 if 条件中的 ¬exists_dj(i) 为真，所以返回假以表示命题 $\forall x \exists y\, P(x, y)$ 为假。■

根据定义，如果至少存在一个 $x \in X$，对于每个 $y \in Y$，都使得 $P(x, y)$ 为真，则论域为 $X \times Y$ 的语句

$$\exists x \forall y\, P(x, y)$$

为真。如果对于每个 $x \in X$，都存在一个 $y \in Y$，使得 $P(x, y)$ 为假，则语句

$$\exists x \forall y\, P(x, y)$$

为假。

例 1.6.9 考虑语句

$$\exists x \forall y (x \leq y)$$

其中论域为 $\mathbf{Z}^+ \times \mathbf{Z}^+$。这个语句为真，因为至少存在一个正整数 x，即 $x = 1$，使得 $x \leq y$ 对任意正整数 y 都为真。简单地说，存在最小的正整数，即 1。■

例 1.6.10 考虑语句

$$\exists x \forall y (x \geq y)$$

其中论域为 $\mathbf{Z}^+ \times \mathbf{Z}^+$。这个语句为假，因为对于任意的正整数 x，至少存在一个正整数 y（可取 $y = x + 1$）使得 $x \geq y$ 为假。简单地说，不存在最大的正整数。■

根据定义，如果至少存在一个 $x \in X$ 和一个 $y \in Y$，使得 $P(x, y)$ 为真，则论域为 $X \times Y$ 的语句

$$\exists x \exists y\, P(x, y)$$

为真。如果对于每个 $x \in X$ 和每个 $y \in Y$，$P(x, y)$ 都为假，则语句

$$\exists x \exists y\, P(x, y)$$

为假。

例 1.6.11 考虑语句

$$\exists x \exists y ((x > 1) \land (y > 1) \land (xy = 6))$$

其中论域为 $\mathbf{Z}^+ \times \mathbf{Z}^+$。这个命题为真，因为至少存在一个大于 1 的正整数 x（可取 $x = 2$）和一个大于 1 的正整数 y（可取 $y = 3$），使得 $xy = 6$。简单地说，6 是合数（不是素数）。■

例 1.6.12 考虑语句
$$\exists x \exists y ((x > 1) \land (y > 1) \land (xy = 7))$$
其中论域为 $\mathbf{Z}^+ \times \mathbf{Z}^+$。这个命题为假，因为对于任意的正整数 x 和任意的正整数 y，语句
$$(x > 1) \land (y > 1) \land (xy = 7)$$
为假。简单地说，7 是素数。∎

利用推广的 De Morgan 逻辑定律（参见定理 1.5.14），可得出含有嵌套的量词命题的否定式。

例 1.6.13 利用推广的 De Morgan 逻辑定律，可得出
$$\forall x \exists y \, P(x, y)$$
的否定式是
$$\neg(\forall x \exists y \, P(x, y)) \equiv \exists x \neg(\exists y \, P(x, y)) \equiv \exists x \forall y \, \neg P(x, y)$$
注意，在否定式中，"$\forall$" 和 "$\exists$" 是如何互换的。∎

例 1.6.14 写出语句 $\exists x \forall y \, (xy < 1)$ 的否定式，其中论域为 $\mathbf{R} \times \mathbf{R}$。并确定此语句和它的否定式的真值。

利用推广的 De Morgan 逻辑定律，可得到否定式为
$$\neg(\exists x \forall y (xy < 1)) \equiv \forall x \neg(\forall y (xy < 1)) \equiv \forall x \exists y \neg (xy < 1) \equiv \forall x \exists y (xy \geq 1)$$
给定的语句 $\exists x \forall y \, (xy < 1)$ 为真，因为至少存在一个实数 x（可取 $x = 0$），对于任意的实数 y，$xy < 1$ 为真。因为原语句为真，所以否定式为假。∎

最后是一个逻辑游戏，它展示了另一种判断量词命题函数真假的方法，这个例子是由 André Berthiaume 首先给出的。

例 1.6.15 逻辑游戏

给定一个形如
$$\forall x \exists y \, P(x, y)$$
的量词命题函数。你和你的对手 Farley 参与这个逻辑游戏。你的目标是使 $P(x, y)$ 为真，而 Farley 的目标是使 $P(x, y)$ 为假。这个游戏从左边的量词开始，如果碰到全称量词 $\forall$，则 Farley 为这个全称量词限定的变元选取一个值；如果碰到存在量词 $\exists$，则由你为这个存在量词限定的变元选取一个值。随着游戏的进行，每个量词限定的变元值从左至右被一一确定，当所有变元的值全部被确定后，计算 $P(x, y)$ 的值，若 $P(x, y)$ 为真则你获胜，若 $P(x, y)$ 为假则 Farley 获胜。下面将证明如果无论 Farley 如何选取变元的值，你总有办法获胜，则该量词语句为真；但如果 Farley 有办法使你无法获胜，则该量词语句为假。

考虑语句
$$\forall x \exists y (x + y = 0)$$
其中论域为 $\mathbf{R} \times \mathbf{R}$。由于第一个量词为全称量词 $\forall$，Farley 将首先为 x 选取一个值。由于第二个量词为存在量词 $\exists$，你随后将为 y 选取一个值。无论 Farley 如何选择 x，你都可以选择 $y = -x$，使得语句 $x + y = 0$ 为真。你总可以通过这样的方法获得胜利，因此语句
$$\forall x \exists y (x + y = 0)$$
为真。

接下来考虑语句

$$\exists x \forall y (x + y = 0)$$

其中论域同样为 $\mathbf{R} \times \mathbf{R}$。由于第一个量词为存在量词∃,你将首先为 x 选取一个值。由于第二个量词为全称量词∀,Farley 随后将为 y 选取一个值。无论你如何选择 x,Farley 总可以选择一个 y 使 $x+y=0$ 为假。(如果你选取 $x=0$,Farley 可以选取 $y=1$,如果你不选取 0,Farley 可以选取 $y=0$。) Farley 总可以通过这样的方法获得胜利,因此语句

$$\exists x \forall y (x + y = 0)$$

为假。

下面分析为什么游戏的结果由量词命题函数的真值决定。考虑语句

$$\forall x \forall y\, P(x, y)$$

如果 Farley 总能获得胜利,说明 Farley 可以找到 x 和 y 使 $P(x, y)$ 为假。这时,命题函数为假,Farley 找到的 x 和 y 是一组反例。如果 Farley 不可能取胜,则说明命题函数没有反例。这时,命题函数为真。

考虑

$$\forall x \exists y\, P(x, y)$$

Farley 首先为 x 选取一个值,然后你为 y 选取一个值。如果无论 Farley 为 x 选取什么值,你都可以为 y 选取一个值使 $P(x, y)$ 为真,你就总能获得胜利,命题函数为真。如果 Farley 可以选取一个 x 的值,使得你无论怎么选取 y 的值,$P(x, y)$ 都为假,则你无论如何都会输掉,命题函数为假。

通过分析其他的例子同样可以说明:如果你总能获胜,则命题函数为真;但如果 Farley 总能获胜,则命题函数为假。

逻辑游戏可以推广到多于两个变元的命题函数。规则完全相同,结论也完全相同。如果你总能获胜则命题函数为真,如果 Farley 总能获胜则命题函数为假。∎

问题求解要点

为了证明

$$\forall x \forall y\, P(x, y)$$

为真,其中论域为 $X \times Y$,必须证明对于所有的 $x \in X$ 和 $y \in Y$,$P(x, y)$ 都为真。一种证明技巧是将符号 x 和 y 作为论域 X 和 Y 中的任意元素,以此论证 $P(x, y)$ 为真。

为了证明

$$\forall x \forall y\, P(x, y)$$

为假,其中论域为 $X \times Y$,只需找到一个值 $x \in X$ 和一个值 $y \in Y$(两个值就足够,一个 x 值和一个 y 值),使得 $P(x, y)$ 为假。

为了证明

$$\forall x \exists y\, P(x, y)$$

为真,其中论域为 $X \times Y$,必须证明对于所有的 $x \in X$,都至少存在一个 $y \in Y$,使得 $P(x, y)$ 为真。一种证明技巧是将 x 作为 X 中的任意元素,并找到一个值 y(一个就足够),使得 $P(x, y)$ 为真。

为了证明

$$\forall x \exists y\, P(x, y)$$

为假，其中论域为 $X \times Y$，必须证明至少存在一个 $x \in X$，使得 $P(x, y)$ 对于每个 $y \in Y$ 都为假。一种证明技巧是找到一个值 $x \in X$（同样一个就足够）使得 $P(x, y)$ 对于每个 $y \in Y$ 都为假。选择一个值 x，并将 y 作为 Y 中的任意元素，以此证明 $P(x, y)$ 总是为假。

为了证明

$$\exists x \forall y\, P(x, y)$$

为真，其中论域为 $X \times Y$，必须证明至少存在一个 $x \in X$，使得 $P(x, y)$ 对于每个 $y \in Y$ 都为真。一种证明技巧是找到一个值 $x \in X$（同样一个就足够）使得 $P(x, y)$ 对于每个 $y \in Y$ 都为真。选择一个值 x，并将 y 作为 Y 中的任意元素，以此证明 $P(x, y)$ 总是为真。

为了证明

$$\exists x \forall y\, P(x, y)$$

为假，其中论域为 $X \times Y$，必须证明对于所有的 $x \in X$，都至少存在一个 $y \in Y$，使得 $P(x, y)$ 为假。一种证明技巧是将 x 作为 X 中的任意元素，并找到一个值 $y \in Y$（一个就足够），使得 $P(x, y)$ 为假。

为了证明

$$\exists x \exists y\, P(x, y)$$

为真，其中论域为 $X \times Y$，只需找到一个 $x \in X$ 和一个 $y \in Y$（两个值就足够，一个 x 值和一个 y 值），使得 $P(x, y)$ 为真。

为了证明

$$\exists x \exists y\, P(x, y)$$

为假，其中论域为 $X \times Y$，必须证明对于所有的 $x \in X$ 和 $y \in Y$，$P(x, y)$ 都为假。一种证明技巧是将符号 x 和 y 作为论域 X 和 Y 中的任意元素，以此论证 $P(x, y)$ 为假。

要得到一个含有嵌套量的表达式的否定式，可以使用推广的 De Morgan 逻辑定律。简单地说，就是 "$\exists$" 和 "$\forall$" 的互换。另外，不要忘了 $p \to q$ 的否定式等价于 $p \wedge \neg q$。

本节复习

1. $\forall x \forall y\, P(x, y)$ 的含义是什么？这个量词语句何时为真？何时为假？
2. $\forall x \exists y\, P(x, y)$ 的含义是什么？这个量词语句何时为真？何时为假？
3. $\exists x \forall y\, P(x, y)$ 的含义是什么？这个量词语句何时为真？何时为假？
4. $\exists x \exists y\, P(x, y)$ 的含义是什么？这个量词语句何时为真？何时为假？
5. 给出一个例子，说明一般情况下 $\forall x \exists y\, P(x, y)$ 和 $\exists x \forall y\, P(x, y)$ 的含义不同。
6. 利用推广的 De Morgan 逻辑定律，给出 $\forall x \forall y\, P(x, y)$ 的否定式。
7. 利用推广的 De Morgan 逻辑定律，给出 $\forall x \exists y\, P(x, y)$ 的否定式。
8. 利用推广的 De Morgan 逻辑定律，给出 $\exists x \forall y\, P(x, y)$ 的否定式。
9. 利用推广的 De Morgan 逻辑定律，给出 $\exists x \exists y\, P(x, y)$ 的否定式。
10. 陈述逻辑游戏的规则，说明逻辑游戏的结果和逻辑游戏中量化的表达式的真值有什么关系？

练习

在练习 1~27 中，集合 D_1 包含三个学生：Garth，身高 5 英尺 11 英寸[①]；Erin，身高 5 英尺 6 英寸；Marty：身高 6 英尺。集合 D_2 包含四个学生：Dale，身高 6 英尺；Garth，身高 5 英尺 11 英寸；Erin，身高 5 英尺 6 英寸；Marty，身高 6 英尺。集合 D_3 包含一个学生：Dale，身高 6 英尺。集合 D_4 包含 3 个学生：Pat，Sandy 和 Gale，身高都是 5 英尺 11 英寸。

---

① 1 英尺 = 0.304 m，1 英寸 = 2.54 cm。

在练习 1~9 中，$T_1(x, y)$ 是命题函数"x 比 y 高"。用文字表述练习 1~4 中的每个命题。

1. $\forall x \forall y\, T_1(x, y)$
2. $\forall x \exists y\, T_1(x, y)$
3. $\exists x \forall y\, T_1(x, y)$
4. $\exists x \exists y\, T_1(x, y)$
5. 分别用符号和文字表示练习 1~4 中每个命题的否定式。
6. 如果论域为 $D_1 \times D_1$，判断练习 1~4 中每个命题的真假。
7. 如果论域为 $D_2 \times D_2$，判断练习 1~4 中每个命题的真假。
8. 如果论域为 $D_3 \times D_3$，判断练习 1~4 中每个命题的真假。
9. 如果论域为 $D_4 \times D_4$，判断练习 1~4 中每个命题的真假。

在练习 10~18 中，设 $T_2(x, y)$ 是命题函数"x 比 y 高或 x 和 y 一样高"。用文字表述练习 10~13 中的每个命题。

10. $\forall x \forall y\, T_2(x, y)$
11. $\forall x \exists y\, T_2(x, y)$
12. $\exists x \forall y\, T_2(x, y)$
13. $\exists x \exists y\, T_2(x, y)$
14. 分别用文字和符号表述练习 10~13 中每个命题的否定式。
15. 如果论域为 $D_1 \times D_1$（参见练习 1 前集合 D_1 的定义），判断练习 10~13 中每个命题的真假。
16. 如果论域为 $D_2 \times D_2$（参见练习 1 前集合 D_2 的定义），判断练习 10~13 中每个命题的真假。
17. 如果论域为 $D_3 \times D_3$（参见练习 1 前集合 D_3 的定义），判断练习 10~13 中每个命题的真假。
18. 如果论域为 $D_4 \times D_4$（参见练习 1 前集合 D_4 的定义），判断练习 10~13 中每个命题的真假。

在练习 19~27 中，设 $T_3(x, y)$ 是命题函数"如果 x 和 y 是不同的人，则 x 比 y 高"。用文字表述练习 19~22 中的每个命题。

19. $\forall x \forall y\, T_3(x, y)$
20. $\forall x \exists y\, T_3(x, y)$
21. $\exists x \forall y\, T_3(x, y)$
22. $\exists x \exists y\, T_3(x, y)$
23. 分别用文字和符号表述练习 19~22 中每个命题的否定式。
24. 如果论域为 $D_1 \times D_1$（参见练习 1 前集合 D_1 的定义），判断练习 19~22 中每个命题的真假。
25. 如果论域为 $D_2 \times D_2$（参见练习 1 前集合 D_2 的定义），判断练习 19~22 中每个命题的真假。
26. 如果论域为 $D_3 \times D_3$（参见练习 1 前集合 D_3 的定义），判断练习 19~22 中每个命题的真假。
27. 如果论域为 $D_4 \times D_4$（参见练习 1 前集合 D_4 的定义），判断练习 19~22 中每个命题的真假。

在练习 28~31 中，设 $L(x, y)$ 是命题函数"x 喜欢 y"，其中论域是所有活着的人的集合与自己的笛卡儿积（即 x 和 y 都在所有活着的人的集合中取值）。用符号表示每个命题，并确定哪个命题为真？

28. 有一个人喜欢每一个人。
29. 每一个人喜欢每一个人。
30. 有一个人喜欢某一个人。
31. 每一个人喜欢某一个人。
32. 分别用文字和符号表述练习 28~31 中每个命题的否定式。

在练习 33~36 中，设 $A(x, y)$ 是命题函数"x 在 y 的办公时间与其会面"，$E(x)$ 是命题函数"x 在上离散数学课"。设 S 是学生的集合，T 表示所有 Hudson 大学老师的集合。其中 A 的论域是 $S \times T$，而 E 的论域是 S。试用符号表示下述命题。

33. Brit 在某教授的办公时间与其见面。
34. 没有人在 Sandwich 教授的办公时间与其见面。

35. 每个上离散数学课的学生都与某教授在其办公时间见面。

36. 所有教授都至少有一学生在其办公时间与其会面。

在练习 37~40 中，设 $P(x, y)$ 是命题函数 $x \geq y$，其中论域是 $\mathbf{Z}^+ \times \mathbf{Z}^+$。判断每个命题的真假。

37. $\forall x \forall y\, P(x, y)$ 38. $\forall x \exists y\, P(x, y)$

39. $\exists x \forall y\, P(x, y)$ 40. $\exists x \exists y\, P(x, y)$

41. 写出练习 37~40 中每个命题的否定式。

在练习 42~59 中，论域为 $\mathbf{R} \times \mathbf{R}$，请确定每个语句的真值并验证你的答案。

42. $\forall x \forall y\, (x^2 < y + 1)$ 43. $\forall x \exists y\, (x^2 < y + 1)$ 44. $\exists x \forall y\, (x^2 < y + 1)$

45. $\exists x \exists y\, (x^2 < y + 1)$ 46. $\exists y \forall x\, (x^2 < y + 1)$ 47. $\forall y \exists x\, (x^2 < y + 1)$

48. $\forall x \forall y\, (x^2 + y^2 = 9)$ 49. $\forall x \exists y\, (x^2 + y^2 = 9)$ 50. $\exists x \forall y\, (x^2 + y^2 = 9)$

51. $\exists x \exists y\, (x^2 + y^2 = 9)$ 52. $\forall x \forall y\, (x^2 + y^2 \geq 0)$ 53. $\forall x \exists y\, (x^2 + y^2 \geq 0)$

54. $\exists x \forall y\, (x^2 + y^2 \geq 0)$ 55. $\exists x \exists y\, (x^2 + y^2 \geq 0)$ 56. $\forall x \forall y\, ((x < y) \rightarrow (x^2 < y^2))$

57. $\forall x \exists y\, ((x < y) \rightarrow (x^2 < y^2))$ 58. $\exists x \forall y\, ((x < y) \rightarrow (x^2 < y^2))$ 59. $\exists x \exists y\, ((x < y) \rightarrow (x^2 < y^2))$

60. 写出练习 42~59 中每个命题的否定式。

61. 假设 P 是论域为 $\{d_1, \cdots, d_n\} \times \{d_1, \cdots, d_n\}$ 的命题函数。写一段伪代码来判断 $\exists x \forall y\, P(x, y)$ 的真假。

62. 假设 P 是论域为 $\{d_1, \cdots, d_n\} \times \{d_1, \cdots, d_n\}$ 的命题函数。写一段伪代码来判断 $\exists x \exists y\, P(x, y)$ 的真假。

63. 解释如何用逻辑游戏（参见例 1.6.15）来判断练习 42~59 中每个命题的真假。

64. 使用逻辑游戏（参见例 1.6.15）来判断命题 $\forall x \forall y \exists z((z > x) \wedge (z < y))$ 的真假。其中论域为 $\mathbf{Z} \times \mathbf{Z} \times \mathbf{Z}$。

65. 使用逻辑游戏（参见例 1.6.15）来判断命题 $\forall x \forall y \exists z((z < x) \wedge (z < y))$ 的真假。其中论域为 $\mathbf{Z} \times \mathbf{Z} \times \mathbf{Z}$。

66. 使用逻辑游戏（参见例 1.6.15）来判断命题 $\forall x \forall y \exists z((x < y) \rightarrow ((z > x) \wedge (z < y)))$ 的真假。其中论域为 $\mathbf{Z} \times \mathbf{Z} \times \mathbf{Z}$。

67. 使用逻辑游戏（参见例 1.6.15）来判断命题 $\forall x \forall y \exists z((x < y) \rightarrow ((z > x) \wedge (z < y)))$ 的真假。其中论域为 $\mathbf{R} \times \mathbf{R} \times \mathbf{R}$。

在练习 68~70 中，假设 $\forall x \forall y\, P(x, y)$ 为真并且论域不为空。确定哪个语句必须为真？如果为真，给出解释；否则给出反例。

68. $\forall x \exists y\, P(x, y)$ 69. $\exists x \forall y\, P(x, y)$ 70. $\exists x \exists y\, P(x, y)$

在练习 71~73 中，假设 $\forall x \exists y\, P(x, y)$ 为真并且论域不为空。确定哪个语句也必须为真？如果为真，给出解释；否则给出反例。

71. $\forall x \forall y\, P(x, y)$ 72. $\exists x \forall y\, P(x, y)$ 73. $\exists x \exists y\, P(x, y)$

在练习 74~76 中，假设 $\exists x \exists y\, P(x, y)$ 为真并且论域不为空。确定哪个语句也必须为真？如果为真，给出解释；否则给出反例。

74. $\forall x \forall y\, P(x, y)$ 75. $\forall x \exists y\, P(x, y)$ 76. $\exists x \forall y\, P(x, y)$

在练习77~79中，假设$\forall x \forall y P(x, y)$为假并且论域不为空。确定哪个语句必须为假？并证明你的结论。

77. $\forall x \exists y P(x, y)$　　78. $\exists x \forall y P(x, y)$　　79. $\exists x \exists y P(x, y)$

在练习80~82中，假设$\forall x \exists y P(x, y)$为假并且论域不为空。确定哪个语句必须为假？并证明你的结论。

80. $\forall x \forall y P(x, y)$　　81. $\exists x \forall y P(x, y)$　　82. $\exists x \exists y P(x, y)$

在练习83~85中，假设$\exists x \forall y P(x, y)$为假并且论域不为空。确定哪个语句必须为假？并证明你的结论。

83. $\forall x \forall y P(x, y)$　　84. $\forall x \exists y P(x, y)$　　85. $\exists x \exists y P(x, y)$

在练习86~88中，假设$\exists x \exists y P(x, y)$为假并且论域不为空。确定哪个语句必须为假？并证明你的结论。

86. $\forall x \forall y P(x, y)$　　87. $\forall x \exists y P(x, y)$　　88. $\exists x \forall y P(x, y)$

在练习89~92中，哪个语句与$\neg(\forall x \exists y P(x, y))$逻辑等价？并给出解释。

89. $\exists x \neg(\forall y P(x, y))$　　90. $\forall x \neg(\exists y P(x, y))$　　91. $\exists x \forall y \neg P(x, y)$　　92. $\exists x \exists y \neg P(x, y)$

93. [需要微积分知识] 定义 $\lim_{x \to a} f(x) = L$ 为：对于每个$\varepsilon > 0$，都存在一个$\delta > 0$，使得对于所有的x，如果$0 < |x - a| < \delta$，则$|f(x) - L| < \varepsilon$。试用符号$\forall$和$\exists$表示这个定义。

94. [需要微积分知识]利用$\forall$和$\exists$（不要用$\neg$）分别使用符号和文字来表述极限定义的否定式（参见练习93）。

*95. [需要微积分知识] 利用$\forall$和$\exists$（不要用$\neg$）分别使用符号和文字来表述定义"$\lim_{x \to a} f(x)$不存在"（参见练习93）。

96. 考虑标题"每个学校都不可能适合每个学生"。这个标题的字面意思是什么？实际要表达的意思又是什么？用符号重新表述这个标题，使其意思更加明确。

问题求解：量词

问题

假设$\forall x \exists y P(x, y)$为真，而且论域不为空。下列哪个一定为真？如果语句为真，试解释原因；否则，给出一个反例。

(a) $\forall x \forall y P(x, y)$
(b) $\exists x \forall y P(x, y)$
(c) $\exists x \exists y P(x, y)$

分析问题

首先分析(a)。给定的$\forall x \exists y P(x, y)$为真，简单地说，即对于每个$x$，存在至少一个$y$使得$P(x, y)$为真。如果(a)也为真，即对于每个$x$和$y$，$P(x, y)$为真。如果对于每个$x$，至少存在一个$y$使得$P(x, y)$为真，那么是否每个$y$都使得$P(x, y)$都为真？可以怀疑(a)可能为假，但需要一个反例来说明。

对比语句(b)与给定的语句，不难发现量词 ∀ 和 ∃ 互换了位置。这就造成了不同。在给定的真语句 $\forall x \exists y\, P(x, y)$ 中，对于任意的 x，都能够找到一个 y，它可能依赖于 x，使得 $P(x, y)$ 为真。而对于语句(b)，即 $\exists x \forall y\, P(x, y)$ 要为真，则对于某个 x，$P(x, y)$ 必须对于每个 y 为真。因此，这两个语句具有非常大的差别。可以怀疑(b)为假，但需要一个反例来说明。

现在分析(c)。给定的 $\forall x \exists y\, P(x, y)$ 为真，简单地说，即对于每个 x，存在至少一个 y 使得 $P(x, y)$ 为真。而对于语句(c)，即 $\exists x \exists y\, P(x, y)$ 要为真，则对于某个 x 和 y，要求 $P(x, y)$ 必须为真。但给定的语句已经说明对于每个 x，存在至少一个 y 使得 $P(x, y)$ 为真。所以如果选取一个 x（这是可行的，因为论域非空），则给定的语句可以保证一定存在至少一个 y 使得 $P(x, y)$ 为真。因此语句(c)肯定为真。事实上，这里仅给出了一个解释。

求解

如前所述，问题(c)已经得到解决。而问题(a)和(b)还各需要一个反例。

对于问题(a)，需要说明给定的语句 $\forall x \exists y\, P(x, y)$ 为真，而 $\forall x \forall y\, P(x, y)$ 为假。为了使给定的语句为真，必须找到一个命题函数 $P(x, y)$ 满足

$$\text{对于每个 } x,\text{ 存在 } y \text{ 使得 } P(x, y) \text{ 为真} \tag{1}$$

为了使语句(a)为假，必须满足

$$\text{至少存在一个 } x \text{ 和一个 } y \text{ 使得 } P(x, y) \text{ 为假} \tag{2}$$

如果能够找到一个 $P(x, y)$ 满足：对于每个 x，都存在至少一个 y 使得 $P(x, y)$ 为真，但是至少存在一个 x，使得 $P(x, y)$ 对于某些不同的 y 为假。那么(1)和(2)就可以同时成立。很多数学命题可以满足上述条件。例如，$x > y$，$x, y \in \mathbf{R}$。对于每个 x，存在一个 y 使得 $x > y$ 为真。进一步，对于每个 x（同时，至少有一个 x），存在一个 y 使得 $x \geqslant y$ 为假。

对于问题(b)，同样需要说明给定的语句 $\forall x \exists y\, P(x, y)$ 为真，而 $\exists x \forall y\, P(x, y)$ 为假。为了使给定的语句为真，必须找到一个命题函数 $P(x, y)$ 满足(1)。而为了使语句(b)为假，必须满足

$$\text{对于每个 } x,\text{ 至少存在一个 } y \text{ 使得 } P(x, y) \text{ 为假} \tag{3}$$

如果能够找到一个 $P(x, y)$ 满足：对于每个 x，存在一个 y 使得 $P(x, y)$ 为真，同时存在另一个 y 使得 $P(x, y)$ 为假。前一段中提到的命题，即 $x > y$，$x, y \in \mathbf{R}$ 同样可以满足上述条件。

形式解

(a) 下面给出一个例子，说明当给定语句为真时，语句(a)可以为假。令 $P(x, y)$ 是论域为 $\mathbf{R} \times \mathbf{R}$ 的命题函数 $x > y$。则

$$\forall x \exists y\, P(x, y)$$

为真。因为对于任意 x，可以选择 $y = x - 1$ 使得 $P(x, y)$ 为真。同时，

$$\forall x \forall y\, P(x, y)$$

为假。其中一个反例是 $x = 0$，$y = 1$。

(b) 下面给出一个例子，说明当给定语句为真时，语句(b)可以为假。令 $P(x, y)$ 是论域为 $\mathbf{R} \times \mathbf{R}$ 的命题函数 $x > y$。如求解(a)一样，有

$$\forall x \exists y\, P(x, y)$$

为真。现在证明

$$\exists x \forall y\, P(x, y)$$

为假。令 x 为集合 **R** 中的任一元素。可取 $y = x + 1$ 使得 $x > y$ 为假。因此对于每个 x，存在 y 使得 $P(x, y)$ 为假。因此语句(b)为假。

(c) 下面证明如果给定语句为真，则语句(c)必定为真。

已知对于每个 x，存在 y 使得 $P(x, y)$ 为真。现在需要证明存在 x 和 y 使得 $P(x, y)$ 为真。因为论域非空，可以从中选择某个值 x。对于这个 x，存在 y 使得 $P(x, y)$ 为真。已经找到至少一个 x 和一个 y 使得 $P(x, y)$ 为真。因此

$$\exists x \exists y\, P(x, y)$$

为真。

问题求解技巧小结

- 在处理量词语句时，通常用文字表述语句的书面意思将很有帮助。例如，在本问题中，写出 $\forall x \exists y\, P(x, y)$ 的书面意思对于整个解题过程大有裨益。不要吝惜书写这些文字的时间。
- 如果在寻找例子时遇到困难，可以考虑现成的例子（例如本书中的例子）。为了解决问题(a)和问题(b)，就可以采用例 1.6.6 中的语句。有时候，可能需要对现成的例子做出适当的修改以解决给定的问题。

练习

1. 用例 1.6.6 中的语句解决上面的问题(a)和问题(b)。
2. 除了例 1.6.6，1.6 节中的其他例子可以用于解决上面的问题(a)和问题(b)吗？

注释

关于离散数学的一般参考资料可见[Graham, 1994; Liu, 1985; Tucker]。[Knuth, 1997, 1998a, 1998b]都是很好的参考资料。

希望进一步学习集合论的读者可以阅读[Halmos;Lipschutz; and Stoll]。

[Barker; Copi; Edgar]是逻辑学的入门教材。更新的资料可以在[Davis]中找到。[Jacobs]的几何学论著第一章主要讨论的是逻辑。关于逻辑的历史可见[Kline]。逻辑学在计算机程序推理中的作用在[Gries]中进行了讨论。

本章复习

1.1

1. 集合：一些对象的全体
2. 集合的符号：$\{x \mid x$ 具有性质 $P\}$
3. $|X|$：集合 X 元素的个数
4. $x \in X$：x 是集合 X 的元素
5. $x \notin X$：x 不是集合 X 的元素
6. 空集：$\varnothing$ 或 $\{\}$
7. $X = Y$，其中 X 和 Y 是集合：X 和 Y 的元素相同
8. $X \subseteq Y$，X 是 Y 的子集：X 中的每个元素也在 Y 中
9. $X \subset Y$，X 是 Y 的真子集：$X \subseteq Y$ 且 $X \neq Y$
10. $\mathcal{P}(X)$，X 的幂集：X 的所有子集组成的集合
11. $|\mathcal{P}(X)| = 2^{|X|}$

12. $X \cup Y$，X 并 Y：在 X 中或在 Y 中或同时在 X 和 Y 中的元素的集合
13. 集族 $\mathcal{S}$ 的并集：$\cup \mathcal{S} = \{x \mid x \in X$ 对某个 $X \in \mathcal{S}\}$
14. $X \cap Y$，X 交 Y：在 X 中且在 Y 中的元素的集合
15. 集族 $\mathcal{S}$ 的交集：$\cap \mathcal{S} = \{x \mid x \in X$ 对所有的 $X \in \mathcal{S}\}$
16. 不相交的集合 X 和 Y：$X \cap Y = \varnothing$
17. 两两不相交的集族
18. $X - Y$，X 和 Y 的差，相对余集：在 X 中但不在 Y 中的元素的集合
19. 全集，全域
20. $\bar{X}$，X 的余集：$U - X$，其中 U 是全集
21. Venn 图
22. 集合的性质（参见定理 1.1.12）
23. 集合的 De Morgan 律：$\overline{(A \cup B)} = \bar{A} \cap \bar{B}, \overline{(A \cap B)} = \bar{A} \cup \bar{B}$
24. X 的划分：X 的非空子集的集族 $\mathcal{S}$，使得 X 中的每个元素属于且仅属于 $\mathcal{S}$ 的一个成员
25. 有序对：(x, y)
26. X 和 Y 的笛卡儿积：$X \times Y = \{(x, y) \mid x \in X, y \in Y\}$
27. $X_1, X_2, \cdots, X_n$ 的笛卡儿积：$X_1 \times X_2 \times \cdots \times X_n = \{(a_1, a_2, \cdots, a_n) \mid a_i \in X_i\}$

1.2

28. 逻辑
29. 命题
30. 合取：p 与 q，$p \wedge q$
31. 析取：p 或 q，$p \vee q$
32. 否定：非 p，$\neg p$
33. 真值表
34. 命题 p，q 的异或（不可兼或）：p 或 q 但不能都为真

1.3

35. 条件命题：如果 p，则 q；$p \rightarrow q$
36. 假设
37. 结论
38. 必要条件
39. 充分条件
40. $p \rightarrow q$ 的逆命题：$q \rightarrow p$
41. 双条件命题：p 当且仅当 q，$p \leftrightarrow q$
42. 逻辑等价：$P \equiv Q$
43. De Morgan 逻辑定律：$\neg(p \vee q) \equiv \neg p \wedge \neg q$，$\neg(p \wedge q) \equiv \neg p \vee \neg q$
44. $p \rightarrow q$ 的逆否命题：$\neg q \rightarrow \neg p$

1.4

45. 演绎推理
46. 假设
47. 前提
48. 结论
49. 论证
50. 有效论证
51. 无效论证
52. 命题推理规则：假言推理、拒取推理、附加、化简、合取、假设三段论、析取三段论

1.5

53. 命题函数
54. 论域
55. 全称量词
56. 全称量词语句
57. 反例
58. 存在量词
59. 存在量词语句
60. 推广的 De Morgan 逻辑定律：$\neg(\forall x\, P(x))$ 与 $\exists x\, \neg P(x)$ 有相同的真值。$\neg(\exists x\, P(x))$ 与 $\forall x\, \neg P(x)$ 有相同的真值。
61. 为了证明全称量词语句 $\forall x\, P(x)$ 为真，必须证明对论域中的每一个 x，命题 $P(x)$ 都为真。
62. 为了证明存在量词语句 $\exists x\, P(x)$ 为真，只需在论域中找到一个值 x，使得 $P(x)$ 为真。
63. 为了证明全称量词语句 $\forall x\, P(x)$ 为假，只需在论域中找到一个值 x（反例），使得 $P(x)$ 为假。
64. 为了证明存在量词语句 $\exists x\, P(x)$ 为假，必须证明对论域中的每一个值 x，命题 $P(x)$ 都为假。
65. 量词语句推理规则：全称例化、全称一般化、存在例化、存在一般化

1.6

66. 为了证明 $\forall x \forall y\, P(x, y)$ 为真,其中论域为 $X \times Y$。必须证明对于所有的 $x \in X$ 和 $y \in Y$,$P(x, y)$ 都为真。

67. 为了证明 $\forall x \exists y\, P(x, y)$ 为真,其中论域为 $X \times Y$。必须证明对于所有的 $x \in X$,都至少存在一个 $y \in Y$,使得 $P(x, y)$ 为真。

68. 为了证明 $\exists x \forall y\, P(x, y)$ 为真,其中论域为 $X \times Y$。必须证明论域 X 中至少存在一个 x,对于论域 Y 中任意的 y,$P(x, y)$ 为真。

69. 为了证明 $\exists x \exists y\, P(x, y)$ 为真,其中论域为 $X \times Y$。只需找到至少一个 $x \in X$ 和一个 $y \in Y$,使得 $P(x, y)$ 为真。

70. 为了证明 $\forall x \forall y\, P(x, y)$ 为假,其中论域为 $X \times Y$。只需找到至少一个 $x \in X$ 和一个 $y \in Y$,使得 $P(x, y)$ 为假。

71. 为了证明 $\forall x \exists y\, P(x, y)$ 为假,其中论域为 $X \times Y$。必须证明至少存在一个 $x \in X$,使得 $P(x, y)$ 对于每个 $y \in Y$ 都为假。

72. 为了证明 $\exists x \forall y\, P(x, y)$ 为假,其中论域为 $X \times Y$。必须证明对于所有的 $x \in X$,都至少存在一个 $y \in Y$,使得 $P(x, y)$ 为假。

73. 为了证明 $\exists x \exists y\, P(x, y)$ 为假,其中论域为 $X \times Y$。必须证明对于所有的 $x \in X$ 和 $y \in Y$,$P(x, y)$ 都为假。

74. 为了得到一个含有嵌套量词表达式的否定式,需要使用推广的 De Morgan 逻辑定律。

75. 逻辑游戏。

本章自测题

1.1

1. 如果 $A = \{1, 3, 4, 5, 6, 7\}$,$B = \{x \mid x \text{ 是偶数}\}$,$C = \{2, 3, 4, 5, 6\}$,求 $(A \cap B) - C$。
2. 如果 $A \cup B = B$,那么 A 和 B 存在何种关系?
3. 集合 $\{3, 2, 2\}$ 和 $\{x \mid x \text{ 是整数且 } 1 < x \leq 3\}$ 相等吗?试解释原因。
4. 如果 $A = \{a, b, c\}$,则 $\mathcal{P}(A) \times A$ 有多少个元素?

1.2

5. 如果 p、q 和 r 为真,给出命题 $(p \vee q) \wedge \neg((\neg p \wedge r) \vee q)$ 的真值表。
6. 写出命题 $\neg(p \wedge q) \vee (p \vee \neg r)$ 的真值表。
7. 用文字表示命题 $p \wedge (\neg q \vee r)$,其中

p: 我担任酒店经理
q: 我担任娱乐总监
r: 我喜欢大众文化

8. 假设 a、b 和 c 是实数。用符号表示语句 $a < b$ 或 ($b < c$ 并且 $a \geq c$),设 $p: a < b$,$q: b < c$,$r: a < c$。

1.3

9. 用条件命题的形式重述命题 "Leah 得到离散数学成绩 A 的必要条件是努力学习"。
10. 写出练习 9 的逆命题和逆否命题。
11. 如果 p 为真,q 和 r 为假,确定命题 $(p \vee q) \rightarrow \neg r$ 的真值。
12. 根据练习 8 的定义用符号表示语句,如果 ($a \geq c$ 或者 $b < c$),则 $b \geq c$。

1.4

13. 下面的论证使用了哪种推理规则?

    如果小王赢得比赛,我就吃掉我的帽子。如果我吃掉我的帽子,我将非常饱。因此,如果小王赢得比赛,我将非常饱。

14. 用符号表示下面的论证,并确定此论证是否有效。

    如果小王赢得比赛,我就吃掉我的帽子。如果我吃掉我的帽子,我将非常饱。因此,如果我非常饱,那么小王赢得了比赛。

15. 确定下面的论证是否有效。

$$
\begin{array}{l}
p \to q \vee r \\
p \vee \neg q \\
r \vee q \\
\hline
\therefore q
\end{array}
$$

16. 利用推理规则给出论证,以证明可以从假设得到结论。

    假设:如果国会批准这项资金,那么亚特兰大将获得奥运会的举办权。如果亚特兰大获得奥运会的举办权,那么亚特兰大将新建一座运动场。亚特兰大没有新建一座运动场。

    结论:国会没有批准这项资金,或者奥运会被取消了。

1.5

17. 这个语句

    这支队伍赢得了 2006 年 NBA 冠军

    是一个命题吗? 试解释原因。

18. 练习 17 中的语句是一个命题函数吗? 试解释原因。

在练习 19~20 中,设 $P(n)$ 为语句 "n 和 $n+2$ 是素数"。用文字表述每个语句,并判断真假。

19. $\forall n\, P(n)$ 20. $\exists n\, P(n)$

1.6

21. 令 $K(x, y)$ 为命题函数 "x 认识 y",其中论域为学习离散数学的学生的集合与自己的笛卡儿积(即 x 与 y 都从学习离散数学的学生的集合中取值)。用符号表示论断"某个人不认识任何人"。

22. 用符号和文字分别表述练习 21 中论断的否定式。

23. 判断语句 $\forall x \exists y\, (x = y^3)$ 的真假,其中论域为 $\mathbf{R} \times \mathbf{R}$。解释你的答案,并用文字叙述这个语句的含义。

24. 利用广义 De Morgan 定律写出 $\forall x \exists y \forall z\, P(x, y, z)$ 的否定式。

上机练习

在练习 1~6 中,假设一个含有 n 个元素的集合 X 用一个大小至少为 $n+1$ 的数组 A 来表示。X 的元素从 A 的第一个位置开始连续地存放,最后以 0 结束。同时假设各集合中都不含 0。

1. 已知表示 X 和 Y 的数组,编写一个程序表示集合 $X \cup Y$、$X \cap Y$、$X - Y$ 和 $X \Delta Y$。(Δ 表示对称差。)

2. 已知表示 X 和 Y 的数组,编写一个程序来判断是否有 $X \subseteq Y$。

3. 已知表示 X 和 Y 的数组,编写一个程序来判断是否有 $X = Y$。

4. 已知表示 $\overline{X}$ 的数组，假设全集被表示为一个数组，编写一个程序来表示集合 X。
5. 已知元素 E 和表 X 的数组 A，编写一个判断是否有 $E \in X$ 的程序。
6. 已知表示 X 的数组，编写一个列出 X 的所有子集的程序。
7. 编写一段程序，输入 p 和 q 的逻辑表达式，输出该表达式的真值表。
8. 编写一段程序，输入 p、q 和 r 的逻辑表达式，输出该表达式的真值表。
9. 编写一段程序，测试 p 和 q 的两个逻辑表达式是否逻辑等价。
10. 编写一段程序，测试 p、q 和 r 的两个逻辑表达式是否逻辑等价。

第 2 章 证 明

本章基于第 1 章介绍的逻辑来讨论证明。逻辑方法在数学上用来证明定理,在计算机科学中用来证明一个程序完成了要求其做的事情。例如,一个学生需要编写一个求解城市之间最短路径的程序。程序的输入是任意数目的城市及所有相邻城市之间公路的长度,程序的输出是任意两个不同城市之间的最短路径。当这个学生编写完程序后,对于少量几个城市,程序的正确性是很容易验证的,如可以用铅笔在纸上列出所有可能的路径,然后找到最短的路径,将穷举法的结果与计算机程序的输出做比较即可。然而若城市的数目很多,穷举法将花费大量的时间。那么如何才能确信在输入比较多的城市的情况下,程序的运行是正确的呢?或者换句话说,使用何种数据进行测试才能确信程序是正确的呢?只能用逻辑方法来证明自己的程序是正确的。本章将讨论用逻辑方法来证明逻辑命题,这种逻辑命题可能是形式化的或非形式化的,但却是必不可少的。

在介绍完 2.1 节中的相关内容及术语之后,本章余下的章节中将详细讨论各种证明技巧。2.1 节和 2.2 节介绍的各种证明技巧是以第 1 章的内容为基础的。作为 2.3 节主题的归结法是一种自动证明技巧。2.4 节和 2.5 节将集中讨论数学归纳法,它是离散数学和计算机科学中非常重要的一种证明技巧。

[WWW]

2.1 数学系统、直接证明和反例

一个**数学系统**(mathematical system)由**公理**(axiom)、**定义**(definition)和**未定义项**(undefined term)组成。公理假定为真。定义用来根据已有的概念建立新的概念。有些项没有明显的定义但是却隐含在公理中。在一个数学系统中,可以推出定理。**定理**(theorem)是被证明为真的命题。引理和推论是特殊的定理。**引理**(lemma)是一个本身没有太大的意义的定理,但是可以用来证明其他的定理。**推论**(corollary)是容易由一个定理推出的定理。

构造一个定理的正确性的论证过程称为**证明**(proof)。逻辑是证明分析的工具。本节将介绍一些一般的证明方法,并且使用逻辑来分析论证过程是有效的还是无效的。2.3 节至 2.5 节讨论归结证明和数学归纳法,这些都是特殊的证明方法。首先给出数学系统的几个例子。

例 2.1.1 欧几里得几何(简称欧氏几何)是数学系统的一个例子。其中的公理有

- 给定两个不同的点,存在唯一的一条直线通过这两个点。
- 给定一条直线和一个不在这条线上的点,存在唯一一条通过这个点与已给直线相平行的直线。

点和直线是未定义项,这些项由描述它们特性的公理间接定义。

欧氏几何中的定义有

- 两个三角形是全等的,如果它们对应的边和对应的角相等。
- 两个角互补,如果它们的度数之和是 180°。

■

例 2.1.2 实数是数学系统的另一个例子。其中的公理有

- 对所有的实数 x 和 y,$xy = yx$。
- 存在实数的子集 **P** 满足

(a) 如果 x 和 y 在 **P** 中，则 $x+y$ 和 xy 也在 **P** 中。

(b) 如果 x 是实数，则 x 在 **P** 中、$x=0$、$-x$ 在 **P** 中，必然有一个为真。

乘法由第一个公理间接定义，其他公理描述乘法具有的性质。

和实数有关的定义有

- **P**（前面的公理）中的元素称为正实数。
- 实数 x 的绝对值 $|x|$ 定义为如果 x 是正数或零，其他情况定义成 $-x$。

下面给出欧氏几何和实数系统中的定理、推论和引理的几个例子。

例 2.1.3 欧氏几何中定理的例子有

- 如果一个三角形的两个边相等，则这两个边相对的角相等。
- 如果四边形的对角线互相平分，则四边形为平行四边形。

例 2.1.4 欧氏几何中推论的一个例子是

- 如果一个三角形是等边的，则它是等角的。

这个推论可以从例 2.1.3 中的第一个定理中直接推出。

例 2.1.5 关于实数的定理有

- 对于每一个实数 x，$x \cdot 0 = 0$。
- 对于所有的实数 x、y、z，如果 $x \leq y$ 和 $y \leq z$，则 $x \leq z$。

例 2.1.6 关于实数的引理的一个例子是

- 如果 n 是正整数，则 $n-1$ 或者是正整数或者 $n-1=0$。

显然这个结果本身没有太大的意义，但是它可以用来证明其他的结果。

直接证明

定理通常有这样的形式

$$\text{对所有的 } x_1, x_2, \cdots, x_n, \text{ 如果 } p(x_1, x_2, \cdots, x_n), \text{ 则 } q(x_1, x_2, \cdots, x_n)$$

这个全称量词语句为真，如果对论域中的所有 $x_1, x_2, \cdots, x_n$，条件命题

$$\text{如果 } p(x_1, x_2, \cdots, x_n), \text{ 则 } q(x_1, x_2, \cdots, x_n) \tag{2.1.1}$$

为真。为了证明式(2.1.1)，假设 $x_1, x_2, \cdots, x_n$ 是论域中的任意元素。如果 $p(x_1, x_2, \cdots, x_n)$ 为假，根据定义 1.3.3，式(2.1.1)为真；因此只需要考虑如果 $p(x_1, x_2, \cdots, x_n)$ 为真的情况。**直接证明**（direct proof）是假定 $p(x_1, x_2, \cdots, x_n)$ 为真，然后使用 $p(x_1, x_2, \cdots, x_n)$ 及其他定理、定义和前面推出的定理，直接说明 $q(x_1, x_2, \cdots, x_n)$ 为真。

每个人都知道什么样的整数是偶数或奇数，而下面的定义使这些术语严格化，并提供了形式化方法在证明中使用术语"偶整数"和"奇整数"。

定义 2.1.7 如果存在一个整数 k，可将整数 n 表示为 $n=2k$，则称整数 n 为偶数。如果存在一个整数 k，可将整数 n 表示为 $n=2k+1$，则称整数 n 为奇数。

例 2.1.8 整数 $n=12$ 是偶数，因为存在整数 k（可选取 $k=6$）使 $n=2k$，即 $12=2 \cdot 6$。

例 2.1.9 整数 $n = -21$ 是奇数,因为存在整数 k(可选取 $k = -11$)使 $n = 2k + 1$,即 $-21 = 2 \cdot (-11) + 1$。 ∎

例 2.1.10 给出语句"对任意整数 m 和 n,若 m 为奇数 n 为偶数,则 $m + n$ 是奇数。"的直接证明。

分析 在直接证明中,一般是通过假设得到结论。一个好的方法是同时列出假设和结论,这样就能清楚地知道从哪里开始,到何处结束。在这个例子中,首先列出假设和结论

　　m 是奇数 与 n 是偶数。(假设)
　　…
　　$m + n$ 是奇数。(结论)

上面的空白部分(…)正是需要完成的证明部分,它将从假设导出结论。

首先,将"奇数"和"偶数"的定义填入空白部分。

　　m 是奇数 与 n 是偶数。(假设)
　　存在整数 k_1,使 $m = 2k_1 + 1$。(因为 m 是奇数)
　　存在正是 k_2,使 $n = 2k_2$。(因为 n 是偶数)
　　…
　　$m + n$ 是奇数。(结论)

(注意:不能假设 $k_1 = k_2$。例如,假设 $m = 15$,$n = 4$,则 $k_1 = 7$,$k_2 = 2$。之所以用两个不同的符号表示两个整数 k_1 和 k_2,是因为这两个整数不一定相等。)

整个证明剩下的部分就是论证 $m + n$ 是奇数的论证过程。如何得到这个结论呢?只需再次利用"奇数"的定义,并证明 $m + n$ 等于

$$2 \times \text{某个整数} + 1 \tag{2.1.2}$$

已经知道 $m = 2k_1 + 1$ 和 $n = 2k_2$。接下来又如何利用这两个条件得到目标式(2.1.2)呢?因为目标式中含有 $m + n$,所以将等式 $m = 2k_1 + 1$ 和 $n = 2k_2$ 相加即可得到 $m + n$,即

$$m + n = (2k_1 + 1) + 2k_2$$

不难推测上面的式子具有式(2.1.2)的形式。一个简单的代数变换就可以将上面的式子变成式(2.1.2)的形式:

$$m + n = (2k_1 + 1) + 2k_2 = 2(k_1 + k_2) + 1$$

至此,证明结束。

证明 令 m 和 n 为任意整数,并假设 m 是奇数,n 是偶数。需要证明 $m + n$ 是奇数。根据定义,因为 m 为奇数,所以存在整数 k_1,使 $m = 2k_1 + 1$。同理,因为 n 为偶数,所以存在整数 k_2,使 $n = 2k_2$。于是,m 和 n 的和为

$$m + n = (2k_1 + 1) + (2k_2) = 2(k_1 + k_2) + 1$$

所以,存在整数 k(可选取 $k = k_1 + k_2$),使 $m + n = 2k_1 + 1$。故 $m + n$ 为奇数。 ∎

例 2.1.11 给出对于任意集合 X、Y 和 Z,有 $X \cap (Y - Z) = (X \cap Y) - (X \cap Z)$ 的直接证明。

分析 整个证明的结构是

　　X,Y 和 Z 是三个集合。(假设)
　　…
　　$X \cap (Y - Z) = (X \cap Y) - (X \cap Z)$(结论)

结论断定两集合 $X \cap (Y-Z)$ 和 $(X \cap Y) - (X \cap Z)$ 相等。回忆证明集合相等可以从集合的定义着手（参见 1.1 节）。因此，必须证明对于所有的 x，

$$\text{如果 } x \in X \cap (Y-Z), \text{ 则 } x \in (X \cap Y) - (X \cap Z)$$

同时

$$\text{如果 } x \in (X \cap Y) - (X \cap Z), \text{ 则 } x \in X \cap (Y-Z)$$

这样整个证明的结构就变成

    X、Y 和 Z 是三个集合。（假设）
    如果 $x \in X \cap (Y-Z)$，则 $x \in (X \cap Y) - (X \cap Z)$
    如果 $x \in (X \cap Y) - (X \cap Z)$，则 $x \in X \cap (Y-Z)$
    $X \cap (Y-Z) = (X \cap Y) - (X \cap Z)$（结论）

接下来需要利用并（$\cap$）和差（$-$）的定义来完成上面的证明。

为了证明

$$\text{如果 } x \in X \cap (Y-Z), \text{ 则 } x \in (X \cap Y) - (X \cap Z)$$

首先假设 x 是集合 $X \cap (Y-Z)$ 中的任意一个元素。因为这个集合是一个并集，不难推出 $x \in X$ 且 $x \in Y-Z$。整个证明过程便依此进行。当构建证明时，非常重要的一点就是始终记得最终的目标 $x \in (X \cap Y) - (X \cap Z)$。为了帮助引导整个证明的构建过程，可以利用集合差的定义转换最终的目标（编者注：这种转换必须保证转换后的结果与最终目标等价，或者转换后的结果是最终目标的充分条件），即 $x \in (X \cap Y) - (X \cap Z)$ 可以转换为 $x \in X \cap Y$ 但 $x \notin X \cap Z$。

证明   令 X、Y 和 Z 是三个任意集合。通过证明

$$\text{如果 } x \in X \cap (Y-Z), \text{ 则 } x \in (X \cap Y) - (X \cap Z) \tag{2.1.3}$$

和

$$\text{如果 } x \in (X \cap Y) - (X \cap Z), \text{ 则 } x \in X \cap (Y-Z) \tag{2.1.4}$$

来证明

$$X \cap (Y-Z) = (X \cap Y) - (X \cap Z)$$

为了证明式(2.1.3)，令 $x \in X \cap (Y-Z)$。根据并的定义，得到 $x \in X$ 且 $x \in Y-Z$。根据差的定义，由 $x \in Y-Z$ 得到 $x \in Y$ 和 $x \notin Z$。根据并的定义，由 $x \in X$ 和 $x \in Y$ 可以得到 $x \in X \cap Y$。再次根据并的定义，由 $x \notin Z$ 可以得到 $x \notin X \cap Z$。根据差的定义，由 $x \in X \cap Y$ 和 $x \notin X \cap Z$ 可以得到 $x \in (X \cap Y) - (X \cap Z)$。因此式(2.1.3)得证。

为了证明式(2.1.4)，令 $x \in (X \cap Y) - (X \cap Z)$。根据差的定义，得到 $x \in X \cap Y$ 且 $x \notin X \cap Z$。根据并的定义，由 $x \in X \cap Y$ 得到 $x \in X$ 和 $x \in Y$。再次根据并的定义，由 $x \notin X \cap Z$ 和 $x \in X$ 可以得到 $x \notin Z$。根据差的定义，由 $x \in Y$ 和 $x \notin Z$ 可以得到 $x \in Y-Z$。最后根据并的定义，由 $x \in X$ 和 $x \in Y-Z$ 可以得到 $x \in X \cap (Y-Z)$。因此式(2.1.4)得证。

因为我们已经定义了式(2.1.3)和式(2.1.4)，所以就有

$$X \cap (Y-Z) = (X \cap Y) - (X \cap Z)$$

∎

下面的例子说明在构造一个证明时，有时会发现可能需要一些辅助性的结果，此时，往往要暂停主要的证明，先去证明辅助性的结果，再返回到证明主线上来。一般称辅助性结果的证明为**子证明**（subproof）（对于熟悉程序设计的读者，子证明可看成子例程）。

例 2.1.12 如果 a 和 b 为两实数，定义 $\min\{a,b\}$ 为 a 和 b 中较小的一个。若 a 和 b 相等，则 $\min\{a,b\}$ 的值就是 a 或 b。严格地说，有

$$\min\{a,b\} = \begin{cases} a, & a < b \\ a, & a = b \\ b, & b < a \end{cases}$$

给出语句：对所有的实数 d、d_1、d_2 和 x，

如果 $d = \min\{d_1, d_2\}$ 且 $x \leq d$，则 $x \leq d_1$ 且 $x \leq d_2$。

的直接证明。

分析 整个证明的结构是

$d = \min\{d_1, d_2\}$ 且 $x \leq d$（假设）
…
$x \leq d_1$ 且 $x \leq d_2$（结论）

为了帮助理解整个证明，先看一个特殊的例子。正如前面所提到的，一个特殊的例子并不能够证明全称量词语句，但是它却能帮助我们更好地理解语句。

令 $d_1 = 2$，$d_2 = 4$，则 $d = \min\{d_1, d_2\} = 2$。待证明的语句断言：如果 $x \leq d(=2)$，则 $x \leq d_1(=2)$ 且 $x \leq d_2(=4)$。为什么这个语句在一般情况下也为真呢？实数 d_1 和 d_2 中较小的数 d 必定等于两实数中较小的数，并小于或等于两实数中较大的数，用符号表示即为 $d \leq d_1$ 且 $d \leq d_2$。如果 $x \leq d$，则从 $x \leq d$ 和 $d \leq d_1$ 可以得出 $x \leq d_1$。类似地，从 $x \leq d$ 和 $d \leq d_2$ 可以得出 $x \leq d_2$。因此，整个证明的结构就变成

$d = \min\{d_1, d_2\}$ 且 $x \leq d$（假设）
子证明：证明 $d \leq d_1$ 且 $d \leq d_2$
从 $x \leq d$ 和 $d \leq d_1$ 推出 $x \leq d_1$
从 $x \leq d$ 和 $d \leq d_2$ 推出 $x \leq d_2$
$x \leq d_1$ 并且 $x \leq d_2$（结论）

至此，整个证明所剩下的部分就是需要证明 $d \leq d_1$ 且 $d \leq d_2$ 的子证明。参见 "min" 的定义：如果 $d_1 \leq d_2$，则 $d = \min\{d_1, d_2\} = d_1$ 且 $d = d_1 \leq d_2$；如果 $d_2 < d_1$，则 $d = \min\{d_1, d_2\} = d_2$ 且 $d = d_2 < d_1$。在两种情况下，都有 $d \leq d_1$ 且 $d \leq d_2$。

证明 令 d、d_1、d_2 和 x 为任意实数。假设

$$d = \min\{d_1, d_2\} \text{ 且 } x \leq d$$

则只需证明

$$x \leq d_1 \text{ 且 } x \leq d_2$$

首先证明 $d \leq d_1$ 且 $d \leq d_2$。根据 min 的定义：如果 $d_1 \leq d_2$，则 $d = \min\{d_1, d_2\} = d_1$ 且 $d = d_1 \leq d_2$；如果 $d_2 < d_1$，则 $d = \min\{d_1, d_2\} = d_2$ 且 $d = d_2 < d_1$。在两种情况下，都有 $d \leq d_1$ 且 $d \leq d_2$。根据前面的定理（例 2.1.5 中的第二个定理）可以从 $x \leq d$ 和 $d \leq d_1$ 推出 $x \leq d_1$。根据相同的定理同样可以由 $x \leq d$ 和 $d \leq d_2$ 推出 $x \leq d_2$。因此，$x \leq d_1$ 且 $x \leq d_2$。 ■

例 2.1.13 通常存在各种不同的方法来证明同一个语句。接下来将通过两种不同的方法证明下面的语句：

对于任意集合 X 和 Y，有 $X \cup (Y - X) = X \cup Y$

分析 首先给出如例2.1.11中的直接证明方法。证明对于所有的x，如果$x \in X \cup (Y-X)$，则$x \in X \cup Y$；如果$x \in X \cup Y$，则$x \in X \cup (Y-X)$。

第二种证明方法利用关于集合法则的定理1.1.21。主要的想法就是利用集合法则，将$X \cup (Y-X)$转换成$X \cup Y$。

证明 [证明一] 证明对于所有的x，如果$x \in X \cup (Y-X)$，则$x \in X \cup Y$；如果$x \in X \cup Y$，则$x \in X \cup (Y-X)$。

令$x \in X \cup (Y-X)$，则$x \in X$或$x \in Y-X$。如果$x \in X$，则$x \in X \cup Y$；如果$x \in Y-X$，则$x \in Y$，同样有$x \in X \cup Y$。在两种情况下，都有$x \in X \cup Y$。

令$x \in X \cup Y$，则$x \in X$或$x \in Y$。如果$x \in X$，则$x \in X \cup (Y-X)$；如果$x \notin X$，则$x \in Y$。在这种情况下，有$x \in Y-X$。因此，$x \in X \cup (Y-X)$。在两种情况下，都有$x \in X \cup (Y-X)$。证明结束。

证明 [证明二] 使用关于集合法则的定理1.1.21，及由集合差的定义得到的条件$Y-X = Y \cap \overline{X}$。令$U$表示全集，则

$$
\begin{aligned}
X \cup (Y-X) &= X \cup (Y \cap \overline{X}) & & [Y-X = Y \cap \overline{X}] \\
&= (X \cup Y) \cap (X \cup \overline{X}) & & [\text{分配律，定理}1.1.21(c)] \\
&= (X \cup Y) \cap U & & [\text{补余律，定理}1.1.21(e)] \\
&= X \cup Y & & [\text{同一律，定理}1.1.21(d)]
\end{aligned}
$$

∎

证明全称量词语句为假

回忆如何证明$\forall x\, P(x)$为假（参见1.5节）。只需在论域中找到一个元素x使得$P(x)$为假即可。这个元素x就称为**反例**（counterexample）。

例2.1.14 语句

$$\forall n \in \mathbf{Z}^+\, (2^n + 1 \text{是素数})$$

为假。其中一个反例是$n=3$，因为$2^3 + 1 = 9$，而9不是一个素数。 ∎

例2.1.15 如果给定的语句

$$(A \cap B) \cup C = A \cap (B \cup C)，\text{对于所有的集合}A、B、C$$

为真，证明之；否则，给出一个反例。

首先试着证明上面的语句。第一步证明如果$x \in (A \cap B) \cup C$，则$x \in A \cap (B \cup C)$。假设$x \in (A \cap B) \cup C$，则

$$x \in A \cap B \text{ 或 } x \in C \tag{2.1.5}$$

为了证明$x \in A \cap (B \cup C)$，即

$$x \in A \text{ 且 } x \in B \cup C \tag{2.1.6}$$

如果x属于C，则式(2.1.5)为真；如果x不属于A，则式(2.1.6)为假。因此给定的语句为假，不存在任何直接证明方法（或其他证明方法）。如果选取集合A和C，则存在一个元素属于C，而不属于A。下面将给出一个反例。

令

$$A = \{1, 2, 3\}, B = \{2, 3, 4\}, C = \{3, 4, 5\}$$

则存在一个元素属于C，而不属于A。同时有

$$(A \cap B) \cup C = \{2, 3, 4, 5\} \text{ 和 } A \cap (B \cup C) = \{2, 3\}$$

显然

$$(A \cap B) \cup C \neq A \cap (B \cup C)$$

因此，集合 A、B 和 C 即为一个反例，证明了给定的语句为假。∎

问题求解要点

为了构造一个全称量词语句的直接证明，首先列出假设（以便知道假定的条件）和结论（以便知道证明的目标）。如本书课后练习的答案一样，结论就是整个工作的目标，只不过在处理之前就知道了目标。对于给出的每个论证，它都从假设开始，到得出结论结束。为了构建一个论证，必须提醒自己，关于语句中的术语（如 "奇数"，"偶数"）、符号（如 $X \cap Y$，$\min\{d_1, d_2\}$）等知道多少。有时候需要参考相关的定义和结论。例如，如果有一个涉及到偶数 n 的假设，则必须知道存在某个整数 k 使得 $n = 2k$。如果要从集合相等的定义来证明两集合 X 和 Y 相等，则必须知道应该证明对于任意的 x，如果 $x \in X$，则 $x \in Y$；以及如果 $x \in Y$，则 $x \in X$。

为了更好地理解所证明的语句，可以考虑论域中一些特殊的值。当要求证明全称量词语句时，仅证明该语句对于特殊值为真是不充分的。虽然如此，但这些特殊的值却有助于理解待证明的语句。

为了证明全称量词语句为假，只需找到论域中的某个值，即一个反例，使得命题函数为假。在这里，整个证明包括举出一个反例，以及说明命题函数对此反例确实为假。

当书写证明过程时，应该首先列出待证明的语句。需要清楚地说明证明开始的地方（例如，从新的段落开始，或者写出 "证明" 两字）。尽量使用完整的句子，它可以包含一些符号，

$$\text{因此 } x \in X$$

就是一个非常好的例子。字面上，它是一个完整的句子：因此 x 属于 X。通常以陈述结论来结束整个证明，如果可能，尽量给出导出结论的原因。例如，例 2.1.10 以

所以，存在整数 k（可选取 $k = k_1 + k_2$），使 $m + n = 2k + 1$。

故 $m + n$ 为奇数。

结束证明。这里不仅清晰地陈述了结论（$m + n$ 为奇数），而且给出了导出结论的原因，即 $m + n = 2k + 1$。

要提醒读者的是，证明是从哪开始的。例如，如果你要证明 $X = Y$，则应在整个证明部分开始前写出 "我们将要证明 $X = Y$"。

说明每个步骤都是正确的。例如，如果你要从 $x \in X \cup Y$ 得到 $x \in X$ 或 $x \in Y$，则应写出 "因为 $x \in X \cup Y$，所以 $x \in X$ 或 $x \in Y$"，甚至可以写 "因为 $x \in X \cup Y$，所以从集合的并的定义可以得到 $x \in X$ 或 $x \in Y$"。尽量保证表述的清晰度。

如果要求证明某个全称量词语句为真或者为假，可以从证明此语句为真着手。如果可以证明成功，则工作结束——语句为真并且得到了证明。如果证明失败，则应仔细检查失败的地方。给定的语句可能为假，同时证明的失败可以引导你构建一个反例（参见例 2.1.15）。另一方面，如果在构建反例时出现困难，也应该仔细检查构造反例失败的地方。这种检查往往可以帮助说明语句为真，从而构建一个完整的证明。

常见错误

在例 2.1.10 中，曾指出对于两个可能不同的变量使用相同的符号是错误的。举个例子，证明 "对于任意的 m 和 n，如果 m 和 n 是偶数，则 mn 是一个平方数（即存在某整数 a，使得 $mn = a^2$）"。

一个错误的证明是：因为 m 和 n 是偶数，令 $m = 2k$ 和 $n = 2k$。则 $mn = (2k)(2k) = (2k)^2$。如果令 $a = 2k$，则 $m = a^2$。这个证明的问题在于不能对两个不同的变量使用同一个 k。如果 m 和 n 为偶数，则可以得到 $m = 2k_1$ 和 $n = 2k_2$，其中 k_1 和 k_2 不必相等。（事实上，语句"对于任意的 m 和 n，如果 m 和 n 是偶数，则 mn 是一个平方数"为假。一个反例是 $m = 2$ 及 $n = 4$。）

给定一个全称量词命题函数，证明命题函数对于论域中的某些特殊值为真，并不能够说明命题函数对于论域中所有的值都为真。（当然，这些特殊的值在一定程度上意味着命题函数可能对于所有论域中的值为真。）例 2.1.10 就要求证明对于所有的整数 m 和 n，

$$\text{如果 } m \text{ 为奇数，} n \text{ 为偶数，则 } m + n \text{ 为奇数} \tag{2.1.7}$$

令 $m = 11$，$n = 4$，注意 $m + n = 15$ 并不足以证明式(2.1.7)对于所有的整数 m 和 n 为真，它仅仅证明了式(2.1.7)对于 $m = 11$ 和 $n = 4$ 这组值为真。

在构建证明时，不能将待证明的结论当做假设条件。举个例子，为了证明"对于所有的整数 m 和 n，如果 m 和 $m + n$ 是偶数，则 n 是偶数"，有这样一个错误的证明：令 $m = 2k_1$ 和 $n = 2k_2$，则 $m + n = 2k_1 + 2k_2$。因此，

$$n = (m + n) - m = (2k_1 + 2k_2) - 2k_2 = 2(k_1 + k_2 - k_2)$$

所以 n 为偶数。上述证明的问题在于令 $n = 2k_2$，因为它等价于 n 为偶数——这恰恰是待证明的结论！这种错误被称为**将问题当条件**（begging the question）或**循环推理**（circular reasoning）。[语句"对于所有的整数 m 和 n，如果 m 和 $m + n$ 是偶数，则 n 是偶数"为真（参见练习 12）。]

本节复习

1. 什么是数学系统？
2. 什么是公理？
3. 什么是定义？
4. 什么是未定义项？
5. 什么是定理？
6. 什么是证明？
7. 什么是引理？
8. 什么是直接证明？
9. "偶数"的形式化定义是什么？
10. "奇数"的形式化定义是什么？
11. 什么是子证明？
12. 如何证明一个全称量词语句为假？

练习

1. 给出一个（与例 2.1.1 不同的）欧氏几何公理的例子。
2. 给出一个（与例 2.1.2 不同的）实数系统公理的例子。
3. 给出一个（与例 2.1.1 不同的）欧氏几何定义的例子。
4. 给出一个（与例 2.1.2 不同的）实数系统定义的例子。
5. 给出一个（与例 2.1.3 不同的）欧氏几何定理的例子。
6. 给出一个（与例 2.1.5 不同的）实数系统定理的例子。
7. 证明对所有的整数 m 和 n，如果 m 和 n 都是偶数，则 $m + n$ 是偶数。
8. 证明对所有的整数 m 和 n，如果 m 和 n 都是奇数，则 $m + n$ 是偶数。
9. 证明对所有的整数 m 和 n，如果 m 和 n 都是偶数，则 mn 是偶数。
10. 证明对所有的整数 m 和 n，如果 m 和 n 都是奇数，则 mn 是奇数。
11. 证明对所有的整数 m 和 n，如果 m 是奇数，n 是偶数，则 mn 是偶数。
12. 证明对所有的整数 m 和 n，如果 m 和 $m + n$ 是偶数，则 n 是偶数。

13. 证明对所有的有理数 x 和 y，$x+y$ 是有理数。
14. 证明对所有的有理数 x 和 y，xy 是有理数。
15. 证明对每个有理数 x，如果 $x \neq 0$，则 $1/x$ 是有理数。
16. 如果 a 和 b 为实数，定义 $\max\{a,b\}$ 为 a 和 b 中较大的数，若 a 和 b 相等则为这个相等的值。证明对所有的实数 d、d_1、d_2、x，如果 $d = \max\{d_1, d_2\}$ 和 $x \geq d$，则 $x \geq d_1$ 和 $x \geq d_2$。
17. 证明下面的直接证明中每一步都是正确的，此证明是为了证明"如果 x 是一个实数，则 $x \cdot 0 = 0$"。假设已知定理：如果 a、b 和 c 是实数，则 $b + 0 = b$ 并且 $a(b+c) = ab + ac$。如果 $a + b = a + c$，则 $b = c$。证明 $x \cdot 0 + 0 = x \cdot 0 = x \cdot (0+0) = x \cdot 0 + x \cdot 0$；所以 $x \cdot 0 = 0$。
18. 如果 X 和 Y 为非空集合，并且 $X \times Y = Y \times X$，由此可以推出关于 X 和 Y 的什么结论？证明你的答案。
19. 证明对于所有的集合 X 和 Y，有 $X \cap Y \subseteq X$。
20. 证明对于所有的集合 X 和 Y，有 $X \subseteq X \cup Y$。
21. 证明对于所有的集合 X、Y 和 Z，如果 $X \subseteq Y$，则 $X \cup Z \subseteq Y \cup Z$。
22. 证明对于所有的集合 X、Y 和 Z，如果 $X \subseteq Y$，则 $X \cap Z \subseteq Y \cap Z$。
23. 证明对于所有的集合 X、Y 和 Z，如果 $X \subseteq Y$，则 $Z - Y \subseteq Z - X$。
24. 证明对于所有的集合 X、Y 和 Z，如果 $X \subseteq Y$，则 $Y - (Y - X) = X$。
25. 证明对于所有的集合 X、Y 和 Z，如果 $X \cap Y = X \cap Z$ 及 $X \cup Y = X \cup Z$，则 $Y = Z$。
26. 证明对于所有的集合 X 和 Y，有 $\mathcal{P}(X) \cup \mathcal{P}(Y) \subseteq \mathcal{P}(X \cup Y)$。
27. 证明对于所有的集合 X 和 Y，有 $\mathcal{P}(X \cap Y) = \mathcal{P}(X) \cap \mathcal{P}(Y)$。
28. 证明对于所有的集合 X 和 Y，如果 $\mathcal{P}(X) \subseteq \mathcal{P}(Y)$，则 $X \subseteq Y$。
29. 证明对于所有的集合 X 和 Y，$\mathcal{P}(X \cup Y) \subseteq \mathcal{P}(X) \cup \mathcal{P}(Y)$ 为假。
30. 仿照例 2.1.13 中的第二种证明方法，给出下面语句的直接证明，对于所有的集合 X、Y 和 Z，有 $X \cap (Y - Z) = (X \cap Y) - (X \cap Z)$。（例 2.1.11 曾利用集合相等的定义给出了上述语句的直接证明。）

在练习 31~43 中，如果语句为真，试证明之；否则，举出一个反例。其中集合 X、Y 和 Z 是全集 U 的子集。假设笛卡儿积的全集为 $U \times U$。

31. 对于所有的集合 X 和 Y，要么 X 是 Y 的子集，要么 Y 是 X 的子集。
32. 对于所有的集合 X、Y 和 Z，$X \cup (Y - Z) = (X \cup Y) - (X \cup Z)$。
33. 对于所有的集合 X 和 Y，$\overline{Y - X} = X \cup \overline{Y}$。
34. 对于所有的集合 X、Y 和 Z，$Y - Z = (X \cup Y) - (X \cup Z)$。
35. 对于所有的集合 X、Y 和 Z，$X - (Y \cup Z) = (X - Y) \cup Z$。
36. 对于所有的集合 X 和 Y，$\overline{X - Y} = \overline{Y - X}$。
37. 对于所有的集合 X 和 Y，$\overline{X \cap Y} \subseteq X$。
38. 对于所有的集合 X 和 Y，$(X \cap Y) \cup (Y - X) = Y$。
39. 对于所有的集合 X、Y 和 Z，$X \times (Y \cup Z) = (X \times Y) \cup (X \times Z)$。
40. 对于所有的集合 X 和 Y，$\overline{X \times Y} = \overline{X} \times \overline{Y}$。
41. 对于所有的集合 X、Y 和 Z，$X \times (Y - Z) = (X \times Y) - (X \times Z)$。
42. 对于所有的集合 X、Y 和 Z，$X - (Y \times Z) = (X - Y) \times (X - Z)$。
43. 对于所有的集合 X、Y 和 Z，$X \cap (Y \times Z) = (X \cap Y) \times (X \cap Z)$。
44. 证明集合的结合律[定理 1.1.21 (a)]。
45. 证明集合的交换律[定理 1.1.21 (b)]。

46. 证明集合的分配律[定理 1.1.21 (c)]。
47. 证明集合的同一律[定理 1.1.21 (d)]。
48. 证明集合的补余律[定理 1.1.21 (e)]。
49. 证明集合的等幂律[定理 1.1.21 (f)]。
50. 证明集合的零律[定理 1.1.21 (g)]。
51. 证明集合的吸收律[定理 1.1.21 (h)]。
52. 证明集合的对合律[定理 1.1.21 (i)]。
53. 证明集合的 0/1 律[定理 1.1.21 (j)]。
54. 证明集合的 De Morgan 律[定理 1.1.21 (k)]。

在练习 55~63 中，Δ 是对称差操作符，其定义为 $A \Delta B = (A \cup B) - (A \cap B)$，其中 A 和 B 为两集合。

55. 证明对于所有的集合 A 和 B，有 $A \Delta B = (A - B) \cup (B - A)$。
56. 证明对于所有的集合 A 和 B，$(A \Delta B) \Delta A = B$。
57. 证明语句"对于集合 A、B 和 C，如果 $A \Delta C = B \Delta C$，则 $A = B$"的真假。
58. 证明语句"对于所有集合 A、B 和 C，有 $A \Delta (B \cup C) = (A \Delta B) \cup (A \Delta C)$"的真假。
59. 证明语句"对于所有集合 A、B 和 C，有 $A \Delta (B \cap C) = (A \Delta B) \cap (A \Delta C)$"的真假。
60. 证明语句"对于所有集合 A、B 和 C，有 $A \cup (B \Delta C) = (A \cup B) \Delta (A \cup C)$"的真假。
61. 证明语句"对于所有集合 A、B 和 C，有 $A \cap (B \Delta C) = (A \cap B) \Delta (A \cap C)$"的真假。
62. 操作符 Δ 满足交换律吗？如果满足，则证明之；否则，举出一个反例。
*63. 操作符 Δ 满足结合律吗？如果满足，则证明之；否则，举出一个反例。

2.2 更多的证明方法

本节将讨论更多的证明方法：反证法、逆否证明法、分情况证明法、等价证明法、存在性证明法等。对这些证明方法的使用将贯穿本书始终。

反证法

利用**反证法**（proof by contradiction）证明 $p \to q$ 的一般步骤是：首先假设前提 p 为真并且结论 q 为假，然后利用 p 和 $\neg q$ 及其他公理、定义、前面导出的定理即推理规则导出**矛盾**（contradiction）。矛盾是 $r \wedge \neg r$ 形式的命题（r 可以是任意命题）。反证法有时被称为**间接证明**（indirect proof），因为用反证法证明 $p \to q$ 时，采取了一条间接的路线：推导 $r \wedge \neg r$，然后得出结论 q 为真。

直接证明和反证法关于假设的唯一区别是对结论的否定。直接证明中没有假设否定的结论，而反证法中假定了否定的结论。

可以通过命题

$$p \to q \text{ 和} (p \wedge \neg q) \to (r \wedge \neg r)$$

的等价性来说明反证法的正确性。上述两命题的等价性可以直接从真值表得到验证：

p	q	r	$p \to q$	$p \wedge \neg q$	$r \wedge \neg r$	$(p \wedge \neg q) \to (r \wedge \neg r)$
T	T	T	T	F	F	T
T	T	F	T	F	F	T
T	F	T	F	T	F	F
T	F	F	F	T	F	F
F	T	T	T	F	F	T
F	T	F	T	F	F	T
F	F	T	T	F	F	T
F	F	F	T	F	F	T

例2.2.1 用反证法证明语句

对于所有的 $n \in \mathbf{Z}$,如果 n^2 为偶数,则 n 为偶数。

分析 首先,考虑对此语句的直接证明。假定假设条件成立,即 n^2 为偶数。则存在一整数 k_1,使得 $n^2 = 2k_1$。为了证明 n 为偶数,必须找到一个整数 k_2,使得 $n = 2k_2$。现在并不清楚如何从 $n^2 = 2k_1$ 推出 $n = 2k_2$。(取平方根并不可行!)当一种证明方法不能顺利进行下去的时候,就应该考虑尝试其他的方法。

在反证法中,假定假设条件(n^2 为偶数)和结论的逆命题(n 不是偶数,即 n 为奇数)为真。因为 n 为奇数,则存在一个整数 k,使得 $n = 2k+1$。如果对等式的两边取平方,可得

$$n^2 = (2k+1)^2 = 4k^2 + 4k + 1 = 2(2k^2 + 2k) + 1$$

从上面的式子不难得出 n^2 为奇数。产生矛盾:假设和 n^2 为奇数。正式地,如果 r 表示语句"n^2 为偶数",则 $r \wedge \neg r$。

证明 下面将用反证法给出证明。假定假设条件

n^2 为偶数

为真,同时结论为假,则下面语句为真

n 为奇数

因为 n 为奇数,则存在一个整数 k,使得 $n = 2k+1$。现在有

$$n^2 = (2k+1)^2 = 4k^2 + 4k + 1 = 2(2k^2 + 2k) + 1$$

因此 n^2 为奇数,与假设"n^2 为偶数"矛盾,证毕。即"对于所有的 $n \in \mathbf{Z}$,如果 n^2 为偶数,则 n 为偶数。"得证。∎

例2.2.2 用反证法证明下面的语句:

对于所有的实数 x 和 y,如果 $x+y \geq 2$,则 $x \geq 1$ 或 $y \geq 1$。

分析 如前一个例子,直接证明会遇到困难。仅仅从假设 $x+y \geq 2$ 似乎难以开始证明。因此采用反证法。

证明 首先令 x 和 y 为任意实数。然后假定结论为假,即 $\neg(x \geq 1 \vee y \geq 1)$ 为真。根据 De Morgan 定律(参见例 1.3.11),

$$\neg(x \geq 1 \vee y \geq 1) \equiv \neg(x \geq 1) \wedge \neg(y \geq 1) \equiv (x < 1) \wedge (y < 1)$$

简单地说,即假定 $x < 1$ 且 $y < 1$。利用前面的定理,将不等式相加得到

$$x + y < 1 + 1 = 2$$

从而产生矛盾:$x+y \geq 2$ 和 $x+y < 2$。因此语句"对于所有的实数 x 和 y,如果 $x+y \geq 2$,则 $x \geq 1$ 或 $y \geq 1$。"得证。∎

例2.2.3 用反证法证明 $\sqrt{2}$ 为无理数。

分析 显然采用直接证明将无从着手,因为不存在任何假设条件。然而,可以采用反证法,假定 $\sqrt{2}$ 为有理数。在这种情况下,则存在两整数 p 和 q,使得 $\sqrt{2} = p/q$。现在就有了一个着手点,操作上述等式以期产生一个矛盾。

证明 采用反证法,假定 $\sqrt{2}$ 为有理数。则存在两整数 p 和 q,使得 $\sqrt{2} = p/q$。假设 p/q 为最简分数,则 p 和 q 不可能同时为偶数。对等式 $\sqrt{2} = p/q$ 两边取平方得 $2 = p^2/q^2$,然后在等式两边

同时乘以 q^2 得 $2q^2 = p^2$。不难看出 p^2 为偶数，根据例 2.2.1 可以得到 p 为偶数。因此，存在一个整数 k，使得 $p = 2k$。将 $p = 2k$ 代入 $2q^2 = p^2$ 得 $2q^2 = (2k)^2 = 4k^2$。等式两边除以 2 得 $q^2 = 2k^2$。因此，q^2 为偶数，再次根据例 2.2.1 可以得到 q 为偶数。综上所述，p 和 q 都为偶数，与假设"p 和 q 不能同时为偶数"矛盾。因此，$\sqrt{2}$ 为无理数。 ■

逆否证明法

在例 2.2.1 和例 2.2.2 中，利用反证法证明 $p \to q$，关键是要推出 $\neg p$。事实上，证明的是

$$\neg q \to \neg p$$

[回忆定理 1.3.18，$p \to q$ 与 $\neg q \to \neg p$ 是等价的]这种特殊的反证法称为**逆否证明法**（proof by contrapositive）。

例 2.2.4 用逆否证明法证明

对于所有的 $x \in \mathbf{R}$，如果 x^2 是无理数，则 x 是无理数。

分析 因为和例 2.2.1 即例 2.2.2 相同的原因，即仅仅从假设条件"x^2 是无理数"将无处着手，所以采用直接证明法将会遇到困难。此题当然可以采用反证法（参见练习 1），但这里要求采用逆否证明法。

证明 首先令 x 为任意实数。接下来需要证明原语句的逆否命题：

如果 x 不是无理数，则 x^2 也不是无理数。

等价于

如果 x 是有理数，则 x^2 也是有理数。

因此，假设 x 是有理数。则存在整数 p 和 q，使得 $x = p/q$。不难得到 $x^2 = p^2/q^2$。因为 x^2 是整数的商，所以 x^2 是有理数。证毕。 ■

分情况证明法

当假设可以自然地被分成若干种情况时，可采用**分情况证明法**（proof by cases）。例如，假设"x 是一个实数"可以被分成两种情况：(a) x 是一个非负实数，(b) x 是一个负实数。如果要证明 $p \to q$，并且 p 等价于 $p_1 \vee p_2 \vee \cdots \vee p_n$（$p_1, \cdots, p_n$ 为 n 种情况）。可以将证明

$$(p_1 \vee p_2 \vee \cdots \vee p_n) \to q \tag{2.2.1}$$

替换为证明

$$(p_1 \to q) \wedge (p_2 \to q) \wedge \cdots \wedge (p_n \to q) \tag{2.2.2}$$

接下来将证明分情况证明法是正确的，因为上面两个语句等价。

首先假定某个 p_i 为真。特别地，假定 p_j 为真。则

$$p_1 \vee p_2 \vee \cdots \vee p_n$$

为真。若 q 为真，则式(2.2.1)为真。于是对任意 i，$p_i \to q$ 都为真，式(2.2.2)仍为真。若 q 为假，则式(2.2.1)为假，因为 $p_j \to q$ 为假，所以式(2.2.2)也为假。

现在假设没有 i 使 p_i 都为真，也就是说每个 p_i 都为假。这时式(2.2.1)和式(2.2.2)都为真。所以式(2.2.1)和式(2.2.2)等价。

通常在所分情况有限且不多时，可以逐一进行证明。这种方式的证明称为**穷举证明**（exhaustive proof）。

例 2.2.5 证明

$$2m^2 + 3n^2 = 40$$

无正整数解，即对于所有的正整数 m 和 n，$2m^2 + 3n^2 = 40$ 为假。

分析 当然不能验证 $2m^2 + 3n^2$ 对所有的正整数 m 和 n 是否成立，但可以排除绝大部分正整数。因为如果 $2m^2 + 3n^2 = 40$，那么 m 和 n 仅可取有限个值。特别地，肯定有 $2m^2 \leq 40$ 及 $3n^2 \leq 40$。（例如，如果 $2m^2 > 40$，则用 $2m^2$ 加上 $3n^2$ 得到的和 $2m^2 + 3n^2$ 大于 40。）如果 $2m^2 \leq 40$，则 $m^2 \leq 20$，而且 m 最大可以取值 4。类似地，如果 $3n^2 \leq 40$，则 $n^2 \leq 40/3$，而且 n 最大可以取值 3。因此，只需验证 $m = 1, 2, 3, 4$ 和 $n = 1, 2, 3$ 的情况。

证明 如果 $2m^2 + 3n^2 = 40$，则有 $2m^2 \leq 40$，进而 $m^2 \leq 20$，$m \leq 4$。类似地，有 $3n^2 \leq 40$，进而有 $n^2 \leq 40/3$，$n \leq 3$。因此，只需验证 $m = 1, 2, 3, 4$ 和 $n = 1, 2, 3$ 的情况。

下面的表给出了 $2m^2 + 3n^2$ 对不同的 m 和 n 的取值情况。

		m			
		1	2	3	4
	1	5	11	21	35
n	2	14	20	30	44
	3	29	35	45	59

因为，对于 $m = 1, 2, 3, 4$ 和 $n = 1, 2, 3$，$2m^2 + 3n^2 \neq 40$，而对于 $m > 4$ 或 $n > 3$，$2m^2 + 3n^2 > 40$。所以可以得出 $2m^2 + 3n^2 = 40$ 没有正整数解。 ■

例 2.2.6 证明对每个实数 x，$x \leq |x|$。

分析 注意 "x 为实数"等价于 $(x \geq 0) \lor (x < 0)$。带有析取形式的语句通常采用分情况证明法证明。第一种情况为 $x \geq 0$，第二种情况为 $x < 0$。之所以分为以上的两种情况讨论，是因为绝对值就是分成以上两种情况定义的（参见例 2.1.2）。

证明 当 $x \geq 0$ 时，根据绝对值的定义，$|x| = x$，于是 $|x| \geq x$。当 $x < 0$ 时，根据绝对值的定义，$|x| = -x$，因为 $|x| = -x > 0$，$0 > x$，所以 $|x| \geq x$。两种情况下都有 $|x| \geq x$，所以命题成立。 ■

等价证明法

一些定理具有

$$p \text{ 当且仅当 } q$$

的形式。这些定理可以利用等价关系（参见例 1.3.15）

$$p \leftrightarrow q \equiv (p \rightarrow q) \land (q \rightarrow p)$$

来证明。为了证明 "p 当且仅当 q"，需要证明 "如果 p，则 q" 和 "如果 q 则 p"。

例 2.2.7 证明对于所有的整数 n，n 为奇数当且仅当 $n - 1$ 为偶数。

分析 令 n 为任意整数。则必须证明

$$\text{如果 } n \text{ 为奇数，则 } n - 1 \text{ 为偶数}$$

以及

$$\text{如果 } n - 1 \text{ 为偶数，则 } n \text{ 为奇数}$$

证明 首先证明

$$\text{如果 } n \text{ 为奇数，则 } n - 1 \text{ 为偶数}$$

设 n 为奇数，则 $n = 2k + 1$，其中 k 为某个整数。于是
$$n - 1 = (2k + 1) - 1 = 2k$$
所以 $n - 1$ 为偶数。

接下来证明

> 如果 $n - 1$ 为偶数，则 n 为奇数。

如果 $n - 1$ 为偶数，则 $n - 1 = 2k$，其中 k 为某个整数。于是
$$n = 2k + 1$$
所以 n 为奇数。证毕。 ∎

对 $p \leftrightarrow q$ 的证明包括两个证明 $p \rightarrow q$ 和 $q \rightarrow p$。例如，例 2.2.7 中的证明可以表述为

"n 为奇数"当且仅当"存在某个整数 k 使得 $n = 2k + 1$"当且仅当"存在某个 k 使得 $n - 1 = 2k$"当且仅当"$n - 1$ 为偶数"

要使上述证明正确，必须保证每个当且仅当语句为真。如果以从左至右的方向阅读证明 $p \leftrightarrow q$，可以得到 $p \rightarrow q$；如果以从右至左的方向阅读，则可以得到证明 $q \rightarrow p$。接下来以从左至右的方向阅读整个证明

> 如果 n 为奇数，则存在某个整数 k 使得 $n = 2k + 1$；如果存在某个整数 k 使得 $n = 2k + 1$，则存在某个 k 使得 $n - 1 = 2k$；如果存在某个 k 使得 $n - 1 = 2k$，则 $n - 1$ 为偶数。

上面证明了如果 n 为奇数，则 $n - 1$ 为偶数。现在以反方向阅读整个证明，

> 如果 $n - 1$ 为偶数，则存在某个整数 k 使得 $n - 1 = 2k$；如果存在某个整数 k 使得 $n - 1 = 2k$，则存在某个整数 k 使得 $n = 2k + 1$；如果存在某个整数 k 使得 $n = 2k + 1$，则 n 为奇数。

上面证明了如果 $n - 1$ 为偶数，则 n 为奇数。

例 2.2.8 证明对于所有的实数 x 和所有的正实数 d，
$$|x| < d \text{ 当且仅当 } -d < x < d$$

分析 令 x 为任意实数，d 为任意正实数，必须证明

> 如果 $|x| < d$，则 $-d < x < d$

以及

> 如果 $-d < x < d$，则 $|x| < d$

因为 $|x|$ 以分情况的形式进行定义，所以采用分情况证明法。

证明 为了证明

> 如果 $|x| < d$，则 $-d < x < d$

采用分情况证明法进行证明。假设 $|x| < d$。如果 $x \geq 0$，则
$$-d < 0 \leq x = |x| < d$$
如果 $x < 0$，则
$$-d < 0 < -x = |x| < d$$

即
$$-d < -x < d$$

乘以 -1，得
$$d > x > -d$$

因此在上述两种情况下，都有
$$-d < x < d$$

为了证明
$$\text{如果 } -d < x < d, \text{ 则 } |x| < d$$

同样采用分情况证明法。假设 $-d < x < d$。如果 $x \geq 0$，则
$$|x| = x < d$$

如果 $x < 0$，则 $|x| = -x$。因为 $-d < x$，乘以 -1，可得 $d > -x$。由 $|x| = -x$ 和 $d > -x$ 可得
$$|x| = -x < d$$

因此在上述两种情况下，都有
$$|x| < d$$

证毕。 ∎

证明 $p \leftrightarrow q$ 时，也是在证明 $p \to q$ 和 $q \to p$ 逻辑等价，即 p 和 q 要么都为真，要么都为假。一些定理描述了三个或三个以上语句逻辑等价的情况，它们通常具有如下的形式：

以下语句相互等价：
(a) ——
(b) ——
(c) ——
⋮

此定理断言(a)、(b)、(c)等要么全为真，要么全为假。

为了证明 $p_1, p_2, \cdots, p_n$ 等价，通常的方法是证明
$$(p_1 \to p_2) \wedge (p_2 \to p_3) \wedge \cdots \wedge (p_{n-1} \to p_n) \wedge (p_n \to p_1) \tag{2.2.3}$$

证明了式(2.2.3)即证明了 $p_1, p_2, \cdots, p_n$ 等价。

现在证明式(2.2.3)。考虑两种情况：p_1 为真和 p_1 为假。首先，假设 p_1 为真。因为 p_1 和 $p_1 \to p_2$ 为真，所以 p_2 为真；因为 p_2 和 $p_2 \to p_3$ 为真，所以 p_3 为真；以此类推。在这种情况下，$p_1, p_2, \cdots, p_n$ 具有相同的值，即都为真。

最后，假设 p_1 为假。因为 p_1 为假而 $p_n \to p_1$ 为真，所以 p_n 为假；因为 p_n 为假而 $p_{n-1} \to p_n$ 为真，所以 p_{n-1} 为假；以此类推。在这种情况下，$p_1, p_2, \cdots, p_n$ 具有相同的值，即都为假。因此，证明式(2.2.3)即证明了 $p_1, p_2, \cdots, p_n$ 等价。

例 2.2.9 令 A、B 和 C 为三个集合。证明下面三个表达式等价：

(a) $A \subseteq B$ (b) $A \cap B = A$ (c) $A \cup B = B$

分析 根据先前的讨论，必须证明

$$[(a) \to (b)] \land [(b) \to (c)] \land [(c) \to (a)]$$

证明 下面证明(a) → (b)，(b) → (c)及(c) → (a)。

首先证明[(a) → (b)]。设 $A \subseteq B$，则需证明 $A \cap B = A$。假设 $x \in A \cap B$，则需证明 $x \in A$。然而如果 $x \in A \cap B$，则根据定义自然有 $x \in A$。

假设 $x \in A$，则需证明 $x \in A \cap B$。因为 $A \subseteq B$，所以 $x \in B$。因此 $x \in A \cap B$，则 $A \cap B = A$ 得证。

接着证明[(b) → (c)]。设 $A \cap B = A$，则需证明 $A \cup B = B$。假设 $x \in A \cup B$，则需证明 $x \in B$。根据假设，有 $x \in A$ 或 $x \in B$。如果 $x \in B$，即得证。如果 $x \in A$，因为 $A \cap B = A$，所以有 $x \in B$。

假设 $x \in B$，则需证明 $x \in A \cup B$。如果 $x \in B$，根据并的定义，有 $x \in A \cup B$。则 $A \cup B = B$ 得证。

最后证明[(c) → (a)]。设 $A \cup B = B$，则需证明 $A \subseteq B$。假设 $x \in A$，则需证明 $x \in B$。因为 $x \in A$，根据并的定义，有 $x \in A \cup B$。因为 $A \cup B = B$，所有 $x \in B$。则 $A \subseteq B$ 得证。证毕。 ■

存在性证明法

对于语句

$$\exists x \, P(x) \tag{2.2.4}$$

的证明被称为**存在性证明**（existence proofs）。1.5节展示了一个证明式(2.2.4)的方法，即在论域中找到一个元素 a 使得 $P(a)$ 为真。

例 2.2.10 令 a 和 b 为两实数，并且 $a < b$。证明存在一个实数 x 满足 $a < x < b$。

分析 通过找到一个介于 a 和 b 之间的实数 x 来证明题设语句。取 a 和 b 的平均值即可证明。

证明 只需找到一个实数满足 $a < x < b$。而实数

$$x = \frac{a+b}{2}$$

为 a 和 b 的平均值，必定满足 $a < x < b$。 ■

例 2.2.11 证明存在一个素数 p 使得 $2^p - 1$ 为合数（即不是素数）。

分析 通过测试，当 $p = 2, 3, 5, 7$ 时，$2^p - 1$ 为素数，但 $p = 11$ 时，因为

$$2^{11} - 1 = 2048 - 1 = 2047 = 23 \cdot 89$$

所以 $p = 11$ 使得语句为真。

证明 对于 $p = 11$，$2^p - 1$ 为合数：

$$2^{11} - 1 = 2048 - 1 = 2047 = 23 \cdot 89$$

■

当 p 是素数时，形如 $2^p - 1$ 的素数称为 Mersenne 素数。[名字取自 Marin Mersenne(1588-1648)]。目前，已知的最大的素数是 Mersenne 素数。2006年末，第44个 Mersenne 素数 $2^{32\,582\,657} - 1$ 被发现，这个素数有 9 808 358 位。这个素数是由 Great Internet Mersenne Prime Search（GIMPS）发现的。GIMPS 是一个在很多志愿者的 PC 上运行的分布式搜索程序，感兴趣的读者也可以加入。只需点击它的链接，你也可能发现下一个 Mersenne 素数。 [WWW]

针对式(2.2.4)的存在性证明法展示了论域中的一个元素 a 使得 $P(a)$ 为真，这种证明法称为**构造式证明**（constructive proof）。例2.2.10和例2.2.11中的证明都是构造式证明。同样可以针对式(2.2.4)

采用不同于上述的其他证明方法（如反证法），而这些证明方法称为**非构造式证明**（nonconstructive proof）。

例 2.2.12 令

$$A = \frac{s_1 + s_2 + \cdots + s_n}{n}$$

为实数 $s_1, \cdots, s_n$ 的平均值。证明存在一个 i 使得 $s_i \geq A$。

分析 显然采用选择一个 i 再证明 $s_i \geq A$ 是不现实的。因此采用反证法。

证明 利用反证法进行证明。假设结论的否定式

$$\neg \exists i(s_i \geq A)$$

为真。根据 De Morgan 逻辑定律（参见定理 1.5.14），上述表达式等价于

$$\forall i \neg (s_i \geq A)$$

即

$$\forall i(s_i < A)$$

因此，假设

$$s_1 < A$$
$$s_2 < A$$
$$\vdots$$
$$s_n < A$$

将上述不等式相加得

$$s_1 + s_2 + \cdots + s_n < nA$$

除以 n 得

$$\frac{s_1 + s_2 + \cdots + s_n}{n} < A$$

与假设

$$A = \frac{s_1 + s_2 + \cdots + s_n}{n}$$

矛盾。因此，存在一个 i 使得 $s_i \geq A$。 ∎

例 2.2.12 中的证明属于非构造式证明。它并没有构造一个 i 使得 $s_i \geq A$，而是采用反证法间接证明了 i 的存在。当然，也可以先找到一个 i，再验证 $s_1 \geq A$ 是否成立，如果成立，则证明停止；否则，验证 $s_2 \geq A$ 是否成立，如果成立，则停止证明。以此类推，直到找到一个 i 使得 $s_i \geq A$。例 2.2.12 则保证了这样的 i 的存在。

问题求解要点

首先复习一下 2.1 节中的问题求解，特别是那些与本章有关的部分，是非常必要的。

如果在试图构造形如 $p \rightarrow q$ 语句的直接证明时遇到困难，则可以尝试反证法。这样就多了一个假设条件：除了 p，还可以有假设 $\neg q$。

在采用反证法进行证明时，务必提醒读者"下面将采用反证法，因此可以假设……"其中……部分是结论的否定式。另一种常见的表述方式是"根据反证法可以假设……"。

当假设可以自然地分成多种情况时，可以采用分情况证明法。例如，假如带证语句包含x的绝对值，则可以考虑$x \geq 0$和$x < 0$两种情况。因为$|x|$本身就是按照$x \geq 0$和$x < 0$两种情况进行定义。如果所分情况有限并且为数不多，则可以逐一验证每种情况。

在采用分情况证明法进行证明时，明确指示每种情况将有助于读者的理解，例如：

[情况1：$x \geq 0$]这里进行情况1的具体证明。

[情况2：$x < 0$]这里进行情况2的具体证明。

为了证明p当且仅当q，必须证明两条语句：(1) 如果p，则q；(2) 如果q，则p。清楚地指出正在证明哪条语句将有助于读者的理解。在证明语句(1)时，可以另起一段，并说明下面将证明"如果p，则q"。而在证明语句(2)时，同样可以另起一段，并说明下面将证明"如果q，则p"。另一种常见的表述方式是

[$p \rightarrow q$]这里进行$p \rightarrow q$的具体证明。

[$q \rightarrow p$]这里进行$q \rightarrow p$的具体证明。

为了证明多条语句，即$p_1, \cdots, p_n$相互等价，需要证明$p_1 \rightarrow p_2, p_2 \rightarrow p_3, \cdots, p_{n-1} \rightarrow p_n, p_n \rightarrow p_1$。可以按照任意顺序证明这些语句，通常存在一个顺序相比其他顺序更有利于证明的进行。例如，可以交换p_2和p_3，然后证明$p_1 \rightarrow p_3, p_3 \rightarrow p_2, p_2 \rightarrow p_4, p_4 \rightarrow p_5, \cdots, p_{n-1} \rightarrow p_n, p_n \rightarrow p_1$。一般要求指出正在证明的语句。一种常用的形式为

[$p_1 \rightarrow p_2$]这里进行$p_1 \rightarrow p_2$的具体证明。

[$p_2 \rightarrow p_3$]这里进行$p_2 \rightarrow p_3$的具体证明。

以此类推。

如果语句包含存在量词（或者如"存在x……"形式的语句），则通常采用存在性证明法，它的基本思想是证明在论证中存在至少一个x使得语句为真。一类存在性证明法是展示一个值x使得语句为真（即证明语句对于特定的x确实为真）。另一类存在性证明法则间接证明（例如，采用反证法）存在值x使得语句为真，而不是寻找特定的值x使得语句为真。

本节复习

1. 什么是反证法？
2. 举一个反证法的例子。
3. 什么是间接证明？
4. 什么是逆否证明？
5. 举一个逆否证明的例子。
6. 什么是分情况证明？
7. 举一个分情况证明的例子。
8. 什么是等价性证明？
9. 举一个等价性证明的方法。
10. 如何证明三个语句，即(a)、(b)和(c)相互等价？
11. 什么是存在性证明？
12. 什么是构造式存在性证明？
13. 举一个构造式存在性证明的例子。
14. 什么是非构造式存在性证明？
15. 举一个非构造式存在性证明的例子。

练习

1. 采用反证法证明对于所有的$x \in \mathbf{R}$，如果x^2是无理数，则x是无理数。
2. 判断练习1的逆命题的真假？并证明你的答案。
3. 证明对于所有的$x \in \mathbf{R}$，如果x^3是无理数，则x是无理数。
4. 证明对于每个$n \in \mathbf{Z}$，如果n^2是奇数，则n是奇数。

5. 证明对于所有的实数 x、y 和 z，如果 $x+y+z \geq 3$，则 $x \geq 1$ 或 $y \geq 1$ 或 $z \geq 1$。
6. 证明对于所有的实数 x 和 y，如果 $xy \leq 2$，则 $x \leq \sqrt{2}$ 或 $y \leq \sqrt{2}$。
7. 证明 $\sqrt[3]{2}$ 是无理数。
8. 证明对于所有的 $x, y \in \mathbf{R}$，如果 x 是有理数而 y 是无理数，则 $x+y$ 是无理数。
9. 证明语句"对于所有的 $x, y \in \mathbf{R}$，如果 x 是有理数而 y 是无理数，则 xy 是无理数。"的真假。
10. 证明如果 a 和 b 为实数，并且 $a<b$，则存在一个有理数 x 满足 $a<x<b$。
11. 证明如果 a 和 b 为实数，并且 $a<b$，则存在一个无理数 x 满足 $a<x<b$。
12. 完成下面对语句"存在无理数 a 和 b 使得 a^b 为有理数"的证明。

    证明 令 $x=y=\sqrt{2}$。如果 x^y 为有理数，则得证（试解释）；否则，假设 x^y 为无理数。（为什么？）令 $a=x^y, b=\sqrt{2}$。考虑 a^b。（此时该如何结束证明？）
    上述证明属于构造式证明还是非构造式证明？
13. 证明语句"存在有理数 a 和 b 使得 a^b 为有理数"。说明你将采用哪种证明方法。
14. 证明语句"存在有理数 a 和 b 使得 a^b 为无理数"。说明你将采用哪种证明方法。
15. 令 x 和 y 为实数。证明对于每个正实数 ε，如果 $x \leq y+\varepsilon$，则 $x \leq y$。
16. 证明语句"对于所有的集合 X 和 Y，$(X-Y) \cap (Y-X) = \emptyset$"的真假。
17. 证明语句"对于每个集合 X，$X \times \emptyset = \emptyset$"的真假。
18. 利用反证法证明如果将 100 个球放入 9 个箱子，那么必定有一个箱子有 12 个或更多球。
19. 利用反证法证明如果将 40 个硬币分放在 9 个袋子中，并保证每个袋子至少有一个硬币，则至少两个袋子有相同的硬币数。

*20. 令序列 $s_1, \cdots, s_n$ 满足
   (a) s_1 为正整数，s_n 为负整数。
   (b) 对于所有的 i，$1 \leq i < n$，$s_{i+1} = s_i + 1$ 或者 $s_{i+1} = s_i - 1$。
   证明存在一个 i，$1 < i < n$，使得 $s_i = 0$。
   学过微积分的学生应该知道这个练习是下面微积分定理的离散版本：如果 f 是区间 $[a, b]$ 上的连续函数，并且 $f(a)>0$，$f(b)<0$，则在区间 (a, b) 中存在某个 c 使得 $f(c)=0$。两者具有类似的证明方法。

21. 证明语句"对于每个正整数 n，$n^2 \leq 2^n$"的真假。

    在练习 22~26 中，$A = \dfrac{s_1 + s_2 + \cdots + s_n}{n}$ 为数 $s_1, \cdots, s_n$ 的平均值。

22. 证明存在一个 i，使得 $s_i \leq A$。
23. 证明语句"存在一个 i，使得 $s_i > A$"的真假。并说明你将采用哪种证明方法。
24. 假设存在一个 i 使得 $s_i < A$。证明语句"存在一个 j，使得 $s_j > A$"的真假。并说明你将采用哪种证明方法。
25. 假设存在 i 和 j 使得 $s_i \neq s_j$。证明存在一个 k，使得 $s_k < A$。
26. 假设存在 i 和 j 使得 $s_i \neq s_j$。证明存在一个 k，使得 $s_k > A$。
27. 证明 $2m + 5n^2 = 20$ 无正整数解。
28. 证明 $m^3 + 2n^2 = 36$ 无正整数解。
29. 证明 $2m^2 + 4n^2 - 1 = 2(m+n)$ 无正整数解。
30. 证明两连续整数的积为偶数。
31. 证明对于每个 $n \in \mathbf{Z}$，$n^3 + n$ 为偶数。
32. 利用分情况证明法证明对于所有的实数 x 和 y，$|xy| = |x| |y|$。

33. 利用分情况证明法证明对于所有的实数 x 和 y,$|x+y| \leq |x|+|y|$。

34. 定义实数 x 的符号函数 $\text{sgn}(x)$ 为 $\text{sgn}(x) = \begin{cases} 1, & x>0 \\ 0, & x=0 \\ -1, & x<0 \end{cases}$。利用分情况证明法证明对任意实数 x,$|x| = \text{sgn}(x)x$。

35. 利用分情况证明法证明对于任意实数 x 和 y,$\text{sgn}(xy) = \text{sgn}(x)\,\text{sgn}(y)$。(sgn 的定义参见练习 34。)

36. 利用练习 34 和练习 35 的结论给出对任意的实数 x 和 y,$|xy| = |x||y|$ 的另一种证明。

37. 利用分情况证明法证明对于任意的实数 x 和 y,$\max\{x,y\} + \min\{x,y\} = x+y$。

38. 利用分情况证明法证明对于任意实数 x 和 y,$\max\{x,y\} = \dfrac{x+y+|x-y|}{2}$。

39. 利用分情况证明法证明对于任意实数 x 和 y,$\min\{x,y\} = \dfrac{x+y-|x-y|}{2}$。

40. 利用练习 38 和练习 39 的结论,证明对于任意的实数 x 和 y,$\max\{x,y\} + \min\{x,y\} = x+y$。

41. 证明对于所有的 $n \in \mathbf{Z}$,n 是偶数当且仅当 $n+2$ 是偶数。

42. 证明对于所有的 $n \in \mathbf{Z}$,n 是奇数当且仅当 $n+2$ 是奇数。

43. 证明对于所有的集合 A 和 B,$A \subseteq B$ 当且仅当 $\overline{B} \subseteq \overline{A}$。

44. 证明对于所有的集合 A、B 和 C,$A \subseteq C$ 及 $B \subseteq C$ 当且仅当 $A \cup B \subseteq C$。

45. 证明对于所有的集合 A、B 和 C,$C \subseteq A$ 及 $C \subseteq B$ 当且仅当 $C \subseteq A \cap B$。

*46. 序对 (a,b) 可以按照集合的形式定义为 $(a,b) = \{\{a\},\{a,b\}\}$,根据上面序对的定义,证明 $(a,b) = (c,d)$ 当且仅当 $a=c$ 且 $b=d$。

47. 证明对于整数 n,下列语句等价:(a) n 是奇数;(b) 存在一个 $k \in \mathbf{Z}$,使得 $n=2k-1$;(c) n^2+1 是偶数。

48. 证明对于集合 A、B 和 C,下列语句等价:(a) $A \cap B = \varnothing$;(b) $B \subseteq \overline{A}$;(c) $A \Delta B = A \cup B$。其中 Δ 是对称差操作符(参见 1.1 节的练习 91)。

49. 证明对于集合 A、B 和 C,下列语句等价:(a) $A \cup B = U$;(b) $\overline{A} \cap \overline{B} = \varnothing$;(c) $\overline{A} \subseteq B$。其中 U 为全集。

问题求解:证明实数的相关性质

问题

首先给出两个定义:

(a) 令 X 为非空实数集。对于 X 的上界(upper bound),记为实数 a,具有如下性质:对于每个 $x \in X$,$x \leq a$。

(b) 令 a 为实数集 X 的一个上界。如果对于 X 的每个上界 b,都有 $b \geq a$,则 a 称为 X 的最小上界。

实数的一个基本性质是对于实数集的每个非空子集,如果存在上界,则必有一个最小上界。回答下列问题,其中 $\mathbf{R}$ 为全集。

1. 举出一个例子,此例包括一个集合 X,以及它的三个不同上界,并且其中一个上界为最小上界。

2. 证明如果 a 和 b 为集合 X 的最小上界,则 $a=b$。集合 X 的最小上界唯一。如果 a 是集合 X 的最小上界,通常记为 $a = \text{lub}\,X$。

3. 令 X 是最小上界为 a 的集合。证明如果 $\varepsilon > 0$，则存在 $x \in X$ 满足 $a - \varepsilon < x \leq a$。

4. 令 X 是最小上界为 a 的集合，假设 $t > 0$。证明 ta 是集合 $\{tx \mid x \in X\}$ 的最小上界。

分析问题

为了更好地理解说明的定义，下面通过一些例子进行说明，并用文字表述定义，考虑定义的否定式，以及画图解释。

首先，对于定义(a)，构造一个例子——取 X 为一个小的有限集，记为

$$X = \{1, 2, 3, 4\}$$

现在 X 的上界 a 满足：对于每个 $x \in X$ 有 $x \leq a$ ——在这个例子中，即为

$$1 \leq a, 2 \leq a, 3 \leq a, 4 \leq a$$

集合 X 的上界可以是 $4, 6.9, 3\pi, 9072$。

简单地说，定义(a)说明如果 X 里的每个元素都小于或者等于 a，则 a 是 X 的上界。如下图所示，e，f 和 g 都是集合 X 的上界。

$$\begin{array}{c} X \qquad\qquad e \quad f \quad g \\ \vdash\!\dashv \end{array}$$

a 不是集合 X 的上界又意味着什么呢？定义(a)的否定式为 $\neg \forall x (x \leq a)$，等价于 $\exists x \neg (x \leq a)$ 或 $\exists x (x > a)$。具体地说，如果在集合 X 中存在一个 x 使得 $x > a$，则 a 不是集合 X 的上界。看一下上面的图，不难理解任意小于 e 的数都不是 X 的上界。

接着，定义(b)说明如果 a 是集合 X 所有上界中最小的一个，则 a 是 X 的最小上界。前面的问题 2 要求证明每个集合 X 仅有一个最小上界；因此，可以说 a 是最小上界，而不是说 a 是一个最小上界。对于前面例子中的集合

$$X = \{1, 2, 3, 4\}$$

其最小上界是 4。前面已经说明 4 是 X 的上界。如果 a 是集合 X 的任一上界，因为 $4 \in X$，所以 $4 \leq a$。因此，4 是 X 的最小上界。在前面的图中，e 是集合 X 的最小上界。

求解

接下来考虑具体问题

[问题1] 前面的例子 $X = \{1, 2, 3, 4\}$ 就可以满足条件。前面已经说明 4 是集合 X 的最小上界，任意大于 4 的值都是集合 X 的上界。

[问题2] 证明两个数 a 和 b 相等的一种方法是证明 $a \leq b$ 并且 $b \leq a$。下面将首先尝试这种方法。另一种可行的方法是利用反证法假设 $a \neq b$。

[问题3] 这里可以利用 $a - \varepsilon$ 不是上界的事实（因为它小于最小上界），以及如前所述的某数不是集合的最小上界的意义。

[问题4] 这里给定值 ta，要求证明它是给定集合 tX 的最小上界。根据定义，必须证明

(a) 对于每个 $z \in tX$，$z \leq ta$（即 ta 是集合 tX 的上界）；

(b) 如果 b 是集合 tX 的上界，则 $b \geq ta$（即 ta 是集合 tX 的最小上界）。

对于(a)，因为 $z = tx$ ($x \in X$)，所以必须证明

$$\text{对于所有的 } x \in X, \ tx \leq ta$$

问题给出 a 是集合 X 的最小上界。特别地，a 是集合 X 的上界，所以

$$\text{对于所有的 } x \in X, \ x \leq a$$

如何从第二个不等式推出第一个不等式？可以在第二个不等式两边乘以 t！希望(b)的证明也与此类似。

正式解

[问题1] 令

$$X = \{1, 2, 3, 4\}$$

集合 X 的上界为 4、5 和 6，因为对于每个 $x \in X$，都有 $x \leq 4$、$x \leq 5$ 及 $x \leq 6$。

集合 X 的最小上界为 4。前面已经说明 4 是集合 X 的上界。如果 a 为集合 X 的任一上界，因为 $4 \in X$，所以 $4 \leq a$。因此，4 是集合 X 的最小上界。

[问题2] 因为 a 是集合 X 的最小上界，b 是集合 X 的上界，所以 $a \leq b$；因为 b 是集合 X 的最小上界，a 是集合 X 的上界，所以 $b \leq a$。因此，$a = b$。

[问题3] 令 $\varepsilon > 0$。因为 a 是集合 X 的最小上界及 $a - \varepsilon < a$，所以 $a - \varepsilon$ 不是集合 X 的上界。因此根据定义(a)，存在 $x \in X$ 使得 $a - \varepsilon < x$。因为 a 是集合 X 的上界，所以 $x \leq a$。因此"存在 $x \in X$ 使得 $a - \varepsilon < x \leq a$"得证。

[问题4] 令 tX 表示集合

$$\{tx \mid x \in X\}$$

必须证明

(a) 对于每个 $z \in tX$，$z \leq ta$（即 ta 是集合 tX 的上界）；

(b) 如果 b 是集合 tX 的上界，则 $b \geq ta$（即 ta 是集合 tX 的最小上界）。

首先证明(a)。令 $z \in tX$。则存在 $x \in X$ 使得 $z = tx$（根据集合 tX 的定义）。因为 a 是集合 X 的上界，所以 $x \leq a$。在两边乘以 t（注意 $t > 0$）得：$z = tx \leq ta$。因此，对于每个 $z \in tX$，有 $z \leq ta$，即得证。

接着证明(b)。令 b 是 tX 的上界。则对于每个 $x \in X$ 有 $tx \leq b$（因为 tX 里的每个 $x \in X$ 元素都具有 tx 的形式）。在两边除以 t（注意 $t > 0$）得：$x \leq b/t$，其中 $x \in X$。因此 b/t 是集合 X 的一个上界。因为 a 是集合 X 的最小上界，所以 $b/t \geq a$。在两边乘以 t（除以 $t > 0$）得：$b \geq ta$。因此 ta 是 tX 的最小上界，即得证。

问题求解技巧小结

- 在进行证明前，注意熟悉相关定义、定理、例子等。
- 构造辅助例子，特别是一些小的例子（例如，较小的有限集合）。
- 用文字列出一些技术语句。
- 考虑语句的否定式。
- 画图。
- 如果某个证明技术遇到困难，那么尝试另一个。例如，如果直接证明遇到困难，则可以尝试反证法。
- 复习本章及前面章节的问题求解技巧。

评论

事实上，每个具有上界的非空实数子集都有最小上界，这称为**实数完全性**（completeness property of the real numbers）。实数完全性的直观理解就是数轴上没有"洞"。非正式地说，如果数轴上存在某个洞，则位于洞左边的实数集虽然有上界，但没有最小上界。

有理数集不具有完备性。小于$\sqrt{2}$的有理数子集虽然有上界，但没有是有理数的最小上界。（小于$\sqrt{2}$的有理数子集的最小上界是无理数$\sqrt{2}$。）

练习

1. 什么是非空有限实数子集的最小上界？
2. 集合$\{1 - 1/n \mid n$是正整数$\}$的最小上界是什么？证明你的答案。
3. 令X和Y是两个非空实数集，并且$X \subseteq Y$，Y有上界。证明X有上界并且lub $X \leq$ lub Y。
4. 令X是非空集合。如果$t = 0$，那么集合$\{tx \mid x \in X\}$的最小上界是什么？
*5. 令X是最小上界为a的集合，Y是最小上界为b的集合。证明集合$\{x + y \mid x \in X, y \in Y\}$有上界，并且最小上界为$a + b$。

令X是非空实数子集。X的下界a具有如下性质：对于每个$x \in X$有$x \geq a$。令u是实数集X的下界。如果集合X的每个下界b都满足$b \leq a$，则称a是集合X的最大下界。

6. 证明如果a和b是集合X的最大下界，则$a = b$。
7. 证明每个具有下界的非空实数子集都有最大下界。提示：如果X是具有下界的非空实数子集，令Y表示下界的集合。证明Y有最小上界a。证明a是X的最大下界。
8. 令X是最大下界为a的集合。证明如果$\varepsilon > 0$，则存在$x \in X$满足$a + \varepsilon > x \geq u$。
9. 令X是最小上界为a的集合，并且$t < 0$。证明ta是集合$\{tx \mid x \in X\}$的最大下界。

2.3 归结证明①

在这一节中，把$a \wedge b$写成ab。

归结法（resolution）是 J. A. Robinson 于1965年提出的一种证明方法（参见[Robinson]），其仅依赖于单一的规则：

$$\text{如果} p \vee q \text{并且} \neg p \vee r \text{都为真，则} q \vee r \text{为真。} \tag{2.3.1}$$

式(2.3.1)可以通过真值表进行验证（参见练习1）。因为归结法依赖于单一的简单规则，所以它是许多计算机程序用来推理和证明定理的基础。

在用归结法证明中，前提和结论写成**子句**（clause）。子句由用"或"分开的项组成，其中每个项是一个变量或变量的否定。

例 2.3.1 表达式

$$a \vee b \vee \neg c \vee d$$

是一个子句，因为项a、b、$\neg c$和d是用"或"分开的并且每个项是一个变元或者变元的否定。 ∎

例 2.3.2 表达式

$$xy \vee w \vee \neg z$$

不是子句，尽管项是由"或"分开的，但项xy由两个变元（不是单个变元）组成。 ∎

---

① 可以略去这节而不影响本书内容的连贯性。

例 2.3.3 表达式

$$p \to q$$

不是子句,因为项是由→分开的,尽管每个项是一个变元。 ∎

用归结法直接证明是通过对语句对反复使用式(2.3.1)产生新的语句进行的,直到得出结论。当应用式(2.3.1)时,p 必须是单个变元,而 q 和 r 可以是表达式。注意,当式(2.3.1)应用于子句时,结果 $q \vee r$ 也是一个子句。(因为 q 和 r 都是由"或"分开的项组成的,其中每个项都是一个变元或者变元的否定。$q \vee r$ 也是由"或"分开的项组成,其中的每个项是一个变元或者变元的否定。)

例 2.3.4 使用归结法证明:

1. $a \vee b$
2. $\neg a \vee c$
3. $\underline{\neg c \vee d}$
   $\therefore b \vee d$

对表达式 1 和 2 使用式(2.3.1)得到

4. $b \vee c$

对表达式 3 和 4 使用式(2.3.1)得到

5. $b \vee d$

这即是要证明的结论。给定前提 1、2 和 3,证明了结论 $b \vee d$。 ∎

下面是式(2.3.1)的特例:

如果 $p \vee q$ 和 $\neg p$ 为真,则 q 为真。 (2.3.2)
如果 p 和 $\neg p \vee r$ 为真,则 r 为真。

例 2.3.5 使用归结法证明:

1. a
2. $\neg a \vee c$
3. $\underline{\neg c \vee d}$
   $\therefore d$

对表达式 1 和 2 使用式(2.3.2)得到

4. c

对表达式 3 和 4 使用式(2.3.2)得到

5. d

这即是要证明的结论。给定前提 1、2 和 3,证明了结论 d。 ∎

如果前提不是一个子句,则必须用一个等价的表达式替换,该表达式或者是一个子句或者是一些子句的"与"。例如,假设有一个前提是 $\neg(a \vee b)$。因为否定符号作用于一个以上的变元,使用 De Morgan 第一定律(参见例 1.3.11)

$$\neg(a \vee b) \equiv \neg a \, \neg b, \qquad \neg(ab) \equiv \neg a \vee \neg b \tag{2.3.3}$$

得到只对一个变元取否定的等价表达式:

$$\neg(a \vee b) \equiv \neg a \, \neg b$$

然后用两个前提 ¬a 和 ¬b 替换最初的前提 ¬(a∨b)。前面讲过单个前提 h_1 和 h_2 与 $h_1 h_2$ 是等价的，所以这一替换是正确的（参见定义 1.4.1 及其以前的讨论）。重复使用 De Morgan 定律将使每个否定符号只作用于一个变元。

一个由"或"分开的项组成的表达式，其中每个项由若干个相"与"的变元组成，可以用子句的"与"组成的等价表达式替换，这可以使用等价关系

$$a \vee bc \equiv (a \vee b)(a \vee c) \tag{2.3.4}$$

在这种情况下，用两个前提 $a \vee b$ 和 $a \vee c$ 替换单个前提 $a \vee bc$。通过使用 De Morgan 第一定律(2.3.3)和式(2.3.4)，可以得到等价的前提，其中每个前提都是一个子句。

例 2.3.6 使用归结法证明：

1. $a \vee \neg bc$
2. $\neg(a \vee d)$

∴ $\neg b$

应用式(2.3.4)，用两个前提

$a \vee \neg b$
$a \vee c$

代替前提 1。使用 De Morgan 第一定律(2.3.3)用两个前提

$\neg a$
$\neg d$

代替前提 2。论证过程变成

1. $a \vee \neg b$
2. $a \vee c$
3. $\neg a$
4. $\neg d$

∴ $\neg b$

对表达式 1 和 3 应用式(2.3.1)直接得到结论

$\neg b$ ∎

自动推理系统将归结法和反证法结合来证明命题。将结论的否定命题写成子句加入前提中，然后反复应用式(2.3.1)直到得到矛盾。

例 2.3.7 把归结法和反证法结合重新证明例 2.3.4。

首先取结论的否定并使用 De Morgan 第一定律(2.3.3)，得到

$$\neg(b \vee d) \equiv \neg b \neg d$$

然后把 ¬b 和 ¬d 加到前提中得到

1. $a \vee b$
2. $\neg a \vee c$
3. $\neg c \vee d$
4. $\neg b$
5. $\neg d$

对表达式 1 和 2 应用式(2.3.1)，得到

6. $b \vee c$

对表达式 3 和 6 应用式(2.3.1)，得到

$$7. \quad b \vee d$$

对表达式 4 和 7 使用式(2.3.1)，得到

$$8. \quad d$$

表达式 5 和 8 产生一个矛盾，证明完成。∎

现在可以说明归结法是正确的并且是**反演完备的**（refutation complete）。"归结法是正确的"意思是如果从某个子句集推出矛盾，则说明这个子句集是不一致的（即子句集不能全为真）。"归结法是反演完备的"意思是归结法可以从不一致的子句集中推出矛盾。因此，如果一个结论遵从一组前提，则归结法可以由这些前提和结论的否定导出一个矛盾。遗憾的是，归结法不能告诉我们该对哪些子句进行归结以产生矛盾。在自动推理系统中，搜索可以归结的子句是一个很难的问题。关于归结法和自动推理的参考资料参见[Gallier; Genesereth 和 Wos]。

问题求解要点

构造一个归结证明，首先将前提和结论都化成一个或若干个子句的形式，然后将前提中形如 $p \vee q$ 和 $\neg p \vee r$ 的两个子句归结为子句 $q \vee r$，直到得出矛盾为止。别忘了归结法可以和反证法一起使用。

本节复习

1. 用归结法证明使用的是什么逻辑规则？
2. 什么是子句？
3. 解释用归结法如何进行证明。

练习

1. 写出证明式(2.3.1)的真值表。

使用归结法导出练习 2~6 的结论。提示：在练习 5 和练习 6 中，使用逻辑等价表达式"或"和"与"替换 → 和 ↔。

2. $\neg p \vee q \vee r$
   $\neg q$
   $\neg r$
   ———
   $\therefore \neg p$

3. $\neg p \vee r$
   $\neg r \vee q$
   p
   ———
   $\therefore q$

4. $\neg p \vee t$
   $\neg q \vee s$
   $\neg r \vee st$
   ———
   $p \vee q \vee r \vee u$
   $\therefore s \vee t \vee u$

5. $p \to q$
   $p \vee q$
   ———
   $\therefore q$

6. $p \leftrightarrow r$
   r
   ———
   $\therefore p$

7. 使用归结法和反证法重新证明练习 2~6。
8. 使用归结法和反证法重新证明例 2.3.6。

2.4 数学归纳法

假设标有数字 1, 2, … 的一系列积木块放在一个（无限长的）长桌子上（参见图 2.4.1），有的积木块用"X"标记。（所有图 2.4.1 中看到的积木块都做了标记。）假设 [WWW]

   第一个积木块做了标记。   (2.4.1)

   对所有的 n，如果第 n 块积木做了标记，则第 n+1 块积木做了标记。 (2.4.2)

命题(2.4.1)和命题(2.4.2)蕴涵了所有的积木块都做了标记。

依次检查每一个积木块。命题(2.4.1)明确说明积木块1被标记。考虑积木块2。因为积木块1被标记，于是根据式(2.4.2)，令 $n = 1$，积木块2也被标记。考虑积木块3。因为积木块2被标记，于是根据式(2.4.2)，令 $n = 2$，积木块3也被标记。依此方法，可以说明所有的积木块都有标记。例如，假设已经验证了如图 2.4.1 所表示的那样，积木块 1~5 已经被标记。为了说明图 2.4.1 中没有出现的积木块 6 被标记，注意到积木块 5 已经被标记，所以根据式(2.4.2)，令 $n = 5$，积木块 6 也被标记了。

前面的例子解释了数学归纳法原理。为了说明数学归纳法可以有更深远的意义，设 S_n 表示前面 n 个正整数的和：

$$S_n = 1 + 2 + \cdots + n \tag{2.4.3}$$

假设某人断言

$$S_n = \frac{n(n+1)}{2} \quad \text{对任意 } n \geq 1 \tag{2.4.4}$$

相当于断言了一系列语句

$$S_1 = \frac{1(2)}{2} = 1$$

$$S_2 = \frac{2(3)}{2} = 3$$

$$S_3 = \frac{3(4)}{2} = 6$$

$$\vdots$$

假设每一个正确的等式旁边用一个"×"标记（参见图 2.4.2）。因为第一个等式是正确的，所以它有一个标记。现在假设可以证明：如果第 n 个等式被标记，则第 $n+1$ 个等式也被标记。那么，就像积木块的例子一样，所有的等式都被标记；即所有的等式都是正确的，于是，公式(2.4.4)被验证。

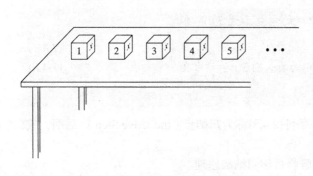

图 2.4.1　桌子上编号的积木块　　　图 2.4.2　一系列语句，正确的语句用"×"标记

需要证明对于所有的 n，如果第 n 个等式是正确的，则第 $n+1$ 个等式也是正确的。第 n 个等式是

$$S_n = \frac{n(n+1)}{2} \tag{2.4.5}$$

假设这个等式正确，必须说明第 $n+1$ 个等式

$$S_{n+1} = \frac{(n+1)(n+2)}{2}$$

也是正确的。根据定义(2.4.3)，

$$S_{n+1} = 1 + 2 + \cdots + n + (n+1)$$

注意，S_n 包括在 S_{n+1} 中，因为

$$S_{n+1} = 1 + 2 + \cdots + n + (n+1) = S_n + (n+1) \tag{2.4.6}$$

根据式(2.4.5)和式(2.4.6)，有

$$S_{n+1} = S_n + (n+1) = \frac{n(n+1)}{2} + (n+1)$$

因为

$$\frac{n(n+1)}{2} + (n+1) = \frac{n(n+1)}{2} + \frac{2(n+1)}{2}$$
$$= \frac{n(n+1) + 2(n+1)}{2}$$
$$= \frac{(n+1)(n+2)}{2}$$

于是

$$S_{n+1} = \frac{(n+1)(n+2)}{2}$$

所以，假定第 n 个等式成立，可以证明第 $n+1$ 个等式成立。故所有的等式都成立。

上面这个证明运用了数学归纳法，它分成两步。第一步，验证这个命题当 $n=1$ 时为真。第二步，假设命题 n 时为真，然后证明命题 $n+1$ 时也为真。当证明命题 $n+1$ 时，可以将命题 n 时作为前提。运用数学归纳法证明的关键在于找到命题 n 时和命题 $n+1$ 时的联系。

下面形式化地介绍数学归纳法原理。

数学归纳法原理

假设对于每一个正整数 n，以正整数为论域的命题函数 $S(n)$。假设

$$S(1) \text{为真;} \tag{2.4.7}$$

对任意的 $n \geq 1$，如果 $S(n)$ 为真，则 $S(n+1)$ 为真。 \qquad (2.4.8)

则对于每一个正整数 n，$S(n)$ 为真。

有时条件(2.4.7)称为**基本步**(Basic Step)，条件(2.4.8)称为**归纳步**(Inductive Step)。后面，"数学归纳法"简称为"归纳法"。

在定义了 n 的阶乘以后，将用另一个例子解释数学归纳法原理。

定义 2.4.1 n 的阶乘定义为

$$n! = \begin{cases} 1 & \text{如果 } n = 0 \\ n(n-1)(n-2) \cdots 2 \cdot 1 & \text{如果 } n \geq 1 \end{cases}$$

即如果 $n \geq 1$，$n!$ 等于所有 1 到 n 之间的整数的乘积。特别是 0! 定义为 1。 ∎

例 2.4.2 $0! = 1! = 1$，$3! = 3 \cdot 2 \cdot 1 = 6$，$6! = 6 \cdot 5 \cdot 4 \cdot 3 \cdot 2 \cdot 1 = 720$ ∎

例 2.4.3 使用归纳法证明

$$n! \geq 2^{n-1} \qquad \text{对所有 } n \geq 1 \tag{2.4.9}$$

基本步（$n = 1$）
[条件(2.4.7)]必须说明如果 $n = 1$，式(2.4.9)为真。这很容易做到，因为 $1! = 1 \geq 1 = 2^{1-1}$。

归纳步
[条件(2.4.8)]假设对于 $n \geq 1$ 不等式成立。即假设

$$n! \geq 2^{n-1} \tag{2.4.10}$$

为真。必须证明对于 $n + 1$ 不等式为真，即必须证明

$$(n + 1)! \geq 2^n \tag{2.4.11}$$

为真。注意到

$$(n + 1)! = (n + 1)(n!)$$

便可以建立式(2.4.10)和式(2.4.11)之间的联系。有

$$\begin{aligned}
(n + 1)! &= (n + 1)(n!) \\
&\geq (n + 1)2^{n-1} \quad &\text{根据式(2.4.10)} \\
&\geq 2 \cdot 2^{n-1} \quad &\text{因为 } n + 1 \geq 2 \\
&= 2^n
\end{aligned}$$

因此，式(2.4.11)为真。由此，完成了归纳步。
因为基本步和归纳步都已经通过验证，所以，依数学归纳法原理可以保证对于每一个正整数 n，式(2.4.9)都为真。∎

如果要验证命题

$$S(n_0), S(n_0 + 1), \cdots,$$

为真，此处 $n_0 \neq 1$，则必须把基本步变成

$$S(n_0) \text{ 为真。}$$

归纳步变为

对任意的 $n \geq n_0$，如果 $S(n)$ 为真，则 $S(n + 1)$ 为真。

例 2.4.4　几何级数求和　使用归纳法证明如果 $r \neq 1$，则对任意的 $n \geq 0$，

$$a + ar^1 + ar^2 + \cdots + ar^n = \frac{a(r^{n+1} - 1)}{r - 1} \tag{2.4.12}$$

等式左边的和称为**几何级数的和**（geometric sum）。在几何级数求和中，$a \neq 0$ 且 $r \neq 0$ 时，相邻的项的比例 $[(ar^{i+1})/(ar^i) = r]$ 是一个常数。

基本步（$n = 0$）
因为论域 $\{n \mid n \geq 0\}$ 中的最小值为 $n = 0$，基本步只需证明对于 $n = 0$，式(2.4.12)为真。对于 $n = 0$，式(2.4.12)为

$$a = \frac{a(r^1 - 1)}{r - 1}$$

显然，上式为真。

归纳步

设对于 n 命题(2.4.12)为真。则

$$a + ar^1 + ar^2 + \cdots + ar^n + ar^{n+1} = \frac{a(r^{n+1} - 1)}{r - 1} + ar^{n+1}$$

$$= \frac{a(r^{n+1} - 1)}{r - 1} + \frac{ar^{n+1}(r - 1)}{r - 1}$$

$$= \frac{a(r^{n+2} - 1)}{r - 1}$$

因为已经验证了基本步和归纳步，所以数学归纳法原理可以保证式(2.4.12)对任意的 $n \geq 0$ 为真。■

作为几何级数求和的例子，将 $a = 1$ 和 $r = 2$ 代入式(2.4.12)，可得

$$1 + 2 + 2^2 + 2^3 + \cdots + 2^n = \frac{2^{n+1} - 1}{2 - 1} = 2^{n+1} - 1$$

读者肯定已经注意到，为了证明前面的这些公式，必须先给出这些公式。于是就提出了一个很自然的问题：如何给出这些公式？这个问题有很多答案。导出正确公式的一种方法是用小的数值进行实验，并且努力发现其中的规律（另外的方法在练习 67~70 中讨论）。例如，考虑 $1 + 3 + \cdots + (2n - 1)$ 求和。下表给出了当 $n = 1, 2, 3, 4$ 时和的大小。

n	$1 + 3 + \cdots + (2n - 1)$
1	1
2	4
3	9
4	16

因为第二列由平方组成，猜测

$$1 + 3 + \cdots + (2n - 1) = n^2 \quad \text{对每一个正整数 } n$$

这个猜测是正确的，这个公式可以用数学归纳法证明（参见练习 1）。

现在，读者可能很想看看本节后面的问题求解了，本节后面的问题求解给出了一个使用数学归纳法详细分析和证明的过程。

下面的例子说明数学归纳法不局限于证明求和公式和验证不等式。

例 2.4.5 使用归纳法证明对于任意 $n \geq 1$，$5^n - 1$ 能被 4 整除。

基本步（$n = 1$）

如果 $n = 1$，$5^n - 1 = 5^1 - 1 = 4$，可以被 4 整除。

归纳步

假设 $5^n - 1$ 可以被 4 整除。必须说明 $5^{n+1} - 1$ 也能被 4 整除。注意到如果 p 和 q 都能被 k 整除，则 $p + q$ 能被 k 整除，这里 $k = 4$。这个命题的证明将留做练习（参见练习 71）。考虑第 $(n+1)$ 种情况与第 n 种情况的联系，可以写出

$$5^{n+1} - 1 = 5^n - 1 + \text{"待定表达式"}$$

根据归纳假设，$5^n - 1$ 可以被 4 整除。如果"待定表达式"也能被 4 整除，则两者的和，即 $5^{n+1} - 1$ 也可以被 4 整除，就可以完成归纳步的证明。下面求出"待定表达式"的值。

$$5^{n+1} - 1 = 5 \cdot 5^n - 1 = 4 \cdot 5^n + 1 \cdot 5^n - 1$$

所以,"待定表达式"为 $4 \cdot 5^n$,可以被 4 整除。下面正式写出归纳步。

根据归纳假设,$5^n - 1$ 可以被 4 整除,又因为 $4 \cdot 5^n$ 也能被 4 整除,所以和式

$$(5^n - 1) + 4 \cdot 5^n = 5^{n+1} - 1$$

能被 4 整除。

因为基本步和归纳步都已经通过验证,数学归纳法原理可以保证对于任意 $n \geq 1$,$5^n - 1$ 可以被 4 整除。∎

接下来给出一个在 1.1 节中提到的证明:如果集合 X 包含 n 个元素,则 X 的幂集 $\mathcal{P}(X)$ 含有 2^n 个元素。

定理 2.4.6 如果 $|X| = n$,则

$$|\mathcal{P}(X)| = 2^n, \quad n \geq 0 \tag{2.4.13}$$

证明 施归纳于 n。

基本步 ($n = 0$)

如果 $n = 0$,X 是空集。空集的唯一子集是空集自身。于是

$$|\mathcal{P}(X)| = 1 = 2^0 = 2^n$$

所以当 $n = 0$ 时,式 (2.4.13) 为真。

归纳步

假设式 (2.4.13) 对 n 成立。令 X 是包含 $n+1$ 个元素的集合。选取 $x \in X$,可以断定 X 有恰好一半的子集包含 x,恰好一半的子集不包含 x。为了说明这一点,注意 X 的每个包含 x 的子集 S,可以通过将 x 从 S 中删除来唯一地匹配到一个不包含 x 的子集(参见图 2.4.3)。于是 X 有恰好一半的子集包含 x,恰好一半的子集不包含 x。

X 包含 a 的子集	X 不包含 a 的子集
$\{a\}$	$\emptyset$
$\{a, b\}$	$\{b\}$
$\{a, c\}$	$\{c\}$
$\{a, b, c\}$	$\{b, c\}$

图 2.4.3 $X = \{a, b, c\}$ 的子集可分为两类:包含 a 的和不包含 a 的。右列中的每个子集是将左列中对应的子集删去元素 a 后得到的

若令集合 Y 为集合 X 删去 x 后得到的集合,则 Y 包含 n 个元素。根据归纳假设,$|\mathcal{P}(Y)| = 2^n$。而 Y 的子集就是 X 不包含 x 的子集。根据上一段的论述,有

$$|\mathcal{P}(Y)| = \frac{|\mathcal{P}(X)|}{2}$$

于是

$$|\mathcal{P}(X)| = 2|\mathcal{P}(Y)| = 2 \cdot 2^n = 2^{n+1}$$

所以式 (2.4.13) 对 $n+1$ 成立,归纳步完成。根据数学归纳法原理,式 (2.4.13) 对所有 $n \geq 0$ 成立。

例 2.4.7 覆盖问题

右三联骨牌是由三个方形骨牌组成的，如图 2.4.4 所示，这里简称为三联骨牌。三联骨牌是多联骨牌的一种。多联骨牌是 Solomon W. Golomb 于 1954 年引入的（参见[Golomb, 1954]），已经成为了娱乐数学的一种很受欢迎的形式。s 联骨牌由 s 个边界相连的骨牌组成，s 为 3 时就是三联骨牌。三个方块排成一行形成直三联骨牌，它是三联骨牌的第二种形式，三联骨牌只有右三联骨牌和直三联骨牌两种形式。（尚无人给出一个简单的公式表示 s 联骨牌的数量）。有很多与多联骨牌有关的问题（参见[Martin]）。

[WWW]

下面给出 Golomb 命题的归纳证明（参见[Golomb, 1954]）：如果从一个 $n \times n$ 的棋盘上移走一个方块，其中 n 是 2 的整数次幂，可以用三联骨牌覆盖剩余的方块（参见图 2.4.5）。用三联骨牌覆盖一个图形，意思是恰好用三联骨牌覆盖住这个图形，没有任何重叠或者盖到图形以外的情况。这种缺少了一个方块的棋盘称为缺块棋盘。

现在使用施归纳于 k 的归纳法，证明可以用三联骨牌覆盖 $2^k \times 2^k$ 的缺块棋盘。

图 2.4.4 三联骨牌

基本步（$k = 1$）

如果 $k = 1$，一个 2×2 缺块棋盘本身就是一个三联骨牌，所以可以用一个三联骨牌覆盖。

归纳步

假设可以覆盖一个 $2^k \times 2^k$ 的缺块棋盘。要说明可以覆盖一个 $2^{k+1} \times 2^{k+1}$ 的缺块棋盘。

考虑一个 $2^{k+1} \times 2^{k+1}$ 的缺块棋盘。把棋盘分成 4 个 $2^k \times 2^k$ 棋盘，如图 2.4.6 所示。旋转棋盘使缺失的方块处在左上区域。根据归纳法假设，左上区域的 $2^k \times 2^k$ 棋盘可以被覆盖。放一个三联骨牌 T 在中心区域，使得 T 中的每一个方块处在不同的区域中，如图 2.4.6 所示。如果考虑被 T 覆盖的方块是缺失的，则每一个区域都是一个缺块的 $2^k \times 2^k$ 棋盘。同样，根据归纳法假设，这些棋盘也可以被覆盖。现在得到一个可覆盖的 $2^{k+1} \times 2^{k+1}$ 棋盘。根据数学归纳法原理可以得出，当 $k = 1, 2, \cdots$ 时，缺块的 $2^k \times 2^k$ 棋盘可以用三联骨牌覆盖。

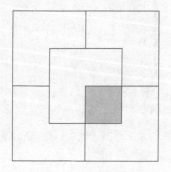

图 2.4.5 用三联骨牌覆盖一个 4×4 缺块棋盘

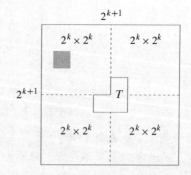

图 2.4.6 使用数学归纳法证明用三联骨牌覆盖缺块的 $2^{k+1} \times 2^{k+1}$ 棋盘

如果可以覆盖缺块的 $n \times n$ 棋盘，其中 n 不必是 2 的幂，那么方块的数量 $n^2 - 1$ 必能被 3 整除。[Chu]说明除 n 等于 5 时的逆命题为真。更确切地说，如果 $n \neq 5$，任何缺块的 $n \times n$ 棋盘可以被三联骨牌覆盖，当且仅当 $n^2 - 1$ 能被 3 整除（参见 2.5 节练习 27 和练习 28）。[有些缺块的 5×5 棋盘可以被覆盖，有些则不能（参见练习 32 和练习 33）。]

一些实际问题可以用覆盖问题来建模。一个例子是VLSI布局问题,将若干元件排布在一个硅片上(参见[Wong])(VLSI是超大规模集成电路的缩写)。这个问题是将事先设计好的电子元件排布在一个矩形区域上,使这个矩形区域的面积尽可能小。电子元件通常是矩形的,或是类似三联骨牌的"L"形。在实际的VLSI布局问题中还有一些其他的限制条件,例如某些电子元件必须相邻,整个矩形区域的长宽比等。∎

循环不变式(loop invariant)是指在程序中的某段循环执行之前、循环执行之后,以及每一次循环体执行之后都为真的一个有关程序变量的命题。循环不变式表达了循环运行前后及运行过程中变量的状态。理想情况下,循环不变式可以说明循环执行了程序员期望的功能,也就是说,循环是正确的。例如,while循环

    while (*condition*)
      //loop body

的循环不变式在第一次判断 *condition* 之前为真,在每一次循环体结束执行后也为真。

可以运用数学归纳法来证明循环不变式的正确性。基本步证明循环不变式在第一次判断循环条件之前为真。归纳步先假设循环不变式为真,然后证明如果循环条件成立(循环体将被执行),则循环体这次执行结束后循环不变式仍为真。在前一个例题中,数学归纳法证明了一个无限长的命题序列都为真。这里,由于循环将在有限次执行后结束,所以数学归纳法证明了一个有限长度的命题序列都为真。不管要证明的命题序列是有限还是无限,数学归纳法的证明过程是一样的。下面给出一个循环不变式的例子。

例2.4.8 利用循环不变式的概念证明伪代码
    $i = 1$
    $fact = 1$
    while $(i < n)\{$
      $i = i + 1$
      $fact = fact * i$
    $\}$

执行结束后,变量 *fact* 的值为 $n!$。

证明 $fact = i!$ 是这个循环的循环不变式。在while循环执行之前,$i = 1$,$fact = 1$,于是 $fact = 1!$ 成立。基本步证明完毕。

假设 $fact = i!$,如果 $i < n$ 为真(循环体将再次被执行),i 将变为 $i + 1$,$fact$ 将变为

$$fact * (i + 1) = i! * (i + 1) = (i + 1)!$$

归纳步证明完毕。于是 $fact = i!$ 是这个while循环的循环不变式。

while循环当 $i = n$ 时结束。由于 $fact = i!$ 是循环不变式,所以循环执行结束后,$fact = n!$。∎

问题求解要点

要证明求和公式

$$a_1 + a_2 + \cdots + a_n = F(n), \qquad n \geq 1$$

(其中 $F(n)$ 是和的公式)首先要验证 $n = 1$ 时

$$a_1 = F(1)$$

(基本步)。这一步通常很简单。

然后假设语句对 n 成立,即

$$a_1 + a_2 + \cdots + a_n = F(n)$$

将 a_{n+1} 加到等式的两边,可得

$$a_1 + a_2 + \cdots + a_n + a_{n+1} = F(n) + a_{n+1}$$

最后,证明

$$F(n) + a_{n+1} = F(n+1)$$

为了验证这个等式,运用代数方法将等式左边 $[F(n) + a_{n+1}]$ 变形,直至变为 $F(n+1)$ 为止。

这样就证明了

$$a_1 + a_2 + \cdots + a_{n+1} = F(n+1)$$

归纳步完成。证毕。

证明不等式也和上面的过程类似。差别只在于将要证明的等式 $F(n) + a_{n+1} = F(n+1)$ 改为不等式。

一般来说,用数学归纳法进行证明的关键在于在第 $n+1$ 种情况中找到第 n 种情况的部分。覆盖问题(参见例 2.4.7)就提供了 n 的情况在 $n+1$ 的情况中一个很好的例子。

本节复习

1. 叙述数学归纳法原理。
2. 解释数学归纳法证明是如何进行的。
3. 给出求和 $1 + 2 + \cdots + n$ 的公式。
4. 什么是几何级数求和?给出它的公式。

练习

在练习 1~11 中,用归纳法验证对于每一个正整数 n 等式是正确的。

1. $1 + 3 + 5 + \cdots + (2n-1) = n^2$

2. $1 \cdot 2 + 2 \cdot 3 + 3 \cdot 4 + \cdots + n(n+1) = \dfrac{n(n+1)(n+2)}{3}$

3. $1(1!) + 2(2!) + \cdots + n(n!) = (n+1)! - 1$

4. $1^2 + 2^2 + 3^2 + \cdots + n^2 = \dfrac{n(n+1)(2n+1)}{6}$

5. $1^2 - 2^2 + 3^2 - \cdots + (-1)^{n+1} n^2 = \dfrac{(-1)^{n+1} n(n+1)}{2}$

6. $1^3 + 2^3 + 3^3 + \cdots + n^3 = \left[\dfrac{n(n+1)}{2}\right]^2$

7. $\dfrac{1}{1 \cdot 3} + \dfrac{1}{3 \cdot 5} + \dfrac{1}{5 \cdot 7} + \cdots + \dfrac{1}{(2n-1)(2n+1)} = \dfrac{n}{2n+1}$

8. $\dfrac{1}{2 \cdot 4} + \dfrac{1 \cdot 3}{2 \cdot 4 \cdot 6} + \dfrac{1 \cdot 3 \cdot 5}{2 \cdot 4 \cdot 6 \cdot 8} + \cdots + \dfrac{1 \cdot 3 \cdot 5 \cdots (2n-1)}{2 \cdot 4 \cdot 6 \cdots (2n+2)} = \dfrac{1}{2} - \dfrac{1 \cdot 3 \cdot 5 \cdots (2n+1)}{2 \cdot 4 \cdot 6 \cdots (2n+2)}$

9. $\dfrac{1}{2^2 - 1} + \dfrac{1}{3^2 - 1} + \cdots + \dfrac{1}{(n+1)^2 - 1} = \dfrac{3}{4} - \dfrac{1}{2(n+1)} - \dfrac{1}{2(n+2)}$

*10. $\cos x + \cos 2x + \cdots + \cos nx = \dfrac{\cos[(x/2)(n+1)] \sin(nx/2)}{\sin(x/2)}$,如果 $\sin(x/2) \neq 0$。

*11. $1 \sin x + 2 \sin 2x + \cdots + n \sin nx = \dfrac{\sin[(n+1)x]}{4 \sin^2(x/2)} - \dfrac{(n+1) \cos\left(\frac{2n+1}{2} x\right)}{2 \sin(x/2)}$,如果 $\sin(x/2) \neq 0$。

在练习 12~17 中，用归纳法验证不等式。

12. $\dfrac{1}{2n} \le \dfrac{1 \cdot 3 \cdot 5 \cdots (2n-1)}{2 \cdot 4 \cdot 6 \cdots (2n)}, n = 1, 2, \cdots$

*13. $\dfrac{1 \cdot 3 \cdot 5 \cdots (2n-1)}{2 \cdot 4 \cdot 6 \cdots (2n)} \le \dfrac{1}{\sqrt{n+1}}, n = 1, 2, \cdots$

14. $2n + 1 \le 2^n, n = 3, 4, \cdots$

*15. $2^n \ge n^2, n = 4, 5, \cdots$

*16. $(a_1 a_2 \cdots a_{2^n})^{1/2^n} \le \dfrac{a_1 + a_2 + \cdots + a_{2^n}}{2^n}, n = 1, 2, \cdots$ 并且 a_i 是正数。

17. $(1 + x)^n \ge 1 + nx, x \ge -1$ 并且 $n \ge 1$。

18. 运用几何级数和证明 $r^0 + r^1 + \cdots + r^n < \dfrac{1}{1-r}$，其中 $n \ge 0$，$0 < r < 1$。

*19. 证明 $1 \cdot r^1 + 2 \cdot r^2 + \cdots + nr^n < \dfrac{r}{(1-r)^2}$，其中 $n \ge 1$，$0 < r < 1$。提示：利用前一个练习的结论，比较图形

$$\begin{array}{cccccc} r & r^2 & r^3 & r^4 & \cdots & r^n \\ & r^2 & r^3 & r^4 & \cdots & r^n \\ & & r^3 & r^4 & \cdots & r^n \\ & & & r^4 & \cdots & \\ & & & & \vdots & \vdots \\ & & & & r^{n-1} & r^n \\ & & & & & r^n \end{array}$$

中对角方向（↙）上各项的和与每一列各项的和。

20. 证明 $\dfrac{1}{2^1} + \dfrac{2}{2^2} + \dfrac{3}{2^3} + \cdots + \dfrac{n}{2^n} < 2$，其中 $n \ge 1$。

用归纳法证明练习 21~24 中的命题。

21. $7^n - 1$ 能被 6 整除，$n \ge 1$

22. $11^n - 6$ 能被 5 整除，$n \ge 1$

23. $6 \cdot 7^n - 2 \cdot 3^n$ 能被 4 整除，$n \ge 1$

*24. $3^n + 7^n - 2$ 能被 8 整除，$n \ge 1$

25. 用归纳法证明如果 $X_1, \cdots, X_n$ 和 X 为集合，则
   (a) $X \cap (X_1 \cup X_2 \cup \cdots \cup X_n) = (X \cap X_1) \cup (X \cap X_2) \cup \cdots \cup (X \cap X_n)$
   (b) $\overline{X_1 \cap X_2 \cap \cdots \cap X_n} = \overline{X_1} \cup \overline{X_2} \cup \cdots \cup \overline{X_n}$

26. 用归纳法证明如果 $X_1, \cdots, X_n$ 为集合，则 $|X_1 \times X_2 \times \cdots \times X_n| = |X_1| \cdot |X_2| \cdots |X_n|$。

27. 证明集合 $\{1, 2, \cdots, n\}$ 子集 S 的个数为 2^{n-1}，其中 $|S|$ 为偶数，即 2^{n-1}，$n \ge 1$。

28. 通过用小的数值进行实验，猜测下面的求和公式 $\dfrac{1}{1 \cdot 2} + \dfrac{1}{2 \cdot 3} + \cdots + \dfrac{1}{n(n+1)}$，然后用归纳法验证这个公式。

29. 用归纳法说明 n 条飞机的直达航线可以划分出 $(n^2 + n + 2)/2$ 个飞行区域。假设没有两条航线是平行的并且没有三条航线有共同的交叉点。

30. 说明上一个练习中的区域可以用红色和绿色着色，使得没有两个有共同边的区域有相同的颜色。

31. 给定 n 个 0 和 n 个 1 任意分布在一个圆环中（见下图），施归纳于 n 证明可以从某个数字开始，顺时针沿圆环走到出发位置，使得在圆环上的任一点遇到的 0 的数量至少和 1 一样多。下图中，用箭头标记了可能的出发点。

32. 用三联骨牌覆盖一个 5×5 棋盘,其中棋盘缺少左上角的方块。
33. 找出一个缺块的 5×5 棋盘,不可能用三联骨牌覆盖。解释为什么这个棋盘不能用三联骨牌覆盖。
34. 证明任意 $(2i) \times (3j)$ 棋盘可以用三联骨牌覆盖,其中 i 和 j 为正整数并且棋盘不缺块。
*35. 证明任意 7×7 的缺块棋盘可以用三联骨牌覆盖。
36. 证明任意 11×11 的缺块棋盘可以用三联骨牌覆盖。提示:将棋盘分为交叠的 7×7 和 5×5 棋盘及两个 6×4 的棋盘,然后应用练习 32、练习 34 和练习 35 的结论。
37. 本练习和下一个练习是 Anthony Quas 提出的。一个 $2^n \times 2^n$ 的无缺块的"L"形如下图所示,其中 $n \geq 0$。

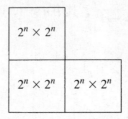

证明任意一个 $2^n \times 2^n$ 的无缺块的"L"形可以被三联骨牌覆盖。
38. 利用上题的结论,用另外一种方法证明:任意 $2^n \times 2^n$ 的缺块棋盘可以被三联骨牌覆盖。

直三联骨牌的三个方块排成一行:

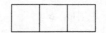

39. 哪些 4×4 的缺块棋盘可以被直三联骨牌覆盖?提示:从左到右,从上到下,依次给每个方格编号为 1, 2, 3, 1, 2, 3…。注意如果可以覆盖,则每个直三联骨牌都恰好包含一个 2 和一个 3。
40. 哪种 5×5 的缺块棋盘可以被直三联骨牌覆盖?
41. 哪种 8×8 的缺块棋盘可以被直三联骨牌覆盖?
42. 利用循环不变式证明伪代码

    $i = 1$
    $pow = 1$
    while $(i \leq n)$ {
        $pow = pow * a$
        $i = i + 1$
    }

    结束后,pow 等于 a^n。
43. 证明,当下面的伪代码执行结束后,$a[h] = val$;对任意 p,若 $i \leq p < h$,则 $a[p] < val$;对于任意 p,若 $h < p \leq j$,则 $a[p] \geq val$;如果将 $a[i], \cdots, a[j]$ 排序,val 的位置不变。

    $val = a[i]$
    $h = i$
    for $k = i + 1$ to j
        if $(a[k] < val)$ {
            $h = h + 1$

```
    swap(a[h], a[k])
}
swap(a[i], a[h])
```

提示：使用循环不变式：对所有 p，如果 $i < p \le h$，$a[p] < val$；且对所有 p，如果 $h < p < k$，$a[p] \ge val$。（画图有助于理解）

这种方法称为分割法。上面的程序所采用的这种分割方法是由 Nico Lomuto 提出的。分割法可以用来查找数组中第 k 小的元素，并可以由此构造一种排序算法——快速排序法。

3D 七骨牌是一个三维的 $2 \times 2 \times 2$ 立方体，其中一个 $1 \times 1 \times 1$ 立方体被去掉。去掉其中一个 $1 \times 1 \times 1$ 立方体的 $k \times k \times k$ 立方体称为缺块立方体。

44. 证明一个 $2^n \times 2^n \times 2^n$ 的缺块立方体可以用 3D 骨牌覆盖。

45. 证明如果 $k \times k \times k$ 缺块立方体可以被 3D 骨牌覆盖，则 $k-1$、$k-2$、$k-4$ 中的一个可以被 7 整除。

46. 假设 $S_n = (n+2)(n-1)$ 被（错误地）作为 $2 + 4 + \cdots + 2n$ 的和的公式。

    (a) 说明可以满足归纳步但不能满足基本步。

    *(b) 如果 S'_n 是满足归纳步的任意表达式，S'_n 应该具有怎样的形式？

*47. 下面的证明过程断言任何两个正整数是相等的，这个证明过程错在哪里？

    使用施归纳于 n 的归纳"证明"：如果 a 和 b 是正整数，并且 $n = \max\{a, b\}$，则 $a = b$。

    基本步（$n = 1$）。如果 a 和 b 是正整数并且 $1 = \max\{a, b\}$，则必有 $a = b = 1$。

    归纳步。假设 a' 和 b' 为正整数，并且 $n = \max\{a', b'\}$，则 $a' = b'$。假设 a 和 b 是正整数，并且 $n+1 = \max\{a, b\}$，有 $n = \max\{a-1, b-1\}$。根据归纳假设，$a-1 = b-1$。所以，$a = b$。因为已经验证了基本步和归纳步，根据数学归纳法原理，任意两个正整数是相等的。

48. 对于 $n \ge 2$，下面"证明" $\dfrac{1}{2} + \dfrac{2}{3} + \cdots + \dfrac{n}{n+1} \ne \dfrac{n^2}{n+1}$ 时哪里错了？

    假设采用反证法，假设

    $$\frac{1}{2} + \frac{2}{3} + \cdots + \frac{n}{n+1} = \frac{n^2}{n+1} \tag{2.4.14}$$

    而且有 $\dfrac{1}{2} + \dfrac{2}{3} + \cdots + \dfrac{n}{n+1} + \dfrac{n+1}{n+2} = \dfrac{(n+1)^2}{n+2}$。

    要由归纳法证明命题 (2.4.14)。由归纳步可以得出 $\left(\dfrac{1}{2} + \dfrac{2}{3} + \cdots + \dfrac{n}{n+1}\right) + \dfrac{n+1}{n+2} = \dfrac{n^2}{n+1} + \dfrac{n+1}{n+2}$，所以有 $\dfrac{n^2}{n+1} + \dfrac{n+1}{n+2} = \dfrac{(n+1)^2}{n+2}$。

    后面的等式两边同乘以 $(n+1)(n+2)$ 得 $n^2(n+2) + (n+1)^2 = (n+1)^3$。这个等式可以写成 $n^3 + 2n^2 + n^2 + 2n + 1 = n^3 + 3n^2 + 3n + 1$ 或 $n^3 + 3n^2 + 2n + 1 = n^3 + 3n^2 + 3n + 1$。

    这是一个矛盾式。因此，如前面所说 $\dfrac{1}{2} + \dfrac{2}{3} + \cdots + \dfrac{n}{n+1} \ne \dfrac{n^2}{n+1}$。

49. 对于 $n \ge 2$，使用数学归纳法证明 $\dfrac{1}{2} + \dfrac{2}{3} + \cdots + \dfrac{n}{n+1} < \dfrac{n^2}{n+1}$。这个不等式给出了对于前一练习中语句的证明。

在练习50~54中，假设$n>1$个人在一个平面内（Euclidean平面）进行排列，使得每个人有唯一的近邻。又假设每个人把一个派扔向他的近邻。没有被派击中的人获胜。

50. 给出一个例子说明如果n是偶数，则没有人能获胜。
51. 给出一个例子说明可以有一个以上的人获胜。
*52. [Carmony] 施归纳于n使用归纳法说明如果n是奇数，则至少有一个人获胜。
53. 证明或反驳：如果n是奇数，离得最远的两个人中有一个会获胜。
54. 证明或反驳：如果n是奇数，把派扔得最远的人会获胜。

在练习55~58讨论平面上的凸集合，下面将平面上的凸集合简称为"凸集"。凸集是平面上的一个非空集合X，具有性质：对于X中的任意两点x和y，以x和y为端点的线段上的所有点都在X中。下图说明了凸集的含义。

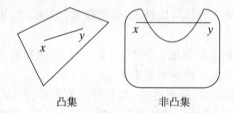

凸集　　　　非凸集

55. 证明若X和Y为凸集，且$X \cap Y$（X和Y的公共点集）非空，则$X \cap Y$是凸集。
*56. 设X_1, X_2, X_3, X_4是凸集，其中任意三个凸集有公共点，证明这四个凸集有公共点。
*57. 证明Helly定理：设$X_1, X_2, \cdots, X_n$是凸集，$n \geq 4$。其中任意三个凸集有公共点，则这n个凸集有公共点。
58. 设平面上有n个点，$n \geq 3$。并且其中任意3个点可以被半径为1的圆所包含。证明可以用一个半径为1的圆包含这n个点。
59. a和b为实数且$a<b$。开区间(a, b)是所有满足$a<x<b$的实数x组成的集合。证明如果存在n个开区间$I_1, \cdots, I_n$，$n \geq 2$，并且任意两个开区间的交集非空，则$I_1 \cap I_2 \cap \cdots \cap I_n$（$I_1, \cdots, I_n$的公共点）非空。

Flavius Josephus是公元一世纪的犹太士兵兼历史学家（参见[Graham,1994;Schumer]），是公元66年犹太人反抗罗马起义中的领袖之一。几年后，他和一队犹太士兵落入了罗马人的圈套，他们宁愿自杀也不愿意被俘。据说，罗马人让他们围成一个圆圈，每数到三个人就杀掉一个。Josephus精通离散数学，他让自己和好友站到计算好的位置，从而幸免于难。

练习60~66讨论Josephus问题的变体，每两个人就杀掉一个。假设n个人在圆周排列，顺时针依次编号为$1, 2, \cdots, n$。顺时针数，2号被杀，4号被杀，以此类推，直到剩下最后一个人，记为$J(n)$。

60. 计算$J(4)$。　　　61. 计算$J(6)$。　　　62. 计算$J(10)$。
63. 运用归纳法证明对任意$i \geq 1$，$J(2^i) = 1$。
64. 给定一个$n \geq 2$，设i为使$2^i \leq n$的最大整数。（例如：若$n = 10$，则$i = 3$。若$n = 16$，则$i = 4$。）令$j = n - 2^i$。（j是n减去不超过n的最大的2的整数幂的差）可以运用练习63的结论，证明$J(n) = 2j + 1$。
65. 运用练习64的结论计算$J(1000)$。
66. 运用练习64的结论计算$J(100\ 000)$。对于序列$a_1, a_2, \cdots$，差分算子Δ定义为$\Delta a_n = a_{n+1} - a_n$。

练习 67 中的公式有时可以用来计算求和公式，这时不需要使用数学归纳法来证明求和公式（参见练习 68~70）。

67. 设 $\Delta a_n = b_n$，证明 $b_1 + b_2 + \cdots + b_n = a_{n+1} - a_1$ 这个公式与微积分公式 $\int_c^d f(x)\mathrm{d}x = g(d) - g(c)$ 类似，其中 $Dg = f$（D 是求导算子）。在微积分公式中，求和被替换成了求积分，差分 Δ 被替换成求导。

68. 令 $a_n = n^2$，计算 Δa_n。利用练习 67 的结论，给出求取 $1 + 2 + 3 + \cdots + n$ 的公式。

69. 利用练习 67 的结论，给出求取 $1(1!) + 2(2!) + \cdots + n(n!)$ 的公式（与练习 3 做比较）。

70. 利用练习 67 的结论，给出求取 $\dfrac{1}{1\cdot 2} + \dfrac{1}{2\cdot 3} + \cdots + \dfrac{1}{n(n+1)}$ 的公式（与练习 28 做比较）。

71. 证明若 p 和 q 都能被 k 整除，则 $p + q$ 能被 k 整除。

问题求解：数学归纳法

问题

定义

$$H_k = 1 + \frac{1}{2} + \frac{1}{3} + \cdots + \frac{1}{k} \tag{1}$$

其中 $k \geq 1$。$H_1, H_2, \cdots$ 称为调和数。证明对任意 $n \geq 0$

$$H_{2^n} \geq 1 + \frac{n}{2} \tag{2}$$

问题分析

分析表达式时，找出一些具体的例子开始分析常常是一个好的思路。使用一些小的 k 值分析 H_k。使 H_k 有定义的最小的 k 值是 $k = 1$。这时，H_k 的定义中最后一项 $1/k$ 等于 $1/1 = 1$。因为第一项和最后一项重合，所以

$$H_1 = 1$$

对于 $k = 2$，根据 H_k 的定义最后一项 $1/k$ 等于 $1/2$，因此

$$H_2 = 1 + \frac{1}{2}$$

同样可以得到

$$H_3 = 1 + \frac{1}{2} + \frac{1}{3}$$
$$H_4 = 1 + \frac{1}{2} + \frac{1}{3} + \frac{1}{4}$$

注意到，H_1 是 H_2、H_3 和 H_4 的第一项，H_2 是 H_3 和 H_4 的前两项，H_3 是 H_4 的前三项。一般来说，H_m 是 H_k 的前 m 项，如果 $m \leq k$。前期的观察有助于后面的分析，因为归纳法中的归纳步骤必须建立问题的较小实例与较大实例之间的联系。

一般来说，最好尽可能地推迟合并项和化简，这就是为什么在例子中把 H_4 写成 4 个项的和而不是写成 $H_4 = 25/12$。因为把 H_4 写成了 4 个项的和，可以看到 H_1、H_2 和 H_3 都出现在 H_4 的表达式中。

求解

基本步是要证明当 n 取最小的值时命题成立,这里取 $n=0$。对于 $n=0$,要证明的不等式(2)变成

$$H_{2^0} \geq 1 + \frac{0}{2} = 1$$

已经注意到 $H_1 = 1$。因此当 $n=0$ 时,不等式(2)是正确的;事实上,这个不等式是个等式。(根据定义,如果 $x = y$ 成立,则 $x \geq y$ 也成立。)

下面进行归纳步。最好先写出归纳假设(这是对于 n 时的情况)

$$H_{2^n} \geq 1 + \frac{n}{2} \tag{3}$$

和要证明的结论(这是对于 $n+1$ 时的情况)

$$H_{2^{n+1}} \geq 1 + \frac{n+1}{2} \tag{4}$$

把所有出现的表达式的公式写下来是个好主意。使用等式(1)可以写出

$$H_{2^n} = 1 + \frac{1}{2} + \cdots + \frac{1}{2^n} \tag{5}$$

和

$$H_{2^{n+1}} = 1 + \frac{1}{2} + \cdots + \frac{1}{2^{n+1}}$$

从最后一个等式不能清楚地看出 H_{2^n} 是 $H_{2^{n+1}}$ 的前 2^n 项。把等式重写成

$$H_{2^{n+1}} = 1 + \frac{1}{2} + \cdots + \frac{1}{2^n} + \frac{1}{2^n+1} + \cdots + \frac{1}{2^{n+1}} \tag{6}$$

可以清楚地看出 H_{2^n} 是 $H_{2^{n+1}}$ 的前 2^n 项。

为了清楚起见,重写了 $1/2^n$ 以后的项。注意分母每次加 1,所以 $1/2^n$ 后面的一项是 $1/(2^n+1)$。还要注意 $1/2^n$ 后面的项 $1/(2^n+1)$ 和等式(6)最后一项 $1/2^{n+1}$ 的巨大差别。

使用等式(5)和等式(6)可以写出

$$H_{2^{n+1}} = H_{2^n} + \frac{1}{2^n+1} + \cdots + \frac{1}{2^{n+1}} \tag{7}$$

明确建立 H_{2^n} 和 $H_{2^{n+1}}$ 的联系。合并等式(3)和等式(7)可以得到

$$H_{2^{n+1}} \geq 1 + \frac{n}{2} + \frac{1}{2^n+1} + \cdots + \frac{1}{2^{n+1}} \tag{8}$$

这个不等式说明 $H_{2^{n+1}}$ 大于或者等于

$$1 + \frac{n}{2} + \frac{1}{2^n+1} + \cdots + \frac{1}{2^{n+1}}$$

但是目标式(4)说明 $H_{2^{n+1}}$ 大于或者等于 $1+(n+1)/2$。如果可以说明

$$1 + \frac{n}{2} + \frac{1}{2^n+1} + \cdots + \frac{1}{2^{n+1}} \geq 1 + \frac{n+1}{2}$$

就可以实现这个目标。一般来说,要证明一个不等式,使用较小的项替换较大的表达式中的项使得到的表达式等于较小的表达式,或者使用较大的项替换较小的表达式中的项使得到的表达式等于较大的表达式。这里,把

$$\frac{1}{2^n+1} + \cdots + \frac{1}{2^{n+1}}$$

中的每一项用求和表达式中的最小项 $1/2^{n+1}$ 替换。得到

$$\frac{1}{2^n+1} + \cdots + \frac{1}{2^{n+1}} \geq \frac{1}{2^{n+1}} + \cdots + \frac{1}{2^{n+1}}$$

因为在后面的求和式中共有 2^n 项，每一项等于 $1/2^{n+1}$，前面的不等式可以重新写成

$$\frac{1}{2^n+1} + \cdots + \frac{1}{2^{n+1}} \geq \frac{1}{2^{n+1}} + \cdots + \frac{1}{2^{n+1}} = 2^n \frac{1}{2^{n+1}} = \frac{1}{2} \tag{9}$$

合并等式(8)和等式(9)，有

$$H_{2^{n+1}} \geq 1 + \frac{n}{2} + \frac{1}{2} = 1 + \frac{n+1}{2}$$

于是得到了需要的结果，归纳步骤结束。

形式解

形式化的求解如下。

基本步（$n=0$）

$$H_{2^0} = 1 \geq 1 = 1 + \frac{0}{2}$$

归纳步 假设式(2)成立。现在有

$$\begin{aligned}
H_{2^{n+1}} &= 1 + \frac{1}{2} + \cdots + \frac{1}{2^n} + \frac{1}{2^n+1} + \cdots + \frac{1}{2^{n+1}} \\
&= H_{2^n} + \frac{1}{2^n+1} + \cdots + \frac{1}{2^{n+1}} \\
&\geq 1 + \frac{n}{2} + \frac{1}{2^{n+1}} + \cdots + \frac{1}{2^{n+1}} \\
&= 1 + \frac{n}{2} + 2^n \frac{1}{2^{n+1}} \\
&= 1 + \frac{n}{2} + \frac{1}{2} = 1 + \frac{n+1}{2}
\end{aligned}$$

问题求解技巧小结

- 一般用变元小的取值，观察正在考虑的表达式的具体例子。
- 寻找出现在 n 取较大的值时表达式中的 n 值较小的表达式。特别是，归纳步依赖于表达式在 n 的情况下与 $n+1$ 的情况下的关系。
- 尽可能推迟合并项和化简，以帮助发现表达式之间的关系。
- 写出完整的要证明的特例，特别是当 n 取最小值时的基本步，归纳步中假定的 n 的情况，以及在归纳步中要证明的 $n+1$ 的情况。写出出现的每个表达式。
- 要证明不等式，用较小的项替换较大的表达式中的项使得到的表达式等于较小的表达式，或者用较大的项替换较小的表达式中的项使得到的表达式等于较大的表达式。

说明

级数

$$1 + \frac{1}{2} + \frac{1}{3} + \cdots$$

称为调和级数。不等式(2)说明调和数的增加没有上限。在微积分术语中称调和级数是发散的。

练习

1. 证明对所有的 $n \geq 0$, $H_{2^n} \leq 1 + n$。
2. 证明对所有 $n \geq 1$, $H_1 + H_2 + \cdots + H_n = (n+1)H_n - n$。
3. 证明对所有的 $n \geq 1$, $H_n = H_{n+1} - \dfrac{1}{n+1}$。
4. 证明对所有的 $n \geq 1$, $1 \cdot H_1 + 2 \cdot H_2 + \cdots + nH_n = \dfrac{n(n+1)}{2}H_{n+1} - \dfrac{n(n+1)}{4}$。

2.5 强数学归纳法和良序性

在 2.4 节介绍的数学归纳法的归纳步中，假定命题当 n 时为真，然后证明命题当 $n+1$ 时为真。换句话说，为了证明命题为真（$n+1$ 时），假定其直接前趋命题（n 时）为真。有时证明归纳步时，如果假定所有前趋命题（不仅仅是直接前趋命题）为真，会使证明更加容易。**强数学归纳法**（Strong Form of Mathematical Induction）允许假定所有的前趋命题都为真。依照惯例，要证明的命题不是当 $n+1$ 时，而是当 n 时。下面形式化地描述强数学归纳法。

强数学归纳法

> 设有命题函数 $S(n)$，论域为大于等于 n_0 的所有整数。如果
>
> $S(n_0)$ 为真；
>
> 对任意 $n > n_0$，如果对任意满足 $n_0 \leq k < n$ 的 k, $S(k)$ 为真，那么都有 $S(n)$ 为真。
>
> 则对任意的 $n \geq n_0$, $S(n)$ 为真。

在强数学归纳法的归纳步中，令 n 为任意整数，$n > n_0$。假设 $S(k)$ 对于所有的 k 满足

$$n_0 \leq k < n \tag{2.5.1}$$

下面证明 $S(n)$ 为真。以不等式(2.5.1)中的 k 索引的语句 $S(k)$ 是待证语句 $S(n)$ 的前提（$k > n$）。在不等式(2.5.1)中，$n_0 \leq k$ 保证 k 属于以下论域：

$$\{n_0, n_0 + 1, n_0 + 2, \cdots\}$$

数学归纳法的两种形式逻辑等价（参见练习33）。

下面给出几个例子来说明如何使用强数学归纳法。

例 2.5.1 用数学归纳法证明只用 2 分和 5 分的邮票就可以得到 4 分或 4 分以上的邮资。

分析 考虑归纳步，要证明 n 分的邮资可以用 2 分和 5 分的邮票构成。如果假定可以构成 $n-2$ 分的邮资，就会很容易证明这个命题。只需要简单地增加一个 2 分的邮票便可形成 n 分的邮资。多么简单啊！使用强数学归纳法，可以假设对于所有的 $k < n$ 命题是正确的。特别是

可以假设当 $k = n - 2$ 时命题是正确的。可以根据以上非形式化的推理，用强数学归纳法给出正确的证明。

在本例中，不等式(2.5.1)中的 n_0 等于 4。当取 $k = n - 2$ 时，为了保证 $n_0 \leq k$，$4 \leq n - 2$，必须有 $6 \leq n$。现在 $n = 4$ 为基本步。然后对于 $n = 5$ 的情况呢？必须明确地验证 $n = 5$ 的情况。按照约定，将 $n = 5$ 也加入基本步；因此 $n = 4$ 和 $n = 5$ 两种情况构成了基本步。一般情况下，如果归纳步假设情况 $n - p$ 为真（在本例中，$p = 2$），则一般有 p 个基本步：$n = n_0, n = n_0 + 1, \cdots, n = n_0 + p - 1$。

基本步（$n = 4, n = 5$）

可以使用两个2分的邮票得到4分的邮资。可以用一个5分的邮票得到5分的邮资。基本步得到验证。

归纳步

假设 $n \geq 6$，对于 $4 \leq k < n$，k 分的邮资可以只用2分和5分的邮票实现。

根据归纳假设，可以得到 $n - 2$ 分的邮资。增加2分的邮票可以得到 n 分的邮资。归纳步完成。■

例2.5.2 当序列的一项由其某几个前趋定义时，强数学归纳法常常可以证明序列的某些性质。例如，序列 $c_1, c_2, \cdots$ 定义为①

$$c_1 = 0, \quad c_n = c_{\lfloor n/2 \rfloor} + n \quad \text{对所有的 } n \geq 1$$

例如：

$$c_2 = c_{\lfloor 2/2 \rfloor} + 2 = c_{\lfloor 1 \rfloor} + 2 = c_1 + 2 = 0 + 2 = 2$$
$$c_3 = c_{\lfloor 3/2 \rfloor} + 3 = c_{\lfloor 1.5 \rfloor} + 3 = c_1 + 3 = 0 + 3 = 3$$
$$c_4 = c_{\lfloor 4/2 \rfloor} + 4 = c_{\lfloor 2 \rfloor} + 4 = c_2 + 4 = 2 + 4 = 6$$
$$c_5 = c_{\lfloor 5/2 \rfloor} + 5 = c_{\lfloor 2.5 \rfloor} + 5 = c_2 + 5 = 2 + 5 = 7$$

下面利用强数学归纳法证明

$$c_n < 2n \quad \text{对所有的 } n \geq 1$$

分析 在本例中，不等式(2.5.1)中的 n_0 等于1，则不等式(2.5.1)即为

$$1 \leq k < n$$

特别是，因为 c_n 以 $c_{\lfloor n/2 \rfloor}$ 的形式定义，所以在归纳步中可以假设语句对于 $k = \lfloor n/2 \rfloor$ 为真。不等式(2.5.1)即为

$$1 \leq \lfloor n/2 \rfloor < n$$

因为 $n/2 < n$，则有 $\lfloor n/2 \rfloor < n$。如果 $n \geq 2$，则 $1 \leq n/2$，$1 \leq \lfloor n/2 \rfloor$。所以，如果 $n \geq 2$，$k = \lfloor n/2 \rfloor$，则不等式(2.5.1)得到满足。因此基本步为 $n = 1$。

基本步（$n = 1$）

$$c_1 = 0 < 2 = 2 \cdot 1$$

基本步验证完毕。

---

① x 的下取整是小于等于 $\lfloor x \rfloor$ 的最大整数（参见3.1节）。简单地说，就是向下取整。例如：$\lfloor 2.3 \rfloor = 2$，$\lfloor 5 \rfloor = 5$，$\lfloor -2.7 \rfloor = -3$。

归纳步

假设对所有 k, $1 \leq k < n$,
$$c_k < 2k$$

证明
$$c_n < 2n$$

其中 $n > 1$。因为 $1 < n$, $2 \leq n$, 所有 $1 \leq n/2 < n$。因此 $1 \leq \lfloor n/2 \rfloor < n$, 并取 $k = \lfloor n/2 \rfloor$, 容易看到 k 满足不等式(2.5.1)。根据归纳假设
$$c_{\lfloor n/2 \rfloor} = c_k < 2k = 2\lfloor n/2 \rfloor$$

于是
$$c_n = c_{\lfloor n/2 \rfloor} + n < 2\lfloor n/2 \rfloor + n \leq 2(n/2) + n = 2n$$

归纳步证明完毕。 ■

例 2.5.3 序列 $c_1, c_2, \cdots$ 定义为
$$c_1 = 1, \qquad c_n = c_{\lfloor n/2 \rfloor} + n^2 \text{ 对所有 } n > 1$$

假设需要证明语句对于所有的 $n \geq 2$ 及 c_n 都为真。在归纳步中，将假设语句及 $c_{\lfloor n/2 \rfloor}$ 为真。那么基本步是什么？

在本例中，不等式(2.5.1)中的 n_0 等于 2，则不等式(2.5.1)变为
$$2 \leq k < n$$

在归纳步中，假设语句对于 $k = \lfloor n/2 \rfloor$ 为真。则不等式(2.5.1)即为
$$2 \leq \lfloor n/2 \rfloor < n$$

因为 $n/2 < n$, 则有 $\lfloor n/2 \rfloor < n$。

如果 $n = 3$, 则 $2 > \lfloor n/2 \rfloor$。因此必须将 $n = 3$ 加入基本步（$n = 2$）。如果 $n \geq 4$, 则 $2 \leq n/2$, $2 \leq \lfloor n/2 \rfloor$。最后，如果 $n \geq 4$, $k = \lfloor n/2 \rfloor$, 则不等式(2.5.1)得到满足。所有基本步为 $n = 2$ 和 $n = 3$。 ■

例 2.5.4 假设先插入括号，然后计算 n 个数的乘积 $a_1 a_2 \cdots a_n$。例如 $n = 4$ 时，可以插入括号为
$$(a_1 a_2)(a_3 a_4) \tag{2.5.2}$$

这时，首先将 a_1 和 a_2 相乘得到 $a_1 a_2$, 然后将 a_3 和 a_4 相乘得到 $a_3 a_4$, 最后将 $a_1 a_2$ 和 $a_3 a_4$ 相乘得到 $(a_1 a_2)(a_3 a_4)$。注意一共进行了三次乘法。证明无论怎样插入括号，计算 n 个数的乘积 $a_1 a_2 \cdots a_n$ 都需要 $n - 1$ 次乘法运算。

使用强数学归纳法来证明这个结论。

基本步（$n = 1$）

计算 a_1, 需要 0 次乘法运算。基本步验证完毕。

归纳步

假设对任意 k, $1 \leq k < n$, 无论怎样插入括号，计算 k 个数的乘积都需要 $k - 1$ 次乘法运算。必须证明无论怎样插入括号，计算 n 个数的乘积 $a_1 a_2 \cdots a_n$ 都需要 $n - 1$ 次乘法运算。

将括号插入 $a_1 a_2 \cdots a_n$ 后，假设最后一次乘法将如下的两个括号相乘。

$$(a_1 \cdots a_t)(a_{t+1} \cdots a_n)$$

其中 $1 \leq t < n$。[例如对式(2.5.2)来说，$t = 2$]。左边的括号中有 t 项，其中 $1 \leq t < n$，而右边的括号有 $n - t < n$ 项，其中 $1 \leq n - t < n$。根据归纳假设，无论怎样插入括号，计算 $a_1 \cdots a_t$ 需要 $t - 1$ 次乘法运算，而计算 $a_{t+1} \cdots a_n$ 需要 $n - t - 1$ 次乘法运算。将 $a_1 \cdots a_t$ 和 $a_{t+1} \cdots a_n$ 相乘还需要一次乘法运算。所以共需要乘法运算

$$(t - 1) + (n - t - 1) + 1 = n - 1$$

次。归纳步证明完毕。∎

良序性

非负整数的良序性说明任意一个非空的非负整数集合都有一个最小的元素。集合的良序性和两种形式的数学归纳法等价（参见练习31~33）。良序性可以证明算术除法的一些性质：当整数 n 除以一个非负整数 d 时，得到商 q 和余数 r，满足 $0 \leq r < d$ 并有 $n = dq + r$。

例 2.5.5 $n = 74$ 除以 $d = 13$

$$\begin{array}{r} 5 \\ 13\overline{)74} \\ \underline{65} \\ 9 \end{array}$$

得到商为 $q = 5$，余数为 $r = 9$。注意 r 满足 $0 \leq r < d$，即 $0 \leq 9 < 13$。有

$$n = 74 = 13 \cdot 5 + 9 = dq + r$$ ∎

定理 2.5.6 商和余数定理

如果 d 和 n 为整数，$d > 0$，存在整数 q（商）和 r（余数），满足

$$n = dq + r \qquad 0 \leq r < d$$

并且，q 和 r 是唯一的，即若有

$$n = dq_1 + r_1 \qquad 0 \leq r_1 < d$$

和

$$n = dq_2 + r_2 \qquad 0 \leq r_2 < d$$

则 $q_1 = q_2$，$r_1 = r_2$。

分析 仔细观察长除法，就能找到证明定理 2.5.6 的方法。为什么例 2.5.5 中的商是 5 呢？因为 $q = 5$ 使得余数 $n - dq$ 非负并且尽可能小。例如商为 $q = 3$，则余数 $n - dq = 74 - 13 \cdot 3 = 35$，这太大了。又例如商为 6，则余数 $n - dq = 74 - 13 \cdot 6 = -4$，为负数。良序性保证了存在最小的非负的余数 $n - dq$。

证明 令

$$X = \{n - dk \mid n - dk \geq 0, k \in \mathbf{Z}\}$$

利用分情形证明法证明集合 X 非空。如果 $n \geq 0$，则

$$n - d \cdot 0 = n \geq 0$$

这时 n 包含在 X 中。如果 $n < 0$，由于 d 是正整数，所以 $1 - d \leq 0$。所以

$$n - dn = n(1-d) \geq 0$$

这时，$n-dn$ 包含在 X 中。所以，集合 X 非空。

因为 X 是非负整数组成的非空集合，根据集合的良序性，集合 X 有一个最小元素，将其记做 r。将 $r = n - dq$ 中的 k 记做 q，则

$$n = dq + r$$

因为 r 包含在 X 中，$r \geq 0$。下面用反证法证明 $r < d$。假设 $r \geq d$，则

$$n - d(q+1) = n - dq - d = r - d \geq 0$$

于是 $n - d(q+1)$ 包含在 X 中，注意到 $n - d(q+1) = r - d < r$，而 r 是 X 中最小的整数，矛盾！故 $r < d$。

已经证明了如果 d 和 n 为整数，$d > 0$，则存在整数 q 和 r 满足

$$n = dq + r \qquad 0 \leq r < d$$

下面证明 q 和 r 的唯一性，假设

$$n = dq_1 + r_1 \qquad 0 \leq r_1 < d$$

和

$$n = dq_2 + r_2 \qquad 0 \leq r_2 < d$$

必须证明 $q_1 = q_2$，$r_1 = r_2$。将上面的两个等式相减，可得

$$0 = n - n = (dq_1 + r_1) - (dq_2 + r_2) = d(q_1 - q_2) - (r_2 - r_1)$$

可写做

$$d(q_1 - q_2) = r_2 - r_1$$

上式说明 d 整除 $r_2 - r_1$，因为 $0 \leq r_1 < d$ 且 $0 \leq r_2 < d$，所以

$$-d < r_2 - r_1 < d$$

在 $-d$ 和 d 之间唯一能被 d 整除的整数是 0，所以

$$r_1 = r_2$$

由此可得

$$d(q_1 - q_2) = 0$$

故

$$q_1 = q_2$$

证毕。

注意定理 2.5.6 中余数 r 为 0 当且仅当 d 整除 n。

问题求解要点

在强数学归纳法的归纳步中，目标是证明命题对第 n 种情况成立。这时，可以假定前面所有的情况下（并不是像 2.4 节中只假设前面的一种情况）命题成立。在所有情况下，都可使用强数学归

纳法。如果归纳步中只需利用前一种情况就可以证明当前的情况，可以采用2.4节中的数学归纳法形式。总体来说，假设命题对于前面所有的 n 种情况都成立，为证明当前情况成立提供了更多的素材。

在强数学归纳法的归纳步中，当假设语句 $S(k)$ 为真时，必须保证 k 属于命题函数 $S(n)$ 的论域。按照本节的术语，即保证 $n_0 \leq k$（参见例2.5.1和例2.5.2）。

在强数学归纳法的归纳步中，如果假设情况 $n-p$ 为真，则有 p 个基本步：$n = n_0$, $n = n_0 + 1$, $\cdots$, $n = n_0 + p - 1$。

本节复习

1. 叙述强数学归纳法。　　　2. 叙述良序性。　　　3. 叙述商和余数定理。

练习

1. 说明6分或者更多的邮资可以用2分和7分的邮票得到。
2. 说明24分或者更多的邮资可以用5分和7分的邮票得到。
*3. 使用"如果 $S(n)$ 为真，则 $S(n+1)$ 为真"形式的归纳步证明例题2.5.1中的语句。
*4. 使用"如果 $S(n)$ 为真，则 $S(n+1)$ 为真"形式的归纳步证明练习1中的语句。
*5. 使用"如果 $S(n)$ 为真，则 $S(n+1)$ 为真"形式的归纳步证明练习2中的语句。

练习6和练习7涉及序列 $c_1, c_2, \cdots$，该序列定义为 $c_1 = 0$, $c_n = c_{\lfloor n/2 \rfloor} + n^2$（对所有 $n > 1$）。

6. 假设需要证明语句对于所有的 $n \geq 3$ 及 c_n 为真。在归纳步中，假设语句及 $c_{\lfloor n/2 \rfloor}$ 为真，那么基本步是什么？
7. 假设需要证明语句对于所有的 $n \geq 4$ 及 c_n 为真。在归纳步中，假设语句及 $c_{\lfloor n/2 \rfloor}$ 为真，那么基本步是什么？
8. 序列 $c_1, c_2, \cdots$ 定义为 $c_1 = c_2 = 0$, $c_n = c_{\lfloor n/3 \rfloor} + n$ 对所有 $n > 2$。

   假设需要证明语句对于所有的 $n \geq 2$ 及 c_n 为真。在归纳步中，假设语句及 $c_{\lfloor n/3 \rfloor}$ 为真，那么基本步是什么？

练习9和练习10涉及序列 $c_1, c_2, \cdots$，序列定义为 $c_1 = 0$, $c_n = c_{\lfloor n/2 \rfloor} + n^2$（对所有 $n > 1$）。

9. 计算 c_2、c_3、c_4 和 c_5。　　　10. 证明对所有 $n \geq 1$, $c_n < 4n^2$。

练习11~13涉及序列 $c_1, c_2, \cdots$，序列定义为 $c_1 = 0$, $c_n = 4c_{\lfloor n/2 \rfloor} + n$（对所有 $n > 1$）。

11. 计算 c_2、c_3、c_4 和 c_5。　　　12. 证明对所有 $n \geq 1$, $c_n \leq 4(n-1)^2$。
13. 证明对所有 $n \geq 2$, $(n+1)^2/8 < c_n$，提示：对所有 n, $\lfloor n/2 \rfloor \geq (n-1)/2$。
14. 序列 $c_0, c_1, \cdots$ 定义为 $c_0 = 0$, $c_n = c_{\lfloor n/2 \rfloor} + 3$（对所有 $n > 0$）。

    下面关于语句"对于所有的 $n \geq 3$, $c_n \leq 2n$"的证明有何错误？（不要验证语句"对于所有的 $n \geq 3$, $c_n \leq 2n$"为假。）这里采用强数学归纳法。

    基本步（$n = 3$）
    因为 $c_3 = c_1 + 3 = (c_0 + 3) + 3 = 6 \leq 2 \cdot 3$，所以基本步得证。

    归纳步
    假设对于所有的 $k < n$, $c_k \leq 2k$，则 $c_n = c_{\lfloor n/2 \rfloor} + 3 \leq 2_{\lfloor n/2 \rfloor} + 3 \leq 2(n/2) + 3 = n + 3 < n + n = 2n$（因为 $3 < n$，所以 $n + 3 < n + n$），归纳步证毕。

15. 有两堆卡片，每堆 n 张。两个人进行下面的游戏。两个人依次行动，行动时先选定一堆卡片，然后从中拿走任意张卡片，至少拿一张。拿走最后一张卡片的人获胜。证明第二个行动的人必胜。

在练习 16~21 中，求出定理 2.5.6 中当 n 除以 d 时的商 q 和余数 r。

16. $n = 47, d = 9$ 17. $n = -47, d = 9$ 18. $n = 7, d = 9$
19. $n = -7, d = 9$ 20. $n = 0, d = 9$ 21. $n = 47, d = 47$

古埃及人用分子为 1 的分数的和表示分数。例如，5/6 可以表示成

$$\frac{5}{6} = \frac{1}{2} + \frac{1}{3}$$

称当 p 和 q 为正整数时分数 p/q 具有埃及形式，如果

$$\frac{p}{q} = \frac{1}{n_1} + \frac{1}{n_2} + \cdots + \frac{1}{n_k} \tag{2.5.3}$$

其中 $n_1, n_2, \cdots, n_k$ 为正整数并且满足 $n_1 < n_2 < \cdots < n_k$。

22. 通过用两种不同的形式表示 5/6，说明式(2.5.3)的表示形式不是唯一的。
*23. 证明对于每个具有埃及形式的分数，式(2.5.3)的表示形式都不是唯一的。
24. 通过完成下面的步骤给出施归纳于 p 的证明，说明每个满足 $0 < p/q < 1$ 的分数 p/q 都可以表示成埃及形式。
    (a) 验证基本步（$p = 1$）。
    (b) 假设 $0 < p/q < 1$ 并且当 $1 \leq i < p$ 和 q' 为任意数时所有分数 i/q' 可以表示成埃及形式。选择最小的正整数 n，使得 $1/n \leq p/q$。说明 $n > 1$ 并且 $\frac{p}{q} < \frac{1}{n-1}$。
    (c) 说明如果 $p/q = 1/n$，则证明完成。
    (d) 假设 $1/n < p/q$。设 $p_1 = np - q$ 并且 $q_1 = nq$，说明 $\frac{p_1}{q_1} = \frac{p}{q} - \frac{1}{n}$，$0 < \frac{p_1}{q_1} < 1$，并且 $p_1 < p$。有结论 $\frac{p_1}{q_1} = \frac{1}{n_1} + \frac{1}{n_2} + \cdots + \frac{1}{n_k}$，其中 $n_1, n_2, \cdots, n_k$ 各不相同。
    (e) 说明 $p_1/q_1 < 1/n$。
    (f) 说明 $\frac{p}{q} = \frac{1}{n} + \frac{1}{n_1} + \cdots + \frac{1}{n_k}$，$n, n_1, \cdots, n_k$ 各不相同。
25. 使用前一练习的方法找出 3/8、5/7 和 13/19 的埃及形式。
*26. 证明对于任意正整数 p 和 q，分数 p/q 可以写成埃及形式（这里不假设 $p/q < 1$）。
*27. 证明任意 $n \times n$ 的缺块棋盘可以用三联骨牌覆盖，如果 n 为奇数，$n > 5$ 并且 $n^2 - 1$ 能被 3 整除。提示：使用与 2.4 节练习 36 的提示类似的方法来完成证明。
*28. 证明任意 $n \times n$ 的缺块棋盘可以用三联骨牌覆盖，如果 n 为偶数，$n > 8$ 并且 $n^2 - 1$ 能被 3 整除。提示：注意 4×4 的缺块棋盘可以用三联骨牌覆盖，再应用 2.4 节练习 27 和练习 34 的结论。
29. 用另一种方法证明定理 2.5.6 中当 $n \geq 0$ 时 q 和 r 的存在性。首先证明满足 $dk > n$ 的所有整数 k 组成的集合 X 是一个非负整数组成的非空集合。然后证明集合 X 存在一个最小的元素。然后对这个最小的元素进行分析得到最后的结论。
30. 对用数学归纳法证明的定理 2.5.6，以另一种方法证明 q 和 r 的存在性，归纳步采用"如果 $S(n)$ 成立，则 $S(n+1)$ 成立"的形式。提示：首先证明 $n > 0$ 的情况，单独证明 $n = 0$ 的情况，将 $n < 0$ 的情况化为 $n > 0$ 的情况。

*31. 假设归纳步采用"如果 $S(n)$ 成立，则 $S(n+1)$ 成立"形式的数学归纳法是正确的，证明 $S(n)$ 的论域为良序集。

*32. 假设 $S(n)$ 的论域为良序集，证明强数学归纳法是正确的。

*33. 证明强数学归纳法和归纳步采用"如果 $S(n)$ 成立，则 $S(n+1)$ 成立"形式的数学归纳法是等价的。即假设强数学归纳法是正确的，证明归纳步采用"如果 $S(n)$ 成立，则 $S(n+1)$ 成立"形式的数学归纳法是正确的；以及假设归纳步采用"如果 $S(n)$ 成立，则 $S(n+1)$ 成立"形式的数学归纳法是正确的，证明强数学归纳法是正确的。

注释

[D'Angelo; Solow]重点讨论了如何构造证明的问题。多联骨牌的覆盖问题在[Martin]一书中有所讨论。

在美国数学协会出版的 *The College Mathematics Journal* 中的 "Fallacies, Flaws, and Flimflam" 一节包含了一些关于数学错误、存在谬误的证明或有缺陷的推理的例子。

本章复习

2.1

1. 数学系统
2. 公理
3. 定义
4. 未定义项
5. 定理
6. 证明
7. 引理
8. 直接证明
9. 偶数
10. 奇数
11. 子证明
12. 证明全称量词语句为假
13. 将问题作为条件
14. 循环推理

2.2

15. 反证法
16. 间接证明
17. 逆否证明
18. 分情况证明
19. 穷举证明
20. 证明当且仅当语句
21. 证明多个语句等价
22. 存在性证明
23. 构造式存在性证明
24. 非构造式存在性证明

2.3

25. 归结证明；使用：如果 $p \vee q$ 和 $\neg p \vee r$ 都为真，则 $q \vee r$ 为真。
26. 子句：由"或"分开的项组成，其中每一项都是变元或者变元的否定。

2.4

27. 数学归纳法原理
28. 基本步：证明第 1 种情况为真
29. 归纳步：假设第 n 种情况为真，证明第 $n+1$ 种情况为真。
30. n 的阶乘：$n! = n(n-1)\cdots 1, 0! = 1$
31. 前 n 个正整数求和的通项公式 $1 + 2 + \cdots + n = \dfrac{n(n+1)}{2}$
32. 几何级数求和的通项公式 $ar^0 + ar^1 + \cdots + ar^n = \dfrac{a(r^{n+1}-1)}{r-1}, r \neq 1$

2.5

33. 强数学归纳法
34. 强数学归纳法的基本步：证明第1种情况为真。
35. 强数学归纳法的归纳步：假设前 n 种情况都为真，证明第 n 种情况为真。
36. 良序性：任何一个非负整数组成的非空集合都有最小元素。
37. 商和余数定理：如果 d 和 n 为整数，$d > 0$，则存在整数 q（商）和整数 r（余数），满足 $n = dq + r$，$0 \leq r < d$，并且 q 和 r 是唯一的。

本章自测题

2.1

1. 公理与定义的区别。
2. 证明对于所有的整数 m 和 n，如果 m 和 $m - n$ 是奇数，则 n 是偶数。
3. 证明对于所有的有理数 x 和 y，$y \neq 0$，则 x/y 是有理数。
4. 证明对于所有的集合 X，Y 和 Z，如果 $X \subseteq Y$，$Y \subset Z$，则 $X \subset Z$。

2.2

5. 直接证明法与反证法的区别是什么？
6. 利用反证法证明如果4支队伍参加7局比赛，那么某些队伍至少要参加两局比赛。
7. 利用分情况证明法证明对于所有的实数 a、b 和 c，$\min\{\min\{a, b\}, c\} = \min\{a, \min\{b, c\}\}$。
8. 证明对于集合 A 和 B，下列语句等价：
   (a) $A \subseteq B$ (b) $A \cap \bar{B} = \emptyset$ (c) $A \cup B = B$

2.3

9. 给出子句的"与"表达式，使之等 $(p \vee q) \rightarrow r$。
10. 给出子句的"与"表达式，使之等 $(p \vee \neg q) \rightarrow \neg rs$。
11. 用归结法证明

$$\begin{array}{l} \neg p \vee q \\ \neg q \vee \neg r \\ p \vee \neg r \\ \hline \therefore \neg r \end{array}$$

12. 使用归结法和反证法重新证明练习11。

2.4

用数学归纳法证明对于所有的整数 n，练习13~16中的公式是正确的。

13. $2 + 4 + \cdots + 2n = n(n + 1)$
14. $2^2 + 4^2 + \cdots + (2n)^2 = \dfrac{2n(n+1)(2n+1)}{3}$
15. $\dfrac{1}{2!} + \dfrac{2}{3!} + \cdots + \dfrac{n}{(n+1)!} = 1 - \dfrac{1}{(n+1)!}$
16. $2^{n+1} < 1 + (n+1)2^n$

2.5

17. 求出定理2.5.6中，当 $n = 101$ 除以 $d = 11$ 时的商 q 和余数 r。

练习 18 和练习 19 涉及序列 $c_1, c_2, \cdots$，序列定义为

$$c_1 = 0, \quad c_n = 2c_{\lfloor n/2 \rfloor} + n \text{ 对所有 } n > 1$$

18. 计算 c_2, c_3, c_4, c_5。
19. 证明对任意 $n \geq 1$，$c_n \leq n \lg n$。
20. 定义非空数的集合 X 的上界为 a，如果 a 满足对 X 中任意的 x，$a \geq x$。使用良序性证明：任意一个有上界的非负整数非空集合 X 存在最大元素。提示：考虑 X 的所有整数上界组成的集合。

上机练习

1. 用程序实现归结证明。
2. 编写一段程序，给出一个分数的埃及形式表示。

第3章 函数、序列和关系

所有数学分支和基于数学的学科，如计算机科学与工程等，都使用函数、序列和关系。一个函数为集合 X 中的每个元素指定了集合 Y 中唯一的一个元素与之对应。函数广泛地应用于离散数学中。例如，在分析算法的执行时间时就要用到函数。

序列是一类特殊的函数。序列的一个例子是几个字母按顺序组成一个单词。与集合不同，序列考虑元素的排列顺序。（顺序显然很重要，比如 form 和 from 是两个不同的单词。）

关系是比函数更一般化的概念。关系中用有序对 (a, b) 表示从 a 到 b 的一个关系。关系数据库模型就是基于关系的概念，它可以帮助用户访问数据库（由计算机控制的记录的汇集）中的信息。

3.1 函数

如果以恒定的速度行进，有

$$距离 = 速度 \times 时间$$

所以，如果以每小时 55 英里①的速度行进 t 个小时，则

$$D = 55t \tag{3.1.1}$$

其中 t 表示时间，D 表示行进的距离。

式 (3.1.1) 定义了一个**函数**（function）。函数将集合 X 中的每一个元素指派为集合 Y 中唯一的一个元素。（集合 X 和集合 Y 可能相同也可能不同。）式 (3.1.1) 定义的函数将每一个非负实数 t 指派为 $55t$。例如，将 $t = 1$ 指派为 55；将 $t = 3.45$ 指派为 189.75；等等。可以将这种指派表示为有序对：(1, 55)，(3.45, 189.75)。形式化地说，将函数定义为一种特殊的由有序对组成的集合。 [WWW]

定义 3.1.1 令 X 和 Y 为集合，从 X 到 Y 的函数 f 是笛卡儿积 $X \times Y$ 的子集，满足对每个 $x \in X$，存在唯一的 $y \in Y$，使得 $(x, y) \in f$。有时将从 X 到 Y 的函数 f 记为 $f: X \to Y$。

集合 X 称为 f 的定义域。集合

$$\{y \mid (x, y) \in f\}$$

（Y 的一个子集）称为 f 的值域。 ■

例 3.1.2 式 (3.1.1) 定义的函数的定义域是非负实数集合。（假设时间被限定为非负实数。）函数的值域也是非负实数集合。 ■

例 3.1.3 集合

$$f = \{(1, a), (2, b), (3, a)\}$$

是从 $X = \{1, 2, 3\}$ 到 $Y = \{a, b, c\}$ 的函数。X 中的每一个元素被指派为 Y 中唯一的元素：1 被指派为 a；2 被指派为 b，3 被指派为 a。可用图 3.1.1 来描述这一情况，从 j 到 x 的箭头表示整数

---
① 1 英里 = 1.6093 km。

j 被指派为字母 x。类似图 3.1.1 的图称为**箭头图**（arrow diagram）。为了使一个箭头图成为一个函数，定义 3.1.1 要求从定义域中的每个元素恰有一个箭头射出。注意图 3.1.1 具有这个性质。

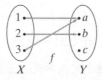

图 3.1.1　例 3.1.3 中函数的箭头图。X 中的每个元素仅有一个箭头射出

定义 3.1.1 允许重复使用 Y 中的元素。对于函数 f 来说，Y 中的元素 a 使用了两次。而且定义 3.1.1 没有要求使用 Y 中所有的元素。X 中没有元素被指派为 Y 中的 c。f 的定义域为 X，值域为 $\{a, b\}$。∎

例 3.1.4 集合

$$\{(1, a), (2, a), (3, b)\} \tag{3.1.2}$$

不是从 $X = \{1, 2, 3, 4\}$ 到 $Y = \{a, b, c\}$ 的函数，因为 X 中的元素 4 没有被指派为 Y 中的元素。显然从箭头图（参见图 3.1.2）中也可以看出这个集合不是函数，因为没有从 4 射出的箭头。集合(3.1.2)是从 $X' = \{1, 2, 3\}$ 到 $Y = \{a, b, c\}$ 的函数。

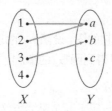

图 3.1.2　例 3.1.4 中集合的箭头图。这个集合不是函数，因为没有从 4 射出的箭头 ∎

例 3.1.5 集合

$$\{(1, a), (2, b), (3, c), (1, b)\}$$

不是从 $X = \{1, 2, 3\}$ 到 $Y = \{a, b, c\}$ 的函数，因为 1 没有被指派为 Y 中唯一的元素（1 被指派为 a 和 b 两个值）。显然从箭头图（参见图 3.1.3）中也可以看出这个集合不是函数，因为从 1 射出了两个箭头。

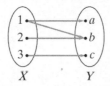

图 3.1.3　例 3.1.5 中集合的箭头图。这个集合不是函数，因为从 1 射出了两个箭头 ∎

给定一个从 X 到 Y 的函数 f，根据定义 3.1.1，对于定义域 X 中的每个元素 x，存在唯一的 $y \in Y$，使得 $(x, y) \in f$。这个唯一的值 y 记做 $f(x)$。也就是说，$f(x) = y$ 是 $(x, y) \in f$ 的另一种写法。

例 3.1.6 对于例 3.1.3 中的函数 f，可以记

$$f(1) = a, \quad f(2) = b, \quad f(3) = a$$

∎

下一个例子说明如何用符号 $f(x)$ 来定义函数。

例 3.1.7 令 f 是由规则

$$f(x) = x^2$$

定义的函数。例如，

$$f(2) = 4, \quad f(-3.5) = 12.25, \quad f(0) = 0$$

虽然经常看到这样定义的函数，但这个定义不是完整的，因为定义域没有指定。如果给定的定义域是实数集，那么 f 可用有序对表示为

$$f = \{(x, x^2) \mid x \text{ 是实数}\}$$

f 的值域是非负实数集。 ■

例 3.1.8 许多计算器有一个 $1/x$ 键。如果你输入一个数并按下 $1/x$ 键，就会显示出所输入数的倒数（或近似值）。这个函数可以用规则

$$R(x) = \frac{1}{x}$$

来定义。这个函数的定义域是所有那些能输入计算器并且其倒数能被计算器计算和显示的数的集合。值域是能被计算器计算和显示的倒数的集合。由于计算器的性能，定义域和值域都是有限集。 ■

另一种将函数形象化的方法是画出它的图。设函数 f 的定义域和值域都是实数集的子集，通过在平面上描出与函数 f 中元素对应的点可以得到函数 f 的图。定义域包含在横轴中，值域包含在纵轴中。

例 3.1.9 函数 $f(x) = x^2$ 的图如图 3.1.4 所示。 ■

注意，对于平面上的一个点集 S，仅当平面上的每条垂直线至多与 S 的一个点相交时，S 可以定义一个函数。对于某个集合，如果某条垂直线包含集合的两个或更多的点，则定义域中有的点不能确定唯一的值域中的一个点，该集合不能定义为一个函数（参见图 3.1.5）。

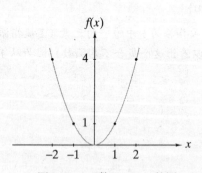 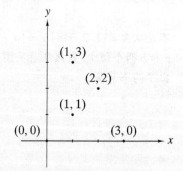

图 3.1.4　函数 $f(x) = x^2$ 的图　　　　图 3.1.5　一个不是函数的集合。垂直线 $x = 1$ 与集合中的两个点相交

包含**模算子**（modulus operator）的函数在数学和计算机科学中起着重要的作用。

定义 3.1.10 如果 x 是整数，y 是正整数，定义 $x \bmod y$ 为 x 除以 y 时的余数。 ■

例 3.1.11 可以有：$6 \bmod 2 = 0$，$5 \bmod 1 = 0$，$8 \bmod 12 = 8$，$199\,673 \bmod 2 = 1$。 ■

例 3.1.12 星期三再过 365 天是星期几？

星期三后再过七天又是星期三；再过 14 天仍是星期三；一般情况下，如果 n 是正整数，星期三再过 $7n$ 天仍是星期三。因此，需要从 365 中去掉尽可能多的 7，然后看还剩下几天，这相当于计算 365 mod 7。因为 365 mod 7 = 1，所以，星期三再过 365 天相当于星期三再过 1 天，即星期四。这解释了除闰年要在二月多加一天外，下一年的同月同日在一周中的位置要推后一天。■

例 3.1.13 国际标准书号 2007 年 1 月后的国际标准书号（ISBN）是一个由 13 个字符组成的、用短划线隔开的编码，如 978-1-59448-950-1（2007 年 1 月之前的 ISBN 是一个由 10 个字符组成的编码）。一个国际标准书号由 5 个部分组成：目前第一部分编码是 978，后是组号、出版者编号、在出版者出版的所有书中唯一标识该书的编码和校验字符。校验字符用来验证 ISBN 的正确性。

对于 ISBN 978-1-59448-950-1，组号是 1，表示本书来自一个英语国家。出版者编号 59448 表示本书是由 Riverhead Books（Penguin 集团）出版的。编码 950 是 Riverhead Books 出版社出版的书中这本书的唯一标识（在这里是 Hosseini: *A Thousand Splendid Suns*）。校验字符是 s mod 11，其中 s 是第一个数字加上 3 乘以第 2 个数字，加上第 3 个数字，再加上 3 乘以第 4 个数字，直至加到 3 乘以第 12 个数字的总和。例如，对于 ISBN 978-1-59448-950-1，和 s 是

$$s = 9 + 3 \cdot 7 + 8 + 3 \cdot 1 + 5 + 3 \cdot 9 + 4 + 3 \cdot 4 + 8 + 3 \cdot 9 + 5 + 3 \cdot 0 = 129$$

如果 s mod 10 = 0，校验字符是 0，否则校验字符是 10 − (s mod 10)。因为 129 mod 10 = 9，因此 ISBN 978-1-59448-950-1 的校验字符是 10 − 9 = 1。■

例 3.1.14 Hash 函数 假设在计算机内存中有编号从 0~10 的存储单元（参见图 3.1.6）。希望能在这些存储单元中储存任意的非负整数并能进行检索。一种方法是使用 Hash 函数，Hash 函数根据要存入或检索的数据为其计算出存入或检索的首选地址。例如，对于我们的问题，为了存储或检索数 n，可以取 n mod 11 作为首选地址。这样，Hash 函数就成为

$$h(n) = n \bmod 11 \qquad \text{[WWW]}$$

图 3.1.6 表示了在初始时刻全为空的单元中，按次序将 15、558、32、132、102 和 5 存入后的情形。

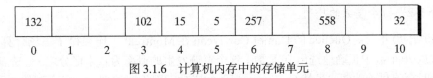

图 3.1.6 计算机内存中的存储单元

现在假设要存入 257。因为 $h(257) = 4$，257 应该存在位置 4；但是，这个位置已经被占用了。这称为发生了冲突。更准确地说，对于一个 Hash 函数 H，如果 $H(x) = H(y)$，但 $x \neq y$，便称冲突发生了。为了解决冲突，需要**冲突消解策略**（collision resolution policy）。一种简单的冲突消解策略是沿位置号增加的方向寻找下一个未被占用的单元（假设 10 的后面是 0）。如果使用这种冲突消解策略，257 将被存放在位置 6（参见图 3.1.6）。

如果要确定一个已存入的数 n 的位置，需计算 $m = h(n)$ 并检查位置 m。如果 n 不在这个位置，沿位置号增加的方向检查下一个位置（同样假设 10 的后面是 0）；如果仍不是 n，继续检查下一个位置，以此类推。如果遇到一个空单元或返回了初始位置，就可以断定 n 不存在；否则，一定可以找到 n 的位置。

如果冲突很少发生，那么一旦发生了冲突，冲突可以很快地被消解。Hash 函数提供了一种很快的存储和检索数据的方法。例如，人事数据经常通过对雇员标识号使用 Hash 函数的方法进行存储和检索。∎

例 3.1.15　伪随机数　计算机经常被用来模拟随机行为。一个游戏程序可能要模拟掷骰子，一个客户服务程序可能要模拟顾客到达银行的情况。这样的程序产生看起来是随机的数，称为**伪随机数**（pseudorandom number）。例如，掷骰子程序需要成对的随机数（每个数在 1~6 之间）来模拟掷骰子的结果。伪随机数并非真正地随机；如果某人知道生成这些数的程序，他就可以预言将会出现什么数。

通常使用的生成伪随机数的方法称为**线性同余法**（linear congruential method）。这个方法需要四个整数：模数 m、乘数 a、增量 c 和种子 s，并需满足

$$2 \leqslant a < m,\ 0 \leqslant c < m,\ 0 \leqslant s < m$$

设 $x_0 = s$，所生成的伪随机数序列 $x_1, x_2, \cdots$ 由公式

$$x_n = (ax_{n-1} + c) \bmod m$$

给出。这个公式用前一个伪随机数来计算下一个伪随机数。例如，如果

$$m = 11,\ a = 7,\ c = 5,\ s = 3$$

则

$$x_1 = (ax_0 + c) \bmod m = (7 \cdot 3 + 5) \bmod 11 = 4$$
$$x_2 = (ax_1 + c) \bmod m = (7 \cdot 4 + 5) \bmod 11 = 0$$

类似地，可以算出

$$x_3 = 5,\ x_4 = 7,\ x_5 = 10,\ x_6 = 9,\ x_7 = 2,\ x_8 = 8,\ x_9 = 6,\ x_{10} = 3$$

因为 $x_{10} = 3$，恰好是种子的值，所以序列从此开始重复 3, 4, 0, 5, 7, ⋯。

人们花费了大量的工作来为线性同余法寻找更好的参数值。关键的模拟，例如那些与飞行器和核研究有关的模拟，需要"好的"随机数。在实际中，m 和 a 取为很大的值。通常使用的值是 $m = 2^{31} - 1 = 2\,147\,483\,647$，$a = 7^5 = 16\,807$，$c = 0$。使用这些参数，在出现重复值之前，可以生成一个有 $2^{31} - 1$ 个整数的序列。∎

在 20 世纪 90 年代，Quebec 的 Daniel Corriveau 在 Montreal 一连赢得了三场计算机 keno 游戏——每次从 20 个数中正确地选出 19 个数。这个奇迹发生的概率为六十亿分之一。充满疑惑的工作人员开始时拒绝付给他钱。虽然 Corriveau 将他的成功归因于混沌理论，但真正的原因是只要一断电，随机数发生器就会以相同的种子启动，从而生成相同的随机数序列。娱乐场最终付给 Corriveau 他应得的 600 000 美元。

下面来定义一个实数的**下整数**（floor）和**上整数**（ceiling）。

定义 3.1.16　x 的下整数，记为 $\lfloor x \rfloor$，是小于或等于 x 的最大整数。x 的上整数，记为 $\lceil x \rceil$，是大于或等于 x 的最小整数。∎

例 3.1.17

$$\lfloor 8.3 \rfloor = 8,\ \lceil 9.1 \rceil = 10,\ \lfloor -8.7 \rfloor = -9,\ \lceil -11.3 \rceil = -11,\ \lceil 6 \rceil = 6,\ \lceil -8 \rceil = -8 \quad ∎$$

x 的下整数是"向下取整"，而 x 的上整数是"向上取整"。本书中经常使用上取整函数和下取整函数。

例 3.1.18 图 3.1.7 表示了上取整函数和下取整函数的图。方括号"["或"]"表示相应点包含在图形内;圆括号"("或")"表示相应点被排除在图形之外。

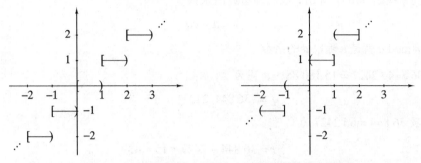

图 3.1.7 上取整函数(左图)和下取整函数(右图)

例 3.1.19 2007 年,美国对于不超过 13 盎司①的邮件收取的一级邮资费率是:第一盎司(不足一盎司的部分按一盎司收取)80 美分;超过的部分每一盎司(不足一盎司的部分按一盎司收取)为 17 美分。邮资 $P(w)$ 作为重量 w 的函数由公式

$$P(w) = 80 + 17\lceil w - 1 \rceil, \qquad 13 \geqslant w > 0$$

给出。表达式 $\lceil w-1 \rceil$ 计算了超过 1 盎司的额外的盎司数,不足一盎司的部分按一盎司计算。例如,

$$P(3.7) = 80 + 17\lceil 3.7 - 1 \rceil = 80 + 17\lceil 2.7 \rceil = 80 + 17 \cdot 3 = 131$$
$$P(2) = 80 + 17\lceil 2 - 1 \rceil = 80 + 17\lceil 1 \rceil = 80 + 17 \cdot 1 = 97$$

函数 P 的图如图 3.1.8 所示。

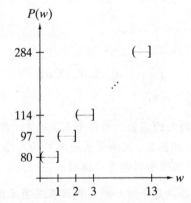

图 3.1.8 邮资函数 $P(w) = 80 + 17\lceil w - 1 \rceil$ 的图

商和余数定理(参见定理 2.5.6)说明如果 d 和 n 是整数,$d > 0$,则存在整数 q(商)和 r(余数)满足

$$n = dq + r \qquad 0 \leqslant r < d$$

等式两边除以 d,可得

$$\frac{n}{d} = q + \frac{r}{d}$$

因为 $0 \leqslant r/d < 1$,有

---
① 1 盎司 = 28.3495 克。

$$\left\lfloor \frac{n}{d} \right\rfloor = \left\lfloor q + \frac{r}{d} \right\rfloor = q$$

所以，算出商 q 就是 $\lfloor n/d \rfloor$。算出 q 以后即可算出余数

$$r = n - dq$$

前面介绍的 $n \bmod d$ 就是 n 除以 d 的余数。

例 3.1.20 $36\,844 / 2427 = 15.180\,88\cdots$，商为

$$q = \lfloor 36\,844/2427 \rfloor = 15$$

所以余数 $36\,844 \bmod 2427$ 为

$$r = 36\,844 - 2427 \cdot 15 = 439$$

有

$$n = dq + r \quad \text{或} \quad 36\,844 = 2427 \cdot 15 + 439$$

定义 3.1.21 从 X 到 Y 的函数 f 称为是一对一的（或单射的），如果对每个 $y \in Y$，至多有一个 $x \in X$ 使得 $f(x) = y$。

因为所有可能的数据的数量通常要远远大于可用的内存数量，Hash 函数通常不是一对一的（参见例 3.1.14）。换言之，大多数 Hash 函数都会产生冲突。

例 3.1.22 从 $X = \{1, 2, 3\}$ 到 $Y = \{a, b, c, d\}$ 的函数

$$f = \{(1, b), (3, a), (2, c)\}$$

是一对一的。

例 3.1.23 函数

$$f = \{(1, a), (2, b), (3, a)\}$$

不是一对一的，因为 $f(1) = a = f(3)$。

例 3.1.24 设 X 是有社会保障号的人的集合。对每个人 $x \in X$，指定他或她与其社会保障号 $SS(x)$ 相对应，这样就得到了一个一对一的函数，因为需要给不同的人指定不同的社会保障号。由于这个对应是一对一的，因此可以把社会保障号用做身份证明。

例 3.1.25 如果一个从 X 到 Y 的函数是一对一的，那么在其箭头图中，对于 Y 中的每个元素，至多有一个箭头指向它（参见图 3.1.9）。如果一个函数不是一对一的，则在其箭头图中，Y 中的某个元素有两个或更多的箭头指向它（参见图 3.1.10）。

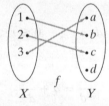

图 3.1.9 例 3.1.22 中的函数。因为 Y 中的每个元素至多只被一个箭头所指向，所以这个函数是一对一的。这个函数不是对 Y 映上的，因为没有箭头指向 d

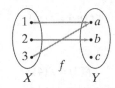

图 3.1.10　一个不是一对一的函数。因为有两个箭头指向 a，所以这个函数不是一对一的。这个函数不是对 Y 映上的，因为没有箭头指向 c ■

在定义 3.1.21 中从 X 到 Y 的函数 f 是一对一的，等价于：对所有的 $x_1, x_2 \in X$，若 $f(x_1) = f(x_2)$，则 $x_1 = x_2$。用符号表示为

$$\forall x_1 \forall x_2((f(x_1) = f(x_2)) \to (x_1 = x_2))$$

经常使用这个形式化的定义来证明函数是一对一的。

例 3.1.26　证明从正整数集合到正整数集合的函数

$$f(n) = 2n + 1$$

是一对一的。

必须证明对所有正整数 n_1 和 n_2，如果 $f(n_1) = f(n_2)$，则 $n_1 = n_2$。所以先假定 $f(n_1) = f(n_2)$，依据 f 的定义，将这个等式变形为

$$2n_1 + 1 = 2n_2 + 1$$

将两边同时减 1，然后同除以 2，可得

$$n_1 = n_2$$

所以，f 是一对一的。　■

如果命题

$$\forall x_1 \forall x_2((f(x_1) = f(x_2)) \to (x_1 = x_2))$$

为假，或者这个命题的否定式为真，那么函数 f 不是一对一的。利用推广的 De Morgan 逻辑定律（参见定理 1.5.14）和等价关系（参见例 1.3.13）

$$\neg(p \to q) \equiv p \wedge \neg q$$

可知这个命题的否定式为

$$\neg(\forall x_1 \forall x_2((f(x_1) = f(x_2)) \to (x_1 = x_2))) \equiv \exists x_1 \neg(\forall x_2((f(x_1) = f(x_2))$$
$$\to (x_1 = x_2)))$$
$$\equiv \exists x_1 \exists x_2 \neg((f(x_1) = f(x_2))$$
$$\to (x_1 = x_2))$$
$$\equiv \exists x_1 \exists x_2((f(x_1) = f(x_2)) \wedge \neg(x_1 = x_2))$$
$$\equiv \exists x_1 \exists x_2((f(x_1) = f(x_2)) \wedge (x_1 \neq x_2))$$

用文字表述就是，如果存在 x_1 和 x_2 使得 $f(x_1) = f(x_2)$ 且 $x_1 \neq x_2$，那么一个函数不是一对一的。

例 3.1.27　证明从正整数集合到整数集合的函数

$$f(n) = 2^n - n^2$$

不是一对一的。

必须找到正整数 n_1 和 n_2，且 $n_1 \neq n_2$，使得

通过试验，找到了

$$f(n_1)=f(n_2)$$

$$f(2)=f(4)$$

所以 f 不是一对一的。　　■

如果函数 f 的值域是 Y，则称函数 f 为对 Y 映上的。

定义 3.1.28　　如果从 X 到 Y 的函数 f 的值域是 Y，则称函数 f 为对 Y 映上的（或映上函数、满射函数）。　　■

例 3.1.29　　从 $X=\{1,2,3\}$ 到 $Y=\{a,b,c\}$ 的函数

$$f=\{(1,a),(2,c),(3,b)\}$$

是一对一的，并且是对 Y 映上的。　　■

例 3.1.30　　函数

$$f=\{(1,b),(3,a),(2,c)\}$$

从 $X=\{1,2,3\}$ 到 $Y=\{a,b,c,d\}$ 不是对 Y 映上的。　　■

例 3.1.31　　如果一个从 X 到 Y 的函数是映上的，那么在其箭头图中，对于 Y 中的每个元素，至少有一个箭头指向它（参见图 3.1.11）。如果一个从 X 到 Y 的函数不是映上的，那么在其箭头图中，Y 中的某些元素不被任何箭头所指向（参见图 3.1.9 和图 3.1.10）。

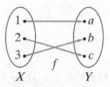

图 3.1.11　例 3.1.29 中的函数。这个函数是一对一的，因为 Y 中的每个元素至多有一个箭头。这个函数是映上的，因为 Y 中的每个元素至少被一个箭头所指向　　■

定义 3.1.28 中的条件从 X 到 Y 的函数 f 是对 Y 映上的，等价于：对于每个 $y \in Y$，存在 $x \in X$ 使得 $f(x)=y$。用符号可表示为

$$\forall y \in Y \, \exists x \in X (f(x)=y)$$

经常使用这个形式的定义来证明函数是映上的。

例 3.1.32　　证明从非零实数集合 X 到正实数集合 Y 的函数

$$f(x)=\frac{1}{x^2}$$

是对 Y 映上的。

必须证明对每个 $y \in Y$，存在 $x \in X$ 使得 $f(x)=y$。将 $f(x)$ 代入，上式变为

$$\frac{1}{x^2}=y$$

解出 x，可得

$$x=\pm\frac{1}{\sqrt{y}}$$

注意 y 是一个正实数，所以 $1/\sqrt{y}$ 有定义。如果取 x 为正平方根

$$x = \frac{1}{\sqrt{y}}$$

则 $x \in X$。（也可以取 $x = -1/\sqrt{y}$。）于是，对每个 $y \in Y$，存在 x，可取 $x = 1/\sqrt{y}$，使得

$$f(x) = f(1/\sqrt{y}) = \frac{1}{(1/\sqrt{y})^2} = y$$

所以 f 是对 Y 映上的。

如果命题

$$\forall y \in Y \, \exists x \in X (f(x) = y)$$

为假，或等价地说，该命题的否定式为真，那么从 X 到 Y 的函数 f 不是对 Y 映上的。利用推广的 De Morgan 逻辑定律（参见定理 1.5.14）可知，这个命题的否定式为

$$\neg(\forall y \in Y \, \exists x \in X (f(x) = y)) \equiv \exists y \in Y \, \neg(\exists x \in X (f(x) = y))$$
$$\equiv \exists y \in Y \, \forall x \in X \neg (f(x) = y)$$
$$\equiv \exists y \in Y \, \forall x \in X (f(x) \neq y)$$

用文字来表述就是，如果存在 $y \in Y$ 使得对于所有的 $x \in X$，$f(x) \neq y$，那么从 X 到 Y 的函数 f 不是对 Y 映上的。

例 3.1.33 证明从正整数集合 X 到正整数集合 Y 的函数

$$f(n) = 2n - 1$$

不是对 Y 映上的。

必须找到一个元素 $m \in Y$，使得对所有的 $n \in X$，$f(n) \neq m$。因为对所有的整数 n，$f(n)$ 是奇数，所以可以选择一个正偶数 y，例如选择 $y = 2$，有 $y \in Y$ 且对于所有的 $n \in X$，

$$f(n) \neq y$$

所以 f 不是对 Y 映上的。

定义 3.1.34 如果一个函数既是一对一的又是映上的，则称这个函数为**双射**。

例 3.1.35 例 3.1.29 中的函数 f 是一个双射。

例 3.1.36 如果 f 是一个从有限集合 X 到有限集合 Y 的双射，则 $|X| = |Y|$，即这两个集合有相同的势，元素数目是一样的。例如

$$f = \{(1, a), (2, b), (3, c), (4, d)\}$$

是从集合 $X = \{1, 2, 3, 4\}$ 到 $Y = \{a, b, c, d\}$ 的双射。每个集合都有 4 个元素。事实上，f 可以看成是对集合 Y 的元素个数进行计数，$f(1) = a$ 是 Y 中的第一个元素，$f(2) = b$ 是 Y 中的第 2 个元素，以此类推。

如果 f 是从 X 到 Y 的一对一的映上的函数。可以证明（参见练习 97）

$$\{(y, x) \mid (x, y) \in f\}$$

是从 Y 到 X 的一对一的映上的函数。这个新函数，记为 f^{-1}，称为 f 的**逆**（inverse）。

例3.1.37 对函数
$$f = \{(1, a), (2, c), (3, b)\}$$
有
$$f^{-1} = \{(a, 1), (c, 2), (b, 3)\}$$

例3.1.38 给定一个从X到Y的一对一且映上的函数f的箭头图,只需把每个箭头反向就得到了f^{-1}的箭头图(参见图3.1.12,这是f^{-1}的箭头图,其中f是图3.1.11中表示的函数)。

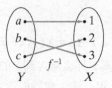

图3.1.12 图3.1.11中函数的反函数。反函数是通过将图3.1.11中所有的箭头反向而得到的

例3.1.39 函数
$$f(x) = 2^x$$
是从$\mathbf{R}$到$\mathbf{R}^+$上的一对一函数,其中$\mathbf{R}$表示实数集,$\mathbf{R}^+$表示正实数集。现在来推导$f^{-1}(y)$的公式。假设(y, x)在f^{-1}中,即
$$f^{-1}(y) = x \tag{3.1.3}$$
因而$(x, y) \in f$,因此
$$y = 2^x$$
由对数的定义,
$$\log_2 y = x \tag{3.1.4}$$
依式(3.1.3)和式(3.1.4)有
$$f^{-1}(y) = x = \log_2 y$$
即对每个$y \in \mathbf{R}^+$,$f^{-1}(y)$是以2为底y的对数。可以把这一情形概括为指数函数的逆是对数函数。

令g为从X到Y的函数,f为从Y到Z的函数。给定$x \in X$,可以用g确定一个唯一的元素$y = g(x) \in Y$。然后,再用f确定一个唯一的元素$z = f(y) = f(g(x)) \in Z$。这样得到的从X到Z的函数称为f与g的**复合**(composition)。

定义3.1.40 令g为从X到Y的函数,f为从Y到Z的函数。f与g的复合函数记为$f \circ g$,
$$(f \circ g)(x) = f(g(x))$$
是从X到Z的函数。

例3.1.41 给定从$X = \{1, 2, 3\}$到$Y = \{a, b, c\}$的函数
$$g = \{(1, a), (2, b), (3, c)\}$$
和从Y到$Z = \{x, y, z\}$的函数
$$f = \{(a, y), (b, x), (c, z)\}$$

从 X 到 Z 的复合函数为
$$f \circ g = \{(1, y), (2, y), (3, z)\}$$

例 3.1.42 给定从 X 到 Y 的函数 g 的箭头图和从 Y 到 Z 的函数 f 的箭头图，只需"将箭头连接"，就可得到复合函数 $f \circ g$ 的箭头图（参见图 3.1.13）。

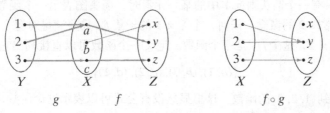

图 3.1.13　例 3.1.41 中函数的复合。如果从 X 中的 x 到 Y 中的某个 y 有箭头，且从 y 到 Z 中的 z 有箭头，则画一个从 x 到 z 的箭头，即可得到复合函数的箭头图

例 3.1.43 如果 $f(x) = \log_3 x$ 且 $g(x) = x^4$，则
$$f(g(x)) = \log_3(x^4), \quad g(f(x)) = (\log_3 x)^4$$

例 3.1.44 有时用函数复合的概念可将复杂的函数分解为较简单的函数。例如，函数
$$f(x) = \sqrt{\sin 2x}$$

可分解为函数
$$g(x) = \sqrt{x}, \quad h(x) = \sin x, \quad w(x) = 2x$$

于是可写
$$f(x) = g(h(w(x)))$$

函数复合的技巧在微分学中是很重要的，因为微分学中有求像 g、h 和 w 这样的简单函数的微分的法则，以及求复合函数的微分的法则。通过把这些法则结合使用，就可以求出更复杂的函数的微分。

集合 X 上的一个**二元操作符**（binary operator）将每个由 X 中的元素组成的有序对与 X 中的一个元素联系起来。

定义 3.1.45 从 $X \times X$ 到 X 的函数称为 X 上的二元操作符。

例 3.1.46 令 $X = \{1, 2, \cdots\}$。如果给定
$$f(x, y) = x + y$$

其中 $x, y \in X$，则 f 是 X 上的二元操作符。

例 3.1.47 如果 X 是一个命题集合，$\wedge$、$\vee$、$\rightarrow$ 和 $\leftrightarrow$ 是 X 上的二元操作符。

集合 X 上的一个**一元操作符**（unary operator）将 X 中的每一个单个元素与 X 中的一个元素联系起来。

定义 3.1.48 从 X 到 X 的函数称为 X 上的一元操作符。

例 3.1.49 设 U 是全集。如果给定
$$f(X) = \overline{X}$$

其中 $X \in \mathcal{P}(U)$，则 f 是 $\mathcal{P}(U)$ 上的一元操作符。

例 3.1.50 如果 X 是一个命题集合，$\neg$ 是 X 上的一元操作符。

问题求解要点

准确清晰地理解函数的定义是求解包含函数的问题的关键。从 X 到 Y 的函数 f 可以从多个方面来理解。形式化地说，f 是 $X \times Y$ 的子集，并且对每个 $x \in X$，有唯一的 $y \in Y$ 使得 $(x, y) \in X \times Y$。非严格地说，f 可以看做将 X 中的元素映射为 Y 中的元素，箭头图可以体现出函数的这种特性。当从每个 X 中的元素只有一个箭头射向 Y 中的某一元素时，箭头图表示一个函数。

函数是一个非常广义的概念。任何一个 $X \times Y$ 的子集 f，只要满足对每个 $x \in X$，只有唯一的 $y \in Y$ 使得 $(x, y) \in X \times Y$，这个 f 就是一个函数。定义一个函数可以直接列出它的所有元素，例如，

$$\{(a, 1), (b, 3), (c, 2), (d, 1)\}$$

是一个从 $\{a, b, c, d\}$ 到 $\{1, 2, 3\}$ 的函数。这里显然没有公式可以表示这个函数，定义只是将函数包含的所有有序对列出。

另一方面，函数可以用公式来定义，例如，

$$\{(n, n + 2) \mid n \text{ 是正整数}\}$$

定义了一个从正整数集合到正整数集合的函数。这个映射的"公式"是"加2"。

符号 $f(x)$ 可以用来表示定义域中元素 x 和对应的值域中的元素，也可以用来定义一个函数。例如对于函数

$$f = \{(a, 1), (b, 3), (c, 2), (d, 1)\}$$

可以写做 $f(a) = 1$，$f(b) = 3$，以此类推。假设定义域为正整数集合，等式

$$g(n) = n + 2$$

定义了从正整数集合到正整数集合的函数

$$\{(n, n + 2) \mid n \text{ 是正整数}\}$$

为了证明从 X 到 Y 的函数 f 是一对一的，必须表明对所有的 $x_1, x_2 \in X$，如果 $f(x_1) = f(x_2)$，则 $x_1 = x_2$。
为了证明从 X 到 Y 的函数不是一对一的，必须找到 $x_1, x_2 \in X (x_1 \neq x_2)$，有 $f(x_1) = f(x_2)$。
为了证明从 X 到 Y 的函数 f 是映上的，必须表明对所有的 $y \in Y$，存在 $x \in X$，使得 $f(x) = y$。
为了证明从 X 到 Y 的函数 f 不是映上的，必须对于所有的 $x \in X$，找到 $y \in Y$，有 $f(x) \neq y$。

本节复习

1. 什么是从 X 到 Y 的函数？
2. 试解释如何用箭头图来描述函数？
3. 什么是一个函数的图？
4. 已知平面上的一个点集，如何判断它是否是一个函数？
5. $x \bmod y$ 的值是怎样定义的？
6. 什么是 Hash 函数？
7. 什么是 Hash 函数的冲突？
8. 什么是冲突消解策略？
9. 什么是伪随机数？
10. 试解释线性同余随机数发生器如何工作，举出一个线性同余随机数发生器的例子。
11. 什么是 x 的下整数？如何表示下整数？
12. 什么是 x 的上整数？如何表示上整数？
13. 给出一对一函数的定义。举出一对一函数的例子。解释如何用箭头图判定一个函数是否是一对一的。
14. 给出映上函数的定义。举出一个映上函数的例子。解释如何用箭头图判定一个函数是否是映上的。

15. 什么是双射？举出一个双射的例子。解释如何用箭头图判定一个函数是否是双射。
16. 给出反函数的定义。举出一个函数和其反函数的例子。已知一个函数的箭头图，如何求其反函数的箭头图？
17. 给出函数的复合的定义。怎样表示 f 和 g 的复合？举出一个函数 f、函数 g 和它们的复合的例子。已知两个函数的箭头图，如何求它们的复合函数的箭头图？
18. 什么是二元操作符？举出一个二元操作符的例子。
19. 什么是一元操作符？举出一个一元操作符的例子。

练习

判断练习 1~5 中的每个集合是否是从 $X = \{1, 2, 3, 4\}$ 到 $Y = \{a, b, c, d\}$ 的函数。如果它是函数，找出它的定义域和值域，画出它的箭头图并判断它是否是一对一的、映上的或者是一对一又映上的。如果它既是一对一的又是映上的，用有序对集合的方式来描述其反函数，画出反函数的箭头图，找出反函数的定义域和值域。

1. $\{(1, a), (2, a), (3, c), (4, b)\}$
2. $\{(1, c), (2, a), (3, b), (4, c), (2, d)\}$
3. $\{(1, c), (2, d), (3, a), (4, b)\}$
4. $\{(1, d), (2, d), (4, a)\}$
5. $\{(1, b), (2, b), (3, b), (4, b)\}$

画出练习 6~9 中各函数的图。函数的定义域为实数集合。

6. $f(x) = \lceil x \rceil - \lfloor x \rfloor$
7. $f(x) = x - \lfloor x \rfloor$
8. $f(x) = \lceil x^2 \rceil$
9. $f(x) = \lfloor x^2 - x \rfloor$

判断练习 10~15 中各函数是否是一对一的。各函数的定义域都是实数集。如果函数不是一对一的，加以证明。判断 f 是否是对实数集映上的。如果 f 不是映上的，加以证明。

10. $f(n) = n + 1$
11. $f(n) = n^2 - 1$
12. $f(n) = \lceil n/2 \rceil$
13. $f(n) = |n|$
14. $f(n) = 2n$
15. $f(n) = n^3$

确定练习 16~21 中的每个函数是否是一对一的、映上的或两者皆是。证明你的结论。每个函数的定义域为 $\mathbf{Z} \times \mathbf{Z}$，值域为 $\mathbf{Z}$。

16. $f(m, n) = m - n$
17. $f(m, n) = m$
18. $f(m, n) = mn$
19. $f(m, n) = m^2 + n^2$
20. $f(m, n) = n^2 + 1$
21. $f(m, n) = m + n + 2$

22. 确定由 $f(m, n) = 2^m 3^n$ 定义的 $\mathbf{Z}^+ \times \mathbf{Z}^+$ 到 $\mathbf{Z}^+$ 的函数 f 是一对一的，但不是映上的。

确定练习 23~28 中的每个函数是否是一对一的、映上的或两者皆是。证明你的结论。每个函数的定义域为实数集，值域也是实数集。

23. $f(x) = 6x - 9$
24. $f(x) = 3x^2 - 3x + 1$
25. $f(x) = \sin x$
26. $f(x) = 2x^3 - 4$
27. $f(x) = 3^x - 2$
28. $f(x) = \dfrac{x}{1 + x^2}$

29. 举出一个教材中没有出现的一对一的但不是映上的函数的例子，并证明举出的函数具有这些性质。
30. 举出一个教材中没有出现的映上的但不是一对一的函数的例子，并证明举出的函数具有这些性质。
31. 举出一个教材中没有出现的既不是一对一的也不是映上的函数的例子，并证明举出的函数具有这些性质。

练习 32~27 中的每个函数都是一对一的，X 是函数的定义域。将函数 f 的值域记为 Y，就得到了一个 X 到 Y 的双射，求出每个函数的反函数。

32. $f(x) = 4x + 2$，$X =$ 实数集合
33. $f(x) = 3^x$，$X =$ 实数集合
34. $f(x) = 3\log_2 x$，$X =$ 正实数集合
35. $f(x) = 3 + 1/x$，$X =$ 非零实数集合
36. $f(x) = 4x^3 - 5$，$X =$ 实数集合
37. $f(x) = 6 + 2^{7x-1}$，$X =$ 实数集合
38. 已知从 $X = \{1, 2, 3\}$ 到 $Y = \{a, b, c, d\}$ 的函数 $g = \{(1, b), (2, c), (3, a)\}$ 和从 Y 到 $Z = \{w, x, y, z\}$ 的函数 $f = \{(a, x), (b, x), (c, z), (d, w)\}$，以有序对集合的形式写出 $f \circ g$，并画出 $f \circ g$ 的箭头图。
39. 设 f 和 g 是由下式定义的从正整数集到正整数集的函数：$f(n) = 2n + 1$，$g(n) = 3n - 1$。求复合函数 $f \circ f$、$g \circ g$、$f \circ g$ 和 $g \circ f$。
40. 设 f 和 g 是由下式定义的从正整数集到正整数集的函数：$f(n) = n^2$，$g(n) = 2^n$。求复合函数 $f \circ f$、$g \circ g$、$f \circ g$ 和 $g \circ f$。
41. 设 f 和 g 是由下式定义的从正实数集到正实数集的函数：$f(x) = \lfloor 2x \rfloor$，$g(x) = x^2$。求复合函数 $f \circ f$、$g \circ g$、$f \circ g$ 和 $g \circ f$。

在练习 42~47 中，像例 3.1.44 那样将函数分解为较为简单的函数。

42. $f(x) = \log_2(x^2 + 2)$
43. $f(x) = \dfrac{1}{2x^2}$
44. $f(x) = \sin 2x$
45. $f(x) = 2\sin x$
46. $f(x) = (3 + \sin x)^4$
47. $f(x) = \dfrac{1}{(\cos 6x)^3}$

48. 已知从 $X = \{-5, -4, \cdots, 4, 5\}$ 到整数集的函数 $f = \{(x, x^2) \mid x \in X\}$。将 f 写为有序对集合的形式并画出 f 的箭头图。f 是一对一的或映上的吗？
49. 从 $\{1, 2\}$ 到 $\{a, b\}$ 共有多少个函数？哪些是一对一的？哪些是映上的？
50. 已知从 $X = \{a, b, c\}$ 到 X 的函数 $f = \{(a, b), (b, a), (c, b)\}$。
    (a) 将 $f \circ f$ 和 $f \circ f \circ f$ 写为有序对集合的形式。
    (b) 定义 $f^n = f \circ f \circ \cdots \circ f$ 为 f 自身的 n 重复合。将 f^9 和 f^{623} 写为有序对集合的形式。
51. 设 f 是如下定义的从 $X = \{0, 1, 2, 3, 4\}$ 到 X 的函数：$f(x) = 4x \bmod 5$。将 f 写为有序对集合的形式并画出 f 的箭头图。f 是一对一的或映上的吗？
52. 设 f 是如下定义的从 $X = \{0, 1, 2, 3, 4, 5\}$ 到 X 的函数：$f(x) = 4x \bmod 6$。将 f 写为有序对集合的形式并画出 f 的箭头图。f 是一对一的或映上的吗？
53. 验证本书的 ISBN 的校验字符。
54. 通用产品编码（universal product codes，UPC）就是我们所熟悉的条形码，它的作用是标识产品，以便它们在收款台能自动地计价。一个 UPC 是一个 12 位的编码，其中，第 1 位表示产品的类型（0 表示产品是普通的食品杂货，2 表示产品按重量出售，3 表示医药类产品，4 表示特殊产品，5 表示证券，6 和 7 表示产品不在零售商店出售）。接下来的 5 位标识制造商，再下面的 5 位标识产品，最后 1 位是校验码。（所有的 UPC 码都有校验位。它一定出现在条形码中，但不一定出现在印刷的版本中。）例如，10 个一包的 Ortega taco shell 的 UPC 是 0-54400-00800-5。第 1 个 0 表示它是普通的食品杂货，下面的 5 位 54400 代表了制造商 Nabisco Foods，再下面的 5 位 00800 表示产品是 10 个一包的 Ortega taco shell。

    校验码按如下方法计算：先计算 s，s 是 3 与从第 1 位开始每隔一位上数的和的乘积再加上从第 2 位开始每隔一位（除去校验位）上数的和。校验码 c 是一个 0~9 之间的数，且满足 $(c + s) \bmod 10 = 0$。对于 10 个一包的 taco shell 上的编码，有 $s = 3(0 + 4 + 0 + 0 + 8 + 0) + 5 + 4 + 0 + 0 + 0 = 45$。因为 $(5 + 45) \bmod 10 = 0$，所以校验码是 5。

    求出前 11 位为 3-41280-21414 的 UPC 的校验位。

对练习 55~58 中的每个 Hash 函数，说明按照题目给定的顺序，数据是如何插入到初始时刻全为空的存储单元中的。使用例 3.1.14 中的冲突消解策略。

55. $h(x) = x \bmod 11$；存储单元编号为 0~10；数据：53，13，281，743，377，20，10，796。
56. $h(x) = x \bmod 17$；存储单元编号为 0~16；数据：714，631，26，373，775，906，509，2032，42，4，136，1028。
57. $h(x) = x^2 \bmod 11$；存储单元编号和数据同练习 55。
58. $h(x) = (x^2 + x) \bmod 17$；存储单元编号和数据同练习 56。
59. 假设像例 3.1.14 那样存储和检索数据。如果删除数据，会引发什么问题吗？请解释原因。
60. 假设像例 3.1.14 那样存储数据并且存储的数据总不多于 10 个。如果在检索数据时只要遇到空单元就停止搜索，会出现什么问题吗？请解释原因。
61. 假设像例 3.1.14 那样存储数据并像练习 60 那样检索数据。如果删除数据，会引发什么问题吗？请解释原因。

设 g 是从 X 到 Y 的函数，f 是从 Y 到 Z 的函数。对练习 62~69 中的每个语句，如果它正确，证明它为真；如果它不正确，给出一个反例。

62. 如果 g 是一对一的，则 $f \circ g$ 是一对一的。
63. 如果 f 是映上的，则 $f \circ g$ 是映上的。
64. 如果 g 是映上的，则 $f \circ g$ 是映上的。
65. 如果 f 和 g 是映上的，则 $f \circ g$ 是映上的。
66. 如果 f 和 g 都是一对一且映上的，则 $f \circ g$ 是一对一且映上的。
67. 如果 $f \circ g$ 是一对一的，则 f 是一对一的。
68. 如果 $f \circ g$ 是一对一的，则 g 是一对一的。
69. 如果 $f \circ g$ 是映上的，则 f 是映上的。

如果 f 是从 X 到 Y 的函数，$A \subseteq X$，$B \subseteq Y$，定义 $f(A) = \{f(x) \mid x \in A\}$，$f^{-1}(B) = \{x \in X \mid f(x) \in B\}$，称 $f^{-1}(B)$ 为 B 在 f 下的逆像。

70. 设 $g = \{(1, a), (2, c), (3, c)\}$ 是一个从 $X = \{1, 2, 3\}$ 到 $Y = \{a, b, c, d\}$ 的函数。设 $S = \{1\}$，$T = \{1, 3\}$，$U = \{a\}$，$V = \{a, c\}$。求 $g(S)$、$g(T)$、$g^{-1}(U)$ 和 $g^{-1}(V)$。
*71. 设 f 是从 X 到 Y 的函数。证明 f 是一对一的当且仅当 $f(A \cap B) = f(A) \cap f(B)$ 对 X 的所有子集 A 和 B 成立。（如果 S 是一个集合，定义 $f(S) = \{f(x) \mid x \in S\}$。）
*72. 设 f 是从 X 到 Y 的函数。证明 f 是一对一的当且仅当只要 g 是从某个任意的集合 A 到 X 的一对一的函数，$f \circ g$ 就是一对一的。
*73. 设 f 是从 X 到 Y 的函数。证明 f 是对 Y 映上的当且仅当只要 g 是从 Y 到某个任意的集合 Z 上的函数，$g \circ f$ 就是对 Z 映上的。
74. 设 f 是从 X 到 Y 的函数。令 $\mathcal{S} = \{f^{-1}(\{y\}) \mid y \in Y\}$，证明 $\mathcal{S}$ 是 X 的一个划分。

令 $\mathbf{R}^{\mathbf{R}}$ 表示从 $\mathbf{R}$ 到 $\mathbf{R}$ 的函数的集合。定义从 $\mathbf{R}^{\mathbf{R}}$ 到 $\mathbf{R}$ 的计值函数 E_a，这里 $a \in \mathbf{R}$，例如下 $E_a(f) = f(a)$。

75. E_1 是一对一的吗？证明你的结论。
76. E_1 是映上的吗？证明你的结论。

练习 77~81 基于下述定义。令 $X = \{a, b, c\}$。定义从 $\mathcal{P}(X)$ 到长度为 3 的二进制字符串的集合的函数 S 如下。令 $Y \subseteq X$。如果 $a \in Y$，令 $s_1 = 1$；如果 $a \notin Y$，令 $s_1 = 0$。如果 $b \in Y$，令 $s_2 = 1$；如果 $b \notin Y$，令 $s_2 = 0$。如果 $c \in Y$，令 $s_3 = 1$；如果 $c \notin Y$，令 $s_3 = 0$。定义 $S(Y) = s_1 s_2 s_3$。

77. $S(\{a, c\})$ 的值为何？
78. $S(\varnothing)$ 的值为何？
79. $S(X)$ 的值为何？
80. 证明 S 是一对一的。
81. 证明 S 是映上的。

练习 82~88 使用下面的定义。设 U 是全集，$X \subseteq U$。

$$定义 C_X(x) = \begin{cases} 1 & 如果\ x \in X \\ 0 & 如果\ x \notin X \end{cases}$$

称 C_X 是 X（在 U 中）的特征函数。（先看一下本节后面的"问题求解"有助于理解下面的练习。）

82. 证明对所有 $x \in U$，$C_{X \cap Y}(x) = C_X(x)C_Y(x)$。
83. 证明对所有 $x \in U$，$C_{X \cup Y}(x) = C_X(x) + C_Y(x) - C_X(x)C_Y(x)$。
84. 证明对所有 $x \in U$，$C_{\overline{X}}(x) = 1 - C_X(x)$。
85. 证明对所有 $x \in U$，$C_{X-Y}(x) = C_X(x)[1 - C_Y(x)]$。
86. 证明如果 $X \subseteq Y$，则对所有 $x \in U$ 有 $C_X(x) \leq C_Y(x)$。
87. 求出 $C_{X \triangle Y}$ 的公式。（$X \triangle Y$ 是 X 和 Y 的对称差，其定义参见 1.1 节练习 91 之前的叙述。）
88. 从 $\mathcal{P}(U)$ 到 U 中特征函数集合的函数 f 定义为 $f(X) = C_X$，证明 f 是一对一映上的。
89. 设 X 和 Y 是集合。证明存在从 X 到 Y 的一对一函数当且仅当存在从 Y 到 X 的映上函数。

集合 X 上的二元操作符 f 如果对所有的 $x, y \in X$ 都有 $f(x, y) = f(y, x)$，则 f 是可交换的。在练习 90~94 中，判断给出的函数 f 是否是集合 X 上的二元操作符。如果 f 不是二元操作符，说出理由。判断每个二元操作符是否是可交换的。

90. $f(x, y) = x + y$, $X = \{1, 2, \cdots\}$
91. $f(x, y) = x - y$, $X = \{1, 2, \cdots\}$
92. $f(x, y) = x \cup y$, $X = \mathcal{P}(\{1, 2, 3, 4\})$
93. $f(x, y) = x / y$, $X = \{0, 1, 2, \cdots\}$
94. $f(x, y) = x^2 + y^2 - xy$, $X = \{1, 2, \cdots\}$

在练习 95 和练习 96 中，举出一个给定集合上的（不同于"对所有的 x，$f(x) = x$"）一元操作符的例子。

95. $\{\cdots, -2, -1, 0, 1, 2, \cdots\}$
96. 集合 $\{1, 2, 3, \cdots\}$ 的所有有限子集组成的集合。
97. 证明如果 f 是一个从 X 到 Y 的一对一且映上的函数，则 $\{(y, x) \mid (x, y) \in f\}$ 是一个从 Y 到 X 的一对一且映上的函数。

在练习 98~100 中，如果语句对于所有实数都是正确的，证明它。如果语句是错误的，给出一个反例。

98. $\lceil x + 3 \rceil = \lceil x \rceil + 3$
99. $\lceil x + y \rceil = \lceil x \rceil + \lceil y \rceil$
100. $\lfloor x + y \rfloor = \lfloor x \rfloor + \lfloor y \rfloor$

101. 证明如果 n 是奇数，则 $\left\lfloor \dfrac{n^2}{4} \right\rfloor = \left(\dfrac{n-1}{2} \right) \left(\dfrac{n+1}{2} \right)$。

102. 证明如果 n 是奇数，则 $\left\lfloor \dfrac{n^2}{4} \right\rfloor = \dfrac{n^2 + 3}{4}$。
103. 求出 x 的一个值使得 $\lceil 2x \rceil = 2\lceil x \rceil - 1$。
104. 证明对所有的实数 x，$2\lceil x \rceil - 1 \leq \lceil 2x \rceil \leq 2\lceil x \rceil$。
105. 证明对所有实数 x 和整数 n，$\lceil x \rceil = n$ 当且仅当存在 $\varepsilon (0 \leq \varepsilon < 1)$，使得 $x + \varepsilon = n$。
106. 对于 $\lfloor x \rfloor$ 证明与练习 105 相似的结论。

在 x 年中，13 日是星期五的月份可以在下表第 y 行的适当列中找到，其中

$$y = \left(x + \left\lfloor \dfrac{x-1}{4} \right\rfloor - \left\lfloor \dfrac{x-1}{100} \right\rfloor + \left\lfloor \dfrac{x-1}{400} \right\rfloor \right) \bmod 7$$

y	平年	闰年
0	一月，十月	一月，四月，七月
1	四月，七月	九月，十二月
2	九月，十二月	六月
3	六月	三月，十一月
4	二月，三月，十一月	二月，八月
5	八月	五月
6	五月	十月

107. 求 1945 年中，13 日是星期五的月份。   108. 求今年中 13 日是星期五的月份。
109. 求 2040 年中，13 日是星期五的月份。

问题求解：函数

问题

令 U 为全集并令 $X \subseteq U$。定义

$$C_X(x) = \begin{cases} 1 & \text{如果 } x \in X \\ 0 & \text{如果 } x \notin X \end{cases}$$

称 C_X 是 X（在 U 中）的特征函数。设 X 和 Y 是全集 U 中的任意集合。证明对于任意的 $x \in U$，有 $C_{X \cup Y}(x) = C_X(x) + C_Y(x)$，当且仅当 $X \cap Y = \varnothing$。

问题分析

首先应该明确需要做什么。因为命题的形式是 p 当且仅当 q，所以有两个任务：(1) 证明如果 p 则 q。(2) 证明如果 q 则 p。最好先写出两个需要证明的命题：

如果对于所有的 $x \in U$，有 $C_{X \cup Y}(x) = C_X(x) + C_Y(x)$，则 $X \cap Y = \varnothing$。

如果 $X \cap Y = \varnothing$，则对于所有的 $x \in U$，有 $C_{X \cup Y}(x) = C_X(x) + C_Y(x)$。

首先考虑第一个命题，假设对于所有的 $x \in U$，有 $C_{X \cup Y}(x) = C_X(x) + C_Y(x)$，然后证明 $X \cap Y = \varnothing$。如何证明一个集合 $X \cap Y$ 是空集呢？应该证明 $X \cap Y$ 不包含任何元素。那需要怎么做呢？有几种方法可以选择，但首先想到的是另一个问题：如果 $X \cap Y$ 包含一个元素会怎样呢？这一点提示可以用反证法或逆否证明法来证明第一个命题。令

p: 对于所有的 $x \in U$，有 $C_{X \cup Y}(x) = C_X(x) + C_Y(x)$

q: $X \cap Y = \varnothing$

逆否命题是 $\neg q \rightarrow \neg p$，$q$ 的否定式为

$\neg q$: $X \cap Y \neq \varnothing$

运用 De Morgan 逻辑定律（简单地说，否定的 $\forall$ 是 $\exists$ 中的否定），可得 p 的否定式是

$\neg p$: 至少存在一个 $x \in U$，有 $C_{X \cup Y}(x) \neq C_X(x) + C_Y(x)$。

所以，逆否命题是

如果 $X \cap Y \neq \varnothing$，则至少存在一个 $x \in U$，有 $C_{X \cup Y}(x) \neq C_X(x) + C_Y(x)$。

对于第二个命题，假设 $X \cap Y \neq \emptyset$，然后证明对于所有的 $x \in U$，有 $C_{X \cup Y}(x) = C_X(x) + C_Y(x)$。大概只需对每个 $x \in U$，根据 C_X 的定义计算出等式两端的值并且验证它们相等即可。C_X 的定义提示可以分情形来证明：$x \in X \cup Y$（当 $C_{X \cup Y}(x) = 1$）和 $x \notin X \cup Y$（当 $C_{X \cup Y}(x) = 0$）。

求解

首先考虑证明逆否命题

如果 $X \cap Y \neq \emptyset$，则至少存在一个 $x \in U$，有 $C_{X \cup Y}(x) \neq C_X(x) + C_Y(x)$。

假设 $X \cap Y \neq \emptyset$，则存在元素 $x \in X \cap Y$。比较表达式 $C_{X \cup Y}(x)$ 和 $C_X(x) + C_Y(x)$ 的值，因为 $x \in X \cup Y$，

$$C_{X \cup Y}(x) = 1$$

因为 $x \in X \cap Y$，所以 $x \in X$ 且 $x \in Y$，于是

$$C_X(x) + C_Y(x) = 1 + 1 = 2$$

这样就证明了

至少存在一个 $x \in U$，有 $C_{X \cup Y}(x) \neq C_X(x) + C_Y(x)$。

下面证明第二个命题

如果 $X \cap Y = \emptyset$，则对于所有的 $x \in U$，有 $C_{X \cup Y}(x) = C_X(x) + C_Y(x)$。

现在假设 $X \cap Y = \emptyset$，对于每个 $x \in U$，计算等式

$$C_{X \cup Y}(x) = C_X(x) + C_Y(x)$$

两边的值。根据前面的提示，分两种情况考虑：$x \in X \cup Y$ 和 $x \notin X \cup Y$，如果 $x \in X \cup Y$，则

$$C_{X \cup Y}(x) = 1$$

因为 $X \cap Y = \emptyset$，$x \in X$ 或 $x \in Y$ 成立，但不会都成立。所以有

$$C_X(x) + C_Y(x) = 1 + 0 = 1 = C_{X \cup Y}(x)$$

或

$$C_X(x) + C_Y(x) = 0 + 1 = 1 = C_{X \cup Y}(x)$$

如果 $x \in X \cup Y$，则等式

$$C_{X \cup Y}(x) = C_X(x) + C_Y(x)$$

成立。

如果 $x \notin X \cup Y$，则

$$C_{X \cup Y}(x) = 0$$

但如果 $x \notin X \cup Y$，则 $x \notin X$ 且 $x \notin Y$。于是

$$C_X(x) + C_Y(x) = 0 + 0 = 0 = C_{X \cup Y}(x)$$

如果 $x \notin X \cup Y$，则等式

$$C_{X \cup Y}(x) = C_X(x) + C_Y(x)$$

成立。

所以对所有的 $x \in U$，有

$$C_{X \cup Y}(x) = C_X(x) + C_Y(x)$$

形式解

下面给出形式化的证明。

对于→：如果对于所有的 $x \in U$，有 $C_{X \cup Y}(x) = C_X(x) + C_Y(x)$，则 $X \cap Y = \emptyset$。我们证明与之等价的逆否命题

如果 $X \cap Y \neq \emptyset$，则至少存在一个 $x \in U$，有 $C_{X \cup Y}(x) \neq C_X(x) + C_Y(x)$。

因为 $X \cap Y \neq \emptyset$，则存在 $x \in X \cap Y$，因为 $x \in X \cup Y$，

$$C_{X \cup Y}(x) = 1$$

因为 $x \in X \cap Y$，所以 $x \in X$ 且 $x \in Y$，于是

$$C_X(x) + C_Y(x) = 1 + 1 = 2$$

于是

$$C_{X \cup Y}(x) \neq C_X(x) + C_Y(x)$$

对于←：如果 $X \cap Y = \emptyset$，则对于所有的 $x \in U$，有 $C_{X \cup Y}(x) = C_X(x) + C_Y(x)$。设 $x \in X \cup Y$，则

$$C_{X \cup Y}(x) = 1$$

因为 $X \cap Y = \emptyset$，所以 $x \in X$ 或 $x \in Y$ 成立，但不会都成立。所以有

$$C_X(x) + C_Y(x) = 1$$

于是

$$C_{X \cup Y}(x) = C_X(x) + C_Y(x)$$

如果 $x \notin X \cup Y$，则

$$C_{X \cup Y}(x) = 0$$

如果 $x \notin X \cup Y$，则 $x \notin X$ 且 $x \notin Y$。于是

$$C_X(x) + C_Y(x) = 0$$

同样可以得到

$$C_{X \cup Y}(x) = C_X(x) + C_Y(x)$$

所以对所有的 $x \in U$，

$$C_{X \cup Y}(x) = C_X(x) + C_Y(x)$$

问题求解技巧小结

- 准确地写出要证明的命题。
- 不直接证明 $p \to q$，而考虑证明逆否命题 $\neg q \to \neg p$，或运用反证法证明。
- 对于包含否定式的命题，De Morgan 逻辑定律很有用。
- 观察与要证明的命题中的表达式相关的定义和定理。
- 含有分情况的定义提示要用分情况进行证明的方法。

3.2 序列和串

Blue出租车公司的收费规则为：第1英里为$1，随后的每英里为$0.5。下表列出了路程为1~10英里的收费。一般情况下，n英里路程的费用C_n为1.00（第1英里的费用）加上0.50乘以随后的英里数$(n-1)$，即

$$C_n = 1 + 0.5(n-1)$$

例如，

$$C_1 = 1 + 0.5(1-1) = 1 + 0.5 \cdot 0 = 1$$
$$C_5 = 1 + 0.5(5-1) = 1 + 0.5 \cdot 4 = 1 + 2 = 3$$

英里数	费用
1	$1.00
2	1.50
3	2.00
4	2.50
5	3.00
6	3.50
7	4.00
8	4.50
9	5.00
10	5.50

费用表

$$C_1 = 1.00, \quad C_2 = 1.50, \quad C_3 = 2.00, \quad C_4 = 2.50, \quad C_5 = 3.00$$
$$C_6 = 3.50, \quad C_7 = 4.00, \quad C_8 = 4.50, \quad C_9 = 5.00, \quad C_{10} = 5.50$$

是**序列**（sequence）的一个例子，这是一个定义域由连续整数集合组成的特殊函数。对于费用序列来说，定义域是集合$\{1, 2, 3, 4, 5, 6, 7, 8, 9, 10\}$。虽然将其看做更一般的函数可将第$n$项记做$C(n)$，但在序列中第$n$项被记做$C_n$。$n$称为序列的**下标**（index）。 [WWW]

一个序列s可记做s或$\{s_n\}$。这里s或$\{s_n\}$表示整个序列

$$s_1, s_2, s_3, \cdots$$

用符号s_n表示序列s中的第n个元素。

例 3.2.1 考虑序列s

$$2, 4, 6, \cdots, 2n, \cdots$$

序列的第一个元素是2，第二个元素是4，以此类推。第n个元素是$2n$。如果第一个元素的下标是1，则有

$$s_1 = 2, \quad s_2 = 4, \quad s_3 = 6, \cdots, \quad s_n = 2n, \cdots$$

■

例 3.2.2 考虑序列t

$$a, a, b, a, b$$

序列的第一个元素是a，第二个元素是a，以此类推。如果第一个元素的下标是1，则有

$$t_1 = a, \quad t_2 = a, \quad t_3 = b, \quad t_4 = a, \quad t_5 = b$$

■

定义域无限的序列（参见例3.2.1）称为无限序列。定义域有限的序列（参见例3.2.2）称为有限序列。如果需要明确表示无限序列s的起始下标k，可以写做$\{s_n\}_{n=k}^{\infty}$。例如，起始下标为0的无限序列v可写做$\{v_n\}_{n=0}^{\infty}$。下标从i到j的有限序列x可以写做$\{x_n\}_{n=i}^{j}$。例如，定义域为$\{-1, 0, 1, 2, 3\}$的序列t记做$\{t_n\}_{n=-1}^{3}$。

例 3.2.3 序列$\{u_n\}$由规则

$$u_n = n^2 - 1, \quad n \geq 0$$

定义，可记做$\{u_n\}_{n=0}^{\infty}$。下标的名字可以任意选取。例如序列u也可以记做$\{u_m\}_{m=0}^{\infty}$。下标为m的项由公式

$$u_m = m^2 - 1, \quad m \geq 0$$

确定。这是一个无限序列。

例3.2.4 给定序列 b, b_n 为单词 "digital" 的第 n 个字母。如果第一项的下标为1，则 $b_1 = d$, $b_2 = b_4 = i$, $b_7 = l$。这是一个有限序列，可记做 $\{b_k\}_{k=1}^{7}$。

例3.2.5 如果 x 是由

$$x_n = \frac{1}{2^n}, \quad -1 \leq n \leq 4$$

定义的序列，x 的元素依次为

$$2, 1, 1/2, 1/4, 1/8, 1/16$$

例3.2.6 定义序列 s 为

$$s_n = 2^n + 4 \cdot 3^n, \quad n \geq 0 \tag{3.2.1}$$

(a) 求 s_0。
(b) 求 s_1。
(c) 求 s_i 的公式。
(d) 求 s_{n-1} 的公式。
(e) 求 s_{n-2} 的公式。
(f) 证明序列 $\{s_n\}$ 满足

$$s_n = 5s_{n-1} - 6s_{n-2}, \quad \text{对所有} n \geq 2 \tag{3.2.2}$$

(a) 在定义 3.2.1 中，将 n 替换为 0，可得

$$s_0 = 2^0 + 4 \cdot 3^0 = 5$$

(b) 在定义 3.2.1 中，将 n 替换为 1，可得

$$s_1 = 2^1 + 4 \cdot 3^1 = 14$$

(c) 在定义 3.2.1 中，将 n 替换为 i，可得

$$s_i = 2^i + 4 \cdot 3^i$$

(d) 在定义 3.2.1 中，将 n 替换为 $n-1$，可得

$$s_{n-1} = 2^{n-1} + 4 \cdot 3^{n-1}$$

(e) 在定义 3.2.1 中，将 n 替换为 $n-2$，可得

$$s_{n-2} = 2^{n-2} + 4 \cdot 3^{n-2}$$

(f) 为证明等式(3.2.2)，将(d)和(e)得出的公式 s_{n-1} 和 s_{n-2} 代入等式(3.2.2)的右边，然后运用代数方法证明等式右边等于 s_n。可得

$$\begin{aligned} 5s_{n-1} - 6s_{n-2} &= 5(2^{n-1} + 4 \cdot 3^{n-1}) - 6(2^{n-2} + 4 \cdot 3^{n-2}) \\ &= (5 \cdot 2 - 6)2^{n-2} + (5 \cdot 4 \cdot 3 - 6 \cdot 4)3^{n-2} \\ &= 4 \cdot 2^{n-2} + 36 \cdot 3^{n-2} \\ &= 2^2 2^{n-2} + (4 \cdot 3^2)3^{n-2} \\ &= 2^n + 4 \cdot 3^n = s_n \end{aligned}$$

在第 7 章中验证递归关系的解时可以使用本例中的技巧。

递增序列和递减序列是两类重要的序列,与之相关的两种序列是非增序列和非减序列。如果序列 s 对 n 和 $n+1$ 在定义域内的所有的 n 满足 $s_n < s_{n+1}$,则 s 是**递增的**(increasing)。如果序列 s 对 n 和 $n+1$ 在定义域内的所有的 n 满足 $s_n > s_{n+1}$,则 s 是**递减的**(decreasing)。如果序列 s 对 n 和 $n+1$ 在定义域内的所有的 n 满足 $s_n \leq s_{n+1}$,则 s 是**非减的**(nondecreasing)。(非减序列与递增序列的差别只是将"<"替换成了"≤"。)如果序列 s 对 n 和 $n+1$ 在定义域内的所有的 n 满足 $s_n \geq s_{n+1}$,则 s 是**非增的**(nonincreasing)。(非增序列与递减序列的差别只是将">"替换成了"≥"。)

例 3.2.7 序列

$$2, \quad 5, \quad 13, \quad 104, \quad 300$$

是递增序列,也是非减序列。∎

例 3.2.8 序列

$$a_i = \frac{1}{i}, \quad i \geq 1$$

是递减序列,也是非增序列。∎

例 3.2.9 序列

$$100, \quad 90, \quad 90, \quad 74, \quad 74, \quad 74, \quad 30$$

是非增序列,但不是递减序列。∎

例 3.2.10 序列

$$100$$

既是递增序列,也是递减序列;既是非增序列,也是非减序列。因为没有 i 可使 i 和 $i+1$ 都是序列的下标。∎

从一个给定的序列构造新序列的一种方法是,取出序列中的某些特定的项并保持它们在原来序列中的顺序。得到的新序列称为原序列的**子序列**(subsequence)。

定义 3.2.11 设 $\{s_n\}$ 是一个下标取值为 $n = m, m+1, \cdots$ 的序列,$n_1, n_2, \cdots$ 是在集合 $\{m, m+1, \cdots\}$ 上取值的递增序列。称序列 $\{s_{n_k}\}$ 为 $\{s_n\}$ 的一个子序列。∎

例 3.2.12 序列

$$b, c \tag{3.2.3}$$

是序列

$$t_1 = a, \ t_2 = a, \ t_3 = b, \ t_4 = c, \ t_5 = q \tag{3.2.4}$$

的子序列。

从序列(3.2.4)中取出第三项和第四项可以得到子序列(3.2.3)。生成子序列(3.2.3)时选取哪些项是由定义 3.2.11 中的 n_k 决定的,因此 $n_1 = 3$, $n_2 = 4$。子序列(3.2.3)是

$$t_3, \ t_4 \quad \text{或} \quad t_{n_1}, \ t_{n_2}$$

注意序列

$$c, b$$

不是序列(3.2.4)的子序列,因为这两项没有保持在序列(3.2.4)中的顺序。∎

例 3.2.13 序列
$$2, 4, 8, 16, \cdots, 2^k, \cdots \tag{3.2.5}$$
是序列
$$2, 4, 6, 8, 10, 12, 14, 16, \cdots, 2n, \cdots \tag{3.2.6}$$
的子序列。子序列(3.2.5)可通过从序列(3.2.6)中选取第 $1, 2, 4, 8, \cdots$ 项而得到；因此，定义 3.2.11 中 n_k 的取值为 $n_k = 2^{k-1}$。如果用 $s_n = 2n$ 来定义序列(3.2.6)，则子序列(3.2.5)定义为
$$s_{n_k} = s_{2^{k-1}} = 2 \cdot 2^{k-1} = 2^k$$
■

用一个数值序列构造新序列的两个重要方法是将数值序列的相关项相加和相乘。

定义 3.2.14 如果 $\{a_i\}_{i=m}^n$ 是一个序列，定义
$$\sum_{i=m}^n a_i = a_m + a_{m+1} + \cdots + a_n, \qquad \prod_{i=m}^n a_i = a_m \cdot a_{m+1} \cdots a_n$$

形式符号 [WWW]
$$\sum_{i=m}^n a_i \tag{3.2.7}$$
称为和（或读做 sigma）符号，
$$\prod_{i=m}^n a_i \tag{3.2.8}$$
称为乘积符号。

在式(3.2.7)和式(3.2.8)中，i 称为下标，m 称为下限，n 称为上限。 ■

例 3.2.15 设序列 a 定义为 $a_n = 2n$，$n \geq 1$，则
$$\sum_{i=1}^3 a_i = a_1 + a_2 + a_3 = 2 + 4 + 6 = 12$$
$$\prod_{i=1}^3 a_i = a_1 \cdot a_2 \cdot a_3 = 2 \cdot 4 \cdot 6 = 48$$
■

例 3.2.16 几何级数
$$a + ar + ar^2 + \cdots + ar^n$$
用和符号可以写为更加紧凑的形式：
$$\sum_{i=0}^n ar^i$$
■

有时，不仅改变下标的名称而且改变上下限是很有用的。（这个过程与微积分中改变积分变量是相似的。）

例 3.2.17 改变求和的下标和上下限

令 $i = j - 1$，用 j 替代 i，重写和式

$$\sum_{i=0}^{n} i r^{n-i}$$

因为 $i = j - 1$, 所以每一项 ir^{n-i} 变成

$$(j-1)r^{n-(j-1)} = (j-1)r^{n-j+1}$$

因为 $j = i + 1$, 当 $i = 0$ 时, 有 $j = 1$。于是, j 的下限是 1。类似地, 当 $i = n$ 时, $j = n + 1$, 因此 j 的上限是 $n + 1$。所以,

$$\sum_{i=0}^{n} i r^{n-i} = \sum_{j=1}^{n+1} (j-1) r^{n-j+1}$$

例 3.2.18 设 a 是由规则 $a_i = 2(-1)^i$ ($i \geq 0$) 定义的序列。序列 s 定义为

$$s_n = \sum_{i=0}^{n} a_i$$

建立 s 的公式。

可以看出

$$s_n = 2(-1)^0 + 2(-1)^1 + 2(-1)^2 + \cdots + 2(-1)^n$$
$$= 2 - 2 + 2 - \cdots \pm 2 = \begin{cases} 2 & \text{如果 } n \text{ 是偶数} \\ 0 & \text{如果 } n \text{ 是奇数} \end{cases}$$

有时, 将和符号与乘积符号的下标换成在任意整数集上取值。形式化地说, 如果 S 是一个有限整数的集合, a 是一个序列,

$$\sum_{i \in S} a_i$$

表示元素 $\{a_i \mid i \in S\}$ 的和。类似地,

$$\prod_{i \in S} a_i$$

表示元素 $\{a_i \mid i \in S\}$ 的乘积。

例 3.2.19 如果 S 表示小于 20 的素数的集合, 则

$$\sum_{i \in S} \frac{1}{i} = \frac{1}{2} + \frac{1}{3} + \frac{1}{5} + \frac{1}{7} + \frac{1}{11} + \frac{1}{13} + \frac{1}{17} + \frac{1}{19} = 1.455$$

串是一个有限的字符序列。在程序语言中, 串可以用来表示文字。例如, 在 Java 语言中

```
"Let's read Rolling Stone."
```

表示字符序列

Let's read Rolling Stone.

构成的串。(双引号 " 标志字符串的开始和结束。)

在计算机中, 用二进制串(由 0 和 1 组成的串)来表示数据和要执行的指令。在 5.2 节中将会看到, 二进制串 101111 表示数 47。

定义 3.2.20 有限集合 X 上的串是由 X 中的元素组成的有限序列。

第 3 章 函数、序列和关系

例 3.2.21 设 $X = \{a, b, c\}$。若令

$$\beta_1 = b, \quad \beta_2 = a, \quad \beta_3 = a, \quad \beta_4 = c$$

便得到 X 上的一个串，这个串可以写做 $baac$。∎

串是一个序列，因此要考虑元素的顺序。例如串 $baac$ 和串 $acab$ 是不同的。

串中的重复字符可以用上标来表示。例如，串 $bbaaac$ 可以写做 b^2a^3c。

不含任何元素的串称为**空串**（null string），用 λ 表示。用 X^* 表示 X 上所有的串的集合，其中包含空串。用 X^+ 表示 X 上所有非空串的集合。

例 3.2.22 设 $X = \{a, b\}$。X^* 中的部分元素为

$$\lambda, \quad a, \quad b, \quad abab, \quad b^{20}a^5ba$$

∎

一个串 α 的**长度**（length）是 α 中元素的个数。α 的长度记为 $|\alpha|$。

例 3.2.23 如果 $\alpha = aabab$，$\beta = a^3b^4a^{32}$，则

$$|\alpha| = 5, \quad |\beta| = 39$$

∎

如果 α 和 β 是两个串，由 α 接在 β 之后构成的串称为 α 和 β 的**毗连**（concatenation），记为 $\alpha\beta$。

例 3.2.24 如果 $\gamma = aab$，$\theta = cabd$，则

$$\gamma\theta = aabcabd, \quad \theta\gamma = cabdaab, \quad \gamma\lambda = \gamma = aab, \quad \lambda\gamma = \gamma = aab$$

∎

例 3.2.25 设 $X = \{a, b, c\}$，若给定

$$f(\alpha, \beta) = \alpha\beta$$

其中 α 和 β 为 X 上的串，则 f 是 X^* 上的二元操作符。∎

从串 α 中选取连续的一些或全部元素，就得到了一个串 α 的**子串**（substring）。下面给出形式化的定义。

定义 3.2.26 串 β 是串 α 的子串，如果存在串 γ 和 δ 使得 $\alpha = \gamma\beta\delta$。∎

例 3.2.27 串 $\beta = add$ 是串 $\alpha = aaaddad$ 的子串，因为可取 $\gamma = aa$ 和 $\delta = ad$，有 $\alpha = \gamma\beta\delta$。注意 β 是 α 的子串，γ 是 α 的一部分，在 α 中排在 β 之前，δ 也是 α 的一部分，在 α 中排在 β 之后。∎

例 3.2.28 令 $X = \{a, b\}$。若 $\alpha \in X^*$，令 α^R 是 α 的逆序。例如，若 $\alpha = abb$，$\alpha^R = bba$。定义从 X^* 到 X^* 的函数 f 为 $f(\alpha) = \alpha^R$。证明 f 是双射。

必须证明 f 是一对一和对 X^* 映上的。首先说明 f 是一对一的。即如果 $f(\alpha) = f(\beta)$，则 $\alpha = \beta$。假定 $f(\alpha) = f(\beta)$，按照 f 的定义，有 $\alpha^R = \beta^R$，两边求逆序，有 $\alpha = \beta$。因此 f 是一对一的。

接着说明 f 是 X^* 映上的。必须说明如果 $\beta \in X^*$，则存在 $\alpha \in X^*$，使得 $f(\alpha) = \beta$。假定 $\beta \in X^*$，令 $\alpha = \beta^R$，则有

$$f(\alpha) = \alpha^R = (\beta^R)^R = \beta$$

对一个串两次求逆，就得到了其自身。因此 f 是 X^* 映上的。由此就证明了 f 是一个双射。∎

例 3.2.29 令 $X = \{a, b\}$。定义从 $X^* \times X^*$ 到 X^* 的函数 f 为 $f(\alpha, \beta) = \alpha\beta$。$f$ 是一对一的吗？f 对 X^* 是映上的吗？

首先尝试证明 f 是一对一的。如果成功，这部分的证明就完成了。如果失败，则可以学到如何构造一个反例。假定 $f(\alpha_1, \beta_1) = f(\alpha_2, \beta_2)$。要证明 $\alpha_1 = \beta_1$，$\alpha_2 = \beta_2$。按照 f 的定义，有

$$\alpha_1\beta_1 = \alpha_2\beta_2$$

由此可得 $\alpha_1 = \beta_1$ 和 $\alpha_2 = \beta_2$ 吗？并不是这样的！将不同的字符串连接起来，可以得到相同的字符串。例如，若令 $\alpha_1 = b$，$\beta_1 = aa$，则 $baa = \alpha_1\beta_1$；令 $\alpha_2 = ba$，$\beta_2 = a$，则 $baa = \alpha_2\beta_2$。因此 f 不是一对一的。这部分的解答可以书写如下。

若令 $\alpha_1 = b$，$\beta_1 = aa$，$\alpha_2 = ba$ 和 $\beta_2 = a$，则

$$f(\alpha_1, \beta_1) = baa = f(\alpha_2, \beta_2)$$

因为 $\alpha_1 \neq \alpha_2$，因此 f 不是一对一的。

如果给定任意串 $\gamma \in X^*$，存在 $(\alpha, \beta) \in X^* \times X^*$，使得 $f(\alpha, \beta) = \gamma$，则函数 f 对 X^* 是映上的。换句话说，如果 X^* 中的每个串都是两个串的连接，则 f 对 X^* 是映上的。因为对任何串 α，其和空串 λ 的连接的结果还是自身，因此 X^* 中的每个串都是 X^* 中的两个串的连接。这部分的解答可以书写如下

令 $\alpha \in X^*$，则

$$f(\alpha, \lambda) = \alpha\lambda = \alpha$$

因此 f 对 X^* 是映上的。∎

问题求解要点

序列是一种特殊的函数，其定义域是连续整数组成的集合。如果 $a_1, a_2, \cdots$ 是一个序列，则 $1, 2, \cdots$ 称为下标。a_1 的下标是 1，a_2 的下标是 2，以此类推。

本书中，"递增序列"是严格递增的；也就是说，如果对所有的 n 都有 $a_n < a_{n+1}$，那么序列 a 是递增的。要求对每个 n，a_n 都比 a_{n+1} 严格地小。如果允许相等，在本书中称为"非减序列"，即对所有的 n 都有 $a_n \leq a_{n+1}$。递减序列和非增序列的解释与此类似。

本节复习

1. 给出序列的定义。
2. 什么是序列的下标？
3. 给出递增序列的定义。
4. 给出递减序列的定义。
5. 给出非增序列的定义。
6. 给出非减序列的定义。
7. 给出子序列的定义。
8. $\sum_{i=m}^{n} a_i$ 是什么？
9. $\prod_{i=m}^{n} a_i$ 是什么？
10. 给出串的定义。
11. 给出空串的定义。
12. 如果 X 是一个有限集合，则 X^* 表示什么？
13. 如果 X 是一个有限集合，则 X^+ 表示什么？
14. 给出串的长度的定义。串 α 的长度如何表示？
15. 给出串的毗连的定义。串 α 和串 β 的毗连如何表示？
16. 给出子串的定义。

练习

设序列 s 定义为串 c, d, d, c, d, c。完成练习 1~3。

1. 求 s_1。
2. 求 s_4。
3. 将 s 作为串写出。

设序列 t 定义为 $t_n = 2n - 1$，$n \geq 1$。完成练习 4~16。

4. 求 t_3。 5. 求 t_7。 6. 求 t_{100}。 7. 求 t_{2077}。

8. 求 $\sum_{i=1}^{3} t_i$。 9. 求 $\sum_{i=3}^{7} t_i$。 10. 求 $\prod_{i=1}^{3} t_i$。 11. 求 $\prod_{i=3}^{6} t_i$。

12. 试求一个公式来表示这个序列，序列的下标从 0 开始。

13. t 是递增的吗？ 14. t 是递减的吗？ 15. t 是非增的吗？ 16. t 是非减的吗？

设序列 υ 定义为 $\upsilon_n = n! + 2$，$n \geq 1$。完成练习 17~24。

17. 求 υ_3。 18. 求 υ_4。 19. 求 $\sum_{i=1}^{4} \upsilon_i$。 20. 求 $\sum_{i=3}^{3} \upsilon_i$。

21. υ 是递增的吗？ 22. υ 是递减的吗？ 23. υ 是非增的吗？ 24. υ 是非减的吗？

设序列 q 定义为 $q_1 = 8$，$q_2 = 12$，$q_3 = 12$，$q_4 = 28$，$q_5 = 33$。完成练习 25~30。

25. 求 $\sum_{i=2}^{4} q_i$。 26. 求 $\sum_{k=2}^{4} q_k$。 27. q 是递增的吗？

28. q 是递减的吗？ 29. q 是非增的吗？ 30. q 是非减的吗？

设在序列 τ 中 $\tau_0 = 5$，$\tau_2 = 5$。完成练习 31~34。

31. τ 是递增的吗？ 32. τ 是递减的吗？ 33. τ 是非增的吗？ 34. τ 是非减的吗？

设在序列中 $\Upsilon_2 = 5$。完成练习 35~38。

35. Υ 是递增的吗？ 36. Υ 是递减的吗？ 37. Υ 是非增的吗？ 38. Υ 是非减的吗？

设序列 a 定义为 $a_n = n^2 - 3n + 3$，$n \geq 1$。完成练习 39~50。

39. 求 $\sum_{i=1}^{4} a_i$。 40. 求 $\sum_{j=3}^{5} a_j$。 41. 求 $\sum_{i=4}^{4} a_i$。 42. 求 $\sum_{k=1}^{6} a_k$。

43. 求 $\prod_{i=1}^{2} a_i$。 44. 求 $\prod_{i=1}^{3} a_i$。 45. 求 $\prod_{n=2}^{3} a_n$。 46. 求 $\prod_{x=3}^{4} a_x$。

47. a 是递增的吗？ 48. a 是递减的吗？ 49. a 是非增的吗？ 50. a 是非减的吗？

设序列 b 定义为 $b_n = n(-1)^n$，$n \geq 1$。完成练习 51~58。

51. 求 $\sum_{i=1}^{4} b_i$。 52. 求 $\sum_{i=1}^{10} b_i$。

53. 设序列 c 定义为 $c_n = \sum_{i=1}^{n} b_i$，求表示 c 的公式。

54. 设序列 d 定义为 $d_n = \prod_{i=1}^{n} b_i$，求表示 d 的公式。

55. b 是递增的吗？ 56. b 是递减的吗？ 57. b 是非增的吗？ 58. b 是非减的吗？

设序列 Ω 定义为：对所有的 n，$\Omega_n = 3$。完成练习 59~66。

59. 求 $\sum_{i=1}^{3} \Omega_i$。 60. 求 $\sum_{i=1}^{10} \Omega_i$。

61. 设序列 c 定义为 $c_n = \sum_{i=1}^{n} \Omega_i$,求表示 c 的公式。

62. 设序列 d 定义为 $d_n = \prod_{i=1}^{n} \Omega_i$,求表示 d 的公式。

63. Ω 是递增的吗？   64. Ω 是递减的吗？   65. Ω 是非增的吗？   66. Ω 是非减的吗？

设序列 x 定义为 $x_1 = 2$,$x_n = 3 + x_{n-1}$,$n \geq 2$。完成练习 67~73。

67. 求 $\sum_{i=1}^{3} x_i$。   68. 求 $\sum_{i=1}^{10} x_i$。

69. 设序列 c 定义为 $c_n = \sum_{i=1}^{n} x_i$,求表示 c 的公式。

70. x 是递增的吗？   71. x 是递减的吗？   72. x 是非增的吗？   73. x 是非减的吗？

设序列 w 定义为 $w_n = \dfrac{1}{n} - \dfrac{1}{n+1}$,$n \geq 1$。完成练习 74~81。

74. 求 $\sum_{i=1}^{3} w_i$。   75. 求 $\sum_{i=1}^{10} w_i$。

76. 设序列 c 定义为 $c_n = \sum_{i=1}^{n} w_i$,求表示 c 的公式。

77. 设序列 d 定义为 $d_n = \prod_{i=1}^{n} w_i$,求表示 d 的公式。

78. w 是递增的吗？   79. w 是递减的吗？   80. w 是非增的吗？   81. w 是非减的吗？

82. 设序列 u 定义为 $u_1 = 3$,$u_n = 3 + u_{n-1}$,$n \geq 2$。序列 d 定义为 $d_n = \prod_{i=1}^{n} u_i$,求表示 d 的公式。

在练习 83~86 中,定义序列 $\{s_n\}$,$s_n = 2n - 1$,$n \geq 1$。

83. 列出序列 s 的前 7 项。

将 s 的第 1, 3, 5, … 项抽出构成子序列。完成练习 84~86。

84. 列出子序列的前 7 项。   85. 求定义 3.2.11 中 n_k 的公式。

86. 求子序列中第 k 项的公式。

在练习 87~90 中,定义序列 $\{t_n\}$,$t_n = 2^n$,$n \geq 1$。

87. 列出 t 的前 7 项。

将 t 的第 1, 2, 4, 7, 11, … 项抽出构成子序列。完成练习 88~90。

88. 列出子序列的前 7 项。   89. 求定义 3.2.11 中 n_k 的公式。

90. 求子序列的第 k 项的公式。

设序列 y 和序列 z 分别定义为 $y_n = 2^n - 1$,$z_n = n(n-1)$。完成练习 91~94。

91. 求 $\left(\sum_{i=1}^{3} y_i\right)\left(\sum_{i=1}^{3} z_i\right)$。   92. 求 $\left(\sum_{i=1}^{5} y_i\right)\left(\sum_{i=1}^{4} z_i\right)$。

93. 求 $\sum_{i=1}^{3} y_i z_i$。

94. 求 $\left(\sum_{i=3}^{4} y_i\right)\left(\prod_{i=2}^{4} z_i\right)$。

设序列 r 定义为 $r_n = 3 \cdot 2^n - 4 \cdot 5^n$, $n \geq 0$。完成练习 95~102。

95. 求 r_0。   96. 求 r_1。   97. 求 r_2。   98. 求 r_3。

99. 求 r_p 的公式。   100. 求 r_{n-1} 的公式。   101. 求 r_{n-2} 的公式。

102. 证明 $\{r_n\}$ 满足 $r_n = 7r_{n-1} - 10r_{n-2}$, $n \geq 2$。

设序列 z 定义为 $z_n = (2+n)3^n$, $n \geq 0$。完成练习 103~110。

103. 求 z_0。   104. 求 z_1。   105. 求 z_2。   106. 求 z_3。

107. 求 z_i 的公式。   108. 求 z_{n-1} 的公式。   109. 求 z_{n-2} 的公式。

110. 证明 $\{z_n\}$ 满足 $z_n = 6z_{n-1} - 9z_{n-2}$, $n \geq 2$。

111. 设 $b_n = n + (n-1)(n-2)(n-3)(n-4)(n-5)$，求 b_n, 其中 $n = 1, \cdots, 6$。

112. 用下标 k 代替下标 i 重写和式 $\sum_{i=1}^{n} i^2 r^{n-i}$, 其中 $i = k+1$。

113. 用下标 i 代替下标 k 重写和式 $\sum_{k=1}^{n} C_{k-1} C_{n-k}$, 其中 $k = i+1$。

114. 设 a 和 b 是序列，令 $s_k = \sum_{i=1}^{k} a_i$。证明 $\sum_{k=1}^{n} a_k b_k = \sum_{k=1}^{n} s_k(b_k - b_{k+1}) + s_n b_{n+1}$。这个公式称为分部求和公式，是微积分中分部积分公式的离散形式。

115. 有时通过使用更一般的下标的方法来推广本节中定义的序列的概念。假设 $\{a_{ij}\}$ 是用正整数对作为下标的序列，证明
$$\sum_{i=1}^{n}\left(\sum_{j=i}^{n} a_{ij}\right) = \sum_{j=1}^{n}\left(\sum_{i=1}^{j} a_{ij}\right)$$

116. 利用串 $\alpha = baab$, $\beta = caaba$, $\gamma = bbab$, 计算下列各式。

(a) $\alpha\beta$ (b) $\beta\alpha$ (c) $\alpha\alpha$

(d) $\beta\beta$ (e) $|\alpha\beta|$ (f) $|\beta\alpha|$

(g) $|\alpha\alpha|$ (h) $|\beta\beta|$ (i) $\alpha\lambda$

(j) $\lambda\beta$ (k) $\alpha\beta\gamma$ (l) $\beta\beta\gamma\alpha$

117. 列举出所有 $X = \{0, 1\}$ 上长度为 2 的串。

118. 列举出所有 $X = \{0, 1\}$ 上长度小于或等于 2 的串。

119. 列举出所有 $X = \{0, 1\}$ 上长度为 3 的串。

120. 列举出所有 $X = \{0, 1\}$ 上长度小于或等于 3 的串。

121. 找出串 $babc$ 的所有子串。

122. 找出串 $aabaabb$ 的所有子串。

123. 用归纳法证明 $\sum \dfrac{1}{n_1 \cdot n_2 \cdots n_k} = n$, 对所有的 $n \geq 1$。其中求和对 $\{1, 2, \cdots, n\}$ 的所有非空子集 $\{n_1, n_2, \cdots, n_k\}$ 进行。

124. 假定序列 $\{a_n\}$，满足 $a_1 = 0$，$a_2 = 1$，且 $a_n = (n-1)(a_{n-1} + a_{n-2})$（对所有 $n \geq 3$）。使用归纳法证明 $\dfrac{a_n}{n!} = \sum\limits_{k=0}^{n} \dfrac{(-1)^k}{k!}$ 对所有 $n \geq 1$。

在练习 125~127 中，实数序列 $x_1, x_2, \cdots, x_n$，$n \geq 2$，满足 $x_1 < x_2 < \cdots < x_n$，x 是一个任意的实数。

125. 证明若 $x_1 \leq x \leq x_n$，则 $\sum\limits_{i=1}^{n} |x - x_i| = \sum\limits_{i=2}^{n-1} |x - x_i| + (x_n - x_1)$（对所有 $n \geq 3$）。

126. 证明若 $x < x_1$ 或 $x > x_n$，则 $\sum\limits_{i=1}^{n} |x - x_i| > \sum\limits_{i=2}^{n-1} |x - x_i| + (x_n - x_1)$（对所有 $n \geq 3$）。

127. 若 n 为奇数，$x_1, \cdots, x_n$ 的中位数是 $x_1, \cdots, x_n$ 的中值，若 n 为偶数，$x_1, \cdots, x_n$ 的中位数是 $x_1, \cdots, x_n$ 的两个中值间的任意值。例如，若 $x_1 < x_2 < \cdots < x_5$，则中位数是 x_3。若 $x_1 < x_2 < x_3 < x_4$，则中位数是 x_2 和 x_3 间的任意值，包括 x_2 和 x_3。

使用练习 125 和练习 126 的结论及数学归纳法证明和式

$$\sum_{i=1}^{n} |x - x_i| \tag{3.2.9}$$

$n \geq 1$，当 x 等于 $x_1, \cdots, x_n$ 的中位数时，其值最小。

如果重复试验 n 次并观察到值 $x_1, \cdots, x_n$，则和式(3.2.9)可以被解释为假定正确值是 x 的误差估量。练习结论说明了当取 x 为 $x_1, \cdots, x_n$ 的中位数时，误差最小。归纳所涉及的参数由 **J. Lancaster** 首先提出。

128. 证明 $\sum\limits_{i=1}^{n} \sum\limits_{j=1}^{n} (i-j)^2 = \dfrac{n^2(n^2-1)}{6}$。

129. 令 $X = \{a, b\}$。定义从 X^* 到 X^* 的函数 $f(\alpha)$ 为 $f(\alpha) = \alpha ab$。f 是一对一的吗？f 对于 X^* 是映上的吗？证明你的结论。

130. 令 $X = \{a, b\}$。定义从 X^* 到 X^* 的函数 $f(\alpha)$ 为 $f(\alpha) = \alpha \alpha$。$f$ 是一对一的吗？f 对于 X^* 是映上的吗？证明你的结论。

131. 令 $X = \{a, b\}$。若 $\alpha = \alpha^R$，则串 α 称为 X 上的回文（即从左到右读和从右到左读是一样的字符串）。如 $bbaabb$。定义从 X^* 到 X 上回文串的集合的函数 f 为 $f(\alpha) = \alpha \alpha^R$。$f$ 是一对一的吗？f 是映上的吗？证明你的结论。

设 L 是空串及所有能通过反复使用如下规则构造出的串的集合。

- 若 $\alpha \in L$，则 $a\alpha b \in L$ 且 $b\alpha a \in L$。
- 若 $\alpha \in L$ 且 $\beta \in L$，则 $\alpha\beta \in L$。

例如，ab 在 L 中。这是因为若取 $\alpha = \lambda$，则 $\alpha \in L$，由第一条规则有 $ab = a\alpha b \in L$。同理，$ba \in L$。又例如，$aabb$ 在 L 中。这是因为若取 $\alpha = ab$，则 $\alpha \in L$，由第一条规则有 $aabb = a\alpha b \in L$。再例如，$aabbba$ 在 L 中。这是因为若取 $\alpha = aabb$ 和 $\beta = ba$，则 $\alpha \in L$ 且 $\beta \in L$，由第二条规则有 $aabbba = \alpha\beta \in L$。

132. 证明 $aaabbb$ 在 L 中。 　　133. 证明 $baabab$ 在 L 中。

134. 证明 aab 不在 L 中。 　　135. 证明若 $\alpha \in L$，则 α 中 a 和 b 的个数相等。

*136. 证明若 α 中 a 和 b 的个数相等，则 $\alpha \in L$。

137. 令 $\{a_n\}_{n=1}^{\infty}$ 是一个非递减且存在上界的序列，令 L 是集合 $\{a_n | n = 1, 2, \cdots\}$ 的最小上界。证明对每个实数 $\varepsilon > 0$，存在正整数 N，对所有 $n \geq N$，有 $L - \varepsilon < a_n \leq L$。使用微积分的术语，就是一个非递减且存在上界的序列必收敛于 L，这里 L 是序列元素构成的集合的最小上界。

3.3 关系

从一个集合到另一个集合的**关系**(relation)，可以看成是列出第一个集合中的一些元素与第二个集合中的相关元素的表（参见表 3.3.1）。表 3.3.1 说明了哪些学生选了哪些课程。例如，Bill 选了计算机科学课和艺术课，Mary 选了数学课。用关系的术语说，Bill 与计算机科学课和艺术课相关，Mary 与数学课相关。 [WWW]

表 3.3.1 学生与课程的关系

学生	课程
Bill	计算机科学
Mary	数学
Bill	艺术
Beth	历史
Beth	计算机科学
Dave	数学

当然，表 3.3.1 实际上只是一些有序对的集合。抽象地说，我们把关系定义为有序对的集合。在抽象的概念中，可认为有序对中的第一个元素与第二个元素相关。

定义 3.3.1 从集合 X 到集合 Y 的（二元）关系 R 是笛卡儿积 $X \times Y$ 的一个子集。如果 $(x, y) \in R$，则记做 $x R y$ 并称 x 与 y 相关。在 $X = Y$ 的情况下，称 R 是集合 X 上的一个（二元）关系。 ■

函数（参见 3.1 节）是一种特殊的关系。从 X 到 Y 的函数 f 是从 X 到 Y 的关系，并具有性质：

(a) f 的定义域是 X。

(b) 对每个 $x \in X$，有唯一的 $y \in Y$ 使得 $(x, y) \in f$。

例 3.3.2 令

$$X = \{\text{Bill, Mary, Beth, Dave}\}$$

和

$$Y = \{\text{计算机科学, 数学, 艺术, 历史}\}$$

则表 3.3.1 表示的关系可写为

$$R = \{(\text{Bill, 计算机科学}), (\text{Mary, 数学}), (\text{Bill, 艺术}),$$
$$(\text{Beth, 历史}), (\text{Beth, 计算机科学}), (\text{Dave, 数学})\}$$

因为 (Beth, 历史) $\in R$，所以可记为 Beth R 历史。 ■

例 3.3.2 说明，关系可通过简单地指定属于它的有序对来给出。下一个例子说明，有时可以通过给出关系中成员的某种规则来定义关系。

例 3.3.3 令

$$X = \{2, 3, 4\}, Y = \{3, 4, 5, 6, 7\}$$

如果定义 X 到 Y 的关系 R

$$(x, y) \in R \quad \text{如果 } x \text{ 整除 } y$$

则得到

$$R = \{(2, 4), (2, 6), (3, 3), (3, 6), (4, 4)\}$$

若把 R 写成表的形式，则有

X	Y
2	4
2	6
3	3
3	6
4	4

例 3.3.4 设 R 是 $X = \{1, 2, 3, 4\}$ 上的关系，$x, y \in X$，如果 $x \leq y$，则 $(x, y) \in R$。有

$$R = \{(1, 1), (1, 2), (1, 3), (1, 4), (2, 2), (2, 3), (2, 4), (3, 3), (3, 4), (4,4)\}$$

R 的定义域和值域都是 X。

可以用画出关系**有向图**（digraph）的方法来表示一个集合上关系。（第 8 章将详细讨论有向图，这里只介绍与关系有关的有向图。）为了画出集合 X 上一个关系的有向图，先画出一些点（或称为顶点）来表示 X 的元素。在图 3.3.1 中，画出 4 个顶点来表示例 3.3.4 中集合 X 中的元素。然后，如果元素 (x, y) 在关系中，则画一个从 x 到 y 的箭头（称为**有向边**）。在图 3.3.1 中，画出了有向边来表示例 3.3.4 中关系 R 的成员。注意，关系中形如 (x, x) 的元素对应于一条从 x 到 x 的有向边，这样的边称为**圈**（loop）。在图 3.3.1 中，每个顶点上都有一个圈。

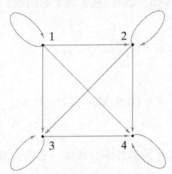

图 3.3.1　表示例 3.3.4 中关系的有向图

例 3.3.5 由图 3.3.2 中的有向图给出了集合 $X = \{a, b, c, d\}$ 上 R 的关系

$$R = \{(a, a), (b, c), (c, b), (d, d)\}$$

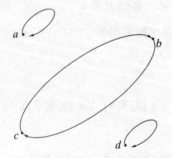

图 3.3.2　例 3.3.5 中关系的有向图

下面定义关系可能具有的几个性质。

定义 3.3.6 集合 X 上的关系 R 称为自反的，如果对每个 $x \in X$ 都有 $(x, x) \in R$。

例 3.3.7 集合 $X = \{1, 2, 3, 4\}$ 上的关系 R 定义为：如果 $x \leq y$，$x, y \in X$，则 $(x, y) \in R$。R 是自反的，因为对于每个 $x \in X$，有 $(x, x) \in R$，特别是 $(1, 1)$、$(2, 2)$、$(3, 3)$ 和 $(4, 4)$ 都在 R 中。在自反的关系的有向图中，每个顶点上都有一个圈。注意在这个关系的有向图中（参见图 3.3.1），每个顶点上都有一个圈。 ■

根据广义 De Morgan 律（参见定理 1.5.14），如果存在 $x \in X$ 有 $(x, x) \notin R$，则 x 上的关系 R 不是自反的。

例 3.3.8 集合 $X = \{a, b, c, d\}$ 上的关系

$$R = \{(a, a), (b, c), (c, b), (d, d)\}$$

不是自反的。例如，$b \in X$，但 $(b, b) \notin R$。关系不是自反的这一点从其有向图（参见图 3.3.2）中也可以看出，即顶点 b 上无圈。 ■

定义 3.3.9 集合 X 上的关系 R 称为对称的，如果对所有的 $x, y \in X$，若 $(x, y) \in R$ 则 $(y, x) \in R$。 ■

例 3.3.10 集合 $X = \{a, b, c, d\}$ 上的关系

$$R = \{(a, a), (b, c), (c, b), (d, d)\}$$

是对称的，因为对于所有的 x, y，如果 $(x, y) \in R$，则 $(y, x) \in R$。例如，(b, c) 在 R 中，(c, b) 也在 R 中。具有对称性的关系的有向图具有性质：只要有从 v 到 w 的有向边，则也有从 w 到 v 的有向边。这个关系的有向图（参见图 3.3.2）就具有这个性质：对每条从 v 到 w 的有向边，也有从 w 到 v 的有向边。 ■

形式化地说，如果

$$\forall x \forall y [(x, y) \in R] \rightarrow [(y, x) \in R]$$

则关系 R 是对称的。因此如果

$$\neg [\forall x \forall y [(x, y) \in R] \rightarrow [(y, x) \in R]] \tag{3.3.1}$$

则关系 R 不是对称的。根据逻辑上的广义 De Morgan 律（参见定理 1.5.14）和事实 $\neg(p \rightarrow q) \equiv p \wedge \neg q$（参见例 1.3.13），可知式 (3.3.1) 等价于

$$\exists x \exists y [[(x, y) \in R] \wedge \neg [(y, x) \in R]]$$

或，等价于

$$\exists x \exists y [[(x, y) \in R] \wedge [(y, x) \notin R]]$$

也就是说，若存在 x 和 y 使 (x, y) 在 R 中而 (y, x) 不在 R 中，则关系 R 就不是对称的。

例 3.3.11 集合 $X = \{1, 2, 3, 4\}$ 上的关系 R 定义为：如果 $x \leq y$，$x, y \in X$，则 $(x, y) \in R$。R 不是对称的。例如，$(2, 3) \in R$，但 $(3, 2) \notin R$。这个关系的有向图（参见图 3.3.1）有从 2 到 3 的有向边，但没有从 3 到 2 的有向边。 ■

定义 3.3.12 集合 X 上的关系 R 称为反对称的，如果对所有的 $x, y \in X$，若 $(x, y) \in R$ 且 $(y, x) \in R$，则 $x = y$。 ■

例 3.3.13 集合 $X = \{1, 2, 3, 4\}$ 上的关系 R 定义为：如果 $x \leq y$，$x, y \in X$，则 $(x, y) \in R$。R 是反对称的，因为对所有的 x, y，如果 $(x, y) \in R$（例如 $x \leq y$）且 $(y, x) \in R$（例如 $y \leq x$），则 $x = y$。 ■

例 3.3.14 有时将"反对称"的定义（参见定义 3.3.12）

$$\text{若}(x, y) \in R \text{ 且 } (y, x) \in R \text{ 则 } x = y$$

替换为与其逻辑等价的逆否式（参见定理 1.3.18）

$$\text{若 } x \neq y, \text{ 则}(x, y) \notin R \text{ 或 } (y, x) \notin R$$

即集合 X 上的关系 R 是反对称的，若对于所有 $x, y \in X$，若 $x \neq y$，则 $(x, y) \notin R$ 或 $(y, x) \notin R$。基于这个等价的"反对称"定义，再来看一下 $X = \{1, 2, 3, 4\}$ 上由"若 $x \leq y$，$x, y \in X$，则 $(x, y) \in R$"定义的关系 R，其是反对称的，因为对所有 x, y，若 $x \neq y$，则 $(x, y) \notin R$（例如 $x > y$）或 $(y, x) \notin R$（例如 $y > x$）。

该等价的"反对称"性在有向图上的解释如下：反对称关系的有向图有如下属性，任何两个不同节点间最多只有一条有向边。注意上文中关系 R 的有向图（参见图 3.3.1），R 中任何一对节点间最多只有一条有向边。∎

例 3.3.15 如果 X 上的关系 R 不含形如 (x, y) 且 $x \neq y$ 的成员，则命题

$$\text{如果 } x \neq y, \text{ 则}(x, y) \notin R \text{ 或 } (y, x) \notin R$$

对每个 $x, y \in X$ 默认为真（因为对每个 $x, y \in X$，$(x, y) \in R$ 且 $x \neq y$ 都为假）。于是，如果 X 上的关系 R 不含形如 (x, y) 且 $x \neq y$ 的成员，则 R 是反对称的。例如 $X = \{a, b, c\}$ 上的关系

$$R = \{(a, a), (b, b), (c, c)\}$$

是反对称的。如图 3.3.3 所示，R 的有向图中每一对顶点之间至多有一条有向边。注意 R 也是自反的和对称的。这个例子说明"反对称"与"不是对称的"是不同的，因为这个关系事实上是对称的又是反对称的。∎

图 3.3.3　例 3.3.15 中关系的有向图

形式化地说，如果

$$\forall x \forall y[(x, y) \in R \wedge (y, x) \in R] \to [x = y]$$

则关系 R 是反对称的，因此如果

$$\neg[\forall x \forall y[(x, y) \in R \wedge (y, x) \in R] \to [x = y]] \tag{3.3.2}$$

则关系 R 不是反对称的。应用广义 De Morgan 律（参见定理 1.5.14）和事实 $\neg(p \to q) \equiv p \wedge \neg q$（参见例 1.3.13），可知式(3.3.2)等价于

$$\exists x \exists y[(x, y) \in R \wedge (y, x) \in R] \wedge \neg[x = y]$$

进一步，其等价于

$$\exists x \exists y[(x, y) \in R \wedge (y, x) \in R \wedge (x \neq y)]$$

换句话说，如果存在 x 和 y，$x \neq y$，使 (x, y) 和 (y, x) 皆在 R 中，则 R 不是反对称的。

例 3.3.16 集合 $X = \{a, b, c, d\}$ 上的关系

$$R = \{(a, a), (b, c), (c, b), (d, d)\}$$

不是反对称的，因为 (b, c) 和 (c, b) 都在 R 中。这个关系的有向图（参见图 3.3.2）中，b 和 c 之间有两条有向边。∎

定义 3.3.17 集合 X 上的关系 R 称为**传递的**，如果对所有的 $x, y, z \in X$，若 $(x, y) \in R$ 且 $(y, z) \in R$，则 $(x, z) \in R$。 ∎

例 3.3.18 设 R 是 $X = \{1, 2, 3, 4\}$ 上的关系，如果 $x \leq y$，$x, y \in X$，则 $(x, y) \in R$。R 是传递的，因为对所有的 x, y, z，若 $(x, y) \in R$ 且 $(y, z) \in R$，则 $(x, z) \in R$。为了形式化地验证关系满足定义 3.3.17，需要列出 R 中所有形如 (x, y) 和 (y, z) 的对，并检验每一种情况下都有 $(x, z) \in R$：

形如 (x, y), (y, z) 的对		(x, z)	形如 (x, y), (y, z) 的对		(x, z)
(1, 1)	(1, 1)	(1, 1)	(2, 2)	(2, 2)	(2, 2)
(1, 1)	(1, 2)	(1, 2)	(2, 2)	(2, 3)	(2, 3)
(1, 1)	(1, 3)	(1, 3)	(2, 2)	(2, 4)	(2, 4)
(1, 1)	(1, 4)	(1, 4)	(2, 3)	(3, 3)	(2, 3)
(1, 2)	(2, 2)	(1, 2)	(2, 3)	(3, 4)	(2, 4)
(1, 2)	(2, 3)	(1, 3)	(2, 4)	(4, 4)	(2, 4)
(1, 2)	(2, 4)	(1, 4)	(3, 3)	(3, 3)	(3, 3)
(1, 3)	(3, 3)	(1, 3)	(3, 3)	(3, 4)	(3, 4)
(1, 3)	(3, 4)	(1, 4)	(3, 4)	(4, 4)	(3, 4)
(1, 4)	(4, 4)	(1, 4)	(4, 4)	(4, 4)	(4, 4)

事实上，对整张表进行全部验证是没有必要的。对 $x = y$ 或 $y = z$ 的情况不需显式地检验条件

$$\text{如果 } (x, y) \in R \text{ 且 } (y, z) \in R, \text{ 则 } (x, z) \in R$$

可满足，因为它自然成立。例如，假设 $x = y$ 且 (x, y) 和 (y, z) 都在 R 中。因为 $x = y$，所以 $(x, z) = (y, z)$ 在 R 中，即条件满足。除去 $x = y$ 和 $y = z$ 的情况，验证这个关系是传递的只需要检查以下的几种情况：

形如 (x, y), (y, z) 的对		(x, z)
(1, 2)	(2, 3)	(1, 3)
(1, 2)	(2, 4)	(1, 4)
(1, 3)	(3, 4)	(1, 4)
(2, 3)	(3, 4)	(2, 4)

具有传递性的关系的有向图具有性质：只要有从 x 到 y 和从 y 到 z 的有向边，就有从 x 到 z 的有向边。注意，这个关系的有向图（参见图 3.3.1）就有此性质。 ∎

形式化地说，如果

$$\forall x \forall y \forall z [(x, y) \in R \wedge (y, z) \in R] \to [(x, z) \in R]$$

则关系 R 是传递的，因此如果

$$\neg [\forall x \forall y \forall z [(x, y) \in R \wedge (y, z) \in R] \to [(x, z) \in R]] \tag{3.3.3}$$

则关系 R 不是传递的。应用广义 De Morgan 律（参见定理 1.5.14）和事实 $\neg(p \to q) = p \wedge \neg q$（参见例 1.3.13），可知式 (3.3.3) 等价于

$$\exists x \exists y \exists z [(x, y) \in R \wedge (y, z) \in R] \wedge \neg [(x, z) \in R]$$

或等价于

$$\exists x \exists y \exists z [(x, y) \in R \wedge (y, z) \in R \wedge (x, z) \notin R]$$

换句话说，如果存在 x、y 和 z，使 (x, y) 和 (y, z) 在 R 中，但 (x, z) 不在 R 中，则 R 不是传递的。

例 3.3.19 集合 $X = \{a, b, c, d\}$ 上的关系

$$R = \{(a, a), (b, c), (c, b), (d, d)\}$$

不是传递的。例如,(b, c)和(c, b)在R中,但(b, b)不在R中。这个关系的有向图(参见图 3.3.2)中,有从b到c和从c到b的有向边,但没有从b到b的有向边。 ∎

关系可以用于对集合中的元素排序。例如,整数集上定义的关系R

$$(x, y) \in R \quad \text{若 } x \leq y$$

将整数排序。应注意,关系R是自反的、反对称的和传递的。这样的关系称为**偏序**(partial order)。

定义 3.3.20 如果R是自反的、反对称的且传递的,集合X上的关系R称为偏序。 ∎

例 3.3.21 正整数集上定义的关系R

$$(x, y) \in R \quad \text{若 } x \text{ 整除 } y$$

是自反的、反对称的和传递的,所以R是一个偏序。 ∎

如果R是集合X上的一个偏序,有时用符号$x \preceq y$来表示$(x, y) \in R$。这个符号表示将这种关系看做X中元素的序。

假设R是集合X上的一个偏序。如果$x, y \in X$并且$x \preceq y$或$y \preceq x$,则称x和y是**可比的**(comparable)。如果$x, y \in X$并且$x \npreceq y$且$y \npreceq x$,则称x和y是**不可比的**(incomparable)。如果X中的每对元素都是可比的,我们称R为**全序**(total order)。正整数集上的小于等于关系是一个全序,因为如果x和y都是整数,则或者$x \leq y$,或者$y \leq x$。称为"偏序"的原因是,一般X的一些元素可能是不可比的。正整数集上的"整除"关系(参见例 3.3.21)就含有可比的和不可比的元素。例如,2 和 3 是不可比的(因为 2 不能整除 3,3 也不能整除 2),但是 3 和 6 是可比的(因为 3 能整除 6)。

偏序的一个应用是任务调度。

例 3.3.22 任务调度 考虑任务集合T,它包含了拍摄一张室内闪光照片必须按顺序完成的任务。

1. 打开镜头盖。
2. 照相机调焦。
3. 关闭安全锁。
4. 打开闪光灯。
5. 按下快门按钮。

这些任务中有的必须在其他任务之前完成。例如,任务 1 必须在任务 2 之前完成。另一方面,其他任务可按任意顺序完成。比如,完成任务 2 和任务 3 的顺序不限。
在T上定义的关系R

$$i R j, \text{ 如果 } i = j \text{ 或任务 } i \text{ 必须在任务 } j \text{ 之前完成}$$

R将任务排了序,有

$$R = \{(1, 1), (2, 2), (3, 3), (4, 4), (5, 5), (1, 2), (1, 5), (2, 5), (3, 5), (4, 5)\}$$

R是自反的、反对称的和传递的,所以R是一个偏序。调度拍摄照片任务问题的一个解可以看成是与偏序一致的全序。更准确地说,需要一个任务全序

$$t_1, t_2, t_3, t_4, t_5$$

使得如果 $t_i R t_j$，则 $i = j$ 或在任务表中 t_i 在 t_j 之前。比如全序

$$1, 2, 3, 4, 5$$

和

$$3, 4, 1, 2, 5$$

给定从 X 到 Y 的一个关系 R，可以通过颠倒 R 中每个序对的顺序来定义一个从 Y 到 X 的关系。这个逆关系是反（逆）函数的推广，形式化的定义如下。

定义 3.3.23 设 R 是从 X 到 Y 的关系。R 的逆记为 R^{-1}，是从 Y 到 X 的关系

$$R^{-1} = \{(y, x) \mid (x, y) \in R\}$$

例 3.3.24 从集合 $X = \{2, 3, 4\}$ 到 $Y = \{3, 4, 5, 6, 7\}$ 的关系 R 定义为

$$(x, y) \in R \quad \text{如果 } x \text{ 整除 } y$$

则得到

$$R = \{(2, 4), (2, 6), (3, 3), (3, 6), (4, 4)\}$$

这个关系的逆为

$$R^{-1} = \{(4, 2), (6, 2), (3, 3), (6, 3), (4, 4)\}$$

这种关系可用文字描述为"……被……整除"。

如果有一个从 X 到 Y 的关系 R_1 和一个从 Y 到 Z 的关系 R_2，则可以通过先应用关系 R_1 再应用关系 R_2 的方法构造一个从 X 到 Z 的复合关系。复合关系是复合函数的推广，形式化的定义如下。

定义 3.3.25 设 R_1 是从 X 到 Y 的关系，R_2 是从 Y 到 Z 的关系。R_1 与 R_2 的复合记为 $R_2 \circ R_1$，是从 X 到 Z 的关系

$$R_2 \circ R_1 = \{(x, z) \mid (x, y) \in R_1 \text{ 且 } (y, z) \in R_2, \text{ 对某个 } y \in Y\}$$

例 3.3.26 关系

$$R_1 = \{(1, 2), (1, 6), (2, 4), (3, 4), (3, 6), (3, 8)\}$$

和关系

$$R_2 = \{(2, u), (4, s), (4, t), (6, t), (8, u)\}$$

的复合是

$$R_2 \circ R_1 = \{(1, u), (1, t), (2, s), (2, t), (3, s), (3, t), (3, u)\}$$

例如，$(1, u) \in R_2 \circ R_1$，因为 $(1, 2) \in R_1$ 且 $(2, u) \in R_2$。

例 3.3.27 假定 R 和 S 是集合 X 上的传递关系。试确定 $R \cup S$、$R \cap S$ 和 $R \circ S$ 是否必然是传递的。

下面对 3 种情况分别予以证明。如果证明失败，则分析失败的原因并由此构造反例。

要证明 $R \cup S$ 是传递的，必须说明如果 $(x, y), (y, z) \in R \cup S$，则 $(x, z) \in R \cup S$。假定 $(x, y), (y, z) \in R \cup S$，如果 (x, y) 和 (y, z) 恰好都在 R 中，则由 R 是传递的事实可得 $(x, z) \in R$，因此 $(x, z) \in R \cup S$。同样，如果 (x, y) 和 (y, z) 恰好都在 S 中，也有 $(x, z) \in R \cup S$。但如果 $(x, y) \in R$

而$(y, z) \in S$会怎样呢？此时，R和S是传递的事实于事无补。现在尝试构造一个反例，这里R和S是传递的，并且存在$(x, y) \in R$和$(y, z) \in S$，但$(x, z) \notin R \cup S$。

将$(1, 2)$放入R中，将$(2, 3)$放入S中，并确定$(1, 3)$不在$R \cup S$中。事实上，如果$R = \{(1,2)\}$，则R是传递的。同样，若$S = \{(2, 3)\}$，则S是传递的。现在就得到了一个反例。下面是解答。

现说明$R \cup S$不必是传递的。令$R = \{(1, 2)\}$、$S = \{(2, 3)\}$。则R和S是传递的，但$R \cup S$不是传递的；因为$(1, 2), (2, 3) \in R \cup S$，但$(1, 3) \notin R \cup S$。

现在来看$R \cap S$。要证明$R \cap S$是传递的，必须说明如果(x, y)、$(y, z) \in R \cap S$，则$(x, z) \in R \cap S$。假定$(x, y), (y, z) \in R \cap S$，则$(x, y), (y, z) \in R$，因为$R$是传递的，因此$(x, z) \in R$。同理，对于$(x, y), (y, z) \in S$，因为$S$是传递的，有$(x, z) \in S$。因此$(x, z) \in R \cap S$。由此证明了$R \cap S$是传递的。

最后，考虑$R \circ S$。要证明$R \circ S$是传递的，必须说明如果$(x, y), (y, z) \in R \circ S$，则$(x, z) \in R \circ S$。假定$(x, y), (y, z) \in R \circ S$，则存在$a$使得$(x, a) \in S$和$(a, y) \in R$，存在$b$使得$(y, b) \in S$和$(b, z) \in R$。现在已知$(a, y), (b, z) \in R$，但由$R$是传递的事实，无法从$(a, y), (b, z) \in R$推出任何东西。对$S$也有同样的结论。现在构造一个反例，$R$和$S$是传递的，但$R \circ S$不是传递的。

要做的是使$(1, 2), (2, 3) \in R \circ S$，但$(1, 3) \notin R \circ S$。为了使$(1, 2) \in R \circ S$，必有某$a$使$(1, a) \in S$且$(a, 2) \in R$。在$S$中放进$(1, 5)$，$R$中放进$(5, 2)$（选择$a$不同于1、2、3的目的是为了避免和这些数发生不必要的冲突，任意和1、2、3不同的整数皆可）。如此即可。为了使$(2, 3) \in R \circ S$，必有某b使$(2, b) \in S$且$(b, 3) \in R$。在S中放进$(2, 6)$，在R中放进$(6, 3)$（同样，这里所选择的b避免了和已经出现的数发生不必要的冲突）。现在$R = \{(5, 2), (6, 3)\}$，$S = \{(1, 5), (2, 6)\}$，注意R和S是传递的。现在就得到了一个反例。下面是解答。

现说明$R \circ S$不必是传递的。令$R = \{(5, 2), (6, 3)\}$，$S = \{(1, 5), (2, 6)\}$，则R和S是传递的。但$R \circ S = \{(1, 2), (2, 3)\}$不是传递的，因为$(1, 2), (2, 3) \in R \circ S$，但$(1, 3) \notin R \circ S$。∎

问题求解要点

如果对每个$x \in X$，有$(x, x) \in R$，则集合X上的关系R是自反的。用文字表述就是，如果定义域中的每个元素都和自己相关，则这个关系是自反的。要验证关系R是自反的，只需对每个x验证(x, x)是否在R中。若给定的箭头图中每个顶点上都有一个圈，则这个关系是自反的。

如果对所有的$x, y \in X$，若$(x, y) \in R$则$(y, x) \in R$，则集合X上的关系R是对称的。用文字表述就是，如果对于定义域中的任意元素x与y，只要x与y相关则y与x相关，那么这个关系是对称的。要验证关系R是对称的，只需对R中的每个(x, y)，验证(y, x)是否也在R中。若在给定的箭头图中，只要有从x到y的有向边则必有从y到x的有向边，那么这个关系是对称的。

如果对所有的$x, y \in X$，若$(x, y) \in R$且$x \neq y$，则$(y, x) \notin R$，那么集合X上的关系R称为反对称的。用文字表述就是，如果对于定义域中的任意元素x与y，只要x与y相关且x和y不同，则y与x不相关，这样的关系是反对称的。要验证关系R是反对称的，只需对R中的每个(x, y)且$x \neq y$，验证(y, x)不在R中。若在给定的箭头图中，只要有从x到y的有向边且$x \neq y$，则没有从y到x的有向边，那么这个关系是反对称的。注意"反对称"与"不是对称的"是不同的。

如果对所有的$x, y, z \in X$，若$(x, y) \in R$且$(y, z) \in R$，则$(x, z) \in R$，那么集合X上的关系R称为传递的。用文字表述就是，如果对于定义域中的任意元素x、y和z，只要x与y相关且y与z相关则x与z相关，那么这个关系是传递的。要验证关系R是传递的，只需对R中所有形如(x, y)、(y, z)且$x \neq y$、$y \neq z$的对，验证(x, z)是否在R中。若在给定的箭头图中，只要有从x到y和从y到z的有向边，就有从x到z的有向边，那么这个关系是传递的。

偏序是一个自反的、反对称的、传递的关系。

关系 R 的逆 R^{-1} 由元素 (y, x) 组成，其中 $(x, y) \in R$。用文字表述就是，x 与 y 在 R 中相关，当且仅当 y 与 x 在 R^{-1} 中相关。

若 R_1 是从 X 到 Y 的关系，R_2 是从 Y 到 Z 的关系。R_1 与 R_2 的复合记为 $R_2 \circ R_1$，即从 X 到 Z 的关系。

$$R_2 \circ R_1 = \{(x, z) \mid (x, y) \in R_1 \text{ 且 } (y, z) \in R_2, \text{ 对某个 } y \in Y\}$$

为了计算这个复合关系，可以找出所有形如 $(x, y) \in R_1$ 和 $(y, z) \in R_2$ 的对，将 (x, z) 放入 $R_2 \circ R_1$ 中。

本节复习

1. 什么是从 X 到 Y 的二元关系？
2. 什么是一个二元关系的有向图？
3. 给出自反的关系的定义。给出一个自反的关系的例子。给出一个不是自反的关系的例子。
4. 给出对称的关系的定义。给出一个对称的关系的例子。给出一个不是对称的关系的例子。
5. 给出反对称的关系的定义。给出一个反对称的关系的例子。给出一个不是反对称的关系的例子。
6. 给出传递的关系的定义。给出一个传递的关系的例子。给出一个不是传递的关系的例子。
7. 给出偏序的定义并给出一个偏序的例子。
8. 给出逆关系的定义并给出一个逆关系的例子。
9. 给出关系的复合的定义并给出一个关系的复合的例子。

练习

在练习 1~4 中，将关系改写为有序对的集合的形式。

1.

8840	锤子
9921	钳子
452	油漆
2207	地毯

2.

a	3
b	1
b	4
c	1

3.

Sally	数学
Ruth	物理
Sam	经济

4.

a	a
b	b

在练习 5~8 中，将关系改写为表。

5. $R = \{(a, 6), (b, 2), (a, 1), (c, 1)\}$

6. $R = \{(\text{Roger}, \text{音乐}), (\text{Pat}, \text{历史}), (\text{Ben}, \text{数学}), (\text{Pat}, \text{多学科})\}$

7. 在 $\{1, 2, 3, 4\}$ 上定义关系 R：如果 $x^2 \geq y$，则 $(x, y) \in R$。

8. 从行星集合 X 到整数集合 Y 的关系 R：$(x, y) \in R$，如果 x 是距离太阳第 y 近的行星（距离太阳最近的行星为第 1 近，除此之外最近的行星为第 2 近，以此类推）。

在练习 9~12 中，画出关系的有向图。

9. $\{a, b, c\}$ 上练习 4 中的关系
10. $X = \{1, 2, 3\}$ 上的关系 $R = \{(1, 2), (2, 1), (3, 3), (1, 1), (2, 2)\}$
11. $X = \{1, 2, 3, 4\}$ 上的关系 $R = \{(1, 2), (2, 3), (3, 4), (4, 1)\}$
12. 练习 7 中的关系

在练习13~16中，将关系写为序对的集合。

13.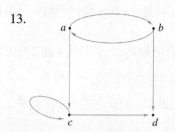

14.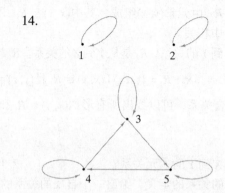

15. 1·　　　2·

16. a· b· c· d·

17. 求练习1~16中每个关系的逆（表示为有序对的集合）。

在练习18~19中，关系R定义在集合$\{1,2,3,4,5\}$上，规则为：如果3整除$x-y$，则$(x,y)\in R$。

18. 列出R的元素。　　　　　　19. 列出R^{-1}的元素。

20. 设集合$\{1,2,3,4,5\}$上关系R的定义为：如果$x+y\leq 6$，$(x,y)\in R$。对关系R重做练习18~19。

21. 设集合$\{1,2,3,4,5\}$上关系R的定义为：如果$x=y-1$，$(x,y)\in R$。对关系R重做练习18~19。

22. 练习20中的关系是自反的吗？是对称的吗？是反对称的吗？是传递的吗？是一个偏序吗？

23. 练习21中的关系是自反的吗？是对称的吗？是反对称的吗？是传递的吗？是一个偏序吗？

在练习24~31中，判断定义在正整数集上的各个关系是否是自反的、对称的、反对称的、传递的，是否是一个偏序。

24. 如果$x=y^2$，则$(x,y)\in R$。　　25. 如果$x>y$，则$(x,y)\in R$。

26. 如果$x\geq y$，则$(x,y)\in R$。　　27. 如果$x=y$，则$(x,y)\in R$。

28. 如果3整除$x-y$，则$(x,y)\in R$。　29. 如果3整除$x+2y$，则$(x,y)\in R$。

30. 如果$x-y=2$，则$(x,y)\in R$。　31. 如果$|x-y|=2$，则$(x,y)\in R$。

32. 设X是一个非空集合。在X的幂集$\mathcal{P}(X)$上定义关系R：如果$A\subseteq B$，则$(A,B)\in R$。这个关系是自反的吗？是对称的吗？是反对称的吗？是传递的吗？是一个偏序吗？

33. 证明集合X上的关系R是反对称的当且仅当对所有$x,y\in X$，若$(x,y)\in R$且$x\neq y$，则$(y,x)\notin R$。

34. 设X是所有4位串（例如，0011, 0101, 1000）的集合。在X上定义关系R：如果s_1的某个长度为2的子串等于s_2的某个长度为2的子串，则$s_1 R s_2$。例如：0111 R 1010（因为0111和1010都含有子串01）。例如：1110 $\not R$ 0001（因为1110和0001不含共同的长度为2的子串）。这个关系是自反的吗？是对称的吗？是反对称的吗？是传递的吗？是一个偏序吗？

35. 设R_i是X_i（$i=1,2$）上的偏序。证明：如果定义R为$(x_1, x_2) R(x_1', x_2')$，若$x_1 R_1 x_1'$且$x_2 R_2 x_2'$，则R是$X_1\times X_2$上的偏序。

36. 设R_1和R_2是$\{1,2,3,4\}$上的关系，定义$R_1=\{(1,1),(1,2),(3,4),(4,2)\}$，$R_2=\{(1,1),(2,1),(3,1),(4,4),(2,2)\}$。列出$R_1\circ R_2$和$R_2\circ R_1$的元素。

在练习37~41中，举出一个$\{1,2,3,4\}$上具有给定性质的关系的例子。

37. 自反、对称且不传递　　　　　38. 自反、不对称且不传递

39. 自反、反对称且不传递
40. 不自反、对称、不反对称且传递
41. 不自反、不对称且传递

设 R 和 S 是 X 上的关系。判断练习 42~54 中的语句是否成立。如果语句成立，则证明它；如果语句不成立，则给出一个反例。

42. 如果 R 是传递的，则 R^{-1} 是传递的。
43. 如果 R 和 S 是自反的，则 $R \cup S$ 是自反的。
44. 如果 R 和 S 是自反的，则 $R \cap S$ 是自反的。
45. 如果 R 和 S 是自反的，则 $R \circ S$ 是自反的。
46. 如果 R 是自反的，则 R^{-1} 是自反的。
47. 如果 R 和 S 是对称的，则 $R \cup S$ 是对称的。
48. 如果 R 和 S 是对称的，则 $R \cap S$ 是对称的。
49. 如果 R 和 S 是对称的，则 $R \circ S$ 是对称的。
50. 如果 R 是对称的，则 R^{-1} 是对称的。
51. 如果 R 和 S 是反对称的，则 $R \cup S$ 是反对称的。
52. 如果 R 和 S 是反对称的，则 $R \cap S$ 是反对称的。
53. 如果 R 和 S 是反对称的，则 $R \circ S$ 是反对称的。
54. 如果 R 是反对称的，则 R^{-1} 是反对称的。
55. 在一个 n 个元素的集合上有多少个关系。

在练习 56~58 中，关系 R 定义在由实数集的所有非空子集组成的集合上。判断每个关系是否是自反的、对称的、反对称的、传递的，是否是偏序。

56. 如果对任意的 $\varepsilon > 0$，存在 $a \in A$ 和 $b \in B$ 使得 $|a - b| < \varepsilon$，则 $(A, B) \in R$。

57. 如果对任意 $a \in A$ 和 $\varepsilon > 0$，存在 $b \in B$ 使得 $|a - b| < \varepsilon$，则 $(A, B) \in R$。

58. 如果对任意 $a \in A, b \in B$ 和 $\varepsilon > 0$，存在 $a' \in A$ 和 $b' \in B$ 使得 $|a - b'| < \varepsilon$ 且 $|a' - b| < \varepsilon$，则 $(A, B) \in R$。

59. 下面的论断试图证明 X 上任何对称的且传递的关系 R 都是自反的。问该论断错在哪里？
设 $x \in X$。由对称性，(x, y) 和 (y, x) 都在 R 中。因为 $(x, y), (y, x) \in R$，由传递性有 $(x, x) \in R$。所以 R 是自反的。

3.4 等价关系

假设有一个由 10 个球组成的集合 X，每个球的颜色是红色、蓝色或绿色中的一种（参见图 3.4.1）。如果根据颜色将球分成集合 R、B 和 G，则集族 $\{R, B, G\}$ 是 X 的一个划分。（回忆在 1.1 节中，定义集合 X 的一个划分是 X 的非空子集的集族 $\mathcal{S}$，且使得 X 的每个元素仅属于 $\mathcal{S}$ 的一个成员。）

[WWW]

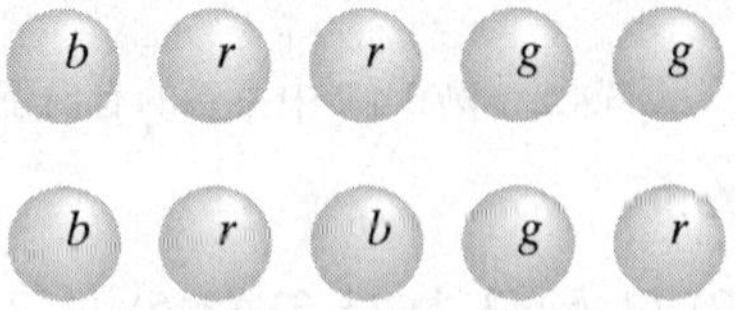

图 3.4.1 有色球的集合

划分可以用来定义关系。如果 $\mathcal{S}$ 是 X 的划分，可以定义 xRy 表示对于某一集合 $S \in \mathcal{S}$，x 和 y 都属于 S。对于图 3.4.1 中的例子，得到的关系可以描述为"与……颜色相同"。下面的定理说明，这样的关系总是自反的、对称的和传递的。

定理 3.4.1 设 $\mathcal{S}$ 是集合 X 的一个划分。定义 xRy 表示对 $\mathcal{S}$ 中的某一集合 S，x 和 y 都属于 S，则有 R 是自反的、对称的和传递的。

证明 设 $x \in X$。根据划分的定义，x 属于 $\mathcal{S}$ 的某一成员 S。因而 xRx，即 R 是自反的。假设 xRy。则 x 和 y 同属于某一 $S \in \mathcal{S}$。因为 y 和 x 都属于 S，所以 yRx，即 R 是对称的。最后，假设 xRy 且 yRz。则 x 和 y 同属于某一集合 $S \in \mathcal{S}$，y 和 z 同属于某一集合 $T \in \mathcal{S}$。因为 y 只属于 $\mathcal{S}$ 的一个成员，所以必有 $S = T$。因此，x 和 z 都属于 S，即 xRz。这就证明了 R 是传递的。

例 3.4.2 考虑集合 $X = \{1, 2, 3, 4, 5, 6\}$ 的划分

$$\mathcal{S} = \{\{1, 3, 5\}, \{2, 6\}, \{4\}\}$$

因为 $\{1, 3, 5\}$ 在 $\mathcal{S}$ 中，所以定理 3.4.1 给出的 X 上的关系 R 包含有序对 $(1, 1)$、$(1, 3)$ 和 $(1, 5)$。完整的关系是

$R = \{(1, 1), (1, 3), (1, 5), (3, 1), (3, 3), (3, 5), (5, 1), (5, 3), (5, 5), (2, 2), (2, 6), (6, 2), (6, 6), (4, 4)\}$ ∎

设 $\mathcal{S}$ 和 R 如定理 3.4.1 中所设。如果 $S \in \mathcal{S}$，可以在关系 R 的意义上将 S 中的成员看成是等价的。由于这个原因，自反的、对称的且传递的关系称为**等价关系**。在图 3.4.1 的例子中，关系是"与……颜色相同"；所以等价的含义是"与……颜色相同"。该划分中的每个集合由一种特定颜色的所有的球组成。

定义 3.4.3 集合 X 上的一个自反的、对称的和传递的关系称为 X 上的**等价关系**。 ∎

例 3.4.4 根据定理 3.4.1，例 3.4.2 中的关系 R 是 $\{1, 2, 3, 4, 5, 6\}$ 上的一个等价关系。可以直接验证 R 是自反的、对称的和传递的。

例 3.4.2 中关系 R 的有向图如图 3.4.2 所示。从图中也可以看出 R 是自反的（每个顶点上都有一个圈）、对称的（对每条从 v 到 w 的有向边，都有一条从 w 到 v 的有向边）和传递的（如果有一条从 x 到 y 的有向边和一条从 y 到 z 的有向边，就有一条从 x 到 z 的有向边）。

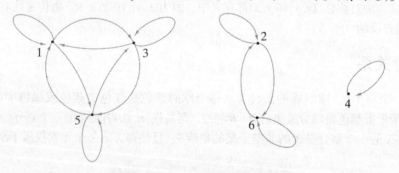

图 3.4.2　例 3.4.2 中关系的有向图 ∎

例 3.4.5 考虑 $\{1, 2, 3, 4, 5\}$ 上的关系

$R = \{(1, 1), (1, 3), (1, 5), (2, 2), (2, 4), (3, 1), (3, 3), (3, 5), (4, 2), (4, 4), (5, 1), (5, 3), (5, 5)\}$

因为 $(1, 1), (2, 2), (3, 3), (4, 4), (5, 5) \in R$，所以 R 是自反的。因为只要 (x, y) 在 R 中，则 (y, x) 也在 R 中，所以 R 是对称的。最后，因为只要 (x, y) 和 (y, z) 在 R 中，则 (x, z) 也在 R 中，所以 R 是传递的。因为 R 是自反的、对称的和传递的，所以 R 是 $\{1, 2, 3, 4, 5\}$ 上的等价关系。 ∎

例 3.4.6 设 R 是 $X = \{1, 2, 3, 4\}$ 上的关系，$x, y \in X$，如果 $x \leq y$，则 $(x, y) \in R$。关系 R 不是等价关系，因为 R 不是对称的（例如，$(2, 3) \in R$，但 $(3, 2) \notin R$）。关系 R 是自反的和传递的。 ∎

例 3.4.7 集合 $X = \{a, b, c, d\}$ 上的关系

$$R = \{(a, a), (b, c), (c, b), (d, d)\}$$

不是等价关系，因为 R 既不是自反的也不是传递的。（不是自反的因为 $(b, b) \notin R$；不是传递的因为 (b, c) 和 (c, b) 在 R 中，但 (b, b) 不在 R 中。）

给定集合 X 上的一个等价关系，可以通过把 X 的相关成员聚在一起的办法来划分 X。相互有关的元素可以被认为是等价的。下面的定理给出了详细的描述。

定理 3.4.8 设 R 是集合 X 上的一个等价关系。对于每个 $a \in X$，令

$$[a] = \{x \in X \mid x R a\}$$

（用文字表述，$[a]$ 是 X 中所有同 a 相关的元素组成的集合）则

$$\mathcal{S} = \{[a] \mid a \in X\}$$

是 X 的一个划分。

证明 必须证明 X 中的每个元素恰好属于 $\mathcal{S}$ 的一个成员。

设 $a \in X$。因为 $a R a$，所以 $a \in [a]$。因而，X 中的每个元素至少属于 $\mathcal{S}$ 的一个成员。剩下只需证明 X 中的每个元素只属于 $\mathcal{S}$ 的一个成员，即

$$\text{如果 } x \in X \text{ 且 } x \in [a] \cap [b], \text{ 则 } [a] = [b] \tag{3.4.1}$$

先证明对所有 $c, d \in X$，如果 $c R d$，则有 $[c] = [d]$。假设 $c R d$。设 $x \in [c]$，则 $x R c$。因为 $c R d$ 且 R 是传递的，所以 $x R d$。因此 $x \in [d]$，所以有 $[c] \subseteq [d]$。将 c 和 d 的角色互换，同理可得 $[d] \subseteq [c]$。因而 $[c] = [d]$。

现在来证明式 (3.4.1)。假设 $x \in X$ 且 $x \in [a] \cap [b]$，则 $x R a$ 且 $x R b$。根据前面的结果，$[x] = [a]$ 且 $[x] = [b]$。因此 $[a] = [b]$。

定义 3.4.9 设 R 是集合 X 上的等价关系。定理 3.4.8 中定义的集合 $[a]$ 称为由关系 R 给出的 X 的等价类。

例 3.4.10 在例 3.4.4 中，说明了 $X = \{1, 2, 3, 4, 5, 6\}$ 上的关系

$$R = \{(1, 1), (1, 3), (1, 5), (3, 1), (3, 3), (3, 5), (5, 1), (5, 3), (5, 5), (2, 2), (2, 6), (6, 2), (6, 6), (4, 4)\}$$

是等价关系。包含的等价类 $[1]$ 由所有使得 $(x, 1) \in R$ 的 x 组成。所以

$$[1] = \{1, 3, 5\}$$

类似地可以找出其余的等价类：

$$[3] = [5] = \{1, 3, 5\}, \quad [2] = [6] = \{2, 6\}, \quad [4] = \{4\}$$

例 3.4.11 等价类在等价关系的有向图中显示得非常清晰。例 3.4.10 中的关系 R 的三个等价类作为三个子图出现在 R 的有向图（如图 3.4.2 所示）中，它们的顶点分别是 $\{1, 3, 5\}$、$\{2, 6\}$ 和 $\{4\}$。表示一个等价类的子图 G 是具有如下性质的原有向图的最大子图：对 G 中的任意顶点 v 和 w，有一条从 v 到 w 的有向边。例如，如果 $v, w \in \{1, 3, 5\}$，则必有一条从 v 到 w 的有向边。而且，不能再向顶点 1, 3, 5 中加入额外的顶点，所以顶点集中任意一对顶点之间都有一条有向边。

例 3.4.12 例 3.4.5 中，{1,2,3,4,5} 上的等价关系

$$R = \{(1,1),(1,3),(1,5),(2,2),(2,4),(3,1),(3,3),(3,5),(4,2),(4,4),(5,1),(5,3),(5,5)\}$$

有两个等价类，即

$$[1] = [3] = [5] = \{1,3,5\}, \quad [2] = [4] = \{2,4\}$$

例 3.4.13 容易验证集合 $X = \{a,b,c\}$ 上的关系

$$R = \{(a,a),(b,b),(c,c)\}$$

是自反的、对称的和传递的。于是 R 是一个等价关系，等价类为

$$[a] = \{a\}, \quad [b] = \{b\}, \quad [c] = \{c\}$$

例 3.4.14 设 $X = \{1,2,\cdots,10\}$。定义 xRy 表示 3 整除 $x-y$。不难验证关系 R 是自反的、对称的和传递的。因此 R 是 X 上的一个等价关系。

我们来确定各等价类的成员。等价类 [1] 由所有满足 $xR1$ 的 x 组成。因此

$$[1] = \{x \in X \mid 3 \text{ 整除 } x - 1\} = \{1,4,7,10\}$$

类似地，

$$[2] = \{2,5,8\}, \quad [3] = \{3,6,9\}$$

这三个集合划分了 X。注意

$$[1] = [4] = [7] = [10], \quad [2] = [5] = [8], \quad [3] = [6] = [9]$$

对于这个关系来说，等价是指"被 3 除的余数相同"。

例 3.4.15 现在说明如果集合 X 上的关系 R 是对称、传递但不是自反的，则定理 3.4.8 定义的集合 $[a]$（$a \in X$）的汇集不是 X 的一个划分（参见练习 44~48）。

令 R 是集合 X 上对称、传递但不是自反的关系。类似定理 3.4.8，定义"伪等价类"如下

$$[a] = \{a \in X \mid xRa\}$$

因为 R 不是自反的，因此存在某个 $b \in X$ 使得 $(b,b) \notin R$。现在说明 b 不在任何伪等价类之中。使用反证法，假定对某个 $a \in X$ 有 $b \in [a]$，则 $(b,a) \in R$。因为 R 是对称的，因此有 $(a,b) \in R$。再因为 R 是传递的，可得 $(b,b) \in R$，和假设 $(b,b) \notin R$ 矛盾。因此 b 不在任何伪等价类之中，亦即伪等价类的汇集不是 X 的划分。

在本节的最后，证明一个以后要用到的（参见 6.2 节和 6.6 节）特殊结论。用图 3.4.3 来证明。

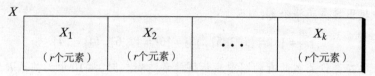

$$|X| = rk$$

图 3.4.3 定理 3.4.16 的证明

定理 3.4.16 设 R 是有限集 X 上的等价关系。如果每个等价类有 r 个元素，则有 $|X|/r$ 个等价类。

证明 用 $X_1, X_2, \cdots, X_k$ 表示不同的等价类。因为这些集合划分了 X，所以

$$|X| = |X_1| + |X_2| + \cdots + |X_k| = r + r + \cdots + r = kr$$

因而结论成立。

问题求解要点

等价关系是自反的、对称的且传递的关系。要证明一个关系是等价关系，需要验证关系满足这三个属性（参见3.3节的问题求解要点）。

集合X上的等价关系将X划分成若干子集。("划分"的含义是每个X中的x仅属于划分的一个子集。）划分中的子集可以按照下面的方式确定。选择一个$x_1 \in X$，寻求所有与x_1相关的元素构成一个子集，记为$[x_1]$。选择另一个$x_2 \in X$，使x_2和x_1不相关，寻求所有与x_2相关的元素构成一个子集，记为$[x_2]$。如此反复，直到X中的所有元素都指派到某个集合中。集合$[x_i]$称为等价类。划分为

$$[x_1], [x_2], \cdots$$

$[x_i]$中的元素在相关的意义下是等价的。例如，关系R定义为$x R y$，如果x和y颜色相同，则划分将这个集合分为若干个子集，每个子集中包含的元素颜色都相同。在一个子集中，所有的元素在颜色相同这个意义下是等价的。

在等价关系的有向图中，等价类是原有向图的最大子图，并且对子图G中的任意顶点v和w，都有一条从v到w的有向边。

集合的一个划分可以确定一个等价关系。假定$X_1, \cdots, X_n$是集合X的一个划分。定义关系R为：$x R y$，如果对某个i，x和y都属于X_i，则R是X上的等价关系。等价类即为$X_1, \cdots, X_n$。所以，"等价关系"和"集合的划分"只是观察同一个情景的不同视角。集合X上的等价关系可以确定X的一个划分（即等价类），集合X的划分也可以确定一个X上的等价关系（即x和y相关，如果x和y在划分的同一个集合中）。等价关系与划分相联系可以用来解决下面的问题。当需要寻找一个等价关系时，可以直接找到这个等价关系，也可以先构造一个划分，然后用这个划分来确定等价关系。类似的，当需要寻找一个划分时，可以直接找到这个划分，也可以先构造一个等价关系，再用这个等价关系来确定划分。

本节复习

1. 给出等价关系的定义。举出一个等价关系的例子。举出一个关系不是等价关系的例子。
2. 给出等价类的定义。如何表示等价类？举出练习1中等价关系的一个等价类的例子。
3. 解释集合的划分与等价关系的联系。

练习

在练习1~8中，判断给出的关系是否是$\{1,2,3,4,5\}$上的等价关系。如果关系是一个等价关系，列出等价类。(在练习5~8中，$x, y \in \{1, 2, 3, 4, 5\}$。）

1. $\{(1, 1), (2, 2), (3, 3), (4, 4), (5, 5), (1, 3), (3, 1)\}$
2. $\{(1, 1), (2, 2), (3, 3), (4, 4), (5, 5), (1, 3), (3, 1), (3, 4), (4, 3)\}$
3. $\{(1, 1), (2, 2), (3, 3), (4, 4)\}$
4. $\{(1, 1), (2, 2), (3, 3), (4, 4), (5, 5), (1, 5), (5, 1), (3, 5), (5, 3), (1, 3), (3, 1)\}$
5. $\{(x, y) \mid 1 \leq x \leq 5, 1 \leq y \leq 5\}$
6. $\{(x, y) \mid 4\text{ 整除 } x - y\}$
7. $\{(x, y) \mid 3\text{ 整除 } x + y\}$
8. $\{(x, y) \mid x\text{ 整除 } 2 - y\}$

在练习 9~14 中，判断给出的关系是否是所有的人组成的集合上的等价关系。

9. $\{(x, y) \mid x$ 和 y 身高相同$\}$
10. $\{(x, y) \mid x$ 和 y 曾经住在同一个国家$\}$
11. $\{(x, y) \mid x$ 和 y 有相同的名字$\}$
12. $\{(x, y) \mid x$ 比 y 高$\}$
13. $\{(x, y) \mid x$ 和 y 有相同的父辈$\}$
14. $\{(x, y) \mid x$ 和 y 有相同颜色的头发$\}$

在练习 15~20 中，列出 $\{1, 2, 3, 4\}$ 上由给定划分定义的（如定理 3.4.1）等价关系的成员，并求出等价类 $[1]$、$[2]$、$[3]$ 和 $[4]$。

15. $\{\{1, 2\}, \{3, 4\}\}$
16. $\{\{1\}, \{2\}, \{3, 4\}\}$
17. $\{\{1\}, \{2\}, \{3\}, \{4\}\}$
18. $\{\{1, 2, 3\}, \{4\}\}$
19. $\{\{1, 2, 3, 4\}\}$
20. $\{\{1\}, \{2, 4\}, \{3\}\}$

在练习 21~23 中，设 $X = \{1, 2, 3, 4, 5\}$、$Y = \{3, 4\}$ 和 $C = \{1, 3\}$。在 X 的所有子集构成的集合 $\mathcal{P}(X)$ 上定义关系 R，$A R B$ 当且仅当 $A \cup Y = B \cup Y$。

21. 证明 R 是一个等价关系。
22. 列出含有 C 的等价类 $[C]$ 的元素。
23. 有多少个不同的等价类？
24. 设 $X = \{$San Francisco, Pittsburgh, Chicago, San Diego, Philadelphia, Los Angeles$\}$。
    在 X 上定义关系 R：如果 x 和 y 在同一个州中，则 $x R y$。
    (a) 证明 R 是一个等价关系。
    (b) 列出 X 的等价类。
25. 如果一个等价关系只有一个等价类，这个关系会是什么样子？
26. 如果 R 是集合 X 上的等价关系并且 $|X| = |R|$，这个关系会是什么样子？
27. 用列举有序对的办法给出一个 $\{1, 2, 3, 4, 5, 6\}$ 上的恰有四个等价类的等价关系的例子。
28. 集合 $\{1, 2, 3\}$ 上有多少个等价关系？
29. 令 R 是 X 上的一个自反关系，满足：对所有 $x, y, z \in X$，如果 $x R y$ 且 $y R z$ 则 $z R x$。证明 R 是一个等价关系。
30. 在 $\mathbf{R}$ 到 $\mathbf{R}$ 的函数的集合 $\mathbf{R}^{\mathbf{R}}$ 上定义关系 R，$f R g$ 当且仅当 $f(0) = g(0)$。证明 R 是 $\mathbf{R}^{\mathbf{R}}$ 上的等价关系。若对所有 $x \in \mathbf{R}$，令 $f(x) = x$。试给出 $[f]$ 的描述。
31. 设 $X = \{1, 2, \cdots, 10\}$。在 $X \times X$ 上定义关系 R：如果 $a + d = b + c$，则 $(a, b) R (c, d)$。
    (a) 证明 R 是 $X \times X$ 上的等价关系。
    (b) 列出每个 $X \times X$ 的等价类的一个成员。
32. 设 $X = \{1, 2, \cdots, 10\}$。在 $X \times X$ 上定义关系 R：如果 $ad = bc$，则 $(a, b) R (c, d)$。
    (a) 证明 R 是 $X \times X$ 上的等价关系。
    (b) 列出每个 $X \times X$ 的等价类的一个成员。
    (c) 用你熟悉的语言描述关系 R。
33. 设 R 是 X 上自反的且传递的关系。证明：$R \cap R^{-1}$ 是 X 上的等价关系。
34. 设 R_1 和 R_2 是 X 上的等价关系。
    (a) 证明：$R_1 \cap R_2$ 是 X 上的等价关系。
    (b) 用 R_1 的等价类和 R_2 的等价类描述 $R_1 \cap R_2$ 的等价类。
35. 假设 $\mathcal{S}$ 是集合 X 的子集的集族，且 $X = \cup \mathcal{S}$（这里没有假设集族 $\mathcal{S}$ 是两两不相交的）。定义 $x R y$ 表示对于某个集合 $S \in \mathcal{S}$，x 和 y 都在 S 中。R 是否一定是自反的、对称的或传递的？

36. 设 S 是包含内部的单位正方形，如下图所示。

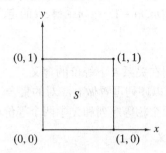

在 S 上定义关系 R：如果 $(x = x'$ 且 $y = y')$ 或 $(y = y'$ 且 $x = 0$ 且 $x' = 1)$ 或 $(y = y'$ 且 $x = 1$ 且 $x' = 0)$，则 $(x, y) R (x', y')$。
   (a) 证明 R 是 S 上的等价关系。
   (b) 如果把同一等价类中的点粘在一起，你如何描述形成的图形？

37. 设 S 是包含内部的单位正方形（正如练习 36 所示）。在 S 上定义关系 R'：如果 $(x = x'$ 且 $y = y')$ 或 $(y = y'$ 且 $x = 0$ 且 $x' = 1)$ 或 $(y = y'$ 且 $x = 1$ 且 $x' = 0)$ 或 $(x = x'$ 且 $y = 0$ 且 $y' = 1)$ 或 $(x = x'$ 且 $y = 1$ 且 $y' = 0)$，则 $(x, y) R p (x', y')$。设 $R = R' \cup \{((0, 0), (1, 1)), ((0, 1), (1, 0)), ((1, 0), (0, 1)), ((1, 1), (0, 0))\}$
   (a) 证明 R 是 S 上的等价关系。
   (b) 如果把同一等价类中的点粘在一起，你如何描述形成的图形？

38. 设 f 为从 X 到 Y 的函数。定义 X 上的关系 R 为 $x R y$，如果 $f(x) = f(y)$，证明 R 是 X 上的等价关系。

39. 设 f 是在 X 中的特征函数。（"特征函数"的定义请参见 3.1 节的练习 82。）如果 $f(x) = f(y)$，定义 X 上的关系 R 为 $x R y$。根据前一个练习，R 是等价关系。R 的等价类是什么？

40. 设 f 是从 X 到 Y 的映上的函数。令 $\mathcal{S} = \{f^{-1}(\{y\}) \mid y \in Y\}$（$B$ 为集合，$f^{-1}(B)$ 的定义请参见 3.1 节的练习 70）。证明 $\mathcal{S}$ 是 X 的一个划分。给出由这个划分确定的等价关系。

41. 设 R 是集合 A 上的等价关系。定义从 A 到等价类集合的函数 f 为 $f(x) = [x]$。在什么情况下有 $f(x) = f(y)$？

42. 设 R 是集合 A 上的等价关系。并假设 g 是从 A 到 X 的函数，如果 $x R y$，则 $g(x) = g(y)$。证明 $h([x]) = g(x)$ 定义了一个从 A 的关于 R 的等价类集合到 X 的函数。（需要证明 h 将每一个等价类 $[x]$ 唯一地映射成一个 X 中的元素。即若 $[x] = [y]$，则 $g(x) = g(y)$。）

43. 假定集合 X 上的关系 R 是对称的、传递的但不是自反的。特别是 $(b, b) \notin R$，证明伪等价类 $[b]$（参见例 3.4.15）为空集。

44. 证明若集合 X 上的关系 R 是自反但不是反对称的，则伪等价类（参见例 3.4.15）的汇集不是 X 的一个划分。

45. 证明若集合 X 上的关系 R 是自反但不是传递的，则伪等价类（参见例 3.4.15）的汇集不是 X 的一个划分。

46. 给出一个集合 X 及 X 上的关系 R，R 不是自反的、对称的、传递的，但其伪等价类（参见例 3.4.15）的汇集是 X 的一个划分。

47. 给出集合 X 和集合 X 上的关系 R，其中 R 不是自反的、对称的、传递的，但其伪等价类的集合是 X 的一个划分（参见例 3.4.15）。

48. 给出集合 X 和集合 X 上的关系 R，其中 R 不是自反的、是对称的但不是传递的，而其伪等价类的集合是 X 的一个划分（参见例 3.4.15）。

49. 设 X 表示有限定义域的序列的集合。定义 X 上的关系 R：$s\,R\,t$，如果 |s 的定义域| = |t 的定义域|，而且若 s 的定义域为 $\{m, m+1, \cdots, m+k\}$，t 的定义域为 $\{n, n+1, \cdots, n+k\}$，则对于任意 $i = 0, \cdots, k, s_{m+i} = t_{n+i}$。

(a) 证明 R 是一个等价关系。

(b) 用文字解释 X 中两个序列在关系 R 下等价的含义。

(c) 因为序列是一个函数，所以序列可看做有序对的集合。如果两个有序对集合相等则这两个序列相等。比较 X 中两个相等序列和 X 中两个等价序列的差别。

设 R 是集合 X 上的关系。定义

$$\rho(R) = R \cup \{(x, x) \mid x \in X\}$$
$$\sigma(R) = R \cup R^{-1}$$
$$R^n = R \circ R \circ R \circ \cdots \circ R \quad (n \text{ 个 } R)$$
$$\tau(R) = \cup \{R^n \mid n = 1, 2, \cdots\}$$

关系 $\tau(R)$ 称为 R 的传递闭包。

50. 对于 3.3 节练习 36 中的关系 R_1 和 R_2，求 $\rho(R_i)$、$\sigma(R_i)$、$\tau(R_i)$ 和 $\tau(\sigma(\rho(R_i)))$，$i = 1, 2$。

51. 证明 $\rho(R)$ 是自反的。　　　　　　52. 证明 $\sigma(R)$ 是对称的。

53. 证明 $\tau(R)$ 是传递的。　　　　　*54. 证明 $\tau(\sigma(\rho(R)))$ 是包含 R 的等价关系。

*55. 证明 $\tau(\sigma(\rho(R)))$ 是 X 上包含 R 的最小的等价关系；即证明，若 R' 是 X 上的等价关系且 $R' \supseteq \tau(\sigma(\rho(R)))$，则 $R' \supseteq R$。

*56. 证明：R 是传递的当且仅当 $\tau(R) = R$。

在练习 57~63 中，如果语句对任意集合 X 上的所有关系 R_1 和 R_2 都成立则证明它；否则给出一个反例。

57. $\rho(R_1 \cup R_2) = \rho(R_1) \cup \rho(R_2)$　　　58. $\sigma(R_1 \cap R_2) = \sigma(R_1) \cap \sigma(R_2)$

59. $\tau(R_1 \cup R_2) = \tau(R_1) \cup \tau(R_2)$　　　60. $\tau(R_1 \cap R_2) = \tau(R_1) \cap \tau(R_2)$

61. $\sigma(\tau(R_1)) = \tau(\sigma(R_1))$　　　　　　62. $\sigma(\rho(R_1)) = \rho(\sigma(R_1))$

63. $\rho(\tau(R_1)) = \tau(\rho(R_1))$

若 X 和 Y 是集合，定义 X 与 Y 等价，如果有一个从 X 到 Y 的一对一的映上的函数。

64. 证明集合等价是一个等价关系。

65. 证明集合 $\{1, 2, \cdots\}$ 和集合 $\{2, 4, \cdots\}$ 等价。

*66. 证明对于任意集合 X，X 和 X 的幂集 $\mathcal{P}(X)$ 不等价。

问题求解：等价关系

问题

设关系 R 定义在 8 位串构成的集合上：如果串 s_1 和串 s_2 的前 4 位相同，则 $s_1\,R\,s_2$。对于 R 回答下列问题：

(a) 证明 R 是一个等价关系。

(b) 列出每个等价类的一个成员。

(c) 共有多少个等价类？

问题分析

从考察一些特定的、与关系 R 相关的 8 位串开始。任取一个串 01111010 来求与之相关的串。如果一个串 s 的前 4 位与 01111010 的前 4 位相同，则它与 01111010 相关。这意味着 s 一定以 0111 开头，而后面的 4 位可以是任意的。例如可取 $s = 01111000$。

列出所有与 01111010 相关的串。此时，要仔细地用每种可能的 4 位串接在 0111 的后面：

01110000, 01110001, 01110010, 01110011,
01110100, 01110101, 01110110, 01110111,
01111000, 01111001, 01111010, 01111011,
01111100, 01111101, 01111110, 01111111

先假定 R 是一个等价关系，包含 01111010 的等价类，记做 [01111010]，由所有与 01111010 相关的串组成。所以，刚才计算的恰好是 [01111010] 的成员。

注意，如果从 [01111010] 中取出任何一个串，例如 01111100，并计算它的等价类 [01111100]，会得到相同的串集——即以 0111 开头的所有 8 位串的集合。

为了得到另一个等价类，必须从一个前 4 位不是 0111，比如说是 1011 的串开始。例如，与串 10110100 相关的串是

10110000, 10110001, 10110010, 10110011,
10110100, 10110101, 10110110, 10110111,
10111000, 10111001, 10111010, 10111011,
10111100, 10111101, 10111110, 10111111

刚才计算的是 [10110100] 的成员。可见 [01111010] 和 [10110100] 没有公共的成员。两个等价类或者是相同的，或者不含公共的成员，这一点总是成立的（参见定理 3.4.8）。

在继续阅读之前，计算某个其他的等价类的成员。

求解

为了证明 R 是一个等价关系，必须证明 R 是自反的、对称的和传递的（参见定义 3.4.3）。对每个性质，将直接验证定义中规定的条件成立。

为了证明 R 是自反的，必须证明对每个 8 位串 s 有 sRs。而为了使 sRs 成立，s 和 s 的前 4 位必须相同。这当然成立。

为了证明 R 是对称的，必须证明对所有 8 位串 s_1 和 s_2，如果 $s_1 R s_2$，则 $s_2 R s_1$。根据 R 的定义，可以将此条件说明为：如果 s_1 的前 4 位与 s_2 的前 4 位相同，则 s_2 的前 4 位与 s_1 的前 4 位相同。这当然也成立！

为了证明 R 是传递的，必须证明对所有 8 位串 s_1、s_2 和 s_3，如果 $s_1 R s_2$ 且 $s_2 R s_3$，则 $s_1 R s_3$。再次使用 R 的定义，可以将此条件说明为：如果 s_1 的前 4 位与 s_2 的前 4 位相同，且 s_2 的前 4 位与 s_3 的前 4 位相同，则 s_1 的前 4 位与 s_3 的前 4 位相同。这当然也成立。从而证明了 R 是一个等价关系。

在前面的讨论中，发现每个不同的 4 位串确定了一个等价类。例如，串 0111 确定了由所有以 0111 开头的 8 位串组成的等价类。因此，等价类的个数等于 4 位串的个数。很容易就可以将它们全部列举出来

$$0000, 0001, 0010, 0011,$$
$$0100, 0101, 0110, 0111,$$
$$1000, 1001, 1010, 1011,$$
$$1100, 1101, 1110, 1111$$

并数出它们的数量。共有 16 个等价类。

考虑列出每个等价类的一个成员的问题。前面列出的 16 个 4 位串确定了 16 个等价类。第一个串 0000 确定了由所有以 0000 开头的 8 位串组成的等价类；第二个串 0001 确定了由所有以 0001 开头的 8 位串组成的等价类，以此类推。这样，要列举每个等价类的一个成员，只需简单地在前面的列表中每个串的后面接上某个 4 位的串：

$$00000000, 00010000, 00100000, 00110000,$$
$$01000000, 01010000, 01100000, 01110000,$$
$$10000000, 10010000, 10100000, 10110000,$$
$$11000000, 11010000, 11100000, 11110000$$

形式解

(a) 已经给出了 R 是等价关系的形式化证明。

(b)

$$00000000, 00010000, 00100000, 00110000,$$
$$01000000, 01010000, 01100000, 01110000,$$
$$10000000, 10010000, 10100000, 10110000,$$
$$11000000, 11010000, 11100000, 11110000$$

列出了每个等价类的一个成员。

(c) 共有 16 个等价类。

问题求解技巧小结

- 列出相关的元素。
- 计算一些等价类，即列出与一个特定元素相关的所有元素。
- 对于问题的各部分，按照不同于问题中给定的顺序来解答，可能有助于求解。在本例中，实际证明关系是等价关系之前，先观察一些具体的情形来假设关系是等价关系，这是有帮助的。
- 为了证明特定的关系 R 是一个等价关系，可直接回到定义来进行。通过直接验证 R 满足自反性、对称性和传递性的定义中的条件来证明 R 是自反的、对称的和传递的。
- 如果问题是对满足某种性质的项计数（例如在我们的问题中，就要求对等价类的个数进行计数）且数量足够小，则不妨列举出所有的项，然后直接数出它们的个数。

说明

在程序设计语言中，变量和特殊的词（技术上它们称为标识符）的名称中通常只有某个指定数量的字符是有意义的。例如在 C 语言中，标识符只有前 31 个字符是有意义的。这意味着如果两个标识符以相同的 31 个字符开头，则系统认为它们是一样的。

如果在 C 语言的标识符集上定义关系 R：如果 s_1 的前 31 个字符与 s_2 的前 31 个字符相同，有 $s_1 R s_2$，则 R 是一个等价关系。一个等价类由系统认为相同的标识符组成。

3.5 关系矩阵

矩阵是一种方便地表示从 X 到 Y 的关系 R 的方法。计算机可利用这种表示方法来对关系进行分析。用 X 的元素标记矩阵的行（以任意的某个顺序），用 Y 的元素标记矩阵的列（同样以任意的某个顺序）。然后，如果 xRy，就令 x 行 y 列的元素为 1，否则令其为 0。这个矩阵称为（对应于 X 和 Y 顺序的）关系 R 的矩阵。

[WWW]

例 3.5.1 从 $X = \{1, 2, 3, 4\}$ 到 $Y = \{a, b, c, d\}$ 的关系

$$R = \{(1, b), (1, d), (2, c), (3, c), (3, b), (4, a)\}$$

对应于顺序 1, 2, 3, 4 和 a, b, c, d 的矩阵是

$$\begin{array}{c} \\ 1 \\ 2 \\ 3 \\ 4 \end{array} \begin{array}{cccc} a & b & c & d \\ \left(\begin{array}{cccc} 0 & 1 & 0 & 1 \\ 0 & 0 & 1 & 0 \\ 0 & 1 & 1 & 0 \\ 1 & 0 & 0 & 0 \end{array} \right) \end{array}$$

例 3.5.2 例 3.5.1 中的关系 R 对应于顺序 2, 3, 4, 1 和 d, b, a, c 的矩阵是

$$\begin{array}{c} \\ 2 \\ 3 \\ 4 \\ 1 \end{array} \begin{array}{cccc} d & b & a & c \\ \left(\begin{array}{cccc} 0 & 0 & 0 & 1 \\ 0 & 1 & 0 & 1 \\ 0 & 0 & 1 & 0 \\ 1 & 1 & 0 & 0 \end{array} \right) \end{array}$$

显然，一个从 X 到 Y 的关系的矩阵依赖于对 X 和 Y 的排序。

例 3.5.3 从 $\{2, 3, 4\}$ 到 $\{5, 6, 7, 8\}$ 的关系 R 定义为

$$xRy \quad \text{如果 } x \text{ 整除 } y$$

关系对应于顺序 2, 3, 4 和 5, 6, 7, 8 的矩阵是

$$\begin{array}{c} \\ 2 \\ 3 \\ 4 \end{array} \begin{array}{cccc} 5 & 6 & 7 & 8 \\ \left(\begin{array}{cccc} 0 & 1 & 0 & 1 \\ 0 & 1 & 0 & 0 \\ 0 & 0 & 0 & 1 \end{array} \right) \end{array}$$

当写出集合 X 上（即从 X 到 X）关系 R 的矩阵时，对行和列使用相同的元素顺序。

例 3.5.4 集合 $\{a, b, c, d\}$ 上的关系

$$R = \{(a, a), (b, b), (c, c), (d, d), (h, c), (c, b)\}$$

对应于顺序 a, b, c, d 的矩阵是

$$\begin{array}{c} \\ a \\ b \\ c \\ d \end{array} \begin{array}{cccc} a & b & c & d \\ \left(\begin{array}{cccc} 1 & 0 & 0 & 0 \\ 0 & 1 & 1 & 0 \\ 0 & 1 & 1 & 0 \\ 0 & 0 & 0 & 1 \end{array} \right) \end{array}$$

注意集合 X 上的关系的矩阵总是一个方阵。

通过检查集合 X 上的关系 R 的矩阵 A（对应于某种顺序），可以迅速地判断 R 是否是自反的。关系 R 是自反的当且仅当 A 在主对角线上全是 1。（一个方阵的主对角线由从左上到右下的直线上的各项组成。）关系 R 是自反的当且仅当对所有的 $x \in X$ 有 $(x, x) \in R$。但这一条件只有当主对角线由 1 组成时才成立。例 3.5.4 中的关系 R 是自反的，R 的矩阵的主对角线由 1 组成。

通过检查集合 X 上的关系 R 的矩阵 A（对应于某种顺序），也可以迅速地判断 R 是否是对称的。关系 R 是对称的当且仅当对所有的 i 和 j，A 的 ij 项等于 A 的 ji 项。（一般来说，R 是对称的当且仅当 A 关于主对角线是对称的。）其原因是，R 是对称的当且仅当只要 (x, y) 在 R 中，则 (y, x) 就在 R 中。但这一条件只有当 A 关于主对角线对称时才成立。例 3.5.4 中的关系 R 是对称的，R 的矩阵关于主对角线是对称的。

通过检查 R 的矩阵（对应于某种顺序），还可以迅速判断关系 R 是否是反对称的（参见练习 11）。

通过说明矩阵乘法和关系复合的联系，以及如何用关系矩阵来检验传递性，可以得出有关结论。

例 3.5.5 设 R_1 是从 $X = \{1, 2, 3\}$ 到 $Y = \{a, b\}$ 的关系：

$$R_1 = \{(1, a), (2, b), (3, a), (3, b)\}$$

R_2 是从 Y 到 $Z = \{x, y, z\}$ 的关系：

$$R_2 = \{(a, x), (a, y), (b, y), (b, z)\}$$

R_1 对应于顺序 1, 2, 3 和 a, b 的矩阵是

$$A_1 = \begin{matrix} \\ 1 \\ 2 \\ 3 \end{matrix} \begin{matrix} a & b \\ \begin{pmatrix} 1 & 0 \\ 0 & 1 \\ 1 & 1 \end{pmatrix} \end{matrix}$$

R_2 对应于顺序 a, b 和 x, y, z 的矩阵是

$$A_2 = \begin{matrix} \\ a \\ b \end{matrix} \begin{matrix} x & y & z \\ \begin{pmatrix} 1 & 1 & 0 \\ 0 & 1 & 1 \end{pmatrix} \end{matrix}$$

这两个矩阵的乘积是

$$A_1 A_2 = \begin{pmatrix} 1 & 1 & 0 \\ 0 & 1 & 1 \\ 1 & 2 & 1 \end{pmatrix}$$

下面解释这个乘积矩阵。

$A_1 A_2$ 的第 ik 项可计算为

$$i \begin{matrix} a & b \\ (s & t) \end{matrix} \begin{matrix} k \\ \begin{pmatrix} u \\ v \end{pmatrix} \end{matrix} = su + tv$$

如果值非零，则 su 非零或 tv 非零。假设 $su \neq 0$（$tv \neq 0$ 同理可证），则有 $s \neq 0$ 且 $u \neq 0$，意味着 $(i, a) \in R_1$ 且 $(a, k) \in R_2$，这说明 $(i, k) \in R_2 \circ R_1$。于是就证明了如果 $A_1 A_2$ 的第 ik 项非零，则 $(i, k) \in R_2 \circ R_1$。下面证明反之也正确。

假设 $(i, k) \in R_2 \circ R_1$，则

1. $(i, a) \in R_1$ 且 $(a, k) \in R_2$
2. $(i, b) \in R_1$ 且 $(b, k) \in R_2$

如果 1 成立，则 $s = 1$ 且 $u = 1$，于是 $su = 1$ 非零且 $su + tv$ 非零。同理，如果 2 成立，则 $tv = 1$，同样有 $su + tv$ 非零。从而证明了：如果 $(i, k) \in R_2 \circ R_1$，则 $A_1 A_2$ 的第 ik 项非零。

于是证明了 $(i, k) \in R_2 \circ R_1$ 当且仅当 $A_1 A_2$ 的第 ik 项非零；因此 $A_1 A_2$ "几乎"是关系 $R_2 \circ R_1$ 的矩阵。为了得到关系 $R_2 \circ R_1$ 的矩阵，只需把 $A_1 A_2$ 中所有的非零项改写为 1。因此，关系 $R_2 \circ R_1$ 对应于前面选择的顺序 1, 2, 3 和 x, y, z 的矩阵是

$$\begin{array}{c} \\ 1 \\ 2 \\ 3 \end{array} \begin{array}{ccc} x & y & z \\ \begin{pmatrix} 1 & 1 & 0 \\ 0 & 1 & 1 \\ 1 & 1 & 1 \end{pmatrix} \end{array}$$

例 3.5.5 中给出的说明对任何关系都成立，我们把这一结果总结为定理 3.5.6。

定理 3.5.6 设 R_1 是从 X 到 Y 的关系，R_2 是从 Y 到 Z 的关系。选定 X、Y 和 Z 的顺序，设 A_1 是 R_1 的矩阵，A_2 是 R_2 的矩阵，与选定的顺序相对应。则将矩阵乘积 $A_1 A_2$ 中的每个非零项用 1 替换后就得到了与选定顺序相对应的关系 $R_2 \circ R_1$ 的矩阵。

证明 参见定理前的陈述。

定理 3.5.6 给出了一个判断关系是否传递的快速测试方法。如果 A 是 R 的矩阵（对应于某种顺序），计算 A^2，然后比较 A 和 A^2。关系 R 是传递的当且仅当只要 A^2 的 ij 项非零，A 的 ij 项就非零。其原因是，A^2 的 ij 项非零当且仅当 R 中存在元素 (i, k) 和 (k, j)（参见定理 3.5.6 的证明）。现在 R 是传递的当且仅当只要 (i, k) 和 (k, j) 在 R 中，(i, j) 就在 R 中。但是 (i, j) 在 R 中当且仅当 A 的 ij 项非零。所以，R 是传递的当且仅当只要 A^2 的 ij 项非零，A 的 ij 项就非零。

例 3.5.7 $\{a, b, c, d\}$ 上的关系

$$R = \{(a, a), (b, b), (c, c), (d, d), (b, c), (c, b)\}$$

对应于顺序 a, b, c, d 的矩阵是

$$A = \begin{pmatrix} 1 & 0 & 0 & 0 \\ 0 & 1 & 1 & 0 \\ 0 & 1 & 1 & 0 \\ 0 & 0 & 0 & 1 \end{pmatrix}$$

其平方是

$$A^2 = \begin{pmatrix} 1 & 0 & 0 & 0 \\ 0 & 2 & 2 & 0 \\ 0 & 2 & 2 & 0 \\ 0 & 0 & 0 & 1 \end{pmatrix}$$

可见，只要 A^2 的 ij 项非零，A 的 ij 项就非零。所以 R 是传递的。

例 3.5.8 $\{a, b, c, d\}$ 上的关系

$$R = \{(a, a), (b, b), (c, c), (d, d), (a, c), (c, b)\}$$

对应于顺序 a, b, c, d 的矩阵是

$$A = \begin{pmatrix} 1 & 0 & 1 & 0 \\ 0 & 1 & 0 & 0 \\ 0 & 1 & 1 & 0 \\ 0 & 0 & 0 & 1 \end{pmatrix}$$

其平方是

$$A^2 = \begin{pmatrix} 1 & 1 & 1 & 0 \\ 0 & 1 & 0 & 0 \\ 0 & 2 & 1 & 0 \\ 0 & 0 & 0 & 1 \end{pmatrix}$$

A^2 中第 1 行第 2 列的项非零,但是 A 中相应的项是零。所以 R 不是传递的。

问题求解要点

从 X 到 Y 的关系 R,也可以用关系矩阵来表示。如果 $x R y$,则第 x 行第 y 列的元素为 1,如果 $x \not R y$ 则为 0。

关系是自反的当且仅当关系矩阵的对角线上所有元素都为 1。

关系是对称的当且仅当关系矩阵是对称矩阵(第 i 行第 j 列的元素总和第 j 行第 i 列的元素相等)。

设 R_1 是从 X 到 Y 的关系,设 R_2 是从 Y 到 Z 的关系,并设 R_1 的关系矩阵为 A_1,R_2 的关系矩阵为 A_2。将矩阵 $A_1 A_2$ 的所有非零项用 1 替换,即成为关系 $R_2 \circ R_1$ 的矩阵。

给定关系矩阵 A,要验证关系是否是传递的,只需计算 A^2。关系是传递的当且仅当只要 A^2 的 ij 项非零,A 的 ij 项就非零。

本节复习

1. 什么是关系矩阵?
2. 给定一个关系矩阵,如何判断关系是否是自反的?
3. 给定一个关系矩阵,如何判断关系是否是对称的?
4. 给定一个关系矩阵,如何判断关系是否是传递的?
5. 给定关系 R_1 的矩阵 A_1 和关系 R_2 的矩阵 A_2,解释如何求关系 $R_2 \circ R_1$ 的矩阵。

练习

在练习 1~3 中,求出从 X 到 Y 的关系 R 对应于给定顺序的矩阵。

1. $R = \{(1, \delta), (2, \alpha), (2, \Sigma), (3, \beta), (3, \Sigma)\}$;$X$ 的顺序:1, 2, 3;Y 的顺序:$\alpha, \beta, \Sigma, \delta$。

2. R 同练习 1;X 的顺序:3, 2, 1;Y 的顺序:$\Sigma, \beta, \alpha, \delta$。

3. $R = \{(x, a), (x, c), (y, a), (y, b), (z, d)\}$;$X$ 的顺序:x, y, z;Y 的顺序:a, b, c, d。

在练习 4~6 中,求出 X 上的关系 R 对应于给定顺序的矩阵。

4. $R = \{(1, 2), (2, 3), (3, 4), (4, 5)\}$;$X$ 的顺序:1, 2, 3, 4, 5。

5. R 同练习 4;X 的顺序:5, 3, 1, 2, 4。
6. $R = \{(x, y) \mid x < y\}$;$X$ 的顺序:1, 2, 3, 4。

7. 求表示 3.3 节练习 13~16 中的关系的关系矩阵。

在练习 8~10 中,根据给出的矩阵以有序对的集合的形式写出关系 R。

8. $\begin{array}{c} \\ a \\ b \\ c \\ d \end{array} \begin{array}{cccc} w & x & y & z \end{array} \\ \begin{pmatrix} 1 & 0 & 1 & 0 \\ 0 & 0 & 0 & 0 \\ 0 & 0 & 1 & 0 \\ 1 & 1 & 1 & 1 \end{pmatrix}$

9. $\begin{array}{c} \\ 1 \\ 2 \end{array} \begin{array}{cccc} 1 & 2 & 3 & 4 \end{array} \\ \begin{pmatrix} 1 & 0 & 1 & 0 \\ 0 & 1 & 1 & 1 \end{pmatrix}$

10. $\begin{array}{c} \\ w \\ x \\ y \\ z \end{array} \begin{array}{cccc} w & x & y & z \end{array} \\ \begin{pmatrix} 1 & 0 & 1 & 0 \\ 0 & 0 & 0 & 0 \\ 1 & 0 & 1 & 0 \\ 0 & 0 & 0 & 1 \end{pmatrix}$

11. 如何通过检查关系 R 的矩阵（对应于某个顺序）而快速地判断 R 是否是反对称的？
12. 判断练习 10 中的关系 R 是否是自反的、对称的、传递的、反对称的，是否是一个偏序，是否是一个等价关系。
13. 给定从 X 到 Y 的关系 R 的矩阵，怎样求逆关系 R^{-1} 的矩阵？
14. 求练习 8 和练习 9 中每个关系的逆的矩阵。
15. 用关系的矩阵来测试练习 4、练习 6 和练习 10 中关系的传递性（参见例 3.5.7 和例 3.5.8）。

在练习 16~18 中，求

(a) 关系 R_1 的矩阵 A_1（对应于给定的顺序）。 (b) 关系 R_2 的矩阵 A_2（对应于给定的顺序）。
(c) 矩阵乘积 A_1A_2。 (d) 用(c)的结果求关系 $R_2 \circ R_1$ 的矩阵。
(e) 用(d)的结果求关系 $R_2 \circ R_1$（以有序对的集合的形式）。

16. $R_1 = \{(1, x), (1, y), (2, x), (3, x)\}$; $R_2 = \{(x, b), (y, b), (y, a), (y, c)\}$; 顺序：1, 2, 3; $x, y; a, b, c$。
17. $R_1 = \{(x, y) \mid x \text{ 整除 } y\}$; R_1 从 X 到 Y; $R_2 = \{(y, z) \mid y > z\}$; R_2 从 Y 到 Z; X 和 Y 的顺序：2, 3, 4, 5; Z 的顺序：1, 2, 3, 4。
18. $R_1 = \{(x, y) \mid x + y \leq 6\}$; R_1 从 X 到 Y; $R_2 = \{(y, z) \mid y = z + 1\}$; R_2 从 Y 到 Z; X、Y 和 Z 的顺序：1, 2, 3, 4, 5。
19. 给定 X 上的等价关系 R 的矩阵，如何简单地求出包含元素 $x \in X$ 的等价类？
*20. 设 R_1 是从 X 到 Y 的关系，R_2 是从 Y 到 Z 的关系。选定 X、Y 和 Z 的顺序。所有的矩阵都对应于该顺序。设 A_1 是 R_1 的矩阵，A_2 是 R_2 的矩阵。证明乘积矩阵 A_1A_2 的第 ik 项等于集合 $\{m \mid (i, m) \in R_1 \text{ 且 } (m, k) \in R_2\}$ 中元素的数量。
21. 假设 R_1 和 R_2 是集合 X 上的关系，A_1 是 R_1 对应于 X 的某个顺序的矩阵，A_2 是 R_2 对应于 X 的相同顺序的矩阵。设 A 是一个矩阵，如果 A_1 或 A_2 的第 ij 项是 1，则 A 的第 ij 项是 1。证明：A 是 $R_1 \cup R_2$ 的矩阵。
22. 假设 R_1 和 R_2 是集合 X 上的关系，A_1 是 R_1 对应于 X 的某个顺序的矩阵，A_2 是 R_2 对应于 X 的相同顺序的矩阵。设 A 是一个矩阵，如果 A_1 和 A_2 的第 ij 项都是 1，则 A 的第 ij 项是 1。证明：A 是 $R_1 \cap R_2$ 的矩阵。
23. 假设 $\{1, 2, 3\}$ 上的关系 R_1 对应于顺序 1, 2, 3 的矩阵是 $\begin{pmatrix} 1 & 0 & 0 \\ 0 & 1 & 1 \\ 1 & 0 & 1 \end{pmatrix}$，$\{1, 2, 3\}$ 上的关系 R_2 对应于顺序 1, 2, 3 的矩阵是 $\begin{pmatrix} 0 & 1 & 0 \\ 0 & 1 & 0 \\ 1 & 0 & 1 \end{pmatrix}$。用练习 21 的结果求出关系 $R_1 \cup R_2$ 对应于顺序 1, 2, 3 的矩阵。
24. 对练习 23 中的关系，用练习 22 的结果求出关系 $R_1 \cap R_2$ 对应于顺序 1, 2, 3 的矩阵。
25. 如何通过检查关系 R 的矩阵（对应于某个顺序）而快速地判断 R 是否是函数？
26. 设 f 为从 X 到 Y 的函数，A 为 f（对应于 X 和 Y 的某个顺序）的矩阵。若 f 对 Y 是映上的，矩阵 A 应满足什么条件？
27. 设 f 为从 X 到 Y 的函数，A 为 f（对应于 X 和 Y 的某个顺序）的矩阵。若 f 是一对一的，矩阵 A 应满足什么条件？

3.6 关系数据库[①]

一个二元关系 R 中 "二元" 的含义是可以把 R 写成一个含有两列的表这一事实。允许表有任意多列经常是有用的。如果表有 n 列，相应的关系称为一个 **n 元关系**。

[①] 略去这一节并不影响本书的连贯性。

例 3.6.1 表 3.6.1 代表了一个 4 元关系，其中表示了 ID 号、姓名、位置和年龄之间的关系。

表 3.6.1 运动员

ID 号	姓名	位置	年龄
22012	Johnsonbaugh	c	22
93831	Glover	of	24
58199	Battey	p	18
84341	Cage	c	30
01180	Homer	1b	37
26710	Score	p	22
61049	Johnsonbaugh	of	30
39826	Singleton	2b	31

也可以将 n 元关系表示为 n 元组的集合。

例 3.6.2 表 3.6.1 可以表示为 4 元组的集合

{(22012, Johnsonbaugh, c, 22), (93831, Glover, of, 24), (58199, Battey, p, 18),
(84341, Cage, c, 30), (01180, Homer, 1b, 37), (26710, Score, p, 22),
(61049, Johnsonbaugh, of, 30), (39826, Singleton, 2b, 31)}

数据库（database）是由计算机操作的一些记录的汇集。例如，一个航空公司数据库可能包含乘客的预约记录、飞行调动的记录和设备的记录等。计算机系统能够把大量的信息储存在数据库中。各种各样的应用场合都可以使用这些数据。**数据库管理系统**（database management system）是帮助用户在数据库中访问信息的程序。由 E. F. Codd 提出的**关系数据库模型**（relational database model）基于 n 元关系的概念。下面将简要地介绍一些关系数据库理论的基本思想。有关关系数据库的更多细节请读者参阅[Codd; Date; and Kroenke]。我们先从一些术语开始讨论。

一个 n 元关系的列称为**属性**（attribute）。一个属性的定义域是包含该属性中所有元素的一个集合。例如，在表 3.6.1 中，属性"年龄"可以取为所有小于 100 的正整数的集合。属性"姓名"可以取为所有长度不超过 30 的英文字母串。

如果关系的一个单个属性或属性组合的值能唯一地定义一个 n 元组，则属性或属性组合是一个**关键字**（key）。例如，在表 3.6.1 中，可以取属性"ID 号"作为一个关键字。（假设每个人有一个唯一的标识号。）属性"姓名"不是关键字，因为不同的人可以有相同的名字。同样的原因，不能取属性"位置"和"年龄"作为关键字。对于表 3.6.1，"姓名"和"位置"的组合可以用做关键字，因为在例子中，一个运动员由姓名和位置唯一地定义。

数据库管理系统应答**查询**（query）。查询是从数据库得到信息的一种请求。例如，对于表 3.6.1 给出的关系，"找出所有的外野手"是一个有意义的查询。我们将讨论几个关系的操作，它们在关系数据库模型中用来回答查询。

例 3.6.3 选择 选择操作符（selection operator）从关系中选出特定的 n 元组。选择根据给出的关于属性的条件来进行。例如，对于表 3.6.1 给出的关系"运动员"，

$$运动员[位置 = c]$$

将选出以下的元组

(22012, Johnsonbaugh, c, 22), (84341, Cage, c, 30)

例 3.6.4 投影 投影操作符（project operator）选择关系的列，而选择操作符选择关系的行。另外，它去掉重复的项。例如，对于表 3.6.1 给出的关系"运动员"，

运动员[姓名，位置]

将选出以下的元组：

(Johnsonbaugh, c), (Glover, of), (Battey, p), (Cage, c), (Homer, 1b), (Score, p), (Johnsonbaugh, of),(Singleton, 2b)

例 3.6.5 联接 选择操作符和投影操作符作用于单个关系；**联接操作符**（join operator）作用于两个关系。关系 R_1 和 R_2 的联接操作由检查所有由 R_1 中的一个组和 R_2 中的一个组构成的对开始。如果联接条件满足，两个组就组合成一个新的组。联接条件指定了 R_1 的一个属性和 R_2 的一个属性间的一种关系。例如，对表 3.6.1 和表 3.6.2 执行联接操作，条件取为

ID 号 = PID

从表 3.6.1 和表 3.6.2 中各取一行，如果 ID 号 = PID，就把这两行组合起来。例如，表 3.6.1 第 5 行（01180, Homer, 1b, 37）中的 ID 号 01180 与表 3.6.2 第 4 行（01180, Mutts）中的 PID 相匹配。将这两个元组组合起来：先写出来自表 3.6.1 的元组，后面接上来自表 3.6.2 的元组并删去指定的属性中相同的项，最后得到

(01180, Homer, 1b, 37, Mutts)

这个操作可表示为

运动员[ID 号 = PID]配合

执行这一联接操作得到的关系如表 3.6.3 所示。

表 3.6.2 配合

PID	运动队
39826	Blue Sox
26710	Mutts
58199	Jackalopes
01180	Mutts

表 3.6.3 运动员[ID 号 = PID]配合

ID 号	姓名	位置	年龄	运动队
58199	Battey	p	18	Jackalopes
01180	Homer	1b	37	Mutts
26710	Score	p	22	Mutts
39826	Singleton	2b	31	Blue Sox

大多数对关系数据库的查询需要多个操作来得到答案。

例 3.6.6 描述回答查询"找出所有为某队打球的人的姓名。"所需的操作。

先根据条件 ID 号 = PID 将表 3.6.1 和表 3.6.2 给出的关系联接起来，得到表 3.6.3，它列出了为某个队打球的所有运动员和其他一些信息。为了得到姓名，只需在属性"姓名"上投影。得到关系

姓名
Battey
Homer
Score
Singleton

形式化地说，这些操作可以指定为

TEMP:= 运动员[ID 号 = PID]配合

TEMP[姓名]

例 3.6.7 描述回答查询"找出所有为 Mutts 队打球的人的姓名。"所需的操作。

先用选择操作符挑出表 3.6.2 中涉及 Mutts 队的运动员的行,得到关系

TEMP1

PID	运动队
26710	Mutts
01180	Mutts

现在,根据条件 ID 号 = PID 将表 3.6.1 和关系 TEMP1 联接起来,得到关系

TEMP2

ID 号	姓名	位置	年龄	运动队
01180	Homer	1b	37	Mutts
26710	Score	p	22	Mutts

如果将关系 TEMP2 在属性"姓名"上投影,则得到关系

姓名
Homer
Score

这些操作可以形式化地指定为

$$TEMP1 := 配合[运动队 = Mutts]$$
$$TEMP2 := 运动员[ID 号 = PID]TEMP1$$
$$TEMP2[姓名]$$

注意操作

$$TEMP1 := 运动员[ID 号 = PID]配合$$
$$TEMP2 := TEMP1[运动队 = Mutts]$$
$$TEMP2[姓名]$$

也可以回答例 3.6.7 的查询。

问题求解要点

关系数据库将数据表示为表(n 元关系)。数据库中的信息通过对这些表进行操作而得到。本节讨论了选择操作(按照给定条件选择行)、投影操作(按照给定条件选择列)和联接操作(按照给定的条件将两个表中的行组合)。

本节复习

1. 什么是 n 元关系?
2. 什么是数据库管理系统?
3. 什么是关系数据库?
4. 什么是关键字?
5. 什么是查询?
6. 试解释选择操作符如何工作并举出一个例子。
7. 试解释投影操作符如何工作并举出一个例子。
8. 试解释联接操作符如何工作并举出一个例子。

练习

1. 将表 3.6.4 给出的关系表示为 n 元组的集合。
2. 将表 3.6.5 给出的关系表示为 n 元组的集合。

表 3.6.4　雇员

ID	姓名	经理
1089	Suzuki	Zamora
5620	Kaminski	Jones
9354	Jones	Yu
9551	Ryan	Washington
3600	Beaulieu	Yu
0285	Schmidt	Jones
6684	Manacotti	Jones

表 3.6.5　部门

部门	经理
23	Jones
04	Yu
96	Zamora
66	Washington

3. 将表 3.6.6 给出的关系表示为 n 元组的集合。4. 将表 3.6.7 给出的关系表示为 n 元组的集合。

表 3.6.6　供应商

部门	零件号	数量
04	335B2	220
23	2A	14
04	8C200	302
66	42C	3
04	900	7720
96	20A8	200
96	1199C	296
23	772	39

表 3.6.7　顾客

名称	零件号
United Supplies	2A
ABC Unlimited	8C200
United Supplies	1199C
JCN Electronics	2A
United Supplies	335B2
ABC Unlimited	772
Danny's	900
United Supplies	772
Underhanded Sales	20A8
Danny's	20A8
DePaul University	42C
ABC Unlimited	20A8

在练习 5~20 中，写出一个操作序列来回答查询。使用表 3.6.4~表 3.6.7。

5. 找出所有雇员的姓名（不包括经理）。
6. 找出所有经理的姓名。
7. 找出所有零件号。
8. 找出所有顾客的姓名。
9. 找出所有由 Jones 管理的雇员的姓名。
10. 找出所有由部门 96 供应的零件的零件号。
11. 找出零件 20A8 的所有顾客。
12. 找出部门 04 的所有雇员。
13. 找出所有存货不少于 100 件的零件的零件号。
14. 找出所有给 Danny's 供应零件的部门的部门号。
15. 找出 United Supplies 购买的零件的零件号和数量。
16. 找出所有为 ABC Unlimited 生产零件的部门的经理。
17. 找出所有在为 JCN Electronics 供应零件的部门中工作的雇员的姓名。
18. 找出所有从 Jones 管理的部门中购买零件的顾客。
19. 找出所有购买由 Suzuki 工作的部门所生产的零件的顾客。
20. 找出 Zamora 的部门生产的所有零件的零件号和数量。
21. 建立至少 3 个可以用于医疗数据库的 n 元关系，数据可以人工假定。以提出并回答两个查询为例，说明你的数据库如何使用。并写出可用于回答查询的一个操作序列。
22. 描述关系数据库上的并操作。使用表 3.6.4~表 3.6.7 的关系，通过回答以下的查询来说明你的操作符是如何工作的：找出在部门 23 或部门 96 工作的所有雇员的姓名。并写出可用于回答该查询的一个操作序列。
23. 描述关系数据库上的交操作。使用表 3.6.4~表 3.6.7 的关系，通过回答以下的查询来说明你的操作符是如何工作的：找出所有既购买零件 2A 又购买零件 1199C 的顾客的名称，并写出可用于回答该查询的一个操作序列。

24. 描述关系数据库上的差操作。使用表 3.6.4~ 表 3.6.7 的关系,通过回答以下的查询来说明你的操作符是如何工作的:找出所有不在部门 04 工作的雇员的姓名。并写出可用于回答该查询的一个操作序列。

注释

大多数离散数学方面的参考书都讲到了关系。[Codd; Date; Kroenke; and Ullman]是一般的数据库、特别是关系数据库模型方面的参考书。

本章复习

3.1

1. 从 X 到 Y 的函数,$f: X \to Y$: f 是 $X \times Y$ 的子集,满足对每个 $x \in X$,只有唯一的 $y \in Y$ 使得 $(x, y) \in f$

2. $x \bmod y$:x 除以 y 的余数
3. Hash 函数
4. Hash 函数 H 的冲突:$H(x) = H(y)$
5. 冲突消解策略
6. x 的下整数,$\lfloor x \rfloor$:小于或等于 x 的最大整数
7. x 的上整数,$\lceil x \rceil$:大于或等于 x 的最小整数
8. 一对一函数 f:如果 $f(x) = f(x')$,则 $x = x'$
9. 从 X 到 Y 的映上函数 f:f 的值域 $= Y$
10. 双射:一对一且映上的函数
11. 一对一且映上的函数 f 的逆 f^{-1}:$\{(y, x) \mid (x, y) \in f\}$
12. 函数的复合:$f \circ g = \{(x, z) \mid (x, y) \in g \text{ 且 } (y, z) \in f\}$
13. X 上的二元操作符:从 $X \times X$ 到 X 的函数
14. X 上的一元操作符:从 X 到 X 的函数

3.2

15. 序列:定义域是连续整数集合的函数
16. 下标:在序列 $\{s_n\}$ 中,n 是下标
17. 递增序列:对所有的 n,$s_n < s_{n+1}$
18. 递减序列:对所有的 n,$s_n > s_{n+1}$
19. 非增序列:对所有的 n,$s_n \geq s_{n+1}$
20. 非减序列:对所有的 n,$s_n \leq s_{n+1}$
21. 序列 $\{s_n\}$ 的子序列 s_{n_k}
22. 和符号或 sigma 符号:$\sum_{i=m}^{n} a_i = a_m + a_{m+1} + \cdots + a_n$
23. 乘积符号:$\prod_{i=m}^{n} a_i = a_m \cdot a_{m+1} \cdots a_n$
24. 几何级数 $\sum_{i=0}^{n} ar^i$
25. 串:有限的序列
26. 空串 λ:不含任何元素的串
27. X^*:X 上所有的串(包括空串)的集合
28. X^+:X 上所有的非空串的集合
29. 串 α 的长度,$|\alpha|$:α 中的元素的个数
30. 串 α 和串 β 的毗连,$\alpha\beta$:α 后接 β
31. 串 α 的子串:串 β,如果存在串 γ 和 δ,有 $\alpha = \gamma\beta\delta$。

3.3

32. 从 X 到 Y 的二元关系:有序对 (x, y) 的集合,其中 $x \in X$,$y \in Y$。
33. 二元关系的有向图
34. X 上的自反关系 R:对所有 $x \in X$,$(x, x) \in R$
35. X 上的对称关系 R:对所有 $x, y \in X$,如果 $(x, y) \in R$,则 $(y, x) \in R$
36. X 上的反对称关系 R:对所有 $x, y \in X$,如果 $(x, y) \in R$ 且 $(y, x) \in R$,则 $x = y$

37. X上的传递关系R：对所有$x, y, z \in X$，如果(x, y)和(y, z)都在R中，则$(x, z) \in R$
38. 偏序：自反的、反对称的且传递的关系　　　39. 逆关系R^{-1}：$\{(y, x) \mid (x, y) \in R\}$
40. 关系的复合$R_2 \circ R_1$：$\{(x, z) \mid (x, y) \in R_1 \text{且} (y, z) \in R_2\}$

3.4
41. 等价关系：自反的、对称的且传递的关系
42. 由等价关系R给出的包含a的等价类：$[a] = \{x \mid x\,R\,a\}$
43. 等价类将集合划分（参见定理3.4.8）

3.5
44. 关系矩阵　　　　　　　　　45. R是自反的关系当且仅当R的矩阵的主对角线由1组成。
46. R是对称的关系当且仅当R的矩阵关于主对角线对称。
47. 如果A_1是关系R_1的矩阵，A_2是关系R_2的矩阵，则关系$R_2 \circ R_1$可通过把矩阵乘积$A_1 A_2$中的每个非零项替换为1而得到。
48. 如果A是关系R的矩阵，则R是传递的当且仅当只要A^2的ij项非零，A的ij项就非零。

3.6
49. n元关系：n元组的集合　　　　50. 数据库管理系统
51. 关系数据库　　　　　　　　　52. 关键字
53. 查询　　　　　　　　　　　　54. 选择
55. 投影　　　　　　　　　　　　56. 联接

本章自测题

3.1
1. 设X是$\{a, b\}$上长度为4的串的集合，Y是$\{a, b\}$上长度为3的串的集合。按规则"$f(\alpha) = $由$\alpha$的前三个字符组成的串"，定义了从$X$到$Y$的函数$f$。$f$是一对一的吗？是映上的吗？
2. 求满足$\lfloor x \rfloor \lfloor y \rfloor = \lfloor xy \rfloor - 1$的实数$x$和$y$。
3. 举出函数f和g的例子使得$f \circ g$是映上的，但是g不是映上的。
4. 对于Hash函数$h(x) = x \bmod 13$，说明数据784, 281, 1141, 18, 1, 329, 620, 43, 31, 684是如何按给出的顺序插入到编号为0至12的、初始为空的存储单元中的。

3.2
5. 对于由$a_n = 2n + 2$定义的序列a，求

　　(a) a_6　　　　(b) $\sum_{i=1}^{3} a_i$　　　　(c) $\prod_{i=1}^{3} a_i$

　　(d) 从序列a的第一项开始，每隔一项挑出一项构成子序列。求该子序列的公式。

6. 用下标k替换下标i，重写和式$\sum_{i=1}^{n}(n-i)r^i$，其中$i = k + 2$。

7. 令$b_n = \sum_{i=1}^{n}(i+1)^2 - i^2$。

　　(a) 求b_5和b_{10}。　　(b) 求b_n的公式。　　(c) b是递增的吗？　　(d) b是递减的吗？

8. 设$\alpha = ccddc$，$\beta = c^3 d^2$。求

　　(a) $\alpha\beta$　　　　(b) $\beta\alpha$　　　　(c) $|\alpha|$　　　　(d) $|\alpha\beta\alpha|$

3.3

在练习9和练习10中，判断定义在正整数集上的各个关系是否是自反的、对称的、反对称的、传递的；是否是一个偏序。

9. 如果2整除 $x+y$，则 $(x,y) \in R$
10. 如果3整除 $x+y$，则 $(x,y) \in R$

11. 举出一个 $\{1,2,3,4\}$ 上的关系的例子，要求该关系是自反的、非反对称的和非传递的。

12. 假设 R 是 X 上的对称的、传递的但非自反的关系，并假设 $|X| \geq 2$。在 X 上定义关系：$\overline{R} = X \times X - R$，下列陈述哪个一定是正确的？对每个错误的语句，举出一个反例。

   (a) $\overline{R}$ 是自反的。
   (b) $\overline{R}$ 是对称的。
   (c) $\overline{R}$ 不是反对称的。
   (d) $\overline{R}$ 是传递的。

3.4

13. 关系 $\{(1,1),(1,2),(2,2),(4,4),(2,1),(3,3)\}$ 是 $\{1,2,3,4\}$ 上的等价关系吗？解释原因。

14. 已知关系 $\{(1,1),(2,2),(3,3),(4,4),(1,2),(2,1),(3,4),(4,3)\}$ 是 $\{1,2,3,4\}$ 上的一个等价关系，求包含3的等价类[3]。共有多少个（不同的）等价类？

15. 求 $\{a,b,c,d,e\}$ 上的等价关系（写为有序对的集合的形式），使得它的等价类是 $\{a\}$，$\{b,d,e\}$，$\{c\}$。

16. 设 R 是定义在所有8位串构成的集合上的关系：如果 s_1 和 s_2 中0的个数相同，则 $s_1 R s_2$。

   (a) 证明 R 是等价关系。
   (b) 共有多少个等价类？
   (c) 列举出每个等价类的一个成员。

3.5

在练习17~20中，设关系 $R_1 = \{(1,x),(2,x),(2,y),(3,y)\}$，$R_2 = \{(x,a),(x,b),(y,a),(y,c)\}$。

17. 求关系 R_1 对应于顺序 $1,2,3$ 和 x,y 的矩阵 A_1。
18. 求关系 R_2 对应于顺序 x,y 和 a,b,c 的矩阵 A_2。
19. 求矩阵乘积 $A_1 A_2$。
20. 用练习19的结果求关系 $R_2 \circ R_1$ 的矩阵。

3.6

在练习21~24中，写出一个查询的操作序列并给出回答。使用表3.6.1和表3.6.2。

21. 找出所有的运动队。
22. 找出所有运动员的姓名和年龄。
23. 找出所有有投手的运动队的名称。
24. 找出有30岁或30岁以上运动员的所有运动队的名称。

上机练习

1. 实现一个用于在一个数组中储存整数的Hash系统。
2. 编写一个用来判断一个国际标准书号（ISBN）是否合法的程序。
3. 编写一个生成伪随机整数的程序。

在练习4~9中，假设一个从 $\{1,\cdots,n\}$ 到实数集的序列用一个数组 A 来表示，A 编号为1至 n。

4. 编写一个检验 A 是否是一对一的程序。

5. 编写一个检验 A 是否是映上到某个给定的集合的程序。
6. 编写一个检验 A 是否是递增序列的程序。
7. 编写一个检验 A 是否是递减序列的程序。
8. 编写一个检验 A 是否是非增序列的程序。
9. 编写一个检验 A 是否是非减序列的程序。
10. 编写一个用来判断一个序列是否是另一个序列的子序列的程序。
11. 编写一个用来判断一个串是否是另一个串的子串的程序。
12. 编写一个用来判断一个关系是否是自反的程序。
13. 编写一个用来判断一个关系是否是反对称的程序。
14. 编写一个用来判断一个关系是否是传递的程序。
15. 编写一个求一个关系的逆的程序。
16. 编写一个求关系 R 和 S 的复合 $R \circ S$ 的程序。
17. 编写一个检验一个关系 R 是否是一个等价关系的程序。如果 R 是一个等价关系，程序输出 R 的等价类。
18. 编写一个判断一个关系是否是从一个集合 X 到一个集合 Y 的函数的程序。
19. [项目]准备一个关于一种商用关系数据库（比如 Oracle 或 Access）的报告。

第 4 章 算　　法

一个**算法**（algorithm）是按部就班解决问题的方法。这种方法并不是刚刚出现的；实际上，算法一词是从 9 世纪波斯数学家 al-Khowārizmī 的名字衍生而来的。今天，"算法"一词特指可以在计算机上执行的解法。在本书中，主要关心可以在"传统"计算机上执行的算法，也就是只有一个处理器可以一步一步执行指令的计算机，如个人电脑。

在介绍了算法并给出了一些例子以后，我们转向算法的分析，主要是指执行一个算法需要的时间和空间。最后，通过讨论递归算法——需要调用自身的算法作为本章的结束。

4.1　简介

算法主要具有以下性质：

- **输入**　算法接受输入。
- **输出**　算法产生输出。
- **精确性**　步骤被精确描述。
- **确定性**　每一步执行的中间结果是唯一的，且只依赖于输入和前面步骤执行的结果。
- **有限性**　算法可以终止：也就是在执行有限多条指令后停止。
- **正确性**　算法生成的输出结果是正确的：也就是算法可以正确地求解问题。
- **一般性**　算法适应于一组输入。

作为一个例子，考虑下面寻找三个数 a、b 和 c 中最大数的算法：

1. $large = a$
2. 如果 $b > large$，则 $large = b$
3. 如果 $c > large$，则 $large = c$

（参见附录 C 中的解释，= 是赋值操作。）

这个算法的思想是对这些数一个一个地检查，将所见的最大数赋值给变量 $large$。在算法停止时，$large$ 就等于这三个数中最大的了。

下面说明前面的算法对 a、b、c 的特定值是如何执行的。这样一个模拟称为**跟踪**（trace）。首先假设

$$a = 1, \quad b = 5, \quad c = 3$$

在第 1 行，$large$ 被赋值为 $a(1)$。在第 2 行，$b > large$ ($5 > 1$) 为真，所以将 $b(5)$ 赋值给 $large$。在第 3 行，$c > large$ ($3 > 5$) 为假，所以什么都不做。这时 $large$ 是 5，为 a、b、c 中的最大数。

假设

$$a = 6, \quad b = 1, \quad c = 9$$

在第 1 行，$large$ 被赋值为 $a(6)$。在第 2 行，$b > large$ ($1 > 6$) 为假，所以什么都不做。在第 3 行，$c > large$ ($9 > 6$) 为真，所以将 9 赋值给 x。这时 $large$ 是 9，为 a、b、c 中的最大数。

下面证明上述算法的例子具有本节开始时列出的性质。

算法接受三个数值 a、b 和 c 作为输入，产生 large 作为输出。

算法的每一步都进行了足够精确的描述，因此可以用程序语言描述并且在计算机上执行。

给定输入的值，算法的每一步产生唯一的中间结果。例如，给定值

$$a = 1, \quad b = 5, \quad c = 3$$

在算法的第 2 行，无论什么人或者什么计算机执行，large 都被赋值为 5。

算法在有限步（三步）正确地给出问题答案（找出输入三个数中的最大值）以后停止。

算法是一般性的：它可以找出任意三个数中的最大值。

对算法是什么的描述对于本书的需要是足够的。然而，需要注意的是可以给出一个算法的精确的数学定义（参见第 12 章的注释）。

虽然普通的语言有时候足以描述一个算法，但是很多数学家和计算机科学家更喜欢**伪代码**（pseudocode），因为它具有精确性、结构化和普遍性的特点。伪代码被如此命名是因为它类似于程序语言如 C++ 和 Java 的真正代码。现在已经有很多版本的伪代码。与真正计算机语言不同的是，伪代码经常摆脱了分号、大小写字母、关键字等烦恼，任意版本的伪代码都是可以接受的，只要它的指令是明确的。本书中的伪代码在附录 C 中有详细的描述。

作为用伪代码编写算法的一个例子，重写本节的第一个算法，寻找出三个数中的最大值。

算法 4.1.1　找出三个数中的最大值　这个算法是找出三个数 a、b、c 中最大的。

输入：三个数 a、b 和 c

输出：large（a、b 和 c 中的最大值）

1.　$max3(a, b, c)\{$
2.　　$large = a$
3.　　if $(b > large)$ // 如果 b 比 large 大，更新 large
4.　　　$large = b$
5.　　if $(c > large)$ // 如果 c 比 large 大，更新 large
6.　　　$large = c$
7.　　return $large$
8.　$\}$

算法包括一个标题，一个算法的简要描述，算法的输入和输出，还包括算法所有指令的函数。算法 4.1.1 只有唯一的函数。为了在一种函数中方便地指出特定的行，有时候对这些行进行编号。算法 4.1.1 中标有 8 行。

当算法 4.1.1 中的函数执行时，在第 2 行，将 a 赋值给 large。在第 3 行，b 和 large 相比较。如果 b 比 large 大，执行第 4 行

$$large = b$$

如果 b 不比 large 大，跳到第 5 行。在第 5 行，c 和 large 相比较。如果 c 比 large 大，执行第 6 行

$$large = c$$

如果 c 不比 large 大，跳到第 7 行。因此当执行到第 7 行时，large 正确地拥有 a、b、c 中的最大值。

在第 7 行，返回 large 的值，该值与三个数 a、b、c 中的最大值相等，返回给函数的调用者并且结束这个函数的执行。算法 4.4.1 已经正确地找出了三个数中最大的一个。

算法 4.4.1 中的方法可以用来在一个序列中寻找最大值。

算法4.1.2　在数列中查找最大值　这个算法是在数列 $s_1, \cdots, s_n$ 中找出最大的一个。

输入：s, n

输出：$large$（序列 s 中的最大值）

```
max(s, n){
    large = s₁
    for i = 2 to n
        if (sᵢ > large)
            large = sᵢ
    return large
}
```

通过证明

$$large \text{ 是子序列 } s_1, \cdots, s_i \text{ 中的最大值}$$

是一个循环不变量，可施归纳于 i，从而验证算法 4.1.2 是正确的。

在基本步中（$i=1$），注意到在循环开始前，s_1 被赋值给 $large$；因此，$large$ 当然是子序列 s_1 中的最大值。

假设 $large$ 是子序列 $s_1, \cdots, s_i$ 中的最大值。假如 $i<n$ 成立（因此又一次执行 for 循环），i 变成 $i+1$。首先假设 $s_{i+1} > large$，立刻可得 s_{i+1} 是子序列 $s_1, \cdots, s_i, s_{i+1}$ 中的最大值。在这种情况下，算法赋值 s_{i+1} 给 $large$，现在 $large$ 是子序列 $s_1, \cdots, s_i, s_{i+1}$ 中的最大值。下面假设 $s_{i+1} \leq large$，立刻可得 $large$ 是子序列 $s_1, \cdots, s_i, s_{i+1}$ 中的最大值。在这种情况下，算法不改变 $large$ 的值。现在证明了归纳步。因此，

$$large \text{ 是子序列 } s_1, \cdots, s_i \text{ 中的最大值}$$

是一个循环不变量。

for 循环在 $i=n$ 时结束。因为

$$large \text{ 是子序列 } s_1, \cdots, s_i \text{ 中的最大值}$$

是一个循环不变量，在这时，$large$ 是序列 $s_1, \cdots, s_n$ 中的最大值。因此，算法 4.1.2 是正确的。

问题求解要点

为了构造一个算法，假设算法中间问题的一部分已经解决通常是很有帮助的。例如，在查找序列 $s_1, \cdots, s_n$ 中的最大元素时（参见算法 4.1.2），假设已经找到了子序列 $s_1, \cdots, s_i$ 中的最大值是有帮助的。接下来，所有必须要做的就是比较下一个元素 s_{i+1}，如果 s_{i+1} 比 $large$ 大，只需要简单更新 $large$。如果 s_{i+1} 不比 $large$ 大，不需要修正 $large$，重复这个过程就得到了算法。这些分析同样可以得出结论 $large$ 的子序列 $s_1, \cdots, s_i$ 中的最大值是一个循环不变量，这可以证明算法 4.1.2 是正确的。

本节复习

1. 什么是算法？
2. 描述下面算法必须具有的性质：输入、输出、精确性、确定性、有限性、正确性和一般性。
3. 什么是一个算法的跟踪？　　4. 伪代码与自然语言相比在描述一个算法时有什么优点？
5. 算法与伪代码函数是如何关联的？

练习

1. 参考电话簿拨打长途电话的提示，在这个例子中，算法的性质——输入、输出、精确性、确定性、有限性、正确性和一般性指什么？缺少什么性质？

2. 哥德巴赫（Goldbach）猜想声称，任何一个大于2的偶数都可以表示成两个素数之和。下面是一个提出的用来判断歌德巴赫猜想是否正确的算法：

   1. 令 $n = 4$

   2. 如果 n 不是两个素数之和，输出"no"，停止。

   3. 否则 n 增加2，继续第2步。

   4. 输出"yes"，停止。

   这个算法具有算法的性质——输入、输出、精确性、确定性、有限性、正确性和一般性中的哪些？它们依赖于歌德巴赫猜想的正确性吗（这个问题在数学上尚未解决）？

3. 写出一个在三个数 a、b 和 c 中找出最小数的算法。

4. 写出一个在三个数 a、b 和 c 中找出第2小的数的算法。假设 a、b 和 c 都不同。

5. 写出一个算法，输出序列 $s_1, \cdots, s_n$ 中的最小元素。

6. 写出一个算法，输出序列 $s_1, \cdots, s_n$ 中的最大元素和第2大元素。假设 $n > 1$，并且序列中的数值都不相同。

7. 写出一个算法，输出序列 $s_1, \cdots, s_n$ 中的最小元素和第2小元素。假设 $n > 1$，并且序列中的数值都不相同。

8. 写出一个算法，输出序列 $s_1, \cdots, s_n$ 中的最大元素和最小元素。

9. 写出一个算法，输出序列 $s_1, \cdots, s_n$ 中最大数第一次出现的下标。例如，如果序列是"6.2 8.9 4.2 8.9"，算法输出值为2。

10. 写出一个算法，输出序列 $s_1, \cdots, s_n$ 中最大数最后一次出现的下标。例如，如果序列是"6.2 8.9 4.2 8.9"，算法输出值为4。

11. 写出一个算法，计算序列 $s_1, \cdots, s_n$ 的和。

12. 写出一个算法，输出序列 $s_1, \cdots, s_n$ 中第一个比其前趋排序靠后的项的下标。如果项序列是非降序的，算法输出为0。例如，如果序列是"AMY BRUNO ELIE DAN ZEKE"，算法输出是4。

13. 写出一个算法，输出序列 $s_1, \cdots, s_n$ 中第一个比其前趋排序靠前的项的下标。如果项序列是非增序的，算法输出为0。例如，如果序列是"AMY BRUNO ELIE DAN ZEKE"，算法输出是2。

14. 写出一个算法，将序列 $s_1, \cdots, s_n$ 逆序排列。例如，如果序列是"AMY BRUNO ELIE"，其逆序排列后的序列是"ELIE BRUNO AMY"。

15. 将两个十进制正整数相加的标准方法（在小学中所学的）编写成一个算法。

16. 写出一个算法，接受 $n \times n$ 的矩阵 A 作为输入，输出是 A 的转置矩阵 A^T。

17. 写出一个算法，接受关系 R 的矩阵作为输入，判断 R 是否是自反的。

18. 写出一个算法，接受关系 R 的矩阵作为输入，判断 R 是否是对称的。

19. 写出一个算法，接受关系 R 的矩阵作为输入，判断 R 是否是传递的。

20. 写出一个算法，接受关系 R 的矩阵作为输入，判断 R 是否是反对称的。

21. 写出一个算法，接受关系 R 的矩阵作为输入，判断 R 是否是一个函数。

22. 写出一个算法，接受关系 R 的矩阵作为输入，输出是 R 的逆关系 R^{-1} 的矩阵。

23. 写出一个算法，接受关系 R_1 和 R_2 的矩阵作为输入，输出合成关系 $R_2 \circ R_1$ 矩阵。

24. 写出一个算法，它的输入是数序列 $s_1, \cdots, s_n$ 和另外一个数 x（假设所有的数都是实数）。如果对某个 $i \neq j$，有 $s_i + s_j = x$，算法返回 true。否则返回 false。例如，如果输入序列是2, 12,

6, 14 且 $x = 26$, 算法返回 true, 因为 $12 + 14 = 26$。如果输入序列是 2, 12, 6, 14 且 $x = 4$, 算法返回 false, 因为序列中不存在不同的数字对之和等于 4。

4.2 算法举例

设计出算法是用来解决问题的。在本节, 给出几个有用算法的例子。在本书剩下的部分中, 我们会研究许多其他的算法。

搜索

计算机的大部分时间都用来搜索。当一个出纳员在银行中查找一个记录时, 一个计算机程序就用来搜索记录。求解一个难题或者在游戏中寻找一个最优动作都可以看做是一个搜索问题。使用网上的搜索引擎是另外一个搜索问题的例子。使用字处理器时, 在文档中查找一个特定的文本是另外一个搜索问题的例子。下面讨论求解文本搜索问题的算法。

假设给定一个文本 t (例如, 一个字处理器文档), 希望在 t 中找出特定词组 p 首次出现的位置 (例如, 希望找到在 t 中字符串 $p = $ "Nova Scotia" 首次出现的位置) 或者判断 p 是否在 t 中出现。从第一个位置开始索引 t 中的字符。一个搜索 p 的办法是检查 p 是否在第一个索引位置出现。如果是, 则停止, 已经找到了 t 中首次出现 p 的位置。否则, 检查 p 是否在第 2 个索引位置出现, 如果是, 则停止, 已经找到了 t 中首次出现 p 的位置。否则, 检查 p 是否在第 3 个索引位置出现, 依次进行下去。

将文本搜索算法描述成算法 4.2.1。

算法 4.2.1 文本查找

这个算法是在文本 t 中查找词组 p 出现的位置。它输出的是 p 首次出现的位置索引 i。如果 p 不在 t 中出现, 输出为 0。

输入: p (用 1 到 m 索引), m, t (用 1 到 n 索引), n
输出: i

```
text_search (p, m, t, n){
  for i = 1 to n – m + 1{
    j = 1
    //i 是 t 中子字符串的第一个字符的位置索引
    // 与 p 做比较, j 是 p 的位置索引
    //while 循环比较 t_i…t_{i+m-1} 和 p_1…p_m
    while(t_{i+j-1} == p_j){
      j = j + 1
      if(j > m)
        return i
    }
  }
  return 0
}
```

变量 i 记录 t 中与 p 相比较子字符串的第一个字符的索引位置。算法首先从 $i = 1$ 开始, 然后 $i = 2$, 依次下去。索引 $n – m + 1$ 是从这点开始的 i 的最后可能值, 字符串 $t_{n-m+1} t_{n-m+2} \cdots t_m$ 的长度恰好为 m。

i 的值设定以后，while 循环比较 $t_i \cdots t_{i+m-1}$ 和 $p_1 \cdots p_m$ 是否匹配。如果字符匹配，

$$t_{i+j-1} == p_j$$

j 的值增加：

$$j = j + 1$$

然后比较下一个字符。如果 j 是 $m + 1$，则所有 m 个字符都已经匹配了，这样就找到了 p 在 t 中出现的位置索引 i。这时，算法返回 i：

  if $(j > m)$
    return i

如果循环结束，则一个匹配也没发现，这时算法返回 0。

例 4.2.2 图 4.2.1 描述了算法 4.2.1 踪迹的一个例子，这里是在文本 "010001" 中搜索模式 "001"

```
      j = 1              j = 2              j = 1
       ↓                  ↓(×)               ↓(×)
      001                001                001
     010001             010001             010001
       ↑                  ↑                  ↑
     i = 1              i = 1              i = 2
      (1)                (2)                (3)

      j = 2              j = 2              j = 3
       ↓                  ↓                  ↓(×)
      001                001                001
     010001             010001             010001
        ↑                  ↑                  ↑
      i = 3              i = 3              i = 3
       (4)                (5)                (6)

      j = 1              j = 2              j = 3
       ↓                  ↓                  ↓
       001                001                001
     010001             010001             010001
         ↑                  ↑                  ↑
       i = 4              i = 4              i = 4
        (7)                (8)                (9)
```

  图 4.2.1 用算法 4.2.1 在 "010001" 中搜索 "001"。在第(2)、(3)、(6)步中，(×)表示记录一次未匹配 ■

排序

  将一个序列**排序**（sort）是将序列排放成某种特定顺序。如果有一组名字序列，可能会希望将它按字典中的顺序非递减排序。例如，如果这个序列是

  Jones, Johnson, Appel, Zamora, Chu

按非递减顺序排序以后，就会得到

  Appel, Chu, Johnson, Jones, Zamora

  使用有序的序列比使用无序的序列的一个主要好处是，可以很容易地找到一个特定的项。想象一下要在纽约市电话号码簿中查找某个特定的个人电话，如果电话号码簿没有按名字排序，那么要怎样处理。

人们已经设计出了很多排序算法（例如，参见[Knuth, 1998b]）。这些算法主要依赖于特定的因素，如数据的规模和数据如何表示。下面讨论**插入排序**（insertion sort），这是对小规模序列（小于50或更少）排序的最快算法之一。

假设插入排序的输入是

$$s_1, \cdots, s_n$$

目标是按非递减顺序将数据排序。在插入排序的第 i 次迭代以后，序列的前一部分

$$s_1, \cdots, s_i$$

会被重新安排使得它有序。（我们将会简单解释 $s_1, \cdots, s_i$ 是如何排序的。）插入排序接下来将 s_{i+1} 插入

$$s_1, \cdots, s_i$$

使得 $s_1, \cdots, s_i, s_{i+1}$ 也是有序的。

例如，假设 $i = 4$，$s_1, \cdots, s_4$ 是

| 8 | 13 | 20 | 27 |

如果 s_5 是 16，插入以后，$s_1, \cdots, s_5$ 变成

| 8 | 13 | 16 | 20 | 27 |

注意 20 和 27 比 16 大，向右移动一个位置为 16 空出一个位置。因此，算法的"插入"部分是：首先从有序的子序列的最右部分开始，如果比要插入的项大，将此项向右移动一个位置。如此重复下去，直到遇到第一个比要插入的项小的项的位置。

例如，要在

| 8 | 13 | 20 | 27 |

中插入 16，首先比较 16 和 27，因为 27 比 16 大，27 向左移动一个位置

| 8 | 13 | 20 | | 27 |

接下来比较 16 和 20，因为 20 比 16 大，20 向左移动一个位置

| 8 | 13 | | 20 | 27 |

下面比较 13 和 16。因为 13 小于或等于 16，将 16 插入（例如，复制）到第 3 个索引位置。

| 8 | 13 | 16 | 20 | 27 |

这个子序列现在是有序的了。

在解释了插入算法的核心思想以后，下面完成这个算法的解释。插入算法从将 s_2 插入到子序列 s_1 中开始。注意到 s_1 已经是有序的了。现在 s_1, s_2 是有序的。下面，将 s_3 插入到刚排序的 s_1, s_2 中。现在 s_1, s_2, s_3 是有序的。这个过程继续下去直到插入排序将 s_n 插入到有序的子序列 $s_1, \cdots, s_{n-1}$。现在整个序列 $s_1, \cdots, s_n$ 是有序的了。因而得到下面一个算法。

算法 4.2.3 插入排序 这个算法将序列 $s_1, \cdots, s_n$ 按非递减顺序排序

输入：s, n
输出：s（有序的）

```
insertion_sort(s, n){
    for i = 2 to n{
        val = s_i // 保存 s_i 使它可以插入到正确的位置
        j = i - 1
        // 如果 val < s_j, 向右移动 s_j 为 s_i 空出位置
        while(j ≥ 1 ∧ val < s_j){
            s_{j+1} = s_j
            j = j - 1
        }
        s_{j+1} = val // 插入 val
    }
}
```

将证明算法 4.2.3 是正确的留做练习（参见练习 12）。

执行算法所需要的时间和空间

知道或者估计执行一个算法所需要的时间（例如，执行的步数）和空间（例如，变量的个数、涉及到的序列的长度等）是非常重要的。知道执行一个算法所需要的时间和空间可以用来比较求解同一个问题的算法。例如，求解一个问题一个算法需要 n 步，而另一个算法需要 n^2 步求解同一个问题，那么肯定倾向于选择第一个算法，这里假设所需要的空间是可接受的。在 4.3 节中，将用严格的语句给出关于执行算法所需要的时间和空间的技术性定义。

算法 4.2.3 中的 for 循环执行 $n - 1$ 次，但是对于一个特定的 i 值，while 循环执行的次数依赖于输入。因此，即便对于一个固定的 n，算法 4.2.3 的执行时间依赖于输入。例如，如果输入的序列已经是按非递减顺序排列的，

$val < s_j$

总是 false，while 的循环体永远不被执行。我们称这个时间为**最好情形执行时间**（best-case time）。

另外，如果这个序列是按递减顺序排序的，

$val < s_j$

总是 true，while 的循环体执行最大次数（当第 i 次迭代时 for 循环中 while 循环执行 $i - 1$ 次），称这个时间为**最坏情形执行时间**（worst-case time）。

随机算法

有时候需要放宽在 4.1 节中描述的算法的要求。目前使用的许多算法不是一般性的、确定性的或者有限性的。例如，一个操作系统（如 Windows XP）倾向于将其看做是一个永远不停止的程序，而不是一个具有输入输出的有限性的程序。为多于一个处理器编写的算法，无论是多处理器还是分布式环境（如 Internet），很少有确定性的。同样，很多实际问题很难有效地求解，有必要在一般性和正确性之间采取折中的办法。同样，给出一个例子来说明允许一个算法做出随机决定是有用的，虽然这违反了算法的确定性要求。

一个**随机算法**（randomized algorithm）并不要求每一步的执行中间结果被唯一决定且只依赖于输入和前面步骤的执行结果。根据定义，当执行一个随机算法时，在某些点上，算法做出随机选择。在实际操作中，经常使用伪随机数生成器（参见例 3.1.15）。

假设存在函数

$$rand(i,j)$$

返回在整数 i 和 j 之间的（包含 i 和 j）一个随机整数。作为一个例子，给出一个将一个数序列洗牌的随机算法。更精确地说，输入一个数序列 $a_1, \cdots, a_n$，输出是将这些数变换成随机位置。一些重要的桥牌比赛采用计算机程序来洗牌。

算法首先交换（例如，交换它们的值）a_1 和 $a_{rand(1,n)}$。在这时，a_1 可能等于原序列中的任何一项。然后，算法交换 a_2 和 $a_{rand(2,n)}$。a_2 可能等于序列中剩下的任何一项。算法如此进行下去直到交换 a_{n-1} 和 $a_{rand(n-1,n)}$。这样整个序列被洗牌了。

算法 4.2.4　洗牌算法　算法对下面序列洗牌：

$$a_1, \cdots, a_n$$

输入：a, n
输出：a（洗牌后）

$shuffle(a, n)\{$
　for $i = 1$ to $n - 1$
　　$swap(a_i, a_{rand(i,n)})$
$\}$

例 4.2.5　假设序列 a 是

17	9	5	23	21

它是需要洗牌的序列。首先交换 a_i 和 a_j，这里 $i = 1$，$j = rand(1, 5)$，如果 $j = 3$，交换以后得到

5	9	17	23	21
↑		↑		
i		j		

接下来，$i = 2$，如果 $j = rand(2, 5) = 5$，交换以后得到

5	21	17	23	9
	↑			↑
	i			j

接下来，$i = 3$，如果 $j = rand(3, 5) = 3$，序列没有任何变化。
最后，$i = 4$，如果 $j = rand(4, 5) = 5$，交换以后得到

5	21	17	9	23
			↑	↑
			i	j

注意输出的结果（例如，重新排序后的序列）依赖于根据随机数生成器做出的随机选择。■

随机算法也可用于搜索非随机的目标。例如，一个身处迷宫并寻找出口的人士在交叉路口可以随机选择一个走向。当然，（由于在交叉路口有可能做出糟糕的选择）这样的算法也许不会终止。

问题求解要点

再一次强调如何构造一个算法，假设处于算法中间并且问题的一部分已经解决了是很有帮助的。在插入排序算法中（参见算法 4.2.3），假设子序列 $s_1, \cdots, s_i$ 是已经排序的是很有帮助的。然后，

需要做的是在正确的位置插入下一项 s_{i+1}。重复这个过程就得到了这个算法。这个观察导致得出一个循环体不变量，可以用来证明算法 4.2.3 是正确的（参见练习 12）。

本节复习

1. 给出一个搜索问题的例子。
2. 什么是文本搜索？
3. 用文字描述一个求解文本搜索问题的算法。
4. 将一个序列排序是什么意思？
5. 给出一个例子说明为什么要对一个序列排序？
6. 用文字描述插入算法。
7. 执行算法需要的时间和空间是用来描述什么的？
8. 为什么知道或者估计执行一个算法所需要的时间和空间是有用的？
9. 为什么有时候需要放宽在 4.1 节中描述的算法的要求？
10. 什么是一个随机算法？
11. 随机算法违反了 4.1 节中描述的算法的哪些要求？
12. 用文字描述洗牌算法。
13. 给出洗牌算法一种应用的例子。

练习

1. 对输入 t = "balalaika" 和 p = "bala"，跟踪算法 4.2.1。
2. 对输入 t = "balalaika" 和 p = "lai"，跟踪算法 4.2.1。
3. 对输入 t = "000000000" 和 p = "001"，跟踪算法 4.2.1。
4. 跟踪算法 4.2.3，输入为 "34 20 144 55"。
5. 跟踪算法 4.2.3，输入为 "34 20 19 5"。
6. 跟踪算法 4.2.3，输入为 "34 55 144 259"。
7. 跟踪算法 4.2.3，输入为 "34 34 34 34"。
8. 跟踪算法 4.2.4，输入为 "34 57 72 101 135"。假设 $rand$ 函数的值为
   $rand(1, 5) = 5, rand(2, 5) = 4, rand(3, 5) = 3, rand(4, 5) = 5$
9. 跟踪算法 4.2.4，输入为 "34 57 72 101 135"。假设 $rand$ 函数的值为
   $rand(1, 5) = 2, rand(2, 5) = 5, rand(3, 5) = 3, rand(4, 5) = 4$
10. 跟踪算法 4.2.4，输入为 "34 57 72 101 135"。假设 $rand$ 函数的值为
    $rand(1, 5) = 5, rand(2, 5) = 5, rand(3, 5) = 4, rand(4, 5) = 4$
11. 证明算法 4.2.1 是正确的。
12. 证明算法 4.2.3 是正确的。
13. 写出一个算法，返回变量 key 的值第一次在序列 $s_1, \cdots, s_n$ 中出现的位置索引，如果 key 不在序列中，算法返回 0。例如：如果序列是 "12 11 12 23"。并且 key 是 12，算法返回值是 1。
14. 写出一个算法返回变量 key 的值最后在序列 $s_1, \cdots, s_n$ 中出现的位置索引，如果 key 不在序列中，算法返回 0。例如：如果序列是 "12 11 12 23"。并且 key 是 12，算法返回值是 3。
15. 写出一个算法，输入是一个按非递减顺序排序的序列 $s_1, \cdots, s_n$ 和 x（假设所有的值都是实数）。算法将 x 插入到序列中，使得到的序列是按非递减顺序排序的。例如：如果输入序列是 "2 6 12 14" 并且 $x = 5$，得到的序列是 "2 5 6 12 14"。
16. 修改算法 4.2.1，使得可以找到 t 中所有出现的 p。
17. 描述算法 4.2.1 的最好情形输入。
18. 描述算法 4.2.1 的最坏情形输入。
19. 修改算法 4.2.3，使得按非递增顺序排序序列 $s_1, \cdots, s_n$。
20. 选择排序算法将序列 $s_1, \cdots, s_n$ 按非递减顺序排序。首先找到最小的项，例如是 s_i，将 s_i 和 s_1 交换，将 s_i 放在第一个位置。然后找到 $s_2, \cdots, s_n$ 中的最小的项，例如是 s_i，将 s_i 和 s_2 交换，将 s_i 放在第二个位置。继续下去直到序列被排序。用伪代码写出选择排序算法。
21. 跟踪选择排序算法（参见练习 20），输入分别是练习 4~7。
22. 证明选择排序算法（参见练习 20）对所有输入规模为 n 时所需要的时间是最小的。

4.3 算法的分析

一个计算机程序,即便是来自正确的算法,也可能对某些输入是不可用的,因为执行这个程序需要的时间或者存储这个程序的数据、变量等需要的空间太大了。**算法的分析**(Analysis of an algorithm)指的是对执行算法所需要的时间和空间的估计的过程。在这一节,主要涉及到对执行算法需要的时间的估计。

假设给定一 n 个元素的集合 X,有些标为"红",有些标为"黑",我们想找出 X 的至少含有一个红元素的 X 子集的数目。假设构造一个算法来检查所有 X 的子集,对至少含有一个红元素的计数,然后用计算机程序来实现这个算法。由于含 n 个元素的集合有 2^n 个子集(参见定理 2.4.6),因此这个程序需要至少 2^n 的单位时间来执行。不管时间单位是什么,随着 n 的增加,2^n 增加得太快了(参见表 4.3.1),使得除了对一些取值较小的 n 以外,运行这个程序是不现实的。

表 4.3.1 如果执行一步需要 1 微秒,算法需要的时间。$\lg n$ 表示 $\log_2 n$(以 2 为底 n 的对数)

对于长度为 n 的输入,终止算法的步数	算法的执行时间,当 $n=$			
	3	6	9	12
1	10^{-6} s	10^{-6} s	10^{-6} s	10^{-6} s
$\lg \lg n$	10^{-6} s	10^{-6} s	2×10^{-6} s	2×10^{-6} s
$\lg n$	2×10^{-6} s	3×10^{-6} s	3×10^{-6} s	4×10^{-6} s
n	3×10^{-6} s	6×10^{-6} s	9×10^{-6} s	10^{-5} s
$n \lg n$	5×10^{-6} s	2×10^{-5} s	3×10^{-5} s	4×10^{-5} s
n^2	9×10^{-6} s	4×10^{-5} s	8×10^{-5} s	10^{-4} s
n^3	3×10^{-5} s	2×10^{-4} s	7×10^{-4} s	2×10^{-3} s
2^n	8×10^{-6} s	6×10^{-5} s	5×10^{-4} s	4×10^{-3} s
	50	100	1000	10^5	10^6
1	10^{-6} s	10^{-6} s	10^{-6} s	10^{-6} s	10^{-6} s
$\lg \lg n$	2×10^{-6} s	3×10^{-6} s	3×10^{-6} s	4×10^{-6} s	4×10^{-6} s
$\lg n$	6×10^{-6} s	7×10^{-6} s	10^{-5} s	2×10^{-5} s	2×10^{-5} s
n	5×10^{-5} s	10^{-4} s	10^{-3} s	0.1 s	1 s
$n \lg n$	3×10^{-4} s	7×10^{-4} s	10^{-2} s	2 s	20 s
n^2	3×10^{-3} s	0.01 s	1 s	3 hr	12 days
n^3	0.13 s	1 s	16.7 min	32 yr	31 710 yr
2^n	36 yr	4×10^{16} yr	3×10^{287} yr	$3 \times 10^{30\,089}$ yr	$3 \times 10^{301\,016}$ yr

确定一个计算机程序性能的参数是一项困难的任务,取决于许多因素,如使用的计算机、数据表示方法、程序是如何翻译成机器指令的。虽然准确地估计一个程序的执行时间需要考虑这些因素,不过可以通过分析基本算法的时间复杂性来得到一些有用的信息。

执行一个算法需要的时间是关于输入的函数。一般很难得到这个函数的精确公式,所以退而求其次。用程序输入的规模作为参数而不是直接利用程序的输入。例如,如果输入是一个包含 n 个元素的集合,称输入的规模是 n。可以找出在所有输入规模为 n 时执行算法需要的最少时间。这个时间称为输入规模为 n 时的**最好情形执行时间**。也可以找出输入规模为 n 时执行算法需要的最大时间。这个时间称为输入规模为 n 时的**最坏情形执行时间**。另外一个重要的是**平均执行时间**,是对所有规模为 n 的有限输入执行算法时需要的平均时间。

由于主要关心估计算法需要的时间而不是计数每个基本、主要的步骤来计算精确地执行算法需要的时间,因此可以得到一个有用的时间的度量。例如,如果一个算法的主要动作是进行比较,这可能发生在路由排序中,可以对比较次数计数。作为另外一个例子,如果一个算法包含一个单独的循环,其循环体最多执行 C 步,C 是常量,则可以对循环迭代次数计数。

例 4.3.1 对算法 4.1.2 从有限序列中找出最大值的输入规模的一个合理定义是,输入序列中元素的数目。一个合理的执行时间的定义是 while 循环的迭代次数。利用这些定义,算法 4.1.2 输入规模为 n 的最坏情形执行时间、最好情形执行时间和平均执行时间都是 $n-1$,因为循环总是执行 $n-1$ 次。■

一般对一个算法执行的精确的最坏情形和最好情形执行时间的关注程度,不如对最坏情形和最好情形执行时间是如何随着输入规模增加的。例如一个算法的输入规模为 n 的最坏情形时间是

$$t(n) = 60n^2 + 5n + 1$$

对于比较大的 n,$60n^2$ 这一项近似等于 $t(n)$(参见表 4.3.2)。在这种情况下,$t(n)$ 的增长类似于 $60n^2$。

表 4.3.2　$60n^2$ 与 $t(n)$ 增长的比较

n	$t(n) = 60n^2 + 5n + 1$	$60n^2$
10	6051	6000
100	600 501	600 000
1000	60 005 001	60 000 000
10 000	6 000 050 001	6 000 000 000

如果 $t(n)$ 表示一秒内输入规模为 n 的最坏情形时间的度量,那么

$$T(n) = n^2 + \frac{5}{60}n + \frac{1}{60}$$

就是一分钟内输入规模为 n 的最坏情形时间的度量。单位的变化并没有影响最坏情形时间是如何随着输入规模的增加而增大的,只是影响到了度量输入规模大小为 n 时最坏情形时间的单位。这样就可以描述最坏情形或最好情形时间是如何随着输入的增加而增大的,不但要找出主要的影响因素(例如公式 $t(n)$ 中的 $60n^2$),还可以忽略常数系数。在这些假设下,随着 n 的增加 $t(n)$ 类似于 n^2 增大。称 $t(n)$ 是 n^2 数量级,记做

$$t(n) = \Theta(n^2)$$

读做 $t(n)$ 是 $\Theta(n^2)$。基本思想是用一个增长速率与 $t(n)$ 相同而简单的表达式(如 n^2)来代替 $t(n) = 60n^2 + 5n + 1$。形式化的定义在下面。

定义 4.3.2　令 f 和 g 是定义域为 $\{1, 2, 3, \cdots\}$ 上的函数。

记 $f(n) = O(g(n))$,如果存在一个正整数 C_1,使得对除有限个例外的所有正整数 n,

$$|f(n)| \leq C_1|g(n)|$$

称 $f(n)$ 的最大数量级为 $g(n)$,或 $f(n)$ 表示为大 O 的 $g(n)$。　　　　　　　　　　[WWW]

记 $f(n) = \Omega(g(n))$,如果存在一个正整数 C_2,使得对除有限个例外的所有正整数 n,

$$|f(n)| \geq C_2|g(n)|$$

称 $f(n)$ 的最小数量级为 $g(n)$,或 $f(n)$ 表示为 Ω 的 $g(n)$。

记 $f(n) = \Theta(g(n))$,如果 $f(n) = O(g(n))$ 且 $f(n) = \Omega(g(n))$,称 $f(n)$ 的数量级为 $g(n)$,或将 $f(n)$ 表示为 $\Theta(g(n))$。　■

定义 4.3.2 可以粗略地解释为：除了常数因子和有限个例外，f 的上界是 g，写成 $f(n) = O(g(n))$。也称 g 是 f 的一个**渐近上界**（asymptotic upper bound）。除了常数因子和有限个例外，f 的下界是 g，写成 $f(n) = \Omega(g(n))$。也称 g 是 f 的一个**渐近下界**（asymptotic lower bound）。除了常数因子和有限个例外，f 的上下界均为 g，写成 $f(n) = \Theta(g(n))$。也称 g 是 f 的一个**渐近紧密界**（asymptotic tight bound）。

根据定义 4.3.2，如果 $f(n) = O(g(n))$，可得出结论除了对某些常量因子和有限个例外，f 的上界是 g，所以 g 至少和 f 的增长一样快。例如，如果 $f(n) = n, g(n) = 2^n$，那么 $f(n) = O(g(n))$，但是 g 比 f 增长快得多。$f(n) = O(g(n))$，f 的下界是 g。另一方面，如果 $f(n) = \Theta(g(n))$，可得出结论：除了对某些常量因子和有限个例外，f 的上下界是 g，所以 f 和 g 的增长一样快。注意 $n = O(2^n)$，但是 $n \neq \Theta(2^n)$。

例 4.3.3 由于

$$60n^2 + 5n + 1 \leq 60n^2 + 5n^2 + n^2 = 66n^2 \quad \text{对 } n \geq 1$$

令定义 4.3.2 中的 $C_1 = 66$ 得到

$$60n^2 + 5n + 1 = O(n^2)$$

由于

$$60n^2 + 5n + 1 \geq 60n^2 \quad \text{对 } n \geq 1$$

令定义 4.3.2 中的 $C_2 = 60$ 得到

$$60n^2 + 5n + 1 = \Omega(n^2)$$

由于 $60n^2 + 5n + 1 = O(n^2)$ 且 $60n^2 + 5n + 1 = \Omega(n^2)$，

$$60n^2 + 5n + 1 = \Theta(n^2)$$

∎

例 4.3.3 的方法可以用来证明系数非负的 n 的 k 次多项式是 $\Theta(n^k)$。（事实上，任意的 n 的 k 次多项式是 $\Theta(n^k)$，即便某些系数是负的。为了证明这个更一般的结果，例 4.3.3 中的方法需要做些修改。）

定理 4.3.4 令 $p(n) = a_k n^k + a_{k-1} n^{k-1} + \cdots + a_1 n + a_0$ 是 n 的 k 次多项式，其中每个 a_i 非负。那么

$$p(n) = \Theta(n^k)$$

证明 首先证明 $p(n) = O(n^k)$。令

$$C_1 = a_k + a_{k-1} + \cdots + a_1 + a_0$$

则，对所有的 n

$$\begin{aligned}p(n) &= a_k n^k + a_{k-1} n^{k-1} + \cdots + a_1 n + a_0 \\ &\leq a_k n^k + a_{k-1} n^k + \cdots + a_1 n^k + a_0 n^k \\ &= (a_k + a_{k-1} + \cdots + a_1 + a_0) n^k = C_1 n^k\end{aligned}$$

因此 $p(n) = O(n^k)$。

接下来，证明 $p(n) = \Omega(n^k)$。对所有的 n，

$$p(n) = a_k n^k + a_{k-1} n^{k-1} + \cdots + a_1 n + a_0 \geq a_k n^k = C_2 n^k$$

这里 $C_2 = a_k$。因此 $p(n) = \Omega(n^k)$。

由于 $p(n) = O(n^k)$ 且 $p(n) = \Omega(n^k)$，因此 $p(n) = \Theta(n^k)$。

例 4.3.5 在本书中用 $\lg n$ 表示 $\log_2 n$（以 2 为底的 n 的对数）。由于 $n \geq 1$ 时，$\lg n < n$（参见图 4.3.1），

$$2n + 3\lg n < 2n + 3n = 5n \quad 对所有的 n \geq 1$$

所以

$$2n + 3\lg n = O(n)$$

同样，

$$2n + 3\lg n \geq 2n \quad 对所有的 n \geq 1$$

所以

$$2n + 3\lg n = \Omega(n)$$

所以

$$2n + 3\lg n = \Theta(n)$$

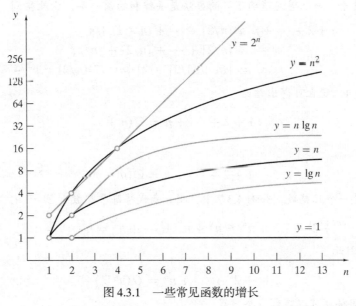

图 4.3.1 一些常见函数的增长

例 4.3.6 如果 $a > 1$ 且 $b > 1$（保证 $\log_b a > 0$），根据对数的换底公式（参见定理 B.37(e)），

$$\log_b n = \log_b a \log_a n \quad 对所有的 n \geq 1$$

因此，

$$\log_b n \leq C \log_a n \quad 对所有的 n \geq 1$$

这里 $C = \log_b a$，因此 $\log_b n = O(\log_a n)$。

同样，

$$\log_b n \geq C \log_a n \quad 对所有的 n \geq 1$$

因此，$\log_b n = \Omega(\log_a n)$。由于 $\log_b n = O(\log_a n)$ 且 $\log_b n = \Omega(\log_a n)$，可得 $\log_b n = \Theta(\log_a n)$。由于在使用渐近表示时，$\log_b n = \Theta(\log_a n)$，因此不需要担心使用的底数是什么（只要底数大于 1）。由于这个原因，有时候只简单地写做 log 而不指出底数是什么。

例 4.3.7 如果用 n 代替和 $1+2+\cdots+n$ 中的整数 $1, 2, \cdots, n$，那么和不会减少，得到

$$1+2+\cdots+n \leq n+n+\cdots+n = n \cdot n = n^2 \qquad (4.3.1)$$

其中 $n \geq 1$。可得出

$$1+2+\cdots+n = O(n^2)$$

为了得到一个下界，模仿前面的讨论用 1 代替 $1+2+\cdots+n$ 中的 $1, 2, \cdots, n$，得到

$$1+2+\cdots+n \geq 1+1+\cdots+1 = n, \quad n \geq 1$$

这时，可得

$$1+2+\cdots+n = \Omega(n)$$

虽然前面的公式都是正确的，但是并不能推出 $1+2+\cdots+n$ 的 Θ 估计，因为上界 n^2 和下界 n 不相等。在推出下界时，必须采取更巧妙的办法。

有如前面的讨论，一个得到精确下界的办法是丢掉和的前一半，由此得到

$$\begin{aligned} 1+2+\cdots+n &\geq \lceil n/2 \rceil + \cdots + (n-1) + n \\ &\geq \lceil n/2 \rceil + \cdots + \lceil n/2 \rceil + \lceil n/2 \rceil \\ &= \lceil (n+1)/2 \rceil \lceil n/2 \rceil \geq (n/2)(n/2) = n^2/4 \end{aligned} \qquad (4.3.2)$$

对所有的 $n \geq 1$。现在可得出结论

$$1+2+\cdots+n = \Omega(n^2)$$

因此

$$1+2+\cdots+n = \Theta(n^2)$$

例 4.3.8 如果 k 是一个正整数，如例 4.3.7 中，用 n 来代替每个整数 $1, 2, \cdots, n$，得到

$$1^k + 2^k + \cdots + n^k \leq n^k + n^k + \cdots + n^k = n \cdot n^k = n^{k+1}$$

其中 $n \geq 1$；因此

$$1^k + 2^k + \cdots + n^k = O(n^{k+1})$$

像例 4.3.7 中同样也可以得到一个下界

$$\begin{aligned} 1^k + 2^k + \cdots + n^k &\geq \lceil n/2 \rceil^k + \cdots + (n-1)^k + n^k \\ &\geq \lceil n/2 \rceil^k + \cdots + \lceil n/2 \rceil^k + \lceil n/2 \rceil^k \\ &= \lceil (n+1)/2 \rceil \lceil n/2 \rceil^k \geq (n/2)(n/2)^k = n^{k+1}/2^{k+1} \end{aligned}$$

对所有的 $n \geq 1$。可得出结论

$$1^k + 2^k + \cdots + n^k = \Omega(n^{k+1})$$

因此

$$1^k + 2^k + \cdots + n^k = \Theta(n^{k+1})$$

注意定理 4.3.4 中的多项式

$$a_k n^k + a_{k-1} n^{k-1} + \cdots + a_1 n + a_0$$

和例 4.3.8 中的表达式

$$1^k + 2^k + \cdots + n^k$$

的区别。多项式有固定数的项,而例 4.3.8 中公式的项的数目取决于 n 的值。此外,定理 4.3.4 中的多项式是 $\Theta(n^k)$,而例 4.3.8 中的表达式是 $\Theta(n^{k+1})$。

下一个例子给出 $\lg n!$ 的 Θ 表示。

例 4.3.9 用类似例 4.3.7 中的讨论,证明

$$\lg n! = \Theta(n \lg n)$$

根据对数的性质,有

$$\lg n! = \lg n + \lg(n-1) + \cdots + \lg 2 + \lg 1$$

对所有的 $n \geq 1$。由于 $\lg$ 是一个增函数,

$$\lg n + \lg(n-1) + \cdots + \lg 2 + \lg 1 \leq \lg n + \lg n + \cdots + \lg n + \lg n = n \lg n$$

对所有的 $n \geq 1$。所以得出

$$\lg n! = O(n \lg n)$$

对所有的 $n \geq 4$,有

$$\begin{aligned}
\lg n + \lg(n-1) + \cdots + \lg 2 + \lg 1 &\geq \lg n + \lg(n-1) + \cdots + \lg \lceil n/2 \rceil \\
&\geq \lg \lceil n/2 \rceil + \cdots + \lg \lceil n/2 \rceil \\
&= \lceil (n+1)/2 \rceil \lg \lceil n/2 \rceil \\
&\geq (n/2) \lg(n/2) \\
&= (n/2)[\lg n - \lg 2] \\
&= (n/2)[(\lg n)/2 + ((\lg n)/2 - 1)] \\
&\geq (n/2)(\lg n)/2 \\
&= n \lg n / 4
\end{aligned}$$

(由于对所有的 $n \geq 4$,$(\lg n)/2 \geq 1$)。因此

$$\lg n! = \Omega(n \lg n)$$

可得

$$\lg n! = \Theta(n \lg n)$$

例 4.3.10 证明如果 $f(n) = \Theta(g(n))$ 且 $g(n) = \Theta(h(n))$,那么 $f(n) = \Theta(h(n))$。

因为 $f(n) = \Theta(g(n))$,存在常数 C_1 和 C_2 使得对除有限个例外的所有正整数 n,

$$C_1|g(n)| \leq |f(n)| \leq C_2|g(n)|$$

因为 $g(n) = \Theta(h(n))$,存在常数 C_3 和 C_4 使得对除有限个例外的所有正整数 n,

$$C_3|h(n)| \leq |g(n)| \leq C_4|h(n)|$$

因此对除有限个例外的所有正整数 n,

$$C_1 C_3 |h(n)| \leq C_1|g(n)| \leq |f(n)| \leq C_2|g(n)| \leq C_2 C_4 |h(n)|$$

可得 $f(n) = \Theta(h(n))$。

下面定义对数量级最大为$g(n)$的算法来说，最好情形执行、最坏情形执行和平均执行时间的意义。

定义 4.3.11 如果一个算法输入规模为n时的最好情形需要$t(n)$单位时间结束且

$$t(n) = O(g(n))$$

称算法需要的最好情形执行时间的数量级最大为$g(n)$，或者算法需要的最好情形执行时间是$O(g(n))$。如果一个算法的输入规模为n时，最坏情形下需要$t(n)$单位时间结束且

$$t(n) = O(g(n))$$

称算法需要的最坏情形执行时间的数量级最大为$g(n)$，或者算法需要的最坏情形执行时间是$O(g(n))$。如果一个算法的输入规模为n时，平均情况下需要$t(n)$单位时间结束且

$$t(n) = O(g(n))$$

称算法需要的平均执行时间的数量级最大为$g(n)$，或者算法需要的平均执行时间是$O(g(n))$。■

在定义4.3.11中用Ω代替O，并用"最小"来代替"最大"，可得对数量级至少为$g(n)$的算法来说，最好情形执行、最坏情形执行和平均情形执行时间的意义。如果一个算法需要的最好情形执行时间是$O(g(n))$和$\Omega(g(n))$，称这个算法需要的最好情形执行时间是$\Theta(g(n))$。类似的定义可以应用于一个算法的最坏情形和平均情形执行时间。

例 4.3.12 假设一个已知算法，在输入规模是n时，最坏情形下需要

$$60n^2 + 5n + 1$$

单位时间结束。在例4.3.3中证明了

$$60n^2 + 5n + 1 = \Theta(n^2)$$

因此这个算法需要的最坏情形执行时间是$\Theta(n^2)$。■

例 4.3.13 给出语句$x = x + 1$的执行次数关于n的Θ表示。

1. for $i = 1$ to n
2.   for $j = 1$ to i
3. $x = x + 1$

首先，i赋值为1，j从1执行到1，第3行执行一次。下一步，i赋值为2，j从1执行到2，第3行执行两次，一直执行下去。因此第3行执行的总次数为（参见例4.3.7）

$$1 + 2 + \cdots + n = \Theta(n^2)$$

因此语句$x = x + 1$的执行次数的表示是$\Theta(n^2)$。■

例 4.3.14 给出语句$x = x + 1$的执行次数关于n的Θ表示。

1. $i = n$
2. while ($i \geq 1$) {
3. $x = x + 1$
4. $i = \lfloor i/2 \rfloor$
5. }

首先检查一些特殊情形。由于基底函数，如果 n 是 2 的幂，计算就可简化。考虑 $n = 8$ 的情形。
在第 1 行，i 赋值为 8。在第 2 行，条件 $i \geq 1$ 为真。在第 3 行，第 1 次执行语句 $x = x + 1$。在第 4 行，i 重新赋值为 4，返回第 2 行。

在第 2 行，条件 $i \geq 1$ 仍然为真。在第 3 行，第 2 次执行语句 $x = x + 1$。在第 4 行，i 重新赋值为 2，返回第 2 行。

在第 2 行，条件 $i \geq 1$ 仍然为真。在第 3 行，第 3 次执行语句 $x = x + 1$。在第 4 行，i 重新赋值为 1，返回第 2 行。

在第 2 行，条件 $i \geq 1$ 仍然为真。在第 3 行，第 4 次执行语句 $x = x + 1$。在第 4 行，i 重新赋值为 0，返回第 2 行。

这时在第 2 行，条件 $i \geq 1$ 为假。语句 $x = x + 1$ 执行了 4 次。

现在假设 n 是 16。在第 1 行，i 赋值为 16。在第 2 行，条件 $i \geq 1$ 为真。在第 3 行，语句 $x = x + 1$ 第 1 次执行。在第 4 行，i 赋值为 8，返回第 2 行。如前面已经执行过的，语句 $x = x + 1$ 再执行 4 次，一共执行了 5 次。

类似地，如果 n 是 32，语句 $x = x + 1$ 一共执行 6 次。

现在出现了一种模式。每次 n 的初始值增加 1 倍，语句 $x = x + 1$ 就多执行一次。更确切地说，如果 $n = 2^k$，语句 $x = x + 1$ 执行 $k + 1$ 次。由于 k 是 2 的指数，$k = \lg n$。因此，如果 $n = 2^k$，语句 $x = x + 1$ 执行 $1 + \lg n$ 次。

如果 n 是一个任意的正整数（不必需是 2 的幂），那么它在 2 的两个幂之间；也就是，存在 $k \geq 1$,

$$2^{k-1} \leq n < 2^k$$

施归纳于 k 可证明在这种情况下语句 $x = x + 1$ 执行了 k 次。

如果 $k = 1$，有

$$1 = 2^{1-1} \leq n < 2^1 = 2$$

因此，n 是 1。在这种情况下，语句 $x = x + 1$ 执行了 1 次。所以基本步得证。

现在假设如果 n 满足

$$2^{k-1} \leq n < 2^k$$

语句 $x = x + 1$ 执行 k 次。必须证明如果 n 满足

$$2^k \leq n < 2^{k+1}$$

语句 $x = x + 1$ 执行 $k + 1$ 次。

假设 n 满足

$$2^k \leq n < 2^{k+1}$$

在第 1 行，i 赋值为 n。在第 2 行，条件 $i \geq 1$ 为真。在第 3 行，语句 $x = x + 1$ 第 1 次执行。在第 4 行，i 重新赋值为 $\lfloor n/2 \rfloor$，返回第 2 行。注意到

$$2^{k-1} \leq n/2 < 2^k$$

由于 2^{k-1} 是一个整数，一定有

$$2^{k-1} \leq \lfloor n/2 \rfloor < 2^k$$

根据归纳假设，语句 $x = x + 1$ 已执行了 k 次，一共执行了 $k + 1$ 次。归纳步得证。因此，如果 n 满足

$$2^{k-1} \leq n < 2^k$$

语句 $x = x + 1$ 执行了 k 次。

假设 n 满足

$$2^{k-1} \leq n < 2^k$$

以 2 为底取对数，有

$$k - 1 \leq \lg n < k$$

因此 k，也就是语句 $x = x + 1$ 的执行次数，满足

$$\lg n < k \leq 1 + \lg n$$

由于 k 是一个整数，一定有

$$k \leq 1 + \lfloor \lg n \rfloor$$

另外，

$$\lfloor \lg n \rfloor < k$$

从最后两个不等式可得

$$k = 1 + \lfloor \lg n \rfloor$$

由于

$$1 + \lfloor \lg n \rfloor = \Theta(\lg n)$$

语句 $x = x + 1$ 的执行次数的 Θ 表示为 $\Theta(\lg n)$。 ■

很多算法都是基于重复减半的思路。例 4.3.14 表明，对 n，重复减半的次数是 $\Theta(\lg n)$。当然，如果算法还处理一些其他的工作，那么总的次数会有所增加。

例 4.3.15 给出语句 $x = x + 1$ 的执行次数关于 n 的 Θ 表示。

1. $j = n$
2. while ($j \geq 1$) {
3.   for $i = 1$ to j
4. $x = x + 1$
5. $j = \lfloor j/2 \rfloor$
6. }

令 $t(n)$ 表示语句 $x = x + 1$ 的执行次数。第 1 次到 while 循环体时，语句 $x = x + 1$ 执行了 n 次。因此 $t(n) \geq n$，对所有的 $n \geq 1$ 且 $t(n) = \Omega(n)$。

下面推出一个 $t(n)$ 的大 O 表示。在 j 被赋值为 n 后，第 1 次达到 while 循环。语句 $x = x + 1$ 执行 n 次。在第 5 行，j 用 $\lfloor n/2 \rfloor$ 重新赋值；因此 $j \leq n/2$。如果 $j \geq 1$，在下一次 while 循环迭代中至多再执行 $n/2$ 次语句 $x = x + 1$，一直执行下去。如果令 k 代表 while 循环体的执行次数，语句 $x = x + 1$ 执行次数最多为

$$n + \frac{n}{2} + \frac{n}{4} + \cdots + \frac{n}{2^{k-1}}$$

这个几何级数的和（参见例 2.4.4）等于

$$\frac{n\left(1-\frac{1}{2^k}\right)}{1-\frac{1}{2}}$$

有

$$t(n) \leqslant \frac{n\left(1-\frac{1}{2^k}\right)}{1-\frac{1}{2}} = 2n\left(1-\frac{1}{2^k}\right) \leqslant 2n \qquad 对所有的 n \geqslant 1$$

所以 $t(n) = O(n)$。于是语句 $x = x+1$ 的执行次数的 Θ 表示为 $\Theta(n)$。∎

例 4.3.16 确定下面算法 4.3.17 中最好、最坏和平均情形执行时间的 Θ 表示。假设输入规模是 n，算法的执行时间是在第 3 行做比较的次数。同时还假设，关键值是或不是在序列里特定位置的 $n+1$ 种可能性被视为是一样的。

算法 4.3.17 的最好情形执行时间可以进行如下分析。如果 s_1 = 关键值，第 3 行执行一次。因此算法 4.3.17 的最好情形执行时间是

$$\Theta(1)$$

算法 4.3.17 的最坏情形执行时间可以进行如下分析。如果关键值不出现在序列里，第 3 行将执行 n 次，因此算法 4.3.17 的最坏情形执行时间是

$$\Theta(n)$$

最后，考虑算法 4.3.17 的平均情形执行时间。如果关键值出现在序列的第 i 个位置，第 3 行执行 i 次；如果关键值不出现在序列中，第 3 行执行 n 次。因此第 3 行的平均执行次数是

$$\frac{(1+2+\cdots+n)+n}{n+1}$$

由于

$$\begin{aligned}\frac{(1+2+\cdots+n)+n}{n+1} &\leqslant \frac{n^2+n}{n+1} \\ &= \frac{n(n+1)}{n+1} = n\end{aligned} \tag{4.3.1}$$

因此，算法 4.3.17 的平均情形执行时间是

$$O(n)$$

同样

$$\begin{aligned}\frac{(1+2+\cdots+n)+n}{n+1} &\geqslant \frac{n^2/4+n}{n+1} \\ &\geqslant \frac{n^2/4+n/4}{n+1} = \frac{n}{4}\end{aligned} \tag{4.3.2}$$

因此，算法 4.3.17 的平均情形执行时间是

$$\Omega(n)$$

所以算法 4.3.17 的平均情形执行时间是

$$\Theta(n)$$

对这个算法，最坏和平均执行时间都是 $\Theta(n)$。

算法 4.3.17　无序序列的搜索

给定序列 $s_1, \cdots, s_n$ 和一个 key 值，算法是寻找 key 的位置索引。如果没找到 key，算法输出 0。

输入：$s_1, s_2, \cdots, s_n$ 和 n 以及变量 key（要搜索的值）

输出：key 的位置索引，如果没找到，输出 0

```
1. linear_search(s, n, key){
2.     for i = 1 to n
3.         if (key == s_i)
4.             return i  // 搜索成功
5.     return 0  // 搜索失败
6. }
```

例 4.3.18　矩阵乘法和传递关系

令 A 是一个矩阵，A_{ij} 表示该矩阵第 i 行 j 列的值。$n \times n$ 矩阵 A 和 B（即矩阵 A 和 B 的行为 n，列为 n）的乘积可定义为矩阵 C，其中

$$C_{ij} = \sum_{k=1}^{n} A_{ik} B_{kj}, \qquad 1 \leqslant i \leqslant n,\ 1 \leqslant j \leqslant n$$

直接翻译自上述定义的计算矩阵乘积的算法 4.3.19，由于存在嵌套循环，运行时间是 $\Theta(n^3)$。回忆一下（参阅定理 3.5.6 之后的讨论），设 R 是一个 n 个元素集合之上的关系，检查 R 是否是传递的，可通过计算该关系的邻接矩阵，比如说 A，然后再比较 A^2 和 A。当且仅当若矩阵 A^2 的第 i 行第 j 列的值非 0 则相应的 A 的元素也非 0，则 R 是传递的。使用算法 4.3.19 计算 A^2 需要的时间是 $\Theta(n^3)$。因此通过算法 4.3.19 计算 A^2 的方式来测试 n 个元素集合之上的一个关系是否是传递的，其总的时间是 $\Theta(n^3)$。

多年来大家都相信两个 $n \times n$ 矩阵相乘的最小时间耗费是 $\Theta(n^3)$，因此发现一个更有效的算法是非常令人振奋的。计算两个 $n \times n$ 矩阵相乘的 Strassen 算法（参阅[Johnsonbaugh, 5.4 节]）的运行时间是 $\Theta(n^{\lg 7})$。这里 lg 7 的近似值为 2.807。Strassen 算法的运行时间近似为 $\Theta(n^{2.807})$，其渐近复杂度比算法 4.3.19 要好。而由 Coppersmith-Winograd 提出的算法（参阅[Coppersmith]），运行时间为 $\Theta(n^{2.376})$，其渐近复杂度甚至比 Strassen 算法还要好。由于两个 $n \times n$ 矩阵的乘积涉及 n^2 项，因此任何计算两个 $n \times n$ 矩阵乘积的算法至少需要时间 $\Theta(n^2)$。目前对于该问题还不知道确切的下界。

算法 4.3.19　矩阵乘法

本算法直接从矩阵乘法的定义计算 $n \times n$ 矩阵 A 和 B 的乘积 C。

输入：A, B, n

输出：A 和 B 的乘积 C

```
matrix_product(A, B, n) {
    for i = 1 to n
```

```
    for j = 1 to n {
        C_ij = 0
        for k = 1 to n
            C_ij = C_ij + A_ik * B_kj
    }
    return C
}
```

在Θ表示中忽略的常数可能是重要的。即便对任意的输入规模 n，算法 A 需要精确的 C_1n 单位时间，算法 B 需要精确的 C_2n^2 单位时间，对某些确定的输入规模，算法 B 优于算法 A。例如，假设对任意输入规模 n，算法 A 需要 $300n$ 单位时间，算法 B 需要 $5n^2$ 单位时间。对输入规模 $n = 5$ 时，算法 A 需要 1500 单位时间，而 B 需要 125 单位时间，算法 B 更快一些。当然，对足够大的输入，算法 A 比算法 B 快。

Θ表示法中常数重要性的实际例子之一是矩阵乘法。对于矩阵乘法，虽然存在时间复杂度分别为 $\Theta(n^{2.807})$ 和 $\Theta(n^{2.376})$ 的 Starssen 算法和 Coppersmith-Winograd 算法（参见例 4.3.18），但常用的是时间复杂度为 $\Theta(n^3)$ 的算法 4.3.19。在 Starssen 算法和 Coppersmith-Winograd 算法中，常数因子非常之大，以至于仅对很大的矩阵它们才可能比算法 4.3.19 运行得更快。

表 4.3.3　某些常见函数的增长趋势

Θ形式	名称
$\Theta(1)$	常数
$\Theta(\lg \lg n)$	Log log
$\Theta(\lg n)$	Log
$\Theta(n)$	线性
$\Theta(n \lg n)$	$n \log n$
$\Theta(n^2)$	二次方
$\Theta(n^3)$	三次方
$\Theta(n^k), k \geq 1$	多项式
$\Theta(c^n), c > 1$	指数
$\Theta(n!)$	阶乘

有些增函数由于经常出现，因此赋给它们特定的名称，如表 4.3.3 中所示。表 4.3.3 中 $\Theta(n^k)$ 的指数形式安排成如果 $\Theta(f(n))$ 在 $\Theta(g(n))$ 上边，那么除了有限的正整数 n 以外 $f(n) \leq g(n)$。因此，如果算法 A 和 B 的执行时间分别是 $\Theta(f(n))$ 和 $\Theta(g(n))$，且表 4.3.3 中 $\Theta(f(n))$ 在 $\Theta(g(n))$ 上边，那么对于足够大的输入，算法 A 比算法 B 的时间效率高。

对于表 4.3.3 中函数相对大小的研究，建立一种直观感觉是很重要的。在图 4.3.1 中画出了一些函数的图。另外一个比较表 4.3.3 中函数 $f(n)$ 相对大小的方法，是通过确定每个算法需要多长时间结束 $f(n)$。为了达到这个目的，假设有一台每微秒（10^{-6} s）执行一步的计算机。表 4.3.1 表明在这个假设下，对于不同输入规模的执行时间。注意到仅仅对很小的输入 n 时，实现一个需要执行 2^n 步的算法是可行的。对相当大的输入规模，需要 n^2 或者 n^3 步的算法也是不可行的。同样，注意到从 n^2 到 $n \lg n$ 步的提高结果。

一个问题具有的最坏情形执行时间为多项式时间的算法被认为是一个好的算法，说明这个问题有一个有效的解。这种问题称为**可行的**或者**易处理的**。当然，如果求解这个问题的最坏情形执行时间与更高阶的多项式成正比，那么这个问题的解需要更长时间。幸运的是，在很多重要情况下，多项式的界有较小的次数。

一个不具有最坏情形执行时间为多项式时间的问题称为**难题**。对于任何算法（如果存在），求解一个难题在最坏情形下需要很长的时间来执行，即便输入大小的规模一般。

有些问题如此之难，以至于根本不存在算法。一个不存在算法的问题称为**不可解的**。有很多有名的问题被认为是不可解的，有些具有相当实际的重要性。最早被证明为不可解的问题之一是**停机问题**（halting problem）：给定任意程序和一组输入，这个程序是否会停机？

有很多可解的问题包含不确定的状态；它们被认为是难解的，但没有一个问题被证明是难解的。（这些问题大部分属于NP完全问题；详细内容请参见[Johnsonbaugh]。）一个NP完全问题的例子是

给定一组有限大小的集合族 C 和一个正整数 $k \leq |C|$，C 中是否存在至少 k 个互不相交的子集？另外一些NP完全问题包括旅行商问题和Hamilton回路问题（参见8.3节）。

问题求解要点

为了直接得到表达式 $f(n)$ 的大 O 表示，必须找到一个常数 C_1 和一个简单的表示 $g(n)$（例如 n、$n\lg n$、n^2），使得 $|f(n)| \leq C_1|g(n)|$ 对除有限个例外的所有 n 都成立。需要记住的是，现在是努力得到一个不等式，而不是等式，因此可以用其他的项来代替 $f(n)$ 中的项，只要结果变大（例如，参见例4.3.3）。

为了直接得到表达式 $f(n)$ 的 Ω 表示，必须找到一个常数 C_2 和一个简单的表示 $g(n)$，使得 $|f(n)| \geq C_2|g(n)|$ 对除有限个例外的所有 n 都成立。同样，现在是努力得到一个不等式，可以用其他的项来代替 $f(n)$ 中的项，只要结果变小（例如，参见例4.3.3）。

为了得到一个 Θ 表示，必须得到大 O 表示和 Ω 表示。

另外一个得到大 O、Ω 和 Θ 估计的办法是利用已知的结果：

表达式	名称	估计	引自
$a_k n^k + a_{k-1}n^{k-1} + \cdots + a_1 n + a_0$	多项式	$\Theta(n^k)$	定理4.3.4
$1 + 2 + \cdots + n$	算术运算和	$\Theta(n^2)$	定理4.3.7
$1^k + 2^k + \cdots + n^k$	幂的和	$\Theta(n^{k+1})$	定理4.3.8
$\lg n!$	$\log n$ 阶乘	$\Theta(n \lg n)$	定理4.3.9

为了得到一个算法时间的渐近估计，对算法需要执行的步数 $t(n)$ 计数，然后像前面一样得到 $t(n)$ 的估计。算法一般包含循环，在这种情况下，需要计数循环迭代的次数来得到 $t(n)$。

本节复习

1. 算法分析指的是什么？
2. 什么是一个算法的最坏情形执行时间？
3. 什么是一个算法的最好情形执行时间？
4. 什么是一个算法的平均执行时间？
5. 定义 $f(n) = O(g(n))$。这个表示如何称谓？
6. 如果 $f(n) = O(g(n))$，给出 f 和 g 的关系的直观解释。
7. 定义 $f(n) = \Omega(g(n))$。这个表示如何称谓？
8. 如果 $f(n) = \Omega(g(n))$，给出 f 和 g 的关系的直观解释。
9. 定义 $f(n) = \Theta(g(n))$。这个表示如何称谓？
10. 如果 $f(n) = \Theta(g(n))$，给出 f 和 g 的关系的直观解释。

练习

为练习1~12中的表达式选出一个表4.3.3中的 Θ 表示。

1. $6n + 1$
2. $2n^2 + 1$
3. $6n^3 + 12n^2 + 1$
4. $3n^2 + 2n \lg n$
5. $2 \lg n + 4n + 3n \lg n$
6. $6n^6 + n + 4$
7. $2 + 4 + 6 + \cdots + 2n$
8. $(6n + 1)^2$
9. $(6n + 4)(1 + \lg n)$
10. $\dfrac{(n+1)(n+3)}{n+2}$
11. $\dfrac{(n^2 + \lg n)(n+1)}{n + n^2}$
12. $2 + 4 + 8 + 16 + \cdots + 2^n$

在练习 13~15 中，找出 $f(n) + g(n)$ 的 Θ 表示。

13. $f(n) = \Theta(1)$, $g(n) = \Theta(n^2)$
14. $f(n) = 6n^3 + 2n^2 + 4$, $g(n) = \Theta(n\lg n)$
15. $f(n) = \Theta(n^{3/2})$, $g(n) = \Theta(n^{5/2})$

在练习 16~25 中，对语句 $x = x + 1$ 的执行次数，从 $\Theta(1)$、$\Theta(\lg n)$、$\Theta(n)$、$\Theta(n\lg n)$、$\Theta(n^2)$、$\Theta(n^3)$、$\Theta(2^n)$ 或 $\Theta(n!)$ 中找出 Θ 表示。

16. for $i = 1$ to $2n$
    $\quad x = x + 1$

17. $i = 1$
    while ($i \leqslant 2n$) {
    $\quad x = x + 1$
    $\quad i = i + 2$
    }

18. for $i = 1$ to n
    $\quad$ for $j = 1$ to n
    $\quad\quad x = x + 1$

19. for $i = 1$ to $2n$
    $\quad$ for $j = 1$ to n
    $\quad\quad x = x + 1$

20. for $i = 1$ to n
    $\quad$ for $j = 1$ to $\lfloor i/2 \rfloor$
    $\quad\quad x = x + 1$

21. for $i = 1$ to n
    $\quad$ for $j = 1$ to n
    $\quad\quad$ for $k = 1$ to n
    $\quad\quad\quad x = x + 1$

22. for $i = 1$ to n
    $\quad$ for $j = 1$ to n
    $\quad\quad$ for $k = 1$ to i
    $\quad\quad\quad x = x + 1$

23. for $i = 1$ to n
    $\quad$ for $j = 1$ to i
    $\quad\quad$ for $k = 1$ to j
    $\quad\quad\quad x = x + 1$

24. $j = n$
    while ($j \geqslant 1$) {
    $\quad$ for $i = 1$ to j
    $\quad\quad x = x + 1$
    $\quad j = \lfloor j/3 \rfloor$
    }

25. $i = n$
    while ($i \geqslant 1$) {
    $\quad$ for $j = 1$ to n
    $\quad\quad x = x + 1$
    $\quad i = \lfloor i/2 \rfloor$
    }

26. 找出语句 $x = x + 1$ 执行次数的 Θ 表示。
    $i = 2$
    while ($i < n$) {
    $\quad i = i^2$
    $\quad x = x + 1$
    }

27. 令 $t(n)$ 代表下面伪代码中 i 增加且 j 减少的总次数。$a_1, a_2, \cdots$ 是实数序列。
    $i = 1$
    $j = n$
    while ($i < j$) {
    $\quad$ while ($i < j \wedge a_i < 0$)
    $\quad\quad i = i + 1$
    $\quad$ while ($i < j \wedge a_j \geqslant 0$)
    $\quad\quad j = j - 1$
    $\quad$ if ($i < j$)
    $\quad\quad$ swap(a_i, a_j)
    }

给出 $t(n)$ 的 Θ 表示。

28. 找出下面算法最坏情形执行时间的 Θ 表示。

    $iskey(s, n, key)${
        for $i = 1$ to $n - 1$
            for $j = i + 1$ to n
                if ($s_i + s_j == key$)
                    return 1
                else
                    return 0
    }

29. 除了给出练习 1~28 的 Θ 表示以外，证明它们是正确的。

30. 找出当 n 分别是奇数和偶数时，下面算法需要执行比较（行数：10, 15, 17, 24, 26）的确切数。给出这个算法的 Θ 表示。

    输入：$s_1, s_2, \cdots, s_n, n$
    输出：$large(s_1, s_2, \cdots, s_n$ 中最大的一项$)$, $small(s_1, s_2, \cdots, s_n$ 中最小的一项$)$

    1. $large\_small\,(s, n, large, small)${
    2.   if ($n == 1$){
    3. $large = s_1$
    4. $small = s_1$
    5.   return
    6.   }
    7. $m = 2\lfloor n/2 \rfloor$
    8. $i = 1$
    9.   while ($i \leq m - 1$) {
    10.   if ($s_i > s_{i+1}$)
    11. $swap(s_i, s_{i+1})$
    12. $i = i + 2$
    13.   }
    14.   if ($n > m$){
    15.   if ($s_{m-1} > s_n$)
    16. $swap(s_{m-1}, s_n)$
    17.   if ($s_n > s_m$)
    18. $swap(s_m, s_n)$
    19.   }
    20. $small = s_1$
    21. $large = s_2$
    22. $i = 3$
    23.   while ($i \leq m - 1$){
    24.   if ($s_i < small$)
    25. $small = s_i$
    26.   if ($s_{i+1} > large$)

27.　　　　　$large = s_{i+1}$
28.　　　　　$i = i + 2$
29.　　　}
30.　}
31. 这个练习给出另外一个估计公式 $1 + 2 + \cdots + n$ 的办法。例 4.3.7 说明对某些常数 A、B 和 C，$1 + 2 + \cdots + n = An^2 + Bn + C$（对所有的 n）。假设这是正确的，分别将 $n = 1, 2, 3$ 代入得到三个含有未知数 A、B、C 的等式，求出 A、B 和 C。结果公式可以用数学归纳法证明（参见 2.4 节）。
32. 假设 $a > 1$ 且 $f(n) = \Theta(\log_a n)$。证明 $f(n) = \Theta(\lg n)$。
33. 证明 $n! = O(n^n)$。　　　　　　34. 证明 $2^n = O(n!)$。
35. 利用像例 4.3.7~4.3.9 中的讨论或者其他方法，证明 $\sum_{i=1}^{n} i \lg i = \Theta(n^2 \lg n)$。
*36. 证明 $n^{n+1} = O(2^{n^2})$。　　　37. 证明对所有固定的 $k > 0$ 和 $c > 0$，$\lg(n^k + c) = \Theta(\lg n)$。
38. 证明如果 n 是 2 的幂形式，也就是 $n = 2^k$，那么 $\sum_{i=0}^{k} \lg(n/2^i) = \Theta(\lg^2 n)$。
39. 假设对所有的 $n \geq 1$，$f(n) = O(g(n))$，$f(n) \geq 0$ 且 $g(n) > 0$。证明存在常数 C，对所有的 $n \geq 1$，$f(n) \leq Cg(n)$。
40. 叙述和证明在练习 39 中对 Ω 有类似的结论。
41. 叙述和证明在练习 39 和练习 40 中对 Θ 有类似的结论。

判断练习 42~52 中的每个语句是否正确。如果语句错误，给出一个反例。假设函数 f、g 和 h 只取正数值。

42. $n^n = O(2^n)$。　　　　　　　　43. $2 + \sin n = O(2 + \cos n)$。
44. 如果 $f(n) = \Theta(h(n))$ 且 $g(n) = \Theta(h(n))$，那么 $f(n) + g(n) = \Theta(h(n))$。
45. 如果 $f(n) = \Theta(g(n))$，那么 $cf(n) = \Theta(g(n))$，对任何 $c \neq 0$。
46. 如果 $f(n) = \Theta(g(n))$，那么 $2^{f(n)} = \Theta(2^{g(n)})$。
47. 如果 $f(n) = \Theta(g(n))$，那么 $\lg f(n) = \Theta(\lg g(n))$。假设对所有的 $n = 1, 2, \cdots$，$f(n) \geq 1$，$g(n) \geq 1$。
48. 如果 $f(n) = O(g(n))$，那么 $g(n) = O(f(n))$。
49. 如果 $f(n) = O(g(n))$，那么 $g(n) = \Omega(f(n))$。
50. 如果 $f(n) = \Theta(g(n))$，那么 $g(n) = \Theta(f(n))$。
51. $f(n) + g(n) = \Theta(h(n))$，其中 $h(n) = \max\{f(n), g(n)\}$。
52. $f(n) + g(n) = \Theta(h(n))$，其中 $h(n) = \min\{f(n), g(n)\}$。
53. 严格地写出 $f(n) \neq O(g(n))$ 是什么意思。
54. 下面试图说明不可能同时有 $f(n) \neq O(g(n))$ 和 $g(n) \neq O(f(n))$ 的论断中出现了什么错误？

如果 $f(n) \neq O(g(n))$，那么对所有的 $C > 0$，$|f(n)| > C|g(n)|$。特别是，$|f(n)| > 2|g(n)|$。如果 $g(n) \neq O(f(n))$，同样对所有的 $C > 0$，$|g(n)| > C|f(n)|$。特别是，$|g(n)| > 2|f(n)|$。但是现在得到 $|f(n)| > 2|g(n)| > 4|f(n)|$，消去 $|f(n)|$，得到 $1 > 4$，这是个矛盾。因此，不可能同时有 $f(n) \neq O(g(n))$ 和 $g(n) \neq O(f(n))$。

*55. 找出函数 f 和 g 满足 $f(n) \neq O(g(n))$ 且 $g(n) \neq O(f(n))$。
*56. 给出一个定义域为正整数的、递增的值为正的函数 f 和 g 的例子，满足 $f(n) \neq O(g(n))$ 且 $g(n) \neq O(f(n))$。
*57. 证明对所有的 $k = 1, 2, \cdots$ 和 $c > 1$，$n^k = O(c^n)$。
58. 找出函数 f、g、h 和 t，满足 $f(n) = \Theta(g(n))$，$h(n) = \Theta(t(n))$，$f(n) - h(n) \neq \Theta(g(n) - t(n))$。

59. 假设一个算法的最坏情形执行时间是 $\Theta(n)$。下面的推理中出现了什么错误？由于 $2n = \Theta(n)$，输入规模为 $2n$ 时，算法的执行时间与输入规模为 n 时算法的最坏情形执行时间近似相同。

60. $f(n) = O(g(n))$ 是否是定义在 $\{1, 2, \cdots\}$ 上的实函数集合上的等价关系？

61. $f(n) = \Theta(g(n))$ 是否是定义在 $\{1, 2, \cdots\}$ 上的实函数集合上的等价关系？

62. [需要积分运算]

(a) 通过参考下图，证明 $\dfrac{1}{2} + \dfrac{1}{3} + \cdots + \dfrac{1}{n} < \log_e n$。

(b) 通过参考下图，证明 $\log_e n < 1 + \dfrac{1}{2} + \cdots + \dfrac{1}{n-1}$。

(c) 利用(a)和(b)证明 $1 + \dfrac{1}{2} + \cdots + \dfrac{1}{n} = \Theta(\lg n)$。

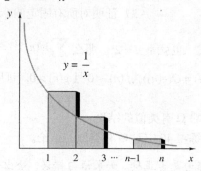

63. [需要积分运算]利用练习62中类似的讨论证明 $\dfrac{n^{m+1}}{m+1} < 1^m + 2^m + \cdots + n^m < \dfrac{(n+1)^{m+1}}{m+1}$，其中 m 是正整数。

64. 利用公式 $\dfrac{b^{n+1} - a^{n+1}}{b - a} = \sum_{i=0}^{n} a^i b^{n-i}$ $(0 \le a < b)$，或者其他公式，证明

$$\dfrac{b^{n+1} - a^{n+1}}{b - a} < (n+1)b^n \quad (0 \le a < b)。$$

65. 在练习64 的不等式中取 $a = 1 + 1/(n+1)$ 和 $b = 1 + 1/n$，证明序列 $\{(1 + 1/n)^n\}$ 是递增的。

66. 在练习64 的不等式中取 $a = 1$ 和 $b = 1 + 1/(2n)$，证明 $\left(1 + \dfrac{1}{2n}\right)^n < 2$（对所有的 $n \ge 1$）。利用前面的练习证明 $\left(1 + \dfrac{1}{n}\right)^n < 4$（对所有的 $n \ge 1$）。

这个练习和前面练习中所用到的证明方法来自1862 年 Fort 的办法（参见[Chrystal, vol. II, page 77]）。

67. 利用前面两个练习或者其他练习，证明对所有的 $n \ge 1$，有 $\dfrac{1}{n} \le \lg(n+1) - \lg n < \dfrac{2}{n}$。

68. 利用前面的练习证明 $\sum_{i=1}^{n} \dfrac{1}{i} = \Theta(\lg n)$。（与练习62 比较一下。）

69. 证明序列 $\{n^{1/n}\}_{n=3}^{\infty}$ 是递减的。

70. 证明如果 $0 \le a < b$，则 $\dfrac{b^{n+1} - a^{n+1}}{b - a} > (n+1)a^n$。

71. 在上个练习中，给出合适的 a 和 b 的值，使序列 $\{(1 - 1/n)^n\}_{n=1}^{\infty}$ 是递减的，并且界为 $4/9$。

72. 基于上个练习或其他练习的结论，证明序列 $\{(1 + 1/n)^{n+1}\}_{n=1}^{\infty}$ 是递减的。

73. 基于上个练习或其他练习的结论，证明对于 $n \ge 1$，有 $\lg(n+1) - \lg n \le \dfrac{2}{n+1}$。

74. 下面的任意一个算法有一个 $O(n)$ 的执行时间的"证明"错在哪里？

必须证明对输入规模为 n 需要的执行时间最多是 n 的常数倍。

基本步

假设 $n = 1$。如果输入规模为 1 时，算法需要 C 单位时间，算法至多需要 $C \cdot 1$ 单位时间。因此 $n = 1$ 时断言正确。

归纳步

假设输入规模为 n 时，算法需要的时间至多是 $C'n$ 时间，再执行一项需要的额外时间是 C''。令 C 是 C' 和 C'' 中最大的，那么输入规模为 $n+1$ 时需要的总的时间最多是 $C'n+C'' \leq Cn + C = C(n+1)$。归纳步得证。

根据归纳法，对输入规模为 n 时，算法需要的执行时间至多是 n。因此，执行时间是 $O(n)$。

在练习 75~80 中，判断每个语句是否正确。如果语句正确，证明它。如果语句错误，给出一个反例。假设函数 f 和 g 是正整数集合上的实函数且对 $n \geq 1$，$g(n) \neq 0$。这些练习需要用到微积分的知识。

75. 如果 $\lim\limits_{n \to \infty} \dfrac{f(n)}{g(n)} = 0$，那么 $f(n) = O(g(n))$。

76. 如果 $\lim\limits_{n \to \infty} \dfrac{f(n)}{g(n)} = 0$，那么 $f(n) = \Theta(g(n))$。

77. 如果 $\lim\limits_{n \to \infty} \dfrac{f(n)}{g(n)} = c \neq 0$，那么 $f(n) = O(g(n))$。

78. 如果 $\lim\limits_{n \to \infty} \dfrac{f(n)}{g(n)} = c \neq 0$，那么 $f(n) = \Theta(g(n))$。

79. 如果 $f(n) = O(g(n))$，那么 $\lim\limits_{n \to \infty} \dfrac{f(n)}{g(n)}$ 存在且等于某个实数。

80. 如果 $f(n) = \Theta(g(n))$，那么 $\lim\limits_{n \to \infty} \dfrac{f(n)}{g(n)}$ 存在且等于某个实数。

*81. 利用归纳证明 $\lg n! \geq \dfrac{n}{2} \lg \dfrac{n}{2}$。

82. [需要微积分运算]令 $\ln x$ 代表 x 的自然对数（$\log_e x$）。利用积分得到下面的估计

$$n \ln n - n \leq \sum_{k=1}^{n} \ln k = \ln n!, \qquad n \geq 1$$

83. 利用练习 82 中的结果以及改变对数的底来得到公式 $n \lg n - n \lg e \leq \lg n!, n \geq 1$。

84. 从练习 83 中的不等式推出 $\lg n! \geq \dfrac{n}{2} \lg \dfrac{n}{2}$。

问题求解：算法的设计和分析

问题

研究和分析一个算法，输出数列 $s_1, \cdots, s_n$ 中一些相邻值的最大和。用数学符号表示，问题就是找出形式为 $s_j + s_{j+1} + \cdots + s_i$ 的最大和。例如，如果数列是 27 6 −50 21 −3 14 16 −8 42 33 −21 9，算法输出 115，为 21 −3 14 16 −8 42 33 的和。

如果数列中所有的数是负数，那么最大和定义成 0（最大为 0 的思想来自"空"的和）。

问题分析

在设计一个算法时，一个比较好的开始的方法是问一个问题："如果手工进行，那么应该怎样解决这个问题？"至少在最初，可以采取一个直接的方法。这里，可以列出所有相邻值的和，挑出最大值。对例中的数列，和如下表所示：

						j						
i	1	2	3	4	5	6	7	8	9	10	11	12
1	27											
2	33	6										
3	−17	−44	−50									
4	4	−23	−29	21								
5	1	−26	−32	18	−3							
6	15	−12	−18	32	11	14						
7	31	4	−2	48	27	30	16					
8	23	−4	−10	40	19	22	8	−8				
9	65	38	32	82	61	64	50	34	42			
10	98	71	65	115	94	97	83	67	75	33		
11	77	50	44	94	73	76	62	46	54	12	−21	
12	86	59	53	103	82	85	71	55	63	21	−12	9

第 j 列、第 i 行的元素是 $s_j + \cdots + s_i$。例如第 4 列、第 7 行是 48，即和：$s_4 + s_5 + s_6 + s_7 = 21 + -3 + 14 + 16 = 48$。经过检查，发现 115 是最大和。

求解

现在开始写出计算所有相邻和且找出最大值的直接算法的伪代码：

输入：$s_1, \cdots, s_n$
输出：max

```
max_sum1(s, n) {
  //sum_ji 是和 s_j + ··· + s_i
  for i = 1 to n {
    for j = 1 to i − 1
      sum_ji = sum_{j,i−1} + s_i
    sum_ii = s_i
  }
  // 遍历 sum_ji 并找出最大值
  max = 0
  for i = 1 to n
    for j = 1 to i
      if (sum_ji > max)
        max = sum_ji
  return max
}
```

第 1 个嵌套的循环计算和 $sum_{ji} = s_j + \cdots + s_i$。这个计算根据事实：$sum_{ji} = s_j + \cdots + s_i = s_j + \cdots + s_{i-1} + s_i = sum_{j,i-1} + s_i$。第 2 个嵌套的循环遍历 sum_{ji} 并找出最大值。

由于每个嵌套的循环需要时间 $\Theta(n^2)$，因此 max_sum1 的时间是 $\Theta(n^2)$。

可以通过在计算 sum_{ji} 的同一个嵌套的循环里计算最大值来改进执行时间，但是不能改进渐近时间。

输入：$s_1, \cdots, s_n$
输出：max

```
max_sum2(s, n) {
    //sum_ji 是和 s_j + ··· + s_i
    max = 0
    for i = 1 to n {
        for j = 1 to i − 1 {
            sum_ji = sum_{j,i−1} + s_i
            if (sum_ji > max)
                max = sum_ji
        }
        sum_ii = s_i
        if(sum_ii > max)
            max = sum_ii
    }
    return max
}
```

由于嵌套循环需要时间 $\Theta(n^2)$，因此 max_sum2 的时间是 $\Theta(n^2)$。为了降低渐近时间，需要仔细研究伪代码，看看可以进行哪些改进。

两个关键之处可以改进执行时间。首先，只是寻找最大和，没有必要记录所有的和；只需记录在下标 i 处结束时的最大和。其次，$sum_{ji} = sum_{j,i-1} + s_i$ 行表明了在下标 $i-1$ 处结束的相邻和与 i 处结束的相邻和有关。可以用类似的公式来计算最大值。如果 sum 是在下标 $i-1$ 处结束的最大相邻和，在 i 处结束的最大相邻和可以通过将 sum 加 s_i 来得到，其中满足 $sum + s_i$ 为正。（如果 i 处结束的某些相邻和超过 $sum + s_i$，可以将第 i 项 s_i 删除得到一个在 $i-1$ 处结束的超过 sum 的相邻和，这是不可能的。）如果 $sum + s_i \leq 0$，i 处结束的最大相邻和为 0，可通过令求和公式不含有任何项值为 0 得到。因此可以计算在 i 处结束的最大相邻和，通过执行下面的程序：

```
if (sum + s_i > 0)
    sum = sum + s_i
else
    sum = 0
```

形式解

输入：$s_1, \cdots, s_n$
输出：max

max_sum3(s, n) {

```
//max 是目前所见的最大和
// 第 i 次 for 循环迭代后，sum 是在 i 处结束的最大相邻和
max = 0
sum = 0
for i = 1 to n {
    if (sum + s_i > 0)
        sum = sum + s_i
    else
        sum = 0
    if (sum > max)
        max = sum
}
return max
}
```

由于这个算法只有一个从 1 执行到 n 的 for 循环，max_sum3 的时间是 $\Theta(n)$。这个算法的渐近时间不能再降低了。为了找到相邻和的最大值，序列中的每一项至少要查看一次，所需要的时间为 $\Theta(n)$。

问题求解技巧小结

- 在研究一个算法时，一个比较好的方法是开始时问一下："如果手工进行，那么应该怎样解决这个问题？"
- 在研究一个算法时，开始时采用一个直接的方法。
- 研究出一个算法后，仔细检查伪代码确定是否可以改进。看一下值得注意的、可以提高算法效率的关键计算之处。
- 如数学归纳法一样，将一个小问题的求解办法推广成大问题。（在这个问题里，将索引 $i-1$ 处结束的和推广到索引 i 处结束的和。）
- 不要重复计算。（在这个问题中，将索引 $i-1$ 处结束的和通过加上另外一项，而不是重新计算索引 i 处结束的和来得到索引 i 处的和。后一种方法意味着在索引 $i-1$ 处结束的和的重新计算。）

说明

根据[Bentley]，本节讨论的问题是数字图像处理中讨论的模式匹配的初始二维问题的一维版本。初始问题是在一个 $n \times n$ 实数矩阵中找到有最大和的子矩阵。

练习

1. 修改 max_sum3，使得它不仅计算相邻值的最大和而且得到最大和子序列的第一项和最后一项的索引。如果不存在最大和子序列（这是可能发生的，例如所有序列的值是负的），算法输出第一项和最后一项的索引为 0。

4.4 递归算法

一个**递归函数**（伪代码）是调用自身的函数。一个**递归算法**是包含递归函数的算法。递归是求解一大类问题的强有力的、出色的和自然的方法。这类问题可以采用分而治之的办法，即将问

题分解成与初始问题同类型的子问题来求解。以此类推，每一个子问题又可以继续分解直到这个过程得到的子问题可以通过一个直接的办法求解。最后，通过组合子问题的解就可以得到初始问题的解。 [WWW]

例 4.4.1 如果 $n \geq 1$，$n! = n(n-1)\cdots 2 \cdot 1$，而 $0! = 1$。注意到如果 $n \geq 2$，n 阶乘可以写成"它本身的形式"，因为如果"抛开" n，剩下的就是 $(n-1)!$；也就是

$$n! = n(n-1)(n-2)\cdots 2 \cdot 1 = n \cdot (n-1)!$$

例如

$$5! = 5 \cdot 4 \cdot 3 \cdot 2 \cdot 1 = 5 \cdot 4!$$

等式

$$n! = n \cdot (n-1)!$$

即便在 $n=1$ 时也成立，这说明了如何将初始问题（计算 $n!$）分解成为更简单的子问题（计算 $(n-1)!, (n-2)!, \cdots$），直到这个过程到达可以直接计算 $0!$ 问题。然后这些子问题的解可以通过相乘进行组合，最后得到初始问题的解。

例如，计算 $5!$ 的问题可以简化成计算 $4!$；计算 $4!$ 的问题可以简化成计算 $3!$；一直进行下去。表 4.4.1 总结了这个过程。

一旦计算 $5!$ 的问题简化成求解子问题，这个子问题的解可以用下面更简单的子问题来求解，一直下去，直到初始问题被求解。表 4.4.2 说明了如何组合子问题来计算 $5!$。

表 4.4.1 阶乘问题的分解

问题	简单问题
$5!$	$5 \cdot 4!$
$4!$	$4 \cdot 3!$
$3!$	$3 \cdot 2!$
$2!$	$2 \cdot 1!$
$1!$	$1 \cdot 0!$
$0!$	无

表 4.4.2 阶乘问题子问题的组合

问题	解
$0!$	1
$1!$	$1 \cdot 0! = 1$
$2!$	$2 \cdot 1! = 2$
$3!$	$3 \cdot 2! = 3 \cdot 2 = 6$
$4!$	$4 \cdot 3! = 4 \cdot 6 = 24$
$5!$	$5 \cdot 4! = 5 \cdot 24 = 120$

下面，写出一个计算阶乘的递归算法。这个算法是等式 $n! = n \cdot (n-1)!$ 的直接转换。

算法 4.4.2 计算 n 的阶乘 递归算法计算 $n!$。

输入：n，一个整数大于或者等于 0
输出：$n!$

```
1. factorial(n) {
2.    if (n == 0)
3.       return 1
4.    return n * factorial(n - 1)
5. }
```

我们下面说明算法 4.4.2 对 n 的几个值是如何计算 $n!$ 的。如果 $n=0$，在第 3 行，这个过程正确地返回值 1。

如果 $n=1$，继续到第 4 行因为 $n \neq 0$。利用这个函数来计算 $0!$。已注意到这个函数计算 $0!$ 的值为 1。在第 4 行，这个函数正确地计算出 $1!$：

$$n \cdot (n-1)! = 1 \cdot 0! = 1 \cdot 1 = 1$$

如果 $n = 2$，继续到第 4 行因为 $n \neq 0$。利用这个函数来计算 1!。已注意到这个函数计算 1! 的值为 1。在第 4 行，这个函数正确地计算出 2!：

$$n \cdot (n-1)! = 2 \cdot 1! = 2 \cdot 1 = 2$$

如果 $n = 3$，继续到第 4 行因为 $n \neq 0$。利用这个函数来计算 2!。已注意到这个函数计算 2! 的值为 2。在第 4 行，这个函数正确地计算出 3!：

$$n \cdot (n-1)! = 3 \cdot 2! = 3 \cdot 2 = 6$$

继续讨论，可以利用数学归纳法证明算法 4.4.2 对任意非负整数 n，正确地输出 $n!$ 的值。

定理 4.4.3 算法 4.4.2 输出 $n!$ 的值，对 $n \geq 0$。

证明

基本步（$n = 0$）
已经知道如果 $n = 0$，算法 4.4.2 正确地输出 0! 的值(1)。

归纳步
假设算法 4.4.2 正确地输出 $(n-1)!$ 的值，$n > 0$。现在假设 n 是算法 4.4.2 的输入。由于 $n \neq 0$，所以当执行算法 4.4.2 的函数时，就转到第 4 行。根据归纳假设，这个函数可以正确地计算出 $(n-1)!$ 的值。在第 4 行，这个函数正确地计算出 $(n-1)! \cdot n = n!$ 的值。
因此，对任意的整数 $n \geq 0$，算法 4.4.2 正确地输出 $n!$ 的值。

如果用计算机执行，由于太多地使用了递归调用，算法 4.4.2 一般没有非递归的算法效率高。必然存在某种情形，使得递归函数不再调用其自身；否则，它就会永远调用自身不停。在算法 4.4.2 中，如果 $n = 0$，函数就不再调用自身了。称一个函数不再调用自身时的值为基本情况。总之，每一个递归函数必须有基本情况。

现在，我们已经说明了如何利用数学归纳法来证明一个递归算法可计算出需要计算的值。数学归纳法和递归算法之间的联系是深奥的。经常利用数学归纳法的证明可以认为是计算某个值的算法或者得出某个构造。数学归纳法证明的基本步对应递归函数的基本情况，数学归纳法证明的归纳步对应递归函数调用其自身的部分。

在例 2.4.7 中，已经给出了利用数学归纳法证明对给定的 $n \times n$ 缺块的棋盘（一个方块被挪走的棋盘），其中 n 是 2 的幂，可以用右三联骨牌覆盖原来的方块（参见图 2.4.4）。现在将归纳法证明转换成对一个 $n \times n$ 的缺块的棋盘利用右三联骨牌来覆盖的递归算法，其中 n 是 2 的幂。

算法 4.4.4 用三联骨牌覆盖缺块棋盘 这是为一个 $n \times n$ 的缺块的棋盘利用右三联骨牌覆盖的算法，其中 n 是 2 的幂。
[WWW]

输入：n，2 的幂（棋盘的大小）；缺块的位置 L
输出：一个 $n \times n$ 缺块棋盘的覆盖

```
1. tile(n, L) {
2.   if (n == 2) {
       // 棋盘是一个右三联骨牌 T
3.     用 T 覆盖
```

4.　　return
5.　}
6.　将棋盘分成 4 个 $(n/2) \times (n/2)$ 的方块
7.　转动棋盘使得缺块在左上方 1/4 棋盘处
8.　将一个右三联骨牌放在中心处 // 如图 2.4.5 中所示
　　// 认为每一个由中心三联骨牌覆盖的方块是丢失的，并且将丢失的方块表示成 $m_1, m_2,$
　　m_3, m_4
9.　　tile$(n/2, m_1)$
10.　tile$(n/2, m_2)$
11.　tile$(n/2, m_3)$
12.　tile$(n/2, m_4)$
13. }

利用证明定理 4.4.3 的方法，可以证明算法 4.4.4 是正确的（参见练习 4）。

下面给出最后一个递归算法的例子。

例 4.4.5　一个机器人每步可以走 1 米或者 2 米。现在写出一个算法来计算机器人走 n 米所用方法的数目。例如：

距离	走步的顺序	移动方法的数目
1	1	1
2	1, 1 或 2	2
3	1, 1, 1 或 1, 2 或 2, 1	3
4	1, 1, 1, 1 或 1, 1, 2 或 1, 2, 1 或 2, 1, 1 或 2, 2	5

令 walk(n) 代表机器人走 n 米所用方法的数目，已经知道

$$\text{walk}(1) = 1, \text{walk}(2) = 2$$

现在假设 $n > 2$。机器人从 1 米一步或者 2 米一步开始。如果这个机器人从走 1 米一步开始，剩下 $n - 1$ 米的距离；根据定义，剩下的路程有 walk$(n - 1)$ 种方法。类似地，如果机器人以 2 米一步开始，剩下 $n - 2$ 米的距离，这时，剩下的路程有 walk$(n - 2)$ 种方法。由于每种方法或者以走 1 米或者以走 2 米开始，因此所有走 n 米的方法属于两者之一。得到公式 walk$(n) =$ walk$(n - 1) +$ walk$(n - 2)$。

例如

$$\text{walk}(4) = \text{walk}(3) + \text{walk}(2) = 3 + 2 = 5$$

可以将公式

$$\text{walk}(n) = \text{walk}(n-1) + \text{walk}(n-2)$$

直接转换成算法来编写一个计算 walk(n) 的递归算法。基本情况是 $n = 1$ 和 $n = 2$。■

算法 4.4.6　机器人移动　算法计算的函数定义成

$$\text{walk}(n) = \begin{cases} 1, & n = 1 \\ 2, & n = 2 \\ \text{walk}(n-1) + \text{walk}(n-2), & n > 2 \end{cases}$$

```
输入：n
输出：walk(n)
walk(n) {
    if (n == 1 ∨ n == 2)
        return n
    return walk(n − 1) + walk(n − 2)
}
```

利用证明定理 4.4.3 的方法，可以证明算法 4.4.6 是正确的（参见练习 7）。

序列

$$walk(1), walk(2), walk(3), \cdots$$

开始几项的值为

$$1, \quad 2, \quad 3, \quad 5, \quad 8, \quad 13, \quad \cdots$$

与 Fibonacci 序列有关，**Fibonacci 序列** $\{f_n\}$ 定义为

$$f_1 = 1$$
$$f_2 = 2$$
$$f_n = f_{n-1} + f_{n-2} \quad \text{对所有的 } n \geq 3 \qquad \text{[WWW]}$$

Fibonacci 序列开始的几项是

$$1, \quad 1, \quad 2, \quad 3, \quad 5, \quad 8, \quad 13, \quad \cdots$$

由于

$$walk(1) = f_2, \quad walk(2) = f_3$$

并且

$$walk(n) = walk(n-1) + walk(n-2), \quad f_n = f_{n-1} + f_{n-2} \quad \text{对所有的 } n \geq 3$$

可得

$$walk(n) = f_{n+1} \quad \text{对所有的 } n \geq 1$$

（形式化的论证可以利用数学归纳法；参见练习 8。）

Fibonacci 序列是用意大利商人和数学家 Leonardo Fibonacci（ca.1170—1250）的名字命名的。Fibonacci 序列最早出现在关于兔子的问题（参见练习 18 和练习 19）中。1202 年，Fibonacci 从东方回来以后，撰写了他最著名的著作 *Liber Abaci*（可见英译本[Sigler]），其中包括现在所称的 Fibonacci 序列。此外，他还倡导使用印度–阿拉伯数字。这是一本将十进制带到西欧的、有影响的著作之一。Fibonacci 将他大部分工作记为"Leonardo Bigollo"。Bigollo 可以翻译成"旅行者"或者"傻子"。有些证据表明，Fibonacci 同时代的人因为他对新进制的倡导而称他为"傻子"。

Fibonacci 序列出现在很多意想不到的地方。图 4.4.1 是一个有 13 个顺时针螺旋和 8 个逆时针螺旋的松树果。很多植物为了尽可能均匀地播种，会让每个种子的空间最大化。螺旋的数目以 Fibonacci 序列呈现，这种方式可为均匀播种提供最大可能（参见[Naylor, Mitchison]）。在 5.3 节，Fibonacci 序列也出现在对欧氏算法的分析中。

图 4.4.1　一个松树果。有 13 个顺时针螺旋（用白线标志）和 8 个逆时针螺旋（用实线标志）。（作者所拍，松树果由 André Berthiaume 和 Sigrid(Anne) Settle 提供）

例 4.4.7 用数学归纳法证明

$$\sum_{k=1}^{n} f_k = f_{n+2} - 1, \text{ 对所有的 } n \geq 1$$

在基本步（$n=1$），必须验证

$$\sum_{k=1}^{1} f_k = f_3 - 1$$

由于 $\sum_{k=1}^{1} f_k = f_1 = 1$ 且 $f_3 - 1 = 2 - 1 = 1$，等式已验证。

在归纳步，假设 n 时

$$\sum_{k=1}^{n} f_k = f_{n+2} - 1$$

成立，证明 $n+1$ 时

$$\sum_{k=1}^{n+1} f_k = f_{n+3} - 1$$

现在

$$\sum_{k=1}^{n+1} f_k = \sum_{k=1}^{n} f_k + f_{n+1}$$
$$= (f_{n+2} - 1) + f_{n+1} \quad \text{根据归纳假设}$$
$$= f_{n+1} + f_{n+2} - 1$$
$$= f_{n+3} - 1$$

最后一个等式成立是因为 Fibonacci 序列的定义：

$$f_n = f_{n-1} + f_{n-2} \quad \text{对所有的 } n \geq 3$$

由于基本步和归纳步已经得到证明，于是对所有的 $n \geq 1$，给定的公式成立。　■

问题求解要点

一个递归函数是一个调用自身的函数。写出一个递归函数的关键是找到原来较大问题的一个较小规模的例子。例如，对所有的 $n \geq 1$，可以递归计算 $n!$，因为 $n! = n \cdot (n-1)!$。这种情况与数学归纳法的归纳步有点类似，必须找到一个原来较大问题（例如，$n+1$）的较小规模的情形（例如，n）。

另外一个例子，为一个 $n \times n$ 的缺块的棋盘利用右三联骨牌覆盖，其中 n 是 2 的幂，可以递归完成，因为可以找到原 $n \times n$ 的棋盘的四个 $(n/2) \times (n/2)$ 的子棋盘。注意到覆盖算法与证明一个 $n \times n$ 的缺块棋盘可以用右三联骨牌覆盖（n 是 2 的幂）中归纳步的相似性。

为了证明关于 Fibonacci 数的命题，利用公式

$$f_n = f_{n-1} + f_{n-2} \quad \text{对所有的 } n \geq 3$$

证明将会经常用到数学归纳法和前面的等式（参见例 4.4.7）。

本节复习

1. 什么是递归算法？
2. 什么是递归函数？
3. 给出一个递归函数的例子。
4. 解释分而治之技术是如何工作的。
5. 什么是递归函数的基本情况？
6. 为什么每一个递归函数必须有基本情况？
7. Fibonacci 序列是如何定义的？
8. 给出 Fibonacci 序列的前 4 项的值。

练习

1. $n = 4$ 时，跟踪算法 4.4.2。
2. $n = 4$ 且缺块在左上角时跟踪算法 4.4.4。
3. $n = 8$ 且缺块在从左数 4 个块从上数 6 个块时跟踪算法 4.4.4。
4. 证明算法 4.4.4 是正确的。
5. $n = 4$ 时，跟踪算法 4.4.6。
6. $n = 5$ 时，跟踪算法 4.4.6。
7. 证明算法 4.4.6 是正确的。
8. 证明对所有的 $n \geq 1$，$walk(n) = f_{n+1}$。
9. (a) 利用公式 $s_1 = 1, s_n = s_{n-1} + n$（对所有的 $n \geq 2$），编写一个递归算法，计算 $s_n = 1 + 2 + 3 + \cdots + n$。
   (b) 利用数学归纳法证明(a)中给出的算法是正确的。
10. (a) 利用公式 $s_1 = 2, s_n = s_{n-1} + 2n$（对所有的 $n \geq 2$），编写一个递归算法，计算 $s_n = 2 + 4 + 6 + \cdots + 2n$。
    (b) 利用数学归纳法证明(a)中给出的算法是正确的。
11. (a) 一个机器人每步可以走 1 米、2 米或者 3 米。编写一个算法、计算机器人走 n 米的走法的数目。
    (b) 利用数学归纳法证明(a)中给出的算法是正确的。
12. 编写一个递归算法，找出有限的数序列中的最小数。利用数学归纳法证明算法是正确的。
13. 编写一个递归算法，找出有限的数序列中的最大数。利用数学归纳法证明算法是正确的。
14. 编写一个递归算法，将有限序列逆序排列。利用数学归纳法证明算法是正确的。
15. 编写一个非递归的算法，计算 $n!$。
*16. 一个机器人一步可以走 1 米或者 2 米，编写一个算法，列出机器人走 n 米的所有走法。
*17. 一个机器人一步可以走 1 米、2 米或者 3 米，编写一个算法，列出机器人走 n 米的所有走法。

练习 18~34 是关于 Fibonacci 序列 $\{f_n\}$ 的。

18. 假设在年初，有一对兔子，在每个月每对兔子可以生一对兔子，一个月后新生的兔子也可以生兔子。假设没有兔子会死亡。令 a_n 代表第 n 个月结束时兔子对的数目。表明 $a_1 = 1, a_2 = 2$，且 $a_n - a_{n-1} = a_{n-2}$。证明对所有的 $n \geq 1$，$a_n = f_{n+1}$。
19. 对于 Fibonacci 序列，最早出现的问题是：在练习 18 的条件下，一年后有多少对兔子？回答 Fibonacci 的问题。

20. 证明用 1×2 的矩形覆盖 $2 \times n$ 的棋盘的方法数是 f_{n+1}（Fibonacci 序列的第 $(n+1)$ 项）。
21. 利用数学归纳法证明 $f_n^2 = f_{n-1}f_{n+1} + (-1)^{n+1}$（对所有的 $n \geq 2$）。
22. 证明 $f_{n+2}^2 - f_{n+1}^2 = f_n f_{n+3}$（对所有的 $n \geq 1$）。
23. 证明 $f_n^2 = f_{n-2}f_{n+2} + (-1)^n$（对所有的 $n \geq 3$）。
24. 利用数学归纳法证明 $\sum_{k=1}^{n} f_k^2 = f_n f_{n+1}$（对所有的 $n \geq 1$）。
*25. 利用数学归纳法证明 $f_{2n} = f_{n+1}^2 - f_{n-1}^2$ 和 $f_{2n+1} = f_n^2 + f_{n+1}^2$（对所有的 $n \geq 2$）。
26. 利用数学归纳法证明，对所有的 $n \geq 1$，f_n 是偶数当且仅当 n 可以被 3 整除。
27. 利用数学归纳法证明，对 $n \geq 6$，$f_n > \left(\dfrac{3}{2}\right)^{n-1}$。
28. 利用数学归纳法证明，对 $n \geq 1$，$f_n \leq 2^{n-1}$。
29. 利用数学归纳法证明对 $n \geq 1$，$\sum_{k=1}^{n} f_{2k-1} = f_{2n}$，$\sum_{k=1}^{n} f_{2k} = f_{2n+1} - 1$。
*30. 利用数学归纳法证明，对任意整数 $n \geq 1$ 可以表示成不同的 Fibonacci 数的和，且任意两个都不相邻。
*31. 证明如果不要求 f_1 是被加数，练习 30 中的表示是唯一的。
32. 证明对 $n \geq 2$，$f_n = \dfrac{f_{n-1} + \sqrt{5f_{n-1}^2 + 4(-1)^{n+1}}}{2}$ 注意这个公式给出了用 f_n 的前一项而不是初始定义中前两项的表示形式。
33. 证明对所有 $n \geq 1$，有 $1 + \sum_{k=1}^{n} \dfrac{(-1)^{k+1}}{f_k f_{k+1}} = \dfrac{f_{n+2}}{f_{n+1}}$。
34. 给定常数 c_1 和 c_2，定义序列 $\{g_n\}$，满足 $g_1 = c_1$、$g_2 = c_2$，且对所有 $n \geq 3$，有 $g_n = g_{n-1} + g_{n-2}$。证明对所有 $n \geq 3$，有 $g_n = g_1 f_{n-2} + g_2 f_{n-1}$。
35. [需要分散积分]假设微分乘法的公式是 $\dfrac{d(fg)}{dx} = f\dfrac{dg}{dx} + g\dfrac{df}{dx}$，利用数学归纳法证明
$$\dfrac{dx^n}{dx} = nx^{n-1} \quad (n = 1, 2, \cdots)。$$
36. [需要分散积分]解释下面的公式是如何给出计算 $\log^n |x|$ 积分的递归算法的：
$$\int \log^n |x| \, dx = x \log^n |x| - n \int \log^{n-1} |x| \, dx$$
给出递归积分公式的另一个例子。

注释

[Knuth, 1977]的前半部分介绍了算法的概念和各种数学论题，包括数学归纳法。后半部分主要介绍了数据结构。

大部分关于计算科学的文献一般都包括对算法的讨论。关于算法专门的书籍有[Aho; Baase; Brassard; Cormen; Johnsonbaugh; Knuth, 1997, 1998a, 1998b; Manber; Miller; Nievergelt; and Reingold]。[McNaughton]讨论了什么是算法的基本理论。Knuth 的关于算法的介绍性文章（[Knuth, 1977]）及算法在数学科学中的作用的文章（[Knuth, 1985]）也是非常受欢迎的。[Gardner, 1992]中有一章讨论了 Fibonacci 序列。

本章复习

4.1

1. 算法
2. 算法的性质：输入，输出，准确性，确定性，有限性，正确性，一般性。
3. 算法跟踪
4. 伪代码

4.2

5. 搜索
6. 文本搜索
7. 文本搜索算法
8. 排序
9. 插入排序
10. 算法需要的时间和空间
11. 最好情形所需时间
12. 最坏情形所需时间
13. 随机算法
14. 洗牌算法

4.3

15. 算法分析
16. 一个算法的最坏情形所需时间
17. 一个算法的最好情形所需时间
18. 一个算法的平均情形所需时间
19. 大 O 表示：$f(n) = O(g(n))$
20. Ω 表示：$f(n) = \Omega(g(n))$
21. Θ 表示：$f(n) = \Theta(g(n))$

4.4

22. 递归算法
23. 递归函数
24. 分而治之技术
25. 基本情形：当一个递归函数不调用自身时的情况
26. Fibonacci 序列 $\{f_n\}$：$f_1 = 1, f_2 = 1, f_n = f_{n-1} + f_{n-2}, n \geq 3$

本章自测题

4.1

1. 跟踪算法 4.1.1，其中 $a = 12, b = 3, c = 0$。
2. 写出一个算法，输入不同的数 a、b 和 c，将设定的 a、b、c 的值赋值给变量 x、y、z，使得 $x < y < z$。
3. 写出一个算法，当 a、b、c 不同时，输出 true，否则输出 false。
4. 下面的算法缺少算法的性质——输入、输出、准确性、确定性、有限性、正确性和一般性中的哪些性质？并给出解释。

   输入：S，整数集合；m，一个整数
   输出：所有和等于 m 的 S 的子集

   1. 列出 S 的所有子集和它们的和
   2. 遍历 1 中列出的所有子集，且输出和等于 m 的子集。

4.2

5. 当输入为 $t =$ "111011" 和 $p =$ "110" 时，跟踪算法 4.2.1。
6. 跟踪算法 4.2.3，输入为 "44 64 77 15 3"。
7. 跟踪算法 4.2.4，输入为 "5 51 2 44 96"。
   假设随机函数 rand 值为 rand $(1, 5) = 1$，rand $(2, 5) = 3$，rand $(3, 5) = 5$ rand $(4, 5) = 5$。

8. 写出一个算法,其输入为按非递减顺序排序后的序列 $s_1, \cdots, s_n$,输出所有出现不止一次的项。例如,序列为"1 1 1 5 8 8 9 12";输出是"1 8"。

4.3

从 $\Theta(1)$、$\Theta(n)$、$\Theta(n^2)$、$\Theta(n^3)$、$\Theta(n^4)$、$\Theta(2^n)$ 或 $\Theta(n!)$ 中找出练习9和练习10表达式中的 Θ 表示。

9. $4n^3 + 2n - 5$
10. $1^3 + 2^3 + \cdots + n^3$
11. 从 $\Theta(1)$、$\Theta(n)$、$\Theta(n^2)$、$\Theta(n^3)$、$\Theta(2^n)$ 或 $\Theta(n!)$ 中找出语句 $x = x + 1$ 执行次数的 Θ 表示。

  for i = 1 to n
    for j = 1 to n
      $x = x + 1$

12. 写出一个算法,判断两个 $n \times n$ 的矩阵是否相等,并找出其最坏情形下的 Θ 表示。

4.4

13. 跟踪算法4.4.4(三联骨牌覆盖算法),其中 $n = 8$,缺块的空格在左数第4个,上数第2个。

  练习14~16引用的tribonacci序列 $\{t_n\}$ 定义为:$t_1 = t_2 = t_3 = 1$,$t_n = t_{n-1} + t_{n-2} + t_{n-3}$,$n \geq 4$。

14. 计算 t_4 和 t_5。
15. 写出一个递归算法,计算 t_n,$n \geq 1$。
16. 利用数学归纳法证明练习15中给出的算法是正确的。

上机练习

1. 用程序实现算法4.1.2,从有限序列中找出最大元素。
2. 用程序实现算法4.2.1,即文本搜索算法。 3. 用程序实现算法4.2.3,即插入排序算法。
4. 用程序实现算法4.2.4,即洗牌算法。
5. 对同样的输入序列多次运行洗牌算法(参见算法4.2.4)。如何根据输出结果分析判断算法是真"随机的"?
6. 用程序实现选择排序算法(参见练习20,4.2节)。
7. 对不同规模的几个输入,比较插入排序(参见算法4.2.3)和选择排序(参见练习20,4.2节)的运行时间。要排序的序列包括非减排序、非增排序、数据重复情况和数据随机顺序出现情况。
8. 写出计算 $n!$ 的递归和非递归程序。比较程序执行需要的时间。
9. 写出一个程序,输入是 $2^n \times 2^n$ 的棋盘和缺损一个方块,输出是经过三联骨牌覆盖以后的棋盘。
10. 写出一个程序,用图形显示缺损一个方块的 $2^n \times 2^n$ 的棋盘。
11. 写出一个程序,用三联骨牌对有一个缺块的 $n \times n$ 的方格进行平铺,其中 $n \neq 5$,且 n 不能被3整除。
12. 写出计算Fibonacci序列的递归和非递归程序。比较程序执行所需要的时间。
13. 一个机器人每步可以走1米或2米。写出一个程序,列出机器人走 n 米的所有走法。
14. 一个机器人每步可以走1米、2米或3米。写出一个程序,列出机器人走 n 米的所有走法。

第5章 数论简介

数论是数学里研究整数的一个分支。传统上,由于它的抽象本质大于它的应用,因此将数论看做是数学的一个纯粹的分支。伟大的英国数学家G. H. Hardy(1877—1947)将数论看做是一个漂亮的、但不实用的数学分支的例子。然而,在20世纪后期,数论在密码系统(为了保证通信安全的系统)中得到了极大的应用。

在前几章中,我们用到了一些基本的数论定义,如"整除"和"素数"。在5.1节中,将复习一下这些基本定义,然后展开讨论该分支独特的因子分解、最大公因子和最小公倍数问题。

在5.2节中,我们讨论整数的表示和一些整数算术的算法。

用来计算最大公因子的欧几里得算法是5.3节的主题,这肯定是最古老的算法之一。Euclid大约生活在公元前295年,这个算法可能比他出生还要早。

5.1节~5.3节介绍了数论的应用,5.4节中讨论了用于安全通信的RSA系统。

5.1 因子

在这节中,我们将给出基本的定义和术语。从回忆"整除"的定义开始,然后介绍相关的术语。

定义5.1.1 令 n 和 d 是整数,$d \neq 0$。如果存在一个整数 q 满足 $n = dq$,称 d 整除 n。称 q 是商,d 是 n 的一个因子或者约数。如果 d 整除 n,记做 $d \mid n$。如果 d 不能整除 n,记做 $d \nmid n$。 ∎

例5.1.2 由于 $21 = 3 \cdot 7$,3 整除 21,记做 $3 \mid 21$。商是 7,称 3 是 21 的一个因子或者约数。 ∎

注意到如果 n 和 d 是正整数,且 $d \mid n$,那么 $d \leq n$。(如果 $d \mid n$,那么存在一个整数 q 使得 $n = dq$。由于 n 和 d 是正整数,$1 \leq q$。因此,$d \leq dq = n$。)

无论整数 $d > 0$ 是否整除整数 n,根据商和余数定理(定理2.5.6:存在一个唯一的整数 q(商)和 r(余数)满足 $n = dq + r$,$0 \leq r < d$)都可以得到唯一的商 q 和余数 r。余数 r 等于 0 当且仅当 d 可以整除 n。

下面的定理中将给出关于因子的一些其他性质,在本章的剩下几节中将会用到。

定理5.1.3 令 m、n 和 d 是正整数。
(a) 如果 $d \mid m$ 且 $d \mid n$,那么 $d \mid (m+n)$。
(b) 如果 $d \mid m$ 且 $d \mid n$,那么 $d \mid (m-n)$。
(c) 如果 $d \mid m$,那么 $d \mid mn$。

证明 (a) 假设 $d \mid m$ 且 $d \mid n$。根据定义5.1.1,对某个整数 q_1 和整数 q_2,有

$$m = dq_1 \tag{5.1.1}$$

和

$$n = dq_2 \tag{5.1.2}$$

将式(5.1.1)和式(5.1.2)相加,得到 $m + n = dq_1 + dq_2 = d(q_1 + q_2)$,因此,$d$ 整除 $m+n$(商是 $q_1 + q_2$)。(a)部分已证。

(b)和(c)部分的证明留做练习(参见练习27和练习28)。

定义 5.1.4 对于大于 1 的整数，因子只有其自身和 1 者被称为素数。一个大于 1 的不是素数的整数称为合数。 ∎

例 5.1.5 整数 23 是一个素数，因为只有其本身和 1 是它的因子。整数 34 是合数，因为它可以被 17 整除，17 既不是 1 也不是 34。 ∎

如果整数 $n > 1$ 是合数，那么它有一个正因子 d 既不是 1 也不是其自身。由于 d 是正的且 $d \neq 1$，$d > 1$。因为 d 是 n 的一个因子，$d \leq n$。由于 $d \neq n$，$d < n$。因此，判断一个正整数 n 是否是合数，只需要试验一下整数

$$2, 3, \cdots, n-1$$

中的任何一个是否可以整除 n。如果序列中存在某个整数能整除 n，那么 n 是合数。如果序列中没有整数可以整除 n，那么 n 是素数。（实际上，还可以缩短这个序列，参见定理 5.1.7。）

例 5.1.6 根据试验，发现

$$2, 3, 4, 5, \cdots, 41, 42$$

中没有数可以整除 43；因此，43 是一个素数。

检查序列

$$2, 3, 4, 5, \cdots, 449, 450$$

中 451 的可能的因子。发现 11 可以整除 451（$451 = 11 \cdot 41$）；因此，451 是一个合数。 ∎

在例 5.1.6 中，为了判断一个整数 $n > 1$ 是否是素数，检查了可能的因子

$$2, 3, \cdots, n-1$$

实际上，只需要检查

$$2, 3, \cdots, \lfloor \sqrt{n} \rfloor$$

就足够了。

定理 5.1.7 一个大于 1 的正整数 n 是合数当且仅当它有一个因子 d，满足 $2 \leq d \leq \sqrt{n}$。

证明 必须证明

如果 n 是合数，那么 n 有一个因子 d，满足 $2 \leq d \leq \sqrt{n}$，

而且

如果 n 有一个因子 d，满足 $2 \leq d \leq \sqrt{n}$，那么 n 是合数。

首先证明

如果 n 是合数，那么 n 有一个因子 d，满足 $2 \leq d \leq \sqrt{n}$。

假设 n 是合数，例 5.1.5 的讨论说明 n 有一个因子 d' 满足

$$2 \leq d' < n$$

现在我们对这种情况进行讨论。如果 $d' \leq \sqrt{n}$，那么 n 有一个因子 d（$d = d'$）满足 $2 \leq d \leq \sqrt{n}$。另外一种情况是 $d' > \sqrt{n}$。由于 d' 整除 n，根据定义 5.1.1，存在一个整数 q 满足 $n = d'q$。因此 q 也是 n 的一个因子。可以断定 $q \leq \sqrt{n}$。为了证明 $q \leq \sqrt{n}$，我们采用反证法。因此，假设 $q > \sqrt{n}$，将 $d' > \sqrt{n}$ 和 $q > \sqrt{n}$ 相乘，得到

这是一个矛盾。因此 $q \leq \sqrt{n}$。所以，n 有一个因子 d（$d=q$）满足 $2 \leq d \leq \sqrt{n}$。

还需要证明

如果 n 有一个因子 d，满足 $2 \leq d \leq \sqrt{n}$，那么 n 是合数。

如果 n 有一个因子 d，满足 $2 \leq d \leq \sqrt{n}$，根据定义 5.1.4，n 是一个合数。证明完成。

$$n = d'q > \sqrt{n}\sqrt{n} = n$$

可以利用定理 5.1.7 构造如下算法来判断一个正整数 $n > 1$ 是否是素数。

算法 5.1.8 判断一个整数是否是素数 这个算法判断一个整数 $n > 1$ 是否是素数。如果 n 是素数，算法返回 0。如果 n 是合数，算法返回一个因子 d 满足 $2 \leq d \leq \sqrt{n}$。为了判断 d 是否整除 n，算法检查 n 被 d 整除后余数 $n \bmod d$ 是否是 0。

输入：n
输出：d
is_prime(n) {
  for $d = 2$ to $\lfloor \sqrt{n} \rfloor$
    if ($n \bmod d == 0$)
      return d
  return 0
}

例 5.1.9 为了判断 43 是否是素数，算法 5.1.8 检查

$$2, 3, 4, 5, 6 = \lfloor \sqrt{43} \rfloor$$

中是否有可以整除 43 的。因为没有数可以整除 43，条件

$$n \bmod d == 0$$

总是假。因此，算法返回 0，说明 43 是一个素数。

为了判断 451 是否是素数，算法 5.1.8 检查

$$2, 3, \cdots, 21 = \lfloor \sqrt{451} \rfloor$$

中是否有可以整除 451 的。对 $d = 2, 3, \cdots, 10$，d 不能整除 451，条件

$$n \bmod d == 0$$

是假。然而，当 $d = 11$ 时，d 可以整除 451，条件

$$n \bmod d == 0$$

为真。因此，算法返回 11，说明 451 是一个合数且 11 可以整除 451。∎

在最坏情形下（当 n 是一个素数，完成所有的 for 循环），算法 5.1.8 需要的时间为 $\Theta(\sqrt{n})$。虽然算法 5.1.8 是 n 的多项式时间（$\sqrt{n} \leq n$），但是它不是输入（即 n）规模的多项式时间（可以用比 $\Theta(n)$ 小的空间来表示 n；参见例 5.2.1）。称算法 5.1.8 不是多项式时间的。目前还不知道是否存在一种多项式时间的算法，使用其可以找到一个给定整数的因子；但是很多计算机科学家认为不存在这种算法。另一方面，Manindra Agarwal 与他的两个学生——Nitin Saxena 和 Neeraj Kayal，在 2002 年发现了可以判断一个给定整数是否是素数的多项式时间算法（参见[Agarwal]）。是否存在一个分解整数的多项式时间算法，这个问题不仅仅有学术上的重要性，实际上目前很多密码系统都依赖于不存在这样一个算法（参见 5.4 节）。

注意，如果一个合数 n 输入到算法 5.1.8 中，返回的因子是一个素数；也就是算法 5.1.8 中返回一个合数的素数因子。为了证明这一点，利用反证法。如果算法 5.1.8 中返回 n 的一个合数因子，比如说是 a，那么 a 有一个小于 a 的因子 a'。由于 a' 同样整除 n 且 $a' < a$，当算法 5.1.8 中 $d = a'$ 时，它将返回 a'，而不是 a。这个矛盾说明如果合数 n 有因子为 a 时，将 n 输入到算法 5.1.8 中，那么返回的因子是素数。

例 5.1.10 如果输入 $n = 1274$ 到算法 5.1.8 中，算法返回素数 2，因为素数 2 整除 1274，即

$$1274 = 2 \cdot 637$$

如果现在输入 $n = 637$ 到算法 5.1.8 中，算法返回素数 7，因为素数 7 整除 637，即

$$637 = 7 \cdot 91$$

如果现在输入 $n = 91$ 到算法 5.1.8 中，算法返回素数 7，因为素数 7 整除 91，即

$$91 = 7 \cdot 13$$

如果现在输入 $n = 13$ 到算法 5.1.8 中，算法返回 0，因为 13 是素数。

把前面的过程组合起来得到 1274 是素数的乘积：

$$1274 = 2 \cdot 637 = 2 \cdot 7 \cdot 91 = 2 \cdot 7 \cdot 7 \cdot 13$$

已经举例说明了如何把一个大于 1 的整数写成素数乘积的形式。这同样是个事实（虽然在本书中没有证明），如果不计素数因子的次序，素数因子是唯一的。这个结果称为**算术基本定理**（Fundamental Theorem of Arithmetic）或者**因子分解性定理**（unique factorization theorem）。

定理 5.1.11 算术基本定理 任何一个大于 1 的整数可以写成素数乘积的形式。此外，如果这些素数按非递减顺序写出，这种分解是唯一的。用符号表示，如果

$$n = p_1 p_2 \cdots p_i$$

其中 p_k 是素数，$p_1 \leq p_2 \leq \cdots \leq p_i$，且

$$n = p'_1 p'_2 \cdots p'_j$$

其中 p'_k 是素数，$p'_1 \leq p'_2 \leq \cdots \leq p'_j$，那么 $i = j$，并且

$$p_k = p'_k \quad \text{对所有的 } k = 1, \cdots, i$$

下面证明素数的个数是无限的。

定理 5.1.12 素数的个数是无限的。

证明 只要能够证明如果 p 是素数，存在一个比 p 大的素数就够了。为此，令

$$p_1, p_2, \cdots, p_n$$

代表所有比 p 小或等于 p 的不同素数。考虑整数

$$m = p_1 p_2 \cdots p_n + 1$$

注意到 m 被 p_i 除时，余数是 1：

$$m = p_i q + 1, \quad q = p_1 p_2 \cdots p_{i-1} p_{i+1} \cdots p_n$$

因此，对所有的 $i = 1$ 到 n，p_i 不能整除 m。令 p' 表示 m 的一个素数因子（m 自身可以是也可以不是素数；参见练习 33），那么 p' 不等于任何一个 p_i，$i = 1, 2, \cdots, n$。由于 $p_1, p_2, \cdots, p_n$ 是所有比 p 小或相等的素数，那么必然有 $p' > p$。证明完成。

例 5.1.13 下面说明定理 5.1.12 的证明如何生成一个比 11 大的素数。先列出所有小于或等于 11 的素数

$$2, 3, 5, 7, 11$$

令

$$m = 2 \cdot 3 \cdot 5 \cdot 7 \cdot 11 + 1 = 2311$$

利用算法 5.1.8, 发现 2311 是素数。现在已经找到了一个素数, 就是 2311。（如果 2311 不是一个素数, 算法 5.1.8 会发现 2311 的一个因子, 它肯定比 2, 3, 5, 7, 11 中的任何一个都大。）■

两个整数 m 和 n（不全为 0）的**最大公因子**（greatest common divisor）是所有能够整除 m 和 n 的最大正整数。例如, 4 和 6 的最大公因子是 2, 3 和 8 的最大公因子是 1。当检查分数 m/n（其中 m 和 n 是整数时）是否是最简的时, 会用到最大公因子的概念。如果 m 和 n 的最大公因子是 1, m/n 是最简表示; 否则, 可以约减 m/n。例如, 4/6 不是最简表示, 因为 4 和 6 的最大公因子是 2, 不是 1。（可以用 2 同时除以 4 和 6。）3/8 是最简表示, 因为 3 和 8 的最大公因子是 1。

定义 5.1.14 令 m 和 n 是整数, 两者不同时为 0。m 和 n 的公因子是能够整除 m 和 n 的整数。最大公因子记做

$$\gcd(m, n)$$

是 m 和 n 的最大的公因子。■

例 5.1.15 30 的正因子是

$$1, 2, 3, 5, 6, 10, 15, 30$$

105 的正因子是

$$1, 3, 5, 7, 15, 21, 35, 105$$

所以 30 和 105 的正公因子是

$$1, 3, 5, 15$$

立刻可以得出 30 和 105 的公因子 $\gcd(30, 105)$ 是 15。■

同样可以通过仔细观察两个整数 m 和 n 的素数因子来找到它们的最大公因子。现在举例说明并详细解释这个方法。

例 5.1.16 通过仔细观察 30 和 105 的素数因子来寻找它们的最大公因子:

$$30 = 2 \cdot 3 \cdot 5 \quad 105 = 3 \cdot 5 \cdot 7$$

注意 3 是 30 和 105 的一个公因子, 因为它同时出现在这两个数的素数因子中。同样原因, 5 也是 30 和 105 的公因子。同样, $3 \cdot 5 = 15$ 也是 30 和 105 的一个公因子。由于没有 30 和 105 的更大的公共素数因子的乘积, 可得 15 就是 30 和 105 的最大公因子。■

将例 5.1.16 中的方法描述成定理 5.1.17。

定理 5.1.17 令 m 和 n 是整数, $m > 1$, $n > 1$, 并且有素数因子

$$m = p_1^{a_1} p_2^{a_2} \cdots p_k^{a_k}$$

和

$$n = p_1^{b_1} p_2^{b_2} \cdots p_k^{b_k}$$

（如果素数 p_i 不是 m 的因子，令 $a_i = 0$。类似地，如果数 p_i 不是 n 的因子，令 $b_i = 0$），那么
$$\gcd(m, n) = p_1^{\min(a_1,b_1)} p_2^{\min(a_2,b_2)} \cdots p_k^{\min(a_k,b_k)}$$

证明 令 $g = \gcd(m, n)$。注意到，如果有一个素数 p 出现在 g 的素数因子中，则 p 必等于 p_1, $p_2, \cdots, p_k$ 其中之一，否则 p 不能整除 m 或 n（或不能整除 m 和 n）。因此，存在 $c_1, \cdots, c_k$，使

即
$$g = p_1^{c_1} \cdots p_k^{c_k}$$

$$p_1^{\min(a_1,b_1)} p_2^{\min(a_2,b_2)} \cdots p_k^{\min(a_k,b_k)}$$

可整除 m 和 n，且对于其中的任意指数，$\min(a_i, b_i)$，其值一旦增加，所得的整数就不能整除 m 或 n（或不能整除 m 和 n）。因此

$$p_1^{\min(a_1,b_1)} p_2^{\min(a_2,b_2)} \cdots p_k^{\min(a_k,b_k)}$$

是 m 和 n 的最大公因子。

例 5.1.18 使用定理 5.1.17 的记法，有
$$82\,320 = 2^4 \cdot 3^1 \cdot 5^1 \cdot 7^3 \cdot 11^0$$

和
$$950\,796 = 2^2 \cdot 3^2 \cdot 5^0 \cdot 7^4 \cdot 11^1$$

根据定理 5.1.17，

$\gcd(82\,320, 950\,796) = 2^{\min(4,2)} \cdot 3^{\min(1,2)} \cdot 5^{\min(1,0)} \cdot 7^{\min(3,4)} \cdot 11^{\min(0,1)} = 2^2 \cdot 3^1 \cdot 5^0 \cdot 7^3 \cdot 11^0 = 4116$ ■

无论是例 5.1.15 中"列出所有的因子"的方法还是例 5.1.18 中利用素数因子的方法，都不是求出最大公因子的有效方法。原因是两个方法都需要找到包含在这些整数中的素数因子，而目前人们还不知道有效地计算素数因子的算法。然而，在 5.3 节中会给出欧几里得算法，这是一种有效的计算最大公因子的方法。

与最大公因子相对应的是最小公倍数。

定义 5.1.19 令 m 和 n 是正整数。m 和 n 的一个公倍数是一个可以同时被 m 和 n 整除的整数。最小公倍数，记做
$$\text{lcm}(m, n)$$

是 m 和 n 的最小的正的公倍数。 ■

例 5.1.20 30 和 105 的最小公倍数 $\text{lcm}(30, 105)$ 是 210，因为 210 可以同时被 30 和 105 整除，并且经过试验，没有比 210 小的整数可以同时被 30 和 105 整除。 ■

例 5.1.21 可以通过观察 30 和 105 的素数因子，找到它们的最小公倍数
$$30 = 2 \cdot 3 \cdot 5 \quad 105 = 3 \cdot 5 \cdot 7$$

$\text{lcm}(30, 105)$ 的素数因子必须包含 2、3 和 5 作为因子（使得 30 能整除 $\text{lcm}(30, 105)$）。同样，必须包含 3、5 和 7（使得 105 能整除 $\text{lcm}(30, 105)$）。具有这个性质的最小数是
$$2 \cdot 3 \cdot 5 \cdot 7 = 210$$

因此，$\text{lcm}(30, 105) = 210$。 ■

将例 5.1.21 中的方法描述成定理 5.1.22。

定理 5.1.22 令 m 和 n 是整数，$m>1$，$n>1$，并且有素数因子

$$m = p_1^{a_1} p_2^{a_2} \cdots p_k^{a_k}$$

和

$$n = p_1^{b_1} p_2^{b_2} \cdots p_k^{b_k}$$

（如果素数 p_i 不是 m 的因子，令 $a_i = 0$。类似地，如果 p_i 不是 n 的因子，令 $b_i = 0$），那么

$$\text{lcm}(m, n) = p_1^{\max(a_1,b_1)} p_2^{\max(a_2,b_2)} \cdots p_k^{\max(a_k,b_k)}$$

例 5.1.23 利用定理 5.1.22 的符号，有

$$82\,320 = 2^4 \cdot 3^1 \cdot 5^1 \cdot 7^3 \cdot 11^0$$

和

$$950\,796 = 2^2 \cdot 3^2 \cdot 5^0 \cdot 7^4 \cdot 11^1$$

根据定理 5.1.22，

$$\gcd(82\,320, 950\,796) = 2^{\max(4,2)} \cdot 3^{\max(1,2)} \cdot 5^{\max(1,0)} \cdot 7^{\max(3,4)} \cdot 11^{\max(0,1)} = 2^4 \cdot 3^2 \cdot 5^1 \cdot 7^4 \cdot 11^1 = 19\,015\,920 \quad\blacksquare$$

例 5.1.24 在例 5.1.15，有

$$\gcd(30, 105) = 15$$

在例 5.1.21，有

$$\text{lcm}(30, 105) = 210$$

注意最大公因子 gcd 和最小公倍数 lcm 的乘积等于原两个数的乘积，也就是

$$\gcd(30, 105) \cdot \text{lcm}(30, 105) = 15 \cdot 210 = 3150 = 30 \cdot 105$$

定理 5.1.25 说明，这个公式对任意一对数都成立。 $\blacksquare$

定理 5.1.25 对任意正整数 m 和 n，

$$\gcd(m, n) \cdot \text{lcm}(m, n) = mn$$

证明 如果 $m=1$，那么 $\gcd(m,n)=1$ 且 $\text{lcm}(m,n)=n$，因此

$$\gcd(m, n) \cdot \text{lcm}(m, n) = 1 \cdot n = mn$$

同样，如果 $n=1$，那么 $\gcd(m,n)=1$ 且 $\text{lcm}(m,n)=m$，因此

$$\gcd(m, n) \cdot \text{lcm}(m, n) = 1 \cdot m = mn$$

所以，假设 $m>1$，$n>1$。

将计算 gcd 的公式（参见定理 5.1.17）和 lcm 的公式（参见定理 5.1.22）（这需要 $m>1$ 和 $n>1$）组合起来，并且注意到

$$\min(x, y) + \max(x, y) = x + y, \quad \text{对所有的 } x \text{ 和 } y$$

最后这个等式成立，因为 $\{\min(x,y), \max(x,y)\}$ 中的一个等于 x，另外一个等于 y。下面利用这些等式来证明。

将 m 和 n 写成素数因子

$$m = p_1^{a_1} p_2^{a_2} \cdots p_k^{a_k}$$

和
$$n = p_1^{b_1} p_2^{b_2} \cdots p_k^{b_k}$$

(如果素数 p_i 不是 m 的因子，令 $a_i = 0$。类似地，如果 p_i 不是 n 的因子，令 $b_i = 0$）。根据定理 5.1.17，

$$\gcd(m, n) = p_1^{\min(a_1, b_1)} \cdots p_k^{\min(a_k, b_k)}$$

根据定理 5.1.22，

$$\text{lcm}(m, n) = p_1^{\max(a_1, b_1)} \cdots p_k^{\max(a_k, b_k)}$$

因此，

$$\begin{aligned}
\gcd(m, n) \cdot \text{lcm}(m, n) &= [p_1^{\min(a_1, b_1)} \cdots p_k^{\min(a_k, b_k)}] \cdot \\
&\quad [p_1^{\max(a_1, b_1)} \cdots p_k^{\max(a_k, b_k)}] \\
&= p_1^{\min(a_1, b_1) + \max(a_1, b_1)} \cdots p_k^{\min(a_k, b_k) + \max(a_k, b_k)} \\
&= p_1^{a_1 + b_1} \cdots p_k^{a_k + b_k} \\
&= [p_1^{a_1} \cdots p_k^{a_k}][p_1^{b_1} \cdots p_k^{b_k}] = mn
\end{aligned}$$

如果有计算最大公因子的算法，根据定理 5.1.25，可以计算最小公倍数：

$$\text{lcm}(m, n) = \frac{mn}{\gcd(m, n)}$$

特别是，如果有一个有效的算法计算最大公因子，同样可以有效地计算最小公倍数。

问题求解要点

判断一个整数 $n > 1$ 是素数的最直接的办法是测试 $2, 3, \cdots, \lfloor\sqrt{n}\rfloor$ 中任何一个是否能整除 n。由于这个办法随着 n 的增长太费时，因此只能用来判断相对比较小的 n。重复这个方法可以找到 n 的素数因子，同样只能用于比较小的 n。

本节给出了两个求 a 和 b 的最大公因子的方法。第一个方法是列出 a 和 b 的所有正因子，然后在所有公因子中，选择最大的。这个方法很费时，主要用于表明最大公因子和最小公倍数的确切意义。

第二个方法是比较 a 和 b 的素数因子，如果 p^i 在 a 中出现，p^j 在 b 中出现，那么 $p^{\min(i,j)}$ 就在最大公因子的素数因子中。如果 a 和 b 相对比较小使得可以找到素数因子，或者素数因子已经给出，那么这个办法比较好。在 5.3 节中，将给出欧几里得算法可以有效求出即便是比较大的 a 和 b 的最大公因子。

如果求出了 $\gcd(a, b)$，可以利用公式

$$\text{lcm}(a, b) = \frac{ab}{\gcd(a, b)}$$

立刻求出最小公倍数。

最小公倍数同样可以用比较 a 和 b 的素数因子求出，如果 p^i 在 a 中出现，p^j 在 b 中出现，那么 $p^{\max(i,j)}$ 在最小公倍数的素因子中。

本节复习

1. 定义 d 整除 n。
2. 定义 d 是 n 的因子。
3. 定义商。
4. 定义 n 是素数。
5. 定义 n 是合数。
6. 解释为什么通过寻找整数 n（$n > 1$）的因子来判断 n 是否是素数时，只需要检查 $2, 3, \cdots, \lfloor\sqrt{n}\rfloor$ 中是否有一个可以整除 n。

7. 解释为什么不认为算法 5.1.8 是一个多项式时间算法。

8. 什么是算术基本定理？　　　　　9. 证明素数的个数是无限的。

10. 什么是公因子？　　　　　　　　11. 什么是最大公因子？

12. 给定 m 和 n 的素数因子分解，解释如何计算 m 和 n（不同时为 0）的最大公因子。

13. 什么是公倍数？　　　　　　　　14. 什么是最小公倍数？

15. 给定 m 和 n 的素数因子分解，解释如何计算 m 和 n 的最小公倍数。

16. 最大公因子和最小公倍数的乘积有什么关系？

练习

在练习 1~8 中，对给定的输入，跟踪算法 5.1.8。

1. $n = 9$ 　　　　　2. $n = 47$ 　　　　　3. $n = 209$
4. $n = 637$ 　　　　5. $n = 1007$ 　　　　6. $n = 4141$
7. $n = 3738$ 　　　　8. $n = 1\ 050\ 703$

9. 练习 1~8 中哪个整数是素数？　　10. 求出练习 1~8 中的每个整数的素数因子分解。

11. 求出 11! 的因子分解。

求出练习 12~24 中每对数的最大公因子。

12. 0, 17 　　　　　　　　　13. 5, 25 　　　　　　　　　14. 60, 90
15. 110, 273 　　　　　　　　16. 220, 1400 　　　　　　　17. 315, 825
18. 20, 40 　　　　　　　　　19. 331, 993 　　　　　　　　20. 2091, 4807
21. 13, 13^2 　　　　　　　　22. 15, 15^9 　　　　　　　　23. $3^2 \cdot 7^3 \cdot 11$, $2^3 \cdot 5 \cdot 7$
24. $3^2 \cdot 7^3 \cdot 11$, $3^2 \cdot 7^3 \cdot 11$ 　　　　　　25. 求出练习 13~24 中各整数对的最小公倍数。

26. 对练习 13~24 中的每对整数，验证 $\gcd(m, n) \cdot \text{lcm}(m, n) = mn$。

27. 令 m、n 和 d 是整数。证明如果 $d \mid m$ 且 $d \mid n$，那么 $d \mid (m - n)$。

28. 令 m、n 和 d 是整数。证明如果 $d \mid m$，那么 $d \mid mn$。

29. 令 m、n、d_1 和 d_2 是整数。证明如果 $d_1 \mid m$ 且 $d_2 \mid n$，那么 $d_1 d_2 \mid mn$。

30. 令 n、c 和 d 是整数。证明如果 $dc \mid nc$，那么 $d \mid n$。

31. 令 a、b 和 c 是整数。证明如果 $a \mid b$ 且 $b \mid c$，那么 $a \mid c$。

32. 给出让算法 5.1.8 更有效的方法。

33. 给出连续素数 $p_1 = 2$, $p_2, \cdots, p_n$，但 $p_1 p_2 \cdots p_n + 1$ 不是素数的例子。

练习 34 和练习 35 基于 Martin Gilchrist 给出的定义：若对所有 i 和 j，其中 $i \neq j$, $1 \leq i \leq n$, $1 \leq j \leq n$ 有 $(a_i - a_j) \mid a_i$，则称 $\mathbf{Z}^+$ 的子集 $\{a_1, a_2, \cdots, a_n\}$ 是大小为 n 的 *集。

34. 证明对所有 $n \geq 2$，存在一个大小为 n 的 *集。提示：对 n 进行归纳。对于基本步，考虑集合 $\{1, 2\}$。对于归纳步，对 $1 \leq i \leq n$，令 $b_0 = \prod_{k=1}^{n} a_k$、$b_i = b_0 + a_i$。

35. 使用练习 34 的提示，构造大小为 3 和 4 的 *集。

5.2　整数的表示和整数算法

一个位（bit）是指一位二进制数字，即一个 0 或一个 1。在数字的计算机中，数据和指令都编码为位的形式。("数字的"一词是指使用了数字 0 和 1。)在计算机系统中，位在物理上如何表示依赖于所用技术。今天的硬件采用电子线路的状态来表示位。这个电路必须能处于两种状态——一种表示 1，另一种表示 0。在这一节中，我们讨论用位表示整数的**二进位数制**（binary number system）（二进制）和用 16 个符号表示整数的**十六进位数制**（hexadecimal number system）。用 8 个符号表示整数的**八进位数制**（octal number system）在练习 42 之前讨论。 [WWW]

在十进制中，用 10 个符号 0、1、2、3、4、5、6、7、8 和 9 表示整数。在表示整数时，符号的位置是有重要意义的：从右边开始，第一个符号表示 1 的个数，下一个符号表示 10 的个数，再下一个符号表示 100 的个数，以此类推。例如，

$$3854 = 3 \cdot 10^3 + 8 \cdot 10^2 + 5 \cdot 10^1 + 4 \cdot 10^0$$

（参见图 5.2.1）。一般情况下，位置 n（以最右边的符号所在的位置为位置 0）上的符号表示 10^n 的个数。因为 $10^0 = 1$，所以位置 0 上的符号表示 10^0 即 1 的个数；因为 $10^1 = 10$，所以位置 1 上的符号表示 10^1 即 10 的个数；因为 $10^2 = 100$，所以位置 2 上的符号表示 10^2 即 100 的个数，以此类推。数制所基于的数值（在十进制中为 10）称为数制的**基数**（base）。

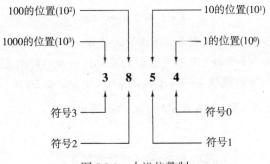

图 5.2.1　十进位数制

在二进制（基数为 2）中，为表示整数只需两个符号：0 和 1。表示一个整数时，从右边开始，第一个符号表示 1 的个数，下一个符号表示 2 的个数，再下一个符号表示 4 的个数，再下一个符号表示 8 的个数，以此类推。例如，以 2 为基数，

$$101101 = 1 \cdot 2^5 + 0 \cdot 2^4 + 1 \cdot 2^3 + 1 \cdot 2^2 + 0 \cdot 2^1 + 1 \cdot 2^0$$

（参见图 5.2.2）。一般情况下，位置 n（以最右边的符号所在的位置为位置 0）上的符号表示 2^n 的个数。因为 $2^0 = 1$，所以位置 0 上的符号表示 2^0 即 1 的个数；因为 $2^1 = 2$，所以位置 1 上的符号表示 2^1 即 2 的个数；因为 $2^2 = 4$，所以位置 2 上的符号表示 2^2 即 4 的个数，以此类推。

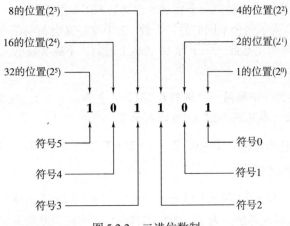

图 5.2.2　二进位数制

例 5.2.1　计算机中整数的表示　计算机系统中用二进制表示整数 n。我们计算表示一个正整数 n 所必需的位数。注意到如果正整数 n 的二进制表示是

$$n = 1 \cdot 2^k + b_{k-1}2^{k-1} + \cdots + b_0 2^0$$

那么 $2^k \leq n$，并且

$$n = 1 \cdot 2^k + b_{k-1}2^{k-1} + \cdots + b_0 2^0$$
$$\leq 1 \cdot 2^k + 1 \cdot 2^{k-1} + \cdots + 1 \cdot 2^0 = 2^{k+1} - 1 < 2^{k+1}$$

（最后一个等式是根据几何级数求和公式得到的；参见例 2.4.4。）
由于 $2^k \leq n$，取对数，得

$$k \leq \lg n$$

由于 $n < 2^{k+1}$，同样取对数，得 $\lg n < k + 1$。
将两个不等式联合起来，得

$$k + 1 \leq 1 + \lg n < k + 2 \tag{5.2.1}$$

因此，$k + 1 = \lfloor 1 + \lg n \rfloor$，这就是表示 n 所需要的位数。
在算法 5.1.8 中，判断一个整数 n 是否是素数的最坏情形执行时间是 $\Theta(\sqrt{n})$。根据等式 (5.2.1)，对所有的 $n \geq 2$，输入 n 的规模 $s (= k + 1)$ 满足 $s \leq 1 + \lg n \leq 2 \lg n$。所以

$$\lg n \geq s/2 \quad \text{对所有的 } n \geq 2$$

这相当于

$$(1/2) \lg n \geq s/4 \quad \text{对所有的 } n \geq 2$$

这又相当于

$$\lg n^{1/2} \geq s/4 \quad \text{对所有的 } n \geq 2$$

换成以 2 为基数的指数，得

$$\sqrt{n} \geq c^s \quad \text{对所有的 } n \geq 2$$

其中 $c = 2^{1/4}$。因此，当把 n 输入到算法 5.1.8 中时，最坏情形执行时间至少是 $C\sqrt{n}$（C 是常数），也就是至少是 Cc^s。因此，在最坏情形下，算法 5.1.8 的执行时间是输入规模 s 的指数级。因此说算法 5.1.8 不是一个多项式时间算法。　■

　　如果不知道使用的是什么数制，一个表示的含义是不明确的。例如，101101 在十进制中表示一个数，而在二进制中则表示完全不同的另一个数。上下文经常会指明正在使用的数制。当需要完全明确时，可以用下标来指定基数——下标 10 表示十进制，下标 2 表示二进制。例如，二进制数 101101 可以写做 101101_2。

例 5.2.2　二进制数转换为十进制数　二进制数 101101_2 表示由 1 个 1、没有 2、1 个 4、1 个 8、没有 16 和 1 个 32 组成的数（参见图 5.2.2），可以表示为

$$101101_2 = 1 \cdot 2^5 + 0 \cdot 2^4 + 1 \cdot 2^3 + 1 \cdot 2^2 + 0 \cdot 2^1 + 1 \cdot 2^0$$

用十进制计算等式的右边有

$$101101_2 = 1 \cdot 32 + 0 \cdot 16 + 1 \cdot 8 + 1 \cdot 4 + 0 \cdot 2 + 1 \cdot 1 = 32 + 8 + 4 + 1 = 45_{10}$$

　■

将例 5.2.2 中的办法写成算法。为了一般化的目的，允许任意基数 b。

算法 5.2.3 将以 b 为基数的整数转换成十进制 这个算法返回以 b 为基数的整数 $c_n c_{n-1} \cdots c_1 c_0$ 的十进制值。

输入：c, n, b
输出：dec_val

```
base_b_to_dec(c, n, b) {
    dec_val = 0
    power = 1
    for i = 0 to n {
        dec_val = dec_val + c_i * power
        power = power * b
    }
    return dec_val
}
```

算法 5.2.3 的执行时间是 $\Theta(n)$。

例 5.2.4 下面说明算法 5.2.3 如何把二进制数 1101 转换成十进制。这里 $n = 3$，$b = 2$，并且

$$c_3 = 1, \quad c_2 = 1, \quad c_1 = 0, \quad c_0 = 1$$

首先，dec_val 赋值为 0，$power$ 赋值为 1。接下来进入到 for 循环中。
由于 $i = 0$ 并且 $power = 1$

$$c_i * power = 1 * 1 = 1$$

因此 dec_val 变成 1。执行

$$power = power * b$$

$power$ 变为 2。回到 for 循环的开始。
由于 $i = 1$ 并且 $power = 2$，

$$c_i * power = 0 * 2 = 0$$

因此 dec_val 仍为 1。执行

$$power = power * b$$

$power$ 变为 4。回到 for 循环的开始。
由于 $i = 2$ 并且 $power = 4$

$$c_i * power = 1 * 4 = 4$$

因此 dec_val 变成 5。执行

$$power = power * b$$

$power$ 变为 8。回到 for 循环的开始。
由于 $i = 3$ 并且 $power = 8$

$$c_i * power = 1 * 8 = 8$$

因此 dec_val 变成 13。执行

$$power = power * b$$

$power$ 变为 16。for 循环结束，算法返回 13，即二进制数 1101 的十进制值。 ∎

在计算机科学中，其他重要的数制的基数是以 8 为基数的八进制和以 16 为基数的十六进制。我们将讨论十六进制而将八进制留做练习（参见练习 42~47）。

在十六进制中，用符号 0、1、2、3、4、5、6、7、8、9、A、B、C、D、E 和 F 来表示整数。符号 A~F 相当于十进制中的 10~15。（一般情况下，在基数为 N 的数制中，需要用 N 个不同的符号来表示 $0, 1, 2, \cdots, N-1$。）表示一个整数时，从右边开始，第一个符号表示 1 的个数，下一个符号表示 16 的个数，再下一个符号表示 16^2 的个数，以此类推。例如，以 16 为基数，

$$B4F = 11 \cdot 16^2 + 4 \cdot 16^1 + 15 \cdot 16^0$$

（参见图 5.2.3）一般情况下，位置 n（以最右边的符号所在的位置为位置 0）上的符号表示 16^n 的个数。

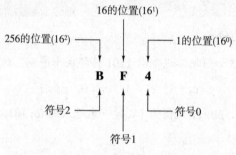

图 5.2.3 十六进位数制

例 5.2.5 十六进制数转换为十进制数 将十六进制数 B4F 转换为十进制数。

有

$$\begin{aligned} B4F_{16} &= 11 \cdot 16^2 + 4 \cdot 16^1 + 15 \cdot 16^0 \\ &= 11 \cdot 256 + 4 \cdot 16 + 15 = 2816 + 64 + 15 = 2895_{10} \end{aligned}$$

∎

算法 5.2.3 说明如何把一个以 b 为基数的数转换为十进制数。现在来考虑相反的问题——把十进制数转换为以 b 为基数的数。例如，把十进制数 91 转换为二进制数。如果把 91 除以 2，可得到

$$\begin{array}{r} 45 \\ 2 \overline{)91} \\ \underline{8} \\ 11 \\ \underline{10} \\ 1 \end{array}$$

这一计算说明

$$91 = 2 \cdot 45 + 1 \tag{5.2.2}$$

开始用 2 的幂来表示 91。若再把 45 除以 2，可得到

$$45 = 2 \cdot 22 + 1 \tag{5.2.3}$$

将 45 的这一表达式代入式 (5.2.2)，得到

$$91 = 2 \cdot 45 + 1$$
$$= 2 \cdot (2 \cdot 22 + 1) + 1 \tag{5.2.4}$$
$$= 2^2 \cdot 22 + 2 + 1$$

若再把 22 除以 2，可得到

$$22 = 2 \cdot 11$$

将 22 的这一表达式代入式(5.2.4)，得到

$$91 = 2^2 \cdot 22 + 2 + 1$$
$$= 2^2 \cdot (2 \cdot 11) + 2 + 1 \tag{5.2.5}$$
$$= 2^3 \cdot 11 + 2 + 1$$

若再把 11 除以 2，可得到

$$11 = 2 \cdot 5 + 1$$

将 11 的这一表达式代入式(5.2.5)，得到

$$91 = 2^4 \cdot 5 + 2^3 + 2 + 1 \tag{5.2.6}$$

若再把 5 除以 2，可得到

$$5 = 2 \cdot 2 + 1$$

将 5 的这一表达式代入式(5.2.6)，最后得到

$$91 = 2^5 \cdot 2 + 2^4 + 2^3 + 2 + 1$$
$$= 2^6 + 2^4 + 2^3 + 2 + 1$$
$$= 1011011_2$$

上述计算说明，当 N 连续地除以 2 时得到的余数给出了 N 的二进制表示中的各个位。在式(5.2.2)中第一次除以 2 给出了 1 对应的位；在式(5.2.3)中第二次除以 2 给出了 2 对应的位，以此类推。我们通过下面的例子进行说明。

例 5.2.6   十进制数转换为二进制数   将十进制数 130 转换成二进制数。

以下是 130 连续地除以 2 的计算过程，各步的余数写在右边。

```
2) 130      余数 = 0      1 对应的位
2) 65       余数 = 1      2 对应的位
2) 32       余数 = 0      4 对应的位
2) 16       余数 = 0      8 对应的位
2) 8        余数 = 0      16 对应的位
2) 4        余数 = 0      32 对应的位
2) 2        余数 = 0      64 对应的位
2) 1        余数 = 1      128 对应的位
   0
```

当商为 0 时计算停止。记住，第一个余数给出了 1 的个数，第二个余数给出了 2 的个数，以此类推，得到

$$130_{10} = 10000010_2$$

将例 5.2.6 的方法写成算法，并且为了一般化的目的，允许任意的基数 b。

算法 5.2.7 十进制转换成以 b 为基数的整数 这个算法把正整数 m 转换成以 b 为基数的整数 $c_n c_{n-1} \cdots c_1 c_0$。变量 n 是序列 c 的下标。$m \bmod b$ 的值是 m 除以 b 的余数。$\lfloor m/b \rfloor$ 是 m 除以 b 的商。

输入：m, b
输出：c, n

```
dec_to_base_b(m, b, c, n) {
    n = -1
    while(m > 0) {
        n = n + 1
        c_n = m mod b
        m = ⌊m/b⌋
    }
}
```

正如一个二进制数 m 有 $\lfloor 1 + \lg m \rfloor$ 位，一个基数为 b 的整数 m 有 $\lfloor 1 + \log_b m \rfloor$ 的数字位（参见练习 55）。因此算法 5.2.7 的时间复杂度是 $\Theta(\log_b m)$。

例 5.2.8 下面说明算法 5.2.7 如何把十进制数 $m = 11$ 转换成二进制数。

算法首先置 n 为 -1。第一次到达 while 循环，$m = 11$，条件 $m > 0$ 为真；因此执行 while 循环体。变量 n 增加，变为 0。由于 $m \bmod b = 11 \bmod 2 = 1$，$c_0$ 置为 1。由于 $\lfloor m/b \rfloor = \lfloor 11/2 \rfloor = 5$，$m$ 置为 5。返回到 while 循环开始。

由于 $m = 5$，条件 $m > 0$ 为真；因此执行 while 循环体。变量 n 增加，变为 1。由于 $m \bmod b = 5 \bmod 2 = 1$，$c_1$ 置为 1。由于 $\lfloor m/b \rfloor = \lfloor 5/2 \rfloor = 2$，$m$ 置为 2。返回到 while 循环开始。

由于 $m = 2$，条件 $m > 0$ 为真；因此执行 while 循环体。变量 n 增加，变为 2。由于 $m \bmod b = 2 \bmod 2 = 0$，$c_2$ 置为 0。由于 $\lfloor m/b \rfloor = \lfloor 2/2 \rfloor = 1$，$m$ 置为 1。返回到 while 循环开始。

由于 $m = 1$，条件 $m > 0$ 为真；因此执行 while 循环体。变量 n 增加，变为 3。由于 $m \bmod b = 1 \bmod 2 = 1$，$c_3$ 置为 1。由于 $\lfloor m/b \rfloor = \lfloor 1/2 \rfloor = 0$，$m$ 置为 0。返回到 while 循环开始。

由于 $m = 0$，算法结束。11 被转换成二进制数

$$c_3 c_2 c_1 c_0 = 1011$$

例 5.2.9 十进制转换成十六进制 将十进制数 20 385 转换为十六进制数。

以下是 20 385 连续地除以 16 的计算过程，各步的余数写在右边。

16) 20385	余数 = 1	1 对应的位
16) 1274	余数 = 10	16 对应的位
16) 79	余数 = 15	16^2 对应的位
16) 4	余数 = 4	16^3 对应的位
0		

当商为 0 时计算停止。第一个余数给出了 1 的个数，第二个余数给出了 16 的个数，以此类推。这样，得到

$$20\,385_{10} = 4FA1_{16}$$

下面来关注任意基数的加法。

+	0	1
0	0	1
1	1	10

（在十进制中，$1+1=2$，并且 $2_{10}=10_2$；因此在二进制中，$1+1=10$。）

例 5.2.10　二进制加法　将二进制数 10011011 和 1011011 相加。

问题写为

$$\begin{array}{r} 10011011 \\ +\ 1011011 \\ \hline \end{array}$$

像十进制加法中那样，从右边开始，将 1 和 1 相加。得到的和是 10_2，因此写上 0 并进位 1。这时，计算变为

$$\begin{array}{r} 1 \\ 10011011 \\ +\ 1011011 \\ \hline 0 \end{array}$$

接着，将 1、1 和 1 相加，得到 11_2。写上 1 并进位 1。这时，计算变为

$$\begin{array}{r} 1 \\ 10011011 \\ +\ 1011011 \\ \hline 10 \end{array}$$

依次继续进行，最后得到

$$\begin{array}{r} 10011011 \\ +\ 1011011 \\ \hline 11110110 \end{array}$$

例 5.2.11　例 5.2.10 的加法问题在十进制下是

$$\begin{array}{r} 155 \\ +\ 91 \\ \hline 246 \end{array}$$

将例 5.2.10 中的方法写成算法。如果相加的数为 $b_n b_{n-1} \cdots b_1 b_0$ 和 $b'_n b'_{n-1} \cdots b'_1 b'_0$，在第 $i>0$ 次迭代，算法将 b_i、b'_i 和前面迭代的进位相加。当 3 个位 B_1、B_2 和 B_3 相加时，得到一个两位的二进制数 cb。例如，如果计算 $1+0+1$，结果是 10_2；用符号表示为 $c=1, b=0$。通过检查不同的情况，可验证首先计算十进制和然后通过公式

$$b = (B_1+B_2+B_3) \bmod 2, \quad c = \lfloor (B_1+B_2+B_3)/2 \rfloor$$

计算二进制 $B_1+B_2+B_3$ 的和。

算法 5.2.12　二进制数加法　这个算法将二进制数 $b_n b_{n-1} \cdots b_1 b_0$ 和 $b'_n b'_{n-1} \cdots b'_1 b'_0$ 相加，和存于 $s_{n+1} s_n s_{n-1} \cdots s_1 s_0$ 中。

输入：b, b', n

输出：s

```
binary_addition(b, b', n, s) {
    carry = 0
    for i = 0 to n {
        s_i = (b_i + b'_i + carry) mod 2
        carry = ⌊(b_i + b'_i + carry)/2⌋
    }
    s_{n+1} = carry
}
```

算法 5.2.12 的运行时间为 $\Theta(n)$。

下面的例子将用同样的方法对十六进制数相加。

例 5.2.13 十六进制加法 将十六进制数 84F 和 42EA 相加。

问题可写为

$$\begin{array}{r} 84F \\ + \ 42EA \\ \hline \end{array}$$

从最右边一列开始，将 F 和 A 相加。因为 F 是 15_{10}，A 是 10_{10}，所以 F + A = 15_{10} + 10_{10} = 25_{10} = 19_{16}。写上 9 并进位 1：

$$\begin{array}{r} 1 \\ 84F \\ + \ 42EA \\ \hline 9 \end{array}$$

然后，将 1、4 和 E 相加，得到 13_{16}。写上 3 并进位 1：

$$\begin{array}{r} 1 \\ 84F \\ + \ 42EA \\ \hline 39 \end{array}$$

依次继续进行，得到

$$\begin{array}{r} 84F \\ + \ 42EA \\ \hline 4B39 \end{array}$$

例 5.2.14 例 5.2.13 中的加法问题，对于十进制是

$$\begin{array}{r} 2127 \\ + \ 17130 \\ \hline 19257 \end{array}$$

通过修改十进制乘法的标准算法，可以计算二进制乘法（参见练习 64 和练习 65）。

下面讨论一个特殊的算法（在 5.4 节中将要用到）计算幂 mod z 作为结束。首先讨论计算幂 a^n 的算法（不考虑 mod z）。最直接的计算幂的办法是重复乘以 a

$$\underbrace{a \cdot a \cdots a}_{n \text{个} a}$$

这需要 $n - 1$ 次乘法。可以利用**重复乘方**（repeated squaring）优化。

作为一个比较具体的例子，考虑计算 a^{29}。首先计算 $a^2 = a \cdot a$，这需要 1 次乘法。接着计算 $a^4 = a^2 \cdot a^2$，这又需要一次乘法。接着计算 $a^8 = a^4 \cdot a^4$，这又需要一次乘法。接着计算 $a^{16} = a^8 \cdot a^8$，这又需要一次乘法。到此，只用到了 4 次乘法。注意到 29 以 2 的幂的表示，也就是二进制展开，是

$$29 = 1 + 4 + 8 + 16$$

可以看出，可以通过

$$a^{29} = a^1 \cdot a^4 \cdot a^8 \cdot a^{16}$$

计算 a^{29}，这又需要 3 次乘法，一共需要 7 次乘法，而直接的办法需要 28 次乘法。

在例 5.2.6 中，将看到 n 连续被 2 除时得到的余数就是 n 的二进制展开。如果余数是 1，包括相关的 2 的幂；否则不包括。除了重复乘方以外，如果模拟判断指数的二进制表示，可以形式化地描述重复乘方方法。

例 5.2.15 图 5.2.4 说明了如何利用重复乘方计算 a^{29}。开始时，a 赋值给 x，指数赋值给 n，在这个例子里是 29。接着计算 n mod 2。由于这个值是 1，可知 $1 = 2^0$ 包含在 29 的二进制表示里。因此 a^1 在结果中。将这个局部结果存放在 Result 里；所以 Result 赋值为 a。接着计算 29 被 2 除时的商。商 14 变为 n 的新值。接着重复这个过程。

x	n 的当前值	n mod 2	Result	n 被 2 除的商
a	29	1	a	14
a^2	14	0	不变	7
a^4	7	1	$a \cdot a^4 = a^5$	3
a^8	3	1	$a^5 \cdot a^8 = a^{13}$	1
a^{16}	1	1	$a^{13} \cdot a^{16} = a^{29}$	0

图 5.2.4 使用重复乘方计算 a^{29}

将 x 乘方得到 a^2。接着计算 n mod 2。由于这个结果是 0，可知 $2 = 2^1$ 不在 29 的二进制表示里。因此 a^2 不在结果中，Result 不改变。接着计算 14 被 2 除时的商。商 7 变为 n 的新值。接着重复这个过程。

将 x 乘方得到 a^4。接着计算 n mod 2。由于这个结果是 1，可知 $4 = 2^2$ 在 29 的二进制表示里。因此 a^4 在结果中，Result 变为 a^5。接着计算 7 被 2 除时的商。商 3 变为 n 的新值。接着重复这个过程直到 n 变为 0。 ■

这个重复乘方的办法可描述成算法 5.2.16。

算法 5.2.16 重复乘方计算指数 这个算法利用重复乘方的方法计算指数 a^n。算法已经在例 5.2.15 中解释了。

输入：a, n
输出：a^n

```
exp_via_repeated_squaring(a, n) {
    result = 1
    x = a
    while (n > 0) {
        if (n mod 2 == 1)
            result = result * x
        x = x * x
        n = ⌊n/2⌋
```

```
    }
    return result
}
```

while 循环执行的次数取决于 n。n 重复取半，$n = \lfloor n/2 \rfloor$，当 n 变为 0 时，循环结束。例 4.3.14 中说明重复取半需要 $\Theta(\lg n)$ 的时间使得 n 变为 0。在 while 循环体中，最多执行两条乘法。因此，乘法最多执行 $\Theta(\lg n)$ 次，这比直接计算方法需要 $\Theta(n)$ 次乘法是个提高。算法 5.2.16 的瓶颈是涉及到数的规模。返回的数 a^n 需要 $\lg a^n = n \lg a$ 位表示。因此，简单地将最终结果复制到 Result 里至少需要时间 $\Omega(n \lg a)$，这与 n 的规模成指数关系（参见例 5.2.1）。

在 5.4 节中，需要计算 a 和 n 值比较大时的 $a^n \bmod z$。在这种情况下，a^n 会非常大；因此不可能计算 a^n 和 a^n 被 z 除时的余数。可以采用其他更好的方法。关键思想是在计算余数时，每次乘法以后保持相关的数相对比较小。这个方法的正确性在下面的定理中给出。

定理 5.2.17 如果 a、b 和 z 是正整数，
$$ab \bmod z = [(a \bmod z)(b \bmod z)] \bmod z$$

证明 令 $w = ab \bmod z$，$x = a \bmod z$，$y = b \bmod z$。由于 w 是 ab 被 z 除时的余数，根据商和余数定理，存在 q_1 使得

$$ab = q_1 z + w$$

因此

$$w = ab - q_1 z$$

类似地，存在 q_2 和 q_3 使得

$$a = q_2 z + x, \ b = q_3 z + y$$

现在

$$\begin{aligned} w &= ab - q_1 z \\ &= (q_2 z + x)(q_3 z + y) - q_1 z \\ &= (q_2 q_3 z + q_2 y + q_3 x - q_1) z + xy \\ &= qz + xy \end{aligned}$$

其中 $q = q_2 q_3 z + q_2 y + q_3 x - q_1$，所以

$$xy = -qz + w$$

也就是说，w 是 xy 被 z 除时的余数。因此，$w = xy \bmod z$，变换一下就是

$$ab \bmod z = [(a \bmod z)(b \bmod z)] \bmod z$$

例 5.2.18 利用算法 5.2.16 和定理 5.2.17 说明如何计算 $572^{29} \bmod 713$。572^{29} 有 80 位数，因此定理 5.2.17 的确简化了计算。

为了计算 a^{29}，连续计算

$$a, \ a^5 = a \cdot a^4, \ a^{13} = a^5 \cdot a^8, \ a^{29} = a^{13} \cdot a^{16}$$

（参见例 5.2.15）。为了计算 $a^{29} \bmod z$，连续计算

$$a \bmod z, a^5 \bmod z, a^{13} \bmod z, a^{29} \bmod z$$

每一个乘法利用定理 5.2.17。利用公式

$$a^2 \bmod z = [(a \bmod z)(a \bmod z)] \bmod z$$

计算 a^2，利用公式

$$a^4 \bmod z = a^2 a^2 \bmod z = [(a^2 \bmod z)(a^2 \bmod z)] \bmod z$$

计算 a^4。如此下去。
利用公式

$$a^5 \bmod z = a a^4 \bmod z = [(a \bmod z)(a^4 \bmod z)] \bmod z$$

计算 a^5。利用公式

$$a^{13} \bmod z = a^5 a^8 \bmod z = [(a^5 \bmod z)(a^8 \bmod z)] \bmod z$$

计算 a^{13}。如此下去。
下面说明如何计算 $572^{29} \bmod 713$：

$$572^2 \bmod 713 = (572 \bmod 713)(572 \bmod 713) \bmod 713 = 572^2 \bmod 713 = 630$$
$$572^4 \bmod 713 = (572^2 \bmod 713)(572^2 \bmod 713) \bmod 713 = 630^2 \bmod 713 = 472$$
$$572^8 \bmod 713 = (572^4 \bmod 713)(572^4 \bmod 713) \bmod 713 = 472^2 \bmod 713 = 328$$
$$572^{16} \bmod 713 = (572^8 \bmod 713)(572^8 \bmod 713) \bmod 713 = 328^2 \bmod 713 = 634$$

$$572^5 \bmod 713 = (572 \bmod 713)(572^4 \bmod 713) \bmod 713 = 572 \cdot 472 \bmod 713 = 470$$
$$572^{13} \bmod 713 = (572^5 \bmod 713)(572^8 \bmod 713) \bmod 713 = 470 \cdot 328 \bmod 713 = 152$$
$$572^{29} \bmod 713 = (572^{13} \bmod 713)(572^{16} \bmod 713) \bmod 713 = 152 \cdot 634 \bmod 713 = 113$$

例 5.2.18 中示范的方法可形式化成算法 5.2.19。

算法 5.2.19　重复乘方计算指数 mod z　这个算法利用重复乘方的方法计算 $a^n \bmod z$。算法已经在例 5.2.18 中进行了解释。

输入：a, n, z
输出：$a^n \bmod n$

```
exp_mod_z_via_repeated_squaring(a, n, z) {
    result = 1
    x = a mod z
    while(n > 0) {
        if (n mod 2 == 1)
            result = (result * x) mod z
        x = (x * x) mod z
        n = ⌊n/2⌋
    }
    return result
}
```

算法 5.2.16 和算法 5.2.19 的关键不同是相乘的数的规模。在算法 5.2.19 中，相乘的数是被 z 除后的余数，因此比 z 小。如果将以 10 为基数的乘法修改为以 2 为基数的乘法，可以证明（参见

练习 65) a 乘 b 需要的时间是 $O(\lg a \lg b)$。由于算法 5.2.19 中 while 循环执行 $\Theta(\lg n)$ 次，算法 5.2.19 需要的总时间是 $O(\lg n \lg^2 z)$。

问题求解要点

将以 b 为基数的数

$$c_n b^n + c_{n-1} b^{n-1} + \cdots + c_1 b^1 + c_0 b^0$$

转换成十进制，用十进制执行每位的乘法和加法。

将十进制数 n 转换成以 b 为基数，用 b 除，结果的商用 b 除，结果的商接着用 b 除，继续下去，直至得到一个余数为 0。这些余数给出了以 b 为基数的 n 的表示。第一个余数给出了第一个位的系数，下一个给出了第二个 b 位的系数，如此下去。

在相乘乘法模 z 时，当涉及到数的规模尽可能小时，就计算余数。

本节复习

1. 十进制数 $d_n d_{n-1} \cdots d_1 d_0$ 的值是多少？（每个 d_i 是 0~9 中的一个数。）
2. 二进制数 $b_n b_{n-1} \cdots b_1 b_0$ 的值是多少？（每个 b_i 是 0 或 1。）
3. 十六进制数 $h_n h_{n-1} \cdots h_1 h_0$ 的值是多少？（每个 h_i 是 0~9 或 A~F 中的一个数。）
4. 表示一个正整数 n 需要多少位？
5. 阐述如何将二进制数转换为十进制数。
6. 阐述如何将十进制数转换为二进制数。
7. 阐述如何将十六进制数转换为十进制数。
8. 阐述如何将十进制数转换为十六进制数。
9. 阐述如何进行二进制数的相加。
10. 阐述如何进行十六进制数的相加。
11. 阐述如何利用重复乘方计算 a^n？
12. 阐述如何利用重复乘方计算 $a^n \bmod z$？

练习

练习 1~7 中的每个整数需要多少位表示？

1. 60   2. 63   3. 64   4. 127   5. 128   6. 2^{1000} 7. 3^{1000}

在练习 8~13 中，将每个二进制数表示为十进制。

8. 1001
9. 11011
10. 11011011
11. 100000
12. 11111111
13. 110111011011

在练习 14~19 中，将每个十进制数表示为二进制。

14. 34
15. 61
16. 223
17. 400
18. 1024
19. 12 340

在练习 20~25 中，将二进制数相加。

20. 1001 + 1111
21. 11011 + 1101
22. 110110 + 101101
23. 101101 + 11011
24. 110110101 + 1101101
25. 1101 + 101100 + 11011011

在练习 26~31 中，将每个十六进制数表示为十进制。

26. 3A 27. 1E9 28. 3E7C
29. A03 30. 209D 31. 4B07A

32. 将练习 8~13 中的每个二进制数表示为十六进制。

33. 将练习 14~19 中的每个十进制数表示为十六进制。

34. 将练习 26、练习 27 和练习 29 中的每个十六进制数表示为二进制。

在练习 35~39 中，将十六进制数相加。

35. 4A + B4 36. 195 + 76E 37. 49F7 + C66
38. 349CC + 922D 39. 82054 + AEFA3

40. 2010 是一个数的二进制表示形式吗？是一个数的十进制表示形式吗？是一个数的十六进制表示形式吗？

41. 1101010 是一个数的二进制表示形式吗？是一个数的十进制表示形式吗？是一个数的十六进制表示形式吗？

在八进制（以 8 为基数）中，用符号 0、1、2、3、4、5、6 和 7 表示整数。表示一个整数时，从右边开始，第一个符号表示 1 的个数，下一个符号表示 8 的个数，再下一个符号表示 8^2 的个数，以此类推。一般情况下，位置 n（以最右边的符号所在的位置为位置 0）上的符号表示 8^n 的个数。在练习 42~47 中，将每个八进制数表示为十进制。

42. 63 43. 7643 44. 7711
45. 10732 46. 1007 47. 537261

48. 将练习 8~13 中的每个二进制数表示为八进制。

49. 将练习 14~19 中的每个十进制数表示为八进制。

50. 将练习 26~31 中的每个十六进制数表示为八进制。

51. 将练习 42~47 中的每个八进制数表示为十六进制。

52. 1101010 是一个数的八进制表示形式吗？

53. 30470 是一个数的二进制表示形式吗？是一个数的十进制表示形式吗？是一个数的十六进制表示形式吗？

54. 9450 是一个数的二进制表示形式吗？是一个数的八进制表示形式吗？是一个数的十进制表示形式吗？是一个数的十六进制表示形式吗？

55. 证明一个以 b 为基数的整数 m 有 $\lfloor 1 + \log_b m \rfloor$ 位数。

在练习 56~58 中，对给定的 n 跟踪算法 5.2.16。

56. $n = 16$ 57. $n = 15$ 58. $n = 80$

在练习 59~61 中，对给定的 a、n 和 z 跟踪算法 5.2.19。

59. $a = 5, n = 10, z = 21$ 60. $a = 143, n = 10, z = 230$ 61. $a = 143, n = 100, z = 230$

62. 用 T_n 表示能整除的 2 的最高次幂。证明：对所有的 $m, n \geq 1, T_{mn} = T_m + T_n$。

63. 设 S_n 为 n 的二进制表示中 1 的个数。用归纳法证明：对所有的 $T_{n!} = n - S_n, n \geq 1$。（$T_n$ 的定义请参见练习 62。）

64. 将以 10 为基数的整数一般乘法修改为以 2 为基数的，给出一个算法计算二进制数 $b_m b_{m-1} \cdots b_1 b_0$ 和 $b'_n b'_{n-1} \cdots b'_1 b'_0$ 的乘法。

65. 证明练习 64 中的算法计算 a 和 b 相乘所需要的时间是 $O(\lg a \lg b)$。

5.3 欧几里得算法

在5.1节中,我们讨论了几种求两个整数的最大公因子的方法,该算法已被证明效率不高。对寻找两个整数的最大公因子来说,欧几里得算法是一个古老、有名且有效的算法。 [WWW]

欧几里得算法是基于这个事实,如果 $r = a \bmod b$,那么

$$\gcd(a, b) = \gcd(b, r) \tag{5.3.1}$$

在证明式(5.3.1)之前,先看一下欧几里得算法是如何求出最大公因子的。

例 5.3.1 由于 105 mod 30 = 15,根据式(5.3.1)

$$\gcd(105, 30) = \gcd(30, 15)$$

由于 30 mod 15 = 0,根据式(5.3.1)

$$\gcd(30, 15) = \gcd(15, 0)$$

经过检查可得 $\gcd(15, 0) = 15$。因此

$$\gcd(105, 30) = \gcd(30, 15) = \gcd(15, 0) = 15$$

接下来证明式(5.3.1)。

定理 5.3.2 如果 a 是一个非负整数,b 是一个正整数,$r = a \bmod b$,那么

$$\gcd(a, b) = \gcd(b, r)$$

证明 依商和余数定理,存在 q 和 r,满足

$$a = bq + r, \quad 0 \leqslant r < b$$

如果可以证明 a 和 b 的公因子集合等于 b 和 r 的公因子集合,那么就可以证明这个定理。令 c 是 a 和 b 的一个公因子。根据定理5.1.3(c),有 $c \mid bq$。由于 $c \mid a$ 且 $c \mid bq$,根据定理5.1.3(b),$c \mid a - bq (= r)$。所以 c 是 b 和 r 的一个公因子。反过来,如果 c 是 b 和 r 的一个公因子,那么 $c \mid bq$ 且 $c \mid bq + r (= a)$,所以 c 是 a 和 b 的一个公因子。因此 a 和 b 的公因子集合等于 b 和 r 的公因子集合。因此

$$\gcd(a, b) = \gcd(b, r)$$

下面形式化地说明欧几里得算法,即算法5.3.3。

算法 5.3.3 欧几里得算法 这个算法是寻求两个非负整数 a 和 b 的最大公因子,其中 a 和 b 不同时为 0。

输入:a 和 b(非负整数,且不同时为 0)
输出:a 和 b 的最大公因子

1. $gcd(a, b)$ {
2.   // 让 a 是最大数
3.   if $(a < b)$
4. $swap(a, b)$
5.   while $(b \neq 0)$ {

```
6.      r = a mod b
7.      a = b
8.      b = r
9.    }
10.   return a
11. }
```

注意到欧几里得算法中的while循环（第5行~第9行）总是能结束，因为在循环的底部（第7行和第8行），a和b的值变得更小。由于非负整数不可能无限减小，最终b会变为0，循环结束。

令$G = \gcd(a, b)$，其中a和b是算法5.3.3的输入值。可以通过验证$G = \gcd(a, b)$是一个循环不变量来证明算法5.3.3是正确的，其中a和b表示伪代码中的变量。

根据定义，第一次到达第5行时，循环不变量为真。假设$G = \gcd(a, b)$在另外一次循环迭代前仍为真，且$b \neq 0$。定理5.3.2说明在第6行执行以后

$$\gcd(a, b) = \gcd(b, r)$$

在第7行和第8行，a变为b，b变为r。因此$G = \gcd(a, b)$对新的a和b的值为真。立即可得$G = \gcd(a, b)$是一个循环不变量。b变为0时，while循环结束。这时，循环不变量$G = \gcd(a, 0)$，算法返回$a [= \gcd(a, 0)]$。因此，算法返回的值是G，根据定义是输入数的最大公因子。因此，算法5.3.3是正确的。

如果忽略第3行和第4行，算法5.3.3仍能正确地求出最大公因子（参见练习13）。包括这两行是因为它们可以简化接下来对算法5.3.3的分析。

例5.3.4 说明算法5.3.3是如何求出$\gcd(504, 396)$的。

令$a = 504, b = 396$。由于$a > b$，跳到第5行，由于$b \neq 0$，继续到第6行，这里为r赋值

$$a \bmod b = 504 \bmod 396 = 108$$

然后转到第7行和第8行，这里a赋值为396，b赋值为108。然后转到第5行。由于$b \neq 0$，转到第6行，这里对r赋值为

$$a \bmod b = 396 \bmod 108 = 72$$

然后转到第7行和第8行，这里a赋值为108，b赋值为72。然后转到第5行。由于$b \neq 0$，转到第6行，这里对r赋值为

$$a \bmod b = 108 \bmod 72 = 36$$

然后转到第7行和第8行，这里a赋值为72，b赋值为36。然后转到第5行。由于$b \neq 0$，转到第6行，这里对r赋值为

$$a \bmod b = 72 \bmod 36 = 0$$

然后转到第7行和第8行，这里a赋值为36，b赋值为0。然后转到第5行。这时$b = 0$，所以跳到第10行，最后返回$a(36)$，即396和504的最大公因子。∎

欧几里得算法分析

分析算法5.3.3在最坏情形下的性能。欧几里得算法所需要的时间定义为第6行中模运算执行的次数。表5.3.1列出了某些较小输入值时模运算的执行次数。

欧几里得算法的最坏情形，出现在当模运算的数目尽可能多时。根据表5.3.1，可以判断出输入对a, b较小，$a > b$，且a尽可能小时，模运算次数$n = 0, \cdots, 5$。结果在表5.3.2中给出。

表5.3.1 对于不同的输入值，欧几里得算法需要的模运算次数

a \ b	0	1	2	3	4	5	6	7	8	9	10	11	12	13
0	—	0	0	0	0	0	0	0	0	0	0	0	0	0
1	0	1	1	1	1	1	1	1	1	1	1	1	1	1
2	0	1	1	2	1	2	1	2	1	2	1	2	1	2
3	0	1	2	1	2	3	1	2	3	1	2	3	1	2
4	0	1	1	2	1	2	2	3	1	2	2	3	1	2
5	0	1	2	3	2	1	2	3	4	3	1	2	3	4
6	0	1	1	1	2	2	1	2	2	2	3	2	1	2
7	0	1	2	2	3	2	2	1	2	3	3	4	4	3
8	0	1	1	3	1	4	2	2	1	2	2	4	2	5
9	0	1	2	1	2	3	3	2	2	1	2	3	2	3
10	0	1	1	2	2	1	3	3	2	2	1	2	2	3
11	0	1	2	3	3	2	3	4	4	3	2	1	2	3
12	0	1	1	1	1	2	1	4	2	2	2	2	1	2
13	0	1	2	2	2	4	2	3	5	3	3	3	2	1

表5.3.2 欧几里得算法中需要n步模运算的最小输入对

a	b	n（模运算）的次数
1	0	0
2	1	1
3	2	2
5	3	3
8	5	4
13	8	5

回忆Fibonacci序列$\{f_n\}$（参见4.4节）定义为等式

$$f_1 = 1, \quad f_2 = 2, \quad f_n = f_{n-1} + f_{n-2}, \quad n \geq 3$$

Fibonacci序列开始为

$$1, 1, 2, 3, 5, 8, \cdots$$

表5.3.2中有一个奇怪的模式：a列是Fibonacci序列从f_2开始的几项，而除了第一个值，b列也是Fibonacci序列从f_2开始的几项。结果可推测出如果一对数a和b（$a > b$）作为欧几里得算法的输入时，需要$n \geq 1$次模运算，有$a \geq f_{n+2}$且$b \geq f_{n+1}$。作为推测的进一步证据，如果计算需要6次模运算的最小输入对，可以得到$a = 21, b = 13$。下面的定理证明推测是正确的。这个定理的证明在图5.3.1中列出。

```
34 = 91 mod 57                            （1次模运算）
57, 34 需要4次模运算                       （总计5次）
57 ≥ f_6 和 34 ≥ f_5                       （根据迭代假设）
∴ 91 = 57 · 1 + 34 ≥ 57 + 34 ≥ f_6 + f_5 = f_7
```

图5.3.1 定理5.3.5的证明。作为欧几里得算法的输入，对于91, 57，需要$n + 1 = 5$步模运算

定理 5.3.5 当一对数 a, b ($a > b$) 作为欧几里得算法的输入时，需要执行 $n \geq 1$ 次模运算。那么 $a \geq f_{n+2}$，且 $b \geq f_{n+1}$，其中 $\{f_n\}$ 代表 Fibonacci 序列。

证明 施归纳于 n 来证明。

基本步（$n=1$）。前面已经证明了 $n=1$ 时定理成立。

归纳步。假设 $n \geq 1$ 时定理成立。需要证明在 $n+1$ 时定理成立。

假设对 a 和 b ($a > b$) 作为欧几里得算法输入时，需要执行 $n+1$ 次模运算。在第 6 行，计算 $r = a \bmod b$。因此

$$a = bq + r \quad 0 \leq r < b \tag{5.3.2}$$

接下来算法利用 b 和 r 的值重复计算，其中 $b > r$。这些计算需要 n 次模运算。根据归纳假设

$$b \geq f_{n+2} \text{ 且 } r \geq f_{n+1} \tag{5.3.3}$$

联合式(5.3.2)和式(5.3.3)可得

$$a = bq + r \geq b + r \geq f_{n+2} + f_{n+1} = f_{n+3} \tag{5.3.4}$$

（式(5.3.4)中第 1 个不等式成立是因为 $q > 0$；q 不可能等于 0，因为 $a > b$）。式(5.3.3)和式(5.3.4)给出了

$$a \geq f_{n+3} \text{ 和 } b \geq f_{n+2}$$

归纳步得证。证明结束。

可以利用定理 5.3.5 来分析欧几里得算法在最坏情形下的性能。

定理 5.3.6 如果 0 到 m ($m \geq 8$) 之间不同时为 0 的一对整数作为欧几里得算法的输入，那么最多需要执行 $\log_{3/2} \dfrac{2m}{3}$ 次模运算。

证明 令 0 到 m ($m \geq 8$) 之间的一对数作为欧几里得算法输入时需要执行的模运算的最大次数为 n。令 a 和 b 代表需要执行 n 次模运算的欧几里得算法的、从 0 到 m 之间的一对输入数。表 5.3.1 列出了 $n \geq 4$ 和 $a \neq b$ 的情形。假设 $a > b$。(a 和 b 之间值的交换并不改变需要执行的模运算的次数。) 根据定理 5.3.5，$a \geq f_{n+2}$。

有

$$f_{n+2} \leq m$$

根据 4.4 节的练习 27，由于 $n+2 \geq 6$，

$$\left(\frac{3}{2}\right)^{n+1} < f_{n+2}$$

将不等式联合，可得

$$\left(\frac{3}{2}\right)^{n+1} < m$$

以 3/2 为底取对数，得

$$n + 1 < \log_{3/2} m$$

因此，

$$n < (\log_{3/2} m) - 1 = \log_{3/2} m - \log_{3/2} \frac{3}{2} = \log_{3/2} \frac{2m}{3}$$

由于对数函数增长非常缓慢，定理5.3.6告诉我们，即便对于非常大的输入值，欧几里得算法也非常有效。例如，由于

$$\log_{3/2} \frac{2(1\,000\,000)}{3} = 33.07\cdots$$

欧几里得算法最多需要执行33次模运算就可以计算出从0~1 000 000之间不同时为0的一个整数对的最大公因子。

一个特殊结果

下面的特殊结果可用来计算一个整数模运算的逆（参见5.4节）。这种求逆运算主要用在RSA密码系统中（参见5.4节）。然而，这种特殊结果也同样应用在其他方面（参见练习25和练习27及接下来的问题求解）。

定理5.3.7 如果 a 和 b 是非负整数，不同时为0，存在整数 s 和 t，使得

$$\gcd(a, b) = sa + tb$$

欧几里得算法的方法可以用来证明定理5.3.7及计算 s 和 t。在证明之前，首先用一个例子来描述一下证明。

例5.3.8 考虑欧几里得算法如何计算 $\gcd(273, 110)$。从 $a = 273$、$b = 110$ 开始。欧几里得算法首先计算

$$r = 273 \bmod 110 = 53 \tag{5.3.5}$$

然后赋值 $a = 110$，$b = 53$。
欧几里得算法接着计算

$$r = 110 \bmod 53 = 4 \tag{5.3.6}$$

然后赋值 $a = 53$，$b = 4$。
欧几里得算法接着计算

$$r = 53 \bmod 4 = 1 \tag{5.3.7}$$

然后赋值 $a = 4, b = 1$。
欧几里得算法接着计算

$$r = 4 \bmod 1 = 0$$

由于 $r = 0$，算法停止，求出了273和110的最大公因子是1。
为了求出 s 和 t，我们向前返回，首先是最后一个等式(5.3.7)，其中 $r \neq 0$，该等式可写做

$$1 = 53 - 4 \cdot 13 \tag{5.3.8}$$

因为53被4除时的商为13。
等式(5.3.6)可写做

$$4 = 110 - 53 \cdot 2$$

将这个等式代入到等式(5.3.8)中的4可得

$$1 = 53 - 4 \cdot 13 = 53 - (110 - 53 \cdot 2)13 = 27 \cdot 53 - 13 \cdot 110 \qquad (5.3.9)$$

等式(5.3.5)可写做

$$53 = 273 - 110 \cdot 2$$

将这个等式代入到式(5.3.9)中的 53 可得

$$1 = 27 \cdot 53 - 13 \cdot 110 = 27(273 - 110 \cdot 2) - 13 \cdot 110 = 27 \cdot 273 - 67 \cdot 110$$

这样，如果取 $s = 27, t = -67$，可得

$$\gcd(273, 110) = 1 = s \cdot 273 + t \cdot 110 \qquad \blacksquare$$

定理 5.3.7 的证明　假设给定的 $a > b \geqslant 0$。令 $r_0 = a$，$r_1 = b$，r_i 的值等于算法 5.3.3 执行 $i - 1$ 次 while 循环以后的 r 值（例如，$r_2 = a \bmod b$）。假设 r_n 是第一次使 r 的值为 0，那么 $\gcd(a, b) = r_{n-1}$。一般情况下，

$$r_i = r_{i+1} q_{i+2} + r_{i+2} \qquad (5.3.10)$$

在式(5.3.10)中取 $i = n - 3$，得

$$r_{n-3} = r_{n-2} q_{n-1} + r_{n-1}$$

可重写为

$$r_{n-1} = -q_{n-1} r_{n-2} + 1 \cdot r_{n-3}$$

取 $t_{n-3} = -q_{n-1}$，$s_{n-3} = 1$，可得

$$r_{n-1} = t_{n-3} r_{n-2} + s_{n-3} r_{n-3} \qquad (5.3.11)$$

在式(5.3.10)中取 $i = n - 4$，可得

$$r_{n-4} = r_{n-3} q_{n-2} + r_{n-2}$$

或者

$$r_{n-2} = -q_{n-2} r_{n-3} + r_{n-4} \qquad (5.3.12)$$

将式(5.3.12)代入式(5.3.11)中，可得

$$r_{n-1} = t_{n-3} [-q_{n-2} r_{n-3} + r_{n-4}] + s_{n-3} r_{n-3}$$
$$= [-t_{n-3} q_{n-2} + s_{n-3}] r_{n-3} + t_{n-3} r_{n-4}$$

由于 $t_{n-4} = -t_{n-3} q_{n-2} + s_{n-3}$，$s_{n-4} = t_{n-3}$，可得

$$r_{n-1} = t_{n-4} r_{n-3} + s_{n-4} r_{n-4}$$

如此计算下去，最终可得

$$\gcd(r_0, r_1) = r_{n-1} = t_0 r_1 + s_0 r_0 = t_0 b + s_0 a$$

取 $s = s_0, t = t_0$，有

$$\gcd(r_0, r_1) = sa + tb \qquad \blacksquare$$

下面给出计算满足 gcd(a, b) = $sa + tb$ 的 s 和 t 的算法，这里 a 和 b 是不全为 0 的非负整数。在说明定理 5.3.7 的例 5.3.8 中，计算 s 和 t 的过程是首先找出 gcd(a, b)，然后追溯计算 gcd(a, b) 中得到的最后一个余数直至第一个余数。使用递归可以优雅地处理这种追溯。这里先给出欧几里得算法的递归形式（参见算法 5.3.9），然后对此进行修改以获得计算 s 和 t 的递归算法。

算法 5.3.9　递归欧几里得算法

该算法以递归方式寻求不全为 0 的非负整数 a 和 b 的最大公因子。

输入：a 和 b（非负整数，且不同时为 0）
输出：a 和 b 的最大公因子

```
gcdr(a, b) {
  // 使 a 是其中最大的数
  if (a < b)
    swap (a, b)
  if (b == 0)
    return a
  r = a mod b
  return gcdr(b, r)
}
```

算法 5.3.9 首先使 a 为输入的最大者。如果 b 为 0，则正确地以 a 返回，否则计算 $r = a \bmod b$ 并返回 b 和 r 的最大公因子，由定理 5.3.2，gcd(b, r) = gcd(a, b)，因此该结果是正确的。

为了计算 s 和 t，需要对算法 5.3.9 进行修改，设修改后的算法为 STgcdr。算法的思想是每当计算最大公因子时，同时计算 s 和 t 的值。这些值以名为 s 和 t 的参数存储。

首先考虑 b 为 0 的情况。这时 gcd(a, b) = a，必须令 $s = 1$。因为 b 为 0，t 可以是任意数值，可选 $t = 0$。算法 5.3.9 前一部分的修改形如：

```
STgcdr(a, b, s, t) {
  // 使 a 是其中最大的数
  if (a < b)
    swap (a, b)
  if (b == 0) {
    s = 1
    t = 0
    // 现 a = sa + tb
    return a
  }
```

接着，算法 5.3.9 的后半部分计算 $r = a \bmod b$ 和 gcdr(b, r)，因此修改后的算法将计算 $r = a \bmod b$ 和 STgcdr(b, r, s', t')，这里 s' 和 t' 满足

$$g = s'b + t'r$$

其中 g = gcd(b, r)。注意，算法必须由已得到的值计算出 s 和 t。令 q 是 a 除以 b 的商，即

由 $r = a - bq$，有

$$g = s'b + t'r$$
$$= s'b + t'(a - bq)$$
$$= t'a + (s' - t'q)b$$

令 $s = t'$，$t = s' - t'q$，则有

$$g = sa + tb$$

正式的算法如下。

算法 5.3.10 计算定理 5.3.7 中的 s 和 t

算法计算满足 $\gcd(a, b) = sa + tb$ 的 s 和 t 并返回 $\gcd(a, b)$，这里 a 和 b 是不全为 0 的非负整数。

输入：a 和 b（非负整数，且不同时为 0）
输出：定理 5.3.7 中的 s 和 t（存储于参数 s 和 t 中）及 a 和 b 的最大公因子（返回值）

```
STgcdr(a, b, s, t) {
    // 令 a 是其中最大的数
    if (a < b)
        swap (a, b)
    if (b == 0) {
        s = 1
        t = 0
        // 现 a = sa + tb
        return a
    }
    q = ⌊a/b⌋
    r = a mod b
    // a = bq + r
    g = STgcdr(a, b, s', t')
    // g = s'b + t'r
    // ∴ g = t'a + (s' - t'q)b
    s = t'
    t = s' - t' * q
    return g
}
```

计算整数模的逆

假设有两个整数 $n > 0$，$\phi > 1$，使得 $\gcd(n, \phi) = 1$。下面说明如何有效地计算一个整数 s，其中 $0 < s < \phi$，可以使 $ns \bmod \phi = 1$，称 s 是 $n \bmod \phi$ 的**逆**。5.4 节中的 RSA 密码系统需要有效地计算这个逆。

由于 $\gcd(n, \phi) = 1$，利用欧几里得算法，如前面解释的，找出 s' 和 t'，使得 $s'n + t'\phi = 1$。然后 $ns' = -t'\phi + 1$，由于 $\phi > 1$，1 是余数。因此

$$ns' \bmod \phi = 1 \tag{5.3.13}$$

注意到 s' 几乎就是需要的数；问题是 s' 可能不满足 $0 < s' < \phi$。然而，可以通过

$$s = s' \bmod \phi$$

把 s' 转换成正确的值。

现在 $0 \le s < \phi$。实际上 $s \ne 0$，因为如果 $s = 0$，那么 $\phi | s'$，这与式(5.3.13)矛盾。由于 $s = s' \bmod \phi$，存在 q 使得

$$s' = q\phi + s$$

把前面的公式组合起来，有

$$ns = ns' - \phi nq = -t'\phi + 1 - \phi nq = \phi(-t' - nq) + 1$$

因此

$$ns \bmod \phi = 1 \tag{5.3.14}$$

例 5.3.11 令 $n = 110$，$\phi = 273$。在例 5.3.8 中说明了 $\gcd(n, \phi) = 1$，并且

$$s'n + t'\phi = 1$$

其中 $s' = -67$，$t' = 27$。于是

$$110(-67) \bmod 273 = ns' \bmod \phi = 1$$

这里 $s = s' \bmod \phi = -67 \bmod 273 = 206$。因此 110 mod 273 的逆是 206。■

最后我们证明等式(5.3.14)中的数 s 是唯一的。假设

$$ns \bmod \phi = 1 = ns' \bmod \phi \quad 0 < s < \phi \quad 0 < s' < \phi$$

必须证明 $s = s'$。由

$$s' = (s' \bmod \phi)(ns \bmod \phi) = s'ns \bmod \phi = (s'n \bmod \phi)(s \bmod \phi) = s$$

因此，等式(5.3.14)中的数 s 是唯一的。

问题求解要点

欧几里得算法计算两个不同时为 0 的非负整数 a 和 b 的最大公因子是基于公式

$$\gcd(a, b) = \gcd(b, r)$$

其中 $r = a \bmod b$。用计算 $\gcd(b, r)$ 来代替计算原问题的 $\gcd(a, b)$。接着用 b 代替 a，用 r 代替 b，然后重复。最终 $r = 0$，因此解是 $\gcd(b, 0) = b$。

欧几里得算法非常有效。如果两整数在区间 0 到 m 之间，$m \ge 8$，且不同时为 0，将其作为欧几里得算法的输入，那么最多需要 $\log_{3/2} \dfrac{2m}{3}$ 次模运算。

如果 a 和 b 是不同时为 0 的非负整数，存在唯一的整数 s 和 t 使得

$$\gcd(a, b) = sa + tb$$

为了计算 s 和 t，利用欧几里得算法。在一个涉及到最大公因子的问题里，这个公式可能会很有用（参见练习 25 和练习 27）。

假设有两个整数 $n > 0$，$\phi > 1$，使得 $\gcd(n, \phi) = 1$。为了有效地计算一个整数 s（$0 < s < \phi$），使得 $ns \bmod \phi = 1$，首先计算 s' 和 t' 满足

$$\gcd(n, \phi) = s'n + t'\phi$$

（参见计算整数模的逆）。然后令 $s = s' \bmod \phi$。

本节复习

1. 描述欧几里得算法。   2. 欧几里得算法的基础是什么关键定理？
3. 如果当一对数 a, b（$a > b$）作为欧几里得算法的输入时，需要执行 $n \geq 1$ 次模运算，那么 a 和 b 与 Fibonacci 序列有什么关系？
4. 将 0 到 m（$m \geq 8$）之间的整数对（不同时为 0）作为欧几里得算法的输入。给出需要模运算执行次数的上界。
5. 定理 5.3.7 给出，存在整数 s 和 t 使得 $\gcd(a, b) = sa + tb$。解释怎样利用欧几里得算法计算 s 和 t。
6. 解释 s 是 $n \bmod \phi$ 的逆是什么意思。   7. 假设 $\gcd(n, \phi) = 1$。解释如何计算 $n \bmod \phi$ 的逆。

练习

利用欧几里得算法求出练习 1~10 中每对整数的最大公因子。

1. 60, 90
2. 110, 273
3. 220, 1400
4. 315, 825
5. 20, 40
6. 331, 993
7. 2091, 4807
8. 2475, 32 670
9. 67 942, 4209
10. 490 256, 337

11. 对练习 1~10 中的每对整数 a 和 b，求出整数 s 和 t 使得 $sa + tb = \gcd(a, b)$。
12. 求出两个小于 100 的整数 a 和 b，使得算法 5.3.3 中 while 循环迭代的次数最大。
13. 证明即便删掉算法 5.3.3 中的第 3 行和第 4 行，仍能正确地求出 $\gcd(a, b)$。
14. 写出一个欧几里得算法的递归版本，证明算法是正确的。
15. 如果 a 和 b 是正整数，证明 $\gcd(a, b) = \gcd(a, a + b)$。
16. 证明如果 $a > b \geq 0$，那么 $\gcd(a, b) = \gcd(a - b, b)$。
17. 利用练习 16，写出一个算法计算两个不同时为 0 的非负整数 a 和 b 的最大公因子，可使用减法，但不可用模运算。
18. 对于区间 0~m 之间的数，在最坏情形下，练习 17 中的算法需要多少次减法。
19. 扩展表 5.3.1 和表 5.3.2 的区间为 0~21。
20. 输入数为 0~1 000 000 时，最坏情形下欧几里得算法需要执行多少次模运算？
21. 证明如果 f_{n+2} 和 f_{n+1}（$n \geq 1$）作为欧几里得算法的输入时，恰好需要执行 n 次模运算。
22. 证明对任意整数 $k > 1$，欧几里得算法计算 $\gcd(a, b)$ 和计算 $\gcd(ka, kb)$ 所执行模运算的次数一样。

23. 证明 $\gcd(f_n, f_{n+1}) = 1$,$n \geq 1$。
24. 设 $d > 0$ 是不全为 0 的非负整数 a 和 b 的公因子。证明 $d \mid \gcd(a, b)$。
*25. 证明如果 p 是素数，a 和 b 是正整数，且 $p \mid ab$，那么 $p \mid a$ 或者 $p \mid b$。
26. 给出一个正整数 p、a 和 b 的例子，其中 $p \mid ab$，p 不整除 a，且 p 不整除 b。
27. 令 m 和 n 是正整数。令 f 是从 $X = \{0, 1, \cdots, m-1\}$ 到 X 的函数，定义为 $f(x) = nx \bmod m$。证明 f 是一个一对一的映上函数，当且仅当 $\gcd(m, n) = 1$。

练习 28~32 对于如果 a 和 b 是不同时为 0 的非负整数，存在整数 s 和 t 使得 $\gcd(a, b) = sa + tb$，给出了另外一种证明的方法。与欧几里得算法不同的是，这种证明不能给出一个计算 s 和 t 的方法。

28. 令 $X = \{sa + tb \mid sa + tb > 0$ 且 s 和 t 是整数$\}$，证明 X 非空。
29. 证明 X 中至少存在一个最后元素。令 g 为这个最后元素。
30. 证明如果 c 是一个 a 和 b 的公因子，那么 c 整除 g。
31. 证明 g 是 a 和 b 的公因子。提示：假设 g 不能整除 a，那么 $a = qg + r$，$0 < r < g$。通过说明 $r \in X$ 得到一个矛盾。
32. 证明 g 是 a 和 b 的最大公因子。

在练习 33~39 中，证明 $\gcd(n, \phi) = 1$，求出一个 n 模 ϕ 的逆 s，满足 $0 < s < \phi$。

33. $n = 2$,$\phi = 3$ 34. $n = 1$,$\phi = 47$ 35. $n = 7$,$\phi = 20$
36. $n = 11$,$\phi = 47$ 37. $n = 50$,$\phi = 231$ 38. $n = 100$,$\phi = 231$
39. $n = 100$,$\phi = 243$ 40. 说明 6 没有模 15 的逆。这是否与例 5.3.11 相矛盾？解释之。
41. 证明 $n > 0$ 有一个模 $\phi > 1$ 的逆，当且仅当 $\gcd(n, \phi) = 1$。

问题求解：邮资问题

问题

令 p 和 q 是正整数，满足 $\gcd(p, q) = 1$。证明存在 n，使得对所有的 $k \geq n$，k 分的邮资可以只用 p 分的邮票和 q 分的邮票凑齐。

问题分析

这类问题听起来熟悉吗？例 2.5.1 利用数学归纳法证明了 4 分或者更多的邮资可以只用 2 分的和 5 分的邮票凑齐。这个结果是 $p = 2$ 和 $q = 5$ 的例子。在这种情况下，取 $n = 4$，对所有的 $k \geq 4$，k 分的邮资可以只用 2 分的邮票和 5 分的邮票凑齐。这时，首先复习一下这个结果的归纳证明。

$p = 2$ 和 $q = 5$ 问题的归纳证明可以总结如下。首先证明基本步（$k = 4, 5$）。在归纳里，假设可以凑齐 $k - 2$ 分的邮资。接着增加一个 2 分的邮票凑齐 k 分邮资。我们将模拟归纳法证明，对任意的 p 和 q，如果 $\gcd(p, q) = 1$，存在 n 使得对所有的 $k \geq n$，k 分的邮资可以只用 p 分的邮票和 q 分的邮票凑齐。

问题求解

首先注意一下一种普通的情况。如果 p 或者 q 是 1，可以利用 k 个 1 分的邮票凑齐所有 $k \geq 1$ 的邮资。因此，假设 $p > 1$,$q > 1$。

第 5 章 数论简介

首先定义一些符号。对一个特定的邮资，令 n_p 表示使用 p 分邮票的个数，n_q 表示使用 q 分邮票的个数。总邮资就是 $n_p p + n_q q$。

这个公式是否能让你回忆起什么？定理 5.3.7 说明，存在 s 和 t 使得

$$1 = \gcd(p, q) = sp + tq \tag{1}$$

最后一个等式说明可以利用 s 个 p 分的邮票和 t 个 q 分的邮票凑齐 1 分邮资。问题是 s 或者 t 必须是负数才能使得 $sp + tq$ 等于 1（因为 p 和 q 都大于 1）。事实上，因为 p 和 q 都大于 1，s 和 t 中一个是正的，一个是负的。假设 $s > 0$，$t < 0$。

下面看一下归纳步如何工作，然后再看看需要什么样的基本步。模拟前面讨论的特殊情况，可假设已能够凑齐 $k - p$ 分邮资，需要 p 分邮资凑齐 k 分邮资。这没什么困难。为了使归纳步能够工作，基本步必须包括 $n, n + 1, \cdots, n + p - 1$ 的情形。

假设可以凑齐 n 分邮资：$n = n_p p + n_q q$。

由于等式 (1)，利用 $n_p + s$ 个 p 分邮票和 $n_q + t$ 个 q 分邮票可以凑齐 $(n+1)$ 分邮资，即 $n + 1 = (n_p p + n_q q) + (sp + tq) = (n_p + s)p + (n_q + t)q$。

当然，最后一个公式当且仅当 $n_p + s \geq 0$ 和 $n_q + t \geq 0$ 才有意义。$n_p + s \geq 0$ 成立因为 $n_p \geq 0$ 且 $s > 0$。通过选择 $n_q \geq -t$，可以使得 $n_q + t \geq 0$。

类似地，利用 $n_p + 2s$ 个 p 分邮票和 $n_q + 2t$ 个 q 分邮票可以凑齐 $(n + 2)$ 分邮资，即 $n + 2 = (n_p p + n_q q) + 2(sp + tq) = (n_p + 2s)p + (n_q + 2t)q$。

正如前述，$n_p + 2s \geq 0$ 成立，因为 $n_p \geq 0$ 且 $s > 0$。通过选择 $n_q \geq -2t$，可以使得 $n_q + 2t \geq 0$。注意到 n_q 的这种选择，$n_q \geq -t$ 仍然成立（因此，仍然可以凑齐 $n + 1$ 分邮资）。

一般情况下，利用 $n_p + is$ 个 p 分邮票和 $n_q + it$ 个 q 分邮票可以凑齐 $(n+i)$ 分邮资，即 $n + i = (n_p p + n_q q) + i(sp + tq) = (n_p + is)p + (n_q + it)q$。

正如前述，$n_p + is \geq 0$ 成立因为 $n_p \geq 0$ 且 $s > 0$。通过选择 $n_q \geq -it$，可以使得 $n_q + it \geq 0$。注意到 n_q 的这种选择，$n_q \geq -jt$（$j = 0, \cdots, i - 1$）仍然成立（因此，仍然可以凑齐 $n + j$ 分邮资）。

可得如果选择 $n_q = -(p - 1)t$，就可以凑齐 $n, n + 1, \cdots, n + p - 1$ 分邮资。对所有 $n_p \geq 0$ 都可以，选择 $n_p = 0$。使得 $n = n_q q = -(p - 1)tq$。

形式解

如果 p 或者 q 为 1，可以取 $n = 1$；因此假设 $p > 1$ 且 $q > 1$。根据定理 5.3.7，存在整数 s 和 t，满足 $sp + tq = 1$。由于 $p > 1$ 且 $q > 1$，$s \neq 0$ 且 $t \neq 0$。进一步，s 或者 t 是负数。可以假设 $t < 0$，那么 $s > 0$。令 $n = -t(p - 1)q$。下面证明只利用 p 分和 q 分邮票可以凑齐 $n, n + 1, \cdots, n + p - 1$ 分邮资。

现在，$n + j = -t(p - 1)q + j(sp + tq) = (js)p + (-t(p - 1) + jt)q$。如果 $0 \leq j \leq p - 1$，那么 $-t(p - 1) + jt \geq -t(p - 1) + t(p - 1) = 0$。因此，可以利用 js 个 p 分邮票和 $-t(p - 1) + jt$ 个 q 分邮票凑齐 $n + j$ 分邮资，且 $0 \leq j \leq p - 1$。

最后，利用归纳法证明可以只用 p 分和 q 分邮票凑齐 n 分或者更多的邮资。基本步是 $n, n + 1, \cdots, n + p - 1$。假设 $k \geq n + p$，并且可凑齐 m 分邮资，m 满足 $n \leq m < k$。特别是，可以凑齐 $k - p$ 分邮资。增加一个 p 分邮资，可以凑齐 k 分邮资。归纳步结束。

问题求解技巧小结

- 找出一个类似问题。在例 2.5.1 中已经遇到了邮资问题。
- 试着利用类似问题中的思想。为了解决这个问题，可以修改例 2.5.1 中的归纳证明。

- 有时候，记法、场景或者上下文会给出一些有用的提示。在这个问题中，邮资总数等于 $n_p p + n_q q$ 与最大公因子公式 $\gcd(p, q) = sp + tq$ 类似。将这个公式结合考虑是给出基本步证明的关键。
- 不要害怕假设。如果一个假设看起来没有根据，有时候可以修改它使得它是正确的。在这个例子中，假设利用 $n_p + s$ 个 p 分邮票和 $n_q + t$ 个 q 分邮票可以凑齐 $n + 1$ 分邮票。可以通过选择 $n_q \geq -t$ 使得后边的语句成立。

练习

1. 证明如果 $\gcd(p, q) > 1$，存在整数 n，使得对所有的 $k \geq n$，k 分的邮资可以只用 p 分的邮票和 q 分的邮票凑齐。

5.4 RSA 公钥密码系统

密码学（cryptology）是研究保证通信安全的**密码系统**（cryptosystem）的学科。在一个密码系统中，发送者在发送消息之前对消息进行转换，希望使得只有授权的接收者可以重构得到原来的消息（例如，转换之前的消息）。这称为发送者对消息**加密**（encrypt），接收者对消息进行**解密**（decrypt）。如果一个密码系统是安全的，未授权的接受者不能够发现解密技术，这样即便他们得到加密的消息，也不能对它解密。密码系统对大的组织（如政府和军队）、所有基于 Internet 的商务和个人来说是非常重要的。例如，如果一个信用卡卡号通过 Internet 传送，只有授权的接收者才能读取是非常重要的。在本节，将会讨论一些支持安全通信的算法。 [WWW]

在一个非常古老和简单的系统里，发送者和接收者每人都有一个密钥，对每一个可能传送的字符规定了一个替换的字符。而且，发送者和接收者不透露这个密钥。这样的密钥称为私有的。

例 5.4.1 如果一个密钥定义成

字符：ABCDEFGHIJKLMNOPQRSTUVWXYZ
替换为：EIJFUAXVHWP GSRKOBTQYDMLZNC

消息 SEND MONEY 就被加密成 QARUESKRAM。加密的消息 SKRANEKRELIN 被解密成 MONEY ON WAY。 ∎

像例 5.4.1 中的简单系统是很容易被击破的，因为特定的字符（如英文中的 E）和字符组合（如英文中的 ER）比其他字符出现的频率高。另外，关于私有密码的问题一般必须在消息发送前安全地送到发送者和接收者。本节剩下的内容是关于 **RSA 公钥密码系统**的，RSA 是根据它的发明者 Ronald L. Rivest、Adi Shamir 和 Leonard M. Adleman 的名字命名的，我们相信这个系统是安全的。在 RSA 系统里，每一个参与者有一个公开的加密密钥和一个私有的解密密钥。为了发送一个消息，所有的人需要做的就是在一个公开的分布表里找到接收者的加密密钥。接收者用隐藏的解密密钥对消息解密。

在 RSA 系统里，消息用数字表示。例如，每个字符可以用一个数表示。如果一个空格表示成 1，A 为 2，B 为 3，一直下去；消息 SEND MONEY 可以表示成 20, 6, 15, 5, 1, 14, 16, 15, 6, 26。如果需要，几个整数可以组合成一个整数

$$200615050114161506 26$$

（注意到仅有 1 位的数字前面增加了一个 0）。

下面描述 RSA 系统是如何工作的，先给出一个具体的例子，然后讨论它是如何工作的。每一个参与的接收者选取两个素数 p 和 q，计算 $z = pq$。由于 RSA 系统的安全性依赖于即便知道 z 的人也不能得到 p 和 q，因此 p 和 q 一般都选取 100 位或更大的数字。接着，接收者计算 $\phi = (p-1)(q-1)$，选择整数 n 使得 $\gcd(n, \phi) = 1$。在实际应用中，经常选择 n 为素数。这对数 z, n 可以公开。最后，接收者计算唯一的数字 s，$0 < s < \phi$，满足 $ns \bmod \phi = 1$。（计算 s 的有效方法在 5.3 节给出。）s 需要保密，用来解密消息。

为了传送一个整数 a（其中 $0 \leq a \leq z-1$）给持有公开密钥 z, n 的人，发送者计算 $c = a^n \bmod z$，并发送 c（算法 5.2.19 中提供了一个有效的方法来计算 $a^n \bmod z$）。为了解密消息，接收者计算 $c^s \bmod z$，可以证明等于 a。

例 5.4.2 假设选取 $p = 23$，$q = 31$，$n = 29$。那么 $z = pq = 713$，$\phi = (p-1)(q-1) = 660$。则 $s = 569$，因为 $ns \bmod \phi = 29 \cdot 569 \bmod 660 = 16\,501 \bmod 660 = 1$。这对数 $z, n = 713, 29$ 就可以是公开的。

为了给密钥 713, 29 持有者传送 $a = 572$，发送者计算 $c = a^n \bmod z = 572^{29} \bmod 713 = 113$，并发送 113。接收者为了解密消息，计算 $c^s \bmod z = 113^{569} \bmod 713 = 572$。∎

加密和解密的主要结果是

$$a^m \bmod z = a \text{ 对所有的 } 0 \leq a \leq z \text{ 且 } m \bmod \phi = 1$$

（证明请参见 [Cormen: Theorem 31.36, page 885]）。利用这个结果和定理 5.2.17，可以说明解密是如何得到正确结果的。由于 $ns \bmod \phi = 1$，

$$c^s \bmod z = (a^n \bmod z)^s \bmod z = (a^n)^s \bmod z = a^{ns} \bmod z = a$$

RSA 密码系统的安全性主要依赖于目前没有已知的有效的整数因子分解的算法这个事实；也就是目前没有已知的可以在多项式时间 $O(d^k)$ 内分解 d 位整数的算法。因此如果素数 p 和 q 选取得足够大，那么分解 $z = pq$ 是不可行的。如果一个接收到消息的人可以分解，那么他就可以像授权的接收者一样解密消息了。目前，没有已知的可行办法可以分解 200 位或更多位的整数因子，所以如果 p 和 q 选定每个都是 100 位或更多，pq 大约会有 200 位或更多，这样看起来就可以保证 RSA 的安全。

RSA 密码系统第一次出现在 1977 年 2 月 Martin Gardner 的 *Scientific American* 专栏中（参见 [Gardner, 1977]）。在这个专栏里，消息利用密钥 z, n 加密，其中 z 是 64 位和 65 位素数的乘积，$n = 9007$，且悬赏 \$100 给首次破解这个密码的人。在撰写这篇文章的时候，分解 z 估计需要 40×1000^5 年。实际上，在 1994 年 5 月，Arjen Lenstra、Paul Leyland、Michael Graff 和 Derek Atkins，在来自 25 个国家的 600 名志愿者的帮助下，利用超过 1600 台的计算机分解了 z（参见 [Taubes]）。这个工作是在 Internet 上合作完成的。

另外一个消息被截取和解密的可能方法是取 $c \bmod z$ 的 n 次方根，其中 c 是要传送的加密值。由于 $c = a^n \bmod z$，$c \bmod z$ 的 n 次方根可以给出 a，即加密消息的值。同样，目前没有已知的可以计算 z 的 n 次方根的多项式时间算法。可以想象除了整数分解或者计算 $\bmod z$ 的 n 次方根以外，还能有其他的方法进行消息解密。例如，在 20 世纪 90 年代中期，Paul Kocher 给出了一个基于解密时间的方法来攻击 RSA 系统（参见 [English]）。它的思想是不同的密钥需要不同的总的时间来解密消息，利用时间信息，一个未授权的人可以发现密钥，因此可以解密。RSA 实现者已经采取了相应的措施来改变可见的时间信息，从而防止加密消息被攻击。

本节复习

1. 密码学指的是什么？
2. 什么是密码系统？
3. 加密消息是什么意思？
4. 解密消息是什么意思？
5. 在 RSA 公钥密码系统中，如何加密 a，并传送给公钥 z, n 的持有者？
6. 在 RSA 公钥密码系统中，如何解密 c？
7. RSA 公钥密码系统的安全依赖于什么？

练习

1. 利用例 5.4.1 中的密钥加密消息 COOL BEAVIS。
2. 利用例 5.4.1 中的密钥解密消息 UTWR ENKDTEKMIGYWRA。
3. 利用例 5.4.1 中的密钥加密消息 I AM NOT A CROOK。
4. 利用例 5.4.1 中的密钥解密消息 JDQHLHIF AU。
5. 利用例 5.4.2 中的公钥 713,29 加密 333。
6. 利用例 5.4.2 中 $s = 569$ 解密 411。

在练习 7~11 中，假设选择素数 $p = 17$，$q = 23$，$n = 31$。

7. 计算 z。
8. 计算 ϕ。
9. 计算 s。
10. 利用公钥 z, n 加密 101。
11. 解密 250。

在练习 12~16 中，假设选择素数 $p = 59$，$q = 101$，$n = 41$。

12. 计算 z。
13. 计算 ϕ。
14. 计算 s。
15. 利用公钥 z, n 加密 584。
16. 解密 250。

注释

关于初等数论的一个比较容易理解的介绍是[Niven, 1980]。关于最大公因子，包括历史回顾和其他初等数论方面专题的讨论请参见[Knuth, 1998a]。

RSA 密码系统的全部细节可以在[Cormen]中找到。[Pfleeger]主要是关于计算机安全的。

本章复习

5.1

1. d 整除 n：$d \mid n$
2. d 不能整除 n：$d \nmid n$
3. d 是 n 的一个约数或因子
4. 素数
5. 合数
6. 算术基本定理：任何一个大于 1 的整数可写成两个素数乘积。
7. 公因子
8. 最大公因子
9. 公倍数
10. 最小公倍数

5.2

11. 位
12. 十进制
13. 二进制
14. 计算机中整数的表示：当用二进制表示正整数 n 时，需要 $\lfloor 1 + \lg n \rfloor$ 位。
15. 十六进制
16. 数制的基数
17. 将二进制数转换为十进制
18. 将十进制数转换为二进制

19. 将十六进制数转换为十进制
20. 将十进制数转换为十六进制
21. 二进制数相加
22. 十六进制数相加
23. 利用重复乘方计算 a^n
24. $ab \bmod z = [(a \bmod z)(b \bmod z)] \bmod z$
25. 利用重复乘方计算 $a^n \bmod z$

5.3
26. 欧几里得算法
27. 如果一对数 a, b ($a > b$) 作为欧几里得算法的输入，需要 $n \geq 1$ 次模运算，那么 $a \geq f_{n+2}$ 且 $b \geq f_{n+1}$，其中 $\{f_n\}$ 代表 Fibonacci 序列。
28. 如果 0 到 m ($m \geq 8$) 之间的两个整数（不同时为 0）作为欧几里得算法的输入时，最多需要 $\log_{3/2} \frac{2m}{3}$ 次模运算。
29. 如果 a 和 b 是不同时为 0 的非负整数，存在整数 s 和 t 使得 $\gcd(a, b) = sa + tb$。
30. 利用欧几里得算法计算 s 和 t 使得 $\gcd(a, b) = sa + tb$。
31. 计算一个整数模的逆。

5.4
32. 密码学
33. 密码系统
34. 加密消息
35. 解密消息
36. RSA 公钥密码系统：为了加密 a 且将它发送给公钥 z, n 持有者，计算 $c = a^n \bmod z$ 且发送 c。为了解密消息，计算 $c^s \bmod z$，可以证明它等于 a。
37. RSA 密码系统的安全主要依赖于目前不存在已知的大数因子分解的有效算法这个事实。

本章自测题

5.1
1. 跟踪算法 5.1.8，$n = 539$。
2. 求出 539 的素数因子分解。
3. 求出 $\gcd(2 \cdot 5^2 \cdot 7^2 \cdot 13^4, 7^4 \cdot 13^2 \cdot 17)$。
4. 求出 $\text{lcm}(2 \cdot 5^2 \cdot 7^2 \cdot 13^4, 7^4 \cdot 13^2 \cdot 17)$。

5.2
5. 将二进制数 10010110 写为十进制形式。
6. 将十进制数 430 写为二进制和十六进制形式。
7. 跟踪算法 5.2.16，对于值 $n = 30$。
8. 跟踪算法 5.2.19，对于值 $a = 50, n = 30, z = 11$。

5.3
9. 利用欧几里得算法，找出整数 396 和 480 的最大公因子。
10. 给定 $\log_{3/2} 100 = 11.357747$，给出欧几里得算法对整数在 0~100 000 000 之间时需要模运算次数的上界。
11. 利用欧几里得算法求出 s 和 t 满足 $s \cdot 396 + t \cdot 480 = \gcd(396, 480)$。
12. 证明 $\gcd(196, 425) = 1$，并且找出 196 模 425 的逆满足 $0 < s < 425$。

5.4
在练习 13~16 中，假设选择素数 $p = 13, q = 17, n = 19$。

13. 计算 z 和 ϕ。
14. 计算 s。
15. 利用公钥 z, n 加密 144。
16. 解密 28。

上机练习

1. 用程序实现算法 5.1.8，判断一个正整数是否是素数。
2. 编写一个将十进制数、十六进制数和八进制数相互转换的程序。
3. 编写一个完成二进制数加法的程序。
4. 编写一个完成十六进制数加法的程序。
5. 编写一个完成八进制数加法的程序。
6. 用程序实现算法 5.2.16，重复乘方计算指数。
7. 用程序实现算法 5.2.19，重复乘方计算指数模 z。
8. 编写一个计算最大公因子的递归和非递归程序。比较程序执行所需要的时间。
9. 给定不同时为 0 的整数 a 和 b，编写一个计算整数 s 和 t 的程序，满足 $\gcd(a, b) = sa + tb$。
10. 给定整数 $n > 0$，$\phi > 1$，$\gcd(n, \phi) = 1$，编写一个程序计算 $n \bmod \phi$ 的逆。
11. 实现 RSA 公钥密码系统。

第 6 章 计数方法与鸽巢原理

计数是在离散数学中经常遇到的问题。例如在 4.3 节中，为了估计算法的运行时间，需要计算特定步骤和循环执行的次数。计数在概率论中也起着至关重要的作用。由于计数的重要性，人们发明了各种各样的辅助计数工具，有些甚至十分复杂。本章介绍几种计数工具，运用它们可以证明二项式定理。本章还将讨论鸽巢原理，可用来证明某些特定对象的存在性。（跳过 6.5 节和 6.6 节不会破坏全书内容的连续性。）

6.1 基本原理

图 6.1.1 为 Kay 快餐店的菜单，其中包含两种开胃食品、三种主食和四种饮料。请问包含一种主食和一种饮料的午餐有多少种不同的选择呢？ [WWW]

开胃食品	
玉米片 N	2.15
色拉 S	1.90
主食	
汉堡 H	3.25
三明治 C	3.65
鱼排 F	3.15
饮料	
茶水 T	0.70
牛奶 M	0.85
可乐 C	0.75
啤酒 R	0.75

图 6.1.1 Kay 快餐菜单

将所有可能的包含一种主食和一种饮料的午餐选择列出：

HT, HM, HC, HR, CT, CM, CC, CR, FT, FM, FC, FR

不难发现有 12 种不同的选择。（XY 表示主食为 X，饮料为 Y 的午餐选择，其中 X 为主食的第一个英文字母，Y 为饮料的第一个英文字母，例如 CR 代表主食为三明治、饮料为啤酒的午餐选择。）而午餐可选择的个数恰为主食种类与饮料种类的乘积，即 $12 = 3 \times 4$。

包含一种开胃食品、一种主食和一种饮料的午餐，其可能的组合共有 24 种：

NHT, NHM, NHC, NHR, NCT, NCM, NCC, NCR,
NFT, NFM, NFC, NFR, SHT, SHM, SHC, SHR,
SCT, SCM, SCC, SCR, SFT, SFM, SFC, SFR

（XYZ 表示开胃食品为 X，主食为 Y，饮料为 Z 的午餐选择，其中 X 为开胃食品的第一个英文字母，Y 为主食的第一个英文字母，Z 为饮料的第一个英文字母。）午餐可选择的个数恰为开胃食品种类、主食种类与饮料种类的乘积：$24 = 2 \times 3 \times 4$。

通过这两个例子，可以总结出午餐组合的总数为各类食品可选数的乘积，这些例子阐述了**乘法原理**（Multiplication Principle）。

乘法原理

> 如果一项工作需要 t 步完成，第一步有 n_1 种不同的选择，第二步有 n_2 种不同的选择，…，第 t 步有 n_t 种不同的选择，那么完成这项工作所有可能的不同的选择总数为 $n_1 \times n_2 \times \cdots \times n_t$。

在计算包含一种主食和一种饮料的午餐选择总数时，第一步为"选择一种主食"，第二步为"选择一种饮料"。因而 $n_1 = 3$，$n_2 = 4$，根据乘法原理，午餐选择总数为 $3 \times 4 = 12$。图 6.1.2 解释了为什么要用 3 乘以 4——每组含有 4 种选择，共有 3 组。

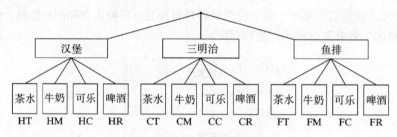

图 6.1.2 乘法原理的解释

乘法原理可总结为：当一项工作分为若干步时，将每一步的可选择数相乘便得到这项工作的所有可选择个数。

例 6.1.1　在 Kay 快餐店中，包含一种主食并且可选一种饮料的午餐会有多少种选择？

可以将选定午餐分为两步，第一步为"选定主食"，第二步为"选定饮料"。主食有 $n_1 = 3$ 种选择（汉堡、三明治、鱼排），饮料有 $n_2 = 5$ 种选择（茶水、牛奶、可乐、啤酒、不要饮料）。根据乘法原理，共有 $3 \times 5 = 15$ 种午餐选择。下面列出所有的 15 种午餐选择以便验证。（N 为不要饮料。）

HT, HM, HC, HR, HN, CT, CM, CC, CR, CN, FT, FM, FC, FR, FN　■

例 6.1.2　Melissa 病毒　1990 年，一种名叫 Melissa 的病毒利用侵吞系统资源的方法来破坏计算机系统，通过以含恶意宏的字处理文档为附件的电子邮件传播。当字处理文档被打开时，宏从用户的地址本中找到前 50 个地址，并将病毒转发给他们。用户接收到这些被转发的附件并将字处理文档打开后，病毒会自动继续转发，不断往复扩散。病毒非常快速地转发邮件，将被转发的邮件临时存储在某个磁盘上，当磁盘占满后，系统将会死锁甚至崩溃。

当第一个病毒转发给 50 个地址后，每一个接收到病毒的地址又将病毒转发给 50 个地址。根据乘法原理，第二次增加了 $50 \times 50 = 2500$ 个接收者；每个接收者又将转发给 50 个地址，再根据乘法原理，增加了 $50 \times 50 \times 50 = 125\,000$ 个接收者；再经过一次转发，又增加了 $50 \times 50 \times 50 \times 50 = 6\,250\,000$ 个接收者。则经过 4 次转发，共发送了

$$6\,250\,000 + 125\,000 + 2500 + 50 + 1 = 6\,377\,551$$

个附件。　■

例 6.1.3

(a) 用 $ABCDE$ 五个字母可以组成多少个不重复的长度为 4 的字符串？

(b) (a)中有多少个字符串以字母 B 开头？

(c) (a)中有多少个字符串不以字母 B 开头？

(a) 利用乘法原理。构造一个长度为 4 的字符串分为 4 步：选择第一个字母；选择第二个字母；选择第三个字母；选择第四个字母。第一个字母有 5 种选法；当第一个字母选定后，第二个字母有 4 种选法；当第二个字母被选定后，第三个字母有 3 种选法；当第三个字母选定后，第四个字母有两种选法。根据乘法原理，共有

$$5 \times 4 \times 3 \times 2 = 120$$

个字符串。

(b) 构造一个以字母 B 开头的字符串同样需要 4 步：选择第一个字母；选择第二个字母；选择第三个字母；选择第四个字母。第一个字母（B）只有 1 种选法；第二个字母有 4 种选法；第三个字母有 3 种选法；第四个字母有两种选法。根据乘法原理，共有

$$1 \times 4 \times 3 \times 2 = 24$$

个以字母 B 开头的字符串。

(c) 依问题(a)，由 $ABCDE$ 可以组成 120 个不重复的长度为 4 的字符串。依问题(b)，共有 24 个字符串以字母 B 开头。故共有

$$120 - 24 = 96$$

个不以字母 B 开头的字符串。∎

例 6.1.4 在一幅数字图像中，若将每个像素用 8 位进行编码，问每个点有多少种不同的取值？

用 8 位进行编码可分为 8 个步骤：选择第一个位，选择第二个位，$\cdots$，选择第八个位。每一位有两种选择，故根据乘法原理，8 位编码共有

$$2 \times 2 \times 2 \times 2 \times 2 \times 2 \times 2 \times 2 = 2^8 = 256$$

种取值。∎

用乘法原理可证明一个含有 n 个元素的集合共有 2^n 个子集。在前面的章节曾用数学归纳法证明过这一结论（参见定理 2.4.6）。

例 6.1.5 用乘法原理证明含有 n 个元素的集合 $\{x_1, \cdots, x_n\}$ 有 2^n 个子集。

构造一个子集分为 n 个步骤：选取或不选取 x_1；选取或不选取 x_2；$\cdots$；选取或不选取 x_n。每一步有两种选择，故所有可能的子集总数为

$$\underbrace{2 \cdot 2 \cdots 2}_{n \uparrow 2} = 2^n$$

∎

例 6.1.6 X 为 n 元素集合，有多少满足 $A \subseteq B \subseteq X$ 的有序对 (A, B)？

给定一个满足 $A \subseteq B \subseteq X$ 的有序对 (A, B)，可知 X 的每一个元素必属于且仅属于 A、$B - A$、$X - B$ 中的一个集合。反之，若指定 X 的每一个元素到 A（该元素在 B 和 X 中）、$B - A$（该元素在 X 中）、$X - B$ 这三个集合中的一个，也就唯一确定了满足 $A \subseteq B \subseteq X$ 的有序对 (A, B)。可见，满足 $A \subseteq B \subseteq X$ 的有序对 (A, B) 的个数等于将集合 X 中的元素指定到 A、$B - A$、$X - B$ 这三个集合

的不同指派数。将这样的指派分为 n 个步骤：指定 X 中的第一个元素到 A、$B-A$、$X-B$ 这三个集合中的一个；指定 X 中的第二个元素到 A、$B-A$、$X-B$ 这三个集合中的一个……指定 X 中的第 n 个元素到 A、$B-A$、$X-B$ 这三个集合中的一个。每一步有 3 种指定方法，故满足 $A \subseteq B \subseteq X$ 的有序对 (A, B) 的个数为

$$\underbrace{3 \cdot 3 \cdots 3}_{n \text{个} 3} = 3^n$$

例 6.1.7 n 个元素的集合之上有多少个自反关系？

对表示 n 个元素集合 X 之上的自反关系的 $n \times n$ 矩阵的数目进行计数。由于对所有 $x \in X, (x, x)$ 在关系之中，因此所有主对角线上的元素为 1。对矩阵中的其他元素则没有限制，可以为 0 也可以为 1。一个 $n \times n$ 矩阵有 n^2 个元素，而主对角线上的元素个数为 n。因此除去主对角线外的元素个数为 $n^2 - n$。由于这些元素可以有两种赋值，按照乘法原理，有

$$\underbrace{2 \cdot 2 \cdots 2}_{n^2 - n \text{个因子}} = 2^{n^2 - n}$$

个矩阵对应于 n 个元素集合之上的自反关系。因此 n 个元素的集合之上有 2^{n^2-n} 个自反关系。■

例 6.1.8 Internet 地址

Internet 是互联计算机组成的网络。Internet 上的每台计算机由 Internet 地址予以标识。目前的地址方案是 IPv4（Internet 协议，版本 4），从 A 类到 E 类共分为 5 类。其中只有 A 类、B 类和 C 类被用来标识 Internet 上的计算机。A 类地址适用于大型网络，B 类地址适用于中型网络，C 类地址则适用于小型网络。本例说明 A 类地址的数量。练习 74~练习 76 则涉及 B 类和 C 类地址的数量。

一个 A 类地址是一个长度为 32 的二进制串，其第一位是 0（标识其是一个 A 类地址），接下来的 7 位，称为 netid，用于标识网络，剩余的 24 位，称为 hostid，用来标识计算机。要求 netid 不能全为 1，而 hostid 既不能全为 1 也不能全为 0。由例 6.1.4 中的结论，共有 2^7 个长为 7 的二进制串，另外由于 1111111 不能作为 netid，因此有 $2^7 - 1$ 个 netid。由例 6.1.4，共有 2^{24} 个长度为 24 的二进制串，另外因为全为 0 或全为 1 的二进制串不能作为 hostid，因此共有 $2^{24} - 2$ 个 hostid。由乘法原理，可知有

$$(2^7 - 1)(2^{24} - 2) = 127 \cdot 16\,777\,214 = 2\,130\,706\,178$$

个 A 类 Internet 地址。由于 Internet 规模的急剧膨胀，IPv6（Internet 协议，版本 6）使用 128 位而不是 32 位地址。■

下面先用一个例子说明加法原理，随后介绍这个原理。

例 6.1.9 有多少 8 位字符串以 101 或 111 开头？

构造一个以 101 开头的 8 位字符串需要 5 个步骤：选择第四个位；选择第五个位……选择第八个位。每一位有两种选取方法，根据乘法原理，共有

$$2 \times 2 \times 2 \times 2 \times 2 = 2^5 = 32$$

个 8 位字符串以 101 开头。同理，有 32 个 8 位字符串以 111 开头。以 101 和 111 开头的字符串各有 32 个，故有 $32 + 32 = 64$ 个以 101 或 111 开头的 8 位字符串。■

在例 6.1.9 中，将两种 8 位字符串的数目（32 和 32）相加，得到了最后的结果。**加法原理**（Addition Principle）告诉我们，可以将部分的数目相加得到总数。

第 6 章 计数方法与鸽巢原理

加法原理

> 假定 $X_1, \cdots, X_t$ 均为集合，第 i 个集合 X_i 有 n_i 个元素。若 $\{X_1, \cdots, X_t\}$ 为两两不交的集合（若 $i \neq j$，$X_i \cap X_j = \varnothing$），则可以从 $X_1, X_2, \cdots, X_t$ 选择出的元素总数为
>
> $$n_1 + n_2 + \cdots + n_t$$
>
> （即集合 $X_1 \cup X_2 \cup \cdots \cup X_t$ 含有 $n_1 + n_2 + \cdots + n_t$ 个元素。）

在例 6.1.9 中，指定 X_1 为以 101 开头的 8 位字符串，指定 X_2 为以 111 开头的 8 位字符串。由于集合 X_1 和集合 X_2 不相交，根据加法原理，这两种 8 位字符串的总数，也即 $X_1 \cup X_2$ 中元素的个数为 $32 + 32 = 64$。

加法原理可总结为：当要计数的元素可分解为若干个不相交的子集时，可将每个子集元素的个数相加来得到元素的总数。

运用乘法原理可对需要若干步完成的对象计数，当计算不相交子集中对象的总数时，可运用加法原理。正确地判断什么情况应该运用什么原理是十分重要的，这种技能源自大量的练习和对问题的仔细分析。

本节的最后进一步举例说明这两种计数原理。

例 6.1.10 从 5 本不同的计算机书、3 本不同的数学书和 2 本不同的艺术书中选出不同类的两本，共有多少种选法？

根据乘法原理不难得出，选择一本计算机书和一本数学书，共有 $5 \times 3 = 15$ 种选法；同理，选择一本计算机书和一本艺术书共有 $5 \times 2 = 10$ 种选法；选择一本数学书和一本艺术书共有 $3 \times 2 = 6$ 种选法。由于这三个集合两两不相交，根据加法原理可得：从 5 本不同的计算机书、3 本不同的数学书和两本不同的艺术书中选出不同类的两本，共有

$$15 + 10 + 6 = 31$$

种选法。

例 6.1.11 由 Alice、Ben、Connie、Dolph、Egbert 和 Francisco 六个人组成的委员会，要选出一个主席、一个秘书和一个出纳员。

(a) 共有多少种选法？
(b) 若主席必须从 Alice 和 Ben 中选出，共有多少种选法？
(c) 若 Egbert 必须有职位，共有多少种选法？
(d) 若 Dolph 和 Francisco 都有职位，共有多少种选法？

(a) 运用乘法原理。确定职位共分 3 个步骤：选出主席，选出秘书，选出出纳。主席有 6 个人选；主席选定后，秘书有 5 个人选；主席和秘书都确定后，出纳有 4 个人选。故可能的选法总数为

$$6 \times 5 \times 4 = 120$$

(b) 若 Alice 被选为主席，共有 $5 \times 4 = 20$ 种方法确定其他的职位；同理，若 Ben 为主席，同样有 20 种方法确定其他的职位。由于这些选法没有交集，根据加法原理，共有

$$20 + 20 = 40$$

种选法。

(c) [解法一]根据(a)的结论,如果Egbert为主席,有20种方法确定余下的职位;同理,若Egbert为秘书,有20种方法确定余下的职位;若Egbert为出纳员,也有20种方法确定余下的职位。由于这些选法没有交集,根据加法原理,共有

$$20 + 20 + 20 = 60$$

种选法。

[解法二]将确定职位分为3个步骤:确定Egbert的职位;确定余下的较高职位人选;确定最后一个职位的人选。有3种方法确定Egbert的职位;当Egbert的职位确定后,余下的较高职位有5个人选;当Egbert的职位和余下较高的职位确定后,最后一个职位有4个人选。根据乘法原理,共有

$$3 \times 5 \times 4 = 60$$

种选法。

(d) 将给Dolph、Francisco和另一个人指定职位分为3个步骤:给Dolph指定职位;给Francisco指定职位;确定最后一个职位的人选。Dolph有3个职位可选;当Dolph的职位确定后,Francisco有两个职位可选;当Dolph和Francisco的职位确定后,最后一个职位有4个人选。根据乘法原理,共有

$$3 \times 2 \times 4 = 24$$

种选法。∎

包含排斥原理

现假定要计算以10开始、以011结尾的长度为8的二进制串的数目。令X表示以10开始的长度为8的二进制串,Y表示以011结束的长度为8二进制串,则目标就是计算$|X \cup Y|$。显然这里不能使用加法原理,直接将$|X|$和$|Y|$相加得到$|X \cup Y|$的值。因为加法原理要求X和Y是不相交的,而这里X和Y却是相交的,例如$10111011 \in X \cap Y$。包含排斥原理,它是加法原理的推广,其给出了一个计算两个集合的并的元素个数的公式,而不需要这两个集合是不相交的。

继续上面的讨论。现计算$|X| + |Y|$,其等于计算集合$X - Y$中元素的个数(以10开始但不为011结束的8位二进制串的数目)一次,计算$Y - X$中元素的个数(不以10开始但以011结束的8位二进制串的数目)一次,计算$X \cap Y$中元素的个数(以10开始并以011结束的8位二进制串的数目)两次(参见图6.1.3)。可见,从$|X| + |Y|$中去除$|X \cap Y|$以消除对一些元素的双倍计数,就可得到$X \cup Y$中元素的个数,即

$$|X \cup Y| = |X| + |Y| - |X \cap Y|$$

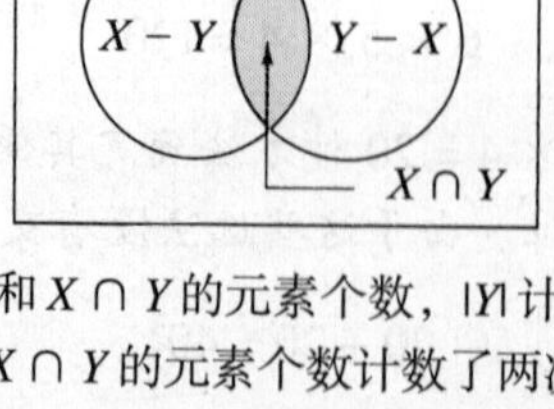

图6.1.3 $|X|$计算了集合$X - Y$和$X \cap Y$的元素个数,$|Y|$计算了集合$Y - X$和$X \cap Y$的元素个数。由于$|X| + |Y|$对$X \cap Y$的元素个数计数了两次,因此$|X|+|Y| = |X \cup Y| + |X \cap Y|$

同例 6.1.7 的理由，有 $|X| = 2^6$，$|Y| = 2^5$，$|X \cap Y| = 2^3$。以 10 开始或以 011 结束的 8 位二进制串的数目或 10 开始并以 011 结束的 8 位二进制串的数目等于

$$|X \cup Y| = |X| + |Y| - |X \cap Y| = 2^6 + 2^5 - 2^3$$

定理 6.1.12 描述了与两个集合相关的包含排斥原理。

> **定理 6.1.12　涉及两个集合的包含排斥原理**
>
> 如果 X 和 Y 是有限集，则
>
> $$|X \cup Y| = |X| + |Y| - |X \cap Y|$$
>
> **证明**　由于 $X = (X - Y) \cup (X \cap Y)$ 且 $X - Y$ 和 $X \cap Y$ 是不相交的，由加法原理
>
> $$|X| = |X - Y| + |X \cap Y| \tag{6.1.1}$$
>
> 类似地，
>
> $$|Y| = |Y - X| + |X \cap Y| \tag{6.1.2}$$
>
> 因为 $X \cup Y = (X - Y) \cup (X \cap Y) \cup (Y - X)$ 且 $X - Y$、$X \cap Y$ 和 $Y - X$ 两两不相交，由加法原理
>
> $$|X \cup Y| = |X - Y| + |X \cap Y| + |Y - X| \tag{6.1.3}$$
>
> 结合等式 (6.1.1) ~ (6.1.3)，可得
>
> $$|X| + |Y| = |X - Y| + |X \cap Y| + |Y - X| + |X \cap Y| = |X \cup Y| + |X \cap Y|$$
>
> 上述等式两边减去 $|X \cap Y|$，就得到了预期的结果。

例 6.1.13　一个由 Alice、Ben、Connie、Dolph、Egbert 和 Francisco 组成的委员会想选举一位主席、一位秘书和一位财务主管。如果 Alice 或 Dolph 当选，或 Alice 与 Dolph 都当选有多少种可能？

令 X 是一个选举的集合，其中 Alice 当选。Y 是一个选举的集合，其中 Dolph 当选。现要计算的是 $|X \cup Y|$。因为 X 和 Y 非不相交（Alice 与 Dolph 可以都当选），不能使用加法原理，而应使用包含排斥原理。

先计算 Alice 当选有多少种可能。Alice 可当选的官员类型有 3 种，剩下的第一个位置有 5 种可能选择，最后余下的位置有 4 种可能选择。因此 Alice 当选有 $3 \times 5 \times 4 = 60$ 种可能，即 $|X| = 60$。同样，Dolph 当选也有 60 种，即 $|Y| = 60$。

$X \cap Y$ 是 Alice 与 Dolph 都当选的可能数目。Alice 可当选的官员类型有 3 种，接下来 Dolph 可当选的官员类型有 2 种，剩下的最后一个位置有 4 种可能选择。因此，Alice 与 Dolph 都当选的可能数目为 $3 \times 2 \times 4 = 24$，即 $|X \cap Y| = 24$。

由包含排斥原理

$$|X \cup Y| = |X| + |Y| - |X \cap Y| = 60 + 60 - 24 = 96$$

即 Alice 或 Dolph 当选，或 Alice 与 Dolph 都当选有 96 种可能。∎

定理 6.1.12 的名字"包含排斥原理"来自于基于 $|X| + |Y|$ 计算 $|X \cap Y|$，$|X \cup Y|$ 将被计算两次，因此必须从 $|X| + |Y|$ 中减去 $|X \cap Y|$ 的值。

对于涉及 3 个或者更多集合的包含排斥原理的公式留做练习（参见练习 92~99）。

问题求解要点

求解本节中问题的关键在于掌握何时应使用乘法原理、何时应使用加法原理。当一项工作需要用若干步完成时，应使用乘法原理。例如在 Kay 快餐店（参见图 6.1.1）选择一份包含一种开胃食品、一种主食和一种饮料的午餐，将这个过程分成 3 步：

1. 选择一种开胃食品。
2. 选择一种主食。
3. 选择一种饮料。

完成这项工作的选择总数是每一步不同选择数目的乘积。在上面的例子中，选一种开胃食品有 2 种选法，选一种主食有 3 种选法，选一种饮料有 4 种选法。所以，午餐的总数为 $2 \times 3 \times 4 = 24$。

若一个集合可以分成若干个不相交的子集，计算这个集合中元素个数时可使用加法原理。例如，计算 Kay 快餐店中所有食品的总数可使用加法原理。开胃食品有 2 种，主食有 3 种，饮料有 4 种，而每种食品又仅属于其中的一个类，所以可选食品的总数为

$$2 + 3 + 4 = 9$$

再来比较一下上面的两个例子。在 Kay 快餐店选择一份包含一种开胃食品、一种主食和一种饮料的午餐是一个一步一步的过程。计数时，包含所有午餐选择的集合并非划分为不相交的子集。计算午餐选择时使用了乘法原理。而计算 Kay 快餐店中所有食品的总数时只需将不同类的食品数相加即可，因为不同的种类已经很自然地将所有的食品划分为不相交的子集。计算所有食品总数时，找出一种食品并不是一个一步一步的过程。所以，使用加法原理来计算所有食品的总数。

包含排斥原理（参见定理 6.1.12）是加法原理的一种拓广，其处理的集合可以不是两两不相交的。

本节复习

1. 叙述乘法原理并给出一个运用乘法原理的例子。
2. 叙述加法原理并给出一个运用加法原理的例子。
3. 叙述包含排斥原理并给出一个运用该原理的例子。

练习

使用乘法原理求解练习 1~9。

1. Kay 快餐店（参见图 6.1.1）包含一种开胃食品、一种饮料的午餐可选择数。
2. Kay 快餐店（参见图 6.1.1）包含一种开胃食品、一种主食、可选一种饮料的午餐可选择数。
3. Kay 快餐店（参见图 6.1.1）包含可选一种开胃食品，一种主食、可选一种饮料的午餐可选择数。
4. 某人有 8 件衬衫、4 条裤子、5 双鞋，全套衣服共有多少种可能的组合？
5. 某厂商推出的汽车模型，有 5 种可选的内部颜色、6 种可选的外部颜色、2 种座位、3 种发动机和 3 种收音机。用户共有多少种可能的选择？
6. 19 世纪初，Louis Braille 发明了 Braille 盲文。这些盲文字符由突起的小圆点组成。每个字符包含 2 列，每列有 3 个小圆点，至少有一个小圆点是突起的。Braille 盲文共有多少个可能的字符？
7. 掷出蓝色和红色两个骰子，共有多少种可能的结果？

8. 如果汽车牌照由3个字符后接两位数字组成，允许字符和数字的重复，问有多少种不同的可能牌照？不允许重复呢？

9. 一个饭店连锁店的特价广告称游客可在其5种开胃食品中任选一种、14种主食中任选一种、3种饮料中任选一种，并称其备有210套特价午餐可供挑选。广告夸大其词吗？请解释之。

使用加法原理求解练习10~18。

10. 3个系委员会各有6人、12人和9人，没有重叠，现每系推选一人前往竞选校长，问有多少种方式？

11. 在Kay快餐店（参见图6.1.1）选择开胃食品和主食之一的午餐种类。

12. 在Kay快餐店（参见图6.1.1）选择开胃食品和饮料之一的午餐种类。

13. 在下述程序中打印语句被执行的次数为多少？

    for i = 1 to m
      println(i)
    for j = 1 to n
      println(j)

14. 在下述程序中打印语句被执行的次数为多少？

    for i = 1 to m
      for j = 1 to n
        println(i, j)

15. 给定32个以101开始的8位二进制串和16个以1101开始的8位二进制串，问以101或1101开始的8位二进制串有多少个？

16. 掷出蓝色和红色两个骰子，两个骰子相加为2或12，共有多少种可能？

17. 由Morgan、Tyler、Max和Leslie组成的委员会想推选一位主席和一位秘书。问Tyler是主席或没有当选的可能性有多少种？

18. 由Morgan、Tyler、Max和Leslie组成的委员会想推选一位主席和一位秘书。问Max是主席或秘书的可能性有多少种？

19. 请对下述 *The New York Times* 的报道进行评论：
    因为可以适应不同的个性需求，所以大一些的小吨位车辆颇受欢迎。可运用算术技巧算出所有可能的形体结构。考虑车型（标准型、俱乐部型、四驱型）、底盘（6.5或8英尺宽）及发动机种类（排气量3.9升6缸V型、5.2升8缸V型、5.9升8缸V型、5.9升柴油涡轮增压6型、8升10缸V型），可知共有32种可能的组合。

在练习20~27中，共掷出蓝色和红色两个骰子。

20. 共有多少种可能使两个骰子点数相加为4？

21. 有多少种可能掷出一对？（两个骰子点数相同称为"一对"）

22. 共有多少种可能的结果使两个骰子相加为7或11？

23. 共有多少种可能使蓝色的骰子掷出2？

24. 共有多少种可能有且仅有一个骰子掷出2？

25. 共有多少种可能至少有一个骰子掷出2？

26. 共有多少种可能没有一个骰子掷出 2？
27. 共有多少种可能使两个骰子点数相加为偶数？

在练习 28~30 中，假定从 Oz 到 Mid Earth 有 10 条路，从 Mid Earth 到 Fantasy Island 有 5 条路。

28. 从 Oz 经过 Mid Earth 到 Fantasy Island，共有多少种走法？
29. 从 Oz 经过 Mid Earth 到 Fantasy Island，再经过 Mid Earth 返回 Oz，共有多少种走法？
30. 从 Oz 经过 Mid Earth 到 Fantasy Island，再经过 Mid Earth 返回 Oz，要求返回时不走去时的路，共有多少种走法？
31. 共有多少个 8 位二进制串以 1100 开头？
32. 共有多少个 8 位二进制串以 1 开头，以 1 结尾？
33. 共有多少个 8 位二进制串第 2 位或第 4 位或第 2 位与第 4 位皆为 1？
34. 共有多少个 8 位二进制串仅包含一个 1？
35. 共有多少个 8 位二进制串包含且仅包含两个 1？
36. 共有多少个 8 位二进制串至少包含一个 1？
37. 共有多少个 8 位二进制串反方向读还是它本身？（例如 01111110，这样的字符串称为"回文"。）

在练习 38~43 中，由 Alice、Ben、Connie、Dolph、Egbert 和 Francisco 六个人组成的委员会，要选出一个主席、一个秘书和一个出纳员。

38. Connie 没有职位的选法有多少种？
39. Ben 和 Francisco 都没有职位的选法有多少种？
40. Ben 和 Francisco 都有职位的选法有多少种？
41. Dolph 有职位，但 Francisco 没有职位的选法有多少种？
42. Dolph 为主席或没有职位的选法有多少种？
43. Ben 为主席或出纳员的选法有多少种？

在练习 44~51 中，用字母 ABCDE 组成长度为 3 的字符串。

44. 允许重复，总共可以组成多少个字符串？
45. 不允许重复，总共可以组成多少个字符串？
46. 允许重复，总共可以组成多少个以字母 A 开头的字符串？
47. 不允许重复，总共可以组成多少个以字母 A 开头的字符串？
48. 允许重复，总共可以组成多少个不包含字母 A 的字符串？
49. 不允许重复，总共可以组成多少个不包含字母 A 的字符串？
50. 允许重复，总共可以组成多少个包含字母 A 的字符串？
51. 不允许重复，总共可以组成多少个包含字母 A 的字符串？

练习 52~62 涉及 5~200 的所有整数。

52. 总共有多少个数字？
53. 有多少个偶数？
54. 有多少个奇数？
55. 有多少数可被 5 整除？
56. 有多少数大于 72？
57. 有多少数包含完全不同的数字？
58. 有多少数含有数字 7？
59. 有多少数不含数字 0？
60. 有多少大于 101 的数不包含数字 6？
61. 有多少从高位到低位严格递增的数？（例如 13，147，8。）

62. 有多少 *xyz* 型的数，满足 $0 \neq x < y$ 且 $y > z$？
63. (a) 5 个人出生的月份两两不同，共有多少种可能？
    (b) 5 个人出生的月份共有多少种可能？
    (c) 5 个人出生的月份中，至少有两个人相同，共有多少种可能？

练习 64~68 涉及 5 本不同的计算机书、3 本不同的数学书和 2 本不同的艺术书。

64. 将这些书放在书架上共有多少种不同的摆法？
65. 若将 5 本计算机书放在左边，2 本艺术书放在右边，共有多少种不同的摆法？
66. 若将 5 本计算机书放在左边，共有多少种不同的摆法？
67. 将每一个学科的书放在一起，共有多少种不同的摆法？
*68. 若 2 本艺术书不相邻，共有多少种不同的摆法？
69. 在 FORTRAN 语言的某些版本中，标识符被定义为以字母开头的、由字母或数字组成的长度不超过 6 的字符串（A~Z 或 0~9）。共有多少个合法的 FORTRAN 标识符？
70. 集合 *X* 包含 *n* 个元素，集合 *Y* 包含 *m* 个元素。问共有多少个从 *X* 到 *Y* 的函数？
*71. 有 10 本相同的书和另外 10 本两两不同的书，从中选出 10 本，共有多少种不同的选法？
72. 将 $(x+y)(a+b+c)(e+f+g)(h+i)$ 展开，共有多少项？
*73. 一个 $(2n+1)$ 个元素的集合有多少个不超过 *n* 个元素的子集？
74. 用于中等规模网络的 B 类 Internet 地址，是长度为 32 的二进制串。前面两位为 10（用于标识这是一个 B 类地址），接着 14 位用于标识网络，最后 16 位用于标识机器。但不能用全 0 或全 1 来标识机器。问有多少个 B 类地址？
75. 用于小规模网络的 C 类 Internet 地址，是长度为 32 的二进制串。前面 3 位为 110（用于标识这是一个 C 类地址），接着 21 位用于标识网络，最后 8 位用于标识机器。但不能用全 0 或全 1 来标识机器。问有多少个 C 类地址？
76. IPv4 网络接口可以是 A 类、B 类或 C 类 Internet 地址，问有多少个 IPv4 地址？
77. 在一个包含 *n* 个元素的集合中，可以定义多少种对称关系？
78. 在一个包含 *n* 个元素的集合中，可以定义多少种反对称关系？
79. 在一个包含 *n* 个元素的集合中，可以定义多少种自反和对称关系？
80. 在一个包含 *n* 个元素的集合中，可以定义多少种自反和反对称关系？
81. 在一个包含 *n* 个元素的集合中，可以定义多少种对称和反对称关系？
82. 在一个包含 *n* 个元素的集合中，可以定义多少种自反、对称和反对称关系？
83. *n* 个变量的一个函数，共有多少种可能的真值表？
84. $\{1, 2, \cdots, n\}$ 上共有多少个不同的二元函数？
85. $\{1, 2, \cdots, n\}$ 上共有多少个不同的可交换的二元函数？

使用包含排斥原理（参见定理 6.1.12）求解练习 86~91。

86. 共有多少个 8 位二进制串以 100 开头或第 4 位为 1 或以 100 开头且第 4 位为 1？
87. 共有多少个 8 位二进制串以 1 开头或以 1 结尾或以 1 开头并以 1 结尾？

在练习 88 和练习 89 中，由 Alice、Ben、Connie、Dolph、Egbert 和 Francisco 六个人组成的委员会，要选出一个主席、一个秘书和一个财务主管。

88. Ben 为主席或 Alice 为秘书或 Ben 为主席且 Alice 为秘书，共有多少种选法？

89. Connie 为主席或 Alice 当选或 Connie 为主席且 Alice 当选,共有多少种选法?
90. 掷出一个蓝色骰子和一个红色骰子,蓝色的骰子点数为3或点数之和为偶数或皆是,共有多少种可能?
91. 1~10 000 间有多少个数是 5 或 7 的倍数或皆是?
92. 证明3个集合的包含排斥原理 $|X \cup Y \cup Z| = |X|+|Y|+|Z|-|X \cap Y|-|X \cap Z|-|Y \cap Z|+|X \cap Y \cap Z|$。

    提示:写出涉及 A 和 B 两个集合的包含排斥原理 $|A \cup B| = |A|+|B|-|A \cap B|$ 并令 $A = X$ 且 $B = Y \cup Z$。

93. 在191名学生中,有10名选修法语、商务和音乐;36名选修法语和商务;20名选修法语和音乐;18名选修商务和音乐;65名选修法语;76名选修商务;63名选修音乐。应用3个集合的包含排斥原理(参见练习92),确定有多少学生一门课程也没有选修。
94. 应用3个集合的包含排斥原理(参见练习92)求解例1.1.20。
95. 应用3个集合的包含排斥原理(参见练习92)求解1.1节中的练习55。
96. 应用3个集合的包含排斥原理(参见练习92)求解1~10 000 间有多少个数是3、5、11或是它们组合的倍数。
*97. 使用数学归纳法证明广义的涉及有限集 $X_1, X_2, \cdots, X_n$ 的包含排斥原理:

$$|X_1 \cup X_2 \cup \cdots \cup X_n| = \sum_{1 \leq i \leq n} |X_i| - \sum_{1 \leq i < j \leq n} |X_i \cap X_j| + \sum_{1 \leq i < j < k \leq n} |X_i \cap X_j \cap X_k| - \cdots + (-1)^{n+1} |X_1 \cap X_2 \cap \cdots \cap X_n|$$

提示:在归纳步骤中,参考练习92的提示。

98. 基于练习97,写出4个集合的包含排斥原理。
99. 1~10 000 间有多少个数是3、5、11、13或是它们的组合的倍数。

问题求解:计数

问题

计算满足下列条件的三元组 X_1, X_2, X_3 的个数。

$$X_1 \cup X_2 \cup X_3 = \{1, 2, 3, 4, 5, 6, 7, 8\}$$
$$X_1 \cap X_2 \cap X_3 = \varnothing$$

三元组 X_1, X_2, X_3 需要考虑3个元素的次序,例如

$$\{1, 2, 3\}, \{1, 4, 8\}, \{2, 5, 6, 7\}$$

和

$$\{1, 4, 8\}, \{1, 2, 3\}, \{2, 5, 6, 7\}$$

被看做是不同的三元组。

问题分析

很容易想到用穷举的方法来解决这个问题,但是三元组的数目太多,难于列举。于是把问题简化,将集合 $\{1, 2, 3, 4, 5, 6, 7, 8\}$ 替换成 $\{1\}$。还有什么能比 $\{1\}$ 更简单呢?(当然,你可能会回答 $\varnothing$,但那就太简单了!)现在就可以列举所有满足 $X_1 \cup X_2 \cup X_3 = \{1\}$ 和 $X_1 \cap X_2 \cap X_3 = \varnothing$ 的三元组 X_1, X_2, X_3 了。必须将1放入 X_1, X_2, X_3 中的至少一个集合(这样并集才可能为 $\{1\}$),但是同时又不

能将1放入全部的3个集合（否则交集将不为空）。于是1只能放入其中的一个集合或其中的两个集合。所有可能的三元组可列举为

$$X_1 = \{1\}, \quad X_2 = \varnothing, \quad X_3 = \varnothing;$$
$$X_1 = \varnothing, \quad X_2 = \{1\}, \quad X_3 = \varnothing;$$
$$X_1 = \varnothing, \quad X_2 = \varnothing, \quad X_3 = \{1\};$$
$$X_1 = \{1\}, \quad X_2 = \{1\}, \quad X_3 = \varnothing;$$
$$X_1 = \{1\}, \quad X_2 = \varnothing, \quad X_3 = \{1\};$$
$$X_1 = \varnothing, \quad X_2 = \{1\}, \quad X_3 = \{1\}$$

共有6个三元组 X_1, X_2, X_3 满足

$$X_1 \cup X_2 \cup X_3 = \{1\} \quad 和 \quad X_1 \cap X_2 \cap X_3 = \varnothing$$

接下来列举所有满足 $X_1 \cup X_2 \cup X_3 = \{1, 2\}$ 和 $X_1 \cap X_2 \cap X_3 = \varnothing$ 的三元组 X_1, X_2, X_3。同上，必须将1放入 X_1, X_2, X_3 中的至少一个集合（这样并集才可能包含1），但是同时又不能将1放入全部的3个集合（否则交集将不为空）；同理，必须将2放入 X_1, X_2, X_3 中的至少一个集合（这样并集才可能包含2），但是同时又不能将2放入全部的3个集合（否则交集将不为空）。于是，1和2都只能放入其中的一个集合或其中的两个集合。为了体现出三元组构成的规律，将所有可能的三元组列举在下表中。例如左上角的 $X_1 X_1$，表示1包含在 X_1 中，2包含在 X_1 中，对应的三元组为

$$X_1 = \{1, 2\}, \quad X_2 = \varnothing, \quad X_3 = \varnothing$$

如表所示，共有36个三元组 X_1, X_2, X_3 满足

$$X_1 \cup X_2 \cup X_3 = \{1, 2\} \quad 和 \quad X_1 \cap X_2 \cap X_3 = \varnothing$$

表中每一个区的6行说明共有6种方法将1分配到 X_1, X_2, X_3 中，表中的6个区说明共有6种方法将2分配到 X_1, X_2, X_3 中。

你能猜出有多少个满足

$$X_1 \cup X_2 \cup X_3 = \{1, 2, 3\} \quad 和 \quad X_1 \cap X_2 \cap X_3 = \varnothing$$

的三元组 X_1, X_2, X_3 吗？

包含1	包含2	包含1	包含2	包含1	包含2
X_1	X_1	X_1	X_2	X_1	X_3
X_2	X_1	X_2	X_2	X_2	X_3
X_3	X_1	X_3	X_2	X_3	X_3
X_1, X_2	X_1	X_1, X_2	X_2	X_1, X_2	X_3
X_1, X_3	X_1	X_1, X_3	X_2	X_1, X_3	X_3
X_2, X_3	X_1	X_2, X_3	X_2	X_2, X_3	X_3
X_1	X_1, X_2	X_1	X_1, X_3	X_1	X_2, X_3
X_2	X_1, X_2	X_2	X_1, X_3	X_2	X_2, X_3
X_2	X_1, X_2	X_3	X_1, X_3	X_3	X_2, X_3
X_1, X_2	X_1, X_2	X_1, X_2	X_1, X_3	X_1, X_2	X_2, X_3
X_1, X_3	X_1, X_2	X_1, X_3	X_1, X_3	X_1, X_3	X_2, X_3
X_2, X_3	X_1, X_2	X_2, X_3	X_1, X_3	X_2, X_3	X_2, X_3

其中的规律已经浮现出来了。若 $X = \{1, 2, \cdots, n\}$，将 $1, 2, \cdots, n$ 分配到集合 X_1, X_2, X_3 中都有 6 种方法，根据乘法原理，三元组的总数为 6^n。

另一种解法

已经通过找到并证明类似问题中的规律给出了这个问题的解答。另一种解法是找到一个类似的问题并且模仿它的解法。与本题类似，例 6.1.6 同样是关于集合的问题：

X 为 n 元素集合，有多少满足 $A \subseteq B \subseteq X$ 的有序对 (A, B)？

（现在，最好回到例 6.1.6 重新看看它的解法。）例 6.1.6 将 X 中的每一个元素唯一地指定到 A、$B-A$、$X-B$ 三个集合中，从而根据乘法原理计算出有序对的总数。

也可以运用类似的方法。X 中的每一个元素恰属于

$$\overline{X_1} \cap X_2 \cap X_3, \quad X_1 \cap \overline{X_2} \cap X_3, \quad X_1 \cap X_2 \cap \overline{X_3},$$
$$\overline{X_1} \cap \overline{X_2} \cap X_3, \quad \overline{X_1} \cap X_2 \cap \overline{X_3}, \quad X_1 \cap \overline{X_2} \cap \overline{X_3}$$

中的一个。由于有 6 种方法将任意一个 X 中的元素指定到以上的集合中，根据乘法原理，三元组的总数为 6^8。

注意到这种解法与上一节有所不同，但两种解法得出了相同的答案。

形式解

X 中的每一个元素恰属于

$$Y_1 = \overline{X_1} \cap X_2 \cap X_3, \quad Y_2 = X_1 \cap \overline{X_2} \cap X_3,$$
$$Y_3 = X_1 \cap X_2 \cap \overline{X_3}, \quad Y_4 = \overline{X_1} \cap \overline{X_2} \cap X_3,$$
$$Y_5 = \overline{X_1} \cap X_2 \cap \overline{X_3}, \quad Y_6 = X_1 \cap \overline{X_2} \cap \overline{X_3}$$

中的一个集合。通过 8 个步骤构造一个三元组：选择 j, $1 \leq j \leq 6$，将 1 放入集合 Y_j；选择 j, $1 \leq j \leq 6$，将 2 放入集合 Y_j；$\cdots$；选择 j, $1 \leq j \leq 6$，将 8 放入集合 Y_j。例如，构造三元组

$$\{1, 2, 3\}, \quad \{1, 4, 8\}, \quad \{2, 5, 6, 7\}$$

首先选择 $j = 3$，并将 1 放入 $Y_3 = X_1 \cap X_2 \cap \overline{X_3}$ 中；然后选择 $j = 2$ 并将 2 放入 $Y_2 = X_1 \cap \overline{X_2} \cap X_3$；接下来选择 $j = 6, 5, 4, 4, 5$。

每次 j 有 6 种不同的选择，根据乘法原理，三元组的总数为

$$6 \times 6 \times 6 \times 6 \times 6 \times 6 \times 6 \times 6 = 6^8 = 1\,679\,616$$

问题求解技巧小结

- 将原始问题用一个类似的问题代替。一种方法是减小原始问题的规模。
- 用穷举法直接计数。
- 系统地举例以便产生模式。
- 找到模式。
- 模仿类似的问题进行解答。

6.2 排列与组合

Zeke、Yung、Xeno 和 Wilma 四个候选人竞选同一个职位。为了使选票上人名的次序不对投票者产生影响,有必要将每一种可能的人名次序打印在选票上。会有多少种不同的选票呢? [WWW]

运用乘法原理,确定一张选票依次分为4个步骤:确定列表中第一个人的名字;确定列表中第二个人的名字;确定列表中第三个人的名字;确定列表中第四个人的名字。第一个人有4种选法;当第一个人确定后,第二个人有3种选法;当第二个人确定后,第三个人有2种选法;当第三个人确定后,第四个人只有唯一的选法。根据乘法原理,选票种数为

$$4 \times 3 \times 2 \times 1 = 24$$

一组有序的对象,例如选票上的名字,称其为**排列**(permutation)。

定义 6.2.1 n 个不同元素 $x_1, \cdots, x_n$ 的一种排列为 $x_1, \cdots, x_n$ 的一个排序。 ■

例 6.2.2 3个元素共有6个排列,若将这3个元素记为 A、B、C,则6个排列为

$$ABC, \quad ACB, \quad BAC, \quad BCA, \quad CAB, \quad CBA$$

■

我们知道将4个候选人打印在选票上共有24种排列方式,因而4个对象有24种排列。通过计算选票种数的方法可以导出计算 n 个元素排列数的公式。

图6.2.1 说明了定理6.2.3当 $n = 4$ 时的情况。

图6.2.1 当 $n = 4$ 时定理6.2.3的证明,确定 $ABCD$ 的一个排列依次分为4个步骤:选择第一个元素;选择第二个元素;选择第三个元素;选择第四个元素

定理 6.2.3 n 个元素的排列共有 $n!$ 种。

证明 运用乘法原理。确定 n 个元素的一个排列依次分为 n 个步骤:选择第一个元素;选择第二个元素……选择第 n 个元素。第一个元素有 n 种选法;当第一个元素选定后,第二个元素有 $n-1$ 种选法;当第二个元素选定后,第三个元素有 $n-2$ 种选法;以此类推。根据乘法原理,共有

$$n(n-1)(n-2)\cdots 2 \times 1 = n!$$

种排列。

例 6.2.4 10个元素的排列共有

$$10! = 10 \times 9 \times 8 \times 7 \times 6 \times 5 \times 4 \times 3 \times 2 \times 1 = 3\,628\,800$$

种。 ■

例 6.2.5 $ABCDEF$ 组成的排列中,有多少含有 DEF 的子串?

为了保证排列中出现 DEF 的子串,有序地排列在一起,而其余的三个字母 A、B、C 则可以任意排列。将 DEF 看成一个对象,则 $ABCDEF$ 的排列可以看做是 A、B、C、DEF 这4个对象的

排列（参见图6.2.2）。根据定理6.2.3，4个对象的排列共有4!种。故在 ABCDEF 组成的排列中，含有 DEF 的子串的有

$$4! = 24$$

种。

图6.2.2　四个对象的排列

例6.2.6　ABCDEF 组成的排列中，D、E、F 三个字母相连的有多少种？

确定一个排列分为两步：先确定 D、E、F 三个字母的顺序；再用已排序的 D、E、F 与 A、B、C 构造出 ABCDEF 的排列。根据定理6.2.3，第一步有 3! = 6 种排列；根据例6.2.5，第二步有 24 种排列。根据乘法原理，ABCDEF 组成的排列中，D、E、F 三个字母相连的排列的种数有

$$6 \times 24 = 144$$

例6.2.7　6个人围坐在圆桌上，有多少种不同的坐法？通过转圈得到的坐法不能视为不同的坐法。

将6个人表示为 A、B、C、D、E、F。由于通过转圈可以得到的坐法被视为相同的坐法，故不考虑 A 在哪个座位就坐，只对余下的5个人绕 A 顺时针就坐的可能性进行计数。事实上，5个对象的每一个排列对应一个坐法，例如排列 CDBFE 表示下图所示的坐法。5个对象的排列共有 5! = 120 种，故6个人围坐在圆桌上，有120种不同的坐法。

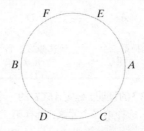

同理可证 n 个人围坐在圆桌上，有 $(n-1)!$ 种不同的坐法。

有时需要从 n 个元素中选出 r 个元素进行排列，我们称这样的排列为 r 排列。

定义6.2.8　n 个（不同）元素 $x_1, \cdots, x_n$ 的 r 排列是 $\{x_1, \cdots, x_n\}$ 的 r 元素子集上的排列。n 个不同元素上的 r 排列的个数记做 $P(n, r)$。

例6.2.9　a, b, c 上的 2 排列的例子是

$$ab, ba, ca$$

在定义6.2.8中，若 $r = n$，将得到 n 个元素的全排列。n 个元素上的 n 排列就是前面定义的一种简单排列。定理6.2.3说明 $P(n, n) = n!$。$r < n$ 时 n 个元素上的 r 排列数 $P(n, r)$ 同样可以利用定理6.2.3的方法求得。图6.2.3说明了 $n = 6$、$r = 3$ 时定理证明的情况。

图6.2.3　当 $n = 6$、$r = 3$ 时定理6.2.10的图解。确定 ABCDEF 的一种 r 排列依次分为3个步骤：选择第一个元素；选择第二个元素；选择第三个元素

定理 6.2.10 n 个不同元素上的 r 排列数目为

$$P(n, r) = n(n-1)(n-2)\cdots(n-r+1), r \leq n$$

证明 对从 n 个不同元素中选取 r 个元素的排列方法进行计数。第一个元素有 n 种选法；当第一个元素选定以后，第二个元素有 $n-1$ 种选法；依次不断选取，直到当第 $r-1$ 个元素选定后，选取第 r 个元素。最后一个元素有 $n-r+1$ 种选法。根据乘法原理，n 个不同元素上的 r 排列数目为

$$n(n-1)(n-2)\cdots(n-r+1)$$

例 6.2.11 依定理 6.2.10，$X = \{a, b, c\}$ 上的 2 排列数为

$$P(3, 2) = 3 \times 2 = 6$$

这 6 种排列依次为

$$ab, ac, ba, bc, ca, cb$$

∎

例 6.2.12 从 10 个人中选出一个主席、一个副主席、一个秘书和一个出纳员，共有多少种不同的选法？

由于每个 4 排列唯一确定主席（首先选择）、副主席（第二个选择）、秘书（第三个选择）和出纳员（第四个选择）的人选，故只需求得 10 个人选出 4 个的排列数。依定理 6.2.10，不同的选法为

$$P(10, 4) = 10 \times 9 \times 8 \times 7 = 5040$$

种。

∎

直接运用乘法原理同样可以解答例 6.2.12。

将 $P(n, r)$ 写成阶乘的形式

$$P(n, r) = n(n-1)\cdots(n-r+1)$$

$$= \frac{n(n-1)\cdots(n-r+1)(n-r)\cdots 2 \cdot 1}{(n-r)\cdots 2 \cdot 1} = \frac{n!}{(n-r)!} \tag{6.2.1}$$

例 6.2.13 利用式(6.2.1)，可将例 6.2.12 的结果写做

$$P(10, 4) = \frac{10!}{(10-4)!} = \frac{10!}{6!}$$

∎

例 6.2.14 7 个火星人和 5 个木星人站成一列，不允许两个木星人站在一起，共有多少种站法？

将排列过程分为两步：把火星人排成一列；将木星人插入队列。将火星人排成一列有 $7! = 5040$ 种排法。当将火星人（例如，在位置 $M_1 - M_7$）排好后，由于任意两个木星人不能站在一起，木星人共有 8 个可能的位置（横线表示）

$$\_M_1\_M_2\_M_3\_M_4\_M_5\_M_6\_M_7\_$$

于是木星人共有 $P(8, 5) = 8 \times 7 \times 6 \times 5 \times 4 = 6720$ 种站法。根据乘法原理，不允许两个木星人站在一起，7 个火星人和 5 个木星人站成一列，共有

$$5040 \times 6720 = 33\,868\,800$$

种站法。

∎

下面介绍组合。从一组对象中不计顺序地取出若干个称为**组合**（combination）。

定义 6.2.15 给定集合 $X = \{x_1, \cdots, x_n\}$ 包含 n 个（不同的）元素，

(a) 从 X 中不计顺序地选择 r 个元素（X 的 r 元素子集）称为 X 上的一个 r 组合。

(b) n 个不同元素上的 r 组合记做 $C(n, r)$ 或 $\binom{n}{r}$。 ∎

例 6.2.16 Mary、Boris、Rosa、Ahmad 和 Nguyen 5 个学生打算与数学系主任进行商议，希望数学系多开设一些离散数学课程。但系主任说她只能与他们之中选出的 3 个代表商议。从这 5 个学生选出 3 个代表共有多少种不同的选法？

这个问题中，3 个代表不计次序。（例如，3 个代表为 Mary、Ahmad、Nguyen 或为 Nguyen、Mary、Ahmad 认为是相同的选法。）简单地列出这些选法，可知 5 个学生中选出 3 个代表与系主任谈话共有 10 种选法。分别是

MBR, MBA, MRA, BRA, MBN, MRN, BRN, MAN, BAN, RAN

用定义 6.2.15 的术语，5 个学生中选出 3 个代表与系主任谈话的选法总数为 $C(5, 3)$，即 5 个元素上的 3 组合。有

$$C(5, 3) = 10$$

∎

接下来用两种方法导出 n 个元素上的 r 组合数 $C(n, r)$ 的公式。第一种方法利用 $P(n, r)$ 公式导出；第二种方法直接从 $C(n, r)$ 的性质入手。两种方法将得到相同的 $C(n, r)$ 公式。

将构造一个 n 个元素集 X 上的 r 排列分为两个步骤：选出一个 X 上的 r 组合；将这个 r 组合排序。例如，构造 $\{a, b, c, d\}$ 上的一个 2 排列，先选择一个 2 组合，再将 2 组合进行排序。图 6.2.4 说明了如何通过这种方法构造一个 $\{a, b, c, d\}$ 上的 2 排列。由乘法原理可知，r 排列数等于 r 组合数与 r 个元素排列数的乘积。即

$$P(n, r) = C(n, r)r!$$

于是

$$C(n, r) = \frac{P(n, r)}{r!}$$

下面的定理将给出 $C(n, r)$ 的另外一种表示法。

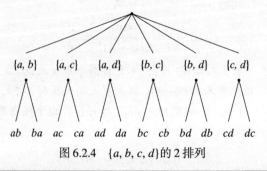

图 6.2.4　$\{a, b, c, d\}$ 的 2 排列

定理 6.2.17 n 个不同元素上的 r 组合数为

$$C(n, r) = \frac{P(n, r)}{r!} = \frac{n(n-1)\cdots(n-r+1)}{r!} = \frac{n!}{(n-r)!r!}, \quad r \leq n$$

证明 证明此定理前，已经得到了第一个等式。后两个等式由定理 6.2.10 和式 (6.2.1) 导出。

例 6.2.18 从 10 个人中选出一个 3 个人的委员会，共有多少种不同的选法？

由于委员会中的成员不计次序，故共有

$$C(10,3) = \frac{10 \times 9 \times 8}{3!} = 120$$

种选法。 ∎

例 6.2.19 从 5 个女人和 6 个男人中选出由 2 个女人和 3 个男人组成的委员会，共有多少种选法？

与例 6.2.18 类似，选出 2 名女性委员有

$$C(5,2) = 10$$

种选法，选出 3 名男性委员有

$$C(6,3) = 20$$

种选法。选出委员会可分为两步：选出女性委员；选出男性委员。根据乘法原理，共有

$$10 \times 20 = 200$$

种选法。 ∎

例 6.2.20 有多少个含有 4 个 1 的 8 位字符串？

一个含有 4 个 1 的 8 位字符串唯一确定了 8 位中哪 4 位为 1。故有

$$C(8,4) = 70$$

个含有 4 个 1 的 8 位字符串。 ∎

例 6.2.21 一副 52 张的扑克牌含有 4 种花色：梅花、方片、红桃、黑桃；各有 13 种点数，分别为 A，2~10，J，Q，K。

(a) 手中持有 5 张牌称为一手牌，一手牌共有多少种可能的组合？
(b) 一手牌中的 5 张都是同一个花色，共有多少种可能的组合？
(c) 一手牌中有 3 张牌点数相同，另外 2 张牌点数相同，共有多少种可能的组合？

(a) 答案为组合数

$$C(52,5) = 2\,598\,960$$

(b) 确定一手同花色的牌依次分为两步：选择一个花色；在选定的花色中选择 5 张牌。第一步有 4 种选法；第二步有 $C(13,5)$ 种选法。根据乘法原理，共有

$$4 \times C(13,5) = 5148$$

种可能的组合。

(c) 确定一手 3 张牌点数相同，另外 2 张牌点数相同的牌可依次分为 4 个步骤：选择第一个点数；选择第二个点数；选择第一个点数的 3 张牌；选择第二个点数的 2 张牌。第一个点数有 13 种选法；第一个点数选定后，第二个点数有 12 种选法；选择第一个点数的 3 张牌有 $C(4,3)$ 种选法；选择第二个点数的 2 张牌有 $C(4,2)$ 种选法。根据乘法原理，共有

$$13 \times 12 \times C(4,3) \times C(4,2) = 3744$$

种选法。 ∎

例 6.2.22 在 $n \times n$ 的网格中，只允许向右或向上走，从左下角走到右上角共有多少种不同的走法？图 6.2.5(a)为 4×4 网格中的一种走法。

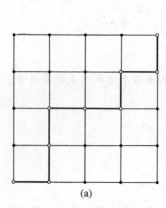
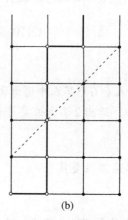

图 6.2.5 (a) 4×4 网格中从左下角到右上角的一种走法；(b) 将(a)中的走法转换为 5×3 网格中的走法

每一种走法可以对应一个由 R（向右）和 U（向上）组成的字符串。例如，图 6.2.5(a)中的走法对应 $RUURRURU$。每一个这样的字符串可以通过从可选的 $2n$ 个位置中，不计顺序地选择 n 个 R 的位置，并将其他的位置添上 U 得到。故共有 $C(2n,n)$ 种可能的走法。∎

例 6.2.23 在 $n \times n$ 的网格中，从左下角走到右上角，只允许向右或向上走，路线只能经过但不能超越从左下角到右上角的对角线（在对角线的右下方），共有多少种不同的走法？

称不超越对角线的走法为正确路线，称超越对角线的走法为错误路线。目标是计算正确路线的个数，将正确路线数记为 G_n，错误路线数记为 B_n。由例 6.2.22 可知

$$G_n + B_n = C(2n, n)$$

故问题等价于计算错误路线的数目。

将从 $(n+1) \times (n-1)$ 的网格中从左下角走到右上角的路线（走法不受限制）称为 $(n+1) \times (n-1)$ 路线。图 6.2.5(b) 为 5×3 网格中的一条路线。下面建立错误路线到 $(n+1) \times (n-1)$ 路线的一一映射函数，从而证明错误路线的数目与 $(n+1) \times (n-1)$ 路线数目相等。

任意给定一个错误路线，找到路线上第一个穿越对角线的点（从左下角开始），将此后每一次向上移动替换成向右移动，每一次向右移动替换成向上移动。例如图 6.2.5(a)中的路线将映射为图 6.2.5(b)中的路线。这个映射同样可以通过将第一个穿越点后的部分沿图 6.2.5(b)中虚线翻转得到。不难发现这个映射将每一个错误路线映射为一个 $(n+1) \times (n-1)$ 路线。

可证明映射的可逆性。任意给定一个 $(n+1) \times (n-1)$ 路线，由于路线的终点位于对角线的上方，故可以找到第一个对角线上方的点。将路线位于该点后面的部分沿图 6.2.5(b)中的虚线翻转，即可得到一条错误路线。这条错误路线再经过上面的映射又得到原始的 $(n+1) \times (n-1)$ 路线。于是该映射为可逆映射。容易验证不同的错误路线映射为不同的 $(n+1) \times (n-1)$ 路线，故该映射为一一映射。所以，错误路线的数目与 $(n+1) \times (n-1)$ 路线的数目相等。

由例 6.2.22 可知，$(n+1) \times (n-1)$ 路线的数目为 $C(2n, n-1)$。于是，正确路线的数目为

$$C(2n, n) - B_n = C(2n, n) - C(2n, n-1) = \frac{(2n)!}{n!\,n!} - \frac{(2n)!}{(n-1)!\,(n+1)!}$$

$$= \frac{(2n)!}{n!\,(n-1)!} \left(\frac{1}{n} - \frac{1}{n+1} \right) = \frac{(2n)!}{n!\,(n-1)!} \cdot \frac{1}{n(n+1)}$$

$$= \frac{(2n)!}{(n+1)n!\,n!} = \frac{C(2n, n)}{n+1}$$

比利时数学家 Eugène-Charles Catalan（1814—1894）首先得出了公式 $C(2n, n)/(n+1)$。为了纪念他，人们将 $C(2n, n)/(n+1)$ 称为 **Catalan 数**。Catalan 发表的论文涉及分析、组合数学、代数、几何、概率论和数论等诸多学科。1844 年，他提出了 8, 9 是唯一的一对正连续幂整数（$i^j, j \geq 2$）的猜想。直到 150 年后，Preda Mihailescu 才证明了他的猜想（2002 年）。 [WWW]

书中将 Catalan 数 $C(2n, n)/(n+1)$ 记为 C_n（$n \geq 1$）并将 C_0 定义为 1。前几个 Catalan 数为

$$C_0 = 1,\ C_1 = 1,\ C_2 = 2,\ C_3 = 5,\ C_4 = 14,\ C_5 = 42$$

Catalan 数就像 Fibonacci 数一样会在很多地方出现（例如，本节的练习 73、练习 78、练习 79，7.1 节的练习 30~32）。

下面一个例子说明计数时常见的错误，即一些对象被计数的次数多于一次。

例 6.2.24 下面证明至少含 5 个 0 的长度为 8 的二进制串的个数为 $C(8, 5)2^3$ 错在什么地方？

可以通过对 8 个槽填写 1 或 0 来构造长度为 8 的二进制串

_ _ _ _ _ _ _ _

为了确保至少有 5 个 0，先在 8 个槽中选择 5 个并填写为 0。这有 $C(8, 5)$ 种方式。由于剩下的 3 个槽可以填写为 1 或 0，因此有 2^3 种方式。因此至少含 5 个 0 的长度为 8 的二进制串的个数为 $C(8, 5)2^3$。

问题是一些串的计算多于一次。例如，如果选择了前 5 个槽，并填写为 0

<u>0</u> <u>0</u> <u>0</u> <u>0</u> <u>0</u> _ _ _

而最后 3 个槽填写了 010

<u>0</u> <u>0</u> <u>0</u> <u>0</u> <u>0</u> 0 1 0 (6.2.2)

现选择第 2 个至第 6 个槽填写为 0

_ <u>0</u> <u>0</u> <u>0</u> <u>0</u> <u>0</u> _ _

接着在第一个位置填写 0，再在最后两个位置填写 10，将得到

0 <u>0</u> <u>0</u> <u>0</u> <u>0</u> <u>0</u> 1 0 (6.2.3)

但在证明的构造中，串 (6.2.2) 和串 (6.2.3) 是不同的。

正确地对至少含 5 个 0 的长度为 8 的二进制串个数进行计算的方法是计算正好包含 5 个 0 的长度为 8 的二进制串个数，正好包含 6 个 0 的长度为 8 的二进制串个数，正好包含 7 个 0 的长度为 8 的二进制串个数，正好包含 8 个 0 的长度为 8 的二进制串个数，并将其相加。注意，如果 $i \neq j$，没有串正好包含 i 个 0 又正好包含 j 个 0，因此每个串恰好被计算一次。

为了构造正好包含 5 个 0 的长度为 8 的二进制串个数，可先选择 5 个槽填写为 0，其他槽填写为 1。因为在 8 个槽中选择 5 个槽的方式数是 $C(8, 5)$，因此正好包含 5 个 0 的长度为 8 的二进制串个数也是 $C(8, 5)$。同理，正好包含 5 个 0 的长度为 8 的二进制串个数也是 $C(8, 6)$。以此类推。因此，至少包含 5 个 0 的长度为 8 的二进制串个数为

$$C(8,5) + C(8,6) + C(8,7) + C(8,8)$$

本节的最后给出定理 6.2.17（n 元素集的 r 个元素子集个数的公式）的另一个证明。图 6.2.6 说明了证明的方法。令 X 为一个 n 元素集合。$P(n, r) = n(n-1)\cdots(n-r+1)$ 为 X 上的 r 排列数。为了计算 X 的 r 元素子集的数目，不能将子集中元素不同的排列重复计算。令 X 上的 r 排列集合为 S，在 S 上定义二元关系 R：$p_1 R p_2$ 当且仅当排列 p_1 和排列 p_2 中的元素在 X 的同一个 r 元素子集中。容易验证 R 是 S 上的等价关系。

若 p 为 X 上的 r 排列，则 p 是 X 的 r 元素子集 X_r 上的排列；则包含 p 的等价类包含 X_r 的所有排列。每个等价类有 $r!$ 个元素。等价类的数目由 r 元素子集的数目决定，故共有 $C(n, r)$ 个等价类。而且集合 S 有 $P(n, r)$ 个元素，由定理 3.4.16，$C(n, r) = P(n, r)/r!$。

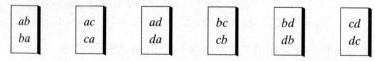

图 6.2.6 $n = 4$、$r = 2$ 时定理 6.2.17 的另一种证明。$X = \{a, b, c, d\}$，定义 X 上的关系 R：$p_1 R p_2$ 当且仅当排列 p_1 和排列 p_2 中的元素在 X 的同一个 2 元素子集中。每一个方框中包含 R 的一个等价类。共有 $P(4, 2) = 12$ 个 X 上的 2 排列。每个 2 元素子集有 2 种排列。每一个等价类与 X 的一个 2 元素子集相对应，$12/2 = C(4, 2)$

问题求解要点

排列考虑每个项的顺序，而组合不考虑顺序。所以计数问题求解的关键在于判断是对无序对象进行计数，还是对有序对象进行计数。例如，若干个不同的人排成一队应看做是有序的，所以 6 个不同的人排成一队共有 6! 种排法，这里用到了排列公式。再比如，应将委员会看做是一个无序集合，所以从 6 个不同的人中选出一个包含 3 个人的委员会有 $C(6, 3)$ 种选法，这里用到了组合公式。

本节复习

1. 什么是 $x_1, \cdots, x_n$ 上的一种排列？
2. n 元素集合上有多少种排列？如何导出这个排列公式？
3. 什么是 $x_1, \cdots, x_n$ 上的一种 r 排列？
4. n 元素集合上有多少种 r 排列？如何导出这个排列公式？
5. n 元素集合上的 r 排列数记做什么？
6. 什么是 $\{x_1, \cdots, x_n\}$ 上的一种 r 组合？
7. n 元素集合上共有多少种 r 组合？如何导出这个组合公式？
8. n 元素集合上的 r 组合数记做什么？

练习

1. a, b, c, d 上有多少种排列？
2. 列出 a, b, c, d 的各种排列。
3. a, b, c, d 上有多少种 3 排列？
4. 列出 a, b, c, d 上的 3 排列。
5. 11 个不同的对象有多少种排列？
6. 11 个不同的对象有多少种 5 排列？
7. 从 11 个人中选出一个主席、一个副主席和一个记录员，共有多少种选法？
8. 从 12 个人中选出一个主席、一个副主席、一个秘书和一个出纳员，共有多少种选法？
9. 12 匹赛马决出前三名，共有多少种可能？

在练习 10~18 中，计算用 ABCDE 可以组成多少个满足条件的字符串。

10. 包含子串 ACE。
11. ACE 相连，次序可变。
12. 包含子串 DB 和 AE。
13. 包含子串 AE 或 EA。
14. A 在 D 之前，例如：BCAED, BCADE。
15. 既不包含子串 AB，也不包含子串 CD。
16. 既不包含子串 AB，也不包含子串 BE。
17. A 在 C 之前，C 在 E 之前。
18. 包含子串 DB 或 BE。
19. 5 个火星人和 8 个木星人排成一队，任意两个火星人不能相邻，共有多少种排法？
20. 5 个火星人、10 个 Vesuvian 人和 8 个木星人排成一队，任意两个火星人不能相邻，共有多少种排法？
21. 5 个火星人和 5 个木星人排成一队，共有多少种排法？
22. 5 个火星人和 5 个木星人围坐在圆桌旁，共有多少种坐法？
23. 5 个火星人和 5 个木星人围坐在圆桌旁，任意两个火星人不能相邻，共有多少种坐法？
24. 5 个火星人和 8 个木星人围坐在圆桌旁，任意两个火星人不能相邻，共有多少种坐法？

在练习 25~27 中，$X = \{a, b, c, d\}$。

25. 计算 X 的 3 组合数。
26. 列出 X 的所有 3 组合。
27. 画一个类似图 6.2.4 的图，以说明 X 的 3 排列和 3 组合的关系。
28. 从 11 个人中选出一个 3 人的委员，共有多少种选法？
29. 从 12 个人中选出一个 4 人的委员，共有多少种选法？
30. 在 Illinois 州的 Lotto 彩票中，彩民可以从 44 个数中任意选出 6 个，共有多少种不同的选法？
    Illinois 州正在考虑将 44 个数改为 48 个数，新玩法中共有多少种不同的选法？
31. 假定一个批萨店备有 4 种特色批萨，顾客又可从 17 种配料中选择 3 种或更少作为配料（不能选择一种配料两次），问可有多少种不同可能？
32. 在练习 31 中，如果批萨店 4 种批萨特价，问有多少种方式选择 4 种批萨？

在练习 33~38 中，6 个男人和 7 个女人组成一个俱乐部。

33. 选出一个 5 个人的委员会，共有多少种选法？
34. 选出一个 3 个男人和 4 个女人组成的委员会，共有多少种选法？
35. 选出一个至少有一个男人的 4 人委员会，共有多少种选法？
36. 选出一个至多有一个男人的 4 人委员会，共有多少种选法？
37. 选出一个既有男人又有女人的 4 人委员，共有多少种选法？
38. 选出一个不同时包含 Mabel 和 Ralph 的 4 人委员会，共有多少种选法？
39. 从 10 个共和党人、12 个民主党人和 4 个无党派人士中，组成一个含有 4 个共和党人、3 个民主党人和 2 个无党派人士的委员会，共有多少种不同的选法？
40. 有多少恰含有 3 个 0 的 8 位字符串？
41. 有多少个含有 3 个相连的 0 和 5 个 1 的 8 位字符串？
*42. 有多少个至少含有两个相连的 0 的 8 位字符串？

在练习 43~51 中，计算 52 张扑克牌中，满足条件的一手牌（5 张）共有多少种可能的组合。

43. 包含 4 个 A。
44. 含有 4 张点数相同的牌。
45. 5 张全是黑桃。
46. 恰含有两套花色。

47. 含有 4 种花色的牌。
48. 含有同一花色的 A2345。
49. 同一个花色连续的 5 张（A 最小）。
50. 连续的 5 张（A 最小）。
51. 两张牌点数相同，另外两张牌点数相同，还有与这 4 张牌点数不同的一张。
52. 桥牌游戏中，52 张牌中抽取 13 张（无序）为一手，一手桥牌共有多少种可能的组合？
53. 一手同花色的桥牌有多少种可能的组合？
54. 恰含有 2 种花色的一手桥牌有多少种可能的组合？
55. 含有 4 个 A 的一手桥牌有多少种可能的组合？
56. 含有 5 张黑桃、4 张红桃、3 张梅花和 1 张方片的一手桥牌有多少种可能的组合？
57. 含有 5 张同一种花色、4 张另一种花色、3 张另一种花色和 1 张另一种花色的一手桥牌有多少种可能的组合？
58. 3 个花色含有 4 张，另一个花色含有 1 张的一手桥牌有多少种可能的组合？
59. 不含人头牌的一手桥牌有多少种可能的组合？（人头牌为 10、J、Q、K、A。）

在练习 60~64 中，投掷一枚硬币 10 次。

60. 共有多少种可能的结果？（连续投掷 10 次硬币，每次结果可能为 H 和 T。例如结果为 "H H T H T H H H T H"，前两个相连的 H 为一个 "头"，第三次投掷的 T 为一个 "尾"，第四次投掷的 H 为一个 "头"，以此类推。）
61. 有多少种可能的结果恰有 3 个 "头"？
62. 有多少种可能的结果至多有 3 个 "头"？
63. 有多少种可能的结果在第五次投掷有一个 "头"？
64. 有多少种可能的结果 "头" 和 "尾" 一样多？

在练习 65~68 中，有 50 个微处理器，其中 4 个为残次品。

65. 选出 4 个微处理器，共有多少种不同的选法？
66. 选出 4 个合格的微处理器，共有多少种不同的选法？
67. 选出 4 个微处理器，恰包含 2 个残次品，共有多少种不同的选法？
68. 选出 4 个微处理器，至少包含 1 个残次品，共有多少种不同的选法？
*69. 证明恰好包含两个 "10" 子串的 n 位字符串（$n \geq 4$）有 $C(n+1, 5)$ 个。
*70. 证明恰好包含 k 个两两不相邻的 0 的 n 位字符串有 $C(n-k+1, k)$ 个。
*71. 证明任意一个正整数与它 $k-1$ 个后继的乘积可被 $k!$ 整除。
72. 证明将 $2n$ 个元素分为 n 对有 $(2n-1)(2n-3)\cdots 3 \cdot 1$ 种分法。

在练习 73~75 中，Wright 和 Upshaw 两个候选人竞选捕狗员的职位。记票过程中，Wright 的得票一直不少于 Upshaw 的得票，这就是著名的投票问题。

73. 设两人均获得 r 票，证明记票过程有 C_r 种可能（C_r 为 Catalan 数）。
74. 设 Wright 获得 r 票，Upshaw 获得 u 票，$r \geq u > 0$。证明记票过程有 $C(r+u, r) - C(r+u, r+1)$ 种可能。
75. 设总共投了 n 票，证明记票过程有 $C(n, \lceil n/2 \rceil)$ 种可能。
76. 最初处在 xy 平面直角坐标系的原点，走 n 步。每步步长为 1，可以沿垂直方向（向上或向下）或水平方向（向左或向右）走动。永远不走到 x 轴下方的路线有多少种？
77. 最初处在 xy 平面直角坐标系的原点，走 n 步。每步步长为 1，可以沿垂直方向（向上或向下）或水平方向（向左或向右）走动。有多少种路线永远不走出第一象限（$x \geq 0$，$y \geq 0$）？

78. $2n$ 个人围坐在圆桌旁，组成 n 对握手，要求握手时不能交叉，证明共有 C_n 种握法（C_n 为 Catalan 数）。

*79. 证明伪代码中的 print 语句被执行了 C_n 次（C_n 为 Catalan 数）。

    for $i_1 = 1$ to n
        for $i_2 = 1$ to $\min(i_1, n-1)$
            for $i_3 = 1$ to $\min(i_2, n-2)$
                ...
                for $i_{n-1} = 1$ to $\min(i_{n-2}, 2)$
                    for $i_n = 1$ to 1
                        println $(i_1, i_2, \cdots, i_n)$

80. 设有 n 个对象，r 个不同，另外 $n-r$ 个相同。通过用以下两种方法对这 n 个对象的排列计数，给出公式 $P(n, r) = r!C(n, r)$ 的证明。
    - 先选择 r 个不同对象的位置。
    - 先选择 $n-r$ 个相同对象的位置。

81. 下述论断声称有 $4C(39, 13)$ 手桥牌包含至多 3 个花色。指出它的错误。

    有 $C(39, 13)$ 手桥牌只包含梅花、方片和黑桃。事实上，对于任意给定的 3 个花色，都有 $C(39, 13)$ 手桥牌仅包含这 3 个花色。4 个花色的 3 组合共有 4 种，故有 $4C(39, 13)$ 手桥牌包含至多 3 个花色。

82. 下述论断声称有 $13^4 \times 48$ 手牌包含 4 个花色（每手牌为 5 张）。指出它的错误。

    从每一个花色中选取一张牌，共有 $13 \times 13 \times 13 \times 13 = 13^4$ 种选法。第五张牌有 48 种选法，故共有 $13^4 \times 48$ 手牌包含 4 个花色。

83. 下面关于从 n 个元素的集合 X 到 m 个元素的集合 Y 的映上函数的个数有 $P(n, m)m^{n-m}$ 且 $n > m$ 的证明为何是错的？

    令 $Y = \{y_1, \cdots, y_m\}$。为了确保从 X 到 Y 的函数是映上的，在 X 中选择 m 个元素 $x_1, \cdots, x_m$，并令 x_1 映射为 y_1，x_2 映射为 y_2，$\cdots$，x_m 映射为 y_m。该选择有 $P(n, m)$ 种排列。X 剩下来的 $n-m$ 个元素可以映射为 Y 中的任意元素。X 中剩下来的第一个元素映射为 Y 中元素的方式数有 m，第二个元素映射为 Y 中元素的方式数也有 m，以此类推。因此 X 中剩下的 $n-m$ 个元素映射为 Y 中元素的方式数有 m^{n-m}。因此，从 n 个元素的集合 X 到有 m 个元素的集合 Y 的映上函数的个数有 $P(n, m)m^{n-m}$。

84. 在练习 6.2.24 的错误证明中，串 10100001 被重复计算了多少次？

85. 在练习 6.2.24 的错误证明中，串 10001000 被重复计算了多少次？

86. 在练习 6.2.24 的错误证明中，串 00000000 被重复计算了多少次？

87. n 个人围坐在 k 个圆桌旁，每一个圆桌旁至少坐一个人，不同的坐法数记为 $s_{n,k}$。（$s_{n,k}$ 称为第一类 Stirling 数。）k 个圆桌不计顺序，可通过绕圆桌旋转得到的坐法视为相同的坐法。例如，如下两种坐法相同：

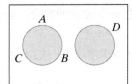 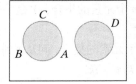

如下两种坐法相同：

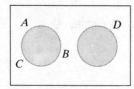 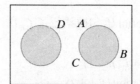

如下两种坐法不同：

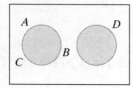 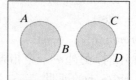

如下两种坐法不同：

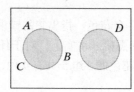 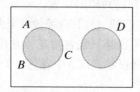

(a) 证明 $k > n$ 时，$s_{n,k} = 0$。 (b) 证明 $n \geq 1$ 时，$s_{n,n} = 1$。
(c) 证明 $n \geq 1$ 时，$s_{n,1} = (n-1)!$。 (d) 证明 $n \geq 2$ 时，$s_{n,n-1} = C(n,2)$。
(e) 证明 $n \geq 2$ 时，

$$s_{n,2} = (n-1)!\left(1 + \frac{1}{2} + \frac{1}{3} + \cdots + \frac{1}{n-1}\right)$$

(f) 证明 $n \geq 1$ 时，$\sum_{k=1}^{n} s_{n,k} = n!$。

(g) $n \geq 3$ 时，求计算 $s_{n,n-2}$ 的公式，并加以证明。

88. 将 n 元素集合分为 k 个非空子集，不计子集的顺序，不同分法数记为 $S_{n,k}$。$S_{n,k}$ 称为第二类 Stirling 数。

    (a) 证明 $k > n$ 时，$S_{n,k} = 0$。 (b) 证明 $n \geq 1$ 时，$S_{n,n} = 1$。
    (c) 证明 $n \geq 1$ 时，$S_{n,1} = 1$。 (d) 证明 $S_{3,2} = 3$。
    (e) 证明 $S_{4,2} = 7$。 (f) 证明 $S_{4,3} = 6$。
    (g) 证明 $n \geq 2$ 时，$S_{n,2} = 2^{n-1} - 1$。 (h) 证明 $n \geq 2$ 时，$S_{n,n-1} = C(n,2)$。
    (i) $n \geq 3$ 时，求计算 $S_{n,n-2}$ 的公式，并加以证明。

89. 证明 n 元素集上有 $\sum_{k=1}^{n} S_{n,k}$ 个等价关系。其中 $S_{n,k}$ 为第二类 Stirling 数（参见练习 88）。

90. 如果 X 是一个有 n 个元素的集合，Y 是一个有 m 个元素的集合，$n \leq m$，问从 X 到 Y 有多少个一对一的函数？

91. 如果 X 和 Y 是有 n 个元素的集合，问从 X 到 Y 有多少个一对一的函数，有多少个映上的函数？

92. 证明 $(n/k)^k \leq C(n,k) \leq n^k/k!$。

问题求解：组合

问题

(a) 在 $m \times n$ 网格中，只允许向右或向上走，从左下角走到右上角共有多少种不同的走法？下图为 3×5 网格中的一种走法。

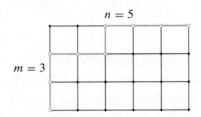

(b) 将路线按第一次走到网格顶端的位置分类，并由此证明公式

$$\sum_{k=0}^{n} C(k+m-1, k) = C(m+n, m)$$

问题分析

例 6.2.22 给出了在 $n \times n$ 网格中，只允许向右或向上走，计算从左下角走到右上角的不同的路线数。将问题转化为 n 个 R（向右）和 n 个 U（向上）排列成字符串的计数问题。从 $2n$ 个可能的位置中选取 n 个作为 R 的位置，将 U 添入余下的 n 个位置，可得一个满足条件的字符串。满足条件的字符串数即不同路线的个数为 $C(2n, n)$。

本题中，可将路线看做含有 n 个 R（向右）和 m 个 U（向上）的字符串。与例 6.2.22 类似，需要计算出满足条件的字符串的数目。从 $n+m$ 个可能的位置中选取 n 个作为 R 的位置，将 U 添入余下的 m 个位置，可得一个满足条件的字符串，这个字符串数即不同路线的个数为 $C(n+m, n)$。这就是问题(a)的解答。

在问题(b)给出了一个重要的提示：将所有的路线根据第一次到达网格的顶端的位置进行分类。一条路线第一次到达顶端有 $n+1$ 个可能的位置。上图中的路线在左数第 3 个位置第一次到达顶端。首先分析为什么要将路线按照这样的方法分类。

首先，按照这样的方法分类：

- 可将路线分为不相交的子集。

（一条路线首次到达网格顶端的位置是唯一的。）其次，每条路线最终都将到达网格顶端。故

- 每条路线必属于其中的一个子集。

用 1.1 节的术语来说（参见例 1.1.23 及之前的讨论），这组集合是对路线集合的一个划分，故由加法原理，路线总数等于每个子集中路线数目的和。（由于子集两两不交，故没有被重复计算的路线；由于每条路线必属于某个子集，故也没有路线被漏算。）显然，列出路线总数等于每个子集中路线数目的和的等式，便可以得出想要证明的结论。

求解

我们已经解决了问题(a)。为了解答问题(b)，先观察下面的 3×5 网格。在左边第 1 个位置首次到达顶端的路线只有一条。在左边第 2 个位置首次到达顶端的路线有 3 条：

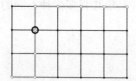 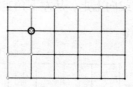 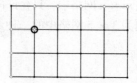

上图中不同路线的区别仅在于从起点到画圈的点走法不同。这是因为从画圈的点到达终点只有一种走法。于是，这相当于对所有 2×1 网格中的路线进行计数，这个问题已经在(a)中解决。在 2×1 网格中从左下角到右上角不同的路线数目为 $C(2+1, 1) = 3$。同理，在左边第 3 个位置首次到达顶端的路线数目，等于 2×2 网格中从左下角到右上角不同的路线数目，即 $C(2+2, 2) = 6$。将每个子集中的路线数目相加：

$$C(5+3, 5) = C(0+2, 0) + C(1+2, 1) + C(2+2, 2) + C(3+2, 3) + C(4+2, 4) + C(5+2, 5)$$

将 $C(k+3-1, k)$ 的值代入，可得

$$56 = 1 + 3 + 6 + 10 + 15 + 21$$

为了验证公式的正确性，找到在左边第 3 个位置首次到达顶端的 6 条路线，观察路线数为什么等于 2×2 网格中从左下角到右上角的路线数。

形式解

(a) 每一条路线对应一个由 n 个 R（向右）和 m 个 U（向上）组成的字符串。从 $n+m$ 个可能的位置中选取 n 个作为 R 的位置，将 U 添入余下的 m 个位置，可得一个满足条件的字符串。故共有 $C(n+m, n)$ 条路线。

(b) 每条路线可以用 n 个 R 和 m 个 U 的字符串表示。最后一个 U 的位置取决于路线首次到达顶端的位置。将字符串按照以 U、UR、URR 等结尾进行分类。因为要在 $n+m-1$ 个位置中选择 n 个作为 R 的位置，故有 $C(n+m-1, n)$ 个以 U 结尾的字符串。因为要在 $(n-1)+m-1$ 个位置中选择 $n-1$ 个作为 R 的位置，故有 $C((n-1)+m-1, n-1)$ 个以 UR 结尾的字符串。一般来说，以 UR^{m-k} 结尾的字符串有 $C(k+m-1, k)$ 个，而字符串总数为 $C(m+n, m)$ 个，则公式可证。

问题求解技巧小结

- 找到一个类似的问题模仿它的解答。
- 用两种不同的方法计数，得到一个等式。例如，若 $\{X_1, X_2, \cdots, X_n\}$ 为 X 的一个划分，则利用加法原理可得

$$|X| = \sum_{i=1}^{n} |X_i|$$

- 用穷举法计算对象的个数。
- 找到模式。

说明

可以通过加法原理验证一个集合的若干子集是否为该集合的一个划分。若 X 为 5 位字符串,X_i 为含有 i 个连续 0 的字符串的子集。此时加法原理并不适用,说明 X_i 不是互不相交的子集。例如,$00001 \in X_2 \cap X_3$。作为 X 的一个划分的例子,可将 X_i 改为恰含有 i 个 0 的 5 位字符串。

练习

1. 按照首次到达一条垂直线的位置将路线分类,并依此运用加法原理得出一个与本节类似的公式。
2. 按照首次到达下图中斜线的位置将路线分类,并依此运用加法原理得出一个与本节类似的公式。

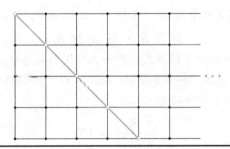

6.3 广义的排列和组合

在 6.2 节中,考虑不允许重复的情况下,如何对选择和排序计数。本节中介绍允许重复的情况下,如何对选择和排序计数。 [WWW]

例 6.3.1 用下面几个字母可以组成多少个字符串?

$$M\ I\ S\ S\ I\ S\ S\ I\ P\ P\ I$$

因为含有重复的字母,答案不是 11! 而应是比 11! 小的某个数。

考虑如何将给定的字母填入下面的 11 个空格中,

— — — — — — — — — — —

共有 $C(11, 2)$ 种方法为两个字母 P 选定位置;当字母 P 的位置选定后,共有 $C(9, 4)$ 种方法为 4 个字母 S 选定位置;当字母 S 的位置选定后,共有 $C(5, 4)$ 种方法为 4 个字母 I 选定位置;当字母 P、S、I 的位置选定后将 M 填入最后一个空格。根据乘法原理,排列这些字母的方法数为

$$C(11, 2)C(9, 4)C(5, 4) = \frac{11!}{2!\,9!} \frac{9!}{4!\,5!} \frac{5!}{4!\,1!} = \frac{11!}{2!\,4!\,4!\,1!} = 34\,650 \quad \blacksquare$$

例 6.3.1 的答案具有很规则的形式。分子上的数字 11 为字母的总数,分母上的数字分别为各个重复字母的个数。由此可以得到更一般的结论。

定理 6.3.2 设序列 S 包含 n 个对象,其中第 1 类对象有 n_1 个,第 2 类对象有 n_2 个……第 t 类对象有 n_t 个。则 S 的不同排序个数为

$$\frac{n!}{n_1!\,n_2!\cdots n_t!}$$

证明 指定 n 个对象的位置可得 S 的一个排序。共有 $C(n, n_1)$ 种不同的方法为 n_1 个第 1 类的对象指定位置；指定第 1 类对象的位置后，共有 $C(n - n_1, n_2)$ 种不同的方法为 n_2 个第 2 类的对象指定位置；以此类推。根据乘法原理，不同的排序个数为

$$C(n, n_1) C(n - n_1, n_2) C(n - n_1 - n_2, n_3) \cdots C(n - n_1 - \cdots - n_{t-1}, n_t)$$

$$= \frac{n!}{n_1!(n - n_1)!} \frac{(n - n_1)!}{n_2!(n - n_1 - n_2)!} \cdots \frac{(n - n_1 - \cdots - n_{t-1})!}{n_t! \, 0!}$$

$$= \frac{n!}{n_1! \, n_2! \cdots n_t!}$$

例 6.3.3 将 8 本不同的书分给三个学生，Bill 分 4 本，Shizuo 分 2 本，Marian 分 2 本。共有多少种不同的分法？

将 8 本数的顺序固定，排定 4 个 B、2 个 S 和 2 个 M 的顺序，例如

$$B \; B \; B \; S \; M \; B \; M \; S$$

每一个这样的顺序确定一种分书的方式。例如在给定的顺序中，第 1, 2, 3, 6 本书分给 Bill，第 4, 8 本书分给 Shizuo，第 5, 7 本书分给 Marian。故排定 $BBBBSSMM$ 的方法数等于分书的方法数。由定理 6.3.2，分书的方法数为

$$\frac{8!}{4! \, 2! \, 2!} = 420$$

利用关系同样可以证明定理 6.3.2。设序列 S 包含 n 个对象，其中第 i 类有 n_i 个相同的对象，$i = 1, \cdots, t$。将 S 中的同类对象用下标加以区分，得到集合 X。例如序列 S 为

$$M \; I \; S \; S \; I \; S \; S \; I \; P \; P \; I$$

则集合 X 为

$$\{M, I_1, S_1, S_2, I_2, S_3, S_4, I_3, P_1, P_2, I_4\}$$

在 X 的所有排列上定义关系 R：$p_1 R p_2$ 当且仅当 p_1 可以通过交换同类对象（但不改变它们的位置）的位置而得到 p_2。例如

$$(I_1 S_1 S_2 I_2 S_3 S_4 I_3 P_1 P_2 I_4 M) \, R \, (I_2 S_3 S_2 I_1 S_4 S_1 I_3 P_1 P_2 I_4 M)$$

容易验证 R 是 X 的所有排列集合上的等价关系。

若将同类内对象看做是相同的，则排列 p 的等价类中 X 的所有元素相等。故每个等价类包含 $n_1! n_2! \cdots n_t!$（$i = 1, \cdots, t$）个元素。由于等价类与 S 上的排列一一对应，故等价类的数目等于 S 上排序的数目。X 上的排列共有 $n!$ 个，故由定理 3.4.16，S 上排序的个数为

$$\frac{n!}{n_1! \, n_2! \cdots n_t!}$$

下面讨论允许重复的情况下，如何对不计顺序的选择计数。

例 6.3.4 有一本计算机科学书、一本物理书和一本历史书，图书馆对每一本书都至少存有 6 个副本。从中选取 6 本，共有多少种不同的选法。

问题相当于从集合（计算机科学，物理，历史）中允许重复、不计顺序地选取 6 个。选法由不同类书的数量唯一确定。例如可选择

计算机科学	物理	历史
× × ×	｜ × × ｜	×

即选择3本计算机科学书、2本物理书和1本历史书。又例如可以选择

$$\text{计算机科学} \qquad \text{物理} \qquad \text{历史}$$
$$|\times\times\times\times| \qquad \times\times$$

即选择4本物理书和两本历史书，不选择计算机科学书。可见6个"×"和2个"|"的每个排列对应一个选择，所以可将本题化为排序的计数问题。共有

$$C(8, 2) = 28$$

种方法从8个可能的位置中选出2个作为"|"的位置。所以共有28种方法选出6本书。∎

可利用例6.3.4的方法推出更一般的结论。

定理 6.3.5 X 为包含 t 个元素的集合，在 X 中允许重复、不计顺序地选取 k 个元素，共有
$$C(k+t-1, t-1) = C(k+t-1, k)$$
种选法。

证明 令 $X = \{a_1, \cdots, a_t\}$。考虑将 k 个 "×" 和 $t-1$ 个 "|" 填入下面的 $k+t-1$ 个空格中，

$$\underline{\quad}\ \underline{\quad}\ \underline{\quad}\ \cdots\ \underline{\quad}\ \underline{\quad}$$

每一种排列方法决定 X 上的一个选择：第一个"|"左边"×"的个数 n_1 表示选择 $n_1 a_1$ 的个数；第一个"|"和第二个"|"之间"×"的个数 n_2 表示选择 $n_2 a_2$ 的个数；以此类推。由于为 $t-1$ 个"|"选定位置共有 $C(k+t-1, t-1)$ 种选法，故共有 $C(k+t-1, t-1)$ 个 X 上的选择。若考虑为 k 个"×"选定位置，则可得共有 $C(k+t-1, k)$ 种选法。所以共有

$$C(k+t-1, t-1) = C(k+t-1, k)$$

种选法，在 X 上允许重复、不计顺序地选取 k 个元素。

例 6.3.6 设有一堆红色球，一堆蓝色球和一堆绿色球，每一堆都不少于8个。

(a) 从中选出8个，共有多少种不同的选法？

(b) 从中选出8个，要求每种颜色的球至少有一个，共有多少种不同的选法？

由定理6.3.5，选出8个球共有

$$C(8+3-1, 3-1) = C(10, 2) = 45$$

种选法。

为做出问题(b)中的选择，必须从每种颜色的球中先选择一个，再任意选择5个球。由定理6.3.5，共有

$$C(5+3-1, 3-1) = C(7, 2) = 21$$

种不同的选法。∎

例 6.3.7 12本相同的数学书分给 Anna、Beth、Candy 和 Dan 4个学生，共有多少种分法？

若将问题看做在12本书上分别写上4个学生的名字，则可利用定理6.3.5计算分法数。这相当于在集合 {Anna, Beth, Candy, Dan} 上允许重复、不计顺序地选取12个元素。根据定理6.3.5，共有

$$C(12+4-1, 4-1) = C(15, 3) = 455$$

种分法。∎

例 6.3.8 (a) 方程

$$x_1 + x_2 + x_3 + x_4 = 29 \tag{6.3.1}$$

有多少非负整数解？

(b) 方程(6.3.1)有多少满足 $x_1 > 0$、$x_2 > 1$、$x_3 > 2$、$x_4 \geq 0$ 的整数解？

(a) 方程(6.3.1)的每一个解相当于从4类元素中选取29个，其中从第 i 类元素中选取 x_i 个，$i = 1, 2, 3, 4$。由定理6.3.5，共有

$$C(29 + 4 - 1, 4 - 1) = C(32, 3) = 4960$$

种选法。

(b) 方程(6.3.1)的每一个解相当于从4类元素中选取29个，其中从第 i 类元素中选取 x_i 个，$i = 1, 2, 3, 4$，第一类元素至少选择1个，第二类元素至少选择2个，第三类元素至少选择3个。故只有23个元素可以任意选择，由定理6.3.5，共有

$$C(23 + 4 - 1, 4 - 1) = C(26, 3) = 2600$$

种选法。

例 6.3.9 下面这段程序中的打印语句共执行了多少次？

```
for i₁ = 1 to n
    for i₂ = 1 to i₁
        for i₃ = 1 to i₂
        …
            for iₖ = 1 to iₖ₋₁
                println (i₁, i₂, …, iₖ)
```

程序输出的每一个串包含 k 个整数。

$$i_1 i_2 \cdots i_k \tag{6.3.2}$$

满足

$$n \geq i_1 \geq i_2 \geq \cdots \geq i_k \geq 1 \tag{6.3.3}$$

另一方面，任意一个形为式(6.3.2)的满足式(6.3.3)的序列，都将在程序的输出中出现。故只需对从集合 $\{1, 2, \cdots, n\}$ 中允许重复地选择 k 个数的选法进行计数。（每一种选法经排序后可满足式(6.3.3)）。由定理6.3.5，共有

$$C(k + n - 1, k)$$

种选法。

问题求解要点

通过考虑允许重复的情况，将6.2节的公式推广到6.3节的公式。一个排列是 $s_1, \cdots, s_n$ 的一个排序，其中 s_i 是不相同的对象。n 个对象的排列共有 $n!$ 个。现假设 n 个对象中包含相同的对象，即第 i 类对象有 n_i 个，共有 i 类对象，$i = 1, \cdots, t$。则排序数为

$$\frac{n!}{n_1! n_2! \cdots n_t!}$$

对于一个特定的问题，在考虑使用哪一个公式之前，首先应确定这是一个计数排列的问题。然后判断待排列的对象是否相同，若不包含相同的对象，则使用排列公式，若包含相同的对象，则使用公式

$$\frac{n!}{n_1!n_2!\cdots n_t!}$$

不计顺序、不允许重复地从 n 个元素中选取 r 个元素，称为一个 r 组合。共有 $C(n,r)$ 个 r 组合。不计顺序、允许重复地从 t 个元素中选取 k 个，共有

$$C(k+t-1, t-1)$$

种选法。

对于一个特定的问题，在考虑使用哪一个公式之前，首先应确定这是一个计数无序选择的问题。然后判断无序选择的对象是否有重复，若无重复则使用组合公式，若有重复则使用公式

$$C(k+t-1, t-1)$$

下表是对以上几个公式的总结。

	无重复	有重复
有序选择	$n!$	$n!/(n_1!\cdots n_t!)$
无序选择	$C(n,r)$	$C(k+t-1, t-1)$

本节复习

1. n 个对象分为 t 类，第 i 类相同的对象有 n_i 个，共有多少种不同的排序方法？公式是如何得到的？
2. 从 t 个元素集合中允许重复、不计顺序地选取 k 个元素，共有多少种不同的选法？公式是如何得到的？

练习

在练习 1~3 中，对于给定的字母，可以组成多少个字符串？

1. *GUIDE*　　　　　2. *SCHOOL*　　　　　3. *SALESPERSONS*
4. 若 4 个 *S* 必须连续排列，字母 *SALESPERSONS* 可以组成多少个不同的字符串？
5. 若任意两个 *S* 不能相邻，字母 *SALESPERSONS* 可以组成多少个字符串？
6. 若允许只运用部分或所有的字母，*SCHOOL* 可以组成多少个字符串？

在练习 7~9 中，从 Action Comics、Superman、Captain Marvel、Archie、X-Man 和 Nancy Comics 中选择漫画。

7. 从中选择 6 本漫画，共有多少选法？　　　8. 从中选择 10 本漫画，共有多少选法？
9. 从中选择 10 本漫画，要求每一种至少选择一本，共有多少选法？
10. 在三维坐标系 xyz 中，从原点走到点 (i,j,k)（其中 i、j、k 为正整数），每一步只能向 x 轴正方向或 y 轴正方向或 z 轴正方向走一个单位，共有多少个不同的路线。
11. 某次考试有 12 道问题，得分为整数，满分为 100 分，每道问题不少于 5 分，共有多少种分配分值的方法？
12. 某自行车收藏者有 100 辆不同的自行车，有 4 个不同的仓库。将这些自行车放入仓库，共有多少种不同的放法？

13. 某自行车收藏者有100辆相同的自行车，有4个不同的仓库。将这些自行车放入仓库，共有多少种不同的放法？
14. 10本不同的书分给3个学生，要求第一个学生分5本，第二个学生分3本，第三个学生分2本。共有多少种不同的分法？

在练习15~21中，有一堆相同的红色球，一堆相同的蓝色球，以及一堆相同的绿色球，每一堆球不少于10个。

15. 从中选出10个球，共有多少种不同的选法？
16. 从中选出10个球，要求至少选出一个红色球，共有多少种不同的选法？
17. 从中选出10个球，要求至少选出一个红色球，两个蓝色球，三个绿色球，共有多少种不同的选法？
18. 从中选出10个球，要求恰选出一个红色球，共有多少种不同的选法？
19. 从中选出10个球，要求恰选出一个红色球，至少选出一个蓝色球，共有多少种不同的选法？
20. 从中选出10个球，要求至多选出一个红色球，共有多少种不同的选法？
21. 从中选出10个球，要求绿色球是红色球个数的两倍，共有多少种不同的选法？

在练习22~27中，求出方程 $x_1 + x_2 + x_3 = 15$ 满足条件的整数解的数目。

22. $x_1 \geq 0, x_2 \geq 0, x_3 \geq 0$
23. $x_1 \geq 1, x_2 \geq 1, x_3 \geq 1$
24. $x_1 = 1, x_2 \geq 0, x_3 \geq 0$
25. $x_1 \geq 0, x_2 > 0, x_3 = 1$
26. $0 \leq x_1 \leq 6, x_2 \geq 0, x_3 \geq 0$
*27. $0 \leq x_1 < 6, 1 \leq x_2 < 9, x_3 \geq 0$

*28. 求方程 $x_1 + x_2 + x_3 + x_4 = 12$ 满足条件 $0 \leq x_1 \leq 4$、$0 \leq x_2 \leq 5$、$0 \leq x_3 \leq 8$、$0 \leq x_4 \leq 9$ 的整数解的个数。
29. 证明等式 $x_1 + x_2 + x_3 = n (n \geq 3)$ 的解的数目是 $(n-1)(n-2)/2$，其中 x_1、x_2 和 x_3 是正整数。
30. 证明不等式 $x_1 + x_2 + \cdots + x_n \leq M$ 的非负整数解的个数为 $C(M+n, n)$，其中 M 为非负整数。
31. 1~1 000 000 的整数中，各位数字和为15的有多少个？
*32. 1~1 000 000 的整数中，各位数字和为20的有多少个？
33. 桥牌发牌共有多少种可能的结果？（桥牌发牌时，将52张牌发给4个人，每人13张。）
34. 将8个人分为4人、2人、2人的三个组，共有多少种分法？
35. 长方形的多米诺骨牌由两个正方形组成，每个正方形上印有0~6的一个数字，两个正方形上的数字可能相同。共有多少张不同的多米诺骨牌？

在练习36~41中，书包中有20个球，其中红色球6个，绿色球6个，紫色球8个。

36. 将球看做两两不同，选出5个球，共有多少种选法？
37. 将同种颜色的球不加区分，选出5个球，共有多少种选法？
38. 将球看做两两不同，选出2个红色球，3个绿色球，2个紫色球，共有多少种选法？
39. 将球看做两两不同，先选出5个球，再将球放回，再选出5个球，整个过程有多少种选法？
40. 将球看做两两不同，先选出5个球，再选出5个球，整个过程有多少种选法？
41. 将球看做两两不同，先选出5个球，要求至少包含一个红色球，再将球放回，再选出5个球，要求至多包含一个绿色球，整个过程有多少种选法？
42. 15本相同的数学书分给6个学生，共有多少种不同的分法？
43. 15本相同的计算机科学书和10本相同的物理书分给5个学生，有多少种不同的分法？

44. 有 10 个相同的球和 12 个盒子,每个盒子至多放一个球,共有多少种方法将球放入盒子?
45. 有 10 个相同的球和 12 个盒子,每个盒子至多放 10 个球,共有多少种方法将球放入盒子?
46. 证明 $(kn)!$ 可以被 $(n!)^k$ 整除。
47. 将例 6.3.9 的方法用于程序,

   for $i_1 = 1$ to n
    for $i_2 = 1$ to i_1
     println (i_1, i_2)

 证明 $1 + 2 + \cdots + n = \dfrac{n(n+1)}{2}$。

*48. 利用例 6.3.9 的方法证明公式

$$C(k-1, k-1) + C(k, k-1) + \cdots + C(n+k-2, k-1)$$
$$= C(k+n-1, k)$$

49. 写出一个算法,列出方程 $x_1 + x_2 + x_3 = n$ 的所有非负整数解。
50. 下面的推理试图计算将 10 元素集合分为 8 个非空子集的不同分法的个数。指出推理中的错误。在 10 个元素中插入空格:$x_1 \text{—} x_2 \text{—} x_3 \text{—} x_4 \text{—} x_5 \text{—} x_6 \text{—} x_7 \text{—} x_8 \text{—} x_9 \text{—} x_{10}$。在 9 个空格中的 7 个位置插入 "|",可将集合 $\{x_1, \cdots, x_{10}\}$ 分为 8 个非空子集。例如划分 $\{x_1\}, \{x_2\}, \{x_3, x_4\}, \{x_5\}$, $\{x_6\}, \{x_7, x_8\}, \{x_9\}, \{x_{10}\}$ 可表示为 $x_1 | x_2 | x_3 x_4 | x_5 | x_6 | x_7 x_8 | x_9 | x_{10}$。故将 10 元素集合分为 8 个非空子集,不同分法数为 $C(9, 7)$。

6.4 排列组合生成算法

摇滚乐队 "Unhinged Universe" 录制了 n 段视频节目,时间长度分别为

$$t_1, t_2, \cdots, t_n$$

秒。一盘磁带可以容纳 C 秒的视频。这是 Unhinged Universe 发行的第一盘磁带,乐队希望这盘磁带能尽可能多地收入他们的视频节目。问题转化为从 $\{1, 2, \cdots, n\}$ 中选出一个子集 $\{i_1, \cdots, i_k\}$,使

$$\sum_{j=1}^{k} t_{i_j} \tag{6.4.1}$$

在不超过 C 的情况下尽可能大。最直接的算法是穷举 $\{1, 2, \cdots, n\}$ 的所有子集,选出使(6.4.1)在不超过 C 的情况下最大的子集。该算法需要生成 n 元素集合的所有组合。本节将介绍排列和组合的生成算法。
[WWW]
  n 元素集合共有 2^n 个子集,故遍历所有子集的算法的复杂度为 $\Omega(2^n)$。由 4.3 节可知,算法仅当 n 较小时可实际运用。但对于有些问题(例如上述的磁带问题),目前还没有找到比穷举法更好的算法。

  本节介绍的算法将按**字典序**(lexicographic order)遍历排列和组合。字典序是字典中单词顺序的推广。

  按下面的规则确定两个不同的单词在字典中的位置。比较两个单词,有两种情况:

1. 两个单词长度不同,较短的单词的每个字母都与较长的单词的对应位置的字母相同。
2. 两个单词在某个位置上的字母不同。
  (6.4.2)

若满足 1，则短单词在长单词之前。（例如，"dog"在"doghouse"之前。）若满足 2，则从左（位置 p）向右找到第一个两个单词对应字母不同的位置，两个单词的顺序取决于该位置两个字母的顺序。（例如，"gladiator"在"gladiolus"之前。从左向右，最先找到"gladiator"中的"a"与"gladiolus"中的"o"不同，而在字母表中，"a"在"o"之前。）

将字母表替换为任意一个有序的字符集，即可将字典中单词的顺序推广为字典序。将在整数组成的字符串上定义字典序。

定义 6.4.1 设 $\alpha = s_1 s_2 \cdots s_p$ 和 $\beta = t_1 t_2 \cdots t_q$ 为 $\{1, 2, \cdots, n\}$ 上的字符串。称在字典序中 α 在 β 之前，当且仅当(a)或(b)成立，记做 $\alpha < \beta$。

(a) $p < q$ 且 $s_i = t_i$，$i = 1, \cdots, p$。

(b) i 为使 $s_i \neq t_i$ 成立的最小的 i，且 $s_i < t_i$。 ■

在定义 6.4.1 中，(a)对应式(6.4.2)中的 1，(b)对应式(6.4.2)中的 2。

例 6.4.2 $\alpha = 132$ 和 $\beta = 1324$ 为由 $\{1, 2, 3, 4\}$ 组成的字符串。依定义 6.4.1，$p = 3$, $q = 4$, $s_1 = 1$, $s_2 = 3$, $s_3 = 2$, $t_1 = 1$, $t_2 = 3$, $t_3 = 2$, $t_4 = 4$。$p = 3 < 4 = q$, $i = 1, 2, 3$ 时 $s_i = t_i$。满足条件(a)，故 $\alpha < \beta$。 ■

例 6.4.3 $\alpha = 13246$ 和 $\beta = 1342$ 为由 $\{1, 2, 3, 4, 5, 6\}$ 组成的字符串。依定义 6.4.1，$p = 5$, $q = 4$, $s_1 = 1$, $s_2 = 3$, $s_3 = 2$, $s_4 = 4$, $s_5 = 6$, $t_1 = 1$, $t_2 = 3$, $t_3 = 4$, $t_4 = 2$。使 $s_i \neq t_i$ 成立的最小的 i 为 3，且 $s_3 < t_3$。满足条件(b)，故 $\alpha < \beta$。 ■

例 6.4.4 $\alpha = 1324$ 和 $\beta = 1342$ 为由 $\{1, 2, 3, 4\}$ 组成的字符串。依定义 6.4.1，$p = q = 4$, $s_1 = 1$, $s_2 = 3$, $s_3 = 2$, $s_4 = 4$, $t_1 = 1$, $t_2 = 3$, $t_3 = 4$, $t_4 = 2$。使 $s_i \neq t_i$ 成立的最小的 i 为 3，且 $s_3 < t_3$。满足条件(b)，故 $\alpha < \beta$。 ■

例 6.4.5 $\alpha = 13542$ 和 $\beta = 21354$ 为由 $\{1, 2, 3, 4, 5\}$ 组成的字符串。依定义 6.4.1，$s_1 = 1$, $s_2 = 3$, $s_3 = 5$, $s_4 = 4$, $s_5 = 2$, $t_1 = 2$, $t_2 = 1$, $t_3 = 3$, $t_4 = 5$, $t_5 = 4$。使 $s_i \neq t_i$ 成立的最小的 i 为 1，且 $s_1 < t_1$。满足条件(b)，故 $\alpha < \beta$。 ■

对于由 $\{1, 2, 3, 4, 5, 6, 7, 8, 9\}$ 组成的等长字符串，字典序与将字符串看做十进制数排序等价（参见例 6.4.4 和例 6.4.5）。对于不等长的字符串，字典序与将字符串看做十进制数排序不同（参见例 6.4.3）。本节中，顺序指字符串的字典序。

首先考虑如何列举 $\{1, 2, \cdots, n\}$ 上的 r 组合。将 r 组合 $\{x_1, \cdots, x_r\}$ 记为字符串 $s_1, \cdots, s_r$，其中 $s_1 < s_2 < \cdots < s_r$，且 $\{x_1, \cdots, x_r\} = \{s_1, \cdots, s_r\}$。例如将 3 组合 $\{6, 2, 4\}$ 记为 246。

依字典序列举 $\{1, 2, \cdots, n\}$ 上的 r 组合，第一个字符串为 $12 \cdots r$，最后一个字符串为 $(n-r+1) \cdots n$。

例 6.4.6 若按字典序列出 $\{1, 2, 3, 4, 5, 6, 7\}$ 上所有的 5 组合，第一个为 12345，接下来的两个为 12346 和 12347，然后是 12356 和 12357，最后一个为 34567。 ■

例 6.4.7 若按字典序列出 $X = \{1, 2, 3, 4, 5, 6, 7\}$ 上所有的 5 组合，13467 的下一个是什么？

以 134 开头的最大的字符串为 13467，故 13467 的下一个以 135 开头。因为 13567 是以 135 开头的最小的字符串，故 13467 的下一个是 13567。 ■

例 6.4.8 若按字典序列出 $X = \{1, 2, 3, 4, 5, 6, 7\}$ 上所有的 4 组合，2367 的下一个是什么？

以 23 开头的最大的字符串为 2367，故 2367 的下一个以 24 开头。因为 2456 是以 24 开头的最小的字符串，故 2367 的下一个是 2456。 ■

不难发现上例中的模式。给定一个与$\{s_1,\cdots,s_r\}$上的r组合对应的字符串$\alpha=s_1\cdots s_r$，求α的下一个字符串$\beta=t_1\cdots t_r$。从右向左找到第一个非最大值的元素s_m。（s_r的最大值为n，s_{r-1}的最大值为$n-1$，以此类推）则

$$t_i = s_i, i = 1, \cdots, m-1$$
$$t_m = s_m + 1$$
$$t_{m+1}\cdots t_r = (s_m+2)(s_m+3)\cdots$$

由此可得组合生成算法。

算法 6.4.9 组合生成算法 算法按字典升序列举$\{1, 2, \cdots, n\}$的所有r组合。

输入：r, n
输出：按字典升序排列的$\{1, 2, \cdots, n\}$的所有r组合

1. combination(r, n) {
2.   for $i = 1$ to r
3. $s_i = i$
4.   println($s_1, \cdots, s_r$) // 打印第一个r组合
5.   for $i = 2$ to $C(n, r)$ {
6. $m = r$
7.   max_val = n
8.   while (s_m == max_val) {
9.   // 从右向左找到第一个非最大值的元素
10. $m = m - 1$
11.   max_val = max_val $- 1$
12.   }
13.   // 将从右向左第一个非最大值的元素加1
14. $s_m = s_m + 1$
15.   // s_m之后的元素依次递增
16.   for $j = m + 1$ to r
17. $s_j = s_{j-1} + 1$
18.   println ($s_1, \cdots, s_r$)// 打印第i个组合
19.   }
20. }

例 6.4.10 说明算法 6.4.9 如何生成$\{1, 2, 3, 4, 5, 6, 7\}$上 23467 的下一个 5 组合。设

$$s_1 = 2, \quad s_2 = 3, \quad s_3 = 4, \quad s_4 = 6, \quad s_5 = 7$$

执行至第 13 行，可得s_3是从右向左第一个非最大值的元素。第 14 行s_3将赋值为 5。在第 16 行和第 17 行，s_4和s_5分别被赋值为 6 和 7。此时

$$s_1 = 2, \quad s_2 = 3, \quad s_3 = 5, \quad s_4 = 6, \quad s_5 = 7$$

于是就生成了 23467 的下一个 5 组合 23567。

例 6.4.11 由算法 6.4.9，可列出 $\{1,2,3,4,5,6\}$ 上的所有 4 组合：

    1234, 1235, 1236, 1245, 1246, 1256, 1345, 1346,
    1356, 1456, 2345, 2346, 2356, 2456, 3456 ∎

与 r 组合生成算法类似，排列生成算法可按字典序列出 $\{1,2,\cdots,n\}$ 上的所有排列。（练习 16 要求写出一个生成 n 元素集合上所有 r 排列的算法。）

例 6.4.12 找到 $\{1,2,3,4,5,6\}$ 上排列 163542 的后继，应使左边尽可能多的数字保持不变。

能否在 163542 后找到一个形如 1635＿＿ 的排列？唯一与 163542 不同的形如 1635＿＿ 的排列是 163524，但 163524 小于 163542，故 163542 的后继不是形如 1635＿＿ 的排列。

能否在 163542 后找到一个形如 163＿＿＿ 的排列？后 3 位数字必为 $\{2,4,5\}$ 的一个排列。由于 542 是 $\{2,4,5\}$ 上最大的排列，形如 163 的排列都小于给定的排列。故 163542 的后继不是形如 163＿＿＿ 的排列。

给定排列的后继不能以 1635 或 163 开头，原因在于给定的排列中余下的数字逆序排列（分别为 42 和 542）。故从右向左扫描，找到第一个数字 d，使它的右邻 r 满足 $d<r$。本例中，第三个数字 3 满足这个性质，所以给定的排列的后继以 16 开头。

16 后的第一个数字必须大于 3。为找到比给定排列大的最小的排列，该位应为 4。于是，给定排列的后继以 164 开头。为使排列最小，余下的 3 个数字 235 应按升序排列。于是，给定排列的后继为 164235。 ∎

为生成 $\{1,2,\cdots,n\}$ 上的所有排列，可先列出第一个排列 $12\cdots n$，然后不断利用例 6.4.12 的方法生成下一个排列。生成 $n(n-1)\cdots 21$ 时算法终止。

例 6.4.13 利用例 6.4.12 的方法，按字典序列出 $\{1,2,3,4\}$ 上的所有排列

    1234, 1243, 1324, 1342, 1423, 1432, 2134, 2143,
    2314, 2341, 2413, 2431, 3124, 3142, 3214, 3241,
    3412, 3421, 4123, 4132, 4213, 4231, 4312, 4321 ∎

算法 6.4.14 排列生成算法 算法按字典升序列举 $\{1,2,\cdots,n\}$ 的所有排列。

输入：n
输出：以字典升序列举的 $\{1,2,\cdots,n\}$ 的所有排列

```
1.  permutation(n) {
2.      for i = 1 to n
3.          s_i = i
4.      println(s_1, ···, s_n)  // 打印第一个排列
5.      for i = 2 to n! {
6.          m = n - 1
7.          while (s_m > s_{m+1})
8.              // 从右向左找到第一个减小的元素
9.              m = m - 1
10.         k = n
11.         while (s_m > s_k)
12.             // 从右向左找到第一个满足 s_m < s_k 的元素 s_k
```

```
13.         k = k − 1
14.         swap($s_m, s_k$)
15.         p = m + 1
16.         q = n
17.         while (p < q) {
18.             // 交换 $s_{m+1}$ 和 $s_n$，交换 $s_{m+2}$ 和 $s_{n-1}$，以此类推
19.             swap($s_p, s_q$)
20.             p = p + 1
21.             q = q − 1
22.         }
23.         println ($s_1, \cdots, s_n$) // 打印第 i 个排列
24.     }
25. }
```

例 6.4.15 说明算法 6.4.14 如何生成 163542 的后继。设

$$s_1 = 1, \quad s_2 = 6, \quad s_3 = 3, \quad s_4 = 5, \quad s_5 = 4, \quad s_6 = 2$$

从第 6 行开始，满足 $s_m < s_{m+1}$ 最大的 m 为 3。第 10 行~第 13 行求得满足 $s_k > s_m$ 最大的 k 为 5。第 14 行将 s_m 和 s_k 交换。此时，$s = 164532$。在第 15 行~第 22 行，将字符串 $s_4 s_5 s_6 = 532$ 翻转。最后得到给定排列的后继为 164235。 ∎

本节复习

1. 定义字典序。   2. 描述 r 组合生成算法。   3. 描述排列生成算法。

练习

在练习 1~3 中，利用算法 6.4.9 求出 $n = 7$ 时给定 r 组合的后继。

1. 1356   2. 12367   3. 14567

在练习 4~6 中，利用算法 6.4.14 求出给定排列的后继。

4. 12354   5. 625431   6. 12876543

7. 对于练习 1~3 的每个字符串，解释算法 6.4.9 如何生成下一个 r 组合（如例 6.4.10）。

8. 对于练习 4~6 的每个字符串，解释算法 6.4.14 如何生成下一个排列（如例 6.4.15）。

9. 给出 $n = 6$、$r = 3$ 时算法 6.4.9 的输出。   10. 给出 $n = 6$、$r = 2$ 时算法 6.4.9 的输出。

11. 给出 $n = 7$、$r = 5$ 时算法 6.4.9 的输出。   12. 给出 $n = 2$ 时算法 6.4.14 的输出。

13. 给出 $n = 3$ 时算法 6.4.14 的输出。

14. 修改算法 6.4.9，删除第 5 行：5. for $i = 2$ to $C(n, r)$ {。根据最后一个 r 组合中每个元素 s_i 均取最大值，写出循环结束条件。

15. 修改算法 6.4.14，删除第 5 行：5. for $i = 2$ to $n!$ {。根据最后一个排列中的元素 s_i 呈降序，写出循环结束条件。

16. 写出生成 n 元素集合中的所有 r 排列的算法。

17. 写出一个算法，输入为 $\{1, 2, \cdots, n\}$ 上的一个 r 组合，输出为给定 r 组合根据字典序的后继。定义最后一个 r 组合的后继为第一个 r 组合。

18. 写出一个算法，输入为$\{1, 2, \cdots, n\}$上的一个排列，输出为给定排列依字典序的后继。其中最后一个排列的后继为第一个排列。

19. 写出一个算法，输入为$\{1, 2, \cdots, n\}$上的一个r组合，输出为给定r组合依字典序的前导（前一个r组合）。其中第一个r组合的前导为最后一个r组合。

20. 写出一个算法，输入为$\{1, 2, \cdots, n\}$上的一个排列，输出为给定排列依字典序的前导（前一个排列）。其中第一个排列的前导为最后一个排列。

*21. 写出一个生成$\{s_1, s_2, \cdots, s_n\}$上所有$r$组合的递归算法。分为2个子问题：
  - 包含s_1的r组合。
  - 不包含s_1的r组合。

22. 写出一个生成$\{s_1, s_2, \cdots, s_n\}$上所有排列的递归算法。分为$n$个子问题：
  - 以s_1开头的排列。
  - 以s_2开头的排列。
  - $\vdots$
  - 以s_n开头的排列。

6.5 离散概率简介①

概率（probability）是17世纪为分析博弈游戏而发展起来的学科，最初计算概率仅有计数一种方法。掷出一个各面同性的骰子，六个面分别标记为1, 2, 3, 4, 5, 6（参见图6.5.1）。"各面同性"意为当骰子被掷出时，各个面出现的机会均等。若计算掷出偶数的概率，则首先计算有多少种可能掷出偶数（3种：2, 4, 6），再计算总共有多少种可能（6种：1, 2, 3, 4, 5, 6），最后得概率为3/6 = 1/2。我们首先介绍一些简单的术语，然后给出一些计算概率的例子。   [WWW]

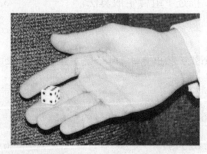

图6.5.1 掷出一个各面同性的骰子。"各面同性"意为当骰子被掷出时，各个面出现的机会均等（图中为Ben Schneider的手，作者拍摄）

能生成结果的过程称为**实验**（experiment）。实验的结果或结果的组合称为**事件**（event）。包含所有可能结果的事件称为**样本空间**（sample space）。

例6.5.1 实验举例
  - 掷出一个六个面的骰子。
  - 从1000个微处理器中随机地抽取5个。
  - 在St. Rocco医院选取一个婴儿。

---
① 略去这一节并不影响本书内容的连贯性。

进行上述实验时可能发生的事件举例

- 掷出一个六个面的骰子，得到的点数为 4。
- 从 1000 个微处理器中随机地抽取 5 个，没有发现残次品。
- 在 St. Rocco 医院选取了一个女婴。

上述实验的样本空间：

- 1, 2, 3, 4, 5, 6 ——掷出骰子后的所有可能。
- 从 1000 个微处理器中选取 5 个的所有组合。
- St. Rocco 医院的所有婴儿。

若在有限样本空间中，所有的结果出现的机会均等，则将事件的概率定义为事件所包含的结果数与样本空间中的结果总数之比。在本节的后续部分中，假定所有的结果以均等的机会出现。

定义 6.5.2 有限样本空间 S 中事件 E 的概率 $P(E)$ 定义为

$$P(E) = \frac{|E|}{|S|}①$$

例 6.5.3 掷出两个各面同性的骰子，求点数之和为 10 的概率。

第一个骰子有 6 种结果，第二个骰子也有 6 种结果。根据乘法原理，共有 $6 \times 6 = 36$ 种可能的结果，即样本空间中有 36 个结果。有 3 个结果点数之和为 10 ——(4, 6), (5, 5), (6, 4)，即事件"点数之和为 10"包含 3 个结果。（将第一个骰子点数为 x、第二个骰子点数为 y 记做 (x, y)。）故概率为 $3/36 = 1/12$。

例 6.5.4 1000 个微处理器中有 20 个残次品，从中随机抽取 5 个，求没有残次品的概率。

从 1000 个微处理器中选取 5 个，共有 $C(1000, 5)$ 种选法。共有 $1000 - 20 = 980$ 个合格的微处理器，故不含残次品的选法共有 $C(980, 5)$ 种。可得不含残次品的概率为

$$\frac{C(980, 5)}{C(1000, 5)} = \frac{980 \times 979 \times 978 \times 977 \times 976}{1000 \times 999 \times 998 \times 997 \times 996} = 0.903\ 735\ 781$$

例 6.5.5 在 Illinois 州的 Lotto 彩票中，若彩民从 1~52 个数中选取的 6 个数与随机生成的中奖数字相同（不计顺序），则可以赢得大奖。求一张彩票赢得大奖的概率。

从 52 个数字中选取 6 个共有 $C(52, 6)$ 种选法，而得大奖的组合只有一种，故赢得大奖的概率为

$$\frac{1}{C(52, 6)} = \frac{6!}{52 \times 51 \times 50 \times 49 \times 48 \times 47} = 0.000\ 000\ 049$$

例 6.5.6 一手桥牌包含从 52 张扑克牌中选取的 13 张。3 个花色各有 4 张牌，另一个花色有 1 张牌称为 4-4-4-1 牌型，求 4-4-4-1 牌型的概率。

一手桥牌共有 $C(52, 13)$ 种可能。选出一套花色有 4 种选法，在选定的花色中选取一张牌又有 13 种选法。这张牌选定后，在其他的 3 种花色中各选 4 张牌，共有 $C(13, 4)^3$ 种选法。根据乘法原理，4-4-4-1 牌型共有 $4 \times 13 \times C(13, 4)^3$ 种可能。故得到一手 4-4-4-1 牌型桥牌的概率为

$$\frac{4 \times 13 \times C(13, 4)^3}{C(52, 13)} = 0.03$$

---

① 其中 $|X|$ 表示有限集合 X 中元素的个数。

本节复习

1. 什么是实验？　　　　2. 什么是事件？　　　　3. 什么是样本空间？
4. 若一个样本空间中的所有结果出现机会均等，如何定义事件的概率？

练习

在练习 1~4 中，掷出一枚硬币和一个骰子。

1. 列出样本空间。　　　　2. 列出事件"硬币为正面，骰子为偶数"的所有结果。
3. 列出事件"骰子为奇数"的所有结果。
4. 列出事件"硬币为正面，骰子点数小于 4"的所有结果。

在练习 5~7 中，掷出两个骰子。

5. 列出事件"两个骰子点数和为偶数"的所有结果。
6. 列出事件"一对"的所有结果（两个骰子点数相同称为"一对"）。
7. 列出事件"至少有一个骰子点数为 4"的所有结果。
8. 举出一个不同于本节的实验的例子。　　　　9. 举出一个练习 8 的实验中事件的例子。
10. 练习 8 中实验的样本空间是什么？
11. 掷出一个各面同性的骰子，点数为 5 的概率是多少？
12. 掷出一个各面同性的骰子，点数为偶数的概率是多少？
13. 掷出一个各面同性的骰子，点数不为 5 的概率是多少？
14. 从 52 张扑克牌中随机抽取一张，是黑桃 A 的概率为多少？
15. 从 52 张扑克牌中随机抽取一张，是 J 的概率为多少？
16. 从 52 张扑克牌中随机抽取一张，是红桃的概率为多少？
17. 掷出两个骰子，点数之和为 9 的概率是多少？
18. 掷出两个骰子，点数之和为奇数的概率是多少？
19. 掷出两个骰子，是"一对"的概率为多少？
20. 100 个微处理器中有 10 个是残次品，从中随机抽取 4 个，没有残次品的概率是多少？
21. 100 个微处理器中有 10 个是残次品，从中随机抽取 4 个，恰有一个残次品的概率是多少？
22. 100 个微处理器中有 10 个是残次品，从中随机抽取 4 个，最多有一个残次品的概率是多少？
23. 在 California Daily 3 游戏中，玩家从 0~9 中选择 3 个数字（允许重复）。在 "straight play" 中，玩家选取的 3 个数字若与随机生成的 3 个数字依次匹配，则可获奖。求获奖的概率。
24. 在 California Daily 3 游戏中，玩家从 0~9 中选择 3 个数字。在 "box play" 中，玩家选取的 3 个数字若与随机生成的 3 个不同的数字匹配（不计顺序），则可获奖。设玩家选择 3 个不同的数字，求一张彩票获大奖的概率。
25. 在 Maryland 彩票游戏中，若彩民从 1~49 个数中选取的 6 个数与随机生成的中奖数字相同（不计顺序），则可以赢得大奖。求一张彩票赢得大奖的概率。
26. 在多状态 Big 彩票游戏中，彩民从 1~50 中选取 5 个不同的数，再从 1~36 中选出一个 Big Money Ball 数。若前 5 个数与随机生成的中奖数字匹配（不计顺序），Big Money Ball 数也与中奖的 Big Money Ball 相等，则可获大奖。求一张彩票获大奖的概率。
27. 在 Maryland Cash In Hand 彩票游戏中，若彩民从 1~31 个数中选取的 7 个数与随机生成的中奖数字相同（不计顺序），则可以赢得大奖。求一张彩票赢得大奖的概率。
28. 一门花色有 5 张牌、另一门花色有 4 张牌、其他两门花色有 2 张牌的一手桥牌为 5-4-2-2 牌型。求一手桥牌为 5-4-2-2 牌型的概率。

29. 求一手桥牌为纯红色（没有梅花和黑桃）的概率。

在练习 30~33 中，一名没有任何准备的学生将猜测 10 个判断题的答案。

30. 全部猜对的概率为多少？　　　　　　31. 全部猜错的概率为多少？

32. 恰猜对 1 道题的概率为多少？　　　　33. 恰猜对 5 道题的概率为多少？

在练习 34~36 中，调查 10 个消费者最喜欢的可乐，共有 Coke、Pepsi 和 RC 三个选项。

34. 若消费者随机地选择可乐，没有人选择 Coke 的概率是多少？

35. 若消费者随机地选择可乐，至少 1 人不选择 Coke 的概率是多少？

36. 若消费者随机地选择可乐，所有人都选择 Coke 的概率是多少？

37. 随机依次选取 5 个学生，5 个学生的平均学分积恰好由低到高排列的概率是多少？

在练习 38~40 中，3 个人从 12 个相邻的存物柜中每人选取一个。

38. 3 个存物柜相邻的概率是多少？　　　39. 3 个存物柜两两不相邻的概率是多少？

40. 至少有两个存物柜相邻的概率是多少？

在练习 41~44 中，某个轮盘包含 38 个数字：18 个红色数字、18 个黑色数字、一个 0 和一个 00（0 和 00 既不属于红色数字，也不属于黑色数字）。转动轮盘，各个数字以相同的机会出现。

41. 轮盘停到黑色数字的概率是多少？　　42. 轮盘连续两次停到黑色数字的概率是多少？

43. 轮盘停到数字 0 上的概率是多少？　　44. 轮盘停到数字 0 或 00 上的概率是多少？

练习 45~48 与 Monty Hall 问题有关。3 个门中的一扇门后是汽车，另外两扇门后为山羊。玩家从 3 扇门中任选一扇，当玩家选定后，庄家从未被选定的门中打开一扇背后为山羊的门。（由于有两扇门后是山羊，故未被选定的两扇门中至少有一扇门后是山羊。）这时玩家可以重新做出选择——保持原有的选择或选择另一个未打开的门，对于以下 3 种策略，玩家赢得汽车的概率分别是多少？

45. 保持原有的选择。　　　　　　46. 从最初选择的门和另一扇未打开的门中随机做出选择。

47. 选择那扇最初未被选择且未打开的门。

48. 假定庄家忘记了哪扇门后面是汽车，在玩家随机选择一扇门后，庄家随机选择一扇门。如果门后是汽车，游戏结束。如果门后是山羊，请问对于练习 45~47 的策略，赢得汽车的概率现各为多少？

练习 49~51 与另一种 Monty Hall 问题有关。4 个门中的一扇门后是汽车，另外三扇门后为山羊。玩家从 4 扇门中任选一扇，当玩家选定后，庄家从未被选定的门中打开一扇背后为山羊的门。这时玩家可以重新做出选择——保持原有的选择或从另外两个未打开的门选择一个，对于以下 3 种策略，玩家赢得汽车的概率分别是多少？

49. 保持原有的选择。　　　　　　50. 从三扇未打开的门中随机选取一个。

51. 从两个最初未被选取且未打开的门中随机选取一个。

52. 在一个选择题中，某一个问题有三个选项：A，B，C。某学生选 A。随后老师宣布选项 C 不正确。若这个学生坚持选 A，正确的概率是多少？若改选 B，正确的概率是多少？

53. 下面的论断是否正确？某镇的健康视察员告诉一个提供 4 个鸡蛋的乳蛋饼的餐馆说，根据 FDA 的调查，每 4 个鸡蛋就有 1 个蛋被 salmonella 菌感染，所以该餐馆只能提供 3 个鸡蛋的乳蛋饼。

54. 在一个二人博弈中，连续抛硬币直到出现序列 HT（第一次正面朝上，第二次反面朝上）或序列 TT（第一次反面朝上，第二次反面朝上）。若 HT 出现，则第一个博弈者胜，若 TT 出现，则第二个博弈者胜。你愿意做哪个博弈者呢？解释理由。

在练习 55 和练习 56 中有 10 张相同的 CD 随机分发给 Mary、Ivan 和 Juan。

55. 每个人都拿到至少 2 张 CD 的概率为何？   56. Ivan 正好拿到 3 张 CD 的概率为何？

6.6 离散概率论[①]

6.5 节中，假定了所有的结果以相同的机会出现，即若有 n 个可能的结果，则每个结果出现的概率为 $1/n$。但事实上这些结果并不总是以相同的机会出现。例如一个一面较重的骰子，该面对应的数字出现的机会较大。为了解决这类问题，给每个结果 x 指定一个概率 $P(x)$，它的取值可以不同，称 P 为概率函数。本节中，假定所有的样本空间均为有限集。

定义 6.6.1 概率函数 P 将样本空间 S 上的每一个结果 x 映射为实数 $P(x)$，满足

$$0 \leqslant P(x) \leqslant 1, \text{对 } x \in S$$

且

$$\sum_{x \in S} P(x) = 1$$

第一个条件保证一个结果的概率为非负数且不超过 1；第二个条件保证所有结果的概率之和为 1，即进行实验后，必出现某个结果。

例 6.6.2 一个一面较重的骰子，2~6 以相同的机会出现，1 出现的机会为其他数字的 3 倍。可描述为

$$P(2) = P(3) = P(4) = P(5) = P(6)$$

且

$$P(1) = 3P(2)$$

又

$$1 = P(1) + P(2) + P(3) + P(4) + P(5) + P(6)$$
$$= 3P(2) + P(2) + P(2) + P(2) + P(2) + P(2) = 8P(2)$$

得 $P(2) = 1/8$，则

$$P(2) = P(3) = P(4) = P(5) = P(6) = \frac{1}{8}$$

又

$$P(1) = 3P(2) = \frac{3}{8}$$

事件 E 的概率定义为事件 E 包含的所有结果的概率之和。

定义 6.6.3 E 为一个事件，E 的概率 $P(E)$ 定义为

$$P(E) = \sum_{x \in E} P(x)$$

[①] 略去这一节并不影响本书内容的连贯性。

例 6.6.4 在例 6.6.2 中，出现奇数的概率为

$$P(1) + P(3) + P(5) = \frac{3}{8} + \frac{1}{8} + \frac{1}{8} = \frac{5}{8}$$

当然，掷出一个各面同性（各个数字以等概率出现）的骰子，点数为奇数的概率为 1/2。 ■

公式

下面介绍一些计算概率所用到的公式。

定理 6.6.5 E 为一个事件，E 的补 $\overline{E}$ 的概率满足

$$P(E) + P(\overline{E}) = 1$$

证明

设

$$E = \{x_1, \cdots, x_k\}$$

$$\overline{E} = \{x_{k+1}, \cdots, x_n\}$$

则

$$P(E) = \sum_{i=1}^{k} P(x_i) \quad \text{和} \quad P(\overline{E}) = \sum_{i=k+1}^{n} P(x_i)$$

故

$$P(E) + P(\overline{E}) = \sum_{i=1}^{k} P(x_i) + \sum_{i=k+1}^{n} P(x_i)$$

$$= \sum_{i=1}^{n} P(x_i) = 1$$

由定义 6.6.1，所有结果的概率之和为 1，可得最后一个等式。

当计算 $P(\overline{E})$ 比计算 $P(E)$ 容易时，可利用定理 6.6.5，先计算 $1 - P(\overline{E})$ 可得 $P(E)$。

例 6.6.6 1000 个微处理器中有 20 个残次品，从中随机抽取 5 个。由例 6.5.4 可知，没有残次品的概率为 0.903 735 781。根据定理 6.6.5，至少有一个残次品的概率为

$$1 - 0.903\ 735\ 781 = 0.096\ 264\ 219$$
■

例 6.6.7 生日问题 n 个人中，至少有两个人生日相同（同月同日不计年）的概率为多少？假定出生在某天的概率均等，忽略 2 月 29 日。 [WWW]

E 表示事件 "至少有两个人生日相同"，则 $\overline{E}$ 表示事件 "没有两个人生日相同"。$P(\overline{E})$ 比 $P(E)$ 容易计算，可利用定理 6.6.5 求得事件 E 的概率。

已知生日在每天的概率相等，且忽略 2 月 29 日，则样本空间大小为

$$365^n$$

第一个人的生日可为 365 天中的任意一天。若没有两个人生日相同，则第二个人的生日可为除第一个人生日的任意一天，即为 364 天中的任意一天。同理，第三个人的生日可为 363 天中的任意一天。故事件 "没有两个人生日相同" 包含的结果数为

$$365 \cdot 364 \cdots (365 - n + 1)$$

由定理 6.6.5，至少有两人生日相同的概率为

$$1 - \frac{365 \cdot 364 \cdots (365 - n + 1)}{365^n}$$

当 $n = 22$ 时，概率为 0.475 695；$n = 23$ 时，概率为 0.507 297。故当 $n \geq 23$ 时，至少有两个人生日相同的概率大于 1/2。许多人都会猜测 n 比 23 大很多时，至少有两个人生日相同的概率才能超过 1/2。■

E_1 和 E_2 为两个事件，事件 $E_1 \cup E_2$ 表示 E_1 或 E_2 至少有一个发生，事件 $E_1 \cap E_2$ 表示 E_1 和 E_2 同时发生。

例 6.6.8 一些学生学习艺术，一些学生学习计算机科学。某学生随机地选择课程。事件 A 表示"该学生学习艺术"，事件 C 表示"该学生学习计算机科学"。则事件 $A \cup C$ 表示"该学生至少学习艺术或计算机科学中的一门"，事件 $A \cap C$ 表示"该学生学习艺术和计算机科学"。■

定理 6.6.9 给出了计算两个事件并的概率公式。

定理 6.6.9 E_1 和 E_2 为两个事件，则
$$P(E_1 \cup E_2) = P(E_1) + P(E_2) - P(E_1 \cap E_2)$$

证明 令

$$E_1 = \{x_1, \cdots, x_i\}$$
$$E_2 = \{y_1, \cdots, y_j\}$$
$$E_1 \cap E_2 = \{z_1, \cdots, z_k\}$$

并假设每个集合的元素仅出现一次（参见图 6.6.1）。在列表

$$x_1, \cdots, x_i, y_1, \cdots, y_j$$

中 $z_1, \cdots, z_k$ 出现了两次。故

$$P(E_1 \cup E_2) = \sum_{t=1}^{i} P(x_t) + \sum_{t=1}^{j} P(y_t) - \sum_{t=1}^{k} P(z_k)$$
$$= P(E_1) + P(E_2) - P(E_1 \cap E_2)$$

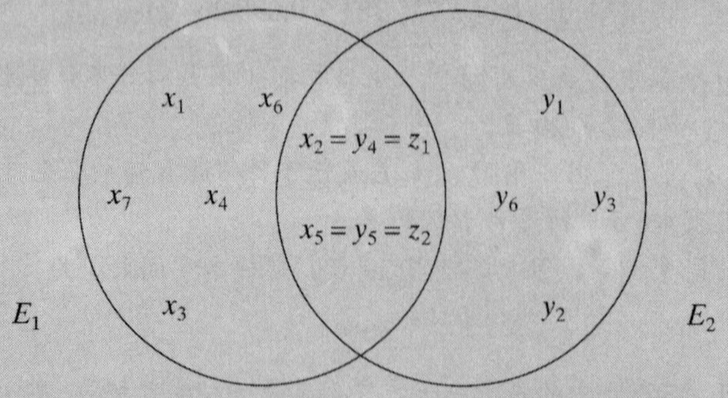

图 6.6.1 事件 E_1 中的元素记为 x_i，事件 E_2 中的元素记为 y_j，事件 $E_1 \cap E_2$ 中的元素记为 z_k。则 z_k 在列表中计算了两次：一次在 x_i 中，一次在 y_j 中

例 6.6.10 掷出两个各面同性的骰子,得到"一对"(两个骰子点数相同)或点数和为 6 的概率是多少?

用 E_1 表示事件"一对",E_2 表示事件"点数和为 6"。得到"一对"共有 6 种可能,故

$$P(E_1) = \frac{6}{36} = \frac{1}{6}$$

"点数和为 6"共有 5 种情况($(1,5), (2,4), (3,3), (4,2), (5,1)$),故

$$P(E_2) = \frac{5}{36}$$

事件 $E_1 \cap E_2$ 为"一对且点数和为 6"。发生该事件只有一种可能(得到一对 3),故

$$P(E_1 \cap E_2) = \frac{1}{36}$$

由定理 6.6.9,得到"一对"或点数和为 6 的概率为

$$P(E_1 \cup E_2) = P(E_1) + P(E_2) - P(E_1 \cap E_2)$$
$$= \frac{1}{6} + \frac{5}{36} - \frac{1}{36} = \frac{5}{18}$$

若 $E_1 \cap E_2 = \varnothing$ 则称 E_1 和 E_2 **不相交**(mutually exclusive)。由定理 6.6.9 可知,对于不相交的两个事件 E_1 和 E_2,

$$P(E_1 \cup E_2) = P(E_1) + P(E_2)$$

推论 6.6.11 若 E_1 和 E_2 为不相交的事件,则

$$P(E_1 \cup E_2) = P(E_1) + P(E_2)$$

证明 E_1 和 E_2 为不相交的事件,即 $E_1 \cap E_2 = \varnothing$,故 $P(E_1 \cap E_2) = 0$。由定理 6.6.9,

$$P(E_1 \cup E_2) = P(E_1) + P(E_2) - P(E_1 \cap E_2) = P(E_1) + P(E_2)$$

例 6.6.12 掷出两个各面同性的骰子,得到"一对"(两个骰子点数相同)或点数和为 5 的概率是多少?

用 E_1 表示事件"一对",E_2 表示事件"点数和为 5"。注意到 E_1 和 E_2 为不相交事件,即得到一对时点数和为 5 是不可能的。得到"一对"共有 6 种可能,故

$$P(E_1) = \frac{6}{36} = \frac{1}{6}$$

"点数和为 5"共有 4 种情况($(1,4), (2,3), (3,2), (4,1)$),故

$$P(E_2) = \frac{4}{36} = \frac{1}{9}$$

由推论 6.6.11,得到"一对"或点数和为 6 的概率为

$$P(E_1 \cup E_2) = P(E_1) + P(E_2) = \frac{1}{6} + \frac{1}{9} = \frac{5}{18}$$

条件概率

设掷出两个各面同性的骰子,样本空间包含 36 种结果,每种结果发生的概率为 1/36(参见图 6.6.2)。则点数和为 10 的概率为 1/12。

1,1	2,1	3,1	4,1	5,1	6,1
1,2	2,2	3,2	4,2	5,2	6,2
1,3	2,3	3,3	4,3	5,3	6,3
1,4	2,4	3,4	4,4	5,4	6,4
1,5	2,5	3,5	4,5	5,5	6,5
1,6	2,6	3,6	4,6	5,6	6,6

图 6.6.2 掷出两个各面同性的骰子，样本空间中每个结果出现的概率为 1/36，点数和为 10 的概率为 1/12。若已知至少有一个骰子点数为 5，图中阴影部分中的某一个结果必然发生。图中阴影部分的所有结果变成新的样本空间，每个结果出现的概率为 1/11。故已知至少有一个骰子点数为 5 时，点数和为 10 的概率为 1/11

将例子稍做改动，假设掷出的两个骰子中至少有一个点数为 5。由于图中阴影部分中的某一个结果必然发生，所以两个骰子点数和为 10 的概率不再是 1/12。因为阴影部分的 11 个结果出现的机会均等，所以两个骰子点数和为 10 的概率为 1/11。若给定一个事件必然发生条件下，另一事件发生的概率为**条件概率**（conditional probability）。

下面一般性地讨论条件概率。给定事件 F 后事件 E 发生的概率记做 $P(E|F)$。当事件 F 给定后，F 包含的所有结果成为新的样本空间。事件 F 发生的概率为 $P(F)$，对于 F 中的所有结果，应将其在给定事件 F 前发生的概率除以 $P(F)$ 得到新的概率，否则 F 中所有结果的概率和将不为 1。给定事件 F 后，E 发生的所有结果即为 $E \cap F$ 中的结果。可得 $P(E|F)$ 的值

$$\frac{P(E \cap F)}{P(F)}$$

根据以上讨论可得定义。

定义 6.6.13 设 E 和 F 为两个事件，且 $P(F) > 0$。给定 F 后事件 E 的条件概率定义为

$$P(E|F) = \frac{P(E \cap F)}{P(F)}$$

例 6.6.14 掷出两个各面同性的骰子，给定至少有一个点数为 5，利用定义 6.6.13 求点数和为 10 的概率。

令事件 E 表示"点数和为 10"，事件 F 表示"至少有一个骰子点数为 5"。则事件 $E \cap F$ 为"点数和为 10 且至少有一个骰子点数为 5"，$E \cap F$ 仅包含一个结果，

$$P(E \cap F) = \frac{1}{36}$$

F 中包含 11 个结果（参见图 6.6.2），

$$P(F) = \frac{11}{36}$$

所以

$$P(E|F) = \frac{P(E \cap F)}{P(F)} = \frac{\frac{1}{36}}{\frac{11}{36}} = \frac{1}{11}$$

例 6.6.15 天气数据统计表明，大气压高的概率为 0.80，大气压高并且下雨的概率为 0.10。利用定义 6.6.13，求得给定大气压高的条件下，下雨的概率为

$$P(R \mid H) = \frac{P(R \cap H)}{P(H)} = \frac{0.10}{0.80} = 0.125$$

其中 R 表示事件"下雨", H 表示事件"大气压高"。

独立事件

直观地说,事件 E 不依赖于事件 F 时, $P(E \mid F) = P(E)$。我们便称 E 和 F 为**独立事件**(independent event)。由定义 6.6.13,

$$P(E \mid F) = \frac{P(E \cap F)}{P(F)}$$

若 E 和 F 为独立事件,

$$P(E) = P(E \mid F) = \frac{P(E \cap F)}{P(F)}$$

即

$$P(E \cap F) = P(E)P(F)$$

根据最后一个等式可给出独立事件的形式定义。

定义 6.6.16 事件 E 和 F 为独立事件,如果有

$$P(E \cap F) = P(E)P(F)$$

例 6.6.17 直观上,如果将一个硬币投掷两次,第二次的结果不依赖于第一次的结果(毕竟硬币没有记忆功能)。例如,事件 H 代表"第一次正面朝上",T 代表"第二次反面朝上",猜测 H 与 T 相互独立。下面用定义 6.6.16 验证 H 与 T 相互独立。

事件 $H \cap T$ 为"第一次正面朝上,第二次反面朝上"。则 $P(H \cap T) = 1/4$。由于 $P(H) = 1/2 = P(T)$,可得

$$P(H \cap T) = \frac{1}{4} = \left(\frac{1}{2}\right)\left(\frac{1}{2}\right) = P(H)P(T)$$

所以,H 与 T 相互独立。

例 6.6.18 Joe 和 Alicia 参加离散数学期末考试,Joe 通过考试的概率为 0.70,Alicia 通过考试的概率为 0.95。假定"Joe 通过考试"和"Alicia 通过考试"为独立事件。求 Joe 和 Alicia 至少有一人通过考试的概率,Joe 和 Alicia 都通过考试的概率。

用 J 表示"Joe 通过考试",用 A 表示"Alicia 通过考试",需计算 $P(J \cup A)$。

由定理 6.6.9,

$$P(J \cup A) = P(J) + P(A) - P(J \cap A)$$

$P(J)$ 和 $P(A)$ 为已知,故只需计算 $P(J \cap A)$。由于事件 J 与 A 相互独立,由定义 6.6.16,

$$P(J \cap A) = P(J)P(A) = (0.70)(0.95) = 0.665$$

于是

$$P(J \cup A) = P(J) + P(A) - P(J \cap A) = 0.70 + 0.95 - 0.665 = 0.985$$

模式识别与 Bayes 定理

模式识别(pattern recognition)根据对象的特性对其进行分类。例如,葡萄酒按酸性和香味分为 premium、table wine 和 swill。利用概率论可对葡萄酒进行分类。计算给定葡萄酒的特性 F 后,该酒属于各类的概率。并认为该酒应属于使条件概率 $P(C \mid F)$ 最大的那一类 C。

例 6.6.19 用 R 表示 premium，T 表示 table wine，S 表示 swill。假定某种酒具有特性 F，且
$$P(R\mid F)=0.2,\quad P(T\mid F)=0.5,\quad P(S\mid F)=0.3$$
table wine 的条件概率最大，故将该酒归为 table wine。 ∎

Bayes 定理可用于计算给定特性 F 后，属于某类的条件概率。

定理 6.6.20 Bayes 定理 设有 n 个种类 $C_1,\cdots,C_n$，任意两个类不相交，且每个必属于其中一类。给定特性 F，有
$$P(C_j\mid F)=\frac{P(F\mid C_j)P(C_j)}{\sum_{i=1}^{n}P(F\mid C_i)P(C_i)}$$

证明 由定义 6.6.13，
$$P(C_j\mid F)=\frac{P(C_j\cap F)}{P(F)}$$

再由定义 6.6.13，
$$P(F\mid C_j)=\frac{P(F\cap C_j)}{P(C_j)}$$

由以上两个等式，可得
$$P(C_j\mid F)=\frac{P(C_j\cap F)}{P(F)}=\frac{P(F\mid C_j)P(C_j)}{P(F)}$$

故只需证明
$$P(F)=\sum_{i=1}^{n}P(F\mid C_i)P(C_i)$$

因为每一个对象必属于某一类，于是
$$F=(F\cap C_1)\cup(F\cap C_2)\cup\cdots\cup(F\cap C_n)$$

因为 C_i 两两不相交，所以 $F\cap C_i$ 也两两不相交。由推论 6.6.11，
$$P(F)=P(F\cap C_1)+P(F\cap C_2)+\cdots+P(F\cap C_n)$$

再由定义 6.6.13，
$$P(F\cap C_i)=P(F\mid C_i)P(C_i)$$

于是可得
$$P(F)=\sum_{i=1}^{n}P(F\mid C_i)P(C_i)$$

定理得证。

例 6.6.21 拨打电话 Dale、Rusty 和 Lee 在电话亭打电话，下表表示 3 个人拨出电话的百分比和拨出的电话被挂断的百分比：

	拨电话人		
	Dale	Rusty	Lee
拨出电话（%）	40	25	35
被挂断的电话（%）	20	55	30

D 表示 "Dale 拨出电话", R 表示 "Rusty 拨出电话", L 表示 "Lee 拨出电话", H 表示 "电话被挂断"。求 $P(D)$、$P(R)$、$P(L)$、$P(H|D)$、$P(H|R)$、$P(H|L)$、$P(D|H)$、$P(R|H)$、$P(L|H)$ 和 $P(H)$。40% 的电话由 Dale 拨出,所以

$$P(D) = 0.4$$

同理,由表中数据可得

$$P(R) = 0.25, \qquad P(L) = 0.35$$

依表中数据,若给定 Dale 拨出电话,20% 的电话被挂断,故

$$P(H \mid D) = 0.2$$

同理

$$P(H \mid R) = 0.55, \qquad P(H \mid L) = 0.3$$

利用 Bayes 定理,可得 $P(D|H)$

$$P(D \mid H) = \frac{P(H \mid D)P(D)}{P(H \mid D)P(D) + P(H \mid R)P(R) + P(H \mid L)P(L)}$$
$$= \frac{(0.2)(0.4)}{(0.2)(0.4) + (0.55)(0.25) + (0.3)(0.35)} = 0.248$$

同理可由 Bayes 定理得

$$P(R \mid H) = 0.426$$

由于

$$P(D \mid H) + P(R \mid H) + P(L \mid H) = 1$$

故可得

$$P(L \mid H) = 0.326$$

最后,由 Bayes 定理的证明得

$$P(H) = P(H \mid D)P(D) + P(H \mid R)P(R) + P(H \mid L)P(L)$$
$$= (0.2)(0.4) + (0.55)(0.25) + (0.3)(0.35) = 0.3225$$

Steve Jost 建议加入下面这个例题。

例 6.6.22 艾滋病毒的检测 酶状免疫吸收剂(ELISA)检验可用于检测血液中的抗体并检测血液中是否含有艾滋病毒。临床上大约有 15% 的病人携带艾滋病毒。对携带艾滋病毒的病人做 ELISA 检验,大约 95% 的人检验结果呈阳性;对不携带艾滋病毒的病人做 ELISA 检验,大约 2% 的人检验结果呈阳性。某病人 ELISA 检验结果呈阳性,求该病人携带艾滋病毒的概率。

用 H 表示 "携带艾滋病毒",用 $\overline{H}$ 表示 "不携带艾滋病毒",Pos 表示 "ELISA 检验结果呈阳性"。则

$$P(H) = 0.15, \quad P(\overline{H}) = 0.85, \quad P(Pos \mid H) = 0.95, \quad P(Pos \mid \overline{H}) = 0.02$$

由 Bayes 定理,

$$P(H \mid Pos) = \frac{P(Pos \mid H)P(H)}{P(Pos \mid H)P(H) + P(Pos \mid \overline{H})P(\overline{H})}$$
$$= \frac{(0.95)(0.15)}{(0.95)(0.15) + (0.02)(0.85)} = 0.893$$

本节复习

1. 什么是概率函数?
2. 若 P 为概率函数且所有的结果 x 以相等的机会出现,$P(x)$ 的值是什么?
3. 一个事件的概率是如何定义的?
4. 若 E 为一个事件,$P(E)$ 和 $P(\bar{E})$ 有什么关系? 解释公式的由来。
5. 若 E_1 和 E_2 为两个事件,事件 $E_1 \cup E_2$ 表示什么?
6. 若 E_1 和 E_2 为两个事件,事件 $E_1 \cap E_2$ 表示什么?
7. 若 E_1 和 E_2 为两个事件,$P(E_1 \cup E_2)$、$P(E_1 \cap E_2)$、$P(E_1)$ 和 $P(E_2)$ 有什么关系,解释公式的由来。
8. 两个事件"不相交"是什么含义?
9. 给出两个事件不相交的例子。
10. 若 E_1 和 E_2 为两个不相交的事件,$P(E_1 \cup E_2)$、$P(E_1)$ 和 $P(E_2)$ 有什么关系,解释公式的由来。
11. 直观地解释给定事件 F 后事件 E 发生的含义。
12. 给定事件 F 后事件 E 发生怎样表示?
13. 写出给定事件 F 后事件 E 发生的概率的公式。
14. 解释两个事件"独立"的含义。
15. 给出两个事件独立的例子。
16. 什么是模式识别?
17. 陈述 Bayes 定理,解释如何得到该公式。

练习

练习 1~3 的条件同例 6.6.2,一个一面较重的骰子,2~6 以相同的机会出现,1 出现的机会为其他数字的 3 倍。

1. 将骰子掷出,点数为 5 的概率为多少?
2. 将骰子掷出,点数为偶数的概率为多少?
3. 将骰子掷出,点数不为 5 的概率为多少?

在练习 4~13 中,骰子的重量不均匀,2、4、6 出现的机会均等,1、3、5 出现的机会均等,出现 1 的机会是出现 2 的三倍。

4. 掷出一个骰子,给出不同点数出现的概率。
5. 掷出一个骰子,点数为 5 的概率是多少?
6. 掷出一个骰子,点数为偶数的概率是多少?
7. 掷出一个骰子,点数不是 5 的概率是多少?
8. 掷出两个骰子,得到一对的概率是多少?
9. 掷出两个骰子,点数和为 7 的概率是多少?
10. 掷出两个骰子,得到一对或点数和为 6 的概率是多少?
11. 掷出两个骰子,给定至少有一个点数为 2,点数和为 6 的概率是多少?
12. 掷出两个骰子,给定至少有一个点数为 2,点数和为 6 或为一对的概率是多少?
13. 掷出两个骰子,给定至少有一个点数为 2,点数和为 6 或 8 的概率是多少?

在练习 14~18 中,掷出一个骰子,投出一枚硬币。E_1 表示"硬币反面向上",E_2 表示"骰子点数为 3",E_3 表示"硬币正面向上且骰子点数为奇数"。

14. 列出事件 $E_1 \cup E_2$ 的所有结果。
15. 列出事件 $E_2 \cap E_3$ 的所有结果。
16. E_1 与 E_2 不相交吗?
17. E_1 与 E_3 不相交吗?
18. E_2 与 E_3 不相交吗?
19. 100 个微处理器中含有 10 个残次品,从中随机选取 6 个,没有残次品的概率为多少?
20. 100 个微处理器中含有 10 个残次品,从中随机选取 6 个,至少有一个残次品的概率为多少?
21. 100 个微处理器中含有 10 个残次品,从中随机选取 6 个,至少有 3 个残次品的概率为多少?

在练习 22~29 中，一个家庭有 4 个孩子，假定男女出生比例相同。

22. 全是女孩的概率是多少？
23. 恰有两个女孩的概率是多少？
24. 至少有一个男孩，且至少有一个女孩的概率是多少？
25. 若给定至少有一个是女孩，全是女孩的概率是多少？
26. 若给定至少有一个是女孩，恰有两个女孩的概率是多少？
27. 若给定至少有一个是女孩，至少有一个男孩且至少有一个女孩的概率是多少？
28. 事件"既有男孩又有女孩"和事件"至多有一个男孩"是否独立？
29. 事件"至多有一个男孩"和事件"至多有一个女孩"是否独立？
30. 一个家庭有 n 个孩子，假定男女出生比例相同。若"既有男孩又有女孩"与"至多有一个女孩"独立，求 n。

在练习 31~39 中，将一枚硬币多次投出。

31. 将硬币投出 10 次，没有正面向上的概率是多少？
32. 将硬币投出 10 次，恰有 5 次正面向上的概率是多少？
33. 将硬币投出 10 次，"大约"有 5 次（恰有 4 次或恰有 5 次或恰有 6 次）正面向上的概率是多少？
34. 将硬币投出 10 次，至少有一次正面向上的概率是多少？
35. 将硬币投出 10 次，至多 5 次正面向上的概率是多少？
36. 将硬币投出 10 次，若给定至少有一次正面向上，恰 5 次正面向上的概率是多少？
37. 将硬币投出 10 次，若给定至少有一次正面向上，"大约"有 5 次（恰有 4 次或恰有 5 次或恰有 6 次）正面向上的概率是多少？
38. 将硬币投出 10 次，若给定至少有一次反面向上，至少有一次正面向上的概率是多少？
39. 将硬币投出 10 次，若给定至少有一次正面向上，至多 5 次正面向上的概率是多少？
40. 给出 n 个人中至少有两人生日都是 4 月 1 日的概率（不需要是同年）。假定所有日期的概率都是一样的，忽略 2 月 29 日的生日。
41. 找出最小的 n，使得 n 个人中至少有两人生日都是 4 月 1 日的概率（不需要是同年）大于 1/2。假定所有日期的概率都是一样的，忽略 2 月 29 日的生日。
42. 在 $n \geq 3$ 中，至少有 3 人生日是同一天（不需要是同年）的概率为何？假定所有日期的概率都是一样的，忽略 2 月 29 日的生日。
43. 条件同练习 42，找出最小的 n，使 n 个人中至少有 3 人生日都是同一天（不需要是同年）的概率大于或等于 1/2。
44. 90 个摔跤选手中有 35 个体重超过 350 磅，20 个是初学者，并有 15 个体重超过 350 磅的初学者。从中任选一个，体重超过 350 磅或是初学者的概率为多少？
45. 假定人头痛的概率为 0.01。给定某人头痛，则感冒的概率为 0.4。感冒的概率为 0.02。求给定某人感冒、头痛的概率？

在练习 46~49 中，某公司从 3 个厂商购买计算机，并统计了发生故障的计算机的数目。如下表：

	厂商		
	Acme	DotCom	Nuclear
购买百分比	55	10	35
发生故障百分比	1	3	3

用 A 表示"计算机从 Acme 公司购买"，用 D 表示"计算机从 DotCom 公司购买"，用 N 表示"计算机从 Nuclear 公司购买"，用 B 表示"计算机发生了故障"。

46. 求 $P(A)$、$P(D)$ 和 $P(N)$。
47. 求 $P(B|A)$、$P(B|D)$ 和 $P(B|N)$。
48. 求 $P(A|B)$、$P(D|B)$ 和 $P(N|B)$。
49. 求 $P(B)$。
50. 在例 6.6.22 中，当 $P(H)$ 小于多少时，即使检验结果为阳性也可做出"不携带艾滋病毒"的结论？
51. 证明对任意事件 E_1、E_2，$P(E_1 \cap E_2) \geq P(E_1) + P(E_2) - 1$。
52. 运用数学归纳法证明对于事件 $E_1, E_2, \cdots, E_n$，

$$P(E_1 \cup E_2 \cup \cdots \cup E_n) \leq \sum_{i=1}^{n} P(E_i)$$

53. 若 E 和 F 为独立事件，$\bar{E}$ 和 $\bar{F}$ 是否是独立事件？
54. 若 E 和 F 为独立事件，E 和 $\bar{F}$ 是否是独立事件？
55. 下面的推理是否正确，为什么？

　　某人认为飞机上带有一枚炸弹的概率为 0.000 001，但他认为这样的概率并不能保证安全。而飞机上带有两枚炸弹的概率为 $0.000\,001^2 = 0.000\,000\,000\,001$，他认为若能达到这样的概率，就足够安全了。于是他每次乘坐飞机都携带一枚炸弹，这样别人携带一枚炸弹，即飞机上有两枚炸弹的概率仅为 0.000 000 000 001，他可以高枕无忧了。

56. 某位长跑爱好者试图一次跑完马拉松的全程，为此他将进行 3 次尝试。每一次跑完马拉松的概率为 1/3，每次尝试相互独立。下面的论断认为这位长跑爱好者几乎可以肯定能完成一次跑完马拉松的愿望，分析是否正确？

　　由于每次尝试成功的概率为 1/3 = 0.3333，经过 3 次尝试后，完成马拉松的概率达到了 0.9999，所以这位长跑爱好者几乎可以肯定能完成一次马拉松。

6.7　二项式系数和组合恒等式

表达式 $(a+b)^n$ 看似与组合数无关，但通过本节的学习，可以发现通过 n 个对象的 r 组合数可得出表达式 $(a+b)^n$ 的展开式。代数表达式在很多情况下都与计数问题相关，利用代数方法常常可以得到一些高级的计数技巧。（参见[Riordan; and Tucker]。）　　　　　　　　　　　　　　　[WWW]

二项式定理（Binomial Theorem）给出了 $(a+b)^n$ 展开的各项系数。由于

$$(a+b)^n = \underbrace{(a+b)(a+b)\cdots(a+b)}_{n \text{ 个因子}} \quad (6.7.1)$$

从每个因子中选择 a 或 b，将 n 个因子中的选择相乘，再将所有选择的乘积相加，即得展开式。例如，为展开 $(a+b)^3$，需从第一个因子中选择 a 或 b，从第二个因子中选择 a 或 b，从第三个因子中选择 a 或 b，将选出的 3 项相乘即为展开式中的一项，将所有选择的乘积相加即得展开式。若从 3 个因子中都选择 a，得项 aaa；若从第一个因子中选择 a，从第二个因子中选择 b，从第三个因子中选择 a，得项 aba。表 6.7.1 列出了所有可能的项。将所有选择的乘积相加，有

$$\begin{aligned}(a+b)^3 &= (a+b)(a+b)(a+b) \\ &= aaa + aab + aba + abb + baa + bab + bba + bbb \\ &= a^3 + a^2b + a^2b + ab^2 + a^2b + ab^2 + ab^2 + b^3 \\ &= a^3 + 3a^2b + 3ab^2 + b^3\end{aligned}$$

在式(6.7.1)中，在 n 个因子中选择 k 个 b 和 $n-k$ 个 a，可得项 $a^{n-k}b^k$。因为从 n 个对象中选择 k 个共有 $C(n,k)$ 种选法，所以项 $a^{n-k}b^k$ 共有 $C(n,k)$ 个。则

$$(a+b)^n = C(n,0)a^n b^0 + C(n,1)a^{n-1}b^1 + C(n,2)a^{n-2}b^2 \\ + \cdots + C(n,n-1)a^1 b^{n-1} + C(n,n)a^0 b^n \tag{6.7.2}$$

这就是所谓的二项式定理。

表 6.7.1　计算 $(a+b)^3$

从第一个因子 $(a+b)$ 中选择	从第二个因子 $(a+b)$ 中选择	从第三个因子 $(a+b)$ 中选择	选择结果的乘积
a	a	a	$aaa = a^3$
a	a	b	$aab = a^2 b$
a	b	a	$aba = a^2 b$
a	b	b	$abb = ab^2$
b	a	a	$baa = a^2 b$
b	a	b	$bab = ab^2$
b	b	a	$bba = ab^2$
b	b	b	$bbb = b^3$

定理 6.7.1　二项式定理　设 a 和 b 为实数，n 为正整数，则

$$(a+b)^n = \sum_{k=0}^{n} C(n,k) a^{n-k} b^k$$

证明　已证过。

利用数学归纳法施归纳于 n，同样可证二项式定理（参见练习 16）。

$C(n,r)$ 为式 (6.7.2) $a+b$ 的幂的展开式中的系数，故称为二项式系数。

例 6.7.2　在定理 6.7.1 中令 $n=3$ 可得

$$(a+b)^3 = C(3,0)a^3 b^0 + C(3,1)a^2 b^1 + C(3,2)a^1 b^2 + C(3,3)a^0 b^3 \\ = a^3 + 3a^2 b + 3ab^2 + b^3$$

例 6.7.3　利用二项式定理展开 $(3x-2y)^4$。

在定理 6.7.1 中，令 $a=3x$，$b=-2y$，$n=4$，可得

$$\begin{aligned}(3x-2y)^4 &= (a+b)^4 \\ &= C(4,0)a^4 b^0 + C(4,1)a^3 b^1 + C(4,2)a^2 b^2 \\ &\quad + C(4,3)a^1 b^3 + C(4,4)a^0 b^4 \\ &= C(4,0)(3x)^4(-2y)^0 + C(4,1)(3x)^3(-2y)^1 \\ &\quad + C(4,2)(3x)^2(-2y)^2 + C(4,3)(3x)^1(-2y)^3 \\ &\quad + C(4,4)(3x)^0(-2y)^4 \\ &= 3^4 x^4 + 4 \cdot 3^3 x^3(-2y) + 6 \cdot 3^2 x^2 (-2)^2 y^2 \\ &\quad + 4(3x)(-2)^3 y^3 + (-2)^4 y^4 \\ &= 81x^4 - 216x^3 y + 216 x^2 y^2 - 96xy^3 + 16y^4\end{aligned}$$

例 6.7.4　求 $(a+b)^9$ 展开式中 $a^5 b^4$ 项的系数。

在二项式定理中令 $n=9$，$k=4$，得展开式中含 $a^5 b^4$ 的一项为

$$C(n,k)a^{n-k}b^k = C(9,4)a^5 b^4 = 126 a^5 b^4$$

故 $a^5 b^4$ 项的系数为 126。

例 6.7.5 求 $(x+y+z)^9$ 中 $x^2y^3z^4$ 项的系数。

$$(x+y+z)^9 = (x+y+z)(x+y+z)\cdots(x+y+z) \quad (9 项)$$

在 9 项中，2 次选取 x，3 次选取 y，4 次选取 z，可得一个 $x^2y^3z^4$。从 9 项中选取 2 项为 x 共有 $C(9,2)$ 种选法；当 x 选定后，选取 3 项为 y 共有 $C(7,3)$ 种选法；选定 x 和 y 后，余下的 4 项为 z。故 $(x+y+z)^9$ 展开式中 $x^2y^3z^4$ 项的系数为

$$C(9,2)C(7,3) = \frac{9!}{2!\,7!}\frac{7!}{3!\,4!} = \frac{9!}{2!\,3!\,4!} = 1260$$

二项式系数也可从 Pascal 三角形①中得到（参见图 6.7.1）。三角形边缘的数字均为 1，中间的数字为其上方两个数字的和。下面的定理将形式化地描述这种关系。这是一个利用组合论据给出的证明。通过对同一个集合运用不同的方法计数，得到的等式称为**组合恒等式**（combinatorial identity），证明等式的论据称为**组合论据**（combinatorial argument）。[WWW]

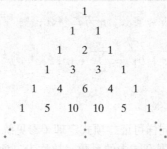

图 6.7.1 Pascal 三角形

定理 6.7.6 对任意 $1 \leq k \leq n$,

$$C(n+1, k) = C(n, k-1) + C(n, k)$$

证明 令 X 为 n 元素集合，$a \notin X$。则 $C(n+1, k)$ 为 $Y = X \cup \{a\}$ 的 k 元素子集的个数。Y 的 k 元素子集可分为两类：

1. Y 的不包含 a 的子集。
2. Y 的包含 a 的子集。

第一类子集相当于从 X 中选取 k 个元素，故共有 $C(n,k)$ 个；第二类子集相当于选取 a 后再从 X 中选取 $(k-1)$ 个元素，故共有 $C(n, k-1)$ 个。所以

$$C(n+1, k) = C(n, k-1) + C(n, k)$$

也可以运用定理 6.2.17 证明定理 6.7.6（参见练习 17）。

在本节的最后，运用二项式定理（参见定理 6.7.1）和定理 6.7.6 推出一些组合恒等式。

例 6.7.7 利用二项式定理证明

$$\sum_{k=0}^{n} C(n, k) = 2^n \tag{6.7.3}$$

将等式左边与二项式定理中的和

$$\sum_{k=0}^{n} C(n, k) a^{n-k} b^k$$

---
① 我国称为杨辉三角形——译者注。

比较，仅相差 $a^{n-k}b^k$，故令 $a = b = 1$，代入二项式定理得

$$2^n = (1+1)^n = \sum_{k=0}^{n} C(n,k)1^{n-k}1^k = \sum_{k=0}^{n} C(n,k)$$

利用组合论据同样可以证明等式(6.7.3)。给定一个 n 元素集合 X，$C(n,k)$ 为 X 的 k 元素子集的数目，故等式(6.7.3)右边为 X 的所有子集的数目。另一方面，n 元素集合 X 的所有子集个数为 2^n，则式(6.7.3)得证。

例 6.7.8 运用定理 6.7.6 证明

$$\sum_{i=k}^{n} C(i,k) = C(n+1, k+1) \tag{6.7.4}$$

由定理 6.7.6 可得

$$C(i,k) = C(i+1, k+1) - C(i, k+1)$$

则

$$\begin{aligned}
&C(k,k) + C(k+1,k) + C(k+2,k) + \cdots + C(n,k) \\
&= 1 + C(k+2, k+1) - C(k+1, k+1) + C(k+3, k+1) \\
&\quad - C(k+2, k+1) + \cdots + C(n+1, k+1) - C(n, k+1) \\
&= C(n+1, k+1)
\end{aligned}$$

6.3 节的练习 48 给出了式(6.7.4)的另一种证明。

例 6.7.9 利用式(6.7.4)，求和

$$1 + 2 + \cdots + n$$

将上式写做

$$\begin{aligned}
1 + 2 + \cdots + n &= C(1,1) + C(2,1) + \cdots + C(n,1) \\
&= C(n+1, 2) \quad\quad \text{由式(6.7.4)} \\
&= \frac{(n+1)n}{2}
\end{aligned}$$

本节复习

1. 叙述二项式定理。
2. 解释如何得到二项式定理。
3. 什么是 Pascal 三角形？
4. 写出生成 Pascal 三角形的公式。

练习

1. 利用二项式定理展开 $(x+y)^4$。
2. 利用二项式定理展开 $(2c - 3d)^5$。

在练习 3~9 中，求给定项在展开式中的系数。

3. x^4y^7; $(x+y)^{11}$
4. s^6t^6; $(2s-t)^{12}$
5. $x^2y^3z^5$; $(x+y+z)^{10}$
6. $w^2x^3y^2z^5$; $(2w+x+3y+z)^{12}$
7. a^2x^3; $(a+x+c)^2(a+x+d)^3$
8. a^2x^3; $(a+ax+x)(a+x)^4$
9. a^3x^4; $(a+\sqrt{ax}+x)^2(a+x)^5$

在练习 10~12 中，求展开式共包含多少项。

10. $(x+y+z)^{10}$
11. $(w+x+y+z)^{12}$
*12. $(x+y+z)^{10}(w+x+y+z)^2$

13. 给定 Pascal 三角形中的一行"1 7 21 35 35 21 7 1"，写出下一行。

14. (a) 证明当且仅当 $k<(n-1)/2$ 时，$C(n,k)<C(n,k+1)$。
    (b) 利用(a)的结论证明 $C(n,k)$ ($k=0,1,\cdots,n$) 中最大的一项为 $C(n,\lfloor n/2 \rfloor)$。

15. 利用二项式定理证明 $0=\sum_{k=0}^{n}(-1)^k C(n,k)$。

16. 利用数学归纳法施归纳于 n，证明二项式定理。

17. 利用定理 6.2.17 证明定理 6.7.6。

18. 给出一个组合论据，证明 $C(n,k)=C(n,n-k)$。

*19. 给出一个组合论据，证明等式(6.7.4)。

20. 求和：$1\cdot 2+2\cdot 3+\cdots+(n-1)n$。

*21. 利用等式(6.7.4)求 $1^2+2^2+\cdots+n^2$。

22. 利用二项式定理证明 $\sum_{k=0}^{n} 2^k C(n,k)=3^n$。

23. n 为偶数，证明 $\sum_{k=0}^{n/2} C(n,2k)=2^{n-1}=\sum_{k=1}^{n/2} C(n,2k-1)$。

24. 证明 $(a+b+c)^n = \sum_{0\le i+j \le n} \frac{n!}{i!\,j!\,(n-i-j)!} a^i b^j c^{n-i-j}$。

25. 利用练习 24 的结论展开 $(x+y+z)^3$。

26. 证明 $3^n = \sum_{0\le i+j \le n} \frac{n!}{i!\,j!\,(n-i-j)!}$。

*27. 给出一个组合论据，证明 $\sum_{k=0}^{n} C(n,k)^2 = C(2n,n)$。

28. 证明 $n(1+x)^{n-1}=\sum_{k=1}^{n} C(n,k)kx^{k-1}$。

29. 利用练习 28 的结论，证明

$$n2^{n-1}=\sum_{k=1}^{n} kC(n,k) \qquad (6.7.5)$$

*30. 用数学归纳法证明等式(6.7.5)。

31. 若有限序列 $b_0,\cdots,b_{k-1}$ 满足 $b_i\ge 0(i=0,\cdots,k-1)$，且 $\sum_{i=0}^{k-1} b_i=1$，则称其为平稳序列。定义序列 $\{a'_j\}$：

$$a'_j=\sum_{i=0}^{k-1} a_{i+j}b_i$$

为平稳序列 $b_0,\cdots,b_{k-1}$ 对无限序列 $a_1,a_2,\cdots$ 的平稳化。长度为 k 的二项式平稳算子定义为

$$\frac{B_0}{2^n},\cdots,\frac{B_{k-1}}{2^n}$$

其中 $B_0,\cdots,B_{k-1}$ 为 Pascal 三角形中的第 n 行（最上面一行为第 0 行）。令平稳序列 c_0、c_1 由 $c_0=c_1=1/2$ 确定。证明用 c_0,c_1 将序列 a 平稳化，再将其结果平稳化，反复 k 次，与用长度为 $k+1$ 的二项式平稳算子将 a 平稳化得到相同的结果。

32. 在例6.1.6中，证明了满足$A \subseteq B \subseteq X$的有序对$(A, B)$共有$3^n$个，其中$X$为$n$元素集合。现考虑$|A| = 0, |A| = 1, \cdots, |A| = n$的情况，并利用二项式定理重新证明例6.1.6。

33. 证明$\sum_{k=m}^{n} C(k, m) H_k = C(n+1, m+1) \left(H_{n+1} - \frac{1}{m+1} \right)$对于所有$n \geq m$成立，其中$H_k = \sum_{i=1}^{k} \frac{1}{i}$是第$k$个调和数。

34. 证明对所有$n \in \mathbf{Z}^+$，$\sum_{i=1}^{n} \frac{1}{C(n, i)} = \frac{n+1}{2^n} \sum_{i=0}^{n-1} \frac{2^i}{i+1}$。

35. 证明对所有$m, n \in \mathbf{Z}^+$，$\left(\frac{m}{m+n} \right)^m \left(\frac{n}{m+n} \right)^n C(m+n, m) < 1$。提示：取合适的$x$和$y$，使用二项式定理展开$(x+y)^{m+n}$，并考虑$k = m$的项。

*36. 证明对所有$k \in \mathbf{Z}^{nonneg}$，所有$n \in \mathbf{Z}^+$，$\sum_{i=1}^{n} i^k = \frac{n^{k+1}}{k+1} + C_k n^k + C_{k-1} n^{k-1} + \cdots + C_1 n + C_0$。提示：对$k$使用强数学归纳法；接着参考2.4节的练习67，取$a_k = i^{k+1}$；再使用二项式定理。

6.8 鸽巢原理

鸽巢原理（Pigeonhole Principle，也称抽屉原理或鞋盒原理）可用于判断是否存在给定性质的对象。若鸽巢原理的条件成立，则存在满足条件的对象，但鸽巢原理并不能指出这样的对象怎样去寻找，或是在哪里。 [WWW]

鸽巢原理的第一种形式为：若n只鸽子飞入k个鸽巢，$k < n$，则至少有两只鸽子飞入同一个鸽巢（参见图6.8.1）。可用反证法证明鸽巢原理，假设结论不成立，即每个鸽巢至多有一只鸽子，则k个鸽巢中最多有k只鸽子，与鸽子总数为$n > k$矛盾。故结论成立。

图6.8.1 有$n = 6$只鸽子，$k = 4$个鸽巢，必存在某个鸽巢包含至少两只鸽子

鸽巢原理（第一种形式）

> n只鸽子飞入k个鸽巢，$k < n$，则必存在某个鸽巢包含至少两只鸽子。

鸽巢原理只能确定至少包含两只鸽子的鸽巢的存在性，但不能指出如何找到这样的鸽巢。运用鸽巢原理时必须确定哪些对象相当于鸽子，而哪些对象相当于鸽巢。请看例子。

例6.8.1 10个人，姓为Lee、McDuff、Ng，名为Alice、Bernard、Charles，证明至少有两个人同名同姓。

这10个人的姓名共有9种可能。将人看做鸽子，将姓名看做鸽巢，将为人指定姓名看做鸽子飞入鸽巢。根据鸽巢原理，至少有两个人（鸽子）具有相同的姓名（鸽巢）。 ∎

下面介绍鸽巢原理的另一种形式。

鸽巢原理（第二种形式）

设 f 为有限集合 X 到有限集合 Y 的函数，且 $|X|>|Y|$，则必存在 $x_1, x_2 \in X$, $x_1 \neq x_2$，满足 $f(x_1)=f(x_2)$。

X 相当于第一种形式中的鸽子，Y 相当于第一种形式中的鸽巢。鸽子 x 飞入鸽巢 $f(x)$。由鸽巢原理的第一种形式，至少有两只鸽子（$x_1, x_2 \in X$）飞入同一个鸽巢，即对某两个 $x_1, x_2 \in X$, $x_1 \neq x_2$，满足 $f(x_1)=f(x_2)$。

下面的例子说明鸽巢原理的第二种形式如何运用。

例 6.8.2 20 个处理器互连，证明至少有两个处理器与相同数目的处理器直接相连。

20 个处理器分别为 $1, 2, \cdots, 20$。令 a_i 表示与第 i 个处理器直接相连的处理器的数目。只需证明对于某两个 i, j（$i \neq j$），$a_i = a_j$。函数 a 的论域 X 为 $\{1, 2, \cdots, 20\}$，值域为 $Y = \{0, 1, \cdots, 19\}$ 的某个子集。由于 $|X|=|\{0, 1, \cdots, 19\}|$，故不能直接运用鸽巢原理的第二种形式。

进一步分析后可以发现，不存在某两个 i, j（$i \neq j$），$a_i = 0$ 且 $a_j = 19$。否则一方面第 i 个处理器不与任意一个处理器相连，另一方面第 j 个处理器与其他所有的处理器（包含第 i 个处理器）相连，产生矛盾。故函数 a 的值域 Y 为 $\{0, 1, \cdots, 18\}$ 或 $\{1, 2, \cdots, 19\}$ 的子集。所以 $|Y|<20=|X|$，根据鸽巢原理的第二种形式，对某个 $i \neq j$，有 $a_i = a_j$，至少有两个处理器与相同数目的处理器直接相连。∎

例 6.8.3 证明从编号为 1~300 的计算机科学课程中可选取 151 门不同编号的，至少有两门编号相连。

设选出的课程编号为

$$c_1, c_2, \cdots, c_{151} \tag{6.8.1}$$

式(6.8.1)中的 151 个数字连同

$$c_1+1, c_2+1, \cdots, c_{151}+1 \tag{6.8.2}$$

共有 302 个数字，取值为 1~301。根据鸽巢原理的第二种形式，至少有两个数字相等。由于式(6.8.1)中的数字互不相同，式(6.8.2)中的数字也互不相同，故必有式(6.8.1)中的一个数字与式(6.8.2)中的一个数字相同。即

$$c_i = c_j + 1$$

表明课程 c_i 与 c_j 的编号相邻。∎

例 6.8.4 列表中有 89 件物品的清单，每个物品的属性为"可用"或"不可用"，共有 45 个"可用"的物品，证明至少有两件可用物品编号差恰为 9。（例如列表中可用物品 13 号和 22 号，或 69 号和 78 号都满足条件。）

令 a_i 表示第 i 个可用物品的编号，则只需证明存在 i 和 j，使 $a_i - a_j = 9$。考虑如下两组数字：

$$a_1, a_2, \cdots, a_{45} \tag{6.8.3}$$

$$a_1+9, a_2+9, \cdots, a_{45}+9 \tag{6.8.4}$$

式(6.8.3)和式(6.8.4)中 90 个数字的取值范围为 1~89，根据鸽巢原理的第二种形式，必有两个数字相等。由于式(6.8.3)中的数字两两不同，式(6.8.4)中的数字也两两不同，故必存在式(6.8.3)中的某数与式(6.8.4)中的某数相等，即存在 i 和 j，使 $a_i - a_j = 9$。所以至少有两个物品编号差恰为 9。∎

下面介绍鸽巢原理的另一种形式。

鸽巢原理（第三种形式）

> 设 f 为有限集合 X 到有限集合 Y 上的函数，$|X|=n$，$|Y|=m$。令 $k=\lceil n/m \rceil$，则至少存在 k 个元素 $a_1,\cdots,a_k \in X$，满足
> $$f(a_1)=f(a_2)=\cdots=f(a_k)$$

利用反证法可证明鸽巢原理的第三种形式。假设结论不成立，令 $Y=\{y_1,\cdots,y_m\}$。在 $x \in X$ 中，满足 $f(x)=y_1$ 的元素 x 不超过 $k-1$ 个；满足 $f(x)=y_2$ 的元素 $x \in X$ 不超过 $k-1$ 个；…；满足 $f(x)=y_m$ 的元素 $x \in X$ 不超过 $k-1$ 个。则 f 的域中的元素个数不超过 $m(k-1)$ 个。但

$$m(k-1) < m\frac{n}{m} = n$$

矛盾！故必存在至少 k 个元素 $a_1,\cdots,a_k \in X$，使

$$f(a_1)=f(a_2)=\cdots=f(a_k)$$

本节的最后一个例子说明鸽巢原理的第三种形式如何运用。

例 6.8.5 平均灰度是黑白图像的重要属性。若两幅黑白图像的平均灰度差不超过给定的值，则称这两幅黑白图像相似。可证明在 6 张黑白图像中，至少有 3 幅图像两两相似，或至少有 3 幅图像两两不相似。

6 幅图像分别为 $P_1, P_2, \cdots, P_6$。以下 5 个二元组

$$(P_1,P_2), \quad (P_1,P_3), \quad (P_1,P_4), \quad (P_1,P_5), \quad (P_1,P_6)$$

取值为"相似"或"不相似"。根据鸽巢原理的第三种形式，至少有 $\lceil 5/2 \rceil = 3$ 个二元组取值相同。设三个二元组

$$(P_1,P_i), \quad (P_1,P_j), \quad (P_1,P_k)$$

取值相同。不妨设这三个二元组取值为"相似"（取值为"不相似"参见练习 14），若二元组

$$(P_i,P_j), \quad (P_i,P_k), \quad (P_j,P_k) \tag{6.8.5}$$

中有一个取值为"相似"，则对应的两幅图像与 P_1 为三幅两两相似的图像。否则，即式(6.8.5)中的三个二元组均取值"不相似"，则 P_i、P_j、P_k 为三幅两两不相似的图像。∎

本节复习

1. 陈述鸽巢原理的三种形式。　　2. 举例说明如何运用鸽巢原理的三种形式。

练习

1. 证明在 52 张扑克牌中任选 5 张，至少有两张属于同一种花色。
2. 证明在一个有八个学生组成的小组中，至少有两个人在期末考试中的成绩一样（成绩分 A、B、C、D、F）。
3. 假定在一个有 32 人的小组中，他们在一月份都收到了支票，证明至少有两个人他们在同一天收到了支票。
4. 在 35 个学生中，证明至少有两个人他们的姓的拼音开头相同。
5. 证明如果 f 是个从有限集合 X 到有限集合 Y 的函数，且 $|X|>|Y|$，那么 f 不是一对一的。
6. 从集合 $\{1,2,3,4,5,6,7,8,9,10\}$ 任选 6 个不同的整数，证明这 6 个整数至少有两个它们的和等于 11。（提示：考虑划分 $\{1,10\}$、$\{2,9\}$、$\{3,8\}$、$\{4,7\}$、$\{5,6\}$）

7. 13个人姓为 Oh、Pietro、Quine、Rostenkowski，名为 Dennis、Evita、Ferdinand。证明至少有两个人同名同姓。

8. 18个人姓为 Dumont、Elm，名为 Alfie、Ben、Cissi。证明至少有3个人同名同姓。

9. Euclid 教授每隔一周的星期五可以领到薪水，证明 Euclid 教授某个月可以领到3次薪水。

10. 5台计算机互连，恰有两台计算机与相同数目的计算机相连，可能吗？为什么？

11. 列表中有115件物品，每件物品属性为"可用"或"不可用"，可用物品共有60件。证明至少有两件可用物品，编号之差恰为4。

12. 列表中有100件物品，每件物品属性为"可用"或"不可用"，可用物品共有55件。证明至少有两件可用物品，编号之差恰为9。

*13. 列表中有80件物品，每件物品属性为"可用"或"不可用"，可用物品共有50件。证明至少有两件不可用物品，编号之差恰为3或6。

14. 在例6.8.5中，三个二元组(P_1, P_i), (P_1, P_j), (P_1, P_k)取值均为"不相似"，证明有3幅图像两两相似或两两不相似。

15. 在例6.8.5中，若所给图像不足6幅，是否能得出结论？为什么？

16. 在例6.8.5中，若所给图像超过6幅，是否能得出结论？为什么？

练习17~20论证了集合$\{1, 2, \cdots, 2n+1\}$的任意$(n+2)$元素子集X中最大的元素m，可表示为X中另外两个元素i和j之和$m = i + j$。对任意元素$k \in X - \{m\}$，令

$$a_k = \begin{cases} k, & k \leq \dfrac{m}{2} \\ m - k, & k > \dfrac{m}{2} \end{cases}$$

17. 函数a的定义域中有多少个元素？   18. 证明a在$\{1, 2, \cdots, n\}$中取值。

19. 根据练习17和练习18的结论，可知存在i和j, $i \neq j$, 满足$a_i = a_j$。解释为什么？

20. 根据练习19的结论，可得存在$i, j \in X$, 满足$m = i + j$。

21. 给出一个$\{1, 2, \cdots, 2n+1\}$的$(n+1)$元素子集X，满足任意$i, j \in X$, $i + j \in X$。

完成练习22~25，证明论断：含有$n^2 + 1$个不同数字的序列$a_1, a_2, \cdots, a_{n^2+1}$，包含长度为$n+1$的递增子串，或包含长度为$n+1$的递减子串。

用反证法证明。设最长的递增子串或递减子串长度均不超过n。b_i表示从a_i开始的最长的递增子串的长度；c_i表示从a_i开始的最长的递减子串的长度。

22. 证明有序对(b_i, c_i)两两不同，$(i = 1, \cdots, n^2 + 1)$。   23. 有序对(b_i, c_i)共有多少个？

24. $1 \leq b_i \leq n$, $1 \leq c_i \leq n$, 为什么？   25. 如何得出矛盾？

完成练习26~29，证明10个人中至少包含两个人，年龄之和或之差能被16整除。假定年龄为正整数。设10个人的年龄分别为$a_1, \cdots, a_{10}$。$r_i = a_i \bmod 16$，令

$$s_i = \begin{cases} r_i, & r_i \leq 8 \\ 16 - r_i, & r_i > 8 \end{cases}$$

26. 证明$s_1, \cdots, s_{10}$在$\{0, 1, \cdots, 8\}$中取值。

27. 存在$j \neq k$, $s_j = s_k$, 为什么？

28. 假设存在$j \neq k$, $s_j = s_k$, 解释为什么若$s_j = r_j$, $s_k = r_k$, 或$s_j = 16 - r_j$, $s_k = 16 - r_k$, 则$a_j - a_k$可被16整除。

29. 解释为什么若练习 28 中的条件不满足，则 $a_j + a_k$ 可被 16 整除。

30. 证明两整数的商必能表示为循环小数的形式。例如 $\frac{1}{6} = 0.1\overline{6}66\cdots$，$\frac{217}{660} = 0.32\overline{878}787\cdots$。

*31. 12 个篮球运动员，分别为 1 号~12 号，围着篮球场的中圈站成一圈。证明必能找到 3 个相邻的运动员，号码之和不小于 20。

*32. 在练习 31 中，找到最大的 x，使得必能找到 4 个相邻的运动员，号码之和不小于 x。证明你的结论。

*33. 令函数 f 为集合 $X = \{1, 2, \cdots, n\}$ 到 X 上的一一映射。$f^k = f \circ f \circ \cdots \circ f$ 为 f 的 k 次复合。证明存在不相等的正整数 i 和 j，使对 $x \in X$，$f^i(x) = f^j(x)$。证明存在正整数 k，使对 $x \in X, f^k(x) = x$。

*34. 矩形被分为 $3 \times 7 = 21$ 个正方形，每个正方形用红色或黑色着色。证明存在非简单子矩形（非 $1 \times k$ 或 $k \times 1$），四个角的正方形颜色相同。

*35. 将 p 个 "1" 和 q 个 "0" 在圆周上排列，且正整数 p、q、k 满足 $p \geq kq$。证明存在至少 k 个连续的 "1"。

*36. 写出一个算法，输入为序列 a，输出为 a 的最长递增子串。

37. 一个 $2k \times 2k$ 的网格包含 $4k^2$ 个正方形，包含 4 个 $k \times k$ 的子网格。$k = 4$ 时的网格如图所示：

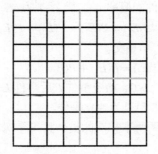

证明不可能在左上方的 $k \times k$ 子网格和右下方的 $k \times k$ 子网格中分别标出 k 个正方形，使任意两个标出的正方形不在 $2k \times 2k$ 网格的同一条横线、竖线或斜线上。

本题是 n 皇后问题的变形，在 9.3 节将做详细讨论。

注释

[Niven, 1965] 是讨论计数方法的基础读物。涉及组合数学的文献包括 [Brualdi; Even, 1973; Liu, 1968; Riordan; and Roberts]。[Vilenkin] 包含一些组合的例题。本章的一些内容选自 [Liu, 1985; and Tucker] 等一些基本的离散数学课本。[Even, 1973; Liu; and Reingold] 涉及组合算法。在概率论方面，本文参考了 [Billingsley; Ghahramani; Kelly; Ross; and Rozanov]。[Fukunaga; Gose; and Nadler] 是讨论模式识别的读物。

本章复习

6.1

1. 乘法原理 2. 加法原理 3. 包含排斥原理

6.2

4. $x_1, \cdots, x_n$ 的排列：将 $x_1, \cdots, x_n$ 排序 5. n 元素集合上的排列个数为 $n!$
6. $x_1, \cdots, x_n$ 上的 r 排列：将 $x_1, \cdots, x_n$ 中的 r 个元素排序

7. $P(n, r)$：n元素集合上的r排列的个数；$P(n, r) = n(n-1)\cdots(n-r+1)$
8. $\{x_1, \cdots, x_n\}$上的r组合：$\{x_1, \cdots, x_n\}$的包含r个元素的子集（无序）
9. $C(n, r)$：n元素集合上的r组合的个数；$C(n, r) = P(n, r)/r! = n!/[(n-r)!r!]$

6.3

10. n个对象分为t类，其中第i类有n_i个对象，将它们排序，共有$i = n!/[n_1!\cdots n_t!]$种排法
11. 从t元素集合中不计顺序、允许重复地选取k个，共有$C(k+t-1, k)$种选法

6.4

12. 字典序
13. 生成r组合的算法——算法6.4.9
14. 生成排列的算法——算法6.4.14

6.5

15. 实验
16. 事件
17. 样本空间
18. 当所有结果以等同机会出现时事件的概率

6.6

19. 概率函数
20. 事件的概率
21. E为一个事件，$P(E) + P(\bar{E}) = 1$。
22. 若E_1和E_2为两个事件，$P(E_1 \cup E_2) = P(E_1) + P(E_2) - P(E_1 \cap E_2)$。
23. 若$E_1 \cap E_2 = \varnothing$，则称$E_1$和$E_2$不相交。
24. 若E_1和E_2不相交，则$P(E_1 \cup E_2) = P(E_1) + P(E_2)$。
25. 若E和F为两个事件，且$P(F) > 0$，给定事件F后事件E的概率为$P(E \mid F) = P(E \cap F)/P(F)$。
26. 若$P(E \cap F) = P(E)P(F)$，则E和F为独立事件。
27. Bayes定理：若$C_1, \cdots, C_n$为两两不相交的类，且每个对象都属于$C_1, \cdots, C_n$的某个类中，F为对象的某种特性，则

$$P(C_j \mid F) = \frac{P(F \mid C_j)}{\sum_{i=1}^{n} P(F \mid C_i) P(C_i)}$$

6.7

28. 二项式定理：$(a+b)^n = \sum_{k=0}^{n} C(n, k) a^{n-k} b^k$
29. Pascal三角形：$C(n+1, k) = C(n, k-1) + C(n, k)$

6.8

30. 鸽巢原理（三种形式）

本章自测题

6.1

1. 多少个8位字符串以0开头并以101结尾？
2. 有6本不同的历史书，9本不同的经典著作，7本不同的法律书，4本不同的教育书。从每类书中选取一本，共有多少种选法？
3. 从n元素集合到$\{0, 1\}$的函数共有多少个？
4. 包含Greg、Hwang、Isaac、Jasmine、Kirk、Lynn和Manuel 7个人的委员会，要选出一个主席、一个副主席、一个社会事务主席、一个秘书和一个出纳员，要求Greg被选为秘书或没有职位，共有多少种选法？

6.2

5. 共有多少个6个对象上的3组合?

6. 对于 ABCDEF 这6个字母,要求 A 在 C 之前,E 在 C 之前,共能排成多少个字符串?

7. 从52张扑克牌中抽取6张,含有3张同一种花色的牌,另外3张为另一种花色,共有多少种可能?

8. 100张压缩光盘中含有5张坏盘,选出4张光盘,坏盘数比好盘数多,共有多少种选法?

6.3

9. 排列字母 ILLINOIS 可以得到多少个不同的字符串?

10. 排列字母 ILLINOIS,要求某个 I 排在某个 L 之前,可以得到多少个不同的字符串?

11. 将12本不同的书分给4个学生,每人分得3本,共有多少种不同的分法?

12. 方程 $x_1 + x_2 + x_3 + x_4 = 17$,有多少满足 $x_1 \geq 0$、$x_2 \geq 1$、$x_3 \geq 2$、$x_4 \geq 3$ 的整数解?

6.4

13. 写出 $n = 7$ 时算法 6.4.9 在 12467 后生成的下一个5组合。

14. 写出 $n = 8$ 时算法 6.4.9 在 145678 后生成的下一个6组合。

15. 写出算法 6.4.14 在 6427135 后生成的下一个排列。

16. 写出算法 6.4.14 在 625431 后生成的下一个排列。

6.5

17. 从52张扑克牌中任意抽取一张,是红桃的概率有多少?

18. 掷出两个各面同性的骰子,点数之和为8的概率是多少?

19. 在 Maryland Cash In Hand 游戏中,玩家从 1~31 中选择7个数。若玩家选择的7个数与7个中奖数字恰有5个匹配(不计顺序),则玩家可赢得 $40。求玩家赢得 $40 的概率。

20. 求一手桥牌为 6-5-2-0 牌型的概率。即6张牌为同一个花色,5张牌为另一个花色,其余2张牌为另一种花色,而且没有第四种花色的牌。

6.6

21. 掷出一个重量不均匀的硬币,正面向上的机会是反面向上的5倍。确定每种结果发生的概率。

22. 某个家庭有3个孩子。设男孩与女孩的出生率相同。事件"既有男孩又有女孩"和"至多有一个女孩"是否独立?为什么?

23. Joe 和 Alicia 参加 C++ 课程的期末考试。Joe 通过的概率为 0.75,Alicia 通过的概率为 0.80。设"Joe 通过考试"和"Alicia 通过考试"为独立事件。求 Joe 不通过的概率、两个人都通过的概率、至少有一个人通过的概率。

24. Trisha、Roosevelt 和 José 三人为生产小狗玩具的机器编程。下表显示了3个人程序量的百分比和每人有错误程序的百分比。

	编码		
	Trisha	Roosevelt	José
编码百分比	30	45	25
有错误程序的百分比	3	2	5

已知发现了一个错误,这段程序是 José 编写的概率是多少?

6.7

25. 利用二项式定理展开 $(s - r)^4$。

26. 求 $(2x + y + z)^8$ 的展开式中的 x^3yz^4 系数。

27. 利用二项式定理证明 $\sum_{k=0}^{n} 2^{n-k}(-1)^k C(n,k) = 1$。

28. 将 Pascal 三角形逆时针旋转，使第一行全部为 "1"，解释为什么第二行为从小到大排列的正整数 $1, 2, \cdots$。

6.8

29. 证明从 14 双袜子中选出 15 只，必有两只袜子为一对。

30. 19 个人的名字为 Zeke、Wally 和 Linda，中间名为 Lee 和 David，姓为 Yu、Zamora 和 Smith。证明至少有两个人的名字完全相同。

31. 列表中有 200 个物品，每个物品的属性为 "可用" 或 "不可用"。可用物品共有 110 个。证明至少存在两个可用物品，在列表中的编号之差恰为 19。

32. $P = \{p_1, p_2, p_3, p_4, p_5\}$ 为欧几里得平面上的 5 个不同的整数坐标点。证明至少存在两个点的中点也为整数坐标点。

上机练习

1. 编写一个生成 $\{1, \cdots, n\}$ 上所有 r 组合的程序。
2. 编写一个生成 $\{1, \cdots, n\}$ 上所有排列的程序。
3. 编写一个生成 $\{1, \cdots, n\}$ 上所有 r 排列的程序。
4. [项目]实现本章中的排列组合生成算法，并比较它们的不同。
5. 编写程序，列举 ABCDEF 组成的所有 A 在 D 之前的排列。
6. 编写程序，列举 ABCDEF 组成的所有 C 与 E 相邻的排列。
7. m 个火星人和 n 个木星人站成一列，任意两个木星人不能相邻。编写程序，列举所有的排列。
8. 编写程序计算 Catalan 数。
9. 编写程序，输入为 n，输出 Pascal 三角形的前 n 行。
10. 编写程序，给定 $n^2 + 1$ 长的数字序列，找出长度为 $n + 1$ 的递增子列或递减子列。

第7章 递推关系

本章将对递推关系进行介绍。递推关系可用于解决一些特定的计数问题。递推关系是序列中第 n 个元素与它前若干个元素之间的关系。由于递推关系和递归算法密切相关，因此递推关系可以很自然地用于递归算法分析。

7.1 简介

按照如下的规则生成一个序列：

1. 第一个数为 5。
2. 将前一个项加 3 得到后一项。   [WWW]

可列出序列的所有项为

$$5, 8, 11, 14, 17, \cdots \tag{7.1.1}$$

由规则 1 得第一项为 5；由规则 2，将第一项 5 加 3，得到第二项为 8；再由规则 2，将第二项 8 加 3，得到第三项为 11。依规则 1 和规则 2 可以计算出这个序列的任一项。规则 1 和规则 2 并没有给出该序列的显式公式，即提供一个公式将给定的 n 代入即可直接计算序列中第 n 项的值。但根据规则 1 和规则 2 一项一项地计算，序列中的任意一项最终都能得到。

若将序列(7.1.1)写做 $a_1, a_2, \cdots$，将规则 1 改写为

$$a_1 = 5 \tag{7.1.2}$$

将规则 2 改写为

$$a_n = a_{n-1} + 3, \quad n \geq 2 \tag{7.1.3}$$

在式(7.1.3) 中令 $n = 2$，得

$$a_2 = a_1 + 3$$

由式(7.1.2)，$a_1 = 5$，故

$$a_2 = a_1 + 3 = 5 + 3 = 8$$

在式(7.1.3) 中令 $n = 3$，得

$$a_3 = a_2 + 3$$

因为 $a_2 = 8$，故

$$a_3 = a_2 + 3 = 8 + 3 = 11$$

与利用规则 1 和规则 2 相类似，利用式(7.1.2)和式(7.1.3)同样可以计算出该序列的任意一项。事实上，式(7.1.2)和式(7.1.3)与规则 1 和规则 2 等价。

式(7.1.3)提供了**递推关系**（recurrence relation）的一个例子。递推关系用第 n 项前的若干项来表示第 n 项，从而定义一个序列。在式(7.1.3)中，第 n 项的值由它的前项的值直接给出。定义一个序列，除给定类似式(7.1.3)的递推关系外，还需给定类似式(7.1.2)的"启动"值。称这些"启动"值为**初始条件**（initial condition）。下面给出形式化的定义。

定义 7.1.1 对序列 $a_0, a_1, \cdots$，用 $a_0, a_1, \cdots, a_{n-1}$ 中的某些项表示 a_n 的等式称为递推关系。

显式地给出序列 $a_0, a_1, \cdots$ 的有限项的值，称为初始条件。

通过上面的例子可以发现，递推关系与确定的初始条件一起，能够定义一个序列。下面再给出几个递推关系的例子。

例 7.1.2 Fibonacci 序列（参见算法 4.4.6）可由递推关系

$$f_n = f_{n-1} + f_{n-2}, \quad n \geq 3$$

和初始条件

$$f_1 = 1, \quad f_2 = 2$$

定义。

例 7.1.3 某人投资 \$1000，每年可收益 12%。A_n 表示他在第 n 年末的总资产。求出定义序列 $\{A_n\}$ 的递推关系和初始条件。

在第 $n-1$ 年末的总资产为 A_{n-1}，一年后的资产等于 A_{n-1} 加上一年的收益。即

$$A_n = A_{n-1} + (0.12)A_{n-1} = (1.12)A_{n-1}, \quad n \geq 1 \qquad (7.1.4)$$

$n = 1$ 时，为了使用递推关系，必须知道 A_0 的值。A_0 为初始投资额，故初始条件为

$$A_0 = 1000 \qquad (7.1.5)[\text{WWW}]$$

可以根据初始条件(7.1.5)和递推关系(7.1.4)对任一 n，计算出 A_n 的值。例如：

$$A_3 = (1.12)A_2 = (1.12)(1.12)A_1 = (1.12)(1.12)(1.12)A_0 = (1.12)^3(1000) = 1404.93 \quad (7.1.6)$$

所以，第三年末的总资产为 \$1404.93。

对于任意的正整数 n，可以利用计算式(7.1.6)的方法得到

$$A_n = (1.12)A_{n-1}$$
$$\vdots$$
$$= (1.12)^n(1000)$$

有些时候可以通过递推关系和初始条件得出序列的显式公式。在 7.2 节中将讨论如何根据序列的递推关系得到显式公式。

在例 7.1.3 中，通过递推关系和初始条件，可以很容易地得到序列的显式公式，但想要得到 Fibonacci 序列的显式公式却不是十分容易。7.2 节中将介绍计算 Fibonacci 序列显式公式的方法。

递推关系、递归算法和数学归纳法三者的关系密切。三者的共同点是：将处理当前情况时的先验示例看做是已知的。递推关系利用序列中的先验值计算当前项的值；递归算法利用当前输入的较小示例来处理当前的输入；用数学归纳法证明命题的归纳步，总先假设命题的先验示例成立，进而证明当前命题成立。

若用递推关系定义了某个序列，则可以直接转换成计算序列的算法。例如，可利用例7.1.3中的递推关系(7.1.4)和初始条件(7.1.5)，得到计算序列的算法7.1.4。

算法7.1.4　计算复合收益　假设某人初始投资$1000，每年可收益12%，前一年的收益又作为下一年的成本。这种收益方式称为复合收益。下面是一个计算第n年末时投资者的总资产的递归算法。

输入：n，年号
输出：投资者第n年末的总资产

1. $compound\_interest(n)$ {
2. 　　if ($n == 0$)
3. 　　　　return 1000
4. 　　return $1.12 * compound\_interest(n-1)$
5. }

算法7.1.4由定义序列$A_0, A_1, \cdots$的递推关系(7.1.4)和初始条件(7.1.5)直接转化而来。初始条件(7.1.5)对应算法的第2行~第3行；递推关系(7.1.4)对应算法的第4行。

例7.1.5　将n元素集合的子集总数记为S_n。由于n元素集合的子集总数是$(n-1)$元素集合的子集总数的两倍（参见定理2.4.6），故可得递推关系：

$$S_n = 2S_{n-1}$$

初始条件为

$$S_0 = 1$$

■

引入递推关系表示序列的主要原因是：在有些情况下确定序列的第n项和前几项的关系比较简单，而找到直接基于n的求第n项值的显式公式却比较复杂。下面一个例子说明了这个问题。

例7.1.6　S_n表示不含子串"111"的n位字符串的个数。给出$S_1, S_2, \cdots$的递推关系和初始条件来定义序列S。

对不含子串"111"的n位字符串个数计数，分为3类来考虑：

(a) 以0开头
(b) 以10开头
(c) 以11开头

(a)、(b)、(c)为三个两两不相交的类，故由加法原理，S_n等于(a)、(b)、(c)三类字符串数目的和。若以0开头的n位字符串不含子串"111"，则去掉开头的0得到的$(n-1)$位字符串也不包含"111"。又因为在任意一个不含"111"的$(n-1)$位字符串前加0可得(a)类字符串，所以(a)类字符串有S_{n-1}个。若以10开头的n位字符串不含子串"111"，则去掉开头的10得到的$(n-2)$位字符串也不包含"111"。又因为在任意一个不含"111"的$(n-2)$位字符串前加10可得(b)类字符串，所以(b)类字符串有S_{n-2}个。若以11开头的n位字符串不含子串"111"，字符串的第三个字符必为0，则去掉开头的110得到的$(n-3)$位字符串也不包含"111"。又因为在任意一个不含"111"的$(n-3)$位字符串前加110可得(c)类字符串，所以(c)类字符串有S_{n-3}个。所以

$$S_n = S_{n-1} + S_{n-2} + S_{n-3}, \quad n \geq 4$$

利用穷举法，可得初始条件

$$S_1 = 2, \quad S_2 = 4, \quad S_3 = 7$$

■

例 7.1.7 在 $n \times n$ 的网格中，从左下角走到右上角，只允许向右或向上走，路线只能经过但不能超越从左下角到右上角的对角线（在对角线的右下方），我们称这样的路线为正确的路线。正确的路线共有 C_n 条（其中 C_n 为 Catalan 数，参见例 6.2.23）。下面将给出 Catalan 数的递推关系。

按照离开左下角后第一次到达对角线的位置将正确路线进行分类。例如图 7.1.1 中的路线在点 $(3, 3)$ 第一次经过对角线。将在点 (k, k) 第一次经过对角线的路线看做两段路线的组合：第一段为 $(0, 0)$ 到 (k, k)；第二段为 (k, k) 到 (n, n)。正确路线的第一步总是从 $(0, 0)$ 到 $(1, 0)$，然后总是从 $(k, k-1)$ 到 (k, k)。而从 $(1, 0)$ 到 $(k, k-1)$ 的这段路恰为以 $(1, 0)$、$(1, k-1)$、$(k, k-1)$、$(k, 0)$ 为顶点的 $(k-1) \times (k-1)$ 网格中的正确路线（在图 7.1.1 中，标出了点 $(1, 0)$ 和 $(k, k-1)$，$k = 3$，并分离了 $(k-1) \times (k-1)$ 的子网格）。所以从 $(0, 0)$ 到 (k, k) 恰有 C_{k-1} 条正确路线。从 (k, k) 到 (n, n) 的这段路恰为以 (k, k)、(k, n)、(n, n)、(n, k) 为顶点的 $(n-k) \times (n-k)$ 网格中的正确路线（参见图 7.1.1），这样的正确路线共有 C_{n-k} 条。根据乘法原理，$n \times n$ 网格中在点 (k, k) 第一次经过对角线的正确路线共有 $C_{k-1}C_{n-k}$ 条。当 $k \neq k'$ 时，在点 (k, k) 第一次经过对角线的正确路线与在点 (k', k') 第一次经过对角线的正确路线不同。故由加法原理，可得 $n \times n$ 网格中正确路线数 C_n 的递推关系：

$$C_n = \sum_{k=1}^{n} C_{k-1}C_{n-k}$$

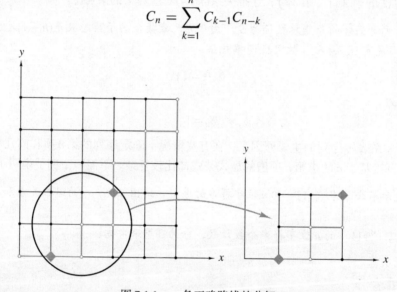

图 7.1.1　一条正确路线的分解　∎

例 7.1.8　Hanoi 塔　在 Hanoi 塔难题中，木板上钉着 3 个桩子，有 n 个直径不同的中心有孔的圆盘（参见图 7.1.2）。若桩子上放有一个圆盘，则只有比最上方圆盘直径小的圆盘才能放在第一个圆盘上。初始状态下，所有的圆盘都放在同一个桩子上（参见图 7.1.2）。目标是将所有的圆盘都移到另一个桩子上，要求每次只能移动一个圆盘。
[WWW]

下面将给出一种移动的解法。利用本题的解法，n 个圆盘移动到另一个桩子上需要移动的次数记为 c_n。将给出序列 $c_1, c_2, \cdots$ 的递推关系和初始条件。最后将证明本题的解法为最优解，即不存在移动次数更少的解法。

给出一个递归算法。若只有一个圆盘，则可以将其直接移到另一个桩子上。若有 $n > 1$ 个圆盘在第一个桩子上（参见图 7.1.2），首先调用递归算法，将最上方的 $n-1$ 个圆盘移动到第二个桩子上（参见图 7.1.3）。在这个过程中，第一个桩子上最底端的圆盘始终不能移动。然后将这个圆盘放到第三个桩子上。最后，再次调用递归算法将第二个桩子上的 $n-1$ 个圆盘移动到第三个桩子上。这样就成功地将第一个桩子上的 n 个圆盘转移到第三个桩子上。

当 $n>1$ 时,两次调用递归算法完成 $(n-1)$ 个圆盘的问题,另外还有一次直接移动一个圆盘。故
$$c_n = 2c_{n-1} + 1, \quad n > 1$$
初始条件为
$$c_1 = 1$$
在 7.2 节将证明 $c_n = 2^n - 1$。

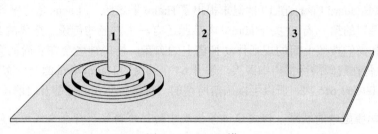

图 7.1.2　Hanoi 塔

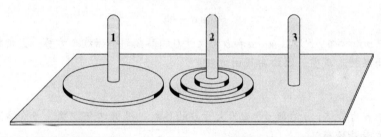

图 7.1.3　Hanoi 塔中经过递归调用,将上方的 $n-1$ 个圆盘从第一个桩子移动到第二个桩子上

下面证明这个解法是最优的。令 d_n 为最优解所需要移动的步数。用数学归纳法证明
$$c_n = d_n, \quad n \geq 1 \tag{7.1.7}$$

基本步(当 $n=1$ 时)

显然
$$c_1 = 1 = d_1$$
故式(7.1.7)当 $n=1$ 时成立。

归纳步

设式(7.1.7)当 $n-1$ 时成立。考虑当最大盘第一次移动时的情况,n 盘问题的最优解中,最大的圆盘移动时,它所在的桩子必然没有其他圆盘(否则最大的圆盘不可能移动),并且必须有一个桩子是空的(因为最大的圆盘不能放在非空的桩子上)。故其余的 $n-1$ 个较小圆盘必须在第三个桩子上(参见图 7.1.3)。换句话说,这时已经完成了 $n-1$ 的问题,已经移动的次数不少于 d_{n-1}。现在移动最大的圆盘,这需要另外加一次移动。最后,需要将 $n-1$ 个小圆盘移动到大圆盘的上方,至少还需 d_{n-1} 步。所以
$$d_n \geq 2d_{n-1} + 1$$
根据归纳假设,$c_{n-1} = d_{n-1}$,故
$$d_n \geq 2d_{n-1} + 1 = 2c_{n-1} + 1 = c_n \tag{7.1.8}$$
最后一个等式由序列 $c_1, c_2, \cdots$ 的递推关系得到。没有其他解的移动步数少于最优解的移动步数,d_n 为最优解需要的步数。故

$$c_n \geq d_n \qquad (7.1.9)$$

由式(7.1.8)和式(7.1.9)可得

$$c_n = d_n$$

归纳步完成。故本例中的解为最优解。∎

法国数学家 Édouard Lucas 在 19 世纪末提出了 Hanoi 塔难题。(Lucas 是将序列 1, 1, 2, 3, 5, ⋯ 称为 Fibonacci 序列的第一人。)关于 Hanoi 塔难题还有一个古老的传说:金色的 Hanoi 神塔上放着 64 个圆盘,和尚们按照上面的规则移动神塔上的圆盘。传说神塔会在和尚们完成谜题之前倒塌,整个世界也将在震天的巨雷声中毁灭。解开 64 个圆盘的 Hanoi 塔难题至少需要移动 $2^{64} - 1 =$ 18 446 744 073 709 551 615 次,所以可以确信所谓的"神塔"会在谜题解开之前不复存在。

例 7.1.9 经济学模型中的蛛网 假定经济学模型中的供给曲线和需求曲线均为线性函数(参见图 7.1.4)。需求曲线由方程

$$p = a - bq$$

给出。其中 p 为价格, q 为数量, a 和 b 为大于 0 的参数。根据这个方程,当价格上涨时,消费者需求的商品数量减少。供给曲线由方程

$$p = kq$$

给出。其中 p 为价格, q 为数量, k 为大于 0 的参数。根据这个方程,当价格上涨时,厂商愿意提供更多数量的商品。

假定价格的变化对商品供给的影响有一个时间延迟。(例如,生产商品需要时间,种植粮食也需要时间。)用离散序列 $n = 0, 1, \cdots$ 表示时间。并假设需求方程为

$$p_n = a - bq_n$$

即在 n 时刻,数量为 q_n 的商品价格为 p_n。假定供给方程为

$$p_n = kq_{n+1} \qquad (7.1.10)$$

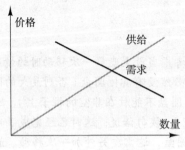

图 7.1.4 一种经济模型

即当 n 时刻的价格为 p_n 时,供给者需要一个单位时间来做出反应,将 $n+1$ 时刻的供给量调整为 q_{n+1}。将等式(7.1.10)中的 q_{n+1} 解出,并代入 $n+1$ 时刻的需求方程

$$p_{n+1} = a - bq_{n+1}$$

可得价格序列的递推关系

$$p_{n+1} = a - \frac{b}{k}p_n$$

我们将在7.2节求解这个递推关系。

可以用图表示价格随时间的变化。若初始价格为p_0，则供给者在$n=1$时刻愿意提供的商品数量为q_1。在$p=p_0$处做一条水平线与供给曲线相交，交点处的数量即为q_1（参见图7.1.5）。而在$n=1$时刻，市场又将价格定位为p_1。在交点处做一条竖直线与需求曲线相交，交点处的价格即为p_1。当价格变为p_1后，则供给者在$n=2$时刻愿意提供的商品数量为q_2。在$p=p_1$处做一条水平线与供给曲线相交，交点处的数量即为q_2。而在$n=2$时刻，市场又将价格定位为p_2。在交点处做一条竖直线与需求曲线相交，交点处的价格即为p_2。这个过程不断重复，在图7.1.5中画出了像蛛网一样的图形。

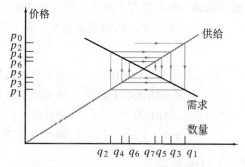

图7.1.5　价格稳定时的蛛网图形

在图7.1.5中，价格在需求曲线与供给曲线的交点处收敛，但价格并不总在这个交点处收敛。例如，在图7.1.6中，价格在p_0和p_1之间摇摆。而在图7.1.7中，价格的波动将越来越大。三种不同的结果取决于供给曲线和需求曲线的斜率。在图7.1.6中价格左右摇摆，此时角α与角β之和为$180°$。供给曲线和需求曲线的斜率分别为$\tan\alpha$和$\tan\beta$。在图7.1.6中，

$$k = \tan\alpha = -\tan\beta = b$$

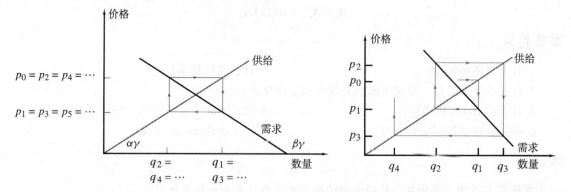

图7.1.6　价格摇摆时的蛛网图形　　　　图7.1.7　价格增幅振荡时的蛛网图形

可以证明当且仅当$k=b$时，价格在两点间摇摆。还可以类似地分析证明，当$b<k$时价格将在需求曲线与供给曲线的交点处达到稳定（参见图7.1.5）；当$b>k$时（参见练习38、练习39）价格将增幅振荡（参见图7.1.7）。在7.2节将讨论随时间的价格行为，并给出价格p_n的显式公式。■

可以将递推关系的概念扩充，在定义域为正整数n元组的加标函数上定义递推关系。本章的最后一个例子具有这种形式。

例 7.1.10 Ackermann 函数 Ackermann 函数可由递推关系

$$A(m, 0) = A(m-1, 1) \qquad m = 1, 2, \cdots \qquad (7.1.11)$$

$$A(m, n) = A(m-1, A(m, n-1)) \quad m = 1, 2, \cdots$$
$$n = 1, 2, \cdots \qquad (7.1.12)$$

和初始条件

$$A(0, n) = n + 1 \quad n = 0, 1, \cdots \qquad (7.1.13)$$

定义。 [WWW]

Ackermann 函数的增长速度很快,因而具有十分重要的理论意义。同 Ackermann 函数有关的函数常用于描述某类算法,如联合/查找算法的时间复杂度(参见[Tarjan, pp.22~29])。

这个例子说明了

$$\begin{aligned}
A(1, 1) &= A(0, A(1, 0)) && \text{由式}(7.1.12) \\
&= A(0, A(0, 1)) && \text{由式}(7.1.11) \\
&= A(0, 2) && \text{由式}(7.1.13) \\
&= 3 && \text{由式}(7.1.13)
\end{aligned}$$

如何运用式(7.1.11)~式(7.1.13)来计算。 ∎

问题求解要点

要建立一个递推关系,首先需要定义所希望的量 A_n 的含义。例如,对于$1000,每年的复合收益率为12%,定义 A_n 为第 n 年末时本金与利息的总和。然后有如归纳法证明那样,查看示例 n 中的更小示例。对于这个复合收益的例子,示例 $n-1$ 在示例 n 中,第 n 年末本金和利息的总和是第 $n-1$ 年的本金和利息的总和加上第 n 年的利息。于是可得递推关系

$$A_n = A_{n-1} + (0.12) A_{n-1}$$

本节复习

1. 什么是递推关系?
2. 什么是初始条件?
3. 什么是复合收益?如何用递推关系表示复合收益?
4. 什么是 Hanoi 塔难题?
5. 给出 Hanoi 塔难题的一种解法。
6. 描述经济学模型中的蛛网。
7. 定义 Ackermann 函数。

练习

在练习 1~3 中,求出从已给项开始的序列的递推关系和初始条件。

1. 3, 7, 11, 15, ⋯
2. 3, 6, 9, 15, 24, 39, ⋯
3. 1, 1, 2, 4, 16, 128, 4096, ⋯

在练习 4~8 中,假设某人投资$2000,每年的复合收益率为14%。$A_n$ 表示投资者在第 n 年末的总资产。

4. 求出序列 $A_0, A_1, \cdots$ 的递推关系。
5. 给出序列 $A_0, A_1, \cdots$ 的初始条件。
6. 写出 A_1, A_2, A_3。
7. 给出序列 $A_0, A_1, \cdots$ 中 A_n 的显式公式。
8. 投资者需要多少年可以将资产翻倍?

如果某人投资养老保险，投资额及利息所得，不取出就无须交税。在练习 9~12 中，某人投资养老保险，每年投入 \$2000，复合年利率为 10%。A_n 表示第 n 年末的总资产。

9. 求出序列 $A_0, A_1, \cdots$ 的递推关系。　　10. 给出序列 $A_0, A_1, \cdots$ 的初始条件。

11. 写出 A_1, A_2, A_3。　　12. 给出序列 $A_0, A_1, \cdots$ 中 A_n 的显式公式。

在练习 13~17 中，假设某人投资 \$3000，每年的复合收益率为 12%。A_n 表示投资者在第 n 年末的总资产。

13. 求出序列 $A_0, A_1, \cdots$ 的递推关系。　　14. 给出序列 $A_0, A_1, \cdots$ 的初始条件。

15. 写出 A_1, A_2, A_3。　　16. 给出序列 $A_0, A_1, \cdots$ 中 A_n 的显式公式。

17. 投资者需要多少年可以将资产翻倍？

18. S_n 表示不包含子串 000 的 n 位字符串的个数。求出序列 $\{S_n\}$ 的递推关系和初始条件。

在练习 19~21 中，S_n 表示不包含子串 00 的 n 位字符串 S 的个数。

19. 求出序列 $\{S_n\}$ 的递推关系和初始条件。

20. 证明 $S_n = f_{n+2}$（$n = 1, 2, \cdots$），其中 f 为 Fibonacci 序列。

21. 将 n 位字符串按包含 0 的个数 i 分类，并结合练习 20 的结论，证明

$$f_{n+2} = \sum_{i=0}^{\lfloor (n+1)/2 \rfloor} C(n+1-i, i), \qquad n = 1, 2, \cdots$$

其中 f 为 Fibonacci 序列。

在练习 22~24 中，序列 $S_1, S_2, \cdots$ 中的 S_n 表示不包含子串 010 的 n 位字符串的个数。

22. 计算 S_1, S_2, S_3, S_4。

23. 按照开头连续 0 的个数（即没有前导 0，以 1 开头；前导为一个 0，以 01 开头；前导为 2 个 0，以 001 开头）将不含子串 010 的 n 位字符串分类，得出递推关系

$$S_n = S_{n-1} + S_{n-3} + S_{n-4} + S_{n-5} + \cdots + S_1 + 3 \tag{7.1.14}$$

24. 在式 (7.1.14) 中，用 $n - 1$ 代换 n，写出 S_{n-1} 的公式。再用式 (7.1.14) 与 S_{n-1} 的公式相减，得到递推关系 $S_n = 2S_{n-1} - S_{n-2} + S_{n-3}$。

在练习 25~33 中，$C_0, C_1, C_2, \cdots$ 代表 Catalan 数的序列。

25. 已知 $C_0 = C_1 = 1, C_2 = 2$，利用例 7.1.7 中的递推关系计算 C_3、C_4 和 C_5。

26. 证明 Catalan 数的递推关系为 $(n+2)C_{n+1} = (4n+2)C_n$（$n \geq 0$），初始条件为 $C_0 = 1$。

27. 证明对所有 $n \geq 4$ 有 $n + 2 < C_n$。

28. 证明仅当 $n = 2$ 或 $n = 3$ 时 C_n 是素数。首先，通过反证法证明 $n \geq 5$ 时 C_n 不是素数。可使用练习 26、练习 27 和 5.3 节中练习 25 的结论进行反证。再检查 $n = 0, 1, 2, 3, 4$ 时的情景。

29. 证明对所有 $n \geq 1$，$C_n \geq \dfrac{4^{n-1}}{n^2}$。

30. 当 $n \geq 2$ 时，对乘积 $a_1 \times a_2 \times \cdots \times a_n$ 以加括号的方法数构成一个序列。给出这个序列的递推关系和初始条件。

例如：为公式 $a_1 \times a_2$ 加括号的方法只有一种，即 $(a_1 \times a_2)$。为公式 $a_1 \times a_2 \times a_3$ 加括号的方法有两种，即 $((a_1 \times a_2) \times a_3)$ 和 $(a_1 \times (a_2 \times a_3))$。证明为 n 个元素的乘积加括号的方法数为 C_{n-1}，$n \geq 2$。

*31. 求出如下序列的递推关系的初始条件。对凸$(n+2)$边形做三角剖分的不同剖分方法数构成一个序列，其中$n \geq 1$。在$(n+2)$边形中做$n-1$条对角线，任意两条对角线在多边形内部没有交点。三角剖分将$(n+2)$边形划分为n个三角形。（若多边形的任意一条边的延长线使多边形在延长线的一侧，则此多边形为凸多边形。）例如，通过每个顶点引出的在五边形内部的两条不相交的对角线，可以得到5种对凸5边形进行三角剖分的方法，如下图所示。

证明凸$(n+2)$边形做三角剖分的不同剖分方法数$(n-1)$为C_n，$n \geq 1$。

32. 包含n个不同二元操作符、$n+1$个不同数值和$n-1$对括号的表达式有多少种。例如对于$n=2$，选择$*$和$+$作为操作符，x, y和z作为变量，下面是其中的部分表达式：$(x*y)+z$，$x*(y+z)$，$x*(z+y)$，$x+(z*y)$，$z*(y+x)$。

33. 在$(n+1) \times (n+1)$的网格中，从左下角走到右上角，只允许向右或向上走。满足条件的路线称为正确路线。将正确路线按第一次经过左下角到右上角的对角线的位置分类，证明递推关系

$$C_n = \frac{1}{2}C(2(n+1), n+1) - \sum_{k=0}^{n-1} C_k C(2(n-k), n-k)$$

在练习34和练习35中，有一个$n \times n$的网格，需从左下角走到右上角，只允许向右或向上或沿小方格的对角线向右上方走（从点(i,j)到$(i+1, j+1)$），允许经过但不允许超过从左下角到右上角的对角线（始终在对角线的右下方）。满足条件的路线称为正确路线，正确路线的数目记为S_n。$S_0, S_1, \cdots$称为Schröder数。

34. 证明$S_0 = 1, S_1 = 2, S_2 = 6, S_3 = 22$。
35. 给出Schröder数序列的一个递推关系。
36. 对$n = 3, 4$，显式给出Hanoi塔难题移动法的解。
37. 在例7.1.9中，当$b < k$时，价格和数量如何变化？
38. 证明在例7.1.9中，当$b < k$时，价格在需求曲线与供给曲线的交点处收敛。
39. 证明在例7.1.9中，当$b > k$时，对于任意的$i > 1$，$|p_i - p_{i-1}| < |p_{i+1} - p_i|$。

练习40~46涉及Ackermann函数$A(m, n)$。

40. 计算$A(2, 2)$和$A(2, 3)$。
41. 利用数学归纳法证明$A(1, n) = n + 2$，$n = 0, 1, \cdots$
42. 利用数学归纳法证明$A(2, n) = 3 + 2n$，$n = 0, 1, \cdots$
43. 给出$A(3, n)$的公式，并用数学归纳法证明。
*44. 利用数学归纳法施归纳于n，证明对任意$m \geq 0, n \geq 0, A(m, n) > n$。
45. 证明对任意$m \geq 1, n \geq 0, A(m, n) > 1$。可利用练习44的结论。
46. 证明对任意$m \geq 0, n \geq 0, A(m, n) < A(m, n+1)$。可利用练习44的结论。

所说的Ackermann函数是由Ackermann给出的原始函数导出的。Ackermann的原始函数定义为

$$AO(0, y, z) = z + 1, \quad y, z \geq 0$$
$$AO(1, y, z) = y + z, \quad y, z \geq 0$$
$$AO(2, y, z) = yz, \quad y, z \geq 0$$
$$AO(x+3, y, 0) = 1, \quad x, y \geq 0$$
$$AO(x+3, y, z+1) = AO(x+2, y, AO(x+3, y, z)), \quad x, y, z \geq 0$$

练习 47~50 涉及函数 AO 和 Ackermann 函数 A。

47. 证明对任意 $y \geq 0$ 和 $x = 0, 1, 2$，有 $A(x, y) = AO(x, 2, y + 3) - 3$。
48. 证明对任意 $x \geq 2$，$AO(x, 2, 1) = 2$。
49. 证明对任意 $x \geq 2$，$AO(x, 2, 2) = 4$。
*50. 证明对任意 $x, y \geq 0$，$A(x, y) = AO(x, 2, y + 3) - 3$。
51. 一个网络包含 n 个节点。每个节点既有通信设备又有本地存储器。所有的文件都必须被周期性地共享。每一个连接可以使两个节点实现文件共享。具体地说，若节点 A 与 B 建立连接，则 A 将本地所有的文件传给 B，B 也将本地所有的文件传给 A。任意时刻只允许有一个连接，当连接建立后，马上进行文件共享，文件共享完成后连接即被删除。a_n 为 n 个节点需要共享所有文件时所需的最少连接数。

    (a) 证明 $a_2 = 1, a_3 \leq 3, a_4 \leq 4$。 (b) 证明 $n \geq 3$ 时，$a_n \leq a_{n-1} + 2$。

52. n 个不同对象的排列数记为 P_n，给出序列 $P_1, P_2, \cdots$ 的递推关系和初始条件。
53. 三种商品分别为橙汁（\$1）、牛奶（\$2）和啤酒（\$2），用 \$n 购买三种商品，直至钱全部花完，不同的买法数目为 R_n。证明 $R_n = R_{n-1} + 2R_{n-2}$。考虑购买商品的顺序，例如用完 \$4 共有 11 种方法：MB、BM、OOM、OOB、OMO、OBO、MOO、BOO、$OOOO$、MM、BB。（O 代表橙汁；M 代表牛奶；B 代表啤酒。）
54. 五种商品分别为磁带（\$1）、信纸（\$1）、钢笔（\$2）、铅笔（\$2）、活页封面（\$3）。用 \$n 购买这 5 种商品，直至钱全部花完，不同的买法数目为 R_n。给出序列 $R_1, R_2, \cdots$ 的递推关系。
55. 有 n 条航线，每两条航线有一个交点，没有 3 条航线交于一点。将交点数目记为 R_n，给出序列 $R_1, R_2, \cdots$ 的递推关系。

练习 56~57 涉及序列 S_n，序列 S_n 定义为 $S_1 = 0$，$S_2 = 1$，$S_n = \dfrac{S_{n-1} + S_{n-2}}{2}$，$n = 3, 4, \cdots$。

56. 计算 S_3 和 S_4。   *57. 给出序列 S_n 的显式公式，并用归纳法加以证明。
*58. $X = \{1, \cdots, n\}$ 上的函数 f 满足条件：若 i 属于 f 的值域，则 $1, 2, \cdots, i - 1$ 也属于 f 的值域。X 上所有满足条件的函数 f 的个数记为 F_n。证明序列 $F_0, F_1, \cdots$ 满足递推关系

$$F_n = \sum_{j=0}^{n-1} C(n, j) F_j$$

59. α 为位字符串，$C(\alpha)$ 表示字符串 α 中最多的连续 0 的个数。例如，$C(10010) = 2$，$C(00110001) = 3$。将满足 $C(\alpha) \leq 2$ 的 n 位字符串 α 的个数记为 S_n，给出序列 $S_1, S_2, \cdots$ 的递推关系。
60. 序列 $g_1, g_2, \cdots$ 由递推关系 $g_n = g_{n-1} + g_{n-2} + 1$（$n \geq 3$）和初始条件 $g_1 = 1$、$g_2 = 3$ 定义。利用数学归纳法或其他方法证明 $g_n = 2f_{n+1} - 1$（$n \geq 1$），其中 $f_1, f_2, \cdots$ 为 Fibonacci 序列。
61. 给出公式

$$u_n = \begin{cases} u_{3n+1} & \text{若 } n \text{ 为大于 1 的奇数} \\ u_{n/2} & \text{若 } n \text{ 为大于 1 的偶数} \end{cases}$$

和初始条件 $u_1 = 1$。解释为什么上面的公式不是一个递推关系。很久以来人们猜想对于所有的正整数 n，将 u_n 定义为 1。试对 $n = 2, \cdots, 7$ 计算 u_n。

62. 序列 $t_1, t_2, \cdots$ 由递推关系 $t_n = t_{n-1} t_{n-2}$（$n \geq 3$）和初始条件 $t_1 = 1$、$t_2 = 2$ 定义。下面的论断试图证明对任意 $n \geq 1$，有 $t_n = 1$，指出证明中的错误。

    基本步：当 $n = 1$ 时，由初始条件，$t_1 = 1$，命题成立。

    归纳步：假设对于任意 $k < n, t_k = 1$。证明 $t_n = 1$。

$$t_n = t_{n-1}t_{n-2}$$
$$= 1 \times 1 \quad \text{由归纳假设}$$
$$= 1$$

归纳步完成，故对任意 $n \geq 1$，$t_n = 1$。

63. 选取适当的 i，用 $C(n, i)$ 表示 $C(n+1, k)$，求出 $C(n, k)$ 的递推关系。其中 $C(n, k)$ 为 n 元素集合的 k 元素子集的数目。

64. 从 n 类对象中选择 k 个，不同的选法总数记为 $S(k, n)$。选择适当的 i，用 $S(k-1, i)$ 表示 $S(k, n)$，给出 $S(k, n)$ 的一个递推关系。

65. 将集合 $\{1, \cdots, n\}$ 到集合 $\{1, \cdots, k\}$ 上的函数总数记为 $S(n, k)$。证明 $S(n, k)$ 满足递推关系
$$S(n, k) = k^n - \sum_{i=1}^{k-1} C(k, i) S(n, i)$$

66. Lucas 序列 $L_1, L_2, \cdots$（以 Hanoi 塔难题的发明者 Édouard Lucas 的名字命名）由递推关系 $L_n = L_{n-1} + L_{n-2}$（$n \geq 3$）和初始条件 $L_1 = 1, L_2 = 3$ 定义。
    (a) 求 L_3、L_4、L_5 的值。
    (b) 证明 $L_{n+2} = f_{n+1} + f_{n+3}$（$n \geq 1$），其中 $f_1, f_2, \cdots$ 为 Fibonacci 序列。

67. 证明第一类 Stirling 数（参见 6.2 节练习 87）满足递推关系 $s_{n+1,k} = s_{n,k-1} + n s_{n,k}$。

68. 证明第二类 Stirling 数（参见 6.2 节练习 88）满足递推关系 $S_{n+1,k} = S_{n,k-1} + k S_{n,k}$。

*69. 证明 $S_{n,k} = \dfrac{1}{k!} \sum_{i=0}^{k} (-1)^i (k-i)^n C(k, i)$，其中 $S_{n,k}$ 为第二类 Stirling 数（参见 6.2 节练习 88）。

70. 根据经验公式，若某人以 $r\%$ 的复合年利率进行投资，可用 70 除以 r 得出资产翻倍所需的大约年数。解释此经验公式的合理性。

71. 用余因子法求 $n \times n$ 矩阵的行列式所需的乘法次数构成一个序列，给出这个序列的一个递推关系。

$1, 2, \cdots, n$ 上满足 $p(i) < p(i+1)$（$i = 1, 3, 5, \cdots$）和 $p(i) > p(i+1)$（$i = 2, 4, 6, \cdots$）的排列 p 称为递增/递减排列。例如，$1, 2, 3, 4$ 上共有 5 个递增/递减排列：$1, 3, 2, 4$；$1, 4, 2, 3$；$2, 3, 1, 4$；$2, 4, 1, 3$；$3, 4, 1, 2$。$1, 2, \cdots, n$ 上的递增/递减排列的数目记为 E_n（定义 $E_0 = 1$）。$E_0, E_1, E_2, \cdots$ 称为 Euler 数。

72. 列举 $1, 2, 3$ 上所有的递增/递减排列，E_3 的值是多少？

73. 列举 $1, 2, 3, 4, 5$ 上所有的递增/递减排列，E_5 的值是多少？

74. 证明对于 $1, 2, \cdots, n$ 上的所有递增/递减排列，必存在 i，使得 n 的位置为 $2i$。

*75. 利用练习 74 的结论得出递推关系 $E_n = \sum_{j=1}^{\lfloor n/2 \rfloor} C(n-1, 2j-1) E_{2j-1} E_{n-2j}$。

*76. 考虑必出现的 1 在递增/递减排列中的位置，得出递推关系 $E_n = \sum_{j=0}^{\lfloor (n-1)/2 \rfloor} C(n-1, 2j) E_{2j} E_{n-2j-1}$。

*77. 证明 $E_n = \dfrac{1}{2} \sum_{j=1}^{n-1} C(n-1, j) E_j E_{n-j-1}$。

7.2 求解递推关系

为求解序列 $a_0, a_1, \ldots$ 的递推关系，涉及到对一般项 a_n 寻求一个显式公式。本节介绍两种求解递推关系的方法：**迭代法**（iteration）和**常系数齐次线性递推关系法**（linear homogeneous recurrence relations with constant coefficients）。其他更有效的方法，如生成函数法，请参见[Brualdi]。[WWW]

利用迭代法求解序列 $a_0, a_1, \cdots$ 的递推关系时，先根据递推关系用 a_n 前面的 $a_{n-1}, \cdots, a_0$ 若干项表示 a_n。然后反复利用递推关系将 $a_{n-1}, \cdots, a_0$ 替换，直至得到 a_n 的显式公式。迭代法可用于求解形如例 7.1.3 的递推关系。

例 7.2.1 用迭代法求解递推关系

$$a_n = a_{n-1} + 3 \tag{7.2.1}$$

初始条件为

$$a_1 = 2$$

在式(7.2.1)中用 $n-1$ 代替 n，得

$$a_{n-1} = a_{n-2} + 3$$

将 a_{n-1} 的表达式代入式(7.2.1)，可得

$$a_n = \boxed{a_{n-1}} + 3$$
$$= \boxed{a_{n-2} + 3} + 3 \tag{7.2.2}$$
$$= a_{n-2} + 2 \cdot 3$$

在式(7.2.1)中用 $n-2$ 代替 n，得

$$a_{n-2} = a_{n-3} + 3$$

将 a_{n-2} 的表达式代入式(7.2.2)，可得

$$a_n = \boxed{a_{n-2}} + 2 \cdot 3$$
$$= \boxed{a_{n-3} + 3} + 2 \cdot 3$$
$$= a_{n-3} + 3 \cdot 3$$

一般来说，有

$$a_n = a_{n-k} + k \cdot 3$$

将 $k = n-1$ 代入上式，得

$$a_n = a_1 + (n-1) \cdot 3$$

因为 $a_1 = 2$，故可得序列 a 的显式公式

$$a_n = 2 + 3(n-1)$$

∎

例 7.2.2 利用迭代法解例 7.1.5 中的递推关系

$$S_n = 2S_{n-1}$$

初始条件为

$$S_0 = 1$$

通过迭代得

$$S_n = 2S_{n-1} = 2(2S_{n-2}) = \cdots = 2^n S_0 = 2^n$$

∎

例7.2.3 种群数目的增长 设在 $n=0$ 时刻 Rustic County 有 1000 头鹿,每过一个单位时间(从 $n-1$ 到 n),鹿的数目增长 10%。给出鹿数目的递推关系和初始条件,并用迭代法求解递推关系,得到 n 时刻鹿的数目的表达式。

将 n 时刻鹿的数目记为 d_n,故初始条件为

$$d_0 = 1000$$

$n-1$ 时刻到 n 时刻,鹿的数目增长 $d_n - d_{n-1}$,为 $n-1$ 时刻鹿数目的 10%。可得递推关系

$$d_n - d_{n-1} = 0.1 d_{n-1}$$

即

$$d_n = 1.1 d_{n-1}$$

利用迭代法求解递推关系:

$$d_n = 1.1 d_{n-1} = 1.1(1.1 d_{n-2}) = (1.1)^2 (d_{n-2})$$
$$= \cdots = (1.1)^n d_0 = (1.1)^n 1000$$

这种假设蕴含着指数增长关系。∎

例7.2.4 完成含有 n 个圆盘的 Hanoi 塔难题至少需要移动 c_n 步(参见例7.1.8),求序列 $\{c_n\}$ 的显式公式。

在例 7.1.8 中,给出了递推关系

$$c_n = 2c_{n-1} + 1 \tag{7.2.3}$$

和初始条件

$$c_1 = 1$$

将迭代法用于式(7.2.3),得

$$c_n = 2c_{n-1} + 1$$
$$= 2(2c_{n-2} + 1) + 1$$
$$= 2^2 c_{n-2} + 2 + 1$$
$$= 2^2 (2c_{n-3} + 1) + 2 + 1$$
$$= 2^3 c_{n-3} + 2^2 + 2 + 1$$
$$\vdots$$
$$= 2^{n-1} c_1 + 2^{n-2} + 2^{n-3} + \cdots + 2 + 1$$
$$= 2^{n-1} + 2^{n-2} + 2^{n-3} + \cdots + 2 + 1$$
$$= 2^n - 1$$

最后一步由几何级数求和公式得到(参见例2.4.4)。∎

例 7.2.5 使用迭代法求解递推关系

$$p_n = a - \frac{b}{k} p_{n-1}$$

其中 p_n 为例 7.1.9 的经济学模型中的价格。为简化公式，令 $s = -b/k$。

$$\begin{aligned}
p_n &= a + s p_{n-1} \\
&= a + s(a + s p_{n-2}) \\
&= a + as + s^2 p_{n-2} \\
&= a + as + s^2(a + s p_{n-3}) \\
&= a + as + as^2 + s^3 p_{n-3} \\
&\vdots \\
&= a + as + as^2 + \cdots + as^{n-1} + s^n p_0 \\
&= \frac{a - as^n}{1-s} + s^n p_0 \\
&= s^n \left(\frac{-a}{1-s} + p_0 \right) + \frac{a}{1-s} \\
&= \left(-\frac{b}{k} \right)^n \left(\frac{-ak}{k+b} + p_0 \right) + \frac{ak}{k+b}
\end{aligned} \tag{7.2.4}$$

若 $b/k < 1$，当 n 越来越大时，

$$\left(-\frac{b}{k} \right)^n \left(\frac{-ak}{k+b} + p_0 \right)$$

越来越小，价格稳定近似为 $ak/(k+b)$。若 $b/k = 1$，由式(7.2.4)可知 p_n 在 p_0 和 p_1 之间振荡。若 $b/k > 1$，由式(7.2.4)可知 p_n 增幅振荡。可从图形中得出以上的结论（参见例 7.1.9）。∎

下面考虑一种特殊的递推关系。

定义 7.2.6 形为

$$a_n = c_1 a_{n-1} + c_2 a_{n-2} + \cdots + c_k a_{n-k}, \quad c_k \neq 0 \tag{7.2.5}$$

的递推关系称为常系数 k 阶齐次线性递推关系。∎

注意，形如式(7.2.5)的常系数 k 阶齐次线性递推关系与 k 个初始条件

$$a_0 = C_0, \quad a_1 = C_1, \cdots, \quad a_{k-1} = C_{k-1}$$

唯一地确定序列 $a_0, a_1, \cdots$。

例 7.2.7 例 7.2.2 中的递推关系

$$S_n = 2 S_{n-1} \tag{7.2.6}$$

和 Fibonacci 序列

$$f_n = f_{n-1} + f_{n-2} \tag{7.2.7}$$

都是常系数齐次线性递推关系。式(7.2.6)为一阶递推关系，而式(7.2.7)为二阶递推关系。∎

例 7.2.8 递推关系

$$a_n = 3 a_{n-1} a_{n-2} \tag{7.2.8}$$

不是常系数齐次线性递推关系。在常系数齐次线性递推关系中，每一项都具有 ca_k 的形式，不允许出现形如 $a_{n-1}a_{n-2}$ 的项。式(7.2.8)被称为非线性递推关系。∎

例 7.2.9 递推关系

$$a_n - a_{n-1} = 2n$$

不是常系数齐次线性递推关系，因为等式右边不为 0。（这样的递推关系称为非齐次线性递推关系，练习 40~46 讨论了常系数非齐次线性递推关系。）∎

例 7.2.10 递推关系

$$a_n = 3na_{n-1}$$

不是常系数齐次线性递推关系，因为 $3n$ 不是常数。这是一个齐次线性递推关系（非常系数）。∎

通过下面的例子来讨论求解常系数齐次线性递推关系显式公式的一般方法。序列由递推关系

$$a_n = 5a_{n-1} - 6a_{n-2} \tag{7.2.9}$$

和初始条件

$$a_0 = 7, \quad a_1 = 16 \tag{7.2.10}$$

定义。

在数学上，经常试着求解某一问题的复杂示例，下面从一个简单版本的一个表达式开始。例 7.2.2 给出了一阶递推关系(7.2.6)的解形为

$$S_n = t^n$$

于是希望为常系数二阶线性齐次递推关系(7.2.9)也找到形如 $V_n = t^n$ 的解。

若 $V_n = t^n$ 为式(7.2.9)的解，则有

$$V_n = 5V_{n-1} - 6V_{n-2}$$

即

$$t^n = 5t^{n-1} - 6t^{n-2}$$

也即

$$t^n - 5t^{n-1} + 6t^{n-2} = 0$$

将上式除以 t^{n-2}，得

$$t^2 - 5t + 6 = 0 \tag{7.2.11}$$

解式(7.2.11)得

$$t = 2, t = 3$$

于是得到式(7.2.9)的两个解 S 和 T

$$S_n = 2^n, \quad T_n = 3^n \tag{7.2.12}$$

可以验证（参见定理 7.2.11），若 S 和 T 为式(7.2.9)的解，则 $bS + dT$ 也为式(7.2.9)的解，其中 b 和 d 为任意数。这时，通过方程

$$U_n = bS_n + dT_n$$
$$= b2^n + d3^n$$

来定义序列 U，则 U 是式(7.2.9)的解。为满足初始条件(7.2.10)，则必须有

$$7 = U_0 = b2^0 + d3^0 = b + d, \qquad 16 = U_1 = b2^1 + d3^1 = 2b + 3d$$

对 b、d 解这两个方程，得

$$b = 5, \qquad d = 2$$

于是，序列 U 定义为

$$U_n = 5 \cdot 2^n + 2 \cdot 3^n$$

可满足递推关系(7.2.9)和初始条件(7.2.10)。所以得

$$a_n = U_n = 5 \cdot 2^n + 2 \cdot 3^n, \qquad n = 0, 1, \cdots$$

下面总结和验证求解前面的常系数二阶齐次线性递推关系的方法。

定理 7.2.11 令

$$a_n = c_1 a_{n-1} + c_2 a_{n-2} \tag{7.2.13}$$

为常系数二阶齐次线性关系。

若 S 和 T 为式(7.2.13)的解，则 $U = bS + dT$ 也为式(7.2.13)的解。

若 r 为方程

$$t^2 - c_1 t - c_2 = 0 \tag{7.2.14}$$

的一个根，则序列 r^n ($n = 0, 1, \cdots$) 为式(7.2.13)的一个解。

若 a 为式(7.2.13)定义的序列，

$$a_0 = C_0, \quad a_1 = C_1 \tag{7.2.15}$$

且 r_1 和 r_2 为方程(7.2.14)的根，$r_1 \neq r_2$。则存在常数 b 和 d，使得

$$a_n = br_1^n + dr_2^n, \qquad n = 0, 1, \cdots$$

成立。

证明 由于 S 和 T 为式(7.2.13)的解，故

$$S_n = c_1 S_{n-1} + c_2 S_{n-2}, \qquad T_n = c_1 T_{n-1} + c_2 T_{n-2}$$

将上两等式分别乘以 b 和 d，再将两等式相加，得

$$U_n = bS_n + dT_n = c_1(bS_{n-1} + dT_{n-1}) + c_2(bS_{n-2} + dT_{n-2})$$
$$= c_1 U_{n-1} + c_2 U_{n-2}$$

故 U 为式(7.2.13)的解。

由于 r 为方程(7.2.14)的一个根，

$$r^2 = c_1 r + c_2$$

有

$$c_1 r^{n-1} + c_2 r^{n-2} = r^{n-2}(c_1 r + c_2) = r^{n-2} r^2 = r^n$$

故序列 r^n ($n = 0, 1, \cdots$) 为式(7.2.13)的一个解。

这时，若令 $U_n = br_1^n + dr_2^n$，则 U 为式(7.2.13)的一个解。为满足初始条件(7.2.15)，有

$$U_0 = b + d = C_0, \qquad U_1 = br_1 + dr_2 = C_1$$

将第一个等式乘以 r_1，再将两个等式相减，得

$$d(r_1 - r_2) = r_1 C_0 - C_1$$

因为 $r_1 - r_2 \neq 0$，故可解得 d，同理可解得 b。将 b 和 d 指定为以上方程组的解，则有

$$U_0 = C_0, \qquad U_1 = C_1$$

序列 a 由式(7.2.13)和式(7.2.15)定义，因为序列 U 也满足式(7.2.13)和式(7.2.15)，故 $U_n = a_n$ ($n = 0, 1, \cdots$)。

例 7.2.12　种群数目增长　设在 $n = 0$ 时刻 Rustic County 有 200 头鹿，$n = 1$ 时刻有 220 头鹿。$n - 1$ 时刻到 n 时刻鹿增长的数目是 $n - 2$ 时刻到 $n - 1$ 时刻鹿增长数目的两倍。给出定义 n 时刻鹿数目的递推关系和初始条件，然后求解递推关系。

令 d_n 表示 n 时刻鹿的数目。初始条件为

$$d_0 = 200, \qquad d_1 = 220$$

$n - 1$ 时刻到 n 时刻鹿增长的数目为 $d_n - d_{n-1}$，$n - 2$ 时刻到 $n - 1$ 时刻鹿增长的数目为 $d_{n-1} - d_{n-2}$。得递推关系为

$$d_n - d_{n-1} = 2(d_{n-1} - d_{n-2})$$

可写做

$$d_n = 3d_{n-1} - 2d_{n-2}$$

为求解递推关系，先解二次方程

$$t^2 - 3t + 2 = 0$$

得到两个根 1 和 2。故序列 d 具有形式

$$d_n = b \cdot 1^n + c \cdot 2^n = b + c2^n$$

为满足初始条件，有

$$200 = d_0 = b + c, \qquad 220 = d_1 = b + 2c$$

解这个方程组，得 $b = 180$，$c = 20$，则

$$d_n = 180 + 20 \cdot 2^n$$

与例 7.2.3 类似，鹿的数目呈指数增长。∎

例 7.2.13　求 Fibonacci 序列的显式公式。

Fibonacci 序列由二阶齐次线性递推关系

$$f_n - f_{n-1} - f_{n-2} = 0, \qquad n \geq 3$$

和初始条件

$$f_1 = 1, \qquad f_2 = 1$$

定义。

解二次方程
$$t^2 - t - 1 = 0$$
得根
$$t = \frac{1 \pm \sqrt{5}}{2}$$
故 Fibonacci 序列的解形为
$$f_n = b\left(\frac{1+\sqrt{5}}{2}\right)^n + d\left(\frac{1-\sqrt{5}}{2}\right)^n$$
为满足初始条件, 有
$$b\left(\frac{1+\sqrt{5}}{2}\right) + d\left(\frac{1-\sqrt{5}}{2}\right) = 1$$
$$b\left(\frac{1+\sqrt{5}}{2}\right)^2 + d\left(\frac{1-\sqrt{5}}{2}\right)^2 = 1$$
解方程组, 得
$$b = \frac{1}{\sqrt{5}}, \quad d = -\frac{1}{\sqrt{5}}$$
所以, Fibonacci 序列的显式公式为
$$f_n = \frac{1}{\sqrt{5}}\left(\frac{1+\sqrt{5}}{2}\right)^n - \frac{1}{\sqrt{5}}\left(\frac{1-\sqrt{5}}{2}\right)^n$$

令人奇怪的是 $\sqrt{5}$, 尽管 f_n 为整数, 但公式中却包含无理数.

定理 7.2.11 说明, 式(7.2.13)的任一解都可由两个基本解 r_1^n 和 r_2^n 给出. 但如果式(7.2.14)有两个相等根 r, 则只能得到一个基本解 r^n. 下面的定理表明 nr^n 为另一个基本解.

定理 7.2.14 令
$$a_n = c_1 a_{n-1} + c_2 a_{n-2} \tag{7.2.16}$$
为常系数二阶齐次线性递推关系.

令序列 a 满足式(7.2.16)且
$$a_0 = C_0, \quad a_1 = C_1$$
方程
$$t^2 - c_1 t - c_2 = 0 \tag{7.2.17}$$
有两个相等的根 r. 则存在常数 b 和 d, 使得
$$a_n = br^n + dnr^n, \quad n = 0, 1, \cdots$$
成立.

证明 由定理 7.2.11 的证明可知，序列 r^n（$n = 0, 1, \cdots$）为式(7.2.16)的一个解。下面证明序列 nr^n（$n = 0, 1, \cdots$）也是式(7.2.16)的一个解。

由于 r 为方程(7.2.17)的重根，故

$$t^2 - c_1 t - c_2 = (t - r)^2$$

所以

$$c_1 = 2r, \qquad c_2 = -r^2$$

有

$$c_1 \left[(n-1)r^{n-1}\right] + c_2 \left[(n-2)r^{n-2}\right] = 2r(n-1)r^{n-1} - r^2(n-2)r^{n-2}$$
$$= r^n \left[2(n-1) - (n-2)\right] = nr^n$$

故序列 nr^n（$n = 0, 1, \cdots$）为式(7.2.16)的一个解。

由定理 7.2.11，序列 U 为式(7.2.16)的一个解，其中 $U_n = br^n + dnr^n$。

存在常数 b 和 d 满足 $U_0 = C_0$ 和 $U_1 = C_1$ 的证明与定理 7.2.11 的论证类似，将这个证明留做一个练习（参见练习 48）。所以 $U_n = a_n, n = 0, 1, \cdots$。

例 7.2.15 求解递推关系

$$d_n = 4(d_{n-1} - d_{n-2}) \tag{7.2.18}$$

和初始条件

$$d_0 = 1 = d_1$$

根据定理 7.2.11，$S_n = r^n$ 为式(7.2.18)的一个解。其中 r 为方程

$$t^2 - 4t + 4 = 0 \tag{7.2.19}$$

的解。

所以，得到式(7.2.18)的解

$$S_n = 2^n$$

由于 2 是方程(7.2.19)的重根，故由定理 7.2.14，

$$T_n = n2^n$$

也是式(7.2.18)的解。因此式(7.2.18)的一般解形为

$$U = aS + bT$$

由初始条件

$$U_0 = 1 = U_1$$

可得

$$aS_0 + bT_0 = a + 0b = 1, \qquad aS_1 + bT_1 = 2a + 2b = 1$$

解方程组，得

$$a = 1, \qquad b = -\frac{1}{2}$$

因此式(7.2.18)的解为
$$d_n = 2^n - n2^{n-1}$$

一般来说，对于式(7.2.5)的常系数 k 阶齐次线性递推关系，若 r 为方程
$$t^k - c_1 t^{k-1} - c_2 t^{k-2} - \cdots - c_k = 0$$
的 m 重根，则可以证明
$$r^n, \quad nr^n, \quad \cdots, \quad n^{m-1}r^n$$
为式(7.2.5)的解。与解常系数二阶齐次线性递推关系类似，这个结论可以用于求解一般的常系数 k 阶齐次线性递推关系。一般结果的严格阐述和证明请参见[Brualdi]。

问题求解要点

求解一个由它的直接前导项 a_{n-1} 直接表示 a_n 的递推关系
$$a_n = \cdots a_{n-1} \cdots$$
使用迭代法，从第一个表达式
$$a_n = \cdots a_{n-1} \cdots$$
开始，将 a_{n-1} 用包含 a_{n-2} 的表达式替换，可得
$$a_n = \cdots a_{n-2} \cdots$$
如此不断替换，直到用初始条件 a_k（如 a_0）直接表达的 a_n 的表达式
$$a_n = \cdots a_k \cdots$$
其值用初始条件显式地给出，这时将 a_k 的值代入，就是递推关系的解。

求解递推关系
$$a_n = c_1 a_{n-1} + c_2 a_{n-2}$$
首先求解方程
$$t^2 - c_1 t - c_2 = 0$$
若解得两个不相等的根 r_1 和 r_2，$r_1 \neq r_2$ 则递推关系的解为
$$a_n = br_1^n + dr_2^n$$
其中 b 和 d 为常数，利用初始条件来确定常数的值。设 $a_0 = C_0$，$a_1 = C_1$，在
$$a_n = br_1^n + dr_2^n$$
中，令 $n = 0$ 和 $n = 1$，可得
$$C_0 = a_0 = b + d$$
$$C_1 = a_1 = br_1 + dr_2$$
然后解方程组
$$C_0 = b + d$$
$$C_1 = br_1 + dr_2$$
可得 b 和 d 的值，于是递推关系得解。

若方程

$$t^2 - c_1 t - c_2 = 0$$

有两个相同的根 r_1 和 r_2，$r_1 = r_2$，则递推关系的解为

$$a_n = br^n + dnr^n$$

其中 b 和 d 为常数，$r = r_1 = r_2$，利用初始条件来确定常数的值。设 $a_0 = C_0$，$a_1 = C_1$，在

$$a_n = br^n + dnr^n$$

中，令 $n = 0$ 和 $n = 1$，可得

$$C_0 = a_0 = b$$
$$C_1 = a_1 = br + dr$$

然后解方程组

$$C_0 = b$$
$$C_1 = br + dr$$

可得 b 和 d 的值，于是递推关系得解。

本节复习

1. 陈述如何用迭代法求解递推关系。 2. 什么是常系数 n 阶齐次线性递推关系。
3. 举出一个常系数二阶齐次线性递推关系的例子。
4. 陈述如何求解常系数二阶齐次线性递推关系。

练习

练习 1~10 中的每个递推关系是常系数齐次线性递推关系吗？如果是，给出每个常系数齐次线性递推关系的阶数。

1. $a_n = -3a_{n-1}$ 2. $a_n = 2na_{n-1}$ 3. $a_n = 2na_{n-2} - a_{n-1}$
4. $a_n = a_{n-1} + n$ 5. $a_n = 7a_{n-2} - 6a_{n-3}$ 6. $a_n = a_{n-1} + 1 + 2^{n-1}$
7. $a_n = (\lg 2n)a_{n-1} - [\lg(n-1)]a_{n-2}$ 8. $a_n = 6a_{n-1} - 9a_{n-2}$
9. $a_n = -a_{n-1} - a_{n-2}$ 10. $a_n = -a_{n-1} + 5a_{n-2} - 3a_{n-3}$

对所给的初始条件，求解练习 11~26 的递推关系。

11. 练习 1；$a_0 = 2$ 12. 练习 2；$a_0 = 1$ 13. 练习 4；$a_0 = 0$
14. 递推关系 $a_n = 2^n a_{n-1}$，$n > 0$；初始条件为 $a_0 = 1$。
15. $a_n = 6a_{n-1} - 8a_{n-2}$；$a_0 = 1$，$a_1 = 0$ 16. $a_n = 7a_{n-1} - 10a_{n-2}$；$a_0 = 5$，$a_1 = 16$
17. $a_n = 2a_{n-1} + 8a_{n-2}$；$a_0 = 4$，$a_1 = 10$ 18. $2a_n = 7a_{n-1} - 3a_{n-2}$；$a_0 = a_1 = 1$
19. 练习 6；$a_0 = 0$ 20. 练习 8；$a_0 = a_1 = 1$
21. $a_n = -8a_{n-1} - 16a_{n-2}$；$a_0 = 2$，$a_1 = -20$ 22. $9a_n = 6a_{n-1} - a_{n-2}$；$a_0 = 6$，$a_1 = 5$
23. Lucas 序列：$L_n = L_{n-1} + L_{n-2}$，$n \geq 3$；$L_1 = 1$，$L_2 = 3$
24. 7.1 节练习 53   25. 7.1 节练习 55
26. 7.1 节练习 56 前定义的递推关系
27. 设人口年增长率为 5%，2000 年的人口为 10 000，求 1970 年的人口。

28. 设在 $n = 0$ 时刻，Rustic County 的鹿的数目为 0，鹿的数目的自然年增长率为 20%，另外 n 时刻会引入 $100n$ 头鹿。写出一个 n 时刻鹿的数目的递推关系和初始条件，并求解递推关系。可以利用公式

$$\sum_{i=1}^{n-1} ix^{i-1} = \frac{(n-1)x^n - nx^{n-1} + 1}{(x-1)^2}$$

在练习 29~33 中，Toots 和 Sly 玩掷硬币游戏。二人各掷出一个美分，若结果相同，则 Toots 赢得一美分；若结果不同，则 Sly 赢得一美分。Toots 开始有 T 美分，Sly 开始有 S 美分。两人反复游戏，直至一人将另一人赢光。

29. 令 p_n 为 Toots 开始有 n 美分，Toots 赢光 Sly 的概率。写出 p_n 的递推关系。
30. p_0 的值为多少？
31. p_{S+T} 的值为多少？
32. 求解练习 29 的递推关系。
33. 求 Toots 赢光 Sly 的概率。

有时，递推关系并不是常系数齐次线性递推关系，但可以转换成常系数线性递推关系进行求解。在练习 34 和练习 35 中，替换后求解递推关系，然后得到原来的递推关系的解。

34. 求解递推关系 $\sqrt{a_n} = \sqrt{a_{n-1}} + 2\sqrt{a_{n-2}}$，初始条件为 $a_0 = a_1 = 1$。提示：可用 $b_n = \sqrt{a_n}$ 进行替换。

35. 求解递推关系 $a_n = \sqrt{\dfrac{a_{n-2}}{a_{n-1}}}$，初始条件为 $a_0 = 8$, $a_1 = 1/(2\sqrt{2})$。提示：对等式两边求对数，再用 $b_n = \lg a_n$ 进行替换。

对所给出的初始条件，求解练习 36~38 的递推关系。

36. $a_n = -2na_{n-1} + 3n(n-1)a_{n-2}$; $a_0 = 1, a_1 = 2$

*37. $c_n = 2 + \sum_{i=1}^{n-1} c_i, n \geq 2$; $c_1 = 1$

*38. $A(n, m) = 1 + A(n-1, m-1) + A(n-1, m), n-1 \geq m \geq 1, n \geq 2$; $A(n, 0) = A(n, n) = 1, n \geq 0$

39. 证明 $f_{n+1} \geq \left(\dfrac{1+\sqrt{5}}{2}\right)^{n-1}$, $n \geq 1$，其中 f 为 Fibonacci 序列。

40. 方程

$$a_n = c_1 a_{n-1} + c_2 a_{n-2} + f(n) \tag{7.2.20}$$

称为**二阶常系数非齐次线性递推关系**。

令 $g(n)$ 为方程(7.2.20)的解，证明方程(7.2.20)的任一解 U 具有形式

$$U_n = V_n + g(n) \tag{7.2.21}$$

其中 V 为线性齐次递推关系(7.2.13)的解。

若在方程(7.2.20)中有 $f(n) = C$，可以证明，当 1 不是方程

$$t^2 - c_1 t - c_2 = 0 \tag{7.2.22}$$

的根，则在方程(7.2.21)中 $g(n) = C'$；若 1 为方程(7.2.22)的非重根，则 $g(n) = C'n$；若 1 是方程(7.2.22)的二重根，则 $g(n) = C'n^2$。类似地，若 $f(n) = Cn$，可以证明，若 1 不是方程(7.2.22)的根，则 $g(n) = C'_1 n + C'_0$；若 1 是方程(7.2.22)的非重根，则 $g(n) = C'_1 n^2 + C'_0 n$；若 1 是方程(7.2.22)的二重根，则 $g(n) = C'_1 n^3 + C'_0 n^2$。若 $f(n) = Cn^2$，可以证明，若 1 不是方程(7.2.22)的根，则 $g(n) = C'_2 n^2 + C'_1 n + C'_0$；若 1

是方程(7.2.22)的非重根，则 $g(n) = C_2'n^3 + C_1'n^2 + C_0'$；若1是方程(7.2.22)的二重根，则 $g(n) = C_2'n^4 + C_1'n^3 + C_0'n^2$。若 $f(n) = C^n$，可以证明，若 C 不是方程(7.2.22)的根，则 $g(n) = C'C^n$；若 C 为方程(7.2.22)的非重根，则 $g(n) = C'nC^n$；若 C 是方程(7.2.22)的二重根，则 $g(n) = C'n^2C^n$。将 $g(n)$ 代入递推关系，列出配平等式两端系数的方程，即可解得常数的值。例如，等式两端的常数项必须相等，等式两端 n 的系数必须相等。利用以上的规律与练习40的结论，求练习41~46的递推关系的一般解。

41. $a_n = 6a_{n-1} - 8a_{n-2} + 3$
42. $a_n = 7a_{n-1} - 10a_{n-2} + 16n$
43. $a_n = 2a_{n-1} + 8a_{n-2} + 81n^2$
44. $2a_n = 7a_{n-1} - 3a_{n-2} + 2^n$
45. $a_n = -8a_{n-1} - 16a_{n-2} + 3n$
46. $9a_n = 6a_{n-1} - a_{n-2} + 5n^2$

47. 方程
$$a_n = f(n)a_{n-1} + g(n)a_{n-2} \qquad (7.2.23)$$
称为**二阶齐次线性递推关系**。系数 $f(n)$ 和 $g(n)$ 可不为常数。证明若 S 和 T 为方程(7.2.23)的解，则 $bS + dT$ 也是方程(7.2.23)的解。

48. 设方程 $t^2 - c_1t - c_2 = 0$ 的重根为 r，且 a_n 满足 $a_n = c_1a_{n-1} + c_2a_{n-2}$，$a_0 = C_0$，$a_1 = C_1$。证明存在常数 b 和 d，使 $a_n = br^n + dnr^n$（$n = 0, 1, \cdots$）成立。从而完成了定理7.2.14的证明。

49. 令 a_n 为解决 n 个节点的通信问题（参见7.1节练习51）所需要的最少连接数。利用迭代法证明 $a_n \leq 2n - 4$，$n \geq 4$。

含 n 个圆盘、四个桩子的Hanoi塔难题与三个桩子的Hanoi塔难题的规则相同，唯一的区别是多一个可用的桩子。练习50~53涉及求解四个桩子的Hanoi塔难题。

设四个桩子分别为1、2、3、4，目标是将原本堆在1号桩子上的所有圆盘移动到4号桩子上。若 $n = 1$，则可以直接将圆盘移动到4号桩子上。若 $n > 1$，令 k_n 为满足

$$\sum_{i=1}^{k_n} i \leq n$$

的最大整数，将1号桩子下面的 k_n 个圆盘固定，递归调用算法将1号桩上面的 $n - k_n$ 个圆盘移动到2号桩子上。算法执行中，1号桩下面的 k_n 个盘是固定的。然后利用3个桩子的Hanoi塔难题的最优解法（参见例7.1.8），在1、3、4号桩子上将1号桩子上的 k_n 个圆盘移动到4号桩子上。最后，递归调用算法将2号桩子上的 $n - k_n$ 个圆盘移动到4号桩子上。移动的过程中，4号桩子上的 k_n 个圆盘始终固定不动。算法需要的步数记为 $T(n)$。

虽然目前还不能证明这个算法是最优的，但是这个算法优于已经提出的4个桩子问题的其他算法。

50. 得出递推关系 $T(n) = 2T(n - k_n) + 2^{k_n} - 1$。
51. 计算 $T(n)$，$n = 1, \cdots, 10$。并与求解3个桩子的Hanoi塔难题所需的最优步数做比较。
*52. 令 $r_n = n - \dfrac{k_n(k_n + 1)}{2}$。利用数学归纳法或其他方法，证明 $T(n) = (k_n + r_n - 1)2^{k_n} + 1$。
*53. 证明 $T(n) = O(4^{\sqrt{n}})$。
*54. Hanoi塔难题的一种变体与标准的Hanoi塔难题的区别如下：在变体Hanoi塔难题中，除了起始桩子和目的桩子以外的第三个桩子上，只要求最大的圆盘在最底部，而上面的圆盘可以呈任意次序摆放。变体Hanoi塔难题的目标与标准Hanoi塔难题相同，仍然是将若干个从小到大排列（从上到下）的圆盘从起始桩子移动到目标桩子上，移动后仍然是从小到大排列（从上到下）。给出一个求解变体Hanoi塔难题的最优算法，证明算法的最优性。这个问题是由 John McCarthy 提出的。

问题求解：递推关系

问题

(a) 若干个人购买光盘，他们的名字和要购买的光盘序号记录在电子表格中：

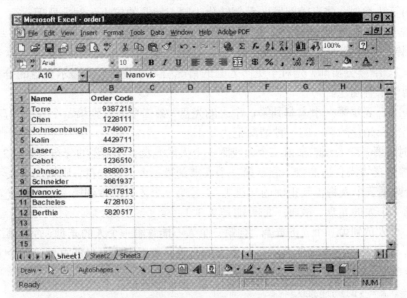

准备购买光盘人的名字按字母序排列，但由于误操作，光盘序号并没有与名字对应排列：

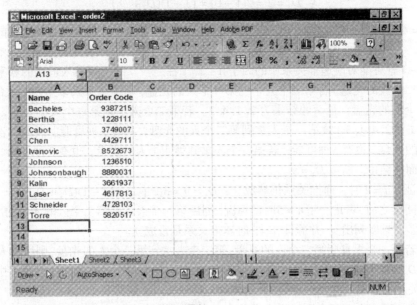

结果，所有的人收到的都不是想要购买的光盘。n个人每个人收到的都不是想要的光盘，共有D_n种可能。证明序列$D_1, D_2, \cdots$满足递推关系$D_n = (n-1)(D_{n-1} + D_{n-2})$。

(b) 用$C_n = D_n - nD_{n-1}$代入，求解(a)中的递推关系。

问题分析

在问题分析之前，对问题(a)进行必要的考虑。为证明递推关系，需将n个人的问题转化为$(n-1)$个人的问题和$(n-2)$个人的问题（因为递推关系中的D_n用D_{n-1}和D_{n-2}表示）。于是通过系统的举例，发现n个人的问题与$n-1$个人的问题和$n-2$个人的问题之间的关系。这种方法与数学归纳法和递归算法类似，将已给问题的示例转化为同一问题的较小示例来处理。

举例来说，最小的示例是$n=1$，只有一个人，一定能拿到正确的光盘，故$D_1=0$。$n=2$时，两个人都拿到错误的光盘只有一种可能：第一个人拿到第二个人的光盘，第二个人拿到第一个人的光盘，故$D_2=1$。继续分析前，先对更多人时的情况引入一些符号来表示光盘的分布，引入合适的符号会有助于求解问题。

令$c_1, c_2, \cdots, c_n$表示第一个人拿到第c_1个人的光盘，第二个人拿到第c_2个人的光盘，以此类推。两个人都拿到错误光盘的唯一的一种情况记为2, 1。

当$n=3$时，第一个人只能拿第二个人或第三个人的光盘，故光盘的分布只能为2, ?, ?或3, ?, ?。下面在"?"的位置填入合适的数。假定第一个人拿到第二个人的光盘，则第二个人不能拿第一个人的光盘（否则第三个人将得到正确的光盘）。于是第二个人只能拿到第三个人的光盘，第三个人也只能拿到第一个人的光盘。故唯一的可能是2, 3, 1。

假定第一个人拿到第三个人的光盘，则第三个人不能拿第一个人的光盘（否则第二个人将得到正确的光盘）。于是第三个人只能拿到第二个人的光盘，第二个人也只能拿到第一个人的光盘。故唯一的可能是3, 1, 2。所以，$D_3=2$。

可验证一下$n=3$时的递推关系

$$D_3 = 2 = 2(1+0) = (3-1)(D_2 + D_1)$$

成立。当$n=4$时，第一个人只能拿第二个人或第三个人或第四个人的光盘，故光盘的分布只能为2, ?, ?, ?或3, ?, ?, ?或4, ?, ?, ?。（若有n个人，则第一个人可以拿第二个人到第n个人中任意一人的光盘，这$n-1$种可能对应递推关系中的因子$n-1$。）在"?"的位置填入适当的数字。假设第一个人拿到第二个人的光盘。若第二个人拿到第一个人的光盘，则第三个人拿第四个人的光盘，第四个人拿第三个人的光盘，最后的结果为2, 1, 4, 3。若第二个人不拿第一个人的光盘，则可能的结果为2, 3, 4, 1和2, 4, 1, 3。故第一个人拿到第二个人的光盘，共有3种可能。同理，若第一个人拿到第三个人的光盘，也有3种可能；若第一个人拿到第四个人的光盘，也有3种可能。可以通过穷举法验证上面的结论。所以$D_4=9$。

可以验证，$n=4$时，递推关系仍然成立：$D_4 = 9 = 3(2+1) = (4-1)(D_3 + D_2)$。

在继续阅读之前，考虑一下$n=5$时的情况。列出第一个人拿到第二个人的光盘的所有可能（全部的可能太多，难以列出）。并验证$n=5$时递推关系是否成立。

注意到若第一个人拿到第二个人的光盘，第二个人拿到第一个人的光盘，则所有人全部拿到错误光盘共有D_{n-2}种可能（剩下的$n-2$个人全部拿到错误光盘即可），这恰与递推关系中的D_{n-2}一项对应。递推关系中还有一项D_{n-1}，可由此猜测：若第一个人拿到第二个人的光盘，第二个人不拿第一个人的光盘，所有人全部拿到错误光盘共有D_{n-1}种可能。

求解

设有n个人。总结一下从上面的例子中得到的规律。第一个人可以拿第2个人到第n个人中任意一人的光盘，故第一个人拿错光盘共有$n-1$种可能。假设第一个人拿到第二个人的光盘，可分为两种情况：第二个人拿到第一个人的光盘；第二个人不拿第一个人的光盘。若第二个人拿到第一个人的光盘，则有 D_{n-2} 种可能使每个人都拿错光盘。第二个人不拿第一个人光盘的情况尚未分析。

仔细分析一下这种情况。第 $2, 3, \cdots, n$ 个人要拿到第 $1, 3, 4, \cdots, n$ 个人的光盘（因为第一个人已经拿了第二个人的光盘）。要求出第 $2, 3, \cdots, n$ 个人每人都拿错光盘，且第二个人不拿第一个人的光盘的不同拿法数。若将第一个人的光盘看做第二个人的光盘，则问题与 $n-1$ 个人的问题相同，因为在 $n-1$ 个人的问题中，第二个人不能拿自己的光盘。故第 $2, 3, \cdots, n$ 个人共有 D_{n-1} 种可能都拿错光盘且第二个人不拿第一个人的光盘。所以，若第一个人拿到第二个人的光盘，则共有 $D_{n-1} + D_{n-2}$ 种可能使其他人全部拿错光盘。又因为第一个人拿错光盘有 $n-1$ 种可能，于是可得递推关系。

在递推关系中，D_n 由 D_{n-1} 和 D_{n-2} 来定义，故不能用迭代法解出递推关系。而且递推关系不是常系数的（尽管是线性的），故不能直接用定理 7.2.11 或定理 7.2.14 求解。于是，只能利用问题(b)中的提示替换。可验证替换后，序列 C_n 的递推关系可以用 7.2 节中介绍的方法直接求解。

将

$$D_n = (n-1)(D_{n-1} + D_{n-2})$$

展开，可得

$$D_n = nD_{n-1} - D_{n-1} + (n-1)D_{n-2}$$

将 nD_{n-1} 一项移到等式的左边（使等式左边为 C_n），可得

$$D_n - nD_{n-1} = -D_{n-1} + (n-1)D_{n-2}$$

上式中左边为 C_n，右边为 $-C_{n-1}$，于是得递推关系

$$C_n = -C_{n-1}$$

可用迭代法求解这个递推关系。

形式解

问题(a)：设 n 个人全部拿错光盘。考虑某个人 p 拿到了 q 的光盘。分为两种情况：q 拿到了 p 的光盘，q 没有拿到 p 的光盘。

若 q 拿到了 p 的光盘，则剩下的 $n-2$ 个人要乱序拿走他们的光盘，故共有 D_{n-2} 种拿法。

可证明若 q 没有拿到 p 的光盘，则共有 D_{n-1} 种拿法。因为除 p 之外的 $n-1$ 个人要拿到除 q 的光盘（p 拥有）之外的 $n-1$ 张光盘。若暂时认为 p 的光盘属于 q，则这 $n-1$ 个人的每一种拿法对应 p 的光盘不属于 q 但 q 不能拿到 p 的光盘的一种拿法。因为 $n-1$ 个人每人都拿错的拿法有 D_{n-1} 种，故除 p 之外的 $n-1$ 个人要拿到除 q 的光盘之外的 $n-1$ 张光盘，且 q 不能拿到 p 的光盘，共有 D_{n-1} 种拿法。

所以，若 p 拿到了 q 的光盘，则共有 $D_{n-1} + D_{n-2}$ 种拿法使每个人都拿到别人的光盘。又因为 p 可以选择其他 $n-1$ 个人的任意一张光盘，于是可得要证的递推关系。

问题(b)：用提示的替换，得 $C_n = -C_{n-1}$。

利用迭代法，得

$$\begin{aligned}
C_n &= (-1)^1 C_{n-1} \\
&= (-1)^2 C_{n-2} = \cdots \\
&= (-1)^{n-2} C_2 \\
&= (-1)^n C_2 \\
&= (-1)^n (D_2 - 2D_1) = (-1)^n
\end{aligned}$$

故 $D_n - nD_{n-1} = (-1)^n$。

用迭代法解这个递推关系，得

$$\begin{aligned}
D_n &= (-1)^n + nD_{n-1} \\
&= (-1)^n + n[(-1)^{n-1} + (n-1)D_{n-2}] \\
&= (-1)^n + n(-1)^{n-1} \\
&\quad + n(n-1)[(-1)^{n-2} + (n-2)D_{n-3}] \\
&\vdots \\
&= (-1)^n + n(-1)^{n-1} + n(n-1)(-1)^{n-2} + \cdots \\
&\quad - [n(n-1)\cdots 4] + [n(n-1)\cdots 3]
\end{aligned}$$

问题求解技巧小结

- 分析复杂的例子时，最好引入一些描述例子的符号，仔细地选择合适的符号会有助于求解问题。
- 举例分析后，试图发现当前问题与同一问题的小的示例间的关系。
- 详细地写出所需计数的对象满足的条件，这种做法经常是有帮助的。
- 其他递推关系有时也能转换为常系数齐次线性递推关系。转换后可直接运用7.2节介绍的方法求解。

说明

每一个元素都不在原来的位置的排列称为**乱序排列**（derangement）。

概率

若认为每种排列出现的机会均等，则可以计算没有人拿到自己的光盘的概率。这种情况下，所有的排列数为 $n!$，没有人拿到自己的光盘的概率为

$$\begin{aligned}
\frac{D_n}{n!} &= \frac{1}{n!}\{(-1)^n + n(-1)^{n-1} \\
&\quad + n(n-1)(-1)^{n-2} + \cdots \\
&\quad - [n(n-1)\cdots 4] + [n(n-1)\cdots 3]\} \\
&= \frac{(-1)^n}{n!} + \frac{(-1)^{n-1}}{(n-1)!} + \frac{(-1)^{n-2}}{(n-2)!} + \cdots \\
&\quad - \frac{1}{3!} + \frac{1}{2!}
\end{aligned}$$

当 n 增大时，增加的项越来越小，概率的变化也越来越小。换句话说，当 n 足够大时，没有人拿到自己的光盘的概率几乎与人数 n 无关。

微积分中学过

$$e^x = \sum_{i=0}^{\infty} \frac{x^i}{i!}$$

特别令 $x = -1$，可得

$$e^{-1} = \sum_{i=0}^{\infty} \frac{(-1)^i}{i!} = \frac{1}{2!} - \frac{1}{3!} + \frac{1}{4!} \cdots$$

故当 n 足够大时，没有人拿到自己的光盘的概率大约为 $e^{-1} = 0.368$。

7.3 在算法分析中的应用

本节中，将利用递推关系分析算法的执行时间。a_n 代表算法输入问题规模为 n 时，执行算法（最好、平均、最坏）所需的时间，这样可以研究求出序列 $a_1, a_2, \cdots$ 的递推关系和初始条件的方法。通过求解递推关系来得到执行算法所需的时间。

首先分析一类选择排序算法。这个算法找出最大的元素，并将最大的元素排到队尾，递归地重复执行该过程直至全部排好。

算法 7.3.1　选择排序　这个算法将序列

$$s_1, s_2, \cdots, s_n$$

按非递减顺序排列。先将最大的元素置于队列尾，然后递归地排列剩下的元素。　　[WWW]

输入：$s_1, s_2, \cdots, s_n$ 和序列的长度 n

输出：$s_1, s_2, \cdots, s_n$，按非递减顺序排列

```
1.  selection_sort(s,n) {
2.      // 基本情况
3.      if (n == 1)
4.          return
5.      // 找到最大的元素
6.      max_index = 1  // 初始时认为 s₁ 是最大的元素
7.      for i = 2 to n
8.          if (sᵢ > s_max_index)  // 比较得到较大的元素，并更新最大元素
9.              max_index = i
10.     // 将最大的元素移至队列尾
11.     swap(sₙ, s_max_index)
12.     selection_sort (s, n – 1)
13. }
```

为了度量算法的执行时间，需计算对 n 个数排序时第 8 行的比较语句的执行次数 b_n。（注意这个算法对于最好情形、平均情形和最坏情形所需的执行时间相同。）可得初始条件

$$b_1 = 0$$

为得到序列 $b_1, b_2, \cdots$ 的递推关系，可以模拟算法输入 $n > 1$ 个数时的执行情况。计算比较语句执行的次数，然后求这些次数的和，便得出比较的总次数 b_n。在第 1 行~第 7 行，没有执行比较语句；在第 8 行，比较语句被执行了 $n – 1$ 次（因为第 7 行使第 8 行执行 $n – 1$ 次）；在第 9 行~第 11 行，没有执行比较语句；第 12 行为递归调用算法，规模为 $n – 1$。由定义，对规模 $n – 1$ 时，算法需 b_{n-1} 次比较。于是第 12 行执行了 b_{n-1} 次比较语句。所以，比较语句执行次数为

$$b_n = n - 1 + b_{n-1}$$

于是得到了所希望的序列 b_n 的递推关系。

可用迭代法求解递推关系：

$$\begin{aligned}
b_n &= b_{n-1} + n - 1 \\
&= (b_{n-2} + n - 2) + (n - 1) \\
&= (b_{n-3} + n - 3) + (n - 2) + (n - 1) \\
&\vdots \\
&= b_1 + 1 + 2 + \cdots + (n - 2) + (n - 1) \\
&= 0 + 1 + 2 + \cdots + (n - 1) = \frac{(n-1)n}{2} = \Theta(n^2)
\end{aligned}$$

故算法 7.3.1 的时间复杂度为 $\Theta(n^2)$。

下一个算法（参见算法 7.3.2）是**二分法查找**（binary search）。二分法查找是在已排序的序列中查找给定的数，找到则返回这个数的下标，找不到返回 0。算法采用分割序列的办法，将序列分为大致相等的两半（参见算法第 4 行）。若给定的数在分割点上（第 5 行），则算法结束。若给定的数不在分点上，因为序列已排序，故第 7 行的比较语句可以确定要查找的数可能在序列的哪一半，然后可以递归调用此算法（第 11 行）在可能的一半中继续查找。

算法 7.3.2　二分法查找　算法在非递减排列的序列中查找给定的数，找到则返回这个数的下标，找不到则返回 0。

输入：一个非递减序列 $s_i, s_{i+1}, \cdots, s_j$（$i \geq 1$），要查找的数 key、i、j
输出：若存在 $s_k = key$，则输出 k；若 key 不在序列中，输出 0

1. $binary\_search(s, i, j, key)$ {
2. 　if $(i > j)$ // 没有找到
3. 　　return 0
4. 　$k = \lfloor (i+j)/2 \rfloor$
5. 　if $(key == s_k)$ // 找到
6. 　　return k
7. 　if $(key < s_k)$ // 在序列的前半段中查找
8. 　　$j = k - 1$
9. 　else // 在序列的后半段中查找
10. 　　$i = k + 1$
11. 　return $binary\_search(s, i, j, key)$
12. }

例 7.3.3　分析算法 7.3.2 在输入

$$s_1 = \text{`B'}, \quad s_2 = \text{`D'}, \quad s_3 = \text{`F'}, \quad s_4 = \text{`S'}$$

和 $key = \text{`S'}$ 时如何执行。第 2 行中，$i > j$（$1 > 4$）为假，直接跳转到第 4 行，第 4 行将 $k$ 赋值为 2。第 5 行中，由于 $key$（'S'）与 $s_2$（'D'）不相等，跳转到第 7 行。第 7 行中，$key < s_k$（'S' < 'D'）为假，直接跳转到第 10 行。第 10 行将 $i$ 赋值为 3。第 11 行进行递归调用，输入为 $i = 3, j = 4, key = \text{`S'}$，

$$s_3 = \text{'}F\text{'}, \qquad s_4 = \text{'}S\text{'}$$

第2行中，$i>j$（3>4）为假，直接跳转到第4行，第4行将k赋值为3。第5行中，由于key（'S'）与s_3（'F'）不相等，跳转到第7行。第7行中，$key<s_k$（'S'<'F'）为假，直接跳转到第10行。第10行将i赋值为4。第11行进行递归调用，输入为$i=j=4$，$key=$'S'，

$$s_4 = \text{'}S\text{'}$$

第2行中，$i>j$（4>4）为假，直接跳转到第4行，第4行将k赋值为4。第5行中，由于key（'S'）与s_4（'S'）相等，返回key在序列s中的下标4。∎

下面讨论最坏情形下的二分法查找算法。将最坏情形下执行的时间定义为算法被调用的次数，并将输入长度为n的序列时最坏情形下的执行时间记为a_n。

设$n=1$，即序列只包含一个元素s_i，且$i=j$。在最坏情形下，第5行没有找到已给的数，比较结果为假，在第11行第二次调用算法。第二次递归调用时，$i>j$，故算法在第3行以查找失败结束。可以证明，若$n=1$，则算法被调用两次。所以，初始条件为

$$a_1 = 2 \tag{7.3.1}$$

设$n>1$，此时$i<j$，则第2行的条件为假。在最坏情形下，第5行没有找到已给的数，比较结果为假，在第11行第二次调用算法。根据定义，此时第11行的递归调用总次数为u_m，其中m为第11行输入序列的长度。原始序列在分割点左侧和右侧的长度分别为$\lfloor (n-1)/2 \rfloor$和$\lfloor n/2 \rfloor$，最坏情形下第11行的输入序列为较长的子序列，故第11行的递归总次数为$a_{\lfloor n/2 \rfloor}$。调用的总次数为第11行的调用总次数加上最初的一次调用，可得递推关系为

$$a_n = 1 + a_{\lfloor n/2 \rfloor} \tag{7.3.2}$$

递推关系(7.3.2)是分割递归调用算法的典型结果。直接求解这类递推关系并不容易（但仍可解，参见练习6）。但对序列调用增长只需做数量级的估算。这里给出一个对由式(7.3.1)和式(7.3.2)定义的序列做数量级估算的方法，这是处理这种递推关系的一般方法。首先对n为2的整数次幂的情况求解式(7.3.2)。若n不是2的整数次幂，设n在2^{k-1}和2^k之间，则a_n在$a_{2^{k-1}}$和a_{2^k}之间。$a_{2^{k-1}}$和a_{2^k}可由公式直接求得，于是可对任意一个a_n的数量级做出估计。

首先，对n为2的整数次幂的情况求解递推关系(7.3.2)。设$n=2^k$，代入式(7.3.2)，得

$$a_{2^k} = 1 + a_{2^{k-1}}, \qquad k=1,2,\cdots$$

令$b_k = a_{2^k}$，可得递推关系

$$b_k = 1 + b_{k-1}, \qquad k=1,2,\cdots \tag{7.3.3}$$

初始条件为

$$b_0 = 2$$

可用迭代法求解式(7.3.3)的递推关系：

$$b_k = 1 + b_{k-1} = 2 + b_{k-2} = \cdots = k + b_0 = k + 2$$

故若$n = 2^k$，

$$a_n = 2 + \lg n \tag{7.3.4}$$

任意的n必在2的某两个幂次之间，即

$$2^{k-1} < n \leq 2^k \tag{7.3.5}$$

因为序列 a 为非递减序列（可用数学归纳法证明，参见练习 5），所以

$$a_{2^{k-1}} \leq a_n \leq a_{2^k} \tag{7.3.6}$$

由式(7.3.5)得

$$k - 1 < \lg n \leq k \tag{7.3.7}$$

由式(7.3.4)、式(7.3.6)和式(7.3.7)可得

$$\lg n < 1 + k = a_{2^{k-1}} \leq a_n \leq a_{2^k} = 2 + k < 3 + \lg n = O(\lg n)$$

所以，$a_n = \Theta(\lg n)$，即二分法查找在最坏情形下的时间复杂度为 $\Theta(\lg n)$。这是一个重要的结论，可将它写成一个定理。

定理 7.3.4 对输入规模为 n 的二分法查找，在最坏情形下的时间复杂度为 $\Theta(\lg n)$。

证明 前面已阐述了定理的证明。

我们利用本节的最后一个例子来分析另外一种排序算法——**归并排序**（merge sort）（参见算法 7.3.8）。将要证明归并排序最坏情形下的时间复杂度为 $\Theta(n \lg n)$，而选择排序最坏情形下的时间复杂度为 $\Theta(n^2)$。所以对于大规模的排序问题，归并排序要比选择排序（参见算法 7.3.1）快很多。在 9.7 节中，将证明任何一种进行元素比较且基于比较结果的排序算法，最坏情形的复杂度均为 $\Omega(n \lg n)$。故归并排序算法是这些排序算法中最优的一个。

在归并排序中，将待排序的序列

$$s_i, \cdots, s_j$$

分为两个大致相等的序列，

$$s_i, \cdots, s_m, \quad s_{m+1}, \cdots, s_j$$

其中 $m = \lfloor (i+j)/2 \rfloor$。递归调用算法本身，将两个序列分别排序，然后归并两个序列从而完成对初始序列的排序。将两个已排序的序列合为一个序列的过程称为**归并**（merging）。

算法 7.3.5 归并两个序列 算法将两个非递减序列组合为一个非递减序列。

输入：两个非递减序列：$s_i, \cdots, s_m$ 和 $s_{m+1}, \cdots, s_j$，以及标号 i, m, j
输出：递增序列 $c_i, \cdots, c_j$，由序列 $s_i, \cdots, s_m$ 和 $s_{m+1}, \cdots, s_j$ 中的所有元素组合而成

```
1.   merge(s, i, m, j, c) {
2.       //p 为序列 s_i, ⋯, s_m 中的指针
3.       //q 为序列 s_{m+1}, ⋯, s_j 中的指针
4.       //r 为序列 c_i, ⋯, c_j 中的指针
5.       p = i
6.       q = m + 1
7.       r = i
8.       // 复制 s_p 和 s_q 中较小的数
9.       while (p ≤ m ∧ q ≤ j) {
```

```
10.        if (s_p < s_q) {
11.            c_r = s_p
12.            p = p + 1
13.        }
14.        else {
15.            c_r = s_q
16.            q = q + 1
17.        }
18.        r = r + 1
19.    }
20.    // 复制第一个序列中剩余的元素
21.    while (p ≤ m) {
22.        c_r = s_p
23.        p = p + 1
24.        r = r + 1
25.    }
26.    // 复制第二个序列中剩余的元素
27.    while (q ≤ j) {
28.        c_r = s_q
29.        q = q + 1
30.        r = r + 1
31.    }
32. }
```

例 7.3.6 图 7.3.1 显示了算法 7.3.5 归并序列

$$1, 3, 4 \quad \text{和} \quad 2, 4, 5, 6$$

的过程。

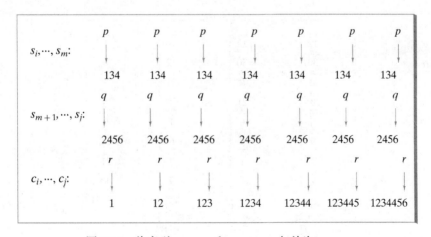

图 7.3.1 将序列 $s_i, \cdots, s_m$ 和 $s_{m+1}, \cdots, s_j$ 归并为 $c_i, \cdots, c_j$ ■

定理 7.3.7 证明了将两个长度和为 n 的序列归并，最坏情形下需要 $n-1$ 次比较。

定理 7.3.7 在最坏情形下，算法 7.3.5 需要 $j-i$ 次比较。特别是在最坏情形下，归并两个长度和为 n 的序列，需要 $n-1$ 次比较。

证明 在算法 7.3.5 中，在 while 循环中的第 10 行对序列中的元素进行比较。当 $p \le m$ 且 $q \le j$ 时执行 while 循环，故最坏情形下算法 7.3.5 需要 $j-i$ 次比较。

下面在算法 7.3.5（归并算法）的基础上写出归并排序算法。

算法 7.3.8 归并排序 递归算法利用算法 7.3.5，将序列按非递减顺序排列。　　[WWW]

输入：序列 $s_i, \cdots, s_j$ 和标号 i、j
输出：将序列 $s_i, \cdots, s_j$ 按非递减顺序排列

1. $merge\_sort(s, i, j)$ {
2. 　// 基本情况：$i == j$
3. 　if ($i == j$)
4. 　　return
5. 　// 将序列分为两个子列，分别排序
6. 　$m = \lfloor (i+j)/2 \rfloor$
7. 　$merge\_sort(s, i, m)$
8. 　$merge\_sort(s, m+1, j)$
9. 　// 归并
10. 　$merge(s, i, m, j, c)$
11. 　// 将归并的结果 c 复制到 s 中
12. 　for $k = i$ to j
13. 　　$s_k = c_k$
14. }

例 7.3.9 图 7.3.2 表明了算法 7.3.8 如何将序列

$$12, 30, 21, 8, 6, 9, 1, 7$$

排序。

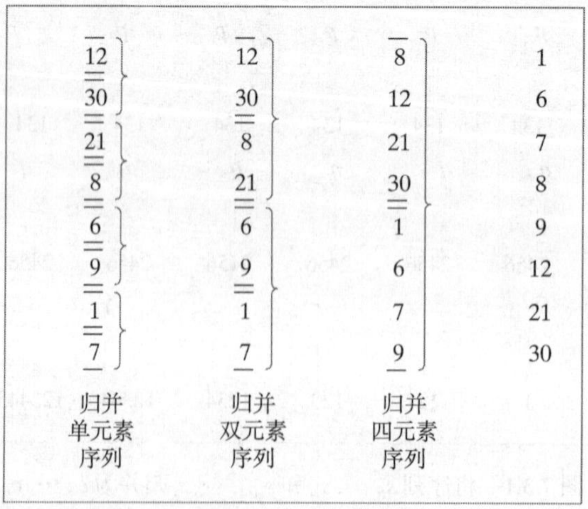

12	12	8	1
30	30	12	6
21	8	21	7
8	21	30	8
6	6	1	9
9	9	6	12
1	1	7	21
7	7	9	30
归并单元素序列	归并双元素序列	归并四元素序列	

图 7.3.2 归并排序

在本节的最后，我们将证明归并排序（参见算法7.3.8）在最坏情形下的时间复杂度为$\Theta(n \lg n)$。证明的方法与证明二分法查找在最坏情形下的时间复杂度为$\Theta(\lg n)$的方法相同。

定理7.3.10 归并排序（参见算法7.3.8）在最坏情形下的时间复杂度为$\Theta(n \lg n)$。

证明 令a_n为算法7.3.8排列n个元素在最坏情形下需要比较的次数。则$a_1 = 0$。若$n > 1$，a_n不超过在第7行和第8行递归调用中最坏情形下所需的比较次数与在第10行归并时最坏情形下所需的比较次数之和。即

$$a_n \leq a_{\lfloor n/2 \rfloor} + a_{\lfloor (n+1)/2 \rfloor} + n - 1$$

事实上，这个不等式的上界是可以达到的（参见练习12），使

$$a_n = a_{\lfloor n/2 \rfloor} + a_{\lfloor (n+1)/2 \rfloor} + n - 1$$

首先对n为2的整数次幂的情况求解这个递推关系，令$n = 2^k$。等式化为

$$a_{2^k} = 2a_{2^{k-1}} + 2^k - 1$$

可用迭代法解出这个递推关系（参见7.2节）：

$$\begin{aligned}
a_{2^k} &= 2a_{2^{k-1}} + 2^k - 1 \\
&= 2[2a_{2^{k-2}} + 2^{k-1} - 1] + 2^k - 1 \\
&= 2^2 a_{2^{k-2}} + 2 \cdot 2^k - 1 - 2 \\
&= 2^2[2a_{2^{k-3}} + 2^{k-2} - 1] + 2 \cdot 2^k - 1 - 2 \\
&= 2^3 a_{2^{k-3}} + 3 \cdot 2^k - 1 - 2 - 2^2 \\
&\vdots \\
&= 2^k a_{2^0} + k \cdot 2^k - 1 - 2 - 2^2 - \cdots - 2^{k-1} \\
&= k \cdot 2^k - (2^k - 1) \\
&= (k-1)2^k + 1
\end{aligned} \tag{7.3.8}$$

任意一个n必在2的某两个数次幂之间，即满足

$$2^{k-1} < n \leq 2^k \tag{7.3.9}$$

由于序列a为非递减序列（参见练习25），故

$$a_{2^{k-1}} \leq a_n \leq a_{2^k} \tag{7.3.10}$$

由式(7.3.9)可得

$$k - 1 < \lg n \leq k \tag{7.3.11}$$

由式(7.3.8)、式(7.3.10)和式(7.3.11)，可得

$$\Omega(n \lg n) = (-2 + \lg n)\frac{n}{2} < (k-2)2^{k-1} + 1 = a_{2^{k-1}}$$
$$\leq a_n \leq a_{2^k} \leq k 2^k + 1 \leq (1 + \lg n)2n + 1 = O(n \lg n)$$

这样$a_n = \Theta(n \lg n)$，因此归并排序算法在最坏情形下的复杂度为$\Theta(n \lg n)$。

前面已经提到，在9.7节中将证明任何排序算法就比较次数来说在最坏情形下的时间复杂度为$\Omega(n \lg n)$，这个结果表明归并排序算法在最坏情形下的时间复杂度为$\Omega(n \lg n)$。如果已经证明了归

并排序算法在最坏情形下的时间复杂度为$\Theta(n \lg n)$，则必有归并算法在最坏情形下的时间复杂度为$O(n \lg n)$。

尽管归并排序算法7.3.8在最坏情形的时间复杂度上是最优的，但对于特定的排序问题来说，选用的可能不是这个算法。因为还有很多需要考虑的因素，例如平均情况的算法时间复杂度，待排序列的项的数目，可用的内存空间，采用的数据结构，待排的序列是存储在内存中还是存储在磁盘等外设上，待排序列是否已经"比较有序"，采用什么硬件，等等。

本节复习

1. 说明如何寻找能表示一个递归算法执行时间的递推关系。
2. 选择排序算法是如何工作的？　　　3. 选择排序算法所需的执行时间是多少？
4. 二分法查找算法如何工作？算法的输入序列应满足什么样的性质？
5. 写出描述二分法查找算法在最坏情形下执行时间的递推关系。
6. 二分法查找在最坏情形下的执行时间是多少？
7. 归并算法如何工作？归并算法的输入序列应满足什么条件？
8. 归并算法在最坏情形下的执行时间是多少？　　　9. 说明归并排序算法如何工作。
10. 写出描述归并排序算法在最坏情形下执行时间的递推关系。
11. 求解归并排序算法在最坏情形下执行时间的递推关系时，为什么只要输入序列长度为2的整数次幂时就比较简单？
12. 用文字解释，当已知输入序列长度为2的整数次幂时算法在最坏情形下的执行时间，如何估算输入序列为任意长度时归并排序算法在最坏情形下的执行时间的界？
13. 归并排序算法在最坏情形下的执行时间是多少？

练习

在练习1~4中，序列为$s_1 = `C'$，$s_2 = `G'$，$s_3 = `J'$，$s_4 = `M'$，$s_5 = `X'$。

1. 说明输入$key = `G'$时，算法7.3.2的执行过程。
2. 说明输入$key = `P'$时，算法7.3.2的执行过程。
3. 说明输入$key = `C'$时，算法7.3.2的执行过程。
4. 说明输入$key = `Z'$时，算法7.3.2的执行过程。
5. 令a_n表示二分法查找算法（参见算法7.3.2）在最坏情形下的执行时间。证明$n \geq 1$时，$a_n \leq a_{n+1}$。
*6. a_n为二分法查找算法（参见算法7.3.2）输入为含n个元素的序列时在最坏情形下被调用的次数。证明对于任意的正整数n，$a_n = 2 + \lfloor \lg n \rfloor$。
7. 给出一个例子，说明如果输入不是非递减的，就算key存在，算法7.3.2也可能无法找到。
8. 如果输入不是非递减的，是否就算key不存在，算法7.3.2也可能会错误地找出一个。
9. 写出一个非递归的二分查找算法。
*10. 写出一个非递归的、最多使用$1 + \lceil \lg n \rceil$次比较的二分查找算法。输入是以非递减顺序排列的序列$s_1, \cdots, s_n$，要搜索的key，以及n。假定允许的比较运算仅为$s_i < key$和$s_i == key$。
11. 条件同练习10，并进一步假定允许一次比较错误的发生。[在下述4种情况之一发生时称"发生了一次比较错误"：(1) $s_i < key$为真，但在算法中，对$s_i < key$求值的结果为假；(2) $s_i < key$为假，但在算法中，对$s_i < key$求值的结果为真；(3) $s_i == key$为真，但在算法中，对$s_i == key$求值的结果为假；(4) $s_i == key$为假，但在算法中，对$s_i == key$求值的结果为真。] 编写一个最多使用$3 + 2\lceil \lg n \rceil$次数组元素比较的算法，以确定key是否在序列中存在（在最坏情况下，问题可以经少于$3 + 2\lceil \lg n \rceil$次数组元素比较而得到解答）。

12. T.R.S. Eighty 教授实现了下列二分查找算法：
    $binary\_search2(s, i, j, key)$ {
        if $(i > j)$
            return 0
        $k = \lfloor (i+j)/2 \rfloor$
        if $(key == s_k)$
            return k
        $k1 = binary\_search2(s, i, k-1, key)$
        $k2 = binary\_search2(s, k+1, j, key)$
        return $k1 + k2$
    }
    (a) 证明 $binary\_search2$ 算法的正确性，即若 key 存在则返回 k 的位置，若 key 不存在则返回 0。
    (b) 求出 $binary\_search2$ 算法在最坏情形下的运行时间。

13. Larry 教授实现了下述二分查找程序：
    $binary\_search3(s, i, j, key)$ {
        while $(i \le j)$ {
            $k = \lfloor (i+j)/2 \rfloor$
            if $(key == s_k)$
                return k
            if $(key < s_k)$
                $j = k$
            else
                $i = k$
        }
        return 0
    }
    Larry 教授的程序正确吗（即如果 key 存在则返回 key，否则返回 0）？如果该版本的程序正确，其最坏时间复杂度为何？

14. Curly 教授实现了下述二分查找程序：
    $binary\_search4(s, i, j, key)$ {
        if $(i > j)$
            return 0
        $k = \lfloor (i+j)/2 \rfloor$
        if $(key == s_k)$
            return k
        $flag\_binary\_search4(s, i, k-1, key)$
        if $(flag == 0)$
            return $binary\_search4(s, k+1, j, key)$
        else
            return $flag$
    }

Curly 教授的程序正确吗（即如果 key 存在则返回 key，否则返回 0）？如果该版本的程序正确，其最坏时间复杂度为何？

15. Moe 教授实现了下述二分查找程序：

    binary_search5(s, i, j, key) {
        if ($i > j$)
            return 0
        $k = \lfloor (i+j)/2 \rfloor$
        if ($key == s_k$)
            return k
        if ($key < s_k$)
            return binary_search5(s, i, k, key)
        else
            return binary_search5($s, k+1, j, key$)
    }

    Moe 教授的程序正确吗（即如果 key 存在则返回 key，否则返回 0）？如果该版本的程序正确，其最坏时间复杂度为何？

16. 假定在算法 7.3.2 中，代码 $k = \lfloor (i+j)/2 \rfloor$ 被改写为 $k = \lfloor i + (j-i)/3 \rfloor$，结果程序正确吗（即如果 key 存在则返回 key，否则返回 0）？如果是正确的，其最坏时间复杂度为何？

17. 假定在算法 7.3.2 中，代码 $k = \lfloor (i+j)/2 \rfloor$ 被改写为 $k = \lfloor j-2 \rfloor$，结果程序正确吗（即如果 key 存在则返回 key，否则返回 0）？如果是正确的，其最坏时间复杂度为何？

18. 对 n 个元素排序，算法 A 需要 $\lceil n \lg n \rceil$ 次比较，算法 B 需要 $\lceil n^2/4 \rceil$ 次比较。n 满足什么条件时算法 B 优于算法 A。

19. 说明输入序列为 1, 9, 7, 3 时，归并排序算法（参见算法 7.3.8）如何工作？

20. 说明输入序列为 2, 3, 7, 2, 8, 9, 7, 5, 4 时，归并排序算法（参见算法 7.3.8）如何工作？

21. 设有两个长度为 n 的非递减序列。
    (a) 在算法 7.3.5 中，满足什么条件时比较次数最多？
    (b) 在算法 7.3.5 中，满足什么条件时比较次数最少？

22. a_n 为定理 7.3.10 的证明中所设定的。给出一个输入，使 $a_n = a_{\lfloor n/2 \rfloor} + a_{\lfloor (n+1)/2 \rfloor} + n - 1$。

23. 算法 7.3.8 的输入序列长度为 6 时，最少需要比较多少次？

24. 算法 7.3.8 的输入序列长度为 6 时，最多需要比较多少次？

25. a_n 为定理 7.3.10 的证明中所设定的。证明对于任意 $n \geq 1$，$a_n \leq a_{n+1}$。

26. a_n 为归并排序算法在最坏情形下所需要的比较次数。证明 $a_n \leq 3n \lg n$，其中 $n = 1, 2, 3, \cdots$。

27. 证明在最好情形下，归并排序需要 $\Theta(n \lg n)$ 次比较。

练习 28~32 涉及算法 7.3.11。

算法 7.3.11　计算指数　算法利用递归调用计算 a^n，其中 a 为实数，n 为正整数。

输入：a（实数）、n（正整数）
输出：a^n

1. exp1(a, n) {
2.   if ($n == 1$)

3.　　　return a
4.　　$m = \lfloor n/2 \rfloor$
5.　　return $exp1(a, m) * exp1(a, n - m)$
6. }

设 b_n 为计算 a^n 时第 5 行中乘法运算执行的次数。

28. 陈述算法 7.3.11 是如何计算 a^n 的。　　29. 给出序列 $\{b_n\}$ 的递推关系和初始条件。
30. 求 b_2、b_3、b_4。　　　　　　　　31. 对 n 为 2 的整数次幂的情况，求解练习 29 中的递推关系。
32. 证明对任意的正整数 n，$b_n = n - 1$。

练习 33~38 涉及算法 7.3.12。

算法 7.3.12　计算指数　算法利用递归调用计算 a^n，其中 a 为实数，n 为正整数。

　　　输入：a（实数）、n（正整数）
　　　输出：a^n

1. $exp2(a, n)$ {
2. 　　if ($n == 1$)
3. 　　　　return a
4. 　　$m = \lfloor n/2 \rfloor$
5. 　　$power = exp2(a, m)$
6. 　　$power = power * power$
7. 　　if (n 为偶数)
8. 　　　　return $power$
9. 　　else
10. 　　　　return $power * a$
11. }

设 b_n 为计算 a^n 时第 6 行和第 10 行中乘法运算执行的次数。

33. 陈述算法 7.3.12 是如何计算 a^n 的。
34. 证明 $b_n = \begin{cases} b_{(n-1)/2} + 2 & n \text{ 为奇数} \\ b_{n/2} + 1 & n \text{ 为偶数} \end{cases}$
35. 求 b_1、b_2、b_3、b_4。
36. 对 n 为 2 的整数次幂的情况，求解练习 34 中的递推关系。
37. 举例说明 b 不是非递减序列。　　　　*38. 证明 $b_n = \Theta(\lg n)$。

练习 39~44 涉及算法 7.3.13。

算法 7.3.13　查找序列中的最大元素和最小元素　算法在给定的序列中查找最大元素和最小元素。

　　　输入：序列 $s_i, \cdots, s_j$，i 和 j
　　　输出：$large$（序列中的最大元素）、$small$（序列中的最小元素）

1. $large\_small(s, i, j, large, small)$ {
2. 　　if ($i == j$) {

```
3.         large = s_i
4.         small = s_i
5.         return
6.     }
7.     m = ⌊(i + j)/2⌋
8.     large_small (s, i, m, large_left, small_left)
9.     large_small (s, m + 1, j, large_right, small_right)
10.    if (large_left > large_right)
11.        large = large_left
12.    else
13.        large = large_right
14.    if (small_left > small_right)
15.        small = small_right
16.    else
17.        small = small_left
18. }
```

设 b_n 为输入序列长度为 n 时所需比较（第 10 行和第 14 行）的次数。

39. 陈述算法 7.3.13 如何求出最大元素和最小元素。
40. 证明 $b_1 = 0$，$b_1 = 2$。　　　　　　　　　　41. 求 b_3。
42. 证明递推关系（$n > 1$）

$$b_n = b_{\lfloor n/2 \rfloor} + b_{\lfloor (n+1)/2 \rfloor} + 2 \tag{7.3.12}$$

43. 对 n 为 2 的整数次幂的情况求解式(7.3.12)的递推关系，从而得到 $b_n = 2n - 2$（$n = 1, 2, 4, \cdots$）。
44. 利用数学归纳法证明对于任意的正整数 n：$b_n = 2n - 2$。

练习 45~48 涉及算法 7.3.13，在第 6 行后插入下面一段程序。

```
6a.    if ( j == i + 1) {
6b.        if (s_i > s_j){
6c.            large = s_i
6d.            small = s_j
6e.        }
6f.        else {
6g.            small = s_i
6h.            large = s_j
6i.        }
6j.        return
6k.    }
```

设 b_n 为输入序列长度为 n 时所需比较（第 6b 行、第 10 行和第 14 行）的次数。

45. 证明 $b_1 = 0$，$b_2 = 1$。　　　　　　　　　　46. 求 b_3 和 b_4。
47. 证明 $n > 2$ 时，递推关系(7.3.12)成立。

48. 对 n 为 2 的整数次幂的情况求解式(7.3.12)的递推关系，得到 $b_n = \dfrac{3n}{2} - 2$，$n = 2, 4, 8, \cdots$

*49. 更改算法 7.3.13，在第 6 行后加入练习 45 前的一段程序，并将第 7 行替换为下面的程序。

    7a.   if ($j - i$ 为奇数 $\wedge$ $(1 + j - i)/2$ 为奇数)
    7b. $m = \lfloor (i+j)/2 \rfloor - 1$
    7c.   else
    7d. $m = \lfloor (i+j)/2 \rfloor$

证明更改后的算法在输入序列长度为 n 时，在最坏情形下找出最大元素和最小元素至多需要 $\lceil (3n/2) - 2 \rceil$ 次比较。

练习 50~54 涉及算法 7.3.14。

算法 7.3.14　插入排序（递归版本）　算法要将序列 $s_1, s_2, \cdots, s_n$ 排序成非递减的次序。先递归调用本身将序列的前 $n-1$ 个元素排序，再将 s_n 插入正确的位置。

输入：序列 $s_1, s_2, \cdots, s_n$ 和序列的长度 n
输出：$s_1, s_2, \cdots, s_n$ 排成非递减的次序

```
1.   insertion_sort (s, n) {
2.       if (n == 1)
3.           return
4.       insertion_sort(s, n − 1)
5.       i = n − 1
6.       temp = s_n
7.       while (i ≥ 1 ∧ s_i > temp) {
8.           s_{i+1} = s_i
9.           i = i − 1
10.      }
11.      s_{i+1} = temp
12.  }
```

令 b_n 为输入序列长度为 n 时，最坏情形下第 7 行的比较语句 $s_i > temp$ 执行的次数。假设若条件 $i < 1$ 为真，则条件 $s_i > temp$ 不做比较。

50. 陈述算法 7.3.14 如何将序列排序。
51. 算法 7.3.14 在最坏情形下，其输入序列是什么？
52. 求 b_1、b_2、b_3。
53. 给出一个序列 $\{b_n\}$ 的递推关系。
54. 求解练习 53 的递推关系。

练习 55~57 涉及算法 7.3.15。

算法 7.3.15

    输入：$s_1, \cdots, s_n, n$
    输出：$s_1, \cdots, s_n$

```
algor1(s, n) {
    i = n
```

```
while (i ⩾ 1) {
    s_i = s_i + 1
    i = ⌊i/2⌋
}
n = ⌊n/2⌋
if (n ⩾ 1)
    algor1(s, n)
}
```

令 b_n 为语句 $s_i = s_i + 1$ 执行的次数。

55. 求 b_1、b_2、b_3，并给出序列 $\{b_n\}$ 的递推关系。
56. 对 n 为 2 的整数次幂的情况求解练习 55 的递推关系。
57. 证明 $b_n = \Theta((\lg n)^2)$。
58. 求调用算法 algor2(1, n) 时算法 algor2 被递归调用的次数 n 的 Θ 符号表示。

```
algor2(i, j) {
    if (i == j)
        return
    k = ⌊(i + j)/2⌋
    algor2(i, k)
    algor2(k + 1, j)
}
```

练习 59~63 涉及算法 7.3.16。

算法 7.3.16

输入：0, 1 序列 $s_i, \cdots, s_j$
输出：序列 $s_i, \cdots, s_j$，所有的 0 在所有的 1 之前

```
sort (s, i, j) {
    if (i == j)
        return
    if (s_i == 1) {
        swap(s_i, s_j)
        sort (s, i, j – 1)
    }
    else
        sort (s, i + 1, j)
}
```

59. 设 n 为输入序列的长度，利用数学归纳法施归纳于 n，证明算法 sort 将输入序列中的所有的 0 排在所有的 1 之前。（基本步为 $n = 1$。）

令 b_n 为输入序列长度为 n 时算法 sort 被递归调用的次数。

60. 求 b_1、b_2、b_3。   61. 写出 b_n 的递推关系。

62. 求解练习61中b_n的递推关系。
63. 利用以输入序列元素个数n为变量的Θ函数来表示算法$sort$的运行时间。
64. 在n为2的整数次幂的情况下求解递推关系$a_n = 3a_{\lfloor n/2 \rfloor} + n$（$n > 1$）。设$a_1 = 1$。
65. 证明$a_n = \Theta(n^{\lg 3})$，其中a_n为练习64中所设定的。

在练习66~73中，算法的输入序列为$s_i, \cdots, s_j$，若$j > i$，则将问题分为两个子问题$s_i, \cdots, s_{\lfloor (i+j)/2 \rfloor}$和$s_{\lfloor (i+j)/2+1 \rfloor}, \cdots, s_j$，每个子问题递归求解。当规模分别为$m$和$k$的两个子问题解决后，还需$c_{m,k}$的时间得出原问题的解。$b_n$为输入规模为$n$时，算法执行所需的时间。

66. 设$c_{m,k} = 3$，给出序列b_n的递推关系。 67. 设$c_{m,k} = m + k$，给出序列b_n的递推关系。
68. 对n为2的整数次幂的情况求解练习66的递推关系，设$b_1 = 0$。
69. 对n为2的整数次幂的情况求解练习66的递推关系，设$b_1 = 1$。
70. 对n为2的整数次幂的情况求解练习67的递推关系，设$b_1 = 0$。
71. 对n为2的整数次幂的情况求解练习67的递推关系，设$b_1 = 1$。
*72. 设若$m_1 \geq m_2$，$k_1 \geq k_2$，则$c_{m_1,k_1} \geq c_{m_2,k_2}$。证明序列$b_1, b_2, \cdots$为非减序列。
*73. 设$c_{m,k} = m + k$，且$b_1 = 0$。证明$b_n \leq 4n \lg n$。

在练习74~79中涉及到下列情况，令P_n是规模为n的一个特殊问题。若将P_n分解为两个规模分别为i和j的子问题，则算法可以利用两个子问题的解在不超过$2 + \lg(ij)$的时间内生成问题P_n的解。设规模为1的问题无需计算即可解答。

74. 写出类似算法7.3.8的递归算法，求解问题P_n。
75. 令a_n为练习74中的算法在最坏情形下求解P_n所需的时间。证明$a_n \leq a_{\lfloor n/2 \rfloor} + a_{\lfloor (n+1)/2 \rfloor} + 2 \lg n$。
76. b_n是将练习75中的"$\leq$"替换为"$=$"得到的递推关系。设$b_1 = a_1 = 0$。证明若n为2的整数次幂，则$b_n = 4n - 2\lg n - 4$。
77. 证明$a_n \leq b_n$，其中$n = 1, 2, 3, \cdots$。 78. 证明$b_n \leq b_{n+1}$，其中$n = 1, 2, 3, \cdots$。
79. 证明$a_n \leq 8n$，其中$n = 1, 2, 3, \cdots$。
80. 设$\{a_n\}$为非减序列，且n能被m整除，并有$a_n = a_{n/m} + d$，其中d为正实数，m为大于1的整数。证明$a_n = \Theta(\lg n)$。
*81. 设$\{a_n\}$为非减序列，且若n能被m整除，并有$a_n = ca_{n/m} + d$，其中c和d为正实数，c为大于1、d为大于0的正实数，m为大于1的整数。证明$a_n = \Theta(n^{\log_m c})$。
82. 研究其他排序算法，考虑算法的特殊复杂性、经验研究和特点（参见[Knuth, 1998b]）。

注释

关于递推关系，更详尽的讨论请参见[Liu,1985; Roberts; and Tucker]。[Johnsonbaugh]中有对算法分析的举例。

[Cull]给出了求解某些Hanoi塔难题的时间复杂度和空间复杂度最小的算法。[Hinz]对初始点为30的Hanoi塔难题做了全面详尽的讨论。

[Ezekiel]最先提出了经济学中的蛛网概念。

所有数据结构和算法的书籍（参见[Brassard; Cormen; Johnsonbaugh; Knuth, 1998b; Kruse; and Nyhoff]）是对本章介绍的查找和排序知识的补充。

递推关系也称为差分方程。[Goldberg]中包含差分方程及其应用的讨论。

本章复习

7.1
1. 递推关系
2. 初始条件
3. 复合收益率
4. Hanoi 塔难题
5. 经济学中的蛛网
6. Ackermann 函数

7.2
7. 迭代法求解递推关系
8. n 阶常系数齐次线性递推关系和如何求解二阶常系数齐次线性递推关系
9. 人口增长

7.3
10. 如何给出可以描述递归算法执行时间的递推关系
11. 选择排序
12. 二分查找
13. 归并序列
14. 归并排序

本章自测题

7.1

1. 根据规则所定义的序列回答问题(a)~(c)。
   1. 第一项为 3。
   2. 第 n 项为前一项与 n 的和。

   (a) 写出序列的前 4 项。
   (b) 给出序列的初始条件。
   (c) 给出序列的递推关系。

2. 设某人投资 4000 美元,复合年收益率为 17%。A_n 为投资者在第 n 年末的总资产,给出序列 $A_0, A_1, \cdots$ 的递推关系和初始条件。

3. 令 P_n 为 n 元素集合上划分的个数。证明序列 $P_0, P_1, \cdots$ 满足递推关系
$$P_n = \sum_{k=0}^{n-1} C(n-1, k) P_k$$

4. 将 $2 \times n$ 的矩形区域划分为 $2n$ 个正方形。用 n 个 1×2 的骨牌将这个矩形区域恰好覆盖,共有 a_n 种覆盖的方法。证明序列 $\{a_n\}$ 满足递推关系 $a_n = a_{n-1} + a_{n-2}$。并证明 $a_n = f_{n+1}$,其中 $\{f_n\}$ 为 Fibonacci 序列。

7.2

5. 递推关系 $a_n = a_{n-1} + a_{n-3}$ 是常系数齐次线性递推关系吗?

求解练习 6 和练习 7 中的递推关系和初始条件。

6. $a_n = -4a_{n-1} - 4a_{n-2}$; $a_0 = 2, a_1 = 4$
7. $a_n = 3a_{n-1} + 10a_{n-2}$; $a_0 = 4, a_1 = 13$

8. c_n 为由 $\{0, 1, 2\}$ 组成的长度为 n 的包含偶数个 1 的串的个数。给出序列 $c_1, c_2, \ldots$ 的递推关系和初始条件,并对得出的 c_n 的显式公式求解递推关系和初始条件。

7.3

练习 9~12 涉及如下算法。

算法　计算多项式的值　算法计算多项式 $p(x) = \sum_{k=0}^{n} c_k x^{n-k}$ 在 $x = t$ 点的值。

输入：系数序列 $c_0, c_1, \cdots, c_n, t, n$

输出：$p(t)$

poly (c, n, t) {

  if $(n == 0)$

    return c_0

  return $t * \text{poly}(c, n-1, t) + c_n$

}

令 b_n 为计算 $p(t)$ 所需的乘法数。

9. 给出序列 $\{b_n\}$ 的递推关系和初始条件。　　10. 求 b_1、b_2、b_3。

11. 求解练习9中的递推关系。

12. 若直接计算多项式的每一项，需用 $n-k$ 次乘法计算出 $c_k t^{n-k}$，则计算出 $p(t)$ 共需多少次乘法？两种算法哪种更好，为什么？

上机练习

1. 某人投资 n 美元，按复利计算的年收益率为 $p\%$。编写程序输出投资者每年年末的总资产。
2. 某人投资 n 美元，每年按复利计算 m 次，每次利率为 $p\%$。编写程序输出投资者每年年末的总资产。
3. 编写程序，求解3个桩子的Hanoi塔难题。
4. 编写程序，求解4个桩子的Hanoi塔难题，要求步数少于3个桩子的Hanoi塔难题。
5. 编写程序，显示经济学中的蛛网。
6. 编写计算Ackermann函数的程序。
7. 编写程序，输出 n 个节点通信问题的解法。（参见7.1节练习51。）
8. 编写程序，输出所有满足7.1节中练习53的条件的、花掉 n 美元的方法。
9. 编写程序，输出所有不含子串010的 n 位串。
10. 编写程序，计算Lucas序列。（参见7.1节练习66。）
11. 编写程序，生成所有长度为 n 的递增/递减排列。（递增/递减排列的定义参见7.1节练习72之前。）
12. 实现算法7.3.1（选择排序）、算法7.3.8（归并排序）和另一种排序算法的程序。比较3个算法排列 n 个元素所需的时间。
13. 实现二分法查找算法（参见算法7.3.2）的程序。输入不同的 n 和 key，度量算法的执行时间。将实际执行时间和最坏情形下的理论估计值 $\Theta(\lg n)$ 做比较。
14. 编写归并两个序列的程序。
15. 用反复相乘的方法编写计算 a^n 的非递归程序。实现算法7.3.11和算法7.3.12。比较这些算法的执行时间。
16. 实现3种在数组中查找最大元素和最小元素的算法（参见7.3节练习39~49）。比较各个算法的执行时间。

第8章 图　　论

虽然关于图论的最早论文可以追溯到1736年（参见例8.2.16），并且图论中几个重要的结论也是在19世纪得到的，但图论引起人们持续的、广泛的兴趣是从20世纪20年代开始的。实际上，第一本关于图论的教材（[König]）出现在1936年。毋庸置疑，近来引起人们对图论的兴趣的一个原因是它在许多不同领域内的应用，包括计算机科学、化学、运筹学、电子工程、语言学和经济学等。

本章首先介绍关于图论的一些基本的术语和例子，然后讨论图论的一些重要的概念，包括路径和回路。我们讨论了两个图论里的经典问题：Hamilton回路的存在性和旅行商问题。接着给出了一个最短路径算法，它可以在两个给定的点之间有效地找到最短路径。通过给出一些图的表示方法，可以研究两个图在本质上是否一样（即两个图是否是同构的）和一个图是否可以在平面上一笔画出的问题。最后，以对Instant Insanity问题的、基于图模型的解法作为本章的结束。

8.1　简介

图8.1.1是Wyoming高速公路系统中一个公路巡查员负责的部分。这个巡查员必须巡视所有的公路，给出关于公路状况、公路分界线的可见情况、交通信号灯的状况等问题的文件报告。由于这个巡查员住在Greybull，最经济的巡查公路的所有路径是由Greybull开始，所有的公路只经过一次，最后回到Greybull。这是可能的吗？考虑一下在上路前是否能做出选择。　　　　　　　　　　　　[WWW]

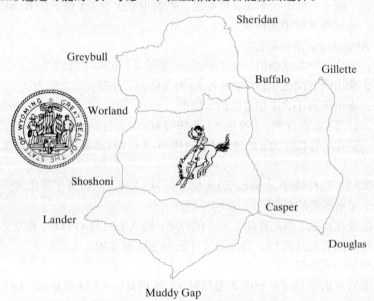

图 8.1.1　Wyoming 高速公路系统的一部分

这个问题可以用**图**（graph）来建模。实际上，由于图是由点和线画成的，所以它们看起来像公路地图。在图8.1.2中，用一个图 G 来模型化图8.1.1中的地图。图8.1.2中的点称做**顶点**（vertex），连接顶点的线称做边（edge）。（在本节稍后将会给出这些术语的详细定义。）用每个城市的前三个字母在每个顶点标注它所对应的城市，用$e_1, \cdots, e_{13}$等标注各条边。当画一个图时，唯一重要的信息是每个边所连接的顶点是什么。由于这个原因，图 8.1.2 的图可以画成图 8.1.3。

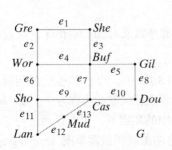
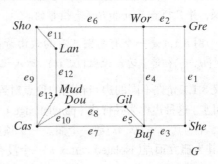

图 8.1.2　图 8.1.1 中高速公路系统的图模型　　　图 8.1.3　另外一个等价于图 8.1.1 中高速公路系统的图模型

如果从一个顶点 v_0 出发，沿一条边到达顶点 v_1，然后沿另外一条边到达顶点 v_2，如此这样下去，最后到达顶点 v_n，那么就称这个全部的路程为一条从 v_0 到 v_n 的路径。从 She 开始，经过 Buf，最后在 Gil 结束的这条路径，对应于图 8.1.1 中地图上的从 Sheridan 开始，经过 Buffalo，最后在 Gillette 结束的旅程。公路巡查员的问题可以用图模型 G 表述为：是否存在一条从顶点 Gre 到顶点 Gre 的路径，并且每条边只经历一次？

可以证明，公路巡查员不能从 Greybull 出发，每条路只经过一次，最后回到 Greybull。借助图论来表述，图 8.1.2 中不存在一条从顶点 Gre 到顶点 Gre 的路径，每条边都经过且只经过一次。为了说明这一点，假如存在这么一条路径，考虑顶点 Wor。每次从某条边到达顶点 Wor，必须从另外一条不同的边离开顶点 Wor，并且必须经过每条连接 Wor 的边。因此，连接 Wor 的边必须是成对存在的，所以必须有偶数条边连接顶点 Wor。由于有 3 条边连接顶点 Wor，因此得出矛盾。所以，在图 8.1.2 中，不存在一条从顶点 Gre 出发到顶点 Gre 的路径，使得每条边只经过一次。对于任意的一个图 G，如果存在一条从顶点 v 出发回到顶点 v，并且每条边只经历一次，那么每个顶点必须有偶数条边与之相连。在 8.2 节将详细讨论这个问题。

现在，可以给出一些形式化的定义。

定义 8.1.1　图（无向图）G 是由一个顶点（结点）集合 V 和边（弧）集合 E 构成的，并且每条边 $e \in E$ 连接一个无序的顶点对。如果存在唯一的一条边 e 连接顶点 v 和 w，那么就记做 $e = (v, w)$ 或者 $e = (w, v)$。根据上述内容，可知 (v, w) 表示在无向图中连接 v 和 w 的一条边而不是一个有序对。

有向图 G 由一个顶点（结点）集合 V 和边（弧）集合 E 构成，并且每条边 $e \in E$ 连接一个有序顶点对。如果存在唯一的一条边 e 连接有序对 (v, w)，那么记做 $e = (v, w)$，表示一条从顶点 v 到顶点 w 的边。

如果图（有向图或无向图）中的一条边 e 连接一对顶点 v 和顶点 w，那么就说边 e 与顶点 v 和顶点 w 是相关联的，也称顶点 v 和顶点 w 与 e 相关联，并且是相邻的顶点。

如果图 G（有向图或无向图）由顶点集合 V 和边集合 E 组成，就记做 $G = (V, E)$。

如果没有特别说明，集合 E 和 V 都假设是有限的并且 V 假设是非空的。■

例 8.1.2　在图 8.1.2 中，无向图 G 由顶点集合

$$V = \{Gre, She, Wor, Buf, Gil, Sho, Cas, Dou, Lan, Mud\}$$

和边集合

$$E = \{e_1, e_2, \cdots, e_{13}\}$$

组成。边 e_1 与无序顶点对 $\{Gre, She\}$ 相关联，边 e_{10} 与无序顶点对 $\{Cas, Dou\}$ 相关联。边 e_1 可以记做 (Gre, She) 或者 (She, Gre)，边 e_{10} 记做 (Cas, Dou) 或者 (Dou, Cas)。边 e_4 与顶点 Wor 和 Buf 相关联，并且顶点 Wor 和 Buf 是相邻的。∎

例 8.1.3 图 8.1.4 是一个有向图。有向边由箭头表示，边 e_1 与有序顶点对 (v_2, v_1) 相连，边 e_7 与有序顶点对 (v_6, v_6) 相连。边 e_1 记做 (v_2, v_1)，边 e_7 记做 (v_6, v_6)。∎

定义 8.1.1 允许不同的边与相同的顶点对连接。例如，在图 8.1.5 中，边 e_1 和边 e_2 都与顶点对 $\{v_1, v_2\}$ 相连。这种边称为**并行边**（parallel edge）。一条与单独一个顶点相关联的边称为一个圈。例如，在图 8.1.5 中，边 $e_3 = (v_2, v_2)$ 是一个圈。一个顶点，例如图 8.1.5 中的顶点 v_4，没有任何边与它相关联，则称其为**孤立顶点**（isolated vertex）。一个没有圈又没有并行边的图就叫做**简单图**（simple graph）。

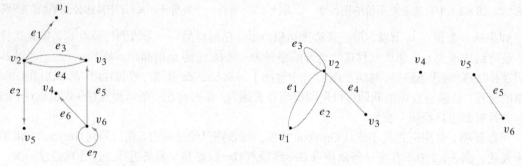

图 8.1.4　一个有向图　　　　　　　图 8.1.5　一个有平行边和圈的图

例 8.1.4 由于图 8.1.2 中的图既没有平行边又没有圈，因此它是一个简单图。∎

有些作者在定义图的时候，不允许图里存在平行边或者圈。可以看出，如果在图的定义上存在不一致，那么图论里的其他大部分概念也不会有标准的定义。事实上的确如此。因此，在阅读文章或书籍的时候，有必要检查一下所使用的有关的图定义。

下面给出一个例子，说明图的模型可以用来分析制造加工问题。

例 8.1.5 在制造加工业中，经常需要在金属板上钻许多孔（参见图 8.1.6）。零件通过这些孔可以固定在金属上。这些孔是在计算机的控制下通过钻孔压机钻出来的。为了节约时间，这些钻孔压机需要尽可能快地移动。这个可以通过一个图来给出模型。

图中的顶点对应于金属板上的孔（参见图 8.1.7）。每一对顶点通过一条边相连。在每条边上表明钻孔压机在对应孔之间移动所需要的时间。为每一条边赋一个数值的图称为**带权图**（weight graph）（例如图 8.1.7）。如果边 e 所赋数值为 k，就称边 e 的权值是 k。例如，在图 8.1.7 中，边 (c, e) 的权值是 5。在一个带权图中，一条路径的长度是这条路径中所有边的权值的和。例如，在图 8.1.7 中，从 a 开始，经过 c，最后在 b 结束的边的长度是 8。在这个问题中，一条从 v_1 出发，经过 $v_2, v_3, \cdots$，按这个顺序最后到达 v_n 的边的长度表示从孔 h_1 出发，经过 $h_2, h_3, \cdots$，按这个顺序最后到达 h_n，钻孔压机移动所需要的时间，这里孔 h_i 对应于顶点 v_i。一条具有最短长度且经过每个顶点一次的路径表示钻孔压机的最优移动路径。

假设在这个问题里，这条路径必须从顶点 a 开始在顶点 e 结束，那么可以通过列出所有可能的从 a 到 e 的且只经过每一个顶点一次的路径来找到最短路径（参见表 8.1.1）。可以看出，按照经过顶点 a, b, c, d, e 这个顺序的路径具有最短长度。当然，如果以另外一对顶点作为开始和结束可能会得到另外一条最短路径。

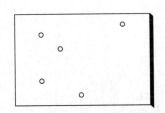

图 8.1.6 带螺钉孔的金属板

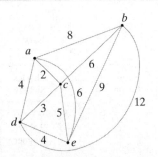

图 8.1.7 图 8.1.6 中金属板的图模型。边的权值是移动钻孔需要的时间

表 8.1.1 图 8.1.7 中从 a 到 e 经过每个顶点一次的路径和它们的长度

路径	长度
a, b, c, d, e	21
a, b, d, c, e	28
a, c, b, d, e	24
a, c, d, b, e	26
a, d, b, c, e	27
a, d, c, b, e	22

通过列出所有从顶点 v 开始到顶点 w 结束的路径，正如在例 8.1.5 中所做的，这是一个非常耗时的找到从顶点 v 到顶点 w 且经过每个顶点一次的最短路径的办法。遗憾的是，目前对任意的图，并没有一个有效的方法。这个问题是一种**旅行商问题**（traveling salesperson problem）。在 8.3 节将讨论这个问题。

例 8.1.6　Bacon 数　演员 Kevin Bacon 在无数电影里出现过，包括电影 *Diner* 和 *Apollo 13*。演员如果在电影里和 Bacon 一起出现就说他的 Bacon 数为 1。例如，Ellen Barkin 的 Bacon 数为 1 因为在电影 *Diner* 中她和 Bacon 一起出现。演员如果在电影里没有和 Bacon 一起出现但和一个 Bacon 数为 1 的演员一起出现过，那么就说他的 Bacon 数 2。更高的 Bacon 数可以类似地定义。例如，Bela Lugosi 的 Bacon 数为 3。Lugosi 在电影 *Black Friday* 中和 Emmett Vogan 一起出现，Vogan 在电影 *With a Song in My Heart* 中和 Robert Wagner 一起出现，Wagner 在电影 *Wild Things* 中和 Bacon 一起出现。下面研究 Bacon 数的图模型。

在图中，每个顶点代表一个演员，如果两个不同的演员至少在一场电影里同时出现过，那么在两个演员之间就存在一条边（参见图 8.1.8）。在一个无权图里，一条路径的长度就是这条路径中边的个数。因此，一个演员的 Bacon 数就是从这个演员的对应顶点到 Bacon 的对应顶点之间的最短路径长度。在 8.4 节，讨论图中一般的寻求最短路径的问题。与例 8.1.5 中的情形不同的是，这个问题存在求解最短路径的有效算法。

有趣的是，大部分演员，甚至是已经去世好多年的演员，他们的 Bacon 数是 3 或者更小。这本书的主页上有一个查找任意演员 Bacon 数的网址的链接。参见练习 30 有一个类似的图模型。
[WWW]

例 8.1.7　相似图　这个例子是关于一组相似的物体按照基于对象的特征进行分类的问题。例如，假设有一个特定的算法是由一些人用 C++ 实现的，可以按照程序的某些特性进行分类（参见表 8.1.2）。如果选取如下一些特性：

1. 程序的行数
2. 程序中 return 语句的个数
3. 程序中函数的调用个数

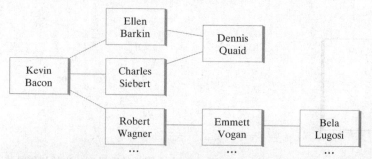

图 8.1.8 模拟 Bacon 数的图的一部分。顶点代表演员,如果两个演员至少在一场电影里同时出现过,那么在两个不同的演员之间就存在一条边。例如,在 Ellen Barkin 和 Dennis Quaid 之间存在一条边,因为他们都出现在 *The Big Easy* 中。一个演员的 Bacon 数是从这个演员到 Bacon 的最短路径的长度。例如, Bela Lugosi 的 Bacon 数是 3,因为从 Lugosi 到 Bacon 的最短路径的长度是 3

表 8.1.2　相同算法的 C++ 程序实现

程序	程序 的行数	return 语句 的个数	函数调用 的个数
1	66	20	1
2	41	10	2
3	68	5	8
4	90	34	5
5	75	12	14

一个**相似图**(similarity graph)G 是按照如下方式构成的。顶点对应于程序,一个顶点表示成 (p_1, p_2, p_3),其中 p_i 是第 i 个特性的值。对每一对顶点 $v = (p_1, p_2, p_3)$ 和 $w = (q_1, q_2, q_3)$,定义**不相似性函数**(dissimilarity function)s

$$s(v, w) = |p_1 - q_1| + |p_2 - q_2| + |p_3 - q_3|$$

如果令 v_i 对应于程序 i,可以得到

$$s(v_1, v_2) = 36, \quad s(v_1, v_3) = 24, \quad s(v_1, v_4) = 42, \quad s(v_1, v_5) = 30,$$
$$s(v_2, v_3) = 38, \quad s(v_2, v_4) = 76, \quad s(v_2, v_5) = 48, \quad s(v_3, v_4) = 54,$$
$$s(v_3, v_5) = 20, \quad s(v_4, v_5) = 46$$

如果 v 和 w 是对应于两个程序的顶点,那么 $s(v, w)$ 是一个描述两个程序不相似程度的度量。$s(v, w)$ 的值比较大意味着两个程序不相似,而值比较小意味着它们比较相似。

对于一个给定的数值 S,如果 $s(v, w) < S$,那么就在顶点 v 和 w 之间加入一条边。(一般来说,对于不同的 S 会有不同的相似图。)如果 $v = w$ 或者存在一条从 v 到 w 的路径,那么就说 v 和 w 是**同一类**(in the same class)。在图 8.1.9 中的图对应的是在给定 $S = 25$ 的情况下表 8.1.2 中的程序。在这个图里,程序可以分成三类: {1, 3, 5},{2},{4}。对一个实际问题,S 的一个合理的取值用试凑法或者根据某些事先确定的标准自动选取。∎

例8.1.8 n 立方体(超立方体)　传统的计算机一般称做**串行计算机**(serial computer),在一个时刻只能执行一条指令。算法的定义一般也假设在同一个时刻只能有一条指令执行。这种算法称为**串行算法**(serial algorithm)。随着硬件成本的降低,建造由许多处理器构成的、能在同一个时刻执行多条指令的**并行计算机**(parallel computer)已变得可行了。图经常作为一种方便的模型用来描述这种并行计算机,与之相关的算法称做**并行算法**(parallel algorithm)。很多问题用并行计算机求解会比用串行计算机求解快许多。下面讨论这种用来描述并行计算机的图模型,称为 n **立方体**或**超立方体**(hypercube)。

[WWW]

n 立方体有 $2^n(n \geq 1)$ 个处理器，分别用标号为 $0, 1, \cdots, 2^n-1$ 的顶点表示（参见图 8.1.10）。每个处理器有自己的存储器。两个顶点的标号的二进制表示只有一位不同，那么两个顶点就通过一条边相连。在同一时刻，n 立方体的所有处理器可以同时执行一条指令，然后与相邻的处理器进行通信。如果一个处理器要和非相邻的处理器进行通信，第一个处理器发送包含有路由和最终位置信息的消息给接收处理器。处理器和非相邻处理器通信需要花一段时间。

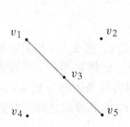
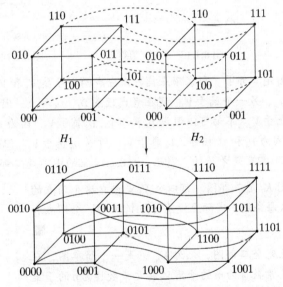

图 8.1.9 对应于表 8.1.2 中的程序在 $S=25$ 时的相似图

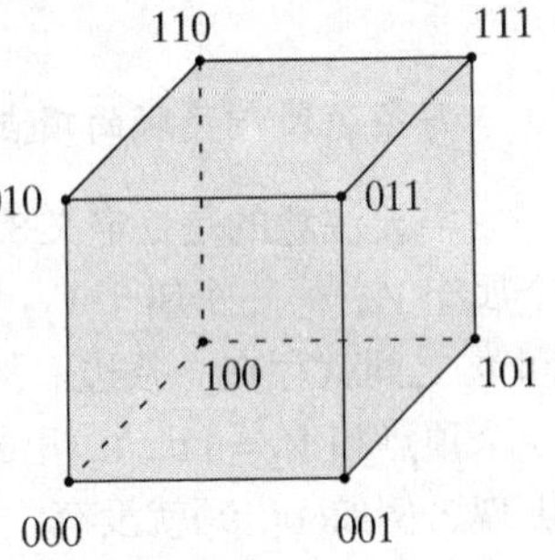

图 8.1.10 3 立方体

n 立方体也可以通过递归定义。1 立方体有标号为 0、1 两个处理器和一条边。假设 H_1 和 H_2 是两个 $(n-1)$ 立方体，它们的顶点分别用二进制的 $0, \cdots, 2^{n-1}-1$ 的标注表示（参见图 8.1.11），从 H_1 到 H_2，具有相同标注的两个顶点之间连一条边，然后将 H_1 中标注为 L 的顶点的标注改为 $0L$，将 H_2 中标注为 L 的顶点改为 $1L$，就得到 n 立方体（参见练习 39）。练习 43~45 是通过另外一种方法来构造 n 立方体。

图 8.1.11 合并两个 3 立方体得到一个 4 立方体

n 立方体是一种重要的计算模型，并且已有这样的机器在运行。更重要的是，一些其他的并行计算模型可以通过超立方体来模拟。这将在例 8.3.5 和例 8.6.3 中详细讨论。 ∎

通过定义一些图论里经常出现的特殊的图作为本节内容的结束。

定义 8.1.9 用 K_n 表示的 n 顶点完全图，是有 n 个顶点的简单图，其任意两个不同的顶点之间都存在一条边。 ∎

例 8.1.10 图 8.1.12 是一个 4 顶点完全图，K_4。

定义 8.1.11 图 $G=(V,E)$ 称为二部图，即存在 V 的子集 V_1 和 V_2（其中任意一个可以为空集），满足 $V_1 \cap V_2 = \emptyset$，$V_1 \cup V_2 = V$，且与 E 中的每条边相关联的两个顶点一个在 V_1 中，一个在 V_2 中。

例 8.1.12 图 8.1.13 中的图是二部图，因为如果令

$$V_1 = \{v_1, v_2, v_3\} \quad \text{和} \quad V_2 = \{v_4, v_5\}$$

每条边所相关联的顶点一个属于 V_1，另一个属于 V_2。

需要注意的是，定义 8.1.11 说的是如果二部图里存在一条边 e，那么与 e 相关联的两个顶点一个属于 V_1，另一个属于 V_2。并没有说如果 v_1 是 V_1 里的一个顶点，v_2 是 V_2 里的一个顶点，那么在 v_1 和 v_2 之间就存在一条边。例如，图 8.1.13 中的图是二部图，因为每条边都与 $V_1 = \{v_1, v_2, v_3\}$ 里的一个顶点和 $V_2 = \{v_4, v_5\}$ 里的一个顶点相连。然而，并不是 V_1 和 V_2 的顶点之间所有的边都在图里出现，例如 (v_1, v_5) 就没有。

例 8.1.13 图 8.1.14 里的图不是二部图。可以通过反证法很容易地证明一个图不是二部图。

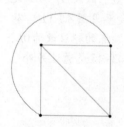 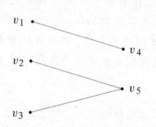 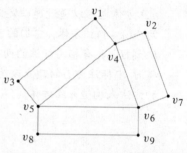

图 8.1.12　完全图 K_4　　　图 8.1.13　一个二部图　　　图 8.1.14　一个不是二部图的例子

假设图 8.1.14 里的图是二部图。那么顶点集可以分成两个子集 V_1 和 V_2，满足与每条边相连的两个顶点一个属于 V_1，另一个属于 V_2。现在考虑顶点 v_4、v_5 和 v_6。因为 v_4 和 v_5 相邻，所以一个属于 V_1，另一个属于 V_2。不妨可以假设 v_4 属于 V_1，v_5 属于 V_2。因为 v_5 和 v_6 相邻，v_5 属于 V_2，所以 v_6 属于 V_1。又因为 v_4 和 v_6 相邻，v_4 属于 V_1，所以 v_6 属于 V_2。但是现在 v_6 既属于 V_1 又属于 V_2，这与 V_1 和 V_2 不相交是矛盾的。因此，图 8.1.14 里的图不是二部图。

例 8.1.14 1 顶点完全图 K_1 是二部图。可以令 V_1 是包含这个顶点的集合，令 V_2 是空集，那么每条边（实际上没有）与 V_1 里的一个顶点和 V_2 里的一个顶点相联。

定义 8.1.15 m 和 n 顶点完全二部图，记为 $K_{m,n}$，是一个简单图，它的顶点集合可以划分成元素数目为 m 的子集 V_1 和元素数目为 n 的子集 V_2，并且对任意两个顶点 v_1 属于 V_1，v_2 属于 V_2，则 v_1 和 v_2 之间存在一条边 (v_1, v_2)，所有形如 (v_1, v_2) 的边构成了边的集合。

例 8.1.16 图 8.1.15 中是一个 2 个和 4 个顶点的完全二部图 $K_{2,4}$。

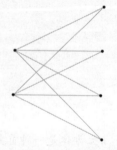

图 8.1.15　完全二部图 $K_{2,4}$

问题求解要点

为了用图描述一个给定的情景，首先要决定顶点表示什么。然后用两个顶点之间的边表示某种关系。例如，如果几支球队比赛足球，可以让顶点表示球队。如果两个顶点表示的球队之间

至少打过一场比赛，就在两个顶点（球队）之间画一条边。这个图就可以表示哪些球队之间打过比赛。

为了判断一个图是否是二部图，试着将顶点集分成两个不相交的子集 V_1 和 V_2，使得每条边相关联的两个顶点一个属于 V_1，另一个属于 V_2。如果能实现，这个图就是二部图，并且找到了 V_1 和 V_2。如果不能这么做，这个图就不是二部图。为了能将顶点集分成两个不相交的子集，选择一个开始顶点 v。让 $v \in V_1$。将所有与 v 相邻的顶点放入到 V_2。选择 $w \in V_2$。将所有与 w 相邻的顶点放入到 V_1。选择 $v' \in V_2$，$v' \neq v$。将所有与 v' 相邻的顶点放入到 V_2，如此下去。如果能将所有的顶点放入到 V_1 或 V_2 中，但不是同时，这个图就是二部图。如果某些顶点不能放入到 V_1 和 V_2 中，这个图就不是二部图。

本节复习

1. 无向图的定义。
2. 给出现实世界中可以用无向图建模的例子。
3. 有向图的定义。
4. 给出现实世界中可以用有向图建模的例子。
5. 一条边与一个顶点相关联的含义是什么？
6. 一个顶点与一条边相关联的含义是什么？
7. v 和 w 是相邻顶点的含义是什么？
8. 什么是平行边？
9. 什么是圈？
10. 什么是孤立顶点？
11. 什么是简单图？
12. 什么是带权图？
13. 给出现实世界中可以用带权图建模的例子。
14. 带权图中路径长度的定义？
15. 什么是相似图？
16. n 立方体的定义。
17. 什么是串行计算机？
18. 什么是串行算法？
19. 什么是并行计算机？
20. 什么是并行算法？
21. 什么是 n 顶点完全图？如何表示？
22. 二部图的定义？
23. 什么是 m 和 n 顶点的完全二部图？如何表示？

练习

在联赛里，Snow 队击败过 Pheasants 队一次，Skyscrapers 队击败过 Tuna 队一次，Snow 队击败过 Skyscrapers 队两次，Pheasants 队击败过 Tuna 队一次，Pheasants 队击败过 Snow 一次。在练习 1~4 里，用一个图来表示联赛。其中，用顶点表示参加的队伍，并说明所使用的图的类型（如无向图、有向图、简单图等）。

1. 在互相比赛过的队之间存在边。
2. 在参加过比赛的队之间存在边。
3. 如果队 t_i 至少击败过队 t_j 一次，那么存在一条从 t_i 到 t_j 的边。
4. 每次队 t_i 击败了队 t_j，就存在一条从 t_i 到 t_j 的边。

说明练习 5~7 中的图不存在一条从顶点 a 到顶点 a 的路径，且每条边只经历过一次。

5.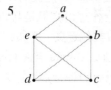
6.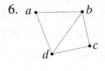
7.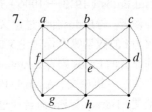

证明练习 8~10 中的每个图存在一条从顶点 a 到顶点 a 的路径，且每条边只经历过一次。

8. 9. 10.

对于练习11~13中的每个图 $G = (V, E)$,找出其中的顶点集 V、边集 E、所有的并行边、圈、孤立顶点,并且判断 G 是否为简单图,找出与边 e_1 相关联的顶点。

11. 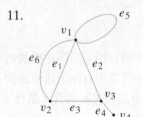 12. 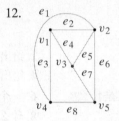 13.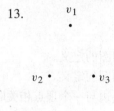

14. 画出完全图 K_3 和 K_5。 15. 给出完全图 K_n 中边的数目的公式。
16. 给出与图 8.1.13 中的例子不同的一个二部图例子,并且指出其中的不相交顶点集合。

判断练习 17~23 中的图是否为二部图。如果是二部图,指出其中的不相交顶点集合。

17. 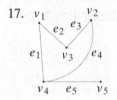 18.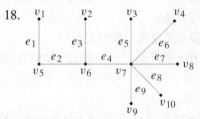

19. 图 8.1.2   20. 图 8.1.5   21. 练习 11   22. 练习 12   23. 练习 13
24. 画出完全二部图 $K_{2,3}$ 和 $K_{3,3}$。   25. 给出完全二部图 $K_{m,n}$ 中边的数目的公式。
26. 很多作者对定义 8.1.11 中的二部图要求 V_1 和 V_2 非空,根据这种定义,例 8.1.12~例 8.1.14 是二部图吗?

在图 8.1.7 中的图上,对练习 27~29,找出一条从顶点 v 到顶点 w 的、每条边只经历一次的最短路径。

27. $v = b, w = e$ 28. $v = c, w = d$ 29. $v = a, w = b$
30. Paul Erdös(1913 — 1996)是有史以来最多产的数学家之一。他是近 1500 篇论文的作者或合作者。与 Erdös 合作过论文的数学家的 Erdös 数为 1。没有与 Erdös 合作过论文但是与 Erdös 数为 1 的数学家合作过论文的数学家的 Erdös 数为 2。更高的 Erdös 数类似定义。例如,本书的作者的 Erdös 数为 5。Johnsonbaugh 与 Tadao Murata 合作过一篇论文,Murata 与 A.T.Amin 合作过一篇论文,Amin 与 Peter J. Slater 合作过一篇论文,Slater 与 Frank Harary 合作过一篇论文,Harary 与 Erdös 合作过一篇论文。给出一个 Erdös 数的图模型,并指出在这个模型里,Erdös 数是什么? [WWW]
31. 例 8.1.6 中的 Bacon 数的图模型是否是一个简单图。

32. 画出例 8.1.7 中在给定 $S = 40$ 时的相似图，并说明有多少个分类。
33. 画出例 8.1.7 中在给定 $S = 50$ 时的相似图，并说明有多少个分类。
34. 一般"相似"是一个等价关系吗？
35. 对于例 8.1.7 中给出的附加特性，在程序比较方面还可能有什么有用的方面？
36. 如何利用相似图自动地对数据 S 进行分类？   37. 画出一个 2 立方体。
38. 画出类似于图 8.1.11 的图用来由 2 立方体构成 3 立方体。
39. 证明例 8.1.8 中的递归构造的确能够得到 n 立方体。
40. 在 n 立方体中，每个顶点有多少条相关联的边？   41. 在 n 立方体中，一共有多少条边？
*42. 有多少种办法可以对 n 立方体的顶点用 $0, \cdots, 2^n - 1$ 进行标号，使得满足两顶点间有一条边当且仅当其标号的二进制表示只有一位不同？

[Bain]是一个在平面图上画出 n 立方体的算法。在这个算法里，所有的顶点在 xy 平面的单位圆上，一个点的角度是从正 x 轴到这个点所在射线的顺时针方向的角度。输入为 n：

1. 如果 $n = 0$，在 $(-1, 0)$ 处画一个未标号的顶点，结束。
2. 递归调用这个算法直到输入为 $n - 1$。
3. 保持边的连接不变，移动所有的顶点，使得现在的角度是原来角度的一半。
4. 以 x 轴为对称轴，画出所有边和顶点的反射。
5. 将 x 轴上方的每个顶点与其反射到 x 轴下方的顶点相连。
6. 将 x 轴上方的每个顶点标号前缀加 0，将 x 轴下方的每个顶点标号前缀加 1。

下面的图说明画出 2 立方体和 3 立方体的算法。

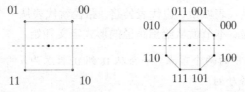

43. 说明算法如何由 1 立方体构造出 2 立方体。   44. 说明算法如何由 2 立方体构造出 3 立方体。
45. 说明算法如何由 3 立方体构造出 4 立方体。

练习 46~48 参考下面的图。顶点代表办公室，如果两个办公室之间有通信连接，在两个顶点之间就存在一条边。需要注意的是两个办公室之间可以直接通过通信连接进行通信，也可以通过别人转播消息进行通信。

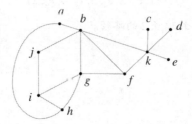

46. 通过给出一个例子说明，即便办公室之间的某些通信连接断了,他们之间的通信也是有可能的。
47. 最多有多少个通信连接断路还能保证所有办公室之间的通信仍是可能的。
48. 给出一种结构，满足最多的通信连接断路且所有办公室之间的通信仍然是可能的。
49. 在下图中，顶点代表城市，边上的数字代表在城市之间修建指示公路的花费。找出一个连接所有城市的最便宜的公路系统。

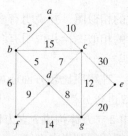

在一个优先图里，顶点表示特定的动作。例如，一个顶点可以表示在计算机程序里的状态。如果顶点 v 代表的动作必须在顶点 w 代表的动作前完成，那么就存在一条从顶点 v 到顶点 w 的边。画出练习 50~52 中程序的优先图。

50. $x = 1$
    $y = 2$
    $z = x + y$
    $z = z + 1$

51. $x = 1$
    $y = 2$
    $z = y + 2$
    $w = x + 5$
    $x = z + w$

52. $x = 1$
    $y = 2$
    $z = 3$
    $a = x + y$
    $b = y + z$
    $c = x + z$
    $c = c + 1$
    $x = a + b + c$

53. 令 $\mathcal{G}$ 表示简单图 $G = (V, E)$ 的集合，其中 $V = \{1, 2, \cdots, n\}$，$n \in \mathbf{Z}^+$。由规则 $f(G) = |E|$ 定义从 $\mathcal{G}$ 到 $\mathbf{Z}^{nonneg}$ 的函数 f。f 是一对一的吗？f 是满射吗？试解释之。

8.2 路径和回路

如果在一个图中，顶点代表城市，边代表公路，路径就代表从一个城市出发，经过某些城市，最后在一个城市结束的旅程。本节就从给出路径的形式定义开始。

定义 8.2.1 令 v_0 和 v_n 为图中的两个顶点。一条从 v_0 到 v_n 长度为 n 的路径是从 v_0 开始到 v_n 结束的 $n + 1$ 个顶点和 n 条边的交替序列

$$(v_0, e_1, v_1, e_2, v_2, \cdots, v_{n-1}, e_n, v_n)$$

其中对所有的 $i = 1, \cdots, n$，边 e_i 与顶点 v_{i-1} 和 v_i 相关联。∎

定义 8.2.1 的形式表明，从顶点 v_0 开始，经过边 e_1 到达 v_1，继续经过边 e_2 到达 v_2，如此继续下去。

例 8.2.2 在图 8.2.1 中，

$$(1, e_1, 2, e_2, 3, e_3, 4, e_4, 2) \tag{8.2.1}$$

是一条长度为 4 的从顶点 1 到顶点 2 的路径。

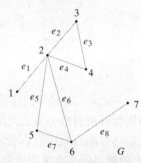

图 8.2.1 一个连通图，路径 $(1, e_1, 2, e_2, 3, e_3, 4, e_4, 2)$ 的长度为 4，路径 (6) 的长度为 0

例 8.2.3 在图 8.2.1 中，只由一个顶点 6 组成的路径(6)是一条长度为 0 的从顶点 6 到顶点 6 的路径。■

当不存在并行边时，在表示一条路径时可以省略边。例如，路径(8.2.1)可以写成

$$(1, 2, 3, 4, 2)$$

连通图（connected graph）是指从任意一个顶点开始有可以到达任意另外一个顶点的路径的图。形式化的定义如下。

定义 8.2.4 一个图 G 是连通图，当任意给定 G 中的两个顶点 v 和 w，存在一条从 v 到 w 的路径。 ■

例 8.2.5 图 8.2.1 中的图 G 是连通图，因为任意给定 G 中的两个顶点 v 和 w，存在一条从 v 到 w 的路径。 ■

例 8.2.6 图 8.2.2 中的图 G 不是连通图，因为不存在一条从顶点 v_2 到顶点 v_5 的路径。

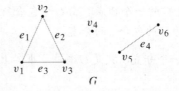

图 8.2.2 一个非连通图 ■

例 8.2.7 设 G 为一个顶点代表美国 50 个州的图，在边界相邻的州 v 和州 w 之间存在边。例如，在 California 和 Oregon 之间与 Illinois 和 Missouri 之间存在边。Georgia 和 New York 之间或者 Utah 和 New Mexico 之间就不存在边。（仅仅点接触不算，必须是边界相邻。）这个图 G 不是连通图，因为从 Hawaii 到 California（或者从 Hawaii 到任何其他州）不存在路径。 ■

从例 8.2.1 和例 8.2.2 可以看出，一个连通图是由一部分组成，而非连通图由两部分或更多部分组成。这些"部分"就是原图的**子图**（subgraph），称为**分支**（component）。我们从给出子图的形式定义开始讨论。

一个图 G 的子图 G' 可以通过从 G 中选取一些特定的边和顶点组成，但如果选择 G 中的边 e，那么 G' 中也必须包括与 e 相关联的顶点 v 和 w。这个限制保证了 G' 的确是一个图。下面是子图的形式化定义。

定义 8.2.8 令 $G = (V, E)$ 是一个图，称 (V', E') 为 G 的子图，如果

(a) $V' \subseteq V$ 并且 $E' \subseteq E$。

(b) 对每条边 $e' \in E'$，如果顶点 v' 和 w' 与 e' 相关联，那么 $v', w' \in V'$。 ■

例 8.2.9 图 8.2.3 中的 $G' = (V', E')$ 是 $G = (V, E)$ 的子图（参见图 8.24），因为 $V' \subseteq V$ 并且 $E' \subseteq E$。

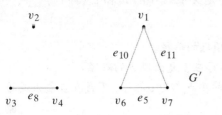

图 8.2.3 图 8.2.4 中图的一个子图

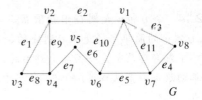

图 8.2.4 一个图，其子图如图 8.2.3 所示 ■

例 8.2.10 找出图 8.2.5 中图 G 的所有至少包含一个顶点的子图。

如果不选择边，可以选择一个或者两个顶点而得到子图 G_1、G_2、G_3，如图 8.2.6 所示。如果选择一条可用的边 e_1，就必须选择与 e_1 相关联的两个顶点。在这个例子里，就得到了如图 8.2.6 所示的子图 G_4。因此图 G 共有如图 8.2.6 所示的 4 个子图。

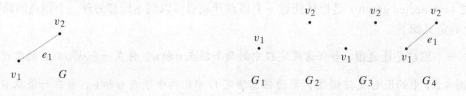

图 8.2.5　例 8.2.10 中的图　　　　　　图 8.2.6　图 8.2.5 中图的 4 个子图

现在可以定义分支了。

定义 8.2.11　令 G 是一个图，v 是 G 的一个顶点。由 G 中包含所有出现在从顶点 v 开始的某一路径上的边和顶点构成的子图 G' 称为 G 的包含 v 的分支。

例 8.2.12　图 8.2.1 中的图 G 只有一个分支，就是 G 本身。事实上，一个图是连通的当且仅当它只有一个分支。

例 8.2.13　令 G 是图 8.2.2 中的图。G 的包含 v_3 的分支是子图

$$G_1 = (V_1, E_1), \quad V_1 = \{v_1, v_2, v_3\}, \quad E_1 = \{e_1, e_2, e_3\}$$

G 的包含 v_4 的分支是子图

$$G_2 = (V_2, E_2), \quad V_2 = \{v_4\}, \quad E_2 = \varnothing$$

G 的包含 v_5 的分支是子图

$$G_3 = (V_3, E_3), \quad V_3 = \{v_5, v_6\}, \quad E_3 = \{e_4\}$$

图 $G = (V, E)$ 的分支的另一个性质可通过利用规则定义顶点集 V 上的关系 R 得到

$$v_1 R v_2 \quad \text{如果存在一条从 } v_1 \text{ 到 } v_2 \text{ 的路径}$$

可以证明（参见练习 68），R 是一个 V 上的等价关系，并且如果 $v \in V$，包含 v 的分支中的顶点集合是等价类

$$[v] = \{w \in V \mid w R v\}$$

需要注意，在路径的定义中，允许顶点或边或两者都重复出现。在例 8.2.1 中的路径中，顶点 2 出现了两次。

路径的一些子类可以通过禁止边或顶点重复或通过指定定义 8.2.1 中的 v_0 和 v_n 得到。

定义 8.2.14　令 v 和 w 是图 G 中的顶点。

从 v 到 w 的简单路径是从 v 到 w 的、不存在重复出现顶点的路径。

回路（或者环路）是一条从 v 到 v 的、长度非 0 的、不存在重复出现边的路径。

简单回路是一条从 v 到 v 的回路，其中除了开始和结束的顶点都为 v 之外，不存在重复出现的顶点。

例 8.2.15　对于图 8.2.1 中的图，可以得到如下的信息

路径	简单路径?	环路?	简单回路?
(6, 5, 2, 4, 3, 2, 1)	否	否	否
(6, 5, 2, 4)	是	否	否
(2, 6, 5, 2, 4, 3, 2)	否	是	否
(5, 6, 2, 5)	否	是	是
(7)	是	否	否

现在可以重新考查 8.1 节中介绍的在一个图中寻找一个每条边只经历一次的回路的问题。

例 8.2.16 Königsberg 桥问题 关于图论的最早论文是 1736 年由 Leonhard Euler 所撰写的。这篇论文给出了一般的理论，其中包括现在称为 Königsberg 桥问题的解。

在 Königsberg (现在俄罗斯的 Kaliningrad)，两个小岛坐落在 Pregel 河上，它们之间和河岸通过一些桥相连，如图 8.2.7 所示。问题是如何从任意一个位置 A、B、C 或者 D 开始，经过每个桥且只经过一次，最后回到出发地。   [WWW]

这个问题可以通过图模型表示，如图 8.2.8 所示。顶点代表位置，边代表桥。Königsberg 桥问题已简化为在图 8.2.8 中的图上找出一个包含所有顶点和所有边的回路。为了纪念 Euler，一个图 G 中包含 G 的所有顶点和边的回路称为 **Euler 回路**①。根据 8.1 节的讨论，可以知道图 8.2.8 中的图不存在 Euler 回路，因为与顶点 A 相连的边的数目是奇数。(事实上，在图 8.2.8 中的图，每个顶点都与奇数条边相关联。)

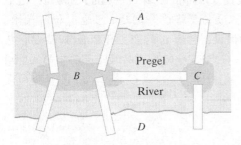 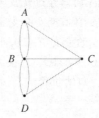

图 8.2.7 Königsberg 桥   图 8.2.8 Königsberg 桥的图模型

Euler 回路存在问题的解需要通过引入**顶点度** (degree of a vertex) 的概念来描述。一个顶点 v 的度 $\delta(v)$，是与顶点 v 相关联的边个数。(根据这个定义，每一个与 v 相连的回路为 v 的度的贡献为 2。) 在 8.1 节中，已经证明如果一个图 G 中存在 Euler 回路，那么 G 中的每一个顶点的度是偶数。同样可以证明 G 是连通的。

定理 8.2.17 如果一个图 G 中存在 Euler 回路，那么图 G 是连通的，并且每个顶点的度为偶数。

证明 假设图 G 中存在 Euler 回路。在 8.1 节中已经证明了 G 中的每个顶点的度都为偶数。如果 v 和 w 是 G 中的顶点，根据 Euler 回路定义，从 v 到 w 的路径就相当于 Euler 回路的一部分。因此，G 是连通的。

定理 8.2.17 的逆定理也是成立的。根据 [Fowler] 利用数学归纳法对逆定理给出了证明。

定理 8.2.18 如果 G 是一个连通图，并且每个顶点的度为偶数，那么 G 中就存在一个 Euler 回路。

证明 施归纳于 G 中的边数 n 进行归纳证明。

基本步 $n = 0$

由于 G 是连通的，如果 G 没有边，G 只包含一个顶点。Euler 回路就是只包含一个顶点没有边的回路。

---

① 由于技术原因，如果 G 中只有一个顶点 v，没有边，称路径 (v) 是 G 的 Euler 回路。

归纳步

假设图 G 有 n 条边，$n>0$，并且对任意的有 k ($k<n$) 条边的连通图，如果其顶点的度为偶数，则存在一个 Euler 回路。

可以非常直观地验证 1 个顶点和 2 个顶点的连通图，如果每个顶点都有偶数度，就存在一个 Euler 回路（参见练习 69）。因此，可以假设图至少有 3 个顶点。

由于 G 是连通的，所以 G 中存在顶点 v_1、v_2、v_3，边 e_1 与 v_1 和 v_2 相关联，边 e_2 与 v_2 和 v_3 相关联。将边 e_1 和 e_2 删掉，保留顶点，在 v_1 和 v_3 之间添加一条边 e，得到图 G'（参见图 8.2.9(a)）。需要注意到，G' 的每一个分支都少于 n 条边，在 G' 中的每个分支中，每个顶点都有偶数度。下面证明 G' 有一个或者两个分支。

令 v 为一个顶点。由于 G 是连通的，从 v 到 v_1 存在一条路径 P。令 P' 是 P 的一部分，从 v 开始且其边也在 G' 中。现在 P' 在 v_1、v_2 或 v_3 结束，因为 P 在 G' 中不是路径的原因只能是 P 包含被删掉的边 e_1 或 e_2。如果 P' 在 v_1 结束，那么 v 是和 v_1 在 G' 的同一个分支中。如果 P' 在 v_3 结束（参见图 8.2.9(b)），那么 v 和 v_3 在 G' 的同一个分支中，并且 v_3 和 v_1 在 G' 的同一个分支中（因为 G' 的边 e 与顶点 v_1 和 v_3 相关联）。如果 P' 在 v_2 结束，那么 v_2 是和 v 在同一个分支中。因此，G' 中的每个顶点都与顶点 v_1 或者 v_2 在同一个分支中。因此 G' 只有一个或两个分支。

如果 G' 有一个分支，且 G' 是连通的，根据归纳假设可以得出 G' 有一个 Euler 回路 C'。这个 Euler 回路经过修改可以产生 G 中的 Euler 回路：只要简单将 C' 中的边 e 用边 e_1 和 e_2 代替。如果 G' 有两个分支（参见图 8.2.9(c)），根据归纳假设，包含 v_1 的分支有 Euler 回路 C'，包含 v_2 的分支有从 v_2 开始到 v_2 结束的 Euler 回路 C''。G 中 Euler 回路可以通过将 C' 中的 (v_1, v_3) 用 (v_1, v_2) 接上 C'' 接上 (v_2, v_3) 代替或将 C' 中的 (v_3, v_1) 用 (v_3, v_2) 接上 C'' 接上 (v_2, v_1) 代替而得到。归纳步骤结束：G 中存在一个 Euler 回路。

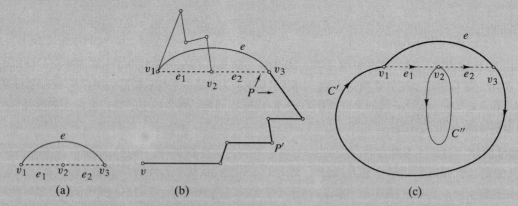

图 8.2.9　定理 8.2.18 的证明。在(a)中，删除边 e_1 和 e_2，增加边 e。在(b)中 P 是 G 中从 v 到 v_1 的路径，P' 是从 v 开始的边也是 G' 中 P 的一部分。如图所示，P' 在 v_3 处结束。由于边 e 在 G' 中，G' 存在一条从 v 到 v_1 的路径。因此 v 和 v_1 在同一个分支中。在(c)中，C' 是一个分支的 Euler 回路，C'' 是另外一个分支的 Euler 回路。如果用 e_1 代替 C' 中的 e，e_2 代替 C'' 中的 e，就会得到一个 G 的 Euler 回路（用有色的表示）

如果 G 是一个连通图，且每个顶点有偶数度，并且 G 中只有几条边，经常可以通过检查找到 Euler 回路。

例 8.2.19　令 G 是图 8.2.10 中的图。利用定理 8.2.18 来验证 G 中存在一个 Euler 回路，并且找到这个 Euler 回路。

可以观测出 G 是连通的, 并且
$$\delta(v_1) = \delta(v_2) = \delta(v_3) = \delta(v_5) = 4, \qquad \delta(v_4) = 6, \qquad \delta(v_6) = \delta(v_7) = 2$$
由于 G 中的每个顶点的度都是偶数, 根据定理 8.2.18, G 中存在一个 Euler 回路。经过检查, 可以发现 Euler 回路
$$(v_6, v_4, v_7, v_5, v_1, v_3, v_4, v_1, v_2, v_5, v_4, v_2, v_3, v_6)$$

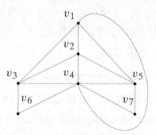

图 8.2.10　例 8.2.19 中的图　■

例 8.2.20　一个多米诺骨牌是一个由两个正方体组成的长方体, 每个正方体上用数字 $0, 1, \cdots, 6$ 标注 (参见图 8.2.11)。一个多米诺骨牌的两个正方体上可以有相同的数字。下面证明不同的多米诺骨牌可以放在一个回路里, 并且相邻的立方体有不同的数字。

图 8.2.11　多米诺骨牌

用一个图 G 来描述这个问题, 图 G 有 7 个顶点分别用 $0, 1, \cdots, 6$ 来标注。边代表多米诺骨牌: 在每一对不同的顶点之间存在一条边, 每个顶点上都有一个回路。注意到 G 是连通的。现在不同的多米诺骨牌可以放在一个回路里, 并且相邻的立方体有不同的数字当且仅当 G 中存在一个 Euler 回路。由于每个顶点的度是 8 (每个回路为每个顶点的度的贡献是 2), 所以每个顶点有偶数度。根据定理 8.2.18, G 中存在一个 Euler 回路。因此, 不同的多米诺骨牌可以放在一个回路里, 并且相邻的立方体有不同的数字。　■

对所有顶点并不都有偶数度的连通图能说明些什么呢? 首先可知一个图中 (参见推论 8.2.22) 奇数度顶点的个数是偶数, 然后可知有　个图中所有顶点度的和是偶数的事实 (参见定理 8.2.21)。

定理 8.2.21　如果 G 是一个 m 条边和 n 个顶点 $\{v_1, v_2, \cdots, v_n\}$ 的图, 那么
$$\sum_{i=1}^{n} \delta(v_i) = 2m$$
特别是, 一个图中所有顶点的度之和为偶数。

证明 当对所有顶点的度求和时，每条边(v_i, v_j)计算了两次，其中一次是依(v_i, v_j)计算v_i的度，又一次是依边(v_j, v_i)计算v_j的度。由此可以得出结论。

推论 8.2.22 在任意图里，奇数度的顶点个数为偶数。

证明 将所有的顶点可以分为两组：一组是度为偶数的$x_1, \cdots, x_m$，一组是度为奇数的$y_1, \cdots, y_n$。令

$$S = \delta(x_1) + \delta(x_2) + \cdots + \delta(x_m), \qquad T = \delta(y_1) + \delta(y_2) + \cdots + \delta(y_n)$$

根据定理 8.2.21，$S + T$是偶数。由于S是偶数的和，所以S是偶数。因此T是偶数。又由于T是n个奇数的和，所以n是偶数。

假设一个连通图G恰好有两个度为奇数的顶点v和w。从v到w可以添加一条边e，结果得到的图G'是连通的，并且每个顶点都有偶数度。根据定理 8.2.18，G'中存在一个 Euler 回路。如果将e从 Euler 回路中删除，就得到一条从v到w的、包含G的所有边和顶点的且边不重复出现的路径。可以证明如果一个图恰好有两个度为奇数的顶点v和w，就存在一条从v到w的包含G的所有边和顶点的且边不重复出现的路径。逆定理可以类似证明。

定理 8.2.23 一个图中有一条从v到w($v \neq w$)的包含所有边和顶点的且边不重复出现的路径，当且仅当这个图是连通的并且只有顶点v和w的度为奇数。

证明 假设图中有一条从v到w($v \neq w$)的包含所有边和顶点的且边不重复出现的路径P，这个图肯定是连通的。如果增加一条从v到w的边，结果得到的图中就存在一个 Euler 回路，也就是P加上刚增加的边。根据定理 8.2.17，每个顶点有偶数度。将刚增加的边删掉只影响到顶点v和w的度，每个顶点的度都减1。因此在初始的图里，v和w有奇数度且其他顶点都为偶数度。

逆定理的证明在定理给出之前已经做了讨论。

练习 42 和练习 44 给出了定理 8.2.23 的推广。

现在证明一个将要在 9.2 节用到的更为特殊的结果。

定理 8.2.24 如果图G中存在一条从v到v的回路，那么G中含有一条从v到v的简单回路。

证明 令

$$C = (v_0, e_1, v_1, \cdots, e_i, v_i, e_{i+1}, \cdots, e_j, v_j, e_{j+1}, v_{j+1}, \cdots, e_n, v_n)$$

是一条从v到v的回路（参见图 8.2.12），其中$v = v_0 = v_n$。如果C不是简单回路，那么存在$i < j < n$，使得$v_i = v_j$，将C用回路

$$C' = (v_0, e_1, v_1, \cdots, e_i, v_i, e_{j+1}, v_{j+1}, \cdots, e_n, v_n)$$

代替。如果C'不是从v到v的简单回路，重复前面的步骤。最终可以得到一条从v到v的简单回路。

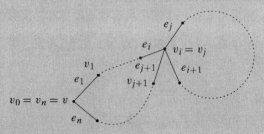

图 8.2.12　不是简单回路就是能约减成简单回路

本节复习

1. 什么是路径?
2. 什么是简单路径?
3. 给出一个不是简单路径的路径的例子。
4. 什么是回路?
5. 什么是简单回路?
6. 给出一个不是简单回路的回路的例子。
7. 定义连通图。
8. 给出一个连通图的例子。
9. 给出一个非连通图的例子。
10. 什么是子图?
11. 给出一个子图的例子。
12. 什么是图的分支?
13. 给出一个图的分支的例子。
14. 如果一个图是连通的,那么这个图一共有多少分支?
15. 定义顶点 v 的度。
16. 什么是 Euler 回路?
17. 说明一个图中存在 Euler 回路的充分必要条件。
18. 给出一个图中存在 Euler 回路的例子,并且找出这个 Euler 回路。
19. 给出一个图中不存在 Euler 回路的例子,并且证明这个图中不存在 Euler 回路。
20. 一个图中顶点的度之和与边的数目的关系是什么?
21. 在任意图中,奇数度的顶点的数目必须是偶数吗?
22. 说明一个图中存在从 v 到 w ($v \neq w$) 的包含所有边和顶点的且边不重复出现的路径的充分必要条件。
23. 如果一个图 G 中存在一条从 v 到 v 的回路,那么 G 中是否一定含有一条从 v 到 v 的简单回路?

练习

在练习 1~9 中,指出图中给出的路径是其中的哪一种:

(a) 简单路径
(b) 回路
(c) 简单回路

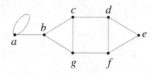

1. (b, b)
2. (e, d, c, b)
3. (a, d, c, d, e)
4. (d, c, b, e, d)
5. $(b, c, d, a, b, e, d, c, b)$
6. (b, c, d, e, b, b)
7. (a, d, c, b, e)
8. (d)
9. (d, c, b)

在练习 10~18 中,画出给定特征的图或解释为什么这种图不存在。

10. 具有 6 个顶点,每个顶点的度为 3。
11. 具有 5 个顶点,每个顶点的度为 3。
12. 具有 4 个顶点,每个顶点的度为 1。
13. 具有 6 个顶点,4 条边。
14. 具有 4 条边,4 个度分别为 1,2,3,4 的顶点。
15. 具有 4 个度分别为 1,2,3,4 的顶点。
16. 一个具有 6 个顶点度分别为 1,2,3,4,5,5 的简单图。
17. 一个具有 5 个顶点度分别为 2,3,3,4,4 的简单图。
18. 一个具有 5 个顶点度分别为 2,2,4,4,4 的简单图。
19. 在下图中找出所有的简单回路。

20. 在练习 19 的图中找出所有从 a 到 e 的简单路径。

21. 找出下图的包含原图的所有顶点和最少可能边的连通子图。并指出简单路径、回路和简单回路。

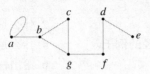

在练习 22~23 的图中，指出每个顶点的度。

22. 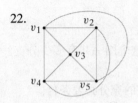   23.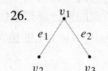

在练习 24~27 的图中，找出至少包括给定图的一个顶点的所有子图。

24.   25.   26. 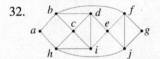   *27.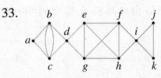

判断练习 28~33 的图中是否存在一个 Euler 回路。如果存在，请指出。

28. 练习 21 的图   29. 练习 22 的图   30. 练习 23 的图   31. 图 8.2.4

32. 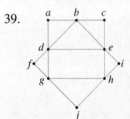   33.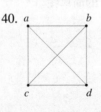

34. 下图一直可以扩展到任意的有限的深度。图中是否含有一个 Euler 回路。如果有，请说明它。

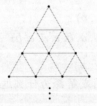

35. 在什么情况下完全图 K_n 中包含一个 Euler 回路？
36. 在什么情况下完全二部图 $K_{m,n}$ 包含一个 Euler 回路？
37. 当 m 和 n 各取何值时下图中包含一个 Euler 回路？
38. 当 n 取何值时 n 立方体中包含一个 Euler 回路？

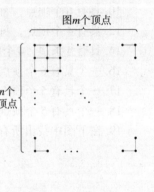

在练习 39 和练习 40 的图中，验证其中奇数度的顶点个数为偶数。

39. 40.

41. 在练习 39 的图中，找到一条从 d 到 e 的包含所有边且边不重复出现的路径。
42. 令 G 为一个具有 4 个度为偶数的顶点的连通图，顶点分别是 v_1、v_2、v_3、v_4。证明存在从 v_1 到 v_2 和从 v_3 到 v_4 的边不重复出现的路径，使得 G 中的每条边恰好在其中的一条路径上。
43. 利用下图说明练习 42。

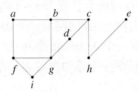

44. 说明并证明练习 42 的推广，即奇数度顶点个数任意时的情形。

判断练习 45 和练习 46 中的断言是否为真。如果为假，给出一个反例；如果为真，给出说明。

45. 令 G 为一个图，v 和 w 是其中两个不同的顶点。如果存在一条从 v 到 w 的路径，那么存在一条从 v 到 w 的简单路径。
46. 如果一个图中含有一条包含所有边的回路，那么这个回路是 Euler 回路。
47. 令 G 为一个连通图。假设边 e 在一个回路中，那么将 G 中的 e 删掉剩下的仍然是一个连通图。
48. 给出一个连通图的例子，使得将图中的任何边删除所剩的图都不是连通的。（假设只除掉边而不删除顶点。）
*49. 一个骑士是否可以围绕棋盘一圈回到原处且每一步都只走一次？（在任意方向移动都认为是一步。）
50. 证明如果 G' 是图 G 的连通子图，那么 G' 在包含 G 的一个分支里。
51. 证明如果图 G 可以划分成一些连通的子图，使得 G 中的每个顶点和每条边属于其中的某个子图，那么这些子图是分支。
52. 令 G 是一个有向图，G' 是将 G 中边的方向忽略而得到的无向图。假设 G 是连通的，v 是 G 中的一个顶点，如果形如 (v, w) 的边的数目是偶数，那么就称 v 的奇偶性为偶数，v 的奇偶性为奇数类似定义。证明如果 G 中的两个顶点 v 和 w 的奇偶性为奇数，那么可以通过改变 G 中某条边的方向使得 v 和 w 的奇偶性变为偶数而其他顶点的奇偶性不变。
*53. 证明一个 n 个顶点的简单非连通图的边的最大个数是 $(n-1)(n-2)/2$。
*54. 证明有 n 个顶点的简单二部图边的最大个数是 $\lfloor n^2/4 \rfloor$。

称连通图 G 中的顶点 v 为连接点，如果将顶点 v 和所有与 v 关联的边删除会使得图 G 变为非连通图。

55. 给出一个 6 个顶点的图的例子，其中恰好有两个连接点。
56. 给出一个 6 个顶点的图的例子，其中没有连接点。
57. 证明连通图 G 中的顶点 v 为连接点当且仅当 G 中存在两个顶点 w 和 x，使得从 w 到 x 的每条路径都经过 v。

令 G 是一个有向图，v 是 G 中的一个顶点。v 的入度 $in(v)$ 是形如 (w, v) 的边的数目。v 的出度 $out(v)$ 是形如 (v, w) 的边的数目。G 中的有向 Euler 回路是边的序列，形为 $(v_0, v_1), (v_1, v_2), \cdots, (v_{n-1}, v_n)$，其中 $v_0 = v_n$，G 中的每条边都恰好出现一次，且所有顶点都出现。

58. 证明一个有向图 G 中含有一个有向 Euler 回路当且仅当将 G 中的边的方向忽略而得到的无向图是连通的，且对 G 中的每个顶点 v，$in(v) = out(v)$。

一个 de Bruijn 序列（由 0, 1 构成）是长度为 2^n 的位串 $a_1, \cdots, a_{2^n}$，且具有性质：如果 s 是一个长度为 n 的位串，对某个 m,

$$s = a_m a_{m+1} \cdots a_{m+n-1} \quad (8.2.2)$$

在式(8.2.2)中，规定 $a_{2^n+i} = a_i$，其中 $i = 1, \cdots, 2^n - 1$。

59. 验证 00011101 是一个 $n = 3$ 的 de Bruijn 序列。

60. 令 G 是一个有向图，其中的顶点与所有长度为 $n - 1$ 的位串相对应。存在一条从 $x_1 \cdots x_{n-1}$ 到 $x_2 \cdots x_n$ 的有向边。证明 G 中的有向 Euler 回路与一个 de Bruijn 序列相对应。

*61. 证明对所有的 $n = 1, 2, \cdots$，存在一个 de Bruijn 序列。

*62. 从 v 到 v 的路径称为闭路径。证明一个连通图 G 是一个二部图当且仅当 G 中的所有的闭路径都有偶数长度。

63. K_n 中有多少长度 $k \geq 1$ 的路径？

64. 证明 K_n（$n > 2$）中有 $\dfrac{n(n-1)[(n-1)^k - 1]}{n-2}$ 条长度在 1 和 k（包括 k）之间的路径。

65. 令 v 和 w 是 K_n 中的两个不同的顶点。令 p_m 代表 K_n 中从 v 到 w 的长度为 m 的路径的数目，$1 \leq m \leq n$。(a) 寻找 p_m 的递归关系。(b) 给出 p_m 的显式公式。

66. 令 v 和 w 是 K_n 中的两个不同的顶点，$n \geq 2$。证明从 v 到 w 的简单路径的数目是 $(n-2)! \sum_{k=0}^{n-2} \dfrac{1}{k!}$。

*67. [需要微积分]证明在 K_n 中有 $\lfloor n!e - 1 \rfloor$ 条简单路径。（$e = 2.71828\cdots$，是自然对数的底。）

68. 令 G 是一个图。在 G 的顶点集合 V 上定义 R，如果存在一条从 v 到 w 的路径，那么 vRw。证明 R 是 V 上的一个等价关系。

69. 证明一个连通图如果其中存在一个或两个度为偶数的顶点，那么这个图中就含有一个 Euler 回路。

令 G 是一个连通图。G 中顶点 v 和 w 的距离 $dist(v, w)$ 是从 v 到 w 的最短路径的长度。G 的直径是 $d(G) = \max\{dist(v, w) \mid v \text{ 和 } w \text{ 是 } G \text{ 中的顶点}\}$。

70. 找出图 8.2.10 中图的直径。 71. n 立方体的直径是什么？在并行计算里，这个值有什么意义？

72. n 顶点完全图 K_n 的直径是什么？

73. 证明在下图中从 v_1 到 v_2 的长度为 n 的路径的数目与 $n + 1$ 阶 Fibonacci 数 f_{n+1} 相等。

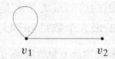

74. 令 G 是一个 n 顶点简单图，其中每个顶点的度为 k，

$$k \geq \dfrac{n-3}{2} \quad n \bmod 4 = 1$$

$$k \geq \dfrac{n-1}{2} \quad n \bmod 4 \neq 1$$

证明 G 是连通的。

简单有向图中的回路（例如，一个有向图中最多只有一个形为 (v, w) 的边，没有形为 (v, v) 的边）是三个或更多顶点的序列 $(v_0, v_1, \cdots, v_n)$，其中 (v_{i-1}, v_i) 是边，$i = 1, \cdots, n$ 且 $v_0 = v_n$。一个有向非循回路图（dag）是一个没有回路的简单有向图。

75. 证明在一个 dag 中至少存在一个顶点没有输出边。（例如，至少存在一个顶点 v，没有形如 (v, w) 的边。）

76. 证明在一个 n 顶点 dag 中边的最大数目是 $n(n-1)/2$。
77. 图 G 中无关集是 G 的顶点集的子集 S，且 S 中不存在相邻的顶点。(注意 $\varnothing$ 是任意图的非相关集。) 证明由 [Prodinger] 给出的如下结果。

    令 P_n 是一个图，这个图是一个由 n 个顶点构成的简单路径。证明 P_n 中无关集的数目是 f_{n+2}，$n = 1, 2, \cdots$，其中 $\{f_n\}$ 是 Fibonacci 序列。
78. 令 G 是一个图。假设 G 中的每对不同的顶点 v_1 和 v_2，G 中存在唯一顶点 w，使得 v_1 和 w 是相邻的，v_2 和 w 是相邻的。(a) 证明如果 v 和 w 是 G 中不相邻的顶点，那么 $\delta(v) = \delta(w)$。(b) 证明如果存在一个度 $k > 1$ 的顶点，且没有顶点与所有其他顶点相邻，那么每个顶点的度都为 k。

问题求解：图

问题

是否在一个部门的 25 个人中间，由于意见不同，每个人恰好与 5 个人意见一致？

问题分析

从哪里开始解决这个问题呢？由于这个问题出现在第 8 章中，这一章讨论的是图，因此使用图模型可能是一个不错的想法。如果这个问题不与本书中的特定一章或一节相关联，那么可以有好几种求解办法，其中之一就是利用图模型。很多离散的问题可以利用图来建模。这并不意味着这是唯一可能的方法。很多时候采用不同的办法，可以利用很多方法解决一个问题 (一个例子是 [Wagon])。

求解

在建立一个图模型时，一个基本的问题是决定这个图是什么——什么是顶点，什么是边？在这个问题里，没有太多的选择，只有人和意见。可以试着用顶点表示人。在一个图模型中经常用一个边代表两个顶点之间的关系。这里的关系是"意见一致"，因此在两个意见一致的顶点 (人) 之间连上一条边。

现在假设每个人恰好与其他 5 个人意见一致。例如在下图中，即是图的一部分，Jeremy 与 Samantha、Alexandra、Lance、Bret 和 Tiffany 意见一致，没有其他的人。

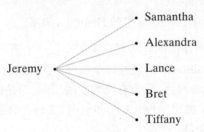

可得每个顶点的度为 5。现在做一估计：有 25 个顶点，每个顶点的度为 5。在继续阅读之前，判断这是否可能。

推论 8.2.22 说明有偶数个度为奇数的顶点。现在得出一个矛盾，因为有奇数个度为奇数的顶点。因此，不可能在一个部门的 25 个人中，每个人恰好与其他 5 个人意见一致。

形式解

错误。不可能在一个部门的 25 个人中，每个人恰好与其他 5 个人意见一致。假设这是可能的，如果这两个人意见一致，考虑一个图，其中顶点代表人，边连接两个顶点 (人)。由于每个顶点都有奇数度，存在奇数个度为奇数的顶点，这是矛盾的。

问题求解技巧小结

- 很多离散问题可以用图模型求解。
- 为了建立一个图，需要决定顶点和边分别代表什么。
- 在一个图模型中，边经常代表两个顶点之间的关系。

8.3 Hamilton回路和旅行商问题

William Rowan Hamilton 在19世纪中叶以十二面体形式给出了一个难题（参见图8.3.1）。每一个角代表一个城市的名字，问题是从任意一个城市出发，沿着边拜访其他每个城市一次，最后回到出发地。图8.3.2给出了十二面体边的图表示。如果能够在图8.3.2中的图上找到一条包含每个顶点一次（除了出发和结束的顶点出现两次以外）的回路，那么就可以解决Hamilton难题。试一下是否能在查看图8.3.3给出的答案之前找到一个解。　　　　　　　　　　　　　　　　　　　　　　　　　　　　　　　　　　[WWW]

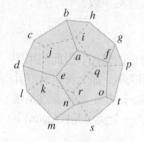 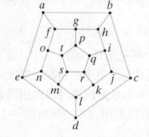 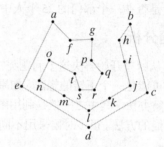

图 8.3.1　Hamilton 难题　　　图 8.3.2　Hamilton 难题的图模型　　　图 8.3.3　经过图 8.3.2 中每个顶点一次

为了纪念Hamilton，称图G中一条包含除出发和结束的顶点出现两次外其他所有顶点恰出现一次的回路为 **Hamilton 回路**。

Hamilton（1805—1865）是爱尔兰最伟大的学者之一。他是Dublin大学天文学教授，在那里他发表了一系列物理学和数学方面的论文。在数学方面，他主要是由于创造出四元数——一种复数系的推广而闻名。四元数为现代抽象代数的发展提供了一种很好的思路。由此，Hamilton引入了向量。

例8.3.1　回路(a, b, c, d, e, f, g, a)是图8.3.4中的Hamilton回路。　　　　　　　　　　　■

在一个图上找出Hamilton回路的问题听起来类似于在一个图上找到Euler回路。一个Euler回路经过每条边一次，而一个Hamilton回路经过每个顶点一次；然而，这个问题其实是截然不同的。例如，在图8.3.4的图G中没有Euler回路，因为有奇数度的顶点。但是例8.3.1给出G中有一个Hamliton回路。另外，与Euler回路不同（参见定理8.2.17和定理8.2.18）的是，并不容易验证已知的一个图存在Hamilton回路的充分必要条件。

下面的例子说明有时候可以断定在一个图上不包含Hamilton回路。

例8.3.2　证明图8.3.5中的图中不包含Hamilton回路。

由于图中有5个顶点，因此Hamilton回路必须含有5条边。假设可以除去图中的一些边而只保留Hamilton回路，必须除去与顶点v_2相关联的一条边和与顶点v_4相关联的一条边，因为在Hamilton回路中的每个顶点的度必须为2。但是这就只剩下4条边了，不够Hamilton回路的长度5。因此，图8.3.5的图中不包含Hamilton回路。　　　　　　　　　　　　　　　　　　　　■

利用在例8.3.2中证明一个图中不含Hamilton回路的方法时，一定要注意不要将一条除去的边计算两次。例如在例8.3.2中（指图8.3.5中），如果将与v_2相关联的边和与v_4相关联的一条边除去，而这两条边是不同的。因此，就可以正确地推断出如果在图 8.3.5 中要剩下一个 Hamilton 回路就必须将两条边除去。

作为一个计算两次的例子，可以考虑下面这个为了证明图 8.3.6 中不存在 Hamilton 回路而得出的错误的讨论。由于图中有 5 个顶点，因此 Hamilton 回路必须含有 5 条边。假设可以除去图中的一些边而只生成一个 Hamilton 回路，必须除去与顶点 c 相关联的两条边和与顶点 a、b、d、e 相关联的各一条边。这样就只剩下了两条边——不足以构成一个 Hamilton 回路。因此，在图 8.3.6 的图中不包含一个 Hamilton 回路。这个讨论中的错误是，如果将与顶点 c 相关联的两条边除去（这是必须做的），那么这两条边也属于与 a、b、d、e 相关联的边中的某两条。因此不能将与两个顶点都相连的边计算两次。注意图 8.3.6 的图的确有一个 Hamilton 回路。

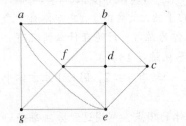 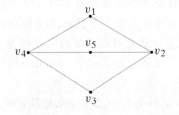 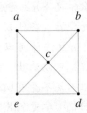

图 8.3.4　一个有 Hamilton 回路的图　　图 8.3.5　一个不含 Hamilton 回路的图　　图 8.3.6　有 Hamilton 回路的图

例 8.3.3　证明图 8.3.7 的图 G 中不包含 Hamilton 回路。

假设 G 中有一个 Hamilton 回路 H。边 (a, b)、(a, g)、(b, c) 和 (c, k) 必须在 H 中，因为 Hamilton 回路中的顶点的度为 2。所以 (b, d) 和 (b, f) 不在 H 中，因此 (g, d)、(d, e)、(e, f) 和 (f, k) 在 H 中。已知在 H 中的边形成了一个回路 C，再往 C 中增加边会使得 H 中的某些顶点的度大于 2。这个矛盾表明 G 中不存在 Hamilton 回路。

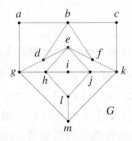

图 8.3.7　没有 Hamilton 回路的图

旅行商问题（traveling salesperson problem）与在一个图中寻找 Hamilton 回路有关。（在 8.1 节中提到了旅行商问题的一个简单的形式。）这个问题是：给定一个带权图 G，在 G 中寻找最小长度的 Hamilton 回路。如果将带权图中的顶点看做城市，将边的权值看做距离，旅行商问题就是当旅行商只能经过每个城市一次、出发和结束在同一个城市时，寻找一条最短的路径。

例 8.3.4　回路 $C = (a, b, c, d, a)$ 是图 8.3.8 的图 G 的一个 Hamilton 回路。用标注 11 的任何一条边来取代 C 中的任何一条边都会增加 C 的长度，因此 C 是 G 的一个最短的 Hamilton 回路。所以，C 就是对于 G 来说的旅行商问题的解。

虽然存在寻找 Euler 回路的算法（例如，参见 [Even, 1979]），这种算法对于一个有 n 条边的图，需要 $\Theta(n)$ 的时间复杂度，但在一个图中找到 Hamilton 回路已知的算法需要指数复杂度时间或阶乘复杂度时间。由于这个原因，在旅行商问题求解时，经常采用寻找接近最短回路的算法。如果能给出Hamilton回路问题(或旅行商问题)的多项式时间的解,或者证明这类问题不存在多项式时间的解,那么将会是很大的成功。

在本节的结束,考虑一下在n立方体中的Hamilton回路问题。

例 8.3.5 Gray 码和 n 立方体中的 Hamilton 回路 在用图来表示时,并行计算的循环模型是一个简单回路(参见图8.3.9)。顶点代表处理器。处理器p和q之间存在一条边意味着p和q之间可以互相直接通信。可以看出,每个处理器可以直接和其他两个通信。不相邻的处理器之间通过传递消息进行通信。

[WWW]

n立方体(参见例8.1.7)是另外一种并行计算的模型。n立方体在处理器之间的连接上具有更大的度。考虑如何用n立方体来模拟2^n个处理器的循环模型问题。用图论术语表示,就是在什么情况下n立方体包含一个具有2^n个顶点的简单回路作为它的子图,或者由于n立方体有2^n个处理器,在什么情况下n立方体中包含一个Hamilton回路。(作为练习,讨论在什么情况下一个n立方体可以模拟一个具有任意数目处理器的循环模型(参见练习18)。)

首先可以看出,如果一个n立方体中存在一个Hamilton回路,必须有$n \geq 2$,因为1立方体中根本就不存在回路。

回忆(参见例8.1.7)所述可以用$0, 1, \cdots, 2^n - 1$来标注n立方体的顶点,利用这种方法每条边连接两个顶点当且仅当两个标注在二进制表示下只有一位不同。因此,n立方体存在一个Hamilton回路当且仅当$n \geq 2$并且存在一个序列

$$s_1, \quad s_2, \quad \cdots, \quad s_{2^n} \tag{8.3.1}$$

其中s_i是一个n位的字符串,满足

- 每一个n位字符串都在序列中的某个位置出现。
- s_i和s_{i+1}恰好只有一位不同,$i = 1, \cdots, 2^n - 1$。
- s_{2^n}和s_1恰好只有一位不同。

式(8.3.1)的序列称为**Gray 码**。当$n \geq 2$时,Gray 码(8.3.1)对应于一个Hamilton回路

$$s_1, \quad s_2, \quad \cdots, \quad s_{2^n}, \quad s_1$$

因为每个顶点都出现了,并且边(s_i, s_{i+1})($i = 1, \cdots, 2^n - 1$)和边(s_{2^n}, s_1)都不同。当$n = 1$时,Gray 码0, 1对应于路径(0, 1, 0),这并不是一个回路,因为边(0, 1)重复出现了。

在其他文章里对Gray 码都有着广泛的研究。例如将Gray 码应用在模数转换上(参见[Deo])。下面说明对任意的正整数n,如何建立一个Gray 码,并且证明对任意的正整数n($n \geq 2$),n立方体中有一个Hamilton回路。

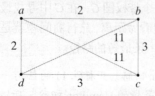

图 8.3.8 一个旅行商问题的图模型

图 8.3.9 并行计算的 ring 模型

定理 8.3.6 令G_1代表0, 1序列。用G_{n-1}按照下面规则来定义G_n:

(a) 令G_{n-1}^R代表序列G_{n-1}的逆序。

(b) 令G'_{n-1}代表将序列G_{n-1}的每个成员前加前缀0。

(c) 令 G''_{n-1} 代表将序列 G^R_{n-1} 的每个成员前加前缀1。

(d) 令 G_n 为 G'_{n-1} 后接 G''_{n-1} 构成的序列。

这样的 G_n 就是对任意整数 n 的 Gray 码。

证明 施归纳于 n 做归纳证明。

基本步 ($n=1$)

由于序列 0,1 是 Gray 码,因此定理在 $n=1$ 时成立。

归纳步

假设 G_{n-1} 是 Gray 码。G'_{n-1} 中的每个字符串都以 0 开始,因此两个连续的字符串的区别与 G_{n-1} 中对应字符串的区别一样。但既然 G_{n-1} 是 Gray 码,G_{n-1} 中两个连续的字符串只有一位不同。因此,G'_{n-1} 中连续字符串只有一位不同。同样,G''_{n-1} 中连续字符串也只有一位不同。令 α 代表 G'_{n-1} 中的最后一个字符串,β 代表 G''_{n-1} 开始的一个字符串。如果将 α 的第一个位和 β 的第一个位删除,得到的字符串是一样的。由于 α 的第一个位是 0,β 的第一个位是 1,因此 G'_{n-1} 中最后一个字符串和 G''_{n-1} 的第一个字符串只有一位不同。同样 G'_{n-1} 中的第一个字符串和 G''_{n-1} 的最后一个字符串只有一位不同。因此,G_n 是 Gray 码。

推论 8.3.7 对每一个正整数 $n \geq 2$,n 立方体中有一个 Hamilton 回路。

例 8.3.8 利用定理 8.3.6 以 G_1 开始构造 Gray 码 G_3。

G_1:	0	1						
G^R_1:	1	0						
G'_1:	00	01						
G''_1:	11	10						
G_2:	00	01	11	10				
G^R_2:	10	11	01	00				
G'_2:	000	001	011	010				
G''_2:	110	111	101	100				
G_3:	000	001	011	010	110	111	101	100

最后,以大约 200 年前的一个问题作为本节的结束。

例 8.3.9 骑士遍历问题 国际象棋中,骑士可以水平或者垂直地移动两个格,然后在垂直方向上移动一个格。例如在图 8.3.10 中,在有 K 标志的格子处的骑士可以移动到用 X 标志的任意一个格子里。骑士遍历 $n \times n$ 的棋盘就是从某个格子出发,依走法经过每个格子一次,最后回到出发的格子处。这个问题就是对哪些 n,骑士可以遍历棋盘。 [WWW]

可以用图作为这个问题的模型。令棋盘上的格子(一般是黑白交错的)作为图的顶点,如果骑士可以从一个格子合法地移动到另外一个格子,那么就在对应两顶点之间放一条边(参见图 8.3.11)。用 GK_n 来表示这个图。因此在 $n \times n$ 棋盘上骑士可以遍历当且仅当 GK_n 中有一个 Hamilton 回路。证明如果 GK_n 中有一个 Hamilton 回路,那么 n 是偶数。为了证明这点,注意到 GK_n 是一个二部图,可以将顶点集划分为对应于白色格子的 V_1 和对应于黑色格子的 V_2。每条边与 V_1 中和 V_2 中的一个顶点相关联。由于任何一个回路中都是 V_1 中的一个顶点和 V_2 中的一个顶点交替出现,GK_n 中的任何回路都为偶数长度。但是 Hamilton 回路经过每个顶点仅只一次,因此 GK_n 一个 Hamilton 回路的长度是 n^2。因此 n 必为偶数。

根据前面的结论,最小的可能存在骑士遍历的棋盘是 2×2 的棋盘,但是它并不存在骑士遍历,因为这个棋盘太小了以至于骑士没有合法的走法。下一个可能的最小棋盘是 4×4 的棋盘,但同样可以证明,它也不能让骑士遍历。

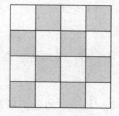
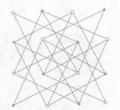

图 8.3.10　棋盘上骑士合法的移动　　　　　图 8.3.11　一个 4×4 的棋盘和图 GK_4

用反证法来讨论 GK_4 中不存在一个 Hamilton 回路。假设 GK_4 中存在一个 Hamilton 回路 $C = (v_1, v_2, \cdots, v_{17})$。假设 v_1 对应于左上角的格子,称顶上的和底下的八个格子为外格子,称其他 8 个格子为内格子。注意到骑士必须从一个外格子移动到一个内格子或者从一个内格子移动到一个外格子。因此在 C 中,对应于外格子的一个顶点必须前面和后面都是一个内格子对应的顶点。由于外格子和内格子数目一样多,顶点 v_i 中 i 为奇数对应于外格子,顶点 v_i 中 i 为偶数对应于内格子。但是注意到骑士的移动规则,顶点 v_i 中 i 为奇数对应于白格子,顶点 v_i 中 i 为偶数对应于黑格子。因此,外格子可以遍历的都是白格子,内格子可以遍历的都是黑格子。所以 C 不是一个 Hamilton 回路。这个矛盾证明 GK_4 中不存在 Hamilton 回路。这个证明是 Louis Pósa 在十几岁时给出的。

图 GK_6 中有一个 Hamilton 回路。这个事实可以通过给出一个简单的实例来表明(参见练习 21)。可以利用一些基本的方法来证明对所有的偶数 $n \geq 6$,GK_n 中都有一个 Hamilton 回路(参见 [Schwenk])。证明方法是通过构造某些小的棋盘中存在 Hamilton 回路,将这些小的棋盘拼成大的棋盘来证明存在 Hamilton 回路。■

问题求解要点

Euler 回路从一个顶点开始,经过每个边一次,最后回到出发顶点。利用定理 8.2.17 和定理 8.2.18,可以很容易判断一个图中是否有 Euler 回路:图 G 中有 Euler 回路当且仅当 G 是连通的且每个顶点都有偶数度。

Hamilton 回路从一个顶点开始,经过每个顶点一次(除了出发顶点经过两次:回路开始和结束时),回到出发顶点。与定理 8.2.17 和定理 8.2.18 不同的是,不存在一个简单的可以验证的充分必要条件,可以判断一个图中是否有 Hamilton 回路。如果一个相对比较小的图中有 Hamilton 回路,试错的办法可以找到它。如果一个图中没有 Hamilton 回路,有时候可以利用这个事实即 n 顶点的图中 Hamilton 回路长度为 n,结合反证法来证明图中没有 Hamilton 回路。8.3 节中给出了两种反证法。在第一种方法中,假设图中有 Hamilton 回路。有些边不能出现在 Hamilton 回路中:如果图中存在一个顶点 v 的度大于 2,只有两条与 v 相邻的边出现在 Hamilton 回路中。有时候可以通过证明如此多的边需要删除,使得图中不可能存在 Hamilton 回路来得出矛盾(参见例 8.3.2)。

在 8.3 节的第 2 种反证法中,仍然假设 n 顶点图中有 Hamilton 回路。然后讨论某些边必须出现在 Hamilton 回路中。例如,如果顶点 v 的度为 2,与 v 相邻的两条边必须出现在回路中。有时候可以通过证明必须出现在 Hamilton 回路中的边构成了长度小于 n 的回路而得出矛盾(参见例 8.3.3)。

本节复习

1. 什么是 Hamilton 回路？
2. 给出一个图的例子，其中有一个 Hamilton 回路和一个 Euler 回路。证明这个图具有对应的特定性质。
3. 给出一个图的例子，其中有一个 Hamilton 回路但没有一个 Euler 回路。证明这个图具有对应的特定性质。
4. 给出一个图的例子，其中没有一个 Hamilton 回路但有一个 Euler 回路。证明这个图具有对应的特定性质。
5. 给出一个图的例子，其中既没有一个 Hamilton 回路又没有一个 Euler 回路。证明这个图具有对应的特定性质。
6. 什么是旅行商问题？它与 Hamilton 回路问题有什么联系？
7. 什么是并行计算的循环模型？　　8. 什么是 Gray 码？　　9. 解释如何构造一个 Gray 码？

练习

在下图中找出 Hamilton 回路。

1.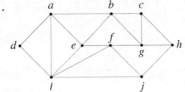

2.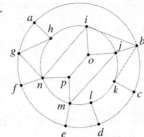

证明下面各图中没有 Hamilton 回路。

3.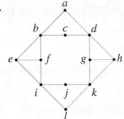

4.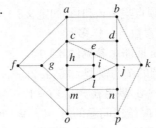

5.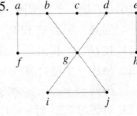

判断下面各图中是否有 Hamilton 回路。如果有，请找出它；否则，证明没有 Hamilton 回路。

6.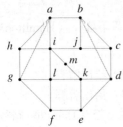

7.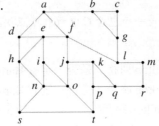

8.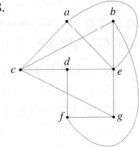

9. 给出有一个 Euler 回路但是没有 Hamilton 回路的图的例子。
10. 给出既有一个 Euler 回路又是 Hamilton 回路的图的例子。
11. 给出一个既有一个 Euler 回路又有 Hamilton 回路且两者不同的图的例子。
*12. 对 8.2 节练习 37 中的图，m 和 n 为何值时，有一个 Hamilton 回路？
13. 修改 8.2 节练习 37 中的图，在第 i 行，第 1 列顶点和第 i 行第 m 列顶点之间添加一条边，$i = 1, \cdots, n$。证明得到的图中有一个 Hamilton 回路。
14. 证明 $n \geq 3$ 时，n 顶点完全图 K_n 中有一个 Hamilton 回路。
15. 在什么情况下完全二部图 $K_{m,n}$ 中有一个 Hamilton 回路？
16. 证明回路 (e, b, a, c, d, e) 是下图表示的旅行商问题的解。

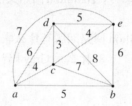

17. 给出下图表示的旅行商问题的解。

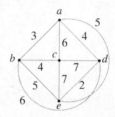

*18. 令 m 和 n 是正整数，满足 $1 \leq m \leq 2^n$。证明 n 立方体中存在一个长度为 m 的简单回路当且仅当 $m \geq 4$ 且 m 为偶数。
19. 利用定理 8.3.6 来计算 Gray 码 G_4。
20. 令 G 是一个二部图，不相交顶点集为 V_1 和 V_2，如定义 8.1.11 所示。证明如果 G 中有一个 Hamilton 回路，那么 V_1 和 V_2 中的元素数目一样多。
21. 在 GK_6 中找出一个 Hamilton 回路（参见例 8.3.9）。
22. 描述一个适合解决下面问题的图的模型。将 $\{1, 2, \cdots, n\}$ 排列成一个序列，使得相邻的两个排列 $p: p_1, \cdots, p_n$ 和 $q: q_1, \cdots, q_n$ 满足 $p_i \neq q_i$（$i = 1, \cdots, n$）。
23. 对练习 22，当 $n = 1, 2, 3, 4$ 时给出问题的解。（$n \geq 5$ 时，答案是有这样一个序列；见参考文献中的[Problem 1186]。）
24. 证明 n 立方体的 Bain 描述（参见 8.1 节中的练习 43~45）在单位圆上顶点的连续标号构成了一个 Gray 码。

图 G 中的一个 Hamilton 路径是一个包含 G 中所有顶点仅只一次的简单路径。（Hamilton 路径起始和结束在不同的顶点。）

25. 如果一个图中有一个 Hamilton 回路，是否一定有 Hamilton 路径？给出解释。
26. 如果一个图中有一个 Hamilton 路径，是否一定有 Hamilton 回路？给出解释。
27. 图 8.3.5 中的图是否有 Hamilton 路径？
28. 图 8.3.7 中的图是否有 Hamilton 路径？
29. 练习 3 中的图是否有 Hamilton 路径？
30. 练习 4 中的图是否有 Hamilton 路径？

31. 练习 5 中的图是否有 Hamilton 路径？
32. 练习 6 中的图是否有 Hamilton 路径？
33. 练习 7 中的图是否有 Hamilton 路径？
34. 练习 8 中的图是否有 Hamilton 路径？
35. 对于 8.2 节练习 37 中的图，m 和 n 为何值时，有一个 Hamilton 路径？
36. n 为何值时，n 顶点完全图中有一个 Hamilton 路径？

8.4 最短路径算法

回忆（参见 8.1 节）一个带权图是每条边都赋给一个权值的图，且在带权图中路径的长度是路径中所有边的权值的和。令 $w(i,j)$ 代表边 (i,j) 的权值。在带权图中，经常希望找出给定两个顶点之间的**最短路径**（例如，一条具有最小长度的路径）。根据 E. W. Dijkstra 给出的算法 8.4.1，可以有效地解决这个问题，这就是这一节的主题。

Edsger W. Dijkstra（1930—2002）出生在荷兰。他是一个早期的将编程看做科学的建议者。在 1957 年，当时他已经结婚，希望谋求一份程序员的工作，决定将自己一生献身于编程事业。然而，当时的荷兰权威人士说没有这种职业，所以他不得不改变自己的职业，成为"理论物理学家"。在 1972 年，他从 ACM 获得了声望很高的 Turing 奖。在 1984 年，他被任命为 Austin 的 Texas 大学 Schlumberger 百年主席，并在 1999 年作为 Emeritus 教授退休。

在这一节里，G 代表一个连通的带权图，假设权值是正数，希望寻找一条从顶点 a 到顶点 z 的最短路径。G 是连通的假设可以不要（参见练习 9）。

Dijkstra 算法对每个顶点做标记。令 $L(v)$ 代表顶点 v 的标记。在任何时候，有些顶点具有临时标记，其余的具有永久标记。令 T 代表具有临时标记的顶点的集合。在说明这个算法的过程中，将对具有临时标记的顶点上画圈。稍后可以证明。如果 $L(v)$ 是顶点 v 的永久标记，那么 $L(v)$ 就是从 a 到 v 的最短路径的长度。开始时，所有顶点都有临时标记。在每一次迭代过程中，算法将一个顶点的标记从临时标记变为永久标记；这样当 z 得到一个永久标记时，算法就结束了。在这个时候，$L(z)$ 给出了从 a 到 z 的最短路径的长度。 [WWW]

算法 8.4.1　Dijkstra 最短路径算法　这个算法是在一个连通的带权图中寻找从顶点 a 到顶点 z 的最短路径的长度。边 (i,j) 的权值 $w(i,j) > 0$，且顶点 x 的标记为 $L(x)$。在结束时，$L(z)$ 是从 a 到 z 的最短路径的长度。

输入：一个连通的带权图，其中所有的权值为正；顶点 a 和 z
输出：$L(z)$，从顶点 a 到 z 的最短路径的长度

```
1.  dijkstra(w, a, z, L){
2.      L(a) = 0
3.      for 所有顶点 x ≠ a
4.          L(x) = ∞
5.      T = 所有顶点集合
6.      //T 代表所有从 a 到有最短路径的那些顶点集合
7.      // 没有找到
8.      while (z ∈ T) {
9.          从 T 中找出具有最小 L(v) 的顶点 v ∈ T
10.         T = T − {v}
11.         for 所有与 v 相邻的顶点 x ∈ T
```

```
12.         L(x) = min{L(x), L(v) + w(v, x)}
13.     }
14. }
```

例 8.4.2 说明算法 8.4.1 在图 8.4.1 中如何找到从 a 到 z 的最短路径。(T 中的顶点是没有画圈的，并且只有临时标记。画圈的顶点有永久标记。）图 8.4.2 是程序执行第 2 行~第 5 行后的结果。在第 8 行时，z 没有画圈，执行第 9 行，选择顶点 a，它是具有最小标记的没有被画圈的顶点，在它上边画圈（参见图 8.4.3）。执行第 11 行和第 12 行，更新每个与 a 相邻的没有被画圈的顶点 b 和 f。得到新的标注

$$L(b) = \min\{\infty, 0+2\} = 2, \quad L(f) = \min\{\infty, 0+1\} = 1$$

（参见图 8.4.3）。这个时候，返回执行第 8 行。

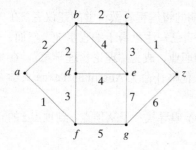

图 8.4.1 例 8.4.2 的图

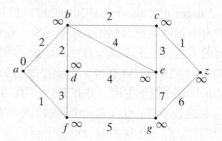

图 8.4.2 Dijkstra 最短路径算法的初始状态

由于 z 没有被画圈，执行第 9 行，在这里选择没有画圈的具有最小标注的顶点 f，在 f 上画圈（参见图 8.4.4）。执行第 11 行和第 12 行，更新与 f 相邻的没有画圈的顶点 d 和 g 的标注。得到如图 8.4.4 所示的标注。

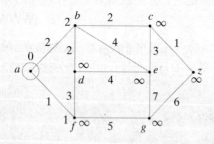

图 8.4.3 Dijkstra 最短路径算法的第一次迭代

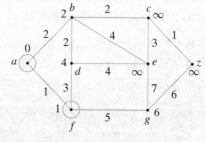

图 8.4.4 Dijkstra 最短路径算法的第二次迭代

可以自己验证在算法的下一次的迭代里可以得到如图 8.4.5 所示的标注，并且在算法结束时，z 被标注 5，表明从 a 到 z 的最短路径的长度为 5，最短路径是 (a, b, c, z)。

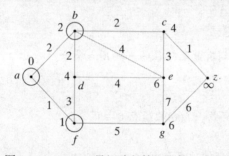

图 8.4.5 Dijkstra 最短路径算法的第三次迭代

下面证明算法8.4.1是正确的。证明的关键是基于这个事实，Dijkstra算法以递增的顺序发现从a开始的最短路径长度。

定理8.4.3 Dijkstra最短路径算法（参见算法8.4.1）可以正确地找到从a到z的最短路径。

证明 利用数学归纳法施归纳于i，证明在第i次执行到第9行时，$L(v)$是从a到v的最短路径的长度。当这一点得到证明以后，算法的正确性随之得到，因为如果在第9行选择顶点z，$L(z)$就给出了从a到z的最短路径的长度。

基本步($i = 1$)

在第一次执行到第9行时，由于程序开始的初始步骤（第2行~第4行）$L(a)$为0，其他顶点的L值为∞。因此在第一次执行到第9行时，a被选定。由于$L(a)$为0，$L(a)$就是从a到a的最短路径的长度。

归纳步

假设对所有的$k < i$，第k次执行到第9行时，$L(v)$是从a到v的最短路径的长度。

假设在第i次执行到第9行时选择T中具有最小$L(v)$的顶点v。

首先证明如果存在一条从a到w的路径，其长度比$L(v)$小，那么顶点w就不在T中（例如，w前面执行到第9行时已经被选出）。依矛盾假设w在T中。令P是从a到w的最短路径，令x是T中在P上的与a最近的顶点，且令u是在P上的x前面的顶点（参见图8.4.6）。那么u不在T中，所以u在前面的一个循环迭代中就被选定。根据归纳假设，$L(u)$是从a到u的最短路径的长度。现在$L(x) \leq L(u) + w(u, x) \leq P$的长度$< L(v)$。

但是这个不等式表明v不是T中具有最小$L(v)$的顶点（$L(x)$更小）。这个矛盾结束了证明，如果存在一条从a到顶点w的路径，其长度小于$L(v)$，那么w就不在T中。

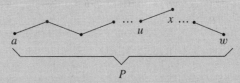

图8.4.6 定理8.4.3的证明。P是从a到w的最短路径，x是T中在P上的距a最近的顶点，u是在P上的x的前一个顶点

继续可以证明，特别是如果存在一条从a到v的路径其长度小于$L(v)$，v就已经在执行到第9行时被选定且从T中删除。因此，每条从a到v的路径具有最小的$L(v)$。根据选定的顶点可以构造一条从a到v的路径，其长度为$L(v)$，因此存在一条从a到v的最短路径。证明结束。

算法8.4.1找到了从a到z的最短路径的长度。在很多应用中，还希望指出这条最短的路径。对算法8.4.1稍做修改就可以找到最短路径。

例8.4.4 找出图8.4.7中的从a到z的最短路径和最短路径的长度。

对算法8.4.1做一些微小的改动。除了对一个顶点画圈以外，还要在这个顶点上标注它的前一个已标注的选定顶点的名字。

图8.4.7是算法8.4.1执行第2行~第4行后的结果。首先在a上画圈（参见图8.4.8），接着标注与a相邻的顶点b和d。顶点b被标注为"$a, 2$"，表明它的数值和它是从a被标注的这个事实。类似地，顶点d被标注为"$a, 1$"。

接下来，在顶点d上画圈，更新与d相邻的顶点e的标注（参见图8.4.9）。然后在顶点b上画圈，更新顶点c和e的标注（参见图8.4.10）。接着在顶点e上画圈更新顶点z的标注（参见

图 8.4.11)。这时,已经在 z 上画圈了,算法结束。从 a 到 z 的最短路径长度为 4。从 z 开始,顺着标注返回前面的顶点可以得到最短路径为

$$(a, d, e, z)$$

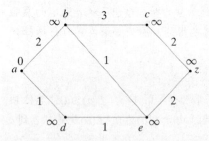

图 8.4.7　Dijkstra 最短路径算法的初始状态

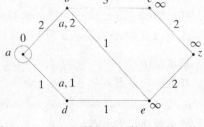

图 8.4.8　Dijkstra 最短路径算法的第一次迭代

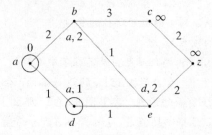

图 8.4.9　Dijkstra 最短路径算法的第二次迭代

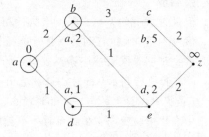

图 8.4.10　Dijkstra 最短路径算法的第三次迭代

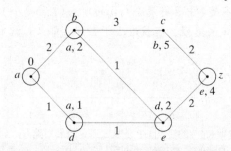

图 8.4.11　Dijkstra 最短路径算法的结果

下面的定理说明在最坏情形下 Dijkstra 算法的复杂度为 $\Theta(n^2)$。

定理 8.4.5　对输入一个 n 顶点的简单连通带权图,Dijkstra 算法(参见算法 8.4.1)具有最坏执行时间 $\Theta(n^2)$。

证明　考虑循环消耗的时间,它给出了整个时间的上界。第 4 行执行 $O(n)$ 时间。在整个循环过程中,第 9 行需要 $O(n)$ 时间(需要对 T 中所有的顶点检查找出最小的 $L(v)$),for 循环的执行时间(第 12 行)为 $O(n)$。由于第 9 行和第 12 行嵌套在一个循环里,循环的执行时间为 $O(n)$,执行第 9 行和第 12 行的总的时间为 $O(n^2)$。所以 Dijkstra 算法的执行时间为 $O(n^2)$。

事实上,对 z 的适当选择,有 n 个顶点的完全图 K_n 的执行时间为 $\Omega(n^2)$,因为每个顶点都与其他顶点相邻。因此算法的最坏执行时间为 $\Theta(n^2)$。

任何最短路径算法对输入的 n 顶点完全图 K_n,必须对 K_n 的所有边检查至少一次。由于 K_n 有 $n(n-1)/2$ 条边(参见 8.1 节的练习 15),最坏的执行时间至少为 $n(n-1)/2 = \Omega(n^2)$,从定理 8.4.5 可以得出算法 8.4.1 是最优的。

本节复习

1. 描述 Dijkstra 最短路径算法。
2. 给出一个例子说明 Dijkstra 算法是如何找到最短路径的。
3. 证明 Dijkstra 算法可以正确地找到最短路径。

练习

在练习 1~5 中，在下面的带权图中寻找给定每对顶点之间的最短路径长度和最短路径。

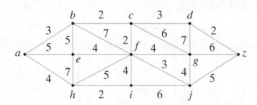

1. a, f 2. a, g 3. a, z 4. b, j 5. h, d

6. 写出一个算法，在一个连通的带权图上给定的两个顶点之间找到最短路径长度和最短路径。
7. 写出一个算法，在一个连通的带权图 G 上给定的一个顶点到其他所有顶点找到最短路径长度。
*8. 写出一个算法，以 $O(n^3)$ 时间，在一个 n 顶点的简单连通的带权图上对所有顶点对之间找到最短路径长度。
9. 修改算法 8.4.1，使得它适合于并不连通的带权图。在结束时，如果不存在从 a 到 z 的路径，$L(z)$ 代表什么？
10. 判断是否正确。当一个连通的带权图与顶点 a 和 z 输入到下面算法时，可以得到从 a 到 z 的最短路径的长度。如果这个算法是正确的，证明它；否则，给出一个连通的带权图和顶点 a 和 z 的例子，算法对它是失败的。

算法 8.4.6

$algor(w, a, z)$ {
    $length = 0$
    $v = a$
    $T = $ 所有顶点集合
    while $(v \neg = z)$ {
        $T = T - \{v\}$
        选择具有最小 $w(v, x)$ 的顶点 $x \in T$
        $length = length + w(v, x)$
        $v = x$
    }
    return $length$
}

11. 判断是否正确。算法 8.4.1 可以在连通的带权图上找到最短路径长度，即便有的权值是负的。如果正确，证明它；否则给出一个反例。

8.5 图的表示

在前面几节里,通过画出一个图来表示图。有时如用计算机来分析一个图时,需要一个更形式化的表示。用来表示图的首选方法是**邻接矩阵**(adjacency matrix)。

例 8.5.1 邻接矩阵 考虑图 8.5.1 中的图。为了得到这个图的邻接矩阵,首先选择顶点的顺序,例如,a, b, c, d, e。接下来,对用这个顺序排列的顶点来标记矩阵的行和列。矩阵中 i 行、j 列 ($i \neq j$) 的元素是连接顶点 i 和 j 相关联的边的数目。如果 $i = j$,那么这个元素就是与顶点 i 相关联的圈的数目的两倍。这个图的邻接矩阵是

[WWW]

$$\begin{array}{c} \begin{matrix} a & b & c & d & e \end{matrix} \\ \begin{matrix} a \\ b \\ c \\ d \\ e \end{matrix} \begin{pmatrix} 0 & 1 & 0 & 0 & 1 \\ 1 & 0 & 1 & 0 & 1 \\ 0 & 1 & 2 & 0 & 1 \\ 0 & 0 & 0 & 0 & 2 \\ 1 & 1 & 1 & 2 & 0 \end{pmatrix} \end{array}$$

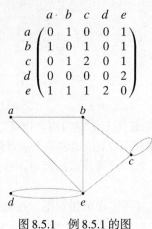

图 8.5.1 例 8.5.1 的图

注意到可以通过对 G 的邻接矩阵 v 行或 v 列求和而得到 G 中顶点 v 的度。

邻接矩阵并不是一个非常有效的图的表示方法。因为矩阵关于主对角线(从左上角到右下角的一条线上的元素)是对称的,除了主对角线上的信息出现了两次。

例 8.5.2 图 8.5.2 中简单图的邻接矩阵是

$$A = \begin{array}{c} \begin{matrix} a & b & c & d & e \end{matrix} \\ \begin{matrix} a \\ b \\ c \\ d \\ e \end{matrix} \begin{pmatrix} 0 & 1 & 0 & 1 & 0 \\ 1 & 0 & 1 & 0 & 1 \\ 0 & 1 & 0 & 1 & 1 \\ 1 & 0 & 1 & 0 & 0 \\ 0 & 1 & 1 & 0 & 0 \end{pmatrix} \end{array}$$

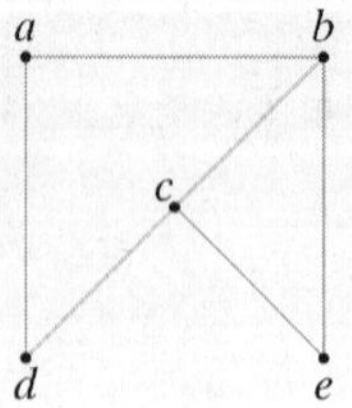

图 8.5.2 例 8.5.2 的图

可以证明如果 A 是简单图 G 的邻接矩阵,A 的幂

$$A, A^2, A^3, \cdots$$

可以计算不同长度路径的数目。更精确地说,如果 G 的顶点以 $1, 2, \cdots$ 标注,矩阵 A^n 中第 ij 个元素等于从顶点 i 到顶点 j 的长度为 n 的路径的数目。例如,假如对例 8.5.2 中的矩阵 A 做平方得到

$$A^2 = \begin{pmatrix} 0 & 1 & 0 & 1 & 0 \\ 1 & 0 & 1 & 0 & 1 \\ 0 & 1 & 0 & 1 & 1 \\ 1 & 0 & 1 & 0 & 0 \\ 0 & 1 & 1 & 0 & 0 \end{pmatrix} \begin{pmatrix} 0 & 1 & 0 & 1 & 0 \\ 1 & 0 & 1 & 0 & 1 \\ 0 & 1 & 0 & 1 & 1 \\ 1 & 0 & 1 & 0 & 0 \\ 0 & 1 & 1 & 0 & 0 \end{pmatrix} = \begin{matrix} a \\ b \\ c \\ d \\ e \end{matrix} \begin{pmatrix} \overset{a}{2} & \overset{b}{0} & \overset{c}{2} & \overset{d}{0} & \overset{e}{1} \\ 0 & 3 & 1 & 2 & 1 \\ 2 & 1 & 3 & 0 & 1 \\ 0 & 2 & 0 & 2 & 1 \\ 1 & 1 & 1 & 1 & 2 \end{pmatrix}$$

考虑 A^2 中 a 行 c 列的元素, 可通过对 A 中 a 行和 c 列的对应元素相乘最后求和得到:

$$a \begin{pmatrix} & \overset{b}{1} & & \overset{d}{1} & \end{pmatrix} \begin{pmatrix} 0 \\ 1 \\ 0 \\ 1 \\ 1 \end{pmatrix} \begin{matrix} \\ b \\ \\ d \\ \end{matrix} = 0 \cdot 0 + 1 \cdot 1 + 0 \cdot 0 + 1 \cdot 1 + 0 \cdot 1 = 2$$

求和中非零积的出现, 仅在对应相乘的元素都是 1 时。当存在一个顶点 v 其 a 行的元素是 1, 在 c 列的元素也是 1 时会发生这种情况。换句话说, 存在形如 (a, v) 和 (v, c) 的边。这样的边就形成了从 a 到 c 的长度为 2 的路径 (a, v, c), 每条边的求和贡献为 1。在这个例子里, 和为 2 因为存在两条长度为 2 的从 a 到 c 的路径

$$(a, b, c), \quad (a, d, c)$$

通常, 矩阵 A^2 中 x 行 y 列的元素代表从顶点 x 到顶点 y 的长度为 2 的路径数目。

矩阵 A^2 中主对角线上的元素给出了顶点的度(当这个图是简单图时)。例如, 考虑顶点 c。顶点 c 的度为 3, 因为 c 与边 (c, b)、(c, d) 和 (c, e) 相关联。每条边都可以转化成从 c 到 c 的长度为 2 的路径

$$(c, b, c), \quad (c, d, c), \quad (c, e, c)$$

类似地, 一条从 c 到 c 的长度为 2 的路径确定了与 c 相连的边。因此从 c 到 c 的长度为 2 的路径数是 3, 也就是顶点 c 的度。

下面通过归纳证明邻接矩阵的 n 次幂中的元素, 给出了长度为 n 的路径的数目。

定理 8.5.3 如果 A 是一个简单图的邻接矩阵, 那么 A^n 中第 ij 个元素等于从顶点 i 到顶点 j 的长度为 n 的路径的数目, $n = 1, 2, \cdots$。

证明 施归纳于 n。

如果 $n = 1$, A^1 就是 A。如果存在一条从 i 到 j 的边, 是长度为 1 的路径, 那么第 ij 个元素为 1, 否则为 0。因此定理在 $n = 1$ 时是正确的。基本步已得到证明。

假设定理对 n 成立。现在

$$A^{n+1} = A^n A$$

A^{n+1} 中第 ik 个元素是通过对 A^n 中第 i 行的元素和 A 中第 k 列的元素对应相乘求和得到的,

$$A^n \text{ 中的第 } i \text{ 行 } (s_1, s_2, \cdots, s_j, \cdots, s_m) \overset{A \text{ 中的第 } k \text{ 列}}{\begin{pmatrix} t_1 \\ t_2 \\ \vdots \\ t_j \\ \vdots \\ t_m \end{pmatrix}}$$

$$= s_1 t_1 + s_2 t_2 + \cdots + s_j t_j + \cdots + s_m t_m$$

$$= A^{n+1} \text{ 中的 } ik \text{ 元素}$$

根据归纳法假设，s_j 是图 G 中从顶点 i 到顶点 j 的长度为 n 的路径数目。现在 t_j 为 0 或 1。如果 t_j 为 0，不存在从 j 到 k 的边，因此有 $s_j t_j = 0$ 条从 i 到 k 的长度为 $n+1$ 的路径，其中最后一条边为 (j,k)。如果 t_j 为 1，存在一条从 j 到 k 的边（参见图 8.5.3）。因为有 s_j 条从顶点 i 到顶点 j 的长度为 n 的路径，所以有 $s_j t_j = s_j$ 条从 i 到 j 的长度为 $n+1$ 的路径，最后一条边为 (j,k)（参见图 8.5.3）。对所有的 j 求和，就得到从 i 到 k 的长度为 $n+1$ 的路径的数目。因此，A^{n+1} 中的第 ik 个元素代表从 i 到 k 的长度为 $n+1$ 的路径的数目。归纳步得到证明。

依数学归纳法原理，定理成立。

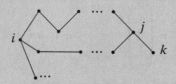

图 8.5.3 定理 8.5.3 的证明。一条从 i 到 k 的长度为 $n+1$ 的路径，从后往前数第 2 个顶点为 j，包含一条从 i 到 j 的最后一条边是 (j,k) 的长度为 n 的路径。如果有 s_j 条从 i 到 j 的长度为 n 的路径且如果边 (j,k) 存在，则 t_j 为 1，否则为 0，那么对所有的 $s_j t_j$ 按 j 求和就是从 i 到 k 的长度为 $n+1$ 的路径的个数

例 8.5.4 接例 8.5.2，可以证明如果 A 是图 8.5.2 中图的邻接矩阵，那么

$$A^2 = \begin{array}{c}a\\b\\c\\d\\e\end{array}\begin{pmatrix}\overset{a}{2} & \overset{b}{0} & \overset{c}{2} & \overset{d}{0} & \overset{e}{1}\\0 & 3 & 1 & 2 & 1\\2 & 1 & 3 & 0 & 1\\0 & 2 & 0 & 2 & 1\\1 & 1 & 1 & 1 & 2\end{pmatrix}$$

通过相乘

$$A^4 = A^2 A^2 = \begin{pmatrix}2 & 0 & 2 & 0 & 1\\0 & 3 & 1 & 2 & 1\\2 & 1 & 3 & 0 & 1\\0 & 2 & 0 & 2 & 1\\1 & 1 & 1 & 1 & 2\end{pmatrix}\begin{pmatrix}2 & 0 & 2 & 0 & 1\\0 & 3 & 1 & 2 & 1\\2 & 1 & 3 & 0 & 1\\0 & 2 & 0 & 2 & 1\\1 & 1 & 1 & 1 & 2\end{pmatrix}$$

可以发现

$$A^4 = \begin{array}{c}a\\b\\c\\d\\e\end{array}\begin{pmatrix}\overset{a}{9} & \overset{b}{3} & \overset{c}{11} & \overset{d}{1} & \overset{e}{6}\\3 & 15 & 7 & 11 & 8\\11 & 7 & 15 & 3 & 8\\1 & 11 & 3 & 9 & 6\\6 & 8 & 8 & 6 & 8\end{pmatrix}$$

第 d 行 e 列的元素为 6，这意味着有 6 条从 d 到 e 的长度为 4 的路径。通过检查，可以找到它们是

(d,a,d,c,e), (d,c,d,c,e), (d,a,b,c,e)

(d,c,e,c,e), (d,c,e,b,e), (d,c,b,c,e) ■

另外一个有用的表示图的矩阵是**关联矩阵**（incidence matrix）。

例 8.5.5 关联矩阵 为了得到图 8.5.4 中的关联矩阵，行用顶点表示，列用边表示（按任意顺序）。当 e 与 v 相关联时，v 行 e 列的项为 1；否则为 0。因此图 8.5.4 中图的关联矩阵是

$$\begin{array}{c} \begin{array}{ccccccc} e_1 & e_2 & e_3 & e_4 & e_5 & e_6 & e_7 \end{array} \\ \begin{array}{c} v_1 \\ v_2 \\ v_3 \\ v_4 \\ v_5 \end{array}\left(\begin{array}{ccccccc} 1 & 1 & 1 & 0 & 0 & 0 & 0 \\ 0 & 0 & 1 & 1 & 1 & 0 & 1 \\ 0 & 0 & 0 & 0 & 0 & 1 & 0 \\ 1 & 1 & 0 & 1 & 0 & 0 & 0 \\ 0 & 0 & 0 & 0 & 1 & 1 & 0 \end{array}\right) \end{array}$$

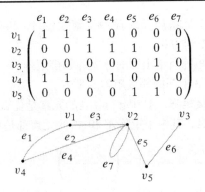

图 8.5.4 例 8.5.5 的图

例如 e_7 列可以理解为代表一个回路。

需要注意的是,如果一个图中没有回路,那么每一列都有两个1,每行的和是代表这行顶点的度。

本节复习

1. 什么是邻接矩阵？　　2. 如果 A 是一个简单图的邻接矩阵,那么 A^n 中元素的值是什么？
3. 什么是关联矩阵？

练习

在练习1~6中,写出每个图的邻接矩阵。

1.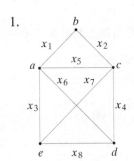
2.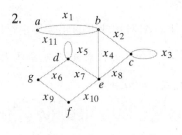
3.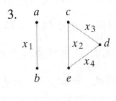

4. 图 8.2.2 中的图　　　　5. 5顶点完全图 K_5　　　　6. 完全二部图 $K_{2,3}$

在练习7~12中,写出每个图的关联矩阵。

7. 练习1中的图　　　　　8. 练习2中的图　　　　　9. 练习3中的图
10. 图 8.2.1 中的图　　　11. 5顶点完全图 K_5　　　12. 完全二部图 $K_{2,3}$

在练习13~17中,画出每个邻接矩阵代表的图。

13. $\begin{array}{c} \begin{array}{ccccc} a & b & c & d & e \end{array} \\ \begin{array}{c} a \\ b \\ c \\ d \\ e \end{array}\left(\begin{array}{ccccc} 2 & 0 & 0 & 1 & 0 \\ 0 & 0 & 1 & 0 & 1 \\ 0 & 1 & 2 & 1 & 1 \\ 1 & 0 & 1 & 0 & 0 \\ 0 & 1 & 1 & 0 & 0 \end{array}\right) \end{array}$

14. $\begin{array}{c} \begin{array}{ccccc} a & b & c & d & e \end{array} \\ \begin{array}{c} a \\ b \\ c \\ d \\ e \end{array}\left(\begin{array}{ccccc} 0 & 1 & 0 & 0 & 0 \\ 1 & 0 & 0 & 0 & 0 \\ 0 & 0 & 0 & 1 & 1 \\ 0 & 0 & 1 & 0 & 1 \\ 0 & 0 & 1 & 1 & 2 \end{array}\right) \end{array}$

15. $\begin{array}{c} \begin{array}{cccccc} a & b & c & d & e & f \end{array} \\ \begin{array}{c} a \\ b \\ c \\ d \\ e \\ f \end{array}\left(\begin{array}{cccccc} 0 & 0 & 1 & 0 & 0 & 1 \\ 0 & 2 & 0 & 1 & 2 & 0 \\ 1 & 0 & 0 & 0 & 0 & 1 \\ 0 & 1 & 0 & 0 & 1 & 0 \\ 0 & 2 & 0 & 1 & 0 & 0 \\ 1 & 0 & 1 & 0 & 0 & 0 \end{array}\right) \end{array}$

16. $\begin{array}{c} \begin{array}{cccccc} a & b & c & d & e & f \end{array} \\ \begin{array}{c} a \\ b \\ c \\ d \\ e \\ f \end{array}\left(\begin{array}{cccccc} 4 & 1 & 1 & 1 & 0 & 2 \\ 1 & 0 & 1 & 1 & 1 & 0 \\ 1 & 1 & 0 & 1 & 1 & 3 \\ 1 & 1 & 1 & 0 & 1 & 1 \\ 0 & 1 & 1 & 1 & 0 & 1 \\ 2 & 0 & 3 & 1 & 1 & 0 \end{array}\right) \end{array}$

17. 7×7 的矩阵，如果 $i+1$ 整除 $j+1$ 或者 $j+1$ 整除 $i+1$，$i \neq j$，第 ij 个元素是 1；如果 $i = j$，那么第 ij 个元素是 2，否则为 0。

18. 写出练习 13~17 中邻接矩阵所给出图的分支的邻接矩阵。

19. 计算 K_5 与练习 1 和练习 3 中图的邻接矩阵的平方。

20. 令 A 是练习 1 中图的邻接矩阵，A^5 中 a 行 d 列的元素是什么？

21. 假设一个图有邻接矩阵 A，其中子矩阵 A' 和 A'' 的元素都是 0，这个图看起来有什么特点？

$$A = \left(\begin{array}{c|c} & A' \\ \hline A'' & \end{array} \right)$$

22. 重复练习 21，用关联矩阵代替邻接矩阵。

23. 令 A 是一个图的邻接矩阵。为什么对任意正整数 n，A^n 是关于主对角线对称的？

在练习 24 和练习 25 中，画出关联矩阵代表的图。

24. $\begin{array}{c} a \\ b \\ c \\ d \\ e \end{array} \begin{pmatrix} 1 & 0 & 0 & 0 & 0 & 1 \\ 0 & 1 & 1 & 0 & 1 & 0 \\ 1 & 0 & 0 & 1 & 0 & 0 \\ 0 & 1 & 0 & 1 & 0 & 0 \\ 0 & 0 & 1 & 0 & 1 & 1 \end{pmatrix}$

25. $\begin{array}{c} a \\ b \\ c \\ d \\ e \end{array} \begin{pmatrix} 0 & 1 & 0 & 0 & 1 & 1 \\ 0 & 1 & 1 & 0 & 1 & 0 \\ 0 & 0 & 0 & 0 & 0 & 1 \\ 1 & 0 & 0 & 1 & 0 & 0 \\ 1 & 0 & 0 & 1 & 0 & 0 \end{pmatrix}$

26. 如果一个图的关联矩阵的某些行只有 0，这个图看起来有什么特点？

27. A 是 n 顶点图 G 的关联矩阵。令 $Y = A + A^2 + \cdots + A^{n-1}$。如果 Y 中某些非对角线的元素是 0，关于图 G 可以有什么结论？

练习 28~31 指的是 K_5 的邻接矩阵 A。

28. 令 n 是一个正整数。解释为什么 A^n 对角线上的元素都相等且非对角线上的元素也相等。

令 d_n 代表 A^n 中对角线上元素的共同值，a_n 代表 A^n 非对角线上元素的共同值。

*29. 证明 $d_{n+1} = 4a_n$；$a_{n+1} = d_n + 3a_n$；$a_{n+1} = 3a_n + 4a_{n-1}$。

*30. 证明 $a_n = \frac{1}{5}[4^n + (-1)^{n+1}]$。

31. 证明 $d_n = \frac{4}{5}[4^{n-1} + (-1)^n]$。

*32. 对图 K_m 的邻接矩阵 A 推断出与练习 29~31 类似的结论。

*33. 令 A 是图 $K_{m,n}$ 的邻接矩阵。给出 A^j 中元素的表示公式。

8.6 图的同构

下面的说明是对两个互相看不见对方的画图纸的人："画出并且标注 5 个顶点 a、b、c、d、e，连接 a 和 b、b 和 c、c 和 d、d 和 e、a 和 e"。得到的图如图 8.6.1 所示。肯定这些图代表同一个图，虽然它们看起来不是一样的。这样的图称为**同构**（isomorphic）。

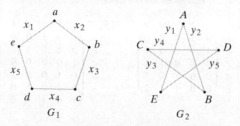

图 8.6.1　同构图

定义 8.6.1 图 G_1 和 G_2 称为同构的，如果存在一个从 G_1 顶点到 G_2 顶点的一对一的映上函数 f 和一个从 G_1 的边到 G_2 的边的一对一的映上函数 g，使得 G_1 中的边 e 与顶点 v 和 w 相关联当且仅当 G_2 中的边 $g(e)$ 与顶点 $f(v)$ 和 $f(w)$ 相关联。函数 f 和 g 称为 G_1 到 G_2 上的同构映射。∎

例 8.6.2 图 8.6.1 中图 G_1 和 G_2 的同构可以定义为

$$f(a) = A, \quad f(b) = B, \quad f(c) = C, \quad f(d) = D, \quad f(e) = E,$$
$$g(x_i) = y_i, \quad i = 1, \cdots, 5$$

∎

如果在图的集合上定义关系 R，当 G_1 和 G_2 同构时，有 $G_1 R G_2$，那么 R 是一个等价关系。每一个等价类都包含一组互相同构的图。

例 8.6.3 并行计算的网格模型 在前面，已经讨论过 n 立方体可以给出并行计算的循环模型问题（参见例 8.3.5）。现在考虑用 n 立方体可以模拟**并行计算的网格模型**（mesh model for parallel computation）。

并行计算的二维网格模型可用包含一组顶点互相连接的矩形阵列的图来表示，如图所示（参见图 8.6.2）。问题"什么情况下 n 立方体可以模拟一个二维的网格？"用图论术语来描述就是"什么情况下 n 立方体包含一个与二维的网格同构的子图?"。可以证明如果 M 是一个 $p \wedge q$ 顶点的网格，其中 $p \leq 2^i$，$q \leq 2^j$，那么 $(i+j)$ 立方体就包含一个与 M 同构的子图。（在图 8.6.2 中，取 $p = 6, q = 4, i = 3, j = 2$，因此结论就是 5 立方体包含一个与图 8.6.2 中的图同构的子图。）

令 M 是一个 $p \wedge q$ 顶点的网格，其中 $p \leq 2^i$，$q \leq 2^j$，可以认为 M 是一个在水平方向上有 p 个顶点、垂直方向上有 q 个顶点的通常 2 空间中的矩形阵列（参见图 8.6.2）。用 Gray 码的元素作为这些顶点的坐标（Gray 码在例 8.3.5 中已经讨论过）。水平方向上的坐标是 i 位 Gray 码的前 p 项，垂直方向上的坐标是 j 位 Gray 码的前 q 项（参见图 8.6.2）。如果 v 是网格上的一个顶点，令 v_x 代表 v 的水平坐标，v_y 代表 v 的垂直坐标。定义 M 的顶点集上的函数 f 为

$$f(v) = v_x v_y$$

（字符串 $v_x v_y$ 是字符串 v_x 后紧跟 v_y 构成的。）注意 f 是一对一的。

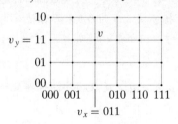

图 8.6.2 并行计算的网格模型

如果 (v, w) 是 M 中的一条边，那么位串 $v_x v_y$ 和 $w_x w_y$ 只有一位不同。因此 $(v_x v_y, w_x w_y)$ 是 $(i+j)$ 立方体中的一条边。定义 M 的边集合上的函数 g 为

$$g((v, w)) = (v_x v_y, w_x w_y)$$

注意 g 是一对一的。函数对 f 和 g 是 M 到 $(i+j)$ 立方体的子图 (V, E) 上的同构，其中

$$V = \{f(v) \mid v \text{ 是 } M \text{ 中的一个顶点}\}, \quad E = \{g(e) \mid e \text{ 是 } M \text{ 中的一条边}\}$$

因此，如果 M 是一个 $p \wedge q$ 顶点的网格，其中 $p \leq 2^i$，$q \leq 2^j$，那么 $(i+j)$ 立方体中含有一个与 M 同构的子图。

继续的讨论可以扩展到任意维(参见练习11):也就是如果 M 是一个 $p_1 \times p_2 \times \cdots \times p_k$ 的网格,其中 $p_i \leq 2^{t_i}$ $(i=1,\cdots,k)$,那么 $(t_1+t_2+\cdots+t_k)$ 立方体中就包含一个与 M 同构的子图。∎

一般来说,如果一个图顶点顺序改变了,那么它的邻接矩阵也就随着改变了。可以证明,如果图 G_1 和 G_2 是同构的当且仅当对顶点的某一顺序,它们的邻接矩阵是一样的。

定理8.6.4 如果图 G_1 和 G_2 是同构的当且仅当对顶点的某一顺序,它们的邻接矩阵是一样的。

证明 假设 G_1 和 G_2 是同构的。存在一个从 G_1 顶点集到 G_2 顶点集上的一对一映上函数 f 和一个从 G_1 的边到 G_2 的边上的一对一映上函数 g,使得 G_1 中的边 e 与顶点 v 和 w 相关联当且仅当 G_2 中的边 $g(e)$ 与顶点 $f(v)$ 和 $f(w)$ 相关联。

设 $v_1,\cdots,v_n$ 是 G_1 中顶点的排序,令 A_1 是 G_1 依这个顺序的邻接矩阵,并且 A_2 是依 $f(v_1),\cdots,f(v_n)$ 这个顺序的 G_2 的邻接矩阵。假设 A_1 中 i 行 j 列的元素等于 k,$i \neq j$,那么存在 k 条边 $e_1,\cdots,e_k$,与顶点 v_i 和 v_j 相关联。因此,G_2 中恰好存在 k 条边 $g(e_1),\cdots,g(e_k)$ 与顶点 $f(v_i)$ 和 $f(v_j)$ 相关联。所以 A_2 中的 i 行 j 列元素,它就是与顶点 $f(v_i)$ 和 $f(v_j)$ 相关联的边的数目,也等于 k。类似的讨论可以证明 A_1 和 A_2 对角线上的元素也是相等的。因此,$A_1 = A_2$。

逆定理可类似证明,留做练习(参见练习30)。∎

推论8.6.5 令 G_1 和 G_2 是简单图,(a)、(b)是等价的:
(a) G_1 和 G_2 是同构的。
(b) 存在一个从 G_1 的顶点集到 G_2 顶点集上的一一映上 f,满足:G_1 中的顶点 v 和 w 是相邻接的当且仅当 G_2 中的顶点 $f(v)$ 和 $f(w)$ 是相邻接的。

证明 从定义8.6.1立刻得(a)蕴含(b)。

证明(b)蕴含(a)。假设存在一个从 G_1 的顶点集到 G_2 顶点集上的一一映上 f,满足:v 和 w 在 G_1 相邻接当且仅当 $f(v)$ 和 $f(w)$ 在 G_2 中相邻接。

令 $v_1,\cdots,v_n$ 是 G_1 中顶点的排序。而 A_1 是 G_1 依 $v_1,\cdots,v_n$ 这个顺序的邻接矩阵,并且 A_2 是依 $f(v_1),\cdots,f(v_n)$ 这个顺序的 G_2 的邻接矩阵。由于 G_1 和 G_2 是简单图,那么连接矩阵中的元素或为1(表示顶点与某条边相邻接)或为0(表示顶点不相邻接)。由于 G_1 中的顶点 v 和 w 是相邻接的当且仅当 G_2 中的 $f(v)$ 和 $f(w)$ 相邻接,可以得出 $A_1 = A_2$。利用定理8.6.4,G_1 和 G_2 是同构的。∎

例8.6.6 图8.6.1中的图 G_1 的按 a,b,c,d,e 顶点顺序的邻接矩阵

$$\begin{array}{c} \\ a \\ b \\ c \\ d \\ e \end{array} \begin{array}{c} a\ b\ c\ d\ e \\ \begin{pmatrix} 0 & 1 & 0 & 0 & 1 \\ 1 & 0 & 1 & 0 & 0 \\ 0 & 1 & 0 & 1 & 0 \\ 0 & 0 & 1 & 0 & 1 \\ 1 & 0 & 0 & 1 & 0 \end{pmatrix} \end{array}$$

与图8.6.1中的图 G_2 的按 A,B,C,D,E 顶点顺序的邻接矩阵相等。

$$\begin{array}{c} \\ A \\ B \\ C \\ D \\ E \end{array} \begin{array}{c} A\ B\ C\ D\ E \\ \begin{pmatrix} 0 & 1 & 0 & 0 & 1 \\ 1 & 0 & 1 & 0 & 0 \\ 0 & 1 & 0 & 1 & 0 \\ 0 & 0 & 1 & 0 & 1 \\ 1 & 0 & 0 & 1 & 0 \end{pmatrix} \end{array}$$

所以可以再次得出结论 G_1 和 G_2 是同构的。

一个有趣的问题是判断两个图是否同构。虽然已知的测试两个图是否同构的任意算法在最坏情形下都需要指数级或阶乘级时间，但存在算法在平均情况下可以在线性时间内判断两个图是否同构（参见[Read]和[Babai]）。

下面是一个用来判断两个简单图 G_1 和 G_2 不同构的办法。找到 G_1 的一个特性，G_2 并不具有，但如果 G_1 和 G_2 是同构的，G_2 应该具有这个特性。这样一个特性称为**不变量**（invariant）。更精确地说，一个特性 P 是不变量当 G_1 和 G_2 是同构时，如果 G_1 具有性质 P，那么 G_2 也具有性质 P。

根据定义 8.6.1，如果图 G_1 和 G_2 是同构的，存在一个从 G_1 的边（或顶点）集到 G_2 的边（或顶点）集上的一一映上。因此，如果 G_1 和 G_2 是同构的，那么 G_1 和 G_2 有相同数目的边并有相同数目的顶点。所以如果 e 和 n 是非负整数，那么性质"有 e 条边"和"有 n 个顶点"就是不变量。

例 8.6.7 图 8.6.3 中的图 G_1 和 G_2 不是同构的，因为 G_1 有 7 条边，G_2 有 6 条边，而"有 7 条边"是不变量。

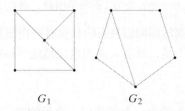

图 8.6.3 非同构的图。G_1 有 7 条边，G_2 有 6 条边

例 8.6.8 证明如果 k 是一个正数，"有一个度为 k 的顶点"是不变量。

假设 G_1 和 G_2 是同构的图，f（或者 g）是一个从 G_1 顶点（或者边）集到 G_2 顶点（或者边）集上的一一映上函数。假设 G_1 中有一个度为 k 的顶点 v，那么存在 k 条边 $e_1, \cdots, e_k$ 与 v 相关联。根据定义 8.6.1，$g(e_1), \cdots, g(e_k)$ 与顶点 $f(v)$ 相关联。由于 g 是一对一的，$\delta(f(v)) \geq k$。

令 E 是 G_2 中与 $f(v)$ 相关联的一条边，由于 g 是映上函数，存在 G_1 中的一条边 e，$g(e) = E$。由于 G_2 中 $g(e)$ 与 $f(v)$ 相关联，根据定义 8.6.1，G_1 中 e 与 v 相关联。由于 $e_1, \cdots, e_k$ 是 G_1 中所有的与 v 相关联的顶点的集合，$e = e_i$，对某个 $i \in \{1, \cdots, k\}$。现在 $g(e_i) = g(e) = E$。因此 $\delta(f(v)) = k$，即 G_2 也有一个度为 k 的顶点 $f(v)$。

例 8.6.9 由于"有一个度为 3 的顶点"是不变量，图 8.6.4 中的图 G_1 和 G_2 不是同构的；G_1 中有度为 3 的顶点（a 和 f），而 G_2 没有度为 3 的顶点。注意 G_1 和 G_2 有相同数目的边和顶点。

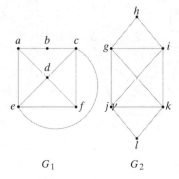

图 8.6.4 非同构的图。G_1 有度为 3 的顶点，而 G_2 没有度为 3 的顶点

另外一个经常使用的不变量是"有一个长度为 k 的简单回路",将证明这特性是不变量留做练习(参见练习 17)。

例 8.6.10　由于"有一个长度为 3 的简单回路"是不变量,图 8.6.5 中的图 G_1 和 G_2 不是同构的;G_2 中有长度为 3 的简单回路,而 G_1 中所有简单回路的长度至少为 4。虽然 G_1 和 G_2 有相同数目的边和顶点,并且 G_1 或 G_2 中所有的顶点的度为 4。

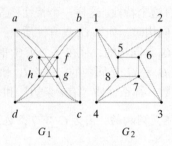

图 8.6.5　非同构的图。G_2 有一个长度为 3 的简单回路,而 G_1 没有长度为 3 的简单回路　■

如果能找到一些可以简单检测的同构图具有的且只有同构图具有的不变量,那么就可以非常容易地判断一对图是否同构。遗憾的是,没有人成功地找到这样一些不变量。

本节复习

1. 定义什么是两个图同构。　2. 给出一个同构但不全等的图的例子。解释为什么它们是同构的。
3. 给出两个不同构的图的例子。解释为什么它们不是同构的。
4. 什么是一个图的不变量?　　　　　　　　　　5. 不变量与同构有什么关系?
6. 如何从两个图的邻接矩阵判断它们是否是同构的?　7. 什么是并行计算的网格模型?

练习

在练习 1~4 中,证明图 G_1 和 G_2 是同构的。

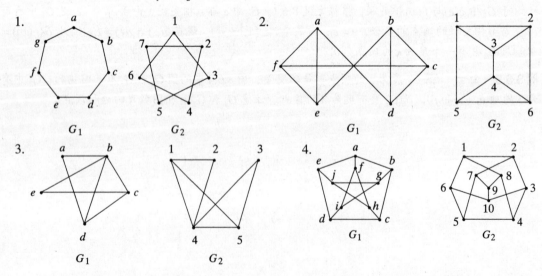

和图 G_1、G_2 同构的图称为 Petersen 图。Petersen 图常作为例子出现，事实上，D.A.Holton 和 J. Sheehan 编写过关于 Petersen 图的专著（参阅[Holton]）。

5. 证明下面图是 Petersen 图，即证明其和练习 4 中的图是同构的。

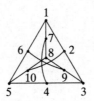

6. 画出一个有 10 个节点的图，使用取自 {1, 2, 3, 4, 5} 中的两个数组成的不同子集进行标识。如果两个节点的标识（即子集）没有共同的元素，就在这两个节点之间画一条边。证明所得到的图是 Petersen 图，即证明其和练习 4 中的图是同构的。

在练习 7~9 中，证明图 G_1 和 G_2 不是同构的。

7.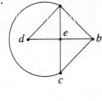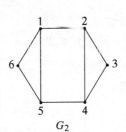

8.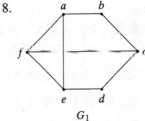

G_2 是练习 2 中的图 G_2。

9.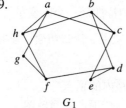

在练习 10~15 中，确定图 G_1 和 G_2 是否是同构的，并证明之。

10.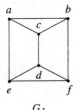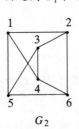

11.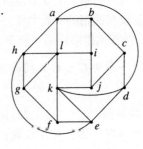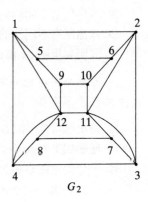

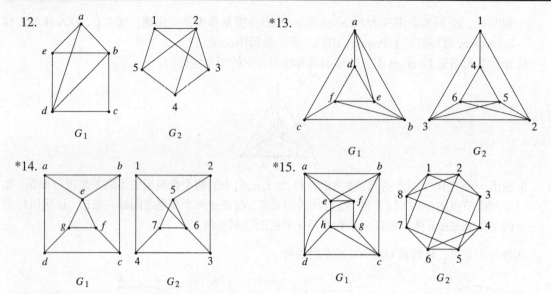

16. 证明如 M 是一个 $p_1 \times p_2 \times \cdots \times p_k$ 的网格，其中 $p_i \leq 2^{t_i}$, $i = 1, \cdots, k$, 那么 $(t_1 + t_2 + \cdots + t_k)$ 立方体中包含一个与 M 同构的子图。

在练习 17~21 中，证明给定的特性是不变量。

17. 含有一条长度为 k 的简单回路
18. 含有 n 个度为 k 的顶点
19. 图是连通的
20. 有 n 个长度为 k 的简单回路
21. 存在一条边 (v, w)，其中 $\delta(v) = i, \delta(w) = j$
22. 找出一个不在本节或者练习 17~21 中给出的不变量。证明找出的特性是一个不变量。

在练习 23~25 中，说明每个特性是否是不变量。如果这个特性是不变量，请证明它；否则，给出一个反例。

23. 有一个 Euler 回路
24. 有一个在某条简单回路内的顶点
25. 是二部图
26. 画出所有不同构的有三个顶点的简单图。
27. 画出所有不同构的有 4 个顶点的简单图。
28. 画出所有不同构的、没有回路的有 5 个顶点的连通图。
29. 画出所有不同构的、没有回路的有 6 个顶点的连通图。
30. 证明如果图 G_1 和 G_2 的顶点排顺序后可使邻接矩阵相等，那么 G_1 和 G_2 是同构的。

一个简单图 G 的补图是一个由 $\overline{G}$ 与 G 相同的顶点构成的简单图，$\overline{G}$ 中存在一条边当且仅当这条边在 G 中不存在。

31. 画出练习 7 中图 G_1 的补图。
32. 画出练习 7 中图 G_2 的补图。
*33. 证明如果 G 是一个简单图，那么或者 G 或者 $\overline{G}$ 是连通的。
34. 一个简单图 G 称为**自补的**（self-complementary），如果 G 和 $\overline{G}$ 是同构的。(a) 找出一个 5 顶点的自补图的例子。(b) 找出另外一个自补图的例子。
35. 令 G_1 和 G_2 是简单图。证明 G_1 和 G_2 是同构的，当且仅当 $\overline{G_1}$ 和 $\overline{G_2}$ 是同构的。
36. 给定两个图 G_1 和 G_2，假设存在一个从 G_1 顶点集到 G_2 顶点集的一一映上函数 f 和一个从 G_1 的边到 G_2 的边上的一一映上函数 g，使得如果 G_1 中的边 e 与顶点 v 和 w 相关联，那么 G_2 中边 $g(e)$ 与 $f(v)$ 和 $f(w)$ 相关联。G_1 和 G_2 是否同构？

从图 G_1 到图 G_2 的同态是一个从 G_1 顶点集到 G_2 顶点集的函数 f，并且如果 G_1 中 v 和 w 是相邻接的，那么 G_2 中 $f(v)$ 和 $f(w)$ 相邻接。

37. 假设 G_1 和 G_2 是简单图。证明如果 f 是一个 G_1 到 G_2 的同态，且 f 是一对一的映上函数，那么 G_1 和 G_2 是同构的。

在练习 38~42 中，对每一对图，给出一个从 G_1 到 G_2 的同态的例子。

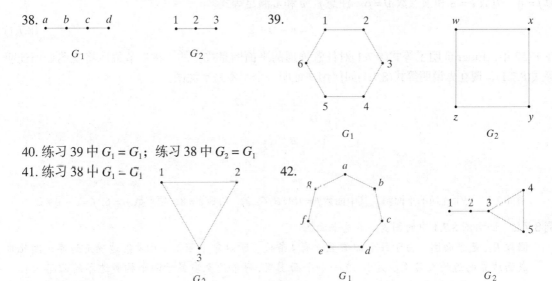

40. 练习 39 中 $G_1 = G_1$；练习 38 中 $G_2 = G_1$。
41. 练习 38 中 $G_1 = G_1$。

*43. [Hell] 证明唯一的从一个图到自身的同态是恒等函数。

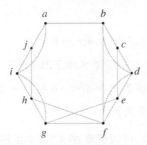

8.7 平面图

三个城市 C_1、C_2 和 C_3，通过高速公路与另外三个城市 C_4、C_5 和 C_6 的每一个直接相通。这个公路系统是否可以经过设计而使得高速公路没有交叉？一个具有交叉的公路系统如图 8.7.1 所示。如果试着画一个不交叉的公路系统，立刻可以意识到这是做不到的。在本节后边，将仔细解释为什么这是不能实现的。

[WWW]

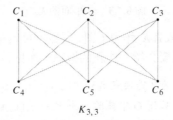

图 8.7.1 通过高速公路连接的城市

定义 8.7.1 一个图是平面的，如果它可以在一张平面上画出且它的边互相不交叉。 ■

在设计印刷电路的过程中，希望有尽可能少的线交叉；因此印刷电路设计者面临图的可平面化的问题。如果一个连通的平面图画在一个平面上，平面被分成的几个互相相连的区域称为**面**(face)。一个面通过构成它的边界的回路来表示。例如，在图 8.7.2 中，面 A 的边界是回路(5, 2, 3, 4, 5)，面 C 的边界是(1, 2, 5, 1)。外边的面 D 可以看做边界是由回路(1, 2, 3, 4, 6, 1)确定。图 8.7.2 中的图有面数 $f=4$、边数 $e=8$ 和顶点数 $v=6$。注意 f、e 和 v 满足等式

$$f = e - v + 2 \tag{8.7.1}$$

在 1752 年，Euler 证明了等式(8.7.1)对任意连通的平面图是成立的。在本节最后将说明如何证明等式(8.7.1)，现在先说明等式(8.7.1)如何用来证明一个图不是平面图。

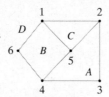

图 8.7.2 一个连通的平面图，其中面数 $f=4(A, B, C, D)$，边数 $e=8$，顶点数 $v=6$；$f=e-v+2$

例 8.7.2 证明图 8.7.1 中的图 $K_{3,3}$ 不是平面图。

假设 $K_{3,3}$ 是平面图。由于每个回路至少有 4 条边，所以每个面至少由 4 条边确定边界。因此构成面边界的边的数目至少是 $4f$。在一个平面图里，每条边至多属于两个构成边界的回路。因此，

$$2e \geq 4f$$

利用等式(8.7.1)，可以得到

$$2e \geq 4(e - v + 2) \tag{8.7.2}$$

对于图 8.7.1 中的图，$e=9$，$v=6$，所以等式(8.7.2)变为

$$18 = 2 \cdot 9 \geq 4(9 - 6 + 2) = 20$$

这是一个矛盾。因此，$K_{3,3}$ 不是平面图。 ■

通过类似的讨论（参见练习 15），可以证明图 8.7.3 中的图 K_5 不是平面图。

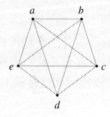

图 8.7.3 非平面图 K_5

显然，如果一个图中包含 $K_{3,3}$ 或者 K_5 作为子图，它也不可能是平面图。结论的逆几乎也是正确的。为了准确地描述这种情形，需要介绍一些新的概念（参见原理 8.7.7）。

定义 8.7.3 如果一个图 G 有一个度为 2 的顶点 v 和边 (v, v_1) 与 (v, v_2)，且 $v_1 \neq v_2$，称边 (v, v_1) 和 (v, v_2) 是串联的。一个串联约减将顶点 v 从图 G 中删除，并且将边 (v, v_1) 和边 (v, v_2) 用边 (v_1, v_2) 代替。得到的图 G' 称为将图 G 通过串联约减得到。一般约定，认为 G 是可从它本身的串联约减得到。 ■

例 8.7.4 在图 8.7.4 中的图 G 上，边 (v, v_1) 和边 (v, v_2) 是串联的。图 8.7.4 中的 G' 是从 G 通过串联约减得到的。

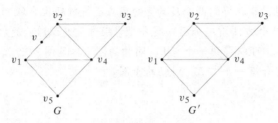

图 8.7.4 G' 是 G 通过串联的减得到的

定义 8.7.5 图 G_1 和图 G_2 是同胚的，如果 G_1 和 G_2 可以通过一系列串联约减变为同构的图。

根据定义 8.7.3 和定义 8.7.5，任何一个图和它本身是同胚的。如果 G_1 可以约减成一个与 G_2 同构的图或者 G_2 可以约减成一个与 G_1 同构的图，则 G_1 和 G_2 是同胚的。

例 8.7.6 图 8.7.5 中的图 G_1 和 G_2 是同胚的，因为它们都可以通过一系列串联约减得到图 8.7.5 中的图 G'。

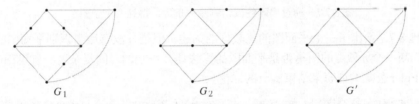

图 8.7.5 G_1 和 G_2 是同胚的，每个都可以约减成 G'

按规则定义图集合上的关系 R，如果 G_1 和 G_2 是同胚的，有 $G_1 R G_2$，则 R 是一个等价关系。每一组等价类都由互相同胚的图集合组成。

现在可以说明一个图是平面图的充分必要条件。这个定理是 1930 年由 Kuratowski 提出并证明的。证明在 [Even, 1979] 中。 [WWW]

定理 8.7.7 Kuratowski 定理 一个图 G 是平面图当且仅当 G 中不包含与 K_5 或者 $K_{3,3}$ 同胚的子图。

例 8.7.8 利用 Kuratowski 定理证明图 8.7.6 中的图 G 不是平面图。

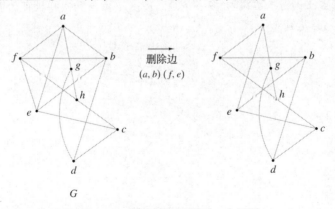

图 8.7.6 删除某些边得到一个子图

在图8.7.6的图 G 中力图找到 $K_{3,3}$。首先注意到每个顶点 a、b、f 和 e 的度都是4。在 $K_{3,3}$ 中，每个顶点的度都是3，将边 (a, b) 和边 (f, e) 删除使得所有的顶点的度都是3（参见图8.7.6）。注意如果再多删除一条边，可以得到两个度为2的顶点，执行两次串联约减。得到的图有9条边；由于 $K_{3,3}$ 有9条边，这个办法看起来有一定希望。经过反复试验，最后可以发现如果将边 (g, h) 删除，执行串联约减，可以得到一个与 $K_{3,3}$ 同构的图（参见图8.7.7）。因此，图8.7.6中的图 G 不是平面图，因为它含有一个与 $K_{3,3}$ 同胚的子图。

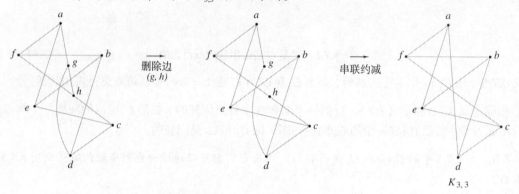

图8.7.7　通过串联约减，删除一条边，得到一个子图

虽然定理8.7.7给出了一个平面图的比较好的描述，但是并没有给出识别平面图的有效算法。然而已知的判断一个 n 顶点的图是否是平面图的算法具有 $O(n)$ 的时间复杂度（参见[Even,1979]）。通过对 Euler 公式的证明来结束本节的讨论。

定理8.7.9　图的 Euler 公式　如果 G 是一个 e 条边、v 个顶点和 f 个面的连通平面图，那么
$$f = e - v + 2 \tag{8.7.3}$$

证明　利用数学归纳法施归纳于边数。

假设 $e = 1$。那么 G 是图8.7.8中两个图之一。在任何一种情况下，Euler 公式都成立。基本步已经得到证明。

假设 Euler 公式对 n 条边的连通平面图成立。令 G 是一个有 $n+1$ 条边的图。首先，假设 G 中不含回路。选择一个顶点 v，跟踪从 v 开始的一条路径。由于 G 中没有回路，每次跟踪一条边，都会到达一个新的顶点。最终，会到达一个度为1的顶点 a，因此不能继续（参见图8.7.9）。将顶点 a 和与 a 相关联的边 x 从 G 中删除。得到的图 G' 有 n 条边；根据归纳假设，式(8.7.3)对 G' 成立。由于 G 比 G' 多一条边、多一个顶点和同样数目的面，立刻可以得出式(8.7.3)对 G 同样是成立的。

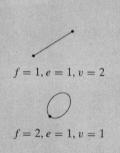

图8.7.8　定理8.7.9的基本步

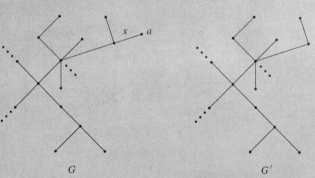

图8.7.9　定理8.7.9对 G 没有回路的情况的证明，找到一个度为1的顶点 a，删除 a 和与之相关联的边 x

现在假设 G 中有一个回路。令 x 是回路中的一条边（参见图 8.7.10）。现在 x 是两个面的边界的一部分。这次将 x 从 G 中删除，但不删除任何顶点，得到 G'（参见图 8.7.10）。这时 G' 有 n 条边，根据归纳假设，式(8.7.3)对 G' 是成立的。由于 G 比 G' 多一个面、多一条边和同样数目的顶点，因此式(8.7.3)对 G 也是成立的。

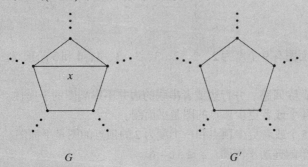

图 8.7.10　定理 8.7.9 对 G 有回路情况的证明，将回路中的边 x 删除

既然已经证明了归纳步，根据数学归纳法原理，定理得证。

本节复习

1. 什么是平面图？　2. 什么是面？　3. 叙述对一个连通平面图的 Euler 等式。
4. 什么是串联边？　5. 什么是串联约减？　6. 定义同胚图。　7. 叙述 Kuratowski 定理。

练习

在练习 1~3 中，通过将图重画使得边不交叉来证明每个图是平面图。

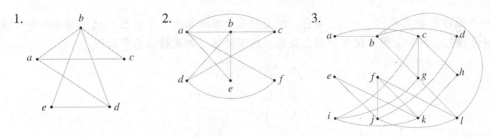

在练习 4 和练习 5 中，通过找出与 K_5 或者 $K_{3,3}$ 同胚的子图来证明每个图不是平面图。

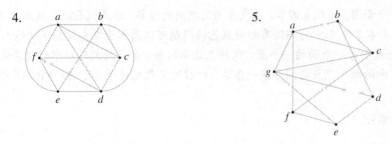

在练习 6~8 中，判断每个图是否是平面图。如果图是平面图，重画它使得边不交叉；否则，找出与 $K_{3,3}$ 或者 K_5 同胚的子图。

6. 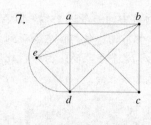 7. 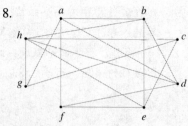 8.

9. 一个连通的平面图有 9 个度为 2、2、2、3、3、3、4、4 和 5 的顶点。有多少条边？有多少个面？
10. 证明增加或者删除回路、并行边或者串联的边并不影响图的平面性。
11. 证明任何具有 4 个或者更少顶点的图是平面图。
12. 证明任何具有 5 个或者更少顶点和一个度为 2 的顶点的图是平面图。
13. 证明对任何简单的连通平面图，$e \leq 3v - 6$。
14. 给出一个简单连通非平面图的例子，满足 $e \leq 3v - 6$。
15. 利用练习 13 证明 K_5 不是平面图。
*16. 证明一个简单图 G 有 11 个或者更多顶点，那么或者 G 或者它的补图 $\bar{G}$ 不是平面图。
*17. 证明如果一个平面图中有 Euler 回路，那么有不交叉的 Euler 回路。如果顶点 v 在路径 P 中至少出现两次，并且 P 在 v 处交叉，那么平面图中一个路径 P 是交叉的；也就是 $P = (\cdots, w_1, v, w_2, \cdots, w_3, v, w_4, \cdots)$，其中如下图所示边 w_1, v, w_2 和 w_3, v, w_4 在 v 处交叉。

对一个图 G 用颜色 $C_1, C_2, \cdots, C_n$ 染色，就是对每个顶点指定一个颜色 C_i 使得任意相邻的顶点都有不同的颜色。例如下图是用三种颜色染色。剩下的练习都是指染色平面图。

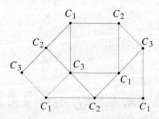

一个平面地图是一个平面图，面代表国家，边代表两国之间的边界，顶点代表边界相交。对一个平面地图的染色使得不存在国家与它的邻国有相同颜色的问题可以简化为首先按如下构造 G 的对偶图 G'。对偶图 G' 包含 G 中每一个面的一个点，包括无边界的面。如果对应的 G 中的顶点是通过一个边界分开的，则 G' 中的两个顶点之间存在一条边。对 G 的染色也就等价于将对偶图 G' 的顶点染色。

18. 找出下面地图的对偶图。

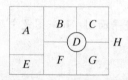

19. 证明一个平面图的对偶图是平面图。

20. 证明对练习 18 中的地图染色，除无边界区域，至少需要 3 种颜色。
21. 利用 3 种颜色对练习 18 中的地图染色，除无边界区域。　　22. 找出下面地图的对偶图。

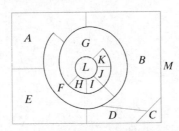

23. 证明对练习 22 中的地图染色，除无边界区域，至少需要 4 种颜色。
24. 利用 4 种颜色对练习 22 中的地图染色，除无边界区域。

一个简单平面图 G 的三角剖分是通过将 G 的尽可能多的顶点连接，保持图的平面性且不引入回路或者并行边。

25. 找出下图的三角剖分。

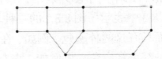

26. 证明如果一个简单平面图 G 的三角剖分 G' 可以用 n 种颜色染色，那么 G 也可以。
27. 证明在一个简单平面图的三角剖分里，$3f = 2e$。

Appel 和 Haken（参见[Appel]）证明了任意的简单平面图可以用 4 种颜色染色。这个问题是在 19 世纪中叶提出的，多年以来无人能够成功给出一个证明。近年来关于 4 染色问题的工作有一个前辈们所不具有的优势——快速电子计算机的使用。下面的练习说明如何开始证明。

假设存一个简单平面图需要多于 4 种颜色染色。在所有这些图中，存在一个具有最少顶点数目的图。令 G 是这个图的三角剖分。那么 G 具有最少数目的顶点，根据练习 26，G 需要多于 4 种颜色染色。

28. 如果一个地图的对偶图有一个度为 3 的顶点，原本的地图看起来有什么特点？
29. 证明 G 不可能有一个度为 3 的顶点。　　*30. 证明 G 不可能有一个度为 4 的顶点。
*31. 证明 G 有一个度为 5 的顶点。

Appel 和 Haken 的贡献是证明了只有有限个数的度为 5 的顶点的情况需要考虑，并且分析了所有的情况，证明了所有情况只需要 4 种颜色染色。简化到有限个数的情况是利用计算机帮助找到需要分析的情况。计算机又用来分析得到的结果。

*32. 证明任意的简单平面图可以用 5 种颜色染色。

8.8　顿时错乱问题①

顿时错乱（Instant Insanity）是一个包括四个立方体的问题，立方体的每一面都染了红、白、蓝或绿四种颜色之一（参见图 8.8.1）。（根据每一面染的颜色不同，有不同类型的问题。）问题是将立方体堆起来，每一个在另一个上面，使得不管从前面、后面、左面还是右面看立方体，都可以看到

---

① 可以略去本节而不会影响全书内容的连贯性。

所有的4种颜色（参见图8.8.2）。由于有331 776种可能的堆法（参见练习12），通过反复试验的方法求解是不实际的。如果这个解存在，可以给出一个图模型，在几分钟的时间内发现一个问题的解。

[WWW]

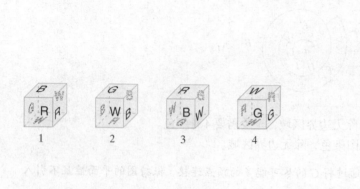

图 8.8.1　一个顿时错乱问题　　　　图 8.8.2　图 8.8.1 中的顿时错乱问题的解

首先注意到任何特定的一种堆法可以用两个图来表示，一个表示前面/后面的颜色，另一个表示左面/右面的颜色。例如，在图8.8.3中表示了图8.8.2的一种堆法。顶点代表颜色，在两个顶点之间连接一条边，如果两个相对的面具有这两种颜色。例如，在前面/后面图中，边1连接R和W，因为立方体1的前面和后面的颜色是红色和白色。再例如，在左面/右面图中，W上有一个圈，因为立方体3的左面和右面都是白色。

同样可以根据像图8.8.3中的一对图来构造堆法，以作为顿时错乱问题的一个解。从前面/后面图开始，立方体1有红色和白色的相对面。给前面指定这两种颜色之一，例如红色，那么立方体有白色的后面。另外一个与W相关联的边为2，使立方体2有白色的前面。这就使得立方体2有蓝色的背面。另外一个与B相关联的边是3，所以立方体3有蓝色的前面。这就使得立方体3有绿色的背面。另外一个与G相关联的边是4，所以立方体4有绿色的前面和红色背面。立方体的前面和后面已经正确安排好。现在，立方体的左面和右面可以随机安排。然而，接下来可以给出如何正确地安排左面和右面，使得不改变前面和后面的颜色。

(a) 前面/后面　(b) 左面/右边

图 8.8.3　图 8.8.2 中堆法的图表示　　　图 8.8.4　旋转一个立方体，沿左右的方向，同时保持前后面的颜色

立方体1有红色和绿色的相对的左面和右面。为左面任意设定一种颜色，例如绿色。那么立方体1有红色右面。注意到通过沿左右的方向旋转这个立方体，不会改变前后的颜色（参见图8.8.4）。可以同样给立方体2、3和4定方向。注意立方体2和3的相对面有相同的颜色。图8.8.2中的堆法已经重新构造好。

从前面的讨论可以看出，显然如果能够找到类似于图8.8.3中的两个图，就会立刻得到顿时错乱问题的一个解。图所具有的性质是

● 每个顶点的度是2。

(8.8.1)

- 每个立方体在每个图中恰好用一条边表示。   (8.8.2)
- 两个图不能具有公共边。   (8.8.3)

性质(8.8.1)保证每种颜色可以利用两次,一次是在前面(或左面),一次是在后面(或右面)。性质(8.8.2)保证每个立方体只用一次。性质(8.8.3)保证除了定向前后的方向之后,可以逐次改变左右的方向。

为了得到问题的解,首先画一个包含所有立方体的所有面的图 G。G 的顶点代表四种颜色,边 i 连接两个顶点(也就是颜色),如果立方体 i 的相对面有这些颜色。在图 8.8.5 中,已经画出了代表图 8.8.1 中立方体的图。然后,通过检查,可以寻找 G 的两个子图满足性质(8.8.1) ~ (8.8.3)。可以动手试试在图 8.8.5 中找到问题的另外一个解。

例 8.8.1　求图 8.8.6 中顿时错乱问题的一个解。

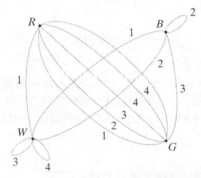

图 8.8.5　图 8.8.1 中顿时错乱问题解的图示　　　图 8.8.6　例 8.8.1 中的顿时错乱问题

首先试着构造一个具有性质(8.8.1)和性质(8.8.2)的子图。任意选择一个顶点,例如 B,选择两条与顶点 B 相关联的边。假如选择两条边是图 8.8.7 中的实线。现在考虑找出与顶点 R 相关联的两条边。不能选择与顶点 B 或者 G 相关联的边,因为 B 和 G 的每一个度都是 2。由于每个立方体在子图里都只出现恰好一次,不能选择标有 1 或 2 的边,因为已经选择了这些有标准的边。与 R 相关联的不能选择的边在图 8.8.7 中用虚线表示。这样只剩下了标有 4 的边。由于需要两条与 R 相关联的边,所以开始与 B 相关联的边的选择必须修改。

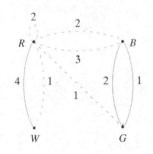 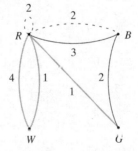 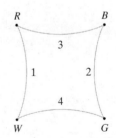

图 8.8.7　试着找出图 8.8.6 的　　图 8.8.8　另外尝试找出图 8.8.6　　图 8.8.9　图 8.8.6 的满足性
　　　　　满足性质(8.8.1)和性　　　　　　　　的满足性质(8.8.1)和　　　　　　　质(8.8.1)和性质
　　　　　质(8.8.2)的一个子图　　　　　　　　性质(8.8.2)的一个子图　　　　　　(8.8.2)的一个子图

接下来试着选择与顶点 B 相关联的两条边,如图 8.8.8 所示,选择标有 2 和 3 的边。由于这个选择包括与 R 相关联的边,所以必须另外选择一条与 R 相关联的边。对这条边的选择有三种可能(如图 8.8.8 中的颜色所示)。(与 R 相关联的圈作为两条边计算,所以不能选择。)如果选择

与 R 和 G 相关联的标有 1 的边, 就需要一个在 W 的标有 4 的圈, 由于不存在这种圈, 所以不能选这条边。如果选择与 R 和 W 相关联的标有 1 的边, 那么就可以选择与 W 和 G 相关联的标有 4 的边(参见图 8.8.9)。这样就得到了一个图。

现在寻找与已经选定的图不具有公共边的第二个图。首先同样选择与 B 相关联的两条边, 因为不能重复利用边, 选择就局限在三条边中(参见图 8.8.10)。选择标有 1 和 4 的边就得到了图 8.8.11 中的图。图 8.8.9 和图 8.8.11 中的两个图就是图 8.8.6 中顿时错乱问题的解。

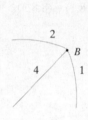

图 8.8.10　图 8.8.9 中没有用到的与 B 相关联的边

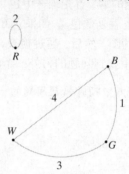

图 8.8.11　图 8.8.6 的另外一个子图, 与图 8.8.9 中的图没有公共边, 且满足性质(8.8.1)和性质(8.8.2)。这个图和图 8.8.9 中的图是图 8.8.6 中顿时错乱问题的解 ∎

本节复习

1. 描述顿时错乱问题。

2. 描述如何求解顿时错乱问题。

练习

找出下面各图的顿时错乱问题的解。

1.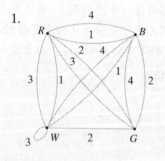

2.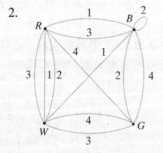

3.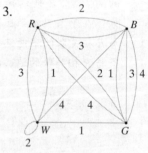

4.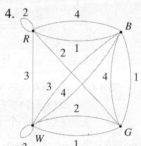

5.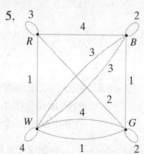

6.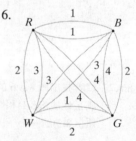

7. (a) 找出图 8.8.5 中所有满足性质(8.8.1)和性质(8.8.2)的子图。

(b) 找出图 8.8.5 中顿时错乱问题的所有解。

8. (a)用图表示顿时错乱问题。

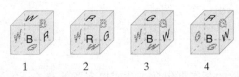

(b) 给出顿时错乱问题的解。(c) 给出(a)中的图满足性质(8.8.1)和性质(8.8.2)的所有子图。(d) 利用(c)证明问题有唯一解。

9. 通过给出下图中不存在满足性质(8.8.1)和性质(8.8.2)的子图来证明顿时错乱问题无解。注意没有解存在，尽管每个立方体含有所有的四种颜色。

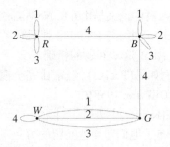

*10. 给出一个满足如下条件的顿时错乱问题的例子：(a) 无解；(b) 每个立方体都包含所有的四种颜色；(c) 存在一个子图满足性质(8.8.1)和性质(8.8.2)。

11. 证明一个立方体有 24 种定位方向。

12. 顿时错乱问题的四个立方体编号为 1、2、3 和 4。证明从下往上编号为 1、2、3 和 4 的立方体的堆法个数是 331 776。

*13. 一共有多少顿时错乱问题的图？也就是说，一共有多少个有 4 个顶点和 12 条边的图？

练习 14~21 指的是一种经过修改的顿时错乱问题，它的解是一种堆法，从前面、后面、左面或右面看时，都是一种颜色。（立方体的前面、后面、左面和右面有不同颜色。）

14. 证明如果用一般顿时错乱问题的图模型，修改的顿时错乱问题的解包含如下所示的两个子图，子图之间不存在共同的边或顶点。

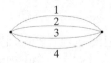

找出下面修改顿时错乱问题的解。

15. 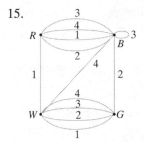   16. 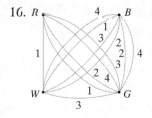   17.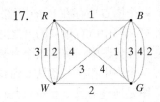

18. 练习 6 中的图   19. 证明对图 8.8.5，文中的顿时错乱问题有解，但是修改顿时错乱问题无解。

20. 证明如果修改顿时错乱问题有解，文中的顿时错乱问题也有解。

21. 是否可能即便每个立方体包含所有的4种颜色，无论哪种顿时错乱问题都有解？如果答案是对，证明它；否则，给出一个反例。

注释

事实上任何关于离散数学的著作都包括一章或更多章的有关于图论的内容。关于图论的专门书籍有[Berge; Bondy; Chartrand:Deo; Even,1979; Gibbons; Harary; König;Ore; West; and Wilson]。[Deo; Even, 1979; and Gibbons]侧重于图的算法。[Brassard, Cormen, and Johnsonbaugh]概论述了图和图的算法。[Akl; Leighton; Lester; Lewis; Miller; and Quinn]讨论了并行计算机和并行计算机的算法。正文中关于超立方体的子图的结果是从[Saad]中得到的。

Euler问题的最早关于Königsberg桥的论文是由J. R. Newman撰写的，作为[Newman]印制出版的。

在[Gardner, 1959]中，将Hamilton回路与Hanoi塔难题联系在一起。

对于旅行商问题,[Applegate]给出了这一问题的精确定义。

在很多情况下，分支定界法（例如见[Tucker]）经常比完全搜索法在解决旅行商问题上更有效。

Dijkstra最短路径算法出现在[Dijkstra, 1959]中。

图的同构问题的算法复杂度在[Köbler]中进行了讨论。

Appel和Haken在[Appel]中公布了他们对4色问题的解。

本章复习

8.1

1. 图 $G = (V, E)$（无向图和有向图）
2. 顶点
3. 边
4. 与顶点 v 相关联的边 e
5. 与边 e 相关联的顶点 v
6. v 和 w 是相邻的顶点
7. 并行边
8. 圈
9. 孤立顶点
10. 简单图
11. 带权图
12. 边的权值
13. 带权图中路径的长度
14. 相似图
15. 不相似性函数
16. n 立方体（超立方体）
17. 串行计算机
18. 串行算法
19. 并行计算机
20. 并行算法
21. n 顶点完全图 K_n
22. 二部图
23. m 和 n 顶点的完全二部图 $K_{m,n}$

8.2

24. 路径
25. 简单路径
26. 回路
27. 简单回路
28. 连通图
29. 子图
30. 图的分支
31. 顶点的度 $\delta(v)$
32. Königsberg桥问题
33. Euler回路
34. 一个图 G 中存在 Euler 回路当且仅当 G 是连通的且每个顶点有偶数度。
35. 一个图中所有顶点的度之和等于边的数目的两倍。
36. 在任何图中，有偶数个奇数度的顶点。
37. 一个图中存在一条从 v 到 w（$v \neq w$）不存在重复边的、包含所有边和顶点的路径当且仅当图是连通的且 v 和 w 仅是度为奇数的顶点。
38. 如果一个图 G 中存在一个从 v 到 v 的回路，那么 G 中存在一个从 v 到 v 的简单回路。

8.3

39. Hamilton 回路
40. 旅行商问题
41. 并行计算的循环模型
42. Gray 码

8.4
43. Dijkstra 最短路径算法。

8.5
44. 邻接矩阵
45. 如果 A 是一个简单图的邻接矩阵，那么 A^n 的第 ij 元素等于从顶点 i 到顶点 j 的长度为 n 的路径的个数。　　46. 关联矩阵

8.6
47. 图 $G_1 = (V_1, E_1)$ 和图 $G_2 = (V_2, E_2)$ 为同构的是当存在一对一的映上函数 $f: V_1 \to V_2$ 和 $g: E_1 \to E_2$，使得 $e \in E_1$ 与 V_1 中顶点 v 和 w 相关联当且仅当 $g(e)$ 与 $f(v)$ 和 $f(w)$ 相关联。
48. 图 G_1 和 G_2 是同构的当且仅当对顶点的某一顺序来说，邻接矩阵是相等的。
49. 并行计算的网格模型。　　50. 不变量

8.7
51. 平面图　　52. 面　　53. 连通平面图的 Euler 公式：$f = e - v + 2$
54. 串联边　　55. 串联约减　　56. 同胚图
57. Kuratowski 定理：一个图是平面图当且仅当其中不包含与 K_5 或 $K_{3,3}$ 同胚的了图。

8.8
58. 顿时错乱问题　　59. 如何求解顿时错乱问题

本章自测题

8.1
1. 对图 $G = (V, E)$，找出其中的 V 和 E，所有的平行边，所有的圈，所有的孤立顶点，判断 G 是否是简单图。说明边 e_3 与哪个顶点相关联，顶点 v_2 与哪个顶点相关联。

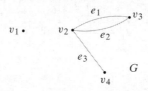

2. 解释为什么下图中不存在一条从 a 到 a 的只经过每条边恰好一次的路径。

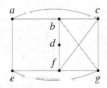

3. 画出 2 和 5 顶点上的完全二部图 $K_{2,5}$。
4. 证明对所有的 $n \geq 1$，n 立方体是二部图。

8.2
5. 说明图中的路径 $(v_2, v_3, v_4, v_2, v_6, v_1, v_2)$ 是否是简单路径、回路、简单回路，或者这些都不是？

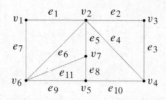

6. 画出下图中所有的只包含两条边的子图。

7. 找出一个包含练习 5 中原图所有顶点和尽可能少边的连通子图。
8. 练习 5 中的图是否包含一个 Euler 回路？给出解释。

8.3

9. 在练习 5 中的图中找出一个 Hamilton 回路。　　10. 找出 3 立方体中的一个 Hamilton 回路。
11. 证明下图中不存在 Hamilton 回路。

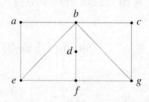

12. 证明回路 $(a, b, c, d, e, f, g, h, i, j, a)$ 是下图旅行商问题的解。

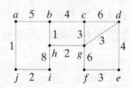

8.4

练习 13~16 指的是下图。

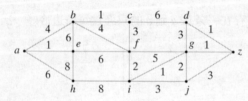

13. 找出一条从 a 到 i 的最短路径的长度。　　14. 找出一条从 a 到 z 的最短路径的长度。
15. 找出一条从 a 到 z 的最短路径。　　16. 找出一条从 a 到 z 的经过 c 的最短路径的长度。

8.5

17. 写出练习 5 中图的邻接矩阵。　　18. 写出练习 5 中图的关联矩阵。
19. 如果 A 是练习 5 中图的邻接矩阵，A^3 中 v_2 行 v_3 列的元素代表什么？
20. 一个关联矩阵的一列是否能只包含 0？给出解释。

8.6

在练习 21 和练习 22 中，判断图 G_1 和 G_2 是否同构？

21.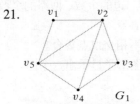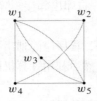

22.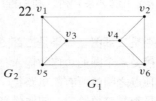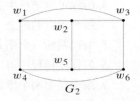

23. 画出所有由 5 个顶点、2 条边构成的不同构的简单图。

24. 画出所有由 5 个顶点、2 个分支构成的无回路的不同构的简单图。

8.7

在练习 25 和练习 26 中，判断图是否是平面图。如果图是平面图，重画它使得没有边交叉；否则，找出一个与 K_5 或 $K_{3,3}$ 同胚的子图。

25.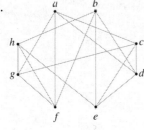

26.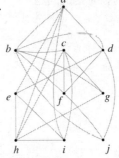

27. 证明任何有 31 条边 12 个顶点的简单连通图都不是平面图。

28. 证明 $n \leq 3$ 时，n 立方体是平面图；$n > 3$ 时，n 立方体不是平面图。

8.8

29. 用图表示下面的顿时错乱问题。

    1   2   3   4

30. 找出练习 29 中问题的一个解。

31. 找出练习 29 中图的所有满足性质(8.8.1)和性质(8.8.2)的子图。

32. 用练习 31 判断练习 29 中的问题一共有多少解？

上机练习

1. 编写一个程序，可以接受下面的任一输入：

    ● 利用正整数对列出一个图的边

    ● 邻接矩阵

    ● 关联矩阵

并且输出其他两个。

2. 编程判断一个图中是否存在 Euler 回路。
3. 编程在一个所有顶点的度为偶数的连通图中寻求 Euler 回路。
4. 编程可以随机生成 $n \times n$ 的邻接矩阵。利用程序打印出邻接矩阵、边的个数、回路的个数和每个顶点的度。
5. 编程判断一个图是否是二部图。如果是二部图,程序应能列出不相交顶点集合。
6. 编程使得程序可以接受一个图的边作为输入,然后利用计算机图形学显示出这个图。
7. 编程列出两个给定顶点之间的所有简单路径。
8. 编程判断一个路径是否是简单路径、回路或者简单回路?
9. 编程检查指定的回路是否是一个 Hamilton 回路。
10. 编程检查指定的路径是否是一个 Hamilton 路径。
11. 编程生成 Gray 码。
12. 用程序实现 Dijkstra 最短路径算法。程序需要找出最短路径和最短路径长度。
13. 编程判断一个所指定的同构是否是同构。 14. 编程判断一个图是否是平面图。
15. 编程来求解任意的顿时错乱问题。

第9章 树

树是图的最广泛的一类应用。在计算机科学领域中,树有着广阔的应用,树对于数据库中的组织和关联数据是很有帮助的(参见例9.1.7)。在诸如排序时间的优化等理论问题中,树也能起到重要的作用(参见9.7节)。

本章从必要的术语介绍开始,阐述了树的子类(如二叉树和有根树)和许多有关树的应用(如扩展树、决策树和博弈树)。对于树同构的讨论是对8.6节图同构的扩展。

9.1 简介

图9.1.1给出了Wimbledon网球比赛半决赛和决赛的比赛结果,其中包括四名在网球历史上的著名队员。在Wimbledon比赛中,失利即遭到淘汰,捧杯的人一定是坚持到最后的人。(这样的竞技比赛类型叫做单淘汰赛。)图9.1.1说明了在半决赛中Monica Seles打败了Martina Navratilova,而Steffi Graf淘汰了Gabriela Sabatini。然后Seles和Graf再进行比赛,Graf击败了Seles。Steffi Graf是唯一一名没有败绩的队员,于是获得了Wimbledon比赛冠军。 [WWW]

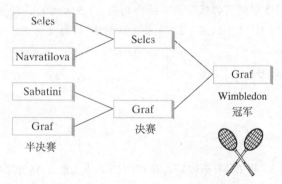

图9.1.1 Wimbledon比赛的半决赛和决赛

如果将图9.1.1的单淘汰赛看做一个图(参见图9.1.2),那么这个图就是一棵树;如果旋转图9.1.2,就更像一棵自然树(参见图9.1.3)。形式化的定义如下。

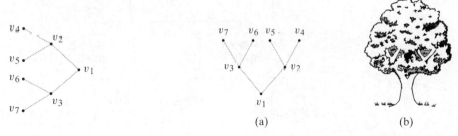

图9.1.2 图9.1.1的锦标赛的树形表示   图9.1.3 图9.1.2的树旋转后与一棵自然树的比较

定义9.1.1 一棵(自由)树T是一个简单图,满足以下条件:如果v和w是树T的顶点,则在v和w之间有唯一一条路径。一棵有根树是有一个特殊的顶点被设计成根节点的一棵树。 ∎

例 9.1.2 如果将胜利者看做根，图 9.1.1（或者图 9.1.2）的单淘汰赛就是一棵有根树。注意如果 v 和 w 是这个图的节点，从 v 到 w 只有唯一一条简单路径。例如从 v_2 到 v_7 的简单路径是 (v_2, v_1, v_3, v_7)。■

与自然树不同，自然树的根在底部，而图论中的有根树其根部在顶部。图 9.1.4 显示了图 9.1.2 中树的正确画法（将 v_1 作为根节点）。首先，将根节点 v_1 放到顶部，在 v_1 以下，将 v_2、v_3 顶点放到同一高度上，并由 v_1 经过长度为 1 的简单路径分别到达 v_2、v_3。在 v_2、v_3 两个顶点的下一个层次，放上 v_4、v_5、v_6 和 v_7 四个顶点，它们可由根节点经过长度为 2 的简单路径分别到达。重复上述做法直到画完整棵树。因为从根节点开始到任意节点的简单路径都是唯一的，每个节点都能放在事先确定好的层次里。令根节点所在的层次为 0。根节点下面的层次是 1，以此类推。因此顶点 v 所**在的层次**是由根节点到 v 的简单路径的长度。有根树的**高度**（height）是这棵树的最大层次数。

例 9.1.3 图 9.1.4 中有根树的顶点 v_1、v_2、v_3、v_4、v_5、v_6、v_7 分别在 0、1、1、2、2、2、2 层上，树的高度为 2。

图 9.1.4 图 9.1.3(a) 中的树，顶点在上

例 9.1.4 如果令 e 为图 9.1.5 中树 T 的根节点，将得到图 9.1.5 的树 T'，顶点 a、b、c、d、e、f、g、h、i、j 分别在 2、1、2、1、0、1、1、2、2、3 层上。树 T' 的高度为 3。

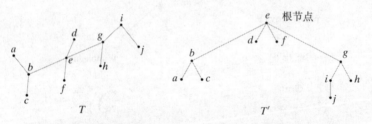

图 9.1.5 树 T 与有根树 T'，以 T 中的 e 顶点为根节点就得到 T' ■

例 9.1.5 有根树通常会用来表示层次关系。如果 a 比 b 低一层，并且 a 与 b 相邻，则称 a 在 b 的"正上方"，用逻辑关系表达 a 与 b 之间的关系：a 控制 b 或者 b 在某种程度上被 a 制约。例如，一所大学的行政组织表如图 9.1.6 所示。

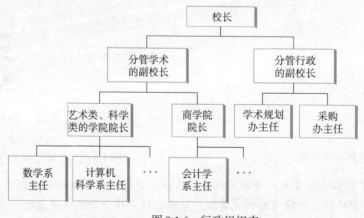

图 9.1.6 行政组织表 ■

例 9.1.6 计算机文件系统 现代计算机操作系统采用树形结构来组织文件和文件夹。一个文件夹含有其他的文件夹和文件。图 9.1.7 表示的是一台电脑的 Windows 资源管理器窗口,左边显示的是文件夹,右边显示的是文件,图 9.1.8 用一棵有根树表示了同样的结构。根节点是 "Desktop"。在 "Desktop" 以下是 My Documents、My Computer 和其他内容。My Documents 之下是 Fax、My Data Sources、My Pictures 和其他内容。My Pictures 之下是 archived、basement water 和 My eBooks。高亮标识的 basement water 之下是文件 11-18-03、DSC0100711-18-03 等,其在图 9.1.7 的右边显示。

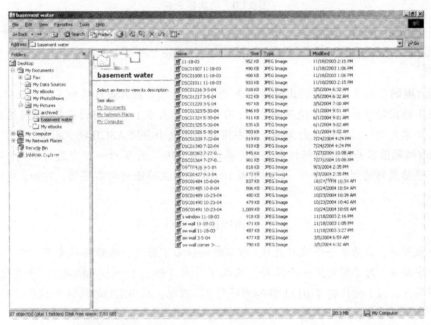

图 9.1.7 Windows 资源管理器窗口显示了一台计算机的文件和文件夹,文件夹列在左边,文件列在右边。在 basement water 目录里高亮显示的文件是 11-18-03、DSC01007 11-18-03

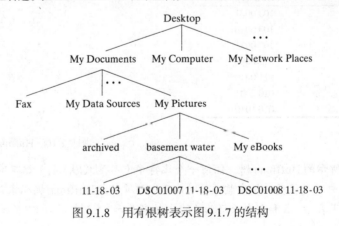

图 9.1.8 用有根树表示图 9.1.7 的结构

例 9.1.7 层次概念树 图 9.1.9 是**层次概念树**(hierarchical definition tree)的一个例子。这种树用来表示数据库中记录之间的逻辑关系。(参见 3.6 节,数据库是由计算机操纵的记录的集合。)图 9.1.9 的树用来表示存放在图书馆的书籍的数据库存储记录模型。

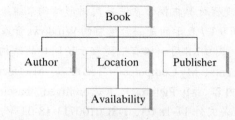

图 9.1.9 层次概念树

例 9.1.8　Huffman 编码　计算机内部表示字符的最常用办法是采用固定长度的比特串。例如，ASCII（American Standard Code for Information Interchange）码用 7 位比特串来表示一个字符，如表 9.1.1 所示。

Huffman 编码是用长度不一的比特串来表示字符，用来替换 ASCII 码和其他定长码。其思想就是用短小的比特串表示经常使用的字符，用长比特串表示不常使用的字符。利用这种编码方法对一篇文章或者一段程序进行编码，其占用空间的大小要比 ASCII 码少很多。　[WWW]

Huffman 编码很容易通过有根树来定义（参见图 9.1.10）。为了对一位串进行解码，从根节点开始往下移动直到遇到一个字符。比特 0 或 1 代表是向左移还是向右移动。例如，我们解码一个比特串

$$01010111 \tag{9.1.1}$$

从根节点开始，因为第一个比特是 0，所以首先往右下移动，然后再往左下、右下移动，到达第一个字符 R。为了解码下一个字符，又从根节点开始，下一个比特是 1，于是向左下移动，得到字符 A。剩下的比特串 0111 解码为字符 T。因此，式(9.1.1)的比特串代表 "RAT"。

表 9.1.1　ASCII 码的比特串对应表

字符	ASCII 码
A	100 0001
B	100 0010
C	100 0011
1	011 0001
2	011 0010
!	010 0001
*	010 1010

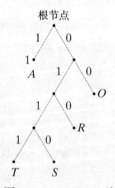

图 9.1.10　Huffman 编码

给出图 9.1.10 所示的 Huffman 树，任何一个比特串（参见式(9.1.1)）都能唯一解码成字符，即使每个字符都由不同长度的位串构成。对图 9.1.10 所示的 Huffman 编码来说，字符 A 用一个长度为 1 的比特串表示，S 和 T 由长度为 4 的比特串表示。（A 表示为 1，S 和 T 分别表示为 0110 和 0111。）

Huffman 给出了一个根据字符出现频率表构造 Huffman 编码的算法（参见算法 9.1.9），使得构成的串所占空间最小，而字符频率与表中的字符频率一致。该编码的优化证明可参见[Johnsonbaugh]。

算法 9.1.9 构造优化的 Huffman 编码 此算法从一个给定的字母出现频率表中构造最优的 Huffman 编码。输出是一棵有根树，最底层的顶点标记频率，树边标记比特，如图 9.1.10 所示。通过用具有同样频率的字母替换每一个频率，可以得到一棵编码树。

输入：n 个频率序列（$n \geq 2$）
输出：给出一棵优化 Huffman 编码的有根树

huffman(f, n) {
  if ($n == 2$) {
    令 f_1 和 f_2 表示频率
    令 T 为如图 9.1.11 所示的树
    return T
  }
  令 f_i 和 f_j 表示最小的频率，将列表 f 中的 f_i 和 f_j 替换为 $f_i + f_j$
  $T' = $ *huffman(f, n – 1)*
  将 T' 中标有 $f_i + f_j$ 的顶点替换为如图 9.1.12 所示的树，从而得到树 T
  return T
}

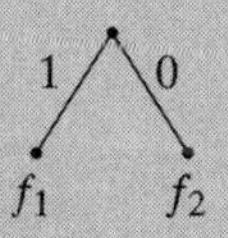

图 9.1.11　算法 9.1.9 中 $n = 2$ 的情况 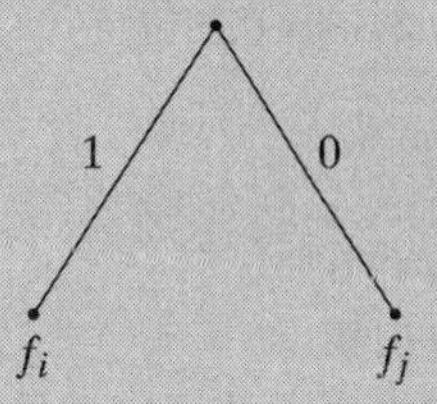　　　　图 9.1.12　算法 9.1.9 中 $n > 2$ 的情况

例 9.1.10 下面运用算法 9.1.9 和表 9.1.2 构造一个优化的 Huffman 编码。

表 9.1.2　例 9.1.10 的输入

字符	频率
!	2
@	3
#	7
$	8
%	12

算法将两个频率最低的数用它们的和替代，

$$2, 3, 7, 8, 12 \to 2 + 3, 7, 8, 12$$
$$5, 7, 8, 12 \to 5 + 7, 8, 12$$
$$8, 12, 12 \to 8 + 12, 12$$
$$12, 20$$

然后重复该操作，直到最后只剩下两个数为止。算法构造树的过程是从最后形成的两个元素 12 和 20 开始，如图 9.1.13 所示。例如，将标记 20 的顶点用图 9.1.14 代替，因为 $8 + 12 = 20$，最后，得到优化的 Huffman 编码树，将每个频率值用相应的字符替代（如图 9.1.15 所示）。

表 9.1.2 对应的 Huffman 树不是唯一的。当 12 被 5 和 7 替代时，因为有两个顶点标为 12，所以会产生可选情况。如图 9.1.13 所示，我们选择了其中一个标记为 12 的顶点；如果我们选择另

一个标记为12的顶点，将会得到如图9.1.16所示的树。这两种编码都是优化编码，每一种都能以同样大小的空间存储文本，而该文本符合表9.1.2所示的字符频率分布。

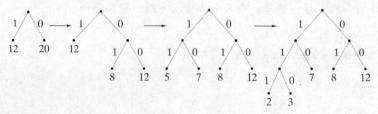

图9.1.13 构造一个优化的Huffman码

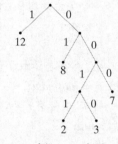

图9.1.14 替代图9.1.13中标记为20的顶点的树

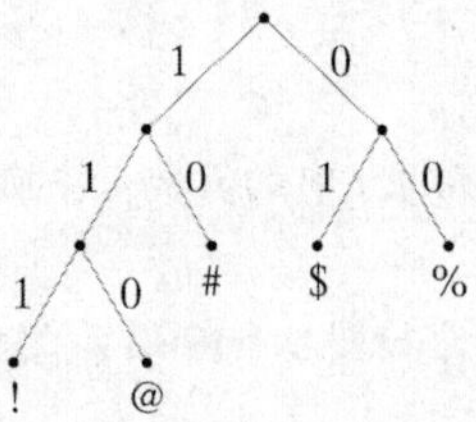

图9.1.15 图9.1.13最终的Huffman树，将叶顶点的数字标记用相应的字符替代

图9.1.16 例9.1.10中另一种形式的优化Huffman树

本节复习

1. 定义自由树。
2. 定义有根树。
3. 有根树中顶点的层指的是什么？
4. 有根树中顶点的高度指的是什么？
5. 举出层次概念树的一个例子。
6. 阐述计算机系统中的文件和文件夹怎样组织成一棵有根树。
7. Huffman码是什么？
8. 阐述怎样构造产生优化的Huffman码。

练习

练习1~4中哪个图是树？并做解释。

1.
2.
3.
4.

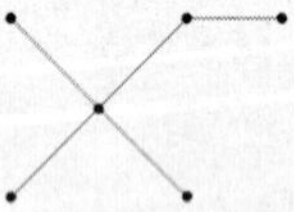

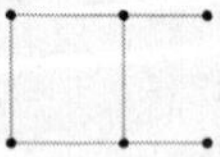

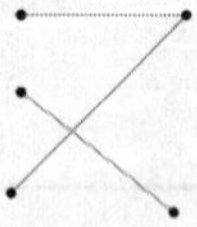

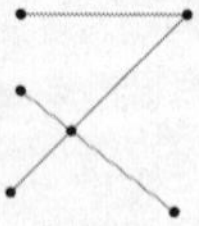

5. 一个完整二部图的两棵树分别有m个和n个顶点，则m和n的值是多少？
6. 一个完整图有n个顶点，n的值是多少？
7. 如果一棵树是一个n方体，则n的值是多少？
8. 找出下图中每个顶点的层次。

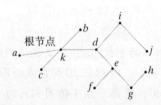

9. 给出练习8中每个顶点的高度。
10. 将图9.1.5中的图转换为有根树T，其中a为根节点。
11. 将图9.1.5中的图转换为有根树T，其中b为根节点。

12. 给出一个类似例9.1.5的例子，用来表示层次关系。
13. 给出一个不同于例9.1.7的有关层次概念树的例子。

利用Huffman码解码下列比特串。

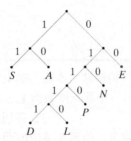

14. 011000010   15. 01110100110   16. 01111001001110   17. 1110011101001111

利用前一个Huffman码为下列单词编码。

18. DEN   19. NEED   20. LEADEN   21. PENNED

22. 利用一种编码方法（例如Huffman或者ASCII）对字符进行编码时，有关使用内存大小的比较需要考虑的因素是什么？
23. 在使用Huffman码进行文字存储时，哪种技术能够节省内存。
24. 为下表中的字母集构造优化Huffman码（字母，频率）。

字母	频率	字母	频率
α	5	δ	11
β	6	ε	20
γ	6		

25. 为下表中的字母集构造优化Huffman码。

字母	频率	字母	频率
I	7.5	C	5.0
U	20.0	H	10.0
B	2.5	M	2.5
S	27.5	P	25.0

26. 利用练习25得到的Huffman码为下列词进行编码（字符出现频率与练习25的表一致）。

BUS，CUPS，MUSH，PUSS，SIP，PUSH，CUSS，HIP，PUP，PUPS，HIPS

27. 为练习24的表构造两个优化Huffman树，但高度不同。
28. 为下表的字母集构造优化Huffman码。

字母	频率	字母	频率
a	2	d	8
b	3	e	13
c	5	f	21

29. Ter A. Byte教授需要用A、B、C、D、E这5个字母来存储一篇文章，其出现频率如下所示：

字母	频率	字母	频率
A	6	D	2
B	2	E	8
C	3		

Byte 教授建议使用不定长编码：

字母	编码
A	1
B	00
C	01
D	10
E	0

他声称这比使用最优 Huffman 编码存储文本需要的空间更少。教授是正确的吗？请解释。

30. 证明顶点数不小于 2 个的树必有一个顶点度数为 1。
31. 证明树是平面图。　　　　　　　　　32. 证明树是二部图。
33. 证明树的顶点可以由两种颜色着色，使得每条边的两个顶点的颜色都不相同。

一个顶点 v 的偏心距是指由该点出发的最长的一条路径。

34. 找出图 9.1.5 的树中每个顶点的偏心距。

当树 T 的顶点 v 的偏心距最小时，则 v 为树 T 的中心。

35. 找出图 9.1.5 所示的树的中心。　　　　*36. 证明一棵树只有一个或两个中心。
*37. 证明如果一棵树有两个中心，则这两个中心相邻接。
38. 利用中心和偏心定义树的半径 r。关于图的直径 d 在 8.2 节的练习 70 进行了定义，而定义的树的半径是否总是符合 $d = 2r$？试证明。
39. 给出一个不满足以下条件的树 T：v、w 是 T 的顶点，则从 v 到 w 有唯一的一条路径。

9.2　树的术语和性质

古希腊神话人物的家谱如图 9.2.1 所示，可以把一个家谱看做有根树。与顶点 v 相邻且比 v 层次低的顶点是 v 的孩子。例如 Kronos 的孩子是 Zeus、Poseidon、Hades 和 Ares。而树的一些术语就是从家谱衍生出来的，适合任何有根树。形式化的定义如下。

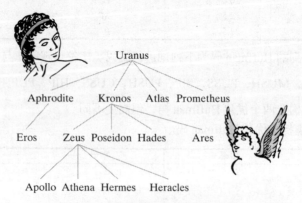

图 9.2.1　古希腊神话人物的家谱图

定义 9.2.1　令 v_0 是树 T 的根节点，x、y、z 是 T 的顶点，且 $(v_0, v_1, \cdots, v_n)$ 是树 T 的一条简单路径，则

(a) v_{n-1} 是 v_n 的父节点。

(b) $v_0, \cdots, v_{n-1}$ 是 v_n 的祖先节点。

(c) v_n 是 v_{n-1} 的子节点。
(d) 如果 x 是 y 的祖先，则 y 是 x 的后代。
(e) 如果 x、y 是 z 的子节点，则 x 和 y 是兄弟节点。
(f) 如果 x 无子节点，则 x 是终节点（叶顶点）。
(g) 如果 x 不是终节点，则 x 是中间节点（枝节点）。
(h) 以树 T 的顶点 x 为根节点的子树，是顶点集为 V、边集为 E 的图，其中 V 是 x 的后代集合，而
$$E = \{e \mid e \text{ 是从 } x \text{ 到 } V \text{ 中某个顶点的简单路径上的边}\}$$ ■

例 9.2.2 如图 9.2.1 所示的有根树，
(a) Eros 的父节点是 Aphrodite。
(b) Hermes 的祖先是 Zeus、Kronos 和 Uranus。
(c) Zeus 的子节点是 Apollo、Athena、Hermes 和 Heracles。
(d) Kronos 的后代节点是 Zeus、Poseidon、Hades、Ares、Apollo、Athena、Hermes 和 Heracles。
(e) Aphrodite 和 Prometheus 是兄弟节点。
(f) 叶顶点是 Eros、Apollo、Athena、Hermes、Heracles、Poseidon、Hades、Ares、Atlas 和 Prometheus。
(g) 中间节点是 Uranus、Aphrodite、Kronos 和 Zeus。
(h) 从 Kronos 开始的子树如图 9.2.2 所示。 ■

下面介绍树的性质，令 T 是一棵树，注意 T 是连通的，因为从任何一个顶点出发都能到达其他任何顶点。另外 T 没有回路。假设 T 存在回路 C'，根据定理 8.2.24，T 包含一个简单回路（参见图 9.2.3）：
$$C = (v_0, \cdots, v_n)$$
$v_0 = v_n$。因为 T 是简单图，则 C 不是重复图，因此 C 至少包含两个不同的顶点 v_i 和 v_j，且 $i < j$，于是
$$(v_i, v_{i+1}, \cdots, v_j), \qquad (v_i, v_{i-1}, \cdots, v_0, v_{n-1}, \cdots, v_j)$$
是两个从 v_i 到 v_j 不同的简单路径，与树的定义冲突。因此树不含有回路。

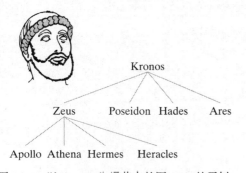
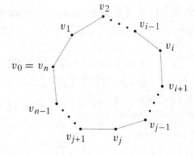

图 9.2.2 以 Kronos 为根节点的图 9.2.1 的子树   图 9.2.3 简单回路

不包含回路的图称为**非循环图**（acyclic graph）。可以证明树是连通非循环图，反过来连通非循环图必然是树。下面的定理给出了这个性质和其他有关树的性质。

定理 9.2.3 令 T 是包含 n 个顶点的图，下面的命题等价。

(a) T 是一棵树。
(b) T 是连通非循环图。
(c) T 是连通图且有 $n-1$ 条边。   [WWW]
(d) T 是非循环图且有 $n-1$ 条边。

证明 为了证明(a)~(d)等价，首先证明如果(a)，则(b)；然后如果(b)，则(c)；然后如果(c)，则(d)；最后如果(d)，则(a)。

[如果(a)，则(b)。]在前面已经给出了证明。

[如果(b)，则(c)。]如果 T 是连通循环图，则要证明有 n 个顶点的树 T 有 $n-1$ 条边。施归纳于 n。

如果 $n=1$，T 包含一个顶点和 0 条边，得证。

如果有 n 个顶点的图满足命题，令树 T 有 $n+1$ 个顶点，选择最长的简单路径 P。如果 T 是非循环图，则 P 不是回路。因此 P 包含一个度数为 1 的顶点 v（参见图9.2.4）。将 T 的顶点 v 和与它相连的边除去得到 T^*。T^* 是连通并且非循环，因为包含 n 个顶点，则根据归纳假设，T^* 有 $n-1$ 条边，因此 T 包含 n 条边。这样含有 $n+1$ 个顶点的图也满足该命题，按照归纳法证明规则，命题对于所有的 n 都成立，得证。

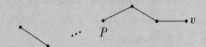

图9.2.4 定理9.2.3的证明。[如果(b)，则(c)。]P 是条简单路径。
删除 v 和与 v 相邻的边，使得归纳假设可以调用

[如果(c)，则(d)。]如果 T 是连通的且有 $n-1$ 条边，则证明 T 是非循环图。假设 T 至少包含一个回路，因为从回路中除去一条边不影响图的连通性，因此不断从 T 中除去边得到 T^*，直到 T^* 是有 n 个顶点的非循环图。由(b)推出(c)可得到 T^* 有 $n-1$ 条边，因此 T 的边数 $>n-1$，这与命题假设矛盾，因此得证。

[如果(d)，则(a)。]假设 T 是 $n-1$ 条边的非循环图，必须证明 T 是一棵树。也就是说，T 是一个简单图并且对于任一顶点到其他任何顶点有且只有一条简单路径。

图 T 不是复杂图，因为复杂图含有回路而 T 不含有回路。在顶点 v 与 w 之间不存在两条不同的简单路径 e_1 和 e_2，因为这样会产生 (v,e_1,w,e_2,v) 回路，因此 T 是简单图。

如果 T 不是连通的（参见图9.2.5），令

$$T_1, \quad T_2, \quad \cdots, \quad T_k$$

是 T 的子图，设 T_i 有 n_i 个顶点，每个子图 T_i 都是连通和非循环的。因为 T 不是连通的，所以 $k>1$。利用前面的证明，(b)推出(c)可以得出 T_i 有 n_i-1 条边，于是

$$\begin{aligned} n-1 &= (n_1-1)+(n_2-1)+\cdots+(n_k-1) &&\text{（计算边）}\\ &< (n_1+n_2+\cdots+n_k)-1 &&\text{（因为 }k>1\text{）}\\ &= n-1 &&\text{（计算顶点）} \end{aligned}$$

等式不可能成立。于是 T 是连通的。

T_1	T_2	$\cdots$	T_k
n_1 个顶点	n_2 个顶点		n_k 个顶点
n_1-1 条边	n_2-1 条边		n_k-1 条边
$n_1+n_2+\cdots+n_k$ 个顶点			
$(n_1-1)+(n_2-1)+\cdots+(n_k-1)$ 条边			

图9.2.5 定理9.2.3关于(d)推出(a)的证明，有 T_i 是 T 的一部分。T_i 有 n_i 个顶点和 n_i-1 条边，这与边数总和为 $n-1$ 矛盾

假设在 T 中的顶点 a 与 b 有两条不同的简单路径 P_1 与 P_2（如图 9.2.6 所示），令 c 是在路径 P_1 上由 a 开始不在 P_2 上的下一个顶点；令 d 是 P_1 上顶点 c 的上一个顶点；令 e 是在 P_1 上且在 P_2 上在 d 之后的第一个顶点。令

$$(v_0, v_1, \cdots, v_{n-1}, v_n)$$

是 P_1 上从 $d = v_0$ 到 $e = v_n$ 的部分，令

$$(w_0, w_1, \cdots, w_{m-1}, w_m)$$

是 P_2 上从 $d = w_0$ 到 $e = w_m$ 的部分，则

$$(v_0, \cdots, v_n = w_m, w_{m-1}, \cdots, w_1, w_0) \tag{9.2.1}$$

是 T 上一个回路，则产生矛盾。（实际上由于除了 v_0 和 w_0 没有顶点重复，因此式 (9.2.1) 是一个简单回路），因此 T 只有唯一一条路径从任何顶点到其他任何顶点。因此 T 是树，得证。

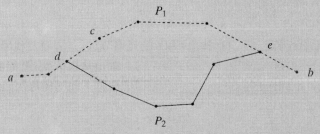

图 9.2.6 定理 9.2.3 关于 (d) 推出 (a) 的证明，P_1（虚线）和 P_2（实线）是从 a 到 b 的两条不同的简单路径，令 c 是在路径 P_1 上由 a 开始不在 P_2 上的下一个顶点，令 d 是 P_1 上顶点 c 的上一个顶点；令 e 是在 P_1 上且在 P_2 上在 d 之后的第一个顶点。这样形成了一个回路，产生矛盾

问题求解要点

本节介绍了一些有用的术语，并且给出了树的几个不同的性质。如果 T 是一个有 n 个顶点的图，下面的命题是等价的（参见定理 9.2.3）：

(a) T 是一个树。
(b) 如果 v 和 w 是 T 中的顶点，从 v 到 w 存在一条唯一的路径（树的定义）。
(c) T 是连通非循环的。
(d) T 是连通的，有 $n-1$ 条边。
(e) T 是非循环的，有 $n-1$ 条边。

经常通过不同的方式来使用前面的性质。例如，一个有 4 条边 6 个顶点的图不可能是一棵树，因为它违反了 (d) 和 (e)。另外，这个图不是连通的就包含一条回路。（如果它既是连通的又非循环，那么它是一个树，这样它会有 5 条边。）一个有 n 个顶点和多于 $n-1$ 条边的连通图中必包含一条回路。（如果它是非循环的，它是一个树，那么它有 $n-1$ 条边。）

本节复习

1. 在有根树上定义父节点。 2. 在有根树上定义后代节点。
3. 在有根树上定义兄弟节点。 4. 在有根树上定义叶顶点。
5. 在有根树上定义内部顶点。 6. 定义无回路图。 7. 给出树的其他性质。

练习

根据图 9.2.1,回答练习 1~6。

1. 找出 Poseidon 的父节点。 2. 找出 Eros 的祖先节点。 3. 找出 Uranus 的子节点。
4. 找出 Zeus 的后代节点。 5. 找出 Ares 的兄弟节点。 6. 画出以 Aphrodite 为根节点的子树。

根据下面的树,回答练习 7~15。

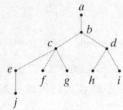

7. 找出 c 和 h 的父节点。 8. 找出 c 和 j 的祖先节点。 9. 找出 d 和 e 的子节点。
10. 找出 c 和 e 的后代节点。 11. 找出 f 和 h 的兄弟节点。 12. 找出叶顶点。
13. 找出非叶顶点。 14. 画出从根节点 j 开始的子树。
15. 画出从根节点 e 开始的子树。 16. 根据下面的树再次回答练习 7~15。

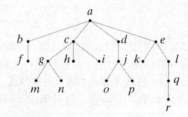

17. 拥有共同父节点的两个节点称做什么? 18. 拥有同样祖先节点的两个节点称做什么?
19. 一个没有祖先节点的节点称做什么?
20. 拥有一个共同的后代节点的两个节点称做什么?
21. 没有后代节点的节点称做什么?

请画出符合练习 22~26 中所述性质的图,如果不能画出,请解释原因。

22. 6 条边;6 个顶点。 23. 非循环图;4 条边;6 个顶点。
24. 树;所有顶点的度为 2。 25. 树;6 个顶点的度分别为 1, 1, 1, 1, 3, 3。
26. 树;4 个非叶顶点;6 个叶顶点。
27. 试说明为什么如果回路的长度为 0,则只有一个顶点没有边的图不是非循环图。
28. 试说明为什么如果允许有重边,则只包含一条边和两个顶点的图不是非循环图。
29. 下图所示的连通图任意两顶点之间有唯一一条简单路径,但这不是树,试说明原因。

森林是没有回路的简单图。

30. 试说明为什么森林是树的联合。
31. 如果一个森林 F 包含 m 棵树和 n 个节点,F 有多少条边。

32. 如果 $P_1 = (v_0, \cdots, v_n)$，且 $P_2 = (w_0, \cdots, w_m)$ 是在简单图 G 中从 a 到 b 的两条简单路径，则 $(v_0, \cdots, v_n = w_m, w_{m-1}, \cdots, w_1, w_0)$ 一定是回路吗？试加以说明。（此题与定理 9.2.3 证明的最后一段相关。）

33. 试说明含有 n 个顶点和少于 $n-1$ 条边的图 G 不是连通图。

*34. 证明 T 是一棵树当且仅当 T 是连通的且当任意两个顶点增加一条边时，将会产生一个回路。

35. 试说明如果 G 是一棵树，每个度大于等于 2 的顶点是一个连接点。（"连接点"的定义参见 8.2 节的练习 55。）

36. 试举例说明练习 35 的反命题是错的，即使 G 是连通图。

问题求解：树

问题

令 T 是一个简单图，试证明 T 是一棵树当且仅当 T 是连通图，且移走任何一个边（不是顶点）都将使 T 非连通。

问题分析

首先搞清楚要证明什么。因为命题是"当且仅当"，所以必须证明以下两个命题：

如果 T 是一棵树，则 T 是连通的，且移走任何边都将使 T 非连通。 (1)

如果 T 是连通的，且移走任何边都将使 T 非连通，则 T 是一棵树。 (2)

在(1)中，假设 T 是一棵树，可以推出 T 是连通的，且移走任何边（不是顶点）都将使 T 非连通。在(2)中，假设 T 是连通的，且移走任何边都将使 T 非连通，则推出 T 是一棵树。

为了证明，需要回顾一下以前的定义及证明过的相关命题。其中有关树的定义及定理 9.2.3 给出的一个图是树的等价情况。

定义 9.1.1 这样阐述的：

树 T 是一个满足下面性质的简单图，即满足：如果 v 和 w 是 T 的顶点，则从 v 到 w 有一条唯一的简单路径。 (3)

定理 9.2.3 说明以下命题对于 n 个顶点的树 T 来说等价：

T 是一棵树。 (4)

T 是连通的非循环图。 (5)

T 是有 $n-1$ 条边的连通图。 (6)

T 是有 $n-1$ 条边的非循环图。 (7)

求解

首先证明(1)，假设 T 是树，必须证明两点：T 是连通的，且任何边的删除都会使 T 非连通。

(5)和(6)都表明 T 是连通的，(3)~(7)没有直接说有关任何边的删除或非连通图。但如果反过来假设存在某条边的删除不会导致 T 非连通，则得到的树 T' 是连通图。对于 T' 来说，(5)正确，但(6)和(7)是错的，这就产生了矛盾，要么(5)、(6)、(7)都正确，要么都错误（此时该图不是树）。

再证明(2)，假设 T 连通且任何边的删除会使 T 非连通，为了证明 T 是树，首先证明 T 是连通的非循环图，然后通过(5)得出 T 是树。

因为T是连通图,所以只需要证明T是无环图,利用反证法,假设T是循环图,考虑到假设(任何边的删除会使T非连通),在往下看之前先想一下如何得到矛盾。

如果删除循环中的边,则T仍然是连通图,产生矛盾,因此T是非循环图,通过(5)得出T是树。

形式解

不妨假设T有n个顶点。

假设T是一棵树,由定理9.2.3,T是连通的,且有$n-1$条边。假设从T删除一条边得到T'。因为T不含回路,则T'也不含回路,由定理9.2.3,T'是树,再由定理9.2.3,T'有$n-1$条边,产生矛盾。因此,T是连通的,但任何边的删除都会使T非连通。

如果T是连通的,且任何边的删除会使T非连通,则T是非循环的,根据定理9.2.3,T是树。

问题求解技巧小结

- 为了构造证明过程,要仔细写出假设和要证明的内容。
- 为了构造证明过程,要考虑相关的定义和定理。
- 为了构造证明过程,要回想类似的证明和相关定理。
- 如果没有有用的定义或者定理来辅助证明,可以采用反证法。假设要证明的命题反面成立,那么会得到更多的命题,使得相关的定义或者定理可以使用。

9.3 生成树

在本节中,考虑图G的子图T,使得T是树且包含G的所有顶点,这样的树称做**生成树**(spanning tree),这种得到生成树的方法将会应用到其他问题中。 [WWW]

定义9.3.1 如果树T是包含图G所有顶点的树,那么树T是图G的一棵生成树。∎

例9.3.2 图9.3.1中图G的生成树用黑色标记。∎

例9.3.3 一般来说,一个图有好几棵生成树,图9.3.1所示的图G的另一棵生成树如图9.3.2所示。

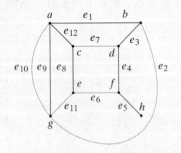

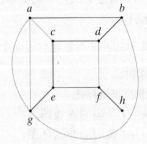

图9.3.1 图及其用黑色标记的生成树　　　图9.3.2 图9.3.1所示图的另一棵生成树 ∎

假设图G有一个生成树T,令a、b为图G的顶点,因为a、b也是生成树T的顶点且T是树,因此存在从a到b的路径P。但P也是图G中从a到b的路径,因此图G是连通图,反过来也一样。

定理9.3.4 图G有生成树当且仅当图G是连通的。

证明 上面已经证明如果图G有生成树,则图G是连通的,下面假设图G是连通的。如果G是非循环图,由定理9.2.3,G是树。

第9章 树

假设 G 含有回路，从回路中删除一条边，该图仍然连通，如果是非循环图，则得证，否则再从回路中删除一条边。如此反复最后得到无回路的连通子图 T。由定理 9.2.3，T 是树。因为 T 包含 G 的所有顶点，T 是 G 的生成树。

基于定理 9.3.4 证明过程所述的生成树算法并不有效，算法需要花费时间来找到回路。下面通过一个例子介绍产生生成树的第一个算法，然后再给出算法的完整描述。

例 9.3.5 从图 9.3.1 所示的图 G 中找出生成树。

采用一种称为**宽度优先的算法**（参见算法 9.3.6）。宽度优先算法的思想是首先处理在同一层次的所有顶点，然后再处理下一层次的顶点。

首先给 G 的顶点排好序，比如 $abcdefgh$，不妨令顶点 a 作为根节点，令 T 只包含顶点 a，不含边。给 T 持续增加边 (a, x) 和相邻的顶点（变量 x 为 b 到 h），使得新得到的 T 仍然是非循环图。接着增加边 (a, b)、(a, c) 和 (a, g)。（可以使用由 a 到 g 的任意一条边。）在第一层按顺序重复这个过程： [WWW]

$$b: \text{Include}(b, d)$$
$$c: \text{Include}(c, e)$$
$$g: \text{None}$$

在第二层的顶点上重复该操作：

$$d: \text{Include}(d, f)$$
$$e: \text{None}$$

在第三层的顶点上重复该操作：

$$f: \text{Include}(f, h)$$

因为在第四层只有顶点 h，没有边增加，过程结束。于是找到了图 9.3.1 所示图的生成树。∎

例 9.3.5 的方法可形式化地表示成算法 9.3.6。

算法 9.3.6 生成树的宽度优先搜索 该算法利用宽度优先方法寻找一棵生成树。

输入：连通图 G，顶点分别为

$$v_1, v_2, \cdots, v_n$$

输出：生成树 T

```
bfs(V, E) {
    // V = v_1, ···, v_n 的顶点集；E = 边集
    // V' = 生成树 T 的顶点集；E' = 生成树 T 的边集
    // v_1 为生成树的根节点
    // S 是有序列表
    S = (v_1)
    V' = {v_1}
    E' = ∅
    while (true) {
        for each x ∈ S, in order,
```

```
            for each y ∈ V - V′, in order,
                if ((x, y)为一条边)
                    将边(x, y)添加到 E′，且将 y 添加到 V′
        if (没有边添加)
            return T
        S = 按与原来顶点顺序一致排列的 S 的子节点集合
    }
}
```

练习 20 要求给出算法 9.3.6 能产生生成树的证明。

宽度优先搜索能检测有 n 个顶点的图 G 是否为连通图（参见练习 30）。利用算法 9.3.6 产生一棵树 T，则 G 是连通的当且仅当 T 有 n 个顶点。

宽度优先搜索也能用来搜索在无权图中从固定顶点 v 到其他顶点的最短路径（参见练习 24）。利用算法 9.3.6 产生以 v 为根节点的生成树，考虑到从 v 到第 i 层顶点的最短路径是 i，Dijkstra 对于有权图的最短路径算法（参见算法 8.4.1）可以看做是宽度优先搜索的一般表示（参见练习 25）。[WWW]

与宽度优先搜索相对的是**深度优先搜索**，它尽可能处理树中下一层的顶点。

算法 9.3.7　生成树的深度优先搜索　算法采用深度优先搜索方法寻找一棵生成树。

输入：连通图 G，顶点分别为

$$v_1, v_2, \cdots, v_n$$

输出：生成树 T

```
dfs (V, E) {
    //V′ = 生成树 T 的顶点集；E′ = 生成树 T 的边集
    // v₁ 为生成树的根节点
    V′ = {v₁}
    E′ = ∅
    w = v₁
    while (true) {
        while (存在一条边(w, v)，加入到 T 后不会在 T 中形成回路) {
            选择边(w, vₖ)，其中 k 为使得(w, vₖ)加入 T 后不会在 T 中形成回路的下标最小值
            将(w, vₖ) 添加到 E′
            将 vₖ 添加到 V′
            w = vₖ
        }
        if (w == v₁)
            return T
        w = T 中 w 的父节点  //回溯
    }
}
```

练习 21 将给出算法 9.3.7 能正确找出一棵生成树的证明。

例9.3.8 采用深度优先搜索（参见算法9.3.7）寻找图9.3.2所示图的生成树，顶点分别为 abcdefgh。选择顶点 a 作为根节点（参见图9.3.2），增加边 (a, x)，使得 x 最小，在本例中增加边 (a, b)。重复该过程，增加边 (b, d)、(d, c)、(c, e)、(e, f) 和 (f, h)。在 h 点不能再增加边 (h, x)，于是回溯到 h 的父节点 f。尝试增加一条形如 (f, x) 的边，仍然不能增加边 (f, x)。于是回溯到 f 的父节点 e。这次成功增加了一条边 (e, g)，然后再没有边可以增加。于是最后回溯到根节点，过程结束。■

由于算法9.3.7中沿着每条边回到初始选定的根节点，深度优先算法又称做**回溯法**（backtracking）。在下面的例子中，利用回溯法解决一个难题。

例9.3.9 4皇后问题 4皇后问题是将4个棋子放在 4×4 的格子里，使得没有两个棋子在同一行、同一列或对角线上。构造一个回溯算法求解4皇后问题。（用国际象棋的术语来说，该问题是如何将4个皇后放在 4×4 的棋盘上使得没有皇后能攻击对方。） [WWW]

算法的思想是将棋子依次放在某行中，当该行不能放棋子时，则回溯调整前一个棋子在行中的位置。■

算法9.3.10 利用回溯方法求解4皇后问题 算法使用回溯方法搜索出一个方法，将4个棋子安排在 4×4 的格子里，使得没有两个棋子在同一行、同一列、同一对角线。

输入：大小为4的数组 row
输出：如果有解，则为真
　　　如果无解，则为假
　　　（如果有解，则第 k 个皇后的位置在第 k 列、第 row(k) 行）

```
four_queens(row) {
    k = 1 // 从列 1 开始

    // 从第 1 行开始
    // row(k) 在使用前会增加，因此设 row(1) = 0
    row(1) = 0
    while (k > 0) {
        row(k) = row(k) + 1
        // 在第 k 列找到合适的移动路线
        while (row(k) ≤ 4 并且在第 k 列和第 row(k) 行冲突)
            // 尝试下一行
            row(k) = row(k) + 1
        if (row(k) ≤ 4)
            if (k == 4)
                return true
            else { // 下一列
                k = k + 1
                row(k) = 0
            }
        else // 跟踪前一列
            k = k − 1
```

```
        }
        return false // 无解
}
```

算法9.3.10生成的树如图9.3.3所示，数字显示的是产生的顺序，在顶点8，即第8步过程结束。

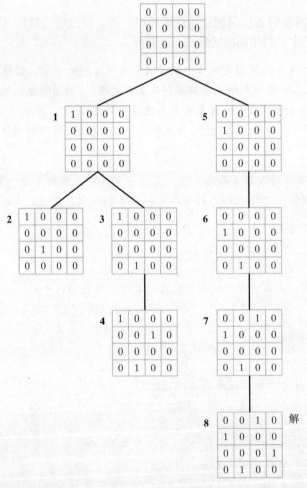

图9.3.3　利用回溯算法（参见算法9.3.10）求解4皇后问题所产生的树

n皇后问题是将n个棋子放在$n \times n$的格子里使得任何两个棋子都不在同一行、同一列、同一对角线上。很显然2皇后问题、3皇后问题没有解（参见练习10）。算法9.3.10给出了4皇后问题的一个解。很多构造方法都能给出n皇后问题（$n \geq 4$）的解（参见[Johnsonbaugh]）。

回溯或者深度优先搜索对于像例9.3.9的问题很有用，因为只需要得到一个解。因此如果有解，则会尽快移动到叶顶点处得出解，一般来说可以避免产生冗余顶点。

问题求解要点

深度优先搜索和宽度优先搜索是很多关于图的算法的基础。例如，每个都可以用来判断一个图是否是连通的：如果能够从一个开始顶点遍历一个图中的每个顶点，这个图就是连通的；否则就是不连通的（参见练习30和练习31）。深度优先搜索可以用做一个搜索算法，这种情况称为回溯。在算法9.3.10中，利用回溯算法求解4皇后问题。回溯算法还可用来搜索一个图中的Hamilton回路，产生排列，以及判断两个图是否同构。

本节复习

1. 什么是生成树？ 　　　　2. 给出一个含有生成树的图的充分必要条件。
3. 试阐述宽度优先搜索过程。 　4. 试阐述深度优先搜索过程。　5. 什么是回溯？

练习

1. 用宽度优先搜索（参见算法9.3.6）给图9.3.1所示的图G产生一棵生成树，顶点为$hgfedcba$。
2. 用宽度优先搜索（参见算法9.3.6）给图9.3.1所示的图G产生一棵生成树，顶点为$hfdbgeca$。
3. 用宽度优先搜索（参见算法9.3.6）给图9.3.1所示的图G产生一棵生成树，顶点为$chbgadfe$。
4. 用深度优先搜索（参见算法9.3.7）给图9.3.1所示的图G产生一棵生成树，顶点为$hgfedcba$。
5. 用深度优先搜索（参见算法9.3.7）给图9.3.1所示的图G产生一棵生成树，顶点为$hfdbgeca$。
6. 用深度优先搜索（参见算法9.3.7）给图9.3.1所示的图G产生一棵生成树，顶点为$dhcbefag$。

在练习7~9中，找出每个图的生成树。

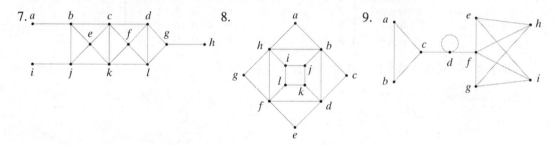

10. 证明2皇后和3皇后问题没有解。　　11. 给出4皇后问题的所有解。
12. 分别给出5皇后和6皇后问题的一个解。
13. 给出5皇后问题的所有解，其中一个皇后位于第1列第2行。
14. 5皇后问题有多少个解？
15. 给出5皇后问题的所有解，其中一个皇后位于第2行第1列，另外一个皇后位于第4行第2列。
16. 如果G是连通的，且T是G的生成树。算法9.3.6生成的T树是生成树，这个结论是否正确？如果正确，试证明，否则给出反例。
17. 如果G是连通的，且T是G的生成树。算法9.3.7生成的T树是生成树，这个结论是否正确？如果正确，试证明，否则给出反例。
18. 举例验证算法9.3.6根据连通图G的两个不同的顶点顺序能产生一样的生成树。
19. 举例验证算法9.3.7根据连通图G的两个不同的顶点顺序能产生一样的生成树。
20. 证明算法9.3.6是正确的。　　　21. 证明算法9.3.7是正确的。
22. 在什么情况下有一条边是图G的所有生成树所共有的？
23. 令T和T'是连通图G的生成树，假设边x在T而不在T'，证明存在一条边y在T'上而不在T上，且$(T-\{x\})\cup\{y\}$和$(T'-\{y\})\cup\{x\}$都是G的生成树。
24. 给出一个算法，基于宽度优先搜索出在无权图中一个固定顶点v到其他顶点的最短距离。

25. G 是有权图，每条边的权值是正整数。将 G 中所有权值为 k 的边替换成 k 条无权边，

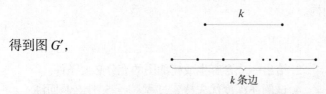

得到图 G'，

证明有权图中搜索出从固定点 v 到所有顶点最短距离的 Dijkstra 算法（参见算法 8.4.1）与在无权图 G' 中用宽度优先搜索的搜索过程是一样的。

26. 令 T 是 G 的生成树，证明如果给 T 加进一条属于 G 但不属于 T 的边，则会产生唯一的一个回路。

练习 26 所说的回路叫做基回路，图 G 的基回路矩阵的行是 G 的基回路，列为图 G 的边。第 ij 项为 1，说明边 j 在第 i 个基本回路里，否则第 ij 项为 0。例如，图 9.3.1 所示的图 G 的基回路矩阵表示为

$$
\begin{array}{c}
 \begin{array}{cccccccccccc} e_7 & e_6 & e_{11} & e_{10} & e_2 & e_1 & e_3 & e_4 & e_5 & e_8 & e_9 & e_{12} \end{array} \\
\begin{array}{c}(abdca)\\(efdbace)\\(ageca)\\(aga)\\(abga)\end{array}
\left(\begin{array}{cccccccccccc}
1 & 0 & 0 & 0 & 0 & 1 & 1 & 0 & 0 & 0 & 0 & 1 \\
0 & 1 & 0 & 0 & 0 & 1 & 1 & 1 & 0 & 1 & 0 & 1 \\
0 & 0 & 1 & 0 & 0 & 0 & 0 & 0 & 0 & 1 & 1 & 1 \\
0 & 0 & 0 & 1 & 0 & 0 & 0 & 0 & 0 & 0 & 1 & 0 \\
0 & 0 & 0 & 0 & 1 & 1 & 0 & 0 & 0 & 0 & 1 & 0
\end{array} \right)
\end{array}
$$

搜索每个图的基回路矩阵。搜索树如实线所示。

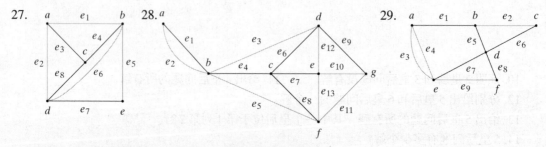

30. 给出一个宽度优先算法，检验一个图是否为连通图。
31. 给出一个深度优先算法，检验一个图是否为连通图。
32. 给出一个深度优先算法，找出 4 皇后问题的所有解。
33. 修改算法 9.3.6，使其可以追索一个节点 c 的双亲 p（若从 p 访问 c，则 p 是 c 的双亲）。
34. 编写一个算法，其使用练习 33 的算法的输出，打印出每个节点与其双亲。
35. 修改算法 9.3.7 使其追索一个节点 c 的双亲 p（若从 p 访问 c，则 p 是 c 的双亲）。
36. 编写一个算法，其使用练习 35 的算法的输出，打印出每个节点与其双亲。
37. 编写一个回溯算法，输出 $1, 2, \cdots, n$ 的所有排列。
38. 编写一个回溯算法，输出 $\{1, 2, \cdots, n\}$ 的所有子集。
39. 数独 Sudoku 是一个智力游戏，其目标是使用数 1 至 9 填充 9×9 的方格，使每行、每列，以及每个使用粗线条分隔的 3×3 的方格中数 1~9 只出现一次：

如图所示的数独，已经给定了一些数字，试求解该问题。

40. 给出一个求解任意数独的回溯算法。

41. 最小皇后问题寻找的是能攻击 $n \times n$ 棋盘上所有位置的皇后的最少数目（即满足每行、每列、每一对角线至少包含一个皇后的最少的皇后数）。给出一个回溯算法，以确定 k 个皇后是否能够攻击 $n \times n$ 棋盘上的所有位置。

42. 子集和问题说的是，给定一个正整数集 $\{c_1, \cdots, c_n\}$ 和正整数 M，寻找所有满足 $\sum_{i=1}^{j} c_{k_i} = M$ 的子集 $\{c_{k_1}, \cdots, c_{k_j}\}$。编写一个求解子集和问题的回溯算法。

9.4 最小生成树

有权图 G 如图 9.4.1 所示，每个顶点是一个城市，两两城市之间的道路花费都标注在边上。现在要修建连通 6 个城市的最小开销公路系统，这个系统是一个子图。该子图必须是生成树，因为它必须包含所有顶点（这样每个城市才能在公路系统上），又必须是连通的（这样每个城市才能和其他城市连接上），并且两两顶点之间必须是单一简单路径（因为一个顶点对之间如果有多条简单路径，那么就不是开销最小的系统了）。因此只有生成树的权值总和才可能最小。这样的树叫做**最小生成树**（minimal spanning tree）。

[WWW]

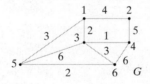

图 9.4.1　6 个城市 1-6 和两两城市之间的修路开销

定义 9.4.1　令 G 是有权图，G 的**最小生成树**是具有最小权值总和的 G 的生成树。 ■

例 9.4.2　树 T' 如图 9.4.2 所示，是图 9.4.1 所示图 G 的一个生成树。T' 的总权值是 20，该树不是最小生成树，因为如图 9.4.3 所示的树 T 的总权值是 12。在后面将会证明 T 是 G 的最小生成树。

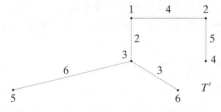 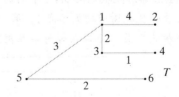

图 9.4.2　图 9.4.1 的生成树，权值为 20　　　图 9.4.3　图 9.4.1 的生成树，权值为 12 ■

一种寻找最小生成树的算法叫做 Prim 算法（参见算法 9.4.3），该算法通过不断给树加入边，直到形成一棵最小生成树。算法首先由一个顶点开始，每次循环都增加一条权值最小的边，且不会形成回路。另一个找出最小生成树的算法叫做 Kruskal 算法，这里将其留做练习（参见练习 20~22）。[WWW]

算法 9.4.3 Prim 算法 算法是在一个连通的有权图中寻找一棵最小生成树。

输入：一个连通有权图，顶点为 $1, \cdots, n$，开始顶点为 s，如果 (i,j) 是一条边，$w(i,j)$ 与 (i,j) 的权值一样，否则 $w(i,j)$ 无穷大（比任何权值都大）

输出：最小生成树（mst）边的集合 E

```
prim(w, n, s) {
    // v(i) = 1 当顶点 i 加入到 mst 中
    // v(i) = 0 当顶点 i 没被加入到 mst 中
1.  for i = 1 to n
2.      v(i) = 0
    // 将开始顶点加入到 mst 中
3.  v(s) = 1
    // 初始为空的边集合
4.  E = ∅
    // 在最小生成树中放入 n – 1 条边
5.  for i = 1 to n – 1 {
        // 增加一条最小权值的边，使得它的一个顶点在 mst 中，另一个不在 mst 中
6.      min = ∞
7.      for j = 1 to n
8.          if (v(j) == 1) // j 是在 mst 中的一个顶点
9.              for k = 1 to n
10.                 if (v(k) == 0 ∧ w(j, k) < min) {
11.                     add_vertex = k
12.                     e = (j, k)
13.                     min = w(j, k)
14.                 }
        // 将顶点和边放入 mst 中
15.     v(add_vertex) = 1
16.     E = E ∪ {e}
17. }
18. return E
19. }
```

例 9.4.4 证明 Prim 算法能找到图 9.4.1 中图的最小生成树，假设开始节点 s 的编号是 1。

第 3 行，在最小生成树中增加顶点 1，第一次执行 for 循环在第 7 行~第 14 行，所增加的边是一个顶点在树内，另一个顶点暂时不在树内。

边	权值
(1, 2)	4
(1, 3)	2
(1, 5)	3

选择具有最小权值的边(1, 3)，在第 15 行和第 16 行，将顶点 3 增加到最小生成树中，而将边(1, 3)加到集合 E 中。

然后执行循环体的第 7 行~第 14 行，涉及到的边是一个顶点在树内，另一个顶点暂时不在树内。

边	权值
(1, 2)	4
(1, 5)	3
(3, 4)	1
(3, 5)	6
(3, 6)	3

选择具有最小权值的边(3, 4)，在第 15 行和第 16 行，将顶点 4 增加到最小生成树中，而将边(3, 4)加到集合 E 中。

然后执行循环体的第 7 行~第 14 行，涉及到的边是一个顶点在树内，另一个顶点暂时不在树内。

边	权值
(1, 2)	4
(1, 5)	3
(2, 4)	5
(3, 5)	6
(3, 6)	3
(4, 6)	6

这时有两条边有最小权值 3，加入任何边都可以产生最小生成树，如选择边(1, 5)，在第 15 行和第 16 行，将顶点 5 增加到最小生成树中，而将边(1, 5)加到集合 E 中。

然后执行循环体的第 7 行~第 14 行，涉及到的边是一个顶点在树内，另一个顶点暂时不在树内。

边	权值
(1, 2)	4
(2, 4)	5
(3, 6)	3
(4, 6)	6
(5, 6)	2

选择有最小权值的边(5, 6)，在第 15 行和第 16 行，将顶点 6 增加到最小生成树中，而将边(5, 6)加到集合 E 中。

最后执行循环体的第 7 行~第 14 行，涉及到的边是一个顶点在树内，另一个顶点暂时不在树内。

边	权值
(1, 2)	4
(2, 4)	5

选择权值最小的边(1, 2)，在第 15 行和第 16 行，将顶点 2 增加到最小生成树中，而将边(1, 2)加到集合 E 中。最小生成树如图 9.4.3 所示。∎

Prim 算法是**贪心算法**（greedy algorithm）的一种，贪心算法在每次循环中都只考虑这次选择后的最优结果，而不考虑下次如何选择。这种方式称做"局部最优"。在 Prim 算法中，因为需要得到最小生成树，所以在每次循环中只增加一条最小权值的边。

每一步最优并不一定会导致最优解，我们将会证明（参见定理 9.4.5）Prim 算法是正确的——算法确实能得到生成树。作为贪心算法的一种，它不能达到最优解，因为在每一步中，都选择到相邻顶点权值最小的边，如果将算法用在如图 9.4.4 所示的有权图中寻找由 a 到 z 的最短路径，将会选择边(a, c)和边(c, z)，但这并不是从 a 到 z 的最短路径。

下面证明 Prim 算法是正确的。

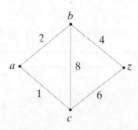

图 9.4.4 该图说明最小生成树选择的边不一定能构成两个顶点的最短路径，例如，由 a 开始，选择 (a, c, z)，但从 a 到 z 的最短路径是 (a, b, z)

定理 9.4.5 Prim 算法（参见算法 9.4.3）是正确的，也就是说，算法结束得到的 T 是最小生成树。

证明 令 T_i 表示由算法 9.4.3 第 i 次循环后得到的图，即第 5 行~第 17 行。显然，经过 i 次 for 循环（第 5 行~第 17 行）以后，T_i 的边集合为 E，顶点集合为与 E 中边相邻的顶点。令 T_0 是算法 9.4.3 的第 5 行在第一次循环前的图；T_0 仅包含一个顶点 s，无边。在下面的证明中，利用顶点集和相应的边集表示一个图。

在算法 9.4.3 结束后，最后产生的图 T_{n-1} 是图 G 的连通非循环子图，包含 G 的所有顶点，因此 T_{n-1} 是 G 的生成树。

要用归纳法证明对于所有的 $i = 0, \cdots, n-1$，T_i 都在最小生成树中。因此 T_{n-1} 就是最小生成树。如果 $i = 0$，T_0 包含一个顶点，因此 T_0 肯定在每个最小生成树中。这就验证了基本步。

然后假设 T_i 在最小生成树 T' 中。令 V 是 T_i 的顶点集，算法 9.4.3 选择最小权值的边 (j, k)，其中 j 属于 V，k 不属于 V，且加入后由 T_i 变成 T_{i+1}。如果 (j, k) 在 T' 中，那么 T_{i+1} 包含最小生成树 T'。如果 (j, k) 不在 T' 中，则 $T' \cup \{(j, k)\}$ 包含回路 C。在 C 中选一条不同于 (j, k) 的边 (x, y)，且 x 属于 V 而 y 不属于 V，则

$$w(x, y) \geq w(j, k) \tag{9.4.1}$$

由式 (9.4.1)，图 $T'' = [T' \cup \{(j, k)\}] - \{(x, y)\}$ 的权值小于等于 T' 的权值。因为 T'' 是生成树，所以 T'' 是最小生成树，因此 T_{i+1} 也在 T'' 中，归纳步也得到证明，则命题得证。

这种执行 Prim 算法的复杂度是 $\Theta(n^3)$，即最坏要找 $O(n)$ 级别的边才能找到最小生成树（参见练习 6），还有一种执行 Prim 算法（参见练习 8）的复杂度为 $\Theta(n^2)$，因为 K_n 有 $\Theta(n^2)$ 条边，因此后一种执行方法是最优的。

本节复习

1. 最小生成树是什么？ 2. 试说明 Prim 算法如何找到一棵最小生成树。 3. 什么是贪心算法？

练习

完成练习 1~5，利用算法 9.4.3 给每个图找出最小生成树。

1. 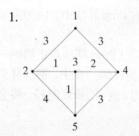 2. 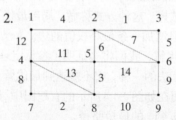 3.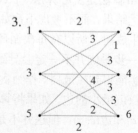

4. 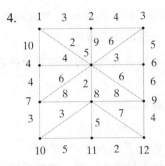   5.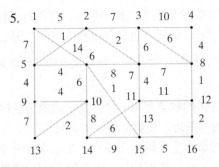

6. 证明算法 9.4.3 在最坏情形下要验证 $\Theta(n^3)$ 条边。

练习 7~9 用到的是 Prim 算法的另一种形式（参见算法 9.4.6）。

算法 9.4.6 **另一种形式的 Prim 算法** 算法用来在连通有权图 G 中寻找最小生成树，在每一步，一些顶点有临时编号，一些有永久编号。顶点 i 的编号是 L_i。

输入：一个连通有权图，顶点为 $1,\cdots,n$，开始顶点为 s。如果 (i,j) 是一条边，$w(i,j)$ 与 (i,j) 的权值一样，否则 $w(i,j)$ 为无穷大（比任何权值都大）

输出：最小生成树 T

```
prim_alternate(w, n, s) {
    令 T 为有顶点 s 没有边的图
    for j = 1 to n {
        L_j = w(s, j)  // 这些标号是临时的
        back(j) = s
    }
    L_s = 0
    使 L_s 恒久
    while ( 临时的标号还存在 ) {
        选择最小的临时标号 L_i, 使得 L_i 恒久, 给 T 添加边 (i, back(i)), 给 T 添加顶点 i
        for 每个临时标号 L_k
            if (w(i, k) < L_k) {
                L_k = w(i, k)
                back(k) = i
            }
    }
    return T
}
```

7. 证明算法 9.4.6 如何为练习 1~5 所示的图找到最小生成树。 8. 证明算法 9.4.6 的复杂度为 $\Theta(n^2)$。

9. 证明算法 9.4.6 是正确的，即算法 9.4.6 执行的结果会产生一棵最小生成树 T。

10. 令 G 是连通的有权图，v 是 G 的顶点，e 是与 v 相连的权值最小的边，证明 e 包含在某个最小生成树中。

11. 令 G 是连通的有权图，v 是 G 的顶点。设与 v 连接的边的权值都不一样，令 e 为与 v 相连的权值最小的边，则 e 一定在每个最小生成树中。

12. 证明任何查找 K_n 的最小生成树的算法，当所有的权值一样时，都必须检查 K_n 所有的边。
13. 证明如果连通图 G 中所有边的权值都不相同，则 G 有唯一一棵最小生成树。

在练习14~16中，判断对错与否，如果是对的，加以证明；否则给出反例。每个练习中的 G 都是连通有权图。

14. 如果 G 中所有边的权值都不一样，则不同的生成树的权值都不一样。
15. 如果 e 是 G 的一条边，权值最低，则 e 被 G 中任意一个最小生成树所包含。
16. 如果 T 是 G 的最小生成树，则 G 有一组顶点编号以便算法9.4.3产生出 T。
17. 令 G 是连通有权图，证明如果一直删除 G 中权值最大的边且不导致非连通，则最后得到的图为 G 的最小生成树。
*18. 给出查找一个连通无权图的最大生成树的。 　　19. 证明练习18中给出的算法是正确的。

Kruskal算法用来查找有 n 个顶点的连通有权图的最小生成树。图 T 开始只包含 G 的顶点，不包含边，每次循环都增加权值最小的边 e 到 T 中，且不产生回路。当 T 有 $n-1$ 条边时，算法停止。
[WWW]

20. 用数学语言描述Kruskal算法。　　21. 证明Kruskal算法是如何找到练习1~5的最小生成树。
22. 证明Kruskal算法是正确的，即算法执行的结果会产生一棵最小生成树 T。
23. 令 V 是有 n 个节点的集合，s 是 $V \times V$ 上的一个区别函数（参见例8.1.7）。令 G 是完全有权图，包含顶点集 V，且权值 $w(v_i, v_j) = s(v_i, v_j)$。修改Kruskal算法，将数据分组，这种修改叫做**最近邻法**（参见[Gose]）。

在练习24~30中，现含有不同价值的邮票，要选择最少数量的邮票达到一定的邮资费用。用贪心算法先选择最大价值的邮票，再选择次高价值的邮票，以此类推。

24. 证明如果邮票的面额只有1分、8分、10分，算法并不一定能用最少数量的邮票达到一定的邮资费用。
*25. 证明如果邮票的面额有1分、5分、25分，算法能用最少数量的邮票达到任何面值的邮资费用。
26. 求正整数 a_1 和 a_2，使得 $a_1 > 2a_2 > 1$，a_2 不被 a_1 整除，邮票面额为 1、a_1、a_2，算法并不一定能用最少数量的邮票达到某一给定的邮资费用。
*27. 求正整数 a_1 和 a_2，使得 $a_1 > 2a_2 > 1$，a_2 不被 a_1 整除，邮票面额为 1、a_1、a_2，算法一定能用最少数量的邮票达到任何面值的邮资费用。证明结果能产生最优解。
*28. 设邮票面额为 $1 = a_1 < a_2 < \cdots < a_n$，请举出反例证明 $a_i \geq 2a_{i-1} - a_{i-2}$，$3 \leq i \leq n$。对于贪心算法达到最优解来说，既不是充分条件也不是必要条件。
*29. 证明贪心算法对于面额 $1 = a_1 < a_2 < \cdots < a_m$ 有最优解，当且仅当贪心算法对于所有面额小于 $a_{m-1} + a_m$ 有最优解。
30. 证明在练习29中，$a_{m-1} + a_m$ 是下界。
31. 下述求解使用最少数目的面额为1、5和6的邮票达到任何面值邮资的贪心算法的正确性证明为何是错的？

现证明对任何 $i \geq 1$，对所有 $n \leq 6i$ 的邮资，贪心算法是最优的。基本步为 $i=1$，通过检查可知其为真。

归纳步，假定对所有 $n \leq 6i$ 的邮资，贪心算法都是最优的。现说明对于 $n \leq 6(i+1)$ 的邮资，贪心算法也是最优的。可以假定 $n > 6i$。现 $n - 6 \leq 6i$，由归纳假设，对于 $n-6$，贪心算法是最优的。假定贪心算法选择了 k 枚邮票。为了确定邮资为 n 的邮票，贪心算法先选择 1 枚 6 分的邮票然后再针对邮资 $n-6$ 选择邮票，结果是 $k+1$ 枚。$k+1$ 枚必是最优的，否则邮资 $n-6$ 对应的邮票数就将小于 k。归纳结束。

9.5 二叉树

二叉树（binary tree）是有根树中最重要的类型之一，二叉树的每个顶点最多有两个子节点（参见图 9.5.1），而且每个子节点不是**左子节点**（left child）就是**右子节点**（right child）。左子节点画在左边，右子节点画在右边，形式化的定义如下。

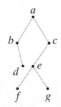

图 9.5.1 二叉树

定义 9.5.1 二叉树是一棵有根树，其中每个顶点的子节点的可能个数为 0、1、2，如果一个顶点只有一个子节点，则称为左节点或者右节点都可以（但不能同时成立）；如果顶点有两个子节点，则其中一个叫做左子节点，另一个叫做右子节点。∎

例 9.5.2 在图 9.5.1 所示的二叉树中，顶点 b 是顶点 a 的左子节点，顶点 c 是顶点 a 的右子节点，顶点 d 是顶点 b 的右子节点，顶点 b 没有左子节点，顶点 e 是顶点 c 的左子节点，顶点 c 没有右子节点。∎

例 9.5.3 Huffman 编码树是一棵二叉树。如图 9.1.10 的 Huffman 编码树所示，从一个顶点移动到它的左子节点代表比特 1，如果移动到右子节点则代表比特 0。∎

满二叉树（full binary tree）是一棵二叉树，且每个顶点要么没有子节点，要么有两个子节点。下面的定理介绍了关于满二叉树的基本性质。

定理 9.5.4 如果 T 是有 i 个内部顶点的满二叉树，则 T 有 $i+1$ 个叶顶点，即共有 $2i+1$ 个顶点。

证明 T 的顶点是由具有子节点（某一个节点的子节点）的顶点和具有非子节点（不是任一个节点的子节点）的顶点组成。有一个非子节点就是根节点。因为有 i 个内部顶点，每个顶点有两个子节点，因此有 $2i$ 个子节点。这样 T 的总顶点数为 $2i+1$ 个，叶顶点数为

$$(2i+1) - i = i+1$$

例 9.5.5 单循环淘汰赛是指如果在一场比赛中失利，则自动淘汰。单淘汰赛组成的图是一棵满二叉树（参见图 9.5.2）。比赛选手的名单列在左边，获胜者写在右边。最后的获胜者就是根节点。如果参赛选手个数不是 2 的幂，则一些选手轮空，如图 9.5.2 所示，参赛选手 7 在第一轮轮空。

可以证明如果在一次单淘汰赛中，有 n 名选手，则一共有 $n-1$ 场比赛。

参赛选手的数目与根顶点的数目 i 一样多，比赛次数与内部顶点一样多，因此由定理 9.5.4，

$$n + i = 2i + 1$$

因而 $i = n - 1$。

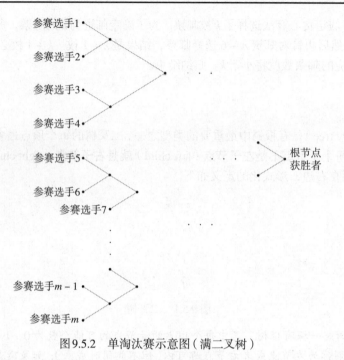

图9.5.2 单淘汰赛示意图（满二叉树）

下面有关二叉树的内容是将叶顶点数目与高度结合起来。

定理 9.5.6 如果二叉树的高度为 h，有 t 个叶顶点，那么

$$\lg t \leq h \tag{9.5.1}$$

证明 要证式(9.5.1)，先证

$$t \leq 2^h \tag{9.5.2}$$

施归纳于 h。可知两个式子等价，对式(9.5.2)两边取以2为底的对数，便得式(9.5.2)。

如果 $h=0$，二叉树只包含一个顶点，此时 $t=1$，因此式(9.5.2)为真。

假设对于高度小于 h 的二叉树，式(9.5.2)都成立。令 T 是一棵高度为 $h>0$、有 t 个叶顶点的二叉树，设 T 的根节点只有一个子节点。如果除去根节点和相应的边，得到的新树高度为 $h-1$，叶顶点数一样。由归纳法，$t \leq 2^{h-1}$，因为 $2^{h-1} < 2^h$，所以式(9.5.2)成立。

设 T 的根节点有子节点 v_1 和 v_2，令 T_i 是以 v_i 为根节点的子树，设 T_i 的高度为 h_i，且有 t_i 个叶顶点，$i=1,2$。由归纳法假设，

$$t_i \leq 2^{h_i}, \qquad i=1,2 \tag{9.5.3}$$

T 的叶顶点由 T_1 和 T_2 组成，因此

$$t = t_1 + t_2 \tag{9.5.4}$$

由式(9.5.3)和式(9.5.4)，得到

$$t = t_1 + t_2 \leq 2^{h_1} + 2^{h_2} \leq 2^{h-1} + 2^{h-1} = 2^h$$

归纳步得到验证，因而定理得证。

例 9.5.7 如图9.5.3所示的二叉树高 $h=3$，叶顶点数 $t=8$。这时不等式(9.5.1)变成了等式。

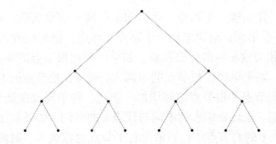

图 9.5.3　二叉树的高 $h=3$，叶顶点数 $t=8$，这时 $\lg t=h$

设集合 S 的元素是有序集合。例如，S 由数字组成，可以按照数的大小排序，如果 S 由字母组成字符串，可以用字母顺序表排序。二叉树可以用来储存有序集合的元素，比如数字集合或者字符串集合。如果数据项 $d(v)$ 存储在顶点 v 上，数据 $d(w)$ 存储在顶点 w 上，且 v 是 w 的左子节点，可以用排序关系来确定 $d(v)$ 和 $d(w)$ 的关系。一个例子就是**二叉搜索树**（binary search tree）。

定义 9.5.8　二叉搜索树 T 是一种二叉树，其数据都存在顶点之中，这种方式使得对于 T 中的任意顶点 v，在 v 左边的子树中的任意数据项都比 v 中的数据项小，而右边子树任意数据项都比 v 中的数据项大。

例 9.5.9　下面的一组词

$$\text{OLD PROGRAMMERS NEVER DIE THEY JUST LOSE THEIR MEMORIES} \tag{9.5.5}$$

可以放在如图 9.5.4 所示的二叉搜索树上，对于任意顶点 v 来说，v 的左子树的任意数据项都比 v 中的数据项小（根据字母表顺序），而 v 的右子树的任意数据项都比 v 中的数据项大。

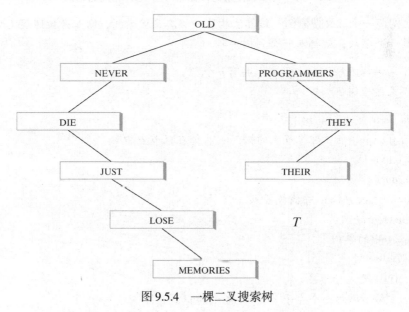

图 9.5.4　一棵二叉搜索树

一般来说，有很多方法将数据放入一棵二叉搜索树中，图 9.5.5 展示了另一种存储单词的二叉搜索树。

图 9.5.4 所示的二叉搜索树 T 可按照下面的方法建立。首先是一棵**空树**（empty tree），既没有顶点也没有边，然后按照先后顺序遍历式(9.5.5)给出的单词，先是 "OLD"，然后是 "PROGRAMMERS"，

再后是"NEVER",等等。先创建一个顶点,将"OLD"放入该顶点中,并把该顶点定为根节点,然后再从图 9.5.5 中取出一个单词,给树增加一个顶点 v 和边,把单词放入顶点 v 中。从根节点开始,先判断要加入的顶点和边放在树的什么位置,如果单词比根节点的单词小(按字典顺序),则放在根节点的左子节点上;如果单词比根节点的单词大,则放在根节点的右子节点上;如果没有子节点,就新建一个,并在新节点和根节点之间增加一条边,将单词放在新节点中。如果有子节点,则重复上面操作。也就是说,比较要加入的单词与顶点 v 的单词,如果要加入的单词小,则将其放入 v 的左节点中,否则放入 v 的右节点中;如果没有子节点可以放入,则新建一个顶点,并增加一条边将新建的节点与根节点连接起来。如果有子节点可以移入,重复上述操作。最后,将所有的单词放入树中,得到了词的另一种排列方式。与根节点比较,向左边或者右边移动;与新的顶点比较,向左移动或者向右移动;等等。最后把单词都存储在树中。利用这种方法将所有单词都存储在树中,创建了一棵二叉搜索树。我们将在算法 9.5.10 中阐述这种构造二叉搜索树的方法。

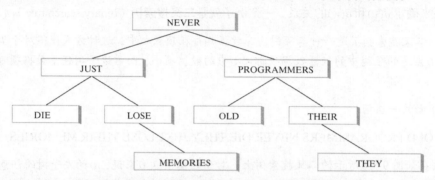

图 9.5.5　另一种二叉搜索树,存储与图 9.5.4 相同的单词

算法 9.5.10　构造一个二叉搜索树　该算法构造一棵二叉搜索树,输入是按照规定顺序读进的单词,每读进一个单词,就插入一个到树中。

输入:不同单词的序列 $w_1, \cdots, w_n$,共有 n 个

输出:二叉搜索树 T

make_bin_search_tree(*w*, *n*) {
　　令 T 为有一个顶点,即根节点的树,w_1 存储在根节点中
　　for $i = 2$ to n {
　　　　v = *root*
　　　　search = true // 给 w_i 寻找放置点
　　　　while (*search*) {
　　　　　　$s = v$ 中的单词
　　　　　　if ($w_i < s$)
　　　　　　　　if (v 无左子节点) {
　　　　　　　　　　给 v 添加一个左子节点 l,将 w_i 存储到 l 中
　　　　　　　　　　search = false // 搜索结束
　　　　　　　　}
　　　　　　　　else
　　　　　　　　　　$v = v$ 的左子节点

```
            else // w_i > s
                if (υ无右子节点) {
                    给υ添加一个右子节点r, 将 w_i 存储到 r 中
                    search = false // 搜索结束
                }
                else
                    υ = υ的右子节点
        } //end while
    } //end for
    return T
}
```

二叉搜索树对于定位数据很有用，给出一个数据项 D，能够很容易判断 D 是否在一个二叉搜索树中，如果在，就可以找出位置。为了判断 D 是否在二叉搜索树中，首先由根节点查起，将 D 与当前顶点的数据项不断进行比较，如果 D 与当前顶点的数据项相等，则找到 D，停止搜索。如果小于当前顶点 υ 的数据项，则移动到 υ 的左子节点，重复上述操作；如果 D 大于当前顶点 υ 的数据项，则移动到 υ 的右子节点，重复上述操作；如果要移动到的某个子节点不存在，则可以得出结论，认为 D 不在该树中。（练习6要求给出该过程的形式化描述。）

当数据项不在二叉搜索树上时，搜索的时间花费最多，此时要搜索从根到叶的整条路径。因此二叉树的最大搜索时间是与树的高度成比例的，如果树不高，搜索将会很快（参见练习25）。有许多方法可以尽可能降低二叉搜索树的高度（参见[Cormen]）。

现在更详细地讨论一下二叉搜索树的最坏搜索情形，令 T 是一棵二叉搜索树，有 n 个顶点，在 T 基础上增加左子节点和右子节点，使得新得到的树 T^* 是一棵满二叉树。图9.5.6是由图9.5.4转变过来的。新增加的顶点用小方框表示，在 T 中的不成功的搜索对应于在 T^* 中搜索到新增加的方框。定义最差查找时间为树 T^* 的高度 h，由定理9.5.6，$\lg t \leq h$，这里 t 是 T^* 中的叶顶点数目，满二叉树 T^* 有 n 个非叶顶点，由定理9.5.4，$t = n + 1$。因此在最坏情形下，搜索时间至少为 $\lg t = \lg(n+1)$，练习7证明如果 T 的高度最小化，则最坏情形的搜索时间与 $\lceil \lg(n+1) \rceil$ 等同。例如

$$\lceil \lg(2\,000\,000 + 1) \rceil = 21$$

也就是说，可以在二叉树上存储200万个数据项，并且查找一个数据项，查找失败的最坏情形只有21步。

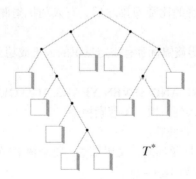

图9.5.6　将二叉搜索树扩展为一个满二叉树

本节复习

1. 定义二叉树。
2. 什么是二叉树的左子节点?
3. 什么是二叉树的右子节点?
4. 什么是满二叉树?
5. 如果 T 是有 i 个非叶顶点的满二叉树，T 有多少个叶顶点?
6. 如果 T 是有 i 个非叶顶点的满二叉树，T 一共有多少个节点?
7. 二叉树中的树高与叶顶点数目的关系是什么?
8. 什么是二叉搜索树?
9. 给出一个二叉搜索树的例子。
10. 给出一个构造二叉搜索树的算法。

练习

练习 1~4 涉及单淘汰类锦标赛。

1. 给定参赛队伍的比赛安排，问比赛结果有多少种? 假定给定 3 支队伍，Scientists、Whales 和 Pilots，比赛安排如下

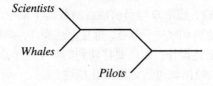

一种比赛结果为

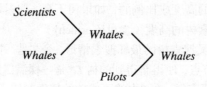

还有 3 种可能的结果：
(a) Whales 打败 Scientists；Pilots 打败 Whales。
(b) Scientists 打败 Whales；Scientists 打败 Pilots。
(c) Scientists 打败 Whales；Pilots 打败 Scientists。

因此，如果给定 4 支参加单淘汰类锦标赛的队伍，在比赛安排确定之后，有 4 种比赛结果。

2. 2007 年，有 65 支队伍参加单淘汰赛。在安排好比赛之后，问有多少种结果? 该数（以十为基）有多少位?

3. 假定在 NCAA 男篮锦标赛的比赛安排之后，有人随机猜测比赛结果。问猜中的可能性有几许?

4. 练习 3 的数值是否也是对男篮锦标赛有一定见识的人士成功预测比赛结果的几率一个好的估计呢?

5. 将一组单词 FOUR SCORE AND SEVEN YEARS AGO OUR FOREFATHERS BROUGHT FORTH 按照出现顺序放入到一棵二叉搜索树中。

6. 用数学语言描述二叉树的查找算法。

7. 编写一个构造存储 n 个不同单词的二叉树算法，要求树 T^* 的高度最低，并证明如文中所述的衍生出来的树 T 的高度为 $\lceil \lg(n+1) \rceil$。

8. 令 T 是一棵二叉树，如果对于每个在顶点 v 中的数据都比它的左子节点的数据项大，且比它的右子节点小，则 T 是一棵二叉搜索树。这个结论是否正确？试解释。

在练习 9~11 中，分别画出符合要求的图，如果不能画出，请解释原因。

9. 满二叉树；4 个非叶顶点；5 个叶顶点。 10. 满二叉树；高度为 3；9 个叶顶点。
11. 满二叉树；高度为 4；9 个叶顶点。
12. **满 m-ary 树**是一棵有根树，每个父节点都有 m 个有序的子节点，如果 T 是满 m-ary 树，且有 i 个非叶顶点，问 T 有多少个节点，有多少个叶顶点？试证明你的结论。
13. 给出一个算法用 n ($n > 1$) 个叶顶点构造一棵满二叉树。
14. 给出一个递归算法在二叉搜索树中插入一个词语。
15. 求有 t 个叶顶点的满二叉树的最大高度。
16. 给出一个算法来检验一棵顶点中有数据存储的二叉树是否为二叉搜索树。
17. 令 T 是一棵满二叉树，令 I 是由根到非叶顶点的一条简单路径的长度的和，称 I 为一条内部路径长度。令 E 为由根到叶顶点的一条简单路径的长度的和。称 E 为一条外部路径，证明如果 T 有 n 个非叶顶点，则 $E = I + 2n$。

二叉树 T 是平衡的，对于每个顶点 v 来说，v 的右子树与左子树的高度差不超过 1（定义空树的高度为 -1）。试说明练习 18~21 中的图是否为平衡二叉树。

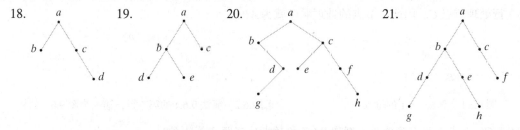

在练习 22~24 中，定义 N_h 为一棵高度为 h 的平衡二叉树的最少顶点数，$f_1, f_2, \cdots$ 为 Fibonacci 数列。

22. 证明 $N_0 = 1$，$N_1 = 2$，$N_2 = 4$。   23. 证明 $N_h = 1 + N_{h-1} + N_{h-2}$，$h \geq 0$。
24. 证明 $N_h = f_{h+3} - 1$，$h \geq 0$。
*25. 证明一棵有 n 个顶点的高度为 h 的平衡二叉树满足 $h = O(\lg n)$，即 n 个顶点的平衡二叉树的最坏搜索时间为 $O(\lg n)$。
*26. 如果一棵平衡二叉树的高度为 h，有 n ($n \geq 1$) 个顶点，则 $\lg n < h + 1$，这个结论与练习 25 表明有 n 个顶点的平衡二叉树的最坏搜索时间为 $\Theta(\lg n)$。

9.6 树的遍历

宽度优先搜索和深度优先搜索可以用来"走遍"一棵树，也就是说，可以采用机械的方法遍历一棵树，使得每个顶点都被访问到一次。下面研究三种新的树遍历方法，并用递归方法定义。

算法 9.6.1　遍历过程　递归算法利用前序方法遍历二叉树的顶点。

输入：PT，二叉树的根
输出：依赖于第 3 行 "process" 的程序执行结果

```
    preorder(PT) {
1.      if（PT 为空）
2.         return
3.      process PT
4.      l = PT 的左子节点
5.      preorder(l)
6.      r = PT 的右子节点
7.      preorder(r)
    }
```

我们讨论一下算法 9.6.1。如果二叉树是空树，什么都不会发生，此时，算法仅仅在第 2 行返回。

假设输入的是只含有一个顶点的树，令 PT 为树根，调用函数 preorder(PT)。因为 PT 不为空，转到第 3 行，处理根节点。在第 5 行，调用 PT 为根的左子节点（空）的 preorder 函数，什么都没执行。同样在第 7 行也一样，什么都没执行，因此当输入只包含一个节点的树时，只处理根节点然后返回。

假设输入的树如图 9.6.1 所示，令 PT 为树根，调用函数 preorder(PT)。因为 PT 不为空，所以转到第 3 行，处理根节点。在第 5 行调用 PT 为根的左子节点（参见图 9.6.2）。可以发现如果函数 preorder 的输入是只包含一个节点的树，则 preorder 函数先处理该节点，然后处理节点 B。同样，第 7 行处理节点 C。因此，节点的处理顺序就为 ABC。

图 9.6.1　算法 9.6.1 的输入　　　　图 9.6.2　算法 9.6.1 的第 5 行，输入为图 9.6.1 的树

例 9.6.2　如果应用前序遍历，则图 9.6.3 的顶点处理顺序是什么？

根据算法 9.6.1 的第 3 行～第 7 行（根/左/右），遍历过程如图 9.6.4 所示，因此处理顺序为

ABCDEFGHIJ

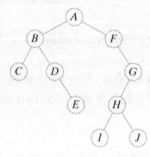

图 9.6.3　二叉树，前序顺序为 *ABCDEFGHIJ*，中序顺序为 *CBDEAFIHJG*，后序顺序为 *CEDBIJHGFA*

中序和后序遍历通过改变算法 9.6.1 的第 3 行（根节点）的位置得到。"前"、"中"、"后"分别对应遍历过程中的根的顺序，也就是说，"前序"指的是先处理根节点，"中序"指的是第 2 个处理根节点，"后序"指的是最后处理根节点。

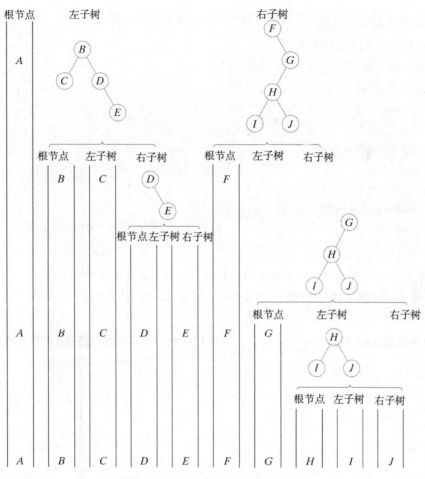

图 9.6.4 如图 9.6.3 所示的遍历顺序

算法 9.6.3 中序遍历 一棵二叉树节点中序遍历的递归算法过程。

输入：PT，二叉树的根节点

输出：依赖于第 5 行 "process" 的执行结果

    inorder(PT) {
1.   if (PT 为空)
2.   return
3.   l = PT 的左子节点
4.   inorder (l)
5.   process PT
6.   r = PT 的右子节点
7.   inorder(r)
    }

例 9.6.4 图 9.6.3 的二叉树如果采用中序遍历，则顶点的处理顺序是什么？

根据算法 9.6.3 的第 3 行~第 7 行（根/左/右），遍历过程如图 9.6.3 所示，因此处理顺序为 *CBD-EAFIHJG*。∎

算法 9.6.5　后序遍历　一棵二叉树顶点后序遍历的递归算法过程。

输入：PT，二叉树的根节点

输出：依赖于第 7 行 "process" 的执行结果

  $postorder(PT)$ {
1. if (PT 为空)
2.   return
3. $l = PT$ 的左子节点
4. $postorder(l)$
5. $r = PT$ 的右子节点
6. $postorder(r)$
7. process PT

}

例 9.6.6　图 9.6.3 的二叉树的顶点如果采用后序遍历，则顶点的处理顺序是什么？

根据算法 9.6.5 的第 3 行～第 7 行（根/左/右），遍历过程如图 9.6.5 所示，因此处理顺序为 CED-BIJHGFA。　■

前序遍历用图 9.6.5 所示的路径来说明，而其相反的后序遍历参见图 9.6.6 所示的路径。

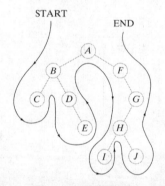
图 9.6.5　前序遍历

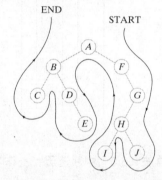
图 9.6.6　相反的后序遍历

如果数据存储在二叉搜索树中，如 9.5 节所述，中序遍历将按照左 - 根 - 右顺序来处理数据。

在这一节剩下的内容中，我们将讨论算术表达式的二叉树表示方法，这种表达方法有利于计算机计算表达式。

限制运算符为 +、-、* 和 /。例如，下面就是含有这些运算的一个表达式：

$$(A + B) * C - D/E \tag{9.6.1}$$

这种标准的表达式称做**中缀表达式**（infix form of an expression），变量 A、B、C、D 和 E 都是**运算数**（operand），**运算符**（operator）+、-、* 和 / 对两边的运算数进行计算。在表达式的中缀形式中，运算符在两个运算数之间。

如式 (9.6.1) 的表达式可以用一棵二叉树来表示。叶顶点代表运算数，非叶顶点代表运算符，表达式 (9.6.1) 用如图 9.6.7 所示的二叉树表示，在二叉树表示的表达式中，运算符对它的左右子树进行计算。例如，图 9.6.7 的根节点为 "/" 的子树中，除法运算符对 D 和 E 进行计算，也就是 D 被 E 除。在图 9.6.7 的根节点为 * 的子树中，乘法运算符对根节点为 + 的子树，即一个表达式和 C 进行 * 计算。

在一棵二叉树中，将一个顶点的左子树和右子树分开，左右两棵子树分别代表左右两个运算数或者表达式。左和右的区别对于表达式很重要，例如，4 - 6 和 6 - 4 就不一样。

如果按照图9.6.7所示用中序遍历该二叉树，并对每次操作都插入一对括号，可以得到
$$(((A+B)*C)-(D/E))$$
这种形式的表达式称做表达式的**完全括号形式**。在这种形式中，不需要指定某种操作需要在其他操作执行之前执行（比如加法），因为括号可以很清楚地说明运算符的执行顺序。

如果按照图9.6.7所示用后序遍历该二叉树，得到
$$AB+C*DE/-$$
这种形式的表达式称做**后缀表达式**（或者**逆波兰式**），后缀表达式中运算符跟在运算数之后。例如，前三个符号$AB+$说明A和B相加。后缀形式比中缀形式好在后缀不需要括号，也不需要有关的运算顺序的规范。表达式能够明白无误地被执行，由于这样或者那样的原因，许多编译器将中缀表达式转化为后缀表达式，而一些计算器也需要用后缀方式输入。 [WWW]

第三种表达式可以通过前序遍历表达式二叉树得到，此时的结果称做**前缀形式的表达式**（或者称为**波兰式**）。和后缀方式一样，前缀方式不需要括号，也不需要操作顺序的约定，式(9.6.1)的前缀形式可以通过前序遍历图9.6.7得到
$$-*+ABC/DE$$

本节复习

1. 什么是前序遍历？
2. 给出一种算法来执行前序遍历。
3. 什么是中序遍历？
4. 给出一种算法来执行中序遍历。
5. 什么是后序遍历？
6. 给出一种算法来执行后序遍历。
7. 什么是表达式的前缀形式？
8. 表达式的前缀形式的另一种名称是什么？
9. 什么是表达式的中缀形式？
10. 什么是表达式的后缀形式？
11. 表达式的后缀形式的另一种名称是什么？
12. 表达式的前缀和后缀形式相比中缀形式有哪些优势？
13. 试解释一棵树如何能用来表示一个表达式？

练习

在练习1~5中，分别使用前序、中序、后序遍历方法列出顶点顺序。

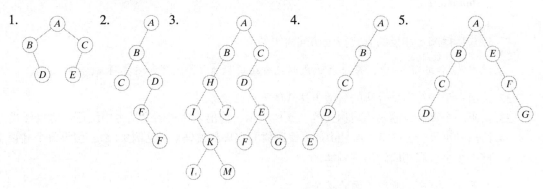

在练习6~10中，采用二叉树表示下列表达式，并且写出前缀和后缀表达式。

6. $(A+B)*(C-D)$
7. $((A-C)*D)/(A+(B+D))$
8. $(A*B+C*D)-(A/B-(D+E))$
9. $(((A+B)*C+D)*E)-((A+B)*C-D)$
10. $(A*B)-C/D+E)+(A-B-C-D*D)/(A+B+C)$

在练习 11~15 中，采用二叉树表示下列后缀表达式，并且写出前缀表达式和中缀表达式及完全括号的中缀表达式。

11. $AB+C-$ 12. $ABC+-$ 13. $ABCD+*/E-$ 14. $ABC**CDE+/-$ 15. $AB+CD*EF/--A*$

在练习 16~21 中，如果 $A=1, B=2, C=3, D=4$，计算下列后缀表达式的值。

16. $ABC+-$ 17. $AB+C-$ 18. $AB+CD*AA/--B*$

19. $ABC**ABC++-$ 20. $ABAB*+*D*$ 21. $ADBCD*-+*$

22. 举例表明拥有顶点 A、B、C 的不同的二叉树，其前序遍历结果都会为 ABC。

23. 证明 6 个顶点的树，如果其前序顶点顺序为 $ABCEFD$，中序顶点顺序为 $ACFEBD$，则这棵树是唯一的。

*24. 给出一个算法，当前序和中序顶点序已知来重新构造二叉树。

25. 举例对于不同的两棵二叉树 B_1 和 B_2，每棵都有两个顶点，B_1 的前序顶点序列与 B_2 的前序顶点序列相同，它们的后序顶点序列也一样。

26. 令 P_1 和 P_2 为 $ABCDEF$ 的两种排列形式，有没有顶点为 A、B、C、D、E、F 的树，其前序序列为 P_1，中序序列为 P_2，举例说明。

27. 给出一个递归算法，从左到右打印出二叉树叶顶点的内容。

28. 给出一个递归算法，交换一棵二叉树的所有左右子节点。

29. 给出一个递归算法，恢复一棵二叉树的每个顶点到其后代节点。

30. 编写一个返回二叉树叶子节点数的算法。

31. 证明算法：

    funnyorder(PT) {
        if (*PT* == *null*)
            return
        process *PT*
        r = fight child of *PT*
        funnyorder(*r*)
        l = left child of *PT*
        funnyorder(*l*)
    }

    以与后序遍历相反的方式持续访问树中的节点。

在练习 32 和练习 33 中，每个表达式只包含运算数 $A, B, \cdots, Z$ 和运算符 $+$、$-$、$*$、$/$。

*32. 给出一个字符串是合法的后缀表达式的充分必要条件。

33. 给出一个算法，输入一表达式的二叉树表示，输出表达式的全括号中缀运算对象形式。

34. 给出一个算法，打印一棵 Huffman 编码树的字母和编码（参见例 9.1.8）。假设每个叶顶点存储一个字母和相应的出现频率。

在练习 35~40 中，使用下面的定义。

令 $G=(V, E)$ 是一个简单无向图。G 的一个顶点覆盖集 V' 是 V 的一个子集，使得对每条边 $(v, w) \in E$，或者 $v \in V'$ 或 $w \in V'$。一个顶点覆盖集 V' 的规模是 V' 中顶点的数目。一个最优顶点覆盖集是最小规模的顶点覆盖集。

G 的一个不相交边集合 E' 是 E 的一个子集，使得对于每对不同的边 $e_1 = (v_1, w_1)$ 和 $e_2 = (v_2, w_2)$，有 $\{v_1, w_1\} \cap \{v_2, w_2\} = \emptyset$。

35. 证明对所有的 n，存在一个顶点覆盖集规模为 1 的顶点数为 n 的连通图。
36. 证明 n 个顶点的完全图的最优顶点覆盖的规模是 $n-1$。
37. 一个顶点为 n 的图的最优顶点覆盖规模能否等于 n？请解释。
*38. 给出一个算法，计算出树 $T = (V, E)$ 的最小顶点覆盖集，最坏情形的时间为 $\Theta(|E|)$。
39. 证明如果 V' 是 G 的任何一个顶点覆盖集，E' 是 G 的不相交边集合，那么 $|E'| \leq |V'|$。
40. 给出一个连通图的例子，其中每一个顶点覆盖集 V' 和每一个不相交边集合 E'，有 $|E'| < |V'|$。并证明给出的例子满足上述性质。
41. 将一棵有 n 条边的二叉树用 $n+1$ 个 0、$n+1$ 个 1 的组合来编码，使得从左到右，零的个数总是不超过 1 的个数，且每个字符串代表一个二叉树。提示：考虑二叉树的前序遍历，1 表示边存在，0 表示边不存在。给字符串的开头增加一个 1，删除最后的 0。

9.7 决策树和最短时间排序

图 9.7.1 所示的二叉树给出了一个选择饭馆的算法。对于每个内部顶点会提出一个问题。从树根开始，每回答一个问题，走相应的边，最后将会达到一个叶顶点，即选择了一个饭馆。这样的一棵树称做的**决策树**（decision tree）。在本节中，用决策树表示算法，并使得排序和硬币问题一样在最坏情形下的花费时间最小。先从硬币问题开始。

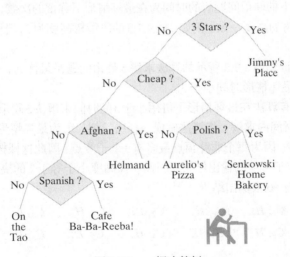

图 9.7.1 一棵决策树

例 9.7.1 5 硬币问题 给出外观一样的硬币，只有一个硬币和其他的重量不一样，问题是如何使用一个天平来称出哪个硬币是坏硬币，重还是轻（参见图 9.7.2），该天平能比较两堆硬币的重量。

一个解决此问题的算法如图 9.7.3 的决策树所示。硬币标号为 C_1、C_2、C_3、C_4、C_5，从树根开始，将硬币 C_1 放在天平左边，将 C_2 放在天平右边，用 ↖ 表示天平左边比右边重，同样用 ↘ 表示天平右边比左边重，用 ← 表示两边平衡。例如在树根比较 C_1 和 C_2，如果左边比右边重，则知 C_2 比 C_1 重，或者 C_2 轻。这时，下一步比较 C_1 和 C_5（可知是好硬币），可以知道到底是 C_1 还是 C_2 是坏币，且知道是重还是轻。叶顶点可以给出结果，例如当比较 C_1 和 C_5 时，天平平衡，则经过标有 C_2, L 叶顶点的边，将会得出 C_2 是坏币且比其他轻。

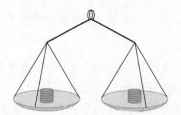

图 9.7.2 用天平比较硬币的重量

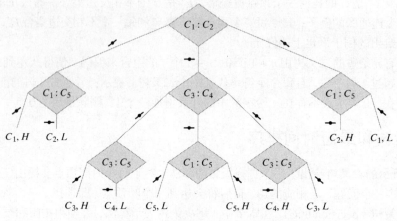

图 9.7.3 求解 5 硬币问题的算法

如果定义最坏情形下的硬币问题解的时间为在最坏情形下称重的次数,由决策树容易得到最坏情形时间;最坏情形与树的高度一致。例如,图 9.7.3 的决策树高度为 3,于是算法的最坏情形时间为 3。

可以使用决策树来证明图 9.7.3 所示的算法求解 5 硬币问题是最优的,也就是说,没有其他解决 5 硬币问题的算法的最坏情形时间小于 3。

利用反证法证明没有算法在最坏情形下可用小于 3 的时间来解决 5 硬币问题,假设存在某个算法可以在 2 或者更短的时间内求解,将算法做成一棵决策树,因为最坏情形时间小于等于 2,因而决策树的高度小于等于 2。因为每个非叶顶点最多有 3 个子节点,因此这棵树最多有 9 个叶顶点(参见图 9.7.4),叶顶点对应于可能的输出结果。因而一棵高度小于等于 2 的决策树最多能对应 9 个输出结果,但是 5 个硬币有 10 个输出结果:

$C_1, L,$ $C_1, H,$ $C_2, L,$ $C_2, H,$ $C_3, L,$

$C_3, H,$ $C_4, L,$ $C_4, H,$ $C_5, L,$ C_5, H

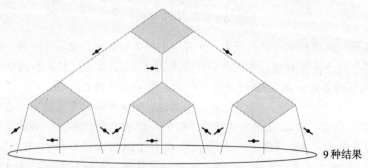

图 9.7.4 最多称两次的 5 硬币问题算法

产生矛盾，因此没有算法可以在小于3的时间内求得在最坏情形下的5硬币问题，即图9.7.3的算法是最优的。

可以看出一棵决策树是如何在最坏情形下用时间下界来求解一个问题，有时时间下界是不可能达到的。

考虑4硬币问题（其他所有规则与5硬币问题一样，除了硬币数量减少一个）。因为现在有8种结果而不是10种，可知任何解决4硬币问题的方法在最坏情形下至少需要2次称重（这次不能得出最坏情形下最少3次称重的结论）。但通过更详细的讨论，发现还是需要至少三次称重的。

第一次称重可以比较两个硬币对两个硬币，也可以一个对一个称。图9.7.5说明如果一开始两个对两个称，决策树最多能产生6种结果。因为有8种结果，没有算法能够用2次或少于2次称重的方法进行两个对两个比较来得出结论。同样，图9.7.6说明，如果开始用一个对一个硬币的比较，达到硬币平衡，决策树只能产生3种结果，因为验证2个好币可能会有4种结果，没有算法开始用一个对一个硬币的比较，而能用少于2次称重的方法得出结论。因此，任何解决4硬币问题的算法在最坏情形下至少要称3次才能得出结论。

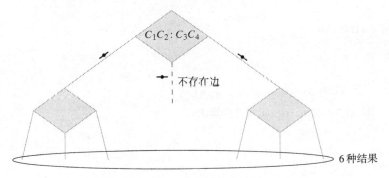

图9.7.5 开始是两个对两个称的4硬币问题算法

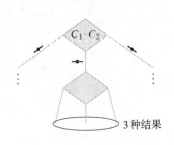

图9.7.6 开始是一个对一个称的4硬币问题算法

如果仅仅只需要挑出坏币（不需要指出是轻还是重），在最坏情形下可以用2次称重得到结论（参见练习1）。

回到排序，可用决策树来估计最坏情形的排序时间。

排序问题很容易描述，有 n 项数据：

$$x_1, \ldots, x_n$$

要求依升序（或者降序）排列这些数据，注意排序算法限于重复比较两个元素，并基于比较结果修改初始列表。

例9.7.2 对 a_1、a_2、a_3 排序的算法如图9.7.7所示的决策树，每条边都用非叶顶点基于问题答案的表排列进行标注，叶顶点给出了排好的顺序。

令最坏情形下的比较次数为排序的最坏情形时间。和解答硬币问题的决策树一样，解决排序问题的决策树的高度也是最坏情形时间。例如，图9.7.7所示的算法给出的最坏情形时间等于3。可以证明这个算法是最优的，也就是说，没有其他算法能够在小于3的最坏情形时间内排好序。利用反证法证明，没有算法可以用最坏情形时间小于3对3个项排好序。假设存在一个这样的算法，并用决策树描述，因为最坏情形排序时间小于等于2，树高则小于等于2，因为每个非叶顶点最多有两个子节点，则这棵树最多有4个叶顶点（参见图9.7.8）。每个叶顶点对应一个可能的结果,所以决策树高度小于等于2的决策树最多只有4个结果,但3个项的排序有6种可能结果,即3! = 6种可能的排序:

$$s_1, s_2, s_3 \quad s_1, s_3, s_2 \quad s_2, s_1, s_3 \quad s_2, s_3, s_1 \quad s_3, s_1, s_2 \quad s_3, s_2, s_1$$

这产生了矛盾。因此没有算法可以使得给3个项排序在最坏情形下的时间小于3,因而图9.7.7的算法是最优的。

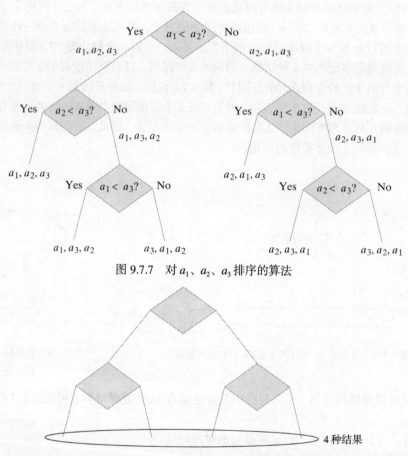

图9.7.7 对 a_1、a_2、a_3 排序的算法

图9.7.8 最多做两次比较的排序算法

因为4! = 24,所以对4个项排序有24种结果。对应24个叶顶点,必须要有树高至少为5的决策树(参见图9.7.9),因此对4个项排序的任一算法,在最坏情形下至少要进行5次比较。练习9将给出在最坏情形下用5次比较给4个项排序的算法。

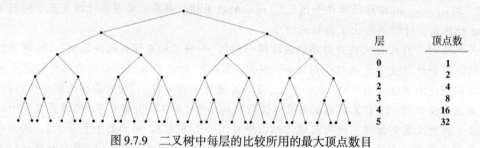

层	顶点数
0	1
1	2
2	4
3	8
4	16
5	32

图9.7.9 二叉树中每层的比较所用的最大顶点数目

例9.7.2的方法可以用来在最坏情形下给出任意个数项排序需做比较的下界。

第 9 章 树

定理 9.7.3 如果 $f(n)$ 是一个排序算法给 n 个项排序在最坏情形下所需的比较次数，则 $f(n) = \Omega(n \lg n)$。

证明 令 T 表输入为 n 个项的算法的决策树，h 为树 T 的高，则算法在最坏情形下需要 h 次比较，因此

$$h = f(n) \tag{9.7.1}$$

树 T 最少有 $n!$ 个叶顶点，由定理 9.5.6，

$$\lg n! \leq h \tag{9.7.2}$$

例 4.3.9 表明 $\lg n! = \Theta(n \lg n)$，因此对于某个正的常数 C，

$$Cn \lg n \leq \lg n! \tag{9.7.3}$$

对所有的有限整数 n。比较式 (9.7.1) 和式 (9.7.3) 得

$$Cn \lg n \leq f(n)$$

对所有的有限的整数 n。因此

$$f(n) = \Omega(n \lg n)$$

定理 7.3.10 说明归并排序（参见算法 7.3.8）的算法在最坏情形下用 $\Theta(n \lg n)$ 次比较次数，由定理 9.7.3 可知，还是最优的。许多其他的排序算法的复杂度也为 $\Theta(n \lg n)$，比如锦标赛排序，这在前面的练习 14 介绍过。

本节复习

1. 什么是决策树？
2. 表示算法的决策树的高与该算法的最坏情形时间有什么关系？
3. 用决策树解释为什么排序的最坏情形时间最少要 $\Omega(n \lg n)$ 次比较。

练习

1. 4 个外观一致的硬币，其中一个重量与其他不一样，给出一个算法并画出其决策树。用天平称最多称两次找到坏币（但不需要说明是重还是轻）。
2. 证明最少要两次称重才能解答练习 1。
3. 8 个外观一致的硬币，其中一个重量与其他不一样，给出一个算法并画出其决策树。用天平称最多称三次找到坏币且指出是重还是轻。
4. 12 个外观一致的硬币，其中一个重量与其他不一样，给出一个算法并画出其决策树。用天平称最多称三次找到坏币且指出是重还是轻。
5. 如果要证明当 4 个对 4 个一起称时，则 12 硬币问题在最坏情形下至少需要 4 次称重。下面的证明过程错在哪里？

    如果 4 个对 4 个一起称并达到平衡，则需要从剩下的 4 个硬币里选出坏币，但是本节讨论过从 4 个硬币里选出坏币最少需要 3 次称重，所以如果开始 4 个对 4 个称，则 12 硬币问题最少需要 4 次称重。

*6. 13 个外观一致的硬币，其中一个重量与其他不一样，则最坏情形最少需要多少次称重得到坏币，并且指出是重还是轻？证明你的结论。

7. 练习 6 如果改成 14 硬币问题，证明你的结论。

8. $(3^n - 3)/2$ ($n \geq 2$) 个外观一致的硬币, 其中一个重量与其他不一样, [Kurosaka]给出一个算法找出坏币并指出是重还是轻, 在最坏情形下需要 n 次称重。证明硬币不可能以小于 n 次的称重来得到坏币, 并知道是重还是轻。

练习9和练习10涉及下述硬币称量问题的变种。给定 n 个硬币, 其中一些是假的, 但其外表看起来是一样的。所有真币重量是一样的。所有假币的重量也是一样的, 但比真币轻。假定在 n 个硬币中至少有一个真币和一个假币。任务是确定假币的数目。

9. 欲确定假币数目, 称量次数至少为 $\log_3(n-1)$。
10. 说明最多进行 $n-1$ 次称量以确定假币数目的方法。
11. 给出一个算法来给4个项排序, 在最坏情形下使用5次比较。
12. 利用决策树求出5个项排序时, 最坏情形下所需比较次数的下界。给出一个算法, 对5个项排序, 使得在最坏情形下所需比较次数为这个下界。
13. 利用决策树求出6个项排序时, 最坏情形所需比较次数的下界。给出一个算法, 对6个项排序, 使得在最坏情形下所需比较次数为这个下界。

练习 14~20 代表锦标赛排序。

锦标赛排序。给出一个序列 $s_1, \cdots, s_{2^k}$, 用升序来重新排列。

构造一棵二叉树, 叶顶点分别标为 $s_1, \cdots, s_{2^k}$, 一个例子如下图所示。

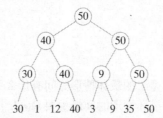

首先从左到右, 给每个对创建一个父节点, 用图对中数目最大的数标记。继续这种方法, 直至达到根节点。在该点, 可以得到最大值 m。

要找到第二大的值, 先用比序列中所有值都小的 v 来标注包含 m 的叶顶点 w。然后从 w 点开始重新标注顶点, 直至达到根节点, 这个时候得到的就是第二大的值。重复这样的操作直到排序成功。

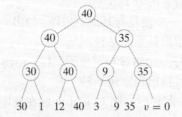

14. 为什么"锦标赛"这个名字比较合理。
15. 用锦标赛排序, 画出在排序过程中相邻的两棵树。
16. 锦标赛排序需要多少次比较才能找到最大元素。
17. 证明任何在 n 个项找到最大值的算法最少需要比较 $n-1$ 次。
18. 用锦标赛排序找到次高值需要多少次比较? 19. 用一种形式算法写出锦标赛排序。
20. 证明如果 n 是2的幂, 锦标赛排序需要 $\Theta(n \lg n)$ 次比较。
21. 给出一个实际情景(参见图 9.7.1), 能够用决策树来模拟, 画出该决策树。

22. 画出一个决策树，能决定谁要提出联邦退税要求。

23. 画出一个决策树，可给出一个合理化策略来玩 blackjack 博弈（参见[Ainslie]）。

9.8 树的同构

在8.6节中定义了两棵树的同构含义（可以在继续阅读之前先回顾一下8.6节）。本节讨论同构树、同构有根树和同构二叉树。

推论8.6.5说明了两棵树G_1与G_2同构，当且仅当存在从G_1的顶点集到G_2的顶点集的一一映射f，且保持相邻关系，即如果G_1中顶点v_i与v_j相邻，则G_2中顶点$f(v_i)$与$f(v_j)$相邻。因为一棵树是一个简单图，树T_1与树T_2是同构的，当且仅当存在由T_1的顶点集到T_2的顶点集的一一映射f，并保持相邻关系。也就是说，在T_1中的顶点v_i与v_j如果相邻，则当且仅当在T_2中的顶点$f(v_i)$与$f(v_j)$也相邻。

[WWW]

例 9.8.1 由图9.8.1所示的树T_1的顶点集到图9.8.2所示的树T_2的顶点集的映射f定义为

$$f(a)=1,\quad f(b)=3,\quad f(c)=2,\quad f(d)=4,\quad f(e)=5$$

是一一映射且保持相邻关系，因此树T_1与树T_2是同构的。

图 9.8.1　一棵树　　　　图 9.8.2　与图9.8.1同构的树

如图所示的情形，如果能看出一种不变形式没有保留，则能够表明两棵树不是同构的。

例 9.8.2 图9.8.3的树T_1与T_2不同构，因为T_2的顶点x的度数为3，而T_1没有度数为3的顶点。

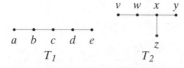

图 9.8.3　不同构树，T_2有一个顶点度数为3，而T_1没有

能够找出有5个顶点的三棵树两两不同构，这三棵树分别如图9.8.1和图9.8.3所示。

定理 9.8.3 存在有5个顶点的三棵树两两不同构。

证明 先证明对于任何有5个顶点的树必与图9.8.1或者图9.8.3的树同构。

如果T是一棵有5个顶点的树，由定理9.2.3，T有4条边。如果T有一个顶点v的度数大于4，则与v相连的边将超过4条，因此T中每个顶点的度数最多为4。

首先要找出有5个顶点的所有不同构的树，这些树的顶点度数最多为4。下一步再找出度数最多为3的所有不同构的树，等等。

令T为有5个顶点的树，设T有一个顶点的度为4。因此与v相连的边有4条，由定理9.2.3，这就是该树所有的边。因此这时T与图9.8.1的树同构。

设T有5个顶点，且最大的顶点度数为3。令顶点v的度数为3，则与v相连的边有3条，如图9.8.4所示。第4条边不可能与v相连，否则v的度数为4。因此第4条边与v_1、v_2、v_3中的两个顶点相连。给v_1、v_2、v_3中的任意两个顶点增加一条边，给出一棵树与图9.8.3所示的T_2同构。

设 T 是有 5 个顶点的树，最大顶点度数为 2。令 v 的度数为 2，则 v 与两条边相连，如图 9.8.5 所示。第 3 条边不会与 v 相连，因此它与 v_1 或者 v_2 相连。给图 9.8.6 增加一条边，由于同样的原因，第 4 条边不能与图 9.8.6 所示的节点 w_1 或者 w_2 相连。增加最后一条边给出的一棵树与图 9.8.3 的树 T_1 同构。

因为一棵有 5 个顶点的树必须有一个顶点度数为 2，所以找出了所有 5 个顶点的非同构树。

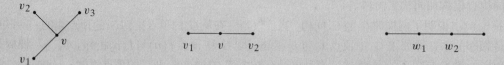

图 9.8.4　度数为 3 的顶点 v　　　图 9.8.5　度数为 2 的顶点 v　　　图 9.8.6　给图 9.8.5 增加一条边的图

两个有根树 T_1 和 T_2 要同构，必须有从 T_1 到 T_2 的一一映射 f，使得保留相邻关系和保留根节点。后一个条件意味着 $f(T_1$ 的根节点$) = T_2$ 的根节点。形式化的定义如下。

定义 9.8.4　令 T_1 是根为 r_1 的有根树，T_2 是根为 r_2 的有根树，T_1 与 T_2 为有根同构树，如果存在由 T_1 顶点集到 T_2 定点集的一一映射 f，且满足

(a) 顶点 v_i 与 v_j 在 T_1 中是相邻的，当且仅当 $f(v_i)$ 与 $f(v_j)$ 在 T_2 中是相邻的。

(b) $f(r_1) = r_2$。

称函数 f 为一同构。

例 9.8.5　如图 9.8.7 所示的有根树 T_1 与 T_2 是同构的，同构为

$$f(v_1) = w_1, \quad f(v_2) = w_3, \quad f(v_3) = w_4, \quad f(v_4) = w_2,$$
$$f(v_5) = w_7, \quad f(v_6) = w_6, \quad f(v_7) = w_5$$

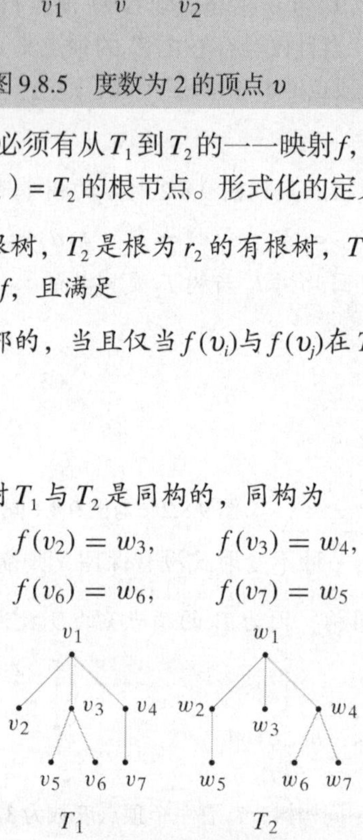

图 9.8.7　同构有根树

例 9.8.5 的同构不是唯一的，能找到图 9.8.7 的其他有根同构树吗？

例 9.8.6　图 9.8.8 所示的有根树 T_1 与 T_2 不是同构的，因为 T_1 的根度数为 3，而 T_2 的根度数为 2。将这些树当成自由树就是同构的，每个都与图 9.8.3 的树 T_2 同构。

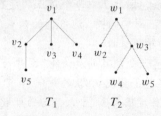

图 9.8.8　非同构有根树（但当做自由树时是同构的）

与定理 9.8.3 的证明一样，能够证明存在 4 个顶点数为 4 的非同构有根树。

定理 9.8.7 存在 4 个顶点数为 4 的非同构有根树，这 4 个有根树如图 9.8.9 所示。

证明 首先找出所有顶点数为 4 的、根度数为 3 的有根树，然后找出所有节点数为 4 的根度数为 2 的树，等等。注意到 4 个节点的有根树的根度数不能超过 3。

根度数为 3 的顶点数为 4 的有根树一定与图 9.8.9(a) 的树同构。

根度数为 2 的顶点数为 4 的有根树一定与图 9.8.9(b) 的树同构。

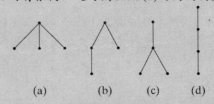

图 9.8.9　4 个顶点数为 4 的非同构有根树

令 T 为根度数为 1 的顶点数为 4 的有根树，此时根只与一条边相连。剩下两条边有两种增加方式（参见图 9.8.9(c) 和图 9.8.9(d)）。因此所有的 4 顶点非同构有根树如图 9.8.9 所示。

二叉树是有根树的特殊情况，因此二叉树的同构必须保持相邻关系和根的一致性。但二叉树中子节点要么是左节点，要么是右节点。因此二叉树的同构需要保持左右子节点的一致性。形式化的定义如下。

定义 9.8.8 令 T_1 是根为 r_1 的二叉树，T_2 是根为 r_2 的二叉树，二叉树 T_1 与 T_2 是同构的，当且仅当存在由 T_1 顶点集到 T_2 顶点集的一一映射 f，且满足

(a) 顶点 v_i 与 v_j 是 T_1 中相邻的，当且仅当 $f(v_i)$ 与 $f(v_j)$ 在 T_2 中是相邻的。

(b) $f(r_1) = r_2$。

(c) v 是 T_1 中 w 的左子节点当且仅当 $f(v)$ 是 T_2 中 $f(w)$ 的左子节点。

(d) v 是 T_1 中 w 的右子节点当且仅当 $f(v)$ 是 T_2 中 $f(w)$ 的右子节点。

此时称映射 f 为同构。

例 9.8.9 二叉树 T_1、T_2 如图 9.8.10 所示，它们是同构的，同构为 $f(v_i) = w_i$（$i = 1, \cdots, 4$）。

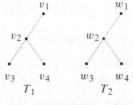

图 9.8.10　同构二叉树

例 9.8.10 如图 9.8.11 所示的树 T_1 和 T_2 不同构，T_1 中的根 v_1 有右子节点，而 T_2 中的根 w_1 没有右子节点。

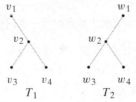

图 9.8.11　非同构二叉树（作为有根树和自由树时是同构的）

如图9.8.11所示的树T_1与T_2作为有根树和自由树时是同构的。作为有根树，图9.8.11的两棵树之一与图9.8.9(c)所示的有根树T同构。

与定理9.8.3和定理9.8.7的证明一样，可以证明存在5个不同构的3个顶点的二叉树。

定理9.8.11 存在5个不同构的顶点数为3的二叉树，且互不同构，这5个二叉树如图9.8.12所示。

证明 首先找出根度数为2的所有顶点数为3的非同构二叉树，然后找出根度数为1的所有顶点数为3的非同构二叉树。注意到任一二叉树的根度数不能超过2。

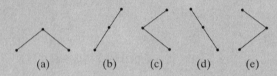

图9.8.12　5个顶点数为3的非同构二叉树

根度数为2且顶点数为3的二叉树一定与图9.8.12(a)的二叉树同构。根度数为1且顶点数为3的二叉树，其根的子节点要么是左子节点而不是右子节点，要么是右子节点而不是左子节点。如果根有一左子节点，则该子节点的子节点要么是左子节点，要么是右子节点。得到的两棵二叉树如图9.8.12(b)和图9.8.12(c)所示。同样，如果根节点的子节点是右子节点，则该子节点的子节点要么是左子节点，要么是右子节点，得到的两棵二叉树如图9.8.12(d)和图9.8.12(e)所示。因此，所有顶点数为3的非同构二叉树如图9.8.12所示。

如果S是有某一特性的树的集合（比如S是自由树的集合或者S是有根树的集合，再比如是二叉树的集合），并且定义S上的二元关系R，有关系$T_1 R T_2$，如果T_1与T_2同构，R是等价关系。每个等价类由一组两两同构的树的集合组成。

在定理9.8.3中，证明了存在3种顶点数为5的非同构自由树。在定理9.8.7中，证明了存在4种顶点数为4的非同构有根树。在定理9.8.11中，证明了存在5种顶点数为3的非同构二叉树。可能有人会问对于一类有n个顶点的树，是否有确定非同构数量的公式。确实存在对n个顶点自由树非同构的数量、对n个顶点有根树的非同构树数量及对n个顶点的二叉树不同构数量的公式。对有n个顶点的不同构自由树和不同构有根树的公式很复杂。而且这些公式的推导所需要的知识超过了本书的范围。公式及其证明可参见[Deo,Sec.10-3]。我们可以推导出一个有n个顶点的二叉树数目的公式。

定理9.8.12 有n个顶点的非同构二叉树的数量是C_n，其中$C_n = C(2n, n)/(n + 1)$是第n个Catalan数。

证明 令a_n为有n个顶点二叉树的数目，例如$a_0 = 1$，因为只有一个二叉树一个顶点都没有；$a_1 = 1$，因为也只有一个二叉树有一个顶点；$a_2 = 2$，因为有两棵二叉树的顶点都为2（参见图9.8.13）；$a_3 = 5$，因为有5个顶点为3的二叉树（参见图9.8.12）。

图9.8.13　有两个顶点的两个非同构二叉树

可以给数列$a_0, a_1, \cdots$推导出一个递归关系，考虑构造一个有n个顶点的二叉树，$n > 0$。一个顶点一定是根，还剩$n - 1$个顶点，如果左子树有k个顶点，则右子树有$n - k - 1$个顶点。构造一棵左子树有k个顶点而右子树有$n - k - 1$个顶点的二叉树（有n个顶点），通过两步来完成。先构造左子树，再构造右子树。（图9.8.14显示了当$n = 6$、$k = 2$时的构造过程。）通过乘法原理，构造过程需要$a_k a_{n-k-1}$步才能完成。k的不同取值可以得到不同的顶点数为n的二叉树，因此由加法原理，n个顶点的二叉树的总数为

$$\sum_{k=0}^{n-1} a_k a_{n-k-1}$$

因此得到了递归关系：

$$a_n = \sum_{k=0}^{n-1} a_k a_{n-k-1}, \qquad n \geq 1$$

这种递归关系和初始值$a_0 = 1$给出了Catalan数列的定义（参见例6.2.23和例7.1.7）。因此a_n为Catalan数$C(2n, n)/(n + 1)$。

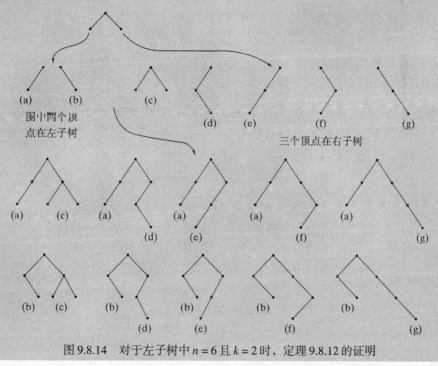

图9.8.14 对于左子树中$n = 6$且$k = 2$时，定理9.8.12的证明

在8.6节讨论图的同构时，说明了不存在有效的方法来判定两个任意图是否同构。但对于树来说不能这么肯定。可以在多项式时间内判定任意两棵树是否同构。作为特例，我们给出判定两棵二叉树T_1和T_2是否同构的线性时间算法。该算法基于前序遍历（参见9.6节）。首先检查T_1、T_2是否为空，然后检查T_1和T_2的左子树是同构的，以及检查T_1和T_2的右子树是同构的。

算法9.8.13 检查两个二叉树是否同构

输入： 两棵二叉树的根r_1和r_2。（如果第一棵树为空，r_1为特殊值$null$，如果第二棵树为空，则r_2为特殊值$null$。）

输出： 如果树同构，返回true
　　　 如果树不同构，返回false

```
bin_tree_isom(r_1, r_2) {
1.   if (r_1 == null ∧ r_2 == null)
2.     return true
     // 现在 r_1 和 r_2 有一个或者两个不是 null
3.   if (r_1 == null ∨ r_2 == null)
4.     return false
     // 现在 r_1 和 r_2 都不是 null
5.   lc_r_1 = r_1 的左子节点
6.   lc_r_2 = r_2 的左子节点
7.   rc_r_1 = r_1 的右子节点
8.   rc_r_2 = r_2 的右子节点
9.   return bin_tree_isom(lc_r_1, lc_r_2) ∧ bin_tree_isom(rc_r_1, rc_r_2)
}
```

作为算法 9.8.13 所需要的时间的度量, 在第 1 行和第 3 行计算了含 null 的比较次数。可以证明算法 9.8.13 是最坏情形下的线性时间算法。

定理 9.8.14 算法 9.8.13 的最坏情形时间为 $\Theta(n)$, 其中 n 为两棵树上的所有顶点数。

证明 令 a_n 为算法 9.8.13 在最坏情形下所需的含 null 的比较次数, 其中 n 为所输入的树的所有顶点数。用数学归纳法证明

$$a_n \leq 3n + 2 \quad \text{当 } n \geq 0$$

基本步 ($n = 0$)
如果 $n = 0$, 算法 9.8.13 输入的两棵树都为空, 这时在第一行有两次含 null 的比较, 然后返回。因此 $a_0 = 2$, 即 $n = 0$ 时不等式成立。

归纳步
设

$$a_k \leq 3k + 2$$

当 $k < n$ 时成立。要证明

$$a_n \leq 3n + 2$$

先找到最坏情形下的比较次数的上界, 此时树的输入为顶点总数 $n > 0$, 树都不为空。这种情形下, 在第 1 行和第 3 行有 4 次比较, 令 L 代表所输入树的两棵左子树的所有顶点数的和, 令 R 代表所输入树的两棵右子树的所有顶点数的和。于是第 9 行在最坏情形下最多有 $a_L + a_R$ 次附加的比较。所以最坏情形下需要 $4 + a_L + a_R$ 次比较。由归纳假设,

$$a_L \leq 3L + 2 \quad \text{且} \quad a_R \leq 3R + 2 \tag{9.8.1}$$

于是

$$2 + L + R = n \tag{9.8.2}$$

因为这些顶点包含两个根, 即左子树的顶点和右子树的顶点。合并式 (9.8.1) 和式 (9.8.2), 得到

$$4 + a_L + a_R \leq 4 + (3L + 2) + (3R + 2) = 3(2 + L + R) + 2 = 3n + 2$$

如果有一棵树为空, 这时需要在第 1 行和第 3 行进行 4 次比较, 然后过程返回。因此, 无论是否有树为空, 在最坏情形下最多有 $3n + 2$ 次比较, 因此

$$a_n \leq 3n+2$$

即归纳步成立，因此得出结论，算法9.8.13在最坏情形下的时间为$O(n)$。

如果n为偶数，令$n=2k$，可以用归纳法证明（参见练习24），当两个顶点数为k的二叉树作为算法9.8.13的输入时，比较次数为$3n+2$。利用这个结果，可以证明（参见练习25）如果n为奇数，令$n=2k+1$，当两棵二叉树作为算法9.8.13的输入时，如图9.8.15所示，比较次数等于$3n+1$，因此算法9.8.13的最坏情形时间为$\Omega(n)$。

因为最坏情形时间为$O(n)$和$\Omega(n)$，算法9.8.13的最坏情形时间为$\Theta(n)$。

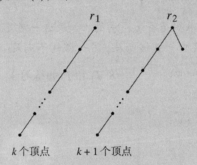

图9.8.15 当n为奇数，即$n=2k+1$时，对于两棵二叉树，算法9.8.13在最坏情形下的运行时间为$3n+1$

[Aho]给出最坏情形时间与顶点数成线性关系的算法，能够判断两棵有根树（不必要是二叉的）是否同构。

本节复习

1. 两棵自由树同构是什么意思？
2. 两棵有根树同构是什么意思？
3. 两棵二叉树同构是什么意思？
4. 顶点数为n的非同构二叉树有多少棵？
5. 描述一个线性时间算法测试两个二叉树是否同构。

练习

对于练习1~6，确定每对自由树是否是同构的，如果这一对是同构的，则给出一个同构。如果这一对不是同构的，则给出一个不变形式，其中一棵树满足，另一棵树不满足。

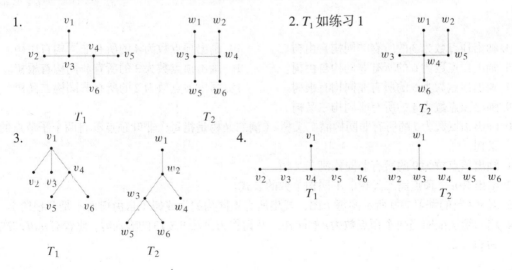

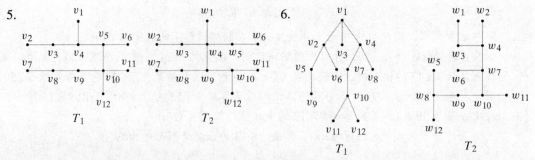

在练习7~9中，确定每对有根树是否是同构的，如果这一对是同构的，则给出同构；如果不是同构的，则给出一个不变形式，其中一棵树满足，另一棵树不满足。判断作为自由树是否是同构的。

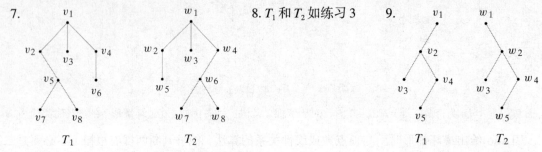

在练习10~12中，确定每对有根树是否是同构的，如果这一对是同构的，则给出同构；如果不是同构的，则给出一个不变形式，其中一棵树满足，另一棵树不满足。判断作为自由树和有根树是否是同构的。

10. T_1 和 T_2 如练习9所示

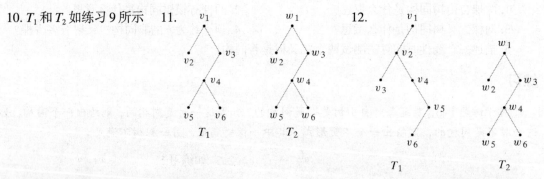

13. 画出顶点数为3的所有非同构自由树。
14. 画出顶点数为4的所有非同构自由树。
15. 画出顶点数为6的所有非同构自由树。
16. 画出顶点数为3的所有非同构有根树。
17. 画出顶点数为5的所有非同构有根树。
18. 画出顶点数为2的所有非同构二叉树。
19. 画出顶点数为4的所有非同构二叉树。
20. 画出顶点数为7的所有非同构满二叉树。（满二叉树是指每个非叶顶点都有两个子节点的二叉树。）
21. 画出顶点数为9的所有非同构满二叉树。
22. 给出有 n 个顶点满二叉树的不同构个数的公式。
23. 对9.3节的练习7~9所示的每个图，找出所有不同构的生成树（自由树而不是有根树）。
24. 用归纳法证明当两个顶点数为 k 的同构二叉树作为算法9.8.13的输入时，比较有null的次数为 $6k + 2$。

第9章 树

25. 证明当两个如图9.8.15所示的二叉树作为算法9.8.13的输入时,比较有 *null* 的次数为 $6k + 4$。
26. 写出生成顶点数为 n 的随意二叉树的算法。

在练习27~33中,C_1、C_2、$\cdots$ 表示Catanlan数组成的序列。X_1 表示有 n 个外部节点的非同构满二叉树的集合,$n \geq 2$。X_2 表示有 $n+1$ 个外部节点的非同构满二叉树的集合,$n \geq 1$,其中有一个外部节点被标明为"被标记过"的。

27. 给定一棵有 $(n-1)$ 个节点的二叉树 T,$n \geq 2$,通过给 T 中没有左子节点的所有节点添加左子节点,没有右子节点的所有节点添加右子节点的方式构造一棵二叉树(外部节点同时添加左子节点和右子节点)。说明这种构造对应的从 $(n-1)$ 个节点的非同构二叉树的集合到 X_1 的映射是一对一的、映上的。并证明对所有 $n \geq 2$,有 $|X_1| = C_{n-1}$(对所有 $n \geq 2$)。
28. 说明对所有 $n \geq 1$,有 $|X_2| = (n+1)C_n$(对所有 $n \geq 2$)。

给定一棵树 $T \in X_1$,对 T 中的每一个节点 v,按照如下方式构造 X_2 中的两棵树。一棵是给 v 插入两个新的子节点,一个是被标记过的新的左子节点,一个是原先 T 中以 v 为根的子树的根。另一棵也是给 v 插入两个新的子节点,一个是被标记过的新的右子节点,一个是原先 T 中以 v 为根的子树的根。令 X_T 表示所构造的所有树的集合。该构造方法由Ira Gessel提出,由Arthur Benjamin按提出者的名字进行命名。

29. 说明对于所有 $T \subset X_1$,有 $|X_T| = 2(2n-1)$。
30. 说明如果 T_1 和 T_2 是 X_1 中的不同的树,则 $X_{T_1} \cap X_{T_2} = \emptyset$。
31. 说明 $\bigcup_{T \in X_1} X_T = X_2$。
32. 使用练习29~31的结果说明对于 $n \geq 2$ 有 $(n+1)C_n = 2(2n-1)C_{n-1}$。7.1节中的练习26求解的是基于 C_n 的明晰表示的同一等式。这些练习给出了一种不基于 C_n 明晰表示而证明等式的方法。
33. 使用练习32的结果给出第 n 个Catalan数($C_n = C(2n, n)/(n+1)$)的明晰表示的另一种推导(参见例6.2.23)。
34. 一棵有序树是根据它的子节点的顺序来计算的,例如有序树如下所示,它是不同构的。证明有 n 条边的不同构有序树的数目等于 C_n,即第 n 个Catalan数。

提示:考虑一棵有序树的前序遍历,其中1代表向下,0代表向上。

35. [项目]给出有 n 个顶点的不同构自由树的个数和有根树的不同构个数的公式(参见[Deo])。

9.9 博弈树①

实际生活中有许多有益的博弈,比如一字棋(tic-tac-toe)、国际象棋和方棋格,每名选手交替动作。在本节中,可以看到如何将树应用到博弈比赛策略的研究中。这种方法已应用到很多的计算机程序研究中,使得人类可以同计算机比赛,或者甚至计算机同计算机比赛。

[WWW]

---
① 略去这一节并不影响本书内容的连贯性。

作为一般方法的一个例子，考虑一种nim博弈，一开始有n堆，每堆都有一定数量的相同棋子。选手交替动作。每次动作可以从任意堆移去一个或者多个棋子。最后移走一个棋子的选手判输。作为特例，考虑刚开始分为两堆，一堆包含3个棋子和两个棋子，所有的动作序列可以用**博弈树**（game tree）来表示（参见图9.9.1）。第一名选手用方框表示，第二名选手用圆圈表示。每个顶点都代表博弈中的一个特定位置。在这个博弈中，初始位置用$\binom{3}{2}$表示。一条路径代表动作序列。如果一位置上是方形，则表示第一名选手在动作，否则如果位置上是圆圈，则表示第二名选手在动作。叶顶点表示博弈结束。在nim博弈中，如果叶顶点为圆圈，说明第一名选手移走最后一个棋子，输掉博弈。如果叶顶点是方框，则表示第二名选手输了。

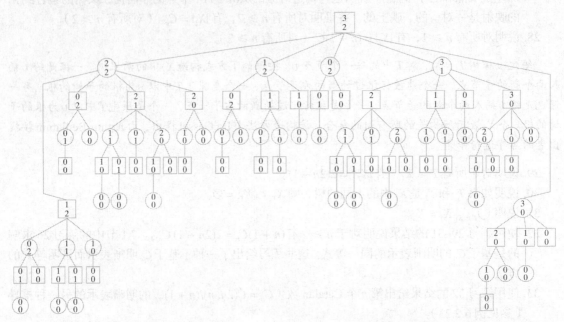

图9.9.1 nim的博弈树，一开始分为两堆，每堆分别有2~3个棋子

先分析叶顶点。先给每个叶顶点标上第一名选手位置的值，如果叶顶点为圆圈，由于第一名选手输了，该位置对于第一名选手没有用处了，因此标记为0（参见图9.9.2）。如果叶顶点为一个方框，则由于第一名选手赢了，该位置对于第一名选手是有利的，因此标上比0大的数，如为1（参见图9.9.2）。根据这种方法，此时所有叶顶点都被赋值。

现在考虑给非叶顶点赋值的问题，当遇到一个内部的方框时，它的所有的子节点都要赋值。例如，当前状态如图9.9.3所示，第一名选手（方框）应该移动到顶点B所在的位置上，因为该位置得到的赋值最大。也就是说，方框要移动到最大值的子节点位置，将此最大值赋给方框顶点。

再从第二名选手（圆圈）的角度考虑问题，设现在的情况如图9.9.4所示，此时圆圈到了顶点C的位置，因为该位置对于方框赋值最小，因此对于圆圈最有利。也就是说，圆圈移动到最小赋值的子节点。将最小值赋给带圆圈的顶点。圆圈寻找子节点的最小值和方框寻找子节点的最大值的过程称做**最小最大过程**（minimax procedure）。

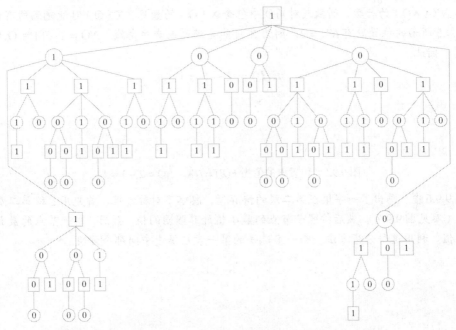

图 9.9.2 图 9.9.1 的博弈树，标示了所有顶点的赋值

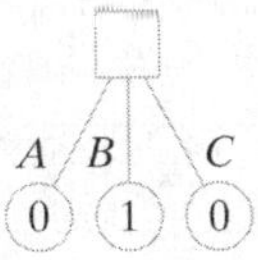

图 9.9.3 第一名选手（方框）应该移动到位置 B，因为这是最有利的。方框所在的顶点赋给最大值（1）

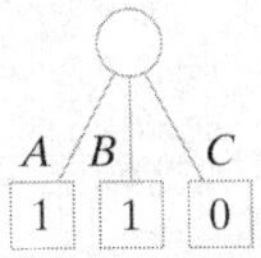

图 9.9.4 第二名选手（圆圈）应该移动到位置 C，因为（方框）最不利，此时最小值（0）被赋给了圆圈所在的节点

由叶顶点向上追溯，通过最小最大过程，可以将博弈树上的所有顶点赋值（参见图 9.9.2）。这些数代表第一名选手在博弈中各个状态下的值。如图 9.9.2 所示，根表示初始位置有值为 1。这就意味着第一名选手总能通过一种最优策略赢得比赛，这种最优策略可由博弈树得到：第一名选手总移动到最大值的子节点位置上，无论第二名选手怎么移动，第一名选手总能移动到值为 1 的顶点位置上。最后，到达值为 1 的叶顶点，于是第一名选手赢得比赛。

许多有趣的博弈，比如国际象棋，相应的博弈树会很大，以至于不能有效地用计算机生成完整的博弈树。但博弈树的概念对于分析这类博弈仍然有效。

当用到博弈树时，可采取深度优先搜索，如果博弈树很大，以至于不能有效达到一个叶顶点，则要限制深度优先搜索的深度来进行处理。如果限制只能从指定顶点开始往下搜索 n 层，则这种搜索叫做 n 层搜索。由于在最低层的顶点不一定为叶顶点，则需要用某种方法给这些顶点赋值。这就是博弈要处理的地方，构造评估函数（evaluation function）E，给第一名选手的每个可能的博弈位置 P 赋值 $E(P)$。在最底层的节点用函数 E 赋值以后，最小最大过程便能使其他顶点也被赋上值。我们用一个例子来解释这些概念。

例 9.9.1 利用最小最大过程，用二层深度优先最小最大搜索求出一字棋的博弈树的根节点的值。用评估函数 E，给一个位置赋值为

$$NX - NO$$

其中 $NX(NO)$ 为行数、列数或对角线中包含 X(O) 的数目，X(O) 可能充满所有格。例如图 9.9.5 所示的位置 P 有 $NX=2$，因为 X 可能充满列或者对角线，$NO=1$，因为 O 只能充满一列。因此

$$E(P) = 2 - 1 = 1$$

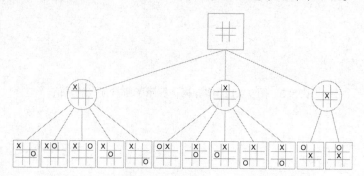

图 9.9.5　位置 P 的值为 $E(P) = NX - NO = 2 - 1 = 1$

在图 9.9.6 中，画出了一字棋在第二层的博弈树，忽略了对称情况。首先用 E 给第二层的顶点赋值（参见图 9.9.7）。然后按照子节点的最小值计算圆圈的值。最后，用子节点的最大值计算根的值。利用这种分析方法，第一名选手的第一步应该走中间那个方块。

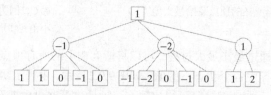

图 9.9.6　一字棋第二层的博弈树，忽略对称位置情况

图 9.9.7　图 9.9.6 的博弈树，所有顶点都赋了值

对于博弈树的评估，或者甚至是博弈树中的一部分的评估，计算开销都很大，因此任一种降低计算开销的技术都是受欢迎的。最一般的方法是 **alpha-beta 剪枝**。alpha-beta 剪枝能够忽略很多博弈树中的顶点，但是仍然能够求得顶点赋值。而且得到的值与评估所有顶点后得到的值是一致的。

例如，考虑如图 9.9.8 所示的博弈树，设用 2 层深度优先搜索来评估顶点 A，从左到右评估子节点，首先评估左下顶点的 E、F 和 G 的值。由一个评估函数得到评估值，顶点 B 为 2，是它的子节点中评估值最小的。这时，由于 A 要取它的子节点中的最大值，因此 A 的值 x 最小为 2，也就是

$$x \geq 2 \tag{9.9.1}$$

A 的下界叫做 A 的 **alpha 值**。下一个要评估的顶点是 H、I、J，当 I 的值为 1 时，可以推出 C 的值 y 不会比 1 大，因为 C 的值要是它的子节点的最小值，即

$$y \leq 1 \tag{9.9.2}$$

由式(9.9.1)和式(9.9.2)，无论 y 的值是多少，都不会影响 x 的值。不需要考虑顶点 C 以下的子树，此时产生 **alpha 剪枝**。然后评估 D 的子节点和 D，最后得到 A 的值为 3。

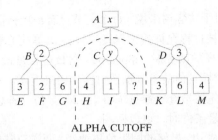

图 9.9.8 通过 2 层深度优先搜索采用 alpha-beta 剪枝评估顶点 A，当评估 I 以后，由于 I 的值为 1，比当前 A 的下界 2 要小，所以在顶点 C 产生剪枝操作

总地来说，当 v 的子节点 w 有值不比 v 的 alpha 值大时，则对方框顶点 v 出现 alpha 剪枝。w 的父节点为根的子树要被剪枝。这种删除不会影响 v 的值，顶点 v 的 alpha 值仅是 v 的值的下界，一个顶点的 alpha 值依赖于搜索的当前状态，并随着搜索的进程不断改变。

同样，圆圈的顶点 v 的 **beta 值**仅是 v 的上界。当 v 的子节点 w 有值不比 v 的 beta 值小时，则对圆圈的顶点 v 出现 **beta 剪枝**。w 的父节点为根的子树要被剪枝。这种删除不会影响 v 的值。一个顶点的 beta 值依赖于搜索的当前状态，并随着搜索的进程不断改变。

例 9.9.2 利用 alpha-beta 剪枝的深度优先搜索来评估图 9.9.9 的根，设从左到右评估子节点，给每个计算过的顶点在该顶点处写上这个值。给每个被删除子树的根上画√，每个叶顶点的值都写在顶点下面。

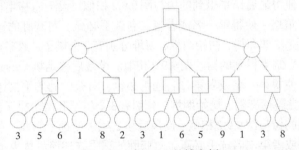

图 9.9.9 例 9.9.2 的博弈树

由顶点 A、B、C、D 开始评估（参见图 9.9.10），然后找出 E 的值为 6，于是 F 的 beta 值就为 6。再评估节点 G，因为它的值为 8 且 8 超过了 F 的 beta 值，于是产生 beta 剪枝，将根 H 的子树剪掉。F 的值为 6。于是 I 的 alpha 值为 6，进而评估顶点 J 和 K。因为 K 的值 3 小于 I 的 alpha 值 6，产生 alpha 剪枝，将根 L 以下的子树剪掉，然后评估 M、N、O、P、Q、R 和 S。不会出现其他可能的剪枝。最后得到根 I 的值为 8。

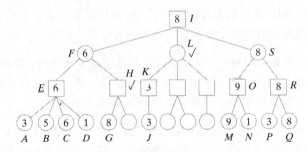

图 9.9.10 利用 alpha-beta 剪枝的深度优先搜索评估图 9.9.9 的博弈树的根。给被剪的子树的根画√，将顶点的值写在顶点里

可以证明（参见[Pearl]）对于博弈树来说，每个父节点有 n 个子节点，且叶顶点的值随机排放。在已知的时间内，alpha-beta 剪枝过程允许搜索深度 4/3，这比单纯的最小最大过程对每个顶点的评估要大。[Pearl]也证明了对于这样的博弈树，alpha-beta 剪枝过程是最优的。

可以在 alpha-beta 剪枝里增加其他技术来加快对博弈树的搜索。一种想法是给被评估顶点的子节点排序，使得最可能的结果先被检查（参见练习 23~26）。另一种想法是加入变化深度搜索，当利用某种函数得到的结果不满足条件时，可以回溯。

某些博弈程序取得了很大成功，最好的国际象棋博弈、西洋双陆棋、方棋格程序都能做到与人类选手进行对决。世界象棋冠军是一个名叫 Chinook 的程序，由 Alberta 大学的一个研究组开发。在 1997 年，IBM 国际象棋程序——深蓝和人类选手进行了 6 轮比赛，击败了从 1985 年开始的世界冠军 Garry Kasparov，深蓝赢了两次，平三次，输了一次。

[WWW]

本节复习

1. 什么是博弈树？
2. 什么是最小最大过程？
3. 什么是 n 层搜索？
4. 什么是评估函数？
5. 解释 alpha-beta 剪枝是如何工作的。
6. 什么是 alpha 值？
7. 什么是 ahpha 剪枝？
8. 什么是 beta 值？
9. 什么是 beta 剪枝？

练习

1. 画出 nim 博弈的完整博弈树，初始堆有 6 个棋子，一次能移走 1 个、2 个或者 3 个棋子。给所有顶点赋值，使得最后结果得到的树与图 9.9.2 相似。设最后移走棋子的选手判输。存在不存在一个最优策略，使得第一名或者第二名选手必赢。对获胜的选手描述该最优策略。

2. 画出 nim 博弈的完整博弈树，初始两堆，每堆分别有 3 个棋子，忽略对称的形式，给所有顶点赋值，使得最后结果得到的树与图 9.9.2 相似。设最后移走棋子的选手判输。存在不存在一个最优策略，使得第一名或者第二名选手必赢，对获胜的选手描述该最优策略。

3. 画出 nim 博弈的完整博弈树，初始两堆，分别有 3 个棋子和两个棋子。给所有顶点赋值，使得最后结果得到的树与图 9.9.2 相似。设最后移走棋子的选手判赢。存在不存在一个最优策略，使得第一名或者第二名选手必赢。对获胜的选手描述该最优算法。

4. 画出 nim 博弈的完整博弈树，初始两堆，每堆有 3 个棋子。给所有顶点赋值，使得最后结果得到的树与图 9.9.2 相似。设最后移走棋子的选手判赢。存在不存在一个最优策略，使得第一名或者第二名选手必赢。对获胜的选手描述该最优策略。

5. 画出练习 1 的 nim 博弈的完整博弈树。给所有顶点赋值，使得最后结果得到的树与图 9.9.2 相似。设最后移走棋子的选手判赢。存在不存在一个最优策略，使得第一名或者第二名选手必赢。对获胜的选手描述该最优算法。

6. 给出一个完整博弈树的（可能假设的）例子，使得如果第一名选手赢，则叶顶点值为 1，输则为 0。有下列性质：叶顶点中 0 的数量比 1 的数量多，但第一名选手采用最优策略必赢。

练习 7 和练习 8 是有关 nim 和 nim' 博弈，nim 博弈是用本节所说的 n 堆棋子，其中最后一个移走棋子的选手判输；而 nim' 博弈，如本节所说的用 n 堆棋子，除了最后移走棋子的选手判赢之外。固定分 n 堆，每堆有固定数量的棋子。设最少有一堆棋和至少两个棋子。

*7. 证明第一名选手如果总能赢得 nim 博弈，当且仅当在 nim' 博弈总能赢得比赛。

*8. 如果给出 nim 博弈中的一个选手一个必赢策略后，试描述他在 nim' 博弈中的必赢策略。

评估博弈树中的每个顶点，叶顶点的值已经给出。

9. 10.

11.

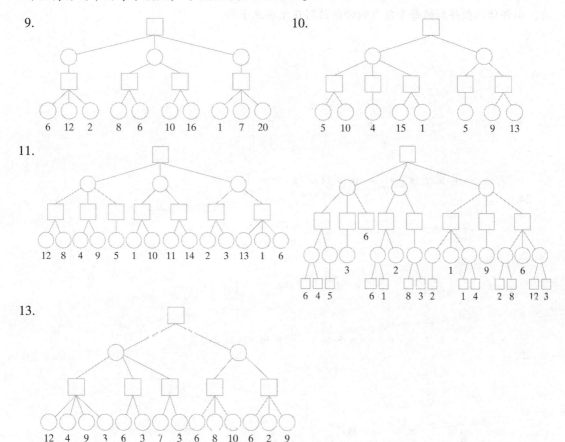

13.

14. 评估练习9~13每棵树的根的值，采用alpha-beta剪枝的深度优先搜索，设子节点由左向右评估。对于每个计算过的顶点，将值写到顶点中，将要剪枝的子树的根画√，每个叶顶点的值写在顶点下。

在练习15~18中，用例9.9.1的评估函数确定一字棋博弈每个状态的值。

15.   16.   17.   18.

19. 设第一名选手在一字棋博弈中移动到中间方块，画出第二层的博弈树，使得在根将X放入中间方块，忽略对称状态。用例9.9.1的评估函数评估所有的顶点，O会赢吗？

*20. 能否将基于例9.9.1的评估函数E的2层搜索程序应用到一字棋博弈，可以产生理想的策略？如果不能，能否修改E使得2层搜索产生理想的策略？

21. 给出一个算法，用n层深度优先搜索评估一个博弈树的顶点，设存在评估函数E。

*22. 给出一个算法，用alpha-beta剪枝的n层深度优先搜索评估一个博弈树的根，设存在评估函数E。

下面的方法比单纯用alpha-beta最小最大剪枝有更多的剪枝。首先，采用2层搜索，从左到右评估子节点。此时，对根的所有子节点赋值，进而对根的子节点排序，使得移动到左边最有利。现使用alpha-beta剪枝的n层深度优先搜索，对子节点从左到右评估。

令 $n = 4$，对练习 23~25 的每棵博弈树执行上面的过程。根据已被剪枝的每棵子树的根评估一次，由评估函数得到的每个顶点的评估值写在该顶点下面。

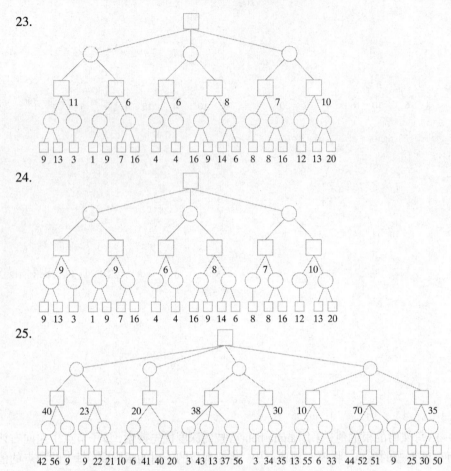

26. 给出一个算法，执行练习 23 以前的过程。

Mu Torere 是由 Maoris（参见 [Bell]）发明的二人博弈。在一个八角星的板中，中间有一个叫做 putahi 的圈。

第一名选手有 4 个黑棋子，第二名选手有 4 个白棋子，初始位置如图所示。如果有一名选手不能再行动，则判输。选手交替行动，最多一个棋子占据星的一角或者中间的圈，一次行动包含

(a) 移动到相邻的点
(b) 由 putahi 移动到一个点
(c) 由一个点移动到 putahi，使得一个或者两个相邻的点包含对手的棋子

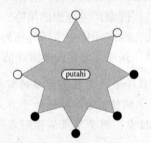

*27. 给出 Mu Torere 的一个评估函数。

*28. 将练习 27 的评估函数与博弈树的 2 层搜索联系起来,得到一个 Mu Torere 的博弈算法,并且评估该博弈算法的有效性。

*29. Mu Torere 的第一名选手必赢吗?   *30. Mu Torere 的第一名选手能总平吗?

31. [项目]由[Nilsson],国际象棋的完整博弈树有 10 个顶点,请理解这个结果是如何得来的。

*32. [项目]给出 Kalah 一个的评估函数(规则参见[Ainslie])。

*33. [项目]在练习 32 的评估函数基础上,对 Kalah 一个博弈算法,评估该算法的有效性。

注释

以下是推荐的有关树的参考文献: [Berge; Bondy; Deo; Even, 1979; Gibbons, Harary; Knuth 1997; Liu, 1985; and Ore]。

参见[Date]有关在层次数据库中的应用。

[Johnsonbaugh]有 Huffman 编码树的额外信息和算法 9.1.9 构造一棵最优 Huffman 树的证明。

[Golomb, 1965]描述了回溯的几个例子及应用。

最小生成树算法和执行可见[Tarjan]。

[Johnsonbaugh]讨论了排序的最短时间和其他一些问题的下界。

经典排序算法都列在[Knuth, 1998b]中,参见[Akl; Leighton; Lester; Lewis; Miller; and Quinn]用并行机进行排序。

关于博弈树的参考文献可见[Nievergelt; Nilsson; and Slagle]。在[Frey]中,最小最大过程用在一个简单的博弈中,其中讨论和比较了一些加速博弈树的搜索过程的方法,同时也给出了计算机程序。[Berlekamp, 2001, 2003]包含了一个博弈的一般理论和不少特殊博弈的分析。

本章复习

9.1
1. 自由树　　　　　　2. 有根树　　　　　　3. 有根树上一个顶点所在的层
4. 有根树的高度　　　　5. 分层定义树　　　　6. Huffman 编码

9.2
7. 父节点　　　8. 祖先节点　　　9. 子节点　　　10. 后代节点
11. 兄弟节点　　12. 叶顶点　　　13. 非叶顶点　　14. 子树
15. 无回路图　　16. 树的替换性质(参见定理9.2.3)

9.3
17. 生成树　　　　　　　18. 一个图有一棵生成树当且仅当是连通的
19. 宽度优先搜索　　　　20. 深度优先搜索　　　　21. 回溯

9.4
22. 最小生成树　　　　23. 查找最小生成树的 Prim 算法　　　　24. 贪心算法

9.5
25. 二叉树　　26. 二叉树的左子节点　　27. 二叉树的右子节点　　28. 满二叉树
29. 如果 T 是一个满二叉树,有 i 个非叶顶点,则 T 有 $i+1$ 个叶顶点,一共 $2i+1$ 个顶点。

30. 如果一个二叉树的高度为 h，有 t 个叶顶点，则 $\lg t \leq h$
31. 二叉搜索树　　　　　　　　32. 构造一个二叉搜索树的算法

9.6

33. 前序遍历　　34. 中序遍历　　35. 后序遍历　　36. 表达式的前缀形式（波兰式）
37. 表达式的中缀形式　　38. 表达式的后缀形式（逆波兰式）　　39. 表达式的树形表示法

9.7

40. 决策树　　　　41. 表示一个算法的决策树的树高与最坏情形的花费时间成比例
42. 任何排序算法在最坏情形下给 n 个数排序最少要 $\Omega(n \lg n)$ 次比较

9.8

43. 同构自由树　　　　44. 同构有根树　　　　45. 同构二叉树
46. Catalan 数 $C(2n, n)/(n+1)$ 等于有 n 个顶点非同构二叉树的个数
47. 利用线性时间算法（参见算法 9.8.13）来测试是否两个二叉树是同构的

9.9

48. 博弈树　　　　49. 最小最大过程　　　　50. n 层搜索　　　　51. 评估函数
52. alpha-beta 剪枝　　53. alpha 值　　54. alpha 剪枝　　55. beta 值　　56. beta 剪枝

本章自测题

9.1

1. 根据自由树画成一棵以 c 为根的有根树。

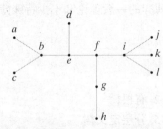

2. 给出以 c 为根相邻树的每个顶点的层次。　　3. 给出以 c 为根相邻树的高度。
4. 给下面的表中的文字集构造一个最优的 Huffman 编码。

字符	频率
A	5
B	8
C	5
D	12
E	20
F	10

9.2

5. 根据练习 1 的自由树画成一棵以 f 为根的有根树。找出

(a) a 的父节点

(b) b 的子节点

(c) 叶顶点

(d) 以 e 为根的子树

指出练习 6~8 的说法是正确还是错误，并说明原因。

6. 如果 T 是有 6 个顶点的一棵树，则 T 一定有 5 条边。
7. 如果 T 是有 6 个顶点的一棵有根树，则 T 的高度最高为 5。
8. 8 个顶点的非循环图有 7 条边。

9.3

9. 用宽度优先搜索（参见算法 9.3.6）对给定顶点顺序为 $eachgbdfi$ 的下面的图找出一棵生成树。

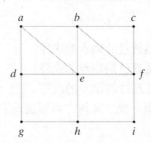

10. 用深度优先搜索（参见算法 9.3.7）对给定顶点顺序为 $eachgbdfi$ 的练习 9 的图找出一棵生成树。

11. 用宽度优先搜索（参见算法 9.3.6）对给定顶点顺序为 $fdehagbci$ 的练习 9 的图找出一棵生成树。

12. 用深度优先搜索（参见算法 9.3.7）对给定顶点顺序为 $fdehagbci$ 的练习 9 的图找出一棵生成树。

9.4

13. 给出下列图的最小生成树。

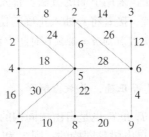

14. 如果初始顶点是 1，对练习 13 的图，用 Prim 算法所增加的边的顺序是什么？
15. 如果初始顶点是 6，对练习 13 的图，用 Prim 算法所增加的边的顺序是什么？
16. 给出贪心方法不能导出最优算法的一个例子。

9.5

17. 画出一个二叉树，其中有两个左子节点和一个右子节点。
18. 一个满二叉树有 15 个非叶顶点，则它有多少个叶顶点？
19. 将单词 WORD PROCESSING PRODUCES CLEAN MANUSCRIPTS BUT NOT NECESSARILY CLEAR PROSE 按出现顺序放入一棵二叉搜索树中。
20. 试解释如何在练习 19 中的二叉树中查找单词 MORE。

9.6

练习 21~23 是关于右边这棵二叉树的。

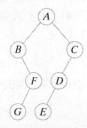

21. 用前序遍历方法列出所有已处理过的顶点的次序。
22. 用中序遍历方法列出所有已处理过的顶点的次序。
23. 用后序遍历方法列出所有已处理过的顶点的次序。
24. 用前缀表达式 $-*E/BD - CA$ 画一棵二叉树,再写出该表达式的中缀后缀形式和该表达式的满括号的中缀形式。

9.7

25. 6个外观一致的硬币,除其中一个外,所有其他硬币都一样重,证明在最坏情形下最少称3次找到不同重的坏币,且可指出是轻还是重。
26. 给求解练习25硬币问题的一个算法画一棵决策树,该算法在最坏情形下最多称3次。
27. E. Sabic 教授发现一种算法,对 n 个项排序能最多进行 $100n$ 次比较(对所有的 $n \geq 1$)。这个教授的算法基于比较的结果而且重复比较两个元素,修改初始序列。试说明这个教授的说法必然是错误的。
28. 二叉插入排序算法给大小为 n 的数组排序,当 $n = 1$, 2, 3 时,算法采用一种最优排序方法;当 $n > 3$ 时,算法给 $s_1, \cdots, s_n$ 排序,采用下面的方法。首先给 $s_1, \cdots, s_{n-1}$ 递归排序,然后用二叉搜索方法来确定 s_n 的正确位置,接着将 s_n 插入正确的位置上,当 $n = 4, 5, 6$ 时,用二叉插入排序给出最坏情形下的比较次数。对 $n = 4, 5, 6$ 时,有没有算法能给出更少的比较次数?

9.8

判断练习29和练习30的说法是否正确,并做出解释。

29. 令 T_1 和 T_2 是有根同构树,则 T_1 和 T_2 也是自由树同构的。
30. 令 T_1 和 T_2 是有根树,且作为自由树是同构的,则 T_1 和 T_2 也是有根树同构的。
31. 判断下列的自由树是否同构,如果树是同构的,给出一个同构,如果树是不同构的,给出不同之处。

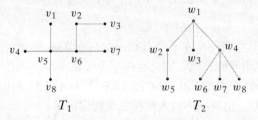

32. 判断下列的有根树是否同构,如果同构,给出同构映射;如果不同构,给出未被保持的不变形状。

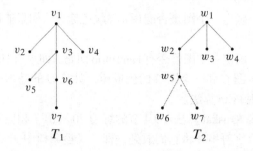

9.9

33. 使用例9.9.1的评估函数找出一字棋的每个状态的评估值。

34. 对一字棋位置给出不同于例9.9.1的评估函数，尽可能使得每个状态的评估值比例9.9.1的评估函数给出的评估值更易区分。

35. 评估下面的博弈树中的每个顶点，叶顶点的值已经给出。

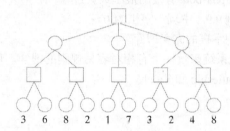

36. 用alpha-beta最小最大剪枝评估练习35的树的根。假设子节点从左到右评估。对每个要计算值的顶点，将值写到顶点里。给每棵剪掉的子树画√。

上机练习

1. 编写一个程序，测试一个图是否是树。
2. 编写一个程序，已知一棵树的相邻矩阵和顶点 v，用计算机绘图画出以 v 为根节点的树。
3. 编写一个程序，已知字母的频率表，构造一个最优 Huffman 编码。
4. 编写一个程序，用 Huffman 码编码和解码文本。
5. 通过对某一文本采样计算字母和频率的表。利用练习3的程序产生一个最优 Huffman 编码，用练习4的程序给某一样本文本编码。比较用 Huffman 码给文本编码和以 ASCII 码给文本编码所用的比特数。
6. 编写一个程序，给定一棵树 T，计算 T 中每个顶点的相邻关系，找出 T 的中心。
7. 编写一个程序，给定顶点 v 的一棵有根树：
   (a) 找出 v 的父节点；(b) 找出 v 的祖先节点；(c) 找出 v 的子节点；(d) 找出 v 的后代节点；
   (e) 找出 v 的兄弟节点；(f) 确定 v 是否为叶顶点。
8. 编写一个程序，找出一个图的一个生成树。 9. 编写一个程序，确定一个图是否为连通的。
10. 编写一个程序，找出一个图的各个部分。 11. 编写一个程序，解决 n 皇后问题。
12. 编写一个回溯程序，确定两个图是否为同构的。

13. 编写一个回溯程序，确定一个图是否能用 n 种颜色涂色。如果能用 n 种颜色涂色，生成一个涂色方案。
14. 编写一个回溯程序，确定一个图是否有 Hamilton 回路，如果有 Hamilton 回路，将其找出来。
15. 编写一个程序，给定图 G 和一个图 G 的生成树，计算 G 的基本回路矩阵。
16. 编写一个程序，实现 Prim 算法。
17. 编写一个程序，实现 Kruskal 算法（9.4 节的练习 20 给出了相应的描述）。
18. 编写一个程序，接收字符串并将它们放到一棵二叉搜索树中。
19. 编写一个程序，构造出所有有 n 个顶点的二叉树。
20. 编写一个程序，产生一个随机的有 n 个顶点的二叉树。
21. 编写一个程序，实现前缀、后缀和中缀的树的遍历。
22. 编写一个程序，实现锦标赛排序。
23. 编写一个程序，实现算法 9.8.13，测试两个二叉树是否是同构的。
24. 编写一个程序，为 nim 产生完整的博弈树，其中初始位置包含两堆，每堆 4 个棋子，假设最后拿走棋子的人判输。
25. 编写一个程序，实现最小最大过程。
26. 编写一个程序，实现 alpha-beta 剪枝的最小最大过程。
27. 编写一个程序，实现例 9.9.1 中玩一字棋的方法。
28. 编写一个程序，实现一字棋的完美博弈。
29. [项目]开发一个计算机系统来玩一个有相对容易规则的博弈。可供参考的博弈有 Cribbage、Othello、The Mill、Battleship 和 Kalah。

第10章 网络模型[①]

这一章使用有向图来讨论网络模型。本章重点关注通过网络的流的最大化问题。网络可以是通过货物流的运输网、输送石油的输油管道网、传送数据的计算机网络或许多其他可能的情况。在每种情况下，问题都是求最大流。许多其他表面上看来不是流的问题，事实上也可以用网络流问题来建立模型。

最大化网络流是一个既属于图论又属于运筹学的问题。旅行商问题是另一个既属于图论又属于运筹学的例子。运筹学研究非常广泛的各类优化系统性能的问题。运筹学中研究的典型问题是网络问题、资源分配问题和人员指派问题。

10.1 简介

考虑图10.1.1所示的一个输油管道网络的有向图。原油在码头a卸下并通过网络泵送到炼油厂z。顶点b、c、d和e表示中间泵站。有向边表示系统的子管道，并且表明了原油能够流动的方向。边上的标记表明了子管道的通过能力。问题是找出一个方法来最大化从码头到炼油厂的流，并且计算出这个最大流的流量。图10.1.1是一个**运输网络**（transport network）的例子。 [WWW]

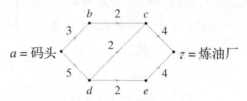

图 10.1.1 一个运输网络

定义10.1.1 运输网络（或更简单地称网络）是一个简单的、加权的有向图且满足：

(a) 有一个指定的顶点没有入边，该顶点称为源点。
(b) 有一个指定的顶点没有出边，该顶点称为收点。
(c) 有向边(i,j)的权C_{ij}是非负数，C_{ij}称为(i,j)的容量。 ■

例10.1.2 图10.1.1中的图是一个运输网络。源点是顶点a，收点是顶点z。边(a,b)的容量C_{ab}是3，边(b,c)的容量C_{bc}是2。 ■

在这一章中，如果G是网络，则用a表示源点，用z表示收点。

网络的**流**（flow）给每条有向边赋予一个不超过这条边容量的流量，而且假定流入一个既不是源点也不是收点的顶点v的流量等于流出v的流量。下面严格地定义这些概念。

定义10.1.3 设G是运输网络，C_{ij}表示有向边(i,j)的容量。G中的流F赋予每条有向边(i,j)一个非负数F_{ij}，使得

(a) $F_{ij} \leq C_{ij}$。

[①] 本书以前各版本中关于Petri网的一节，现在可以从网站http://condor.depaul.edu/~rjohnson/dm7th 得到。

(b) 对每个既不是源点也不是收点的顶点 j，

$$\sum_i F_{ij} = \sum_i F_{ji} \tag{10.1.1}$$

（在形如式(10.1.1)的和中，除非另行指明，求和假设对所有顶点 i 进行。另外，如果 (i,j) 不是边，则令 $F_{ij} = 0$。）

称 F_{ij} 为边 (i,j) 上的流量。对任意顶点 j，称

$$\sum_i F_{ij}$$

为 j 的流入量，称

$$\sum_i F_{ji}$$

为 j 的流出量。∎

式(10.1.1)表示的性质称为**流量守恒**（conservation of flow）。在图 10.1.1 的原油泵送问题的例子中，流量守恒意味着原油在泵站 b、c、d 和 e 既不消耗也不补充。

例 10.1.4 赋值

$$F_{ab} = 2, \quad F_{bc} = 2, \quad F_{cz} = 3, \quad F_{ad} = 3,$$
$$F_{dc} = 1, \quad F_{de} = 2, \quad F_{ez} = 2$$

为图 10.1.1 的网络定义了一个流。例如，顶点 d 的流入量

$$F_{ad} = 3$$

与顶点 d 的流出量

$$F_{dc} + F_{de} = 1 + 2 = 3$$

相等。∎

将图 10.1.1 的网络重画于图 10.1.2 中，可表示例 10.1.4 的流。如果边 e 的容量是 x 且 e 上的流量是 y，则 e 标记为 "x, y"。这一章都将使用这种记法。

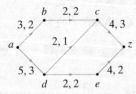

图 10.1.2 网络的流。边用 x、y 标记，表示容量 x 和流量 y

注意在例 10.1.4 中，源点 a 的流出量

$$F_{ab} + F_{ad}$$

与收点 z 的流入量

$$F_{cz} + F_{ez}$$

相等，值都是 5。下面的定理说明源点的流出量等于收点的流入量总是成立的。

定理 10.1.5 给定 F 网络中的一个流，源点 a 的流出量等于收点的流入量，即
$$\sum_i F_{ai} = \sum_i F_{iz}$$

证明 设 V 是顶点集，有
$$\sum_{j \in V} \left(\sum_{i \in V} F_{ij} \right) = \sum_{j \in V} \left(\sum_{i \in V} F_{ji} \right)$$

这是因为每个二重和都是
$$\sum_{e \in E} F_e$$

其中 E 是边集。因为
$$0 = \sum_{j \in V} \left(\sum_{i \in V} F_{ij} - \sum_{i \in V} F_{ji} \right)$$
$$= \left(\sum_{i \in V} F_{iz} - \sum_{i \in V} F_{zi} \right) + \left(\sum_{i \in V} F_{ia} - \sum_{i \in V} F_{ai} \right)$$
$$+ \sum_{\substack{j \in V \\ j \neq a,z}} \left(\sum_{i \in V} F_{ij} - \sum_{i \in V} F_{ji} \right)$$
$$= \sum_{i \in V} F_{iz} - \sum_{i \in V} F_{ai}$$

对所有的 $i \in V$，$F_{zi} = 0 = F_{ia}$，并且（参见定义 10.1.3b）
$$\sum_{i \in V} F_{ij} - \sum_{i \in V} F_{ji} = 0 \quad \text{如果} \ j \in V - \{a, z\}$$

根据定理 10.1.5，可以陈述下面的定义。

定义 10.1.6 设 F 是网络 G 的流。值
$$\sum_i F_{ai} = \sum_i F_{iz}$$

称为流的流量 F。∎

例 10.1.7 图 10.1.2 的网络中流的流量是 5。∎

对于运输网络 G 的问题可以陈述为：求 G 中的一个最大流，即在 G 中所有可能的流中，找出流 F 使得 F 的流量是最大的。在下一节中，将给出一个能有效地解决这个问题的算法。我们通过给出其他一些例子来结束本节的讨论。

例 10.1.8 泵送网络 图 10.1.3 表示一个泵送网络。在网络中，两个城市 A 和 B 的水由三口井 w_1、w_2 和 w_3 供给。中间系统的容量表示在边上。顶点 b、c 和 d 表示中间泵站。将这个系统模型化为一个运输网络。

为了得到指定的源点和收点，可以将所有的源点合并成一个超源点、将所有的收点合并成一个超收点，得到一个等价的运输网络（参见图 10.1.4）。在图 10.1.4 中，∞ 表示无限的容量。

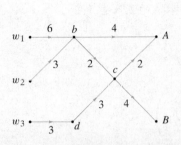
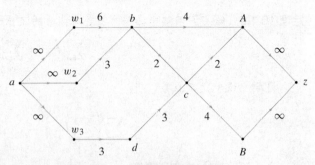

图 10.1.3 一个泵送网络。城市 A 和城市 B 的水由井 w_1、w_2 和 w_3 供给。容量表示在边上

图 10.1.4 有指定的源点和收点的图 10.1.3 的网络

例 10.1.9 交通流网络 从城市 A 到城市 C 可以直达也可以经过城市 B。在下午 6：00~7：00 间，平均行驶时间是

A 到 B 15 分钟
B 到 C 30 分钟
A 到 C 30 分钟

路的最大容量是

A 到 B 3000 辆车
B 到 C 2000 辆车
A 到 C 4000 辆车

将下午 6：00~7：00 间从 A 到 C 的交通流表示为网络。一个顶点表示一个在特定时刻的城市（参见图 10.1.5）。如果可以在下午 t_1 时刻离开城市 X 并在下午 t_2 时刻到达城市 Y，则有一条边把 X, t_1 连接到 Y, t_2。边的容量是路的容量。无限容量的边把 A, t_1 连接到 A, t_2、把 B, t_1 连接到 B, t_2，以表示任何数量的汽车可在城市 A 或城市 B 等待。最后，引入一个超源点和一个超收点。

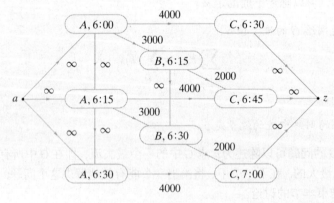

图 10.1.5 一个表示下午 6：00~7：00 间从城市 A 到城市 C 的交通流的网络

网络流问题的各种变形已被用在设计高效的计算机网络中（参见[Jones; Kleinrock]）。在计算机网络的模型中，顶点是信息中心或交换中心，边表示顶点间传送数据的信道。流表示信道上每秒钟内传送的平均比特数，边的容量是对应的信道的容量。

本节复习

1. 什么是网络?
2. 网络的源点是什么?
3. 网络的收点是什么?
4. 网络的容量是什么?
5. 什么是网络的流?
6. 什么是边的流量?
7. 什么是一个顶点的流入量?
8. 什么是一个顶点的流出量?
9. 什么是流量守恒?
10. 给定网络的一个流,源点的流出量和收点的流入量之间有什么关系?
11. 什么是超源点?
12. 什么是超收点?

练习

在练习 1~3 中,填上缺失的边流量,使得到的结果是给出的网络的流,并确定流的流量。

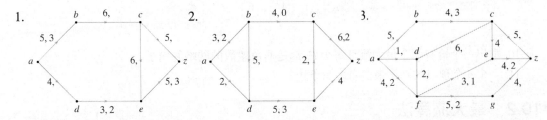

4. 下图表示一个泵送网络。在网络中,三个炼油厂 A、B、C 的原油由三口井 w_1、w_2、w_3 供给。中间系统的容量表示在边上。顶点 b、c、d、e、f 表示中间泵站。将这个系统模型化为一个网络。

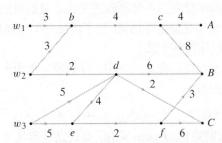

5. 假设井 w_1 至多可以抽 2 个单位,井 w_2 至多抽 4 个单位,井 w_3 至多抽 7 个单位。将练习 4 中的系统模型化为网络。

6. 除了对井的限量的假设之外,再假设城市 A 需要 4 个单位,城市 B 需要 3 个单位,城市 C 需要 4 个单位。将练习 5 中的系统模型化为网络。

7. 除了对井的限量和城市的需求量的假设之外,再假设中间泵站 d 最多能泵送 6 个单位。将练习 6 中的系统模型化为网络。

8. 从城市 A 到城市 D 有两条路线。一条路线经过城市 B,另一条路线经过城市 C。在上午 7:00~8:00 间,平均行驶时间是

A 到 B 30 分钟
A 到 C 15 分钟
B 到 D 15 分钟
C 到 D 15 分钟

路的最大容量是

A 到 B 1000 辆车
A 到 C 3000 辆车

B 到 D 4000 辆车
C 到 D 2000 辆车

将上午 7：00~8：00 间从 A 到 D 的交通流表示为网络。

9. 在如下图所示的系统中，想要最大化从 a 到 z 的流。容量表示在边上。对于既不是 a 也不是 z 的两个顶点，流可以在它们之间双向流动。将这个系统模型化为网络。

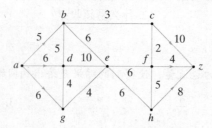

10. 举出一个恰有两个最大流且每个 F_{ij} 都是非负整数的网络的例子。
11. 一个 n 个顶点的网络最多有多少条边？

10.2 最大流算法

如果 G 是运输网络，G 中的**最大流**（maximal flow）是流量最大的流。一般来说，会有几个流都具有相同的最大流量。在这一节中，我们给出一个寻求最大流的算法。基本思想很简单——从某个初始流开始，反复地增加流的流量直到不能再改进为止。最后得到的流将是一个最大流。

可以取初始流为每条边上的流量都是零的流。为了增加一个已知流的流量，必须找出一条从源点到收点的路径并沿着这条路径增加这个流。

现在引入一些术语将有助于讨论。在这一节中，G 表示一个源点为 a、收点为 z、容量为 C 的网络。暂将 G 的边视为无向的并设

$$P = (v_0, v_1, \cdots, v_n), \quad v_0 = a, \quad v_n = z$$

是这个无向图中的一条从 a 到 z 的路径。（这一节中所有的路径都是关于基本无向图的。）如果 P 中的一条边 e 的方向是从 v_{i-1} 指向 v_i 的，就称 e（关于 P）是**正向的**；否则，称 e（关于 P）是**反向的**（参见图 10.2.1）。

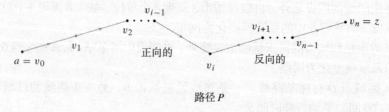

图 10.2.1 正向边和反向边。边 (v_{i-1}, v_i) 是正向的因为它朝 a 到 z 的方向。边 (v_i, v_{i+1}) 是反向的，因为它不朝 a 到 z 的方向

如果能找到从源点到收点的路径 P，P 中的每条边都是正向的而且每条边上的流量都小于边的容量，就有可能增加流的流量。

例 10.2.1 考虑图 10.2.2 中从 a 到 z 的路径。P 中所有的边都是正向的。这个网络中流的流量可以增加 1，如图 10.2.3 所示。

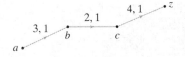
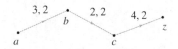

图 10.2.2　所有的边都是正向边的一条路径　　　　图 10.2.3　图 10.2.2 中的流增加 1 后的情形　■

某条从源点到收点的、既含有正向边也含有反向边的路径上的流也是有可能增加的。设 P 是一条从 a 到 z 的路径，x 是 P 中非 a 非 z 的顶点（参见图 10.2.4）。与 x 关联的边 e_1 和 e_2 的朝向有 4 种可能的情形。在情形(a)，它们都是正向的，这时如果将每条边上的流量增加 Δ，则 x 的流入量仍然等于 x 的流出量。在情形(b)，如果将 e_2 上的流量增加 Δ，就必须将 e_1 上的流量减少 Δ 以使 x 的流入量仍然等于 x 的流出量。情形(c)与情形(b)相似，只不过是将 e_1 上的流量增加 Δ 而将 e_2 上的流量减少 Δ。在情形(d)，将这两条边上的流量都减少 Δ。在每种情形中，最后得到的每条边上的赋值都给出一个流。当然，为了实现这些改动，正向边上的流量必须小于容量且反向边上的流量必须非零。

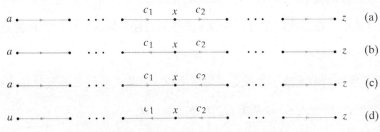

图 10.2.4　与 x 关联的两条边的 4 种可能的朝向

例 10.2.2　考虑图 10.2.5 中从 a 到 z 的路径。边 (a, b)、(c, d) 和 (d, z) 是正向的，而边 (c, b) 是反向的。将反向边 (c, b) 上的流量减少 1 并将正向边 (a, b)、(c, d) 和 (d, z) 上的流量增加 1（参见图 10.2.6）。新流的流量比原来的流的流量多 1。

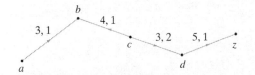
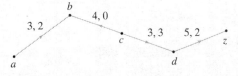

图 10.2.5　含有反向边 (c, b) 的一条路径　　　　图 10.2.6　将图 10.2.5 的流增加 1 后的情形　■

可将例 10.2.1 和例 10.2.2 的方法总结为定理。　　　　　　　　　　　　　　　　　　　　[WWW]

定理 10.2.3　设 P 是网络 G 中从 a 到 z 的满足以下条件的一条路径：

(a) 对 P 中的每条正向边 (i, j)，
$$F_{ij} < C_{ij}$$

(b) 对 P 中的每条反向边 (i, j)，
$$0 < F_{ij}$$

设
$$\Delta = \min X$$

其中 X 是由 P 中所有正向边 (i, j) 对应的数 $C_{ij} - F_{ij}$ 和 P 中所有反向边 (i, j) 对应的数 F_{ij} 组成。定义

$$F_{ij}^* = \begin{cases} F_{i,j} & \text{如果}(i,j)\text{不在 }P\text{ 中} \\ F_{ij} + \Delta & \text{如果}(i,j)\text{在 }P\text{ 中且是正向的} \\ F_{ij} - \Delta & \text{如果}(i,j)\text{在 }P\text{ 中且不是正向的} \end{cases}$$

则 F^* 是一个流量比 F 的流量大 Δ 的流。

证明 （参见图 10.2.2、图 10.2.3、图 10.2.5 和图 10.2.6） F^* 是一个流的理由已在例 10.2.2 之前给出。因为 P 中的边 (a,v) 增加了 Δ，所以 F^* 的流量比 F 的流量多 Δ。

在下一节中将说明如果没有路径满足定理 10.2.3 的条件，则流是最大的。这样，可以根据定理 10.2.3 构造一个算法。粗略的步骤如下：

1. 从一个流开始（例如，每条边上的流量都是 0 的流）。
2. 寻找一条满足定理 10.2.3 条件的路径。如果这样的路径不存在，则停止；流是最大流。
3. 将流过这条路径的流量增加 Δ，其中 Δ 如定理 10.2.3 中所定义，转到第 2 行。

在形化式的算法中，在寻找满足定理 10.2.3 条件的路径的同时，需时刻注意量

$$C_{ij} - F_{ij}, F_{ij}$$

算法 10.2.4 求网络中的最大流 算法是求网络中的一个最大流。每条边的容量是非负整数。

输入：源点为 a、收点为 z、容量为 C，顶点为 $a = v_0, \cdots, v_n = z$ 的网络和 n
输出：一个最大流 F

```
max_flow(a, z, C, v, n) {
    //v 的标号是 (predecessor(v), val (v))
    //从零流开始
1.  for 每条边 (i, j)
2.      F_ij = 0
3.  while (true) {
        // 删除所有标号
4.      for i = 0 to n {
5.          predecessor(v_i) = null
6.          val (v_i) = null
7.      }
        // 标号 a
8.      predecessor(a) = —
9.      val (a) = ∞
        //U 是未被检查、已标号的顶点集
10.     U = {a}
        // 一直继续直到 z 被标号
11.     while (val (z) == null) {
12.         if (U == ∅) // 流是最大的
13.             return F
14.         从 U 中选择 v
15.         U = U - {v}
```

```
16.        Δ = val(v)
17.        for 每条满足 val(w) == null 的边 (v, w)
18.            if (F_{vw} < C_{vw}) {
19.                predecessor(w) = v
20.                val(w) = min{Δ, C_{vw} − F_{vw}}
21.                U = U ∪ {w}
22.            }
23.        for 每条满足 val(w) == null 的边 (w, v)
24.            if (F_{wv} > 0) {
25.                predecessor(w) = v
26.                val(w) = min{Δ, F_{wv}}
27.                U = U ∪ {w}
28.            }
29.    } //end while(val(z) == null) loop
       // 找一条用来修正它上面流量的、从 a 到 z 的路径 P
30.    w_0 = z
31.    k = 0
32.    while (w_k ¬= a) {
33.        w_{k+1} = predecessor(w_k)
34.        k = k + 1
35.    }
36.    P = (w_{k+1}, w_k, ⋯, w_1, w_0)
37.    Δ = val(z)
38.    for i = 1 to k + 1 {
39.        e = (w_i, w_{i−1})
40.        if ( e 是 P 中的正向边 )
41.            F_e = F_e + Δ
42.        else
43.            F_e = F_e − Δ
44.    }
45. } // 结束 while 循环
}
```

算法 10.2.4 终止的证明留做练习（参见练习 19）。如果容量允许是非负有理数，则算法也会终止。但是，如果容量允许取任意的非负实数，并且允许第 17 行中以任意顺序检查各边，则算法不会终止（参见[Ford, pp. 21~22]）。

算法 10.2.4 经常称为**标号过程**（labeling procedure）。下面用两个例子来说明这个算法。

例 10.2.5 在这个讨论中，如果 v 顶点满足

$$predecessor(v) = p \text{ 且 } val(v) = t$$

就在图上将 v 的标号表示为 (p, t)。

在第1行和第2行,将流初始化为在每条边上都是0(参见图10.2.7)。然后,在第4行~第7行,把所有的标号都置为null。接着,在第8行和第9行,将顶点a标号为$(-,\infty)$。在第10行置$U=\{a\}$。然后进入while循环(第11行)。

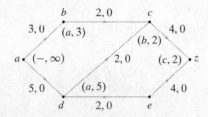

图10.2.7 第一次标号之后。顶点v被标号为$(predecessor(v), val(v))$

因为z没有被标号且U非空,所以转到第14行,在这里从U中选择顶点a并在第15行将它从U中删除。此时,$U=\emptyset$。在第16行置Δ为∞ $[=val(a)]$。在第17行,因为b和d都没有被标号,所以检查边(a,b)和(a,d)。对于边(a,b),有

$$F_{ab}=0<C_{ab}=3$$

在第19行和第20行,因为

$$predecessor(b)=a$$

且

$$val(b)=\min\{\Delta, 3-0\}=\min\{\infty, 3-0\}=3$$

所以把顶点b标号为$(a,3)$。在第21行,将b添加到U中。类似地,把顶点d标号为$(a,5)$并把d添加到U中。此时,$U=\{b,d\}$。

然后回到while循环的开始处(第11行)。因为z没有被标号且U非空,所以转到第14行,在这里从U中选择一个顶点。假设选择b。在第15行从U中删去b。在第16行置Δ为3 $[=val(b)]$。在第17行检查边(b,c),在第19行和第20行标记顶点c为$(b,2)$。因为

$$predecessor(c)=b$$

且

$$val(c)=\min\{\Delta, 2-0\}=\min\{3, 2-0\}=2$$

在第21行将c添加到U中。此时,$U=\{c,d\}$。

然后回到while循环的开始处(第11行)。因为z没有被标号且U非空,所以转到第14行,在这里从U中选择一个顶点。假设选择c。在第15行从U中删除c。在第16行置Δ为2 $[=val(c)]$。在第17行检查边(c,z)。在第19行和第20行将顶点z标号为$(c,2)$。在第21行,将z添加到U中。此时,$U=\{d,z\}$。

然后回到while循环的开始处(第11行)。因为z已经被标号了,所以转到第30行。在第30行~第36行,通过从z出发追踪前驱,找到从a到z的路径

$$P=(a,b,c,z)$$

在第37行置Δ为2。因为P中的每条边都是正向的,所以在第41行将P中每条边上的流量增加$\Delta=2$,便得到图10.2.8。

然后回到while循环的开始处(第3行)。接着,在第4行~第7行将所有的标号置为null。然后,在第8行和第9行将顶点a标号为$(-,\infty)$(参见图10.2.8)。在第10行置$U=\{a\}$。然后进入while循环(第11行)。

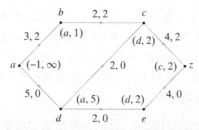

图 10.2.8 在路径 (a, b, c, z) 上将流增加 2 且进行第二次标号之后的情形

因为 z 没有被标号且 U 非空，所以转到第 14 行，在这里从 U 中选择顶点 a 并在第 15 行将它从 U 中删除。在第 19 行和第 20 行将顶点 b 标号为 $(a, 1)$ 并将顶点 d 标号为 $(a, 5)$。将 b 和 d 添加到 U 中，结果 $U = \{b, d\}$。

然后回到 while 循环的开始处（第 11 行）。因为 z 没有被标号且 U 非空，所以转到第 14 行，在这里从 U 中选择一个顶点。假设选择 b。在第 15 行从 U 中删去 b。在第 17 行检查边 (b, c)。因为 $F_{bc} = C_{bc}$，所以此时不标号顶点 c。现在，$U = \{d\}$。

然后回到 while 循环的开始处（第 11 行）。因为 z 没有被标号且 U 非空，所以转到第 14 行，在这里从 U 中选择顶点 d 并在第 15 行将它从 U 中删去。在第 19 行和第 20 行将顶点 c 标号为 $(d, 2)$，并将顶点 e 标号为 $(d, 2)$。将 c 和 e 添加到 U 中，结果 $U = \{c, e\}$。

然后回到 while 循环的开始处（第 11 行）。因为 z 没有被标号且 U 非空，所以转到第 14 行，在这里从 U 中选择一个顶点。假设在 U 中选择 c 并在第 15 行将它从 U 中删除。在第 19 行和第 20 行将顶点 z 标号为 $(c, 2)$。将 z 添加到 U 中，结果 $U = \{z, e\}$。

然后回到 while 循环的开始处（第 11 行）。因为 z 已经被标号了，所以转到第 30 行。在第 36 行找到

$$P = (a, d, c, z)$$

因为 P 中的每条边都是正向的，所以在第 41 行将 P 中每条边上的流量增加 $\Delta = 2$，便得到图 10.2.9。应该验证算法的下一轮迭代便可以得到图 10.2.9 中所示的标号。将流增加（$\Delta = 2$）得到图 10.2.10。

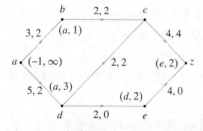

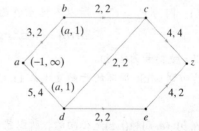

图 10.2.9 在路径 (a, d, c, z) 上将流增加 2 且进行第三次标号之后的情形

图 10.2.10 在路径 (a, d, e, z) 上将流增加 2 且进行第四次也是最后一次标号之后的情形。流达到最大

然后回到 while 循环的开始处（第 3 行）。接着，在第 4 行~第 7 行将所有的标号置为 $null$。然后，在第 8 行和第 9 行将顶点 a 标号为 $(-, \infty)$（参见图 10.2.10）。在第 10 行置 $U = \{a\}$。然后进入 while 循环（第 11 行）。

因为 z 没有被标号且 U 非空，所以转到第 14 行，在这里从 U 中选择顶点 a 并在第 15 行将它从 U 中删除。在第 19 行和第 20 行将顶点 b 标号为 $(a, 1)$，并将顶点 d 标号为 $(a, 1)$。将 b 和 d 添加到 U 中，结果 $U = \{b, d\}$。

然后回到 while 循环的开始处（第 11 行）。因为 z 没有被标号且 U 非空，所以转到第 14 行，在这里从 U 中选择一个顶点。假设选择 b。在第 15 行从 U 中删去 b。在第 17 行，检查边 (b, c)。因为 $F_{bc} = C_{bc}$，所以不标号顶点 c。现在，$U = \{d\}$。

然后回到while循环的开始处（第11行）。因为z没有被标号且U非空，所以转到第14行，在这里从U中选择顶点d并在第15行将它从U中删除。在第17行检查边(d,c)和(d,e)。因为$F_{dc}=C_{dc}$且$F_{de}=C_{de}$，所以顶点c和顶点e都不标号。现在，$U=\varnothing$。

然后回到while循环的开始处（第11行）。因为z没有被标号，所以转到第12行。因为U为空，算法终止。图10.2.10的流是最大的。 ■

最后一个例子说明如何改变算法10.2.4，以从一个给定的流生成一个最大流。

例10.2.6 将算法10.2.4第1行和第2行中的零流换为图10.2.11中的流，然后求出最大流。

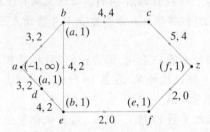

图10.2.11 标号之后的情形

初始化给定的流之后，转到第4行~第7行，在这里将所有的标号置为null。然后，在第8行和第9行将顶点a标号为$(-,\infty)$（参见图10.2.11）。在第10行置$U=\{a\}$。然后进入while循环（第11行）。

因为z没有被标号且U非空，所以转到第14行，在这里从U中选择顶点a并在第15行将它从U中删除。在第19行和第20行，将顶点b标号为$(a,1)$并将顶点d标号为$(a,1)$。将b和d添加到U中，结果$U=\{b,d\}$。

然后回到while循环的开始处（第11行）。因为z没有被标号且U非空，所以转到第14行，在这里从U中选择一个顶点。假设选择b。在第15行从U中删去b。在第17行检查边(b,c)和(e,b)。因为$F_{bc}=C_{bc}$，所以不标号顶点c。在第25行和第26行，因为

$$val(e)=\min\{val(b),F_{eb}\}=\min\{1,2\}=1$$

所以e被标号为$(b,1)$。

然后回到while循环的开始处（第11行）。最后标号z（参见图10.2.11），在第36行找到路径

$$P=(a,b,e,f,z)$$

边(a,b)、(e,f)和(f,z)是正向的，所以将每条边上的流量增加1。因为边(e,b)是反向的，所以它的流量被减少1。最后得到图10.2.12的流。

算法的另一轮迭代便可以得出图10.2.13中所示的最大流。

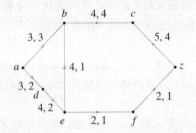 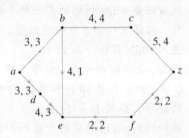

图10.2.12 在路径(a,b,e,f,z)上将流增加1后的情形。注意边(e,b)是反向的，所以它的流量减少了1

图10.2.13 在路径(a,d,e,f,z)上将流增加1后的情形。这个流是最大的 ■

本节复习

1. 什么是最大流？ 2. 什么是关于一条路径的正向边？ 3. 什么是关于一条路径的反向边？
4. 什么时候可以增加从源点到收点路径上的流量？
5. 说明在复习题4的条件下如何增加流量。 6. 说明如何求网络中的最大流。

练习

在练习1~3中，给出了网络中一条从源点a到收点z的路径。求通过改变路径中每条边上的流量所能达到的流量的最大可能增量。

1.

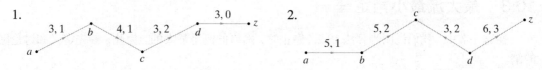

2.

3.

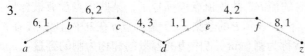

在练习4~12中，用算法10.2.4求每个网络的一个最大流。

4. 图10.1.4   5. 图10.1.5   6.

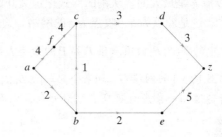

7. 10.1节练习5
8. 10.1节练习6
9. 10.1节练习7
10. 10.1节练习8
11. 10.1节练习9
12.

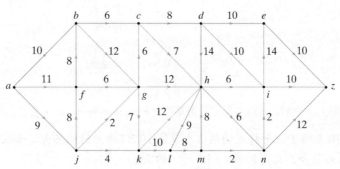

在练习13~18中，从给出的流开始，求出每个网络中的一个最大流。

13. 图10.1.2   14. 10.1节练习1   15. 10.1节练习2   16. 10.1节练习3
17. 带有流

$$F_{a,w_1} = 2, \quad F_{w_1,b} = 2, \quad F_{bA} = 0, \quad F_{cA} = 0,$$
$$F_{Az} = 0, \quad F_{a,w_2} = 0, \quad F_{w_2,b} = 0, \quad F_{bc} = 2,$$
$$F_{cB} = 4, \quad F_{Bz} = 4, \quad F_{a,w_3} = 2, \quad F_{w_3,d} = 2,$$
$$F_{dc} = 2$$

的图10.1.4。

18. 带有流

$$F_{a,w_1} = 1, \quad F_{w_1,b} = 1, \quad F_{bA} = 4,$$
$$F_{cA} = 2, \quad F_{Az} = 6, \quad F_{a,w_2} = 3,$$
$$F_{w_2,b} = 3, \quad F_{bc} = 0, \quad F_{cB} = 1,$$
$$F_{Bz} = 1, \quad F_{a,w_3} = 3, \quad F_{w_3,d} = 3,$$
$$F_{dc} = 3$$

的图 10.1.4。

19. 证明算法 10.2.4 会终止。

10.3 最大流最小割定理

在这一节中，我们说明当算法 10.2.4 停止时，网络的流是最大的。为此，首先定义和讨论网络的割。

设 G 是网络，考虑算法 10.2.4 终止时的流 F。某些顶点被标号了，某些顶点没有被标号。用 $P(\overline{P})$ 表示被标号（未被标号）的顶点的集合（$\overline{P}$ 表示 P 的余集）。于是源点 a 在 P 中且收点 z 在 $\overline{P}$ 中。所有满足 $v \in P$ 且 $w \in \overline{P}$ 的边 (v, w) 的集合 S 称为**割**（cut），S 中边的容量的和称为**割的容量**（capacity of the cut）。我们将看到这个割具有最小的容量，并且因为一个最小割对应于一个最大流（参见定理 10.3.9），所以流 F 是最大的。从割的形式化定义开始讨论。

在这一节中，G 是源点为 a、收点为 z 的网络。边 (i, j) 的容量是 C_{ij}。

定义 10.3.1 G 中的割 $(P, \overline{P})$ 由顶点集 P 和 P 的余集 $\overline{P}$ 组成，且满足 $a \in P, z \in \overline{P}$。 ■

例 10.3.2 考虑图 10.3.1 的网络 G。如果令 $P = \{a, b, d\}$，则 $\overline{P} = \{c, e, f, z\}$ 且 $(P, \overline{P})$ 是 G 中的一个割。如图所示，有时通过画一条虚线将顶点划分开来，以表示割。

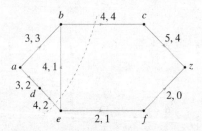

图 10.3.1 网络的一个割。虚线将顶点分为集合 $P = \{a, b, d\}$ 和 $\overline{P} = \{c, e, f, z\}$，形成了割 $(P, \overline{P})$ ■

例 10.3.3 图 10.2.10 表明了一个特定的网络在算法 10.2.4 终止时的标号。如果用 $P(\overline{P})$ 表示被标号（未被标号）的顶点的集合，就得到图 10.3.2 所示的割。

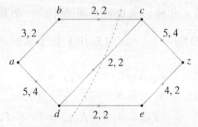

图 10.3.2 一个网络在算法 10.2.4 终止时的情形。割为 $(P, \overline{P})$，$P = \{a, b, d\}$，通过令 P 为被标号的顶点集而得 ■

下面来定义割的容量。

定义 10.3.4 割的 $(P, \overline{P})$ 容量是

$$C(P, \overline{P}) = \sum_{i \in P} \sum_{j \in \overline{P}} C_{ij}$$

例 10.3.5 图 10.3.1 的割的容量是

$$C_{bc} + C_{de} = 8$$

例 10.3.6 图 10.3.2 的割的容量是

$$C_{bc} + C_{dc} + C_{de} = 6$$

下面的定理说明任意一个割的容量总是大于或等于任意一个流的流量。

定理 10.3.7 设 F 是 G 的流,$(P, \overline{P})$ 是 G 的割。则 $(P, \overline{P})$ 的容量大于或等于 F 的流量,即

$$\sum_{i \in P} \sum_{j \in \overline{P}} C_{ij} \geqslant \sum_i F_{ai} \tag{10.3.1}$$

(符号 $\sum_i$ 表示对所有顶点 i 的和。)

证明 注意

$$\sum_{j \in P} \sum_{i \in P} F_{ji} - \sum_{j \in P} \sum_{i \in P} F_{ij}$$

这是因为等式的每一边只是 F_{ij} 对所有 $i, j \in P$ 的和。

于是

$$\sum_i F_{ai} = \sum_{j \in P} \sum_i F_{ji} - \sum_{j \in P} \sum_i F_{ij}$$

$$= \sum_{j \in P} \sum_{i \in P} F_{ji} + \sum_{j \in P} \sum_{i \in \overline{P}} F_{ji} - \sum_{j \in P} \sum_{i \in P} F_{ij} - \sum_{j \in P} \sum_{i \in \overline{P}} F_{ij}$$

$$= \sum_{j \in P} \sum_{i \in \overline{P}} F_{ji} - \sum_{j \in P} \sum_{i \in \overline{P}} F_{ij} \leqslant \sum_{j \in P} \sum_{i \in \overline{P}} F_{ji} \leqslant \sum_{j \in P} \sum_{i \in \overline{P}} C_{ji}$$

例 10.3.8 在图 10.3.1 中,流的流量 5 小于割的容量 8。

最小割是容量最小的割。

定理 10.3.9 最大流最小割定理 设 F 是 G 的流,$(P, \overline{P})$ 是 G 的割。如果式(10.3.1)中的等式成立,则流是最大的且割是最小的。而且,式(10.3.1)中的等式成立当且仅当

(a) $F_{ij} = C_{ij}$ 对 $i \in P, j \in \overline{P}$

且

(b) $F_{ij} = 0$ 对 $i \in \overline{P}, j \in P$

证明 第一个命题立即可得证。

定理 10.3.7 的证明说明等式只有当

$$\sum_{j \in P} \sum_{i \in \overline{P}} F_{ij} = 0 \qquad 且 \qquad \sum_{j \in P} \sum_{i \in \overline{P}} F_{ji} = \sum_{j \in P} \sum_{i \in \overline{P}} C_{ji}$$

时成立。因而后一命题也成立。

例 10.3.10 在图 10.3.2 中，流的流量和割的容量都是 6，所以流是最大的且割是最小的。∎

可以用定理 10.3.9 来证明算法 10.2.4 得出一个最大流。

定理 10.3.11 当算法终止时，算法 10.2.4 得出一个最大流。而且，如果 $P(\overline{P})$ 是算法 10.2.4 终止时被标号的（未被标号的）顶点的集合，则割 $(P, \overline{P})$ 是最小的。

证明 设 $P(\overline{P})$ 是算法 10.2.4 终止时 G 中被标号的（未被标号的）顶点的集合。考虑边 (i, j)，其中 $i \in P, j \in \overline{P}$。因为 i 被标号，所以一定有

$$F_{ij} = C_{ij}$$

否则，应该在第 19 行和第 20 行标号 j。现在考虑边 (j, i)，其中 $j \in \overline{P}, i \in P$。因为 i 被标号了，所以一定有

$$F_{ji} = 0$$

否则，应该在第 25 行和第 26 行标号 j。根据定理 10.3.9，算法 10.2.4 停止时的流是最大的且割 $(P, \overline{P})$ 是最小的。∎

本节复习

1. 网络的割是什么？
2. 什么是割的容量？
3. 任意一个割的容量和任意一个流的流量之间有什么关系？
4. 什么是最小割？
5. 陈述最大流最小割定理。
6. 解释最大流最小割定理如何证明了 10.2 节的算法正确地求出了网络的一个最大流。

练习

在练习 1~3 中，求割 $(P, \overline{P})$ 的容量。并且，判断这个割是否是最小的。

1. 10.1 节练习 1 中 $P = \{a, d\}$
2. 10.1 节练习 2 中 $P = \{a, d, e\}$
3. 10.1 节练习 3 中 $P = \{a, b, c, d\}$

在练习 4~16 中，求网络的一个最小割。

4. 图 10.1.1　　5. 图 10.1.4　　6. 图 10.1.5　　7. 10.1 节练习 1　　8. 10.1 节练习 2
9. 10.1 节练习 3　　10. 10.1 节练习 4　　11. 10.1 节练习 5　　12. 10.1 节练习 6
13. 10.1 节练习 7　　14. 10.1 节练习 8　　15. 10.1 节练习 9　　16. 10.2 节练习 12

在练习 17~22 中，网络 G 除了有非负整数容量 C_{ij} 之外，还有非负整数最小边流量条件 m_{ij}。即对所有的边 (i, j)，流 F 必须满足 $m_{ij} \leq F_{ij} \leq C_{ij}$。

17. 举出一个对所有的边 (i, j) 有 $m_{ij} \leq C_{ij}$ 但其中没有流存在的网络 G 的例子。

定义

$$C(\overline{P}, P) = \sum_{i \in \overline{P}} \sum_{j \in P} C_{ij}$$

$$m(P, \overline{P}) = \sum_{i \in P} \sum_{j \in \overline{P}} m_{ij}, \quad m(\overline{P}, P) = \sum_{i \in \overline{P}} \sum_{j \in P} m_{ij}$$

18. 证明任意一个流的流量 V 对任意一个割 $(P, \overline{P})$ 满足 $m(P, \overline{P}) - C(\overline{P}, P) \leq V \leq C(P, \overline{P}) - m(\overline{P}, P)$。
19. 证明如果 G 中存在流，则 G 中存在流量为 $\min\{C(P, \overline{P}) - m(\overline{P}, P) | (P, \overline{P})$ 是 G 中的割$\}$ 的最大流。
20. 假设 G 有流 F。设计一个求 G 的一个最大流的算法。
21. 证明如果 G 中存在流，则 G 中存在流量为 $\max\{m(P, \overline{P}) - C(\overline{P}, P) | (P, \overline{P})$ 是 G 中的割$\}$ 的最小流。
22. 假设 G 有流 F。设计一个求 G 的一个最小流的算法。
23. 判断是否成立？如果 F 是网络 G 的一个流，$(P, \overline{P})$ 是 G 的一个割且 $(P, \overline{P})$ 的容量大于流 F 的流量，则割 $(P, \overline{P})$ 不是最小的且流 F 不是最大的。如果成立，证明之；否则，举出一个反例。

10.4 匹配

在这一节中，我们考虑将一个集合中的元素与另一个集合中的元素进行匹配的问题。下面将会看到这个问题可以归结为求一个网络的最大流的问题。我们从一个例子开始讨论。

例 10.4.1 假设四个人 A、B、C 和 D 申请五个工作 J_1、J_2、J_3、J_4 和 J_5。假设申请人 A 能胜任工作 J_2 和 J_5；申请人 B 能胜任工作 J_2 和 J_5；申请人 C 能胜任工作 J_1、J_3、J_4 和 J_5；申请人 D 能胜任工作 J_2 和 J_5。为每个申请人都找到一个工作可能成立吗？

这种情景可以用图 10.4.1 中的图来建立模型。顶点代表申请人和工作。一条边把一个申请人连接到这个申请人所能胜任的一个工作。通过考虑胜任工作 J_2 和 J_5 的申请人 A、B 和 D，就可以说明不可能为每个申请人匹配一个工作。如果 A 和 B 被分配了工作，则没有剩余的工作分配给 D。所以，不存在对 A、B、C 和 D 的工作分配。

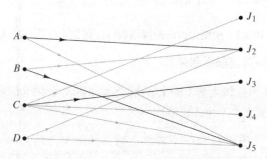

图 10.4.1 申请人 (A, B, C, D) 和工作 $(J_1, J_2, J_3, J_4, J_5)$。一条边把申请人连接到这个申请人所能胜任的一个工作。黑线表示一个最大匹配（即有工作的申请人的最大数量） ■

在例 10.4.1 中，一个匹配由为胜任者找到工作的过程组成。一个最大匹配为最大数量的人找到工作。图 10.4.1 中的一个最大匹配用黑线表示。一个完全匹配为每个人找到工作。已经说明图 10.4.1 的图没有完全匹配。形式化的定义如下。

定义 10.4.2 设 G 是一个有不相交顶点集 V 和 W 的有向二部图，图中边的方向是从 V 的顶点指向 W 的顶点。（G 的任一顶点或者在 V 中或者在 W 中。）G 的一个匹配是一个没有公共顶点的边的集合 E。G 的最大匹配是包含了最多数量的边的匹配 E。G 的完全匹配是具有如下性质的匹配 E：如果 $v \in V$，则有某个 $w \in W, (v, w) \in E$。 ■

例 10.4.3 图 10.4.2 的匹配是一个最大匹配也是一个完全匹配，用黑线表示。

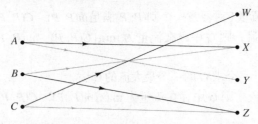

图 10.4.2 黑线表示了一个最大匹配（使用了最大数量的边），它同时也是一个完全匹配（A、B 和 C 都被匹配了）

在下一个例子中，我们将说明匹配问题如何能模型化为一个网络问题。

例 10.4.4　匹配网络　把例 10.4.1 的匹配问题模型化为网络。

首先，指定图 10.4.1 中的每条边的容量为 1（参见图 10.4.3）。然后添加超源点 a 和从 a 到 A、B、C、D 中每个顶点的容量为 1 的边。最后，引入超收点 z 和从 J_1、J_2、J_3、J_4、J_5 中每个顶点到 z 的容量为 1 的边。我们称图 10.4.3 这样的网络为**匹配网络**（matching network）。

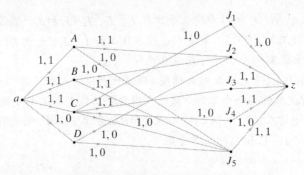

图 10.4.3　模型化为匹配网络的匹配问题（参见图 10.4.1）

下面的定理将匹配网络与流联系起来。

定理 10.4.5　设 G 是有不相交顶点集 V 和 W 的有向二部图，图中边的方向是从 V 的顶点指向 W 的顶点。（G 的任一顶点或者在 V 中或者在 W 中。）

(a) 匹配网络的一个流给出 G 的一个匹配。顶点 $v \in V$ 与顶点 $w \in W$ 相匹配当且仅当边 (v, w) 上的流量是 1。

(b) 一个最大流对应于一个最大匹配。

(c) 一个流量为 $|V|$ 的流对应于一个完全匹配。

证明　设 $a(z)$ 表示匹配网络的源点（收点），并假设已知一个流。

假设边 (v, w) 上的流量是 1，$v \in V$，$w \in W$。进入顶点 v 的唯一一边是 (a, v)。这条边上的流量一定是 1，这样顶点 v 的流入量才能是 1。因为 v 的流出量也是 1，所以形如 (v, x) 的流量为 1 的边只有 (v, w)。类似地，形如 (x, w) 的流量为 1 的边只有 (v, w)。所以，如果 E 是形如 (v, w) 的流量为 1 的边的集合，则 E 的成员没有公共顶点，因而 E 是 G 的一个匹配。(b) 和 (c) 可从以下事实得到：V 中匹配的顶点数等于对应的流的流量。

因为一个最大流给出一个最大匹配，所以将算法 10.2.4 应用于匹配网络可得出一个最大匹配。在实际计算时，算法 10.2.4 的实现可以通过使用图的邻接矩阵得以简化（参见练习 11）。

例 10.4.6 图 10.4.1 的匹配在图 10.4.3 中表示为流。因为流是最大的，所以匹配是最大的。∎

下面考虑在一个有顶点集 V 和 W 的有向的二部图 G 中完全匹配的存在性。如果 $S \subseteq V$，设

$$R(S) = \{w \in W \mid v \in S \text{ 且 }(v, w)\text{ 是 }G\text{ 的边}\}$$

假设 G 有一个完全匹配。如果 $S \subseteq V$，则一定有

$$|S| \leq |R(S)|$$

可以证明，如果对 V 的所有子集 S 都有 $|S| \leq |R(S)|$，则 G 有完全匹配。这个结果首先由英国数学家 Philip Hall 给出，称为 **Hall 婚配定理**（Marriage Theorem）。这是因为，如果 V 是男子的集合，W 是女子的集合，且如果 $v \in V$ 和 $w \in W$ 是合适的，则存在从 v 到 w 的边，那么定理给出了每个男子可以与一个合适的女子结婚的条件。

[WWW]

定理 10.4.7　Hall 婚配定理

设 G 是有不相交顶点集 V 和 W 的有向二部图，图中边的方向是从 V 的顶点指向 W 的顶点。（G 的任一顶点或者在 V 中或者在 W 中。）G 存在完全匹配当且仅当

$$|S| \leq |R(S)| \quad \text{对所有 } S \subseteq V \tag{10.4.1}$$

证明　已经指出如果 G 有完全匹配，则条件 (10.4.1) 成立。

假设条件 (10.4.1) 成立。令 $n = |V|$，设 $(P, \overline{P})$ 是匹配网络的一个最小割。如果能够说明这个割的容量是 n，则最大流的流量就是 n。对应于这个最大流的匹配将是一个完全匹配。

用反证法来证明。假设最小割 $(P, \overline{P})$ 的容量小于 n。这个割的容量是集合

$$E = \{(x, y) \mid x \in P, y \in \overline{P}\}$$

中边的数量（参见图 10.4.4）。E 的每个成员是三种类型之一：

类型 I: (a, v), $v \in V$；
类型 II: (v, w), $v \in V, w \in W$；
类型 III: (w, z), $w \in W$。

我们将估计每种类型的边的数量。

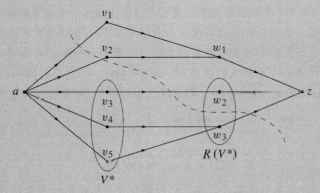

图 10.4.4　定理 10.4.7 的证明。$V = \{v_1, v_2, v_3, v_4, v_5\}$；$n = |V| = 5$；$W = \{w_1, w_2, w_3\}$；割是 $(P, \overline{P})$，其中 $P = \{a, v_3, v_4, v_5, w_3\}$；$V^* = V \cap P = \{v_3, v_4, v_5\}$；$R(V^*) = \{w_2, w_3\}$；$W_1 = R(V^*) \cap P = \{w_3\}$；$W_2 = R(V^*) \cap \overline{P} = \{w_2\}$；$E = \{(a, v_1), (a, v_2), (v_3, w_2), (w_3, z)\}$。割的容量是 $|E| = 4 < n$。I 型边有 (a, v_1) 和 (a, v_2)。边 (v_3, w_2) 是唯一的 II 型边，边 (w_3, z) 是唯一的 III 型边

如果 $V \subseteq \overline{P}$，则割的容量是 n（参见图 10.4.5）。因此

$$V^* = V \cap P$$

非空。由此得到 E 中有 $n - |V^*|$ 条 I 型边。

将 $R(V^*)$ 划分为集合

$$W_1 = R(V^*) \cap P \qquad \text{和} \qquad W_2 = R(V^*) \cap \overline{P}$$

则 E 中至少有 $|W_1|$ 条 III 型边。因而 E 中 II 型边少于

$$n - (n - |V^*|) - |W_1| = |V^*| - |W_1|$$

条。因为 W_2 中的每个成员至多提供一条 II 型边，所以

$$|W_2| < |V^*| - |W_1|$$

于是

$$|R(V^*)| = |W_1| + |W_2| < |V^*|$$

这与式(10.4.1)矛盾。所以，完全匹配存在。

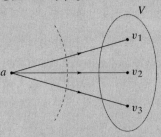

图 10.4.5　$n = 3$ 时定理 10.4.7 的证明。如果 $V \subseteq \overline{P}$，则割的容量如图所示是 n。
因为假定割的容量小于 n，这种情况不会发生。因此 $V \cap P$ 非空

例 10.4.8　对于图 10.4.1 中的图，如果 $S = \{A, B, D\}$，则有 $R(S) = \{J_2, J_5\}$ 和

$$|S| = 3 > 2 = |R(S)|$$

根据定理 10.4.7，图 10.4.1 没有完全匹配。　■

例 10.4.9　有 n 台计算机和 n 个磁盘驱动器。每台计算机与 $m > 0$ 个磁盘驱动器兼容，每个磁盘驱动器与 m 台计算机兼容。为每台计算机匹配一台与它兼容的磁盘驱动器可能吗？

设 V 是计算机的集合，W 是磁盘驱动器的集合。如果 $v \in V$ 和 $w \in W$ 是兼容的，则存在一条从 v 到 w 的边。注意，每个顶点的度为 m。设 $S = \{v_1, \cdots, v_k\}$ 是 V 的一个子集。则有 km 条从 S 出发的边。如果 $R(S) = \{w_1, \cdots, w_j\}$，则 $R(S)$ 至多接收到 jm 条从 S 出发的边。所以，

$$km \leq jm$$

于是

$$|S| = k \leq j = |R(S)|$$

根据定理 10.4.7，存在完全匹配。因此可以为每台计算机匹配一个兼容的磁盘驱动器。　■

本节复习

1. 什么是匹配？　　　　2. 什么是最大匹配？　　　　3. 什么是完全匹配？

4. 流和匹配有什么关系？   5. 陈述 Hall 婚配定理。

练习

1. 通过找出一个容量为 3 的最小割来证明图 10.4.3 中的流是最大的。
2. 求出对应于图 10.4.2 的匹配的流。通过找出一个容量为 3 的最小割来证明这个流是最大的。

练习 3~7 引用了图 10.4.1，其中将边的方向置反，使得边的方向是从工作到应用。

3. 匹配代表什么？ 4. 什么是最大匹配？ 5. 指出一个最大匹配？ 6. 完全匹配代表什么？
7. 是否存在一个完全匹配？如果存在一个完全匹配，指出它；如果不存在，解释为什么不存在？
8. 申请人 A 能胜任工作 J_1 和 J_4；B 能胜任工作 J_2、J_3 和 J_6；C 能胜任工作 J_1、J_3、J_5 和 J_6；D 能胜任工作 J_1、J_3 和 J_4；E 能胜任工作 J_1、J_3 和 J_6。
   (a) 将这种情形模型化为匹配网络。
   (b) 用算法 10.2.4 求出一个最大匹配。
   (c) 存在完全匹配吗？
9. 申请人 A 能胜任工作 J_1、J_2、J_4 和 J_5；B 能胜任工作 J_1、J_4 和 J_5；C 能胜任工作 J_1、J_4 和 J_5；D 能胜任工作 J_1 和 J_5；E 能胜任工作 J_2、J_3 和 J_5；F 能胜任工作 J_4 和 J_5。对于这种情形，回答练习 8 的问题(a) ~ (c)。
10. 申请人 A 能胜任工作 J_1、J_2 和 J_4；B 能胜任工作 J_3、J_4、J_5 和 J_6；C 能胜任工作 J_1 和 J_5；D 能胜任工作 J_1、J_3、J_4 和 J_8；E 能胜任工作 J_1、J_2、J_4、J_6 和 J_8；F 能胜任工作 J_4 和 J_6；G 能胜任工作 J_3、J_5 和 J_7。对于这种情形，回答练习 8 的问题(a) ~ (c)。
11. 五个学生 V、W、X、Y 和 Z 是四个委员会 C_1、C_2、C_3 和 C_4 的成员。C_1 的成员是 V、X 和 Y；C_2 的成员是 X 和 Z；C_3 的成员是 V、Y 和 Z；C_4 的成员是 V、W、X 和 Z。每个委员会向政府部门派出一个代表。一个学生不能代表两个委员会。
    (a) 将这种情形模型化为匹配网络。
    (b) 怎样解释最大匹配？
    (c) 怎样解释完全匹配？
    (d) 用算法 10.2.4 求出一个最大匹配。
    (e) 存在完全匹配吗？
12. 证明通过对顶点的适当排序，一个二部图的邻接矩阵可以写为 $\begin{pmatrix} 0 & A \\ A^T & 0 \end{pmatrix}$，其中 0 是全部由 0 组成的矩阵，$A^T$ 是矩阵 A 的转置。

在练习 13~15 中，G 是一个二部图，A 是练习 12 的矩阵，F 是关联的匹配网络的流。标记 A 中代表流量为 1 的边的各项。

13. 什么样的标记对应于一个匹配？   14. 什么样的标记对应于一个完全匹配？
15. 什么样的标记对应于一个最大匹配？
16. 用练习 12 中矩阵上运算的语言，重新叙述应用于匹配网络的算法 10.2.4。

设 G 是一个有不相交顶点集 V 和 W 的有向二部图，图中边的方向是从 V 的顶点指向 W 的顶点。（G 的任一顶点或者在 V 中或者在 W 中。）定义 G 的亏格为 $\delta(G) = \max\{|S| - |R(S)| \mid S \subseteq V\}$。

17. 证明 G 有完全匹配当且仅当 $\delta(G) = 0$。
*18. 证明 V 中能与 W 中顶点相匹配的顶点的最大数量是 $|V| - \delta(G)$。

19. 是否成立？任何一个匹配都包含在一个最大匹配中。如果成立，证明之；如果不成立，给出一个反例。

问题求解：匹配

问题

设 G 是一个有不相交顶点集 V 和 W 的有向二部图，图中边的方向是从 V 的顶点指向 W 的顶点。（G 的任一顶点或者在 V 中或者在 W 中。）设 M_W 表示 W 中顶点的最大度，m_V 表示 V 中顶点的最小度。证明如果 $0 < M_W \leq m_V$，则 G 有完全匹配。

问题分析

Hall 婚配定理（参见定理 10.4.7）说明一个有不相交顶点集 V 和 W 的有向二部图有完全匹配当且仅当对所有 $S \subseteq V$，$|S| \leq |R(S)|$。所以，解决这个问题的一个可能的方法是证明给出的条件 $M_W \leq m_V$ 蕴含对所有 $S \subseteq V$，$|S| \leq |R(S)|$。

求解

目标是证明如果 $M_W \leq m_V$，则对所有 $S \subseteq V$，$|S| \leq |R(S)|$。可从一个满足 $M_W \leq m_V$ 的示例图 G 开始；实际上，取 $M_W = 2$，$m_V = 3$：

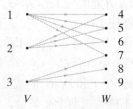

考虑例子中 V 的子集 $S = \{1, 3\}$ 和同 S 中顶点相关联的边：

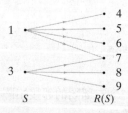

V 中顶点的最小度意味着对于 V 的任何子集 S，S 中的每个顶点至少与三条边相关联。一般情况下，至少有 $3|S| = m_V|S|$ 条边与 S 中的顶点相关联。在例子中，$3|S| = 6$，但是实际上有七条边与 S 中的顶点相关联。表达式 $m_V|S|$ 总是与 S 中顶点相关联的边的数量的一个下界。

W 中的顶点的最大度是 2 的事实，意味着对于 V 的任何子集 S，$R(S)$ 中的每个顶点至多与两条边相关联。一般情况下，至多有 $2|R(S)| = M_W|R(S)|$ 条边与 $R(S)$ 中的顶点相关联。在例子中，$2|R(S)| = 12$，但是实际上有 10 条边与 $R(S)$ 中的顶点相关联。因为与 S 中顶点相关联的边是与 $R(S)$ 中顶点相关联的边的一个子集，所以表达式 $M_W|R(S)|$ 总是与 S 中顶点相关联的边数量的一个上界。

这样就有了两种方法来估计与 S 中顶点相关联的边的数量。第一种方法使用了 S，给出了边数的下界 $m_V|S|$；而第二种方法使用了 $R(S)$，给出了边数的上界 $M_W|R(S)|$。比较这两个估计值，得到不等式

$$m_V|S| \leq M_W|R(S)|$$

由此不能推出 $|S| \leq |R(S)|$,但是我们还没有使用假设

$$M_W \leq m_V$$

把最后两个不等式结合,有

$$m_V|S| \leq M_W|R(S)| \leq m_V|R(S)|$$

如果现在从不等式的两端约去 m_V,则得到

$$|S| \leq |R(S)|$$

这正是想要证明的不等式。

形式解

设 $S \subseteq V$。S 中的每个顶点至少与 $m_V|S|$ 条边相关联,所以至少有 $m_V|S|$ 条边与 S 中的顶点相关联。$R(S)$ 中的每个顶点至多与 M_W 条边相关联;所以至多有 $M_W|R(S)|$ 条边与 $R(S)$ 中的顶点相关联。由此得到 $m_V|S| \leq M_W|R(S)|$。因为 $M_W \leq m_V$,所以 $|R(S)|M_W \leq |R(S)|m_V$。因此,$m_V|S| \leq m_V|R(S)|$,$|S| \leq |R(S)|$。根据定理 10.4.7,G 有完全匹配。

问题求解技巧小结

- 考察示例图。
- 考察例子时,给问题中的参数赋予不同的正确值是一个好主意。(在例子中,我们设 $M_W = 2$,$m_V = 3$。)
- 努力将已知条件化归为有帮助的定理的条件。(将这个问题给出的条件化归为 Hall 婚配定理中的条件。)
- 不等式有时可以通过利用两种不同方法估计某个集合的大小来证明。如果一个估计给出上界 M,另一个估计给出下界 m,则可得到 $m \leq M$。

说明

最后总结的一条问题求解要点提供了一种证明不等式的方法。类似地,不等式有时可以通过用两种方法对某个集合的元素进行计数来证明。如果一个计数方法给出 c_1,而另外一种计数方法给出 c_2,则可以得到 $c_1 = c_2$。这种技巧得到了广泛的应用,但它的有效性不应过分地强调。例如,在 6.2 节中,通过用两种不同的方法计算一个 n 元素集合的 r 排列的个数,得到了 $C(n, r)$ 公式。

练习

1. 举出一个有完全匹配但不满足条件 $M_W \leq m_V$ 的二部图 G 的例子。

注释

包含有关网络模型的章节的一般参考书有 [Berge; Deo; Liu, 1968, 1985; and Tucker]。关于网络的经典著作是 [Ford];许多有关网络的成果,特别是早期成果,都归功于 Ford 和 Fulkerson,即这本书的作者。[Tarjan] 讨论了网络流算法和实现细节。

可以参考 [Bachelis],利用数学归纳法,对 Hall 婚配定理(参见定理 10.4.7)直接证明。

求源点为 a、收点为 z、容量为 C_{ij} 的网络 G 中最大流的问题可以重新叙述为

$$\text{maximize} \sum_j F_{aj}$$

条件为

$$0 \leq F_{ij} \leq C_{ij} \quad \text{对所有 } i,j$$

$$\sum_i F_{ij} = \sum_i F_{ji} \quad \text{对所有 } j$$

这样的问题是一个线性**规划问题**（linear programming problem）的例子。在线性规划问题中，要求在满足线性不等式和线性等式约束下，例如 $0 \leq F_{ij} \leq C_{ij}$ 和 $\sum_i F_{ij} = \sum_i F_{ji}$，寻求一个线性表达式的最大化（或最小化），例如 $\sum_j F_{aj}$。虽然**单纯形法**（simplex algorithm）是标准的解一般线性规划问题的有效方法，但是利用算法 10.2.4 解网络运输问题通常更为有效。关于单纯形法的说明请参见[Hillier]。

假设对网络 G 中的每条边 (i,j)，c_{ij} 表示单位流通过边 (i,j) 的费用。假设想求使费用

$$\sum_i \sum_j c_{ij} F_{ij}$$

最小的最大流，这个问题称为**运输问题**（transportation problem），也就是一个线性规划问题，并且正如最大流问题一样，它可以用特殊的算法来求解，即一般来说，这个算法要比单纯形法更有效（参见[Hillier]）。

本章复习

10.1

1. （运输）网络　　2. 源点　　3. 收点　　4. 容量　　5. 网络的流
6. 边上的流　　7. 顶点的流入量　　8. 顶点的流出量　　9. 流量守恒
10. 给定网络的一个流 F，源点的流出量等于收点的流入量。这个共同的值称为流 F 的流量。
11. 超源点　　12. 超收点

10.2

13. 最大流　　14. 关于一条路径的正向边　　15. 关于一条路径的反向边
16. 当 (a) 对每条正向边，流量小于容量以及 (b) 每条反向边有正流量（参见定理 10.2.3），如何增加一条从源点到收点的路径中的流量。
17. 如何求出网络的一个最大流（参见算法 10.2.4）

10.3

18. 网络的割　　19. 割的容量
20. 任意一个割的容量大于或等于任意一个流的流量（参见定理 10.3.7）。
21. 最小割　　22. 最大流最小割定理（参见定理 10.3.9）
23. 当最大流算法即算法 10.2.4 停止时，被标号的顶点的集合定义了一个最小割。

10.4

24. 匹配　　25. 最大匹配　　26. 完全匹配　　27. 匹配网络
28. 流和匹配的关系（参见定理 10.4.5）　　29. Hall 婚配定理（参见定理 10.4.7）

本章自测题

10.1

练习 1~4 针对下面的网络。容量表示在边上。

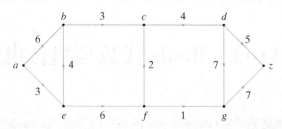

1. 解释 $F_{a,e} = 2, F_{e,b} = 2, F_{b,c} = 3, F_{c,d} = 3, F_{d,z} = 3, F_{a,b} = 1$，且所有其他的 $F_{x,y} = 0$，为什么会是一个流。
2. b 的流入量是多少？　　　3. c 的流出量是多少？　　　4. 流 F 的流量是多少？

10.2

5. 对于练习 1 的流，求一条从 a 到 z 的满足以下条件的路径：(a)对于每条正向边，流量小于容量且(b)每条反向边有正流量。
6. 通过只改变练习 5 中路径的边上的流量，求出一个流量比 F 大的流。
7. 利用算法 10.2.4 求练习 1 的网络的一个最大流（从每条边上的流量都等于零的流开始）。
8. 利用算法 10.2.4 求以下网络的一个最大流（从每条边上的流量都等于零的流开始）。

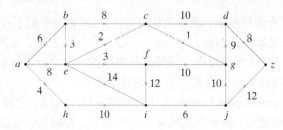

10.3

9. 在(a) ~ (d)中，如果命题对每个网络都成立，回答成立；否则，回答错误。
    (a) 如果网络的一个割的容量等于 Ca，则任意一个流的流量小于或等于 Ca。
    (b) 如果网络的一个割的容量等于 Ca，则任意一个流的流量大于或等于 Ca。
    (c) 如果网络的一个割的容量等于 Ca，则某个流的流量大于或等于 Ca。
    (d) 如果网络的一个割的容量等于 Ca，则某个流的流量小于或等于 Ca。
10. 求出练习 1 网络的割 $(P, \overline{P})$ 的容量，其中 $P = \{a, b, e, f\}$。
11. 练习 1 的网络的割 $(P, \overline{P})$ 是最小的吗？其中 $P = \{a, b, e, f\}$，解释原因。
12. 求出练习 8 的网络的一个最小割。

10.4

练习 13~16 针对下面的情形。申请人 A 能胜任工作 J_2、J_4 和 J_5；申请人 B 能胜任工作 J_1 和 J_3；申请人 C 能胜任工作 J_1、J_3 和 J_5；申请人 D 能胜任工作 J_3 和 J_5。

13. 将这种情形模型化为匹配网络。　　　14. 用算法 10.2.4 求出一个最大匹配。
15. 存在完全匹配吗？　　　16. 求出匹配网络中的一个最小割。

上机练习

1. 编写一个程序，接受带有给定流的网络作为输入，输出所有可能的从源点到收点的路径，使流可以在它上面增加。
2. 把求网络的最大流算法 10.2.4 实现为程序。要使这个程序既输出最大流也输出最小割。
3. 编写一个计算网络边上欠缺的流量的程序。

第11章 Boole代数与组合电路

有几个定义是用19世纪数学家George Boole的名字命名的,如Boole代数、Boole函数、Boole表达式、Boole环等。Boole是长期以来关注逻辑推理过程形式化和机械化的人士之一。事实上,Boole在1854年就编写了一本名为《思维的法则》(*The Laws of Thought*)的著作。Boole的贡献是使用符号代替文字而发展了逻辑理论。关于Boole的工作的讨论,请参见[Hailperin]。

在Boole的研究成果发表了一个世纪以后,一些研究人员特别是C. E. Shannon(参见[Shannon])在1938年注意到,Boole代数可以用来分析电子线路。这样,在后来的几十年里,Boole代数成为了分析和设计电子计算机必不可少的工具。本章主要研究Boole代数与电路的关系。　　[WWW]

11.1 组合电路

在数字计算机中,只有两种可能,表示为0和1,将其视为最小的不可再分的事物。所有的程序和数据最终都简化成二进制位的组合。这些年来,数字计算机使用了各种设备来存储位,电子线路使这些存储设备可以互相通信。位以电压的形式从电路的一个部分传送到另一个部分,这样就需要两种电压水平,例如,高的电压可以表示1,低电压表示0。　　[WWW]

本节讨论**组合电路**(combinatorial circuit)。组合电路的输出由组合电路的每个输入的组合唯一地确定。组合电路没有记忆能力,系统以前的输入和状态不会影响组合电路的输出。电路输出是一个函数,如果电路输出不仅是输入的函数,而且还是系统状态的函数,则这样的电路称为**时序电路**(sequential circuit),我们将在第12章讨论。

组合电路可以使用称为门(gate)电路的固态元件构造,这些门可以改变开关电压的高低(比特)。首先我们讨论与门、或门和非门。

定义11.1.1 与(AND)门接收 x_1 和 x_2 作为输入,其中 x_1 和 x_2 是位,得到的输出表示成 $x_1 \wedge x_2$,其中

$$x_1 \wedge x_2 = \begin{cases} 1, & \text{如果 } x_1 = 1 \text{ 和 } x_2 = 1 \\ 0, & \text{其他} \end{cases}$$

与门可画成如图11.1.1所示的图。

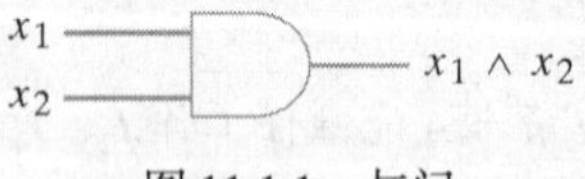

图 11.1.1　与门

定义11.1.2 或(OR)门接收 x_1 和 x_2 作为输入,其中 x_1 和 x_2 是位,得到的输出表示成 $x_1 \vee x_2$,其中

$$x_1 \vee x_2 = \begin{cases} 1, & \text{如果 } x_1 = 1 \text{ 和 } x_2 = 1 \\ 0, & \text{其他} \end{cases}$$

或门可画成如图11.1.2所示的图。

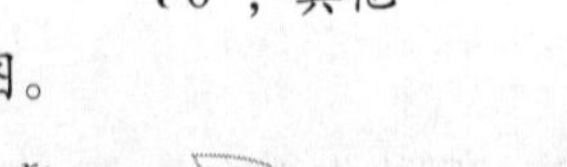

图 11.1.2　或门

定义11.1.3 非(NOT)门接收 x 作为输入,其中 x 是位,得到的输出 $\bar{x}$ 表示成

$$\bar{x} = \begin{cases} 1, & \text{如果 } x = 0 \\ 0, & \text{如果 } x = 1 \end{cases}$$

非门可画成如图 11.1.3 所示的图。

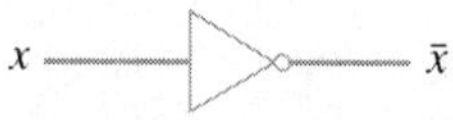

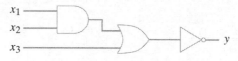

图 11.1.3 非门

组合电路的**逻辑真值表**（logic table）列出了所有可能输入的输出结果。

例 11.1.4 下面是基本与、或和非电路（参见图 11.1.1~图 11.1.3）的逻辑真值表。

x_1	x_2	$x_1 \wedge x_2$	x_1	x_2	$x_1 \vee x_2$	x	$\bar{x}$
1	1	1	1	1	1	1	0
1	0	0	1	0	1	0	1
0	1	0	0	1	1		
0	0	0	0	0	0		

注意，执行与（或）操作就像对两个二进制数 x_1 和 x_2 取最小值（最大值）。

例 11.1.5 图 11.1.4 是组合电路的例子，因为对输入 x_1、x_2 和 x_3 的每一个组合可以唯一确定输出 y。

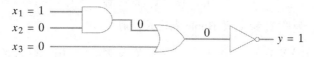

图 11.1.4 组合电路

这个组合电路的逻辑真值表如下：

x_1	x_2	x_3	y
1	1	1	0
1	1	0	0
1	0	1	0
1	0	0	1
0	1	1	0
0	1	0	1
0	0	1	0
0	0	0	1

注意表中列出了输入 x_1、x_2 和 x_3 的所有可能的组合值。对于给定的一组输入，可以通过跟踪电路流来计算输出 y。例如，逻辑真值表的第 4 行给出了在输入为

$$x_1 = 1, \quad x_2 = 0, \quad x_3 = 0$$

时的输出 y。如果 $x_1 = 1$ 并且 $x_2 = 0$，则与门的输出为 0（参见图 11.1.5）。由于 $x_3 = 0$，则或门的两个输入都为 0。因为非门的输入为 0，所以得输出 $y = 1$。

图 11.1.5 当 $x_1 = 1$、$x_2 = x_3 = 0$ 时图 11.1.4 的电路

例 11.1.6 图 11.1.6 的电路不是组合电路，因为输出 y 不是唯一地由每个输入 x_1 和 x_2 的组合确定。例如，设 $x_1 = 1$ 并且 $x_2 = 0$。如果与门的输出为 0，则 $y = 0$。另一方面，如果与门的输出为 1，则 $y = 1$。这样的电路可以用来存放一个位。

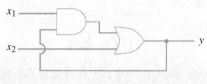

图 11.1.6　非组合电路的例子

例 11.1.7 单个组合电路可以连接起来。如图 11.1.7 所示，组合电路 C_1、C_2 和 C_3 可以组合起来得到组合电路 C。

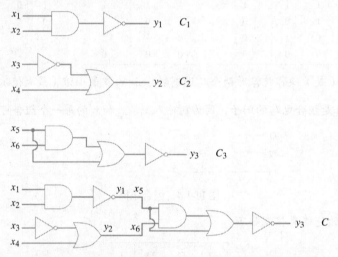

图 11.1.7　通过连接组合电路 C_1、C_2 和 C_3 得到组合电路 C

例 11.1.8 如图 11.1.4 所示的单输出的组合电路可以通过使用符号 $\wedge$、$\vee$ 和 $^-$ 的表达式来表示。用符号表示电路中的流。首先，x_1 和 x_2 相与（参见图 11.1.8），得输出 $x_1 \wedge x_2$。这一输出再同 x_3 相或，得输出 $(x_1 \wedge x_2) \vee x_3$，然后再取非。这样输出 y 为

$$y = \overline{(x_1 \wedge x_2) \vee x_3} \tag{11.1.1}$$

表达式 (11.1.1) 称为 Boole 表达式。

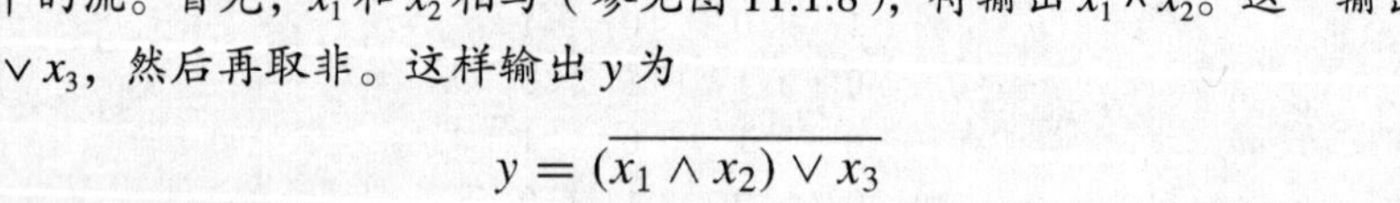

图 11.1.8　用 Boole 表达式表示组合电路

定义 11.1.9 关于符号 $x_1, \cdots, x_n$ 的 Boole 表达式可以递归定义。

$$0, \quad 1, \quad x_1, \cdots, x_n \tag{11.1.2}$$

是 Boole 表达式。如果 X_1 和 X_2 是 Boole 表达式，则

$$\text{(a) } (X_1), \quad \text{(b) } \overline{X_1}, \quad \text{(c) } X_1 \vee X_2, \quad \text{(d) } X_1 \wedge X_2 \tag{11.1.3}$$

是 Boole 表达式。

如果 X 是关于符号 $x_1, \cdots, x_n$ 的 Boole 表达式，有时写成

$$X = X(x_1, \cdots, x_n)$$

x 和 $\bar{x}$ 都称为文字。

例 11.1.10 使用定义 11.1.9 说明式(11.1.1)的右边是关于 x_1、x_2 和 x_3 的 Boole 表达式。

根据式(11.1.2)，x_1 和 x_2 是 Boole 表达式；根据式(11.1.3d)，$x_1 \wedge x_2$ 是 Boole 表达式；根据式(11.1.3a)，$(x_1 \wedge x_2)$ 是 Boole 表达式；根据式(11.1.2)，x_3 是 Boole 表达式。因为 $(x_1 \wedge x_2)$ 和 x_3 是 Boole 表达式，根据式(11.1.3c)，$(x_1 \wedge x_2) \vee x_3$ 是 Boole 表达式。最后，根据式(11.1.3b)，可以得出结论：

$$\overline{(x_1 \wedge x_2) \vee x_3}$$

是 Boole 表达式。

如果 $X = X(x_1, \cdots, x_n)$ 是 Boole 表达式，并且 $x_1, \cdots, x_n$ 用 $\{0, 1\}$ 赋值为 $a_1, \cdots, a_n$，则可以使用定义 11.1.1~11.1.3 计算 X 的值并把这个值表示为 $X(a_1, \cdots, a_n)$ 或者 $X(x_i = a_i)$。

例 11.1.11 对于 $x_1 = 1$、$x_2 = 0$、$x_3 = 0$，式(11.1.1)的 Boole 表达式 $X(x_1, x_2, x_3) = \overline{(x_1 \wedge x_2) \vee x_3}$ 成为

$$\begin{aligned} X(1, 0, 0) &= \overline{(1 \wedge 0) \vee 0} \quad \text{因为} \\ &= \overline{0 \vee 0} \quad \text{因为} 1 \wedge 0 = 0 \\ &= \overline{0} \quad \text{因为} 0 \vee 0 = 0 \\ &= 1 \quad \overline{0} = 1 \end{aligned}$$

这样就计算出了例 11.1.5 中表的第 4 行。

在没有使用括号的 Boole 表达式中，需要规定操作顺序，假定 $\wedge$ 比 $\vee$ 先赋值。

例 11.1.12 对于 $x_1 = 0$，$x_2 = 0$，$x_3 = 1$，Boole 表达式 $x_1 \wedge x_2 \vee x_3$ 的值为

$$x_1 \wedge x_2 \vee x_3 = 0 \wedge 0 \vee 1 = 0 \vee 1 = 1$$

例 11.1.8 说明了如何用单输出 Boole 表达式表示组合电路。下面的例子说明了如何构造一个组合电路来表示 Boole 表达式。

例 11.1.13 给出与 Boole 表达式

$$(x_1 \wedge (\bar{x}_2 \vee x_3)) \vee x_2$$

对应的组合电路并且写出电路的逻辑真值表。

从最内层括号中的 $\bar{x}_2 \vee x_3$ 表达式开始，这个表达式转换成组合电路，如图 11.1.9 所示。

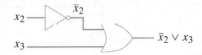

图 11.1.9 与 Boole 表达式 $\bar{x}_2 \vee x_3$ 对应的组合电路

这个电路输出和 x_1 相与得到图 11.1.10 所示的电路。最后，这个电路的输出再和 x_2 相或就得到想要的电路，如图 11.1.11 所示。逻辑真值表如下：

x_1	x_2	x_3	$(x_1 \wedge (\bar{x}_2 \vee x_3)) \vee x_2$
1	1	1	1
1	1	0	1
1	0	1	1
1	0	0	1
0	1	1	1
0	1	0	1
0	0	1	0
0	0	0	0

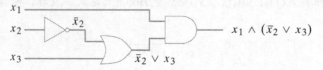

图 11.1.10　与 Boole 表达式对应的组合电路 $x_1 \wedge (\bar{x}_2 \vee x_3)$

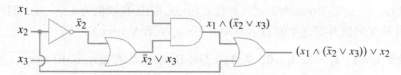

图 11.1.11　与 Boole 表达式对应的组合电路 $(x_1 \wedge (\bar{x}_2 \vee x_3)) \vee x_2$

本节复习

1. 什么是组合电路？　　2. 什么是时序电路？　　3. 什么是与（AND）门？

4. 什么是或（OR）门？　　5. 什么是非（NOT）门？　　6. 什么是反相器？

7. 什么是组合电路的逻辑真值表？　　8. 什么是 Boole 表达式？　　9. 什么是文字？

练习

在练习 1~6 中，按照图 11.1.8 的形式，用符号写出表示组合电路的 Boole 表达式、逻辑真值表及每一个门的输出。

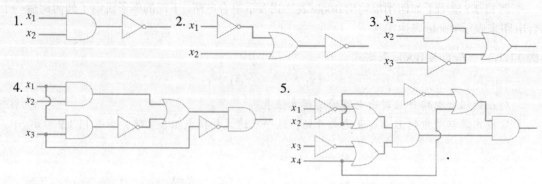

6. 图 11.1.7 中的最后一个电路。

练习 7~9 请参考下面的电路图。

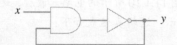

7. 说明这个电路不是组合电路。　　8. 说明如果 $x = 0$，则输出 y 可以唯一确定。

9. 说明如果 $x = 1$，则输出 y 是不确定的。

在练习 10~14 中，对于 $x_1 = 1$、$x_2 = 1$、$x_3 = 0$、$x_4 = 1$，给出 Boole 表达式的值。

10. $\overline{x_1 \wedge x_2}$　　11. $x_1 \vee (\overline{x_2} \wedge x_3)$　　12. $(x_1 \wedge \overline{x_2}) \vee (x_1 \vee \overline{x_3})$

13. $(x_1 \wedge (x_2 \vee (x_1 \wedge \overline{x_2}))) \vee ((x_1 \wedge \overline{x_2}) \vee \overline{(x_1 \wedge \overline{x_3})})$

14. $(((x_1 \wedge x_2) \vee (x_3 \wedge \overline{x_4})) \vee (\overline{(x_1 \vee x_3)} \wedge (\overline{x_2} \vee x_3))) \vee (x_1 \wedge \overline{x_3})$

15. 使用定义 11.1.9 说明练习 10~14 中的表达式是 Boole 表达式。

判断练习 16~20 中给出的表达式是否是 Boole 表达式。如果是 Boole 表达式，使用定义 11.1.9 加以说明。

16. $x_1 \wedge (x_2 \vee x_3)$　　17. $x_1 \wedge \overline{x_2} \vee x_3$　　18. (x_1)　　19. $((x_1 \wedge x_2) \vee \overline{x_3}$　　20. $((x_1))$

21. 给出练习 10~14 中每个 Boole 表达式的组合电路，写出逻辑真值表。

开关电路是一个由开关组成的网状电路，每一个开关或者断开或者闭合。图 11.1.12 给出了一个开关电路的例子。如果开关 X 断开（闭合），则写成 $X = 0$（$X = 1$）。标有相同字母的开关，如图 11.1.12 中的 B，同时断开或者同时闭合。开关 X 是断开的当且仅当开关 $\overline{X}$ 是闭合的，如图 11.1.12 中的 A 和 $\overline{A}$。如果电流可以从电路的左端流到电路的右端（终端），就说电路的输出为 1，否则电路的输出为 0。开关的真值表给出了开关的所有取值的情况下的电路输出。图 11.1.12 的开关电路的真值表如下：

A	B	C	电路输出
1	1	1	1
1	1	0	1
1	0	1	0
1	0	0	0
0	1	1	1
0	1	0	1
0	0	1	1
0	0	0	1

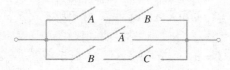

图 11.1.12　开关电路

22. 画出由两个开关 A 和 B 组成的电路，使得当 A 和 B 都闭合时电路的输出为 1。这种电路结构用 $A \wedge B$ 标识，称为**串联电路**（series circuit）。

23. 画出由两个开关 A 和 B 组成的电路，使得当 A 或者 B 闭合时电路的输出为 1。这种电路结构用 $A \vee B$ 标识，称为**并联电路**（parallel circuit）。

24. 说明图 11.1.12 的电路可以用符号表示成 $(A \wedge B) \vee \overline{A} \vee (B \wedge C)$。

用符号表示练习 25~28 中的电路并给出开关真值表。

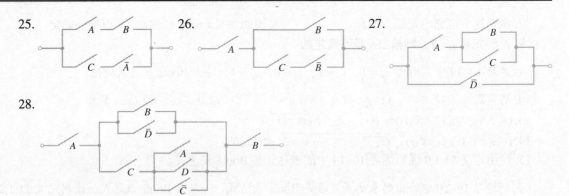

把练习29~33的表达式表示成开关电路并写出开关真值表。

29. $(A \vee \bar{B}) \wedge A$ 30. $A \vee (\bar{B} \wedge C)$ 31. $(\bar{A} \wedge B) \vee (C \wedge A)$

32. $(A \wedge ((B \wedge \bar{C}) \vee (\bar{B} \wedge C))) \vee (\bar{A} \wedge B \wedge C)$

33. $(A \wedge ((B \wedge C \wedge \bar{D}) \vee ((\bar{B} \wedge C) \vee D) \vee (\bar{B} \wedge \bar{C} \wedge D))) \wedge (B \vee \bar{D})$

11.2 组合电路的性质

前一节定义了 $Z_2 = \{0, 1\}$ 上的两个二元操作符 $\wedge$ 和 $\vee$ 及 Z_2 上的一元操作符 $^-$。（以下用 Z_2 表示集合 $\{0, 1\}$。）我们已经知道这些操作符可以用门电路实现。本节将讨论由 Z_2 与操作符 $\wedge$、$\vee$ 和 $^-$ 组成的系统的性质。 [WWW]

定理 11.2.1　如果 $\wedge$、$\vee$ 和 $^-$ 遵循定理 11.1.1~11.1.3 的定义，则有如下性质：

(a) 结合律：
$$(a \vee b) \vee c = a \vee (b \vee c)$$
$$(a \wedge b) \wedge c = a \wedge (b \wedge c) \quad \text{对于所有 } a, b, c \in Z_2$$

(b) 交换律：
$$a \vee b = b \vee a, \quad a \wedge b = b \wedge a \quad \text{对于所有 } a, b \in Z_2$$

(c) 分配律：
$$a \wedge (b \vee c) = (a \wedge b) \vee (a \wedge c)$$
$$a \vee (b \wedge c) = (a \vee b) \wedge (a \vee c) \quad \text{对于所有 } a, b, c \in Z_2$$

(d) 同一律：
$$a \vee 0 = a, \quad a \wedge 1 = a \quad \text{对于所有 } a \in Z_2$$

(e) 余补律：
$$a \vee \bar{a} = 1, \quad a \wedge \bar{a} = 0 \quad \text{对于所有 } a \in Z_2$$

证明　可以通过直接验证进行证明。这里只证明第一个分配律，其余的等式留做练习（参见练习 16~17）。

必须验证

$$a \wedge (b \vee c) = (a \wedge b) \vee (a \wedge c) \quad \text{对于所有 } a, b, c \in Z_2 \qquad (11.2.1)$$

对式(11.2.1)两边用 a、b 和 c 在 Z_2 中所有可能的取值进行赋值，验证在所有情况下两边的结果相同。下表给出了验证的细节。

a	b	c	$a \wedge (b \vee c)$	$(a \wedge b) \vee (a \wedge c)$
1	1	1	1	1
1	1	0	1	1
1	0	1	1	1
1	0	0	0	0
0	1	1	0	0
0	1	0	0	0
0	0	1	0	0
0	0	0	0	0

例 11.2.2 使用定理 11.2.1 说明图 11.2.1 中的组合电路对于同样的输入有相同的输出。

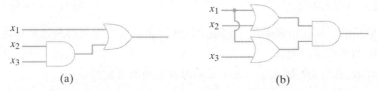

图 11.2.1 组合电路(a)和(b)对于相同的输入有同样的输出,称为等价电路

对应电路的 Boole 表达式是

$$x_1 \vee (x_2 \wedge x_3), \qquad (x_1 \vee x_2) \wedge (x_1 \vee x_3)$$

根据定理 11.2.1(c),

$$a \vee (b \wedge c) = (a \vee b) \wedge (a \vee c) \qquad \text{对于所有 } a, b, c \in Z_2 \qquad (11.2.2)$$

式(11.2.2)表明图 11.2.1 的组合电路在同样的输入下有相同的输出。■

在对两个任意 Boole 表达式的文字用所有可能的二进制数赋值时,如果它们有相同的值,则定义这两个 Boole 表达式为相等的。

定义 11.2.3 设

$$X_1 = X_1(x_1, \cdots, x_n) \quad \text{和} \quad X_2 = X_2(x_1, \cdots, x_n)$$

是 Boole 表达式。当对所有的 $a_i \in Z_2$ 有

$$X_1(a_1, \cdots, a_n) = X_2(a_1, \cdots, a_n)$$

则定义 X_1 等于 X_2,写成

$$X_1 = X_2$$

■

例 11.2.4 说明

$$\overline{(x \vee y)} = \overline{x} \wedge \overline{y} \qquad (11.2.3)$$

根据定义 11.2.3,当 x 和 y 在 Z_2 中的所有取值使等式为真时,式(11.2.3)成立。可以构造真值表通过列出所有的可能来验证式(11.2.3)。

x	y	$\overline{x \vee y}$	$\overline{x} \wedge \overline{y}$
1	1	0	0
1	0	0	0
0	1	0	0
0	0	1	1

■

在一组Boole表达式上定义关系R，使得如果$X_1 = X_2$则有规则$X_1 R X_2$，那么R是等价关系。等价类由一组Boole表达式组成，其中每个Boole表达式都与其他表达式相等。

因为定理11.2.1(a)的结合律，对于$a_i \in Z_2$，下面的写法不存在歧义，

$$a_1 \vee a_2 \vee \cdots \vee a_n \tag{11.2.4}$$

$$a_1 \wedge a_2 \wedge \cdots \wedge a_n \tag{11.2.5}$$

式(11.2.4)对应的组合电路如图11.2.2所示，式(11.2.5)对应的组合电路如图11.2.3所示。

图11.2.2　n输入或门　　　　　　　　　　图11.2.3　n输入与门

定理11.2.1给出的性质在很多系统中都成立。任何满足这些性质的系统都称为**Boole代数**。抽象Boole代数将在11.3节中讨论。

定义了Boole表达式的相等以后，现在定义组合电路的等价性。

定义 11.2.5　两个组合电路都有输入$x_1, \cdots, x_n$和单个输出，如果这两个组合电路接收两个同样的输入时有相同的输出，则它们是等价的。　■

例 11.2.6　图11.2.4和图11.2.5中的组合电路是等价的，因为它们有相同的逻辑真值表，如下所示。

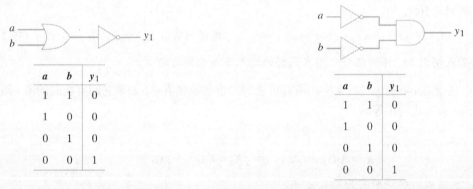

a	b	y_1
1	1	0
1	0	0
0	1	0
0	0	1

a	b	y_1
1	1	0
1	0	0
0	1	0
0	0	1

图11.2.4　组合电路及其逻辑真值表　　　图11.2.5　组合电路及其逻辑真值表，该真值表与图11.2.4的逻辑真值表相同。因为图11.2.4和图11.2.5的电路有相同的真值表，所以这两个电路等价　■

在组合电路集合上定义关系R，有$C_1 R C_2$，如果C_1和C_2是等价的（根据定义11.2.5），则R是等价关系。每个等价类由互相等价的组合电路的集合组成。

例11.2.6说明等价电路不一定要有相同数量的门。一般来说，希望使用尽可能少的门使组件的花费最小。

由定义可以直接得出，当且仅当描述组合电路的Boole表达式是相等的，则这些组合电路是等价的。

定理 11.2.7　设C_1和C_2是Boole表达式$X_1 = X_1(x_1, \cdots, x_n)$和$X_2 = X_2(x_1, \cdots, x_n)$对应的组合电路。当且仅当$X_1 = X_2$时，$C_1$和$C_2$是等价的。

证明　对于$a_i \in Z_2$，$X_1(a_1, \cdots, a_n)$的值（相应地有$X_2(a_1, \cdots, a_n)$的值）是电路C_1（相应地有C_2的值）对于输入$a_1, \cdots, a_n$的输出。

根据定义 11.2.5，当且仅当对于所有可能的输入 $a_1, \cdots, a_n$，电路 C_1 和 C_2 有相同的输出 $X_1(a_1, \cdots, a_n)$ 和 $X_2(a_1, \cdots, a_n)$，则它们是等价的。这样，电路 C_1 和 C_2 是等价的，当且仅当对所有 $a_i \in Z_2$，

$$X_1(a_1, \cdots, a_n) = X_2(a_1, \cdots, a_n) \tag{11.2.6}$$

而根据定义 11.2.3，当且仅当 $X_1 = X_2$ 时，式 (11.2.6) 成立。

例 11.2.8 在例 11.2.4 中已经说明

$$\overline{(x \vee y)} = \overline{x} \wedge \overline{y}$$

根据定理 11.2.7，与这些表达式对应的组合电路（参见图 11.2.4 和图 11.2.5）是等价的。■

本节复习

1. 说明对 $\wedge$ 和 $\vee$ 的结合律。
2. 说明对 $\wedge$ 和 $\vee$ 的交换律。
3. 说明对 $\wedge$ 和 $\vee$ 的分配律。
4. 说明对 $\wedge$ 和 $\vee$ 的同一律。
5. 说明对 $\wedge$、$\vee$ 和 $-$ 的余补律。
6. 什么情况下两个 Boole 表达式相等？
7. 什么是等价的组合表达式？
8. 组合表达式与表示它们的 Boole 表达式间的关系是什么？

练习

说明练习 1~5 的组合电路是等价的。

1.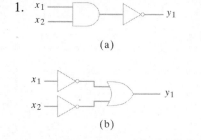

2.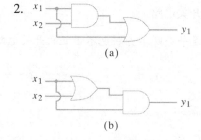

3.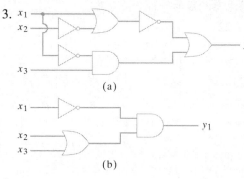

4.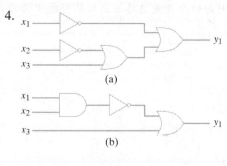

5.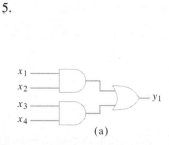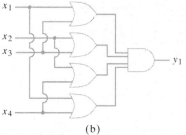

验证练习 6~10 中的等式。

6. $x_1 \vee x_1 = x_1$ 7. $x_1 \vee (x_1 \wedge x_2) = x_1$ 8. $x_1 \wedge \overline{x_2} = \overline{(\overline{x_1} \vee x_2)}$ 9. $x_1 \wedge (\overline{x_2 \wedge x_3}) = (x_1 \wedge \overline{x_2}) \vee (x_1 \wedge \overline{x_3})$
10. $(x_1 \vee x_2) \wedge (x_3 \vee x_4) = (x_3 \wedge x_1) \vee (x_3 \wedge x_2) \vee (x_4 \wedge x_1) \vee (x_4 \wedge x_2)$

证明练习 11~15 中的等式是否成立。

11. $\overline{\overline{x}} = x$ 12. $\overline{x_1} \wedge \overline{x_2} = x_1 \vee x_2$ 13. $\overline{x_1} \wedge ((x_2 \wedge x_3) \vee (x_1 \wedge x_2 \wedge x_3)) = x_2 \wedge x_3$

14. $(\overline{(\overline{x_1} \wedge x_2)} \vee (x_1 \vee \overline{x_3})) = (x_1 \vee \overline{x_2}) \wedge (x_1 \vee \overline{x_3})$ 15. $(x_1 \vee x_2) \wedge (\overline{\overline{x_3} \vee x_4}) \wedge (x_3 \wedge \overline{x_2}) = 0$

16. 证明定理11.2.1(c)中的第二个命题。   17. 证明定理11.2.1中的(a)、(b)、(d)和(e)。

如果表示开关电路的 Boole 表达式是相等的,则说这两个开关电路是等价的。

18. 说明下面的开关电路是等价的。

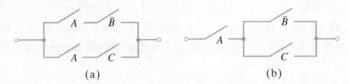

(a)　　　　　　　　　　(b)

19. 对11.1节中练习25~28中的开关电路,使用尽可能少的串、并联电路给出它们的等价开关电路。
20. 对11.1节中练习29~33中的Boole表达式,使用尽可能少的并联电路和串联电路给出它们的等价开关电路。

桥电路是一个既不并联也不串联的开关电路,如下图所示。

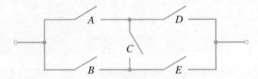

对每一个开关电路给出用尽可能少的开关的桥电路构成的等价开关电路。

21.　　　　　　　　　　22.

*23.

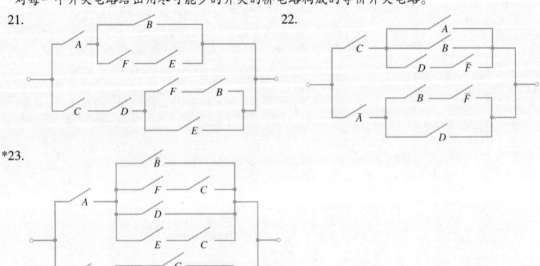

24. 对11.1节中练习29~33中的Boole表达式,用尽可能少的开关的桥电路给出其开关电路。

11.3 Boole 代数

本节将讨论满足定理11.2.1中的各种性质的一般系统。可以了解到表面各样的系统都遵循同样的定律。这样的系统称为Boole代数。 [WWW]

定义 11.3.1 Boole 代数 B 由包含不同元素 0 和 1 的集合 S、S 上的二元操作符 $+$ 和 $\cdot$ 及一元操作符 $'$ 组成，满足下面的定律：

(a) 结合律：
$$(x + y) + z = x + (y + z)$$
$$(x \cdot y) \cdot z = x \cdot (y \cdot z) \qquad \text{对于所有} x, y, z \in S$$

(b) 交换律：
$$x + y = y + x, \qquad x \cdot y = y \cdot x \qquad \text{对于所有} x, y \in S$$

(c) 分配律：
$$x \cdot (y + z) = (x \cdot y) + (x \cdot z)$$
$$x + (y \cdot z) = (x + y) \cdot (x + z) \qquad \text{对于所有} x, y, z \in S$$

(d) 同一律：
$$x + 0 = x, \qquad x \cdot 1 = x \qquad \text{对于所有} x \in S$$

(e) 余补律：
$$x + x' = 1, \qquad x \cdot x' = 0 \qquad \text{对于所有} x \in S$$

如果 B 是 Boole 代数，则可以写成 $B = (S, +, \cdot, ', 0, 1)$。

定义11.3.1的结合律可以忽略，因为可以由其他定律得出（参见练习24）。

例 11.3.2 根据定理 11.2.1，$(Z_2, \vee, \wedge, ^-, 0, 1)$ 是 Boole 代数。（设 Z_2 表示集合 $\{0, 1\}$。）定义 11.3.1 中的操作符 $+$、$\cdot$、$'$ 分别是 $\vee$、$\wedge$、$^-$。

习惯上，经常把 $a \cdot b$ 简写成 ab，而且假设 $\cdot$ 比 $+$ 优先赋值。这样可以消去一些括号。例如，$(xy) + z$ 可以写成更简单的形式：$xy + z$。

关于定义11.3.1需要做一些说明。首先，0 和 1 只是符号名称，一般与数字 0 和 1 没有关系。同样，$+$ 和 $\cdot$ 只是表示二元操作符，一般与普通意义上的加法和乘法也没有任何联系。

例 11.3.3 设 U 是一个全集，$S = \mathcal{P}(U)$ 是 U 的幂集。如果定义 S 上的下列操作：
$$X + Y = X \cup Y, \qquad X \cdot Y = X \cap Y, \qquad X' = \overline{X}$$

则 $(S, \cup, \cap, ^-, \emptyset, U)$ 是 Boole 代数。空集 $\emptyset$ 起 0 的作用，而全集 U 起 1 的作用。如果设 X、Y 和 Z 是 S 的子集，则定义 11.3.1 中的性质(a)~(e)变成了下面集合的性质（参见定理1.1.21）：

(a') $(X \cup Y) \cup Z = X \cup (Y \cup Z)$
$(X \cap Y) \cap Z = X \cap (Y \cap Z)$ 对所有 $X, Y, Z \in \mathcal{P}(U)$

(b') $X \cup Y = Y \cup X, \quad X \cap Y = Y \cap X$ 对所有 $X, Y \in \mathcal{P}(U)$

(c') $X \cap (Y \cup Z) = (X \cap Y) \cup (X \cap Z)$
$X \cup (Y \cap Z) = (X \cup Y) \cap (X \cup Z)$ 对所有 $X, Y, Z \in \mathcal{P}(U)$

(d') $X \cup \emptyset = X, \quad X \cap U = X$ 对所有 $X \in \mathcal{P}(U)$

(e') $X \cup \overline{X} = U, \quad X \cap \overline{X} = \emptyset$ 对所有 $X \in \mathcal{P}(U)$

由此，可以导出 Boole 代数的其他性质。首先说明定义 11.3.1(e) 中的元素 x' 是唯一的。

定理 11.3.4 在 Boole 代数中，定义 11.3.1(e) 中的元素 x' 是唯一的。特别是当 $x+y=1$、$xy=0$ 时，$y=x'$。

证明

$$
\begin{aligned}
y &= y1 && \text{定义 11.3.1(d)} \\
&= y(x+x') && \text{定义 11.3.1(e)} \\
&= yx + yx' && \text{定义 11.3.1(c)} \\
&= xy + yx' && \text{定义 11.3.1(b)} \\
&= 0 + yx' && \text{已知} \\
&= xx' + yx' && \text{定义 11.3.1(e)} \\
&= x'x + x'y && \text{定义 11.3.1(b)} \\
&= x'(x+y) && \text{定义 11.3.1(c)} \\
&= x'1 && \text{已知} \\
&= x' && \text{定义 11.3.1(d)}
\end{aligned}
$$

定义 11.3.5 在 Boole 代数中，称元素 x' 为 x 的补。∎

现在，可以推导出 Boole 代数的几个其他性质。

定理 11.3.6 设 $B=(S, +, \cdot, ', 0, 1)$ 是 Boole 代数。则下面的性质成立。

(a) 等幂律：
$$x+x=x, \quad xx=x \quad \text{对所有 } x\in S$$

(b) 限定律：
$$x+1=1, \quad x0=0 \quad \text{对所有 } x\in S$$

(c) 吸收律：
$$x+xy=x, \quad x(x+y)=x \quad \text{对所有 } x,y\in S$$

(d) 对合律：
$$(x')'=x \quad \text{对所有 } x\in S$$

(e) 0/1 律：
$$0'=1, \quad 1'=0$$

(f) Boole 代数的 De Morgan 定律：
$$(x+y)'=x'y', \quad (xy)'=x'+y' \quad \text{对所有 } x,y\in S$$

证明 只证明 (b) 和 (a)、(c)、(f) 的第一个命题，其余的留做练习（参见练习 18~20）。

(a)
$$
\begin{aligned}
x &= x+0 && \text{定义 11.3.1(d)} \\
&= x+(xx') && \text{定义 11.3.1(e)} \\
&= (x+x)(x+x') && \text{定义 11.3.1(c)} \\
&= (x+x)1 && \text{定义 11.3.1(e)} \\
&= x+x && \text{定义 11.3.1(d)}
\end{aligned}
$$

(b) $x+1 = (x+1)1 \quad$ 定义 11.3.1(d)

$$\begin{aligned}
&= (x+1)(x+x') && \text{定义 11.3.1(e)}\\
&= x + 1x' && \text{定义 11.3.1(c)}\\
&= x + x'1 && \text{定义 11.3.1(b)}\\
&= x + x' && \text{定义 11.3.1(d)}\\
&= 1 && \text{定义 11.3.1(e)}\\
x0 &= x0 + 0 && \text{定义 11.3.1(d)}\\
&= x0 + xx' && \text{定义 11.3.1(e)}\\
&= x(0 + x') && \text{定义 11.3.1(c)}\\
&= x(x' + 0) && \text{定义 11.3.1(b)}\\
&= xx' && \text{定义 11.3.1(d)}\\
&= 0 && \text{定义 11.3.1(e)}
\end{aligned}$$

(c)
$$\begin{aligned}
x + xy &= x1 + xy && \text{定义 11.3.1(d)}\\
&= x(1 + y) && \text{定义 11.3.1(c)}\\
&= x(y + 1) && \text{定义 11.3.1(b)}\\
&= x1 && \text{本定理(b)}\\
&= x && \text{定义 11.3.1(d)}
\end{aligned}$$

(f) 如果说明

$$(x+y)(x'y') = 0 \tag{11.3.1}$$

和

$$(x+y) + x'y' = 1 \tag{11.3.2}$$

则根据定理 11.3.4 有 $x'y' = (x+y)'$。现在

$$\begin{aligned}
(x+y)(x'y') &= (x'y')(x+y) && \text{定义 11.3.1(b)}\\
&= (x'y')x + (x'y')y && \text{定义 11.3.1(c)}\\
&= x(x'y') + (x'y')y && \text{定义 11.3.1(b)}\\
&= (xx')y' + x'(y'y) && \text{定义 11.3.1(a)}\\
&= (xx')y' + x'(yy') && \text{定义 11.3.1(b)}\\
&= 0y' + x'0 && \text{定义 11.3.1(e)}\\
&= y'0 + x'0 && \text{定义 11.3.1(b)}\\
&= 0 + 0 && \text{本定理(b)}\\
&= 0 && \text{定义 11.3.1(d)}
\end{aligned}$$

因此，式(11.3.1)成立。

下面验证式(11.3.2)。

$$\begin{aligned}
(x+y) + x'y' &= ((x+y) + x')((x+y) + y') && \text{定义 11.3.1(c)}\\
&= ((y+x) + x')((x+y) + y') && \text{定义 11.3.1(b)}\\
&= (y + (x+x'))(x + (y+y')) && \text{定义 11.3.1(a)}\\
&= (y+1)(x+1) && \text{定义 11.3.1(e)}\\
&= 1 \cdot 1 && \text{本定理(b)}\\
&= 1 && \text{定义 11.3.1(d)}
\end{aligned}$$

根据定理 11.3.4，$x'y' = (x+y)'$。

例 11.3.7 如例 11.3.3 所说明的，如果 U 是集合，则将 $\mathcal{P}(U)$ 看成是 Boole 代数。因此有关于集合的 De Morgan 定律成立：

$$\overline{(X \cup Y)} = \overline{X} \cap \overline{Y}, \quad \overline{(X \cap Y)} = \overline{X} \cup \overline{Y} \qquad \text{对所有 } X, Y \in \mathcal{P}(U)$$

这两个等式可以直接验证（参见定理 1.1.21），但是定理 11.3.6 说明它们是其他定理的推论。■

读者一定已经注意到，这些包含 Boole 代数元素的等式都是成对出现的。例如，同一律（参见定义 11.3.1(d)）是

$$x + 0 = x, \quad x1 = x$$

这些对称为**对偶**（dual）。

定义 11.3.8 Boole 表达式中的句子的对偶式可以通过把 0 换成 1、1 换成 0、+ 换成 ·、· 换成 + 得到。■

例 11.3.9

$$(x + y)' = x'y'$$

的对偶式是

$$(xy)' = x' + y'$$

■

Boole 代数定义（参见定义 11.3.1）中的每个条件都包含一个对偶式。因此有下面的结论。

定理 11.3.10 Boole 代数中定理的对偶式也是定理。

证明 设 T 是 Boole 代数中的定理，则存在一个 T 的证明 P，P 只包含 T 中 Boole 代数的定义（参见定义 11.3.1）。设 P' 是通过把 P 中的每个命题替换成其对偶式得到的一系列命题，则 P' 是 T 的一个证明。

例 11.3.11

$$x + x = x \tag{11.3.3}$$

的对偶式是

$$xx = x \tag{11.3.4}$$

前面已经证明了式 (11.3.3)（参见定理 11.3.6(a) 的证明）。如果写出式 (11.3.3) 的证明中每个命题的对偶式，则得到式 (11.3.4) 的证明，如下所示：

$$\begin{aligned} x &= x1 \\ &= x(x + x') \\ &= xx + xx' \\ &= xx + 0 \\ &= xx \end{aligned}$$

■

例 11.3.12 定理 11.3.6(b) 中的两个命题的证明是对偶的。■

本节复习

1. 定义 Boole 代数。
2. 什么是 Boole 代数的等幂律。
3. 什么是 Boole 代数的限定律。
4. 什么是 Boole 代数的吸收律。
5. 什么是 Boole 代数的对合律。
6. 什么是 Boole 代数的 0/1 律。

7. 什么是 Boole 代数的 De Morgan 定律。　　8. 如何得到 Boole 表达式的对偶式。

9. Boole 代数中定理的对偶式有哪些内容。

练习

1. 验证例 11.3.3 中的性质(a′) ~ (e′)。
2. 设 $S = \{1, 2, 3, 6\}$。定义对于 $x, y \in S$, 有
$$x + y = \text{lcm}(x, y), \qquad x \cdot y = \gcd(x, y), \qquad x' = \frac{6}{x}$$
（lcm 和 gcd 分别表示最小公倍数和最大公因子）。说明 $(S, +, \cdot, ', 1, 6)$ 是 Boole 代数。
3. $S = \{1, 2, 4, 8\}$。+ 和 · 的定义与练习 2 相同，并且定义 $x' = 8/x$。说明 $(S, +, \cdot, ', 1, 8)$ 不是 Boole 代数。

设 $S_n = \{1, 2, \cdots, n\}$。定义 $x + y = \max\{x, y\}$，$x \cdot y = \min\{x, y\}$。

4. 说明定义 11.3.1 中(a) ~ (c)对于 S_n 成立。
5. 说明当且仅当 $n = 2$ 时，可以定义 0、1 和 ′，使得 $(S_n, +, \cdot, ', 0, 1)$ 是 Boole 代数。
6. 利用例 11.3.3 中的集合，重写定理 11.3.6 中的条件。
7. 利用例 11.3.3 中的集合来解释定理 11.3.4。

写出练习 8~14 中每个命题的对偶式。

8. $(x + y)(x + 1) = x + xy + y$　　　　　　　　9. $(x' + y')' = xy$
10. 如果 $x + y = x + z$ 并且 $x' + y = x' + z$，则 $y = z$　　　11. $xy' = 0$ 当且仅当 $xy = x$
12. 如果 $x + y = 0$，则 $x = 0 = y$　　　　　13. $x = 0$ 当且仅当对于所有 y, $y = xy' + x'y$
14. $x + x(y + 1) = x$　　　　　　　　　　　15. 证明练习 8~14 中的命题。
16. 证明练习 8~14 中命题的对偶式。
17. 写出定理 11.3.4 的对偶式。这个对偶式与定理 11.3.4 本身有什么关系？
18. 证明定理 11.3.6(a)、(c)和(f)中的第二个命题。
19. 用定理 11.3.6(a)、(c)和(f)中给出的第一个命题的对偶式的证明来证明第二个命题。
20. 证明定理 11.3.6 中的(d)和(e)。　　　*21. 由定义 11.3.1 中的(b) ~ (e)推出定义 11.3.1 中的(a)。
22. 设 U 是正整数的集合，S 是 U 的子集 X 的集合，X 和 $\overline{X}$ 都是有限集合。说明 $(S, \cup, \cap, ^-, \varnothing, U)$ 是 Boole 代数。
*23. 设 n 是正整数，S 是 n 的所有因子（包括 1 和 n）的集合。+ 和 · 的定义如练习 2 所示，并且定义 $x' = n/x$。n 应该满足什么条件可使 $(S, +, \cdot, ', 1, n)$ 为 Boole 代数。
*24. 说明结合律可以从定义 11.3.1 中的其他定律得出。

问题求解：Boole 代数

问题

设 $(S, +, \cdot, ', 0, 1)$ 是 Boole 代数并且设 A 是 S 的子集。说明 $(A, +, \cdot, ', 0, 1)$ 是 Boole 代数，当且仅当对所有 $x, y \in A$、$1 \in A$ 并且 $xy' \in A$。

问题分析

因为给出的命题中有"当且仅当"，因此需要证明两个命题：

如果$(A, +, \cdot, ', 0, 1)$是Boole代数，则对所有$x, y \in A$，有$1 \in A$并且$xy' \in A$。 (1)

如果对所有$x, y \in A$，有$1 \in A$并且$xy' \in A$，则$(A, +, \cdot, ', 0, 1)$是Boole代数。 (2)

要证明(1)，可以使用定义"Boole代数"中的定律（参见定义11.3.1）和由定理11.3.6导出的Boole代数的元素必须遵守的定律。为了证明$(A, +, \cdot, ', 0, 1)$是Boole代数，需要验证能满足定义11.3.1中的定律。在继续阅读以前，可以先回忆一下定义11.3.1和定理11.3.6。

求解

首先证明式(1)。假设$(A, +, \cdot, ', 0, 1)$是Boole代数，证明

- $1 \in A$

并且

- 对所有$x, y \in A$，有$xy' \in A$

定义11.3.1指出Boole代数包含1。因为$(A, +, \cdot, ', 0, 1)$是Boole代数，所以$1 \in A$。

现在假设$x, y \in A$。定义11.3.1指出′是A上的一元操作符，因此$y' \in A$。定义11.3.1还指出·是关于A的二元操作符，所以$xy' \in A$。这样完成了(1)的证明。

现在证明(2)。假设对所有$x, y \in A$，有$1 \in A$并且$xy' \in A$，证明$(A, +, \cdot, ', 0, 1)$是Boole代数。根据定义11.3.1，需要证明

A包含0和1两个不同元素。 (3)

+和·是A上的二元操作符。 (4)

′是A上的一元操作符。 (5)

结合律成立。 (6)

交换律成立。 (7)

分配律成立。 (8)

同一律成立。 (9)

余补律成立。 (10)

根据假设A包含1。要证明(3)，必须说明$0 \in A$。关于A仅有的两个假设是$1 \in A$，以及如果$x, y \in A$，则$xy' \in A$。现在只有结合这两个假设，即使$x = y = 1$并检查结论$11' \in A$。定理11.3.6(e)（应用于Boole代数$(S, +, \cdot, ', 0, 1)$）指出$1' = 0$。替换$1'$，可以得到$10 \in A$。但是定理11.3.6(b)指出对任意$x, x0 = 0$。因此，$10 = 0$在A中。证明完毕。A中包含0和1。0和1是不同的，因为它们是Boole代数$(S, +, \cdot, ', 0, 1)$的元素。因此，(3)被证明。

要证明(4)，必须说明+和·是A上的二元操作符，即如果$x, y \in A$，则$x + y$和xy在A中。考虑证明·是A上的二元操作符。我们已经知道，如果$x, y \in A$，则$xy' \in A$，这与想要证明的接近。如果可以用y替换表达式xy'中的y'，则可以得出结论$xy \in A$。要做的就是假设$x, y \in A$，以推出

$x, y' \in A$ (11)

然后得出结论

$xy = xy'' \in A$

要推出(11)，需要说明如果$y \in A$，则$y' \in A$，而这就是(5)。我们先证明(5)。

假设$y \in A$，证明$y' \in A$。如果可以去掉x（假设中$x, y \in A$，蕴含$xy' \in A$），则可以得到所希望证明的。因为$1y = y$，使$x = 1$就可以消去x。形式化的证明过程如下。设y在A中，因为$1 \in A$，则$y' = 1y' \in A$。（根据定义11.3.1(b)和定义11.3.1(d)有$y' = 1y'$。）(5)被证明。

现在回到(4)。设 $x, y \in A$。由已经被证明的(5)，$y' \in A$。由已知条件 $x\,y = xy'' \in A$。(由定理 11.3.6(d)，有 $y = y''$。)因此证明了 · 是 A 上的二元操作符。

事实上，De Morgan 定律（参见定理 11.3.6(f)）允许交换 + 和 · ，由此可以证明如果 $x, y \in A$，则 $x + y \in A$。形式化的证明过程如下。设 $x, y \in A$。根据(5) x' 和 y' 都属于 A。因为已经证明了 · 是 A 上的二元操作符，所以 $x'y' \in A$。由(5)，$(x'y')' \in A$。根据 De Morgan 定律（参见定理 11.3.6(f)）和定理 11.3.6(d)，$x + y = x'' + y'' = (x'y')' \in A$。因此，+ 是 A 上的二元操作符。由此证明了(4)。

下面证明(6)，即要验证结合律

$$(x + y) + z = x + (y + z)$$
$$(x\,y)\,z = x\,(yz)$$

对所有 $x, y, z \in A$ 成立。因为 $(S, +, \cdot, ', 0, 1)$ 是 Boole 表达式，所以结合律对于 S 成立。因为 A 是 S 的子集，结合律显然对于 A 也成立。因此(6)成立。同样，性质(7)~(10)对于 A 也成立。因此 $(A, +, \cdot, ', 0, 1)$ 是 Boole 代数。

形式解

设 $(A, +, \cdot, ', 0, 1)$ 是 Boole 代数，则 $1 \in A$。设 $x, y \in A$，则 $y' \in A$。因此 $xy' \in A$。

现在假设对于所有 $x, y \in A$，有 $1 \in A$，并且 $xy' \in A$。使 $x = y = 1$，得到 $0 = 11' \in A$。令 $x = 1$，可得 $y' = 1y' \in A$。这样 ′ 是 A 上的一元操作符。用 y' 替换 y，得到 $x\,y = x\,y'' \in A$，因此 · 是 A 上的二元操作符。现在有 $x + y = x'' + y'' = (x'y')' \in A$，因此 + 是 A 上的二元操作符。因为定义 11.3.1 中的(a)~(e)对 S 成立，所以对 A 也自动成立。因此 $(A, +, \cdot, ', 0, 1)$ 是 Boole 代数。

问题求解技巧小结

- 当试图构造一个证明时，应仔细写出什么是已知的，什么是要证明的。
- 当试图构造一个证明时，可以认真了解有关的定义和定理。
- 为了证明一个 Boole 代数，可以直接由定义证明（参见定义 11.3.1）。
- 考虑用与给定的顺序不同的顺序证明有关的命题。本例中，先证明命题(5)然后证明命题(4)要比较容易。
- 在全称量词约束的命题中尝试各种变量替换。(因为"全称量词"的意思是对所有的值命题成立。)在命题对于所有 $x, y \in A$、$xy' \in A$ 中，通过使 $x = y = 1$，可以证明 $0 \in A$。

11.4 Boole 函数与电路合成

构造一个电路是为了执行特定的任务。如果希望构造一个组合电路，这个问题可以根据输入和输出给出。例如，假设要构造一个组合电路以实现 x_1 和 x_2 的**异或**，可以通过定义异或的输入输出表来描述这个问题。这与要给出的、希望实现的逻辑真值表是等价的。

定义 11.4.1 x_1 和 x_2 的异或写成 $x_1 \oplus x_2$，由表 11.4.1 定义。

表 11.4.1 异或

x_1	x_2	$x_1 \oplus x_2$
1	1	0
1	0	1
0	1	1
0	0	0

逻辑真值表只有一个输出，它是一个函数，定义域是输入的集合，值域是输出的集合。对于表 11.4.1 给出的异或函数，定义域是集合

$$\{(1, 1), (1, 0), (0, 1), (0, 0)\}$$

值域是集合

$$Z_2 = \{0, 1\}$$

如果可以给出异或函数的公式形如

$$x_1 \oplus x_2 = X(x_1, x_2)$$

其中 X 是 Boole 表达式，可以解决构造组合电路的问题。只需要构造对应于 X 的电路。

可以用 Boole 表达式表示的函数称为 **Boole 函数**。

定义 11.4.2 设 $X(x_1, \cdots, x_n)$ 是 Boole 表达式。形如

$$f(x_1, \cdots, x_n) = X(x_1, \cdots, x_n)$$

的函数 f 称为 Boole 函数。

例 11.4.3 函数 $f: Z_2^3 \to Z_2$ 定义为

$$f(x_1, x_2, x_3) = x_1 \wedge (\overline{x_2} \vee x_3)$$

是 Boole 函数，其输入输出由下表给出。

x_1	x_2	x_3	$f(x_1, x_2, x_3)$
1	1	1	1
1	1	0	0
1	0	1	1
1	0	0	1
0	1	1	0
0	1	0	0
0	0	1	0
0	0	0	0

下面的例子说明任意函数 $f: Z_2^n \to Z_2$ 如何用 Boole 函数实现。

例 11.4.4 说明下表给出的函数 f 是 Boole 函数。

x_1	x_2	x_3	$f(x_1, x_2, x_3)$
1	1	1	1
1	1	0	0
1	0	1	0
1	0	0	1
0	1	1	0
0	1	0	1
0	0	1	0
0	0	0	0

考虑表的第一行及其组合

$$x_1 \wedge x_2 \wedge x_3 \tag{11.4.1}$$

注意，如果像表的第一行所表示的，$x_1 = x_2 = x_3 = 1$，则式(11.4.1)为 1。表中其他行给出的 x_i 的值使式(11.4.1)为 0。同样，对于表的第 4 行可以构造一个组合

$$x_1 \wedge \bar{x}_2 \wedge \bar{x}_3 \tag{11.4.2}$$

对于表的第 4 行给出的 x_i 的值，表达式(11.4.2)为 1。而对于表的其他行给出的 x_i 的值，式(11.4.2)的值为 0。

这一过程很清楚。考虑输出为 1 的表的第 R 行。可以构成组合形如 $x_1 \wedge x_2 \wedge x_3$，在第 R 行值为 0 的 x_i 上面加上取非的符号。当且仅当 x_i 取第 R 行的值时，上面得到的组合的值为 1。这样，对于第 6 行，可以得到组合

$$\bar{x}_1 \wedge x_2 \wedge \bar{x}_3 \tag{11.4.3}$$

下面，对式(11.4.1) ~ (11.4.3)的项取或，得到 Boole 表达式

$$(x_1 \wedge x_2 \wedge x_3) \vee (x_1 \wedge \bar{x}_2 \wedge \bar{x}_3) \vee (\bar{x}_1 \wedge x_2 \wedge \bar{x}_3) \tag{11.4.4}$$

可认为 $f(x_1, x_2, x_3)$ 和式(11.4.4)是相等的。为了验证这个结论，首先假设 x_1、x_2 和 x_3 取表中使 $f(x_1, x_2, x_3) = 1$ 的行的值，则式(11.4.1) ~ (11.4.3)其中一个为 1，所以式(11.4.4)的值为 1。另外，如果 x_1、x_2 和 x_3 取使 $f(x_1, x_2, x_3) = 0$ 的行的值，则式(11.4.1) ~ (11.4.3)的值都为 0，所以式(11.4.4)的值为 0。这样 f 和 Boole 表达式(11.4.4)符合 Z_2^3，因此得到前面的判断

$$f(x_1, x_2, x_3) = (x_1 \wedge x_2 \wedge x_3) \vee (x_1 \wedge \bar{x}_2 \wedge \bar{x}_3) \vee (\bar{x}_1 \wedge x_2 \wedge \bar{x}_3)$$

经过下面定义以后，可以说明例 11.4.4 中使用的方法可以用来表示任何函数 $f: Z_2^n \to Z_2$。

定义 11.4.5 符号 $x_1, \cdots, x_n$ 的最小项是 Boole 表达式，形如

$$y_1 \wedge y_2 \wedge \cdots \wedge y_n$$

其中 y_i 是 x_i 或 $\bar{x}_i$。

定理 11.4.6 如果 $f: Z_2^n \to Z_2$，则 f 是 Boole 函数。如果 f 不恒等于 0，设 $A_1, \cdots, A_k$ 表示 Z_2^n 的元素 A_i 使得 $f(A_i) = 1$。对每一个 $A_i = (a_1, \cdots, a_n)$，规定

$$m_i = y_1 \wedge \cdots \wedge y_n$$

其中

$$y_j = \begin{cases} x_j, & a_j = 1 \\ \bar{x}_j, & a_j = 0 \end{cases}$$

则

$$f(x_1, \cdots, x_n) = m_1 \vee m_2 \vee \cdots \vee m_k \tag{11.4.5}$$

证明 如果对于所有 x_i，$f(x_1, \cdots, x_n) = 0$，则 f 是 Boole 函数，因为 0 是 Boole 表达式。假设 f 不恒等于 0。设 $m_i(a_1, \cdots, a_n)$ 表示用 a_j 替换 x_j 得到的 m_i 的值。根据 m_i 的定义有

$$m_i(A) = \begin{cases} 1, & A = A_i \\ 0, & A \neq A_i \end{cases}$$

设 $A \in Z_2^n$。如果对某个 $i \in \{1, \cdots, k\}$，$A = A_i$，则 $f(A) = 1$，$m_i(A) = 1$ 并且有

$$m_1(A) \vee \cdots \vee m_k(A) = 1$$

另一方面，如果对任何 $i \in \{1, \cdots, k\}$，$A \neq A_i$，则 $f(A) = 0$，$m_i(A) = 0$（$i = 1, \cdots, k$）并且有

$$m_1(A) \vee \cdots \vee m_k(A) = 0$$

因此，式(11.4.5)成立。

定义 11.4.7 用式(11.4.5)表示 Boole 函数 $f: Z_2^n \to Z_2$ 称为函数 f 的析取范式。∎

例 11.4.8 设计一个组合电路，计算 x_1 和 x_2 的异或。

异或函数 $x_1 \oplus x_2$ 的逻辑真值表在表 11.4.1 中给出。异或函数的析取范式是

$$x_1 \oplus x_2 = (x_1 \wedge \overline{x_2}) \vee (\overline{x_1} \wedge x_2) \tag{11.4.6}$$

式(11.4.6)对应的组合电路如图 11.4.1 所示。

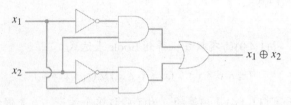

图 11.4.1 异或组合电路 ∎

假设一个函数由 Boole 表达式给出，例如

$$f(x_1, x_2, x_3) = (x_1 \vee x_2) \wedge x_3$$

希望给出 f 的析取范式。可以先写出 f 的逻辑真值表，然后使用定理 11.4.6 给出。另外，也可以根据定义及 11.2 节和 11.3 节的结果，直接使用 Boole 表达式进行处理。首先分配 x_3 项为

$$(x_1 \vee x_2) \wedge x_3 = (x_1 \wedge x_3) \vee (x_2 \wedge x_3)$$

尽管这个 Boole 表达式表示成 $y \wedge z$ 项组合的形式，但它不是析取范式，因为每一项没有包括所有的符号 x_1、x_2 和 x_3。但容易修改成

$$\begin{aligned}
(x_1 \wedge x_3) \vee (x_2 \wedge x_3) &= (x_1 \wedge x_3 \wedge 1) \vee (x_2 \wedge x_3 \wedge 1) \\
&= (x_1 \wedge x_3 \wedge (x_2 \vee \overline{x_2})) \vee (x_2 \wedge x_3 \wedge (x_1 \vee \overline{x_1})) \\
&= (x_1 \wedge x_2 \wedge x_3) \vee (x_1 \wedge \overline{x_2} \wedge x_3) \\
&\quad \vee (x_1 \wedge x_2 \wedge x_3) \vee (\overline{x_1} \wedge x_2 \wedge x_3) \\
&= (x_1 \wedge x_2 \wedge x_3) \vee (x_1 \wedge \overline{x_2} \wedge x_3) \\
&\quad \vee (\overline{x_1} \wedge x_2 \wedge x_3)
\end{aligned}$$

这个表达式是 f 的析取范式。

定理 11.4.6 有一个对偶式。这时函数 f 表示为

$$f(x_1, \cdots, x_n) = M_1 \wedge M_2 \wedge \cdots \wedge M_k \tag{11.4.7}$$

M_i 的形式为

$$y_1 \vee \cdots \vee y_n \tag{11.4.8}$$ [WWW]

其中 y_i 是 x_j 或者 $\overline{x_j}$。形式如式(11.4.8)的项称为**最大项**（maxterm），而用式(11.4.7)表示 f 的形式称为**合取范式**（conjunctive normal form）。练习 24~28 会进一步研究最大项和合取范式。

本节复习

1. 给出异或的定义。
2. 什么是 Boole 函数。
3. 什么是最小项。
4. 什么是 Boole 函数的析取范式。
5. 如何得到 Boole 函数的析取范式。
6. 什么是最大项。
7. 什么是 Boole 函数的合取范式。

练习

在练习 1~10 中给出每个函数的析取范式，并且画出每个析取范式相应的组合电路。

1.

x	y	$f(x, y)$
1	1	1
1	0	0
0	1	1
0	0	1

2.

x	y	$f(x, y)$
1	1	0
1	0	1
0	1	0
0	0	1

3.

x	y	z	$f(x, y, z)$
1	1	1	1
1	1	0	1
1	0	1	0
1	0	0	1
0	1	1	0
0	1	0	0
0	0	1	1
0	0	0	1

4.

x	y	z	$f(x, y, z)$
1	1	1	1
1	1	0	1
1	0	1	0
1	0	0	1
0	1	1	1
0	1	0	1
0	0	1	0
0	0	0	0

5.

x	y	z	$f(x, y, z)$
1	1	1	1
1	1	0	1
1	0	1	1
1	0	0	0
0	1	1	0
0	1	0	1
0	0	1	1
0	0	0	1

6.

x	y	z	$f(x, y, z)$
1	1	1	0
1	1	0	1
1	0	1	1
1	0	0	1
0	1	1	1
0	1	0	1
0	0	1	1
0	0	0	0

7.

x	y	z	$f(x, y, z)$
1	1	1	1
1	1	0	0
1	0	1	0
1	0	0	1
0	1	1	0
0	1	0	0
0	0	1	0
0	0	0	1

8.

x	y	z	$f(x, y, z)$
1	1	1	0
1	1	0	0
1	0	1	0
1	0	0	1
0	1	1	1
0	1	0	0
0	0	1	1
0	0	0	0

9.

w	x	y	z	$f(w, x, y, z)$
1	1	1	1	1
1	1	1	0	0
1	1	0	1	1
1	1	0	0	0
1	0	1	1	1
1	0	1	0	0
1	0	0	1	0
1	0	0	0	1
0	1	1	1	1
0	1	1	0	0
0	1	0	1	0
0	1	0	0	0
0	0	1	1	1
0	0	1	0	0
0	0	0	1	0
0	0	0	0	0

10.

w	x	y	z	$f(w, x, y, z)$
1	1	1	1	0
1	1	1	0	0
1	1	0	1	1
1	1	0	0	1
1	0	1	1	1
1	0	1	0	1
1	0	0	1	0
1	0	0	0	1
0	1	1	1	0
0	1	1	0	1
0	1	0	1	1
0	1	0	0	1
0	0	1	1	0
0	0	1	0	1
0	0	0	1	0
0	0	0	0	1

在练习 11~20 中，使用代数方法给出每个函数的析取范式（其中 $a \wedge b$ 简化成 ab）。

11. $f(x, y) = x \vee xy$
12. $f(x, y) = (x \vee y)(\overline{x} \vee \overline{y})$
13. $f(x, y, z) = x \vee y(x \vee \overline{z})$
14. $f(x, y, z) = (yz \vee x\overline{z})(\overline{x\overline{y}} \vee z)$
15. $f(x, y, z) = (\overline{x}y \vee \overline{xz})(\overline{x} \vee yz)$
16. $f(x, y, z) = x \vee (\overline{y} \vee (x\overline{y} \vee x\overline{z}))$
17. $f(x, y, z) = (x \vee \overline{x}y \vee \overline{x}y\overline{z})(xy \vee \overline{xz})(y \vee xy\overline{z})$
18. $f(x, y, z) = (\overline{x}y \vee \overline{xz})(\overline{xyz} \vee y\overline{z})(x\overline{yz} \vee x\overline{y} \vee x\overline{yz} \vee \overline{x}yz)$
19. $f(w, x, y, z) = wy \vee (w\overline{y} \vee z)(x \vee \overline{w}z)$
20. $f(w, x, y, z) = (\overline{w}x\overline{yz} \vee x\overline{y}\,\overline{z})(\overline{wyz} \vee xy\overline{z} \vee yxz)(\overline{w}z \vee xy \vee \overline{w}\,\overline{y}z \vee xy\overline{z} \vee \overline{x}yz)$

21. 由 Z_2^n 到 Z_2 有多少种 Boole 函数？

设 F 表示从 Z_2^n 到 Z_2 的 Boole 函数的集合。定义

$$(f \vee g)(x) = f(x) \vee g(x) \quad x \in Z_2^n$$
$$(f \wedge g)(x) = f(x) \wedge g(x) \quad x \in Z_2^n$$
$$\overline{f}(x) = \overline{f(x)} \quad x \in Z_2^n$$
$$0(x) = 0 \quad x \in Z_2^n$$
$$1(x) = 1 \quad x \in Z_2^n$$

22. F 中有多少个元素？
23. 说明 $(F, \vee, \wedge, \overline{}, 0, 1)$ 是 Boole 代数。
24. 通过例 11.4.4 的对偶化过程，说明如何找到从 Z_2^n 到 Z_2 的 Boole 函数的合取范式。
25. 给出练习 1~10 中每个函数的合取范式。
26. 使用代数方法，给出练习 11~20 中每个函数的合取范式。
27. 说明如果 $m_1 \vee \cdots \vee m_k$ 是 $f(x_1, \cdots, x_n)$ 的析取范式，则 $\overline{m}_1 \wedge \cdots \wedge \overline{m}_k$ 是 $\overline{f(x_1, \cdots, x_n)}$ 的合取范式。
28. 使用练习 27 的方法给出练习 1~10 中每个函数 f 的 $\overline{f}$ 的合取范式。
29. 说明析取范式(11.4.5)是唯一的，即说明如果有 Boole 函数

$$f(x_1, \cdots, x_n) = m_1 \vee \cdots \vee m_k = m_1' \vee \cdots \vee m_j'$$

其中 m_i 和 m_i' 是最小项，则 $k = j$ 并且对于 $i = 1, \cdots, k$，m_i' 的下标可以置换使得 $m_i = m_i'$。

11.5 应用

前面说明了如何使用与门、或门和非门来设计组合电路，这些门电路可以计算任意从 Z_2^n 到 Z_2 的函数，其中 $Z_2 = \{0, 1\}$。本节考虑采用其他的门来设计电路，同时还要考虑设计效率的问题。本节结束以前讨论几个多输出的有用电路。在这一节中，把 $a \wedge b$ 写成 ab。 [WWW]

在考虑其他形式的不同于与门、或门、非门的门以前，首先必须对"门"进行准确的定义。

定义 11.5.1 门是从 Z_2^n 到 Z_2 的函数。 ∎

例 11.5.2 与门（∧）是定义 11.1.1 中定义的从 Z_2^2 到 Z_2 的函数 ∧。非门（−）是定义 11.1.3 中定义的从 Z_2 到 Z_2 的函数 ¯。 ∎

我们关注的是可以用来构造任意组合电路的门。

定义 11.5.3 对于任何正整数 n 和 Z_2^n 到 Z_2 的函数 f，如果可以只用门 $g_1, \cdots, g_k$ 便可构造计算 f 的组合电路，则称门的集合 $\{g_1, \cdots, g_k\}$ 是功能完备的。 ∎

例 11.5.4 定理 11.4.6 说明门的集合{与门，或门，非门}是功能完备的。 ∎

第 11 章 Boole 代数与组合电路

有意思的是，可以从集合{与门，或门，非门}中去掉与门或者或门，仍然可以得到功能完备的门的集合。

定理 11.5.5 门的集合

$$\{与门，非门\} \quad \{或门，非门\}$$

是功能完备的。

证明 只说明门的集合{与门，非门}是功能完备的，把说明另一个集合也是功能完备的问题留做练习（参见练习 1）。

已知

$$x \vee y = \overline{\overline{x}} \vee \overline{\overline{y}} \quad \text{对合律}$$
$$= \overline{\overline{x}\,\overline{y}} \quad \text{De Morgan 定律}$$

因此，或门可以用一个与门和三个非门代替。（组合电路如图 11.5.1 所示。）

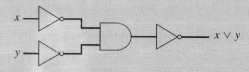

图 11.5.1 只用与门和非门计算 $x \vee y$ 的组合电路

给出任意函数 $f: Z_2^n \to Z_2$，根据定理 11.4.6 使用与门、或门和非门可以构造一个组合电路 C 计算 f。但是图 11.5.1 说明，每个或门可以用与门和非门代替。因此，可以修改电路 C，使它只由与门和非门构成。这样，门的集合{与门，非门}是功能完备的。

尽管单个与门、或门或者非门不能构成一个函数的完备集合（参见练习 2~4），但是可以定义一个新的门，使其自己可形成功能完备集合。

定义 11.5.6 与非门（NAND）以 x_1 和 x_2 为输入，其中 x_1 和 x_2 是位，得到的输出用 $x_1 \uparrow x_2$ 表示，

$$x_1 \uparrow x_2 = \begin{cases} 0, & \text{若 } x_1 = 1 \text{ 和 } x_2 = 1 \\ 1, & \text{其他} \end{cases}$$

与非门如图 11.5.2 所示。

图 11.5.2 与非门

数字计算机中的很多基本电路都是由与非门构成的。

定理 11.5.7 集合{与非门}是功能完备的门的集合。

证明 首先观察等式

$$x \uparrow y = \overline{xy}$$

因此，

$$\overline{x} = \overline{xx} = x \uparrow x \tag{11.5.1}$$

$$x \vee y = \overline{\overline{x}\,\overline{y}} = \overline{x} \uparrow \overline{y} = (x \uparrow x) \uparrow (y \uparrow y) \tag{11.5.2}$$

等式(11.5.1)和等式(11.5.2)说明或门和非门都可以写成与非门的形式。根据定理11.5.5，集合{或门，非门}是功能完备的，因此可以推出集合{与非门}也是功能完备的。

例 11.5.8 用与非门设计组合电路，计算函数 $f_1(x) = \bar{x}$ 和 $f_2(x, y) = x \vee y$。

由等式(11.5.1)和等式(11.5.2)导出的组合电路如图11.5.3所示。

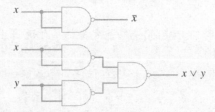

图 11.5.3　仅使用与非门计算 $\bar{x}$ 和 $x \vee y$ 的组合电路

考虑用与门、或门和非门设计组合电路来计算函数 f 的问题。

x	y	z	$f(x, y, z)$
1	1	1	1
1	1	0	1
1	0	1	0
1	0	0	1
0	1	1	0
0	1	0	0
0	0	1	0
0	0	0	0

f 的析取范式是

$$f(x, y, z) = xyz \vee xy\bar{z} \vee x\bar{y}\,\bar{z} \tag{11.5.3}$$

与式(11.5.3)相应的组合电路如图11.5.4所示。

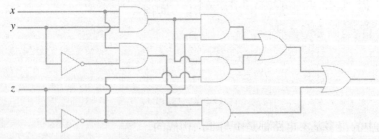

图 11.5.4　计算 $f(x, y, z) = xyz \vee xy\bar{z} \vee x\bar{y}\,\bar{z}$ 的组合电路

图11.5.4的电路有9个门。前面曾表明，可以用更少的门设计一个电路。寻找最好电路的问题称为**最小化问题**（minimization problem）。"最好"有很多定义。

为了寻找与图11.5.4等价的更简单的组合电路，让我们来简化表示这个电路的Boole表达式(11.5.3)。等式

$$Ea \vee E\bar{a} = E \tag{11.5.4}$$

$$E = E \vee Ea \tag{11.5.5}$$

对简化Boole表达式有用，其中 E 表示任意的Boole表达式。

等式(11.5.4)可以使用Boole代数的性质推导：
$$Ea \vee E\overline{a} = E(a \vee \overline{a}) = E1 = E$$
等式(11.5.5)是吸收律的基本形式（参见定理11.3.6(c)）。

使用式(11.5.4)和式(11.5.5)，可以对式(11.5.3)进行化简：

$$\begin{aligned} xyz \vee xy\overline{z} \vee x\overline{y}\overline{z} &= xy \vee x\overline{y}\overline{z} & \text{根据式(11.5.4)} \\ &= xy \vee xy\overline{z} \vee x\overline{y}\overline{z} & \text{根据式(11.5.5)} \\ &= xy \vee x\overline{z} & \text{根据式(11.5.4)} \end{aligned}$$

使用分配律（参见定义11.3.1(c)），可以进一步化简，

$$xy \vee x\overline{z} = x(y \vee \overline{z}) \tag{11.5.6}$$

式(11.5.6)相应的组合电路如图11.5.5所示，该电路只使用3个门。

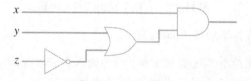

图 11.5.5　等价于图11.5.4的3个门的组合电路

例 11.5.9　图11.4.1的组合电路使用了5个与门、或门和非门，计算x和y的异或$x \oplus y$。设计一个电路，使用更少的与门、或门和非门来计算$x \oplus y$。

然而，式(11.5.4)和式(11.5.5)不能帮助简化$x \oplus y$的析取范式$x\overline{y} \vee \overline{x}y$。这样，必须尝试各种Boole规则，以产生一个要求少于5个门的表达式。表达式

$$(x \vee y)\overline{xy}$$

是一个解决方案，它的实现只需要4个门。这个组合电路如图11.5.6所示。

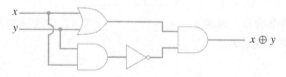

图 11.5.6　计算x和y的异或$x \oplus y$的4个门的组合电路 ■

给出的门集合可用来决定最小化问题。因为技术水平决定了可以提供的门，所以最小化问题是随着时间的推移而改变的。在20世纪50年代，典型的问题是把电路最小化成与门、或门和非门。这个时期的解决方案有Quine-McCluskey方法和Karnaugh图方法。关于这些方法的细节读者可以参见[Mendelson]。

先进的固态技术可以制造更小的组件，称为**集成电路**（integrated circuit），它们本身就是一个完整的电路。因此，现在的电路设计是把基本的门（如与门、或门和非门）与集成电路结合起来，完成所希望的函数计算。Boole代数仍然是基本工具，如有关逻辑设计等书中（参见[McCalla]）所指出的那样。

通过讲解几个有用的多输出的组合电路，我们将结束这一节的讨论。有n个输出的电路可以用n个Boole表达式描述，参见下面的例子。

例 11.5.10 写出两个 Boole 表达式，描述图 11.5.7 的组合电路。

输出 y_1 由表达式

$$y_1 = \overline{ab}$$

表示，输出 y_2 由表达式

$$y_2 = bc \vee \overline{ab}$$

表示。

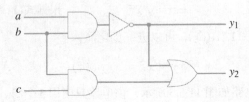

图 11.5.7　有两个输出的组合电路

第一个要讨论的电路称为**半加器**（half adder）。

定义 11.5.11　半加器接收两个二进制位 x 和 y 作为输入，产生 x 和 y 的二进制和 cs 作为输出。cs 是一个两位二进制数，s 是表示和的二进制位，c 是进位位。

例 11.5.12　半加器电路　设计一个半加器组合电路。

半加器电路的真值表如下：

x	y	c	s
1	1	1	0
1	0	0	1
0	1	0	1
0	0	0	0

这个函数有 c 和 s 两个输出。注意到 $c = xy$ 并且 $s = x \oplus y$。由此得到图 11.5.8 的半加器电路。使用图 11.5.6 的电路实现异或。

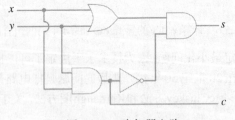

图 11.5.8　半加器电路

全加器（full adder）是把三个二进制位相加，这用于把两个二进制位相加同时再加上前一位加法的进位。

定义 11.5.13　全加器接收二进制位 x、y 和 z 作为输入，产生 x、y 和 z 的二进制和 cs 作为输出。cs 是一个两位二进制数。

例 11.5.14　全加器电路　设计一个全加器组合电路。

全加器电路的真值表如下：

x	y	z	c	s
1	1	1	1	1
1	1	0	1	0
1	0	1	1	0
1	0	0	0	1
0	1	1	1	0
0	1	0	0	1
0	0	1	0	1
0	0	0	0	0

检查 8 种可能的取值, 可以发现

$$s = x \oplus y \oplus z$$

因此, 可以用两个异或电路计算 s。

为了计算 c, 首先写出 c 的析取范式

$$c = xyz \vee xy\bar{z} \vee x\bar{y}z \vee \bar{x}yz \tag{11.5.7}$$

接下来, 使用式(11.5.4)和式(11.5.5)简化式(11.5.7), 如下所示:

$$\begin{aligned}xyz \vee xy\bar{z} \vee x\bar{y}z \vee \bar{x}yz &= xy \vee x\bar{y}z \vee \bar{x}yz \\ &= xy \vee xyz \vee x\bar{y}z \vee \bar{x}yz \\ &= xy \vee xz \vee \bar{x}yz \\ &= xy \vee xz \vee xyz \vee \bar{x}yz \\ &= xy \vee xz \vee yz\end{aligned}$$

写成下式便可以消去多余的门,

$$c = xy \vee z(x \vee y)$$

得到的全加器电路由图 11.5.9 给出。

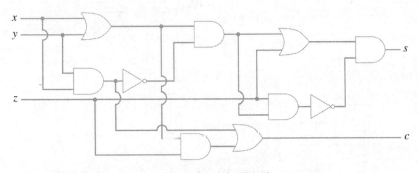

图 11.5.9 全加器电路

最后一个例子说明如何使用半加器和全加器构造一个二进制数的加法电路。

例 11.5.15 二进制数的加法电路 使用半加器和全加器电路, 设计一个组合电路计算两个三位二进制数的和。

设 $M = x_3 x_2 x_1$ 和 $N = y_3 y_2 y_1$ 表示相加的数, 设 $z_4 z_3 z_2 z_1$ 表示相加的和。求 M 和 N 的和的电路如图 11.5.10 所示。这是标准的加法算法的实现, 因为"进位位"被加到下一个二进制加法中。

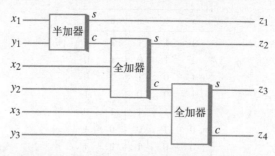

图 11.5.10 计算两个三位二进制数的和的组合电路

如果使用三位二进制寄存器做加法，使得两个三位二进制数的和不超过三位二进制数，则可以使用例 11.5.15 中的二进制位 z_4 作为溢出标志。如果 $z_4 = 1$，则发生溢出；如果 $z_4 = 0$，则没有溢出。

下一章（参见例 12.1.3）将讨论时序电路，它利用基本的内部存储来完成二进制数的加法运算。

本节复习

1. 什么是门？
2. 什么是功能完备的门的集合？
3. 给出功能完备的门的集合的例子。
4. 什么是与非门？
5. 集合{与非门}是功能完备的吗？
6. 什么是最小化问题？
7. 什么是集成电路？
8. 描述一个半加器电路。
9. 描述一个全加器电路。

练习

1. 说明门的集合{或门，非门}是功能完备的。

说明练习 2~5 中每个门的集合都不是功能完备的。

2. {与门}　　3. {或门}　　4. {非门}　　5. {与门，或门}　　6. 给出使用与非门计算 xy 的电路
7. 只用 $\uparrow$ 写出 xy　　8. 对于所有 $x, y, z \in Z_2$，证明或者否定：$x \uparrow (y \uparrow z) = (x \uparrow y) \uparrow z$

写出 Boole 表达式，描述练习 9~11 的多输出电路。

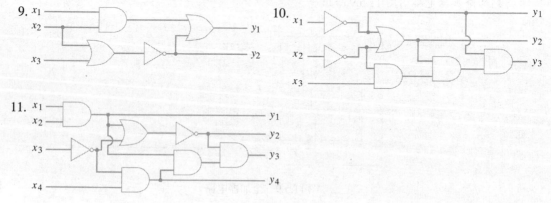

12. 只用与非门设计电路，计算 11.4 节练习 1~10 中的函数。
13. 对练习 12 中的任一个电路，还能减少与非门的个数吗？
14. 使用尽可能少的与门、或门和非门设计电路，计算 11.4 节练习 1~10 中的函数。
15. 只用与非门设计半加器电路。　　*16. 使用 5 个与非门设计半加器电路。

或非（NOR）门接收输入 x_1 和 x_2，其中 x_1 和 x_2 是位，产生输出表示成 $x_1 \downarrow x_2$，其中

$$x_1 \downarrow x_2 = \begin{cases} 0, & \text{若 } x_1 = 1 \text{ 和 } x_2 = 1 \\ 1, & \text{其他} \end{cases}$$

17. 用 $\downarrow$ 写出 xy、$x \vee y$、$\bar{x}$ 及 $x \uparrow y$。 18. 用 $\uparrow$ 写出 $x \downarrow y$。
19. 写出或非函数的逻辑真值表。 20. 说明门的集合{或非门}是功能完备的。
21. 只用或非门设计电路，计算 11.4 节中练习 1~10 的函数。
22. 还能减少练习 21 中得出的电路所使用的或非门的数量吗？
23. 只用或非门设计半加器电路。 *24. 使用 5 个或非门设计一个半加器电路。
25. 设计一个三输入电路，使得当有两个或者三个输入为 1 时输出为 1。
26. 设计一个电路完成二进制数 x_2x_1 和 y_2y_1 的乘法。输出的形式为 $z_4z_3z_2z_1$。
27. 取 2 的模的电路接受两位的 b 和 FLAGIN 作为输入，给出二进制位 c 和 FLAGOUT 作为输出。如果 FLAGIN = 1，则 $c = \bar{b}$ 并且 FLAGOUT = 1。如果 FLAGIN = 0 并且 $b = 1$，则 FLAGOUT = 1。如果 FLAGIN = 0 并且 $b = 0$，则 FLAGOUT = 0。如果 FLAGIN = 0，则 $c = b$。设计一个电路实现取 2 的模的电路。

求二进制数的补码可以用下面的算法计算。

算法 11.5.16 **求补码** 算法计算二进制数 $M = B_N B_{N-1} \cdots B_2 B_1$ 的补码 $C_N C_{N-1} \cdots C_2 C_1$。从右到左扫描二进制数 M，复制二进制位直到找到 1 为止。然后，如果 $B_i = 0$，置 $C_i = 1$；如果 $B_i = 0$，置 $C_i = 0$。标志 F 指明找到 1（$F = \text{true}$）或者没有找到 1（$F = \text{flase}$）。

输入：$B_N B_{N-1} \cdots B_1$
输出：$C_N C_{N-1} \cdots C_1$

twos_complement(B) {
  $F = \text{flase}$
  $i = 1$
  while ($\neg F \wedge i \leq N$) {
    $C_i = B_i$
    if ($B_i == 1$)
      $F = \text{true}$
    $i = i + 1$
  }
  while ($i \leq N$) {
    $C_i = B_i \oplus 1$
    $i = i + 1$
  }
  return C
}

使用算法 11.5.16 给出练习 28~30 中数的补码。

28. 101100 29. 11011 30. 011010110
31. 使用取 2 的模，设计一个电路计算三位二进制数 $x_3x_2x_1$ 的补码 $y_3y_2y_1$。
*32. 设 * 是 S 的二元操作符，S 是包括 0 和 1 的集合。根据与非门满足的规则，如果定义 $\bar{x} = x * x$，$x \vee y = (x * x) * (y * y)$，$x \wedge y = (x * y) * (x * y)$，则 $(S, \vee, \wedge, \bar{\ }, 0, 1)$ 是 Boole 代数。给出 * 的公理集合。

*33. 设 * 是 S 的二元操作符，S 是包括 0 和 1 的集合。根据或非门满足的规则及 $\vee$、$\wedge$、$^-$ 的定义，有 $(S, \vee, \wedge, ^-, 0, 1)$ 是 Boole 代数。给出 * 的公理集合。

*34. 说明 $\{\rightarrow\}$ 是功能完备的（参见定义 1.2.3）。

*35. 设 $B(x, y)$ 是变量 x 和 y 的 Boole 表达式，该表达式只使用操作符 $\leftrightarrow$（参见定义 1.2.8）。
  (a) 说明如果 B 包含偶数个 x，则 $B(\bar{x}, y)$ 和 $B(x, y)$ 的值对所有 x 和 y 是相同的。
  (b) 说明如果 B 包含奇数个 x，则 $B(\bar{x}, y)$ 和 $\overline{B(x, y)}$ 的值对所有 x 和 y 是相同的。
  (c) 使用(a)和(b)中的结论说明 $\{\leftrightarrow\}$ 不是功能完备的。

  这个练习由 Paul Pluznikov 提供。

注释

关于 Boole 代数的一般参考文献请参见 [Hohn; and Mendelson]。[Mendelson] 给出了 150 多条关于 Boole 代数和组合电路的参考文献。关于逻辑设计的著作有 [Kohavi; McCalla; and Ward]。

[Hailperin] 给出了 Boole 数学的技术讨论，同时还提供了其他参考文献。Boole 的 *The Laws of Thought* 一书已经被再版（参见 [Boole]）。

因为我们关心的是 Boole 代数的应用，所以主要的讨论局限在 Boole 代数（$Z_2, \vee, \wedge, ^-, 0, 1$）。然而，多数结论对任意有限的 Boole 代数都是成立的。

符号 $x_1, \cdots, x_n$ 在任意 Boole 代数（$S, +, \cdot, ', 0, 1$）上的 **Boole 表达式**递归定义为

- 对每个 $s \in S$，s 是 Boole 表达式。
- $x_1, \cdots, x_n$ 是 Boole 表达式。

如果 X_1 和 X_2 是 Boole 表达式，则

$$(X_1), \quad X_1', \quad X_1 + X_2, \quad X_1 \cdot X_2$$

是 Boole 表达式。

S 上的 **Boole 函数**定义为 S^n 到 S 的函数，形为

$$f(x_1, \cdots, x_n) = X(x_1, \cdots, x_n)$$

其中 X 是符号 $x_1, \cdots, x_n$ 在 S 上的 Boole 表达式。可以定义 f 的析取范式。另一个结论是，如果 X 和 Y 是 S 上的 Boole 表达式，并且对所有 $x_i \in S$ 有

$$X(x_1, \cdots, x_n) = Y(x_1, \cdots, x_n)$$

则 Y 可以根据 Boole 代数的定义（参见定义 11.3.1）从 X 推出。其他结论还有任何有限的 Boole 代数有 2^n 个元素，并且如果两个 Boole 代数都有 2^n 个元素则它们本质上是相同的。由此得出任何有限的 Boole 代数本质上都是例 11.3.3，即全集 U 的有限子集的 Boole 代数。这一结论的证明可以在 [Mendelson] 中找到。

本章复习

11.1

1. 组合电路 2. 时序电路 3. 与门 4. 或门
5. 非门（反相器） 6. 组合电路的逻辑真值表 7. Boole 表达式 8. 文字

11.2

9. $\wedge, \vee$, 和 $^-$ 的性质：结合律、交换律、分配律、同一律、余补律（参见定理 11.2.1）。

第11章 Boole代数与组合电路

10. 相等的Boole表达式　　　11. 等价组合电路
12. 组合表达式是等价的，当且仅当表示它们的Boole表达式是相等的。

11.3

13. Boole代数　　　14. x'：x的补
15. Boole代数的性质：等幂律、限定律、吸收律、对合律、0/1律、De Morgan定律
16. 含Boole表达式命题的对偶式　　17. 有关Boole代数定理的对偶式也是定理

11.4

18. 异或门　　　19. Boole函数
20. 最小项：$y_1 \wedge y_2 \wedge \cdots \wedge y_n$，其中每个$y_i$或者是$x_i$或者是$\bar{x}_i$
21. 析取范式　　　22. 如何写出Boole函数的析取范式（参见定理11.4.6）
23. 最大项：$y_1 \vee y_2 \vee \cdots \vee y_n$，其中每个$y_i$或者是$x_i$或者是$\bar{x}_i$　　24. 合取范式

11.5

25. 门　　26. 门的功能完备集合　　27. 门的集合{与门，非门}和{或门，非门}是功能完备的。
28. 与非门　　29. 集合{与非门}是功能完备的门的集合。　　30. 最小化问题
31. 集成电路　　32. 半加器电路　　33. 全加器电路

本章自测题

11.1

1. 写出表示组合电路的Boole表达式，并写出逻辑真值表。

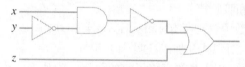

2. 如果$x_1 = x_2 = 0$并且$x_3 = 1$，给出Boole表达式$(x_1 \wedge x_2) \vee (\bar{x}_2 \wedge x_3)$的值。
3. 给出与练习2的Boole表达式对应的组合电路。
4. 说明下面的电路不是组合电路。

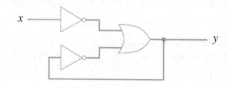

11.2

练习5和练习6中的组合电路等价吗？给出解释。

5.

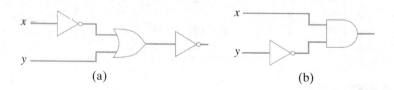

(a)　　　　　　　　　　(b)

6.

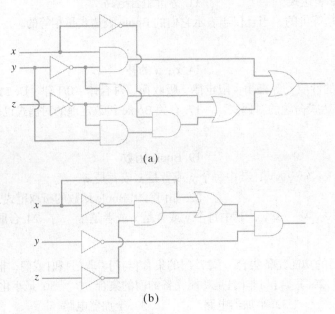

证明或者否定练习7和练习8中的等式。

7. $(x \wedge y) \vee (\bar{x} \wedge z) \vee (\bar{x} \wedge y \wedge \bar{z}) = y \vee (\bar{x} \wedge z)$

8. $\overline{(x \wedge y \wedge z) \vee (x \vee z)} = (x \wedge z) \vee (\bar{x} \wedge \bar{z})$

11.3

9. 如果 U 是全集并且 $S = \mathcal{P}(U)$ 是 U 的幂集，则 $(S, \cup, \cap, ^-, \varnothing, U)$ 是 Boole 代数。说明这个 Boole 代数的限定律和吸收律。

10. 证明在任何 Boole 代数中，对所有 x 和 y，$(x \cdot (x + y \cdot 0))' = x'$。

11. 写出练习 10 中命题的对偶式并加以证明。

12. 设 U 是正整数的集合，S 是 U 的有限子集的集合。为什么 $(S, \cup, \cap, ^-, \varnothing, U)$ 不是 Boole 代数？

11.4

在练习 13~16 中，给出真值表与练习中给出的逻辑真值表相同的 Boole 表达式的析取范式。并画出析取范式相应的组合电路。

13. x_1	x_2	x_3	y	14. x_1	x_2	x_3	y	15. x_1	x_2	x_3	y	16. x_1	x_2	x_3	y
1	1	1	0	1	1	1	0	1	1	1	1	1	1	1	0
1	1	0	0	1	1	0	1	1	1	0	0	1	1	0	1
1	0	1	0	1	0	1	0	1	0	1	0	1	0	1	0
1	0	0	1	1	0	0	1	1	0	0	1	1	0	0	1
0	1	1	0	0	1	1	0	0	1	1	0	0	1	1	1
0	1	0	0	0	1	0	0	0	1	0	0	0	1	0	0
0	0	1	0	0	0	1	0	0	0	1	0	0	0	1	1
0	0	0	0	0	0	0	0	0	0	0	1	0	0	0	0

11.5

17. 写出电路的逻辑真值表。

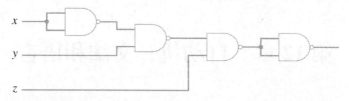

18. 给出练习6(a)中电路的Boole表达式的析取范式。使用代数方法简化这个析取范式。并画出简化后的表达式相应的电路。
19. 只用与非门设计电路计算 $x \oplus y$。
20. 使用两个半加器电路和一个或门，设计一个全加器电路。

上机练习

1. 编写一个程序，输入 x 和 y 的 Boole 表达式，打印出这个表达式的逻辑真值表。
2. 编写一个程序，输入 x、y 和 z 的 Boole 表达式，打印出这个表达式的逻辑真值表。
3. 编写一个程序，输出一个 Boole 表达式 $p(x, y)$ 的析取范式。
4. 编写一个程序，输出一个 Boole 表达式 $p(x, y)$ 的合取范式。
5. 编写一个程序，输出一个 Boole 表达式 $p(x, y, z)$ 的析取范式。
6. 编写一个程序，输出一个 Boole 表达式 $p(x, y, z)$ 的合取范式。
7. 编写一个程序，计算一个 n 位二进制数的补码。

第12章 自动机、文法和语言

我们在第11章讨论了组合电路,其输出仅依赖于输入。这些电路没有记忆功能。本章开始讨论这样一种电路,其输出不仅依赖于输入而且依赖于引入输入时系统的状态。系统的状态由以前信息的处理决定。在这种意义下,这些电路必须有记忆功能。这样的电路称为时序电路,在计算机设计中显然是重要的。

有限状态机是具有基本内部记忆的机器抽象的模型。有限状态自动机是特殊类型的有限状态机,它与语言的具体类型紧密关联。在本章的稍后部分,将更详细地讨论有限状态机、有限状态自动机和语言。

12.1 时序电路和有限状态机

数字计算机内的操作是按离散时间段进行的。输出不仅依赖于输入也依赖于系统的状态。假设系统的状态改变仅发生在时刻 $t = 0, 1, \cdots$。在电路中引入时序的简单方式是引入一个**单位时间延迟**。

[WWW]

定义 12.1.1 一个单位时间延迟在时刻 t 接受一位输入 x_t 和输出 x_{t-1},它是在时刻 $t-1$ 作为输入所接受的一位。单位时间延迟由图12.1.1所示。

$$x_t \longrightarrow \boxed{\text{延迟}} \longrightarrow x_{t-1}$$

图 12.1.1 单位时间延迟 ■

作为使用单位时间延迟的例子,我们讨论串行加法器。

定义 12.1.2 一个串行加法器接受两个二进制数作为输入。

$$x = 0x_N x_{N-1} \cdots x_0 \quad \text{和} \quad y = 0y_N y_{N-1} \cdots y_0$$

且输出 x 与 y 的和 $z_{N+1} z_N \cdots z_0$。数 x 和 y 按顺序成对输入 $x_0, y_0; \cdots; x_N, y_N; 0, 0$。输出和为 $z_0, z_1, \cdots, z_{N+1}$。■

例 12.1.3 串行加法器电路 使用单位时间延迟建造一个串行加法器的电路,如图12.1.2所示。

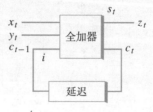

图 12.1.2 串行加法器电路

下面说明串行加法器如何计算数

$$x = 010 \text{ 和 } y = 011$$

的和。开始设置 $x_0 = 0$ 和 $y_0 = 1$。(假设此时 $i = 0$,可预先设置 $x = y = 0$。)系统的状态由图12.1.3(a)表示。下面设 $x_1 = y_1 = 1$。单位时间延迟发送 $i = 0$ 作为第三位给全加器。系统的状态由

图12.1.3(b)表示。最后，设 $x_2 = y_2 = 0$。这时单位时间延迟发送 $i = 1$ 作为第三位给全加器。系统的状态由图12.1.3(c)表示。得到和 $z = 101$。

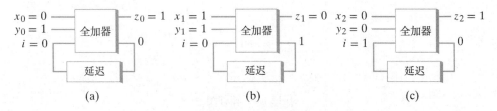

图 12.1.3 用串行加法器电路计算 010 + 011 ■

一个**有限状态机**（finite-state machine）是具有一个基本内部记忆的机器抽象的模型。

定义 12.1.4 一个有限状态机 M 包括：

(a) 一个有限输入符号集合 $\mathcal{I}$，
(b) 一个有限输出符号集合 $\mathcal{O}$，
(c) 一个有限状态集合 $\mathcal{S}$，
(d) 一个从 $\mathcal{S} \times \mathcal{I}$ 到 $\mathcal{S}$ 的下个状态函数 f，
(e) 一个从 $\mathcal{S} \times \mathcal{I}$ 到 $\mathcal{O}$ 的输出函数 g，
(f) 一个初始状态 $\sigma \in \mathcal{S}$。

写为 $M = (\mathcal{I}, \mathcal{O}, \mathcal{S}, f, g, \sigma)$。 ■

例 12.1.5 设 $\mathcal{I} = \{a, b\}$，$\mathcal{O} = \{0, 1\}$，$\mathcal{S} = \{\sigma_0, \sigma_1\}$。由表12.1.1给出的规则定义一对函数 $f: \mathcal{S} \times \mathcal{I} \to \mathcal{S}$ 和 $g: \mathcal{S} \times \mathcal{I} \to \mathcal{O}$。则 $M = (\mathcal{I}, \mathcal{O}, \mathcal{S}, f, g, \sigma_0)$ 是一个有限状态机。

表 12.1.1

$\mathcal{S}$ \ $\mathcal{I}$	f		g	
	a	b	a	b
σ_0	σ_0	σ_1	0	1
σ_1	σ_1	σ_1	1	0

表12.1.1的解释意味着

$$f(\sigma_0, a) = \sigma_0 \quad g(\sigma_0, a) = 0,$$
$$f(\sigma_0, b) = \sigma_1 \quad g(\sigma_0, b) = 1,$$
$$f(\sigma_1, a) = \sigma_1 \quad g(\sigma_1, a) = 1,$$
$$f(\sigma_1, b) = \sigma_1 \quad g(\sigma_1, b) = 0$$

■

下个状态和输出函数也能够用**转移图**（transition diagram）定义。在形式定义转移图之前，先说明如何构造一个转移图。

例 12.1.6 对于例12.1.5的有限状态机画出转移图。

转移图是一个有向图，顶点是状态（参见图12.1.4）。如图初始状态由一个箭头指出。如果处在状态 σ 且输入 i 引起输出 o，并且转到状态 σ'，则从顶点 σ 到顶点 σ' 画一条有向边并标记 i/o。例如，如果处于状态 σ_0 输入 a，由表12.1.1可知输出 0 且保持状态 σ_0，则在顶点 σ_0 画一个有向

圈并标记 $a/0$（参见图 12.1.4）。另一方面，如果处于状态 σ_0 并且输入 b，则输出 1 并转到状态 σ_1。于是从 σ_0 到 σ_1 画一条有向边并标记 $b/1$。考虑所有的可能性，得到图 12.1.4 的转移图。

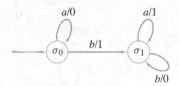

图 12.1.4 转移图

定义 12.1.7 令 $M = (\mathcal{I}, \mathcal{O}, \mathcal{S}, f, g, \sigma)$ 是一个有限状态机。M 的转移图是一个有向图 G，它的顶点是 $\mathcal{S}$ 的成员，一个箭头指定初始状态 σ。如果存在一个使 $f(\sigma_1, i) = \sigma_2$ 的输入 i，则 G 中存在一条有向边 (σ_1, σ_2)。在这种情形下，如果 $g(\sigma_1, i) = o$，则边 (σ_1, σ_2) 标记为 i/o。

能够将有限状态机 $M = (\mathcal{I}, \mathcal{O}, \mathcal{S}, f, g, \sigma)$ 看成一个简单的计算机。从状态 σ 开始，输入 $\mathcal{I}$ 上的一个串，生成一个输出串。

定义 12.1.8 设 $M = (\mathcal{I}, \mathcal{O}, \mathcal{S}, f, g, \sigma)$ 是一个有限状态机。M 的一个输入串是 $\mathcal{I}$ 上的一个串。如果存在 $\sigma_0, \cdots, \sigma_n \in \mathcal{S}$ 使

$$\sigma_0 = \sigma$$
$$\sigma_i = f(\sigma_{i-1}, x_i) \quad 对于 i = 1, \cdots, n;$$
$$y_i = g(\sigma_{i-1}, x_i) \quad 对于 i = 1, \cdots, n$$

则串

$$y_1 \cdots y_n$$

是 M 对应于输入串

$$\alpha = x_1 \cdots x_n$$

的输出串。

例 12.1.9 对于例 12.1.5 的有限状态机求出对应于输入串

$$aababba \tag{12.1.1}$$

的输出串。

起初，处于状态 σ_0。第一个输入符号是 a。在 M 的转移图（参见图 12.1.4）中位于从 σ_0 出发的输出边上标记 a/x 表明如果 a 是输入，则 x 是输出。在这种情形下，0 是输出。于是该边指向下一个状态 σ_0。之后，a 又是输入。如前，输出 0 并维持状态 σ_0。之后，b 是输入。在这种情形下，输出 1 并改变到状态 σ_1。继续这种方式，得出输出串是

$$0011001 \tag{12.1.2}$$

例 12.1.10 串行加法器有限状态机 设计一个有限状态机来实现串行加法。

用转移图表示这个有限状态机。

因为串行加法每次接受两位输入，输入集合若是

$$\{00, 01, 10, 11\}$$

输出集合是

$$\{0, 1\}$$

已知输入 xy，执行两个动作之一：或者将 x 加 y，或者将 x 加 y 再加 1，这依赖于进位是 0 还是 1。于是有两个状态，称为 C（进位）和 NC（无进位）。初始状态是 NC。现在，能够画出转移图中的顶点并指定初始状态（参见图 12.1.5）。

下面，考虑在每个顶点的可能输入。例如，如果对 NC 输入 00，应该输出 0 并维持状态 NC，于是 NC 就有标记 00/0 的圈。作为另一个例子，如果对 C 输入 11，计算 $1+1+1=11$。在这种情形下输出 1 并维持状态 C。于是 C 有一个标记 11/1 的圈。作为最后一个例子，如果在状态 NC 并输入 11，则应该输出 0 并移到状态 C。考虑所有的可能性，得到图 12.1.6 的转移图。

图 12.1.5 串行加法器有限状态机的两个状态　　　　图 12.1.6 实现串行加法的有限状态机

例 12.1.11　SR 触发器　一个触发器（flip-flop）是数字电路的基本组件，因为它作为一位的存储单元。SR 触发器（置 1 – 置 0 触发器）能够由下表定义：

S	R	Q
1	1	不允许
1	0	1
0	1	0
0	0	1 如果 S 最后等于 1 0 如果 R 最后等于 1

SR 触发器能"记住" S 或 R 最后的状态是否等于 1。（如果 $Q=1$，则 S 最后状态为 1；如果 $Q=0$，则 R 最后状态为 1。）通过定义两个状态："S 最后为 1" 和 "R 最后为 1"（参见图 12.1.7），能够将 SR 触发器建立为有限状态机模型。定义输入是 S 和 R 的新值，记号 SR 意味着 $S=s$ 和 $R=r$。定义 Q 是输出。已经任意地指定初始状态为 "S 最后为 1"。SR 触发器时序电路的实现如图 12.1.8 所示。

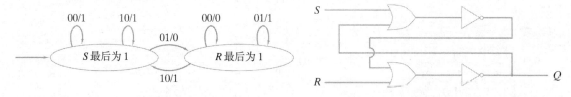

图 12.1.7 作为有限状态机的 SR 触发器　　　　图 12.1.8 SR 触发器的时序电路实现

本节复习

1. 什么是单位时间延迟？
2. 什么是串行加法器？
3. 定义有限状态机。
4. 什么是转移图？
5. 什么是 SR 触发器？

练习

在练习 1~5 中，画出有限状态机 $(\mathcal{I}, \mathcal{O}, \mathcal{S}, f, g, \sigma_0)$ 的转移图。

1. 设 $\mathcal{I} = \{a, b\}$, $\mathcal{O} = \{0, 1\}$, $\mathcal{S} = \{\sigma_0, \sigma_1\}$。

$\mathcal{S}$ \ $\mathcal{I}$	f a	f b	g a	g b
σ_0	σ_1	σ_1	1	1
σ_1	σ_0	σ_1	0	1

2. 设 $\mathcal{I} = \{a, b\}$, $\mathcal{O} = \{0, 1\}$, $\mathcal{S} = \{\sigma_0, \sigma_1\}$。

$\mathcal{S}$ \ $\mathcal{I}$	f a	f b	g a	g b
σ_0	σ_1	σ_0	0	0
σ_1	σ_0	σ_0	1	1

3. 设 $\mathcal{I} = \{a, b\}$, $\mathcal{O} = \{0, 1\}$, $\mathcal{S} = \{\sigma_0, \sigma_1, \sigma_2\}$。

$\mathcal{S}$ \ $\mathcal{I}$	f a	f b	g a	g b
σ_0	σ_1	σ_1	0	1
σ_1	σ_2	σ_1	1	1
σ_2	σ_0	σ_0	0	0

4. 设 $\mathcal{I} = \{a, b, c\}$, $\mathcal{O} = \{0, 1\}$, $\mathcal{S} = \{\sigma_0, \sigma_1, \sigma_2\}$。

$\mathcal{S}$ \ $\mathcal{I}$	f a	f b	f c	g a	g b	g c
σ_0	σ_0	σ_1	σ_2	0	1	0
σ_1	σ_1	σ_1	σ_0	1	1	1
σ_2	σ_2	σ_1	σ_0	1	0	0

5. 设 $\mathcal{I} = \{a, b, c\}$, $\mathcal{O} = \{0, 1, 2\}$, $\mathcal{S} = \{\sigma_0, \sigma_1, \sigma_2, \sigma_3\}$。

$\mathcal{S}$ \ $\mathcal{I}$	f a	f b	f c	g a	g b	g c
σ_0	σ_1	σ_0	σ_2	1	1	2
σ_1	σ_0	σ_2	σ_2	2	0	0
σ_2	σ_3	σ_3	σ_0	1	0	1
σ_3	σ_1	σ_1	σ_0	2	0	2

在练习6~10中，对每个有限状态求出集合 $\mathcal{I}$、$\mathcal{O}$ 和 $\mathcal{S}$，初始状态，以及定义下一个状态和输出函数的表。

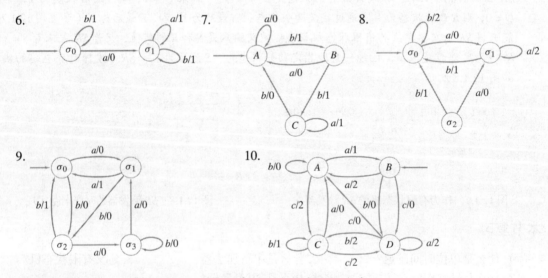

在练习11~20中，对于已给的输入串和有限状态机求出输出串。

11. *abba*；练习1
12. *abba*；练习2
13. *aabbaba*；练习3
14. *aabbcc*；练习4
15. *aabaab*；练习5
16. *aaa*；练习6
17. *aabbabaab*；练习7
18. *baaba*；练习8
19. *bbababbabaaa*；练习9
20. *cacbccbaabac*；练习10

第 12 章 自动机、文法和语言 561

在练习 21~26 中，设计一个有限状态机具有给定的性质。输入总是一个位串。

21. 如果已输入偶数个 1，则输出 1；否则输出 0
22. k 是 3 的倍数，如果已输入 k 个 1，则输出 1；否则输出 0
23. 如果输入两个或更多个 1，则输出 1；否则输出 0
24. 无论何时见到 101 时就输出 1；否则输出 0
25. 见到 101 及之后就输出 1；否则输出 0
26. 当看到第一个 0 之后直到看到另一个 0 之前，输出 1；此后输出 0；在所有其他的情况下，都输出 0
27. 设 $\alpha = x_1 \cdots x_n$ 是位串。设 $\beta = y_1 \cdots y_n$，其中对于 $i = 1, \cdots, n$

$$y_i = \begin{cases} a & \text{如果 } x_i = 0 \\ b & \text{如果 } x_i = 1 \end{cases}$$

设 $\gamma = y_n \cdots y_1$。

证明如果 γ 是图 12.1.4 的有限状态机的输入，则输出是 α 的补码（对补码的描述请参见算法 11.5.16）。

*28. 证明不存在这样的有限状态机，它接受一个位串输入，则输入 1 的个数与输入 0 的个数相等时输出 1，否则输出 0。

*29. 证明不存在实现串行乘法的有限状态机。特别是证明不存在有限状态机，它按两位数序列 $x_n y_n, x_{n-1} y_{n-1}, \cdots, x_1 y_1, 00, \cdots, 00$（其中有 n 个 00）来输入二进制数 $X = x_1 \cdots x_n$，$Y = y_1 \cdots y_n$，而输出为 $z_{2n}, \cdots, z_1$，这里 $Z = z_1 \cdots z_{2n} = XY$。

例如，如果存在计算 101×1001 的机器，应该输入 11, 00, 10, 01, 00, 00, 00, 00。第一个 11 是（10<u>1</u>，100<u>1</u>）最右边的两位；第二个 00 是（1<u>0</u>1，10<u>0</u>1）的下两位；等等。用四个 00 填充输入串，因为相乘的数的最大数 1001 的长度为 4。因为 $101 \times 1001 = 101101$，得到用邻接表表明的输出。

输入	输出
11	1
00	0
10	1
01	1
00	0
00	1
00	0
00	0

12.2 有限状态自动机

一个**有限状态自动机**（finite-state automaton）是特殊类型的有限状态机。之所以对有限状态自动机感兴趣，是因为它和语言的关系，我们将在 12.5 节看到。 [WWW]

定义 12.2.1 有限状态自动机 $A = (\mathcal{I}, \mathcal{O}, \mathcal{S}, f, g, \sigma)$ 是一个有限状态机，其输出符号集合是 $\{0, 1\}$，并且当前的状态决定最后的输出。最后输出为 1 的那些状态称为接受状态。∎

例 12.2.2 画出由表定义的有限状态机 A 的转移图。初始状态是 σ_0。证明 A 是一个有限状态自动机并确定接受状态的集合。

$\mathcal{S}$ \ $\mathcal{I}$	f		g	
	a	b	a	b
σ_0	σ_1	σ_0	1	0
σ_1	σ_2	σ_0	1	0
σ_2	σ_2	σ_0	1	0

转移图由图 12.2.1 表示。如果在状态 σ_0，最后输出是 0。如果在状态 σ_1 或 σ_2，则最后输出是 1；于是 A 是一个有限状态自动机。接受状态是 σ_1 和 σ_2。

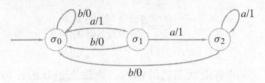

图 12.2.1　例 12.2.2 的转移图

例 12.2.2 表明，如果输出符号集合是 {0, 1} 并且如果对每个状态 σ 所有输入到 σ 的边都有相同的输出标号，由转移图定义的有限状态机是有限状态自动机。

有限状态自动机的转移图通常被绘制为将接受状态放进双圈内且忽略输出符号。当图 12.2.1 的转移图以这种方式重画时，得到图 12.2.2 的转移图。

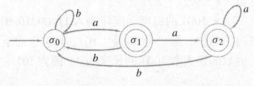

图 12.2.2　重画图 12.2.1 的转移图，接受状态放进双圈内并忽略输出符号

例 12.2.3　将图 12.2.3 的有限状态自动机的转移图画为有限状态机的转移图。因为 σ_2 是接受状态，用输出 1 标记所有它的进入边（参见图 12.2.4）。状态 σ_0 和 σ_1 不是接受状态，所以用输出 0 标记所有它们的进入边。于是得到图 12.2.4 的转移图。

图 12.2.3　有限状态自动机　　　图 12.2.4　图 12.2.3 的有限状态自动机，重画为有限状态机的转移图

定义 12.2.1 的另一种形式，认为有限状态自动机 A 的组成为

1. 一个有限的输入符号集合 $\mathcal{I}$，
2. 一个有限的状态集合 $\mathcal{S}$，
3. 从 $\mathcal{S} \times \mathcal{I}$ 到 $\mathcal{S}$ 的下一状态函数 f，
4. $\mathcal{S}$ 的接受状态的子集 $\mathcal{A}$，
5. 一个初始状态 $\sigma \in \mathcal{S}$。

如果使用这种描述特征，写成 $A = (\mathcal{I}, \mathcal{S}, f, \mathcal{A}, \sigma)$。

例 12.2.4

$$\mathcal{I} = \{a, b\}, \quad \mathcal{S} = \{\sigma_0, \sigma_1, \sigma_2\}, \quad \mathcal{A} = \{\sigma_2\}, \quad \sigma = \sigma_0$$

且 f 由下表定义

$\mathcal{S}$ \ $\mathcal{I}$	a	b
σ_0	σ_0	σ_1
σ_1	σ_0	σ_2
σ_2	σ_0	σ_2

则有限状态自动机 $A = (\mathcal{I}, \mathcal{S}, f, \mathcal{A}, \sigma)$ 的转移图由图 12.2.5 表示。

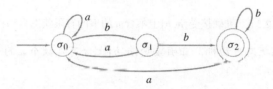

图 12.2.5　例 12.2.4 的转移图

如果一个串输入到有限状态自动机，或者在接受状态或者在非接受状态结束。这个最后状态的情况决定有限状态自动机是否接受该串。

定义 12.2.5　设 $A = (\mathcal{I}, \mathcal{S}, f, \mathcal{A}, \sigma)$ 是一个有限状态自动机。设 $\alpha = x_1 \cdots x_n$ 是 $\mathcal{I}$ 上的一个串。如果存在状态 $\sigma_0, \cdots, \sigma_n$ 满足

(a) $\sigma_0 = \sigma$；

(b) 对于 $i = 1, \cdots, n$，有 $f(\sigma_{i-1}, x_i) = \sigma_i$；

(c) $\sigma_n \in \mathcal{A}$。

则说 α 被 A 接受。一个空串被接受当且仅当 $\sigma \in \mathcal{A}$。设 $\text{Ac}(A)$ 是被 A 接受的串的集合并且说 A 接受 $\text{Ac}(A)$。

设 $\alpha = x_1 \cdots x_n$ 是 $\mathcal{I}$ 上的一个串。按上述 (a) 和 (b) 条件定义状态 $\sigma_0, \cdots, \sigma_n$。称（有向）路径 $(\sigma_0, \cdots, \sigma_n)$ 是 A 中表示的 α 的路径。

从定义 12.2.5 得出，如果路径 P 表示一个有限状态自动机 A 的串 α，则 A 接受 α 当且仅当 P 终止在一个接受状态。

例 12.2.6　串 $abaa$ 能被图 12.2.2 的有限状态自动机接受吗？

从状态 σ_0 开始。当输入 a 时，转到状态 σ_1。当输入 b 时，转到状态 σ_0。当输入 a 时，转到状态 σ_1。最后，当输入最后的符号 a 时，转到状态 σ_2。路径 $(\sigma_0, \sigma_1, \sigma_0, \sigma_1, \sigma_2)$ 表示串 $abaa$。因为最后的状态 σ_2 是接受状态，串 $abaa$ 被图 12.2.2 的有限状态自动机所接受。

例 12.2.7　串 $\alpha = abbabba$ 能被图 12.2.3 的有限状态自动机接受吗？

表示 α 的路径终止在 σ_1。因为 σ_1 不是接受状态，所以串 α 不被图 12.2.3 的有限状态自动机接受。

下面给出两个说明设计问题的例子。

例 12.2.8 设计一个有限状态自动机，准确接受 $\{a, b\}$ 上不含 a 的串。

这个想法要使用两个状态：

A：发现一个 a

NA：没有发现 a

状态 NA 是初始状态并且是仅有的接受状态。现在画出边只是很简单的操作（参见图 12.2.6）。注意该有限状态自动机正确地接受空串。

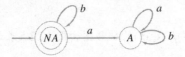

图 12.2.6　准确接受 $\{a, b\}$ 上不含 a 的串的有限状态自动机

例 12.2.9 设计一个有限状态自动机，准确接受 $\{a, b\}$ 上含有奇数个 a 的串。

这时的两个状态是

E：偶数个 a 被发现

O：奇数个 a 被发现

初始状态是 E，接受状态是 O。得到图 12.2.7 表示的转移图。

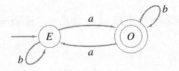

图 12.2.7　准确接受 $\{a, b\}$ 上有奇数个 a 的串的有限状态自动机

一个有限状态自动机本质上是决定一个给定串是否被接受的一个算法。作为一个例子，将图 12.2.7 的转移图转变为一个算法。

算法 12.2.10 这个算法决定 $\{a, b\}$ 上的一个串是否能被有限状态自动机所接受，该有限状态自动机的转移图由图 12.2.7 给出。

输入：n，即串的长度（$n = 0$ 指空串），串为 $s_1 s_2 \cdots s_n$

输出："Accept" 如果串被接受

"Reject" 如果串不被接受

```
fsa(s, n){
    state = 'E'
    for i = 1 to n {
        if (state == 'E' ∧ s_i == 'a')
            state = 'O'
        if (state == 'O' ∧ s_i == 'a')
            state = 'E'
```

```
        }
    if (state == 'O')
        return "Accept"
    else
        return "Reject"
}
```

如果两个有限状态自动机能准确地接受完全相同的串,就说它们是**等价的**。

定义 12.2.11 如果 $Ac(A) = Ac(A')$,则有限状态自动机 A 和 A' 是等价的。 ∎

例 12.2.12 能够验证图 12.2.6 和图 12.2.8 的有限状态自动机是等价的(参见练习 33)。

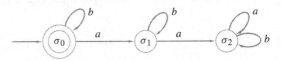

图 12.2.8 和图 12.2.6 等价的有限状态自动机 ∎

如果定义有限状态自动机集合上的关系 R 为:如果 A 和 A' 等价(在定义 12.2.11 意义上)则 $A R A'$,那么 R 是一个等价关系。每个等价类由相互等价的有限状态自动机的集合组成。

本节复习

1. 定义有限状态自动机。
2. 一个串被有限状态自动机接受的含义是什么?
3. 什么是等价的有限状态自动机?

练习

在练习 1~3 中,说明每个有限状态机是有限状态自动机,并重画转移图为有限状态自动机的转移图。

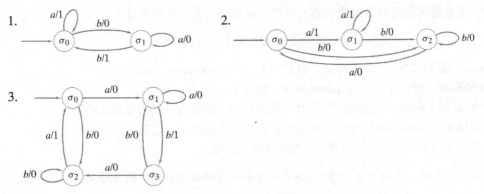

在练习 4~6 中,重画有限状态自动机的转移图为有限状态机的转移图。

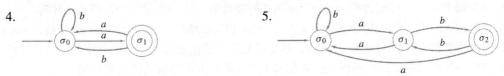

6.

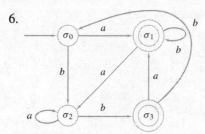

在练习7~9中，绘制有限状态自动机$(\mathcal{I}, \mathcal{S}, f, \mathcal{A}, \sigma_0)$的转移图。

7. $\mathcal{I} = \{a, b\}, \mathcal{S} = \{\sigma_0, \sigma_1, \sigma_2\}, \mathcal{A} = \{\sigma_0\}$

$\mathcal{S}$ \ $\mathcal{I}$	a	b
σ_0	σ_1	σ_0
σ_1	σ_2	σ_0
σ_2	σ_0	σ_2

8. $\mathcal{I} = \{a, b\}, \mathcal{S} = \{\sigma_0, \sigma_1, \sigma_2\}, \mathcal{A} = \{\sigma_0, \sigma_2\}$

$\mathcal{S}$ \ $\mathcal{I}$	a	b
σ_0	σ_1	σ_1
σ_1	σ_0	σ_2
σ_2	σ_0	σ_1

9. $\mathcal{I} = \{a, b, c\}, \mathcal{S} = \{\sigma_0, \sigma_1, \sigma_2, \sigma_3\}, \mathcal{A} = \{\sigma_0, \sigma_2\}$

$\mathcal{S}$ \ $\mathcal{I}$	a	b	c
σ_0	σ_1	σ_0	σ_2
σ_1	σ_0	σ_3	σ_0
σ_2	σ_3	σ_0	σ_0
σ_3	σ_1	σ_0	σ_1

10. 对于练习1~6的每个有限状态自动机，求出集合$\mathcal{I}$、$\mathcal{S}$和$\mathcal{A}$，初始状态，以及定义下个状态函数的表。

11. 12.1节的练习1~10中，哪一个有限状态机是有限状态自动机？

12. 为了使有限状态机M是有限状态自动机，M的表看上去必须像什么？

在练习13~17中，确定给定的有限状态自动机是否接受指定的串。

13. *abbaa*，图12.2.2   14. *abbaa*，图12.2.3   15. *aabaabb*，图12.2.5

16. *aaabbbaab*，练习5   17. *aaababbab*，练习6

18. 证明$\{a, b\}$上的串α被图12.2.2的有限状态自动机接受当且仅当α以a结束。

19. 证明$\{a, b\}$上的串α被图12.2.5的有限状态自动机接受当且仅当α以bb结束。

*20. 指出被练习1~9的有限状态自动机接受的串的特征。

在练习21~31中，画出接受$\{a, b\}$上给定串集合的有限状态自动机的转移图。

21. 偶数个a 22. 恰有一个b 23. 至少一个b 24. 恰有两个a

25. 至少两个a 26. 含有m个a，m是3的整数倍   27. 以baa开头

*28. 含有$abba$ 29. 每个b后跟a *30. 以aba结尾   *31. 以ab开始以baa结尾

32. 写一个类似于算法12.2.10的算法，确定已知串是否能被练习1~9的有限状态自动机接受。

33. 给出一个形式论证，表明图12.2.6和图12.2.8的有限状态自动机是等价的。

34. 设L是$\{a, b\}$上串的有限集合，证明存在接受L的有限状态自动机。

35. 设 L 是练习 6 的有限状态自动机接受的串的集合，设 S 是 $\{a, b\}$ 上所有串的集合，设计一个有限状态自动机接受 $S - L$。

36. 设 L_i 是有限状态自动机 $A_i = (\mathcal{I}, \mathcal{S}_i, f_i, \mathcal{A}_i, \sigma_i)$ 接受的串的集合，$i = 1, 2$。设 $A = (\mathcal{I}, \mathcal{S}_1 \times \mathcal{S}_2, f, \mathcal{A}, \sigma)$，其中

$$f((S_1, S_2), x) = (f_1(S_1, x), f_2(S_2, x))$$

$$\mathcal{A} = \{(A_1, A_2) \mid A_1 \in \mathcal{A}_1 \text{ 且 } A_2 \in \mathcal{A}_2\}$$

$$\sigma = (\sigma_1, \sigma_2)$$

证明 $\text{Ac}(A) = L_1 \cap L_2$。

37. 设 L_i 是有限状态自动机 $A_i = (\mathcal{I}, \mathcal{S}_i, f_i, \mathcal{A}_i, \sigma_i)$ 接受的串的集合，$i = 1, 2$。设 $A = (\mathcal{I}, \mathcal{S}_1 \times \mathcal{S}_2, f, \mathcal{A}, \sigma)$，其中

$$f((S_1, S_2), x) = (f_1(S_1, x), f_2(S_2, x))$$

$$\mathcal{A} = \{(A_1, A_2) \mid A_1 \in \mathcal{A}_1 \text{ 或 } A_2 \in \mathcal{A}_2\}$$

$$\sigma = (\sigma_1, \sigma_2)$$

证明 $\text{Ac}(A) = L_1 \cup L_2$。

在练习 38~42 中，设 $L_i = \text{Ac}(A_i)$，$i = 1, 2$。绘制出接受 $L_1 \cap L_2$ 和 $I_1 \cup L_2$ 的有限状态自动机的转移图。

38. A_1 由练习 4 给出；A_2 由练习 5 给出
39. A_1 由练习 4 给出；A_2 由练习 6 给出
40. A_1 由练习 5 给出；A_2 由练习 6 给出
41. A_1 由练习 6 给出；A_2 由练习 6 给出
42. A_1 由 12.5 节图 12.5.7 给出；A_2 由练习 6 给出

12.3 语言和文法

按照 Webster 的新专科字典，语言是"文字和方法的总体，方法把所使用的文字组合起来并使之能被相当多的人理解"，这样的语言通常称为**自然语言**（natural language），它区别于**形式语言**（formal language），后者用于建立自然语言模型及同计算机通信。自然语言的规则非常复杂且难于完全特征化；另一方面，完全可能确定一些规则，通过它确定可构造的形式语言。下面开始着手形式语言的定义。

定义 12.3.1 设 A 是有限集合，A 上的（形式）语言 L 是 A 上所有串的集合 A^* 的子集。　■

例 12.3.2 设 $A = \{a, b\}$，A 上含有奇数个 a 的所有串的集合 L 是 A 上的一个语言。像在例 12.2.9 所看到的，L 正是 A 上能够被图 12.2.7 的有限状态自动机所接受的串的集合。　■

定义语言的一个方法是给出语言遵循的规则表。

定义 12.3.3 一个短语结构文法（或简单地称为文法）G 组成为

(a) 一个有限非终结符号集合 N，
(b) 一个有限终结符号集合 T，其中 $N \cap T = \emptyset$，
(c) $[(N \cup T)^* - T^*] \times (N \cup T)^*$ 的一个有限子集 P，称为产生式的集合，
(d) 一个开始符号 $\sigma \in N$。

写为 $G = (N, T, P, \sigma)$。　■

产生式 $(A, B) \in P$ 通常写为

$$A \to B$$

定义12.3.3(c)说明在产生式 $A \to B$ 中，$A \in (N \cup T)^* - T^*$；且 $B \in (N \cup T)^*$；于是 A 至少包括一个非终结符号，而 B 可由非终结符号和终结符号的任意组合构成。

例 12.3.4 设

$$N = \{\sigma, S\}$$
$$T = \{a, b\}$$
$$P = \{\sigma \to b\sigma, \sigma \to aS, S \to bS, S \to b\}$$

则 $G = (N, T, P, \sigma)$ 是一个文法。∎

给定一个文法 G，可从 G 构造一个语言 $L(G)$，方法是使用产生式来导出组成 $L(G)$ 的串。想法是从开始符号开始，然后重复地使用产生式直到得到含有终结符的串。语言 $L(G)$ 是得到的所有这样串的集合。定义12.3.5给出了形式化的细节。

定义 12.3.5 设 $G = (N, T, P, \sigma)$ 是一个文法。

如果 $\alpha \to \beta$ 是一条产生式且 $x\alpha y \in (N \cup T)^*$，则称 $x\beta y$ 为直接从 $x\alpha y$ 导出的，并写为

$$x\alpha y \Rightarrow x\beta y$$

如果对于 $i = 1, \cdots, n$，$\alpha_i \in (N \cup T)^*$；且对于 $i = 1, \cdots, n-1$，α_{i+1} 为直接从 α_i 导出。于是称 α_n 为直接从 α_1 导出的并写做

$$\alpha_1 \Rightarrow \alpha_n$$

于是称

$$\alpha_1 \Rightarrow \alpha_2 \Rightarrow \cdots \Rightarrow \alpha_n$$

是 α_n（从 α_1）的导出。约定 $(N \cup T)^*$ 的任意元素都是从自身导出的。由 G 生成的语言，写为 $L(G)$，由从 σ 导出的 T 上的所有串组成。∎

例 12.3.6 设 G 是例12.3.4的文法。

使用产生式 $S \to bS$，串 $abSbb$ 为从 $aSbb$ 直接导出的，写为

$$aSbb \Rightarrow abSbb$$

串 $bbab$ 是从 σ 导出的，写为

$$\sigma \Rightarrow bbab$$

这个导出是

$$\sigma \Rightarrow b\sigma \Rightarrow bb\sigma \Rightarrow bbaS \Rightarrow bbab$$

从 σ 仅有的导出是

$$\sigma \Rightarrow b\sigma$$
$$\vdots$$
$$\Rightarrow b^n \sigma \qquad n \geq 0$$
$$\Rightarrow b^n aS$$
$$\vdots$$
$$\Rightarrow b^n ab^{m-1} S$$
$$\Rightarrow b^n ab^m \qquad n \geq 0, \quad m \geq 1$$

于是 $L(G)$ 由 $\{a, b\}$ 上恰有一个 a 且以 b 结尾的所有串组成。∎

说明一个文法的产生式的另一种方法是使用Backus正则范式（Backus-Naur范式或BNF）。在BNF中，非终结符号典型地以"<"开始且以">"结束。产生式$S \to T$被写为$S ::= T$。形如

$$S ::= T_1, \quad S ::= T_2, \quad \cdots, \quad S ::= T_n$$

[WWW]

的产生式可以组合成

$$S ::= T_1 \mid T_2 \mid \cdots \mid T_n$$

竖杠"|"读做"或"。

例 12.3.7 整数文法 一个整数定义为由一个可选的符号（+或–）后跟一串数字（0~9）所组成的串。下面的文法生成所有的整数。

$$<数字> ::= 0 \mid 1 \mid 2 \mid 3 \mid 4 \mid 5 \mid 6 \mid 7 \mid 8 \mid 9$$
$$<整数> ::= <有符号整数> \mid <无符号整数>$$
$$<有符号整数> ::= + <无符号整数> \mid - <无符号整数>$$
$$<无符号整数> ::= <数字> \mid <数字><无符号整数>$$

开始符号是整数。

例如，–901 的导出是

$$<整数> \to <有符号整数>$$
$$\Rightarrow - <无符号整数>$$
$$\Rightarrow - <数字><无符号整数>$$
$$\Rightarrow - <数字><数字><无符号整数>$$
$$\Rightarrow - <数字><数字><数字>$$
$$\to -9 <数字><数字>$$
$$\Rightarrow -90 <数字>$$
$$\Rightarrow -901$$

按定义 12.3.3 的说明，这个语言组成为

1. 非终结符号集合 $N = \{ <数字>, <整数>, <有符号整数>, <无符号整数> \}$
2. 终结符号集合 $T = \{0, 1, 2, 3, 4, 5, 6, 7, 8, 9, +, -\}$
3. 产生式

$$<数字> \to 0, \cdots, <数字> \to 9$$
$$<整数> \to <有符号整数>$$
$$<整数> \to <无符号整数>$$
$$<有符号整数> \to + <无符号整数>$$
$$<有符号整数> \to - <无符号整数>$$
$$<无符号整数> \to <数字>$$
$$<无符号整数> \to <数字><无符号整数>$$

4. 开始符号<整数> ■

计算机语言，例如 FORTRAN、Pascal 和 C++ 都典型地用 BNF 规范表述。例 12.3.7 表明在计算机语言中如何用 BNF 规范表述一个整常数。

按照定义文法的产生式的类型将文法分类。

定义 12.3.8 设 G 是一个文法并以 λ 表示空串。

(a) 如果每条产生式形为

$$\alpha A \beta \to \alpha \delta \beta, \qquad \text{其中 } \alpha, \beta \in (N \cup T)^*, \quad A \in N, \qquad (12.3.1)$$
$$\delta \in (N \cup T)^* - \{\lambda\}$$

称 G 为上下文有关（1型）文法。

(b) 如果每条产生式形为

$$A \to \delta, \qquad \text{其中 } A \in N, \quad \delta \in (N \cup T)^* \qquad (12.3.2)$$

称 G 为上下文无关（2型）文法。

(c) 如果每条产生式形为

$$A \to a \text{ 或 } A \to aB \text{ 或 } A \to \lambda, \qquad \text{其中 } A, B \in N, \quad a \in T$$

称 G 为正则（3型）文法。

按照式(12.3.1)，在上下文有关文法中，如果 A 出现在 α 和 β 的上下文中，可以将 A 替换为 δ。在上下文无关文法中，式(12.3.2)说明在任何时候都可以将 A 替换为 δ。正则文法有特别简单的替换规则，用一个终结符号、一个终结符号后跟一个非终结符号，或者用空串替换一个非终结符号。

注意一个正则文法是上下文无关文法，不具有形如 $A \to \lambda$ 产生式的上下文无关文法是上下文有关文法。

有的定义准许 a 在定义 12.3.8(c) 中用一个终结串替换；但是，能够证明（参见练习32）两种定义生成相同的语言。

例 12.3.9 由 $T = \{a, b, c\}$、$N = \{\sigma, A, B, C, D, E\}$ 和产生式

$$\sigma \to aAB, \quad \sigma \to aB, \quad A \to aAC, \quad A \to aC, \quad B \to Dc,$$
$$D \to b, \quad CD \to CE, \quad CE \to DE, \quad DE \to DC, \quad Cc \to Dcc$$

及开始符号 σ 定义的文法 G 是上下文有关的。例如，产生式 $CE \to DE$ 说明如果 C 后跟 E，则能够用 D 替换 C；产生式 $Cc \to Dcc$ 说明如果 C 后跟 c，则能够用 Dc 替换 C。

能够从 CD 导出 DC，因为

$$CD \Rightarrow CE \Rightarrow DE \Rightarrow DC$$

串 $a^3b^3c^3$ 在 $L(G)$ 中，因为有

$$\sigma \Rightarrow aAB \Rightarrow aaACB \Rightarrow aaaCCDc \Rightarrow aaaDCCc \Rightarrow aaaDCDcc$$
$$\Rightarrow aaaDDCcc \Rightarrow aaaDDDccc \Rightarrow aaabbbccc$$

能够证明（参见练习33）

$$L(G) = \{a^n b^n c^n \mid n = 1, 2, \cdots\}$$

准许语言 $L(G)$ 继承文法 G 的性质是自然的。下面的定义使得这种概念更加严格。

定义 12.3.10 如果存在一个上下文有关（上下文无关，正则）文法 G 使得 $L = L(G)$，也称语言 L 是上下文有关（上下文无关，正则）的。

例 12.3.11 如果按例 12.3.9，语言
$$L = \{a^n b^n c^n \mid n = 1, 2, \cdots\}$$
是上下文有关的。能够证明（参见[Hopcroft]）不存在上下文无关文法 G 使 $L = L(G)$；所以 L 不是上下文无关的语言。∎

例 12.3.12 由 $T = \{a, b\}$、$N = \{\sigma\}$ 和产生式
$$\sigma \to a\sigma b, \quad \sigma \to ab$$
及开始符号 σ 定义的文法 G 是上下文无关的。σ 的唯一的导出是
$$\sigma \Rightarrow a\sigma b$$
$$\vdots$$
$$\Rightarrow a^{n-1}\sigma b^{n-1}$$
$$\Rightarrow a^{n-1}abb^{n-1} = a^n b^n$$
于是 $L(G)$ 由 $\{a, b\}$ 上形式为 $a^n b^n$ 的串组成，$n = 1, 2, \cdots$。这个语言是上下文无关的。在 12.5 节（参见例 12.5.6）将证明 $L(G)$ 不是正则的。∎

从例 12.3.11 和例 12.3.12 得出，不含有空串的上下文无关语言的集合是上下文有关语言的集合的真子集，并且正则语言的集合是上下文无关语言的集合的真子集。还可以证明存在不是上下文有关的语言。

例 12.3.13 例 12.3.4 定义的文法 G 是正则的。于是由它生成的语言
$$L(G) = \{b^n ab^m \mid n = 0, 1, \cdots; m = 1, 2, \cdots\}$$
是正则的。∎

例 12.3.14 例 12.3.7 的文法是上下文无关的，但不是正则的。然而，如果改变产生式为

<整数> ::= +<无符号整数>|-<无符号整数>|
 0<数字>|1<数字>|···|9<数字>
<无符号整数> ::= 0<数字>|1<数字>|···|9<数字>
<数字> ::= 0<数字>|1<数字>|···|9<数字>|λ

则所得文法是正则的。因为生成的语言没有改变，可知表示整数的串集合是正则语言。∎

例 12.3.14 引申出了下面的定义。

定义 12.3.15 如果 $L(G) = L(G')$，则文法 G 和 G' 是等价的。∎

例 12.3.16 例 12.3.7 和例 12.3.14 的两个文法是等价的。∎

如果定义文法集合上的关系 R 为：如果 G 和 G' 等价，则 $G R G'$（在定义 12.3.15 的意义上），可知 R 是等价关系。每个等价类由相互等价的文法的集合组成。

下面简短地介绍能够用来生成分形曲线的另一类文法来结束本节的讨论。

定义 12.3.17 一个上下文无关交互式 Lindenmayer 文法组成为

(a) 一个有限的非终结符合集合 N，
(b) 一个有限的终结符号集合 T，满足 $N \cap T = \emptyset$，

(c) 一个有限的产生式 $A \to B$ 的集合 P，其中 $A \in N \cup T$ 且 $B \in (N \cup T)^*$，

(d) 一个开始符号 $\sigma \in N$。 [WWW]∎

上下文无关交互式Lindenmayer文法与上下文无关文法的区别是，上下文无关交互式Lindenmayer文法准许形式 $A \to B$ 的产生式，其中 A 是终结符号或者非终结符号。（在上下文无关文法中，A 必须是非终结的。）

上下文无关交互式Lindenmayer文法导出串的规则也区别于短语结构文法中导出串的规则（参见定义12.3.5）。在上下文无关交互式 Lindenmayer 文法中，为了从串导出串 β，在 α 中的所有符号必须同时地替换。形式化的定义如下。

定义 12.3.18 设 $G = (N, T, P, \sigma)$ 是上下文无关交互式 Lindenmayer 文法。如果

$$\alpha = x_1 \cdots x_n$$

并有 P 中的产生式

$$x_i \to \beta_i \quad \text{对于 } i = 1, \cdots, n$$

则写为

$$\alpha \Rightarrow \beta_1 \cdots \beta_n$$

并说 $\beta_1 \cdots \beta_n$ 是从 α 直接导出的。如果对于 $i = 1, \cdots, n-1$，α_{i+1} 是从 α_i 直接导出的，则说 α_n 是从 α_1 直接导出的并写为

$$\alpha_1 \Rightarrow \alpha_n$$

称 $\alpha_1 \Rightarrow \alpha_2 \Rightarrow \cdots \Rightarrow \alpha_n$ 是 α_n（从 α_1）的导出。由 G 生成的语言写为 $L(G)$，由 T 上从 σ 导出的所有串组成。∎

例 12.3.19 von Koch 雪花 设

$$N = \{D\}$$
$$T = \{d, +, -\}$$
$$P = \{D \to D - D + + D - D, D \to d, + \to +, - \to -\}$$

将 $G(N, T, P, D)$ 看成是上下文无关交互式 Lindenmayer 文法。作为一个从 D 导出的例子，有

$$D \Rightarrow D - D + + D - D \Rightarrow d - d + + d - d \quad [\text{WWW}]$$

于是 $d - d + + d - d \in L(G)$。

现在说明 $L(G)$ 中串的意义。将符号 d 解释为在当前方向画一条固定长度直线的命令；将 $+$ 解释为向右旋转 $60°$ 的命令；而将 $-$ 解释为向左旋转 $60°$ 的命令。如果从左边开始并且第一次移动是水平向右，当解释串 $d - d + + d - d$ 时，得到图 12.3.1(a) 表示的曲线。$L(G)$ 中下一个最长串是

$$d - d + + d - d - d - d + + d - d + + d - d + + d - d - d - d + + d - d$$

它的导出是

$$D \Rightarrow D - D + + D - D$$
$$\Rightarrow D - D + + D - D - D - D + + D - D + + D$$
$$- D + + D - D - D - D + + D - D$$
$$\Rightarrow d - d + + d - d - d - d + + d - d + + d$$
$$- d + + d - d - d - d + + d - d$$

因为所有的符号必须同时使用产生式（参见定义 12.3.18）替换，所以不可能有较短的串。如果将某些 D 用 d 替换而其他的 D 用 $D-D++D-D$ 替换，设只有一个终止串，因为 d 并不出现在任何产生式的左边，所以就不会从结果串导出任何串。

解释串

$$d-d++d-d-d-d++d-d++d-d++d-d-d-d++d-d$$

得到图 12.3.1(b)表示的曲线。

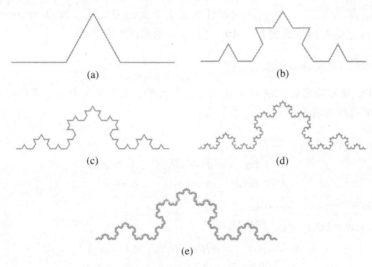

图 12.3.1　von Koch 雪花

解释 $L(G)$ 的随后的最长串得到的曲线由图 12.3.1(c)~(e) 表示。这些曲线称为 **von Koch 雪花**。■

类似于 von Koch 雪花的曲线被称为**分形曲线**（fractal curve，参见[Peitgen]）。分形曲线的特征是其一部分类似于整体。例如，如图 12.3.2 所示，当 von Koch 雪花指定的部分被取出并放大后，它类似于原图。

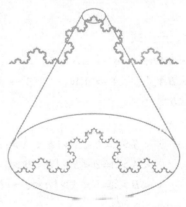

图 12.3.2　von Koch 雪花的分形特性，当 von Koch 雪花顶部被取出并放大后，它类似于原图

上下文无关和上下文有关交互式 Lindenmayer 文法在 1968 年由 A. Lindenmayer（参见[Lindenmayer]）为了刻画植物生长的模型而创建。如同例 12.3.19 建议的，这些文法能够用于计算机图形学中生成图像（参见 [Prusinkiewicz 1986, 1988; Smith]）。能够证明（参见[Wood, p.503]），由上下文有关交互式Lindenmayer文法生成的语言类和由短语结构文法生成的语言类完全是相同的。

本节复习

1. 对比自然语言和形式语言。
2. 定义短语结构文法。
3. 什么是直接导出串?
4. 什么是可导出串?
5. 什么是导出?
6. 什么是由一个文法生成的语言?
7. 什么是Backus范式?
8. 定义上下文有关文法。
9. 定义上下文无关文法。
10. 定义正则文法。
11. 哪种文法与1类型文法等价?
12. 哪种文法与2类型文法等价?
13. 哪种文法与3类型文法等价?
14. 定义上下文有关语言。
15. 定义上下文无关语言。
16. 定义正则语言。
17. 什么是上下文无关交互式Lindenmayer文法?
18. von Koch雪花是如何生成的?
19. 什么是分形曲线?

练习

在练习1~6中,确定给定的文法是否是上下文有关的、上下文无关的、正则的或者不是它们任何一种,给出适用的所有特征。

1. $T = \{a, b\}, N = \{\sigma, A\}$,产生式

$$\sigma \to b\sigma, \quad \sigma \to aA, \quad A \to a\sigma,$$
$$A \to bA, \quad A \to a, \quad \sigma \to b$$

开始符号 σ。

2. $T = \{a, b, c\}, N = \{\sigma, A, B\}$,产生式

$$\sigma \to AB, \quad AB \to BA, \quad A \to aA,$$
$$B \to Bb, \quad A \to a, \quad B \to b$$

开始符号 σ。

3. $T = \{a, b\}, N = \{\sigma, A, B\}$,产生式

$$\sigma \to A, \quad \sigma \to AAB, \quad Aa \to ABa,$$
$$A \to aa, \quad Bb \to ABb, \quad AB \to ABB,$$
$$B \to b$$

开始符号 σ。

4. $T = \{a, b, c\}, N = \{\sigma, A, B\}$,产生式

$$\sigma \to BAB, \quad \sigma \to ABA, \quad A \to AB,$$
$$B \to BA, \quad A \to aA, \quad A \to ab,$$
$$B \to b$$

开始符号 σ。

5.
$$<S> ::= b<S> | a<A> | a$$
$$<A> ::= a<S> | b<B>$$
$$<B> ::= b<A> | a<S> | b$$

开始符号 $<S>$。

6. $T = \{a, b\}, N = \{\sigma, A, B\}$,产生式

$$\sigma \to AA\sigma, \quad AA \to B, \quad B \to bB, \quad A \to a$$

开始符号 σ。

在练习 7~11 中，由给出 α 的导出，证明对于已知文法 G，已知串 α 在 $L(G)$ 中。

7. $bbabbab$，练习 1   8. $abab$，练习 2   9. $aabbaab$，练习 3
10. $abbbaabab$，练习 4   11. $abaabbabba$，练习 5
12. 以 BNF 写出例 12.3.4 和例 12.3.9 及练习 1~4 和练习 6 的文法。
*13. 设 G 是练习 1 的文法，证明 $\alpha \in L(G)$ 当且仅当 α 非空且含有偶数个 a。
*14. 设 G 是练习 5 的文法，描述 $L(G)$ 的特征。

在练习 15~24 中，写出生成具有指定性质的串的文法。

15. $\{a, b\}$ 上以 a 开始的串   16. $\{a, b\}$ 上以 ba 结束的串   17. $\{a, b\}$ 上含有 ba 的串
*18. $\{a, b\}$ 上不以 ab 结束的串   19. 不以 0 引导的整数   20. 浮点数（例如数 .294, 89., 67.284）
21. 指数型数（包括浮点数和诸如 6.9E3，8E12，9.6E-4，9E-10 的数）
22. 含 $X_1, \cdots, X_n$ 的 Boole 表达式   23. $\{a, b\}$ 上所有的串
24. $\{a, b\}$ 上满足 $x_1 \cdots x_n = x_n \cdots x_1$ 的串 $x_1 \cdots x_n$

要求练习 25~31 的每个文法生成 $\{a, b\}$ 上具有相等个数 a 和 b 的串的集合 L。如果文法生成 L，证明它。如果文法不能生成 L，给出一个反例并证明反例是正确的。在每个文法中，S 是开始符号。

25. $S \to aSb \mid bSa \mid \lambda$ 26. $S \to aSb \mid bSa \mid SS \mid \lambda$ 27. $S \to aB \mid bA \mid \lambda, B \to b \mid bA, A \to a \mid aB$
28. $S \to abS \mid baS \mid aSb \mid bSa \mid \lambda$ 29. $S \to aSb \mid bSa \mid abS \mid baS \mid Sab \mid Sba \mid \lambda$
30. $S \to aB \mid bA, A \to a \mid SA, B \to b \mid SB$ 31. $S \to aSbS \mid bSaS \mid \lambda$

*32. 设 G 是一个文法且 λ 表示一个空串。证明如果每条产生式形如 $A \to \alpha$ 或 $A \to \alpha B$ 或 $A \to \lambda$，其中 $A, B \in N, \alpha \in T^* - \{\lambda\}$，则存在一个正则文法 G'，满足 $L(G) = L(G')$。

*33. 设 G 是例 12.3.9 的文法，证明 $L(G) = \{a^n b^n c^n \mid n = 1, 2, \cdots\}$。

34. 证明语言 $\{a^n b^n c^k \mid n, k \in \{1, 2, \cdots\}\}$ 是上下文无关语言。

35. 设

$$N = \{S, D\}$$
$$T = \{d, +, -\}$$
$$P = \{S \to D + D + D + D,$$
$$D \to D + D - D - DD + D - D \mid d,$$
$$+ \to +, - \to -\}$$

将 $G = (N, T, P, S)$ 看成为上下文无关 Lindenmayer 文法。将符号 d 解释为在当前方向画一条固定长度的直线的命令；将 + 解释为向右旋转 90° 的命令；将 – 解释为向左旋转 90° 的命令。生成 $L(G)$ 的两个最小的串并绘制相应的曲线。这些曲线称为二次 Koch 岛。

*36. 下面的图形表明 Hilbert 曲线开始的三个阶段。定义一个上下文无关 Lindenmayer 文法，它生成的串经适当的解释可生成 Hilbert 曲线。

37. 本练习假定读者熟悉音乐标记法。

如练习 36 那样仅包含横线和竖线的图形可以被解读为乐谱。开始时任意选择一个音阶，随着曲线的蜿蜒，可以将水平线段的长短看成是当前音阶的延续时间，而竖直线段则被视为是

告诉我们如何改变音调,即垂直向上 n 个单位的竖线表示音阶要提高 n 个半阶,垂直向下 n 个单位的竖线则表示音阶要下降 n 个半阶。

请写下练习 36 第 2 图对应的乐谱。这里假定从左下角开始,初始音阶是 C,第一条水平线长为 2 个单位,其解释是一个四分符。

更多的关于数学和音乐的联系,请参见[Harkleroad]。

12.4 不确定有限状态自动机

在本节和下一节,证明正则文法和有限状态自动机本质上是相同的,它们中的任何一个都是正则语言的规范描述。开始先用一个例子表明如何将一个有限状态自动机转换为一个正则文法。

例 12.4.1 写出由图 12.2.7 所示的有限状态自动机所给出的正则文法。

终结符号是输入符号 $\{a, b\}$。状态 E 和 O 变为非终结符号,初始状态 E 变为开始符号。产生式对应于有向边,如果存在从 S 到 S' 的一条标记 x 的边,则写出一条产生式

$$S \to xS'$$

在这种情形下,得到产生式

$$E \to bE, \quad E \to aO, \quad O \to aE, \quad O \to bO \quad (12.4.1)$$

另外,如果 S 是接受状态,包括产生式

$$S \to \lambda$$

在这种情形下,得到附加的产生式

$$O \to \lambda \quad (12.4.2)$$

则文法 $G = (N, T, P, E)$,其中 $N = \{O, E\}$,$T = \{a, b\}$,P 由产生式(12.4.1)和式(12.4.2)组成,生成语言 $L(G)$,它与图 12.2.7 的有限状态自动机接受的串的集合是相同的。 ■

定理 12.4.2 设 A 是一个有限状态自动机,以转移图的形式给出。设 σ 是初始状态。设 T 是输入符号的集合并设 N 是状态的集合。如果存在从 S 到 S' 的标记 x 的边,则定义一条产生式

$$S \to xS'$$

并且如果 S 是一个接受状态,定义

$$S \to \lambda$$

P 是这些产生式的集合。设 G 是正则文法

$$G = (N, T, P, \sigma)$$

则由 A 接受的串集合等于 $L(G)$。

证明 首先证明 $\text{Ac}(A) \subseteq L(G)$。设 $\alpha \in \text{Ac}(A)$。如果 α 是空串,则 σ 是接受状态,在这种情形下,G 有产生式

$$\sigma \to \lambda$$

导出

$$\sigma \Rightarrow \lambda \quad (12.4.3)$$

表明 $\alpha \in L(G)$。

现在假设 $\alpha \in \mathrm{Ac}(A)$ 且 α 不是空串。则对某个 $x_i \in T$，$\alpha = x_1 \cdots x_n$。因为 α 被 A 接受，存在一条路径 $(\sigma, S_1, \cdots, S_n)$，其中 S_n 是接受状态，边被相继地标记为 $x_1, \cdots, x_n$。从而得到 G 含有产生式

$$\sigma \to x_1 S_1$$

$$S_{i-1} \to x_i S_i \quad 对于 i = 2, \cdots, n$$

因为 S_n 是接受状态，G 还含有产生式

$$S_n \to \lambda$$

于是导出

$$\begin{aligned}
\sigma &\Rightarrow x_1 S_1 \\
&\Rightarrow x_1 x_2 S_2 \\
&\vdots \\
&\Rightarrow x_1 \cdots x_n S_n \\
&\Rightarrow x_1 \cdots x_n
\end{aligned} \tag{12.4.4}$$

表明 $\alpha \in L(G)$。

再证明 $L(G) \subseteq \mathrm{Ac}(A)$ 以完成证明。假设 $\alpha \in L(G)$。如果 α 是空串，则 α 必从导出式(12.4.3)得出，因为从任何其他产生式开始的导出都得到一个非空串。于是产生式 $\sigma \to \lambda$ 在该文法中。因此 σ 是 A 中的一个接受状态，可得到 $\alpha \in \mathrm{Ac}(A)$。

现在假设 $\alpha \in L(G)$ 且 α 不是空串。则对某一 $x_i \in T$，$\alpha = x_1 \cdots x_n$。可得存在形如式(12.4.4)的一个导出。在转移图中，如果在 σ 开始并沿路径 $(\sigma, S_1, \cdots, S_n)$ 追踪，能够生成串 α。式(12.4.4)中最后采用的产生式是 $S_n \to \lambda$；于是最后到达的状态是接受状态。因而，σ 是 A 的一个接受状态，可得到 $L(G) \subseteq \mathrm{Ac}(A)$，证明完成。

下面考虑相反的情形。已知正则文法 G，要构造一个有限状态自动机 A 使 $L(G)$ 是由 A 准确接受的串集合。起初来看，好像能够简单地将定理12.4.2的过程反过来。但是下面的例子表明这种情形稍微有一点复杂。

例 12.4.3 考虑由

$$T = \{a, b\}, \qquad N = \{\sigma, C\}$$

产生式

$$\sigma \to b\sigma, \quad \sigma \to aC, \quad C \to bC, \quad C \to b$$

和开始符号 σ 定义的正则文法。

非终结符号 σ 变为初始状态。对每条形如

$$S \to xS'$$

的产生式，画一条从 S 到 S' 的边并标记 x。产生式

$$\sigma \to b\sigma, \quad \sigma \to aC, \quad C \to bC$$

给出了图12.4.1表示的图。产生式 $C \to b$ 等价于两个产生式

$$C \to bF, \quad F \to \lambda$$

F 是一个附加的非终结符号。产生式

$$\sigma \to b\sigma, \quad \sigma \to aC, \quad C \to bC, \quad C \to bF$$

给出了图 12.4.2 表示的图。产生式

$$F \to \lambda$$

告知 F 应该是一个接受状态（参见图 12.4.2）。

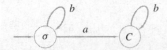

图 12.4.1　对应产生式 $\sigma \to b\sigma$，
　　　　　$\sigma \to aC, C \to bC$ 的图

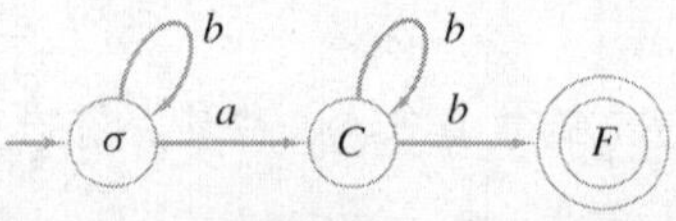

图 12.4.2　对应文法 $\sigma \to b\sigma, \sigma \to aC, C \to bC$，
　　　　　$C \to b$ 的不确定有限状态自动机

遗憾的是，图 12.4.2 不是一个有限状态自动机。这里有几个问题。顶点 C 没有标记 a 的输出边且顶点 F 完全没有输出边。还有，顶点 C 有两个标记 b 的输出边。类似于图 12.4.2 定义了另一类自动机，称为**不确定有限状态自动机**（nondeterministic finite-state automaton）。术语"不确定"的理由是，当处于某个状态时，存在多个输出边具有相同的标记 x。如果 x 是一个输入，则情形就是不确定的，必须选择下一个状态。例如，如果在图 12.4.2 中处于状态 C 且 b 是输入，就要选择下个状态，可能维持状态 C 或者转到状态 F。

定义 12.4.4　一个不确定有限状态自动机 A 的组成为

(a) 一个有限输入符号集合 $\mathcal{I}$，
(b) 一个有限状态集合 $\mathcal{S}$，
(c) 一个从 $\mathcal{S} \times \mathcal{I}$ 到 $\mathcal{P}(\mathcal{S})$ 的下个状态函数 f，
(d) $\mathcal{S}$ 的子集接受状态集 $\mathcal{A}$，
(e) 一个初始状态 $\sigma \in \mathcal{S}$。

写为 $A = (\mathcal{I}, \mathcal{S}, f, \mathcal{A}, \sigma)$。

在不确定有限状态自动机和有限状态自动机之间的唯一区别是，在有限状态自动机内，下个状态函数给出唯一确定的状态；而在不确定有限状态自动机内，下个状态函数给出一个状态的集合。

例 12.4.5　对于图 12.4.2 的不确定有限状态自动机，有

$$\mathcal{I} = \{a, b\}, \quad \mathcal{S} = \{\sigma, C, F\}, \quad \mathcal{A} = \{F\}$$

初始状态是 σ，下个状态函数 f 由下表给出：

	f	
$\mathcal{S}$ \ $\mathcal{I}$	a	b
σ	$\{C\}$	$\{\sigma\}$
C	$\varnothing$	$\{C, F\}$
F	$\varnothing$	$\varnothing$

画不确定有限状态自动机的转移图类似于有限状态自动机。画出从状态 S 到集合 $f(S, x)$ 中的每个状态的边并对每条边标记 x。

例 12.4.6 如下定义的不确定有限状态自动机的转移图由图 12.4.3 表示，
$$\mathcal{I} = \{a, b\}, \quad \mathcal{S} = \{\sigma, C, D\}, \quad \mathcal{A} = \{C, D\}$$
初始状态是 σ 且下个状态函数由表定义：

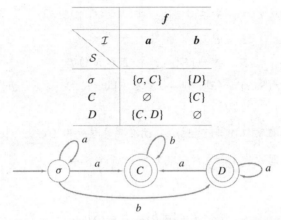

$\mathcal{S}$ \ $\mathcal{I}$	f a	b
σ	$\{\sigma, C\}$	$\{D\}$
C	$\emptyset$	$\{C\}$
D	$\{C, D\}$	$\emptyset$

图 12.4.3 例 12.4.6 的不确定有限状态自动机的转移图

如果在一个不确定有限状态自动机 A 的转移图中存在一个表示串 α 的路径，它在初始状态开始而在一个接受状态结束，则串 α 被 A 接受。形式化的定义如下。

定义 12.4.7 设 $A = (\mathcal{I}, \mathcal{S}, f, \mathcal{A}, \sigma)$ 是不确定有限状态自动机。空串被 A 接受当且仅当 $\sigma \in \mathcal{A}$。如果 $\alpha = x_1 \cdots x_n$ 是 $\mathcal{I}$ 上的非空串并存在状态 $\sigma_0, \cdots, \sigma_n$ 满足条件

(a) $\sigma_0 = \sigma$

(b) $\sigma_i \in f(\sigma_{i-1}, x_i)$，对于 $i = 1, \cdots, n$

(c) $\sigma_n \in \mathcal{A}$

称 α 被 A 接受。设 $\text{Ac}(A)$ 是被 A 接受的串的集合并说 A 接受 $\text{Ac}(A)$。

如果 A 和 A' 是不确定有限状态自动机，且 $\text{Ac}(A) = \text{Ac}(A')$，则说明 A 和 A' 是等价的。

如果 $\alpha = x_1 \cdots x_n$ 是 $\mathcal{I}$ 上的串并存在 $\sigma_0, \cdots, \sigma_n$ 满足条件(a)和(b)，称路径 $(\sigma_0, \cdots, \sigma_n)$ 是 A 中表示 α 的路径。

例 12.4.8 串
$$\alpha = bbabb$$
被图 12.4.2 的不确定有限状态自动机接受，因为路径 $(\sigma, \sigma, \sigma, C, C, F)$ 表示 α，它在接受状态结束。注意路径 $P = (\sigma, \sigma, \sigma, C, C, C)$ 也表示 α，但是 P 并不在接受状态结束。虽然如此，串 α 仍被接受，因为至少存在一条表示 α 的路径，它在接受状态结束。如果不存在表示 β 的路径或者表示 β 的每条路径都在非接受状态结束，则串 β 不被接受。

例 12.4.9 串 $\alpha = aabaabb$ 被图 12.4.3 的不确定有限状态自动机接受。读者应找出表示 α 的路径，它在状态 C 结束。

例 12.4.10 串 $\alpha = abba$ 不被图 12.4.3 的不确定有限状态自动机接受。在 σ 开始，当输入 a，存在两个选择：转到 C 或维持在 σ。如果转到 C，当输入两个 b 时，决定移动并依然维持在 C。但是现在当输入最后的 a 时，不存在沿它可移动的边。另一方面，假设当输入第一个 a 时，维持在 σ。则

当输入 b 时，移动到 D。但是现在当输入下个 b 时，不存在沿它可移动的边。因为在图 12.4.3 中不存在表示 α 的路径，串 α 不被图 12.4.3 的不确定有限状态自动机接受。∎

将例 12.4.3 的构造正式地描述为一个定理。

> **定理 12.4.11** 设 $G = (N, T, P, \sigma)$ 是正则文法。设
> $$\mathcal{I} = T$$
> $$\mathcal{S} = N \cup \{F\}, \quad \text{其中} \ F \notin N \cup T$$
> $$f(S, x) = \{S' \mid S \to xS' \in P\} \cup \{F \mid S \to x \in P\}$$
> $$\mathcal{A} = \{F\} \cup \{S \mid S \to \lambda \in P\}$$
> 则不确定有限状态自动机 $A = (\mathcal{I}, \mathcal{S}, f, \mathcal{A}, \sigma)$ 准确地接受串 $L(G)$。
>
> **证明** 证明实质上与定理 12.4.2 的证明相同，所以省略。

例 12.4.12 考虑由
$$T = \{a, b\}, \quad N = \{S\}$$
产生式
$$S \to \lambda, \quad S \to b, \quad S \to aS$$
和开始符号 S 定义的正则文法 G。由定理 12.4.11，可以构造一个接受串 $L(G)$ 的不确定有限状态自动机。

输入符号集合 $\mathcal{I}$ 为终结符号的集合 $\{a, b\}$。状态集 $\mathcal{S}$ 为 $\{S, F\}$，其包含非终结符号和一个新的状态 F，后者也是一个接受状态。初始状态是 S，为开始符号。

产生式 $S \to \lambda$ 表示 S 是一个接受状态。由此，接受状态集 $\mathcal{A}$ 为 $\{S, F\}$。产生式 $S \to b$ 在输入符号为 b 时产生了从状态 S 到状态 F 的转移。产生式 $S \to aS$ 在输入符号为 a 时产生了从状态 S 到状态 S 的转移。由此可得如图 12.4.4 所示的转移图。

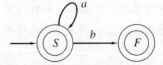

图 12.4.4 对应例 12.4.12 正则文法的转移图 ∎

看起来似乎不确定有限状态自动机比有限状态自动机是一个更加一般的概念。但是，在下一节我们将证明，给出一个不确定有限状态自动机 A，能够构造一个等价于 A 的有限状态自动机。

本节复习

1. 给定一个有限状态自动机 A，如何构造正则文法 G，使得被 A 接受的串集合与 G 生成的语言相等？
2. 什么是不确定有限状态自动机？
3. 被一个不确定有限状态自动机接受的串意味着什么？
4. 什么是等价的不确定有限状态自动机？

5. 给定一个正则文法 G，如何构造不确定有限状态自动机 A，使得 G 生成的语言与被 A 接受的串集合相等？

练习

在练习 1~5 中，画出不确定有限状态自动机 $(\mathcal{I}, \mathcal{S}, f, \mathcal{A}, \sigma_0)$ 的转移图。

1. $\mathcal{I} = \{a, b\}, \mathcal{S} = \{\sigma_0, \sigma_1, \sigma_2\}, \mathcal{A} = \{\sigma_0\}$

$\mathcal{S}$ \ $\mathcal{I}$	a	b
σ_0	$\varnothing$	$\{\sigma_1, \sigma_2\}$
σ_1	$\{\sigma_2\}$	$\{\sigma_0, \sigma_1\}$
σ_2	$\{\sigma_0\}$	$\varnothing$

2. $\mathcal{I} = \{a, b\}, \mathcal{S} = \{\sigma_0, \sigma_1, \sigma_2\}, \mathcal{A} = \{\sigma_0, \sigma_1\}$

$\mathcal{S}$ \ $\mathcal{I}$	a	b
σ_0	$\{\sigma_1\}$	$\{\sigma_0, \sigma_2\}$
σ_1	$\varnothing$	$\{\sigma_2\}$
σ_2	$\{\sigma_1\}$	$\varnothing$

3. $\mathcal{I} = \{a, b\}, \mathcal{S} = \{\sigma_0, \sigma_1, \sigma_2, \sigma_3\}, \mathcal{A} = \{\sigma_1\}$

$\mathcal{S}$ \ $\mathcal{I}$	a	b
σ_0	$\varnothing$	$\{\sigma_3\}$
σ_1	$\{\sigma_1, \sigma_2\}$	$\{\sigma_3\}$
σ_2	$\varnothing$	$\{\sigma_0, \sigma_1, \sigma_3\}$
σ_3	$\varnothing$	$\varnothing$

4. $\mathcal{I} = \{a, b, c\}, \mathcal{S} = \{\sigma_0, \sigma_1, \sigma_2\}, \mathcal{A} = \{\sigma_0\}$

$\mathcal{S}$ \ $\mathcal{I}$	a	b	c
σ_0	$\{\sigma_1\}$	$\varnothing$	$\varnothing$
σ_1	$\{\sigma_0\}$	$\{\sigma_2\}$	$\{\sigma_0, \sigma_2\}$
σ_2	$\{\sigma_0, \sigma_1, \sigma_2\}$	$\{\sigma_0\}$	$\{\sigma_0\}$

5. $\mathcal{I} = \{a, b, c\}, \mathcal{S} = \{\sigma_0, \sigma_1, \sigma_2, \sigma_3\}, \mathcal{A} = \{\sigma_0, \sigma_3\}$

$\mathcal{S}$ \ $\mathcal{I}$	a	b	c
σ_0	$\{\sigma_1\}$	$\{\sigma_0, \sigma_1, \sigma_3\}$	$\varnothing$
σ_1	$\{\sigma_2, \sigma_3\}$	$\varnothing$	$\varnothing$
σ_2	$\varnothing$	$\{\sigma_0, \sigma_3\}$	$\{\sigma_1, \sigma_2\}$
σ_3	$\varnothing$	$\varnothing$	$\{\sigma_0\}$

对练习 6~10 的每个不确定有限状态自动机求出集合 $\mathcal{I}$、$\mathcal{S}$ 和 $\mathcal{A}$，初始状态，以及定义下一个状态函数的表。

6.

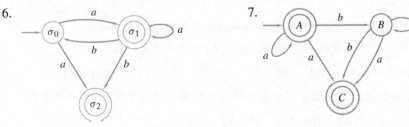

7.

8.

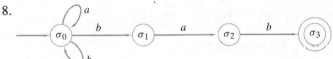

9.

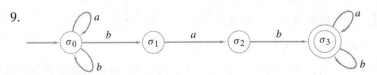

10.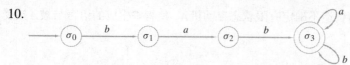

11. 写出 12.2 节练习 4~9 的有限状态自动机给出的正则文法。
12. 用不确定有限状态自动机表示 12.3 节的练习 1 与练习 5 及例 12.3.14 的文法。
13. 串 $bbabb$ 能被图 12.4.2 的不确定有限状态自动机接受吗？证明你的答案。
14. 串 $bbabab$ 能被图 12.4.2 的不确定有限状态自动机接受吗？证明你的答案。
15. 证明 $\{a, b\}$ 上的串 α 被图 12.4.2 不确定有限状态自动机接受当且仅当 α 恰含一个 a 且以 b 结尾。
16. 串 $aaabba$ 能被图 12.4.3 的不确定有限状态自动机接受吗？证明你的答案。
17. 串 $aaaab$ 能被图 12.4.3 的不确定有限状态自动机接受吗？证明你的答案。
18. 给出被图 12.4.3 的不确定有限状态自动机接受的串的特征。
19. 证明被练习 8 的不确定有限状态自动机接受的串就是 $\{a, b\}$ 上以 bab 结尾的那些串。
*20. 给出被练习 1~7、练习 9 和练习 10 的不确定有限状态自动机接受的串的特征。

在练习 21~29 中，设计不确定有限状态自动机接受 $\{a, b\}$ 上具有指定性质的串。

21. 以 abb 或 ba 开始
22. 以 abb 或 ba 结尾
23. 含有 abb 或 ba
*24. 含有 bab 和 bb
25. 每个 b 前后都有一个 a
26. 以 abb 开始且以 ab 结尾
*27. 以 ab 开始但是不以 ab 结尾
28. 不含 ba 或 bbb
*29. 不含 $abba$ 或 bbb
30. 写出生成练习 21~29 的串的正则文法。

12.5 语言和自动机之间的关系

在前一节证明了（参见定理 12.4.2）如果 A 是一个有限状态自动机，则存在一个正则文法 G，使得 $L(G) = Ac(A)$。作为其中一部分的逆，证明了（参见定理 12.4.11）如果 G 是一个正则文法，则存在一个不确定有限状态自动机 A，使得 $L(G) = Ac(A)$。在这一节将证明（参见定理 12.5.4）如果 G 是一个正则文法，则存在一个有限状态自动机 A 使得 $L(G) = Ac(A)$。这个结果可从定理 12.4.11 通过证明任意不确定有限状态自动机都能够转换为等价的有限状态自动机（参见定理 12.5.3）而推出。首先举例说明该方法。

例 12.5.1 求出和图 12.4.2 的不确定有限状态自动机相等价的有限状态自动机。

输入符号集合不变。状态由原状态集合 $S = \{\sigma, C, F\}$ 的所有子集组成：

$$\emptyset, \quad \{\sigma\}, \quad \{C\}, \quad \{F\}, \quad \{\sigma, C\}, \quad \{\sigma, F\}, \quad \{C, F\}, \quad \{\sigma, C, F\}$$

初始状态是 $\{\sigma\}$，接受状态是含有原不确定有限状态自动机的接受状态 S 的所有子集

$$\{F\}, \quad \{\sigma, F\}, \quad \{C, F\}, \quad \{\sigma, C, F\}$$

如果 $X = \emptyset = Y$ 或者

$$\bigcup_{S \in X} f(S, x) = Y$$

则从 X 到 Y 画一条边并标记 x。得到图 12.5.1 的有限状态自动机。状态

$$\{\sigma, F\}, \quad \{\sigma, C\}, \quad \{\sigma, C, F\}, \quad \{F\}$$

为永远不能达到、可被删除的状态。于是得到图 12.5.2 所示的简化的、等价的有限状态自动机。

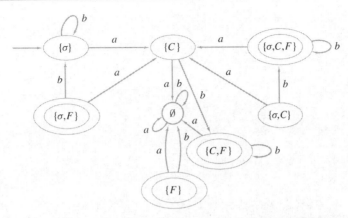

图 12.5.1　和图 12.4.2 的不确定有限状态自动机相等价的有限状态自动机

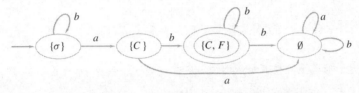

图 12.5.2　图 12.5.1 的简化版（删除不可达到的状态）

例 12.5.2　和例 12.4.6 的不确定有限状态自动机等价的有限状态自动机由图 12.5.3 表示。

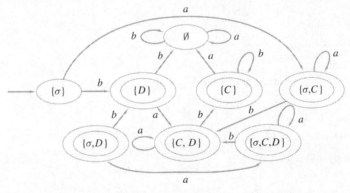

图 12.5.3　和图 12.4.6 的不确定有限状态自动机等价的有限状态自动机

现在形式化地证明例 12.5.1 和例 12.5.2 的方法。

定理 12.5.3　设 $A = (\mathcal{I}, \mathcal{S}, f, \mathcal{A}, \sigma)$ 是不确定有限状态自动机。设

(a) $\mathcal{S}' = \mathcal{P}(\mathcal{S})$

(b) $\mathcal{I}' = \mathcal{I}$

(c) $\sigma' = \{\sigma\}$

(d) $\mathcal{A}' = \{X \subseteq \mathcal{S} \mid X \cap \mathcal{A} \neq \varnothing\}$

(e) $f'(X, x) = \begin{cases} \varnothing & , X = \varnothing \\ \bigcup_{S \in X} f(S, x) & , X \neq \varnothing \end{cases}$

则有限状态自动机 $A' = (\mathcal{I}', \mathcal{S}', f', \mathcal{A}', \sigma')$ 等价于 A。

证明　假设由 A 接受的串是 $\alpha = x_1 \cdots x_n$。则存在状态 $\sigma_0, \cdots, \sigma_n \in \mathcal{S}$ 使得

$$\sigma_0 = \sigma$$
$$\sigma_i \in f(\sigma_{i-1}, x_i) \quad \text{对于 } i = 1, \cdots, n$$
$$\sigma_n \in \mathcal{A}$$

设 $Y_0 = \{\sigma_0\}$ 且
$$Y_i = f'(Y_{i-1}, x_i) \quad \text{对于 } i = 1, \cdots, n$$

因为
$$Y_1 = f'(Y_0, x_1) = f'(\{\sigma_0\}, x_1) = f(\sigma_0, x_1)$$

可得 $\sigma_1 \in Y_1$。现在
$$\sigma_2 \in f(\sigma_1, x_2) \subseteq \bigcup_{S \in Y_1} f(S, x_2) = f'(Y_1, x_2) = Y_2$$

还有
$$\sigma_3 \in f(\sigma_2, x_3) \subseteq \bigcup_{S \in Y_2} f(S, x_3) = f'(Y_2, x_3) = Y_3$$

可以继续论述（形式上应使用归纳法），证明 $\sigma_n \in Y_n$。因为 σ_n 是 A 的接受状态，Y_n 是 A' 的接受状态。于是，在 A' 中，有
$$f'(\sigma', x_1) = f'(Y_0, x_1) = Y_1$$
$$f'(Y_1, x_2) = Y_2$$
$$\vdots$$
$$f'(Y_{n-1}, x_n) = Y_n$$

于是 α 被 A' 接受。

现在假设串 $\alpha = x_1 \cdots x_n$ 被 A' 接受，则存在 S 的子集 $Y_0, \cdots, Y_n$ 使得
$$Y_0 = \sigma' = \{\sigma\}$$
$$f'(Y_{i-1}, x_i) = Y_i \quad \text{对于 } i = 1, \cdots, n$$

存在一个状态 $\sigma_n \in Y_n \cap \mathcal{A}$。

因为
$$\sigma_n \in Y_n = f'(Y_{n-1}, x_n) = \bigcup_{S \in Y_{n-1}} f(S, x_n)$$

存在 $\sigma_{n-1} \in Y_{n-1}$，有 $\sigma_n \in f(\sigma_{n-1}, x_n)$。类似地，因为
$$\sigma_{n-1} \in Y_{n-1} = f'(Y_{n-2}, x_{n-1}) = \bigcup_{S \in Y_{n-2}} f(S, x_{n-1})$$

存在 $\sigma_{n-2} \in Y_{n-2}$ 使 $\sigma_{n-1} \in f(\sigma_{n-2}, x_{n-1})$。继续分析，得到
$$\sigma_i \in Y_i \quad \text{对于 } i = 0, \cdots, n$$

使得
$$\sigma_i \in f(\sigma_{i-1}, x_i) \quad \text{对于 } i = 0, \cdots, n$$

特别是，
$$\sigma_0 \in Y_0 = \{\sigma\}$$

于是 $\sigma_0 = \sigma$，即 A 的初始状态。因为 σ_n 是 A 的接受状态，串 α 被 A 接受。

下面的定理是这个结果和前一节结果的总结。

定理 12.5.4 语言 L 是正则的当且仅当存在一个有限状态自动机准确地接受 L 中的串。

证明 这个定理是定理 12.4.2、定理 12.4.11 和定理 12.5.3 的重述。

例 12.5.5 求出有限状态自动机 A 准确接受由正则文法 G 所生成的串。其中 G 有产生式
$$\sigma \to b\sigma, \quad \sigma \to aC, \quad C \to bC, \quad C \to b$$
开始符号是 σ，终结符号集合是 $\{a, b\}$，非终结符号集合是 $\{\sigma, C\}$。

接受 $L(G)$ 的不确定有限状态自动机 A' 由图 12.4.2 表示。等价于 A' 的有限状态自动机由图 12.5.1 表示，且等价的、简化的有限状态自动机 A 由图 12.5.2 表示。有限状态自动机 A 准确地接受由 G 生成的串。

下面给出讨论过的方法和理论的某些应用来结束本节的内容。

例 12.5.6 一种非正则语言 证明语言
$$L = \{a^n b^n \mid n = 1, 2, \cdots\}$$
不是正则的。

如果 L 是正则的，则存在一个有限状态自动机 A 使得 $\mathrm{Ac}(A) = L$。假设 A 有 k 个状态。则串 $\alpha = a^k b^k$ 被 A 接受。考虑表示 α 的路径 P。因为存在 k 个状态，在表示 a^k 的部分路径上某个状态 σ 被再次访问。于是存在一个回路 C 含有 σ，它的所有边都被标记 a。改变路径 P 得到一个路径 P'。当到达 P 中的 σ 时，沿 C 移动。在 C 上返回到 σ 后，在 P 上继续到终点。如果 C 的长度是 j，则路径 P' 表示串 $\alpha' = a^{j+k} b^k$。因为 P 和 P' 在同一状态 σ' 结尾并且是接受状态，所以 α' 被 A 接受。因为 α' 不具有 $a^n b^n$ 的形式，发生矛盾。于是 L 不是正则的。

例 12.5.7 设 L 是图 12.5.4 的有限状态自动机接受的串的集合 A。构造一个有限状态自动机接受串
$$L^R = \{x_n \cdots x_1 \mid x_1 \cdots x_n \in L\}$$

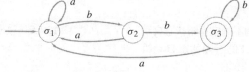

图 12.5.4 例 12.5.7 的接受 L 的有限状态自动机

将 A 转换到一个接受 L^R 的有限状态自动机。如果在 A 中存在表示 $\alpha = x_1 \cdots x_n$ 的路径 P，它在 σ_1 开始而在 σ_3 结束，则 α 被 A 接受。如果在 σ_3 开始并反向追踪 P，在 σ_1 结束并按次序 $x_n, \cdots, x_1$ 处理边。于是仅需要使图 12.5.4 的所有箭头反向，并使 σ_3 是开始状态且 σ_1 是接受状态（参见图 12.5.5）。结果是接受 L^R 的不确定有限状态自动机。

在求出等价的有限状态自动机并删除不可达的状态之后，得到图 12.5.6 的等价的有限状态自动机。

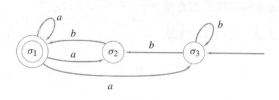

图 12.5.5 接受 L^R 的不确定有限状态自动机

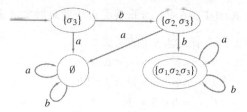

图 12.5.6 接受 L^R 的有限状态自动机

例 12.5.8 设 L 是图 12.5.7 的有限状态自动机 A 接受的串集合。构造一个不确定有限状态自动机接受串

$$L^R = \{x_n \cdots x_1 \mid x_1 \cdots x_n \in L\}$$

如果 A 仅有一个接受状态，能够使用例 12.5.7 的过程来构造希望的不确定有限状态自动机。于是首先构造一个具有一个接受状态等价于 A 的不确定有限状态自动机。为了实现这一点，引入一个附加状态 σ_5。之后安排结尾在 σ_3 或 σ_4 的路径有选择地在 σ_5 结尾（参见图 12.5.8）。利用例 12.5.7 的方法从图 12.5.8 得到希望的不确定有限状态自动机（参见图 12.5.9）。当然如果需要，可以构造一个等价的有限状态自动机。

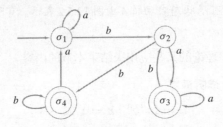

图 12.5.7　例 12.5.8 的接受 L 的有限状态自动机

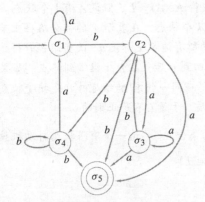

图 12.5.8　具有一个接受状态的不确定有限状态自动机，等价于图 12.5.7 的有限状态自动机

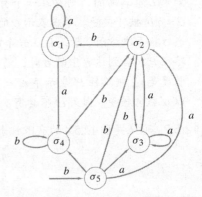

图 12.5.9　接受 L^R 的不确定有限状态自动机 ■

本节复习

1. 给出一个不确定有限状态自动机，如何构造一个等价的确定性有限状态自动机。
2. 用有限状态自动机给出一个语言是正则的条件。

练习

1. 求出与 12.4 节练习 1~10 的不确定有限状态自动机等价的有限状态自动机。

在练习 2~6 中，求出接受由给定正则文法生成的串的有限状态自动机。

2. 12.3 节，练习 1 的文法　　　　　3. 12.3 节，练习 5 的文法

4. $<S> ::= a<A> \mid a<B>$
   $<A> ::= a<B> \mid b<S> \mid b$
   $<B> ::= b<S> \mid b$
   开始符号 $<S>$

5. $<S> ::= a<S> | a<A> | b<C> | a$
   $<A> ::= b<A> | a<C>$
   $<B> ::= a<S> | a$
   $<C> ::= a<B> | a<C>$
   开始符号 $<S>$

6. $<S> ::= a<A> | a<B>$
   $<A> ::= b<S> | b$
   $<B> ::= a<B> | a<C>$
   $<C> ::= a<S> | b<A> | a<C> | a$
   开始符号 $<S>$

7. 求出接受 12.4 节练习 21~29 的串的有限状态自动机。

8. 从图 12.5.3 的有限状态自动机删除不可达的状态，求出简化的、等价的有限状态自动机。

9. 证明图 12.5.5 的不确定有限状态自动机接受 $\{a, b\}$ 上的串 α 当且仅当 α 以 bb 开始。

*10. 给出图 12.5.7 和图 12.5.9 的不确定有限状态自动机接受的串的特征。

在练习 11~21 中，求出不确定有限状态自动机，它接受已知串的集合。如果 S_1 和 S_2 是串集合，设

$$S_1^+ = \{u_1 u_2 \cdots u_n \mid u_i \in S_1, n \in \{1, 2, \cdots\}\};$$

$$S_1 S_2 = \{uv \mid u \in S_1, v \in S_2\}$$

11. $Ac(A)^R$，其中 A 是 12.2 节、练习 4 的自动机   12. $Ac(A)^R$，其中 A 是 12.2 节、练习 5 的自动机

13. $Ac(A)^R$，其中 A 是 12.2 节、练习 6 的自动机   14. $Ac(A)^+$，其中 A 是 12.2 节、练习 4 的自动机

15. $Ac(A)^+$，其中 A 是 12.2 节、练习 5 的自动机   16. $Ac(A)^+$，其中 A 是 12.2 节、练习 6 的自动机

17. $Ac(A)^+$，其中 A 是图 12.5.7 的自动机

18. $Ac(A_1)Ac(A_2)$，其中 A_1 是 12.2 节、练习 4 的自动机，A_2 是 12.2 节、练习 5 的自动机

19. $Ac(A_1)Ac(A_2)$，其中 A_1 是 12.2 节、练习 5 的自动机，A_2 是 12.2 节、练习 6 的自动机

20. $Ac(A_1)Ac(A_1)$，其中 A_1 是 12.2 节、练习 6 的自动机

21. $Ac(A_1)Ac(A_2)$，其中 A_1 是图 12.5.7 的自动机，A_2 是 12.2 节、练习 5 的自动机

22. 求出一个正则文法生成语言，其中 L^R 是由 12.3 节、练习 5 的文法生成的语言。

23. 求出一个正则文法生成语言，其中 L^+ 是由 12.3 节、练习 5 的文法生成的语言。

24. 设 L_1 和 L_2 分别是 12.3 节、练习 5 和例 12.5.5 的文法生成的语言。求出生成语言 $L_1 L_2$ 的正则文法。

*25. 证明 $\{a, b\}$ 上的串集合 $L = \{x_1 \cdots x_n \mid x_1 \cdots x_n = x_n \cdots x_1\}$ 不是正则语言。

26. 证明如果 L_1 和 L_2 是 $\mathcal{I}$ 上的正则语言且 S 是 $\mathcal{I}$ 上的所有串的集合，则 $S - L_1$、$L_1 \cup L_2$、$L_1 \cap L_2$、L_1^+、$L_1 L_2$ 中的每一个都是正则语言。

*27. 举例证明存在两个上下文无关语言 L_1 和 L_2，使 $L_1 \cap L_2$ 不是上下文无关的。

*28. 证明成立或不成立：如果 L 是正则语言，则 $\{u^n \mid u \in L, n \in \{1, 2, \cdots\}\}$ 也是正则语言。

注释

关于自动机、文法和语言的一般参考文献是[Carroll; Cohen; Davis; Hopcroft; Kelley; McNaughton; Sudkamp; and Wood]。

由 Benoit B. Mandelbrot 开始（参见[Mandelbrot, 1977, 1982]）分形几何的系统研究。

一个有限状态机有一个基本内部记忆，其意义在于记忆它处于的状态。如果准许使用外部存储，使机器用于读写数据，则能够定义功能更强大的机器。准许机器按任何方向扫描输入串或者准许机器改变输入串，能够得到其他更有价值的实体。于是，有可能给出接受上下文有关语言、上下文无关语言和由短语结构文法生成的语言等各类机器的有关特征。

Turing 机形成了一个特别重要的机器类，类似于有限状态机，Turing 机始终处在一个特殊的状态。输入到 Turing 机的串假设处在两个方向都为无限的带上。一个 Turing 机一次扫描一个字符，扫描一个字符后，机器停止或什么也不做或进行如下动作：改变字符；向左或向右移动一个位置；改变状态；等等。特别是能够改变输入串。如果一个串 α 输入到 Turing 机 T，T 终止在接受状态，则 T 接受 α。能够证明语言 L 由短语结构文法生成当且仅当有一个接受 L 的 Turing 机。

Turing 机的实际重要性在于一个广泛接受的概念，即一个任意函数，如果它能被某个也许是假设的数字计算机计算，则也能被某个 Turing 机计算。后一个断言就是著名的 **Turing 假设**或 **Church 论述**。Church 论述意味着 Turing 机是正确的数字计算机的抽象模型。这个思想也给出了算法的形式化定义。一个算法是给定一个输入串、最终会停止的 Turing 机。

本章复习

12.1

1. 单位时间延迟　　　2. 串行加法器　　　　　　　3. 有限状态自动机
4. 输入符号　　　　　5. 输出符号　　　　　　　　6. 状态
7. 下个状态函数　　　8. 输出函数　　　　　　　　9. 初始状态
10. 转移图　　　　　 11. 有限状态机输入和输出串　12. SR 触发器

12.2

13. 有限状态自动机　14. 接受状态　15. 有限状态自动机接受的串　16. 等价的有限状态自动机

12.3

17. 自然语言　　　　18. 形式语言　　　　19. 短语结构文法　　　　20. 非终结符号
21. 终结符号　　　　22. 产生式　　　　　23. 开始符号　　　　　　24. 直接导出串
25. 导出串　　　　　26. 导出　　　　　　27. 由文法生成的语言
28. Backus 范式（= Backus-Naur 范式 = BNF）　　29. 上下文有关文法（1 型文法）
30. 上下文无关文法（2 型文法）　　　　　　　　　31. 正则文法（3 型文法）
32. 上下文有关语言　　　33. 上下文无关语言　　　34. 正则语言
35. 上下文无关交互式 Lindenmayer 文法　　36. von Koch 雪花　　　37. 分形曲线

12.4

38. 给出一个有限状态自动机 A，如何构造一个正则文法 G，使得由 A 接受的串集合等同于由 G 生成的语言（参见定理 12.4.2）
39. 不确定有限状态自动机　　　　40. 被不确定有限状态自动机接受的串
41. 等价的不确定有限状态自动机
42. 给出一个正则文法 G，如何构造一个不确定有限状态自动机 A，使得由 G 生成的语言等同于 A 接受的串的集合（参见定理 12.4.11）

12.5

43. 给出一个不确定有限状态自动机，如何构造一个等价的确定的有限状态自动机（参见定理 12.5.3）

44. 语言 L 是正则的当且仅当存在一个接受 L 中串的有限状态自动机

本章自测题

12.1

1. 画出有限状态机 $(\mathcal{I}, \mathcal{O}, \mathcal{S}, f, g, \sigma_0)$ 的转移图，其中 $\mathcal{I} = \{a, b\}$，$\mathcal{O} = \{0, 1\}$，$\mathcal{S} = \{\sigma_0, \sigma_1\}$。

	f		g	
$\mathcal{S}$ \ $\mathcal{I}$	a	b	a	b
σ_0	σ_1	σ_0	0	1
σ_1	σ_0	σ_1	1	0

2. 对下图的有限状态机求出集合 $\mathcal{I}$、$\mathcal{O}$ 和 $\mathcal{S}$，初始状态，以及定义下个状态的表和输出函数的表。

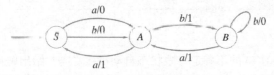

3. 对于练习 1 的有限状态机，求出输入为串 $bbaa$ 的输出串。

4. 设计一个有限状态机，输入是一位串，当看到 001 时输出 0，其后也输出 0；否则输出 1。

12.2

5. 绘制有限状态自动机 $(\mathcal{I}, \mathcal{S}, f, \mathcal{A}, S)$ 的转移图，其中 $\mathcal{I} = \{0, 1\}$，$\mathcal{S} = \{S, A, B\}$，$\mathcal{A} = \{A\}$。

	f	
$\mathcal{S}$ \ $\mathcal{I}$	0	1
S	A	S
A	S	B
B	A	S

6. 串 11010 被练习 5 的有限状态自动机接受吗？

7. 画出一个有限状态自动机的转移图，它接受 $\{0, 1\}$ 上含有偶数个 0 和奇数个 1 的串集合。

8. 给出由下面的有限状态自动机接受的串集合的特征。

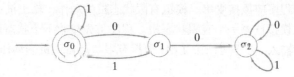

12.3

9. 确定下面的文法是否为上下文有关的、上下文无关的、正则的，或者不是它们任何一种。给出适用的所有特征。文法为

$$S \to aSb, \quad S \to Ab, \quad A \to aA, \quad A \to b, \quad A \to \lambda$$

10. 给出串 $\alpha = aaaabbbb$ 的导出，证明 α 在练习 9 的文法生成的语言中。
11. 给出由练习 9 文法生成的语言的特征。
12. 写出一个文法，它生成 $\{0, 1\}$ 上所有的有相等个数的 0 和 1 的非空串。

12.4

13. 画出不确定有限状态自动机 $(\mathcal{I}, \mathcal{S}, f, \mathcal{A}, \sigma_0)$ 的转移图，其中 $\mathcal{I} = \{a, b\}$，$\mathcal{S} = \{\sigma_0, \sigma_1, \sigma_2\}$ 和 $\mathcal{A} = \{\sigma_2\}$。

$\mathcal{S}$ \ $\mathcal{I}$	a	b
σ_0	$\{\sigma_0\}$	$\{\sigma_2\}$
σ_1	$\{\sigma_0, \sigma_1\}$	$\varnothing$
σ_2	$\{\sigma_2\}$	$\{\sigma_0, \sigma_1\}$

14. 对下图的不确定有限状态自动机求出集合 $\mathcal{I}$、$\mathcal{S}$ 和 $\mathcal{A}$，初始状态，以及定义下个状态函数的表。

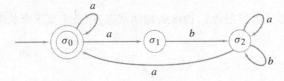

15. 串 $aabaaba$ 可被练习 14 的不确定有限状态自动机接受吗？给出解释。
16. 设计一个不确定有限状态自动机，它接受 $\{0, 1\}$ 上以 01 开始并含有 110 的所有串。

12.5

17. 求与练习 13 的不确定有限状态自动机等价的有限状态自动机。
18. 求与练习 14 的不确定有限状态自动机等价的有限状态自动机。
19. 已知接受正则语言 L_1 和 L_2 的有限状态自动机，解释如何构造一个不确定有限状态自动机接受语言

$$L_1 L_2 = \{\alpha\beta \mid \alpha \in L_1, \beta \in L_2\}$$

20. 证明不含有空串的任意正则语言被恰有一个接受状态的不确定有限状态自动机接受。给出一个例子，说明这个命题对任意正则语言是不成立的（即如果准许空串作为正则语言的成员）。

上机练习

1. 编写一个程序，模拟任意一个有限状态机。程序首先接收下个状态函数、输出函数和初始状态作为输入。程序应该接受串，模拟有限状态机的动作，输出被有限状态机处理的串。
2. 编写一个程序，模拟任意一个有限状态机。程序首先接收下个状态函数、所接受状态集合和初始状态作为输入。程序应该接受串，模拟有限状态自动机的动作，打印指示串是否被接受的消息。
3. 编写一个程序，画出通过上下文无关的交互式 Lindenmayer 文法生成的分形（参见 12.3 节）。
4. 就 Knuth-Morris-Pratt 算法做出报告（参见 [Johnsonbaugh]），表明如何判定一个串是否包含一个特定子串。这个算法使用有限状态自动机。

第13章 计算几何

计算几何（computational geometry）是有关设计和分析解决几何问题的算法的学科。快速有效的几何算法在计算机图形学、统计学、图像处理和设计大规模集成电路（VLSI）中都有广泛的应用。本章将对这一有趣的学科进行简单的介绍。

首先介绍最小距点对问题。最小距点对问题提供了计算几何的一个例子：给定平面上的 n 个点，寻找距离最近的两个点。除此之外，还将介绍如何求凸包的问题。

13.1 最小距点对问题

最小距点对问题（closest-pair problem）是很容易阐述的：平面上有 n 个点，寻找一个最小距点对（参见图13.1.1），即距离最近的一对点（平面上可能有多个点对的距离达到最小值，找到一个点对即可）。平面上两点的距离度量为通常的欧几里得距离。 [WWW]

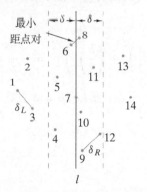

图 13.1.1 平面上有 n 个点。问题是找到一个最小距点对。图中距离最近的两点为 6 和 8。直线 l 将平面上的点分为数目基本相等的两个部分。直线左边的最小距点对为 1 和 3，其距离为 δ_L；直线右边的最小距点对为 9 和 12，其距离为 δ_R。其他比 $\delta = \min\{\delta_L, \delta_R\}$ 还近的匹配（例如 6 和 8）都在以 l 为中心、宽度为 2δ 的带状区域中

求解这个问题的一种方法是计算任意两点之间的距离并选择出距离最小的两点。共有 $C(n, 2) = n(n-1)/2 = \Theta(n^2)$ 个点对，故穷举法的算法复杂度为 $\Theta(n^2)$。分割求解算法是一种更好的求解点对的算法，在最坏情形的时间复杂度为 $\Theta(n \lg n)$。下面首先给出该算法的描述，然后用伪代码给出算法精确的描述。

算法是首先在平面上画出一条竖线 l，使平面上的点大致分布在这条直线的两侧（参见图13.1.1）。若 n 为偶数，则使直线两侧各有 $n/2$ 个点；若 n 为奇数，则使直线一侧有 $(n+1)/2$ 个点，另一侧有 $(n-1)/2$ 个点。

然后用递归算法分别找到每一侧的最小距点对。设直线左边最小距点对的距离为 δ_L；直线右边最小距点对的距离为 δ_R。令

$$\delta = \min\{\delta_L, \delta_R\}$$

然而，δ未必是所有点中的最小距点对之间的距离，因为直线两侧的点的距离可能小于δ（参见图13.1.1）。所以仍需考虑直线l两侧的点之间的距离。

注意到若两点之间的距离小于δ，则两点必在以l为中心、宽度为2δ的带状区域中（参见图13.1.1）。（不在这个区域中的任意一点，与另一侧的任意一点l的距离大于δ。）所以只需限制在这个带状区域中搜索距离比δ小的点对。

若带状区域中有n个点，计算n个点中任意两个点的距离，则最坏情形下的时间复杂度为$\Theta(n^2)$。而直接运用穷举法时在最坏情形下的时间复杂度为$\Omega(n^2)$，故在带状区域中计算任意两点之间距离的方法不可取。

将带状区域中的点按照纵坐标y非递减次序排序，然后检测按照这种次序的各点。当在带状区域检测一个点p时，若点p与之后的点q的距离小于δ，则q必在以p为底边、高度为δ、宽度为2δ、两条边与直线l的距离为δ的矩形区域中，如图13.1.2所示。（因为按照纵坐标非递减的顺序考察带状区域中的每个点，所以不必考虑点p与前面的点的距离。）将证明这个矩形区域含p在内至多包含8个点。所以若计算了点p与其后的7个点的距离，则可以保证计算了矩形中所有点与点p的距离。当然，若p之后的点不足7个，则只需计算p与p之后所有的点的距离即可。利用这种方法，在带状区域中寻找最短匹配的时间复杂度为$O(n)$。（因为带状区域内有n个点，处理每个点需要的时间最多为$7n$。）

下面证明图13.1.2的矩形中至多包含8个点。图13.1.3表明将图13.1.2的矩形划分为8个小正方形。小正方形的对角线长度为

$$\left(\left(\frac{\delta}{2}\right)^2 + \left(\frac{\delta}{2}\right)^2\right)^{1/2} = \frac{\delta}{\sqrt{2}} < \delta$$

故每个小正方形至多只能包含一个点，所以$2\delta \times \delta$的矩形区域中至多包含8个点。

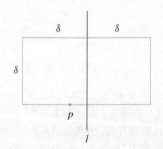 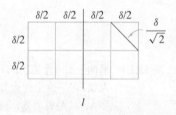

图13.1.2　p之后的与p之间距离小于δ的点q必在这个矩形中

图13.1.3　由于每个小正方形至多包含一个点，故大矩形中至多包含8个点

例13.1.1　说明最小距点对算法如何找到图13.1.1所给的点中距离最近的两个点。

首先找到一条竖直的直线l，将平面上的点分为个数大致相等的两半，

$$S_1 = \{1, 2, 3, 4, 5, 6, 7\}, \qquad S_2 = \{8, 9, 10, 11, 12, 13, 14\}$$

对所给的点选择直线l的方法有很多，本例中将l定为过点7的竖直直线。

然后在S_1和S_2上递归地求解最小距点对问题。S_1中的最小距点对为点1和3，点1和3之间的距离用δ_L表示；S_2中的最小距点对为点9和12，点9和12之间的距离用δ_R表示。令

$$\delta = \min\{\delta_L, \delta_R\} = \delta_L$$

将以l为中心、宽度为2δ的带状区域中的点按它们的纵坐标y非递减地排序：

$$9, \ 12, \ 4, \ 10, \ 7, \ 5, \ 11, \ 6, \ 8$$

按照上面的顺序考察带状区域中的点，即依次计算每个点和其后的7个点之间的距离，当某点后的点不足7个时，计算该点与其后所有点的距离。

首先计算点9与其后7个点12、4、10、7、5、11和6的距离，这些距离都大于δ，对这个点，并未找到更小距点对。

计算点12与其后7个点4、10、7、5、11、6和8的距离，这些距离都大于δ，对这个点，仍未找到更小距点对。

计算点4与点10、7、5、11、6和8的距离，这些距离都大于δ，对这个点，还未找到更小距点对。

计算点10与点7、5、11、6和8的距离，点10和点7的距离小于δ，找到更小距点对。将δ更新为点10与点7的距离。

计算点7与点5、11、6和8的距离，这些距离都大于δ，并未找到更小距点对。

计算点5与点11、6和8的距离，这些距离都大于δ，并未找到更小距点对。

计算点11与点6和8的距离，这些距离都大于δ，并未找到更小距点对。

计算点6和点8的距离，点6与点8的距离小于δ，找到了更小距点对。将δ更新为点6与点8的距离。至此已经遍历了带状区域中的所有点，没有再需要考虑的点了，算法结束。最小距点对为点6和点8，其间的距离为δ。∎

下面先讨论一些技术问题，然后再对最小距点对算法做形式化的描述。

为使递归过程能够在有限时间内结束，检查输入点的数目，当点的数目不超过3个时，则不再递归调用，直接进行求解最小距点对。仅当输入点数不少于4个时，才将输入点划分，利用递归算法求解每一侧的最小距点对。划分时，保证直线两侧的点数均不少于2个，这样每一侧有一个最小距点对。

在递归调用前，先将所有的点按横坐标x排序，这样可以很容易地将所有的点分为大致相等的两部分。

利用归并排序算法（参见7.3节）按纵坐标y将点排序。若假定直线两侧每一半的点已按纵坐标y归并排序，则只需将直线两侧按纵坐标y排序的点归并即可，而无须每次对带状区域中的所有点进行排序。

进而形式化地描述最小距点对算法。为了简化描述，此算法只输出最小距点对之间的距离，不输出最小距点对的坐标。完整的算法留做习题（参见练习5）。

算法 13.1.2 查找一些点中的最小距点对之间的距离

输入：$p_1, \cdots, p_n$（平面上点数 $n \geq 2$）
输出：相距最近两点之间的距离 δ

closest_pair(p, n) {
   将序列 $p_1, \cdots, p_n$ 按横坐标 x 排序
   return *rec_cl_pair*($p, 1, n$)
}

rec_cl_pair(p, i, j) {
   // 输入为平面上的点序列 $p_i, \cdots, p_j$，将输入序列按横坐标 x 排序
   // *rec_cl_pair* 函数执行结束时，序列已按纵坐标 y 排序
   // *rec_cl_pair* 返回输入序列中相距最近两点之间的距离
   // 将点 p 的横坐标 x 记为 $p.x$

```
// 简单的情况（不超过 3 个点）
if (j – i < 3) {
    将序列 p_i, ⋯, p_j 按纵坐标 y 排序
    直接找出相距最近的两点，其距离为 δ
    return δ
}
// 划分
k = ⌊(i + j)/2⌋
l = p_k.x
δ_L = rec_cl_pair(p, i, k)
δ_R = rec_cl_pair(p, k + 1, j)
δ = min{δ_L, δ_R}
// 序列 p_i, ⋯, p_k 已按纵坐标排列
// 序列 p_{k+1}, ⋯, p_j 已按纵坐标排列
将序列 p_i, ⋯, p_k 和 p_{k+1}, ⋯, p_j 按纵坐标归并
// 归并的结果存回 p_i, ⋯, p_j 中

// 至此，p_i, ⋯, p_j 已按纵坐标 y 排列
// 将带状区域中的点存入 υ 中
t = 0
for k = i to j
    if (p_k.x > l – δ ∧ p_k.x < l + δ) {
        t = t + 1
        υ_t = p_k
    }
// 带状区域中的点为 υ_1, ⋯, υ_t
// 在带状区域内寻找更小距点对
// 计算每个点与其后 7 个点之间的距离
for k = 1 to t – 1
    for s = k + 1 to min{t, k + 7}
        δ = min{δ, dist(υ_k, υ_s)}
return δ
}
```

下面证明最小距点对算法在最坏情形下的时间复杂度为 $\Theta(n \lg n)$。closest_pair 函数先将平面上的点按横坐标 x 排序。若选择最优排序算法（如归并排序算法），则最坏情形下的时间复杂度为 $\Theta(n \lg n)$。随后，closest_pair 函数调用 rec_cl_pair 函数。设函数 rec_cl_pair 在输入 n 个点时，最坏情形下的执行时间为 a_n。当 $n > 3$ 时，rec_cl_pair 首先调用自身，输入点数分别为 $\lfloor n/2 \rfloor$ 个和 $\lfloor (n+1)/2 \rfloor$ 个。而后将两个点集归并，分离出带状区域中的点，花费 $O(n)$ 时间计算带状区域中点间的距离。故得递归式

$$a_n \leqslant a_{\lfloor n/2 \rfloor} + a_{\lfloor (n+1)/2 \rfloor} + cn, \qquad n > 3$$

这个递归关系与归并排序算法的递归关系相同，故 rec_cl_pair 函数与归并排序算法在最坏情形下的时间复杂度相同，均为 $O(n \lg n)$。因为将所有的点按横坐标 x 排序在最坏情形下的时间复杂度为 $\Theta(n \lg n)$，而 rec_cl_pair 函数在最坏情形下的时间复杂度为 $O(n \lg n)$，故 closest_pair 函数在最坏情形下的时间复杂度为 $\Theta(n \lg n)$。

Preparata（参见[Preparata, 1985: Theorem 5.2, page 188]）对允许做哪些计算给出了合理的假设，运用决策树模型和一些高等方法结合的办法，证明了任何一个求解最小距点对问题的算法复杂度都为 $\Omega(n \lg n)$，从而证明了算法 13.1.2 是最优的。

可以证明（参见练习 10），图 13.1.2 的矩形区域（只包含下边缘而不包含其他边缘）中至多包含 6 个点。而事实上，6 个点是可以放入这个矩形区域中的，故 6 个点是矩形区域中点数的最小上限（参见练习 8）。考虑到矩形区域中各点的分布，D. Lerner 和 R. Johnsonbaugh 证明了只要在带状区域中计算每个点与其后的 3 个点（而不是 7 个点）之间的距离，即可保证不漏掉找出更小距点对。事实上，计算每个点与其后 3 个点之间的距离已是最优的算法，因为若只考虑其后的两个点则有可能漏掉找出更小距点对（参见练习 7）。

本节复习

1. 什么是计算几何？
2. 陈述最小距点对问题。
3. 描述直接强硬计算法求解最小距点对问题的算法。
4. 描述分割法求解最小距点对问题的算法。
5. 比较直接强硬计算法和分割法在最坏情形下的时间复杂度。

练习

1. 描述最小距点对算法对以下输入如何求解最小距点对。(8, 4), (3, 11), (12, 10), (5, 4), (1, 2), (17, 10), (8, 7), (8, 9), (11, 3), (1, 5), (11, 7), (5, 9), (1, 9), (7, 6), (3, 7), (14, 7)。
2. 最小距点对算法输出最小距点对间的距离为 0 时说明什么？
3. 给出一组点作为最小距点对算法的输入的例子，使分割线 l 上的一些点被分在左侧，而另一些点被分在右侧。
4. 解释为什么用一条竖直直线将平面上的点集分割为大致相等的两半时，有时分割线上不可避免地包含点集中的点。
5. 写出一个最小距点对算法，输出平面上若干点的最小距点对及最小距点对之间的距离。
6. 写出一个最小距点对算法，输出直线上若干点的最小距点对之间的距离。
7. 举例说明若在带状区域中查找最小距点对时，仅考虑每个点与其后两个点之间的距离，则可能漏掉最小距点对，给出不正确的输出。
8. 举例说明图 13.1.2 的矩形区域（只包含下边缘而不包含其他边缘）中，能够容纳 6 个点集中的点。
9. 当计算带状区域中点 p 与其后几个点之间的距离时，当找到点 q 与点 p 的距离超过 δ，能否由此不计算点 p 与点 q 之后的点的距离？为什么？
*10. 证明图 13.1.2 的矩形区域（只包含下边缘而不包含其他边缘）中，至多能够容纳 6 个点集中的点。
11. 写出一个 $\Theta(n \lg n)$ 的算法，求平面上若干点中的最小距点对的距离 δ。若 $\delta > 0$，列出所有距离为 δ 的点对。

12. 写出一个 $\Theta(n \lg n)$ 的算法，求平面上若干点中的最小距点对的距离 δ，并列出所有距离小于 2δ 的点对。
13. 写出一个 $\Theta(n \lg n)$ 的算法，求平面上若干点中的最小距点对的距离 δ，并列出所有距离小于 2δ 的点对，这种点对只能列出一次。
14. 指出为什么下面的算法不能求出平面上若干点中的最小距点对的距离 δ，并列出所有距离小于 2δ 的点对。

```
exercise14(p, n) {
    δ = closest_pair(p, n)
    for i = 1 to n − 1
        for j = i + 1 to min {n, i + 31}
            if (dist(p_i, p_j) < 2 ∗ δ)
                println(i + " " + j)
}
```

15. 写出一个算法，把找出带状区域中的点和在其中查找组合起来。带状区域内的点动态变化，于是这个算法在通常情况下比算法 13.1.2 在带状区域中搜索的点数少。
16. 设平面上 n 个点中最小距点对之间的距离为 $\delta > 0$，证明距离等于 δ 的点对数为 $O(n)$。
17. 假定平面上 n 个点中最小距点对之间的距离为 $\delta > 0$，证明距离小于 2δ 的点对数为 $O(n)$。

13.2 计算凸包的一种算法

对于给定的平面上的有限点集，找出点集中处在"边界"点是计算几何中的一个基本问题，将这些"边界"点称为点集的**凸包**（convex hull）。（参见图 13.2.1，画圈的点为点集的凸包。）凸包在统计学、计算机图形学和图像处理等很多领域有着广泛的应用。例如在统计学中，数据集的凸包上的点不具有代表性，故处理数据时应去掉凸包上的点。在本节中将介绍求凸包的 Graham 算法。本节中的"点集"意为"两两不等的点组成的集合"。先看如下的定义。

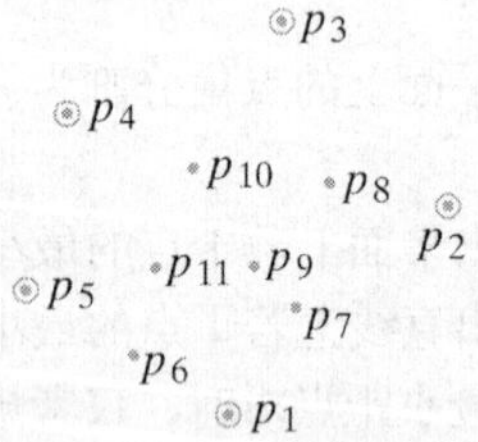

图 13.2.1 点集 $p_1, \cdots, p_{11}$ 的凸包是 $p_1, \cdots, p_5$

定义 13.2.1 给定平面上有限点集 S，对于 S 中的任意点 p，若存在通过 p 的直线 L，使 S 中除 p 外的所有点都在直线 L 的同一侧（p 不在直线 L 上），则称 p 为 S 的凸点。 ■

例 13.2.2 在图 13.2.2 中，可以过 p_1 做直线 L_1，使其他所有点都在 L_1 的同一侧，故 p_1 为凸点。过点 p_8 的任意一条直线 L 两侧都能找到点集中的点，故 p_8 不是凸点。p_6 同样不是凸点，如图 13.2.2 所示，尽管过 p_6 的直线 L_2 的左下方没有点集中的点，但 L_2 上包含点集中除 p_6 外的其他点，故 L_2 也不满足定义 13.2.1 中的条件。 ■

对于平面上的有限点集 S，将所有凸点围绕 S 的边缘走一圈排列的序列，称为 S 的凸包。在图 13.2.2 中，点序列 p_1, p_2, p_3, p_4, p_5 为点集的凸包。下面的定义精确地描述了凸点的顺序。

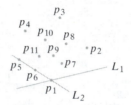

图 13.2.2　凸点为 p_1, p_2, p_3, p_4, p_5，其他点都不是凸点

定义 13.2.3　平面上有限点集 S 的凸包为 S 的所有凸点按以下顺序组成的序列 $p_1, p_2, \cdots, p_n$。其中 p_1 为纵坐标 y 最小的点，若纵坐标最小的点不止一个，则 p_1 为其中横坐标 x 最小的点（注意 p_1 为凸点）。当 $i \geq 2$ 时，令 α_i 为水平线到线段 p_1, p_i 正方向的夹角（参见图 13.2.3）。确定点 $p_2, p_3, \cdots, p_n$ 的顺序使 $\alpha_2, \alpha_3, \cdots, \alpha_n$ 为递增序列。

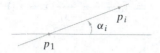

图 13.2.3　α_i 为从水平线到线段 p_1, p_i 正方向的夹角　■

例 13.2.4　在图 13.2.4 中，p_1 是纵坐标 y 最小的点，所以 p_1 是第一个列入凸包的点。如图所示，从 x 轴正方向到线段 p_1, p_2；p_1, p_3；p_1, p_4；p_1, p_5 的夹角依次增大。故图 13.2.4 中点集的凸包为 p_1, p_2, p_3, p_4, p_5。

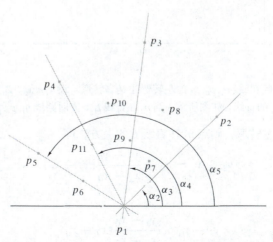

图 13.2.4　p_1, p_2, p_3, p_4, p_5 为凸包，因为它们都是凸点，且对应的角 α_2, α_3, α_4, α_5 依次增大，其中 α_i 为 x 轴水平正方向到线段 p_1, p_i 的夹角　■

　　根据定义 13.2.3，不难得出计算平面上有限点集 S 的凸包的算法。首先找到点集中纵坐标 y 最小的点，若纵坐标 y 最小的点不止一个，则选择其中横坐标 x 最小的点，指定这个点为 p_1。然后将 S 中任意点 p 按 x 轴水平正方向与线段 p_1, p 的夹角排序。最后依次检验每个点，去掉非凸点，即得所求的凸包。这就是 Graham 算法采取的策略。要将上面的思路写成算法，还需解决两个问题。一是如何比较两个角的大小；二是如何判断一个点是不是在凸包上。首先考虑如何比较两个角的大小。

　　设按 p_1, p_0, p_2 的顺序访问点集中不同的 3 个点。若离开 p_0 后，p_2 在 p_0 的左侧，则称路线 p_1, p_0, p_2 为一个左转弯（参见图 13.2.5）。准确地说，如果线段 p_0, p_2 按逆时针与线段 p_0, p_1 的夹角小于 $180°$，则路线 p_1, p_0, p_2 为一个左转弯。反之，若离开 p_0 后 p_2 在 p_0 的右侧，即若线段 p_0, p_2 按逆时针与线段 p_0, p_1 的夹角大于 $180°$，则称路线 p_1, p_0, p_2 为一个右转弯（参见图 13.2.5）。

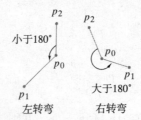

图 13.2.5 第一个图中的路线为左转弯，因为从 p_0, p_2 按逆时针到 p_0, p_1 的夹角小于 180°。
第二个图中的路线为右转弯，因为从 p_0, p_2 按逆时针到 p_0, p_1 的夹角大于 180°

可以用解析几何的方法判断路线 p_1, p_0, p_2 是左转弯还是右转弯。点 p_i 的坐标为 (x_i, y_i)，$i = 0, 1, 2$（参见图 13.2.6）。先设 $x_1 < x_0$，则过点 p_0 和 p_1 的直线 L 的方程为

$$y = y_0 + \frac{y_1 - y_0}{x_1 - x_0}(x - x_0)$$

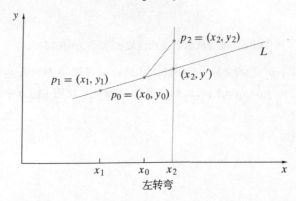

图 13.2.6 判断路线 p_1, p_0, p_2 为左转弯还是右转弯。设 $x_1 < x_0$。L 为过点 p_0 和 p_1 的直线。如图所示，当 p_2 在直线 L 上方时路线 p_1, p_0, p_2 为左转弯

此时，若路线 p_1, p_0, p_2 为左转弯，则点 p_2 在直线 L 的上方，即

$$y_2 > y' = y_0 + \frac{y_1 - y_0}{x_1 - x_0}(x_2 - x_0)$$

可写成

$$y_2 - y_0 > \frac{y_1 - y_0}{x_1 - x_0}(x_2 - x_0)$$

不等式两端同乘以负数 $x_1 - x_0$，再将所有项都移到不等式的右边，得

$$(y_2 - y_0)(x_1 - x_0) - (y_1 - y_0)(x_2 - x_0) < 0$$

将点 p_0, p_1, p_2 的**叉积**（cross product）定义为

$$\text{cross}(p_0, p_1, p_2) = (y_2 - y_0)(x_1 - x_0) - (y_1 - y_0)(x_2 - x_0)$$

可证明，

若路线 p_1, p_0, p_2 为左转弯，则 $\text{cross}(p_0, p_1, p_2) < 0$。

同理可证

若路线 p_1, p_0, p_2 为右转弯，则 $\text{cross}(p_0, p_1, p_2) > 0$
若 p_1, p_0, p_2 三点共线，则 $\text{cross}(p_0, p_1, p_2) = 0$。

以上命题的逆命题同样成立。例如，证明若 $\text{cross}(p_0, p_1, p_2) < 0$，则路线 p_1, p_0, p_2 为左转弯。事实上，若 $\text{cross}(p_0, p_1, p_2) < 0$，则路线 p_0, p_1, p_2 不可能为右转弯（否则 $\text{cross}(p_0, p_1, p_2)$ 为正），p_0, p_1, p_2 三点也不可能共线（否则 $\text{cross}(p_0, p_1, p_2)$ 为零）。故路线 p_0, p_1, p_2 只能为左转弯。所以

$$\begin{aligned}
&\text{路线 } p_1, p_0, p_2 \text{ 为左转弯，当且仅当 } \text{cross}(p_0, p_1, p_2) < 0。\\
&\text{路线 } p_1, p_0, p_2 \text{ 为右转弯，当且仅当 } \text{cross}(p_0, p_1, p_2) > 0。\\
&p_1, p_0, p_2 \text{ 三点共线，当且仅当 } \text{cross}(p_0, p_1, p_2) = 0。
\end{aligned} \quad (13.2.1)$$

以上对 $x_1 < x_0$ 的情况证明了式(13.2.1)。当 $x_1 = x_0$ 或 $x_1 > x_0$ 时，式(13.2.1)依然成立（参见练习2和练习3）。将这些结论写做一个定理。

定理 13.2.5 若 p_0, p_1, p_2 为平面上3个不同的点，则

(a) 路线 p_1, p_0, p_2 为左转弯，当且仅当 $\text{cross}(p_0, p_1, p_2) < 0$。
(b) 路线 p_1, p_0, p_2 为右转弯，当且仅当 $\text{cross}(p_0, p_1, p_2) > 0$。
(c) p_1, p_0, p_2 三点共线，当且仅当 $\text{cross}(p_0, p_1, p_2) = 0$。

证明 前面已阐述了定理的证明。

Graham算法首先找到点集中纵坐标 y 最小的点 p_1，若纵坐标最小的点不止一个，则选择其中横坐标 x 最小的点为 p_1。然后将 S 中任意点 p 按 x 轴水平正方向到线段 p_1, p 的夹角排序。最后算法依次检验排序中的每个点，去掉非凸包点，得到所求的凸包。

排序时可以利用向量积比较不相等的两点 p 和 q。比较点 p 和 q 时，只需计算 $\text{cross}(p_1, p, q)$，若 $\text{cross}(p_1, p, q) < 0$，则路线 p, p_1, q 为左转弯。故按照 p_1 到 p, q 两点的射线与 x 轴正方向的夹角排列，有 $p > q$（参见图13.2.7）。若 $\text{cross}(p_1, p, q) > 0$，则 $p < q$。若 $\text{cross}(p_1, p, q) = 0$，则 p, p_1, q 三点共线。最后的情形中，若 p 比 q 距离 p_1 较远，则定义 $p > q$，若 q 比 p 距离 p_1 较远，则定义 $p < q$。

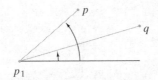

图 13.2.7 p, p_1, q 为左转弯时，$p > q$

向量积还可以用于判断一个点是不是凸包上的点，从而去掉所有非凸包点。在检查排序的点时，如果没有更多的点做检查，则保留在凸包上的点。再检查点 p。下面的例子说明了检查的过程。在图13.2.8中，当前凸包上的点为 $p_1, \cdots, p_5$，下一个要检查的点是 p，由于路线 p_4, p_5, p 为左转弯，故保留 p_5，接着检查 p 之后的点。

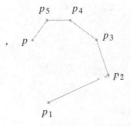

图 13.2.8 凸包算法检查点 p 的过程。检查点 p 前，设当前凸包上的点为 p_1, p_2, p_3, p_4, p_5。由于路线 p_4, p_5, p 为左转弯，故保留 p_5 为凸包上的点。当前凸包上的点变为 $p_1, p_2, p_3, p_4, p_5, p$，算法下面检查 p 之后的点

再看另一个例子，当前凸包上的点为 $p_1, \cdots, p_5$（参见图13.2.9）时，下一个要检查的点是 p。由于路线 p_4, p_5, p 为右转弯，故去掉点 p_5，检查路线 p_3, p_4, p。由于路线 p_3, p_4, p 仍为右转弯，故去掉点 p_4。返回检查路线 p_2, p_3, p。由于路线 p_2, p_3, p 为左转弯，故保留点 p_3。接着检查 p 之后的点。算法13.2.6为Graham算法的伪代码。

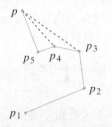

图13.2.9 凸包算法检查点 p 的过程。检查点 p 前，设当前凸包上的点为 p_1, p_2, p_3, p_4, p_5。由于路线 p_4, p_5, p 为右转弯，故去掉点 p_5，检查路线 p_3, p_4, p。由于路线 p_3, p_4, p 仍为右转弯，故去掉点 p_4，检查路线 p_2, p_3, p。由于路线 p_2, p_3, p 为左转弯，故保留点 p_3 为凸包上的点，当前凸包上的点变为 p_1, p_2, p_3, p。接着检查 p 之后的点

算法13.2.6　Graham算法求凸包　算法计算平面上的点 $p_1, \cdots, p_n$ 的凸包，点 p 的横坐标 x 和纵坐标 y 分别记为 $p.x$ 和 $p.y$。　　　　　　　　　　　　　　　　　　　　　　　　[WWW]

输入：$p_1, \cdots, p_n$ 和 n

输出：$p_1, \cdots, p_k$（$p_1, \cdots, p_n$ 的凸包）和 k

```
graham_scan(p, n, k) {
    // 简单情况
    if ( n == 1 ){
        k = 1
        return
    }
    // 找到纵坐标 y 最小的点
    min = 1
    for i = 2 to n
        if (p_i · y < p_min · y)
            min = i
    // 在这些点中，找到横坐标 x 最小的点
    for i = 1 to n
        if (p_i · y == p_min · y ∧ p_i · x < p_min · x)
            min = i
    swap(p_1, p_min)
    // 从水平横坐标正方向到 p_1, p_i 的夹角，将 p_i 排序
    sort p_2, ⋯, p_n
    // 加入点 p_0 使算法不会出现死循环
    p_0 = p_n
    // 去掉非凸包点
    k = 2
```

```
for i = 3 to n {
    while（路线 p_{k-1}, p_k, p_i 不是左转弯）
        // 去掉点 p_k
        k = k - 1
    k = k + 1
    swap(p_i, p_k)
}
```

例 13.2.7 图 13.2.10 表示了 Graham 算法的执行过程。

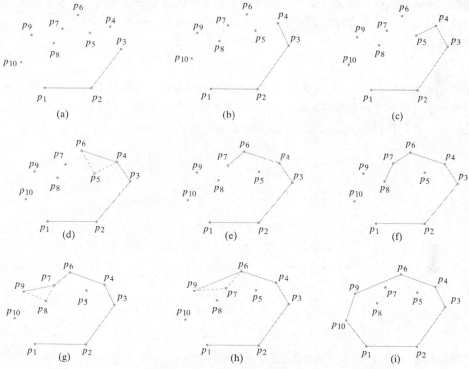

图 13.2.10　Graham 算法计算凸包。点 p_1 为所有纵坐标 y 最小的点中横坐标 x 最小的点。依从水平横坐标正方向到 p_1, p_i 的夹角将各点排序，得 $p_2, p_3, \cdots, p_{10}$。在图 13.2.10(a)中，算法检查路线 p_1, p_2, p_3，路线 p_1, p_2, p_3 为左转弯，故保留 p_2。在图 13.2.10(b)中，算法检查路线 p_2, p_3, p_4，路线 p_2, p_3, p_4 为左转弯，故保留 p_3。在图 13.2.10(c)中，算法检查路线 p_3, p_4, p_5，路线 p_3, p_4, p_5 为左转弯，故保留 p_4。在图 13.2.10(d)中，算法检查路线 p_4, p_5, p_6，路线 p_4, p_5, p_6 为右转弯，故去掉 p_5。算法返回检查路线 p_3, p_4, p_6，路线 p_3, p_4, p_6 为左转弯，故保留点 p_4。在图 13.2.10(e)中，算法检查路线 p_4, p_6, p_7，路线 p_4, p_6, p_7 为左转弯，故保留 p_6。在图 13.2.10(f)中，算法检查路线 p_6, p_7, p_8，路线 p_6, p_7, p_8 为左转弯，故保留 p_7。在图 13.2.10(g)中，算法检查路线 p_7, p_8, p_9，路线 p_7, p_8, p_9 为右转弯，故去掉 p_8。在图 13.2.10(h)中，算法返回检查路线 p_6, p_7, p_9，路线 p_6, p_7, p_9 也为右转弯，故去掉 p_7。算法返回检查路线 p_4, p_6, p_9，路线 p_4, p_6, p_9 为左转弯，故保留点 p_6。最后在图 13.2.10(i)中，算法检查路线 p_6, p_9, p_{10}，路线 p_6, p_9, p_{10} 为左转弯，故保留 p_9。至此，求得凸包为 $p_1, p_2, p_3, p_4, p_6, p_9, p_{10}$。∎

Graham算法开始的两个循环执行时间均为 $\Theta(n)$。若采取最优的排序算法（例如归并排序），则在最坏情形下排序所需的时间为 $\Theta(n \lg n)$。因为每个点至多被删除一次，而总点数为 n，故最后一个while循环的执行总时间为 $O(n)$。for循环本身的执行时间为 $\Theta(n)$，故最后一个for循环和while循环执行总时间为 $\Theta(n)$。排序花费的时间最长，故Graham算法在最坏情形下的时间复杂度为 $\Theta(n \lg n)$。点排序后算法执行的时间为 $\Theta(n)$，所以，若将点做预排序处理，则Graham算法可在线性时间内完成。

本节的最后一个定理将证明任意一个求解平面上 n 个点的凸包的算法，在最坏情形下的时间复杂度为 $\Theta(n \lg n)$，故Graham算法是最优的。

定理13.2.8 任意一个求解平面上 n 个点的凸包的算法，在最坏情形下的时间复杂度为 $\Omega(n \lg n)$。

证明 令 A 为求解平面上有限点集的凸包的算法。证明算法 A 在最坏情形下的执行时间与排序算法相同，于是算法 A 的时间复杂度的下界也为 $\Omega(n \lg n)$。

设有任意实数序列

$$y_1, y_2, \cdots, y_n$$

每个 y_i 都在0和1之间。利用凸包算法 A 构造排序算法 B。算法 B 先将输入序列 $y_1, y_2, \cdots, y_n$ 按图13.2.11的方式投影到单位圆上，然后算法 B 调用算法 A 生成圆周上点的凸包 $h_1, h_2, \cdots, h_n$，最后算法 B 将序列 $h_1, h_2, \cdots, h_n$ 的纵坐标 y 输出，完成对序列

$$y_1, y_2, \cdots, y_n$$

的排序。

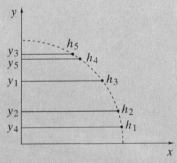

图13.2.11 利用求凸包算法构造排序算法。首先将输入的实数 y_1, y_2, y_3, y_4, y_5 投影到单位圆上，单位圆上的这些点记为 h_i。然后调用求凸包算法得到凸包 h_1, h_2, h_3, h_4, h_5，最后按顺序（h_1, h_2, h_3, h_4, h_5）输出凸包上各点的纵坐标 y_4, y_2, y_1, y_5, y_3

由定理9.7.3，排序算法 B 在最坏情形下的执行时间 t_n 满足

$$t_n \geq Cn \lg n$$

另一方面，算法 B 包含两个 $\Theta(n)$ 的循环（一个循环为将输入序列投影到圆周上的点，另一个循环是将凸包上各点的纵坐标 y 输出）。另外对算法 A 的调用所花费的时间为 s_n，因此是在最坏的情形下，既而有

$$t_n = 2n + s_n$$

所以

$$s_n = t_n - 2n \geq Cn \lg n - 2n = \Omega(n \lg n)$$

定理得证。

本节复习

1. 什么是凸包?   2. 给出凸包的定义。   3. 什么是向量积?
4. 描述 Graham 算法如何计算平面上有限点集的凸包。
5. 任意一个计算平面上 n 个点的凸包的算法,在最坏情形下的时间复杂度是什么?
6. 说明如何求出一个计算平面上 n 个点的凸包的算法在最坏情形下的时间复杂度。

练习

1. 令 S 为平面上的有限点集。p_1 为所有纵坐标 y 最小的点中横坐标 x 最小的点,如果有 n 个点有相同的最小纵坐标 y,选择其中横坐标 x 最小的。证明点 p_1 在 S 的凸包上。
2. 证明定理 13.2.5 对于 $x_1 = x_0$ 的情况成立。
3. 证明定理 13.2.5 对于 $x_1 > x_0$ 的情况成立。
4. 利用 Graham 算法求如下点集的凸包。(10, 1), (7, 7), (3, 13), (6, 10), (16, 4), (10, 5), (7, 13), (13, 8), (4, 4), (2, 2), (1, 8), (10, 13), (7, 1), (4, 8), (12, 3), (16, 10), (14, 5), (10, 9)。
5. 利用 Graham 算法求如下点集的凸包。(7, 8), (9, 8), (3, 11), (5, 1), (7, 11), (9, 5), (9, 1), (6, 7), (4, 5), (2, 1), (10, 17), (7, 3), (7, 14), (4, 8), (11, 3), (10, 12)。
6. 设已用 Graham 算法求得包含平面上 n 个点的点集 S 的凸包,若在 S 中加入一点得 S',证明可在 $\Theta(n)$ 时间内求出 S' 的闭包。

练习 7~10 涉及另一种求平面上有限点集的凸包算法,即 Jarvis 算法。Jarvis 算法的第一步与 Graham 算法相同,即找到所有纵坐标 y 最小的点中横坐标 x 最小的点 p_1。如果有 n 个点有相同的最小纵坐标 y,选择其中横坐标 x 最小的。接着算法找到使线段 p_1, p_2 与 x 轴正方向夹角最小的点 p_2。(若使夹角最小的点不止一个,则取距离 p_1 最远的点。)当已找到 $p_1, \cdots, p_i$ 时,Jarvis 算法找到使路线 p_{i-1}, p_i, p_{i+1} 为最小左转弯的点 p_{i+1}。(若使路线为最小左转弯的点不止一个,则取距离 p_i 最远的点。)

7. 证明 Jarvis 算法寻求凸包的正确性。   8. 写出 Jarvis 算法的伪代码。
9. 求 Jarvis 算法在最坏情形下的时间复杂度。   10. Jarvis 算法比 Graham 算法快吗? 为什么?

注释

[de Berg; Preparata, 1985; and Edelsbrunner] 为计算几何的参考书。

M. I. Shamos 首先在 [Preparata, 1985] 中提出了 13.1 节中的最小距点对问题。[Preparata, 1985] 还给出了求解任意数维空间中最小距点对的时间复杂度为 $\Theta(n \lg n)$ 的算法。

1972 年提出的 Graham 算法(参见 [Graham, 1972])是第一个求解平面上有限点集凸包的 $\Theta(n \lg n)$ 的算法。[Jarvis] 提出了 Jarvis 线算法。与在平面上相比,在多维空间中求解凸包要困难得多。1977 年 [Preparata, 1977] 第一次提出了在三维空间中计算凸包的最优算法。1981 年,[Seidel] 给出了在任意偶数维空间中求解凸包的最优算法。

本章复习

13.1

1. 计算几何   2. 最小距点对问题   3. 最小距点对算法

13.2

4. 凸点　　　　5. 凸包　　　　6. 向量积　　　　7. Graham 算法计算凸包

8. 任意一个求解平面上 n 个点的凸包的算法，在最坏情形下的时间复杂度为 $\Theta(n \lg n)$（参见定理 13.2.8）。

本章自测题

13.1

1. 说明对于 13.2 节中练习 4 的输入，最小距点对算法如何求解最小距点对。
2. 在最小距点对算法中，停止递归的条件是输入点数不超过 3 个。为什么不能将停止递归条件设置为输入点数不超过 3 个换成 2 个呢？
3. 证明在图 13.1.3 的下半个矩形中，至多包含 4 个点。
4. 若将合并序列 $p_i, \cdots, p_k$ 和 $p_{k+1}, \cdots, p_j$ 改为对序列 $p_i, \cdots, p_j$ 做合并排序，则最小距点对算法（参见算法 13.1.2）在最坏情形下的时间复杂度为多少？

13.2

5. 令 S 为平面上的有限点集。令 p 为 S 中横坐标 x 最大的点，若横坐标最大的点不止一个，则选取 p 为这些点中纵坐标 y 最大的点。证明 p 在 S 的凸包上。
6. 令 S 为平面上的有限点集。S 中的点数不少于 2 个。设 p 和 q 为 S 中距离最远的两点，证明 p 和 q 在 S 的凸包上。
7. 利用 Graham 算法求解 13.1 节练习 1 中点集的凸包。
8. 设 Graham 算法已经求得 $n \geq 2$ 个点的凸包。从点集中删去除算法 13.2.6 中 p_1 外的一点，得点集 S'。证明可在 $\Theta(n)$ 时间内求得 S' 的凸包。

上机练习

1. 实现最小距点对算法（参见算法 13.1.2）的程序。不仅输出最小距点对之间的距离，还要输出最小距点对。
2. 编写一个程序，找出平面上所有的最小距点对。
3. 编写一个程序，在三维空间中寻找最小距点对。算法可参见 [Preparata]。
4. 实现 Graham 算法（参见算法 13.2.6）的程序，求解平面上有限点集的凸包。
5. 实现 Jarvis 线算法（参见 13.2 节，练习 7~10），求解平面上有限点集的凸包。

附录 A　矩　　阵

将数据组织成行和列是通常的做法。在数学中，这样的数据阵列称为**矩阵**（matrix）。在这个附录中，将概述一些与矩阵有关的定义和基本性质。我们从"矩阵"的定义开始讨论。

定义 A.1　矩阵

$$A = \begin{pmatrix} a_{11} & a_{12} & \ldots & a_{1n} \\ a_{21} & a_{22} & \ldots & a_{2n} \\ \vdots & \vdots & & \vdots \\ a_{m1} & a_{m2} & \ldots & a_{mn} \end{pmatrix} \tag{A.1}$$

是一些呈矩形阵列的数据。

如果 A 有 m 行和 n 列，则称 A 的大小是 m 乘以 n 的（记为 $m \times n$）。■

经常将式(A.1)简写为 $A = (a_{ij})$。在这个式子中，a_{ij} 表示 A 中出现在第 i 行第 j 列的元素。

例 A.2　矩阵

$$A = \begin{pmatrix} 2 & 1 & 0 \\ -1 & 6 & 14 \end{pmatrix}$$

有 2 行 3 列，所以它的大小是 2×3。如果记 $A = (a_{ij})$，有如，

$$a_{11} = 2, \quad a_{21} = -1, \quad a_{13} = 0$$

■

定义 A.3　如果两个矩阵 A 和 B 大小相同且对应元素相等，则它们相等，记为 $A = B$。■

例 A.4　确定 w、x、y 和 z，使得

$$\begin{pmatrix} x+y & y \\ w+z & w-z \end{pmatrix} = \begin{pmatrix} 5 & 2 \\ 4 & 6 \end{pmatrix}$$

根据定义 A.3，因为这两个矩阵大小相同，所以只要

$$x + y = 5 \qquad y = 2$$
$$w + z = 4 \qquad w - z = 6$$

它们就相等。解这方程组，得

$$w = 5, \quad x = 3, \quad y = 2, \quad z = -1$$

■

下面介绍一些可对矩阵进行的运算。两个矩阵的**和**（sum）是通过相加对应的元素得到的。**标量积**（scalar product）是通过用一个固定的数乘以矩阵的每一元素得到的。

定义 A.5　设 $A = (a_{ij})$ 和 $B = (b_{ij})$ 是两个 $m \times n$ 矩阵。A 和 B 的和定义为

$$A + B = (a_{ij} + b_{ij})$$

数 c 和 $A = (a_{ij})$ 矩阵的数量积定义为

$$cA = (ca_{ij})$$

如果 A 和 B 是矩阵，定义 $-A = (-1)A$，$A - B = A + (-B)$。■

例A.6 如果

$$A = \begin{pmatrix} 4 & 2 \\ -1 & 0 \\ 6 & -2 \end{pmatrix}, \quad B = \begin{pmatrix} 1 & -3 \\ 4 & 4 \\ -1 & -3 \end{pmatrix}$$

则

$$A + B = \begin{pmatrix} 5 & -1 \\ 3 & 4 \\ 5 & -5 \end{pmatrix}, \quad 2A = \begin{pmatrix} 8 & 4 \\ -2 & 0 \\ 12 & -4 \end{pmatrix}, \quad -B = \begin{pmatrix} -1 & 3 \\ -4 & -4 \\ 1 & 3 \end{pmatrix}$$

矩阵乘法是另一种重要的矩阵运算。

定义A.7 设 $A = (a_{ij})$ 是 $m \times n$ 矩阵, $B = (b_{jk})$ 是 $n \times l$ 矩阵。A 和 B 的乘积定义为 $m \times l$ 矩阵

$$AB = (c_{ik})$$

其中

$$c_{ik} = \sum_{j=1}^{n} a_{ij} b_{jk}$$

定义A.7要求矩阵 A 的列数等于矩阵 B 的行数, A 和 B 才能做相乘。

例A.8 设

$$A = \begin{pmatrix} 1 & 6 \\ 4 & 2 \\ 3 & 1 \end{pmatrix}, \quad B = \begin{pmatrix} 1 & 2 & -1 \\ 4 & 7 & 0 \end{pmatrix}$$

因为 A 的列数与 B 的行数相同, 都等于2, 所以矩阵乘积 AB 可以定义。乘积 AB 的元素 c_{ik} 通过使用 A 的第 i 行和 B 的第 k 列得到。例如, 元素 c_{31} 用 A 的第3行

$$(3 \quad 1)$$

和 B 的第1列

$$\begin{pmatrix} 1 \\ 4 \end{pmatrix}$$

计算出。依次用 A 的第3行中的每个元素同 B 的第1列中的每个元素对应相乘, 然后求和来得到

$$3 \times 1 + 1 \times 4 = 7$$

因为 A 的列数与 B 的行数相同, 所以元素恰好可以两两配对。按这个方法做, 便得到乘积

$$AB = \begin{pmatrix} 25 & 44 & -1 \\ 12 & 22 & -4 \\ 7 & 13 & -3 \end{pmatrix}$$

例A.9 矩阵乘积

$$\begin{pmatrix} a & b \\ c & d \end{pmatrix} \begin{pmatrix} x \\ y \end{pmatrix} \quad \text{是} \quad \begin{pmatrix} ax + by \\ cx + dy \end{pmatrix}$$

定义A.10 设 A 是 $n \times n$ 矩阵。如果 m 是正整数, 则 A 的 m 次幂定义为矩阵乘积

$$A^m = \underbrace{A \cdots A}_{m \uparrow A}$$

例 A.11 如果

$$A = \begin{pmatrix} 1 & -3 \\ -2 & 4 \end{pmatrix}$$

则

$$A^2 = AA = \begin{pmatrix} 1 & -3 \\ -2 & 4 \end{pmatrix} \begin{pmatrix} 1 & -3 \\ -2 & 4 \end{pmatrix} = \begin{pmatrix} 7 & -15 \\ -10 & 22 \end{pmatrix}$$

$$A^4 = AAAA = A^2 A^2 = \begin{pmatrix} 7 & -15 \\ -10 & 22 \end{pmatrix} \begin{pmatrix} 7 & -15 \\ -10 & 22 \end{pmatrix} = \begin{pmatrix} 199 & -435 \\ -290 & 634 \end{pmatrix}$$ ■

练习

1. 求和

$$\begin{pmatrix} 2 & 4 & 1 \\ 6 & 9 & 3 \\ 1 & -1 & 6 \end{pmatrix} + \begin{pmatrix} a & b & c \\ d & e & f \\ g & h & i \end{pmatrix}$$

在练习 2~8 中，设

$$A = \begin{pmatrix} 1 & 6 & 9 \\ 0 & 4 & -2 \end{pmatrix}, \quad B = \begin{pmatrix} 4 & 1 & -2 \\ -7 & 6 & 1 \end{pmatrix}$$

计算各式。

2. $A + B$ 3. $B + A$ 4. $-A$ 5. $3A$ 6. $-2B$ 7. $2B + A$ 8. $B - 6A$

在练习 9~13 中，计算乘积。

9. $\begin{pmatrix} 1 & 2 & 3 \\ -1 & 2 & 3 \\ 0 & 1 & 4 \end{pmatrix} \begin{pmatrix} 2 & 8 \\ -1 & 1 \\ 6 & 0 \end{pmatrix}$ 10. $\begin{pmatrix} 1 & 6 \\ -8 & 2 \\ 4 & 1 \end{pmatrix} \begin{pmatrix} 4 & 1 \\ 7 & -6 \end{pmatrix}$ 11. A^2, 其中 $A = \begin{pmatrix} 1 & -2 \\ 6 & 2 \end{pmatrix}$

12. $(2 \ -4 \ 6 \ 1 \ 3) \begin{pmatrix} 1 \\ 3 \\ -2 \\ 6 \\ 4 \end{pmatrix}$ 13. $\begin{pmatrix} 2 & 4 & 1 \\ 6 & 9 & 3 \\ 1 & -1 & 6 \end{pmatrix} \begin{pmatrix} a & b \\ c & d \\ e & f \end{pmatrix}$

14. (a) 给出每个矩阵的大小。

$$A = \begin{pmatrix} 1 & 4 & 6 \\ 0 & 1 & 7 \end{pmatrix}, \quad B = \begin{pmatrix} 1 & 4 & 7 \\ 8 & 2 & 1 \\ 0 & 1 & 6 \end{pmatrix}, \quad C = \begin{pmatrix} 4 & 2 \\ 0 & 0 \\ 2 & 9 \end{pmatrix}$$

(b) 用(a)中的矩阵，判断乘积

$$A^2, \quad AB, \quad BA, \quad AC, \quad CA, \quad AB^2, \quad BC, \quad CB, \quad C^2$$

中哪些有定义然后计算出有定义的乘积。

15. 确定 x、y 和 z 使得等式

$$\begin{pmatrix} x+y & 3x+y \\ x+z & x+y-2z \end{pmatrix} = \begin{pmatrix} -1 & 1 \\ 9 & -17 \end{pmatrix}$$

成立。

16. 确定 w、x、y 和 z 使得等式

$$\begin{pmatrix} 2 & 1 & -1 & 7 \\ 6 & 8 & 0 & 3 \end{pmatrix} \begin{pmatrix} x & 2x \\ y & -y+z \\ x+w & w-2y+x \\ z & z \end{pmatrix} = -\begin{pmatrix} 45 & 46 \\ 3 & 87 \end{pmatrix}$$

成立。

17. 定义 $n \times n$ 矩阵 $I_n = (a_{ij})$,其中

$$a_{ij} = \begin{cases} 1 & \text{如果 } i = j \\ 0 & \text{如果 } i \neq j \end{cases}$$

矩阵 I_n 称为 $n \times n$ **单位矩阵**(identity matrix)。

证明:如果 A 是 $n \times n$ 矩阵(这样的矩阵称为**方阵**),则 $AI_n = A = I_n A$。

一个 $n \times n$ 矩阵 A 称为可逆的,如果存在一个 $n \times n$ 矩阵 B 满足 $AB = I_n = BA$(矩阵 I_n 的定义参见练习 17)。

18. 证明矩阵 $\begin{pmatrix} 2 & 1 \\ 1 & 1 \end{pmatrix}$ 是可逆的。

*19. 证明矩阵 $\begin{pmatrix} a & b \\ c & d \end{pmatrix}$ 是可逆的当且仅当 $ad - bc \neq 0$。

20. 假设要对 x, y 求解方程 $AX = C$,其中

$$A = \begin{pmatrix} a_{11} & a_{12} \\ a_{21} & a_{22} \end{pmatrix}$$

$$X = \begin{pmatrix} x \\ y \end{pmatrix}$$

$$C = \begin{pmatrix} c_1 \\ c_2 \end{pmatrix}$$

证明如果 A 是可逆的,则方程有解。

21. 矩阵 $A = (a_{ij})$ 的**转置**(transpose)是矩阵 $A^T = (a'_{ji})$,其中 $a'_{ji} = a_{ij}$。例如

$$\begin{pmatrix} 1 & 3 \\ 4 & 6 \end{pmatrix}^T = \begin{pmatrix} 1 & 4 \\ 3 & 6 \end{pmatrix}$$

如果 A 和 B 分别是 $m \times k$ 和 $k \times n$ 矩阵,证明

$$(AB)^T = B^T A^T$$

附录 B 代数学复习

在这个附录中将复习初等代数：合并和化简表达式的规则，分数，指数，因式分解，二次方程，不等式，对数。关于初等代数更广泛的论述请参见[Bleau; Lial; Sullivan]。

分组

含有共同符号的项可以合并起来：
$$ac + bc = (a+b)c, \qquad ac - bc = (a-b)c$$
用术语说，这些等式称为**分配律**（distributive laws）。

例 B.1
$$2x + 3x = (2+3)x = 5x \qquad \blacksquare$$

如果将分配律改写为
$$a(b+c) = ab + ac, \qquad a(b-c) = ab - ac$$
可用来化简表达式。

例 B.2
$$2(x+1) = 2x + 2 \times 1 = 2x + 2 \qquad \blacksquare$$

例 B.3
$$2(x+1) + 2(x-1) = 2x + 2 + 2x - 2 = 4x \qquad \blacksquare$$

分数

定理 B.4 给出了用于分数加、减和相乘的公式。

定理 B.4 合并分数

(a) $\dfrac{a}{c} + \dfrac{b}{c} = \dfrac{a+b}{c}$

(b) $\dfrac{a}{c} - \dfrac{b}{c} = \dfrac{a-b}{c}$

(c) $\dfrac{a}{c} + \dfrac{b}{d} = \dfrac{ad+bc}{cd}$

(d) $\dfrac{a}{c} - \dfrac{b}{d} = \dfrac{ad-bc}{cd}$

(e) $\dfrac{a}{c} \cdot \dfrac{b}{d} = \dfrac{ab}{cd}$

例 B.5 使用定理 B.4(a)，得到
$$\frac{x-1}{2} + \frac{x+1}{2} = \frac{(x-1)+(x+1)}{2} = \frac{2x}{2} = x \qquad \blacksquare$$

例 B.6 使用定理 B.4(b)，得到

$$\frac{x-1}{2} - \frac{x+1}{2} = \frac{(x-1)-(x+1)}{2} = \frac{-2}{2} = -1$$

例 B.7 使用定理 B.4(c)，得到

$$\frac{x-1}{2} + \frac{x+1}{3} = \frac{3(x-1)+2(x+1)}{2 \cdot 3} = \frac{5x-1}{6}$$

例 B.8 使用定理 B.4(d)，得到

$$\frac{x-1}{2} - \frac{x+1}{3} = \frac{3(x-1)-2(x+1)}{2 \cdot 3} = \frac{x-5}{6}$$

例 B.9 使用定理 B.4(e)，得到

$$\frac{2}{x} \cdot \frac{4}{y} = \frac{8}{xy}$$

指数

如果 n 是正整数，a 是实数，定义 a^n 为

$$a^n = \underbrace{a \cdot a \cdots a}_{n \text{ 个 } a}$$

如果 a 是一个非零实数，定义 $a^0 = 1$。如果 n 是一个负整数，a 是一个非零实数，定义 a^n 为

$$a^n = \frac{1}{a^{-n}}$$

例 B.10 如果 a 是实数，

$$a^4 = a \cdot a \cdot a \cdot a$$

作为一个特例，

$$2^4 = 2 \cdot 2 \cdot 2 \cdot 2 = 16$$

如果 a 是一个非零实数，

$$a^{-4} = \frac{1}{a^4}$$

作为一个特例，

$$2^{-4} = \frac{1}{2^4} = \frac{1}{16}$$

如果 a 是一个正实数，n 是正整数，定义 $a^{1/n}$ 为满足

$$b^n = a$$

的正数 b。称 b 为 a 的 n 次根。

例 B.11 $3^{1/4}$ 取 9 位有效数字是 1.316 074 013，因为 $(1.316\ 074\ 013)^4$ 近似地等于 3。

如果 a 是正实数，m 是整数，n 是正整数，定义

$$a^{m/n} = (a^{1/n})^m$$

上面的等式为所有正实数 a 和有理数 q（有理数是两个整数的商数）定义了 a^q。

例 B.12 因为 $3^{1/4}$ 取 9 位有效数字是 1.316 074 013，所以
$$3^{9/4} = (1.316\ 074\ 013)^9 = 11.844\ 666\ 12$$
这个十进制数是近似值。

如果 a 是正实数，a^x 的定义可以推广至包括所有的实数 x（有理数和无理数）。下面的定理列出了指数的 5 个重要的定律。

例 B.13 指数的定律 设 a 和 b 是正实数，x 和 y 是实数。则

(a) $a^{x+y} = a^x a^y$

(b) $(a^x)^y = a^{xy}$

(c) $\dfrac{a^x}{a^y} = a^{x-y}$

(d) $a^x b^x = (ab)^x$

(e) $\dfrac{a^x}{b^x} = \left(\dfrac{a}{b}\right)^x$

例 B.14 设 $a = 3$，$x = 2$，$y = 4$。则 $a^x = 9$，$a^y = 81$，$a^{x+y} = 3^{2+4} = 729$。于是
$$a^{x+y} = 729 = 9 \cdot 81 = a^x a^y$$
此式说明了定理 B.13(a)。

例 B.15 设 $a = 3$，$x = 2$，$y = 4$。则 $a^x = 9$，$a^{xy} = 3^8 = 6561$。于是
$$(a^x)^y = 9^4 = 6561 = a^{xy}$$
此式说明了定理 B.13(b)。

例 B.16 设 $a = 3$，$x = 2$，$y = 4$。则 $a^x = 9$，$a^y = 81$，$a^{x-y} = 3^{-2} = 1/9$。于是
$$\dfrac{a^x}{a^y} = \dfrac{9}{81} = \dfrac{1}{9} = a^{x-y}$$
此式说明了定理 B.13(c)。

例 B.17 设 $a = 3$，$b = 4$，$x = 2$。则 $a^x = 9$，$b^x = 16$，$(ab)^x = 12^2 = 144$。于是
$$a^x b^x = 9 \cdot 16 = 144 = (ab)^x$$
此式说明了定理 B.13(d)。

例 B.18 设 $a = 3$，$b = 4$，$x = 2$。则 $a^x = 9$，$b^x = 16$，
$$\left(\dfrac{a}{b}\right)^x = \left(\dfrac{3}{4}\right)^2 = \dfrac{9}{16}$$
于是
$$\dfrac{a^x}{b^x} = \dfrac{9}{16} = \left(\dfrac{a}{b}\right)^x$$
此式说明了定理 B.13(e)。

例 B.19
$$2^x 2^x = 2^{x+x} = 2^{2x} = (2^2)^x = 4^x$$

因式分解

可以用等式

$$(x+b)(x+d) = x^2 + (b+d)x + bd$$

来分解形如 $x^2 + c_1 x + c_2$ 的表达式。

例 B.20 分解 $x^2 + 3x + 2$。

求因式分解中的整常数。根据上面的公式，$x^2 + 3x + 2$ 分解为 $(x+b)(x+d)$，其中 $b+d = 3$ 且 $bd = 2$。如果 $bd = 2$ 且 b 和 d 是整数，b 和 d 只能选择 1, 2 或 -1, -2。可发现 $b = 1$ 且 $d = 2$ 同时满足 $b+d = 3$ 和 $bd = 2$。因此

$$x^2 + 3x + 2 = (x+1)(x+2) \blacksquare$$

式

$$(x+b)(x+d) = x^2 + (b+d)x + bd$$

的特殊情形是

$$(x+b)^2 = x^2 + 2bx + b^2$$
$$(x-b)^2 = x^2 - 2bx + b^2$$
$$(x+b)(x-b) = x^2 - b^2$$

例 B.21 使用等式 $(x+b)^2 = x^2 + 2bx + b^2$，有

$$(x+9)^2 = x^2 + 18x + 81 \blacksquare$$

例 B.22 分解 $x^2 - 36$。

因为 $36 = 6^2$，所以有

$$x^2 - 36 = (x+6)(x-6) \blacksquare$$

可以用等式

$$(ax+b)(cx+d) = (ac)x^2 + (ad+bc)x + bd$$

来分解形如 $c_0 x^2 + c_1 x + c_2$ 的表达式。

例 B.23 分解 $6x^2 - x - 2$。

求因式分解中的整常数。用上面的符号，必须有

$$ac = 6, \quad ad + bc = -1, \quad bd = -2$$

因为 $ac = 6$，所以 a 和 c 可能的取值是

$$1, 6 \quad 2, 3 \quad -1, -6 \quad -2, -3$$

因为 $bd = -2$，所以 b 和 d 可能的取值只有 1, -2 和 -1, 2。因为必须有 $ad + bc = -1$，所以可发现 $a = 2$、$b = 1$、$c = 3$ 和 $d = -2$ 是一个解。因此，因式分解是

$$6x^2 - x - 2 = (2x+1)(3x-2) \blacksquare$$

例 B.24 证明

$$\left[\frac{n(n+1)}{2}\right]^2 + (n+1)^3 = \left[\frac{(n+1)(n+2)}{2}\right]^2$$

来说明等式的左边如何能被改写为等式的右边。根据定理 B.13(d)和定理 B.13(e)，有

$$\left[\frac{n(n+1)}{2}\right]^2 + (n+1)^3 = \frac{n^2(n+1)^2}{4} + (n+1)^3$$

因为$(n+1)^2$是上式右边的公共的因式，所以可以写出

$$\frac{n^2(n+1)^2}{4} + (n+1)^3 = (n+1)^2\left[\frac{n^2}{4} + (n+1)\right]$$

因为

$$\frac{n^2}{4} + (n+1) = \frac{n^2 + 4n + 4}{4} = \frac{(n+2)^2}{4}$$

由此得出

$$(n+1)^2\left[\frac{n^2}{4} + (n+1)\right] = (n+1)^2\left[\frac{(n+2)^2}{4}\right] = \left[\frac{(n+1)(n+2)}{2}\right]^2 \qquad \blacksquare$$

解二次方程

二次方程式（quadratic equation）是形如

$$ax^2 + bx + c = 0, \quad a \neq 0$$

的方程式。**解**（solution）是满足该等式的 x 的一个值。

例 B.25 值 $x = -3$ 是二次方程式

$$2x^2 + 2x - 12 = 0$$

的一个解，因为

$$2(-3)^2 + 2(-3) - 12 = 2 \cdot 9 - 6 - 12 = 18 - 18 = 0 \qquad \blacksquare$$

如果一个二次方程式能容易地被因式分解，那么它的解就能轻易地得到。

例 B.26 解二次方程式

$$3x^2 - 10x + 8 = 0$$

可以做因式分解有

$$3x^2 - 10x + 8 = (x-2)(3x-4)$$

为了使此式等于 0，那么 $x - 2$ 或者 $3x - 4$ 必须等于 0。如果 $x - 2 = 0$，则必有 $x = 2$。如果 $3x - 4 = 0$，则必有 $x = 4/3$。因此给出的二次方程式的解是

$$x = 2 \quad \text{和} \quad x = \frac{4}{3} \qquad \blacksquare$$

一个二次方程式的解总是可以从**二次方程式求根公式**（quadratic formula）求得。

定理 B.27 二次方程式求根公式

方程式

$$ax^2 + bx + c = 0, \quad a \neq 0$$

的解是

$$x = \frac{-b \pm \sqrt{b^2 - 4ac}}{2a}$$

例 B.28 二次方程式求根公式给出

$$x^2 - x - 1 = 0$$

的解为

$$x = \frac{-(-1) \pm \sqrt{(-1)^2 - 4 \cdot 1 \cdot (-1)}}{2 \cdot 1} = \frac{1 \pm \sqrt{1+4}}{2} = \frac{1 \pm \sqrt{5}}{2}$$

因而解是

$$x = \frac{1+\sqrt{5}}{2} \quad \text{和} \quad x = \frac{1-\sqrt{5}}{2}$$ ■

不等式

如果 a **小于** b，记 $a < b$。如果 a **小于或等于** b，记做 $a \leq b$。如果 a **大于** b，记做 $a > b$。如果 a **大于或等于** b，记做 $a \geq b$。

例 B.29 假设 $a = 2$，$b = 8$，$c = 2$。则有

$$a < b, \quad b > a, \quad a \leq b, \quad b \geq a, \quad a \leq c, \quad a \geq c$$ ■

定理 B.30 给出了不等式的重要定律。

定理 B.30 不等式定律
(a) 如果 $a < b$，c 是任意的数，则 $a + c < b + c$。
(b) 如果 $a \leq b$，c 是任意的数，则 $a + c \leq b + c$。
(c) 如果 $a > b$，c 是任意的数，则 $a + c > b + c$。
(d) 如果 $a \geq b$，c 是任意的数，则 $a + c \geq b + c$。
(e) 如果 $a < b$ 且 $c > 0$，则 $ac < bc$。
(f) 如果 $a \leq b$ 且 $c > 0$，则 $ac \leq bc$。
(g) 如果 $a < b$ 且 $c < 0$，则 $ac > bc$。
(h) 如果 $a \leq b$ 且 $c < 0$，则 $ac \geq bc$。
(i) 如果 $a > b$ 且 $c > 0$，则 $ac > bc$。
(j) 如果 $a \geq b$ 且 $c > 0$，则 $ac \geq bc$。
(k) 如果 $a > b$ 且 $c < 0$，则 $ac < bc$。
(l) 如果 $a \geq b$ 且 $c < 0$，则 $ac \leq bc$。
(m) 如果 $a < b$ 且 $b < c$，则 $a < c$。
(n) 如果 $a < b$ 且 $b \leq c$，则 $a < c$。
(o) 如果 $a \leq b$ 且 $b < c$，则 $a < c$。
(p) 如果 $a \leq b$ 且 $b \leq c$，则 $a \leq c$。
(q) 如果 $a > b$ 且 $b > c$，则 $a > c$。
(r) 如果 $a > b$ 且 $b \geq c$，则 $a > c$。
(s) 如果 $a \geq b$ 且 $b > c$，则 $a > c$。
(t) 如果 $a \geq b$ 且 $b \geq c$，则 $a \geq c$。

例 B.31 解不等式

$$x - 5 < 6$$

根据定理 B.30(a)，可以将 5 加到不等式的两边便得到解
$$x < 11$$

例 B.32 解不等式
$$3x + 4 < x + 10$$
根据定理 B.30(a)，可以将 $-x$ 加到不等式的两边便得到
$$2x + 4 < 10$$
仍然根据定理 B.30(a)，可以将 -4 加到不等式的两边便得到
$$2x < 6$$
最后，使用定理 B.30(e) 用 1/2 同时乘不等式的两边便得到解
$$x < 3$$

例 B.33 证明 如果 $n > 2m$ 且 $m > 2p$，则 $n > 4p$。

可以使用定理 B.30(i) 用 2 乘 $m > 2p$ 的两边来得到
$$2m > 4p$$
因为
$$n > 2m$$
所以可以用定理 B.30(q) 得到
$$n > 4p$$

例 B.34 证明 对每个正整数 n，有
$$\frac{n+2}{n+1} < \frac{4(n+1)^2}{(2n+1)^2}$$
因为 $(n+1)(2n+1)^2$ 是正的，根据定理 B.30(e)，
$$(n+1)(2n+1)^2 \cdot \frac{n+2}{n+1} < (n+1)(2n+1)^2 \cdot \frac{4(n+1)^2}{(2n+1)^2}$$
可以改写为
$$(2n+1)^2(n+2) < (n+1)4(n+1)^2$$
将不等式的两边展开，得到
$$4n^3 + 12n^2 + 9n + 2 < 4n^3 + 12n^2 + 12n + 4$$
根据定理 B.30(a)，可以将 $-4n^3 - 12n^2 - 9n - 2$ 加到不等式的两边便得到
$$0 < 3n + 2$$
最后的不等式对所有的正整数 n 都成立，因为右边总是至少是 5。由于各步是可逆的（即从 $0 < 3n + 2$ 开始，用定理 B.30 可以得到最初的不等式），所以给出的不等式得证。

对数

在这一小节中，b 是不等于 1 的正实数。如果 x 是一个正实数，**以 b 为底 x 的对数**是 b 自乘后得到 x 的那个自乘指数。用 $\log_b x$ 表示以 b 为底 x 的对数。这样，如果令 $y = \log_b x$，定义表明 $b^y = x$。

例 B.35 $\log_2 8 = 3$，因为 $2^3 = 8$。

例 B.36 已知
$$2^{2^x} = n$$
其中 n 是正整数，求 x。

用 lg 表示以为 2 底的对数。于是根据对数的定义，
$$2^x = \lg n$$
同样，根据对数的定义，
$$x = \lg(\lg n)$$

下面的定理列出了对数的重要定律。

定理 B.37 对数的定律　假设 $b > 0$ 且 $b \neq 1$。则

(a) $b^{\log_b x} = x$

(b) $\log_b(xy) = \log_b x + \log_b y$

(c) $\log_b \left(\dfrac{x}{y} \right) = \log_b x - \log_b y$

(d) $\log_b (x^y) = y \log_b x$

(e) 如果 $a > 0$ 且 $a \neq 1$，则有 $\log_a x = \dfrac{\log_b x}{\log_b a}$

(f) 如果 $b > 1$ 且 $x > y > 0$，则有 $\log_b x > \log_b y$。

定理 B.37(e) 称为**对数换底公式**（change-of-base formula for logarithm）。如果知道如何计算以 b 为底的对数，就可以进行公式右边的计算来得到以 a 为底的对数。定理 B.37(f) 说明，如果 $b > 1$，对数函数 $\log_b(x)$ 是递增函数。

例 B.38　设 $b = 2$，$x = 8$。则 $\log_b x = 3$。于是
$$b^{\log_b x} = 2^3 = 8 = x$$
此式说明了定理 B.37(a)。

例 B.39　设 $b = 2$，$x = 8$，$y = 16$。则 $\log_b x = 3$，$\log_b y = 4$，$\log_b(xy) = \log_2 128 = 7$。于是
$$\log_b(xy) = 7 = 3 + 4 = \log_b x + \log_b y$$
此式说明了定理 B.37(b)。

例 B.40　设 $b = 2$，$x = 8$，$y = 16$。则 $\log_b x = 3$，$\log_b y = 4$，
$$\log_b \left(\frac{x}{y} \right) = \log_2 \frac{1}{2} = -1$$
于是
$$\log_b \left(\frac{x}{y} \right) = -1 = \log_b x - \log_b y$$
此式说明了定理 B.37(c)。

例 B.41　设 $b = 2$，$x = 4$，$y = 3$。则 $\log_b x = 2$，
$$\log_b (x^y) = \log_2 64 = 6$$
于是
$$\log_b (x^y) = 6 = 3 \cdot 2 = y \log_b x$$
此式说明了定理 B.37(d)。

例 B.42 假设有一个计算器，这个计算器有一个可以计算以 10 为底对数的对数键，但没有可以计算以 2 为底对数的键。可用定理 B.37(e) 来计算 $\log_2 40$。

用计算器计算

$$\log_{10} 40 = 1.602\,060, \quad \log_{10} 2 = 0.301\,030$$

于是定理 B.37(e) 给出

$$\log_2 40 = \frac{\log_{10} 40}{\log_{10} 2} = \frac{1.602\,060}{0.301\,030} = 5.321\,928$$

例 B.43 证明 如果 k 和 n 是满足

$$2^{k-1} < n < 2^k$$

的正整数，则

$$k - 1 < \lg n < k$$

其中 $\lg$ 表示以 2 为底的对数。

根据定理 B.37(f)，对数函数是递增的。所以，

$$\lg(2^{k-1}) < \lg n < \lg(2^k)$$

根据定理 B.37(d)，

$$\lg(2^{k-1}) = (k-1)\lg 2$$

因为

$$\lg 2 = \log_2 2 = 1$$

所以有

$$\lg(2^{k-1}) = (k-1)\lg 2 = k - 1$$

类似地，

$$\lg(2^k) = k$$

于是得到要证的不等式。

练习

在练习 1~3 中，通过合并同类项化简所给出的表达式。

1. $8x - 12x$
2. $8y + 3a - 4y - 9a$
3. $6(a+b) - 8(a-b)$

在练习 4~6 中，合并所给出的分数。

4. $\dfrac{8x-4b}{3} + \dfrac{7x+b}{3}$
5. $\dfrac{8x-4b}{2} - \dfrac{7x+b}{4}$
6. $\dfrac{8x-4b}{3} \cdot \dfrac{7x+b}{3}$

7. 证明 $\dfrac{1}{n} - \dfrac{1}{n+1} = \dfrac{1}{n(n+1)}$。并用这一事实证明 $\sum_{i=1}^{n} \dfrac{1}{i(i+1)} = \dfrac{n}{n+1}$。

不使用计算器，求练习 8~13 中各式的值。

8. 3^4
9. 3^{-4}
10. $(-3)^4$
11. $(-3)^{-4}$
12. 1^{10}
13. 1000^0

14. 哪些表达式是相等的？

  (a) $3^4 3^{10}$ (b) $(3^4)^{10}$ (c) 3^{14} (d) $4^3 10^3$ (e) $2^3 20^3$ (f) 3^{40} (g) 2187^2

15. 证明对每个正整数 n，$5^n + 4 \cdot 5^n = 5^{n+1}$。

在练习 16~24 中，展开给出的表达式。

16. $(x+3)(x+5)$ 17. $(x-3)(x+4)$ 18. $(2x+3)(3x-4)$ 19. $(x+4)^2$ 20. $(x-4)^2$
21. $(3x+4)^2$ 22. $(x-2)(x+2)$ 23. $(x+a)(x-a)$ 24. $(2x-3)(2x+3)$

在练习 25~36 中，将给出的表达式因式分解。

25. $x^2 + 6x + 5$ 26. $x^2 - 3x - 10$ 27. $x^2 + 6x + 9$ 28. $x^2 - 8x + 16$
29. $x^2 - 81$ 30. $x^2 - 4b^2$ 31. $2x^2 + 11x + 5$ 32. $6x^2 + x - 15$
33. $4x^2 - 12x + 9$ 34. $4x^2 - 9$ 35. $9a^2 - 4b^2$ 36. $12x^2 - 50x + 50$

37. 证明对每个正整数 n，$(n+1)! + (n+1)(n+1)! = (n+2)!$。
38. 证明对每个正整数 n，$\dfrac{n(n+1)(2n+1)}{6} + (n+1)^2 = \dfrac{(n+1)(n+2)(2n+3)}{6}$。
39. 证明对每个正整数 n，$\dfrac{n}{2n+1} + \dfrac{1}{(2n+1)(2n+3)} = \dfrac{n+1}{2n+3}$。
40. 证明对每个正整数 n，$7(3 \cdot 2^{n-1} - 4 \cdot 5^{n-1}) - 10(3 \cdot 2^{n-2} - 4 \cdot 5^{n-2}) = 3 \cdot 2^n - 4 \cdot 5^n$。
41. 化简 $2r(n-1)r^{n-1} - r^2(n-2)r^{n-2}$。

在练习 42~44 中，求解每个二次方程式。

42. $x^2 - 6x + 8 = 0$ 43. $6x^2 - 7x + 2 = 0$ 44. $2x^2 - 4x + 1 = 0$

在练习 45~47 中，求解给出的不等式。

45. $2x + 3 \leq 9$ 46. $2x - 8 > 3x + 1$ 47. $\dfrac{x-3}{6} < \dfrac{4x+3}{2}$ 48. 证明 $\sum_{i=1}^{n} i \leq n^2$

49. 证明对任意的 x 和 $a \geq 0$，$(1+ax)(1+x) \geq 1 + (a+1)x$。
50. 证明对每个整数 $n \geq 2$，$\left(\dfrac{3}{2}\right)^{n-2} \left(\dfrac{5}{2}\right) > \left(\dfrac{3}{2}\right)^n$。
51. 证明对每个正整数 n，$\dfrac{2n+1}{(n+2)n^2} > \dfrac{2}{(n+1)^2}$。
52. 证明对每个正整数 n，$6n^2 < 6n^2 + 4n + 1$。
53. 证明对每个正整数 n，$6n^2 + 4n + 1 \leq 11n^2$。

不使用计算器，求练习 54~58 中各式的值（lg 表示 $\log_2$）。

54. $\lg 64$ 55. $\lg \dfrac{1}{128}$ 56. $\lg 2$ 57. $2^{\lg 10}$ 58. $\lg 2^{1000}$

已知 $\lg 3 = 1.584\,962\,501$，$\lg 5 = 2.321\,928\,095$，求练习 59~63 中各式的值（lg 表示 $\log_2$）。

59. $\lg 6$ 60. $\lg 30$ 61. $\lg 590\,49$ 62. $\lg 0.6$ 63. $\lg 0.0375$

用带有对数键的计算器求练习 64~67 中各式的值。

64. $\log_5 47$ 65. $\log_7 0.308\,81$ 66. $\log_9 8.888^{100}$ 67. $\log_{10}(\log_{10} 1054)$

在练习 68~70 中，用带有对数键的计算器解出 x。

68. $5^x = 11$ 69. $5^{2x} 6^x = 811$ 70. $5^{11^x} = 10^{100}$ 71. 证明 $x^{\log_b y} = y^{\log_b x}$

附录C 伪 代 码

在这个附录中，描述本书中用到的伪代码。

令 = 表示**赋值操作符**（assignment operator）。在伪代码中，$x = y$ 表示"将 y 的值复制给 x"，或者相当于"用 y 的值代替 x 当前的值"。当执行 $x = y$ 时，y 的值不改变。

例C.1 假设 x 的值是5，y 的值是10。执行

$$x = y$$

后，x 的值是10，y 的值不改变，仍然是10。 ∎

在 if 语句

    if(*condition*)
        action

中，如果 *condition* 为真，执行 *action*，程序的控制权传递给 *action* 语句。如果 *condition* 为假，不执行 *action*，程序的控制权传递给 *action* 后面的语句。正如所示，用缩排表示 *action* 语句。

例C.2 假设 x 的值是5，y 的值是10，z 的值是15。考虑程序段

    if ($y > x$)
        $z = x$
    $y = z$

由于 $y > x$ 为真，执行

    $z = x$

z 的值被改为5。接着执行

    $y = z$

y 的值被改为5。现在每个变量 x、y 和 z 的值都是5。 ∎

将保留字（例如，if）用打印体表示，将用户选择字（例如，像 x 这样的变量）用斜体字表示。使用一般的数学操作符 +、-、*（表示乘法）和 /，以及关系操作符 ==（等于）、¬=（不等于）、<、>、≤ 和 ≥，还有逻辑操作符 ∧（与）、∨（或）和 ¬（非）。用 == 表示等于操作符，= 表示赋值操作符作。在不引起意义模糊的时候，有时候会使用一些不是很正规的语句。（例如，从 S 中选择一个元素 x。）

例C.3 假设 x 的值是5，y 的值是10，z 的值是15。考虑程序段

    if ($y == x$)
        $z = x$
    $y = z$

由于 $y == x$ 为假，不执行

  $z = x$

接着执行

  $y = z$

y 的值被改为 15。现在 x 的值还是 5，y 和 z 的值都是 15。 ■

在一个 if 语句中，如果 action 包括多条语句，则将它们用括号包含起来。一个在 if 语句中有多条 action 语句的例子是

  if $(x \geq 0)$ {
    $x = x + 1$
    $a = b + c$
  }

if 语句的另外一个替代形式是 **if else** 语句。在 if else 语句

  if (*condition*)
    action1
  else
    aciont2

中，如果 *condition* 为真，执行 *action1*（不是 *action2*），控制权传递给 *action2* 后面的语句。如果 *condition* 为假，执行 *action2*（不是 *action1*），控制权传递给 *action2* 后面的语句。如果 *action1* 或者 *action2* 包含多条语句，把它们用括号包含起来。

例 C.4 假设 x 的值是 5，y 的值是 10，z 的值是 15。考虑程序段

  if $(y \neg = x)$
    $y = x$
  else
    $z = x$
  $a = z$

由于 $y \neg = x$ 为真，执行

  $y = x$

y 的值被改为 5。语句

  $z = x$

不执行。接着执行

  $a = z$

a 赋值为 15。现在 x 和 y 的值都是 5，a 和 z 的值都是 15。 ■

例 C.5 假设 x 的值是 5，y 的值是 10，z 的值是 15。考虑程序段

  if $(y < x)$
    $y = x$

else
　　$z = x$
　$a = z$

由于 $y < x$ 为假，不执行

　$y = x$

而执行语句

　$z = x$

z 的值为 5。接着执行

　$a = z$

a 赋值为 5。现在 x、z 和 a 的值都是 5，y 的值是 10。∎

// 表示一条**注释**（comment）的开始，然后直到这行结束。注释帮助读者理解代码，但不实际执行。

例 C.6　在程序段

```
if (x ≥ 0) { // 如果 x 非负，更新 x 和 a
    x = x + 1
    a = b + c
}
```

中，

　// 如果 x 非负，更新 x 和 a

是注释。这段程序与

```
if(x ≥ 0) {
    x = x + 1
    a = b + c
}
```

一样执行。∎

while 循环写成

　while(*condition*)
　　action

如果 condition 为真，执行 action，并重复这个过程；也就是，如果 condition 为真，action 再次被执行。这个过程一直执行到 condition 变为假。控制权直接传递给 action 后面的语句。如果 action 包括多条语句，将它们用括号包含起来。

例 C.7　令 $s_1, \cdots, s_n$ 表示一序列。程序段

　$large = s_1$
　$i = 2$
　while($i \leq n$) {

```
    if($s_i$ > large)
        large = $s_i$
    i = i + 1
}
```

执行后，large 等于序列中最大的项。程序的主要思想是遍历序列，将当前最大的项保存在 large 中。∎

在例 C.7 中，通过变量 i 从 2 到 n 取值，遍历序列。这种循环非常普遍，可将其看成是一种特殊的循环，称为 for 循环，经常用来代替 while 循环。for 循环的形式是

```
for var = init to limit
    action
```

正如前面的 if 语句和 while 语句，如果 action 包括多条语句，将它们用括号包含起来。当 for 循环执行时，action 根据变量 var 从 init 到 limit 顺序执行。更精确地说，init 和 limit 是取值为整数的表达式。变量 var 首先被赋值为 init。如果 var ≤ limit，执行 action，而且 var 加 1。这个过程重复下去。直到 var > limit 结束重复过程。注意到如果 init > limit，根本不执行 action。

例 C.8 例 C.7 中的程序段可以用 for 循环写成

```
large = $s_1$
for i = 2 to n
    if ($s_i$ > large)
        large = $s_i$
```

∎

函数（function）是一个代码单元，可以接受输入，执行计算，生成输出。参数描述数据、变量和其他输入及从这个函数得到的输出。语法是

```
funciont name(parameters separated by commas){
    code for performing computations
}
```

例 C.9 下面的函数命名为 max1，用来寻找出 a、b 和 c 中的最大值。参数 a、b 和 c 是输入参数（例如，在函数执行前它们被赋值），参数 x 是输出参数（例如，函数为 x 赋值——也是就是 a、b 和 c 中的最大值）

```
max1(a, b, c, x) {
    x = a
    if (b > x) // 如果 b 比 x 大，更新 x
        x = b
    if (c > x) // 如果 c 比 x 大，更新 x
        x = c
}
```

∎

return 语句

```
return x
```

结束一个函数，返回 x 的值给函数调用者。语句

return

（没有 x）只是简单的结束一个函数。如果没有 return 语句，函数在结束括号前结束。

例 C.10 例 C.9 的函数可用 return 语句写成

> $max2(a, b, c)$ {
> $x = a$
>   if $(b > x)$ // 如果 b 比 x 大，更新 x
> $x = b$
>   if $(c > x)$ // 如果 c 比 x 大，更新 x
> $x = c$
>   return x
> }

$max2$ 返回最大值而不是采用一个变量记录 a、b 和 c 的最大值。 ■

用函数 *print* 和 *println* 打印输出。函数 *println* 输出参数以后新起一行（这使得下面的输出在下一行最左侧），除此以外，两个函数都相同。操作符 + 可连接字符串。字符串用双引号限定（例如，"and"）。如果只有一个 + 操作对象是字符串，在连接之后，另外一个参数转换成字符串。连接操作符在打印函数中是很有用的。

例 C.11 程序段

> for $i = 1$ to n
> $println(s_i)$

打印出序列 $s_1, \cdots, s_n$ 的值。每行一个。 ■

例 C.12 程序段

> for $i = 1$ to n
> $print(s_i + $ " ")
> $println()$

在一行打印出序列 $s_1, \cdots, s_n$ 的值，中间用空格分开。序列的值后面跟着新的一行。 ■

练习

1. 说明例 C.7 中的程序段是如何找到序列

$$s_1 = 2, \ s_2 = 3, \ s_3 = 8, \ s_4 = 6$$

的最大元素的。

2. 说明例 C.7 中的程序段是如何找到序列

$$s_1 = 8, \ s_2 = 8, \ s_3 = 4, \ s_4 = 1$$

的最大元素的。

3. 说明例 C.7 中的程序段是如何找到序列

$$s_1 = 1, \ s_2 = 1, \ s_3 = 1, \ s_4 = 1$$

的最大元素的。

4. 说明例 C.9 中的 *max1* 函数是如何找到 $a = 4$、$b = -3$ 和 $c = 5$ 中的最大值的。
5. 说明例 C.9 中的 *max1* 函数是如何找到 $a = b = 4$ 和 $c = 2$ 中的最大值的。
6. 说明例 C.9 中的 *max1* 函数是如何找到 $a = b = c = 8$ 中的最大值的。
7. 写出一个函数，返回 a 和 b 的最小值。
8. 写出一个函数，返回 a 和 b 的最大值。
9. 写出一个函数，交换 a 和 b 的值（这里，a 和 b 同时是输入和输出变量）。
10. 写出一个函数，打印出 1 到 n 的所有奇数。
11. 写出一个函数，在每一行打印出序列 $s_1, \cdots, s_n$ 中的一个负数。
12. 写出一个函数，打印出序列 $s_1, \cdots, s_n$ 中的等于变量 *val* 的下标。
13. 写出一个函数，返回序列 $s_1, \cdots, s_n$ 的乘积。
14. 写出一个函数，在每一行打印出序列 $s_1, \cdots, s_n$ 中相隔的一个值（如 $s_1, s_3, s_5, \cdots$）。

部分习题答案

1.1 复习

1. 集合是一些对象的全体。
2. 集合可以通过列举它的元素来定义。例如，$\{1, 2, 3, 4\}$是由整数1, 2, 3, 4组成的集合。集合也可通过列举集合中每个元素必须满足的性质来定义。例如，$\{x \mid x$是正的实数$\}$定义了由正实数组成的集合。
3.

集合	描述	成员例子
$\mathbf{Z}$	整数集	$-3, 2$
$\mathbf{Q}$	有理数集	$-3/4, 2.130\,74$
$\mathbf{R}$	实数集	$-2.130\,74, \sqrt{2}$
$\mathbf{Z}^+$	正整数集	$2, 10$
$\mathbf{Q}^+$	正有理数集	$3/4, 2.130\,74$
$\mathbf{R}^+$	正实数集	$2.130\,74, \sqrt{2}$
$\mathbf{Z}^-$	负整数集	$-12, -10$
$\mathbf{Q}^-$	负有理数集	$-3/8, -2.130\,74$
$\mathbf{R}^-$	负实数集	$-2.130\,74, -\sqrt{2}$
$\mathbf{Z}^{nonneg}$	非负整数集	$0, 3$
$\mathbf{Q}^{nonneg}$	非负有理数集	$0, 3.130\,74$
$\mathbf{R}^{nonneg}$	非负实数集	$0, \sqrt{3}$

4. 集合X的势（即集合X中元素的个数）
5. $x \in X$ 6. $x \notin X$ 7. $\varnothing$
8. 如果集合X和Y的元素相同，则X与Y相等，记为$X = Y$。
9. 证明对于每个x，如果x属于X，则x属于Y；如果x属于Y，则x属于X。
10. 证明下面两者之一：(a) 存在一个x使得$x \in X$且$x \notin Y$。(b)存在一个x使得$x \notin X$且$x \in Y$。
11. 如果集合X的每个元素都是集合Y的元素，则X是Y的子集，记为$X \subseteq Y$。
12. 为了证明集合X是集合Y的子集，令x是X的任一元素，证明x属于Y。
13. 找到一个x使得x属于X，而不属于Y。
14. 如果$X \subseteq Y$且$X \neq Y$，则X是Y的真子集，记为$X \subset Y$。
15. 为了证明集合X是集合Y的真子集，需证明X是Y的子集，并找到一个x属于Y而不属于X。
16. 集合X的幂集是X的所有子集的集合，记为$\mathcal{P}(X)$。
17. X并Y是由属于X或Y或同时属于二者的元素组成的集合，记为$X \cup Y$。
18. $\mathcal{S}$的并集是由所有至少属于$\mathcal{S}$中一个集合的元素组成的集合，记为$\cup \mathcal{S}$。
19. X交Y是既属于X又属于Y的元素的集合，记为$X \cap Y$。
20. $\mathcal{S}$的交集是所有属于$\mathcal{S}$中的每个集合的元素组成的集合，记为$\cap \mathcal{S}$。
21. $X \cap Y = \varnothing$
22. 集族$\mathcal{S}$是其中元素两两不相交，如果集合X和Y是$\mathcal{S}$中的不同集合，则X与Y不相交。
23. X和Y的差集是在X中但不在Y中的元素的集合，记为$X - Y$。
24. 全集是包含所有当前所讨论的集合的元素的集合。
25. X的余集是$U - X$，其中U是给定的全集。X的余集记为$\overline{X}$。
26. Venn图提供了一种关于集合的形象化的表示。在Venn图中，用一个矩形表示全集，用圆表示全集的子集，圆的内部表示集合的成员。
27.

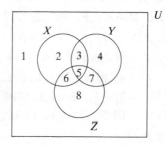

区域1表示不在X、Y和Z三者任何一个中的元素。区域2表示在X中但不在Y也不在Z中的元素。区域3表示在X和Y中但不在Z中的元素。区域4表示在Y中但不在X也不在Z中的元素。区域5表示同时在X、Y和Z三者中的元素。区域6表示在X和Z中但不在Y中的

元素。区域7表示在Y和Z中但不在X中的元素。区域8表示在Z中但不在X也不在Y中的元素。

28. $(A \cup B) \cup C = A \cup (B \cup C), (A \cap B) \cap C = A \cap (B \cap C)$
29. $A \cup B = B \cup A, A \cap B = B \cap A$
30. $A \cap (B \cup C) = (A \cap B) \cup (A \cap C), A \cup (B \cap C) = (A \cup B) \cap (A \cup C)$
31. $A \cup \emptyset = A, A \cap U = A$
32. $A \cup \overline{A} = U, A \cap \overline{A} = \emptyset$
33. $A \cup A = A, A \cap A = A$
34. $A \cup U = U, A \cap \emptyset = \emptyset$
35. $A \cup (A \cap B) = A, A \cap (A \cup B) = A$
36. $\overline{\overline{A}} = A$ 37. $\overline{\emptyset} = U, \overline{U} = \emptyset$
38. $\overline{(A \cup B)} = \overline{A} \cap \overline{B}, \overline{(A \cap B)} = \overline{A} \cup \overline{B}$
39. X的非空子集构成的集族$\mathcal{S}$是X的一个划分，如果X的每个元素属于且仅属于$\mathcal{S}$的一个成员。
40. X和Y的笛卡儿积是所有有序对(x, y)的集合，其中$x \in X$, $y \in Y$。记为$X \times Y$。
41. $X_1, X_2, \cdots, X_n$的笛卡儿积是所有n元组$(x_1, x_2, \cdots, x_n)$的集合，其中$x_i \in X_i$, $i = 1, \cdots, n$。记为$X_1 \times X_2 \times \cdots \times X_n$。

1.1

1. $\{1, 2, 3, 4, 5, 7, 10\}$ 4. $\{2, 3, 5\}$
7. $\emptyset$ 10. U 13. $\{6, 8\}$
16. $\{1, 2, 3, 4, 5, 7, 10\}$ 17. 0   20. 5
21. 如果$x \in A$，则x是3，2，1中的一个数。因此$x \in B$；如果$x \in B$，则x是1，2，3中的一个数。因此$x \in A$。所以$A = B$。
24. 如果$x \in A$，则x满足$x^2 - 4x + 4 = 1$。因式分解$x^2 - 4x + 4$，得$(x-2)^2 = 1$。因此$(x-2) = \pm 1$。如果$(x-2) = 1$，则$x = 3$。如果$(x-2) = -1$，则$x = 1$。因为$x = 3$或$x = 1$，所以$x \in B$。因此$A \subseteq B$。
如果$x \in B$，则$x = 1$或$x = 3$。如果$x = 1$，则
$$x^2 - 4x + 4 = 1^2 - 4 \cdot 1 + 4 = 1$$
因此$x \in A$。如果$x = 3$，则
$$x^2 - 4x + 4 = 3^2 - 4 \cdot 3 + 4 = 1$$
并且$x \in A$。这样$B \subseteq A$。得出$A = B$。

25. 因为$1 \in A$，但$1 \notin B$，所以$A \neq B$。
28. 注意$A = B \cap C = \{2, 4\}$。因为$1 \in B$，但$1 \notin A$，所以$A \neq B$。
29. 相等   32. 不等
33. 令$x \in A$，则$x = 1$或$x = 2$。两种情况下，都有$x \in B$。因此$A \subseteq B$。
36. 首先注意到$B = \mathbf{Z}^+$。现在令$x \in A$。则对于某些$n \in \mathbf{Z}^+$，有$x = 2n$。因为$2 \in \mathbf{Z}^+$，所以$2n \in \mathbf{Z}^+ = B$。因此$A \subseteq B$。
37. 因为$3 \in A$，但$3 \notin B$，所以A不是B的子集。
40. 因为$3 \in A$，但$3 \notin B$，所以A不是B的子集。
41.

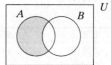

44. 同练习41
47.

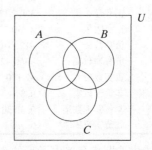

49. 阴影区域表示口味好而容量少的饮料。
50. 10   53. 64   55. 4
57. $\{(1, a), (1, b), (1, c), (2, a), (2, b), (2, c)\}$
60. $\{(a, a), (a, b), (a, c), (b, a), (b, b), (b, c), (c, a), (c, b), (c, c)\}$
61. $\{(1, a, \alpha), (1, a, \beta), (2, a, \alpha), (2, a, \beta)\}$
64. $\{(a, 1, a, \alpha), (a, 2, a, \alpha), (a, 1, a, \beta), (a, 2, a, \beta)\}$
65. 整个xy平面。
68. 相隔一单元的平行水平线。最低的水平线经过$(0, 0)$，其上的水平线无限延长。
71. 相隔一单元的平行线依次相叠并且相对于原点$(0, 0, 0)$依两个方向无限延长。
73. $\{\{1\}\}$
76. $\{\{a, b, c, d\}\}, \{\{a, b, c\}, \{d\}\},$
$\{\{a, b, d\}, \{c\}\}, \{\{a, c, d\}, \{b\}\}, \{\{b, c, d\}, \{a\}\},$
$\{\{a, b\}, \{c\}, \{d\}\}, \{\{a, c\}, \{b\}, \{d\}\},$

{{*a*, *d*}, {*b*}, {*c*}},
{{*b*, *c*}, {*a*}, {*d*}}, {{*b*, *d*}, {*a*}, {*c*}}, {{*c*, *d*}, {*a*}, {*b*}},
{{*a*, *b*}, {*c*, *d*}}, {{*a*, *c*}, {*b*, *d*}}, {{*a*, *d*}, {*b*, *c*}},
{{*a*}, {*b*}, {*c*}, {*d*}}

77. 真   80. 真

83. ∅, {*a*}, {*b*}, {*a*, *b*}。除了{*a*, *b*}以外，其他子集都是真子集。

86. $2^n - 1$ 87. $A \subseteq B$ 90. $B \subseteq A$

91. {1, 4, 5}   94. 圆心

1.2 复习

1. 命题是一个或者为真或者为假的句子，但是这个句子不能同时既真又假。

2. 由单个命题 $p_1, \cdots, p_n$ 构成的命题 P 的真值表给出了 $p_1, \cdots, p_n$ 的所有可能的真值组合，并且对每一种真值组合给出相应的用T表示真，F表示假的 P 的真值。

3. 命题 *p* 和 *q* 的合取是命题 *p* and *q*，表示成 $p \wedge q$。

4.
p	*q*	$p \wedge q$
T	T	T
T	F	F
F	T	F
F	F	F

5. 命题 *p* 和 *q* 的析取是命题 *p* or *q*，表示成 $p \vee q$。

6.
p	*q*	$p \wedge q$
T	T	T
T	F	T
F	T	T
F	F	F

7. 命题 *p* 的否定是命题 not *p*，表示成 ¬*p*。

8.
p	¬*p*
T	F
F	T

1.2

1. 是一个命题。否定式：$2 + 5 \neq 19$

4. 不是一个命题；是一个问题。

7. 不是一个命题；是一个命令句。

10. 不是一个命题；是一个数学表达式的描述（即 $p - q$，其中 *p* 和 *q* 是素数）。

12. 没有十个正面朝上。（或者：至少有一个反面朝上。）

15. 没有正面朝上。（或者：十个反面朝上。）

16. 真。   19. 真。

22.
p	*q*	$p \wedge \neg q$
T	T	F
T	F	T
F	T	F
F	F	F

25.
p	*q*	$(p \wedge q) \wedge \neg q$
T	T	F
T	F	F
F	T	F
F	F	F

28.
p	*q*	$(p \vee q) \wedge (\neg p \vee q) \wedge (p \vee \neg q) \wedge (\neg p \vee \neg q)$
T	T	F
T	F	F
F	T	F
F	F	F

30. $p \wedge q$；假   33. Lee 不学习计算机科学。

36. Lee 学习计算机科学或者 Lee 不学习数学。

39. 你踢足球并且你错过了期中考试。

42. 并不是你踢足球或你错过了期中考试或你通过了这门课程的情况。

44. 今天是星期一或天正在下雨。

47. (今天是星期一并且天正在下雨) 并且不会 (天气热或者今天是星期一)。

49. ¬*p*   52. $\neg p \wedge \neg q$ 55. $p \wedge \neg q$

58. $\neg p \wedge \neg r \wedge \neg q$ 60. $p \wedge r$ 63. $(p \vee q) \wedge \neg r$

67. 兼或：为了进入乌托邦，你必须出示驾车证或者护照或者同时出示驾车证与护照。异或：为了进入乌托邦，你必须出示驾车证或者护照但不需要同时出示驾车证与护照。异或更为准确。

70. 兼或：这辆车提供一个设备，可以加热，或者冷却，或者同时加热和冷却你的饮料。异或：这辆车提供一个设备，可以加热，或者冷却，但并不能同时加热和冷却你的饮料。异或更为准确。

73. 兼或：如果少于10个人签到，或者下了至少3英尺的雪，或者同时出现这两种情况，那么会议将被取消。异或：如果少于10个人签到，或者下了至少3英尺的雪，但并不需要同时出现这两种情况，那么会议将被取消。异或更为准确。

74. 没有违反法令。法令可解释为：这个城市里，任何人拥有三只以上的狗并且拥有三只以上的猫的财产是违法的。法官判定法令是"不明确的"。可以推测原意为：这个城市里，任何人拥有三只以上的狗或者三只以上的猫的财产是违法的。

75. "国家公园" "north dakota" OR "south dakota"

1.3 复习

1. 如果 p 和 q 是命题，则条件命题是如果 p 则 q，记为 $p \to q$。

2.

p	q	$p \to q$
T	T	T
T	F	F
F	T	T
F	F	T

3. 在条件命题 $p \to q$ 中，p 是假设。

4. 在条件命题 $p \to q$ 中，q 是结论。

5. 在条件命题 $p \to q$ 中，q 是必要条件。

6. 在条件命题 $p \to q$ 中，p 是充分条件。

7. $p \to q$ 的逆命题是 $q \to p$。

8. 如果 p 和 q 是命题，则双条件命题是 p 当且仅当 q，记为 $p \leftrightarrow q$。

9.

p	q	$p \leftrightarrow q$
T	T	T
T	F	F
F	T	F
F	F	T

10. 复合命题 P 和 Q 由命题 $p_1, \cdots, p_n$ 组成，如果给定 $p_1, \cdots, p_n$ 的任何真值，P 和 Q 都为真或者 P 和 Q 都为假，则 P 和 Q 是逻辑等价的。

11. $\neg(p \vee q) \equiv \neg p \wedge \neg q, \neg(p \wedge q) \equiv \neg p \vee \neg q$

12. $p \to q$ 的逆否命题是 $\neg q \to \neg p$

1.3

1. 如果 Joey 学习努力，则他将通过离散数学考试。

4. 如果 Katrina 学过离散数学，则她将选修算法课。

7. 如果可以检查这架飞机，则你有安全许可证。

10. 如果程序是可读的，则它具有良好的结构。

11. (对于练习1)如果 Joey 通过了离散数学考试，则他学习努力了。

13. 真。 16. 假。 19. 假。 21. 真。 24. 真。
27. 真。 30. 真。 31. 真。 34. 假。 37. 真。
40. $p \to q$ 43. $q \leftrightarrow (p \wedge \neg r)$
44. $p \to q$ 47. $q \leftrightarrow (p \wedge r)$

50. 如果今天是星期一，则天正在下雨。

53. 不是"今天是星期一"或者"天正在下雨"的情况，当且仅当天气热。

56. 令 $p: 4 < 6$，$q: 9 > 12$。
给定命题：$p \to q$；为假。
逆命题：$q \to p$；如果 $9 > 12$，则 $4 < 6$；为真。
逆否命题：$\neg q \to \neg p$；如果 $9 \leq 12$，则 $4 \geq 6$；为假。

59. 令 $p: |4| < 3$，$q: -3 < 4 < 3$。
给定命题：$q \to p$；为真。
逆命题：$p \to q$；如果 $|4| < 3$，则 $-3 < 4 < 3$；为真。
逆否命题：$\neg q \to \neg p$；如果 $|4| \geq 3$，则 $-3 \geq 4$ 或者 $4 \geq 3$；为真。

60. $P \not\equiv Q$ 63. $P \not\equiv Q$ 66. $P \not\equiv Q$ 69. $P \not\equiv Q$

70. 帕特将不使用跑步机和举重器。

73. 制作辣椒并不需要红胡椒粉或洋葱。

74.

p	q	$p\ imp1\ q$	$q\ imp1\ p$
T	T	T	T
T	F	F	F
F	T	F	F
F	F	T	T

因为 $p\ imp1\ q$ 为真，当且仅当 $q\ imp1\ p$ 也为真，所以 $p\ imp1\ q \equiv q\ imp1\ p$。

77.

p	q	$p \to q$	$\neg p \vee q$
T	T	T	T
T	F	F	F
F	T	T	T
F	F	T	T

因为 $p \to q$ 为真, 当且仅当 $\neg p \vee q$ 也为真, 所以 $p \to q \equiv \neg p \vee q$。

1.4 复习

1. 演绎推理是指从一系列命题得出结论的过程。
2. 在论证过程 $p_1, p_2, \cdots, p_n / \therefore q$ 中, 假设是 $p_1, p_2, \cdots, p_n$。
3. "前提"是假设的另一个名称。
4. 在论证过程 $p_1, p_2, \cdots, p_n / \therefore q$ 中, 结论是 q。
5. 假如 $p_1, p_2, \cdots, p_n$ 都为真则 q 也为真, 那么 $p_1, p_2, \cdots, p_n / \therefore q$ 是有效的论证。
6. 一个无效的论证是指论证过程不是有效的。

7. $p \to q$
　p
　$\therefore q$

8. $p \to q$
　$\neg q$
　$\therefore \neg p$

9. p
　$\therefore p \vee q$

10. $p \wedge q$
　　$\therefore p$

11. p
　　q
　　$\therefore p \wedge q$

12. $p \to q$
　　$q \to r$
　　$\therefore p \to r$

13. $p \vee q$
　　$\neg p$
　　$\therefore q$

1.4

1. 有效。 $p \to q$
　　　　　p
　　　　　$\therefore q$

4. 无效。$(p \vee r) \to q$
　　　　　q
　　　　　$\therefore \neg p \to r$

6. 有效。如果 4 M 比完全没有内存好, 则要购买一台新计算机。如果 4 M 比完全没有内存好, 则要买更多的内存。因此, 如果 4 M 比完全没有内存好, 则要买一台新计算机并且要买更多的内存。

9. 无效。如果不购买一台新计算机, 则 4 M 内存不比完全没有内存好。要买一台新计算机。因此, 4 M 内存比完全没有内存好。

11. 无效。　　14. 无效。

17. 对论证过程的分析必须考虑这样一个事实, 即 "nothing" 以两种完全不同的方式使用。

18. 附加推理规则。

21. 令 p 表示命题 "汽车有油", 令 q 表示命题 "我去商店", 并令 r 表示命题 "我会买苏打"。那么前提为

$p \to q$
$q \to r$
p

由 $p \to q$ 和 $q \to r$, 使用假设三段论得出结论 $p \to r$。由 $p \to r$ 和 p, 使用假言推理得出结论 r。因为 r 表示命题 "我要买苏打", 因此可以由前提得出这个结论。

24. 对所有命题创建真值表

p	q	$p \to q$	$\neg q$	$\neg p$
T	T	T	F	F
T	F	F	T	F
F	T	T	F	T
F	F	T	T	T

可以看出, 只要前提 $p \to q$ 和 $\neg q$ 为真, 则有结论 $\neg p$ 为真。因此, 论证过程有效。

27. 对所有命题创建真值表

p	q	$p \wedge q$
T	T	T
T	F	F
F	T	F
F	F	F

可以看出, 只要前提 p 和 q 都为真, 则 $p \wedge q$ 也为真。因此, 论证过程有效。

1.5 复习

1. 如果 $P(x)$ 是包括变元 x 的语句, 则如果对论域中的每一个 x, $P(x)$ 是一个命题, 那么 P 是一个命题函数。

2. 命题函数 P 的论域是一个集合 D, 使得对于 D 中的每一个 x, $P(x)$ 都有定义。

3. 全称量词语句是一种语句形式, 这种形式的语句对论域中的所有 x, 有 $P(x)$。

4. 语句 $\forall x\, P(x)$ 的反例是使 $P(x)$ 为假的 x 的值。

5. 存在量词语句是一种语句形式, 这种形式的语句对论域中的某个 x, 有 $P(x)$。

6. $\neg(\forall x\, P(x))$ 和 $\exists x\, \neg P(x)$ 有相同的真值。$\neg(\exists x\, P(x))$ 和 $\forall x\, \neg P(x)$ 有相同的真值。

7. 为了证明全称量词语句 $\forall x\, P(x)$ 为真, 需说明对于论域中的每一个 x, 命题 $P(x)$ 为真。

8. 为了证明存在量词语句 $\exists x\, P(x)$ 为真, 需找出论域中的一个 x 的值, 命题 $P(x)$ 为真。

9. 为了证明全称量词语句 $\forall x\, P(x)$ 为假，需找出论域中的一个 x 的值，命题 $P(x)$ 为假。

10. 为了证明存在量词语句 $\exists x\, P(x)$ 为假，需说明对于论域中的每一个 x，命题 $P(x)$ 为假。

11. $\dfrac{\forall x\, P(x)}{\therefore P(d)\ \text{if}\ d\in D}$ 12. $\dfrac{P(d)\text{对于}\,D\,\text{中的每一个}\,d}{\therefore \forall x\, P(x)}$

13. $\dfrac{\exists x\, P(x)}{\therefore P(d)\text{对于}\,D\,\text{中的某些}\,d}$ 14. $\dfrac{P(d)\text{对于}\,D\,\text{中的某些}\,d}{\therefore \exists x\, P(x)}$

1.5

1. 是命题函数。论域可以是所有整数。

4. 是命题函数。论域是所有电影的集合。

7. 77 能被 11 整除。命题为真。

10. 对每一个正整数 n，77 能被 n 整除。命题为假。

12. 真   15. 假   18. 假

21. $P(1)\wedge P(2)\wedge P(3)\wedge P(4)$

24. $P(1)\vee P(2)\vee P(3)\vee P(4)$

27. $P(2)\wedge P(3)\wedge P(4)$

28. 每个学生都学习数学课程。

31. 某个学生不学习数学课程。

34. （对练习 28）$\exists x\,\neg P(x)$。某个学生不学习数学课程。

35. 每个人都是职业运动员并且踢足球。假。

38. 某个人不踢足球或者踢足球并是职业运动员。真。

41. 每个人都是职业运动员并且踢足球。假。

43. （对练习 35）$\exists x\,(P(x)\wedge\neg Q(x))$。某个人是职业运动员但不踢足球。

44. $\forall x\,(P(x)\to Q(x))$ 47. $\exists x\,(P(x)\wedge Q(x))$

48. （对练习 44）$\exists x\,(P(x)\wedge\neg Q(x))$ 某一个会计师没有保时捷跑车。

49. 假。反例是 $x=0$。

52. 真。选取 $x=2$ 可使 $(x>1)\to(x^2>x)$ 为真。

55. （对练习 49）$\exists x\,(x^2\le x)$，存在 x 使得 $x^2\le x$。

57. 字面意思是：没有男人会欺骗他的妻子。想要表达的意思是：某个男人不欺骗他的妻子。令 $P(x)$ 表示语句"x 是男人"，$Q(x)$ 表示语句"x 欺骗他的妻子"。则待阐明的语句可以符号化地表示为 $\exists x\,(P(x)\wedge\neg Q(x))$。

60. 字面意思是：没有任何环境问题是灾难。想要表达的意思是：有些环境问题不是灾难。设 $P(x)$ 表示语句"x 是环境问题"，$Q(x)$ 表示语句"x 是灾难"。则待阐明的语句可以符号化地表示为 $\exists x\,(P(x)\wedge\neg Q(x))$。

63. 字面意思是：每一个地方都没有幸福和阳光。想要表达的意思是：不是每个地方都有幸福和阳光。令 $P(x)$ 表示语句"x 有幸福和阳光"。则待阐明的语句可以符号化地表示为 $\exists x\,\neg P(x)$。

66. 字面意思是：没有情形适合做正式的调查。想要表达的意思是：某些情形不适合做正式的调查。令 $P(x)$ 表示语句"x 是某种情形"，$Q(x)$ 表示语句"x 适合做正式的调查。"则待阐明的语句可以符号化地表示为 $\exists x\,(P(x)\wedge\neg Q(x))$。

67. (a)

p	q	$p\to q$	$q\to p$
T	T	T	T
T	F	F	T
F	T	T	F
F	F	T	T

因为真值表中每行的后两列都至少有一个为真，所以 $p\to q$ 和 $q\to p$ 中至少有一个为真。

(b) 语句"所有整数都是正数或者所有正数都是整数"为假，用符号表示即为

$(\forall x(I(x)\to P(x)))\vee(\forall x(P(x)\to I(x)))$

它与下面为真的语句

$\forall x((I(x)\to P(x))\vee(P(x)\to I(x)))$

并不相同。这个有误的结果源于全称量词 $\forall$ 错误的用于或(or)上。

70. 全称例化推理规则

71. 设 $P(x)$ 表示命题函数"x 有图形计算器"，并且设 $Q(x)$ 表示命题函数"x 懂得三角函数"。前提是 $\forall x\, P(x)$ 和 $\forall x\,(P(x)\to Q(x))$。通过全称例化，得到 $P(\text{Ralphie})$ 和 $P(\text{Ralphie})\to Q(\text{Ralphie})$。由假言推理规则得出 $Q(\text{Ralphie})$，即命题"Ralphie 懂得三角函数"。因此，可以由前提得出结论。

74. 根据定义，当对论域中的所有 x，$P(x)$ 为真，命题 $\forall x\, P(x)$ 为真。给定论域 D 中的任何一个 d，$P(d)$ 为真。因此，$\forall x\, P(x)$ 为真。

1.6 复习

1. 对每个 x 和每个 y，有 $P(x, y)$。其中论域为 $X \times Y$。若论域中的每个 $x \in X$ 和每个 $y \in Y$ 都使 $P(x, y)$ 为真，则语句为真。若论域中至少有一个 $x \in X$ 和一个 $y \in Y$ 使 $P(x, y)$ 为假，则语句为假。

2. 对每个 x，存在一个 y，有 $P(x, y)$。其中论域为 $X \times Y$。若对论域中的每个 $x \in X$，至少存在一个论域中的 $y \in Y$ 使 $P(x, y)$ 为真，则语句为真。若论域中至少有一个 $x \in X$，对论域中的每个 $y \in Y$ 都有 $P(x, y)$ 为假，则语句为假。

3. 存在一个 x，对每个 y，有 $P(x, y)$。其中论域为 $X \times Y$。若论域中至少存在一个 $x \in X$，使对论域中的每个 $y \in Y$ 都有 $P(x, y)$ 为真，则语句为真。若论域中的每个 $x \in X$，都存在论域中一个 $y \in Y$ 使 $P(x, y)$ 为假，则语句为假。

4. 存在一个 x 和一个 y，有 $P(x, y)$。其中论域为 $X \times Y$。若论域中至少存在一个 $x \in X$ 和一个 $y \in Y$，使 $P(x, y)$ 为真，则语句为真。若对论域中每一个 $x \in X$ 和每个 $y \in Y$，$P(x, y)$ 都为假，则语句为假。

5. 令 $P(x, y)$ 是论域为 $\mathbf{Z} \times \mathbf{Z}$ 的命题函数 "$x \leq y$"。$\forall x \exists y\, P(x, y)$ 为真，因为对任意整数 x，存在一个整数 y（例如 $y = x$），使得 $x \leq y$ 为真。另一方面 $\exists x \forall y\, P(x, y)$ 为假，对每个整数 x，存在整数 y（例如 $y = x - 1$），使得 $x \leq y$ 为假。

6. $\exists x \exists y \lnot P(x, y)$
7. $\exists x \forall y \lnot P(x, y)$
8. $\forall x \exists y \lnot P(x, y)$
9. $\forall x \forall y \lnot P(x, y)$

10. 给定一个量词命题函数，你和你的对手 Farley 参与这个逻辑游戏。你的目标是使命题函数为真，而 Farley 的目标是使命题函数为假。这个游戏先选定第一个（左边）量词变元的值，如果是全称量词 $\forall$ 限定的量词变元，则 Farley 为这个变元选取一个值；如果是存在量词 $\exists$ 限定的量词变元，则由你为这个变元选取一个值。然后选第二个变元的值，以此类推，当最后一个变元的值选定后，如果命题函数的值为真，则你获胜，若为假则 Farley 获胜。如果无论 Farley 如何选取变元的值，你总有办法获胜，则该量化命题函数为真；但如果 Farley 有办法使你无法获胜，则该量化命题函数为假。

1.6

1. 每一个人都比每一个人高。
4. 有的人比有的人高。
5. (对练习 1) 用符号表示：$\exists x \exists y \lnot T_1(x, y)$。用文字表示：有的人不比有的人高。
6. (对练习 1) 假；Garth 不比 Garth 高。
9. (对练习 1) 假；Pat 不比 Pat 高。
10. 每个人都比每个人高或一样高。
13. 某个人比某个人高或一样高。
14. (对练习 10) 用符号表示：$\exists x \exists y \lnot T_2(x, y)$。用文字表示：有的人比有的人矮。
15. (对练习 10) 假；Erin 不比 Garth 高或一样高。
18. (对练习 10) 真。
19. 对于任意的两个人，如果他们不是同一个人，则第一个人比第二个人高。
22. 存在两个人，如果他们不是同一个人，则第一个人比第二个人高。
23. (对练习 19) 用符号表示：$\exists x \exists y \lnot T_3(x, y)$。用文字表示：存在两个不同的人，其中第一个人比第二个人矮或一样高。
24. (对练习 19) 假；Erin 和 Garth 是不同的人，但 Erin 不比 Garth 高。
27. (对练习 19) 假；Pat 和 Sandy 是不同的人，但 Pat 不比 Sandy 高。
28. $\exists x \forall y\, L(x, y)$。真（考虑一个圣人）。
31. $\forall x \exists y\, L(x, y)$。真（根据 Dean Martin 的歌，"每个人都爱一个人"）。
32. (对练习 28) 每个人都不爱某个人。$\forall x \exists y \lnot L(x, y)$。
33. $\exists y\, A(\text{Brit}, y)$
36. $\forall y \exists x\, A(x, y)$
37. 假。
40. 真。
41. (对练习 37) $\exists x \exists y \lnot P(x, y)$ 或 $\exists x \exists y\, (x < y)$。
42. 假。反例为 $x = 2$, $y = 0$。
45. 真。取 $x = y = 0$。
48. 假。反例为 $x = y = 2$。
51. 真。取 $x = 1$, $y = \sqrt{8}$。
54. 真。取 $x = 0$，对于所有的 y，$x^2 + y^2 \geq 0$。
57. 真。对任意 x，如果设 $y = x - 1$，则条件命题 "如果 $x < y$，则 $x^2 < y^2$" 为真，因为前提为假。
60. (对练习 42) $\exists x \exists y\, (x^2 \geq y + 1)$

63. (对练习42) 因为两个量词都是"∀", Farley 选择两个变元 x 和 y 的值。因为 Farley 可以选取变元的值使 $x^2 < y + 1$ 为假（例如选取 $x = 2, y = 0$），所以 Farley 可以赢得游戏。因此，命题为假。

66. 因为前两个量词为"∀", Farley 选择 x 和 y 的值。因为最后一个量词是"∃", 所以 Farley 选择了 x 和 y 的值以后，你选择 z 的值。Farley 可以选择的值（可选 $x = 1$, $y = 2$）使不管你为 z 选择什么值，表达式

$$(x < y) \to ((z > x) \land (z < y))$$

都为假。因为 Farley 可以为变元选取值使你无法获胜，所以表达式为假。

68. $\forall x \exists y\, P(x, y)$ 必然为真。$\forall x \forall y\, P(x, y)$ 因为为真，则不管 x 取什么样的值，对于所有的 y, $P(x, y)$ 为真。因此，对任何 x 和任何特定的 y, $P(x, y)$ 为真。

71. $\forall x \forall y\, P(x, y)$ 可能为假。令 $P(x, y)$ 表示表达式 $x \le y$。如果论域是 $\mathbf{Z}^+ \times \mathbf{Z}^+$, 则 $\exists x \forall y\, P(x, y)$ 为真，而 $\forall x \forall y\, P(x, y)$ 为假。

74. $\forall x \forall y\, P(x, y)$ 可能为假。令 $P(x, y)$ 表示表达式 $x \le y$。如果论域是 $\mathbf{Z}^+ \times \mathbf{Z}^+$, $\exists x \exists y\, P(x, y)$ 则为真，$\forall x \forall y\, P(x, y)$ 而为假。

77. $\forall x \exists y\, P(x, y)$ 可能为真。令 $P(x, y)$ 表示表达式 $x \le y$。如果论域是 $\mathbf{Z}^+ \times \mathbf{Z}^+$, $\forall x \exists y\, P(x, y)$ 则为真，$\forall x \forall y\, P(x, y)$ 而为假。

80. $\forall x \forall y\, P(x, y)$ 必然为假。$\forall x \exists y\, P(x, y)$ 因为为假，所以存在 x, 如 $x = x'$, 使得对于所有的 y, $P(x, y)$ 为假。在论域中取 $y = y'$。则 $P(x', y')$ 为假，$\forall x \forall y\, P(x, y)$ 因此为假。

83. $\forall x \exists y\, P(x, y)$ 必然为假。$\exists x \forall y\, P(x, y)$ 因为为假，所以对于每个 x, 都存在 y 使得 $P(x,y)$ 为假。在论域中取 $x = x'$。对于选取的 x, 存在 $y = y'$ 使得 $P(x', y')$ 为假。$\forall x \forall y\, P(x, y)$ 因此为假。

86. $\forall x \forall y\, P(x, y)$ 必然为假。$\exists x \exists y\, P(x, y)$ 因为为假，所以对于每个 x 和每个 y, $P(x, y)$ 都为假。在论域中取 $x = x'$ 及 $y = y'$。对于选取的 x 和 y, $P(x', y')$ 为假。$\forall x \forall y\, P(x, y)$ 因此为假。

89. $\exists x \neg (\forall y\, P(x, y))$ 逻辑上与 $\neg (\forall x \exists y\, P(x, y))$ 不等价。令 $P(x, y)$ 表示表达式 $x < y$。如果论域是 $\mathbf{Z} \times \mathbf{Z}$, 则 $\exists x \neg (\forall y\, P(x, y))$ 为真，而 $\neg (\forall x \exists y\, P(x, y))$ 为假。

92. $\exists x \exists y \neg P(x, y)$ 逻辑上与 $\neg (\forall x \exists y\, P(x, y))$ 不等价。令 $P(x, y)$ 表示表达式 $x < y$。如果论域是 $\mathbf{Z} \times \mathbf{Z}$, 则 $\exists x \exists y \neg P(x, y)$ 为真，而 $\neg (\forall x \exists y\, P(x, y))$ 为假。

93. $\forall \varepsilon > 0 \exists \delta > 0 \forall x((0 < |x - a| < \delta) \to (|f(x) - L| < \varepsilon))$

第1章自测题

1. ∅ 2. $A \subseteq B$ 3. 是
4. 因为 $|A| = 3$ 和 $|\mathcal{P}(A)| = 2^3 = 8$, 所以 $|\mathcal{P}(A) \times A| = 8 \cdot 3 = 24$。 5. 假
6.

p	q	r	$\neg(p \land q) \lor (p \lor \neg r)$
T	T	T	T
T	T	F	T
T	F	T	T
T	F	F	T
F	T	T	T
F	T	F	T
F	F	T	F
F	F	F	T

7. 我担任酒店经理并且我不担任娱乐总监或者我喜欢大众文化。
8. $p \lor (q \land \neg r)$
9. 如果 Leah 的离散数学得 A, 则 Leah 学习努力。
10. 逆命题：如果 Leah 学习努力，则 Leah 的离散数学得 A。逆否命题：如果 Leah 学习不努力，则 Leah 的离散数学得不了 A。
11. 真。 12. $(\neg r \lor q) \to \neg q$ 13. 假言三段论
14. 令

p: 小王赢得比赛。
q: 我将吃掉我的帽子。
r: 我将非常饱。

则论证可以符号化的表示为

$$\begin{array}{l} p \to q \\ q \to r \\ \hline \therefore r \to p \end{array}$$

此论证是无效的。如果 p 和 q 为假而 r 为真，则假设为真而结论为假。

15. 论证是无效的。如果 p 和 r 为真而 q 为假，则假设为真为结论为假。

16. 令

 p: 国会批准这项资金。
 q: 亚特兰大获得奥运会的举办权。
 r: 亚特兰大新建一座运动场。
 s: 奥运会被取消。

则论证可以符号化的表示为

$$\begin{array}{c} p \to q \\ q \to r \\ \neg r \\ \hline \therefore \neg p \lor s \end{array}$$

利用假言三段论推理规则可以从 $p \to q$ 和 $q \to r$ 推出 $p \to r$。利用拒取推理规则可以从 $p \to r$ 和 $\neg r$ 推出 $\neg p$。最后利用附加推理规则可以推出 $\neg p \lor s$。

17. 语句不是命题。在不知道是哪支"球队"的情况下,不能确定真值。

18. 语句是一个命题函数。当用一个具体的球队替换变元"球队",句子变成了一个命题。

19. 对所有的正整数 n,n 和 $n+2$ 是素数。这个命题是假。反例是 $n=7$。

20. 对某正整数 n,n 和 $n+2$ 是素数。这个命题为真。例如,如果 $n=5$,则 n 和 $n+2$ 是素数。

21. $\exists x \forall y \neg K(x, y)$

22. $\forall x \exists y\, K(x, y)$;每个人都认识某个人。

23. 语句为真。对每个 x,存在 y,特别的,可取 y 为 x 的立方根,可使 $x = y^3$。用文字来表达:每个实数都有一个立方根。

24. $\neg(\forall x \exists y \forall z\, P(x, y, z)) \equiv \exists x \neg(\exists y \forall z\, P(x, y, z))$
$\equiv \exists x \forall y \neg (\forall z\, P(x, y, z))$
$\equiv \exists x \forall y \exists z \neg P(x, y, z)$

2.1 复习

1. 一个数学系统由公理、定义和未定义的术语组成。

2. 公理是假定为真的命题。

3. 定义是根据已有的概念建立新的概念。

4. 未定义术语是没有明确定义但在公理中隐式定义的术语。

5. 定理是被证明为真的命题。

6. 证明是确定一个定理为真的论证过程。

7. 引理是一个本身没有太大意义的定理,但可用来证明其他的定理。

8. 直接证明是假设前提为真,然后使用前提及其他公理、定义和已经被证明的定理直接说明结论为真。

9. 整数 n 为偶数如果存在整数 k 使得 $n = 2k$。

10. 整数 n 为奇数如果存在整数 k 使得 $n = 2k+1$。

11. 在一个证明中,对辅助结果的证明称为子证明。

12. 为了证明全称量词语句 $\forall x P(x)$ 为假,需要在论域中找到一个元素使得 $P(x)$ 为假。

2.1

1. 如果三个点不在一条直线上,则存在包含这三个点的唯一的一个平面。

4. 如果 x 是一个非负实数并且 n 是一个正整数,则 $x^{1/n}$ 是一个非负数 y 并且满足 $y^n = x$。

7. 令 m 和 n 为偶数,则存在 k_1 和 k_2 使得 $m = 2k_1$,$n = 2k_2$。于是

$$m + n = 2k_1 + 2k_2 = 2(k_1 + k_2)$$

所以 $m + n$ 是偶数。

10. 令 m 和 n 为奇数,则存在 k_1 和 k_2 使得 $m = 2k_1 + 1$,$n = 2k_2 + 1$。于是

$$mn = (2k_1+1)(2k_2+1) = 4k_1k_2 + 2k_1 + 2k_2 + 1$$
$$= 2(2k_1k_2 + k_1 + k_2) + 1$$

所以 mn 是奇数。

13. 令 x 和 y 为有理数。则存在整数 m_1,n_1,m_2,n_2 使得 $x = m_1/n_1$,$y = m_2/n_2$。现在有

$$x + y = \frac{m_1}{n_1} + \frac{m_2}{n_2} = \frac{m_1 n_2 + m_2 n_1}{n_1 n_2}$$

因为 $m_1 n_2 + m_2 n_1$ 和 $n_1 n_2$ 为整数,所有 $x + y$ 为有理数。

16. 根据 $\max$ 的定义,有 $d \geq d_1$ 及 $d \geq d_2$。利用本节定理(例 2.1.5 的第二个定理)可以从 $x \geq d$ 和 $d \geq d_1$ 推出 $x \geq d_1$;同样利用此定理可以从 $x \geq d$ 和 $d \geq d_2$ 推出 $x \geq d_2$。因此 $x \geq d_1$,$x \geq d_2$。

19. 令 $x \in X \cap Y$。根据交集的定义,可以得到 $x \in X$。因此 $X \cap Y \subseteq Y$。

22. 令 $x \in X \cap Z$。根据交集的定义,可以得到 $x \in X$ 和 $x \in Z$。因为 $X \subseteq Y$ 及 $x \in X$,$x \in Y$,所以 $x \in Y$ 和 $x \in Z$,因此可以根据交集的定义得到 $x \in Y \cap Z$。因此,$X \cap Z \subseteq X \cap Y$。

25. 令 $x \in Y$。根据并集的定义，可以得到 $x \in X \cup Y$。因为 $X \cup Y = X \cup Z$，所以 $x \in X \cup Z$。根据并集的定义，可以得到 $x \in X$ 或 $x \in Z$。如果 $x \in Z$，则 $Y \subseteq Z$；如果 $x \in X$，根据交的定义，可以得到 $x \in X \cap Y$。因为 $X \cap Y = X \cap Z$，所以 $x \in X \cap Z$。因此 $x \in Z$，从而 $Y \subseteq Z$。证明 $Z \subseteq Y$ 与证明类似 $Y \subseteq Z$，仅仅需要交换 Y 和 Z 的角色即可。因此 $Y = Z$。

28. 因为 $x \in \mathcal{P}(X)$，所以 $x \in \mathcal{P}(Y)$。因此 $X \subseteq Y$。

31. 假。如果 $X = \{1, 2\}$ 及 $Y = \{2, 3\}$，则 X 不是 Y 的子集，因为 $1 \in X$ 但 $1 \notin Y$。同样，Y 不是 X 的子集，因为 $3 \in Y$ 但 $3 \notin X$。

34. 假。令 $X = \{1, a\}$，$Y = \{1, 2, 3\}$，$Z = \{3\}$。则 $Y - Z = \{1, 2\}, (X \cup Y) - (X \cup Z) = \{2\}$。

37. 假。令 $X = Y = \{1\}$，$U = \{1, 2\}$。则 $\overline{X \cap Z} = \{2\}$，不是 X 的子集。

40. 假。令 $X = Y = \{1\}$，$U = \{1, 2\}$。则 $\overline{X \times Y} = \{(1,2),(2,1)(2,2)\}$，$\overline{X} \times \overline{Y} = \{(2,2)\}$。

43. 假。令 $X = \{1, 2\}$，$Y = \{1\}$，$Z = \{2\}$。则 $X \cap (Y \times Z) = \emptyset, (X \cap Y) \times (X \cap Z) = \{(1, 2)\}$。

44. 只证明 $(A \cup B) \cup C = A \cup (B \cup C)$。令 $x \in (A \cup B) \cup C$。则 $x \in A \cup B$ 或 $x \in C$。如果 $x \in A \cup B$，则 $x \in A$ 或 $x \in B$。因此 $x \in A$ 或 B 或 $x \in C$。如果 $x \in A$，则 $x \in A \cup (B \cup C)$；如果 $x \in B$ 或 $x \in C$，则 $x \in B \cup C$，同样有 $x \in A \cup (B \cup C)$。

现在假设 $x \in A \cup (B \cup C)$。则 $x \in A$ 或 $x \in B \cup C$。则 $x \in B$ 或 $x \in C$。因此 $x \in A$ 或 $x \in B$ 或 $x \in C$。如果 $x \in A$ 或 $x \in B$，则 $x \in A \cup B$，因此 $x \in (A \cup B) \cup C$；如果 $x \in C$，同样有 $x \in (A \cup B) \cup C$。所以 $(A \cup B) \cup C = A \cup (B \cup C)$。

47. 只证明 $A \cup \emptyset = A$。令 $x \in A \cup \emptyset$。则 $x \in A$ 或 $x \in \emptyset$。但 $x \notin \emptyset$，所以 $x \in A$。
现在假设 $x \in A$。则 $x \in A \cup \emptyset$。因此 $A \cup \emptyset = A$。

50. 只证明 $A \cup U = U$。根据定义，任何集合都是全集的子集，所以 $A \cup U \subseteq U$。
如果 $x \in U$，则 $x \in A \cup U$。因此 $U \subseteq A \cup U$。因此 $A \cup U = U$。

53. 只证明 $\overline{\emptyset} = U$。根据定义，任何集合都是全集的子集，所以 $\overline{\emptyset} \subseteq U$。
现在假设 $x \in U$。则 $x \notin \emptyset$（根据空集的定义）。因此 $x \in \overline{\emptyset}$，$U \subseteq \overline{\emptyset}$。所以 $\overline{\emptyset} = U$。

55. 令 $x \in A \Delta B$。则 $x \in A \cup B$，而 $x \notin A \cap B$。因为 $x \in A \cup B$，所以 $x \in A$ 或 $x \in B$。因为 $x \notin A \cap B$，则 $x \notin A$ 或 $x \notin B$。如果 $x \in A$，则 $x \notin B$，因此 $x \in A - B$。所以 $x \in (A - B) \cup (B - A)$；如果 $x \in B$，则 $x \notin A$，因此 $x \in B - A$。所以 $x \in (A - B) \cup (B - A)$。综上，$A \Delta B \subseteq (A - B) \cup (B - A)$。

现在假设 $x \in (A - B) \cup (B - A)$。则 $x \in A - B$ 或 $x \in B - A$。如果 $x \in A - B$，则 $x \in A$ 且 $x \notin B$。因此 $x \in A \cup B$ 且 $x \notin A \cap B$。所以 $x \in (A \cup B) - (B \cap A) = A \Delta B$；如果 $x \in B - A$，则 $x \in B$ 且 $x \notin A$。因此 $x \in A \cup B$ 且 $x \notin A \cap B$。同样有 $x \in (A \cup B) - (A \cap B) = A \Delta B$。综上，$(A - B) \cup (B - A) \subseteq A \Delta B$。至此，已经证明 $(A - B) \cup (B - A) = A \Delta B$。

58. 假。令 $A = \{1, 2, 3\}$，$B = \{2, 3, 4\}$，$C = \{1, 2, 4\}$。则 $A \Delta (B \cup C) = \{4\}, (A \Delta B) \cup (A \Delta C) = \{1, 4\} \cup \{3, 4\} = \{1, 3, 4\}$。

61. 真。利用例 2.1.11，可以发现
$$A \cap (B \Delta C) = A \cap [(B \cup C) - (B \cap C)]$$
$$= [A \cap (B \cup C)] - [A \cap (B \cap C)]$$

利用分配率，不难看出 $(A \cap B) \cap (A \cap C) = A \cap (B \cap C)$，则有
$$(A \cap B) \Delta (A \cap C) = [(A \cap B) \cup (A \cap C)] - [(A \cap B) \cap (A \cap C)]$$
$$= [A \cap (B \cup C)] - [A \cap (B \cap C)]$$

因此
$$A \cap (B \Delta C) = (A \cap B) \Delta (A \cap C)$$

2.2 复习

1. 反证法假设前提为真同时结论为假，然后利用这个前提和否定的结论及其他公理、定义和已经被证明的定理，推导出矛盾。
2. 例 2.2.1
3. "间接证明"是反证法的另一个名称。
4. 为了证明 $p \to q$，逆否证明法则会证明等价语句 $\neg q \to \neg p$。
5. 例 2.2.4

6. 为了证明 $(p_1 \vee p_2 \vee \cdots \vee p_n) \rightarrow q$，采用分情况证明法可通过证明 $(p_1 \rightarrow q) \wedge (p_2 \rightarrow q) \wedge \cdots \wedge (p_n \rightarrow q)$ 来达到目的。

7. 例 2.2.5

8. 等价性证明法证明两个或两个以后的语句全为真或全为假。

9. 例 2.2.9

10. 对于语句 p、q 和 r，可以通过证明 $p \rightarrow q$，$q \rightarrow r$ 和 $r \rightarrow p$ 全为真来证明三个语句等价。

11. 证明语句 $\exists x\, P(x)$ 称为存在性证明。

12. 通过展示一个论域中的元素使得 $P(a)$ 为真来证明 $\exists x\, P(x)$ 的存在性证明法被称为构造式证明。

13. 例 2.2.10

14. 不是通过展示一个论域中的元素使得 $P(a)$ 为真，而是采用其他方法证明 $\exists x\, P(x)$（例如，利用反证法）的存在性证明法被称为非构造式证明。

15. 例 2.2.12

2.2

1. 反证法。假设 x 是有理数。则存在整数 p 和 q 使得 $x = p/q$。现在有 $x^2 = p^2/q^2$ 也为有理数，产生矛盾。

4. 反证法。假设 n 是偶数。则存在 k 使得 $n = 2k$。现在有 $n^2 = (2k)^2$；因此 n^2 为偶数，产生矛盾。

7. 反证法。假设 $\sqrt[3]{2}$ 是有理数。则存在整数 p 和 q 使得 $\sqrt[3]{2} = p/q$。假设 p/q 为最简分数，则 p 和 q 不能同时为偶数。在 $\sqrt[3]{2} = p/q$ 两边取立方得 $2 = p^3/q^3$，乘以 q^3 得 $2q^3 = p^3$。显然 p^3 是偶数。类似例 2.2.1 的论证可以证明 p 是偶数。因此，存在一个整数 k 使得 $p = 2k$。将 $p = 2k$ 代入 $2q^3 = p^3$ 得 $2q^3 = (2k)^3 = 8k^3$，除以 2 得 $q^3 = 4k^3$。因此 q^3 是偶数，从而 q 是偶数。所以 p 和 q 同时为偶数，与前面的假设矛盾。因此，$\sqrt[3]{2}$ 是无理数。

10. 因为整数无上界，所以存在 $n \in \mathbf{Z}$ 使得 $1/(b-a) < n$。因此 $1/n < b - a$。取 $m \in \mathbf{Z}$，并使得 m 尽可能大并满足 $m/n \leq a$。则根据选取的 m，有 $a < (m + 1)/n$。同时

$$\frac{m+1}{n} = \frac{m}{n} + \frac{1}{n} < a + (b - a) = b$$

因此 $x = (m + 1)/n$ 是有理数，并满足 $a < x < b$。

13. 真。令 $a = b = 2$。则 a 和 b 是有理数，而 $a^b = 4$ 也为有理数。此为构造式存在性证明。

16. 真。反证法。假设 $(X - Y) \cap (Y - X)$ 非空。则存在 $x \in (X - Y) \cap (Y - X)$，因此 $x \in X - Y$ 及 $x \in Y - X$。因为 $x \in X - Y$，所以 $x \in X$ 及 $x \notin Y$。因为 $x \in Y - X$，所以 $x \in Y$ 及 $x \notin X$。现在有 $x \in X$ 和 $x \notin X$，产生矛盾。因此 $(X - Y) \cap (Y - X) = \varnothing$。

19. 反证法。假设没有两个袋子装有相同的硬币数。按照袋子装有的硬币数从小到大排列袋子。则第一个袋子至少装有一个硬币；第二个袋子至少装有两个硬币；以此类推。则总的硬币数至少为

$$1 + 2 + 3 + \cdots + 9 = 45$$

与假设总共有 40 个硬币相矛盾。因此如果将 40 个硬币分放在 9 个袋子中，并保证每个袋子至少有一个硬币，则至少有两个袋子有相同的硬币数。

22. 反证法。假设结论的否定式

$$\neg \exists i (s_i \leq A)$$

为真。根据广义的 De Morgan 定律，上述语句等价于

$$\forall i (s_i > A)$$

因此有

$$s_1 > A$$
$$s_2 > A$$
$$\vdots$$
$$s_n > A$$

将上述不等相加得

$$s_1 + s_2 + \cdots + s_n > nA$$

除以 n 得

$$\frac{s_1 + s_2 + \cdots + s_n}{n} > A$$

与假设矛盾。因此存在 i 使得 $s_i \leq A$。

25. 因为 $s_i \neq s_j$，所以 $s_i \neq A$ 或者 $s_j \neq A$。通过交换符号，不失一般性，可以假设 $s_i \neq A$。则有 $s_i < A$ 或 $s_i > A$。如果 $s_i < A$，则证毕；现在假设 $s_i > A$，需要证明存在 k 使得 $s_k < A$。采用反证法，假设对于所有的 m，$s_m \geq A$，即

$$s_1 \geq A$$
$$s_2 \geq A$$
$$\vdots$$
$$s_n \geq A$$

将上述不等式相加得

$$s_1 + s_2 + \cdots + s_i + \cdots + s_n > nA$$

因为 $s_i > A$。除以 n 得

$$\frac{s_1 + s_2 + \cdots + s_n}{n} > A$$

产生矛盾。因此存在 k 使得 $s_k < A$。

27. 注意如果 $n \geq 2$ 且 $m \geq 1$，则

$$2m + 5n^2 \geq 2m + 5 \cdot 2^2 > 20$$

因此唯一可能的解是 $n = 1$。然而，如果 $n = 1$，则

$$2m + 5n^2 = 2m + 5$$

为奇数（一个偶数和一个奇数的和为奇数）。所以上面式子的和不可能是 20。因此 $2m + 5n^2 = 20$ 没有正整数解。

30. 首先论述如果 n 和 $n+1$ 是两个连续的整数，则其中一个为奇数，另一个为偶数。假设 n 为奇数，则存在 k 使得 $n = 2k+1$。现在有 $n + 1 = 2k + 2 = 2(k+1)$，它为偶数；如果 n 为偶数，则存在 k 使得 $n = 2k$。现在有 $n + 1 = 2k + 1$，它为奇数。因为 n 和 $n+1$ 中一个为偶数，一个为奇数，所以他们的乘积为偶数（参见 2.1 节练习 11）。

32. 考虑四种情况：$x \geq 0$, $y \geq 0$; $x < 0$, $y \geq 0$; $x \geq 0$, $y < 0$; 及 $x < 0$, $y < 0$。
首先假设 $x \geq 0$ 和 $y \geq 0$，则 $xy \geq 0$，$|xy| = xy = |x||y|$。接着假设 $x < 0$ 和 $y \geq 0$，则 $xy \leq 0$，$|xy| = -xy = (-x)(y) = |x||y|$。接着假设 $x \geq 0$ 和 $y < 0$，则 $xy \leq 0$，$|xy| = -xy = (x)(-y) = |x||y|$。最后假设 $x < 0$ 和 $y < 0$，则 $xy > 0$，$|xy| = xy = (-x)(-y) = |x||y|$。

34. 考虑三种情况：$x > 0$、$x = 0$ 及 $x < 0$。
如果 $x > 0$，则 $|x| = x$ 且 $\mathrm{sgn}(x) = 1$。因此，
$$|x| = x = 1 \cdot x = \mathrm{sgn}(x)\, x$$
如果 $x = 0$，则 $|x| = 0$ 且 $\mathrm{sgn}(x) = 0$。因此，
$$|x| = 0 = 0 \cdot 0 = \mathrm{sgn}(x)\, x$$
如果 $x < 0$，则 $|x| = -x$ 且 $\mathrm{sgn}(x) = -1$。因此，
$$|x| = -x = -1 \cdot x = \mathrm{sgn}(x)\, x$$
无论哪种情况，都有 $|x| = \mathrm{sgn}(x) x$。

37. 考虑两种情况：$x \geq y$ 和 $x < y$。
如果 $x \geq y$，则
$$\max\{x, y\} = x \text{ 且 } \min\{x, y\} = y$$
因此，
$$\max\{x, y\} + \min\{x, y\} = x + y$$
如果 $x < y$，则
$$\max\{x, y\} = y \text{ 且 } \min\{x, y\} = x$$
因此，
$$\max\{x, y\} + \min\{x, y\} = y + x = x + y$$
无论哪种情况，都有
$$\max\{x, y\} + \min\{x, y\} = x + y$$

41. 首先证明如果 n 是偶数，则 $n+2$ 是偶数。假设 n 是偶数，则存在 k 使得 $n = 2k$。现在 $n + 2 = 2k + 2 = 2(k+1)$ 为偶数。
接着证明如果 $n + 2$ 是偶数，则 n 是偶数。假设 $n + 2$ 是偶数，则存在 k 使得 $n + 2 = 2k$。现在 $n = 2k - 2 = 2(k-1)$ 为偶数。

43. 首先证明如果 $A \subseteq B$，则 $\overline{B} \subseteq \overline{A}$。假设 $A \subseteq B$。令 $x \in \overline{B}$，则 $x \notin B$。如果 $x \in A$，则 $x \in B$，不可能。因此 $x \notin A$，从而 $x \in \overline{A}$。所以 $\overline{B} \subseteq \overline{A}$。
接着证明如果 $\overline{B} \subseteq \overline{A}$，则 $A \subseteq B$。假设 $\overline{B} \subseteq \overline{A}$。从前面的证明可以推出 $\overline{\overline{A}} \subseteq \overline{\overline{B}}$。因为 $\overline{\overline{A}} = A$，$\overline{\overline{B}} = B$，所以 $A \subseteq B$。

46. 首先证明如果 $(a, b) = (c, d)$，则 $a = c$ 且 $b = d$。假设 $(a, b) = (c, d)$，则

$$\{\{a\}, (a, b)\} = \{\{c\}, (c, d)\} \qquad (*)$$

首先假设 $a \neq b$，则等式 (*) 左边的集合包含两个不同的集合：$\{a\}$ 和 $\{a, b\}$。因此等式 (*) 右边的集合同样包含两个不同的集合：$\{c\}$ 和 $\{c, d\}$。因此 $c \neq d$（如果 $c = d$，则 $\{c, d\} = \{c, c\} = \{c\}$）。因为 $a \neq b$ 和 $c \neq d$，所以必有

$$\{a\} = \{c\} \text{ 和 } \{a, b\} = \{c, d\}$$

明显有 $a = c$ 和 $b = d$。
现在假设 $a = b$，则

$$\{\{a\}, \{a, b\}\} = \{\{a\}, \{a, a\}\} = \{\{a\}, \{a\}\} = \{\{a\}\}$$

因此等式 (*) 左边的集合包含一个集合。而等式 (*) 右边的集合也包含一个集合。所以必有

$c = d$; 否则等式(*)右边的集合将包含两个不同的集合。因此

$$\{\{c\}, \{c, d\}\} = \{\{c\}\}$$

现在，等式(*)变为

$$\{\{a\}\} = \{\{c\}\}$$

显然有 $a = c$，同时 $b = d$。至此，已经证明如果 $(a, b) = (c, d)$，则 $a = c$ 且 $b = d$。
如果 $a = c$ 且 $b = d$，则
$(a, b) = \{\{a\}, \{a, b\}\} = \{\{c\}, \{c, d\}\} = (c, d)$
证毕。

47. [(a) → (b)] 假设 n 是奇数。则存在 k' 使得 $n = 2k' + 1$。因为 $n = 2(k' + 1) - 1$，取 $k = k' + 1$，有 $n = 2k - 1$。

[(b) → (c)] 假设存在 k 使得 $n = 2k - 1$，则
$$n^2 + 1 = (2k - 1)^2 + 1 = (4k^2 - 4k + 1) + 1$$
$$= 2(2k^2 - 2k + 1)$$

因此 $n^2 + 1$ 为偶数。

[(c) → (a)] 证明逆否命题：如果 n 是偶数，则 $n^2 + 1$ 是奇数。假设 n 是偶数，则存在 k 使得 $n = 2k$。现在有
$$n^2 + 1 = (2k)^2 + 1 = 4k^2 + 1 = 2(2k^2) + 1$$

因此 $n^2 + 1$ 为奇数。

2.3 复习

1. $p \vee q, \neg p \vee r / \therefore q \vee r$
2. 子句是由被"或"分开的项组成，其中每个项是一个变元或者变元的否定。
3. 归结法证明是将一对语句反复使用练习1中的规则，得出新的语句，直到推出结论。

2.3

1.

p	q	r	$p \vee q$	$\neg p \vee r$	$q \vee r$
T	T	T	T	T	T
T	T	F	T	F	T
T	F	T	T	T	T
T	F	F	T	F	F
F	T	T	T	T	T
F	T	F	T	T	T
F	F	T	F	T	T
F	F	F	F	T	F

2.
1. $\neg p \vee q \vee r$
2. $\neg q$
3. $\neg r$
4. $\neg p \vee r$ 由 1 和 2
5. $\neg p$ 由 3 和 4

5. 首先注意 $p \rightarrow q$ 逻辑等价于 $\neg p \vee q$。证明如下：
1. $\neg p \vee q$
2. $p \vee q$
3. q 由 1 和 2

7. (对于练习 2)
1. $\neg p \vee q \vee r$ 假设
2. $\neg q$ 假设
3. $\neg r$ 假设
4. p 结论的否定
5. $\neg p \vee r$ 由 1 和 2
6. $\neg p$ 由 3 和 5

4 和 6 组合给出矛盾。

2.4 复习

1. 假设正整数集论域上有命题函数 $S(n)$。假设 $S(1)$ 为真，并且对于任意的 $n \geq 1$，如果 $S(n)$ 为真则 $S(n+1)$ 为真。这样对于每一个正整数 n，$S(n)$ 为真。

2. 首先验证 $S(1)$ 为真（基本步）。然后假设对于所有 $S(n)$ 为真，来证明 $S(n + 1)$ 为真（归纳步）。

3. $\dfrac{n(n + 1)}{2}$

4. 几何级数的 $a + ar^1 + ar^2 + \cdots + ar^n$ 和等于
$$\dfrac{a(r^{n+1} - 1)}{r - 1}$$

2.4

1. **基本步** $1 = 1^2$
   归纳步   假设对于 n 等式为真。
   $1 + \cdots + (2n - 1) + (2n + 1) = n^2 + 2n + 1 = (n + 1)^2$

4. **基本步** $1^2 = (1 \cdot 2 \cdot 3)/6$
   归纳步   假设对于 n 等式为真。
   $$1^2 + \cdots + n^2 + (n + 1)^2 = \dfrac{n(n + 1)(2n + 1)}{6} + (n + 1)^2$$
   $$= \dfrac{(n + 1)(n + 2)(2n + 3)}{6}$$

7. **基本步** $1/(1 \cdot 3) = 1/3$
   归纳步   假设对于 n 等式为真。

$$\frac{1}{1\cdot 3}+\cdots+\frac{1}{(2n-1)(2n+1)}+\frac{1}{(2n+1)(2n+3)}$$
$$=\frac{n}{2n+1}+\frac{1}{(2n+1)(2n+3)}$$
$$=\frac{n+1}{2n+3}$$

10. **基本步** $\cos x = \dfrac{\cos[(x/2)\cdot 2]\sin(x/2)}{\sin(x/2)}$

 归纳步 假设对于 n 等式为真。则
$$\cos x + \cdots + \cos nx + \cos(n+1)x$$
$$= \frac{\cos[(x/2)(n+1)]\sin(nx/2)}{\sin(x/2)} + \cos(n+1)x. \quad (*)$$

必须说明式(*)的右边等于
$$\frac{\cos[(x/2)(n+2)]\sin[(n+1)x/2]}{\sin(x/2)}$$

这等价于需要说明下式（乘以 $\sin(x/2)$）：
$$\cos\left[\frac{x}{2}(n+1)\right]\sin\frac{nx}{2}+\cos(n+1)x\sin\frac{x}{2}$$
$$=\cos\left[\frac{x}{2}(n+2)\right]\sin\frac{(n+1)x}{2}$$

成立。如果设 $\alpha=(x/2)(n+1)$ 并且 $\beta=x/2$，则必须说明
$$\cos\alpha\sin(\alpha-\beta)+\cos 2\alpha\sin\beta=\cos(\alpha+\beta)\sin\alpha$$
最后一个等式可以通过把两边简化成只含 α 和 β 的项来验证。

12. **基本步** $1/2 \leq 1/2$

 归纳步 假设对于 n 等式为真。
$$\frac{1\cdot 3\cdot 5\cdots(2n-1)(2n+1)}{2\cdot 4\cdot 6\cdots(2n)(2n+2)}\geq\frac{1}{2n}\cdot\frac{2n+1}{2n+2}$$
$$=\frac{2n+1}{2n}\cdot\frac{1}{2n+2}$$
$$\geq\frac{1}{2n+2}$$

15. **基本步**（$n=4$） $2^4=16\geq 16=4^2$

 归纳步 假设对于 n 等式为真。
$$(n+1)^2 = n^2+2n+1 \leq 2^n+2n+1$$
$$\leq 2^n+2^n$$
$$= 2^{n+1} \quad \text{见练习 14}$$

18. $r^0+r^1+\cdots+r^n = \dfrac{1-r^{n+1}}{1-r} < \dfrac{1}{1-r}$

21. **基本步** $7^1-1=6$ 可以被 6 整除。

 归纳步 设 7^n-1 可以被 6 整除。则
$$7^{n+1}-1 = 7\cdot 7^n-1 = 7^n-1+6\cdot 7^n$$
因为 7^n-1 和 $6\cdot 7^n$ 都能被 6 整除，它们的和 $7^{n+1}-1$ 也能被 6 整除。

24. **基本步** $3^1+7^1-2=8$ 可以被 8 整除

 归纳步 假设 3^n+7^n-2 可以被 8 整除。则
$$3^{n+1}+7^{n+1}-2 = 3(3^n+7^n-2)+4(7^n+1)$$
根据归纳假设，3^n+7^n-2 可以被 8 整除。可以使用数学归纳法说明对所有的 $n\geq 1$，7^n+1 可以被 2 整除（证明过程与练习 21 相似）。由此得到 $4(7^n+1)$ 可以被 8 整除。由于 $3(3^n+7^n-2)$ 和 $4(7^n+1)$ 都能被 8 整除，所以它们的和 $3^{n+1}+7^{n+1}-2$ 可以被 8 整除。

27. 通过归纳 n 来证明论断。基本步为 $n=1$。在这种情况下，集合 $\{1\}$ 的子集只有一个，即 $\varnothing$，它有偶数个成员。因为 $2^{n-1}=2^0=1$，所以当 $n=1$ 时论断成立。

假设集合 $\{1,\cdots,n\}$ 的所有子集中，有偶数个成员的子集个数为 2^{n-1}。则必须证明集合 $\{1,\cdots,n+1\}$ 的所有子集中，有偶数个成员的子集个数为 2^n。

令 $E_1,\cdots,E_{2^{n-1}}$ 表示集合 $\{1,2,\cdots,n\}$ 的所有子集中成员个数为偶数的子集。因为集合 $\{1,2,\cdots,n\}$ 总共有 2^n 个子集，其中有偶数个成员的子集为 2^{n-1} 个，所以有奇数个成员的子集 $\{1,\cdots,n\}$ 也为 $2^n-2^{n-1}=2^{n-1}$ 个，分别用 $O_1,\cdots,O_{2^{n-1}}$ 表示。现在 $E_1,\cdots,E_{2^{n-1}}$ 是集合 $\{1,\cdots,n+1\}$ 的所有子集中成员个数为偶数并且不包含成员 $n+1$ 的子集，同时
$$O_1\cup\{n+1\},\cdots,O_{2^{n-1}}\cup\{n+1\}$$
为集合 $\{1,\cdots,n+1\}$ 的所有子集中成员个数为偶数并且包含成员 $n+1$ 的子集。因此集合 $\{1,\cdots,n+1\}$ 总共有 $2^{n-1}+2^{n-1}=2^n$ 个成员数为偶数的子集。归纳步证毕。

29. 在归纳步，当增加第 $(n+1)$ 条航线时，根据假设，这条航线将与其他 n 条航线交叉。设想沿着第 $(n+1)$ 条航线旅行，每次通过一个原来的区域，它都被分成两个区域。

32.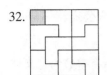

35. 将第 i 行第 j 列的方块记为 (i, j)。根据对称性，只需考虑当 $i \leq j \leq 4$ 时，7×7 的棋盘中去掉方块 (i, j) 的情况。下图为去掉方块 $(1, 1)$ 的棋盘的解。

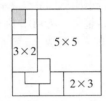

图中并没有画出所有的三联骨牌。根据练习 34，3×2 的子骨牌可被三联骨牌覆盖。根据练习 32，缺少角上方块的 5×5 棋盘可被三联骨牌覆盖。去掉方块 $(1, 2)$ 或 $(2, 2)$ 的 7×7 棋盘的覆盖方法与上图本质上相同。

其他几种情况的覆盖方法类似。

38. **基本步**($n = 1$)　棋盘本身就是一个三联骨牌。

归纳步。假设任意 $2^n \times 2^n$ 的缺块棋盘可以被三联骨牌覆盖，必须证明任意 $2^{n+1} \times 2^{n+1}$ 的缺块棋盘可以被三联骨牌覆盖。

给定一个 $2^{n+1} \times 2^{n+1}$ 的缺块棋盘，按图 2.4.6 将其分为 4 个 $2^n \times 2^n$ 的子棋盘。根据归纳假设，包含缺块的子棋盘可被三联骨牌覆盖。另外的三个子棋盘 $2^n \times 2^n$ 形成一个 "L" 形，根据练习 37 的结论，可以被三联骨牌覆盖。于是一个 $2^{n+1} \times 2^{n+1}$ 的缺块棋盘可以被三联骨牌覆盖。归纳步完成。

39. 将方格按照下图编号

1	2	3	1
2	3	1	2
3	1	2	3
1	2	3	1

注意到每一个直三联骨牌仅覆盖一个 1，一个 2 和一个 3。因此如果 4×4 的缺块棋盘可以被直三联骨牌覆盖，则必须覆盖 5 个 2。因为共需要 5 个直三联骨牌，所以所缺的块不能是 2。同理，所缺的块不能是 3。

1	3	2	1
2	1	3	2
3	2	1	3
1	3	2	1

对上图运用同样的推理方法可知所缺的块只可能在角上。这样的缺块棋盘可被直三联骨牌覆盖：

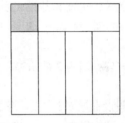

42. 可以证明 $pow = a^{i-1}$ 是这个 while 循环的循环不变式。在 while 循环执行之前，$i = 1$ 且 $pow = 1$，故 $pow = a^{1-1}$。基本步完成。

假设 $pow = a^{i-1}$。如果 $i \leq n$（循环体将再次执行），pow 将变为 $pow * a = a^{i-1} * a = a^i$，而 i 将变为 $i + 1$。归纳步完成。所以 $pow = a^{i-1}$ 是这个 while 循环的不变式。

当 $i = n + 1$ 时，while 循环执行结束。因为 $pow = a^{i-1}$ 是循环不变式，所以循环结束时 $pow = a^n$。

46. (a) $S_1 = 0 \neq 2$;

$$2 + \cdots + 2n + 2(n+1) = S_n + 2n + 2$$
$$= (n+2)(n-1) + 2n + 2$$
$$= (n+3)n = S_{n+1}$$

(b) 必然有 $S'_n = S'_{n-1} + 2n$，因此

$$S'_n = S'_{n-1} + 2n$$
$$= [S'_{n-2} + 2(n-1)] + 2n$$
$$= S'_{n-2} + 2n + 2(n-1)$$
$$= S'_{n-3} + 2n + 2(n-1) + 2(n-2)$$
$$\vdots$$
$$= S'_1 + 2[n + (n-1) + \cdots + 2]$$
$$= C' + 2\left[\frac{n(n+1)}{2} - 1\right]$$
$$= n^2 + n + C$$

50. 当 $n = 2$ 时,每个人向对方扔一个饼,因此没有人获胜。

53. 命题为假。在下面的格局中

$\overset{\rightarrow}{1}\quad \overset{\rightarrow}{2}\quad \overset{\rightarrow}{3}\quad \overset{\leftarrow}{4}\quad \overset{\leftarrow}{5}$

1 和 5 离得最远,但是它们都不能获胜。

55. 设 x 和 y 是 $X \cap Y$ 中的点。则 x 在 X 中并且 y 也在 X 中。因为 X 是凸集,所以从 x 到 y 的线段在 X 中。同理,从 x 到 y 的线段在 Y 中。因此从 x 到 y 的线段在 $X \cap Y$ 中。所以 $X \cap Y$ 是凸集。

58. 设 n 个点为 $x_1, \cdots, x_n$,并设 X_i 为以 1 为半径以 x_i 为圆心的圆。对 $X_1, \cdots, X_n$ 运用 Helly 定理。

60. 1

63. **基本步**($i = 1$) 因为 2 被杀掉,1 幸免于难,故 $J(2) = 1$。

   归纳步 假设命题对 i 成立。考虑 2^{i+1} 个人排成一个圆,开始第 $2, 4, 6, \cdots, 2^{i+1}$ 个被依次杀掉。这时,还剩下 2^i 个人排成一个圆,从第 1 个人开始,先杀掉第 2 个人,再杀掉第 4 个人,以此类推。根据归纳假设,第 1 个人幸免于难。所以 $J(2^{i+1}) = J(2^i) = 1$。

66. 不超过 100 000 的最大的 2 的整数幂为 2^{16}。于是,练习 64 中的 $n = 100\ 000$,$i = 16$,并且 $j = n - 2^i = 100\ 000 - 2^{16} = 100\ 000 - 65\ 536 = 34\ 464$。根据练习 64,$J(100\ 000) = J(n) = 2j + 1 = 2 \times 34\ 464 + 1 = 68\ 929$。

67. $b_1 + b_2 + \cdots + b_n = (a_2 - a_1) + (a_3 - a_2)$
$\qquad\qquad\qquad\qquad + \cdots + (a_{n+1} - a_n)$
$\qquad\qquad\qquad = -a_1 + a_{n+1} = a_{n+1} - a_1$

因为 $a_2, \cdots, a_n$ 被消去了。

70. 令

$$a_n = \frac{1}{n}$$

所以

$$\Delta a_n = a_{n+1} - a_n = \frac{1}{n+1} - \frac{1}{n} = \frac{-1}{n(n+1)}$$

令 $b_n = \Delta a_n$,根据练习 67,

$$\frac{-1}{1 \cdot 2} + \cdots + \frac{-1}{n(n+1)} = \Delta a_1 + \cdots + \Delta a_n$$
$$= b_1 + \cdots + b_n$$
$$= a_{n+1} - a_1$$
$$= \frac{1}{n+1} - 1 = \frac{-n}{n+1}$$

等式两端同乘以 -1 即得所求公式。

2.5 复习

1. 设 $S(n)$ 是以大于等于 n_0 的所有整数为定义域的命题函数。假设 $S(n_0)$ 为真,并且对所有 $n > n_0$,如果 $S(k)$ 对所有满足 $n_0 \leq k < n$ 的 k 为真,则 $S(n)$ 为真。那么,$S(n)$ 对所有整数 $n \geq n_0$ 为真。

2. 每个由非负整数组成的非空集合都有最小元。

3. 如果 d 和 n 是整数,$d > 0$,则存在唯一的整数 q(商)和 r(余数),满足 $n = dq + r$,$0 \leq r < d$。

2.5

1. **基本步**($n = 6, 7$)。可以使用三个 2 分的邮票得到 6 分的邮资。可以用一个 7 分的邮票得到 7 分的邮资。

   归纳步。设 $n \geq 8$ 并且对于 $6 \leq k < n$,k 分或者更多的邮资可以用 2 分和 7 分的邮票得到。根据归纳假设,可以得到 $n - 2$ 分的邮资。再增加一个 2 分的邮票就可以得到 n 分的邮资。

3. **基本步**($n = 4$)。可以使用两个 2 分的邮票得到 4 分的邮资。

   归纳步。设可以得到 n 分的邮资,证明可以得到 $n + 1$ 分的邮资。

   如果构成 n 分邮资的邮票中至少有一枚 5 分的邮票,则可以使用三枚 2 分的邮票代替这枚 5 分的邮票得到 $n + 1$ 分的邮资。如果构成 n 分的邮资票中没有 5 分的邮票,则至少有两枚 2 分的邮票(因为 $n \geq 4$)。用一枚 5 分的邮票替换这两枚 2 分的邮票,则可以得到 $n + 1$ 分的邮资。

6. 在归纳步中,必有 $k = \lfloor n/2 \rfloor \geq 3$。因为此不等式对于 $n = 4, 5$ 不成立,所以基本步是 $n = 3, 4, 5$。

9. $c_2 = 4$,$c_3 = 9$,$c_4 = 20$,$c_5 = 29$。

11. $c_2 = 2$,$c_3 = 3$,$c_4 = 12$,$c_5 = 13$。

14. 注意

$$c_0 = 0$$
$$c_1 = c_0 + 3 = 3$$
$$c_2 = c_1 + 3 = 6$$
$$c_3 = c_1 + 3 = 6$$
$$c_4 = c_2 + 3 = 9$$

因此论断 $c_n \leq 2n$ 对于 $n = 4$ 不成立。

在归纳步中，必有 $k = \lfloor n/2 \rfloor \geq 3$。因为此不等式对于 $n = 4, 5$ 不成立，所以基本步为 $n = 3, 4, 5$。在这个错误的证明中，基本步只考虑了 $n = 3$ 这种情况。事实上，因为语句对于 $n = 4$ 为假，所以基本步 $n = 3, 4, 5$ 不能被证明。

16. $q = 5, r = 2$ 19. $q = -1, r = 2$

22. $\dfrac{5}{6} = \dfrac{1}{2} + \dfrac{1}{3} = \dfrac{1}{2} + \dfrac{1}{4} + \dfrac{1}{12}$

26. 可以假设 $p/q > 1$，选择最大的整数 n 满足
$$\dfrac{1}{1} + \dfrac{1}{2} + \cdots + \dfrac{1}{n} \leq \dfrac{p}{q}$$
（前面的问题求解表明
$$\dfrac{1}{1} + \dfrac{1}{2} + \cdots + \dfrac{1}{n}$$
是无界的，故存在这样的 n。）如果可以得到等式，则 p/q 就是埃及形式。因此假设
$$\dfrac{1}{1} + \dfrac{1}{2} + \cdots + \dfrac{1}{n} < \dfrac{p}{q} \quad (*)$$

设
$$D = \dfrac{p}{q} - \left(\dfrac{1}{1} + \cdots + \dfrac{1}{n} \right)$$

显然，$D > 0$。因为 n 是满足式 $(*)$ 的最大整数，所以
$$\dfrac{1}{1} + \dfrac{1}{2} + \cdots + \dfrac{1}{n} + \dfrac{1}{n+1} \geq \dfrac{p}{q}$$

因此，
$$D = \dfrac{p}{q} - \left(\dfrac{1}{1} + \cdots + \dfrac{1}{n} \right)$$
$$\leq \left(\dfrac{1}{1} + \cdots + \dfrac{1}{n} + \dfrac{1}{n+1} \right) - \left(\dfrac{1}{1} + \cdots + \dfrac{1}{n} \right)$$
$$= \dfrac{1}{n+1}$$

特别是 $D < 1$ 时，根据练习 24，D 可以写成埃及形式：
$$D = \dfrac{1}{n_1} + \cdots + \dfrac{1}{n_k}$$

其中 n_i 各不相同。因为
$$\dfrac{1}{n_i} \leq D \leq \dfrac{1}{1+n} \quad \text{对} \ i = 1, \cdots, k$$

所以 $n < n + 1 \leq n_i$，其中 $i = 1, \cdots, k$，综上 $1, 2, \cdots, n, n_1, \cdots, n_k$ 各不相同。因此，
$$\dfrac{p}{q} = D + \dfrac{1}{1} + \cdots + \dfrac{1}{n} = \dfrac{1}{1} + \cdots + \dfrac{1}{n_1} + \cdots + \dfrac{1}{n_k} + \dfrac{1}{1} + \cdots + \dfrac{1}{n}$$

可以表示成埃及形式。

27. 在这个证明过程中，在 $n > 5$ 且 $n^2 - 1$ 能被 3 整除的奇整数集合 X 上进行归纳。这个归纳可以先考虑 X 中最小的整数，再考虑第二小的整数，以此类推。

基本步 $(n = 7, 11)$。2.4 节的练习 35 给出了当 $n = 7$ 时的解。

如果 $n = 11$，先将所缺的块包含在 7×7 子棋盘中（如下图所示）。2.4 节的练习 35 说明了如何覆盖这样的棋盘。2.4 节的练习 34 说明了两个 6×4 的棋盘可以被覆盖。2.4 节的练习 32 说明了缺块的 5×5 棋盘可以被覆盖。这样就可以说明任何 11×11 的缺块棋盘可以被三联骨牌覆盖。

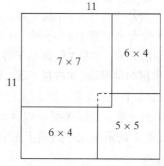

归纳步。假设 $n > 11$，并假设如果 $k < n$，k 为奇数，$k > 5$，$k^2 - 1$ 能被 3 整除，则 $k \times k$ 缺块棋盘可以被覆盖。

考虑缺块的 $n \times n$。首先将所缺的块包含在 $(n - 6) \times (n - 6)$ 子棋盘上。根据归纳假设，缺块的 $(n - 6) \times (n - 6)$ 子棋盘可以被覆盖。根据 2.4 节的练习 34，两个 $6 \times (n - 7)$ 子棋盘可以被覆盖。根据 2.4 节的练习 35，缺块的 7×7 子棋盘可以被覆盖。因此，$n \times n$ 棋盘可以被覆盖，归纳步完成。

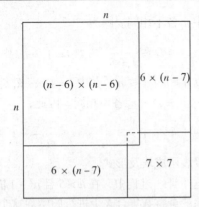

31. 设 X 是由非负整数组成的非空集合。必须证明 X 有最小元。利用数学归纳法，证明对所有的 $n \geq 0$，如果 X 包含小于等于 n 的元素，则 X 有最小元。注意这就证明了 X 有最小元（因为 X 非空，X 包含整数 n。因为 X 包含小于等于 n 的元素，所以 X 有最小元）。

    基本步($n = 0$)。如果 X 包含小于等于 0 的元素，则 X 包含 0，因为 X 中的元素都是非负整数。这时，0 是 X 的最小元。

    归纳步。假设如果 X 包含小于等于 n 的元素则 X 有最小元。必须证明如果 X 包含小于等于 $n+1$ 的元素则 X 有最小元。

    假设 X 包含小于等于 $n+1$ 的元素。考虑两种情况：X 包含小于等于 n 的元素；X 不包含小于等于 n 的元素。如果 X 包含小于等于 n 的元素，则根据归纳假设，X 有最小元。假设 X 不包含小于等于 n 的元素，因为 X 包含小于等于 $n+1$ 的元素，所以 X 必然包含 $n+1$，这时 $n+1$ 是 X 的最小元。归纳步完毕。

第 2 章自测题

1. 公理是假设为真的命题。定义被用来根据已有的概念建立新的概念。

2. 假设 m 和 $m - n$ 是奇数。则存在整数 k_1 和 k_2 使得 $m = 2k_1 + 1$ 和 $m - n = 2k_2 + 1$。现在有
$$n = m - (m - n) = (2k_1 + 1) - (2k_2 + 1)$$
$$= 2(k_1 - k_2)$$
因此 n 是偶数。

3. 因为 x 和 y 是有理数，则存在整数 m_1，n_1，m_2，n_2 使得 $x = m_1/n_1$ 和 $y = m_2/n_2$。因为 $y \neq 0$ 及 $m_2 \neq 0$。现在有

$$\frac{x}{y} = \frac{m_1/n_1}{m_2/n_2} = \frac{m_1 n_2}{n_1 m_2}$$

因为 x/y 是整数的商，所有它为有理数。

4. 首先证明 $X \subseteq Z$。令 $x \in X$。因为 $X \subseteq Y$，所以 $x \in Y$。因为 $Y \subset Z$，所以 $x \in Z$。所以 $X \subseteq Z$。接着证明 X 是 Z 的真子集。因为 $Y \subset Z$，所以存在 $z \in Z$ 使得 $z \notin Y$。现在有 $z \notin X$，因为如果 $z \in X$，则有 $z \in Y$。因此 $X \subset Z$。

5. 在直接证明中，不假定结论的否定成立。而反证法需假定结论的否定成立。

6. 假设 4 个队参加 7 场比赛，没有球队至少要赛 2 场；或者另一种等价的说法，4 个队参加 7 场比赛，每支球队最多比赛 1 场。如果球队为 A、B、C 和 D，并且每支球队最多参加 1 场比赛，最多比赛下面的场次

    A 对 B；A 对 C；A 对 D；
    B 对 C；B 对 D；C 对 D。

    这样，最多需要进行 6 场比赛。这是矛盾。因此，如果 4 个球队进行 7 场比赛，有的球队要至少进行 2 场比赛。

7. 考虑两种情况：$a \leq b$ 和 $a > b$。在这两种情况中，又考虑两种情况：$b \leq c$ 和 $b > c$。
    首先假设 $a \leq b$。如果 $b \leq c$，则
$$\min\{\min\{a, b\}, c\} = \min\{a, c\} = a = \min\{a, b\}$$
$$= \min\{a, \min\{b, c\}\}$$

    如果 $b > c$，则
$$\min\{\min\{a, b\}, c\} = \min\{a, c\}$$
$$= \min\{a, \min\{b, c\}\}$$

    在两种情况下，都有
$$\min\{\min\{a, b\}, c\} = \min\{a, \min\{b, c\}\}$$

    接着假设 $a > b$。如果 $b \leq c$，则
$$\min\{\min\{a, b\}, c\} = \min\{b, c\} = b = \min\{a, b\}$$
$$= \min\{a, \min\{b, c\}\}$$

    如果 $b > c$，则
$$\min\{\min\{a, b\}, c\} = \min\{b, c\} = c = \min\{a, c\}$$
$$= \min\{a, \min\{b, c\}\}$$

    在两种情况下，都有
$$\min\{\min\{a, b\}, c\} = \min\{a, \min\{b, c\}\}$$

部分习题答案

所以，对于所有的 a, b, c，都有

$\min\{\min\{a,b\},c\} = \min\{a,\min\{b,c\}\}$

8. [(a) → (b)] 首先证明逆否命题：如果 $A \cap \bar{B} \neq \emptyset$，则 A 不是 B 的子集。因为 $A \cap \bar{B} \neq \emptyset$，所以存在 x，有 $x \in A$ 及 $x \in \bar{B}$。因此存在 x，有 $x \in A$ 及 $x \notin B$。所以 A 不是 B 的子集。

[(b) → (c)] 如果 $x \in B$，则 $x \in A \cup B$。因此 $B \subseteq A \cup B$。

令 $x \in A \cup B$。必须证明 $x \in B$。现在有 $x \in A$ 或 $x \in B$。如果 $x \in B$，则此部分证明已经完成；因此假设 $x \in A$。因为 $A \cap \bar{B} \neq \emptyset$，所以 $x \notin \bar{B}$。因此 $x \in B$，$A \cup B \subseteq B$。所以 $A \cup B = B$。

[(c) → (a)] 令 $x \in A$。则 $x \in A \cup B$。因为 $A \cup B = B$，所以 $x \in B$。因此 $A \subseteq B$。

9. $(p \lor q) \to r \equiv \neg(p \lor q) \lor r$
$\equiv \neg p \neg q \lor r$
$\equiv (\neg p \lor r)(\neg q \lor r)$

10. $(p \lor \neg q) \to \neg rs \equiv \neg(p \lor \neg q) \lor \neg rs$
$\equiv \neg pq \lor \neg rs$
$\equiv (\neg p \lor \neg r)(\neg p \lor \neg s)(q \lor \neg r)(q \lor \neg s)$

11. 1. $\neg p \lor q$
    2. $\neg q \lor \neg r$
    3. $p \lor \neg r$
    4. $\neg p \lor \neg r$ 由 1 和 2
    5. $\neg r$ 由 3 和 4

12. 1. $\neg p \lor q$
    2. $\neg q \lor \neg r$
    3. $p \lor \neg r$
    4. r 结论的否定
    5. $\neg p \lor \neg r$ 由 1 和 2
    6. $\neg r$ 由 3 和 5

4 和 6 矛盾。

对于练习 13~16，这里只给出了归纳步。

13. $2 + 4 + \cdots + 2n + 2(n+1) = n(n+1) + 2(n+1) = (n+1)(n+2)$

14. $2^2 + 4^2 + \cdots + (2n)^2 + [2(n+1)]^2 = \dfrac{2n(n+1)(2n+1)}{3} + [2(n+1)]^2 = \dfrac{2(n+1)(n+2)[2(n+1)+1]}{3}$

15. $\dfrac{1}{2!} + \dfrac{2}{3!} + \cdots + \dfrac{n}{(n+1)!} + \dfrac{n+1}{(n+2)!}$
$= 1 - \dfrac{1}{(n+1)!} + \dfrac{n+1}{(n+2)!} = 1 - \dfrac{1}{(n+2)!}$

16. $2^{n+2} = 2 \cdot 2^{n+1} < 2[1 + (n+1)2^n] = 2 + (n+1)2^{n+1}$
$= 1 + [1 + (n+1)2^{n+1}]$
$< 1 + [2^{n+1} + (n+1)2^{n+1}]$
$= 1 + (n+2)2^{n+1}$

17. $q = 9$, $r = 2$

18. $c_2 = 2$, $c_3 = 3$, $c_4 = 8$, $c_5 = 9$

19. **基本步** ($n = 1$) $c_1 = 0 \leq 0 = 1 \lg 1$
归纳步
$c_n = 2c_{\lfloor n/2 \rfloor} + n$
$\leq 2\lfloor n/2 \rfloor \lg \lfloor n/2 \rfloor + n$
$\leq 2(n/2) \lg(n/2) + n$
$= n(\lg n - 1) + n = n \lg n$

20. 设 X 是有上界的由非负整数组成的非空集合。必须证明 X 包含最大元。

设 Y 是 X 的整数上界组成的集合。根据假设，Y 非空。因为 X 包含非负整数，所以 Y 也由非负整数组成。根据良序性，Y 有最小元，设最小元为 n。因为 Y 由 X 的上界组成，所以对 X 中的每个 k 有 $k \leq n$。用反证法，假设 n 不在 X 中。于是，对 X 中的每个 k 有 $k \leq n - 1$，所以 $n - 1$ 是 X 的上界，矛盾。所以，n 在 X 中。因为对 X 中的每个 k 有 $k \leq n$，所以 n 是 X 中的最大元。

3.1 复习

1. 设 X 和 Y 是集合。从 X 到 Y 的函数 f 是笛卡儿积 $X \times Y$ 的子集，满足对每个 $x \in X$，存在唯一的 $y \in Y$，使得 $(x, y) \in f$。

2. 在函数 f 的箭头图中，如果 $(i, j) \in f$，则有一个从 i 到 j 的箭头。

3. 定义域和值域都是实数的子集的函数 f 的图，在平面上画出了对应于 f 中元素的点。

4. 平面上的点集 S 当每条垂直线至多有一个点与 S 相交时便可以定义一个函数。

5. x 除以 y 的余数。

6. Hash 函数根据要存入或检索的数据为其计算存入或检索的首选地址。

7. 对于Hash函数H，如果$H(x) = H(y)$但$x \neq y$，便称冲突发生了。

8. 当冲突发生时，冲突消解策略为其中一个数据确定出另一个位置。

9. 伪随机数是看起来随机的数，虽然它们是程序生成的。

10. 一个线性同余随机数发生器使用形如$x_n = (ax_{n-1} + c) \bmod m$的公式。给出伪随机数$x_{n-1}$，下一个伪随机数$x_n$由这个公式给出。"种子"用来作为序列中的第一个伪随机数。例如，公式$x_n = (7x_{n-1} + 5) \bmod 11$和种子3给出以3, 4, 0, 5, …开头的序列。

11. x的下整数是小于或等于x的最大整数。记为$\lfloor x \rfloor$。

12. x的上整数是大于或等于x的最小整数。记为$\lceil x \rceil$。

13. 从X到Y的函数f称为是一对一的，如果对每个$y \in Y$，至多有一个$x \in X$使得$f(x) = y$。函数$\{(a, 1), (b, 3), (c, 0)\}$是一对一的。如果一个从$X$到$Y$的函数是一对一的，那么在其箭头图中，对于$Y$中的每个元素，至多有一个箭头指向它。

14. 从X到Y的函数f称为对Y映上的，如果f的值域是Y。函数$\{(a, 1), (b, 3), (c, 0)\}$是对$\{0, 1, 3\}$映上的。如果一个从$X$到$Y$的函数是到$Y$上的，那么在其箭头图中，对于$Y$中的每个元素，至少有一个箭头指向它。

15. 双射是一对一且映上的函数。练习13和练习14中的函数是一对一的且到$\{0, 1, 3\}$上的。

16. 如果f是从X到Y的一对一且映上的函数，则逆函数是$f^{-1} = \{(y, x) \mid (x, y) \in f\}$。如果$f$是练习13和练习14中的函数，则有$f^{-1} = \{(1, a), (3, b), (0, c)\}$。给定一个从$X$到$Y$的一对一且映上的函数$f$的箭头图，可通过把每个箭头反向来得到$f^{-1}$的箭头图。

17. 假设g是从X到Y的函数，f是从Y到Z的函数。复合函数是从X到Z的，定义为$f \circ g = \{(x, z) \mid (x, y) \in g$且$(y, z) \in f$，对某个$y \in Y\}$。如果$g = \{(1, 2), (2, 2)\}$，$f = \{(2, a)\}$，则$f \circ g = \{(1, a), (2, a)\}$。给定从$X$到$Y$的函数$g$的和从$Y$到$Z$的函数$f$的箭头图，可以通过以下方法得到$f \circ g$的箭头图：如果存在从$x \in X$到某个$z \in Z$的箭头和从$x$到$y \in Y$的箭头，则画一个从$y$到$z$的箭头。

18. X上的二元算子是从$X \times X$到X的函数。加算子"+"是整数集上的二元算子。

19. X上的一元算子是从X到X的函数。负算子"−"是整数集上的一元算子。

3.1

1. 是从X到Y的函数；定义域 $= X$，值域 $= \{a, b, c\}$；既不是一对一的也不是映上的。箭头图是

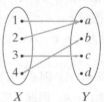

4. 不是（从X到Y的）函数。

6.

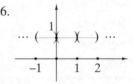

9.

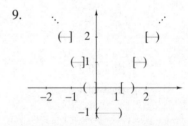

10. 函数f是一对一的，也是映上的。为了证明f是一对一的，假定$f(n) = f(m)$，则有$n + 1 = m + 1$，即$n = m$，因此f是一对一的。
为了证明f是一对一的，令m是一个整数。由于$f(m − 1) = (m − 1) + 1 = m$，因此$f$是映上的。

13. 函数f既不是一对一的，也不是映上的。因为$f(−1) = |−1| = 1 = f(1)$，因此f不是一对一的。因为对所有$n \in \mathbf{Z}$，$f(n) \geq 0$，由此可见对所有$n \in \mathbf{Z}$，$f(n) \neq −1$。因此f不是映上的。

16. 函数f不是一对一的，但是映上的。因为$f(2, 1) = 2 − 1 = 1 = 3 − 2 = f(3, 2)$，因此$f$不是一对一的。假定$k \in \mathbf{Z}$，则$f(k, 0) = k − 0 = k$。因此$f$是映上的。

19. 函数 f 既不是一对一的，也不是映上的。因为 $f(2,1) = 2^2+1^2 = 1^2+2^2 = f(1,2)$，因此 f 不是一对一的。因为对所有 $m, n \in \mathbf{Z}$，$f(m,n) \geq 0$，由此可见对所有 $m, n \in \mathbf{Z}$，$f(m,n) \neq -1$。因此 f 不是映上的。

22. 假定 $f(a,b) = f(c,d)$，则 $2^a 3^b = 2^c 3^d$。可知 $a = c$，若不然则有 $a > c$ 或 $a < c$。假定 $a > c$（对于 $a < c$，同理），从 $2^a 3^b = 2^c 3^d$ 两边消去 2^c，可得 $2^{a-c} 3^b = 3^d$。因为 $a - c > 0$，因此 $2^{a-c} 3^b$ 是偶数，但 3^d 是奇数。矛盾。因此 $a = c$。现在可从 $2^a 3^b = 2^c 3^d$ 两边消去 2^a，得到 $3^b = 3^d$。使用和上面类似的论证可得 $b = d$。因为 $a = c$ 且 $b = d$，所以 f 是一对一的。
因为对所有 $m, n \in \mathbf{Z}^+$，$f(m,n) \neq 5$，所以 f 不是映上的。
（注意对所有 $m, n \in \mathbf{Z}^+$，$f(m,n) \geq 6$）。

23. f 是一对一的，也是映上的。

26. f 是一对一的，也是映上的。

29. 定义从 $\{1,2,3,4\}$ 到 $\{a,b,c,d,e\}$ 的函数 f 为 $f = \{(1,a),(2,c),(3,b),(4,d)\}$。$f$ 是一对一的，但不是映上的。

32. $f^{-1}(y) = (y-2)/4$

35. $f^{-1}(y) = 1/(y-3)$

38. $f \circ g = \{(1,x),(2,z),(3,x)\}$

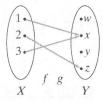

41. $(f \circ f)(x) = 2\lfloor 2x \rfloor$，$(g \circ g)(x) = x^4$，$(f \circ g)(x) = \lfloor 2x^2 \rfloor$，$(g \circ f)(x) = \lfloor 2x \rfloor^2$

42. 令 $g(x) = \log_2 x$，$h(x) = x^2 + 2$。则 $f(x) = (g \circ h)(x)$

45. 令 $g(x) = 2x$，$h(x) = \sin x$。则 $f(x) = (g \circ h)(x)$

48. $f = \{(-5,25),(-4,16),(-3,9),(-2,4),(-1,1),(0,0),(1,1),(2,4),(3,9),(4,16),(5,25)\}$。$f$ 既不是一对一的，也不是映上的。f 的箭头图略。

51. $f = \{(0,0),(1,4),(2,3),(3,2),(4,1)\}$；$f$ 是一对一的且是映上的。f 的箭头图为

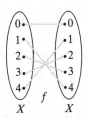

54. 6

在练习 55 和练习 58 的解答中，$a : b$ 表示"将项 a 存入单元 b"。

55. $53 : 9$，$13 : 2$，$281 : 6$，$743 : 7$，$377 : 3$，$20 : 10$，$10 : 0$，$796 : 4$

58. $714 : 0$，$631 : 6$，$26 : 5$，$373 : 1$，$775 : 8$，$906 : 13$，$509 : 2$，$2032 : 7$，$42 : 4$，$4 : 3$，$136 : 9$，$1028 : 10$

61. 在搜索中，如果遇到空单元就停止，那么即使项存在，也可能找不到。该单元可能是因为删去了一个项而变为空。一个解决办法是标记曾经删去项的单元并且在搜索中将它们看成是非空的。

62. 错。取 $g = \{(1,a),(2,b)\}$ 和 $f = \{(a,z),(b,z)\}$。

65. 正确。设 $z \in Z$。因为 f 是映上的，所以存在 $y \in Y$ 使得 $f(y) = z$。因为 g 是映上的，所以存在 $x \in X$ 使得 $g(x) = y$。于是，$f(g(x)) = f(y) = z$，故 $f \circ g$ 是映上的。

68. 正确。假设 $g(x_1) = g(x_2)$。则 $f(g(x_1)) = f(g(x_2))$。因为 $f \circ g$ 是一对一的，所以 $x_1 = x_2$。故 g 是一对一的。

70. $g(S) = \{a\}$，$g(T) = \{a,c\}$，$g^{-1}(U) = \{1\}$，$g^{-1}(V) = \{1,2,3\}$。

75. 不是。令 $f(x) = x$ 且 $g(x) = x^2$。则 $E_1(f) = f(1) = 1 = g(1) = E_1(g)$。

77. 101

80. 假定 $S(Y_1) = s_1 s_2 s_3 = S(Y_2)$。现 $a \in Y_1$ 当且仅当 $s_1 = 1$ 当且仅当 $a \in Y_2$。同样，$b \in Y_1$ 当且仅当 $s_2 = 1$ 当且仅当 $b \in Y_2$。同样，$c \in Y_1$ 当且仅当 $s_3 = 1$ 当且仅当 $c \in Y_2$。由此 $Y_1 = Y_2$，即 S 是一对一的。

82. 如果 $x \in X \cap Y$，则 $C_{X \cap Y}(x) = 1 = 1 \cdot 1 = C_X(x) C_Y(x)$。如果 $x \notin X \cap Y$，则 $C_{X \cap Y}(x) = 0$。因为 $x \notin X$ 或 $x \notin Y$，所以 $C_X(x) = 0$ 或 $C_Y(x) = 0$。因此 $C_X(x) C_Y(x) = 0 = C_{X \cap Y}(x)$。

85. 如果 $x \in X - Y$，则 $C_{X-Y}(x) = 1 = 1 \cdot [1-0] = C_X(x)[1 - C_Y(x)]$。如果 $x \notin X - Y$，则 $x \notin X$ 或 $x \in Y$。在 $x \notin X$ 的情况下，$C_{X-Y}(x) = 0 = 0 \cdot [1 - C_Y(x)] = C_X(x)[1 - C_Y(x)]$。在 $x \in Y$ 的情况下，$C_{X-Y}(x) = 0 = C_X(x) \cdot [1-1] = C_X(x)[1 - C_Y(x)]$。因而等式对所有 $x \in U$ 成立。

88. 根据定义 f 是映上的。假设 $f(X) = f(Y)$，则对所有 $x \in U$，有 $C_X(x) = C_Y(x)$。假设 $x \in X$，则 $C_X(x) = 1$，故有 $C_Y(x) = 1$，因而 $x \in Y$。所以论证了 $X \subseteq Y$，同理 $Y \subseteq X$。所以 $X = Y$。故 f 是一对一的。

90. f 是可交换的二元算子。

93. f 不是二元算子，因为 $f(x, 0)$ 没有定义。

95. $g(x) = -x$

98. 语句为真。大于等于 x 的最小整数是满足条件 $k - 1 < x \leq k$ 的唯一整数 k。所以 $k + 2 < x + 3 \leq k + 3$，故 $k + 3$ 是大于等于 $x + 3$ 的最小整数。所以，$k + 3 = \lceil x + 3 \rceil$。因为 $k = \lceil x \rceil$，所以有 $\lceil x + 3 \rceil = k + 3 = \lceil x \rceil + 3$。

101. 如果 n 是奇数，则对某个整数 k 有 $n = 2k + 1$。于是

$$\frac{n^2}{4} = \frac{(2k+1)^2}{4} = \frac{4k^2 + 4k + 1}{4} = k^2 + k + \frac{1}{4}$$

因为 $k^2 + k$ 是整数，所以

$$\left\lfloor \frac{n^2}{4} \right\rfloor = k^2 + k$$

由此可得结果，因为

$$\left(\frac{n-1}{2}\right)\left(\frac{n+1}{2}\right) = \left[\frac{(2k+1)-1}{2}\right]\left[\frac{(2k+1)+1}{2}\right]$$
$$= \frac{2k(2k+2)}{4}$$
$$= \frac{4k^2 + 4k}{4} = k^2 + k$$

104. 设 $k = \lceil x \rceil$，则 $k - 1 < x \leq k$ 且 $2x \leq 2k$。所以 $\lceil 2x \rceil \leq 2k = 2 \lceil x \rceil$。于是 $\lceil x \rceil = k < x + 1$，故 $2 \lceil x \rceil < 2x + 2 \leq \lceil 2x \rceil + 2$，所以 $2 \lceil x \rceil - 2 < \lceil 2x \rceil$。因此 $2 \lceil x \rceil - 1 \leq \lceil 2x \rceil$。

107. 四月，七月

3.2 复习

1. 序列是定义域为连续整数所组成的集合的函数。

2. 如果 s_n 表示序列的第 n 个元素，则称 n 为序列的下标。

3. 如果对所有的 n 都有 $s_n < s_{n+1}$，则序列 s 是递增的。

4. 如果对所有的 n 都有 $s_n > s_{n+1}$，则序列 s 是递减的。

5. 如果对所有的 n 都有 $s_n \geq s_{n+1}$，则序列 s 是非递增的。

6. 如果对所有的 n 都有 $s_n \leq s_{n+1}$，则序列 s 是非递减的。

7. 设 $\{s_n\}$ 是一个下标取值为 $n = m, m+1, \cdots$ 的序列，$n_1, n_2, \cdots$ 是一个递增序列，并且 $n_1, n_2, \cdots$ 在集合 $\{m, m+1, \cdots\}$ 中取值，称序列 $\{s_{n_k}\}$ 为 $\{s_n\}$ 的一个子序列。

8. $a_m + a_{m+1} + \cdots + a_n$ 9. $a_m a_{m+1} \cdots a_n$

10. X 上的串是由 X 中的元素组成的有限序列。

11. 空串是不含任何元素的串。

12. X^* 是 X 上所有的串的集合。

13. X^+ 是 X 上所有非空串的集合。

14. 一个串 α 的长度是 α 中元素的个数。记为 $|\alpha|$。

15. 串 α 和串 β 的毗连是 β 接在 α 后构成的串。记为 $\alpha\beta$。

16. 串 β 是串 α 的子串，如果存在串 γ 和 δ 使得 $\alpha = \gamma\beta\delta$。

3.2

1. c 2. c 3. $cddcdc$ 25. 52   26. 52

27. 不是   28. 不是   29. 不是   30. 是

39. 12   40. 23   41. 7   42. 46

43. 1   44. 3   45. 3   46. 21

47. 不是   48. 不是   49. 不是   50. 是

67. 15   68. 155   69. $2n + 3(n-1)n/2$

70. 是   71. 不是   72. 不是   73. 是

83. 1, 3, 5, 7, 9, 11, 13

84. 1, 5, 9, 13, 17, 21, 25

85. $n_k = 2k - 1$ 86. $s_{n_k} = 4k - 3$

91. 88   92. 1140   93. 48   94. 3168

111. $b_1 = 1, b_2 = 2, b_3 = 3, b_4 = 4, b_5 = 5, b_6 = 126$

114. 设 $s_0 = 0$。则

$$\sum_{k=1}^n a_k b_k = \sum_{k=1}^n (s_k - s_{k-1})b_k$$
$$= \sum_{k=1}^n s_k b_k - \sum_{k=1}^n s_{k-1} b_k$$
$$= \sum_{k=1}^n s_k b_k - \sum_{k=1}^n s_k b_{k+1} + s_n b_{n+1}$$
$$= \sum_{k=1}^n s_k (b_k - b_{k+1}) + s_n b_{n+1}$$

117. 00, 01, 10, 11

120. 000, 010, 001, 011, 100, 110, 101, 111, 00, 01, 11, 10, 0, 1, λ

123. **基本步**($n = 1$)。此时,{1}是集合{1}的唯一非空子集,因此和是
$$\frac{1}{1} = 1 = n$$

归纳步。假定对 n 语句成立。将 $\{1, \cdots, n, n+1\}$ 的子集分为两类:

C_1 = 不包含 $n+1$ 的非空子集构成的类
C_2 = 包含 $n+1$ 的子集构成的类

因为 C_2 中的集合包含元素 $n+1$ 并上 $\{1, \cdots, n\}$ 的子集(空或非空子集),因此

$$\sum_{C_1} \frac{1}{n_1 \cdots n_k} = n$$

[其中项 $1/(n+1)$ 来自子集 $\{n+1\}$。],由归纳假设

$$\sum_{C_2} \frac{1}{(n+1)n_1 \cdots n_k} = \frac{1}{n+1} + \frac{1}{n+1} \sum_{C_1} \frac{1}{n_1 \cdots n_k}$$

因此

$$\frac{1}{n+1} + \frac{1}{n+1} \sum_{C_1} \frac{1}{n_1 \cdots n_k} = \frac{1}{n+1} + \frac{1}{n+1} \cdot n = 1$$

最后有
$$\sum_{C_2} \frac{1}{(n+1)n_1 \cdots n_k} = 1$$

最后
$$\sum_{C_1 \cup C_2} \frac{1}{n_1 \cdots n_k} = \sum_{C_1} \frac{1}{n_1 \cdots n_k} + \sum_{C_2} \frac{1}{(n+1)n_1 \cdots n_k} = n+1$$

125. 因为 $x_1 \leq x \leq x_n$, $|x - x_1| = x - x_1$ 且 $|x - x_n| = x_n - x$,因此

$$\sum_{i=1}^n |x - x_i| = |x - x_1| + \sum_{i=2}^{n-1} |x - x_i| + |x - x_n|$$
$$= (x - x_1) + \sum_{i=2}^{n-1} |x - x_i| + (x_n - x)$$
$$= \sum_{i=2}^{n-1} |x - x_i| + (x_n - x_1)$$

128. 使用 2.4 节练习 4 的结论,有

$$\sum_{i=1}^n \sum_{j=1}^n (i-j)^2 = \sum_{i=1}^n \sum_{j=1}^n (i^2 - 2ij + j^2)$$
$$= \sum_{i=1}^n \sum_{j=1}^n i^2 - 2 \sum_{i=1}^n \sum_{j=1}^n ij + \sum_{i=1}^n \sum_{j=1}^n j^2$$
$$= \sum_{j=1}^n \sum_{i=1}^n i^2 - 2 \sum_{i=1}^n i \sum_{j=1}^n j + \sum_{i=1}^n \sum_{j=1}^n j^2$$
$$= \sum_{j=1}^n \frac{n(n+1)(2n+1)}{6} - 2\left[\frac{n(n+1)}{2}\right]^2$$
$$+ \sum_{i=1}^n \frac{n(n+1)(2n+1)}{6}$$
$$= n\left[\frac{n(n+1)(2n+1)}{6}\right] - \frac{n^2(n+1)^2}{2}$$
$$+ n\left[\frac{n(n+1)(2n+1)}{6}\right]$$
$$= 2n\left[\frac{n(n+1)(2n+1)}{6}\right] - \frac{n^2(n+1)^2}{2}$$
$$= \frac{n^2(n+1)[2(2n+1) - 3(n+1)]}{6}$$
$$= \frac{n^2(n+1)[n-1]}{6} = \frac{n^2(n^2-1)}{6}$$

129. 函数 f 是一对一的。假定 $f(\alpha) = f(\beta)$。则 $\alpha ab = \beta ab$。因此 $\alpha = \beta$。

函数 f 不是映上的。因为对所有 $\alpha \in X^*$, $|f(\alpha)| \geq 2$,因此对所有 $\alpha \in X^*$, $f(\alpha) \neq \lambda$。

132. 设 $\alpha = \lambda$。则 $\alpha \in L$,由第一条规则有 $ab = a\alpha b \in L$。现在 $\beta = ab \in L$,由第一条规则有 $aabb = a\beta b \in L$。于是 $\gamma = aabb \in L$,由第一条规则有 $aaabbb = a\gamma b \in L$。

135. 用强数学归纳法施归纳于 α 的长度 n。如果 $\alpha \in L$,则 α 中 a 和 b 的个数相等。

基本步是 $n = 0$。这时，α 是空串，α 中 a 和 b 的个数相等。

现在来看归纳步。假设 L 中任何长度为 $k < n$ 的串有相同数目的 a 和 b。必须证明 L 中任何长度为 n 的串有相同数目的 a 和 b。设 $\alpha \in L$ 并假设 $|\alpha| = n > 0$。于是，由规则1或规则2，α 在 L 中。

假设 α 在 L 中是因为规则1。在这种情况下，$\alpha = a\beta b$ 或 $\alpha = b\beta a$，其中 $\beta \in L$。因为 $|\beta| < n$，由归纳假设，β 中 a 和 b 的个数相等。因为 $\alpha = a\beta b$ 或 $\alpha = b\beta a$，所以 α 中 a 和 b 的个数也相等。

假设 α 在 L 中是因为规则2。在这种情况下，$\alpha = \beta\gamma$，其中 $\beta \in L$ 且 $\gamma \in L$。因为 $|\beta| < n$ 且 $|\gamma| < n$，由归纳假设，β 和 γ 分别有相同数目的 a 和 b。因为 $\alpha = \beta\gamma$，所以 α 中 a 和 b 的个数也相等。归纳法证明完成。

3.3 复习

1. 从集合 X 到集合 Y 的二元关系是笛卡儿积 $X \times Y$ 的一个子集。

2. 在一个从 X 到 Y 的关系的有向图中，顶点表示 X 的元素，从 x 到 y 的有向边表示关系中的元素 (x, y)。

3. 如果对每个 $x \in X$ 都有 $(x, x) \in R$，则集合 X 上的关系 R 是自反的。关系 $\{(1, 1), (2, 2)\}$ 是 $\{1, 2\}$ 上的一个自反的关系。关系 $\{(1, 1)\}$ 不是 $\{1, 2\}$ 上自反的关系。

4. 集合 X 上的关系 R 是对称的，如果对所有的 $x, y \in X$，若 $(x, y) \in R$ 则 $(y, x) \in R$。关系 $\{(1, 2), (2, 1)\}$ 是 $\{1, 2\}$ 上的一个对称的关系。关系 $\{(1, 2)\}$ 不是 $\{1, 2\}$ 上对称的关系。

5. 集合 X 上的关系 R 是反对称的，如果对所有的 $x, y \in X$，若 $(x, y) \in R$ 且 $x \neq y$，则 $(y, x) \notin R$。关系 $\{(1, 2)\}$ 是 $\{1, 2\}$ 上的一个反对称的关系。关系 $\{(1, 2), (2, 1)\}$ 不是 $\{1, 2\}$ 上反对称的关系。

6. 集合 X 上的关系 R 是传递的，如果对所有的 $x, y, z \in X$，若 $(x, y) \in R$ 且 $(y, z) \in R$，则 $(x, z) \in R$。关系 $\{(1, 2), (2, 3), (1, 3)\}$ 是 $\{1, 2, 3\}$ 上的一个传递的关系。关系 $\{(1, 2), (2, 1)\}$ 不是 $\{1, 2\}$ 上传递的关系。

7. 集合 X 上的关系 R 是一个偏序，如果 R 是自反的、反对称的且传递的。关系 $\{(1, 1), (2, 2), (3, 3), (1, 2), (2, 3), (1, 3)\}$ 是 $\{1, 2, 3\}$ 上的一个偏序。

8. 如果 R 是一个从 X 到 Y 的关系，则 R 的逆是从 Y 到 X 的关系：$R^{-1} = \{(y, x) \mid (x, y) \in R\}$。关系 $\{(1, 2), (1, 3)\}$ 的逆是 $\{(2, 1), (3, 1)\}$。

9. 设 R_1 是从 X 到 Y 的关系，R_2 是从 Y 到 Z 的关系。R_1 和 R_2 的复合是从 X 到 Z 的关系 $R_2 \circ R_1 = \{(x, z) \mid (x, y) \in R_1; (y, z) \in R_2, 对某些 y \in Y\}$。$R_1 = \{(1, 2), (1, 3), (2, 2)\}$ 和 $R_2 = \{(2, 1), (2, 3), (1, 4)\}$ 的复合 $R_2 \circ R_1 = \{(1, 1), (1, 3), (2, 1), (2, 3)\}$。

3.3

1. $\{(8840, 锤子), (9921, 钳子), (452, 油漆), (2207, 地毯)\}$

4. $\{(a, a), (b, b)\}$

5.
a	6
b	2
a	1
c	1

8.
水星	1
金星	2
地球	3
火星	4
木星	5
土星	6
天王星	7
海王星	8
冥王星	9

9.

12.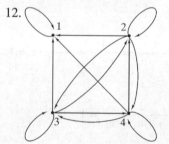

13. $\{(a, b), (a, c), (b, a), (b, d), (c, c), (c, d)\}$
16. $\{(b, c), (c, b), (d, d)\}$
17. (对于练习1), {(锤子, 8840), (钳子, 9921), (油漆, 452), (地毯, 2207)}
18. $\{(1, 1), (1, 4), (2, 2), (2, 5), (3, 3), (4, 1), (4, 5), (5, 2), (5, 5)\}$
20. $R = R^{-1} = \{(1, 1), (1, 2), (1, 3), (1, 4), (1, 5), (2, 1), (2, 2), (2, 3), (2, 4), (3, 1), (3, 2), (3, 3), (4, 1), (4, 2), (5, 1)\}$
23. 反对称的   24. 反对称的
27. 自反的、对称的、反对称的、传递的、偏序
32. 自反的、反对称的、传递的、偏序
35. 自反的。假定(x_1, x_2)在$X_1 \times X_2$之中。因为R_i是自反的,因此$x_1R_1x_1$且$x_2R_2x_2$,由此$(x_1, x_2)R(x_1, x_2)$。
    反对称的。假定$(x_1, x_2)R(x'_1, x'_2), (x'_1, x'_2)R_2(x_1, x_2)$。则有$x_1R_1x'_1$和$x'_1R_1x_1$。因为$R_1$是反对称的,因此$x_1 = x'_1$,同样有$x_2 = x'_2$。因此$(x_1, x_2) = (x'_1, x'_2)$,即$R$是反对称的。
    传递性的证明类似。
37. $\{(1, 1), (2, 2), (3, 3), (4, 4), (1, 2), (2, 3), (2, 1), (3, 2)\}$
40. $\{(1, 1), (1, 2), (2, 1), (2, 2)\}$
42. 成立。设$(x, y), (y, z) \in R^{-1}$,则$(z, y), (y, x) \in R$。因为$R$是传递的,所以$(z, x) \in R$。于是$(x, z) \in R^{-1}$。故$R^{-1}$是传递的。
45. 成立。必须证明对所有$x \in X, (x, x) \in R \circ S$。设$x \in X$,因为$R$和$S$是自反的,$(x, x) \in R$且$(x, x) \in S$。故$(x, x) \in R \circ S$,所以$R \circ S$是自反的。
48. 成立。设$(x, y) \in R \cap S$,则$(x, y) \in R$且$(x, y) \in S$。因为R和S是对称的,$(y, x) \in R$且$(y, x) \in S$。故$(y, x) \in R \cap S$,所以$R \cap S$是对称的。
51. 不成立。设$R = \{(1, 2)\}, S = \{(2, 1)\}$。
54. 成立。设$(x, y), (y, x) \in R^{-1}$。则$(y, x), (x, y) \in R$。因为$R$是反对称的,则$y = x$。所以$R^{-1}$是反对称的。
56. R是自反的和对称的。R不是反对称的,不是传递的,不是偏序。

3.4 复习
1. 等价关系是自反的、对称的且传递的关系。关系$\{(1, 1), (2, 2), (3, 3), (1, 2), (2, 1)\}$是$\{1, 2, 3\}$上的一个等价关系。关系$\{(1, 1), (3, 3), (1, 2), (2, 1)\}$不是$\{1, 2, 3\}$上的等价关系。
2. 设R是X上的等价关系。R给出的X的等价类是形如$\{x \in X \mid xRa\}$的集合,其中$a \in X$。
3. 如果R是X上的一个等价关系,则等价类划分了X。反之,如果S是X的一个划分,定义xRy表示对于某个$S \in \mathcal{S}$,x和y都属于S,则R是等价关系。

3.4
1. 等价关系:$[1] = [3] = \{1, 3\}, [2] = \{2\}, [4] = \{4\}, [5] = \{5\}$
4. 等价关系:$[1] = [3] = [5] = \{1, 3, 5\}, [2] = \{2\}, [4] = \{4\}$
7. 不是等价关系(既不是传递的也不是自反的)
9. 关系是等价关系。
12. 关系不是等价关系。它不是自反的也不是对称的。
15. $\{(1, 1), (1, 2), (2, 1), (2, 2), (3, 3), (3, 4), (4, 3), (4, 4)\}$
    $[1] = [2] = \{1, 2\}, [3] = [4] = \{3, 4\}$
18. $\{(1, 1), (1, 2), (1, 3), (2, 1), (2, 2), (2, 3), (3, 1), (3, 2), (3, 3), (4, 4)\}$
    $[1] = [2] = [3] = \{1, 2, 3\}, [4] = \{4\}$
22. $\{1\}, \{1, 3\}, \{1, 4\}, \{1, 3, 4\}$
24. (b)
    {San Francisco, San Diego, Los Angeles},
    {Pittsburgh, Philadelphia}, {Chicago}
26. $R = \{(x, x) \mid x \in X\}$
29. 假定xRy。因为R是自反的,yRy。在给定条件下取$z = y$,有yRx。因此R是对称的。现假定xRy且yRz,由给定条件有zRy。因为R是对称的,有xRz。因此R是传递的。由于R是自反、对称和传递的,因此R是一个等价关系。

31. (b)
(1, 1), (1, 2), (1, 3), (1, 4), (1, 5), (1, 6), (1, 7)
(1, 8), (1, 9), (1, 10), (2, 1), (3, 1), (4, 1), (5, 1)
(6, 1), (7, 1), (8, 1), (9, 1), (10, 1)

34. (a) 只证明对称性。设$(x, y) \in R_1 \cap R_2$，则$(x, y) \in R_1$且$(x, y) \in R_2$。因为R_1和R_2都是对称的，所以$(y, x) \in R_1$且$(y, x) \in R_2$。因而，$(y, x) \in R_1 \cap R_2$，所以$R_1 \cap R_2$是对称的。
(b) A是$R_1 \cap R_2$的一个等价类当且仅当存在R_1的等价类A_1和R_2的等价类A_2，使得$A = A_1 \cap A_2$。

37. (b) 环面

40. 如果$x \in X$，则$x \in f^{-1}(f(\{x\}))$。于是$\cup\{S \mid S \in \mathcal{S}\} = X$。设对某个$y, z \in Y$，$a \in f^{-1}(\{y\}) \cap f^{-1}(\{z\})$，则有$f(a) = y$, $f(a) = z$。故$y = z$。于是$\mathcal{S}$是X的划分，练习38给出了生成这个划分的等价关系。

43. 使用反证法，假定$a \in [b]$，则$(a, b) \in R$。由于R是对称的，因此$(b, a) \in R$。再由于R是传递的，因此$(b, b) \in R$，其和假设矛盾。因此$[b] = \emptyset$。

46. 因为R不是传递的，因此存在(a, b)、$(b, c) \in R$，但$(a, c) \notin R$。即有$a \in [b]$、$b \in [c]$和$a \notin [c]$。因为R是自反的，有$b \in [b]$。因此$[b] \cap [c] \neq \emptyset$，但$[b] \neq [c]$。由此伪等价类不能划分$X$。

50. $\rho(R_1) = \{(1, 1), (2, 2), (3, 3), (4, 4), (1, 2), (3, 4), (4, 2)\}$
$\sigma(R_1) = \{(1, 1), (2, 1), (1, 2), (3, 4), (4, 3), (4, 2), (2, 4)\}$
$\tau(R_1) = \{(1, 1), (1, 2), (3, 4), (4, 2), (3, 2)\}$
$\tau(\sigma(\rho(R_1))) = \{(x, y) \mid x, y \in \{1, 2, 3, 4\}\}$

53. 设$(x, y), (y, z) \in \tau(R)$，则$(x, y) \in R^m$且$(y, z) \in R^n$。因而，$(x, z) \in R^{m+n}$。所以$(x, z) \in \tau(R)$，$\tau(R)$是传递的。

56. 假设R是传递的。如果$(x, y) \in \tau(R) = \cup\{R^n\}$，则存在$x = x_0, \cdots, x_n = y \in X$，使得对于$i = 1, \cdots, n$，$(x_{i-1}, x_i) \in R$。因为$R$是传递的，所以$(x, y) \in R$。因此$R \supseteq \tau(R)$。因为总有$R \subseteq \tau(R)$，所以$R = \tau(R)$。
假设$\tau(R) = R$。由练习53，$\tau(R)$是传递的。所以，R是传递的。

57. 成立。设$D = \{(x, x) \mid x \in X\}$，则根据定义，对$X$上任意关系$R$，有$\rho(R) = R \cup D$。于是$\rho(R_1 \cup R_2) = (R_1 \cup R_2) \cup D = (R_1 \cup D) \cup (R_2 \cup D) = \rho(R_1) \cup \rho(R_2)$。

60. 不成立。令$R_1 = \{(1, 2), (2, 3)\}$，$R_2 = \{(1, 3), (3, 4)\}$。

63. 成立。利用练习57的符号和提示，有$\rho(\tau(R_1)) = \tau(R_1) \cup D$且$\tau(\rho(R_1)) = \tau(R_1 \cup D)$，故必须证明$\tau(R_1) \cup D = \tau(R_1 \cup D)$。
首先注意如果$A \subseteq B$，则$\tau(A) \subseteq \tau(B)$。因为$R_1 \subseteq R_1 \cup D$，所以$\tau(R_1) \subseteq \tau(R_1 \cup D)$。同样因为$D \subseteq R_1 \cup D$，所以$D = \tau(D) \subseteq \tau(R_1 \cup D)$。于是$\tau(R_1) \cup D \subseteq \tau(R_1 \cup D)$。
因为$R_1 \subseteq \tau(R_1)$，所以$R_1 \cup D \subseteq \tau(R_1) \cup D$。根据上一段的论述，有$\tau(R_1 \cup D) \subseteq \tau(\tau(R_1) \cup D)$。因为$\tau(R_1) \cup D$是传递的，$\tau(\tau(R_1) \cup D) = \tau(R_1) \cup D$（参见练习56）。所以$\tau(R_1 \cup D) \subseteq \tau(R_1) \cup D$。

64. 根据恒等函数，集合与其自身等价。
如果X与Y等价，则存在一个从X到Y的一对一的映上的函数f。有f^{-1}是从Y到X的一对一的映上的函数。
如果X与Y等价，则存在一个从X到Y的一对一的映上的函数f。如果Y与Z等价，则存在一个从Y到Z的一对一的映上的函数g。有$g \circ f$是从X到Z的一对一的映上的函数。

3.5 复习

1. 为了得到一个从X到Y的关系的矩阵，先用X的元素标记矩阵的行，用Y的元素标记矩阵的列。然后，如果xRy，则令x行y列的元素为1，否则令其为0。

2. 一个关系是自反的当且仅当它的矩阵主对角线上的元素都是1。

3. 一个关系是对称的当且仅当它的矩阵A满足：对所有的i和j，A的第ij元素等于A的第ji元素。

4. 见定理3.5.6的证明下面的一段。

5. 关系$R_2 \circ R_1$的矩阵可通过将$A_1 A_2$中的每个非零元素替换为1得到。

3.5

1. $\begin{array}{c}\\1\\2\\3\end{array}\begin{pmatrix}\alpha & \beta & \Sigma & \delta\\0 & 0 & 0 & 1\\1 & 0 & 1 & 0\\0 & 1 & 1 & 0\end{pmatrix}$

   4. $\begin{array}{c}\\1\\2\\3\\4\\5\end{array}\begin{pmatrix}1 & 2 & 3 & 4 & 5\\0 & 1 & 0 & 0 & 0\\0 & 0 & 1 & 0 & 0\\0 & 0 & 0 & 1 & 0\\0 & 0 & 0 & 0 & 1\\0 & 0 & 0 & 0 & 0\end{pmatrix}$

8. $R = \{(a, w), (a, y), (c, y), (d, w), (d, x), (d, y), (d, z)\}$

11. 测试方法是只要第 ij 个元素是 1, $i \neq j$, 则第 ji 个元素不是 1。

14. （对于练习 8）

   $\begin{array}{c}\\w\\x\\y\\z\end{array}\begin{pmatrix}a & b & c & d\\1 & 0 & 0 & 1\\0 & 0 & 0 & 1\\1 & 0 & 1 & 1\\0 & 0 & 0 & 1\end{pmatrix}$

16. (a) $A_1 = \begin{pmatrix}1 & 1\\1 & 0\\1 & 0\end{pmatrix}$

   (b) $A_2 = \begin{pmatrix}0 & 1 & 0\\1 & 1 & 1\end{pmatrix}$

   (c) $A_1 A_2 = \begin{pmatrix}1 & 2 & 1\\0 & 1 & 0\\0 & 1 & 0\end{pmatrix}$

   (d) 将(c)中每个非零元素改写为 1 得到

   $A_1 A_2 = \begin{pmatrix}1 & 1 & 1\\0 & 1 & 0\\0 & 1 & 0\end{pmatrix}$

   (e) $\{(1, b), (1, a), (1, c), (2, b), (3, b)\}$

19. x 行中每个包含 1 的列对应于包含 x 的等价类的一个元素。

21. 假设 A 的第 ij 个元素是 1。则 A_1 或 A_2 的第 ij 个元素是 1。因此 $(i, j) \in R_1$ 或 $(i, j) \in R_2$。所以，$(i, j) \in R_1 \cup R_2$。现假设 $(i, j) \in R_1 \cup R_2$。则 A_1 或 A_2 的第 ij 元素是 1。所以，A 的第 ij 元素是 1。因此 A 是 $R_1 \cup R_2$ 的矩阵。

25. 每行仅包含一个 1 的关系才是函数。

3.6 复习

1. n 元关系是 n 元组的集合。
2. 数据库管理系统是帮助用户在数据库中访问信息的程序。
3. 关系数据库将数据表示为表并提供操作表的方法。
4. 如果关系的一个单个属性或属性组合的值能唯一地定义一个 n 元组，则属性或属性组合是一个关键字。
5. 查询是从数据库得到信息的一种请求。
6. 选择操作符从关系中选出特定的元组。选择根据给出的关于属性的条件来进行。例子可以参见例 3.6.3。
7. 投影操作符从关系中选择指定的列。而且它去掉重复的项。例子可以参见例 3.6.4。
8. 关系 R_1 和 R_2 的联接操作由检查所有由 R_1 中的一个之组和 R_2 中的一个之组构成的对开始。如果联接条件满足，两个之组就组合成一个新的之组。联接条件指定了 R_1 的一个属性和 R_2 的一个属性的关系。例子可以参见例 3.6.5。

3.6

1. {(1089, Suzuki, Zamora), (5620, Kaminski, Jones), (9354, Jones, Yu), (9551, Ryan, Washington), (3600, Beaulieu, Yu), (0285, Schmidt, Jones), (6684, Manacotti, Jones)}

5. 雇员[姓名]

   Suzuki, Kaminski, Jones, Ryan, Beaulieu, Schmidt, Manacotti

8. 顾客[姓名]

   United Supplies, ABC Unlimited, JCN Electronics, Danny's, Underhanded Sales, DePaul University

11. TEMP := 顾客[零件号 = 20A8]

    TEMP[姓名]

    Underhanded Sales, Danny's, ABC Unlimited

14. TEMP1 := 顾客[名称 = Danny's]

    TEMP2 := TEMP1[零件号 = 零件号]供应商

    TEMP2[部门]

    04, 96

17. TEMP1 := 顾客[名称 = JCN Electronics]

    TEMP2 := TEMP1[零件号 = 零件号]供应商

    TEMP3 := TEMP2[部门 = 部门]部门

    TEMP4 := TEMP3[经理 = 经理]雇员

    TEMP4[姓名]

    Kaminski, Schmidt, Manacotti

22. 设 R_1 和 R_2 是两个 n 元关系。假设对于 $i = 1$, $\cdots, n$, R_1 的第 i 列中元素的集合和 R_2 的第 i 列中元素的集合来自于同一个定义域。R_1 和 R_2 的并是 n 元关系 $R_1 \cup R_2$。

TEMP1 := 部门[部门 = 23]

TEMP2 := 部门[部门 = 96]

TEMP3 := TEMP1 并 TEMP2

TEMP4 := TEMP3[经理 = 经理]雇员

TEMP4[姓名]

Kaminski, Schmidt, Manacotti, Suzuki

第 3 章自测题

1. f 不是一对一的。f 是映上的。
2. $x = y = 2.3$
3. 定义 f 为从 $X = \{1, 2\}$ 到 $\{3\}$ 的函数：$f(1) = f(2) = 3$。定义 g 为从 $\{1\}$ 到 X 的函数：$g(1) = 1$。
4. ($a:b$ 表示"将项 a 存入单元 b") $1:1, 784:4$, $18:5, 329:6, 43:7, 281:8, 620:9, 1141:10$, $31:11, 684:12$
5. (a) 14
   (b) 18
   (c) 192
   (d) $a_{n_k} = 4k$
6. $\sum_{k=-1}^{n-2} (n - k - 2)r^{k+2}$
7. (a) $b_5 = 35, b_{10} = 120$
   (b) $(n + 1)^2 - 1$
   (c) 是
   (d) 不是
8. (a) ccddccccdd
   (b) ccccddccddc
   (c) 5
   (d) 20
9. 自反的、对称的、传递的
10. 对称的
11. $R = \{(1, 1), (2, 2), (3, 3), (4, 4), (1, 2), (2, 1), (2, 3)\}$
12. 所有作为反例的关系都在 $\{1, 2, 3\}$ 上。
    (a) 错。$R = \{(1, 1)\}$。
    (b) 成立
    (c) 成立
    (d) 错。$R = \{(1, 1)\}$。
13. 是。它是自反的、对称的和传递的。
14. $[3] = \{3, 4\}$。有两个等价类。
15. $\{(a, a), (b, b), (b, d), (b, e), (d, b), (d, d), (d, e), (e, b), (e, d), (e, e), (c, c)\}$
16. (a) R 是自反的，因为任何 8 位串与它自己有相同个数的零。

    R 是对称的，因为如果 s_1 和 s_2 有相同个数的零，则 s_2 和 s_1 有相同个数的零。

    为了说明 R 是传递的，假设 s_1 和 s_2 有相同个数的零且 s_2 和 s_3 有相同个数的零。于是 s_1 和 s_3 有相同个数的零。所以，R 是一个等价关系。

    (b) 有 9 个等价类。

    (c) 11111111, 01111111, 00111111, 00011111, 00001111, 00000111, 00000011, 00000001, 00000000

17. $\begin{pmatrix} 1 & 0 \\ 1 & 1 \\ 0 & 1 \end{pmatrix}$
18. $\begin{pmatrix} 1 & 1 & 0 \\ 1 & 0 & 1 \end{pmatrix}$

19. $\begin{pmatrix} 1 & 1 & 0 \\ 2 & 1 & 1 \\ 1 & 0 & 1 \end{pmatrix}$
20. $\begin{pmatrix} 1 & 1 & 0 \\ 1 & 1 & 1 \\ 1 & 0 & 1 \end{pmatrix}$

21. 分配[运动队]

    Blue Sox, Mutts, Jackalopes

22. 运动员[姓名，年龄]

    Johnsonbaugh, 22; Glover, 24; Battey, 18; Cage, 30; Homer, 37; Score, 22; Johnsonbaugh, 30; Singleton, 31

23. TEMP1 := 运动员[位置]

    TEMP2 := TEMP1[ID 号 = PID]分配

    TEMP2[运动队]

    Mutts, Jackalopes

24. TEMP1 := 运动员[年龄 ≥ 30]

    TEMP2 := TEMP1[ID 号 = PID]分配

    TEMP2[运动队]

    Blue Sox, Mutts

4.1 复习

1. 一个算法是对某个问题的一步一步的求解方法。
2. 输入——算法接受输入。输出——算法产生输出。精确性——步骤被精确描述。确定性——每一步执行的中间结果是唯一确定的，且只依赖于输入和前面步骤的执行结果。有限性——算法能够结束，也就是算法在有限多条指令执行以后必须停止。正确性——算法生成的输出是正确的：也就是算法可以正确地求解问题。一般性——算法适应于一组输入。

3. 算法的跟踪就是对算法执行过程的仿真。
4. 伪代码比自然语言的好处是伪代码更精确、更结构化和更具一般性。经常用来翻译成计算机代码。
5. 一个算法是有一个或多个伪代码函数构成的。

4.1

2. 这个算法没有接受输入（但是，逻辑上它不需要输入）。如果存在大于2的偶数不是两个素数的和，算法会停止，输出"no"。如果每个大于2的偶数都是两个素数之和，第2行和第3行变为无限循环。在这种情况下，算法不会终止，因此也不会输出结果。算法缺少精确性；为了执行第2行，需要知道如何判断 n 是否是两个素数之和。算法有确定性。算法缺少有限性。已经注意到如果任何一个大于2的偶数都是两个素数之和（这个问题还没有解决），算法不会终止。算法不是一般性的，也就是它不适应一般的输入。更进一步说，它只适应于一个输入集合——空集。

5. 输入：s, n
   输出：$small$，序列中最小的元素

   $min(s, n)\{$
       $small = s_1$
       for $i = 2$ to n
         if $(s_i < small)$ // 找到了更小的值
           $small = s_i$
       return $small$
   $\}$

8. 输入：s, n
   输出：$small$（序列中最小的元素），$large$（序列中最大的元素）

   $small\_large(s, n, small, large)\{$
       $small = large = s_1$
       for $i = 2$ to n {
         if $(s_i < small)$
           $small = s_i$
         if $(s_i > large)$
           $large = s_i$
       $\}$
   $\}$

11. 输入：s, n
    输出：sum

    $seq\_sum(s, n)\{$
        $sum = 0$
        for $i = 1$ to n
          $sum = sum + s_i$
        return sum
    $\}$

14. 输入：s, n
    输出：s（逆序）

    $reverse(s, n)\ \{$
        $i = 1$
        $j = n$
        while$(i < j)\ \{$
          $swap(s_i, s_j)$
          $i = i + 1$
          $j = j - 1$
        $\}$
    $\}$

17. 输入：A（关系 R 的 $n \times n$ 矩阵），n
    输出：如果 R 是自反的，true；如果 R 不是自反的，false

    $is\_reflexive(A, n)\ \{$
        for $i = 1$ to n
          if $(A_{ii} == 0)$
            return false
        return true
    $\}$

20. 输入：A（关系 R 的 $n \times n$ 矩阵），n
    输出：如果 R 是反对称的，true；如果 R 不是反对称的，false

    $is\_reflexive(A, n)\{$
        for $i = 1$ to $n - 1$
          for $j = i + 1$ to n

```
            if (A_ij == 1 ∧ A_ji == 1)
                return false
    return true
}
```

23. 输入：A（关系 R_1 的 $m \times k$ 矩阵），B（关系 R_2 的 $k \times n$ 矩阵），m, k, n
    输出：C（关系 $R_2 \circ R_1$ 的 $m \times n$ 矩阵）

```
comp_relation(A, B, m, k, n, C) {
    // 首先计算 AB
    for i = 1 to m
        for j = 1 to n {
            C_ij = 0
            for t = 1 to k
                C_ij = C_ij + A_it B_tj
        }
    // 将 C 中的非 0 元素用 1 代替
    for i = 1 to m
        for j = 1 to n
            if (C_ij > 0)
                C_ij = 1
}
```

4.2 复习

1. 在网页上查找一个关键词是一个搜索问题。执行搜索的程序称为搜索引擎。在医院里查找一个医疗记录是另外一个搜索问题。这个问题可由人或者计算机来执行。

2. 给定文本 t，在文本 t 中查找模式 p 或者判断 p 不在 t 中。

3. 利用练习2的解中的符号。判断 p 是否在 t 中，从第 1 个索引位置开始。如果是，停止。否则，判断 p 是否在 t 中，从第 2 个索引位置开始。如果是，停止。如此下去，直到在 t 中找到 p 或者判断出 p 不在 t 中。在后一种情况中，当索引位置足够大使得 t 中剩下的字符不足以与 p 相对应时，搜索就可以停止。

4. 对一个序列 s 排序的意思是重新安排数据的位置使得 s 有序（非递增或者非递减）。

5. 一本书索引的条目是按递增顺序排序的，这样可以很方便地找到一个条目索引的位置。

6. 利用插入排序法排序 $s_1, \cdots, s_n$，首先将 s_2 对 s_1 插入使得 s_1, s_2 是有序的。接着将 s_3 对 s_1, s_2 插入使得 s_1, s_2, s_3 是有序的。继续下去直到 s_n 对 $s_1, \cdots, s_{n-1}$ 插入使得整个序列 $s_1, \cdots, s_n$ 是有序的。

7. 算法需要的时间是算法结束时的步数。算法需要的空间是输入、局部变量等需要的存储总空间。

8. 知道或者能估计一个算法需要的时间和空间，给出了已知不同规模的输入时算法在计算机上执行的一个指标。知道或者能估计求解同一个问题的两个或者更多算法需要的时间和空间，就可以比较这些算法。

9. 很多实际问题很难有效地解决，在一般性和正确性之间折中是有必要的。

10. 当一个随机算法执行时，在某些点会做出随机选择。

11. 每一步的执行中间结果是唯一的，且只依赖于输入违反了前面步骤的执行结果的要求。

12. 对 $s_1, \cdots, s_n$ 洗牌，首先把 s_1 和 $s_1, \cdots, s_n$ 中的随机一项交换。接着把 s_2 和 $s_2, \cdots, s_n$ 中的随机一项交换。如此下去，直到把 s_{n-1} 和 s_{n-1}, s_n 中的随机一项交换。

13. 序列产生随机排序可以用来作为对一个排序程序测试或者计时的输入。

4.2

1. 首先 i 和 j 置为 1。while 循环接着比较 $t_1 \cdots t_4 =$ "bala" 和 $p =$ "bala"。由于比较成功，程序返回 $i = 1$，说明 p 在 t 中在第 1 个索引位置找到了。

4. 首先 20 插入到

34

中。由于 20 < 34，34 必须向右移一个位置

	34

现在 20 插入进去，

20	34

由于 144 > 34，立刻被插入到 34 的右侧，

20	34	144

由于 55 < 144，144 必须向右移一个位置，

| 20 | 34 | | 144 |

由于 55 > 34，55 现在被插入，

| 20 | 34 | 55 | 144 |

现在这个序列是有序的了。

7. 由于每一项都大于和等于它左侧一项，每一项都插入到它的原始位置。

8. 首先交换 a_i 和 a_j，这里 $i = 1, j = rand(1, 5) = 5$。交换以后有

| 135 | 57 | 72 | 101 | 34 |
  ↑   ↑
  i   j

接着交换 a_i 和 a_j，这里 $i = 2, j = rand(2, 5) = 4$。交换以后有

| 135 | 101 | 72 | 57 | 34 |
        ↑   ↑
        i   j

接着交换 a_i 和 a_j，这里 $i = 3, j = rand(3, 5) = 3$，序列不变。

接着交换 a_i 和 a_j，这里 $i = 4, j = rand(4, 5) = 5$。交换以后有。

| 135 | 101 | 72 | 34 | 57 |
                    ↑   ↑
                    i   j

11. while 循环测试 p 是否出现在 t 中第 i 个索引位置。如果 p 出现在 t 中第 i 个索引位置，t_{i+j-1} 等于 p_j，$j = 1, \cdots, m$。因此 j 变为 $m + 1$，算法返回 i。如果 p 不出现在 t 中第 i 个索引位置，对某个 j，t_{i+j-1} 不等于 p_j。在这种情况下，while 循环结束（不执行返回 i）。

现在假设 p 出现在 t 中，且第一次出现在索引位置 i。注意前面的分析，算法正确地返回 i，也就是 p 在 t 中开始出现的位置。

如果 p 不出现在 t 中，while 循环对每个 i 都结束，在 for 循环中 i 增加。因此，for 循环全部执行，算法正确地返回 0，说明 p 不在 t 中。

14. 输入：s（序列 $s_1, \cdots, s_n$），n，key
    输出：i（key 在 s 中最后出现的索引位置），如果 key 不在 s 中，返回 0

reverse_linear_search(s, n, key){
  $i = n$
  while($i \geq 1$) {
    if (s_i == key)
      return i
    $i = i - 1$
  }
  return 0
}

17. 通过计数 while 循环中的比较次数（$t_{i+j-1} == p_j$）来度量算法的时间。

如果 $n - m + 1 \leq 0$，不做任何比较。在剩下部分里，假设 $n - m + 1 > 0$。

如果 p 在 t 中，为了验证 p 在 t 中，必须做 m 次比较。可以保证如果 p 在 t 中，从第一个索引位置开始，那么恰好有 m 次比较。

如果 p 不在 t 中，对每个 i 至少有一次比较。可以保证如果 p 中的第一个字符不在 t 中，对每个 i 只有一次比较。在这种情况下，一共有 $n - m + 1$ 次比较。

如果 $m < n - m + 1$，最好的情形是 p 在 t 中从第一个索引位置开始。如果 $n - m + 1 < m$，最好的情形是 p 中的第一个字符不在 t 中。如果 $m = n - m + 1$，任何一种情形都是最好的。

20. 输入：s（序列 $s_1, \cdots, s_n$）和 n
    输出：s（按非递减顺序排序）

selection_sort (s, n){
  for $i = 1$ to $n - 1${
    // 找出 $s_i, \cdots, s_n$ 中最小的
    small_index = i
    for $j = i + 1$ to n
      if ($s_j < s_{samll\_index}$)
        small_index = j
    swap(s_i, s_{small_index})
  }
}

4.3 复习

1. 算法分析指的是对执行算法所需要的时间和空间做出估计的过程。
2. 对所有输入规模为 n，执行算法所需要的最大时间是输入规模为 n 时的最坏情形执行时间。
3. 对所有输入规模为 n，执行算法所需要的最少时间是输入规模为 n 时的最好情形执行时间。
4. 所有输入规模为 n 的有限集上，算法所需要的平均执行时间是输入规模为 n 时的平均执行时间。
5. $f(n) = O(g(n))$ 当存在正常数 C_1，使得 $|f(n)| \leq C_1|g(n)|$ 对所有有限的正整数 n 成立。称为大 O 表示。
6. 除了常数和有限的例外，g 是 f 的上界。
7. $f(n) = \Omega(g(n))$ 当存在正常数 C_2，使得 $|f(n)| \geq C_2|g(n)|$ 对所有有限的正整数 n 成立。称为 Ω 表示。
8. 除了常数和有限的例外，g 是 f 的下界。
9. $f(n) = \Theta(g(n))$ 当 $f(n) = O(g(n))$ 且 $f(n) = \Omega(g(n))$。这个称为 Θ 表示。
10. 除了常数和有限的例外，g 是 f 的上界和下界。

4.3

1. $\Theta(n)$ 4. $\Theta(n^2)$ 7. $\Theta(n^2)$ 10. $\Theta(n)$
13. $\Theta(n^2)$ 16. $\Theta(n)$ 19. $\Theta(n^2)$ 22. $\Theta(n^3)$
25. $\Theta(n \lg n)$ 28. $\Theta(1)$

31. 当 $n=1$ 时，可得 $1 = A + B + C$
    当 $n=2$ 时，可得 $3 = 4A + 2B + C$
    当 $n=3$ 时，可得 $6 = 9A + 3B + C$
    解 A、B、C 的方程组，可得
    $$A = B = \frac{1}{2}, \quad C = 0$$
    得公式
    $$1 + 2 + \cdots + n = \frac{n^2}{2} + \frac{n}{2} + 0 = \frac{n(n+1)}{2}$$
    这可以利用数学归纳法证明（参见 2.4 节）。

33. $n! = n(n-1)\cdots 2 \cdot 1 \leq n \cdot n \cdots n = n^n$

36. 由于 $n = 2^{\lg n}$，$n^{n+1} = (2^{\lg n})^{n+1} = 2^{(n+1)\lg n}$。因此，只需证明对所有的 $n \geq 1$，$(n+1)\lg n \leq n^2$。利用归纳法可以证明 $n \leq 2^{n-1}$，对所有的 $n \geq 1$。因此对所有的 $n \geq 1$，$\lg n \leq n-1$。所以 $(n+1)\lg n \leq (n+1)(n-1) = n^2 - 1 < n^2$，对所有的 $n \geq 1$。

39. 由于 $f(n) = O(g(n))$，存在常数 $C' > 0$ 和 N，使得 $f(n) \leq C'g(n)$，对所有的 $n \geq N$。
    令 $C = \max\{C', f(1)/g(1), f(2)/g(2), \cdots, f(N)/g(N)\}$，
    对 $n \leq N$，
    $f(n)/g(n) \leq \max\{f(1)/g(1), f(2)/g(2), \cdots, f(N)/g(N)\} \leq C$。
    对 $n \geq N$，$f(n) \leq C'g(n) \leq Cg(n)$。
    因此，$f(n) \leq Cg(n)$，对所有的 n。

42. 错误。如果命题为真，对某些常数 C 和所有足够大的 n，有 $n^n \leq C2^n$。这可以写成
    $$\left(\frac{n}{2}\right)^n \leq C$$
    对某些常数 C 和所有足够大的 n。由于 $(n/2)^n$ 随着 n 的增加变得任意大，因此不能有对某些常数 C 和所有足够大的 n，有 $n^n \leq C2^n$。

44. 正确。

46. 错误。一个反例是 $f(n) = n, g(n) = 2n$。

49. 正确。

52. 错误。一个反例是 $f(n) = 1, g(n) = 1/n$。

53. $f(n) \neq O(g(n))$ 意思是，对任意正常数 C，有无穷多的 n，满足 $|f(n)| > C|g(n)|$。

56. 首先找出非递减的正函数 f_0 和 g_0，使得对无限多的 n，$f_0(n) = n^2$，$g_0(n) = n$。这意味着 $f_0(n) \neq O(g_0(n))$。函数同样满足使得对无限多的 n，$f_0(n) = n$，$g_0(n) = n^2$（显然，这是与 $f_0(n) = n^2$，$g_0(n) = n$ 中的 n 不同的）。这意味着 $g_0(n) \neq O(f_0(n))$。如果令 $f(n) = f_0(n) + n$，$g(n) = g_0(n) + n$，得到递增正函数满足 $f(n) \neq O(g(n))$ 和 $g(n) \neq O(f(n))$。
    令 $f_0(2) = 2, g_0(2) = 2^2$，则 $f_0(n) = n, g_0(n) = n^2$，如果 $n = 2$。
    由于 g_0 非递减，满足 $g_0(n) = n$ 的最小 n 是 $n = 2^2$。因此，定义 $f_0(2^2) = 2^4, g_0(2^2) = 2^2$。则 $f_0(n) = n^2, g_0(n) = n$，如果 $n = 2^2$。
    根据前面的讨论可定义
    $$f_0(2^{2^k}) = \begin{cases} 2^{2^k} & \text{如果 } k \text{ 是偶数} \\ 2^{2^{k+1}} & \text{如果 } k \text{ 是奇数} \end{cases}$$
    $$g_0(2^{2^k}) = \begin{cases} 2^{2^{k+1}} & \text{如果 } k \text{ 是偶数} \\ 2^{2^k} & \text{如果 } k \text{ 是奇数} \end{cases}$$

假设 $n=2^k$。如果 k 是偶数，$f_0(n)=n^2$, $g_0(n)=n$；如果 k 是奇数，$f_0(n)=n$, $g_0(n)=n^2$。现在 f_0 和 g_0 只对 $n=2^k$ 定义了，但是它们是在整个定义域上非递减的。为了将它们的定义域扩展到整个正数集合上，只需要定义 $f_0(1)=g_0(1)=1$，并且令它们在集合 $\{i \mid 2^k \leq i < 2^{k+1}\}$ 上是常数即可。

60. 否

62. (a) 曲线下的矩形面积之和等于
$$\frac{1}{2}+\frac{1}{3}+\cdots+\frac{1}{n}$$
这个面积小于曲线下的面积
$$\int_1^n \frac{1}{x}dx = \log_e n$$
立刻可得给定的不等式。

(b) 以 x 轴为底，上边高出曲线的矩形面积之和等于
$$1+\frac{1}{2}+\cdots+\frac{1}{n-1}$$
由于这个面积大于曲线下的面积，立刻可得给定的不等式。

(c) 由(a)表明了
$$1+\frac{1}{2}+\cdots+\frac{1}{n}=O(\log_e n)$$
由于 $\log_e n = \Theta(\lg n)$（参见例4.3.6），
$$1+\frac{1}{2}+\cdots+\frac{1}{n}=O(\lg n)$$
类似地，可由(b)得出
$$1+\frac{1}{2}+\cdots+\frac{1}{n}=\Omega(\lg n)$$
所以
$$1+\frac{1}{2}+\cdots+\frac{1}{n}=\Theta(\lg n)$$

64. 在和中用 b 代替 a 得到
$$\frac{b^{n+1}-a^{n+1}}{b-a}=\sum_{i=0}^n a^i b^{n-i} < \sum_{i=0}^n b^i b^{n-i}$$
$$=\sum_{i=0}^n b^n = (n+1)b^n$$

67. 根据练习65，序列 $\{(1+1/n)^n\}_{n=1}^\infty$ 递增。因此对任意的正整数 n，

$$2=\left(1+\frac{1}{1}\right)^1 \leq \left(1+\frac{1}{n}\right)^n$$

练习66证明了对任意的正整数 n
$$\left(1+\frac{1}{n}\right)^n < 4$$
以 2 为底取对数，有
$$1=\lg 2 \leq \lg\left(1+\frac{1}{n}\right)^n < \lg 4 = 2$$
由于
$$\lg\left(1+\frac{1}{n}\right)^n = n\lg\left(1+\frac{1}{n}\right) = n\lg\left(\frac{n+1}{n}\right)$$
$$= n[\lg(n+1)-\lg n]$$
有 $1 \leq n[\lg(n+1)-\lg n] < 2$，除以 n 就给出了所要得的不等式。

70. 将和式中的 b 换为 a，结果为
$$\frac{b^{n+1}-a^{n+1}}{b-a}=\sum_{i=0}^n a^i b^{n-i} > \sum_{i=0}^n a^i a^{n-i}$$
$$=\sum_{i=0}^n a^n = (n+1)a^n$$

73. 由练习72，序列 $\{(1+1/n)^{n+1}\}_{n=1}^\infty$ 是递减的。由于 $n=1$ 时 $(1+1/n)^{n+1}=4$，
$$4 \geq \left(1+\frac{1}{n}\right)^{n+1} = \left(\frac{n+1}{n}\right)^{n+1}$$
两边取以 2 为底的对数，可得
$$2=\lg 4 \geq \lg\left(\frac{n+1}{n}\right)^{n+1}=(n+1)\lg\left(\frac{n+1}{n}\right)$$
$$=(n+1)[\lg(n+1)-\lg n]$$
两边除以 $n+1$ 即得所要的等式。

75. 正确。由于 $\lim_{n\to\infty} f(n)/g(n)=0$，取 $\varepsilon=1$，存在 N 使得，对所有的 $n \geq N$
$$\left|\frac{f(n)}{g(n)}\right| < 1$$
因此，对所有的 $n \geq N$，$|f(n)| < |g(n)|$，且 $f(n)=O(g(n))$。

78. 正确。令 $d=|c|$。由于 $\lim_{n\to\infty}|f(n)/g(n)|=d>0$，取 $\varepsilon=d/2$，存在 N 使得，对所有的 $n \geq N$，
$$\left|\left|\frac{f(n)}{g(n)}\right|-d\right| < d/2$$

对所有的 $n \geq N$，这个不等式可写为

$$-\frac{d}{2} < \frac{|f(n)|}{|g(n)|} - d < \frac{d}{2}$$

或者

$$\frac{d}{2} < \frac{|f(n)|}{|g(n)|} < \frac{3d}{2}, \text{对所有的} n \geq N$$

或者

$$\frac{d}{2}|g(n)| < |f(n)| < \frac{3d}{2}|g(n)|, \text{对所有的} n \geq N$$

所以 $f(n) = \Theta(g(n))$。

83. 练习 82 中不等式的两边同时乘以 $\lg e$，然后利用对数的换底公式。

4.4 复习

1. 一个含有递归函数的算法。
2. 一个调用其自身的函数。
3. $factorial(n)$ {
      if $(n == 0)$
        return 1
      return $n * factorial(n-1)$
   }
4. 将一个初始问题分解成两个或更多的子问题。然后寻求子问题的解（一般需要进一步分解）。这些解经过组合便得到初始问题的解。
5. 在基本情形，可以直接得到解；也就是没有递归调用。
6. 如果一个递归过程没有基本情形，它就会连续地调用自己，永远不会停止。
7. $f_1 = 1, f_2 = 2, f_n = f_{n-1} + f_{n-2}$，对 $n \geq 3$
8. $f_1 = 1, f_2 = 1, f_3 = 2, f_4 = 3$

4.4

1. (a) 在第 2 行，由于 $4 \neq 0$，因此跳到第 4 行。算法以 3 作为输入调用。

   (b) 在第 2 行，由于 $3 \neq 0$，因此跳到第 4 行。算法以 2 作为输入调用。

   (c) 在第 2 行，由于 $2 \neq 0$，因此跳到第 4 行。算法以 1 作为输入调用。

   (d) 在第 2 行，由于 $1 \neq 0$，因此跳到第 4 行。算法以 0 作为输入调用。

   (e) 在第 2 行和第 3 行，由于 $0 = 0$，返回 1。

   在第 4 行得出 0!（=1）后继续执行(d)部分。这里返回 $0! \cdot 1 = 1$。

   在第 4 行得出 1!（=1）后继续执行(c)部分。这里返回 $1! \cdot 2 = 2$。

   在第 4 行得出 2!（=2）后继续执行(b)部分。这里返回 $2! \cdot 3 = 6$。

   在第 4 行得出 3!（=6）后继续执行(a)部分。这里返回 $3! \cdot 4 = 24$。

4. 施归纳于 i，其中 $n = 2^i$。基本步是 $i = 1$。在这种情况下，棋盘是一个 tromino T。算法会正确地用 T 覆盖棋盘，返回。因此，算法对 $i = 1$ 是正确的。

   现在假设 $n = 2^i$，算法是正确的。令 $n = 2^{i+1}$。算法把棋盘分成 4 个 $(n/2) \times (n/2)$ 的子棋盘。将一个右三联骨牌放在中心，如图 1.7.5 所示。棋盘由 4 个缺少了中心三联骨牌覆盖的角的子棋盘构成。根据归纳假设，子棋盘可以正确地覆盖。因此，$n \times n$ 的棋盘可以正确地覆盖。归纳步结束，算法是正确的。

7. 证明过程是施强归纳于 n。基本步（$n = 1, 2$）已经验证了。

   假设算法 $k < n$ 时是正确的。必须证明 $n > 2$ 时算法也是正确的。由于 $n > 2$，算法执行返回语句 return $walk(n-1) + walk(n-2)$。根据归纳假设，$walk(n-1)$ 和 $walk(n-2)$ 可以正确地由算法求出。由于

   $walk(n) = walk(n-1) + walk(n-2)$

   因此，算法返回 $walk(n)$ 的正确值。

10. (a) 输入：n

    输出：$2 + 4 + \cdots + 2n$

    1. $sum(s, n)$ {
    2.   if $(n == 1)$
    3.   return 2
    4.   return $sum(n-1) + 2n$
    5.   }

    (b) **基本步**（$n = 1$） 如果 $n = 1$，可以正确地返回 2。

    归纳步 假设输入是 $n - 1$ 时，算法可以正确地求出和。现在假设算法的输入是 $n > 1$。在第 2 行，由于 $n \neq 1$，跳到第 4 行，这里用

$n - 1$ 作为输入调用算法。根据归纳假设，返回的 $sum(n - 1)$ 等于 $2 + \cdots + 2(n - 1)$。在第4行，返回

$$sum(n - 1) + 2n = 2 + \cdots + 2(n - 1) + 2n$$

这是正确的值。

13. 输入：序列 $s_1, \cdots, s_n$ 和序列的长度 n
    输出：序列的最大值

    $find\_max(s, n)$ {
      if ($n == 1$)
        return s_1
      $x = find\_max(s, n - 1)$
      if ($x > s_n$)
        return x
      else
        return s_n
    }

    利用数学归纳法施归纳于 n 证明算法是正确的。基本情形是 $n = 1$。如果 $n = 1$，序列中唯一的项就是 s_1，算法正确地返回它。

    假设输入大小为 $n - 1$ 时，算法可以正确地求出最大值，且假设输入规模是 n。根据归纳假设，递归调用 $x = find\_max(s, n - 1)$，可以正确地求出序列 $s_1, \cdots, s_{n-1}$ 中的最小值 x。如果 x 比 s_n 大，序列中 $s_1, \cdots, s_n$ 的最大值是算法的返回值。如果 x 不比 s_n 大，序列 $s_1, \cdots, s_n$ 中的最大值是 s_n，仍是算法的返回值。

    在任何一种情况中，算法都可以正确地求出序列中的最大值。归纳步结束，已经证明算法是正确的。

16. 为了列出机器人走 n 米的所有走法，将 s 置为空字符串，调用这个算法。
    输入：n, s（一个字符串）
    输出：机器人走 n 米所有的走法。每种 n 米的走法包含在列出的字符串 s 中

    $list\_wulk1(n, s)$ {
      if ($n == 1$) {
        $println(s +$ "take one step of length 1")
        return
      }
      if ($n == 2$) {
        $println(s +$ "take two steps of length 1")

$println(s +$ "take one step of length 2")
        return
      }
      $s' = s +$ "take one step of length 2"
      // 字符串连接
      $list\_walk1(n - 2, s')$
      $s' = s +$ "take one step of length 1"
      // 字符串连接
      $list\_wak1(n - 1, s')$
    }

18. 一个月之后，仍然只有一对兔子，因为再过一个月之后才能生。因此，$a_1 = 1$。两个月之后，开始时的兔子可以生了，增加了一对。因此，$a_2 = 2$。从第 $n - 1$ 个月到第 n 个月增加的兔子对 $a_n - a_{n-1}$ 取决于第 $n - 2$ 个月的兔子生的。也就是，$a_n - a_{n-1} = a_{n-2}$。由于 $\{a_n\}$ 满足与 $\{f_n\}$ 一样的递归关系，$a_1 = f_2, a_2 = f_3, a_n = f_{n+1}, n \geq 1$。

21. 基本步 $(n = 2)$
    $$f_2^2 = 1 = 1 \cdot 2 - 1 = f_1 f_3 + (-1)^3$$
    归纳步
    $$\begin{aligned}f_n f_{n+2} + (-1)^{n+2} &= f_n(f_{n+1} + f_n) + (-1)^{n+2} \\ &= f_n f_{n+1} + f_n^2 + (-1)^{n+2} \\ &= f_n f_{n+1} + f_{n-1} f_{n+1} + (-1)^{n+1} + (-1)^{n+2} \\ &= f_{n+1}(f_n + f_{n-1}) = f_{n+1}^2\end{aligned}$$

24. 基本步 $(n = 1)$ $f_1^2 = 1^2 = 1 = 1 \cdot 1 = f_1 f_2$
    归纳步
    $$\sum_{k=1}^{n+1} f_k^2 = \sum_{k=1}^{n} f_k^2 + f_{n+1}^2 = f_n f_{n+1} + f_{n+1}^2$$
    $$= f_{n+1}(f_n + f_{n+1}) = f_{n+1} f_{n+2}$$

27. 利用强归纳法。
    基本步 $(n = 6, 7)$ $f_6 = 8 > 7.59 = (3/2)^5$, $f_7 = 13 > 11.39 > (3/2)^6$
    归纳步
    $$f_n = f_{n-1} + f_{n-2} > \left(\frac{3}{2}\right)^{n-2} + \left(\frac{3}{2}\right)^{n-3}$$
    $$= \left(\frac{3}{2}\right)^{n-1} \left[\left(\frac{3}{2}\right)^{-1} + \left(\frac{3}{2}\right)^{-2}\right]$$
    $$= \left(\frac{3}{2}\right)^{n-1} \left[\frac{16}{9}\right] > \left(\frac{3}{2}\right)^{n-1}$$

30. 用归纳法施归纳于 n。

基本步($n = 1$)　　$1 = f_1$

归纳步　假设 $n > 2$，且任何一个小于 n 的正整数可以表示成不相同的 Fibonacci 数之和，且任何两个都不相邻。令 f_{k_1} 是最大的满足 $n \geq f_{k_1}$ 的 Fibonacci 数。如果 $n = f_{k_1}$，那么 n 自然可以表示成两个不相同的 Fibonacci 数之和，且任何两个都不相邻。假设 $n > f_{k_1}$。根据归纳假设，$n - f_{k_1}$ 可以表示成不同的 Fibonacci 数 $f_{k_2} > f_{k_3} > \cdots > f_{k_m}$ 之和，任意两个都不相邻。

$$n - f_{k_1} = \sum_{i=2}^{m} f_{k_i}$$

现在 n 表示成 Fibonacci 数之和

$$n = \sum_{i=1}^{m} f_{k_i} \quad (*)$$

接着证明 $f_{k_1} > f_{k_2}$，因此，n 可表示成不同的 Fibonacci 数之和。

注意到 $f_{k_2} < n$。由于 f_{k_1} 是满足 $n \geq f_{k_1}$ 的最大 Fibonacci 数，$f_{k_2} \leq f_{k_1}$。如果 $f_{k_2} = f_{k_1}$，

$$n \geq f_{k_1} + f_{k_2} > f_{k_1} + f_{k_1-1} = f_{k_1+1}$$

最后一个不等式与 f_{k_1} 是满足 $n \geq f_{k_1}$ 的最大 Fibonacci 数相矛盾，因此 $f_{k_1} > f_{k_2}$。

和 (*) 中唯一可能相邻的 Fibonacci 数是 f_{k_1} 和 f_{k_2}。如果它们相邻，可以把 (*) 写成

$$n = \sum_{i=1}^{m} f_{k_i}$$
$$= f_{k_1} + f_{k_2} + \sum_{i=3}^{m} f_{k_i}$$
$$= f_{k_1} + f_{k_1-1} + \sum_{i=3}^{m} f_{k_i}$$
$$= f_{k_1+1} + \sum_{i=3}^{m} f_{k_i}$$

注意 $f_{k_1+1} \leq n$，且 $f_{k_1+1} > f_{k_1}$。这与 f_{k_1} 是满足 $n \geq f_{k_1}$ 的最大 Fibonacci 数相矛盾。归纳步完成。

33. 使用练习 21 中的 $f_k f_{k+2} - f_{k+1}^2 = (-1)^{k+1}$，可得

$$1 + \sum_{k=1}^{n} \frac{(-1)^{k+1}}{f_k f_{k+1}} = 1 + \sum_{k=1}^{n} \frac{f_k f_{k+2} - f_{k+1}^2}{f_k f_{k+1}}$$
$$= 1 + \sum_{k=1}^{n} \left(\frac{f_{k+2}}{f_{k+1}} - \frac{f_{k+1}}{f_k} \right)$$
$$= 1 + \left(\frac{f_3}{f_2} - \frac{f_2}{f_1} \right) + \left(\frac{f_4}{f_3} - \frac{f_3}{f_2} \right)$$
$$+ \cdots + \left(\frac{f_{n+2}}{f_{n+1}} - \frac{f_{n+1}}{f_n} \right)$$
$$= 1 + \frac{f_{n+2}}{f_{n+1}} - \frac{f_2}{f_1} = \frac{f_{n+2}}{f_{n+1}}$$

35. **基本步**($n = 1$)

$$\frac{\mathrm{d}x}{\mathrm{d}x} = 1 = 1x^{1-1}$$

归纳步

$$\frac{\mathrm{d}x^{n+1}}{\mathrm{d}x} = \frac{\mathrm{d}(x \cdot x^n)}{\mathrm{d}x} = x\frac{\mathrm{d}x^n}{\mathrm{d}x} + x^n \frac{\mathrm{d}x}{\mathrm{d}x}$$
$$= xnx^{n-1} + x^n \cdot 1 = (n+1)x^n$$

第 4 章自测题

1. 在第 2 行，$large$ 赋值为 12。在第 3 行，由于 $b > large$ (3 > 12) 为假，转到第 5 行。在第 5 行，由于 $c > large$ (0 > 12) 为假，转到第 7 行，这里返回 $large$(12)，即给定值中最大的。

2. $sort\ (a, b, c, x, y, z)$ {
　　$x = a$
　　$y = b$
　　$z = c$
　　if $(y < x)$
　　　　$swap(x, y)$
　　if $(z < x)$
　　　　$swap(x, z)$
　　if $(z < y)$
　　　　$swap(y, z)$
}

3. $test\_distinct(a, b, c)$ {
　　if $(a == b \vee a == c \vee b == c)$
　　　　return false
　　return true
}

4. 如果 S 是无限集合，算法不会结束，因此缺少有限性和输出性质。第 1 行没有精确地说

明，因为如何列出 S 的子集和它们的和并没有说明；因此算法缺少精确性。在第 1 行中列出的子集的顺序依赖于产生它们的方法，所以算法缺少确定性。由于第 2 行依赖于第 1 行产生子集的顺序，这里也缺少确定性。

5. while 循环首先判断 "110" 是否在 t 中从第一个索引位置开始。由于 "110" 不在 t 中从第一个索引位置开始，算法接着判断 "110" 是否在 t 中从第 2 个索引位置开始。由于 "110" 在 t 中从第 2 个索引位置开始，算法返回值 2。

6. 首先把 64 插入，

由于 64 > 44，立刻插入到 44 的右侧，

44	64

接着插入 77。由于 77 > 64，立刻插入到 64 的右侧，

44	64	77

接着插入 15。由于 15 < 77，77 必须向右移动一个位置，

44	64		77

由于 15 < 64，64 必须向右移动一个位置，

44		64	77

由于 15 < 44，44 必须向右移动一个位置，

	44	64	77

现在 15 被插入到里边，

15	44	64	77

最后 3 被插入。由于 3 < 77，77 必须向右移动一个位置，

15	44	64		77

由于 3 < 64，64 必须向右移动一个位置，

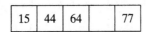

由于 3 < 44，44 必须向右移动一个位置，

15		44	64	77

由于 3 < 15，15 必须向右移动一个位置，

	15	44	64	77

现在 3 被插入，

3	15	44	64	77

现在序列是有序的。

7. 首先交换 a_i 和 a_j，其中 $i = 1, j = rand(1, 5) = 1$。序列不变。

接着交换 a_i 和 a_j，其中 $i = 2, j = rand(2, 5) = 3$。交换后有

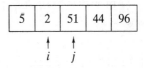

接着交换 a_i 和 a_j，其中 $i = 3, j = rand(3, 5) = 5$。交换后有

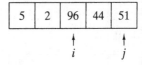

接着交换 a_i 和 a_j，其中 $i = 4, j = rand(4, 5) = 5$。交换后有

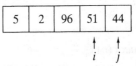

8. repeaters(s, n) {
    $i = 1$
    while$(i < n)$ {
      if $(s_i == s_{i+1})$
        println(s_i)
      // 扫描到下一个不等于 s_i 的元素
      $j = i$
      while$(i < n \wedge s_i == s_j)$
        $i = i + 1$
    }
}

9. $\Theta(n^3)$ 10. $\Theta(n^4)$ 11. $\Theta(n^2)$

12. 输入：A、B（$n \times n$矩阵）和n
    输出：如果$A = B$, true；如果$A \neq B$, false

    equal_matrices(A, B, n) {
    　　for $i = 1$ to n
    　　　　for $j = 1$ to n
    　　　　　　if ($A_{ij} \neg = B_{ij}$)
    　　　　　　　　return false
    　　return true
    }
    最坏情形时间是$\Theta(n^2)$。

13. 由于$n \neq 2$，执行第6行，这里将棋盘分成4×4的棋盘。在第7行，转动棋盘使得缺块的方块在左上方四分之一处。在第8行，将一个三联骨牌放在中间。接着执行第9行~第12行，这里调用算法覆盖左上方的子方块。得到覆盖为

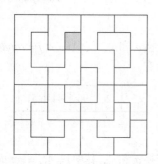

14. $t_4 = 3, t_5 = 5$

15. 输入：n，一个大于等于1的整数
    输出：t_n

    tribonacci (n) {
    1.　if ($n == 1 \vee n == 2 \vee n == 3$)
    2.　　return 1
    3.　return tribonacci ($n - 1$) + tribonacci ($n - 2$)
    　　　+ tribonacci ($n - 3$)
    }

16. **基本步**($n = 1, 2, 3$)　如果$n = 1, 2, 3$, 在第1行和第2行，输出正确的值1。因此，这时算法是正确的。
    归纳步　假设$n > 3$且算法可以正确地计算t_k，如果$k < n$。由于$n > 3$，执行第3行。这里调用算法计算t_{n-1}, t_{n-2}和t_{n-3}。根据归纳假设，计算出的这些值是正确的。算法接着计算$t_{n-1} + t_{n-2} + t_{n-3}$。但是递归公式表明这个值等于$t_n$。因此这个算法可以计算出正确的$t_n$的值。

5.1 复习

1. d整除n如果存在整数q满足$n = dq$。
2. 如果d整除n, d是n的一个因子。
3. 如果d整除n, $n = dq$, 称q为商。
4. 一个大于1的整数只有1和自身是它的正因子，称为素数。
5. 一个大于1不是素数的整数称为合数。
6. 如果n是合数，必然有一个因子d满足$2 \leq d \leq \lfloor \sqrt{n} \rfloor$（参见定理5.1.7）。
7. 算法5.1.8不是按输入规模的多项式时间执行。
8. 任意大于1的整数可以写成素数乘积的形式。更进一步，如果素数按非递减顺序写出，这种分解是唯一的。
9. 参见定理5.1.12的证明。
10. 不同时为0的整数m和n的公因子，是同时可以整除m和n的整数。
11. 不同时为0的整数m和n的最大公因子，是m和n的公因子中最大的。
12. 参见定理5.1.17。
13. m和n的公倍数是同时能被m和n整除的整数。
14. m和n的最小公倍数是m和n公倍数中最小的。
15. 参见定理5.1.22。
16. $\gcd(m, n) \cdot \text{lcm}(m, n) = mn$。

5.1

1. 首先d赋值为2。由于$n \bmod d = 9 \bmod 2 = 1$不等于0, d增加，变为3。
   现在$n \bmod d = 9 \bmod 3 = 0$, 因此算法返回$d = 3$, 表示9是合数, 3是9的一个因子。

4. 当d赋值为$2, \cdots, 6$时，$n \bmod d$不等于0。然而，当d赋值为7时，$n \bmod d = 637 \bmod 7 = 0$, 因此算法返回$d = 7$, 表示$n = 637$是一个合数, 7是637的一个因子。

7. 首先d赋值为2。由于$n \bmod d = 3738 \bmod 2$等于0, 因此算法返回$d = 2$, 表示$n = 3738$是合数, 2是3738的一个因子。

9. 47　　12. 17　　15. 1　　18. 20　　21. 13

24. $3^2 \cdot 7^3 \cdot 11$　　25.（对练习13）25

28. 由于 d 整除 m，存在 q 使得 $m = dq$。两边乘以 n 得到 $mn = d(qn)$。因此，d 整除 mn（商是 qn）。

31. 由于 a 整除 b，存在 q_1 使得 $b = aq_1$。由于 b 整除 c，存在 q_2 使得 $c = bq_2$。现在 $c = bq_2 = (aq_1)q_2 = a(q_1q_2)$。因此，$a$ 整除 c（商为 q_1q_2）。

5.2 复习

1. $\sum_{i=0}^{n} d_i 10^i$ 2. $\sum_{i=0}^{n} b_i 2^i$ 3. $\sum_{i=0}^{n} h_i 16^i$

4. $\lfloor 1 + \lg n \rfloor$ 5. $\sum_{i=0}^{n} b_i 2^i$ 在十进制中计算。

6. 将要转换为二进制的数除以 2。余数给出了 1 对应的位。将商除以 2。余数给出了 2 对应的位。以此类推。

7. $\sum_{i=0}^{n} h_i 16^i$ 在十进制中计算。

8. 将要转换为十六进制的数除以 16。余数给出了 1 位对应的数。将商除以 16。余数给出了 16 位对应的数。以此类推。

9. 用一般的相加十进制数的算法来相加二进制数——但是要将十进制加法表换成二进制加法表。

10. 用一般的相加十进制数的算法来相加十六进制数——但是要将十进制加法表换成十六进制加法表。

11. 令

$$n = \sum_{i=0}^{m} b_i 2^i$$

是 n 的二进制表示。利用重复乘方，计算 $a^1, a^2, a^4, a^8, \cdots, a^{b_m}$，则

$$a^n = a^{\sum_{i=0}^{m} b_i 2^i} = \prod_{i=0}^{m} a^{b_i 2^i}$$

12. 利用练习 11 中的方法求解，只不过利用下面公式

$ab \bmod z = [(a \bmod z)(b \bmod z)] \bmod z$

5.2

1. 6   4. 7   7. 1585   8. 9   11. 32
14. 100010   17. 110010000   20. 11000
23. 1001000   26. 58   29. 2563
32.（对练习 8）9   35. FE   38. 3DBF9

40. 2010 在二进制中不表示一个数，因为 2 在二进制中是一个非法符号。2010 在十进制和十六进制中都表示一个数。

42. 51   45. 4570
48.（对练习 8）11   51.（对练习 42）33

54. 9450 在二进制中不表示一个数，因为 9、4、5 在二进制中是非法符号。9450 在八进制中也不表示一个数，因为 9 在八进制中是一个非法符号。9450 在十进制和十六进制中都表示一个数。

56. 算法首先置 $result$ 为 1，x 为 a。由于 $n = 16 > 0$，while 循环体执行。由于 $n \bmod 2$ 不等于 1，$result$ 不改变。x 变为 a^2，n 变为 8。

由于 $n = 8 > 0$，while 循环体执行。由于 $n \bmod 2$ 不等于 1，$result$ 不改变。x 变为 a^4，n 变为 4。

由于 $n = 4 > 0$，while 循环体执行。由于 $n \bmod 2$ 不等于 1，$result$ 不改变。x 变为 a^8，n 变为 2。

由于 $n = 2 > 0$，while 循环体执行。由于 $n \bmod 2$ 不等于 1，$result$ 不改变。x 变为 a^{16}，n 变为 1。

由于 $n = 1 > 0$，while 循环体执行。由于 $n \bmod 2$ 等于 1，$result$ 变为 $result * x = 1 * a^{16} = a^{16}$。$x$ 变为 a^{32}，n 变为 0。

由于 $n = 0$ 不比 0 大，while 循环结束。算法返回 $result$，它等于 a^{16}。

59. 算法首先置 $result$ 为 1，x 为 $a \bmod z = 5 \bmod 21 = 5$。由于 $n = 10 > 0$，while 循环体执行。由于 $n \bmod 2$ 不等于 1，$result$ 不改变。x 变为 $x * x \bmod z = 25 \bmod 21 = 4$，$n$ 变为 5。

由于 $n = 5 > 0$，while 循环体执行。由于 $n \bmod 2$ 不等于 1，$result = (result * x) \bmod z = 4 \bmod 21 = 4$。$x$ 变为 $x * x \bmod z = 16 \bmod 21 = 16$，$n$ 变为 2。

由于 $n = 2 > 0$，while 循环体执行。由于 $n \bmod 2$ 不等于 1，$result$ 不改变。x 变为 $x * x \bmod z = 256 \bmod 21 = 4$，$n$ 变为 1。

由于 $n = 1 > 0$，while 循环体执行。由于 $n \bmod 1$ 不等于 1，$result = (result * x) \bmod z = 16 \bmod 21 = 16$。$x$ 变为 $x * x \bmod z = 16 \bmod 21 = 16$，$n$ 变为 0。

由于 $n = 0$ 不比 0 大，while 循环结束。算法返回 $result$，它等于 $a^n \bmod z = 5^{10} \bmod 21 = 16$。

62. 如果 m_k 是能整除 m 的最大的2的幂，则 $m = 2^{m_k}p$，其中 p 是奇数。类似地，如果 n_k 是能整除 n 最大的2的幂，则 $n = 2^{n_k}q$，其中 q 是奇数。现在 $mn = 2^{m_k+n_k}pq$。由于 pq 是奇数，$m_k + n_k$ 是能整除 mn 最大的2的幂，结果立即可得。

5.3 复习

1. 参见算法5.3.3。
2. 如果 a 是一个非负整数，b 是一个正整数，且 $r = a \bmod b$，那么 $\gcd(a, b) = \gcd(b, r)$。
3. $a \geq f_{n+2}, b \geq f_{n+1}$。
4. $\log_{3/2} 2m/3$
5. 将欧几里得算法写成 $r = n - dq$ 的形式，用来计算非零余数。将倒数第2个公式代入最后一个公式，称结果为 E_1。将倒数第3个公式代入到 E_1 中，称结果为 E_2。继续下去，直到第一个余数公式代入到最后一个 E_k 公式中。
6. 如果 $ns \bmod z = 1$，s 是 $n \bmod z$ 的逆。
7. 求出 s' 和 t' 使得 $s'n + t'\phi = 1$。令 $s = s' \bmod \phi$。

5.3

1. 90 mod 60 = 30；60 mod 30 = 0；因此 gcd(60, 90) = 30。
4. 825 mod 315 = 195；315 mod 195 = 120；195 mod 120 = 75；120 mod 75 = 45；75 mod 45 = 30；45 mod 30 = 15；30 mod 15 = 0；因此 gcd (825, 315) = 15。
5. 4807 mod 2091 = 625；2091 mod 625 = 216；625 mod 216 = 193；216 mod 193 = 23；193 mod 23 = 9；23 mod 9 = 5；9 mod 5 = 4；5 mod 4 = 1；4 mod 1 = 0；因此 gcd (2091, 4807) = 1。
10. 490 256 mod 337 = 258；337 mod 258 = 79；258 mod 79 = 21；79 mod 21 = 16；21 mod 16 = 5；16 mod 5 = 1；5 mod 1 = 0；因此 gcd(490 256, 337) = 1。
11. (对练习10) 按欧几里得算法计算的顺序，非零余数是

$$490\ 256 \bmod 337 = 258$$
$$337 \bmod 258 = 79$$
$$258 \bmod 79 = 21$$
$$79 \bmod 21 = 16$$
$$21 \bmod 16 = 5$$
$$16 \bmod 5 = 1$$

将这些等式写成 $r = n - dq$ 的形式，其中 r 是余数，q 是商，得

$$258 = 490\ 256 - 337 \cdot 1454$$
$$79 = 337 - 258 \cdot 1$$
$$21 = 258 - 79 \cdot 3$$
$$16 = 79 - 21 \cdot 3$$
$$5 = 21 - 16 \cdot 1$$
$$1 = 16 - 5 \cdot 3$$

将倒数第2个余数5的等式代入到最后一个等式得 $1 = 16 - (21 - 16 \cdot 1) \cdot 3 = 16 \cdot 4 - 21 \cdot 3$。将倒数第3个余数16的等式代入到前面的等式得 $1 = (79 - 21 \cdot 3)4 - 21 \cdot 3 = 79 \cdot 4 - 21 \cdot 15$。将第3个余数21的等式代入到前面等式，得 $1 = 79 \cdot 4 - (258 - 79 \cdot 3)15 = 79 \cdot 49 - 258 \cdot 15$。将第2个余数79的等式代入到前面的等式，得 $1 = (337 - 258)49 - 258 \cdot 15 = 337 \cdot 49 - 258 \cdot 64$。

最后，将第一个余数258的等式代入到前面等式，得 $1 = 337 \cdot 49 - (490\ 256 - 337 \cdot 1454)64 = 337 \cdot 93\ 105 - 490\ 256 \cdot 64$ 所以，令 $s = -64, t = 93\ 105$。$s \cdot 490\ 256 + t \cdot 337 = \gcd(490\ 256, 337) = 1$。

14. gcd_recurs(a, b){
    // 让 a 最大
    if (a < b)
        swap(a, b)
    return gcd_recurs1(a, b)
}

gcd_recurs1(a, b) {
    if (b == 0)
        return a
    r = a mod b
    return gcd_recurs(b, r)
}

17. gcd_subtract (a, b) {
    while (true) {
      // make a largest
      if (a < b)
        swap (a, b)
      if (b == 0)
        return a
      a = a − b
    }
}

20. 根据定理 5.3.5，一对数 $a, b, a > b$ 输入到欧几里得算法中时，如果 $a \geq f_{n+2}$ 和 $b \geq f_{n+1}$，需要 n 步模运算。现在 $f_{29} = 514\,229$，$f_{30} = 832\,040$，$f_{31} = 1\,346\,296$。因此，最坏情形下没有哪对数需要多于 28 次模运算，因为 29 次模运算需要其中一个数大于 $1\,000\,000$。514 229，832 040 需要 28 次模运算。

23. 施归纳于 n 证明命题。

    基本步($n = 1$) $\gcd(f_1, f_2) = \gcd(1, 1) = 1$。

    归纳步   假设 $\gcd(f_n, f_{n+1}) = 1$。现在 $\gcd(f_{n+1}, f_{n+2}) = \gcd(f_{n+1}, f_{n+1} + f_n) = \gcd(f_{n+1}, f_n) = 1$。

利用练习 16，$a = f_{n+1} + f_n$，$b = f_{n+1}$，验证第 2 个等式。

26. 如果 $m = 1$，结果立即可得。因此假设 $m > 1$。假设 f 是个一对一的映上函数，由于 $m > 1$，存在 x 使得 $f(x) = nx \bmod m = 1$。因此存在 q 使得 $nx = mq + 1$。

令 g 是 m 和 n 的最大公因子。因此 g 同时整除 m 和 n 及 $nx − mq = 1$。所以，$g = 1$。

现在假设 $\gcd(m, n) = 1$。根据定理 5.3.7，存在 s 和 t 使得 $1 = sm + tn$。令 $k \in X$，则 $k = msk + ntk$，所以 $(ntk) \bmod m = (k − msk) \bmod m = k \bmod m = k$。

如同计算模的逆中的类似讨论，如果令 $x = tk \bmod m$，那么 $f(x) = (ntk) \bmod m$。因此，f 是映上的。由于 f 是从 X 到 X 的，因此，f 是一对一的。

28. 如果 $a \neq 0$，$a = 1 \cdot a + 0 \cdot b > 0$。在这种情况下，$a \in X$。同样，如果 $b \neq 0$，$b \in X$。

31. 假设 g 不能整除 a，那么 $a = qg + r, 0 < r < g$。由于 $g \in X$，存在 s 和 t 使得 $g = sa + tb$。现在 $r = a − qg = a − q(sa + tb) = (1 − qs)a + (−qt)b$，因此 $r \in X$。由于 g 是 X 中最小元素，且 $0 < r < g$，得到矛盾。因此，g 整除 a。类似地，g 整除 b。

33. $\gcd(3, 2) = \gcd(2, 1) = \gcd(1, 0) = 1$，$s = 2$

36. $\gcd(47, 11) = \gcd(11, 3) = \gcd(3, 2) = \gcd(2, 1) = \gcd(1, 0) = 1$，$s = 30$

39. $\gcd(243, 100) = \gcd(100, 43) = \gcd(43, 14) = \gcd(14, 1) = \gcd(1, 0) = 1$，$s = 226$

40. 利用反证法讨论。假设 6 有一个模 15 的逆，也就是存在 s 使得 $6s \bmod 15 = 1$。那么存在 q 使得 $15 − 6sq = 1$。

由于 3 整除 15，3 整除 $6sq$，因此 3 整除 1。得到了矛盾，因此 6 没有模 15 的逆。

6 没有模 15 的逆与例 5.3.9 中的结果不矛盾。为了保证 n 有模 ϕ 的逆，例 5.3.9 中的结果需要 $\gcd(n, \phi) = 1$。在这个练习中，$\gcd(6, 15) = 3$。

5.4 复习

1. 密码学是研究关于保证通信系统安全的学科。
2. 密码系统是保证通信安全的系统。
3. 对消息加密是对消息转换使得只有授权的接收者可以对它解密。
4. 对消息解密是对加密的消息进行转换使得它是可读的。
5. 计算 $c = a^n \bmod z$，发送 c。
6. 计算 $c^s \bmod z$，z 被选为两个素数 p 和 q 的乘积，s 满足 $ns \bmod (p − 1)(q − 1) = 1$。
7. RSA 公钥密码系统的安全性主要依赖于目前不存在已知有效的大数因子分解的算法这个事实。

5.4

1. FKKGEJAIMWQ   4. BUSHWHACKED
7. $z = pq = 17 \cdot 23 = 391$
10. $c = a^n \bmod z = 101^{31} \bmod 391 = 186$
12. $z = pq = 59 \cdot 101 = 5959$
15. $c = a^n \bmod z = 584^{41} \bmod 5959 = 3237$

第5章自测题

1. 当 d 赋值为 $2, \cdots, 6$ 时，$539 \bmod d$ 不等于 0。因此，d 增加。当 $d = 7$ 时，$539 \bmod d = 0$，因此算法返回 $d = 7$，表示 539 是一个合数，7 是 539 的一个因子。

2. $539 = 7^2 \cdot 11$ 3. $7^2 \cdot 13^2$

4. $2 \cdot 5^2 \cdot 7^4 \cdot 13^4 \cdot 17$ 5. 150

6. 110101110, 1AE

7. 算法首先置 $result$ 为 1，x 为 a。由于 $n = 30 > 0$，while 循环体执行。由于 $n \bmod 2$ 不等于 1，$result$ 不改变。x 变为 a^2，n 变为 15。

   由于 $n = 15 > 0$，while 循环体执行。由于 $n \bmod 2$ 等于 1，$result$ 变为 $result * x = 1 * a^2 = a^2$。$x$ 变为 a^4，n 变为 7。

   由于 $n = 7 > 0$，while 循环体执行。由于 $n \bmod 2$ 等于 1，$result$ 变为 $result * x = a^2 * a^4 = a^6$。$x$ 变为 a^8，n 变为 3。

   由于 $n = 3 > 0$，while 循环体执行。由于 $n \bmod 2$ 等于 1，$result$ 变为 $result * x = a^6 * a^8 = a^{14}$。$x$ 变为 a^{16}，n 变为 1。

   由于 $n = 1 > 0$，while 循环体执行。由于 $n \bmod 2$ 等于 1，$result$ 变为 $result * x = a^{14} * a^{16} = a^{30}$。$x$ 变为 a^{32}，n 变为 0。

   由于 $n = 0$ 不比 0 大，while 循环结束。算法返回 $result$，它等于 a^{30}。

8. 算法首先置 $result$ 为 1，x 为 $a \bmod z = 50 \bmod 11 = 6$。由于 $n = 30 > 0$，while 循环体执行。由于 $n \bmod 2$ 不等于 1，$result$ 不改变。x 变为 $x * x \bmod z = 36 \bmod 11 = 3$，$n$ 变为 15。

   由于 $n = 15 > 0$，while 循环体执行。由于 $n \bmod 2$ 等于 1，$result$ 变为 $(result * x) \bmod z = 3 \bmod 11 = 3$。$x$ 变为 $x * x \bmod z = 9 \bmod 11 = 9$，$n$ 变为 7。

   由于 $n = 7 > 0$，while 循环体执行。由于 $n \bmod 2$ 等于 1，$result$ 变为 $(result * x) \bmod z = 27 \bmod 11 = 5$。$x$ 变为 $x * x \bmod z = 81 \bmod 11 = 4$，$n$ 变为 3。

   由于 $n = 3 > 0$，while 循环体执行。由于 $n \bmod 2$ 等于 1，$result$ 变为 $(result * x) \bmod z = 20 \bmod 11 = 9$。$x$ 变为 $x * x \bmod z = 16 \bmod 11 = 5$，$n$ 变为 1。

   由于 $n = 1 > 0$，while 循环体执行。由于 $n \bmod 2$ 等于 1，$result$ 变为 $(result * x) \bmod z = 45 \bmod 11 = 1$。$x$ 变为 $x * x \bmod z = 25 \bmod 11 = 3$，$n$ 变为 0。

   由于 $n = 0$ 不比 0 大，while 循环结束。算法返回 $result$，它等于 $a^n \bmod z = 50^{30} \bmod 11 = 1$。

9. $\gcd(480, 396) = \gcd(396, 84) = \gcd(84, 60) = \gcd(60, 24) = \gcd(24, 12) = \gcd(12, 0) = 12$

10. 由于

$$\log_{3/2} \frac{2(100\,000\,000)}{3} = \log_{3/2} 100^4 + \log_{3/2} \frac{2}{3}$$
$$= 4(\log_{3/2} 100) - 1$$
$$= 4(11.357\,747) - 1$$
$$= 44.430\,988$$

对 0~100 000 000 之间的数，欧几里得算法需要的模运算次数的一个上限是 44。

11. 按欧几里得算法计算的顺序，非零余数是

$$480 \bmod 396 = 84$$
$$396 \bmod 84 = 60$$
$$84 \bmod 60 = 24$$
$$60 \bmod 24 = 12$$

将这些等式写成 $r = n - dq$ 的形式，其中 r 是余数，q 是商，得

$$84 = 480 - 396 \cdot 1$$
$$60 = 396 - 84 \cdot 4$$
$$24 = 84 - 60 \cdot 1$$
$$12 = 60 - 24 \cdot 2$$

将倒数第 2 个余数 24 的等式代入到最后一个等式得 $12 = 60 - 24 \cdot 2 = 60 - (84 - 60) \cdot 2 = 3 \cdot 60 - 2 \cdot 84$。将倒数第 3 个余数 60 的等式代入到前面等式，得 $12 = 3 \cdot (396 - 84 \cdot 4) - 2 \cdot 84 = 3 \cdot 396 - 14 \cdot 84$。最后，将第 1 个余数 84 的等式代入到前面等式，得 $12 = 3 \cdot 396 - 14 \cdot (480 - 396) = 17 \cdot 396 - 14 \cdot 480$，令 $s = 17$，$t = -14$，$s \cdot 396 + t \cdot 480 = \gcd(396, 480) = 12$。

12. 按欧几里得算法计算的顺序，非零余数是

$$425 \bmod 196 = 33$$
$$196 \bmod 33 = 31$$
$$33 \bmod 31 = 2$$
$$31 \bmod 2 = 1$$

将这些等式写成 $r = n - dq$ 的形式，其中 r 是余数，q 是商，得

$$33 = 425 - 196 \cdot 2$$
$$31 = 196 - 33 \cdot 5$$
$$2 = 33 - 31 \cdot 1$$
$$1 = 31 - 2 \cdot 15$$

将倒数第2个余数24的等式代入到最后一个等式得 $1 = 31 - (33 - 31) \cdot 15 = 16 \cdot 31 - 15 \cdot 33$。将倒数第3个余数31的等式代入到前面等式，得 $1 = 16 \cdot (196 - 33 \cdot 5) - 15 \cdot 33 = 16 \cdot 196 - 95 \cdot 33$。最后，将第1个余数33的等式代入到前面等式，得 $1 = 16 \cdot 196 - 95 \cdot (425 - 196 \cdot 2) = 206 \cdot 196 - 95 \cdot 425$

所以，令 $s' = 206$，$t' = 95$，$s' \cdot 196 + t' \cdot 425 = \gcd(196, 425) = 1$。

所以 $s = s' \bmod 425 = 206 \bmod 425 = 206$。

13. $z = pq = 13 \cdot 17 = 221$，$\phi = (p-1)(q-1) = 12 \cdot 16 = 192$

14. $s = 91$

15. $c = a^n \bmod z = 144^{19} \bmod 221 = 53$

16. $a = c^s \bmod z = 28^{91} \bmod 221 = 63$

6.1 复习

1. 如果一项工作需要 t 步完成，第一步有 n_1 种选择，第二步有 n_2 种选择，……，第 t 步有 n_t 种选择，则完成这项工作所有不同的选择总数为 $n_1 \times n_2 \times \cdots \times n_t$。例如，可选的开胃食品有2种，可选的主食有4种。若午餐包含一种开胃食品和一种主食，则共有 $2 \times 4 = 8$ 种午餐。

2. 假定 $X_1, \cdots, X_t$ 为集合，第 i 个集合 X_i 有 n_i 个元素。若 $\{X_1, \cdots, X_t\}$ 为两两不交的集合族，则可以从 X_1 或 X_2 或……或 X_t 选择出的元素总数为 $n_1 + n_2 + \cdots + n_t$。例如，有一个字符串的集合，有2个字符串以 a 开头，有4个字符串以 b 开头，则有 $2 + 4 = 6$ 个字符串以 a 或 b 开头。

3. $|X \cup Y| = |X| + |Y| - |X \cap Y|$。参见例6.1.13。

6.1

1. 2×4 4. $8 \times 4 \times 5$ 7. 6^2

10. $6 + 12 + 9$ 13. $m + n$ 16. $1 + 1$

19. 因为有3种车型，2种底盘，5种发动机，因此不同的个性化形体结构有 $3 \times 2 \times 5 = 30$，不是32种组合。

20. 3: $(1, 3)$、$(2, 2)$、$(3, 1)$，这里 (b, r) 表示蓝色骰子的结果为 b，而红色骰子的结果为 r。

23. 6: $(2, 1)$、$(2, 2)$、$(2, 3)$、$(2, 4)$、$(2, 5)$、$(2, 6)$，这里 (b, r) 表示蓝色骰子的结果为 b 而红色骰子的结果为 r。

26. 因为每个骰子的结果都有5种可能，因此没有一个骰子的结果为2共有 5×5 种可能。

28. 10×5 31. 2^4 34. 8

37. 2^4（一旦对前4位进行了赋值，后4位的值是确定的）。

38. $5 \times 4 \times 3$ 41. $3 \times 4 \times 3$ 44. 5^3

47. 4×3 50. $5^3 - 4^3$ 52. $200 - 5 + 1$ 55. 40

58. 有一个一位数包含7。包含7的不同两位数有 $17, 27, \cdots, 97$ 和 $70, 71, \cdots, 76, 78, 79$，共有18个。包含7的不同三位数有 $1\underline{07}$ 和 $1xy$，其中 xy 为任意一个所述的包含7的两位数。故共有 $1 + 18 + 19$ 个包含7的数。

61. $5 + (8 + 7 + \cdots + 1) + (7 + 6 + \cdots + 1)$

64. $10!$ 67. $(3!)(5!)(2!)(3!)$

71. 2^{10} 74. $2^{14}(2^{16} - 2)$

77. 计算表示 $n \times n$ 个元素集合的关系矩阵中对应对称关系的矩阵的个数。例6.1.7说明了除主对角线元素之外有 $n^2 - n$ 个元素。对角线元素之上的一半，有 $(n^2 - n)/2$ 个元素。主对角线之上加上主对角线共有

$$\frac{n^2 - n}{2} + n = \frac{n^2 + n}{2}$$

个元素。这些元素可以被任意赋值，共有 $2^{(n^2+n)/2}$ 种赋值方式。因为关系是对称的，一旦这些元素被赋值，主对角线之下的元素的值是确定的（ij 位置的值为1当且仅当 ji 位置的

值为1)。因此n个元素集合上的对称关系共有$2^{(n^2+n)/2}$种。

80. 计算表示$n \times n$个元素集合的关系矩阵中对应自反和反对称关系的矩阵的个数。
因为关系是自反的，因此主对角线上的元素都为1。对于满足$1 \leq i < j \leq n$的任意i、j，下表显示了有3种方法设定第i行、第j列和第j行、第i列元素可能的值。

第i行、第j列	第j行、第i列
0	0
1	0
0	1

共有$(n^2-n)/2$种i和j满足$1 \leq i < j \leq n$，故非对角线元素有$3^{(n^2-n)/2}$种选法。所以，n元素集合中可以定义$3^{(n^2-n)/2}$个自反和反对称关系。

83. 由于每个变量可取值T或F，n个变量的真值表有2^n行。每一行，函数可取值F或F，因此函数取值有2^{2^n}种方式。因此n个变量的真值表有2^{2^n}种。

86. 由包含排斥原理，可选总数等于以100开头的二进制字符串数+第4位为1的二进制字符串数－以100开头且第4位为1的二进制字符串数，因此答案是$2^5 + 2^7 - 2^4$。

89. 由包含排斥原理，可选总数等于Connie为主席的选法数+Alice当选的选法数－Connie为主席且Alice当选的选法数，因此答案是$5 \times 4 + 3 \times 5 \times 4 - 2 \times 4$。

93. 令F是选读法语的学生数、B是选读商务的学生数、M是选读音乐的学生数。已经给定$|F \cap B \cap M| = 10$，$|F \cap B| = 36$，$|F \cap M| = 20$，$|B \cap M| = 18$，$|F| = 65$，$|B| = 76$，以及$|M| = 63$。由练习92，

$$|F \cup B \cup M| = |F| + |B| + |M| - |F \cap B| - |F \cap M|$$
$$- |B \cap M| + |F \cap B \cap M|$$
$$= 65 + 76 + 63 - 36 - 20 - 18 + 10 = 140$$

因此有140名学生选读了法语、商务或音乐。因为共有学生191名，因此有191 - 140 = 51学生没有选读这3门课程。

96. 令X是1~10 000中为3的倍数的整数组成的集合，Y是1~10 000中为5的倍数的整数组成的集合，Z是1~10 000中为11的倍数的整数组成的集合。

3的倍数可表示为$3k$，其中k是某个整数，因为1~10 000中为3的倍数的整数满足

$$1 \leq 3k \leq 10\,000$$

除以3，可得

$$0.333\cdots = \frac{1}{3} \leq k \leq \frac{10\,000}{3} = 3333.333\cdots$$

因此1~10 000中为3的倍数的整数对应$k = 1$，2，$\cdots$，3333。1~10 000中为3的倍数的整数个数为3333。同理，1~10 000中为5的倍数的整数个数为2000，1~10 000中为11的倍数的整数个数为909。因此$|X| = 3333$，$|Y| = 2000$，$|Z| = 909$。

3和5相乘值为15。和上段中的论证相似，可知1~10 000中同时为3和5的倍数的整数个数为666。同理，可知1~10 000中同时为3和11的倍数的整数个数为303，1~10 000中同时为5和11的倍数的整数个数为181，1~10 000中同时为3、5和11的倍数的整数个数为60。因此$|X \cap Y| = 666$，$|X \cap Z| = 303$，$|Y \cap Z| = 181$，$|X \cap Y \cap Z| = 60$。由练习92，

$$|X \cup Y \cup Z| = |X| + |Y| + |Z| - |X \cap Y| - |X \cap Z|$$
$$- |Y \cap Z| + |X \cap Y \cap Z|$$
$$= 3333 + 2000 + 909 - 666 - 303 - 181$$
$$+ 60 = 5152$$

即1~10 000中为3、5或11的倍数的整数个数为5152。

6.2 复习

1. $x_1, \cdots, x_n$的一个次序。

2. n元素集合上共有$n!$种排列。选择第一项有n种选法，选择第二项有$n-1$种选法，以此类推。故排列总数为$n(n-1)\cdots 2 \cdot 1 = n!$。

3. 从$x_1, \cdots, x_n$中选出r个元素的次序。

4. n元素集合上共有$n(n-1)\cdots(n-r+1)$种r排列。第一项有n种选法，第二项有$n-1$种选法，$\cdots$，第r项有$n-r+1$种选法。故r排列的总数为$n(n-1)\cdots(n-r+1)$。

5. $P(n, r)$

6. 集合$\{x_1, \cdots, x_n\}$的一个r元素子集。

7. n 元素集合上共有个 r 组合。

$$\frac{n!}{(n-r)!r!}$$

n 元素集合上共有 $P(n,r)$ 个 r 排列。确定一个 r 排列可先选取一个 r 组合（$C(n,r)$ 种选法），再将这个 r 组合重新排列（有 $r!$ 种排法）。故 $P(n,r) = C(n,r)r!$。所以

$$C(n,r) = \frac{P(n,r)}{r!} = \frac{n(n-1)\cdots(n-r+1)}{r!}$$
$$= \frac{n!}{(n-r)!r!}$$

8. $C(n,r)$

6.2

1. $4! = 24$

4. $abc, acb, bac, bca, cab, cba, abd, adb, bad, bda, dab, dba, acd, adc, cad, cda, dac, dca, bcd, bdc, cbd, cdb, dbc, dcb$。

7. $P(11, 3) = 11 \times 10 \times 9$ 10. $3!$

13. 有 $4!$ 个字符串包含子串 AE，有 $4!$ 个字符串包含子串 EA。故共有 $2 \times 4!$ 个子串包含 AE 或 EA。

16. 先计算包含子串 AB 或子串 BE 的字符串数 N，则练习中所求的数目为字符串总数 $-N$，即 $5! - N$。根据 6.1 节中练习 65 的结论，包含 AB 或 BE 的字符串数目 = 包含 AB 的字符串数目 + 包含 BE 的字符串数目 – 包含 AB 和 BE 的字符串数目。若某字符串包含 AB 和 BE，当且仅当该字符串包含子串 ABE，这样的子串共有 $3!$ 个。包含子串 AB 的字符串共有 $4!$ 个，包含子串 BE 的字符串也有 $4!$ 个。故包含子串 AB 或子串 BE 的字符串有 $4! + 4! - 3!$ 个。所以练习中既不包含子串 AB 也不包含子串 BE 的字符串数目为 $5! - (2 \cdot 4! - 3!)$。

19. $8!P(9, 5) = 8!(9 \cdot 8 \cdot 7 \cdot 6 \cdot 5)$ 21. $10!$

24. 固定一个木星人的位置，其他木星人共有 $7!$ 种排列方式。对于每一种排列方式，将 5 个土星人插入 8 个可能的位置，共有 $P(8, 5)$ 种插法。故共有 $7!P(8, 5)$ 种坐法。

25. $C(4, 3) = 4$ 28. $C(11, 3)$

31. $C(17, 0) + C(17, 1) + C(17, 2) + C(17, 3) + 4$

33. $C(13, 5)$

36. 选出至多有一个男人组成的委员会，可分为两种情况：恰有一个男人和没有男人。恰有一个男人的选法有 $C(6, 1)C(7, 3)$ 种，没有男人的选法有 $C(7, 4)$ 种。故共有 $C(6, 1)C(7, 3) + C(7, 4)$ 种选法。

39. $C(10, 4)C(12, 3)C(4, 2)$

42. 首先求出 8 位字符串中不含两个相邻的 0 的共有多少个。因为若没有两个相邻的 0，则 1 的数目不能少于 4 个，故将其分为 5 种情况分别计算：恰含 8 个 1、恰含 7 个 1、恰含 6 个 1、恰含 5 个 1、恰含 4 个 1。
恰含 8 个 1 的没有两个相邻的 0 的字符串只有一个。考虑恰含 7 个 1 的没有两个相邻的 0 的字符串，唯一的一个 0 可以在字符串的任意位置，故共有 8 个这样的字符串。考虑恰含 6 个 1 的没有两个相邻的 0 的字符串，可将两个 0 插入下面的空格中 _1_1_1_1_1_1_，共有 $C(7, 2)$ 种插法，故共有 $C(7, 2)$ 个这样的字符串。同理可得，共有 $C(6, 3)$ 个恰含 5 个 1 的没有两个相邻的 0 的字符串，共有 $C(5, 4)$ 个恰含 4 个 1 的没有两个相邻的 0 的字符串。所以，不含两个相邻的 0 的 8 位字符串共有 $1 + 8 + C(7, 2) + C(6, 3) + C(5, 4)$ 个。而 8 位字符串共有 2^8 个，所以，共有 $2^8 - [1 + 8 + C(7, 2) + C(6, 3) + C(5, 4)]$ 个至少包含两个相邻的 0 的 8 位字符串。

43. 1×48（4 个 A 只有一种选法，第 5 张牌可以从余下的 48 张牌中任选）。

46. 首先计算共有多少手只含红桃和黑桃两套花色的牌。红桃和黑桃共有 26 张，故共有 $C(26, 5)$ 手只含红桃和黑桃的牌，但其中有 $C(13, 5)$ 手只含红桃，还有 $C(13, 5)$ 手只含黑桃。故只含红桃和黑桃两套花色的牌有 $C(26, 5) - 2C(13, 5)$ 手。选出两个花色共有 $C(4,2)$ 种选法，故只包含两套花色的牌共有 $C(4, 2)[C(26, 5) - 2C(13, 5)]$ 手。

49. 连续的 5 张牌共有 9 种可能：A2345, 23456, 34567, 45678, 56789, 6789T, 789TJ, 89TJQ, 9TJQK。选择一种花色有 4 种选法，故共有 9×4 手牌为一套花色的连续 5 张。

52. $C(52, 13)$

55. $1 \times C(48, 9)$（4个 A 只有一种选法，然后在剩下的 48 张牌中选择 9 张）。

58. 共有 $C(13, 4)C(13, 4)C(13, 4)C(13, 1)$ 手含有 4 张黑桃、4 张红桃、4 张方片和一张梅花的牌。选择 3 种花色令其各含有 4 张牌，共有 4 种选法。所以共有 $4C(13, 4)^3 C(13, 1)$ 手牌，3 个花色含有 4 张，另一个花色含有 1 张。

60. 2^{10} 63. 2^9 65. $C(50, 4)$

68. $C(50, 4) - C(46, 4)$（选法总数——没有残次品的选法数）。

72. 将 $2n$ 个元素排序。为第一个元素配对有 $2n-1$ 种方法，为下一个元素（未必是第二个）配对有 $2n-3$ 种方法，以此类推。

73. 满足条件的记票过程可看做由 r 个 "W" 和 r 个 "U" 组成的长度为 $2r$ 的字符串，其中从左数任意个字符，包含的 "W" 的个数均不少于 "U" 的个数。这样的字符串相当于例 6.2.23 中的路线，"W" 相当于向右，而 "U" 相当于向上。例 6.2.23 中证明了这样的路线有 C_r 条，故 Wright 的得票一直不少于 Upshaw 的得票的证明记票过程有 C_r 种可能。

76. 根据练习 75，垂直的 k 步有 $C(k, \lceil k/2 \rceil)$ 种走法，因为任一时刻朝上的步数都大于或等于朝下的步数。然后水平的 $n-k$ 步可以任意插入到垂直的 k 步中，共有 $C(n, k)$ 种插法。因为水平步有两种走法，所以包含 k 个垂直步的永远不走到 x 轴下方的路线有

$$C(k, \lceil k/2 \rceil) C(n, k) 2^{n-k}$$

种。对 k 求和，得所有永远不走到 x 轴下方的路线有

$$\sum_{k=0}^{n} C(k, \lceil k/2 \rceil) C(n, k) 2^{n-k}$$

种。

82. 解法中考虑了牌的顺序。

84. 一次，在 5 个槽中选择 0 而剩下的槽选择 1。

89. 利用定理 3.4.1 和定理 3.4.8。

92. 注意到对所有 $i = 0, 1, \cdots, k-1$ 有

$$\frac{n-i}{k-i} \geq \frac{n}{k}$$

因此

$$C(n, k) = \frac{n!}{(n-k)!k!} = \frac{n(n-1) \cdots (n-k+1)}{k(k-1) \cdots 1}$$
$$= \frac{n}{k} \frac{n-1}{k-1} \cdots \frac{n-k+1}{1}$$
$$\geq \frac{n}{k} \frac{n}{k} \cdots \frac{n}{k}$$
$$= \left(\frac{n}{k}\right)^k$$

同样

$$C(n, k) = \frac{n(n-1) \cdots (n-k+1)}{k!} \leq \frac{nn \cdots n}{k!} = \frac{n^k}{k!}$$

6.3 复习

1. $n!/(n_1! \cdots n_t!)$。这个公式可以由乘法原理得到。首先确定 n_1 个第一类对象的位置，共有 $C(n, n_1)$ 种排法；当第一类对象的位置确定后，再确定 n_2 个第二类对象的位置，共有 $C(n - n_1, n_2)$ 种排法，以此类推。故共有 $C(n, n_1)C(n - n_1, n_2) \cdots C(n - n_1 - \cdots - n_{t-1}, n_t)$ 种排法。代入 $C(n, k)$ 的公式，化简后得 $n!/(n_1! \cdots n_t!)$。

2. $C(k + t - 1, t - 1)$。考虑 $k + t - 1$ 个槽和由 k 个 '×' 和 $t - 1$ 个 'l' 组成的 $k + t - 1$ 个符号，可得这个公式。每一个这样符号安放到槽中确定一种选法。第一个和第二个 'l' 之间 '×' 的数目 n_1 代表选取集合中第一个元素的数目；第二个 'l' 和第三个 'l' 之间 '×' 的数目 n_2 代表选取集合中第二个元素的数目；以此类推。由于有 $C(k + t - 1, t - 1)$ 种方法来选取 'l' 的位置，故共有 $C(k + t - 1, t - 1)$ 种选法。

6.3

1. 5!

4. 将 4 个 S 看成一个符号，与 ALEPERON 中的每一个字母一起排列，共有 9!/2! 种排法。

7. $C(6 + 6 - 1, 6 - 1)$

10. 每条路线都与一个由 i 个 X、j 个 Y 和 k 个 Z 组成的字符串相对应。X 代表向 x 轴正方向移动一个单位；Y 代表向 y 轴正方向移动一个单位；Z 代表向 z 轴正方向移动一个单位。共有

$$\frac{(i + j + k)!}{i!j!k!}$$

个这样的字符串。

14. $10!/(5! \cdot 3! \cdot 2!)$ 15. $C(10 + 3 - 1, 10)$

18. $C(9 + 2 - 1, 9)$

21. 4种可能，分别为(0, 0), (2, 1), (4, 2), (6, 3)，其中(r, g)对表示 r 个红色球和 g 个绿色球。
22. $C(15 + 3 - 1, 15)$ 25. $C(13 + 2 - 1, 13)$
28. $C(12 + 4 - 1, 12) - [C(7 + 4 - 1, 7) + C(6 + 4 - 1, 6) + C(3 + 4 - 1, 3) + C(2 + 4 - 1, 2) - C(1 + 4 - 1, 1)]$
33. $52!/(13!)^4$ 36. $C(20, 5)$ 39. $C(20, 5)^2$
42. $C(15 + 6 - 1, 15)$ 45. $C(10 + 12 - 1, 10)$
48. 利用例 6.3.9 的结论，考虑这个例子的内层的 $k - 1$ 重循环。分别考虑 $i_1 = 1$ 和 2 时 print 语句迭代的次数。依例 6.3.9，这个和等于 $C(k + n - 1, k)$。

6.4 复习

1. 设 $\alpha = s_1 \cdots s_p$ 和 $\beta = t_1 \cdots t_q$ 为 $\{1, 2, \cdots, n\}$ 上的字符串。称在字典序中 α 在 β 之前，当且仅当 $p < q$ 且 $s_i = t_i, i = 1, \cdots, p$ 成立，或对某个使 $s_i \ne t_i$ 最小的 i，满足 $s_i < t_i$。
2. 首先生成表示第一个 r 组合的字符串 $12\cdots r$。给定表示 $\{s_1, \cdots, s_r\}$ 上 r 组合的字符串 $s_1\cdots s_r$，求它的下一个串 $t_1\cdots t_r$。从右向左找到第一个非最大值的元素 s_m。（s_r 的最大值为 n，s_{r-1} 的最大值为 $n - 1$，以此类推。）则令
$$t_i = s_i, i = 1, \cdots, m - 1$$
$$t_m = s_m + 1$$
$$t_{m+1}\cdots t_r = (s_m + 2)(s_m + 3)\cdots$$
首先给出表示第一个排列的字符串 $12\cdots r$。
3. 给定表示排列的字符串 s，求 s 的下一个串。从右向左找到第一个比右边的数小的元素 d，再找到右边第一个满足 $d < r$ 的元素 r，将 d 和 r 交换，最后将 d 的原始位置之后的子串 $12\cdots n$ 反转。

6.4

1. 1357   4. 12435
7. （对练习 1）在第 8 行~第 12 行，算法找到第一个非最大值的元素 s_m，此时，$m = 4$。第 14 行将 s_m 加 1，最后一位变为 7。由于 m 是最右边的位置，故第 16 行和第 17 行什么都没有做。得到的下一个组合为 1357。
9. 123, 124, 125, 126, 134, 135, 136, 145, 146, 156, 234, 235, 236, 245, 246, 256, 345, 346, 356, 456

12. 12, 21
14. 输入：r, n
    输出：按递增字典序输出 $\{1, 2, \cdots, n\}$ 的所有 r 组合
    $r\_comb(r, n)\{$
      $s_0 = -1$
      for $i = 1$ to r
        $s_i = i$
      $println(s_1, \cdots, s_n)$
      while (true){
        $m = r$
        $max\_val = n$
        while ($s_m ==$ max_val) {
          $m = m - 1$
          $max\_val = max\_val - 1$
        }
        if ($m == 0$)
          return
        $s_m = s_m + 1$
        for $j = m + 1$ to r
          $s_j = s_{j-1} + 1$
        $println(s_1, \cdots, s_n)$
      }
    $\}$

17. 输入：$s_1, \cdots, s_r$（$\{1, \cdots, n\}$ 的一个 r 组合），r, n
    输出：下一个 r 组合 $s_1, \cdots, s_r$（最后一个 r 组合的下一个为第一个 r 组合）
    $next\_comb(s, r, n)$ {
      $s_0 = n + 1$ // 哑值
      $m = r$
      $max\_val = n$
      // 若 $m = 0$ 则循环条件恒为假
      while ($s_m == max\_val$) {
        // 找到最右边非最大值的元素
        $m = m - 1$
        $max\_val = max\_val - 1$
      }
      if ($m == 0$) // 最后一个 r 组合得到
        $s_1 = 0$
        $m = 1$
    }

```
    // 将最右边元素加 1
    s_m = s_m + 1
    // 余下的元素是 s_m 的后继
    for j = m + 1 to r
        s_j = s_{j-1} + 1
}
```

19. 输入：$s_1, \cdots, s_r$（$\{1, \cdots, n\}$的一个r组合），r, n
    输出：前一个r组合$s_1, \cdots, s_r$（第一个r组合的前一个为最后一个r组合）

```
prev_comb(s, r, n) {
    s_0 = n // 哑值
    // 从右至左找到第一个比左边元素至少
       大 2 的元素
    m = r
    // 若 m = 1 则循环条件恒为假
    while (s_m - s_{m-1} == 1)
        m = m - 1
    s_m = s_m - 1
    if (m == 1 ∧ s_1 == 0)
        m = 0
    // 将 m 之后的元素设为最大值
    for j = m + 1 to r
        s_j = n + j - r
}
```

21. 输入：$r, s_k, s_{k+1}, \cdots, s_n$，字符串 α, k, n
    输出：列出$\{s_k, s_{k+1}, \cdots, s_n\}$上的所有$r$组合，每个加以前缀$\alpha$。（若列出$\{s_1, s_2, \cdots, s_n\}$的所有$r$组合，调用函数r_comb2(r, s, 1, n, λ)，其中λ为空字符串。）

```
r_comb2(r, s, k, n, α) {
    if (r == 0) {
        println(α)
        return
    }
    if (r == n) {
        println(α, s_n)
        return
    }
    β = α + "" + s_k
```

    // 字符串 s_k 连接
    r_comb2(r − 1, s, k + 1, n, β)
    // 打印不包含 s_k 的 r 组合
    if (r ≤ n − k)
        r_comb2(r, s, k + 1, n, α)
}
```

## 6.5 复习

1. 能生成结果的过程称为实验。
2. 实验的结果或结果的组合称为事件。
3. 包含所有可能结果的事件称为样本空间。
4. 事件中包含的结果数除以样本空间中的结果数。

## 6.5

1. (H, 1), (H, 2), (H, 3), (H, 4), (H, 5), (H, 6), (T, 1), (T, 2), (T, 3), (T, 4), (T, 5), (T, 6)
4. (H, 1), (H, 2), (H, 3)
5. (1, 1), (1, 3), (1, 5), (2, 2), (2, 4), (2, 6), (3, 1), (3,3), (3, 5), (4, 2), (4, 4), (4, 6), (5, 1), (5, 3), (5, 5), (6, 2), (6, 4), (6, 6)
8. 掷出 3 个骰子。
11. 1/6  14. 1/52  17. 4/36
20. $C(90, 4)/C(100, 4)$  23. $1/10^3$
26. $1/[C(50, 5) \cdot 36]$
28. $\dfrac{4 \cdot C(13, 5) \cdot 3 \cdot C(13, 4)C(13, 2)^2}{C(52, 13)}$
30. $1/2^{10}$  33. $C(10,5)/2^{10}$  34. $2^{10}/3^{10}$
37. 1/5!  38. $10/C(12, 3)$  41. 18/38
44. 2/38  45. 1/3  49. 1/4
52. 有两种可能：A（正确），B（不正确），C（不正确）；A（不正确），B（正确），C（不正确）。第一种情况下，如果学生坚持选A，则回答正确；但如果改选B，则回答错误。第二种情况下，如果学生坚持选A，则回答错误；但如果改选B，则回答正确。故回答正确的概率是 1/2。
55. 有$C(10 + 3 − 1, 3 − 1)$种方式将 10 张 CD 分发给 Mary、Ivan 和 Juan。如果每个人至少得到 2 张 CD，必须分发剩余的 6 张 CD，有 C(6 +
```

3-1, 3-1)种方式。因此每个人都拿到至少 2 张 CD 的概率为①

$$\frac{C(6+3-1, 3-1)}{C(10+3-1, 3-1)}$$

6.6 复习

1. 概率函数 P 将样本空间 S 中的每个结果 x 设定为一个数 $P(x)$,满足 $0 \leq P(x) \leq 1$,对所有的 $x \in S$,且

$$\sum_{x \in S} P(x) = 1$$

2. $P(x) = 1/n$,其中 n 为样本空间的大小。

3. E 的概率为

$$P(E) = \sum_{x \in E} P(x)$$

4. $P(E) + P(\bar{E}) = 1$

5. E_1 或 E_2(或均成立)   6. E_1 和 E_2

7. $P(E_1 \cup E_2) = P(E_1) + P(E_2) - P(E_1 \cap E_2)$。$P(E_1) + P(E_2)$ 等于任意 $x \in E_1$ 的 $P(x)$ 加上任意 $x \in E_2$ 的 $P(x)$。在 $P(E_1) + P(E_2)$ 中,$x \in E_1 \cap E_2$ 的元素被计算了两次,于是可得上面的公式。

8. 若 $E_1 \cap E_2 = \varnothing$,则称事件 E_1 和事件 E_2 不相交。

9. 掷出两个骰子,事件"一对"和事件"点数和为奇数"不相交。

10. $P(E_1 \cup E_2) = P(E_1) + P(E_2)$。因为 $P(E_1 \cap E_2) = 0$,再由练习 7 中的公式可得。

11. 给定 F 发生 E 的含义为:已知事件 F 发生时,事件 E 发生。

12. $E \mid F$ 13. $P(E \mid F) = P(E \cap F)/P(F)$

14. 若 $P(E \cap F) = P(E)P(F)$,则事件 E 和事件 F 相互独立。

15. 若掷出两个骰子,则事件"第一个骰子点数为奇数"和"第二个骰子点数为偶数"为独立事件。

16. 模式识别根据对象的特征对其进行分类。

17. 设可能的类有 $C_1, \cdots, C_n$,任意两类不相交,且每个项必属于某一类。对于特征集 F,有

$$P(C_j \mid F) = \frac{P(F \mid C_j) P(C_j)}{\sum_{i=1}^{n} P(F \mid C_i) P(C_i)}$$

由条件概率的定义可得等式

---

① 原书有误,剩余 CD 应是 10 - 6 = 4 张。——译者注

$$P(C_j \mid F) = \frac{P(C_j \cap F)}{P(F)} = \frac{P(F \mid C_j) P(C_j)}{P(F)}$$

又因为任意两类不相交,且每个项必属于某一类,故

$$P(F) = \sum_{i=1}^{n} P(F \mid C_i) P(C_i)$$

由此证明完成。

6.6

1. 1/8

4. $P(2) = P(4) = P(6) = 1/12$。$P(1) = P(3) = P(5) = 3/12$

7. $1 - (1/4)$ 8. $3(1/12)^2 + 3(3/12)^2$

11. 令 E 表示事件"点数和为 6",令 F 表示事件"至少有一个骰子点数为 2"。则

$$P(E \cap F) = P((2,4)) + P((4,2)) = 2\left(\frac{1}{12}\right)^2 = \frac{2}{144}$$

且

$$\begin{aligned}
P(F) &= P((1,2)) + P((2,1)) + P((2,2)) + P((2,3)) \\
&\quad + P((2,4)) + P((2,5)) + P((2,6)) + P((3,2)) \\
&\quad + P((4,2)) + P((5,2)) + P((6,2)) \\
&= \left(\frac{3}{12}\right)\left(\frac{1}{12}\right) + \left(\frac{1}{12}\right)\left(\frac{3}{12}\right) + \left(\frac{1}{12}\right)^2 \\
&\quad + \left(\frac{1}{12}\right)\left(\frac{3}{12}\right) + \left(\frac{1}{12}\right)^2 + \left(\frac{1}{12}\right)\left(\frac{3}{12}\right) \\
&\quad + \left(\frac{1}{12}\right)^2 + \left(\frac{3}{12}\right)\left(\frac{1}{12}\right) + \left(\frac{1}{12}\right)^2 \\
&\quad + \left(\frac{3}{12}\right)\left(\frac{1}{12}\right) + \left(\frac{1}{12}\right)^2 = \frac{23}{144}
\end{aligned}$$

所以

$$P(E \mid F) = \frac{P(E \cap F)}{P(F)} = \frac{\frac{2}{144}}{\frac{23}{144}} = \frac{2}{23}$$

14. (T, 1), (T, 2), (T, 3), (T, 4), (T, 5), (T, 6), (H, 3)

17. 是   19. $C(90,6)/C(100,6)$ 22. $1/2^4$

25. $\dfrac{\frac{1}{2^4}}{\frac{2^4-1}{2^4}} = \dfrac{1}{15}$

28. 令 E_1 表示事件"既有男孩又有女孩",令 E_2 表示事件"至多一个男孩",则

$P(E_1) = \dfrac{14}{16}$, $P(E_2) = \dfrac{5}{16}$, $P(E_1 \cap E_2) = \dfrac{4}{16}$

所以

$$P(E_1 \cap E_2) = \dfrac{1}{4} \neq \dfrac{35}{128} = P(E_1)P(E_2)$$

故事件 E_1 与 E_2 不独立的。

31. $1/2^{10}$ 34. $1 - (1/2^{10})$

37. 令 E 表示事件"有 4 次或 5 次或 6 次正面向上",令 F 表示事件"至少有一次正面向上",则

$$P(E \cap F) = \dfrac{C(10,4)}{2^{10}} + \dfrac{C(10,5)}{2^{10}} + \dfrac{C(10,6)}{2^{10}}$$
$$= \dfrac{210 + 252 + 210}{2^{10}} = 0.65625$$

由于 $P(F) = 1 - (1/2^{10}) = 0.999\,023\,437$,所以

$$P(E|F) = \dfrac{P(E \cap F)}{P(F)} = \dfrac{0.65625}{0.999\,023\,437} = 0.656\,891\,495$$

40. 令 E 为事件"至少有一人的生日是 4 月 1 日",则 $\overline{E}$ 是事件"没有一人的生日是 4 月 1 日",现

$$P(E) = 1 - P(\overline{E}) = 1 - \dfrac{364 \cdot 364 \cdots 364}{365 \cdot 365 \cdots 365} = 1 - \left(\dfrac{364}{365}\right)^n$$

44. 令 E_1 表示事件"体重超过 350 磅",E_2 表示事件"是初学者",则

$$P(E_1 \cup E_2) = P(E_1) + P(E_2) - P(E_1 \cap E_2)$$
$$= \dfrac{35}{90} + \dfrac{20}{90} - \dfrac{15}{90} = \dfrac{40}{90}$$

46. $P(A) = 0.55, P(D) = 0.10, P(N) = 0.35$

49. $P(B) = P(B|A)P(A) + P(B|D)P(D) + P(B|N)P(N) =$
$(0.10)(0.55) + (0.30)(0.10) + (0.30)(0.35) = 0.19$

50. 需要

$$P(H \mid Pos) = 0.5 = \dfrac{(0.95)P(H)}{(0.95)P(H) + (0.02)(1 - P(H))}$$

解出 $P(H)$,得 $P(H) = 0.0206$。

53. 是。设 E 和 F 为独立事件,则 $P(E)P(F) = P(E \cap F)$,所以

$$P(\overline{E})P(\overline{F}) = (1 - P(E))(1 - P(F))$$
$$= 1 - P(E) - P(F) + P(E)P(F)$$
$$= 1 - P(E) - P(F) + P(E \cap F)$$

根据集合的 De Morgan 定律,

$$\overline{E} \cap \overline{F} = \overline{E \cup F}$$

所以

$$P(\overline{E} \cap \overline{F}) = P(\overline{E \cup F})$$
$$= 1 - P(E \cup F)$$
$$= 1 - [P(E) + P(F) - P(E \cap F)]$$
$$= 1 - P(E) - P(F) + P(E \cap F)$$

故

$$P(\overline{E})P(\overline{F}) = P(\overline{E} \cap \overline{F})$$

所以 $\overline{E}$ 和 $\overline{F}$ 为独立事件。

56. 设 E_i 表示事件"长跑爱好者经过第 i 次尝试后完成了马拉松"。推理的错误在于假设了 $P(E_2) = 1/3 = P(E_3)$。事实上,$P(E_2) \neq 1/3 \neq P(E_3)$,因为如果长跑爱好者已经完成了马拉松,则他不会再进行下一次尝试。虽然 $P(E_1) = 1/3$,

$P(E_2) = P$(第一次尝试失败,且第二次尝试成功)
$= P$(第一次尝试失败)P(第二次尝试成功)
$= \dfrac{2}{3} \cdot \dfrac{1}{3} = \dfrac{2}{9}$

类似地,

$$P(E_3) = \dfrac{2}{3} \cdot \dfrac{2}{3} \cdot \dfrac{1}{3} = \dfrac{4}{27}$$

所以,完成马拉松的概率为

$$P(E_1 \cup E_2 \cup E_3) = P(E_1) + P(E_2) + P(E_3)$$
$$= \dfrac{1}{3} + \dfrac{2}{9} + \dfrac{4}{27} = \dfrac{19}{27} = 0.704$$

也就是说,这个长跑爱好者大概有 70% 的机会能够完成马拉松,并不是几乎可以肯定完成。

6.7 复习

1. 若 a 和 b 为实数,n 为正整数,则

$$(a+b)^n = \sum_{k=0}^{n} C(n,k) a^{n-k} b^k$$

2. 在 $(a+b)^n = \underbrace{(a+b)(a+b)\cdots(a+b)}_{n \text{ 个因子}}$

的展开式中,从 k 个因子中选择 b,从另外 $n-k$ 个因子中选择 a,可得项 $a^{n-k}b^k$,共有

$C(n, k)$种选法，故项$a^{n-k}b^k$的系数为$C(n, k)$。将k从0变到n，将各项相加，即得二项式定理。

3. 将二项式系数排列成三角形即为Pascal三角形。三角形的边缘都是1，内部的每个数为其上方的两个数的和：

$$\begin{array}{c}1\\1\quad 1\\1\quad 2\quad 1\\1\quad 3\quad 3\quad 1\\1\quad 4\quad 6\quad 4\quad 1\\1\quad 5\quad 10\quad 10\quad 5\quad 1\\\vdots\end{array}$$

4. $C(n, 0) = C(n, n) = 1$，对任意$n \geq 0$；$C(n+1, k) = C(n, k-1) + C(n, k)$，对任意$1 \leq k \leq n$。

6.7

1. $x^4 + 4x^3y + 6x^2y^2 + 4xy^3 + y^4$
3. $C(11, 7)x^4y^7$ 6. $5\,987\,520$
9. $C(7, 3) + C(5, 2)$。因为
$(a + \sqrt{ax} + x)^2(a+x)^5 = [(a+x) + \sqrt{ax}]^2(a+x)^5$
$= (a+x)^7 + 2\sqrt{ax}(a+x)^6 + ax(a+x)^5$

10. $C(10 + 3 - 1, 10)$
13. 1 8 28 56 70 56 28 8 1
16. [只写出归纳步]设定理对n成立
$(a+b)^{n+1} = (a+b)(a+b)^n$
$= (a+b) \sum_{k=0}^{n} C(n,k)a^{n-k}b^k$
$= \sum_{k=0}^{n} C(n,k)a^{n+1-k}b^k$
$\quad + \sum_{k=0}^{n} C(n,k)a^{n-k}b^{k+1}$
$= \sum_{k=0}^{n} C(n,k)a^{n+1-k}b^k$
$\quad + \sum_{k=1}^{n+1} C(n,k-1)a^{n+1-k}b^k$
$= C(n,0)a^{n+1}b^0 + \sum_{k=1}^{n} C(n,k)a^{n+1-k}b^k$
$\quad + C(n,n)a^0b^{n+1}$
$\quad + \sum_{k=1}^{n} C(n,k-1)a^{n+1-k}b^k$
$= C(n+1,0)a^{n+1}b^0$
$\quad + \sum_{k=1}^{n}[C(n,k) + C(n,k-1)]a^{n+1-k}b^k$
$\quad + C(n+1, n+1)a^0b^{n+1}$
$= C(n+1,0)a^{n+1}b^0$
$\quad + \sum_{k=1}^{n} C(n+1,k)a^{n+1-k}b^k$
$\quad + C(n+1, n+1)a^0b^{n+1}$
$= \sum_{k=0}^{n+1} C(n+1,k)a^{n+1-k}b^k$

19. 方程$x_1 + x_2 + \cdots + x_{k+2} = n - k$有$C(k+2+n-k-1, n-k) = C(n+1, k+1)$组非负整数解。当$x_{k+2} = 0$时的解有$C(k+1+n-k-1, n-k) = C(n, k)$组。当$x_{k+2} = 1$时的解有$C(k+1+n-k-1-1, n-k-1) = C(n-1, k)$组。当$x_{k+2} = 1$时的解有$C(k+1+0-1, 0) = C(k, k)$组。解的总数等于$x_{k+2} = n - k$取定各种值后解的数目的和。

22. 在二项式定理中令$a = 1, b = 2$。

25. $x^3 + 3x^2y + 3x^2z + 3xy^2 + 6xyz + 3xz^2 + y^3 + 3y^2z + 3yz^2 + z^3$

28. 在二项式定理中，令$a = 1, b = x$，并将n替换为$n - 1$，可得

$$(1+x)^{n-1} = \sum_{k=0}^{n-1} C(n-1, k)x^k$$

将等式两端同乘以n，得

$n(1+x)^{n-1} = n\sum_{k=0}^{n-1} C(n-1, k)x^k$
$= n\sum_{k=1}^{n} C(n-1, k-1)x^{k-1}$
$= \sum_{k=1}^{n} \frac{n(n-1)!}{(n-k)!(k-1)!}x^{k-1}$
$= \sum_{k=1}^{n} \frac{n!}{(n-k)!k!}kx^{k-1}$
$= \sum_{k=1}^{n} C(n,k)kx^{k-1}$

31. 用数学归纳法施归纳于 k, 基本步骤。设命题对 k 成立，则对序列 a 迭代 k 次后得由

$$a'_j = \sum_{i=0}^{k-1} a_{i+j} \frac{B_i}{2^n}$$

确定的序列。

令 $B'_0, \cdots, B'_k$ 为 Pascal 三角形中 $B_0, \cdots, B_{k-1}$ 下面的一行。用 c 将 a' 平滑化，得序列 a'':

$$a''j = \frac{1}{2}(a'_j + a'_{j+1})$$

$$= \frac{1}{2^{n+1}}\left(\sum_{i=0}^{k-1} a_{i+j} B_i + \sum_{i=0}^{k-2} a_{i+j+1} B_i\right)$$

$$= \frac{1}{2^{n+1}}\left(a_j B_0 + \sum_{i=1}^{k-1} a_{i+j} B_i + \sum_{i=0}^{k-2} a_{i+j+1} B_i + a_{k+j} B_{k-1}\right)$$

$$= \frac{1}{2^{n+1}}\left(a_j B_0 + \sum_{i=1}^{k-1} a_{i+j} B_i + \sum_{i=1}^{k-1} a_{i+j} B_{i-1} + a_{k+j} B_{k-1}\right)$$

$$= \frac{1}{2^{n+1}}\left(a_j B'_0 + \sum_{i=1}^{k-1} a_{i+j} B'_i + a_{k+j} B'_k\right)$$

$$= \frac{1}{2^{n+1}} \sum_{i=0}^{k} a_{i+j} B'_i$$

归纳步完成，命题得证。

34. [仅给出归纳步骤] 注意

$$C(n+1, i)^{-1} + C(n+1, i+1)^{-1} = \frac{n+2}{n+1} C(n, i)^{-1}$$

现有

$$\sum_{i=1}^{n+1} C(n+1, i)^{-1}$$

$$= \frac{1}{2}\left(\sum_{i=1}^{n+1} C(n+1, i)^{-1} + \sum_{i=0}^{n} C(n+1, i+1)^{-1}\right)$$

$$= \frac{1}{2}\left(C(n+1, 1)^{-1} + \frac{n+2}{n+1}\sum_{i=1}^{n} C(n, i)^{-1} + C(n+1, n+1)^{-1}\right)$$

$$= \frac{1}{2}\left(\frac{n+2}{n+1} + \frac{n+2}{2^n}\sum_{i=0}^{n-1} \frac{2^i}{i+1}\right)$$

$$= \frac{n+2}{2^{n+1}}\sum_{i=0}^{n} \frac{2^i}{i+1}$$

6.8 复习

1. 第一种形式：n 只鸽子飞入 k 个鸽笼，$k<n$，则必存在某个鸽笼包含至少两只鸽子。
   第二种形式：设 f 为有限集合 X 到有限集合 Y 的函数，且 $|X|>|Y|$，则必存在 $x_1, x_2 \in X$, $x_1 \neq x_2$，满足 $f(x_1)=f(x_2)$。

   第三种形式：设 f 为有限集合 X 到有限集合 Y 上的函数，设 $|X|=n, |Y|=m$。令 $k=\lceil n/m \rceil$，则至少存在 k 个值 $a_1, \cdots, a_k \in X$，满足 $f(a_1)=f(a_2)=\cdots=f(a_k)$。

2. 第一种形式：若 20 个人（鸽子）走进 6 个房间（鸽笼），则某个房间至少有两个人。
   第二种形式：在上例中，令 X 为人的集合，令 Y 为房间的集合。定义函数 f，对于任意一个人 p，$f(p)$ 为 p 所在的房间。则存在某个 $p_1 \neq p_2$，使 $f(p_1)=f(p_2)$，即两个不同的人 p_1 和 p_2 在同一个房间中。
   第三种形式：X、Y 和 f 与最后的例相同，则至少有 $\lceil 20/6 \rceil = 4$ 个人（如 p_1, p_2, p_3, p_4）满足 $f(p_1)=f(p_2)=f(p_3)=f(p_4)$，即至少有 4 个人在同一房间中。

6.8

1. 令 5 张扑克牌为鸽子，4 种花色为鸽巢，将每张扑克牌（鸽子）对应到其花色（鸽巢）。由鸽巢原理，必有某个鸽巢（花色）含有至少两只鸽子（扑克牌），即至少有两张扑克牌属于同一花色。

4. 令 35 个同学为鸽子，24[①] 个字符为鸽巢。将每个同学（鸽子）对应到其名字的首字符（鸽巢）。由鸽巢原理，必有某个鸽巢（字符）含有至少两只鸽子（同学），即至少有两个同学的名字的首字符相同。

7. 这 13 个人共有 12 个可能的姓名。将人看成鸽子，将姓名看成鸽笼。根据鸽笼原理，至少有两个人姓名相同。

10. 可能。将处理器 1 与 2 相连，2 和 3 相连，2 和 4 相连，3 和 4 相连，5 不和任何处理器相连。这时，仅有的处理器 3 和 4 直接与相同数量的处理器相连。

13. 令 a_i 为第 i 个不可用物品的位置。考虑以下 3 个序列：$a_1, \cdots, a_{30}; a_1+3, \cdots, a_{30}+3; a_1+6, \cdots, a_{30}+6$ 这 90 个数在 1~86 中取值，根据鸽笼原理的第二种形式，这些数中有两个数相同。若 $a_i = a_j + 3$，则两个物品编号差为 3；若 $a_i = a_j + 6$，则两个物品编号差为 6，若 $a_i + 3 = a_j + 6$，则两个物品编号差为 3。

---

① 原书有误，24 应为 26。——译者注

17. $n+1$

18. 若 $k \leq m/2$，显然 $k \geq 1$。则因为 $m \leq 2n+1$，故
$$k \leq \frac{m}{2} \leq n + \frac{1}{2} < n+1$$
若 $k > m/2$，则
$$m - k < m - \frac{m}{2} = \frac{m}{2} < n+1$$
由于 m 为 X 中最大的元素，$k < m$。所以 $k+1 \leq m$，于是 $1 \leq m-k$。所以 a 在 $\{1, \cdots, n\}$ 中取值。

19. 利用鸽笼原理的第二种形式。

20. 设 $a_i = a_j$，以下 2 种情况之一成立：$i \leq m/2$ 且 $j > m/2$；$j \leq m/2$ 且 $i > m/2$。不妨设 $i \leq m/2$ 且 $j > m/2$，则 $i + j = a_i + m - a_j = m$。

30. 计算 a 除以 b 时，可能的余数有 $0, 1, \cdots, b-1$。考虑除 b 次以后的情况。

34. 设共有 3 行、7 列牌。将同一列的两个同色的牌称为"同色对"。根据鸽笼原理，每一列至少有一个同色对，故整个矩形含有 7 个同色对，每列一个。再根据鸽笼原理，这 7 个同色对中至少有 4 个同色对的颜色完全相同，不妨说有 4 个红色的同色对。同色对在一列中的位置有 3 种可能，再次根据鸽笼原理，这 4 个红色的同色对至少有两个在列中具有相同的位置。这两个同色对的 4 个牌确定的矩形满足条件。

37. 设可在左上方的 $k \times k$ 网格和右下方的 $k \times k$ 网格中分别标出 k 个正方形，可使任意两个标出的正方形不在这 $2k \times 2k$ 个网格的同一条横线、竖线或斜线上。但这 $2k$ 个标出的正方形包含在从左上方到右下方的 $2k-1$ 条对角线中。这 $2k-1$ 条对角线以左上方的 $k \times k$ 网格的左边缘和上边缘的 $2k-1$ 个正方形起始，终止于右下方的 $k \times k$ 网格的右边缘和下边缘的 $k-1$ 个正方形。根据鸽笼原理的第一种形式，至少有两个标出的小正方形在同一条斜线上，与假设矛盾。所以，不可能在左上方的 $k \times k$ 子网格和右下方的 $k \times k$ 子网格中分别标出 k 个正方形，使任意两个标出的正方形不在 $2k \times 2k$ 个网格的同一条横线、竖线或斜线上。

第 6 章自测题

1. 2^4

2. $6 \cdot 9 \cdot 7 + 6 \cdot 9 \cdot 4 + 6 \cdot 7 \cdot 4 + 9 \cdot 7 \cdot 4$

3. $2^n - 2$ 4. $6 \cdot 5 \cdot 4 \cdot 3 + 6 \cdot 5 \cdot 4 \cdot 3 \cdot 2$

5. $6!/(3!3!) = 20$

6. 构造一个满足条件的字符串分为 3 步：首先选择字母 A、C 和 E 的位置（$C(6,3)$ 种选法）；然后将 A、C 和 E 放入这 3 个位置，C 只能放在最后一个位置，AE 可以任意放在另外两个位置（共有 2 种放法，AE 或 EA）；最后将其余字母放入余下的 3 个位置（3! 种放法）。所以，共有 $C(6,3) \times 2 \times 3!$ 个满足条件的字符串。

7. 共有 $C(4,2)$ 种方法选择 2 种花色。在一种花色中选择 3 张牌，共有 $C(13,3)$ 种选法。再从另一种花色中选择 3 张牌，共有 $C(13,3)$ 种选法。故共有 $C(4,2)C(13,3)^2$ 种选法。

8. 坏光盘的数目应有 3 张或 4 张。故共有 $C(5,3)C(95,1) + C(5,4)$ 种选法。

9. $8!/(3!2!)$

10. 先计算所有的 L 都在任一个 I 之前的字符串，再用字符串总数减去这样的字符串的个数即可。

将构造一个所有的 L 都在任一个 I 之前的字符串分为两步：首先选择 N、O 和 S 的位置，再将 I 和 L 插入。为 N、O 和 S 选定位置有 $8 \times 7 \times 6$ 种方法，当 N、O 和 S 的位置选定后，I 和 L 只有一种插入方法，因为 L 需在前面。所以所有的 L 都在任一个 I 之前的字符串共有 $8 \times 7 \times 6$ 个。

由练习 9 可知，字母 ILLINOIS 排序组成的字符串共有 $8!/(3!2!)$ 个，所以，共有
$$\frac{8!}{3!2!} - 8 \cdot 7 \cdot 6$$
个使某个 I 排在某个 L 之前的由字母排序 ILLINOIS 组成的字符串。

11. $12!/(3!)^4$ 12. $C(11+4-1, 4-1)$

13. 12567   14. 234567   15. 6427153

16. 631245   17. 1/4   18. 5/36

19. $\dfrac{C(7,5)C(31-7, 2)}{C(31,7)} = \dfrac{21 \cdot 276}{2\,629\,575} = 0.002\,204\,158$

20. $\dfrac{4 \cdot C(13,6) \cdot 3 \cdot C(13,5) \cdot 2 \cdot C(13,2)}{C(52,13)}$

21. $P(H) = 5/6$, $P(T) = 1/6$

22. 令 S 表示事件"既有男孩又有女孩"，令 G 表示事件"最多有一个女孩"，则

$$P(S) = \dfrac{6}{8} = \dfrac{3}{4}$$
$$P(G) = \dfrac{4}{8} = \dfrac{1}{2}$$
$$P(S \cap G) = \dfrac{3}{8}$$

故

$$P(S)P(G) = \dfrac{3}{4} \cdot \dfrac{1}{2} = \dfrac{3}{8} = P(S \cap G)$$

所以 S 和 G 为独立事件。

23. 令 J 表示事件"Joe通过"，令 A 表示事件"Alicia通过"，则

P（Joe不通过）$= P(\overline{J}) = 1 - P(J) = 0.25$

P（两人都通过）$= P(J \cap A) = P(J)P(A)$
$= (0.75)(0.80) = 0.6$

P（两人都不通过）$= P(\overline{J} \cap \overline{A}) = P(\overline{J \cup A})$
$= 1 - P(J \cup A)$
$= 1 - [P(J) + P(A) - P(J \cap A)]$
$= 1 - [0.75 + 0.80 - 0.6] = 0.05$

P（至少有一人通过）$= 1 - P$（两人都不通过）
$= 1 - 0.05 = 0.95$

24. 令 B 表示事件"发现了一个错误"，T、R 和 J 分别表示事件"Trisha编写的程序"、"Roosevelt编写的程序" 和 "José编写的程序"。则

$P(J|B) = \dfrac{P(B|J)P(J)}{P(B|J)P(J)+P(B|T)P(T)+P(B|R)P(R)}$

$= \dfrac{(0.05)(0.25)}{(0.05)(0.25) + (0.03)(0.30) + (0.02)(0.45)}$

$= 0.409\,836\,065$

25. $(s-r)^4 = C(4,0)s^4 + C(4,1)s^3(-r) + C(4,2)s^2(-r)^2$
$\qquad + C(4,3)s(-r)^3 + C(4,4)(-r)^4$
$= s^4 - 4s^3r + 6s^2r^2 - 4sr^3 + r^4$

26. $2^3 \times 8!/(3!1!4!)$

27. 在二项式定理中，令 $a = 2, b = -1$，则

$$1 = 1^n = [2 + (-1)]^n = \sum_{k=0}^{n} C(n,k)2^{n-k}(-1)^k$$

28. $C(n, 1) = n$

29. 将 15 只袜子看成鸽子，而将 14 双袜子看成鸽笼类，每一只袜子（鸽子）属于某一类袜子（鸽笼）。故由鸽笼原理，必有某个鸽笼有两只鸽子（两只袜子为同一类）。

30. 这 19 个人共有 $3 \times 2 \times 3 = 18$ 个可能的全名。将人看成鸽子，将全名看成鸽笼。根据鸽笼原理至少有一个全名有两个以上的人使用。

31. 令 a_i 表示第 i 个可用的物品的位置。考虑以下 220 个数 $a_1, \cdots, a_{110}; a_1 + 19, \cdots, a_{110} + 19$，在 1~219 之间取值。根据鸽笼原理，必有两个数相同。

32. 任意一点的横坐标 x 为奇数或偶数，纵坐标 y 也为奇数或偶数。仅考虑横纵坐标的奇偶性，有 4 种可能。根据鸽笼原理，5 个点中，至少有两个点的横纵坐标具有相同的奇偶性。即存在两点 $p_i = (x_i, y_i)$ 和 $p_j = (x_j, y_j)$ 满足

● x_i 和 x_j 同为奇数或同为偶数。
● y_i 和 y_j 同为奇数或同为偶数。

故 $x_i + x_j$ 为偶数，$y_i + y_j$ 也为偶数，于是 $(x_i + x_j)/2$ 和 $(y_i + y_j)/2$ 都是整数。故点 p_i 和点 p_j 的中点的坐标为整数。

7.1 复习

1. 递归关系将序列中的第 n 项定义为由它的前若干项来确定。

2. 一个序列的初始条件是显式地给出序列中一个特殊项的值。

3. 能产生收益的收益称为复合收益。某人投资 d 美元，复合年收益率为 $p\%$，令 A_n 为 n 年后的总资产，则有递归关系

$$A_n = \left(1 + \dfrac{p}{100}\right) A_{n-1}$$

和初始条件 $A_0 = d$ 定义出序列 $\{A_n\}$。

4. 在Hanoi塔难题中，木板上钉着 3 个桩子，有若干个直径不同的中间有孔的圆盘。若桩子上放有圆盘，则只有比最上方圆盘直径小的圆盘才能放在这个桩子上。初始状态下，所有的圆盘都放在同一个桩子上。目标是将所有的圆盘都移到另一个桩子上，要求每次只能移动一个圆盘。

5. 若只有一个圆盘，则将其移到另一个桩子上便结束。若有 $n > 1$ 个圆盘在第一个桩子上，首先调用递归算法，将最上方的 $n - 1$ 个圆盘移动到第二个空桩子上。然后将最大的圆盘放到第三个空桩子上。最后，再次调用递归算法将第二个桩子上的 $n - 1$ 个圆盘移动到第三个桩子上最大盘的顶上。

6. 设在 n 时刻，数量为 q_n 的商品价格为 p_n，由方程 $p_n = a - bq_n$ 给出，其中 a 和 b 是大于 0 的参数。又设 $p_n = kq_{n+1}$，其中 k 也为大于 0 的正参数。若在图中画出价格和数量随时间的变化过程，则曲线类似一个蜘蛛网（参见图7.1.5）。

7. Ackermann 函数 $A(m, n)$ 由递归关系

$A(m, 0) = A(m - 1, 1), m \geq 1$

$A(m, n) = A(m - 1, A(m, n - 1)), m \geq 1, n \geq 1$

和初始条件 $A(0, n) = n + 1$（$n \geq 0$）来定义。

7.1

1. $a_n = a_{n-1} + 4; a_1 = 3$

4. $A_n = (1.14)A_{n-1}$

5. $A_0 = 2000$

6. $A_1 = 2280, A_2 = 2599.20, A_3 = 2963.088$

7. $A_n = (1.14)^n 2000$

8. 若使资产翻倍，需 $A_n = 4000$，或 $(1.14)^n 2000 = 4000$，或 $(1.14)^n = 2$。两边取对数得 $n \log 1.14 = \log 2$，故

$$n = \frac{\log 2}{\log 1.14} = 5.29$$

18. 计算不包含形如 000 子串的 n 位字符串的个数。

- 以 1 开头。若后面的 $(n - 1)$ 位子串不含 000，则 n 位字符串也不含 000。故以 1 开头的不含子串 000 的 n 位字符串共有 S_{n-1} 个这样的 $(n - 1)$ 位串。
- 以 0 开头。分为以下两种情况：
  1. 以 01 开头。此时若后面的 $(n - 2)$ 位子串不含 000，则 n 位字符串也不含 000。故以 01 开头的不含子串 000 的 n 位字符串共有 S_{n-2} 个这样的 $(n - 2)$ 位串。
  2. 以 00 开头。此时第 3 位必然为 1，若后面的 $(n - 3)$ 位子串不含 000，则 n 位字符串也不含 000。故以 00 开头的不含子串 000 的 n 位字符串共有 S_{n-3} 个这样的 $(n - 3)$ 位串。

以上 3 种情况互不相交，且涵盖了不包含 000 子串的 n 位（$n > 3$）字符串的所有可能，故 $S_n = S_{n-1} + S_{n-2} + S_{n-3}, n > 3$。初始条件 $S_1 = 2$（共有两个不含子串 000 的 1 位字符串），$S_2 = 4$（共有 4 个不含子串 000 的 2 位字符串），$S_3 = 7$（共有 7 个不含子串 000 的 3 位字符串）。

19. 有 S_{n-1} 个以 1 开头的不含子串 00 的 n 位字符串。有 S_{n-2} 个以 0 开头的不含子串 00 的 n 位字符串（因为第二位必须是 1）。故可得递归关系 $S_n = S_{n-1} + S_{n-2}$。初始条件为 $S_1 = 2, S_2 = 3$。

20. $S_1 = 2, S_2 = 4, S_3 = 7, S_4 = 12$。

25. $C_3 = 5, C_4 = 14, C_5 = 42$。

28. 先证若 $n \geq 5$，则 C_n 不是素数。使用反证法，假定存在某 $n \geq 5$，而 C_n 是素数。由练习 27，$n + 2 < C_n$。因此 C_n 不能整除 $n + 2$。由练习 26，

$(n + 2)C_{n+1} = (4n + 2)C_n$

因此 C_n 整除 $(n + 2)C_{n+1}$。根据练习 25 和 5.3 节，C_n 可整除 $n + 2$ 或 C_{n+1}。而 C_n 不能整除 $n + 2$，因此 C_n 可整除 C_{n+1}，这样就存在整数 $k \geq 1$ 满足 $C_{n+1} = kC_n$。因此

$(n + 2)kC_n = (4n + 2)C_n$

删去 C_n，可得

$(n + 2)k = (4n + 2)$

如果 $k = 1$，上述等式成为 $n + 2 = 4n + 2$，可得 $n = 0$，和假设 $n \geq 5$ 矛盾。同样，如果 $k = 2$，可得 $n = 1$，如果 $k = 3$，可得 $n = 4$，都和假设 $n \geq 5$ 矛盾。如果 $k \geq 4$，

$4n + 2 = k(n + 2) \geq 4(n + 2) = 4n + 8$

有 $0 \geq 6$。即 k 不存在。存在的矛盾说明了若 $n \geq 5$，则 C_n 不可能是素数。

直接检查 $n = 0, 1, 2, 3, 4$ 的情况可知只有 $C_2 = 2$ 和 $C_3 = 5$ 是素数。

31. 令 P_n 为对凸 $(n + 2)$ 边形做三角剖分的不同剖分方法数，其中 $n \geq 1$。这种剖分是通过画出 $n - 1$ 条在多边形内部不相交的对角线而完成的。令 $P_1 = 1$。

设 $n>1$，考虑下图中的凸 $(n+2)$ 边形。

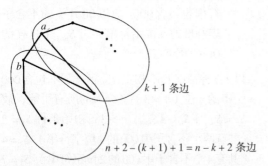

选择凸 $(n+2)$ 边形的一边 ab，由两步过程来构造多边形的剖分。首先剖分出一个以 ab 为边的三角形。这个三角形将凸 $(n+2)$ 边形分为两部分，一个 $k+1$ 边形，$1 \le k \le n$，另一个为 $n-k+2$ 边形（见上图）。由定义，$k+1$ 边形有 P_{k-1} 种剖分方法，$(n-k+2)$ 边形有 P_{n-k} 种剖分方法。（$k=1$ 和 $k=n$ 时三角形退化，故令 $P_0=1$）所以剖分凸 $(n+2)$ 边形共有

$$P_n = \sum_{k=1}^{n} P_{k-1} P_{n-k}$$

种方法。由于序列 $P_1, P_2, \cdots$ 的递归关系与 Catalan 序列 $C_1, C_2, \cdots$ 的递归关系相同，又 $P_0 = P_1 = 1 = C_0 = C_1$，所以对任意 $n \ge 1$，$P_n = C_n$。

36. [$n=3$ 时]
第一步：将圆盘 3 从桩子 1 移动到桩子 3。
第二步：将圆盘 2 从桩子 1 移动到桩子 2。
第三步：将圆盘 3 从桩子 3 移动到桩子 2。
第四步：将圆盘 1 从桩子 1 移动到桩子 3。
第五步：将圆盘 3 从桩子 2 移动到桩子 1。
第六步：将圆盘 2 从桩子 2 移动到桩子 3。
第七步：将圆盘 3 从桩子 1 移动到桩子 3。

38. 令 α 和 β 为图 7.1.6 中所示的角。如图可知，若价格趋于稳定，当且仅当 $\alpha + \beta > 180°$，这条件相当于 $-\tan\beta < \tan\alpha$。因为 $b = -\tan\beta$，$k = \tan\alpha$，所以价格将趋于稳定当且仅当 $b < k$。

40. $A(2,2) = 7$，$A(2,3) = 9$ 43. $A(3,n) = 2^{n+3} - 3$

46. 若 $m = 0$，则
$$A(m, n+1) = A(0, n+1)$$
$$= n + 2 > n + 1$$
$$= A(0, n) = A(m, n)$$

最后一个不等式可由练习 44 的结论得到。

47. 利用练习 41 和练习 42 的结论证明。

50. 利用数学归纳法施归纳于 x 来证明命题，归纳步需施归纳于 y。

练习 47 中证明了对任意 y 和 $x = 0, 1, 2$，命题成立。

基本步（$x = 2$） 参见练习 47。

归纳步（情形 x 包含情形 $x+1$） 设 $x \ge 2$，且对任意 $y \ge 0$，
$$A(x, y) = AO(x, 2, y+3) - 3$$
需证明对于任意 $y \ge 0$，
$$A(x+1, y) = AO(x+1, 2, y+3) - 3$$
为了证明上式，用数学归纳法施归纳于 y。

基本步（$y = 0$） 需证明
$A(x+1, 0) = AO(x+1, 2, 3) - 3$
$AO(x+1, 2, 3) - 3$
$= AO(x, 2, AO(x+1, 2, 2)) - 3$ 由定义
$= AO(x, 2, 4) - 3$ 由练习 49 的结论
$= A(x, 1)$ 由对 x 的归纳假设
$= A(x+1, 0)$ 由式 (7.1.11)

归纳步（情形 y 包含情形 $y+1$） 设
$A(x+1, y) = AO(x+1, 2, y+3) - 3$
需证明
$A(x+1, y+1) = AO(x+1, 2, y+4) - 3$
有
$AO(x+1, 2, y+4) - 3$
$= AO(x, 2, AO(x+1, 2, y+3)) - 3$
　　　　　　　　　　　　由定义
$= AO(x, 2, A(x+1, y) + 3) - 3$
　　　　　　　　　　　　由对 y 的归纳假设
$= A(x, A(x+1, y))$ 由对 x 的归纳假设
$= A(x+1, y+1)$ 由式 (7.1.12)

53. 设共有 n 美元。若首先买橙汁，则还剩 $n-1$ 美元，共有 R_{n-1} 种花法。同理，若首先买牛奶或啤酒，则还剩 $n-2$ 美元，共有 R_{n-2} 花法。于是可得递归关系 $R_n = R_{n-1} + 2R_{n-2}$。

56. $S_3 = 1/2$，$S_4 = 3/4$

58. 将从 $X = \{1, \cdots, n\}$ 到 X 的函数 f 记为 $(i_1, i_2, \cdots, i_n)$，含义为 $f(k) = i_k$。则问题转化为计算序列

选择 $i_1, \cdots, i_n$ 方法的个数，要求若序列中含有 i，则必须含有 $1, 2, \cdots, i-1$。

首先计算恰含有 j 个 1 的满足条件的函数的个数。分为两步构造这样的函数：选择 j 个 1 的位置；将其他位置放入大于 1 的数。共有 $C(n, j)$ 种方法选择 1 的位置。选择剩下的 $n-j$ 个元素时，若选择 i，则必须选择 $1, \cdots, i-1$，共有 F_{n-j} 种选法。故恰含 j 个 1 的满足条件的有 $C(n, j)F_{n-j}$ 个函数。所以，从 X 到 X 的，如果 i 是 f 的值，则 $1, \cdots, i-1$ 也是，满足这个条件的函数的总数为

$$\sum_{j=1}^{n} C(n, j)F_{n-j} = \sum_{j=1}^{n} C(n, n-j)F_{n-j}$$
$$= \sum_{j=0}^{n-1} C(n, j)F_j$$

61. $\{u_n\}$ 不是递归关系。因为若 n 为大于 1 的奇数，则 u_n 由 u_n 的后继元素 u_{3n+1} 定义。若 $2 \le i \le 7$，则 $u_i = 1$。例如
$u_2 = u_1 = 1$
$u_3 = u_{10} = u_5 = u_{16} = u_8 = u_4 = u_2 = 1$

64. 根据等式 (7.7.4) 可得
$$S(k, n) = \sum_{i=1}^{n} S(k-1, i)$$

67. 用 6.2 节的练习 87 中的术语，选择 $n+1$ 个人中的一人 P。若 P 单独就坐（其他 n 个人做另外的 $k-1$ 张桌子），则有 $s_{n, j-1}$ 种坐法。下面计算 P 不单独就坐的情况，安排除 P 外的 n 个人在 k 个桌子边就坐，而后 P 可任选一人，坐在他的右边，有 $s_{n, k}$ 种坐法。所以 P 不单独就坐共有 $ns_{n, k}$ 种坐法。于是递归关系得证。

70. 设复合年收益为 i，第 n 年末的总资产记为 A_n。根据例 7.1.3 可知 $A_n = (1+i)^n A_0$。资产翻倍需要的年数 n 满足 $2A_0 = (1+i)^n A_0$，即 $2 = (1+i)^n$。等式两边取自然对数（以 e 为底），可得 $\ln 2 = n \ln(1+i)$ 故

$$n = \frac{\ln 2}{\ln(1+i)}$$

由于 $\ln 2 = 0.693\ 147\ 2\cdots$，$i$ 较小时 $\ln(1+i)$ 约等于 i，所以 $n \approx 0.69\cdots/i$，也即 $n \approx 70/r$。

72. $1, 3, 2; 2, 3, 1; E_3 = 2$

75. 分别计算 n 在第 2，第 4，$\cdots$ 位置时的 $1, \cdots, n$ 的增/减排列数。由于 n 是最大的元素，故只能出现在第偶数个位置上。

设 n 在第二个位置。由于剩下的元素都小于 n，故可任选一个放在第一个位置，有 $C(n-1, 1)$ 种选法，选定后又有 $E_1 = 1$ 种排列法。n 后面的 $n-2$ 个位置有 E_{n-2} 种排列方法，这是因为只要后面的 $n-2$ 个数呈增/减排列，则全部 n 个数也呈增/减排列。故 n 在第二个位置的 $1, \cdots, n$ 增/减排列共有 $C(n-1, 1)E_1 E_{n-2}$ 个。

设 n 在第四个位置，共有 $C(n-1, 3)$ 种方法选出放在前 3 个位置的 3 个数，选定这 3 个数后又有 E_3 种排法，最后 $n-4$ 个数有 E_{n-4} 种排法。故 n 在第四个位置 $1, \cdots, n$ 的增/减排列共有 $C(n-1, 3)E_3 E_{n-4}$ 个。

一般来说，n 在 $1, \cdots, n$ 的第 $2j$ 个位置的增/减排列共有 $C(n-1, 2j-1)E_{2j-1}E_{n-2j}$ 个。

对 j 取所有可能的值，将上式相加，即得递归关系。

7.2 复习

1. 先根据递归关系将第 n 项用前面的若干项表示。然后反复利用递归关系将前面的项一一消去，直到得到第 n 项的显式表达的公式。

2. 形为 $a_n = c_1 a_{n-1} + c_2 a_{n-2} + \cdots + c_k a_{n-k}$ 的递归关系称为 n 阶常系数齐次线性递归关系。

3. $a_n = 6a_{n-1} - 8a_{n-2}$

4. 要求解递归关系 $a_n = c_1 a_{n-1} + c_2 a_{n-2}$，需先解关于 t 的方程 $t^2 = c_1 t + c_2$。设方程的根为 t_1, t_2，且 $t_1 \ne t_2$。则递归关系的一般解的形式为
$$a_n = bt_1^n + dt_2^n$$
其中 b 和 d 为常数，b 和 d 的值由初始条件确定。若 $t_1 = t_2 = t$，则递归关系的一般解的形式为 $a_n = bt^n + dnt^n$，其中 b 和 d 为常数，b 和 d 的值由初始条件确定。

7.2

1. 是；一阶   4. 不是   7. 不是
10. 是；三阶   11. $a_n = 2(-3)^n$
15. $a_n = 2^{n+1} - 4^n$ 18. $a_n = (2^{2-n} + 3^n)/5$
21. $a_n = 2(-4)^n + 3n(-4)^n$ 24. $R_n = [(-1)^n + 2^{n+1}]/3$

28. 将 n 时刻鹿的数目记为 d_n，初始条件为 $d_0 = 0$，递归关系为
$$d_n = 100n + 1.2d_{n-1}, \quad n > 0$$
$d_n = 100n + 1.2d_{n-1} = 100n + 1.2[100(n-1) + 1.2d_{n-2}]$
$= 100n + 1.2 \cdot 100(n-1) + 1.2^2 d_{n-2}$
$= 100n + 1.2 \cdot 100(n-1)$
$\quad + 1.2^2[100(n-2) + 1.2d_{n-3}]$
$= 100n + 1.2 \cdot 100(n-1)$
$\quad + 1.2^2 \cdot 100(n-2) + 1.2^3 d_{n-3}$
$\vdots$
$= \sum_{i=0}^{n-1} 1.2^i \cdot 100(n-i) + 1.2^n d_0$
$= \sum_{i=0}^{n-1} 1.2^i \cdot 100(n-i)$
$= 100n \sum_{i=0}^{n-1} 1.2^i - 1.2 \cdot 100 \sum_{i=1}^{n-1} i \cdot 1.2^{i-1}$
$= \dfrac{100n(1.2^n - 1)}{1.2 - 1}$
$\quad - 120 \dfrac{(n-1)1.2^n - n1.2^{n-1} + 1}{(1.2-1)^2}, \quad n > 0$

29. 由 $p_{n-1} = \frac{1}{2}p_n + \frac{1}{2}p_{n-2}$ 可得 $p_n = 2p_{n-1} - p_{n-2}$。

32. $p_n = n/(S+T)$。

36. 令 $b_n = a_n/n!$，则 $b_n = -2b_{n-1} + 3b_{n-2}$。解得 $a_n = n!b_n = (n!/4)[5 - (-3)^n]$。

39. 利用数学归纳法施归纳于 n 来建立不等式。基本步 $n = 1$ 和 $n = 2$ 时的证明留给读者。现假设值小于 $n+1$ 时满足不等式，则
$$f_{n+2} = f_{n+1} + f_n$$
$$\geqslant \left(\dfrac{1+\sqrt{5}}{2}\right)^{n-1} + \left(\dfrac{1+\sqrt{5}}{2}\right)^{n-2}$$
$$= \left(\dfrac{1+\sqrt{5}}{2}\right)^{n-2}\left(\dfrac{1+\sqrt{5}}{2} + 1\right)$$
$$= \left(\dfrac{1+\sqrt{5}}{2}\right)^{n-2}\left(\dfrac{1+\sqrt{5}}{2}\right)^2$$
$$= \left(\dfrac{1+\sqrt{5}}{2}\right)^n$$
故归纳步完成。

41. $a_n = b2^n + d4^n + 1$
44. $a_n = b/2^n + d2^n - (4/3)2^n$
47. 证明同定理 7.2.11
50. 递归的实现算法过程分为 3 步。首先，调用递归算法将第一个桩子上面的 $n - k_n$ 个圆盘移动到第二个桩子上，需要 $T(n - k_n)$ 步。然后，将 k_n 个圆盘从第一个桩子移动到第四个桩子上需要 $2^{k_n} - 1$ 步（参见例 7.2.4）。最后，递归调用算法将第二个桩子上的 $n - k_n$ 个圆盘移动到第四个桩子上需要 $T(n - k_n)$ 步。于是可得递归关系。

53. 由不等式
$$\dfrac{k_n(k_n+1)}{2} \leqslant n$$
可得 $k_n \leqslant \sqrt{2n}$，由于
$$n - k_n \leqslant \dfrac{k_n(k_n+1)}{2}$$
故 $r_n \leqslant k_n$，所以
$$T(n) = (k_n + r_n - 1)2^{k_n} + 1$$
$$< 2k_n 2^{k_n} + 1$$
$$\leqslant 2\sqrt{2n}\,2^{\sqrt{2n}} + 1$$
$$= O(4^{\sqrt{n}})$$

7.3 复习

1. 将输入问题规模为 n 时，算法需要执行的时间记为 b_n。模拟算法的执行，观察算法的每一步需要的时间。b_n 为每一步需要的执行时间之和，据此列出等式，即为递归关系。

2. 选择排序（按大小分类）首先找到最大的元素，将最大元素放到队列尾部，然后递归调用算法将其余元素排序。

3. $\Theta(n^2)$

4. 二分法查找首先检查序列中间的项，若序列中间的项即为所查找的项，则算法结束。否则，将序列中间的项与所要查找的项做比较。若所要查找的项较小，则调用递归算法在序列的前半部分继续查找。若所要查找的项较大，则调用递归算法在序列的后半部分继续查找。算法要求输入为已排序序列。

5. 若输入问题规模为 n 时最坏情形下所需的执行时间为 a_n，则 $a_n = 1 + a_{\lfloor n/2 \rfloor}$。

6. $\Theta(\lg n)$

7. 归并时有两个指针分别指向两个输入序列中的元素。开始两个指针分别指向两个输入序列中的第一个元素。归并时，比较两个指针指向的元素的大小，将较小的元素复制到输出序列中，再将指向该元素的指针向后移动。重复这个过程，当一个指针移动到输入序列的尾部时，归并算法将另一个序列剩余的元素依次复制到输出序列中。归并算法要求输入两个已排序序列。

8. $\Theta(n)$，其中 n 为输入序列长度的和。

9. 归并排序先将输入序列分为两个大致相等的部分，然后调用递归算法将两个序列分别排序，最后用合并算法将两个排序输出的序列归并。

10. $a_n = a_{\lfloor n/2 \rfloor} + a_{\lfloor (n+1)/2 \rfloor} + n - 1$

11. 若输入序列的长度为 2 的幂次，将长度每次除以 2 后仍为整数，故可去掉递归关系中的取整运算。

12. 任一输入序列的长度都在两个相邻的 2 的幂次之间。已知输入序列长度为 2 的幂次时算法在最坏情形下的执行时间。于是可以列出不等式，给出输入序列为任意长度时算法在最坏情形下的执行时间的界限。

13. $\Theta(n \lg n)$

7.3

1. 在第 2 行，由于 $i > j$（1 > 5）为假，跳转到第 4 行，将 k 赋值为 3。第 5 行中，由于 key（'G'）不等于 s_3（'J'），跳转到第 7 行。第 7 行中，$key < s_k$（'G'<'J'）为真，于是第 8 行将 j 赋值为 2。最后调用算法，输入为 $i = 1$，$j = 2$，在序列 $s_1 = $ 'C'，$s_2 = $ 'G' 中查找 key。

   在第 2 行，由于 $i > j$（1 > 2）为假，跳转到第 4 行，将 k 赋值为 1。第 5 行中，由于 key（'G'）不等于 s_1（'C'），跳转到第 7 行。第 7 行中，$key < s_k$（'G'<'C'）为假，于是第 10 行将 i 赋值为 2。最后调用算法，输入为 $i = j = 2$，在序列 $s_2 = $ 'G' 中查找 key。

   在第 2 行，由于 $i > j$（2 > 2）为假，跳转到第 4 行，将 k 赋值为 2。第 5 行中，由于 key（'G'）等于 s_2（'G'），返回 key 在序列 s 中的位置号 2。

4. 在第 2 行，由于 $i > j$（1 > 5）为假，跳转到第 4 行，将 k 赋值为 3。第 5 行中，由于 key（'Z'）不等于 s_3（'J'），跳转到第 7 行。第 7 行中，$key < s_k$（'Z'<'J'）为假，于是第 10 行将 i 赋值为 4。最后调用算法，输入为 $i = 4$，$j = 5$，在序列 $s_4 = $ 'M'，$s_5 = $ 'X' 中查找 key。

   在第 2 行，由于 $i > j$（4 > 5）为假，跳转到第 4 行，将 k 赋值为 4。第 5 行中，由于 key（'Z'）不等于 s_4（'M'），跳转到第 7 行。第 7 行中，$key < s_k$（'Z'<'M'）为假，于是第 10 行将 i 赋值为 5。最后调用算法，输入为 $i = j = 5$，在序列 $s_5 = $ 'X' 中查找 key。

   在第 2 行，由于 $i > j$（5 > 5）为假，跳转到第 4 行，将 k 赋值为 5。第 5 行中，由于 key（'Z'）不等于 s_5（'X'），跳转到第 7 行。第 7 行中，$key < s_k$（'Z'<'X'）为假，于是第 10 行将 i 赋值为 6。最后调用算法，输入为 $i = 6$，$j = 5$。

   在第 2 行，由于 $i > j$（6 > 5）为真，故返回 0，表示没有在序列中找到 key。

7. 考虑输入 10、4、2，$key = 10$ 的情景。

10. 算法思想是尽可能反复地将序列分解为两部分，并保留含有 key 的那部分。一旦得到一个长度为 1 或 2 的序列，检测该子序列是否包含 key。下面是设计的实现

    binary_search_nonrecurs(s, n, key) {
      $i = 1$
      $j = n$
      // 只在序列 $s_i, \cdots, s_j$ 长度大于等于 3 时执行循环体
      while ($i < j - 1$) {
        $k = \lfloor (i+j)/2 \rfloor$
        if ($s_k < key$)
          $i = k + 1$

```
        else
            j = k
    }
    for k = i to j
        if (s_k == key)
            return k
    return 0
}
```

先证明对于序列长度为 n 的输入，这里 n 是 2 的幂，比如说 $n = 2^m$，$m \geq 2$，循环将迭代 $m - 1$ 次。对 n 进行归纳，归纳基础，$m = 2$，此时 $n = 4$。假定在 while 循环中，$i = 1$，$n = 4$，则 k 先被赋值 2。接着的情况是，i 被赋值 3 或 j 被赋值 2。这时循环不会继续执行。因此循环迭代了 $1 = m - 1$。归纳基础结束。

现假设对于序列长度为 $n = 2^m$ 的输入，循环迭代 $m - 1$ 次。考虑 $n = 2^{m+1}$ 的输入。假定在 while 循环中，$i = 1$，$n = 2^{m+1}$，则 k 先被赋值 2^m。接着的情况是，i 被赋值 2^{m+1} 或 j 被赋值 2^m。因此，在接下来的循环执行中，所处理的序列长度为 $n = 2^m$。由归纳假设，接下来的循环执行次数是 $m - 1$ 次。因此整个循环共迭代 m 次。归纳证明结束。

接下来证明对于序列长度为 n 的输入，n 满足 $2^{m-1} < n \leq 2^m$，$m \geq 2$，循环最多迭代 $m - 1$ 次。归纳基础是 $m = 2$，此时 $2 < n \leq 4$。因此 n 为 3 或 4。上面已经证明了如果 $n = 4$，循环将执行一次。对于 $n = 3$，也容易看出循环只执行一次。归纳基础结束。

现在假定对于长度为 n 的输入，n 满足 $2^{m-1} < n \leq 2^m$，$m \geq 2$，循环最多迭代 $m - 1$ 次。现考虑 $2^m < n \leq 2^{m+1}$。若 n 是偶数，序列可被一分为二，循环下次处理的序列长度为 $n/2$。因为 $n/2$ 满足 $2^{m-1} < n/2 \leq 2^m$，由归纳假设，循环最多执行次数是 $m - 1$。若 n 是奇数，序列可被分为二个部分，一部分长度为 $(n-1)/2$，另一部分长度为 $(n+1)/2$。因为 n 是奇数，因此 $2^m < n \leq 2^{m+1}$。因此 $2^m < (n + 1) \leq 2^{m+1}$，即 $2^{m-1} < (n + 1)/2 \leq 2^m$。在这种情况下，循环执行次数最多为 $m - 1$ 次。同样，有 $2^m \leq n - 1 < 2^{m+1}$ 和 $2^{m-1} \leq (n - 1)/2 < 2^m$。如果 $2^{m-1} < (n - 1)/2$，则可以使用归纳假设，得到循环最多执行次数是 $m - 1$。如果 $2^{m-1} = (n - 1)/2$，则可以使用前面的结论得知此次迭代之后循环最多再执行 $m - 2$ 次。不管是何种情况，循环最多执行次数是 $m - 1$。加上第一次迭代，可知若 $2^m < n \leq 2^{m+1}$，循环最多执行次数是 m。归纳证明结束。

假定 n 满足 $2^{m-1} < n \leq 2^m$，循环最多迭代 $m - 1$ 次。$m - 1$ 次执行类型为 $s_k < key$ 的测试。在 for 循环，或者 $i = j$ 或者 $i = j + 1$。因此最多进行两次额外的测试（类型为 $s_k == key$）。因此如果 n 满足 $2^{m-1} < n \leq 2^m$，算法最多进行 $m + 1$ 次比较。因为 $2^{m-1} < n \leq 2^m$，$m - 1 < \lg n \leq m$。可知 $\lceil \lg n \rceil = m$。因此算法最多进行 $1 + m = 1 + \lceil \lg n \rceil$ 次比较。

13. 算法不正确。如果 s 是长度为 1 的序列，$s_1 = 9$，$key = 8$，则算法的运行不会终止。

16. 算法正确。最坏情况下的时间复杂度为 $\Theta(\log n)$。

18. 当 $2 \leq n \leq 15$ 时，算法 B 优于算法 A。（当 $n = 1$ 或 $n = 16$ 时，两个算法需要比较的次数相同。）

21. 设两个序列为 $a_1, \cdots, a_n$ 和 $b_1, \cdots, b_n$。
(a) $a_1 < b_1 < a_2 < b_2 < \cdots$ (b) $a_n < b_1$

24. 11

28. 算法 7.3.11 是利用公式 $a^n = a^m a^{n-m}$ 来计算 a^n 的。

29. $b_n = b_{\lfloor n/2 \rfloor} + b_{\lfloor (n+1)/2 \rfloor} + 1$, $b_1 = 0$

30. $b_2 = 1, b_3 = 2, b_4 = 3$ 31. $b_n = n - 1$

32. 利用数学归纳法证明公式。
基本步，已经证明了 $n = 1$ 时，等式成立。
设对于任意 $k < n$，$b_k = k - 1$。下面证明 $b_n = n - 1$ 有

$$b_n = b_{\lfloor n/2 \rfloor} + b_{\lfloor (n+1)/2 \rfloor} + 1$$
$$= \left\lfloor \frac{n}{2} \right\rfloor - 1 + \left\lfloor \frac{n+1}{2} \right\rfloor - 1 + 1$$

根据归纳假设

$$= \left\lfloor \frac{n}{2} \right\rfloor + \left\lfloor \frac{n+1}{2} \right\rfloor - 1 = n - 1$$

45. 若 $n = 1$，则 $i = j$，算法在达到第 6b 行、第 10 行或第 14 行前返回，故 $b_1 = 0$。若 $n = 2$，则 $j = i + 1$，算法在第 6b 行做一次比较，然后返回，达到第 10 行或第 14 行前返回，故 $b_2 = 1$。

46. $b_3 = 3, b_4 = 4$

47. 当 $n > 2$ 时，第一次递归调用需要 $b_{\lfloor(n+1)/2\rfloor}$ 次比较，第二次递归调用需要 $b_{\lfloor n/2 \rfloor}$ 次比较，此外第 10 行和第 14 行各需要一次比较。于是可得递归关系。

48. 设 $n = 2^k$，则式(7.3.12)变成
$$b_{2^k} = 2b_{2^{k-1}} + 2$$
于是
$$\begin{aligned}b_{2^k} &= 2b_{2^{k-1}} + 2 \\ &= 2[2b_{2^{k-2}} + 2] + 2 \\ &= 2^2 b_{2^{k-2}} + 2^2 + 2 = \cdots \\ &= 2^{k-1} b_{2^1} + 2^{k-1} + 2^{k-2} + \cdots + 2 \\ &= 2^{k-1} + 2^{k-1} + \cdots + 2 \\ &= 2^{k-1} + 2^k - 2 \\ &= n - 2 + \frac{n}{2} = \frac{3n}{2} - 2\end{aligned}$$

49. 对 x 为奇数和 x 为偶数两种情况分别讨论，可得
$$\left\lceil \frac{3x}{2} - 2 \right\rceil + \left\lceil \frac{3(x+1)}{2} - 2 \right\rceil = 3x - 2, \quad x = 1, 2, \cdots$$

令 a_n 为算法在最坏情形下所需的比较次数。容易验证当 $n = 1$ 和 $n = 2$ 时命题成立（基本步）。

归纳步 假设当 $2 \leq k < n$ 时，$a_k \leq \lceil (3k/2) - 2 \rceil$ 成立。证明不等式对 $n = k$ 时成立。

当 n 为奇数时，将序列分为长度分别为 $(n-1)/2$ 和 $(n+1)/2$ 的两个子列。则
$$\begin{aligned}a_n &= a_{(n-1)/2} + a_{(n+1)/2} + 2 \\ &\leq \left\lceil \frac{(3/2)(n-1)}{2} - 2 \right\rceil \\ &\quad + \left\lceil \frac{(3/2)(n+1)}{2} - 2 \right\rceil + 2 \\ &= \frac{3(n-1)}{2} - 2 + 2 = \frac{3n}{2} - \frac{3}{2}\end{aligned}$$

$$= \left\lceil \frac{3n}{2} - 2 \right\rceil$$

同理可证 n 为偶数时命题成立。

58. $\Theta(n)$

59. 当 $n = 1$ 时，排序算法立即返回，所有的 0 即在所有的 1 之前，算法基本步成立。

设当输入序列长度为 $n - 1$ 时，算法可以将所有的 0 排列在所有的 1 之前。调用排序算法，输入序列长度为 n。若输入序列的第一个元素为 1，则将该元素与最后一个元素交换位置。然后递归调用算法将其余的 $n - 1$ 个元素排序。根据归纳假设，算法可将 $n - 1$ 个元素排列，使所有的 0 排列在所有的 1 之前。因为最后一个元素为 1，所以算法将 n 个元素排列，使所有的 0 排列在所有的 1 之前。若输入序列的第一个元素为 0，则递归调用算法将后面的 $n - 1$ 个元素排序。根据归纳假设，算法可将后面的 $n - 1$ 个元素排列，使所有的 0 排列在所有的 1 之前。由于第一个元素为 0，所以算法将 n 个元素排列，使所有的 0 排列在所有的 1 之前。所以，无论输入序列的第一个元素为 0 或 1，算法都能将输入的 n 个元素按要求将所有的 0 排在所有的 1 之前。归纳步完成。

64. 如果 $n = 2^k$
$$a_{2^k} = 3a_{2^{k-1}} + 2^k$$
故
$$\begin{aligned}a_n &= a_{2^k} = 3a_{2^{k-1}} + 2^k \\ &= 3[3a_{2^{k-2}} + 2^{k-1}] + 2^k \\ &= 3^2 a_{2^{k-2}} + 3 \cdot 2^{k-1} + 2^k \\ &\quad \vdots \\ &= 3^k a_{2^0} + 3^{k-1} \cdot 2^1 + 3^{k-2} \cdot 2^2 + \cdots \\ &\quad + 3 \cdot 2^{k-1} + 2^k \qquad (*) \\ &= 3^k + 2(3^k - 2^k) \\ &= 3 \cdot 3^k - 2 \cdot 2^k \\ &= 3 \cdot 3^{\lg n} - 2n\end{aligned}$$

在等式

$(a-b)\left(a^{k-1}b^0 + a^{k-2}b^1 + \cdots + a^1 b^{k-2} + a^0 b^{k-1}\right)$
$= a^k - b^k$

中，令 $a = 3, b = 2$，可得结果（*）。

66. $b_n = b_{\lfloor(1+n)/2\rfloor} + b_{\lfloor n/2 \rfloor} + 3$

69. $b_n = 4n - 3$

72. 需证明对 $n = 1, 2, \cdots$，有 $b_n \leq b_{n+1}$。由题意可得递归关系

$$b_n = b_{\lfloor(1+n)/2\rfloor} + b_{\lfloor n/2 \rfloor} + c_{\lfloor(1+n)/2\rfloor, \lfloor n/2 \rfloor}$$

用数学归纳法证明。

基本步 $b_2 = 2b_1 + c_{1,1} \geq 2b_1 \geq b_1$

归纳步 设命题对 $k < n$ 成立。若 n 为奇数，则 $b_n = 2b_{n/2} + c_{n/2, n/2}$

于是
$$b_{n+1} = b_{(n+2)/2} + b_{n/2} + c_{(n+2)/2, n/2}$$
$$\geq b_{n/2} + b_{n/2} + c_{n/2, n/2} = b_n$$

n 为偶数时，证明类似。

74. $ex74(s, i, j)$ {
　　if $(i == j)$
　　　　return
　　$m = \lfloor(i+j)/2\rfloor$
　　$ex74(s, i, m)$
　　$ex74(s, m+1, j)$
　　$combine(s, i, m, j)$
}

77. 利用数学归纳法证明不等式。

基本步 $a_1 = 0 \leq 0 = b_1$

归纳步 假设对任意 $k < n$，$a_k \leq b_k$ 成立，则
$$a_n \leq a_{\lfloor n/2 \rfloor} + a_{\lfloor (n+1)/2 \rfloor} + 2\lg n$$
$$\leq b_{\lfloor n/2 \rfloor} + b_{\lfloor (n+1)/2 \rfloor} + 2\lg n = b_n$$

80. 令 $c = a_1$，若 n 为 m 的整数次幂，即 $n = m^k$，则有

$$a_n = a_{m^k} = a_{m^{k-1}} + d$$
$$= [a_{m^{k-2}} + d] + d$$
$$= a_{m^{k-2}} + 2d$$
$$\vdots$$
$$= a_{m^0} + kd = c + kd$$

对任意 n，存在 m，满足 $m^{k-1} < n \leq m^k$。该不等式包含 $k - 1 < \log_m n \leq k$。

因为序列 a 为非递减序列，$a_{m^{k-1}} \leq a_n \leq a_{m^k}$。所以

$$\Omega(\log_m n) = c + (-1 + \log_m n)d \leq c + (k-1)d$$
$$= a_{m^{k-1}} \leq a_n$$

且
$$a_n \leq a_{m^k} = c + kd$$
$$\leq c + (1 + \log_m n)d = O(\log_m n)$$

所以，$a_n = \Theta(\log_m n)$。根据例 4.3.6，有 $a_n = \Theta(\lg n)$。

第7章自测题

1. (a) 3, 5, 8, 12　　(b) $a_1 = 3$　　(c) $a_n = a_{n-1} + n$
2. $A_n = (1.17)A_{n-1}, A_0 = 4000$
3. 令 X 为 n 元素集合，选定 $x \in X$。令 k 是一个固定的整数满足 $0 \leq k \leq n-1$。选定 $X - \{x\}$ 的 k 元素子集 Y，有 $C(n-1, k)$ 种选法。选定子集 Y 后，有 P_k 种方法对 Y 进行划分。对 Y 的划分与 $X - Y$ 构成一个对 X 的划分。因为 X 的所有划分都可以用这种方式构造，故可得要证的递归关系。
4. 若第一块骨牌按下图所示的位置摆放，则其他的骨牌填满剩下的 $2 \times (n-1)$ 的区域共有 a_{n-1} 种摆法。

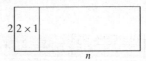

若前两块骨牌按下图所示的位置摆放，则其他的骨牌填满剩下的 $2 \times (n-2)$ 的区域共有 a_{n-2} 种摆法。

于是可得递归关系 $a_n = a_{n-1} + a_{n-2}$。

显然，$a_1 = 1, a_2 = 2$。由于序列 $\{a_n\}$ 的递归关系与 Fibonacci 序列的递归关系相同。又 $a_1 = f_2, a_2 = f_3$，故 $a_i = f_{i+1}, i = 1, 2, \cdots$。

5. 是　　6. $a_n = 2(-2)^n - 4n(-2)^n$

7. $a_n = 3 \times 5^n + (-2)^n$

8. 考虑以 0 开头的长度为 n 的包含偶数个 1 的字符串，在这个字符串中，0 之后的子串是长度

为 $n-1$ 的包含偶数个 1 的字符串, 故这样的字符串共有 c_{n-1} 个。同理, 以 2 开头的长度为 $n-1$ 的包含偶数个 1 的字符串也有 c_{n-1} 个。考虑以 1 开头的长度为 $n-1$ 的包含偶数个 1 的字符串, 在这个字符串中, 1 之后的子串为长度为 $n-1$ 的包含奇数个 1 的字符串。由于长度为 $n-1$ 的字符串共有 3^{n-1} 个, 包含偶数个 1 的有 c_{n-1} 个, 故以 1 开头的长度为 n 的包含奇数个 1 的字符串共有 $3^{n-1} - c_{n-1}$ 个。于是可得递归关系 $c_n = 2c_{n-1} + 3^{n-1} - c_{n-1} = c_{n-1} + 3^{n-1}$。由于只有两个长度为 1 的字符串 (0 和 2) 包含偶数个 1 (即 0), 故初始条件 $c_1 = 2$。利用迭代法解递归关系:

$$c_n = c_{n-1} + 3^{n-1} = c_{n-2} + 3^{n-2} + 3^{n-1}$$
$$\vdots$$
$$= c_1 + 3^1 + 3^2 + \cdots + 3^{n-1}$$
$$= 2 + \frac{3^n - 3}{3 - 1} = \frac{3^n + 1}{2}$$

9. $b_n = b_{n-1} + 1, b_0 = 0$
10. $b_1 = 1, b_2 = 2, b_3 = 3$ 11. $b_n = n$
12. $n(n+1)/2 = O(n^2)$。给出的算法优于简明计算法, 所以被选用。

8.1 复习

1. 一个无向图包括一个顶点集合 V 和一个边集合 E, 使得每个边 $e \in E$ 与顶点集中的无序顶点对连接。
2. 友谊可以用无向图来表示, 用顶点代表人, 如果两个人是朋友, 就在两个顶点之间连上一条边。
3. 一个有向图包括一个顶点集合 V 和一个边集合 E, 使得每条边 $e \in E$ 与顶点集中的有序顶点对连接。
4. 优先关系可以用有向图表示, 用顶点代表任务, 如果任务 t_i 必须在任务 t_j 之前完成, 那么就连上一条从 t_i 到 t_j 的边。
5. 如果边 e 是连接顶点 v 和 w 的, 那么称边 e 与顶点 v 和 w 相关联。
6. 如果边 e 是连接顶点 v 和 w 的, 那么称顶点 v 和 w 与边 e 相关联。
7. 如果边 e 是连接顶点 v 和 w 的, 那么顶点 v 和 w 是相邻顶点。
8. 并行边是与同样顶点对相关联的边。
9. 一条与单一顶点相关联的边称为圈。
10. 一个与任何边都不相关联的顶点叫做孤立顶点。
11. 简单图是不存在圈又不存在并行边的图。
12. 带权图是一个给每条边指定一个数值的图。
13. 一个有距离的地图可以用带权图表示。顶点代表城市, 边代表城市之间的道路, 边上的数值是城市之间的距离。
14. 带权图的一条路径长度是路径中边的权值之和。
15. 一个相似图中有不相似函数 s, 其中 $s(v, w)$ 表示顶点 v 和 w 的不相似度量。
16. n 立方体有 2^n 个标有 $0, 1, \cdots, 2^n - 1$ 的顶点。如果两个顶点的标号的二进制表示只有一位不同, 这两个顶点之间就有一条边。
17. 串行计算机在一个时刻只能执行一条指令。
18. 串行算法在一个时刻只能执行一条指令。
19. 并行计算机在一个时刻可以执行多条指令。
20. 并行算法在一个时刻可以执行多条指令。
21. n 顶点完全图在任意两个不同的顶点之间都有一条边。它用 K_n 表示。
22. 图 $G = (V, E)$ 是二部图, 如果存在 V 的子集 V_1 和 V_2 (任一个可能为空), 使得 $V_1 \cap V_2 = \emptyset$, $V_1 \cup V_2 = V$, 且 E 中的每条边都与 V_1 中的一个顶点和 V_2 中的一个顶点相关联。
23. m 和 n 顶点上的完全二部图有不相交的 m 个顶点的子集 V_1 和 n 个顶点的子集 V_2。在每一不同的顶点对 v_1 和 v_2 之间有一条边, 其中 $v_1 \in V_1, v_2 \in V_2$。

8.1

1. 图是一个无向简单图。

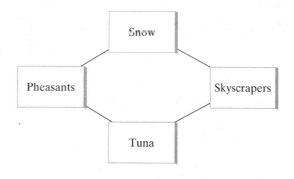

4. 图是一个有向非简单图。

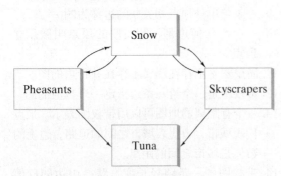

5. 由于存在奇数条边与某些顶点（c 和 d）相邻接，所以不存在经过每条边一次的从 a 到 a 的路径。

8. $(a, c, e, b, c, d, e, f, d, b, a)$

11. $V = \{v_1, v_2, v_3, v_4\}$，$E = \{e_1, e_2, e_3, e_4, e_5, e_6\}$。$e_1$ 和 e_6 是并行边，e_5 是圈。不存在孤立顶点。G 不是简单图，e_1 与顶点 v_1 和 v_2 相关联。

14.

17. 二部图 $V_1 = \{v_1, v_2, v_5\}$，$V_2 = \{v_3, v_4\}$。

20. 不是二部图。

23. 二部图 $V_1 = \{v_1\}$，$V_2 = \{v_2, v_3\}$。

24.

27. (b, c, a, d, e)

32. 两个类 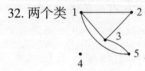 37.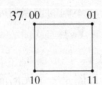

40. n

43.

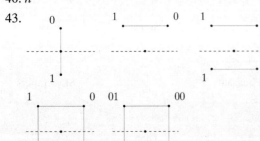

46. 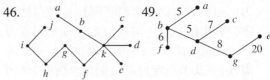 49.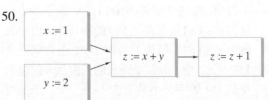

50.

$x := 1$

$y := 2$

$z := x + y$ → $z := z + 1$

53. f 不是一对一的。令 G_1 是一个节点集为 $\{1, 2, 3\}$、边集为 $\{(1, 2)\}$ 的图，G_2 是一个节点集为 $\{1, 2, 3, 4\}$、边集为 $\{(1, 2)\}$ 的图。则 $G_1 \neq G_2$，但 $f(G_1) = 1 = f(G_2)$。

f 是映上的。令 n 是一个非负整数，若 $n = 0$，令 G 是一个节点集为 $\{1, 2, 3\}$、边集为空的图。因此 $f(G) = 0 = n$。若 $n > 0$，令 G 是一个节点集为 $\{1, 2, \cdots, n, n+1\}$、边集为

$$\{(1, 2), (2, 3), \cdots, (n, n+1)\}$$

的图。则 $f(G) = n$。f 是映上的。

8.2 复习

1. 一个路径是顶点和边的交替序列 $(v_0, e_1, v_1, e_2, v_2, \cdots, v_{n-1}, e_n, v_n)$，其中边 e_i 与顶点 v_i 和 v_{i-1} 相关联，$i = 1, \cdots, n$。

2. 一条简单路径是不存在重复出现的顶点的路径。

3. $(1, 2, 3, 1)$

4. 一个回路是一条从 v 到 v 的不重复出现边的长度非 0 的路径。

5. 一个简单回路是一个从 v 到 v 的，除了开始和结束的顶点都是 v 以外不存在重复顶点的回路。

6. $(1, 2, 3, 1, 4, 5, 1)$

7. 如果任意给定两个顶点 v 和 w，存在一条从 v 到 w 的路径，则一个图是连通的。

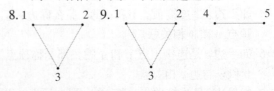

部分习题答案   689

10. 令 $G = \{V, E\}$ 是一个图。(V', E') 是 G 的子图，如果 $V' \subseteq V, E' \subseteq E$，且对每条边 $e' \in E'$，如果 e' 与顶点 v' 和 w' 相关联，那么 $v', w' \in V'$。

11. 练习 8 中的图是练习 9 中图的子图。

12. 令 G 是一个图，v 是 G 中的一个顶点。G 的包含 G 种从 v 开始的某一路径的所有顶点和边的子图 G' 叫做 G 的包含 v 的分支。

13. 练习 8 中的图是练习 9 中图的分支。

14. 一个。

15. 顶点 v 的度是与 v 相关联的边的个数。

16. G 中的一个 Euler 回路是包含 G 的所有顶点和边的回路。

17. 一个图 G 中存在 Euler 回路当且仅当 G 是连通的且每个顶点的度都是偶数。

18. 练习 8 中的图存在 Euler 回路 $(1, 2, 3, 1)$。

19. 练习 9 中的图不存在 Euler 回路，因为它不是连通图。

20. 一个图中所有的顶点的度之和是边数的两倍。

21. 正确。

22. 图是连通的，且 v 和 w 是仅有的度为奇数的顶点。

23. 正确。

8.2

1. 回路，简单回路 4. 回路，简单回路
7. 简单路径

10. 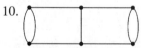   13.

16. 假设存在一个图有顶点 a, b, c, d, e, f。假设顶点 a 和 b 的度是 5。由于这个图是简单图，所以顶点 $c、d、e$ 和 f 每一个的度至少为 2；所以不存在这样的图。

19. $(a, a), (b, c, g, b), (b, c, d, f, g, b)$
    $(b, c, d, e, f, g, b), (c, g, f, d, c)$
    $(v, g, f, e, d, c), (d, f, e, d)$

22. 每一个顶点的度为 4。

24. $G_1 = (\{v_1\}, \emptyset)$
    $G_2 = (\{v_2\}, \emptyset)$
    $G_3 = (\{v_1, v_2\}, \emptyset)$
    $G_4 = (\{v_1, v_2\}, \{e_1\})$

27. 有 17 个子图   28. 没有 Euler 回路

31. 没有 Euler 回路

34. 一个 Euler 回路是 $(10, 9, 6, 5, 9, 8, 5, 4, 8, 7, 4, 2, 5, 3, 2, 1, 3, 6, 10)$，如图所示。这方法可一般化。

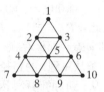

37. $m = n = 2$ 或者 $m = n = 1$

39. d 和 e 是仅有的度为奇数的顶点。

42. 证明与定理 8.2.23 的证明方法类似。

45. 正确。在这条路径里，对所有的重复 a: $(\cdots, a, \cdots, b, \cdots)$，删除 $a, \cdots, b$。

47. 假设 $e = (v, w)$ 在一个回路里。那么存在一条从 v 到 w 的且不包含 e 的路径 P。令 x 和 y 是 $G - \{e\}$ 中的顶点。由于 G 是连通的，G 中存在从 v 到 w 的路径 P'。将 P' 中 e 的任一出现用 P 来代替。得到从 v 到 w 的路径在 $G - \{e\}$ 中。因此，$G - \{e\}$ 是连通的。

50. 所有包含 G' 的连通子图的并是一个分支。

53. 令 G 是一个 n 顶点有最大边数的简单的非连通图。证明 G 有两个分支，如果一个分支有 i 个顶点，证明这两个分支是 K_i 和 K_{n-i}。利用 8.1 节中练习 11 的结果，找到一个 G 中关于 i 的函数的边数的公式。证明 $i = 1$ 时存在最大值。

55.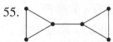

58. 修改定理 8.2.17 和定理 8.2.18 的证明。

61. 利用练习 58 和练习 60。

64. 首先计算长度 $k \geq 1$ 的路径 $(v_0, v_1, \cdots, v_k)$ 的数目。第一个顶点 v_0 可以有 n 种选择。每一个子序列顶点的选择有 $n - 1$ 种（因为它必须与它前一个不同）。所以长度为 k 的路径数目是 $n(n-1)^k$。

长度为 k 的路径的数目，$1 \leq k \leq n$，是

$$\sum_{k=1}^{n} n(n-1)^k = n(n-1)\frac{(n-1)^k - 1}{(n-1) - 1}$$
$$= \frac{n(n-1)[(n-1)^k - 1]}{n - 2}$$

68. 如果v是V中的一个顶点，包含v的没有边的路径是从v到v的路径；因此对V中的每个顶点v，vRv。所以，R是自反的。

假设vRw，那么存在一条路径$(v_0, \cdots, v_n)$其中$v_0 = v$，$v_n = w$。现在$(v_n, \cdots, v_0)$是一条从w到v的路径，因此wRv。所以，R是对称的。

假设vRw和wRx，那么存在一条从v到w的路径P_1和一条从w到x的路径P_2。现在P_1接上P_2是一条从v到x的路径，因此vRx。所以，R是传递的。

由于R是V上的自反的、对称的和传递的，所以R是V上的等价关系。

70. 2

73. 令s_n代表从v_1到v_1的长度为n的路径的个数。证明序列$s_1, s_2, \cdots$和$f_1, f_2, \cdots$满足同样的递归关系，$s_1 = f_2, s_2 = f_3$，进而有$s_n = f_{n+1}$对$n \geq 1$。

如果$n = 1$，存在一条从v_1到v_1长度为1的路径，也就是v_1上的圈；因此，$s_1 = f_2$。

如果$n = 2$，存在两条从v_1到v_1长度为2的路径：(v_1, v_1, v_1)和(v_1, v_2, v_1)；因此$s_2 = f_3$。

假设$n > 2$。考虑一条从v_1到v_1的长度为n的路径。这条路径必须从圈(v_1, v_1)或者边(v_1, v_2)开始。

如果这条路径从圈开始，路径剩下部分必是一条从v_1到v_1的长度为$n - 1$的路径。由于存在s_{n-1}条这种路径，所以存在s_{n-1}条从v_1到v_1的以$(v_1, v_1, \cdots)$开始的长度为n的路径。

如果这条路径从边(v_1, v_2)开始，路径中接下来的边必是(v_2, v_1)。路径剩下的部分必须是一条从v_1到v_1的长度为$n - 2$的路径。由于存在s_{n-2}条这种路径，所以存在s_{n-2}条从v_1到v_1的以$(v_1, v_1, \cdots)$开始的长度为n的路径。

由于所有的从v_1到v_1的长度为$n > 2$的路径必须从圈(v_1, v_1)或者边(v_1, v_2)开始，可得$s_n = s_{n-1} + s_{n-2}$。由于序列$s_1, s_2, \cdots$和$f_1, f_2, \cdots$满足同样的递归关系，$s_1 = f_2, s_2 = f_3$，立即可得$s_n = f_{n+1}, n \geq 1$。

75. 假设每个顶点都有一条出边。选择一个顶点v_0，沿v_0的出边到达顶点v_1。（根据假设，这样一条边是存在的。）接着沿v_i的出边到达顶点v_{i+1}。由于存在有限数目的顶点，最终会回到前面经过的某个顶点。这时，就找到一个回路，这是一个矛盾。所以，至少有一个顶点没有出边。

8.3 复习

1. 图G中的一个Hamilton回路是一个包含G中除开始和结束顶点出现两次外所有顶点只出现一次的回路。

2. 图8.3.9中的图有一个Hamilton回路和一个Euler回路。这个Hamilton回路和Euler回路就是图本身。

3. 图8.3.2中的图有一个Hamilton回路，但是没有Euler回路。Hamilton回路如图8.3.3所示。由于所有顶点都是奇数度，所以这个图中没有Euler回路。

4. 图中有一个Euler回路，因为它是连通的，且每个顶点都是偶数度。图中没有Hamilton回路。为了证明其中没有Hamilton回路，利用反证法证明。假设图中有一个Hamilton回路。那么，由于顶点2、3、4和5的度都是2，图所有的边都必须包含在Hamiton回路中。由于这个图本身不是一个回路，所以就得到矛盾。

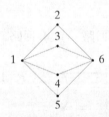

5. 包含两个顶点没有边的图既不是Hamilton回路也不是Euler回路，因为它不是连通的。

6. 旅行商问题是：给定一个带权图G，找到G中一条长度最短的Hamilton回路。Hamilton回路问题，简单地说就是寻求一条Hamilton回路——任意的Hamilton回路。旅行商问题不是要找到一个Hamilton回路，而是要找到一个长度最短的Hamilton回路。

7. 简单回路。

8. Gray码是一个序列$s_1, s_2, \cdots, s_{2^n}$，其中$s_i$是$n$位的位串，满足：
   - 每一个n位字符串都在这个序列的某个位置出现。

- s_i 和 s_{i+1} 只有一位不同，$i = 1, \cdots, 2^n - 1$。
- s_{2^n} 和 s_1 只有一位不同。

9. 参见定理 8.3.6

8.3

1. $(d, a, e, b, c, h, g, f, j, i, d)$
3. 必须删除与顶点 b、d、i 和 k 每一个相连的两条边，剩下 $19 - 8 = 11$ 条边。一个 Hamilton 回路包含 12 条边。
6. $(a, b, c, j, i, m, k, d, e, f, l, g, h, a)$

9.

12. 如果 n 是偶数且 $m > 1$ 或者 m 是偶数且 $n > 1$，存在一个 Hamilton 回路。下面略图给出当 n 为偶数时的解。

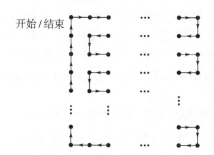

如果 $n = 1$ 或者 $m = 1$，没有回路，特别是不存在 Hamilton 回路。假设 n 和 m 都是奇数且图中有 Hamilton 回路。由于一共有 nm 个顶点，这个回路有 nm 条边；因此，这个 Hamilton 回路含有奇数条边。然而，在 Hamilton 回路中，必须有同样多的"向上的"、"向下的"边和同样多的"向左的"、"向右的"边。因此一个 Hamilton 回路必须有偶数条边。这个矛盾表明如果 n 和 m 都是奇数，这个图中没有 Hamilton 回路。

15. 当 $m = n$ 且 $n > 1$ 时
18. n 立方体中任何回路 C 都有偶数长度，因为 C 中的顶点是按 1 的个数为偶数、奇数交替出现的。
假设 n 立方体有一条长度为 m 的简单回路。可看出 m 是偶数。根据定义，$m > 0$。由于 n 立方体是一个简单图，$m \neq 2$，所以 $m \geq 4$。

现在假设 $m \geq 4$ 且 m 是偶数。令 G 是 Gray 码 G_{n-1} 的前 $m/2$ 部分，那么 $0G, 1G^R$ 描述了 n 立方体中长度为 m 的简单回路。

21.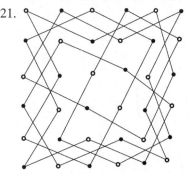

25. 正确。如果 $(v_1, \cdots, v_{n-1}, v_n), v_1 = v_n$，是一个 Hamilton 回路，那么 $(v_1, \cdots, v_{n-1})$ 是一个 Hamilton 路径。
28. 正确。$(a, b, d, g, m, l, h, \iota, j, e, f, k, c)$
31. 正确。$(i, j, g, h, e, d, c, b, a, f)$
34. 正确。(a, c, d, f, g, e, b)

8.4 复习

1. 在初始顶点标注 0，其他顶点处标注 ∞。令 T 是所有顶点的集合。选择具有最小标号的 $v \in T$。对与 v 相邻接的任意的 $x \in T$，重新用当前标号和 $v + w(v, x)$ 中的最小值标注 x，其中 $w(v, x)$ 是边 (v, x) 的权值。重复这个过程直到 $z \notin T$。
2. 参见例 8.4.2   3. 参见定理 8.4.3 的证明

8.4

1. $7; (a, b, c, f)$ 4. $7; (b, c, f, j)$
6. 可效仿例 8.4.2 之后的算法。
9. 修改算法 8.4.1，使得为每条不存在的边设定权值 ∞。然后算法继续，在结束时，如果不存在从 a 到 z 的路径，$L(z)$ 等于 ∞。

8.5 复习

1. 为顶点排序，利用有序的顶点标注矩阵的行和列。i 行 j 列的元素，$i \neq j$，是与 i 和 j 相关联的边的数目。如果 $i = j$，这个元素是与 i 相关联的圈的数目的两倍。得到的矩阵是图的邻接矩阵。
2. A^n 的第 ij 个元素等于从顶点 i 到 j 的长度为 n 的路径的数目。

3. 为顶点和边排序，用顶点来标注矩阵的行，用边来标注列。如果e与v相关联，v行e列为1；否则为0。得到矩阵就是图的关联矩阵。

8.5

1. $$\begin{array}{c c}& \begin{array}{c c c c c} a & b & c & d & e \end{array} \\ \begin{array}{c} a \\ b \\ c \\ d \\ e \end{array} & \left(\begin{array}{c c c c c} 0 & 1 & 1 & 1 & 1 \\ 1 & 0 & 1 & 0 & 0 \\ 1 & 1 & 0 & 1 & 1 \\ 1 & 0 & 1 & 0 & 1 \\ 1 & 0 & 1 & 1 & 0 \end{array} \right) \end{array}$$

4. $$\begin{array}{c c}& \begin{array}{c c c c c c} v_1 & v_2 & v_3 & v_4 & v_5 & v_6 \end{array} \\ \begin{array}{c} v_1 \\ v_2 \\ v_3 \\ v_4 \\ v_5 \\ v_6 \end{array} & \left(\begin{array}{c c c c c c} 0 & 1 & 1 & 0 & 0 & 0 \\ 1 & 0 & 1 & 0 & 0 & 0 \\ 1 & 1 & 0 & 0 & 0 & 0 \\ 0 & 0 & 0 & 0 & 0 & 0 \\ 0 & 0 & 0 & 0 & 0 & 1 \\ 0 & 0 & 0 & 0 & 1 & 0 \end{array} \right) \end{array}$$

7. $$\begin{array}{c c}& \begin{array}{c c c c c c c c} x_1 & x_2 & x_3 & x_4 & x_5 & x_6 & x_7 & x_8 \end{array} \\ \begin{array}{c} a \\ b \\ c \\ d \\ e \end{array} & \left(\begin{array}{c c c c c c c c} 1 & 0 & 1 & 0 & 1 & 1 & 0 & 0 \\ 1 & 1 & 0 & 0 & 0 & 0 & 0 & 0 \\ 0 & 1 & 0 & 1 & 1 & 0 & 1 & 0 \\ 0 & 0 & 0 & 1 & 0 & 1 & 0 & 1 \\ 0 & 0 & 1 & 0 & 0 & 0 & 1 & 1 \end{array} \right) \end{array}$$

10. $$\begin{array}{c c}& \begin{array}{c c c c c c c c} e_1 & e_2 & e_3 & e_4 & e_5 & e_6 & e_7 & e_8 \end{array} \\ \begin{array}{c} 1 \\ 2 \\ 3 \\ 4 \\ 5 \\ 6 \\ 7 \end{array} & \left(\begin{array}{c c c c c c c c} 1 & 0 & 0 & 0 & 0 & 0 & 0 & 0 \\ 1 & 1 & 0 & 1 & 1 & 1 & 0 & 0 \\ 0 & 1 & 1 & 0 & 0 & 0 & 0 & 0 \\ 0 & 0 & 1 & 1 & 0 & 0 & 0 & 0 \\ 0 & 0 & 0 & 0 & 1 & 0 & 1 & 0 \\ 0 & 0 & 0 & 0 & 0 & 1 & 1 & 1 \\ 0 & 0 & 0 & 0 & 0 & 0 & 0 & 1 \end{array} \right) \end{array}$$

13.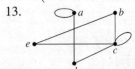

16.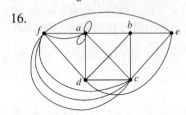

19. [For K_5]
$$\begin{pmatrix} 4 & 3 & 3 & 3 & 3 \\ 3 & 4 & 3 & 3 & 3 \\ 3 & 3 & 4 & 3 & 3 \\ 3 & 3 & 3 & 4 & 3 \\ 3 & 3 & 3 & 3 & 4 \end{pmatrix}$$

22. 这个图是不连通的。

24.

27. G 不是连通的。

28. 由于图的对称性，如果v和w是K_5中的顶点，存在相同数目的长度为n的从v到v的和从w到w的路径。所以A^n所有对角线上的元素是相等的。类似地，所有非对角线上的元素A^n也相等。

31. 如果 $n \geq 2$,
$$d_n = 4a_{n-1}$$
（参见练习29）
$$= 4\left(\frac{1}{5}\right)[4^{n-1} + (-1)^n]$$
（参见练习30）

对于 $n=1$，公式可直接得到验证。

8.6 复习

1. 图 G_1 和图 G_2 是同构的，如果存在一个从 G_1 顶点集到 G_2 顶点集上的一对一映上函数 f 和一个从 G_1 的边到 G_2 的边上的一对一映上函数 g，使得 G_1 中的边 e 与顶点 v 和 w 相关联当且仅当 G_2 中的边 $g(e)$ 与顶点 $f(v)$ 和 $f(w)$ 相关联。

2. 下面的图是同构的。同构由 $f(a) = 1$，$f(b) = 2$，$f(c) = 4$，$f(d) = 3$ 和 $g(a,b) = (1,2)$，$g(b,c) = (2,4)$，$g(c,d) = (4,3)$，$g(d,a) = (3,1)$ 给出。

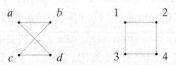

3. 下面的图是非同构的。第一个图有两个顶点，但第二个图有三个顶点。

4. 特性 P 是一个不变量只要 G_1 和 G_2 是同构图，如果 G_1 具有特性 P，那么 G_2 同样具有特性 P。

5. 为了证明两个图是非同构的，需找到一个图具有的而另外一个图不具有的一个不变量。

6. 两个图是同构的当且仅当以它们顶点的某个顺序，它们的邻接矩阵相等。

7. 一个顶点的矩形阵列。

8.6

1. 将 G_1 的节点 a、b、c、d、e、f、g 按序和 G_1 的节点 1、3、5、7、2、4、6 相关，则 G_1 和 G_2 的邻接矩阵相同。

2. 将 G_1 的节点 a、b、c、d、e、f、g、h、i、j 按序和 G_2 的节点 5、6、1、2、7、4、10、8、3、9 相关，则 G_1 和 G_2 的邻接矩阵相同。

7. 因为节点数不同，因此图不同构。

10. 因为图 G_1 有一长度为3的简单回路，G_2 没有，因此图不同构。

13. 因为图 G_2 中边 $(1, 4)$ 的 $\delta(1) = 3$，$\delta(4) = 3$，而 G_1 中没有这样的节点（参见练习21），因此图不同构。

在练习 17~23 中，利用定义 8.6.1 中的符号。

17. 如果 $(v_0, v_1, \cdots, v_k)$ 是 G_1 中的长度为 k 的简单回路，那么 $(f(v_0), f(v_1), \cdots, f(v_k))$ 是 G_2 中的长度为 k 的简单回路。（顶点 $f(v_i)$ 是不同的，$i = 1, \cdots, k - 1$，因为 f 是一对一映射的。）

20. 在练习 17 的提示中，已经证明了如果 $C = (v_0, v_1, \cdots, v_k)$ 是 G_1 中的长度为 k 的简单回路，那么 $(f(v_0), f(v_1), \cdots, f(v_k))$ 是 G_1 中的长度为 k 的简单回路，用 $f(C)$ 表示。令 $C_1, C_2, \cdots, C_n$ 代表 G_1 中长度为 k 的 n 条简单回路。那么 $f(C_1)$，$f(C_2), \cdots, f(C_n)$ 是 G_2 中长度为 k 的 n 条简单回路。此外，由于 f 是一对一，$f(C_1), f(C_2), \cdots, f(C_n)$ 是不同的。

23. 特性是一个不变量。如果 $(v_0, v_1, \cdots, v_n)$ 是 G_1 中的 Euler 回路，由于 g 是映上函数，所以 $(f(v_0), f(v_1), \cdots, f(v_n))$ 是 G_2 中的 Euler 回路。

26.

29.

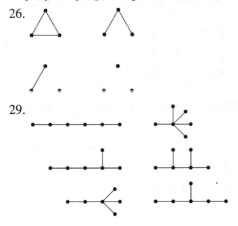

31.

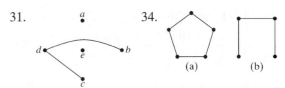

34.

(a)   (b)

37. 定义 $g((v, w)) = (f(v), f(w))$。

38. $f(a) = 1, f(b) = 2, f(c) = 3, f(d) = 2$

41. $f(a) = 1, f(b) = 2, f(c) = 3, f(d) = 1$

8.7 复习

1. 一个图可以在平面上画出且边不交叉。
2. 一个互相相连的区域。
3. $f = e - v + 2$
4. 形如 (v, v_1) 和 (v, v_2) 的边，其中 v 的度为 2，且 $v_1 \neq v_2$。
5. 给定形如 (v, v_1) 和 (v, v_2) 的边，其中 v 的度为 2，且 $v_1 \neq v_2$，一个串联约减删除顶点 v，用 (v_1, v_2) 代替 (v, v_1) 和 (v, v_2)。
6. 如果两个图可以通过串联约减简化成同构的图，则两个图是同胚的。
7. 一个图是平面图当且仅当它不包含与 K_5 或 $K_{3,3}$ 同胚的子图。

8.7

1.

4.

是 $K_{3,3}$

6. 平面图

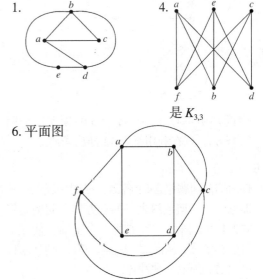

9. $2e = 2 + 2 + 2 + 3 + 3 + 3 + 4 + 4 + 5$ 所以 $e = 14, f = e - v + 2 = 14 - 9 + 2 = 7$

12. 一个有 5 个或更少顶点且一个顶点度为 2 的图与一个 4 个或更少顶点的图同胚。这样一个图不存在一个与 $K_{3,3}$ 或 K_5 同胚的副本。

15. 如果 K_5 是平面图, $e \leq 3v - 6$ 化为
$$10 \leq 3 \cdot 5 - 6 = 9$$

18.
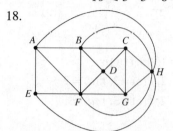

22.
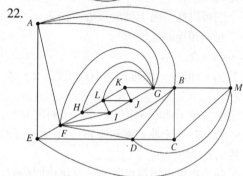

25.
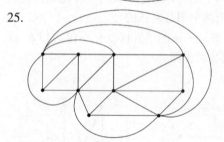

28. 它包含

31. 假设 G 中不存在一个度为 5 的顶点。证明 $2e \geq 6v$。现在利用练习 13 推出矛盾。

8.8 复习

1. 顿时错乱问题包含 4 个各面染成四种颜色——即红、白、蓝或绿之一的立方体。问题是将立方体堆起来, 一个在另一个上面, 使得不管怎样堆法, 从前面、后面、左面或右面看, 可以看到所有 4 种颜色。

2. 画出一个图 G, 顶点代表 4 种颜色, 如果立方体 i 的相对面是这些颜色, 用 i 标注连接两个顶点的边。找到两个图满足

    ● 每个顶点的度为 2。

    ● 每条边代表的立方体在每个图中只出现一次。

    ● 两个图没有公共边。

   一个图代表前面/后面堆法, 另外一个代表左面/右面堆法。

8.8

1.
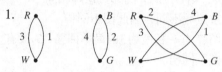

4.
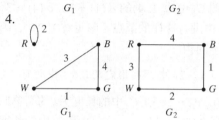

7. (a)
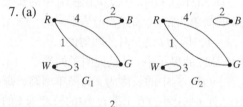

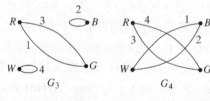

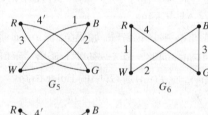

(b) 解为 G_1, G_5; G_1, G_7; G_2, G_4; G_2, G_6; G_3, G_6 和 G_3, G_7。

13. 一条边有 $C(2 + 4 - 1, 2) = 10$ 种选择。标有 1 的三条边有 $C(3 + 10 - 1, 3) = 220$ 种选择。所以图的总数目是 220^4。

15.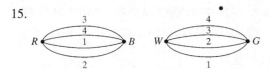

19. 根据练习14，不计算圈，每个顶点的度至少为4。在图8.8.5中，不计算圈，顶点W的度为3，因此，图8.8.5不存在一个修改的顿时错乱问题的解。图8.8.3给出了图8.8.5的正规的顿时错乱问题的解。

第8章自测题

1. $V = \{v_1, v_2, v_3, v_4\}$，$E = \{e_1, e_2, e_3\}$。$e_1$ 和 e_2 是并行边。没有圈，v_1 是孤立顶点。G 不是一个简单图，e_3 与顶点 v_2 和 v_4 相关联。v_2 与边 e_1、e_2 和 e_3 相关联。

2. 有度为奇数的顶点（a 和 e）。

3.

4. 令 V_1 代表包含偶数个1的顶点的集合，V_2 代表包含奇数个1的顶点的集合。每条边与 V_1 中的一个顶点和 V_2 中的一个顶点相关联。所以 n 立方体是二部图。

5. 它是一个回路。 6.

7.

8. 错误。有奇数度的顶点。

9. $(v_1, v_2, v_3, v_4, v_5, v_7, v_6, v_1)$

10. (000, 001, 011, 010, 110, 111, 101, 100, 000)

11. 一个Hamilton回路有7条边。假设这个图中有一个Hamilton回路。必须删除与顶点 b 相连的3条边和与顶点 f 相连的一条边。这样只剩下 $10 - 4 = 6$ 条边，不足以构成Hamilton回路。因此，图中没有Hamilton回路。

12. 在一个权最小的Hamilton回路中，每个顶点的度必须为2。因此，边 (a, b)、(a, j)、(j, i)、(i, h)、(g, f)、(f, e) 和 (e, d) 必须包含在里边。不能包含 (b, h)，否则就会形成一个回路。这样蕴涵着必须包含边 (h, g) 和 (b, c)。由于现在顶点 g 的度为2，所以不能含有边 (c, g) 或者 (g, d)。因此必须包含 (c, d)。这是唯一的Hamilton回路。因此，它是最小的。

13. 9   14. 11   15. (a, e, f, i, g, z) 16. 12

17.
$$\begin{array}{c|ccccccc} & v_1 & v_2 & v_3 & v_4 & v_5 & v_6 & v_7 \\ \hline v_1 & 0 & 1 & 0 & 0 & 0 & 1 & 0 \\ v_2 & 1 & 0 & 1 & 1 & 0 & 1 & 1 \\ v_3 & 0 & 1 & 0 & 1 & 0 & 0 & 0 \\ v_4 & 0 & 1 & 1 & 0 & 1 & 0 & 0 \\ v_5 & 0 & 0 & 0 & 1 & 0 & 1 & 1 \\ v_6 & 1 & 1 & 0 & 0 & 1 & 0 & 1 \\ v_7 & 0 & 1 & 0 & 0 & 1 & 1 & 0 \end{array}$$

18.
$$\begin{array}{c|ccccccccccc} & e_1 & e_2 & e_3 & e_4 & e_5 & e_6 & e_7 & e_8 & e_9 & e_{10} & e_{11} \\ \hline v_1 & 1 & 0 & 0 & 0 & 0 & 0 & 1 & 0 & 0 & 0 & 0 \\ v_2 & 1 & 1 & 0 & 1 & 1 & 1 & 0 & 0 & 0 & 0 & 0 \\ v_3 & 0 & 1 & 1 & 0 & 0 & 0 & 0 & 0 & 0 & 0 & 0 \\ v_4 & 0 & 0 & 1 & 1 & 0 & 0 & 0 & 0 & 0 & 1 & 0 \\ v_5 & 0 & 0 & 0 & 0 & 0 & 0 & 0 & 1 & 1 & 1 & 0 \\ v_6 & 0 & 0 & 0 & 0 & 1 & 0 & 1 & 1 & 0 & 0 & 1 \\ v_7 & 0 & 0 & 0 & 0 & 0 & 1 & 0 & 0 & 1 & 0 & 1 \end{array}$$

19. 从 v_2 到 v_3 的长度为3的路径的数目。

20. 错误。每条边至少与一个顶点相关联。

21. 图是同构的。顶点序 v_1, v_2, v_3, v_4, v_5 和 w_3, w_1, w_4, w_2, w_5 会生成同样的邻接矩阵。

22. 图是同构的。顶点序 $v_1, v_2, v_3, v_4, v_5, v_6$ 和 $w_3, w_6, w_2, w_5, w_1, w_4$ 会生成同样的邻接矩阵。

23. 24.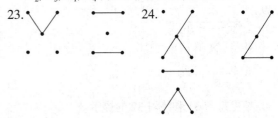

25. 图是平面图：

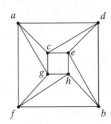

26. 图不是平面图。下面的子图与 K_5 同胚。

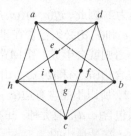

27. 一个 e 条边 v 个顶点的简单平面连通图满足 $e \leq 3v - 6$（参见8.7节练习13）。如果 $e = 31$，$v = 12$，这个不等式就不成立。所以这样一个图不能是平面图。

28. $n = 1, 2, 3$ 时，可以在一个平面上边互不交叉地画出 n 立方体。

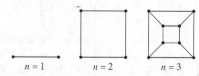

利用反证法证明4立方体不是平面图。假设4立方体是平面图。由于每个回路有至少4条边，每个面至少以4个边为界。这样界面的边的数目至少是 $4f$。在一个平面图里，每条边至多属于两个边界回路。因此，$2e \geq 4f$。利用图的 Euler 公式，可得 $2e \geq 4(e - v + 2)$。对4立方体，有 $e = 32, v = 16$，所以 Euler 公式化为 $64 = 2 \cdot 32 \geq 4(32 - 16 + 2) = 72$。这是一个矛盾。因此，4立方体不是平面图。$n > 4$ 时，n 立方体也不是平面图，因为它包含有4立方体。

29.

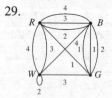

30. 参见练习31和练习32的提示。

31. 用1标注练习29图中与顶点 B 和 G 相关联的两条边而这里用 $1'$。

32. 练习29中的难题有4个解。利用练习31中的符号，解是 $G_1, G_5; G_2, G_5; G_3, G_6$ 和 G_4, G_6。

9.1 复习

1. 一棵自由树 T 是满足下列条件的一个简单图：如果 v 和 w 是 T 的顶点，存在从 v 到 w 的一条唯一的简单路径
2. 一棵有根树是有一个特殊顶点作为树根的树。
3. 一个顶点 v 的层是从根到 v 的简单路径的长度。
4. 一棵有根树的高度是树的最高层数。
5. 参见图 9.1.9。
6. 在有根树结构中，每个顶点代表一个文件或文件夹。直接在文件夹 f 下的是包含在 f 中的文件夹和文件。
7. 一个 Huffman 编码能用一棵有根树定义。这种特定字符的编码是由从根到字符的简单路径得到。每条边标记为0或1，在简单路径上的位序列就是字符的编码。
8. 假设存在 n 个频率，如果 $n = 2$，构造如图 9.1.11 所示的树并停止。否则，设 f_i 和 f_j 表示最小的频率，并用 $f_i + f_j$ 替换列表中的相关项。用修改好的列表递归构造一棵最优 Huffman 编码树。在生成的树中，给标记为 $f_i + f_j$ 的顶点增加两条边，并给增加的两个顶点分别标记为 f_i 和 f_j。

9.1

1. 这个图是一棵树，对任意顶点 v 和 w，有一条从 v 到 w 的唯一简单路径。
4. 这个图是一棵树，对任意顶点 v 和 w，有一条从 v 到 w 的唯一简单路径。
7. $n = 1$
8. a-1; b-1; c-1; d-1; e-2; f-3; g-3; h-4; i-2; j-3; k-0
11. 高度 = 4

14. PEN   17. SALAD   18. 0111100010
21. 0110000100100001111

24.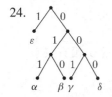

27. 另一棵树在练习 24 的提示中表明。

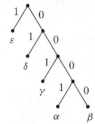

32. 令 T 是一棵树。T 的根在某个任意顶点。令 V 是偶数层顶点的集合并令 W 是奇数层顶点的集合。因为每条边与 V 中的一个点和 W 中的一个点相关联，所以 T 是一个二部图。

35. e, g

38. 半径是中心的离心率。$2r = d$ 不一定成立（参见图 9.1.5）。

9.2 复习

1. 令 $(v_0, \cdots, v_{n-1}, v_n)$ 为从根 v_0 到 v_n 的一条路径，称 v_{n-1} 为 v_n 的父节点。

2. 令 $(v_0, \cdots, v_n)$ 为从根 v_0 到 v_n 的一条路径，称 $(v_i, \cdots, v_n)$ 为 v_{i-1} 的后代节点。

3. v 和 w 是兄弟节点当它们有相同的父节点。

4. 一个叶顶点是没有后代节点的。

5. 如果 v 不是一个叶顶点，就是一个内部顶点。

6. 一个无圈图是没有圈的图。

7. 参见定理 9.2.3。

9.2

1. Kronos

4. Apollo, Athena, Hermes, Heracles

7. $b; d$ 10. $e, f, g, j; j$

13. u, b, c, d, e 17. 它们是兄弟节点

22. ●—●—●—●   25.
    | |
    ●—●—●—●

27. 单独一个顶点是长度为 0 的 "圈"。

30. 森林的每个分支是连通的且是无圈的，因而是树。

33. 假设 G 是连通的。增加并行边直到结果图 G^* 有 $n-1$ 条边。因为 G^* 是连通的且有 $n-1$ 条边，由定理 9.2.3，G^* 是无圈的。但是增加并行边引入一个圈，矛盾。

36.

9.3 复习

1. 如果一棵树 T 是包含图 G 的所有顶点 G 的子图，则说 T 是图 G 的一棵生成树。

2. 图 G 有一棵生成树当且仅当 G 是连通的。

3. 选择一个顶点顺序。选择第一个顶点并标记为根。设 T 只包含这个顶点且无边。给这棵树的相关联的单个顶点增加所有的边且增加后的树不生成一个圈。同时增加与这些边相关联的顶点。对层 1 的顶点重复这个过程，然后再对 2 层，等等。

4. 选择一个顶点顺序。选择第一个顶点并标记为根。给这棵生成树的单个顶点增加一个相关联边，并增加这条边的相关联顶点 v。然后给 v 增加一条相关联的边且增加后不生成一个圈，同时对这条边增加相关联的顶点。重复这个过程，如果在任何点不能再给顶点 w 增加一条相关联的边，回溯到 p 的父节点 w，并给 p 增加一条相关联的边。当最后回溯到根且不能再增加边时，深度优先搜索完成。

5. 深度优先搜索

9.3

1. [graph]   4. 路径(h, f, e, g, b, d, c, a)

7. [graph]

10. 2 皇后问题显然无解。对于 3 皇后问题，由于对称性，第一列仅有可能的位置是左上角和从顶开始的第二个位置。如果第一步走到第一列左上角，则第二步必须走到第二列底部，现在对于第三列则无步可走。如果第一步走

到第一列从顶开始的第二个位置,则对于第二列无步可走。所以 3 皇后问题不存在解。

13.

	×			
×				
			×	
		×		
				×

17. False, 考虑 K_4。

20. 首先证明构造的图 T 是树,再施归纳于来证明 T 含有 G 的所有顶点。

23. 假设 x 与 a 和 b 相关联,从 T 删除 x 生成具有两个分支 U 和 V 的不连通图。顶点 a 和 b 属于不同的分支,比如说 $a \in U$ 和 $b \in V$。在 T' 中存在从 a 到 b 的路径 P,当沿 P 运动时,在某点会遇到边 $y = (v, w)$,其中 $v \in U$ 和 $w \in V$。因为将 y 加入 $T - \{x\}$ 生成一个连通图,$(T - \{x\}) \cup \{y\}$ 是一棵生成树。显然,$(T' - \{y\}) \cup \{x\}$ 是一棵生成树。

26. 假设 T 有 n 个顶点,如果加一条边到 T 中,结果图 T' 是连通。假设 T' 是无圈的,T' 就是具有 n 个顶点和 n 条边的树,于是 T' 含有圈。如果 T' 含有两个或更多的圈,从 T' 删除两个或更多条边仍能生成一个连通图 T'',但是现在 T'' 就是一个具有 n 个顶点和少于 $n - 1$ 条边的树,这是不可能的。

27.
$$\begin{array}{c} \\ (abca) \\ (acda) \\ (acdb) \\ (bcdeb) \end{array} \begin{array}{cccccccc} e_1 & e_2 & e_3 & e_4 & e_5 & e_6 & e_7 & e_8 \end{array} \\ \begin{pmatrix} 1 & 0 & 0 & 0 & 1 & 1 & 0 & 0 \\ 0 & 1 & 0 & 0 & 1 & 0 & 0 & 1 \\ 0 & 0 & 1 & 0 & 0 & 1 & 0 & 1 \\ 0 & 0 & 0 & 1 & 0 & 1 & 1 & 1 \end{pmatrix}$$

30. 输入:图 $G = (V, E)$,具有 n 个顶点

输出:true,如果 G 是连通的

false,如果 G 是不连通的

```
is_connected (V, E){
    T = bfs(V, E)
    //T = (V', E') 是由 bfs 返回的生成树
    if (|V'| == n)
        return true
    else
        return false
}
```

33. $bfs\_track\_parent(V, E, parent)$ {

$S = (v_1)$

// 令 v_1' 的双亲为 0,表示 v_1 没有双亲

$parent(v_1) = 0$

$V' = \{v_1\}$

$E' = \varnothing$

while (true) {

  for each $x \in S$, in order,

    for each $y \in V - V'$, in order

      if $((x, y)$ is an edge) {

        add edge (x, y) to E' and y to V'

        $parent(y) = x$

      }

  if(没有节点被加入)

    return T

  $S = S$ 的子节点,序和原来的节点顺序相一致

}

}

34. $print\_parents(V, parent)$ {

  对每个 $v \in V$

    $println(v, parent(v))$

}

37. 算法可通过修改 4 皇后算法得到。使用数组 p 代替数组 row,其是一个排列。和行 $p(k)$ 冲突是使 $p(i) = p(k)$ 的 $i < k$,即 $p(k)$ 的值先前已经被赋值过了。为了得到所有的排列,当得到一个排列时,打印结果并继续(而在 4 皇后算法中,只需得到一个答案就可以终止算法了)。

```
perm(n) {
    k = 1
    p(1) = 0
    while (k > 0) {
        p(k) = p(k) + 1
        while (p(k) ≤ n ∧ p(k) conflicts)
            p(k) = p(k) + 1
        if (p(k) ≤ n)
            if (k == n)
                println (p)
```

```
        else {
            k = k + 1
            p(k) = 0
        }
    else
        k = k − 1
    }
}
```

40. 回溯算法的思想是对网格进行扫描（这里选择从上到下，从左到右的方式），略去那些已经赋值过的格子，在下一个格子上尝试赋值1、然后2、然后3等，直到发现合适的值为止（合适的值是不合3×3子方格及行和列冲突的数值）。得到一个格子的值之后，继续考虑下一个格子。如果无法赋值，回溯到前一个格子，如果该格子前面已经赋值 i，则尝试 $i + 1$、$i + 2$ 等。

在下面算法中，$s(i, j)$ 的值是第 i 行第 j 列的值，如果为0则表示未赋过值。开始时，假定除了已经指定过值的格子，数组 s 的其他值都为0。最后，show_values 打印出数组 s 的值。

```
sudoku(s) {
    i = 0
    j = 0
    // advance 修改 i 和 j 的值，推进到下一个
       未指定过值的格子，先按列从上到下进行
       处理。
    advance(i, j)
    while (i ≥ 1 ∧ j ≥ 1) {
        // 寻找合格的值
        s(i, j) = s(i, j) + 1
        //如果值(i, j)和先前选定或指定的值冲突
           则 not_valid(i, j) 返回真，反之返回假。
        // 若未能找到合适的值，回溯
        while (s(i, j) < 10 ∧ not_valid(i, j))
            s(i, j) = s(i, j) + 1
        // 如果没有找到值，则回溯
        if s(i, j) == 10 {
            s(i, j) = 0
            // retreat 修改 i 和 j 的值，移到前一个
```
未指定过值的格子，先按列从下到
上进行处理。
```
            retreat(i, j)
        }
        else
            advance(i, j) // 设 j = 10
            off board
        if ( j == 10) {
            // 得到答案!
            show_values()
            return
        }
    }
}
```

9.1 复习

1. 一棵最小生成树是有最小权值的生成树。
2. Prim算法通过反复增加边生成一棵最小生成树。算法由单个顶点开始，然后在每次迭代，给当前树增加一个最小权值的边且不生成一个圈。
3. 一个贪心算法是在每次迭代中最优化选择。

9.4

1.   4.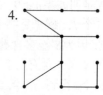

10. 如果 v 是 Prim 算法检查的第一个顶点，则该边将在由算法构造的最小生成树中。

13. 假设 G 有两棵最小生成树 T_1 和 T_2，则存在一条边 x 在 T_1 中而不在 T_2 中，由9.3节练习23，存在一条边 y 在 T_2 中而不在 T_1 中，使得 $T_3 = (T_1 - \{x\}) \cup \{y\}$ 和 $T_4 = (T_2 - \{y\}) \cup \{x\}$ 都是生成树。因为 x 和 y 具有不同的权，则不是 T_3 就是 T_4 有小于 T_1 的权，这是矛盾的。

14. False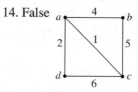

16. False。考虑每条边的权都等于1的 K_5。

20. 输入：n个顶点连通加权图的边集E。如果e是一条边，$w(e)$等于e的权；如果e不是边，$w(e)$等于∞（大于任何实际权的值）

    输出：最小生成树

    $kruskal\,(E, w, n)\{$
    　　$V' = \varnothing$
    　　$E' = \varnothing$
    　　$T' = (V', E')$
    　　while ($|E'| < n - 1$) {
    　　　　在所有边中选择具有最小权且将它加到T'不生成圈的边 $e = (v_i, v_j)$
    　　　　$E' = E' \cup \{e\}$
    　　　　$V' = V' \cup \{v_i, v_j\}$
    　　　　$T' = (V', E')$
    　　}
    　　return T'
    }

23. 在k次迭代后终止Kruskal算法，但数据会分成$n-k$类。

27. 证明$a_1 = 7$和$a_2 = 3$提供一个解。施归纳于n来证明贪心算法对于$n \geq 1$给出最优解。$n = 1, 2, \cdots, 8$时可以直接验证。

    首先证明如果$n \geq 9$，存在一个最优解至少含有一个7，令S'是一个最优解。假设S'不含有7，因为S'至多含有两个1（因为S'是最优的），S'至少含有三个3。用一个7和两个1替换三个3得到一个解S，因为$|S| = |S'|$，S是最优的。

    如果从S中移去一个7，对$(n-7)$问题得出一个解S^*。如果S^*不是最优的，S不可能是最优的。所以S^*是最优的。由归纳假设，对$(n-7)$问题的贪心解GS^*是最优的，所以$|S^*| = |GS^*|$。注意到7与GS^*是n问题的贪心解GS，因为$|GS| = |S|$，GS是最优的。

29. 假设贪心算法对于所有小于$a_{m-1} + a_m$的面额都是最优的。施归纳于n来证明贪心算法对所有的n都是最优的。（忽略逆。）假设$n \geq a_{m-1} + a_m$。

    考虑一个对n的最优解S，首先假设S用至少一个面额为a_m的硬币。移走一个面额为a_m的硬币的解法对$n - a_m$来说是最优的。（如果对于$n - a_m$存在一个解法使用更少的硬币，则增加一个面额为a_m的硬币得到对于n可使用比S更少的硬币的解法，这是不可能的。）通过归纳假设对$n - a_m$的贪心解法是最优的。如果对于$n - a_m$的贪心解法增加一个面额为a_m的硬币，则对n可得到一个解法$\mathcal{G}$使得可用与S同样数量的硬币。因此，$\mathcal{G}$是最优的，但$\mathcal{G}$也是贪心的，因为贪心解法由移去一个面额为a_m硬币开始。

    设S不用一个面额为a_m的硬币，令i为S使用一个面额为a_i硬币的最大索引项。这种移去一个面额为a_i硬币的解法对于$n - a_i$是最优的。由归纳假设，对$n - a_i$的贪心解法是最优的。现在$n \geq a_{m-1} + a_m \geq a_i + a_m$于是$n - a_i \geq a_m$。因此贪心解法使用至少一个面额为$a_m$硬币。因此对于$n - a_i$存在一个最优解使用了一个$a_m$硬币。如果给这个最优解法增加一个面额为$a_i$的硬币，则对$n$得到用一个面额为$a_m$硬币的最优解法。重复前一段的论述可以证明贪心解法是最优的。

9.5 复习

1. 一个二叉树是有根树，在每个顶点上要么没有子节点，要么有一个子节点或两个子节点。

2. 一个顶点v的左边的子节点称为左子节点。

3. 一个顶点v的右边的子节点称为右子节点。

4. 一个完全二叉树是一个二叉树，其每个顶点要么有两个子节点，要么没有子节点。

5. $i + 1$

6. $2i + 1$

7. 如果一棵树高为h的二叉树有t个叶顶点，则$\lg t \leq h$。

8. 一棵二叉搜索树是这样一棵二叉树T，数据与顶点相连。安置数据使得每个在T中的顶点v，v的左子树的每个数据项都小于v中的数据项，每个在v的右子树的每个数据项都大于v中的数据项。

9. 见图9.5.4和图9.5.5。

10. 在一个顶点插入第一个数据项并标记为根。依下面的步骤在树中插入下一个数据项。首先由根开始。如果要添加的数据项比当前顶点的数据项小，则移到左子节点并重复上述操作，否则移动到右子节点并重复上述操作。如果没有子节点，创建一个，并用边将它与最后一个访问的顶点相关联，将数据项存储在新增加的顶点里。

9.5

1. 例 9.5.5 说明了有 $n-1$ 次比赛。由于每次比赛有两种胜出的可能，因此共有 2^{n-1} 种方式。

4. 不是。基于过去的战绩，一个队很有可能战胜另外一个队。对于棒球有一定见识的人会考虑到这点。例如，一直到 2007，从没有一只编号为 16 的种子队战胜过 1 号种子队。

5.

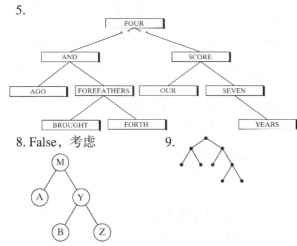

8. False，考虑

9.

12. $mi + 1$, $(m - 1)i + 1$

15. $t - 1$ 18. 平衡   21. 平衡

22. 高度为 0 的树有一个顶点，所以 $N_0 = 1$。在高度为 1 的平衡二叉树中，根至少有一个子节点。如果根恰有一个子节点，则顶点数是最小的。所以 $N_1 = 2$。在高度为 2 的平衡二叉树中，必存在从根到叶顶点长度为 2 的路径，这说明有三个顶点。但是要使树平衡，根必须有两个子节点。所以 $N_2 = 4$。

25. 假设在高度为 h 的平衡二叉树中有 n 个顶点，则
$$n \geq N_h = f_{h+2} - 1 > \left(\frac{3}{2}\right)^{h+2} - 1$$
对于 $h \geq 3$。这一个不等式出自练习 24 而后一个不等式出自 4.4 节的练习 27，所以

$$n + 1 > \left(\frac{3}{2}\right)^{h+2}$$

两边取以 3/2 为底的对数，得到
$$\log_{3/2}(n + 1) > h + 2$$
于是
$$h < [\log_{3/2}(n + 1)] - 2 = O(\lg n)$$

9.6 复习

1. 前序遍历由根开始处理一棵二叉树的顶点并递归依次处理当前顶点、当前顶点的左子树、当前顶点的右子树。

2. 输入：PT，二叉树的根
   输出：依赖于第 3 行 "process" 的程序执行结果

   preorder(PT) {
   　if（PT 为空）
   　　return
   　process PT
   　$l = PT$ 的左子节点
   　preorder(l)
   　$r = PT$ 的右子节点
   　preorder(r)
   }

3. 中序遍历由根开始处理一棵二叉树的顶点并递归依次处理当前顶点的左子树、当前顶点、当前顶点的右子树。

4. 输入：PT，二叉树的根
   输出：依赖于第 5 行 "process" 的程序执行结果

   inorder(PT) {
   　if (PT 为空)
   　　return
   　$l = PT$ 的左子节点
   　inorder(l)
   　process PT
   　$r = PT$ 的右子节点
   　inorder(r)
   }

5. 后序遍历由根开始处理一个二叉树的顶点并递归依次处理当前顶点的左子树、当前顶点的右子树、当前顶点。

6. 输入：PT，二叉树的根
   输出：依赖于第7行"process"的执行结果

   postorder(PT) {
     if (PT 为空)
       return
     l = PT 的左子节点
     postorder(l)
     r = PT 的右子节点
     postorder(r)
     process PT
   }

7. 表达式的前缀形式中，操作符在操作对象之前。
8. 波兰式
9. 表达式的中缀形式中，操作符在操作对象之间。
10. 表达式的后缀形式中，操作符在操作对象之后。
11. 逆波兰式   12. 不需要括号
13. 在一个表达式的树表现形式中，内部顶点代表操作符，而且操作符操作在子树上。

9.6

1. 前序 $ABDCE$，中序 $BDAEC$，后序 $DBECA$
4. 前序 $ABCDE$，中序 $EDCBA$，后序 $EDCBA$
6. 前缀：$* + AB - CD$
   后缀：$AB + CD - *$

9. 前缀：$- * + * + ABCDE + * + ABCD$
   后缀：$AB + C * D + E * AB + C * D + -$

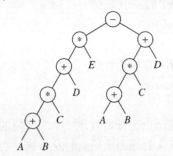

11. 前缀：$- + ABC$

通常中缀：$A + B - C$
括号中缀：$((A + B) - C)$

14. 前缀：$- * A * BC/C + DE$
    通常后缀：$A * B * C - C/(D + E)$
    括号中缀：$((A * (B * C)) - (C/(D + E)))$

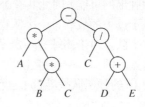

16. -4 19. 0
22.   25.

28. 输入：PT，二叉树的根
    输出：PT，修改后的二叉树的根

    swap_children(PT) {
      if (PT 为空)
        return
      交换 PT 的左右子节点
      l = PT 的左子节点
      swap_children(l)
      r = PT 的右子节点
      swap_children(r)
    }

31. 令 T 是一棵二叉树，$post(T)$ 是 T 中节点按后序遍历的输出。$revpost(T)$ 是 $post(T)$ 的逆序。下面通过对 T 的节点数进行归纳而证明 funnyorder 遍历 T 中节点的次序是 $revpost(T)$。对于 T 没有节点的情况，命题是显然的，这也是归纳基础。
    假定 funnyorder 遍历一棵少于 n 个节点的树 T' 的次序是 $revpost(T')$。现证明 funnyorder 遍历 T 中节点的次序是 $revpost(T)$。
    令 T_1 是 T 的左子树，T_2 是 T 的右子树，r 是 T 的根。按归纳假设，funnyorder 遍历 T_1 中节

点的次序是 $revpost(T_1)$，$funnyorder$ 遍历 T_2 中节点的次序是 $revpost(T_2)$。伪代码显示 $funnyorder$ 遍历 T 中节点的次序是

$$r, revpost(T_2), revpost(T_1)$$

该表的逆序是

$$post(T_1), post(T_2), r$$

其是对 T 进行后序遍历所得的结果。归纳步骤结束。

32. 对于某个 i 定义一个串的初始段是开始的 $i \geq 1$ 个字符。对于 $x = A, B, \cdots, Z$，定义 $r(x) = 1$；对于 $x = +, -, *, /$，定义 $r(x) = -1$。如果 $x_1 \cdots x_n$ 是 $\{A, \cdots, Z, +, -, *, /\}$ 上的串，定义 $r(x_1 \cdots x_n) = r(x_1) + \cdots + r(x_n)$，则一个串 s 是后缀串当且仅当 $r(s) = 1$ 和对 s 的所有初始段 s' 有 $r(s') \geq 1$。

35. 令 G 是一个顶点集为 $\{1, 2, \cdots, n\}$、边集为 $\{(1, i) | i = 2, \cdots, n\}$ 的图，则 $\{1\}$ 是一个规模为 1 的 G 的顶点覆盖集。

38. 输入：PT，一棵非空树的根

输出：该树的每个顶点有域 in_cover，如果某顶点在顶点覆盖中，对应的域 in_cover 设置为 true；否则如果顶点不在顶点覆盖中，对应的域 in_cover 设置为 false

```
tree_cover(PT) {
    flag = false
    ptr = PT 第一个子节点
    while (ptr 不为空) {
        tree_cover(ptr)
        if (ptr 的 in_cover == false)
            flag = true
        ptr = ptr 的下一个兄弟节点
    }
    PT 的域 in_cover = flag
}
```

9.7 复习

1. 一棵决策树是这样的一棵二叉树，其内部顶点包含问题的两个可能答案，边标记为问题的答案，叶顶点代表决定。如果由根开始，回答每个问题，沿合适的边，最后得到一个叶顶点代表一个决定。

2. 一个算法的最坏情形是与代表这个算法的决策树的树高成正比的。

3. 输入大小为 n 的一棵决策树表示有 $n!$ 个叶顶点对应 $n!$ 种可能排列的排序算法，如果 h 是树的高度，则在最坏情形下需要进行 h 次比较。因为 $\lg n! \leq h$ 并且 $\lg n! = \Theta(n \lg n)$，最坏情形排序需要至少 $\Omega(n \lg n)$ 次比较。

9.7

1.

4.

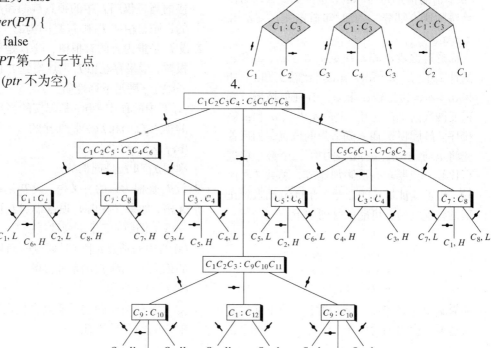

7. 对于14硬币游戏有28种结果。高度为3的树至多有27个叶顶点，所以在最坏情形下需要4次称重。事实上，在最坏情形下有4次称重的算法：开始称重4个硬币对4个硬币。如果硬币不平衡，继续按练习4（对于12硬币游戏）给出的解法处理。在这种情形下，至多需要三次称重。如果硬币平衡，不管这些硬币；则问题就是在其余6个硬币中找出坏币。6硬币游戏在最坏情形下至多三次称重即可解出，连同初始一次，在最坏情形下需要4次称重。

9. 令 $f(n)$ 是在最坏情况下求解 n 个硬币问题的最少称量次数，T 表示对于输入 n 的算法的决策树，h 是 T 的高度。算法在最坏情形下需要 h 次称量，因此 $f(n) = h$。因为有 $n-1$ 种可能的情况，因此至少有 $n-1$ 个外部节点。类似于定理9.5.6，对于"三叉树"，有 $\log_3(n-1) \leq h = f(n)$。

12. 决策树分析表明为排序5个数据项在最坏情形下至少需要 $\lceil \lg 5! \rceil = 7$ 次比较。下面的算法排序5个数据项在最坏情形下至多需要7次比较。已知序列 $a_1, \cdots, a_5$，首先排序 a_1、a_2（一次比较）再比较 a_3、a_4（一次比较）。（现在假设 $a_1 < a_2$ 和 $a_3 < a_4$。）之后比较 a_2 和 a_4，假设 $a_2 < a_4$。（$a_2 > a_4$ 的情形是对称的，正因如此，忽略该算法的这一部分。）此时知道 $a_1 < a_2 < a_4$ 和 $a_3 < a_4$。

下面通过比较 a_5 和 a_2 决定 a_5 处于 a_1、a_2 和 a_4 的什么位置。如果 $a_5 < a_2$，再比较 a_5 和 a_1；如果 $a_5 > a_2$，再比较 a_5 和 a_4。在任何情形，都需要两次附加的比较。此时 a_1、a_2、a_4 和 a_5 被排序。最后将 a_3 插入到适当的位置，如果首先将 a_3 与 a_1、a_2、a_4、a_5 之中第二个最小项进行比较，只要求一次附加比较，总共7次比较。为了验证最后的命题，在将 a_5 插入到正确的位置之后，可能的排列如下：

$$a_5 < a_1 < a_2 < a_4$$
$$a_1 < a_5 < a_2 < a_4$$
$$a_1 < a_2 < a_5 < a_4$$
$$a_1 < a_2 < a_4 < a_5$$

如果 a_3 小于第二项，为了确定 a_3 的正确位置仅需要一次附加的比较（与第一项）。如果 a_3 大于第二项，为了确定 a_3 的正确位置至多需要一次比较。在前三种情形，为了确定 a_3 的正确位置仅需要将 a_3 与 a_2 或 a_5 比较，因为已知 $a_3 < a_4$。在第四种情形，如果 a_3 大于 a_2，则知道它必在 a_2 和 a_4 之间。

14. 将数看成参赛者而将中间顶点看成胜者，有较大的值获胜。

17. 假设有求出 $x_1, \cdots, x_n$ 中最大值的算法。设 $x_1, \cdots, x_n$ 是一个图的顶点，如果算法比较 x_i 和 x_j，则 x_i 和 x_j 之间有一条边。该图必然是连通的，连接 n 个顶点必需的最小边数是 $n-1$。

20. 由练习16，为求出最大元素，锦标赛排序需要 $2^k - 1$ 次比较。由练习18，为求出第2最大元素至多需要 k 次比较。类似地，锦标赛排序要求最多 k 次比较来找到第3大元素，最多 k 次比较找到第4大元素，等等。于是比较总次数至多是

$$[2^k - 1] + (2^k - 1)k \leq 2^k + k2^k$$
$$\leq k2^k + k2^k$$
$$= 2 \cdot 2^k k = 2n \lg n$$

9.8 复习

1. 如果存在由 T_1 顶点集到 T_2 顶点集的一一映上函数 f 满足下列性质：T_1 中的顶点 v_i 和 v_j 是邻接的当且仅当 T_2 中的顶点 $f(v_i)$ 和 $f(v_j)$ 是邻接的，则自由树 T_1 和 T_2 是同构的。

2. 设 T_1 是根为 r_1 的有根树，设 T_2 是根为 r_2 的有根树，如果存在由 T_1 顶点集到 T_2 顶点集的一一映上 f 满足下列性质：
   (a) T_1 中的顶点 v_i 和 v_j 是邻接的当且仅当 T_2 中的顶点 $f(v_i)$ 和 $f(v_j)$ 是邻接的。
   (b) $f(r_1) = f(r_2)$。
   则树 T_1 和 T_2 是同构的。

3. 设 T_1 是根为 r_1 的二叉树，设 T_2 是根为 r_2 的二叉树，如果存在由 T_1 顶点集到 T_2 顶点集的一一映上函数 f 满足下列性质：
   (a) T_1 中的顶点 v_i 和 v_j 是邻接的当且仅当 T_2 中的顶点 $f(v_i)$ 和 $f(v_j)$ 是邻接的 。
   (b) $f(r_1) = f(r_2)$。
   (c) v 是 T_1 中 w 的左子节点当且仅当 $f(v)$ 是 T_2 中 $f(w)$ 的左子节点。

(d) v 是 T_1 中 w 的右子节点当且仅当 $f(v)$ 是 T_2 中 $f(w)$ 的右子节点。

则树 T_1 和 T_2 是同构的。

4. $C(2n, n)/(n + 1)$

5. 给定二叉树 T_1 和 T_2，首先检查是否为空（此时立刻可判断是否同构）。如果都不为空，则检查是否左子树同构且右子树同构，T_1 和 T_2 同构当且仅当它们的左子树和右子树都同构。

9.8

1. 同构，$f(v_1) = w_1, f(v_2) = w_5, f(v_3) = w_3, f(v_4) = w_4, f(v_5) = w_2, f(v_6) = w_6$。

4. 不同构，T_2 有一个从 1 度顶点到 1 度顶点长度为 2 的简单路径，但 T_1 不存在。

7. 作为有根树是同构的，$f(v_1) = w_1, f(v_2) = w_4, f(v_3) = w_2, f(v_4) = w_2, f(v_5) = w_6, f(v_6) = w_3, f(v_7) = w_7, f(v_8) = w_8$。作为自由树也是同构的。

10. 作为二叉树不是同构的，T_1 的根有左子节点但 T_2 的根没有。T_2 作为根树和作为自由树都是同构的。

13. •—————•   16.

19.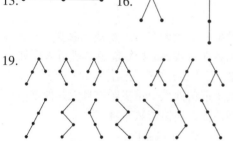

22. 令 b_n 是 n 个顶点非同构完全二叉树的个数。因为每个完全二叉树有奇数个顶点，所以如果 n 是偶数，$b_n = 0$。可证明如果 $n = 2i + 1$ 是奇数，则 $b_n = C_i$，这里 C_i 是第 i 个 Catalan 数。最后的等式从如下事实得出：存在从 i 个顶点的二叉树的集合到 $(2i + 1)$ 个顶点的完全二叉树的集合的一个一对一映上函数。这样的函数可以构造如下，给出 i 个顶点的一棵二叉树，在每个叶顶点上，增加两个子节点，而在每个只有一个子节点的顶点上则增加一个子节点。因为得到的树有 i 个内部顶点，则总共有 $2i + 1$ 个顶点（参见定理 9.5.4）。构造的树是一棵完全二叉树。注意这个函数是一对一的。给定 $(2i + 1)$ 个顶点的一棵完全二叉

树 T'，如果删除所有的叶顶点，则得到有 i 个顶点的一棵二叉树 T。T 的像是 T'，所以该函数是映上的。

25. 在第 1 行和第 3 行有四次比较，由练习 24，调用 $bin\_tree\_isom(lc\_r_1, lc\_r_2)$ 需要 $6(k − 1) + 2$ 次比较，调用 $bin\_tree\_isom(rc\_r_1, rc\_r_2)$ 需要 4 次比较，于是比较的总次数是 $4 + 6(k − 1) + 2 + 4 = 6k + 4$。

27. 令 $T*$ 是所构造的树。则 $T*$ 是一棵满二叉树。T 的每个内部节点成为 $T*$ 的一个内部节点。因为增加的是外部节点，因此 T 中原先的 $n − 1$ 个内部节点是唯一的 $T*$ 的内部节点。由定理 9.5.4，$T*$ 有 n 个外部节点。因此 $T* \in X_1$。读者可以自行证明这个映射是个双射。由定理 9.8.12，有 $C_{n−1}$ $(n − 1)$ 个节点的二叉树。因此 $|X_1| = C_{n−1}$。

29. 由定理 9.5.4，一棵树 X_1 有 $n − 1$ 个内部节点和 $2n − 1$ 个总节点。因此 v 的选择有 $2n − 1$ 种方式，节点标记的方式有 2（左或右），因此 $|X_T| = 2(2n − 1)$。

33. 使用迭代，有

$$C_n = \frac{2(2n - 1)}{n + 1} C_{n-1}$$
$$= \frac{2(2n - 1)}{n + 1} \frac{2(2n - 3)}{n} C_{n-2}$$
$$= \frac{2^2(2n - 1)(2n - 3)}{(n + 1)n} C_{n-2}$$
$$= \frac{2^3(2n - 1)(2n - 3)(2n - 5)}{(n + 1)n(n - 1)} C_{n-3}$$
$$\vdots$$
$$= \frac{2^{n-1}(2n - 1)(2n - 3) \cdots 3}{(n + 1)n(n - 1) \cdots 3} C_1$$
$$= \frac{1}{n + 1} \left[\frac{2^n(2n - 1)(2n - 3) \cdots 3}{n(n - 1) \cdots 3 \cdot 2} \right]$$
$$= \frac{1}{n + 1} \left[\frac{2^n n!(2n - 1)(2n - 3) \cdots 3}{n!n!} \right]$$
$$= \frac{1}{n + 1} \left\{ \frac{[(2n)(2n - 2) \cdots 2][(2n - 1)(2n - 3) \cdots 3]}{n!n!} \right\}$$
$$= \frac{1}{n + 1} \frac{(2n)!}{n!n!} = \frac{1}{n + 1} C(2n, n)$$

9.9 复习

1. 在博弈树中，每个顶点表示在博弈中的一个特定位置。特别是根表示博弈的初始构造。顶点的子节点表示一个队员对于顶点所在的位置的所有可能的反应。

2. 在最小最大过程中，首先给博弈树中的叶顶点赋值，然后自底向上工作，圆圈的值设置成其子节点值中最小的，盒子的值设置成其子节点值中最大的。
3. 终止 n 层的搜索在给定的顶点之下。
4. 一个评估函数给第一个队员在博弈中的每个可能的位置都赋上该位置的值。
5. 当应用最小最大过程时，alpha-beta 剪枝删除（剪枝）博弈树的一部分，因此忽略评估这部分。alpha-beta 剪枝按如下工作。设已知一个盒子顶点 v 至少有值 x，当 w 的后代节点 v 的值至多为 x，则以 w 的父节点为根的子树被删除。类似地，设已知圆圈顶点 v 至多有值 x，当 w 的后代节点 v 至少有 x 的值，则以 w 的父节点为根的子树被删除。
6. 一个 alpha 值是一个盒子顶点的下界。
7. 当 w 的一个后代节点 v 至多有与 v 的 alpha 值相等的值时，在一个盒子顶点发生 alpha 剪枝。
8. 一个 beta 值是一个圆圈顶点的上界。
9. 当 w 的一个后代节点 v 至少有与 v 的 alpha 值相等的值时，在有圆圈顶点发生 beta 剪枝。

9.9

1.

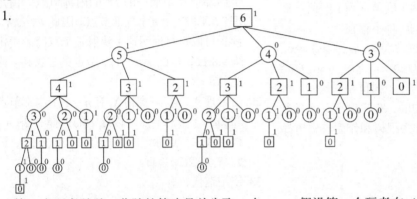

第一个玩者总胜。获胜的策略是首先取一个棋子；之后不管第二个玩者如何，总余下一个棋子。

4. 第二个玩者总胜。如果余下两堆，使每堆有相同的棋子。如果余下一堆，取走它。

7. 假设第一个玩者在 nim 游戏能够获胜。第一个玩者在 nim′ 游戏始终能够获胜可采用如下的策略：对于 nim′ 游戏完全像 nim 一样进行，除非某步遗留奇数个单棋子堆且无其他堆。在这种情形，遗留偶数个堆。

假设第一个玩者在 nim′ 游戏能够获胜。第一个玩者在游戏 nim 始终能够获胜可采用如下策略：对于 nim 游戏完全像 nim′ 一样进行，除非某步遗留偶数个单棋子堆且无其他堆。在这种情形，遗留奇数个堆。

9.

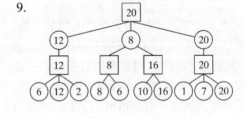

12. 根的值是 3。
14. （对练习 11）

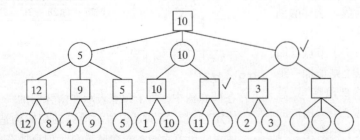

15. $3 - 2 = 1$ 18. $4 - 1 = 3$

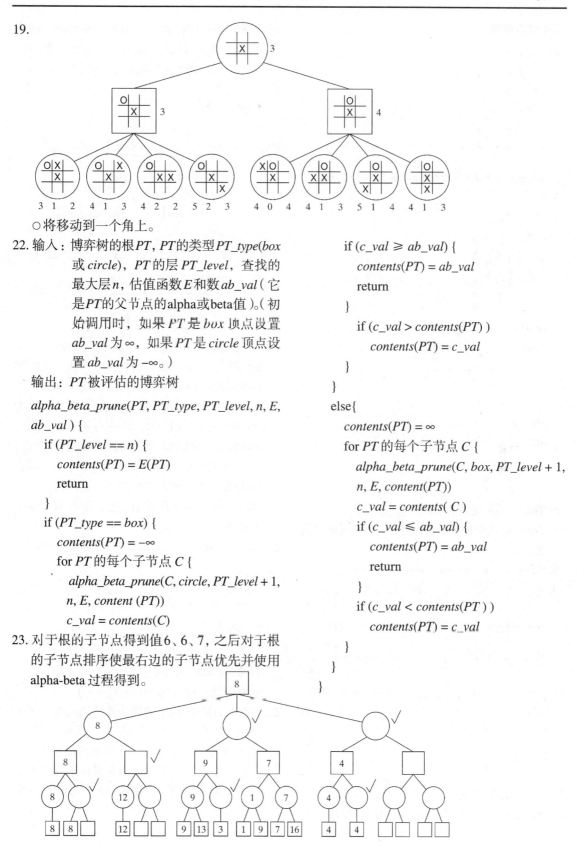

第9章自测题

1.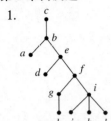

2. a-2; b-1; c-0; d-3; e-2; f-3; g-4; h-5; i-4; j-5; k-5; l-5

3. 5

4.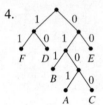

5. (a) b
   (b) a, c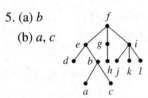
   (c) d, a, c, h, j, k, l
   (d)

6. True。参见定理9.2.3。

7. True。高度为6或更多的树必有7个或更多的顶点。

8. False

9.–13.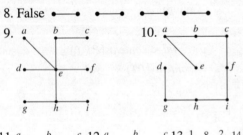

14. (1,4), (1,2), (2,5), (2,3), (3,6), (6,9), (4,7), (7,8)

15. (6,9), (3,6), (2,3), (2,5), (1,2), (1,4), (4,7), (7,8)

16. 考虑"最短路径算法"，在每一步选择与最近加入的顶点相关联且有最小权值的可利用的边（参见定理9.4.5前面的讨论）。

17. 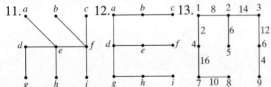   18. 16

19.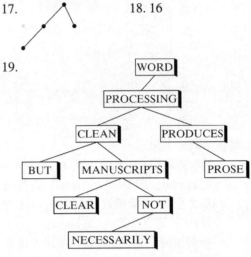

20. 首先比较MORE和在根部的字WORD。因为MORE小于WORD，转向左子节点。下面比较MORE和PROCESSING。因为MORE小于PROCESSING，转向左子节点。因为MORE大于CLEAN，转向右子节点。因为MORE大于MANUSCRIPIS，转向右子节点。因为MORE小于NOT，转向左子节点。因为MORE小于NECESSARILY，试图转向左子节点。因为不存在左子节点，可得出MORE不在树上。

21. *ABFGCDE* 22. *BGFAEDC* 23. *GFBEDCA*

24.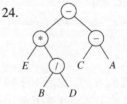

    后缀：$EBD/*CA--$
    括号中缀：$((E*(B/D))-(C-A))$

25. 至多使用两次称重的算法能够用高度至多为2的决策树表示。但是这样的一棵树至多有9个叶顶点。因为存在12个可能的结果，所以不存在如此的算法。因而在最坏情形下为了找出坏币并辨识它是重还是轻至少需要三次称重。

26.

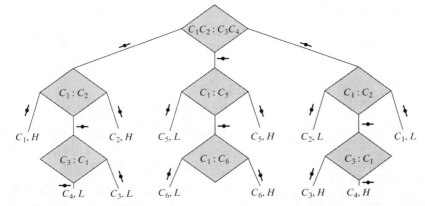

27. 按照定理 9.7.3，任意排序算法在最坏情形至少需要 $Cn \lg n$ 次比较。因为 Sabic 教授的算法至多使用 $100n$ 次比较，必然有：对所有的 $n \geq 1$，有 $Cn \lg n \leq 100n$，消去 n，得到 $C \lg n \leq 100$，对所有的 $n \geq 1$，这是不成立的。所以这个教授不会有排序算法使得在最坏情形下，对所有的 $n \geq 1$，至多使用 $100n$ 次比较。

28. 在最坏情形下使用优化排序算法（参见例 9.7.2）排序 3 项需要 3 次比较。

如果 $n = 4$，折半插入排序算法排序 3 项（最坏情形，3 次比较）再插入第 4 项到已排序的 3 项表中（最坏情形，两次比较），在最坏情形下总共要 5 次比较。

如果 $n = 5$，折半插入排序算法排序 4 项（最坏情形，5 次比较），再插入第 5 项到已排序的 4 项表中（最坏情形，3 次比较），在最坏情形下总共要 8 次比较。

如果 $n = 6$，折半插入排序算法排序 5 项（最坏情形，8 次比较），再插入第 6 项到已排序的 5 项表中（最坏情形，3 次比较），在最坏情形下总共要 11 次比较。

决策树分析表明任何算法将 4 项排序最坏情形下至少需要 5 次比较。于是当 $n = 4$ 时折半插入排序是最优的。

决策树分析表明任何算法将 5 项排序最坏情形下至少需要 7 次比较。事实上在最坏情形下使用 7 次比较排序 5 项是可能的。于是当 $n = 5$ 时折半插入排序不是最优的。

决策树分析表明任何算法将 6 项排序最坏情形下至少需要 10 次比较。事实上在最坏情形下使用 10 次比较排序 6 项是可能的。于是当 $n = 6$ 时折半插入排序不是最优的。

29. True。如果 f 是 T_1 和 T_2 作为根树的同构映射，f 也是 T_1 和 T_2 作为自由树的同构映射。

30. False。

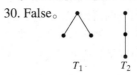

31. 同构。$f(v_1) = w_6, f(v_2) = w_2, f(v_3) = w_5, f(v_4) = w_7, f(v_5) = w_4, f(v_6) = w_1, f(v_7) = w_3, f(v_8) = w_8$。

32. 不同构。T_1 在第一层有 3 度顶点（v_3），但是 T_2 没有。

33. $3 - 1 = 2$

34. 令每个行、列或对角线含有一个 X 和两个空白计数为 1。令每个行、列或对角线含有两个 X 和一个空白计数为 5。令每个行、列或对角线含有三个 X 计数为 100。令每个行、列或对角线含有一个 O 和两个空白计数为 -1。令每个行、列或对角线含有两个 O 和一个空白计数为 -5。令每个行、列或对角线含有三个 O 计数为 -100。对得到的值求和。

35.

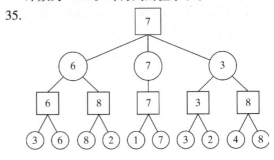

36.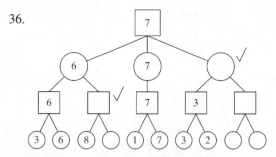

10.1 复习

1. 网络是有一个指明的没有入边的顶点、一个指明的没有出边的顶点和非负权的简单的、带加权的有向图。
2. 源点是没有入边的顶点。
3. 收点是没有出边的顶点。
4. 边的权称为它的容量。
5. 流给每条边赋予一个不超过这条边容量的非负数，使得对于每个既不是源点也不是收点的顶点 v 的流入量等于 v 的流出量。
6. 边上的流量是如练习5中赋予它的非负数。
7. 如果 F_{ij} 是边 (i, j) 上的流量，则顶点 j 的流入量是 $\sum_i F_{ij}$。
8. 如果 F_{ij} 是边 (i, j) 上的流量，则顶点 i 的流出量是 $\sum_j F_{ij}$。
9. 流量守恒是指一个顶点的流入量与流出量是相等的。
10. 它们相等。
11. 如果一个网络有多个源点，它们可以合并成一个称为超源点的单一顶点。
12. 如果一个网络有多个收点，它们可以合并成一个称为超收点的单一顶点。

10.1

1. (b, c) 是 $6, 3$；(a, d) 是 $4, 2$；(c, e) 是 $6, 1$；(c, z) 是 $5, 2$。流的流量是 5。
4. 加入边 (a, w_1)、(a, w_2)、(a, w_3)、$(A, z)(B, z)$ 和 (C, z)，它们的容量都是 ∞。

7.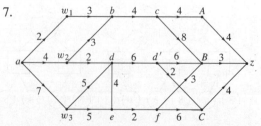

10.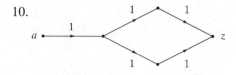

10.2 复习

1. 最大流是流量最大的流。
2. 忽略边的方向，设 $P = (v_0, \cdots, v_n)$ 是从源点到收点的路径。如果 P 的一条边的方向是从 v_i 指向 v_{i-1}，则称它关于 P 是正向的。
3. 忽略边的方向，设 $P = (v_0, \cdots, v_n)$ 是从源点到收点的路径。如果 P 的一条边的方向是从 v_i 指向 v_{i-1}，则称它关于 P 是反向的。
4. 当每条正向边的流量小于容量且每条反向边有正流量时可以增加路径上的流量。
5. 设 Δ 是路径中所有正向边 (i, j) 对应的数 $C_{ij} - F_{ij}$ 和路径中所有反向边 (i, j) 对应的数 F_{ij} 的最小值。则通过在每条正向边的流量上加上 Δ 并从每条反向边的流量中减去 Δ，可将流量增加 Δ。
6. 从一个流（例如，将每条边流量赋值为零）开始。寻找练习4中描述的路径。像练习5中描述的那样增加这样的一条路径上的流量。

10.2

1. 1
4. $(a, w_1) - 6, (a, w_2) - 0, (a, w_3) - 3, (w_1, b) - 6, (w_2, b) - 0, (w_3, d) - 3, (d, c) - 3, (b, c) - 2, (b, A) - 4, (c, A) - 2, (c, B) - 3, (A, z) - 6, (B, z) - 3$

7.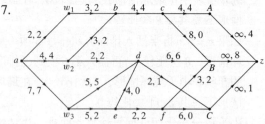

10. $(a, A - 7:00) - 3000, (a, A - 7:15) - 3000,$
$(a, A - 7:30) - 2000, (A - 7:00, B - 7:30) - 1000,$
$(A - 7:00, C - 7:15) - 2000, (A - 7:15, B - 7:45) - 1000,$
$(A - 7:15, C - 7:30) - 2000, (A - 7:30, C - 7:45) - 2000,$
$(B - 7:30, D - 7:45) - 1000, (C - 7:15, D - 7:30) - 2000,$
$(B - 7:45, D - 8:00) - 1000, (C - 7:30, D - 7:45) - 2000,$
$(C - 7:45, D - 8:00) - 2000, (D - 7:45, z) - 3000,$

$(D - 7:30, z) - 2000$, $(D - 8:00, z) - 3000$
所有其他边的流量都等于 0。

13.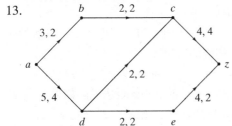

16. 最大流量是 9。
19. 假设与 a 相关联的所有边的容量之和是 U。算法 10.2.5 的每次迭代将流量增加 1。因为流量不会超过 U，所以算法最终一定会停止。

10.3 复习

1. 网络的割由顶点集 P 和 P 的余集 $\overline{P}$ 组成，其中源点在 P 中，收点在 $\overline{P}$ 中。
2. 割 $(P, \overline{P})$ 的容量是数
$$\sum_{i \in P} \sum_{j \in \overline{P}} C_{ij}$$
3. 任意一个割的容量大于或等于任意一个流的流量。
4. 最小割是容量最小的割。
5. 如果一个流的流量等于一个割的容量，则流是最大的且割是最小的。流 F 的流量等于割 $(P, \overline{P})$ 的容量当且仅当对所有 $i \in P, j \in \overline{P}$，$F_{ij} = C_{ij}$ 且对所有 $i \in \overline{P}, j \in P$, $F_{ij} = 0$。
6. 设 P 是算法 10.2.4 停止时被标号的顶点的集合，$\overline{P}$ 是未被标号的顶点的集合。可以证明练习 5 的条件
 - $F_{ij} = C_{ij}$，对所有 $i \in P, j \in \overline{P}$
 - $F_{ij} = 0$，对所有 $i \in \overline{P}, j \in P$

成立。因此流是最大的。

10.3

1. 8；最小的   4. $P = \{a, b, d\}$
7. $P = \{a, d\}$ 10. $P = \{a, w_1, w_2, w_3, b, d, e\}$
13. $P = \{a, w_1, w_2, w_3, b, c, d, d', e, f, A, B, C\}$
16. $P = \{a, b, c, f, g, h, j, k, l, m\}$
17.

其中 $C_{ab} = 1$，$C_{bz} = 2$，$m_{ab} = 1$，$m_{bz} = 2$。

20. 修改算法 10.2.4。
23. 错误。考虑流

和割 $P = \{a, b\}$。

10.4 复习

在练习 1~5 的解答中，G 是有不相交顶点集 V 和 W 的有向二部图，图中边的方向是从 V 指向 W。

1. G 的一个匹配是没有公共顶点的边的集合。
2. G 的最大匹配是包含了最多数量的边的匹配。
3. G 的完全匹配是具有如下性质的匹配 E：如果 $v \in V$，则对某个 $w \in W, (v, w) \in E$。
4. 添加超源点 a 和从 a 到 V 中每个顶点的边。添加超收点 z 和从 W 中每个顶点到 z 的边。指定所有边的容量是 1。称得到的网络为匹配网络。于是，匹配网络的一个流给出 G 的一个匹配（v 与 w 匹配当且仅当边 (v, w) 上的流量是 1）；一个最大流对应于一个最大匹配；一个流量为 $|V|$ 的流对应于一个完全匹配。
5. 如果 $S \subseteq V$，设
$R(S) = \{w \in W | v \in S$ 且 (v, w) 是 G 的边$\}$。
Hall 婚配定理说明 G 中存在完全匹配当且仅当对所有 $S \subseteq V$, $|S| \leq |R(S)|$。

10.4

1. $P = \{a, A, B, D, J_2, J_5\}$
3. 找出适合工作的人
6. 找出适合所有工作的人
9. 所有未标记的边是 1, 0。没有完全匹配。

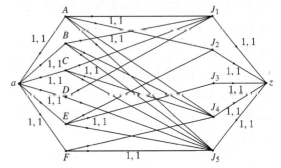

13. 每一行和每一列至多有一个标记。
17. 如果 $\delta(G) = 0$，则对所有 $S \subseteq V$, $|S| - |R(S)| \leq 0$。根据定理 10.4.7，G 有完全匹配。

如果 G 有完全匹配，则对所有 $S \subseteq V$，$|S| - |R(S)| \leq 0$，所以 $\delta(G) \leq 0$。如果 $S = \emptyset$，$|S| - |R(S)| = 0$，所以 $\delta(G) = 0$。

第 10 章自测题

1. 在每条边上，流量小于或等于容量，并且除了源点和收点，每个顶点 v 的流入量等于 v 的流出量。

2. 3   3. 3   4. 3   5. (a, b, e, f, g, z)

6. 将流量变为 $F_{a,b} = 2, F_{e,b} = 1, F_{e,f} = 1, F_{f,g} = 1, F_{g,z} = 1$。

7. $F_{a,b} = 3, F_{b,c} = 3, F_{c,d} = 4, F_{d,z} = 4, F_{a,e} = 2, F_{e,f} = 2, F_{f,c} = 2, F_{f,g} = 1, F_{g,z} = 1$，所有其他边流量为零。

8. $F_{a,b} = 0, F_{b,c} = 5, F_{c,d} = 5, F_{d,z} = 8, F_{e,b} = 3, F_{g,d} = 3, F_{a,e} = 8, F_{e,f} = 3, F_{f,g} = 3, F_{a,h} = 4, F_{e,i} = 2, F_{j,z} = 6, F_{h,i} = 4, F_{i,j} = 6$，所有其他边流量为零。

9. a——成立，b——错误，c——错误，d——成立

10. 6

11. 不是。$(P, \overline{P})$ 的容量为 6，但是 $(P', \overline{P'})$ 的容量是 5，$P' = \{a, b, c, e, f\}$。

12. $P = \{a, b, c, e, f, g, h, i\}$

13.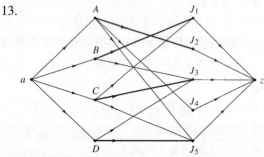

14. 参见练习 13 的解答。

15. $A - J_2, B - J_1, C - J_3, D - J_5$ 是一个完全匹配。

16. $P = \{a\}$

11.1 复习

1. 输出唯一地由每个输入的组合所确定的电路是组合电路。

2. 输出是输入和系统状态的函数的电路是时序电路。

3. 与门接受输入 x_1 和 x_2，其中 x_1 和 x_2 是位，当 x_1 和 x_2 都为 1 时，输出 1，其他情况输出 0。

4. 或门接受输入 x_1 和 x_2，其中 x_1 和 x_2 是位，当 x_1 和 x_2 都为 0 时，输出 0，其他情况输出 1。

5. 非门接受输入 x，其中 x 是位，当 x 为 0 时，输出为 1，当 x 为 1 时，输出为 0。

6. 反相器是非门。

7. 组合电路的逻辑真值表列出了所有可能的输入及相应的输出。

8. 符号 $x_1, \cdots, x_n$ 的 Boole 表达式递归定义如下：0, 1, $x_1, \cdots, x_n$ 的 Boole 表达式。如果 X_1 和 X_2 是 Boole 表达式，则 (X_1)、$\overline{X_1}$、$X_1 \vee X_2$ 和 $X_1 \wedge X_2$ 是 Boole 表达式。

9. 文字是 Boole 表达式中出现的符号 x 或 $\bar{x}$。

11.1

1. $\overline{x_1 \wedge x_2}$

x_1	x_2	$\overline{x_1 \wedge x_2}$
1	1	0
1	0	1
0	1	1
0	0	1

4.

x_1	x_2	x_3	$((x_1 \wedge x_2) \vee \overline{(x_1 \wedge x_3)}) \wedge \overline{x_3}$
1	1	1	0
1	1	0	1
1	0	1	0
1	0	0	1
0	1	1	0
0	1	0	1
0	0	1	0
0	0	0	1

7. 如果 $x = 1$，则输出 y 不能确定：假设 $x = 1$，$y = 0$，则与门的输入为 1 和 0。这样与门的输出为 0。因为这个输出又被取非，所以 $y = 1$。得出矛盾。同样，如果 $x = 1$，$y = 1$ 也会得出矛盾。

10. 0   13. 1

16. 是 Boole 表达式。根据式(11.1.2)，x_1、x_2 和 x_3 是 Boole 表达式，根据式(11.1.3c)，$x_2 \vee x_3$ 是 Boole 表达式。根据式(11.1.3a)，$(x_2 \vee x_3)$ 是 Boole 表达式。根据式(11.1.3d)，$x_1 \wedge (x_2 \vee x_3)$ 是 Boole 表达式。

19. 不是 Boole 表达式。

22. ○—／ A —／ B —○

25. $(A \wedge B) \vee (C \wedge \overline{A})$

部分习题答案   713

A	B	C	$(A \wedge B) \vee (C \wedge \overline{A})$
1	1	1	1
1	1	0	1
1	0	1	0
1	0	0	0
0	1	1	1
0	1	0	0
0	0	1	1
0	0	0	0

27. $(A \wedge (C \vee (D \wedge C))) \vee (B \wedge (\overline{D} \vee (C \wedge A) \vee \overline{C}))$

29.

A	B	$(A \vee \overline{B}) \wedge A$
1	1	1
1	0	1
0	1	0
0	0	0

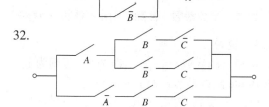

32.

11.2 复习

1. $(a \vee b) \vee c = a \vee (b \vee c), (a \wedge b) \wedge c = a \wedge (b \wedge c)$
2. $a \vee b = b \vee a, a \wedge b = b \wedge a$
3. $a \wedge (b \vee c) = (a \wedge b) \vee (a \wedge c), a \vee (b \wedge c) = (a \vee b) \wedge (a \vee c)$
4. $a \vee 0 = a, a \wedge 1 = a$ 5. $a \vee \overline{a} = 1, a \wedge \overline{a} = 0$
6. 如果对两个Boole表达式中的文字用所有可能的位赋值, 使这两个Boole表达式有相同的值, 则这两个Boole表达式是相等的。
7. 无论何时, 只要组合电路接受相同的输入时得到相同的输出, 则这样的电路是等价的。
8. 设 C_1 和 C_2 是由相应的Boole表达式 X_1 和 X_2 表示的组合电路, 那么 C_1 和 C_2 是等价的, 当且仅当 $X_1 = X_2$。

11.2

1.

x_1	x_2	$\overline{x_1 \wedge x_2}$	$\overline{x}_1 \vee \overline{x}_2$
1	1	0	0
1	0	1	1
0	1	1	1
0	0	1	1

4.

x_1	x_2	x_3	$\overline{x}_1 \vee (\overline{x}_2 \vee x_3)$	$\overline{(x_1 \wedge x_2)} \vee x_3$
1	1	1	1	1
1	1	0	0	0
1	0	1	1	1
1	0	0	1	1
0	1	1	1	1
0	1	0	1	1
0	0	1	1	1
0	0	0	1	1

6.

x_1	$x_1 \vee x_1$
1	1
0	0

9.

x_1	x_2	x_3	$x_1 \wedge \overline{(x_2 \wedge x_3)}$	$(x_1 \wedge \overline{x}_2) \vee (x_1 \wedge \overline{x}_3)$
1	1	1	0	0
1	1	0	1	1
1	0	1	1	1
1	0	0	1	1
0	1	1	0	0
0	1	0	0	0
0	0	1	0	0
0	0	0	0	0

11.

x	$\overline{\overline{x}}$
1	1
0	0

14. 假。取 $x_1 = 1, x_2 = 1, x_3 = 0$。

16.

a	b	c	$a \vee (b \wedge c)$	$(a \vee b) \wedge (a \vee c)$
1	1	1	1	1
1	1	0	1	1
1	0	1	1	1
1	0	0	1	1
0	1	1	1	1
0	1	0	0	0
0	0	1	0	0
0	0	0	0	0

18. 表示电路的Boole表达式是 $(A \wedge \overline{B}) \vee (A \wedge C)$ 和 $A \wedge (\overline{B} \vee C)$。根据定理11.2.1(c), 这两个表达式是相等的。因此, 开关电路是等价的。

21.

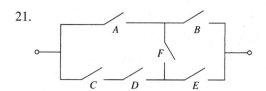

11.3 复习

1. Boole 代数由集合 S 组成，包括 0、1 两个不同的元素，S 上二元操作符 + 和 ·，以及一元操作符 ′，满足结合律、交换律、分配律、同一律、补余律。
2. $x + x = x$, $xx = x$
3. $x + 1 = 1$, $x0 = 0$
4. $x + xy = x$, $x(x+y) = x$
5. $(x')' = x$
6. $0' = 1$, $1' = 0$
7. $(x+y)' = x'y'$, $(xy)' = x' + y'$
8. 通过用 0 替换 1，1 替换 0，+ 替换 ·，· 替换 + 可以得到 Boole 表达式的对偶式。
9. Boole 代数的定理对偶式仍然是定理。

11.3

2. 可以直接说明对于 lcm 与 gcd 结合律和分配律成立。交换律明显成立。为证明同一律成立，要注意 $\operatorname{lcm}(x, 1) = x$ 和 $\gcd(x, 6) = x$。因为 $\operatorname{lcm}(x, 6/x) = 6$ 并且 $\gcd(x, 6/x) = 1$，所以补余律成立。因此，$(S, +, \cdot, ', 1, 6)$ 是 Boole 代数。
4. 只说明对于所有的 $x, y, z \in S_n$，
$$x \cdot (x + z) = (x \cdot y) + (x \cdot z)$$
现在有
$$x \cdot (y + z) = \min\{x, \max\{y, z\}\}$$
$$(x \cdot y) + (x \cdot z) = \max\{\min\{x, y\}, \min\{x, z\}\}$$
假设 $y \le z$（$y > z$ 时证明过程相似）需要考虑三种情况：$x < y; y \le x \le z; z < x$。

如果 $x < y$，可以得到
$$x \cdot (y + z) = \min\{x, \max\{y, z\}\}$$
$$= \min\{x, z\} = x = \max\{x, x\}$$
$$= \max\{\min\{x, y\}, \min\{x, z\}\}$$
$$= (x \cdot y) + (x \cdot z)$$

如果 $y \le x \le z$，可以得到
$$x \cdot (y + z) = \min\{x, \max\{y, z\}\}$$
$$= \min\{x, z\} = x = \max\{y, x\}$$
$$= \max\{\min\{x, y\}, \min\{x, z\}\}$$
$$= (x \cdot y) + (x \cdot z)$$

如果 $z < x$，可以得到
$$x \cdot (y + z) = \min\{x, \max\{y, z\}\}$$
$$= \min\{x, z\} = z = \max\{y, z\}$$
$$= \max\{\min\{x, y\}, \min\{x, z\}\}$$
$$= (x \cdot y) + (x \cdot z)$$

7. 如果 $X \cup Y = U$ 并且 $X \cap Y = \emptyset$，则 $Y = \overline{X}$
8. $xy + x0 = x(x+y)y$
11. $x + y' = 1$ 当且仅当 $x + y = x$
14. $x(x + y0) = x$
15. （对练习 12）
$$0 = x + y = (x + x) + y$$
$$= x + (x + y) = x + 0 = x$$
同样，$y = 0$。
18. （对于部分 (c)）
$$x(x + y) = (x + 0)(x + y)$$
$$= x + 0y = x + y0 = x + 0 = x$$
21. 首先说明如果 $ba = ca$ 并且 $ba' = ca'$，则 $b = c$。现在，取 $a = x, b = x + (y + z), c = (x + y) + z$，并且利用这一结果。
23. 如果 n 能被素数 p 整除，则 n 不能被 p^2 整除。

11.4 复习

1. x_1 和 x_2 的异或，当 $x_1 = x_2$ 时为 0，否则为 1。
2. Boole 函数是形式如下的函数：
$$f(x_1, \cdots, x_n) = X(x_1, \cdots, x_n)$$
其中 X 是 Boole 表达式。
3. 最小项是如下形式的 Boole 表达式 $y_1 \wedge y_2 \wedge \cdots \wedge y_n$，其中每个 y_i 是 x_i 或 $\overline{x_i}$。
4. 不恒等于 0 的 Boole 函数 f 的析取范式是
$$f(x_1, \cdots, x_n) = m_1 \vee m_2 \vee \cdots \vee m_k$$
其中每个 m_i 都是一个最小项。
5. 设 $A_1, \cdots, A_k$ 表示使得 $f(A_i) = 1$ 的那些 Z_2^n 的元素 A_i。对每一个 $A_i = (a_1, \cdots, a_n)$，规定 $m_i = y_1 \wedge \cdots \wedge y_n$，其中如果 $a_j = 1$，则 $y_j = x_j$；如果 $a_j = 0$，则 $y_j = \overline{x_j}$。则
$$f(x_1, \cdots, x_n) = m_1 \vee m_2 \vee \cdots \vee m_k$$
6. 最大项是如下形式的 Boole 表达式：
$$y_1 \vee y_2 \vee \cdots \vee y_n$$
其中 y_i 是 x_i 或 $\overline{x_i}$。
7. 不恒等于 1 的 Boole 函数 f 的合取范式是
$$f(x_1, \cdots, x_n) = m_1 \wedge m_2 \wedge \cdots \wedge m_k$$
其中每个 m_i 都是一个最大项。

11.4

提示，将 $a \wedge b$ 写成 ab。

1. $xy \vee \bar{x}y \vee \bar{x}\bar{y}$

4. $xyz \vee xy\bar{z} \vee x\bar{y}\bar{z} \vee \bar{x}yz \vee \bar{x}y\bar{z}$

7. $xyz \vee x\bar{y}\bar{z} \vee \bar{x}\bar{y}\bar{z}$

10. $wx\bar{y}\bar{z} \vee wx\bar{y}\bar{z} \vee wx\bar{y}z \vee wx\bar{y}z \vee wx\bar{y}\bar{z} \vee wx\bar{y}\bar{z}$
$\vee \bar{w}xyz \vee \bar{w}x\bar{y}z \vee \bar{w}x\bar{y}\bar{z} \vee \bar{w}\bar{x}yz \vee \bar{w}\bar{x}y\bar{z} \vee \bar{w}\bar{x}\bar{y}z$

11. $xy \vee x\bar{y}$ 14. $xy\bar{z}$

17. $xyz \vee \bar{x}yz \vee xy\bar{z} \vee \bar{x}y\bar{z}$ 20. 0   22. 2^{2^n}

25. （对练习3）$(\bar{x} \vee y \vee \bar{z})(x \vee \bar{y} \vee \bar{z})(x \vee \bar{y} \vee z)$

28. （对练习3）
$(\bar{x} \vee \bar{y} \vee \bar{z})(\bar{x} \vee \bar{y} \vee z)(\bar{x} \vee y \vee z)(x \vee y \vee \bar{z})(x \vee y \vee z)$

11.5 复习

1. 一个门是 Z_2^n 到 Z_2 的一个函数。

2. 门的集合 G 是功能完备的，如果对于任一正整数 n 和从 Z_2^n 到 Z_2 的函数 f，都可以只用 G 中的门构造计算 f 的组合电路。

3. {与门，或门，非门}

4. 与非门接受 x_1 和 x_2 作为输入，其中 x_1 和 x_2 是位，如果 x_1 和 x_2 都为 1，则输出 0，否则输出为 1。

5. 是   6. 寻找最好电路的问题

7. 是一个小组件，组件本身是一个完整的电路

8. 参见图 11.5.8。   11. 参见图 11.5.9。

11.5

1. 与门可以用或门和非门表示：$xy = \overline{\bar{x} \vee \bar{y}}$。

2. 仅由与门组成的组合电路，当所有输入都为 0 时，输出总是 0。

5. 施归纳于 n 来证明明仅由与门和或门组成的 n 个门的组合电路不能计算 $f(x) = \bar{x}$。
如果 $n = 0$，则输入 x 等于输出 x。所以，0 个门的组合电路不能计算 f，基本步得到证明。假设仅由与门和或门组成的 n 个门的组合电路不能计算 f，讨论仅由与门和或门组成的 $(n+1)$ 个门的组合电路。输入 r 首先进入一个与门或者或门，假设 x 首先进入与门。（x 首先进入或门的证明过程相同，此处省略。）因为是组合电路，则其他进入这个与门的输入可能是 x 本身、常数 1、或者常数 0。如果与门的两个输入都是 x 本身，则这个与门的输出

等于输入。在这种情况下，如果去掉这个与门，把 x 直接与这个与门的输出线相连，电路的运算行为不会改变。而这时我们得到等价的 n 个门的电路，根据归纳假设这个电路不能计算 f。因此，$(n+1)$ 个门的电路不能计算 f。
如果与门的另一个输入是常数 1，则与门的输出等于输入，与上面的情况一样，因此，可以证明 $(n+1)$ 个门的电路不能计算 f。
如果与门的另一个输入是常数 0，则这个与门总是输出 0，改变 x 的值不影响这个电路的输出。在这种情况下，电路不能计算 f。归纳步证明完毕。所以，仅由与门和或门组成的 n 个门的组合电路不能计算 $f(x) = \bar{x}$，{与门，或门}不是功能完备的。

6.

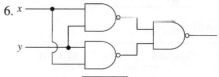

9. $y_1 = x_1 x_2 \vee \overline{(x_2 \vee x_3)}$; $y_2 = \overline{\overline{x_2} \vee \overline{x_3}}$

12. （对练习3）析取范式可以简化成 $xy \vee x\bar{z} \vee \bar{x}\bar{y}$，进而重新写成 $x(y \vee \bar{z}) \vee \bar{x}\bar{y} = (x\overline{\bar{y}z}) \vee \bar{x}\bar{y} = \overline{x\overline{\bar{y}z} \cdot \overline{\bar{x}\bar{y}}}$。电路如下：

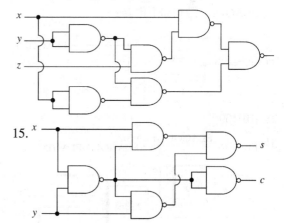

17. $xy = (x \downarrow x) \downarrow (y \downarrow y)$
$x \vee y = (x \downarrow y) \downarrow (x \downarrow y)$ $\bar{x} = x \downarrow x$
$x \uparrow y = [(x \downarrow x) \downarrow (y \downarrow y)] \downarrow [(x \downarrow x) \downarrow (y \downarrow y)]$

20. 因为 $\bar{x} = x \downarrow x$，$x \vee y = (x \downarrow y) \downarrow (x \downarrow y)$，并且{非门，或门}是功能完备的，{或非门}也是功能完备的。

23.

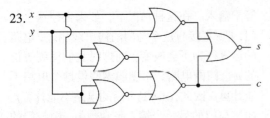

25. 逻辑真值表为

x	y	z	输出
1	1	1	1
1	1	0	1
1	0	1	1
1	0	0	0
0	1	1	1
0	1	0	0
0	0	1	0
0	0	0	0

27. 逻辑真值表为

b	FLAGIN	c	FLAGOUT
1	1	0	1
1	0	1	1
0	1	1	1
0	0	0	0

因此,$c = b \oplus$ FLAGIN,FLAGOUT $= b \vee$ FLAGIN。得到如下电路:

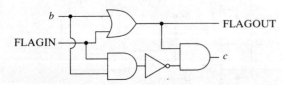

28. 010100

31.

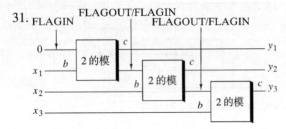

34. 写出真值表说明 $\bar{x} = x \to 0$,$x \vee y = (x \to 0) \to y$。因此,非门可以用 $\to$ 门代替,或门可以用两个 $\to$ 门代替。因为集合 {非门,或门} 是功能完备的,所以得出集合 {$\to$} 是功能完备的。

第 11 章自测题

1.

x	y	z	$\overline{(x \wedge \bar{y})} \vee z$
1	1	1	1
1	1	0	1
1	0	1	1
1	0	0	0
0	1	1	1
0	1	0	1
0	0	1	1
0	0	0	1

2. 1

3.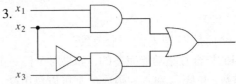

4. 假设 x 为 1。则或门上面的输入为 0。如果 y 为 1,则或门下面的输入为 0。因为或门的两个输入都为 0,则这个或门的输出 y 为 0,这是不可能的。如果 y 为 0,则或门下面的输入为 1,因为或门的一个输入为 1,则或门的输出 y 为 1,这也是不可能的。因此,如果电路的输入为 1,输出不能唯一确定,所以这个电路不是组合电路。

5. 这两个电路是等价的。两个电路的逻辑真值表相同。

x	y	输出
1	1	0
1	0	1
0	1	0
0	0	0

6. 这两个电路不是等价的。如果 $x = 0$,$y = 1$,$z = 0$,则电路(a)的输出为 1,但电路(b)的输出为 0。

7. 等式成立。两个表达式的真值表相同。

x	y	z	值
1	1	1	1
1	1	0	1
1	0	1	1
1	0	0	0
0	1	1	1
0	1	0	1
0	0	1	1
0	0	0	0

8. 等式不成立。如果 $x = 1$，$y = 0$，$z = 1$，则
$$(x \wedge y \wedge z) \vee \overline{(x \vee z)} = 0$$
而
$$(x \wedge z) \vee (\overline{x} \wedge \overline{z}) = 1$$

9. 限定律：对所有的 $X \in S$
$X \cup U = U, X \cap \emptyset = \emptyset$
吸收律：对所有的 $X, Y \in S$
$X \cup (X \cap Y) = X, X \cap (X \cup Y) = X$

10. $(x(x + y \cdot 0))' = (x(x + 0))'$ （限定律）
$\qquad = (x \cdot x)'$ （同一律）
$\qquad = x'$ （幂等律）

11. 对偶式：$(x + x(y + 1))' = x'$
$(x + x(y + 1))' = (x + x \cdot 1)'$ （限定律）
$\qquad = (x + x)'$ （同一律）
$\qquad = x'$ （幂等律）

12. $^-$ 不是关于 S 的一元操作符。例如，$\overline{\{1, 2\}} \notin S$。

在练习 13~16 中，将 $a \wedge b$ 写成 ab。

13. $x_1 \overline{x}_2 \overline{x}_3$

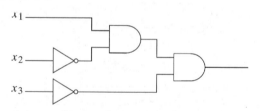

14. $x_1 x_2 \overline{x}_3 \vee x_1 \overline{x}_2 \overline{x}_3$

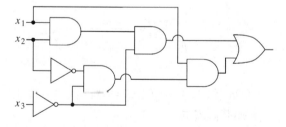

15. $x_1 x_2 x_3 \vee x_1 \overline{x}_2 x_3 \vee \overline{x}_1 x_2 x_3$

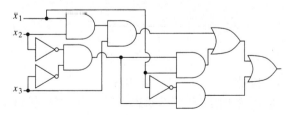

16. $x_1 x_2 \overline{x}_3 \vee x_1 \overline{x}_2 x_3 \vee \overline{x}_1 x_2 x_3 \vee \overline{x}_1 \overline{x}_2 x_3$

17.

x	y	z	输出
1	1	1	1
1	1	0	0
1	0	1	1
1	0	0	0
0	1	1	0
0	1	0	0
0	0	1	1
0	0	0	0

18. 析取范式：$x\overline{y}z \vee x\overline{y}\,\overline{z} \vee \overline{x}yz \vee \overline{x}\,\overline{y}\,\overline{z}$
$(x\overline{y}z \vee x\overline{y}\,\overline{z}) \vee \overline{x}yz \vee \overline{x}\,\overline{y}\,\overline{z} = x\overline{y} \vee (\overline{x}yz \vee \overline{x}\,\overline{y}\,\overline{z})$
$\qquad = x\overline{y} \vee \overline{x}\,\overline{z}$

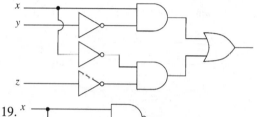

19.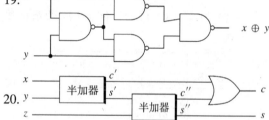

20.
```
x ──┐
    │ 半加器 ─ c'
y ──┤        s' ──┐
                  │ 半加器 ─ c''   ─── c
z ────────────────┤         s''  ─── s
```

12.1 复习

1. 一个单位时间延迟在时刻 t 接受一位输入 x_t 并且输出 x_{t-1}，这个位是在时刻 $t - 1$ 作为输入接受的。

2. 一个串行加法器输入两个二进制数并输出它们的和。

3. 一个有限状态机包含一个输入符号的有限集 $\mathcal{I}$，一个输出符号的有限集 $\mathcal{O}$，一个状态有限集 $\mathcal{S}$，一个从 $\mathcal{S} \times \mathcal{I}$ 到 $\mathcal{S}$ 的下个状态函数 f，一个由 $\mathcal{S} \times \mathcal{I}$ 到 $\mathcal{O}$ 的输出函数 g，以及一个初始状态 $\sigma \in \mathcal{S}$。

4. 令 $M = (\mathcal{I}, \mathcal{O}, \mathcal{S}, f, g, \sigma)$ 是一个有限状态机。M 的转换图是一个顶点为状态的图 G，一个箭头指定初始状态 σ。如果存在一个使 $f(\sigma_1, i) = \sigma_2$ 的输入 i，则 G 中存在一条有向边 (σ_1, σ_2)。在这种情形，如果 $g(\sigma_1, i) = o$，则边 (σ_1, σ_2) 被标记为 i/o。

5. SR 触发器由下表定义：

S	R	Q
1	1	不允许
1	0	1
0	1	0
0	0	1 如果最后 $S=1$ 0 如果最后 $R=1$

12.1

1.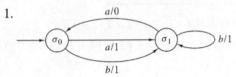

4.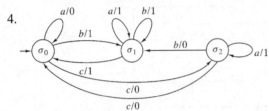

6. $\mathcal{I}=\{a,b\}; \mathcal{O}=\{0,1\}; \mathcal{S}=\{\sigma_0,\sigma_1\}$；初始状态为 σ_0

$\mathcal{S}$\\$\mathcal{I}$	a	b	a	b
σ_0	σ_1	σ_0	0	1
σ_1	σ_1	σ_1	1	1

9. $\mathcal{I}=\{a,b\}; \mathcal{O}=\{0,1\}; \mathcal{S}=\{\sigma_0,\sigma_1,\sigma_2,\sigma_3\}$；初始状态为 σ_0

$\mathcal{S}$\\$\mathcal{I}$	a	b	a	b
σ_0	σ_1	σ_2	0	0
σ_1	σ_0	σ_2	1	0
σ_2	σ_3	σ_0	0	1
σ_3	σ_1	σ_3	0	0

11. 1110 14. 001110
17. 001110001 20. 020022201020

21.
```
        1/0
    E ←——→ O
        1/1       0/0
    0/1
```

24.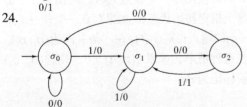

27. 当 γ 输入时，机器输出 $x_n, x_{n-1}, \cdots$，直到 $x_i=1$ 之后，它输出 $\bar{x}_i$。按照算法 11.5.16，这是 α 的补码。

12.2 复习

1. 一个有限状态自动机包含一个有限的输入符号集合 $\mathcal{I}$，一个有限的状态集合 $\mathcal{S}$，一个从 $\mathcal{S} \times \mathcal{I}$ 到 $\mathcal{S}$ 的下一状态函数 f，一个 $\mathcal{S}$ 的接受状态 $\mathcal{A}$ 的子集，一个初始状态 $\sigma \in \mathcal{S}$。

2. 一个串被一个有限状态自动机 $\mathcal{A}$ 接受，如果这个串作为 $\mathcal{A}$ 的输入且最后状态到达一个可接受状态。

3. 有限状态自动机是等价的，如果它们接受同样的串。

12.2

1. 所有进入 σ_0 的边都输出 1 且所有进入 σ_1 的边都输出 0，所以该有限状态机是一个有限状态自动机。

4.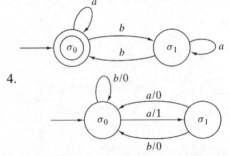

7.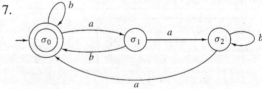

10. （对练习 1）$\mathcal{I}=\{a,b\}; \mathcal{S}=\{\sigma_0,\sigma_1\}; \mathcal{A}=\{\sigma_0\}$；初始状态为 σ_0

$\mathcal{S}$\\$\mathcal{I}$	a	b
σ_0	σ_0	σ_1
σ_1	σ_1	σ_0

13. 接受 16. 接受
18. 不论当前处于什么状态，在一个 a 之后移到一个接受状态；但是，在一个 b 之后移到一个非接受状态。

21.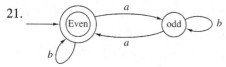

24.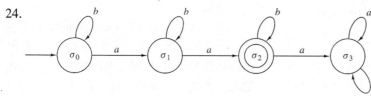

27.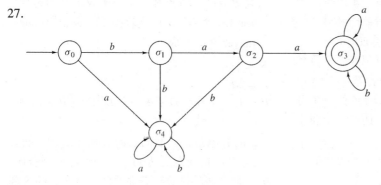

30.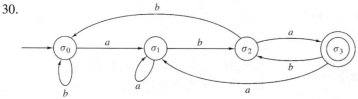

32. （对练习1）这个算法确定$\{a, b\}$上的一个串是否可被由练习1给出其转换图的有限状态自动机接受。

   输入：n，串的长度（$n = 0$指定为空串）
   $s_1, \cdots, s_n$，串
   输出："Accept"如果串被接受
   "Reject"如果串不被接受

   $ex32(s, n)\{$
     state = 'σ_0'
     for $i = 1$ to n {
       if (state == 'σ_0' $\wedge$ s_i == 'b')
         state = 'σ_1'
       if (state == 'σ_1' $\wedge$ s_i == 'b')
         state = 'σ_0'
     }
     if (state == 'σ_0')
       return "Accept"
     else
       return "Reject"
   $\}$

35. 使每个接受状态不接受且使每个不接受状态接受。

38. 使用练习36和练习37给出的构造，得到下面的接受的有限状态自动机$L_1 \cap L_2$。（用撇号 ' 指出练习5的状态。）

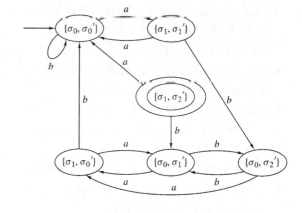

接受的有限状态自动机 $L_1 \cup L_2$ 与接受的有限状态自动机 $L_1 \cap L_2$ 相同，除了接受状态集合为

$$\{(\sigma_1, \sigma_0'), \quad (\sigma_1, \sigma_1'), \quad (\sigma_1, \sigma_2'), \quad (\sigma_0, \sigma_2')\}$$

41. 使用练习36和练习37的构造。

12.3 复习

1. 一个"自然语言"是普通的说与写的文字和文字的组合。一个"形式语言"是由特定串集合构成的人工语言，形式语言用来对自然语言建模并且用于计算机之间通信。

2. 一个短语结构文法包含一个有限非终结符号集合N、一个有限终结符号集合T，其中$N \cap T = \varnothing$，$[(N \cup T)^* - T^*] \times (N \cup T)^*$的一个有限子集，称为产生式的集合，还有一个属于$N$的开始符号。

3. 如果$\alpha \to \beta$是一个产生式且$x\alpha y \in (N \cup T)^*$，则称$x\beta y$为直接从$x\alpha y$导出。

4. 如果对于$i = 1, \cdots, n$，$\alpha_i \in (N \cup T)^*$且对于$i = 1, \cdots, n-1$，$\alpha_{i+1}$为直接从$\alpha_n$导出，于是称$\alpha_1$可从$\alpha_n$导出并写为$\alpha_1 \Rightarrow \alpha_n$。

5. 称$\alpha_1 \Rightarrow \alpha_2 \Rightarrow \cdots \Rightarrow \alpha_n$是从$\alpha_n$到$\alpha_1$的导出。

6. 由一个文法生成的语言包含所有由开始符号导出的终结符号串。

7. Backus范式（BNF）是一种书写文法产生式的方法，在BNF中，非终结符号由"⟨"开始，由"⟩"结束，箭头被::=替代。左边一样的产生式用"|"来组合，一个例子是

⟨signed integer⟩::=
 +⟨unsigned integer⟩ | – ⟨unsigned integer⟩

8. 在上下文有关文法中，每条产生式都形如$\alpha A\beta \to \alpha\delta\beta$，其中$\alpha, \beta \in (N \cup T)^*$，$A \in N$，$\delta \in (N \cup T)^* - \{\lambda\}$。

9. 在上下文无关文法中，每条产生式都形如$A \to \delta$，其中$A \in N$，$\delta \in (N \cup T)^*$。

10. 在正则文法中，每条产生式都形如$A \to a$或$A \to aB$或$A \to \lambda$，其中$A, B \in N$，$a \in T$。

11. 一个上下文有关文法

12. 一个上下文无关文法   13. 一个正则文法

14. 一个语言是上下文有关的，如果存在一个上下文有关文法能生成该语言。

15. 一个语言是上下文无关的，如果存在一个上下文无关文法能生成该语言。

16. 一个语言是正则，如果存在一个正则文法能生成该语言。

17. 一个上下文无关交互式Lindenmayer文法包括一个有限的非终结符合集合N、一个有限的终结符号集合T，满足$N \cap T = \varnothing$，一个有限的产生式$A \to B$的集合，其中$A \in N \cup T$且$B \in (N \cup T)^*$和一个属于N的开始符号。

18. von Koch雪花由上下文无关的交互式Lindenmayer文法生成

$N = \{D\}$
$T = \{d, +, -\}$
$P = \{D \to D - D + + D - D, D \to d, + \to +, - \to -\}$

d的意思是在当前的方向上画一条定长的直线，"+"指向右旋转60°，"–"指向左旋转60°。

19. 分形曲线特征是整条曲线的一部分，而这部分类似整条曲线。

12.3

1. 正则、上下文无关、上下文有关

4. 上下文无关、上下文有关

7. $\sigma \Rightarrow b\sigma \Rightarrow bb\sigma \Rightarrow bbaA \Rightarrow bbabA \Rightarrow bbabbA \Rightarrow bbabba\sigma \Rightarrow bbabbab$

10. $\sigma \Rightarrow ABA \Rightarrow ABBA \Rightarrow ABBAA \Rightarrow ABBaAA \Rightarrow abBBAAA \Rightarrow abbBaAA \Rightarrow abbbaAA \Rightarrow abbbaabA \Rightarrow abbbaabab$

12. （对练习1）

$$< \sigma > ::= b < \sigma > \mid a < A > \mid b$$
$$< A > ::= a < \sigma > \mid b < A > \mid a$$

15. $S \to aA, A \to aA, A \to bA, A \to a, A \to b, S \to a$

18. $S \to aA, S \to bS, S \to \lambda, A \to aA, A \to bB, A \to \lambda, B \to aA, B \to bS$

21. ⟨exp number⟩ ::= ⟨integer⟩ E ⟨integer⟩ |
    ⟨float number⟩ |
    ⟨float number⟩ E ⟨integer⟩

24. $S \to aSa, S \to bSb, S \to a, S \to b, S \to \lambda$

25. 如果导出开始于$S \Rightarrow aSb$，结果串以a开始以b结束。类似地，如果导出开始于$S \Rightarrow bSa$，结果串以b开始以a结束。因此，该文法不能生成串$abba$。

28. 如果导出开始于 $S \Rightarrow abS$，结果串以 ab 开始。类似地，如果导出开始于 $S \Rightarrow baS$，结果串以 ba 开始。如果导出开始于 $S \Rightarrow aSb$，结果串以 a 开始以 b 结束。如果导出开始于 $S \Rightarrow bSa$，结果串以 b 开始以 a 结束。因此，该文法不能生成串 $aabbabba$。

31. 文法生成 $\{a, b\}$ 上具有相等个数 a 和 b 的所有串的集合 L。

    因为在导出中不论使用任何产生式，都有相等个数的 a 和 b 加到串中，所有由该文法生成的任意串都有相等个数的 a 和 b。为了证明其逆，考虑 L 中的任意串 α，并且对 α 的长度 $|\alpha|$ 使用归纳法证明 α 是由该文法生成的。基础步是 $|\alpha| = 0$。在这个情形中，α 是一个空串且 $S \Rightarrow \lambda$ 是 α 一个导出。

    设 α 是一个非空串并假设 L 中长度小于 $|\alpha|$ 的任意串都是由该文法生成的。首先考虑 α 是以 a 开始的情形，则 α 能够写为 $\alpha = a\alpha_1 b\alpha_2$，其中 α_1 和 α_2 都有相等个数的 a 和 b。由归纳法假设，存在 α_1 和 α_2 的导出 $S \Rightarrow \alpha_2$ 和 $S \Rightarrow \alpha_1$。但是现在 $S \Rightarrow aSbS \Rightarrow a\alpha_1 b\alpha_2$ 是一个 α 的导出。类似地，如果 α 以 b 开始，存在 α 一个导出。归纳步结束，证明完成。

32. 将每条产生式 $A \to x_1 \cdots x_n B$，其中 $n > 1$, $x_i \in T$, $B \in N$ 用如下产生式替换，
$$A \to x_1 A_1$$
$$A_1 \to x_2 A_2$$
$$\vdots$$
$$A_{n-1} \to x_n B$$

这里 $A_1, \cdots, A_{n-1}$ 是附加的非终结符号。

35. $S \Rightarrow D+D+D+D \Rightarrow d+d+d+d$

$S \Rightarrow D+D+D+D$
$\Rightarrow D+D-D-DD+D+D-D$
$\quad +D+D-D-DD+D+D-D$
$\quad +D+D-D-DD+D+D-D$
$\quad +D+D-D-DD+D+D-D$
$\Rightarrow d+d-d-dd+d+d-d$
$\quad +d+d-d-dd+d+d-d$
$\quad +d+d-d-dd+d+d-d$
$\quad +d+d-d-dd+d+d-d$

12.4 复习

1. 设 σ 是初始状态。设 T 是输入符号的集合，N 是状态 P 的集合。产生式 $S \to xS'$ 集合为 P，如果存在从 S 到 S' 的标记为 x 的边，则定义产生式 $S \to xS'$，如果 S 是一个接受状态，定义 $S \to \lambda$。设 G 是正则文法 $G = (N, T, P, \sigma)$。则由 A 接受的串集合等于 $L(G)$。

2. 一个不确定有限状态自动机包含一个有限输入符号集合 $\mathcal{I}$、一个有限状态集合 $\mathcal{S}$、一个从 $\mathcal{S} \times \mathcal{I}$ 到 $\mathcal{P}(\mathcal{S})$ 的下个状态函数 f、接受状态 $\mathcal{S}$ 的子集 $\mathcal{A}$ 和一个初始状态 $\sigma \in \mathcal{S}$。

3. 一个串 α 被一个不确定有限状态自动机 A 接受，如果开始于初始状态，结束于一个可接受状态的 A 的转换图中存在表示 α 的某条路径。

4. 不确定性有限状态自动机是等价的，如果它们准确地接受相同的串。

5. 设 $G = (N, T, P, \sigma)$ 是正则文法。有限状态自动机 A 按如下构造。T 为输入符号集合，状态集合是 N 和 F 的并集，且 $F \notin N \cup T$，下个状态函数 f 定义为

$f(S, x) = \{S' \mid S \to xS' \in P\} \cup \{F \mid S \to x \in P\}$

接受状态集合为 F 和 S 的并集，其中 S 满足 $S \to \lambda$ 是一条产生式。此时 A 准确地接受 $L(G)$。

12.4

1.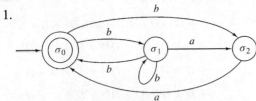

4.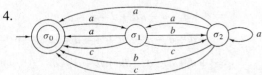

6. $\mathcal{I} = \{a, b\}$; $\mathcal{S} = \{\sigma_0, \sigma_1, \sigma_2\}$; $\mathcal{A} = \{\sigma_1, \sigma_2\}$；初始状态为 σ_0

$\mathcal{S}$ \ $\mathcal{I}$	a	b
σ_0	$\{\sigma_1, \sigma_2\}$	$\varnothing$
σ_1	$\{\sigma_1\}$	$\{\sigma_0, \sigma_2\}$
σ_2	$\varnothing$	$\varnothing$

9. $\mathcal{I} = \{a, b\}$; $\mathcal{S} = \{\sigma_0, \sigma_1, \sigma_2, \sigma_3\}$; $\mathcal{A} = \{\sigma_3\}$；初始状态为 σ_0

$\mathcal{S}$ \ $\mathcal{I}$	a	b
σ_0	$\{\sigma_0\}$	$\{\sigma_0, \sigma_1\}$
σ_1	$\{\sigma_2\}$	$\varnothing$
σ_2	$\varnothing$	$\{\sigma_3\}$
σ_3	$\{\sigma_3\}$	$\{\sigma_3\}$

11.（对练习 5）$N = \{\sigma_0, \sigma_1, \sigma_2\}$, $T = \{a, b\}$

$\sigma_0 \to a\sigma_1$, $\quad \sigma_0 \to b\sigma_0$, $\quad \sigma_1 \to a\sigma_0$, $\quad \sigma_1 \to b\sigma_2$,
$\sigma_2 \to b\sigma_1$, $\quad \sigma_2 \to a\sigma_0$, $\quad \sigma_2 \to \lambda$

14. 不是。对于开始的三个字符 bba，移动被确定并且停在 C。从 C 没有含有 a 的边，所以 $bbabab$ 不被接受。

17. 是。表示串 $aaaab$ 的路径（$\sigma, \sigma, \sigma, \sigma, C, C$）终止在接受状态 C。

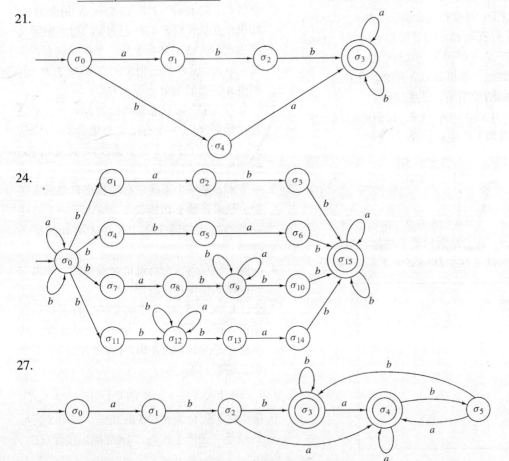

30. （对于练习21）$\sigma_0 \to a\sigma_1$, $\sigma_0 \to b\sigma_4$, $\sigma_1 \to b\sigma_2$, $\sigma_2 \to b\sigma_3$, $\sigma_3 \to a\sigma_3$, $\sigma_3 \to b\sigma_3$, $\sigma_4 \to a\sigma_3$, $\sigma_3 \to \lambda$

12.5 复习

1. 设 $A = (\mathcal{I}, \mathcal{S}, f, \mathcal{A}, \sigma)$ 是一个不确定性有限状态自动机。一个等价的确定性有限状态自动机能由如下方法构造。状态集合是 $\mathcal{S}$ 的幂集。输入符号的集合是 $\mathcal{I}$（未改变）。开始符号是 $\{\sigma\}$（不变）。接受状态集合含有能包含至少一个可接受状态的 $\mathcal{S}$ 的子集 A 组成。下个状态函数定义为

$$f'(X, x) = \begin{cases} \varnothing & , X = \varnothing \\ \bigcup_{S \in X} f(S, x) & , X \neq \varnothing \end{cases}$$

2. 一个语言 L 是正则的当且仅当存在一个有限状态自动机准确地接受 L 中的串。

12.5

1. （对于练习1）

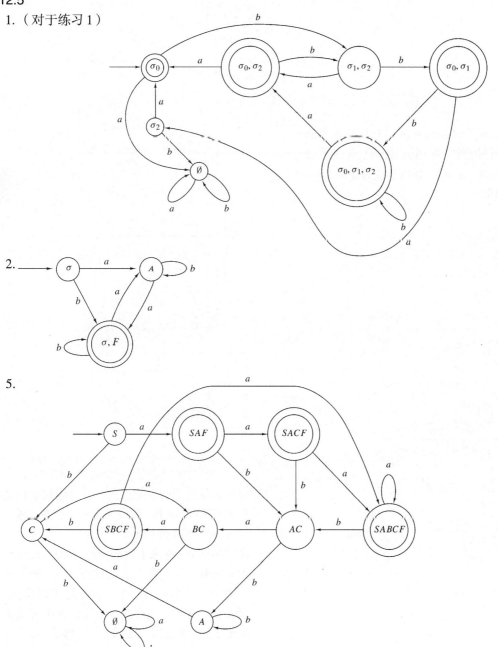

2.

5.

7. （对练习21）

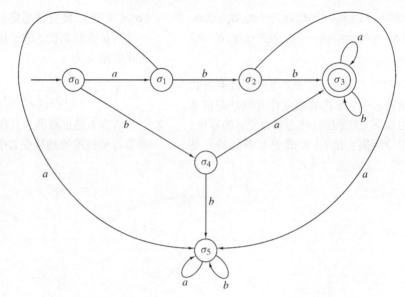

10. 图12.5.7接受串 ba^n（$n \geq 1$）和以 b^2 或者 aba^n，$n \geq 1$ 结尾的串。使用例12.5.8，看到图12.5.9接受串 $a^n b$（$n \geq 1$）和以 b^2 或者 $a^n ba$（$n \geq 1$）开始的串。

11.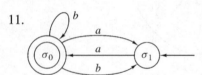

14.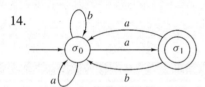

17.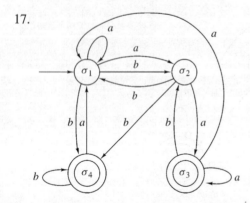

20.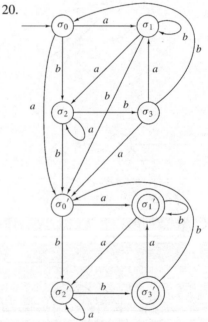

22. $\sigma_0 \to a\sigma_1, \sigma_0 \to b\sigma_2, \sigma_0 \to a, \sigma_1 \to a\sigma_0,$
$\sigma_1 \to a\sigma_2, \sigma_1 \to b\sigma_1, \sigma_1 \to b, \sigma_2 \to b\sigma_0$

25. 假设 L 是正则的。则存在一个有限状态自动机 A 使 $L = \mathrm{Ac}(A)$。假设 A 有 k 个状态，考虑串 $a^k bba^k$ 并像例12.5.6一样论证。

28. 命题不成立。考虑正则语言 $L = \{a^n b \mid n \geq 0\}$，如果它被如下有限状态自动机接受，则语言 $L' = \{u^n \mid u \in L, n \in \{1, 2, \cdots\}\}$ 不是正则的。假设 L' 是正则的，则存在一个有限状态自动机 A 接受 L'，特别是对每个 n，A 接受 $a^n b$。可

知对于充分大地 n，表示 a^nb 的路径含有长度为 k 的一个圈。因为 A 接受 a^nba^nb，A 也接受 $a^{n+k}ba^nb$，这是矛盾的。

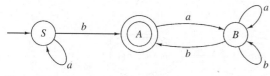

2. $\mathcal{I} = \{a, b\}$; $\mathcal{O} = \{0, 1\}$; $\mathcal{S} = \{S, A, B\}$；初始状态为 S

$\mathcal{S}$ \ $\mathcal{I}$	f		g	
	a	b	a	b
S	A	A	0	0
A	S	B	1	1
B	A	B	1	0

第 12 章自测题

1.

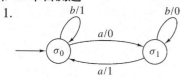

3. 1101

4.

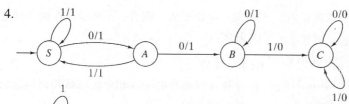

5.

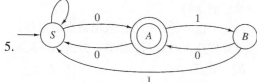

6. 是　　7.

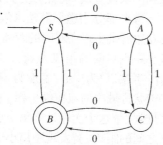

13.

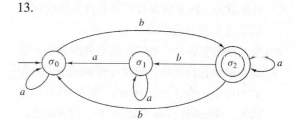

8. 每个 0 后跟一个 1　　9. 上下文无关

10. $S \Rightarrow aSb \Rightarrow aaSbb \Rightarrow aaaSbbb \Rightarrow aaaAbbbb \Rightarrow aaaaAbbbbb \Rightarrow aaaabbbb$

11. a^ib^j, $j \leq 2+i, j \geq 1, i \geq 0$

12. $S \rightarrow ASB, S \rightarrow AB, AB \rightarrow BA, BA \rightarrow AB, A \rightarrow a, B \rightarrow b$

14. $\mathcal{I} = \{a, b\}$; $\mathcal{S} = \{\sigma_0, \sigma_1, \sigma_2\}$; $\mathcal{A} = \{\sigma_0\}$；初始状态为 σ_0

$\mathcal{S}$ \ $\mathcal{I}$	a	b
σ_0	$\{\sigma_0, \sigma_1\}$	$\varnothing$
σ_1	$\varnothing$	$\{\sigma_2\}$
σ_2	$\{\sigma_0, \sigma_2\}$	$\{\sigma_2\}$

15. 是。因为路径 ($\sigma_0, \sigma_0, \sigma_1, \sigma_2, \sigma_2, \sigma_2, \sigma_2, \sigma_0$) 表示 $aabaaba$ 和 σ_0 是接受状态。

16.

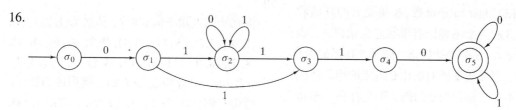

17.
18.

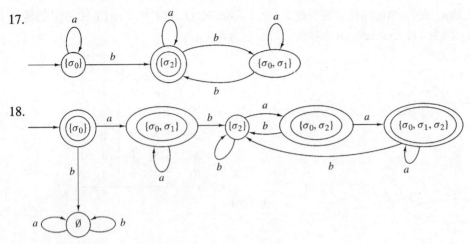

19. 以如下方式组合接受 L_1 和 L_2 的两个不确定有限状态自动机。S 是 L_2 的开始状态。对于 L_1 中标记为 a 的形式为 (S_1, S_2) 的每条边,其中 S_2 是接受状态,增加一条标记为 a 的边 (S_1, S)。该不确定有限状态自动机的开始状态是 L_1 的开始状态。该不确定有限状态自动机的接受状态是 L_2 的接受状态。

20. 设 A' 是接受不含空串的正则语言的一个不确定有限状态自动机。增加一个状态 F。对于 A' 中标记 a 的每条边 (σ, σ'),其中 σ' 是接受状态,增加标记为 a 的边 (σ, F)。使 F 是唯一的接受状态,则生成的不确定有限状态自动机 A 有一个接受状态。证明 $Ac(A) = Ac(A')$。证明 $Ac(A) \subseteq Ac(A')$。(对于 $Ac(A') \subseteq Ac(A)$ 的推理类似。)假设 $\alpha \in Ac(A')$,则 A 中存在表示 α 的一条路径 $(\sigma_0, \sigma_1, \cdots, \sigma_{n-1}, \sigma_n)$。$\sigma_n$ 是一个接受状态。因为 $\alpha \neq \lambda$,在 α 中存在最后一个符号 a。因此边 (σ_{n-1}, σ_n) 被标记为 a,路径 $(\sigma_0, \sigma_1, \cdots, \sigma_{n-1}, F)$ 在 A' 中表示 α 并终止在接受状态。于是 $\alpha \in Ac(A')$。为了证明该命题对任何正则语言并不成立,考虑正则语言 $L = \{\lambda\} \cup \{0^i \mid i \text{ 是奇数}\}$ 和接受 L 的开始状态为 S 的一个不确定有限状态自动机 A,因为 $\lambda \in L$,S 是接受状态。如果 S 有标记为 0 的圈,则 A 接受所有的由 0 组成的串;所以在 S 不存在标记为 0 的圈。于是存在一条边 $S' \neq S$,标记为 0。因为 $0 \in L$,S' 是接受状

态。这是矛盾。因此,A 至少存在两个接受状态。

13.1 复习

1. 计算几何是有关设计和分析求解几何问题的算法的学科。
2. 给定平面上的 n 个点,求出最小距点对。
3. 计算任意两点对间的距离,并选出距离最近的一对点。
4. 找到一条竖直线 l 将点分为大致相等的两部分。每一部分用递归算法求解所述的问题。设左边的最小距点对间的距离为 δ_L,右边的最小距点对间的距离为 δ_R。令 $\delta = \min\{\delta_L, \delta_R\}$,考察以 l 为中心/宽度为 2δ 的带状区域。将带状区域中的点按纵坐标 y 由小到大的顺序排列,依这个次序计算每个点 p 与其后 7 个点之间的距离。若发现距离小于 δ,则立即更新 δ 的值。检查完带状区域中所有的点后,所得 δ 便为最小距点对之间的距离。
5. 直接计算算法在最坏情形下的时间复杂度为 $\Theta(n^2)$。分割求解算法在最坏情形下的时间复杂度为 $\Theta(n \lg n)$。

13.1

1. 将 16 个点按横坐标 x 排序,依次为 $(1, 2)$, $(1, 5)$, $(1, 9)$, $(3, 7)$, $(3, 11)$, $(5, 4)$, $(5, 9)$, $(7, 6)$, $(8, 4)$, $(8, 7)$, $(8, 9)$, $(11, 3)$, $(11, 7)$, $(12, 10)$, $(14, 7)$, $(17, 10)$,故分割点为 $(7, 6)$。调用递归算法,可得左侧点 $(1, 2)$, $(1, 5)$, $(1, 9)$, $(3, 7)$, $(3, 11)$, $(5, 4)$, $(5, 9)$, $(7, 6)$ 的最小距点对之间的距离

为 $\delta_L = \sqrt{8}$；右侧点(8, 4), (8, 7), (8, 9), (11, 3), (11, 7), (12, 10), (14, 7), (17, 10)的最小距点对之间的距离为 $\delta_R = 2$。故 $\delta = \min\{\delta_L, \delta_R\} = 2$。将带状区域内的点按纵坐标 y 排序，得(8, 4), (7, 6), (8, 7), (8, 9)。计算每个点与其后各点的距离。点(8, 4)到点(7, 6), (8, 7), (8, 9)的距离均不小于2，故不更新 δ。点(7, 6)到点(8, 7)的距离为 $\sqrt{2}$，故将 δ 更新为 $\sqrt{2}$。点(7, 6)到点(8, 9)的距离和点(8, 7)到点(8, 9)的距离大于 $\sqrt{2}$，故 δ 仍为不变。所以最小距点对之间的距离为 $\sqrt{2}$。

4. 考虑所有点都在竖分割线上的极端情况。

7.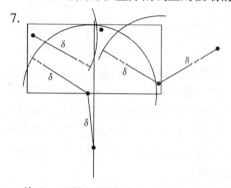

10. 将 $\delta \times 2\delta$ 的矩形分为左右两个正方形，令 B 为左边或右边的 $\delta \times \delta$ 的正方形（参见图13.1.2）。利用反证法证明，假设 B 中含有不少于4个点。将 B 分为4个 $\delta/2 \times \delta/2$ 的正方形（如图13.1.3所示），每个小正方形中至多包含一个点，故 B 中的每个小正方形中恰包含一个点。接着将4个正方形视为 B 的小正方形。

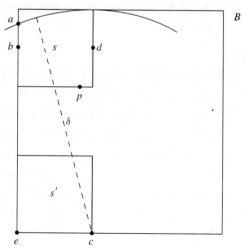

从这个图来说明下面的解释。将4个小正方形缩小至如图所示的位置，且满足

● 每个小正方形包含一个点。
● 4个小正方形大小相同。
● 使小正方形尽可能小。

因为至少有一个点不在 B 的顶点上，故小正方形不会退化为一个点。至少有一个点在某个小正方形 s 的边上而不在 B 的边上，将此点记为 p。选择距离点 p 最近的小正方形 s'。将 s' 的距离点 p 最远的两个顶点记为 e 和 c。以 c 为圆心 δ 为半径做圆，与 s 的一边交于点 a（不是 s 的顶点）。在 s 的边上、a 与 e 之间选取一点 b，s 的对边上与 b 对应的点为 d。矩形 $R = bdce$ 的对角线长度小于 δ，故 R 中至多包含一个点。这与 R 包含点 p 和 s' 中的一点矛盾。所以，B 中至多包含3个点。

13. 每个点 p 除了 $p.x$ 和 $p.y$ 两个属性以外，假设需要增加一个属性 $p.side$，用来表示将点集分为大致相等的两部分时 p 处在左边还是右边。还需给函数 $rec\_find\_all\_2\delta\_once$ 增加一个参数 $label$，用它来给所有 p 的 $label$ $p.side$ 赋值。

find_all_2δ_once(p, n) {
    $\delta = closest\_pair(p, n)$ // 已有的函数
    if ($\delta > 0$) {
        将 $p_1, \cdots, p_n$ 按 x 坐标排序
        $rec\_find\_all\_2\delta\_once$ ($p, 1, n, \delta, \lambda$)
        // $\lambda =$ 空串
    }
}

rec_find_all_2δ_once ($p, i, j, \delta, label$)
    if ($j - i < 3$) {
        将 $p_i, \cdots, p_j$ 按 y 坐标排序
        直接计算所有距离不超过2δ的点对并输出
        for $k = i$ to j
            $p_k.side = label$
        return
    }
    $k = \lfloor (i + j)/2 \rfloor$

$l = p_k.x$
rec_find_all_2δ_once (p, i, k, δ, L)
rec_find_all_2δ_once ($p, k+1, j, \delta$, R)
依 y 坐标归并 $p_i, \cdots, p_k$ 和 $p_{k+1}, \cdots, p_j$
$t = 0$
for $k = i$ to j
 if ($p_k.x > l - 2*\delta \wedge p_k.x < l + 2*\delta$) {
  $t = t + 1$
  $v_t = p_k$
 }
for $k = 1$ to $t - 1$
 for $s = k + 1$ to min$\{t, k + 31\}$
  if ($dist(v_k, v_s) < 2 * \delta \wedge v_k.side \neg = v_s.side$)
   println($v_k +$ " " $+ v_s$)
for $k = i$ to j
 $p_k.side = label$
}

16. 证明对每个点 p，至多有 6 个点与 p 的距离为 δ。然后即可证明距离为 δ 的点对数小于等于 $6n$。

用反证法证明。假设对某个点 p，有 7 个点 $p_1, \cdots, p_7$ 与 p 的距离都是 δ。这种情形如下图所示。

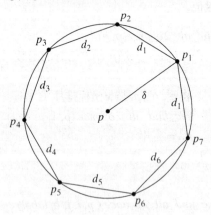

设 C 为该圆的圆周。因为每个 d_i 至少为 δ，于是有

$$2\pi\delta = C > \sum_{i=1}^{7} d_i \geq 7\delta$$

所以有 $\pi > 7/2 = 3.5$，矛盾。（更精确的估计可以证明对每个点 p，至多有 5 个不同的点与 p 的距离为 δ。）

13.2 复习

1. 给定一个平面上的有限点集 S，如果存在直线 L 过 S 中的点 $p \in S$，且使得 S 中除 p 外的所有点都在 L 的同一侧，则称点 p 为 S 的凸点。

2. 平面上有限点集 S 的凸包为 S 的所有凸点按以下顺序组成的序列 $p_1, p_2, \cdots, p_n$。其中 p_1 为纵坐标 y 最小的点，若纵坐标 y 最小的点不止一个，则 p_1 为其中横坐标 x 最小的点。其余凸点 p_i 按线段 p_1, p_i 与 x 轴正方向的夹角递增排列。

3. 设点 p_i 的坐标为 (x_i, y_i)，则点 p_0, p_1, p_2 的向量积为 cross$(p_0, p_1, p_2) = (y_2 - y_0)(x_1 - x_0) - (y_1 - y_0)(x_2 - x_0)$。

4. Graham 算法首先找到点集中纵坐标 y 最小的点 p_1，若纵坐标 y 最小的点不止一个，则选择其中横坐标 x 最小的点为 p_1。然后将 S 中其余点 p_i 按 x 轴正方向与线段 p_1, p_i 的夹角排序。再依次检查相继 3 点组成的路径，若路径为左转弯则保留中间的点，若路径为右转弯则删除中间的点。检查完所有的点后即得有序凸包序列。

5. $\Omega(n \lg n)$

6. 任意一个求解凸包的算法可以用来将 0 和 1 之间的实数排序。先将输入实数投影到单位圆上（参见图 13.2.11）。然后利用求解凸包算法求单位圆上点的凸包，最后凸包序列的纵坐标 y 给出已排序的初始点。由于排序算法在最坏情形下的时间复杂度为 $\Omega(n \lg n)$，故求解凸包算法在最坏情形下的时间复杂度也是 $\Omega(n \lg n)$。

13.2

1. 令 L 为过 p_1 的水平直线。由于 p_1 为纵坐标最小的点，故不存在在直线 L 下方 S 的点。若点 p_1 为唯一的纵坐标最小的点，则 p_1 为凸点。若直线 L 上还包含其他 S 点，则必在 p_1 的右边（依 p_1 的选取）。此时若绕点 p_1 将直线 L 顺时针旋转一个微小的角度，则除 p_1 外的所有 S 的点均在 L 的上方。所以 p_1 仍为凸点。

4. p_1 为点 $(7, 1)$，将其他点依 p_1 排序，依次为 $(7,1), (10, 1), (16, 4), (12, 3), (14, 5), (16, 10)$,

(13, 8), (10, 5), (10, 9), (10, 13), (7, 7), (7, 13), (6, 10), (3, 13), (4, 8), (1, 8), (4, 4), (2, 2)。下表显示了while循环执行的过程，包括检查的3点组成的路径是否为左转弯，以及判断之后的动作。

3点组成的路线	是否为左转弯	是否删除中间的点
(7, 1), (10, 1), (16, 4)	是	否
(10, 1), (16, 4), (12, 3)	是	否
(16, 4), (12, 3), (14, 5)	否	是
(10, 1), (16, 4), (14, 5)	是	否
(16, 4), (14, 5), (16, 10)	否	是
(10, 1), (16, 4), (16, 10)	是	否
(16, 4), (16, 10), (13, 8)	是	否
(16, 10), (13, 8), (10, 5)	是	否
(13, 8), (10, 5), (10, 9)	否	是
(16, 10), (13, 8), (10, 9)	否	是
(16, 4), (16, 10), (10, 9)	否	是
(16, 10), (10, 9), (10, 13)	否	是
(16, 4), (16, 10), (10, 13)	是	否
(16, 10), (10, 13), (7, 7)	是	否
(10, 13), (7, 7), (7, 13)	否	是
(16, 10), (10, 13), (7, 13)	是	否
(10, 13), (7, 13), (6, 10)	是	否
(7, 13), (6, 10), (3, 13)	否	是
(10, 13), (7, 13), (3, 13)	否	是
(16, 10), (10, 13), (3, 13)	是	否
(10, 13), (3, 13), (4, 8)	是	否
(3, 13), (4, 8), (1, 8)	是	否
(10, 13), (3, 13), (1, 8)	是	否
(3, 13), (1, 8), (4, 4)	是	否
(1, 8), (4, 4), (2, 2)	否	是
(3, 13), (1, 8), (2, 2)	是	否

求得凸包为(7, 1), (10, 1), (16, 4), (16, 10), (10, 13), (3, 13), (1, 8), (2, 2)。

7. 当已找到$p_1, \cdots, p_i$之后，依Jarvis算法找到使路线p_{i-1}, p_i, p_{i+1}为最小左转弯的点p_{i+1}。故若将通过点p_i和p_{i+1}的直线L绕点p_i顺时针旋转一个微小的角度，则直线L仅包含点p_i，且S中的其他点都在L的同一侧。所以p_i为凸点。故Jarvis算法可以找到所有的凸点，所以Jarvis算法可以求得S的凸包。

10. 是的。当"大多数"点不是凸点时Jarvis算法比Graham算法快很多。

第13章自测题

1. 将18个点按横坐标x排序，得(1, 8), (2, 2), (3, 13), (4, 4), (4, 8), (6, 10), (7, 1), (7, 7), (7, 13), (10, 1), (10, 5), (10, 9), (10, 13), (12, 3), (13, 8), (14, 5), (16, 4), (16, 10)，分割点为(7, 13)。调用递归算法，可得左侧点(1, 8), (2, 2), (3, 13), (4, 4), (4, 8), (6, 10), (7, 1), (7, 7), (7, 13)的最小距点对之间的距离$\delta_L = \sqrt{8}$；右侧点(10, 1), (10, 5), (10, 9), (10, 13), (12, 3), (13, 8), (14, 5), (16, 4), (16, 10)的最小距点对之间的距离$\delta_R = \sqrt{5}$。故$\delta = \min\{\delta_L, \delta_R\} = \sqrt{5}$。将带状区域内的点按纵坐标$y$排序，得(7, 1), (7, 7), (6, 10), (7, 13)。计算带状区每个点与其后各点的距离，每个点与其后各点的距离均不小于$\sqrt{5}$，故δ仍为不变。所以最小距点对之间的距离为$\sqrt{5}$。

2. 若将停止递归的条件从输入点数不超过3个改为输入点数不超过2个，当有3个点时，则算法递归调用时的输入可能为一个点和两个点，但这个集合由一个点组成，没有最近的点对，故找不到最小距点对。

3. 每一个$\delta/2 \times \delta/2$的小正方形至多包含一个点，故下半个矩形至多包含4个点。

4. $\Theta(n (\lg n)^2)$

5. 令L为过p的竖直线。由于p选为横坐标x最大的点，故不存在在直线L右边S的点。若点p为唯一的横坐标最大的点，则p为凸点。若直线L上还包含其他点，则必在p的下方。此时若绕点p将直线L顺时针旋转一个微小的角度，则除p外的所有点均在L的左边。所以p仍为凸点。

6. L为p和q间的直线段，L'为垂直L过p的直线。则L'上不存在S的其他点r，L'的与q相反的方向也不可能存在其他点。因为若存在这样的点r，则r与q的距离将大于p与q的距离，这是不可能的。所以p为凸点，同理q也为凸点。

7. 依(1, 2)点排序的其他点依次为(1, 2), (11, 3), (8, 4), (14, 7), (5, 4), (11, 7), (17, 10), (7, 6), (8, 7), (12, 10), (8, 9), (5, 9), (3, 7), (3, 11), (1, 5),

(1, 9)。下表显示了while循环执行的过程,包括检查的3点组成的路径是否为左转弯,以及判断之后的动作。

3点组成的路线	是否为左转弯	是否删除中间的点
(1,2), (11, 3), (8, 4)	是	否
(11, 3), (8, 4), (14, 7)	否	是
(1, 2), (11, 3), (14, 7)	是	否
(11, 3), (14, 7), (5, 4)	是	否
(14, 7), (5, 4), (11, 7)	否	是
(11, 3), (14, 7), (11, 7)	是	否
(14, 7), (11, 7), (17, 10)	否	是
(11, 3), (14, 7), (17, 10)	是	否
(1, 2), (11, 3), (17, 10)	是	否
(11, 3), (17, 10), (7, 6)	是	否
(17, 10), (7, 6), (8, 7)	否	是
(11, 3), (17, 10), (8, 7)	是	否
(17, 10), (8, 7), (12, 10)	否	是
(11, 3), (17, 10), (12, 10)	是	否
(17, 10), (12, 10), (8, 9)	是	否
(12, 10), (8, 9), (5, 9)	否	是
(17, 10), (12, 10), (5, 9)	是	否
(12, 10), (5, 9), (3, 7)	是	否
(5, 9), (3, 7), (3, 11)	否	是
(12, 10), (5, 9), (3, 11)	是	否
(17, 10), (12, 10), (3, 11)	是	否
(11, 3), (17, 10), (3, 11)	是	否
(17, 10), (3, 11), (1, 5)	是	否
(3, 11), (1, 5), (1, 9)	否	是
(17, 10), (3, 11), (1, 9)	是	否

最后得到凸包为(1, 2), (11, 3), (17, 10), (3, 11), (1, 9)。

8. 直接运行Graham算法来排序以后的部分点。

附录A

1. $\begin{pmatrix} 2+a & 4+b & 1+c \\ 6+d & 9+e & 3+f \\ 1+g & -1+h & 6+i \end{pmatrix}$ 2. $\begin{pmatrix} 5 & 7 & 7 \\ -7 & 10 & -1 \end{pmatrix}$

5. $\begin{pmatrix} 3 & 18 & 27 \\ 0 & 12 & -6 \end{pmatrix}$ 8. $\begin{pmatrix} -2 & -35 & -56 \\ -7 & -18 & 13 \end{pmatrix}$

9. $\begin{pmatrix} 18 & 10 \\ 14 & -6 \\ 23 & 1 \end{pmatrix}$ 12. (-4)

14. (a) $2 \times 3, 3 \times 3, 3 \times 2$

(b) $AB = \begin{pmatrix} 33 & 18 & 47 \\ 8 & 9 & 43 \end{pmatrix}$

$AC = \begin{pmatrix} 16 & 56 \\ 14 & 63 \end{pmatrix}$

$CA = \begin{pmatrix} 4 & 18 & 38 \\ 0 & 0 & 0 \\ 2 & 17 & 75 \end{pmatrix}$

$AB^2 = \begin{pmatrix} 177 & 215 & 531 \\ 80 & 93 & 323 \end{pmatrix}$

$BC = \begin{pmatrix} 18 & 65 \\ 34 & 25 \\ 12 & 54 \end{pmatrix}$

17. 设 $A = (b_{ij})$, $I_n = (a_{jk})$, $AI_n = (c_{ik})$。则

$$c_{ik} = \sum_{j=1}^{n} b_{ij} a_{jk} = b_{ik} a_{kk} = b_{ik}$$

所以,$AI_n = A$。类似地可证,$I_n A = A$。

20. 解是 $X = A^{-1}C$。

附录B

1. $-4x$ 4. $\dfrac{15x - 3b}{3} = 5x - b$

7. $\dfrac{1}{n} - \dfrac{1}{n+1} = \dfrac{n+1-n}{n(n+1)} = \dfrac{1}{n(n+1)}$

可以用此公式计算 $\sum_{i=1}^{n} \dfrac{1}{i(i+1)}$:

$\sum_{i=1}^{n} \dfrac{1}{i(i+1)}$

$= \sum_{i=1}^{n} \dfrac{1}{i} - \dfrac{1}{i+1}$

$= \left(1 - \dfrac{1}{2}\right) + \left(\dfrac{1}{2} - \dfrac{1}{3}\right) + \cdots + \left(\dfrac{1}{n-1} - \dfrac{1}{n}\right)$

$\quad + \left(\dfrac{1}{n} - \dfrac{1}{n+1}\right)$

$= 1 - \dfrac{1}{n+1} = \dfrac{n+1-1}{n+1} = \dfrac{n}{n+1}$

8. 81   11. 1/81

14. (a)、(c)、(g)相等。(b)和(f)相等。(d)和(e)相等。

16. $x^2 + 8x + 15$ 19. $x^2 + 8x + 16$

22. $x^2 - 4$ 25. $(x+5)(x+1)$ 28. $(x-4)^2$

31. $(2x+1)(x+5)$ 34. $(2x+3)(2x-3)$

37. $(n+1)! + (n+1)(n+1)! = (n+1)![1 + (n+1)] = (n+1)!(n+2) = (n+2)!$

40. $7(3 \cdot 2^{n-1} - 4 \cdot 5^{n-1}) - 10(3 \cdot 2^{n-2} - 4 \cdot 5^{n-2})$

$= 2^{n-2}(7 \cdot 3 \cdot 2 - 10 \cdot 3) + 5^{n-2}(-7 \cdot 4 \cdot 5 + 10 \cdot 4)$

$= 2^{n-2} \cdot 12 + 5^{n-2}(-100)$

$= 2^{n-2}(2^2 \cdot 3) - 5^{n-2}(5^2 \cdot 4)$

$= 3 \cdot 2^n - 4 \cdot 5^n$

42. 分解因式 $(x - 4)(x - 2) = 0$ 得到，它有解 $x = 4, 2$。

45. $2x \leq 6, x \leq 3$

48. 对 $i \leq n$，有 $i = 1, \cdots, n$。将这些不等式相加，得到
$$\sum_{i=1}^{n} i \leq n \cdot n = n^2$$

51. 用 $(n + 2)n^2(n + 1)^2$ 相乘可得到 $(2n + 1)(n + 1)^2 > 2(n + 2)n^2$，即 $2n^3 + 5n^2 + 4n + 1 > 2n^3 + 4n^2$，有 $n^2 + 4n + 1 > 0$，最后一式如果 $n \geq 1$ 则成立。

54. 6 57. 10 59. 2.584 962 501
62. −0.736 965 594 64. 2.392 231 208
67. 0.480 415 248 68. 1.489 896 102

71. 令 $u = \log_b y, v = \log_b x$。根据定义，$b^u = y$，$b^v = x$。于是
$$x^{\log_b y} = x^u = (b^v)^u = b^{vu} = (b^u)^v = y^v = y^{\log_b x}$$

附录 C

1. 首先给 $large$ 赋值为 2，i 赋值为 2。由于 $i \leq n$ 为真，while 循环体执行。由于 $s_i > large$ 为真，$large$ 赋值为 3，i 赋值为 2。while 循环再次执行。

    由于 $i \leq n$ 为真，while 循环体执行。由于 $s_i > large$ 为真，$large$ 赋值为 8，i 赋值为 4。while 循环再次执行。

    由于 $i \leq n$ 为真，while 循环体执行。由于 $s_i > large$ 为假，$large$ 值不变，i 赋值为 5。While 循环再次执行。

    由于 $i \leq n$ 为假，while 循环结束。$large$ 值为 8，序列中的最大值。

4. 首先 x 赋值为 4。由于 $b > x$ 为假，$x = b$ 不被执行。由于 $c > x$ 为真，$x = c$ 执行，x 赋值为 5。因此 x 是 a、b 和 c 中的最大值。

7. $min(a, b)$ {
        if $(a < b)$
            return a
        else
            return b
}

10. $odds(n)$ {
        $i = 1$
        while$(i \leq n)$ {
            $println(i)$
            $i = i + 2$
        }
}

13. $product\ (s, n)$ {
        $partial\_product = 1$
        for $i = 1$ to n
            $partial\_product = partial\_product * s_i$
        return $partial\_product$
}

参考文献

AGARWAL, M., N. SAXENA, and N. KAYAL, "PRIMES is in P," http://www.cse.iitk.ac.in/news/primality.html

AHO, A., J. HOPCROFT, and J. ULLMAN, *Data Structures and Algorithms*, Addison-Wesley, Reading, Mass., 1983.

AINSLIE, T., *Ainslie's Complete Hoyle*, Simon and Schuster, 1975.

AKL, S. G., *The Design and Analysis of Parallel Algorithms*, Prentice Hall, Englewood Cliffs, N.J., 1989.

APPEL, K. and W. HAKEN, "Every planar map is four-colorable," *Illinois J. Math.*, 21 (1977), 429–567.

APPLEGATE, D. L., R. E. BIXBY, V. CHVÁTAL, and W. J. COOK, *The Traveling Salesman Problem: A Computational Study*, Princeton University Press, Princeton, N.J., 2006.

BAASE, S. and A. VAN GELDER, *Computer Algorithms: Introduction to Design and Analysis*, 3rd ed., Addison-Wesley, Reading, Mass., 2000.

BABAI, L. and T. KUCERA, "Canonical labelling of graphs in linear average time," *Proc. 20th Symposium on the Foundations of Computer Science*, 1979, 39–46.

BACHELIS, G. F., "A short proof of Hall's theorem on SDRs," *Amer. Math. Monthly*, 109 (2002), 473–474.

BAIN, V., "An algorithm for drawing the n-cube," *College Math. J.*, 29 (1998), 320–322.

BARKER, S. F., *The Elements of Logic*, 5th ed., McGraw-Hill, New York, 1989.

BELL, R. C., *Board and Table Games from Many Civilizations*, rev. ed., Dover, New York, 1979.

BENJAMIN, A. T. and J. J. QUINN, *Proofs that Really Count: The Art of Combinatorial Proof*, Mathematical Association of America, Washington, D.C., 2003.

BENTLEY, J., *Programming Pearls*, 2nd ed., Addison-Wesley, Reading, Mass., 2000.

BERGE, C., *Graphs and Hypergraphs*, North-Holland, Amsterdam, 1979.

BERLEKAMP, E. R., J. H. CONWAY, and R. K. GUY, *Winning Ways*, Vol. 1, 2nd ed., A. K. Peters, New York, 2001.

BERLEKAMP, E. R., J. H. CONWAY, and R. K. GUY, *Winning Ways*, Vol. 2, 2nd ed., A. K. Peters, New York, 2003.

BILLINGSLEY, P., *Probability and Measure*, 3rd ed., Wiley, New York, 1995.

BLEAU, B. L., *Forgotten Algebra*, 3rd ed., Barron's, Hauppauge, N.Y., 2003.

BONDY, J. A. and U. S. R. MURTY, *Graph Theory with Applications*, American Elsevier, New York, 1976.

BOOLE, G., *The Laws of Thought*, reprinted by Dover, New York, 1951.

BRASSARD, G. and P. BRATLEY, *Fundamentals of Algorithms*, Prentice Hall, Upper Saddle River, N.J., 1996.

BRUALDI, R. A., *Introductory Combinatorics*, 4th ed., Prentice Hall, Upper Saddle River, N.J., 2004.

CARMONY, L., "Odd pie fights," *Math. Teacher*, 72 (1979), 61–64.

CARROLL, J. and D. LONG, *Theory of Finite Automata*, Prentice Hall, Englewood Cliffs, N.J., 1989.

CHARTRAND, G. and L. LESNIAK, *Graphs and Digraphs*, 2nd ed., Wadsworth, Belmont, Calif., 1986.

CHRYSTAL, G., *Textbook of Algebra*, Vol. II, 7th ed., Chelsea, New York, 1964.

CHU, I. P. and R. JOHNSONBAUGH, "Tiling deficient boards with trominoes," *Math. Mag.*, 59 (1986), 34–40.

CODD, E. F., "A relational model of data for large shared databanks," *Comm. ACM*, 13 (1970), 377–387.

COHEN, D. I. A., *Introduction to Computer Theory*, 2nd ed., Wiley, New York, 1997.

COPI, I. M. and C. COHEN, *Introduction to Logic*, 12th ed., Prentice Hall, Upper Saddle River, N.J., 2005.

COPPERSMITH, D. and S. WINOGRAD, "Matrix multiplication via arithmetic progressions," *J. Symbolic Comput.*, 9 (1990), 251–280.

CORMEN, T. H., C. E. LEISERSON, R. L. RIVEST, and C. STEIN, *Introduction to Algorithms*, 2nd ed., MIT Press, Cambridge, Mass., 2001.

CULL, P. and E. F. ECKLUND, JR., "Towers of Hanoi and analysis of algorithms," *Amer. Math. Monthly*, 92 (1985), 407–420.

D'ANGELO, J. P. and D. B. WEST, *Mathematical Thinking: Problem Solving and Proofs*, 2nd ed., Prentice Hall, Upper Saddle River, N.J., 2000.

DATE, C. J., *An Introduction to Database Systems*, 8th ed., Addison-Wesley, Reading, Mass., 2004.

DAVIS, M. D., R. SIGAL, and E. J. WEYUKER, *Computability, Complexity, and Languages*, 2nd ed., Academic Press, San Diego, 1994.

DE BERG, M., M. VAN KREVELD, M. OVERMARS, and O. SCHWARZKOPF, *Computational Geometry*, 2nd rev. ed., Springer, Berlin, 2000.

DEO, N., *Graph Theory and Applications to Engineering and Computer Science*, Prentice Hall, Englewood Cliffs, N.J., 1974.

DIJKSTRA, E. W., "A note on two problems in connexion with graphs," *Numer. Math.*, 1 (1959), 260–271.

DIJKSTRA, E. W., "Cooperating sequential processes," in *Programming Languages*, F. Genuys, ed., Academic Press, New York, 1968.

EDELSBRUNNER, H., *Algorithms in Combinatorial Geometry*, Springer-Verlag, New York, 1987.

EDGAR, W. J., *The Elements of Logic*, SRA, Chicago, 1989.

ENGLISH, E. and S. HAMILTON, "Network security under siege, the timing attack," *Computer* (March 1996), 95–97.

EVEN, S., *Algorithmic Combinatorics*, Macmillan, New York, 1973.

EVEN, S., *Graph Algorithms*, Computer Science Press, Rockville, Md., 1979.

EZEKIEL, M., "The cobweb theorem," *Quart. J. Econom.*, 52 (1938), 255–280.

FORD, L. R., JR., and D. R. FULKERSON, *Flows in Networks*, Princeton University Press, Princeton, N.J., 1962.

FOWLER, P. A., "The Königsberg bridges—250 years later," *Amer. Math. Monthly*, 95 (1988), 42–43.

FREY, P., "Machine-problem solving—Part 3: The alpha-beta procedure," *BYTE*, 5 (November 1980), 244–264.

FUKUNAGA, K., *Introduction to Statistical Pattern Recognition*, 2nd ed., Academic Press, New York, 1990.

GALLIER, J. H., *Logic for Computer Science*, Harper & Row, New York, 1986.

GARDNER, M., *Mathematical Puzzles and Diversions*, Simon and Schuster, 1959.

GARDNER, M., "A new kind of cipher that would take millions of years to break," *Sci. Amer.* (February 1977), 120–124.

GARDNER, M., *Mathematical Circus*, Mathematical Association of America, Washington, 1992.

GENESERETH, M. R. and N. J. NILSSON, *Logical Foundations of Artificial Intelligence*, Morgan Kaufmann, Los Altos, Calif., 1987.

GHAHRAMANI, S., *Fundamentals of Probability*, 3rd ed., Prentice Hall, Upper Saddle River, N.J., 2005.

GIBBONS, A., *Algorithmic Graph Theory*, Cambridge University Press, Cambridge, 1985.

GOLDBERG, S., *Introduction to Difference Equations*, Wiley, New York, 1958.

GOLOMB, S. W., "Checker boards and polyominoes," *Amer. Math. Monthly*, 61 (1954), 675–682.

GOLOMB, S. and L. BAUMERT, "Backtrack programming," *J. ACM*, 12 (1965), 516–524.

GOSE, E., R. JOHNSONBAUGH, and S. JOST, *Pattern Recognition and Image Analysis*, Prentice Hall, Upper Saddle River, N.J., 1996.

GRAHAM, R. L., "An efficient algorithm for determining the convex hull of a finite planar set," *Info. Proc. Lett.*, 1 (1972), 132–133.

GRAHAM, R. L., D. E. KNUTH, and O. PATASHNIK, *Concrete Mathematics: A Foundation for Computer Science*, 2nd ed., Addison-Wesley, Reading, Mass., 1994.

GRIES, D., *The Science of Programming*, Springer-Verlag, New York, 1981.

HAILPERIN, T., "Boole's algebra isn't Boolean algebra," *Math. Mag.*, 54 (1981), 137–184.

HALMOS, P. R., *Naive Set Theory*, Springer-Verlag, New York, 1974.

HARARY, F., *Graph Theory*, Addison-Wesley, Reading, Mass., 1969.

HARKLEROAD, L., *The Math Behind the Music*, Cambridge University Press, New York, and Mathematical Association of America, Washington, D.C., 2006.

HELL, P., "Absolute retracts in graphs," in *Graphs and Combinatorics*, R. A. Bari and F. Harary, eds., *Lecture Notes in Mathematics*, Vol. 406, Springer-Verlag, New York, 1974.

HILLIER, F. S. and G. J. LIEBERMAN, *Introduction to Operations Research*, 8th ed., McGraw-Hill, New York, 2005.

HINZ, A. M., "The Tower of Hanoi," *Enseignement Math.*, 35 (1989), 289–321.

HOHN, F., *Applied Boolean Algebra*, 2nd ed., Macmillan, New York, 1966.

HOLTON, D. A. and J. SHEEHAN, *The Petersen Graph*, Cambridge University Press, 1993.

HOPCROFT, J. E., R. MOTWANI, and J. D. ULLMAN, *Introduction to Automata Theory, Languages, and Computation*, 3rd ed., Addison-Wesley, Boston, 2007.

HU, T. C., *Combinatorial Algorithms*, Addison-Wesley, Reading, Mass., 1982.

JACOBS, H. R., *Geometry*, 2nd ed., W. H. Freeman, San Francisco, 1987.

JARVIS, R. A., "On the identification of the convex hull of a finite set of points in the plane," *Info. Proc. Lett.*, 2 (1973), 18–21.

JOHNSONBAUGH, R. and M. SCHAEFER, *Algorithms*, Prentice Hall, Upper Saddle River, N.J., 2004.

JONES, R. H. and N. C. STEELE, *Mathematics in Communication Theory*, Ellis Horwood, Chichester, England, 1989.

KELLEY, D., *Automata and Formal Languages*, Prentice Hall, Upper Saddle River, N.J., 1995.

KELLY, D. G., *Introduction to Probability*, Prentice Hall, Upper Saddle River, N.J., 1994.

KLEINROCK, L., *Queueing Systems*, Vol. 2: *Computer Applications*, Wiley, New York, 1976.

KLINE, M., *Mathematical Thought from Ancient to Modern Times*, Oxford University Press, New York, 1972.

KNUTH, D. E., "Algorithms," *Sci. Amer.* (April 1977), 63–80.

KNUTH, D. E., "Algorithmic thinking and mathematical thinking," *Amer. Math. Monthly*, 92 (1985), 170–181.

KNUTH, D. E., *The Art of Computer Programming*, Vol. 1: *Fundamental Algorithms*, 3rd ed., Addison-Wesley, Reading, Mass., 1997.

KNUTH, D. E., *The Art of Computer Programming*, Vol. 2: *Seminumeric Algorithms*, 3rd ed., Addison-Wesley, Reading, Mass., 1998a.

KNUTH, D. E., *The Art of Computer Programming*, Vol. 3: *Sorting and Searching*, 2nd ed., Addison-Wesley, Reading, Mass., 1998b.

KÖBLER, J., U. SCHÖNING, and J. TORÁN, *The Graph Isomorphism Problem: Its Structural Complexity*, Birkhäuser Verlag, Basel, Switzerland, 1993.

KOHAVI, Z., *Switching and Finite Automata Theory*, 2nd ed., McGraw-Hill, New York, 1978.

KÖNIG, D., *Theorie der endlichen und unendlichen Graphen*, Akademische Verlags-gesellschaft, Leipzig, 1936. (Reprinted in 1950 by Chelsea, New York.) (English translation: *Theory of Finite and Infinite Graphs*, Birkhäuser Boston, Cambridge, Mass., 1990.)

KRANTZ, S. G., *Techniques of Problem Solving*, American Mathematical Society, Providence, R.I., 1997.

KROENKE, D. M., *Database Processing: Fundamentals, Design and Implementation*, 10th ed., Prentice Hall, Upper Saddle River, N.J., 2006.

KRUSE, R. L. and A. RYBA, *Data Structures and Program Design in C++*, Prentice Hall, Upper Saddle River, N.J., 1999.

KUROSAKA, R. T., "A ternary state of affairs," *BYTE*, 12 (February 1987), 319–328.

LEIGHTON, F. T., *Introduction to Parallel Algorithms and Architectures*, Morgan Kaufmann, San Mateo, Calif., 1992.

LESTER, B. P., *The Art of Parallel Programming*, Prentice Hall, Upper Saddle River, N.J., 1993.

LEWIS, T. G. and H. EL-REWINI, *Introduction to Parallel Computing*, Prentice Hall, Upper Saddle River, N.J., 1992.

LIAL, M. L., E. J. HORNSBY, and D. I. SCHNEIDER, *College Algebra*, 9th ed., Addison-Wesley, New York, 2005.

LINDENMAYER, A., "Mathematical models for cellular interaction in development," Parts I and II, *J. Theoret. Biol.*, 18 (1968), 280–315.

LIPSCHUTZ, S., *Schaum's Outline of Theory and Problems of Set Theory and Related Topics*, 2nd ed., McGraw-Hill, New York, 1998.

LIU, C. L., *Introduction to Combinatorial Mathematics*, McGraw-Hill, New York, 1968.

LIU, C. L., *Elements of Discrete Mathematics*, 2nd ed., McGraw-Hill, New York, 1985.

MANBER, U., *Introduction to Algorithms*, Addison-Wesley, Reading, Mass., 1989.

MANDELBROT, B. B., *Fractals: Form, Chance, and Dimension*, W. H. Freeman, San Francisco, 1977.

MANDELBROT, B. B., *The Fractal Geometry of Nature*, W. H. Freeman, San Francisco, 1982.

MARTIN, G. E., *Polyominoes: A Guide to Puzzles and Problems in Tiling*, Mathematical Association of America, Washington, D.C., 1991.

MCCALLA, T. R., *Digital Logic and Computer Design*, Merrill, New York, 1992.

MCNAUGHTON, R., *Elementary Computability, Formal Languages, and Automata*, Prentice Hall, Englewood Cliffs, N.J., 1982.

MENDELSON, E., *Boolean Algebra and Switching Circuits*, Schaum, New York, 1970.

MILLER, R. and L. BOXER, *A Unified Approach to Sequential and Parallel Algorithms*, Prentice Hall, Upper Saddle River, N.J., 2000.

MITCHISON, G. J., "Phyllotaxis and the Fibonacci series," *Science*, 196 (1977), 270–275.

NADLER, M. and E. P. SMITH, *Pattern Recognition Engineering*, Wiley, New York, 1993.

NAYLOR, M., "Golden, $\sqrt{2}$, and π flowers: A spiral story," *Math. Mag.*, 75 (2002), 163–172.

NEWMAN, J. R., "Leonhard Euler and the Koenigsberg bridges," *Sci. Amer.* (July 1953), 66–70.

NIEVERGELT, J., J. C. FARRAR, and E. M. REINGOLD, *Computer Approaches to Mathematical Problems*, Prentice Hall, Englewood Cliffs, N.J., 1974.

NILSSON, N. J., *Problem-Solving Methods in Artificial Intelligence*, McGraw-Hill, New York, 1971.

NIVEN, I., *Mathematics of Choice*, Mathematical Association of America, Washington, D.C., 1965.

NIVEN, I., and H. S. ZUCKERMAN, *An Introduction to the Theory of Numbers*, 4th ed., Wiley, New York, 1980.

NYHOFF, L. R., *C++: An Introduction to Data Structures*, Prentice Hall, Upper Saddle River, N.J., 1999.

ORE, O., *Graphs and Their Uses*, Mathematical Association of America, Washington, D.C., 1963.

PEARL, J., "The solution for the branching factor of the alpha-beta pruning algorithm and its optimality," *Comm. ACM*, 25 (1982), 559–564.

PEITGEN, H. and D. SAUPE, eds., *The Science of Fractal Images*, Springer-Verlag, New York, 1988.

PFLEEGER, C. P. and S. L. PFLEEGER, *Security in Computing*, 4th ed., Prentice Hall, Upper Saddle River, N.J., 2007.

PREPARATA, F. P. and S. J. HONG, "Convex hulls of finite sets of points in two and three dimensions," *Comm. ACM*, 20 (1977), 87–93.

PREPARATA, F. P. and M. I. SHAMOS, *Computational Geometry*, Springer-Verlag, New York, 1985.

Problem 1186, *Math. Mag.*, 58 (1985), 112–114.

PRODINGER, H. and R. TICHY, "Fibonacci numbers of graphs," *Fibonacci Quarterly*, 20 (1982), 16–21.

PRUSINKIEWICZ, P., "Graphical applications of L-systems," *Proc. of Graphics Interface 1986—Vision Interface* (1986), 247–253.

PRUSINKIEWICZ, P. and J. HANAN, "Applications of L-systems to computer imagery," in *Graph Grammars and Their Application to Computer Science; Third International Workshop*, H. Ehrig, M. Nagl, A. Rosenfeld, and G. Rozenberg, eds., Springer-Verlag, New York, 1988.

QUINN, M. J., *Designing Efficient Algorithms for Parallel Computers*, McGraw-Hill, New York, 1987.

READ, R. C. and D. G. CORNEIL, "The graph isomorphism disease," *J. Graph Theory*, 1 (1977), 339–363.

REINGOLD, E., J. NIEVERGELT, and N. DEO, *Combinatorial Algorithms*, Prentice Hall, Englewood Cliffs, N.J., 1977.

RIORDAN, J., *An Introduction to Combinatorial Analysis*, Wiley, New York, 1958.

ROBERTS, F. S. and B. TESMAN, *Applied Combinatorics*, 2nd ed., Prentice Hall, Upper Saddle River, N.J., 2005.

ROBINSON, J. A., "A machine-oriented logic based on the resolution principle," *J. ACM*, 12 (1965), 23–41.

ROSS, S. M., *A First Course in Probability*, 7th ed., Prentice Hall, Upper Saddle River, N.J., 2006.

ROZANOV, Y. A., *Probability Theory: A Concise Course*, Dover, New York, 1969.

SAAD, Y. and M. H. SCHULTZ, "Topological properties of hypercubes," *IEEE Trans. Computers*, 37 (1988), 867–872.

SCHUMER, P., "The Josephus problem: Once more around," *Math. Mag.*, 75 (2002), 12–17.

SCHWENK, A. J., "Which rectangular chessboards have a knight's tour?" *Math. Mag.*, 64 (1991), 325–332.

SEIDEL, R., "A convex hull algorithm optimal for points in even dimensions," M.S. thesis, Tech. Rep. 81-14, Dept. of Comp. Sci., Univ. of British Columbia, Vancouver, Canada, 1981.

SHANNON, C. E., "A symbolic analysis of relay and switching circuits," *Trans. Amer. Inst. Electr. Engrs.*, 47 (1938), 713–723.

SIGLER, L., *Fibonacci's Liber Abaci*, Springer-Verlag, New York, 2003.

SLAGLE, J. R., *Artificial Intelligence: The Heuristic Programming Approach*, McGraw-Hill, New York, 1971.

SMITH, A. R., "Plants, fractals, and formal languages," *Computer Graphics*, 18 (1984), 1–10.

SOLOW, D., *How to Read and Do Proofs*, 4th ed., Wiley, New York, 2004.

STANDISH, T. A., *Data Structures in Java*, Addison-Wesley, Reading, Mass., 1998.

STOLL, R. R., *Set Theory and Logic*, Dover, New York, 1979.

SUDKAMP, T. A., *Languages and Machines: An Introduction to the Theory of Computer Science*, 3rd ed., Addison-Wesley, Reading, Mass., 2006.

SULLIVAN, M., *College Algebra*, 8th ed., Prentice Hall, Upper Saddle River, N.J., 2008.

TARJAN, R. E., *Data Structures and Network Algorithms*, Society for Industrial and Applied Mathematics, Philadelphia, 1983.

TAUBES, G., "Small army of code-breakers conquers a 129-digit giant," *Science*, 264 (1994), 776–777.

TUCKER, A., *Applied Combinatorics*, 5th ed., Wiley, New York, 2006.

ULLMAN, J. D. and J. D. WIDOM, *A First Course in Database Systems*, 2nd ed., Prentice Hall, Upper Saddle River, N.J., 2002.

VILENKIN, N. Y., *Combinatorics*, Academic Press, New York, 1971.

WAGON, S., "Fourteen proofs of a result about tiling a rectangle," *Amer. Math. Monthly*, 94 (1987), 601–617. (Reprinted in R. K. Guy and R. E. Woodrow, eds., *The Lighter Side of Mathematics*, Mathematical Association of America, Washington, D.C., 1994, 113–128.)

WARD, S. A. and R. H. HALSTEAD, JR., *Computation Structures*, MIT Press, Cambridge, Mass., 1990.

WEST, D., *Introduction to Graph Theory*, 2nd ed., Prentice Hall, Upper Saddle River, N.J., 2000.

WILSON, R. J., *Introduction to Graph Theory*, 4th ed., Addison-Wesley, Reading, Mass., 1996.

WONG, D. F. and C. L. LIU, "A new algorithm for floorplan design," 23rd Design Automation Conference, (1986), 101–107.

WOOD, D., *Theory of Computation*, Harper & Row, New York, 1987.

WOS, L., R. OVERBEEK, E. LUSK, and J. BOYLE, *Automated Reasoning*, Prentice Hall, Englewood Cliffs, N.J., 1984.

符 号 表

逻辑

$p \vee q$	p 或 q
$p \wedge q$	p 与 q
$\neg p$	非 p
$p \rightarrow q$	如果 p，则 q
$p \leftrightarrow q$	p 当且仅当 q
$P \equiv Q$	P 和 Q 逻辑等价
$\forall$	任取
$\exists$	存在
$\therefore$	所以

集合符号

$\{x_1, \cdots, x_n\}$	由 $x_1, \cdots, x_n$ 元素组成的集合
$\{x \mid p(x)\}$	由满足性质 $p(x)$ 的元素 x 组成的集合
$\mathbf{Z}, \mathbf{Z}^-, \mathbf{Z}^+, \mathbf{Z}^{nonneg}$	由整数、正整数、负整数、非负整数组成的集合
$\mathbf{Q}, \mathbf{Q}^-, \mathbf{Q}^+, \mathbf{Q}^{nonneg}$	由有理数、正有理数、负有理数、非负有理数组成的集合
$\mathbf{R}, \mathbf{R}^-, \mathbf{R}^+, \mathbf{R}^{nonneg}$	由实数、正实数、负实数、非负实数组成的集合
$x \in X$	x 是 X 的元素
$x \notin X$	x 不是 X 的元素
$X = Y$	集合相等（X 和 Y 的元素相同）
$\lvert X \rvert$	X 的元素的个数
$\emptyset$	空集
$X \subseteq Y$	X 是 Y 的子集
$X \subset Y$	X 是 Y 的真子集
$\mathcal{P}(X)$	X 的幂集（X 的所有子集）
$X \cup Y$	X 并 Y（所有在 X 中或 Y 中的元素）
$\bigcup_{i=1}^{n} X_i$	$X_1, \cdots, X_n$ 的并集（所有至少属于 $X_1, X_2, \cdots, X_n$ 中一个的元素）
$\bigcup_{i=1}^{\infty} X_i$	$X_1, X_2, \cdots$ 的并集（所有至少属于 $X_1, X_2, \cdots$ 中一个的元素）
$\cup \mathcal{S}$	$\mathcal{S}$ 的并集（所有至少属于 $\mathcal{S}$ 中一个集合的元素）
$X \cap Y$	X 交 Y（所有在 X 中且在 Y 中的元素）
$\bigcap_{i=1}^{n} X_i$	$X_1, \cdots, X_n$ 的交集（所有属于 $X_1, X_2, \cdots, X_n$ 中每一个的元素）
$\bigcap_{i=1}^{\infty} X_i$	$X_1, X_2, \cdots$ 的交集（所有属于 $X_1, X_2, \cdots$ 中每一个的元素）
$\cap \mathcal{S}$	$\mathcal{S}$ 的交集（所有属于 $\mathcal{S}$ 中每个集合的元素）
$X - Y$	集合差集（所有在 X 中但不在 Y 中的元素）
$\overline{X}$	X 的余集（所有不在 X 中的元素）

(x, y)	有序对	
$(x_1, \cdots, x_n)$	n 元组	
$X \times Y$	X 和 Y 的笛卡儿积（x 在 X 中且 y 在 Y 中的对 (x, y)）	
$X_1 \times X_2 \times \cdots \times X_n$	$X_1, X_2, \cdots, X_n$（n 元组，$x_i \in X_i$）的笛卡儿积	
$X \triangle Y$	X 和 Y 的对差	

关系

xRy	(x, y) 在 R 中（根据关系 R，x 与 y 相关）
$[x]$	包含 x 的等价类
R^{-1}	逆关系（所有满足 (x, y) 在 R 中的 (y, x)）
$R_2 \circ R_1$	关系的复合
$x \preceq y$	xRy

函数

$f(x)$	赋给 x 的值
$f: X \to Y$	从 X 到 Y 的函数
$f \circ g$	f 和 g 的复合
f^{-1}	逆函数（所有满足 (x, y) 在 f 中的 (y, x)）
$f(n) = O(g(n))$	当 n 充分大时，$|f(n)| \leq C|g(n)|$
$f(n) = \Omega(g(n))$	当 n 充分大时，$c|g(n)| \leq |f(n)|$
$f(n) = \Theta(g(n))$	当 n 充分大时，$c|g(n)| \leq |f(n)| \leq C|g(n)|$

计数

$C(n, r)$	一个 n 元素集合的 r 组合的个数（$n!/[(n-r)!r!]$）
$P(n, r)$	一个 n 元素集合的 r 排列的个数 $[n(n-1)\cdots(n-r+1)]$

图

$G = (V, E)$	有顶点集 V 和边集 E 的图 G
(v, w)	边
$\delta(v)$	顶点 v 的度
$(v_1, \cdots, v_n)$	从 v_1 到 v_n 的路径
$(v_1, \cdots, v_n), v_1 = v_n$	圈
K_n	n 个顶点的完全图
$K_{m,n}$	m 和 n 个顶点上的完全二部图
$w(i, j)$	边 (i, j) 的权
F_{ij}	边 (i, j) 上的流量
C_{ij}	边 (i, j) 的容量
$(P, \overline{P})$	网络中的割

概率

$P(x)$	结果 x 的概率
$P(E)$	事件 E 的概率
$P(E \mid F)$	已知 F 的情况下 E 的条件概率 $[P(E \cap F)/P(F)]$

Boole 代数和电路

$x \vee y$	x 或 y（当 x 为 1 或 y 为 1 时为 1，否则为 0）
$x \wedge y$	x 与 y（当 x 为 1 且 y 为 1 时为 1，否则为 0）
$x \oplus y$	x 和 y 的异或（当 $x = y$ 时为 0，否则为 1）
$\bar{x}$	非 x（当 x 为 1 时为 0，当 x 为 0 时为 1）
$x \downarrow y$	x 和 y 的与非（当 x 为 1 且 y 为 1 时为 0，否则为 1）
$x \uparrow y$	x 和 y 的或非（当 x 为 1 或 y 为 1 时为 0，否则为 1）

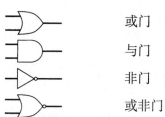

	或门
	与门
	非门
	或非门
	与非门

串、文法和语言

λ	空串
$|s|$	串 s 的长度
st	串 s 和 t 的毗连（t 在 s 后）
a^n	$aa \cdots a$（n 个 a）
X^*	集合 X 上的所有串
X^+	集合 X 上的所有非空串
$\alpha \to \beta$	文法中的产生式
$\alpha \Rightarrow \beta$	β 从 α 中导出
$\alpha_1 \Rightarrow \alpha_2 \Rightarrow \cdots \Rightarrow \alpha_n$	α_n 从 α_1 导出
$L(G)$	文法 G 生成的语言
$S ::= T$	Backus 范式（BNF）
$S ::= T_1 \mid T_2$	$S ::= T_1, S ::= T_2$
$Ac(A)$	可被 A 接受的串组成的集合

矩阵

(a_{ij})	具有元素 a_{ij} 的矩阵
$A = B$	矩阵 A 与 B 相等（A 与 B 大小相等并且对应的元素相等）
$A + B$	矩阵相加
cA	数乘
$-A$	$(-1)A$
$A - B$	$A + (-B)$
AB	矩阵相乘
A^n	矩阵相乘 $AA \cdots A$（n 个 A）

其他

$\lg x$	x 的以 2 为底的对数
$\ln x$	x 的自然对数(x 的以 e 为底的对数)
$m \bmod n$	m 除以 n 的余数
$\lfloor x \rfloor$	x 的下取整(小于等于 x 的最大整数)
$\lceil x \rceil$	x 的上取整(大于等于 x 的最小整数)
$b \mid a$	b 整除 a
$b \nmid a$	b 不整除 a
$\gcd(a, b)$	a 和 b 的最大公约数
$\mathrm{lcm}(a, b)$	a 和 b 的最小公倍数
$n!$	n 的阶乘$[n(n-1)\cdots 2 \cdot 1]$
f_n	第 n 个 Fibonacci 数
C_n	第 n 个 Catalan 数
$\sum_{i=m}^{n} a_i$	$a_m + a_{m+1} + \cdots + a_n$
$\sum_{i \in X} a_i$	集合 $\{a_i \mid i \in X\}$ 中所有元素的和
$\prod_{i=m}^{n} a_i$	$a_m \cdot a_{m+1} \cdots a_n$
$\prod_{i \in X} a_i$	集合 $\{a_i \mid i \in X\}$ 中所有元素的乘积

算法记号

$x = y$	将 y 的值赋给 x
{ }	标记语句块的开始和结束
if (p) *action*	若 p 为真,执行 *action*

if (p)
  action1
else
  action2
	若 p 为真,执行 *action1*,若 p 为假执行 *action2*

//	注释从符号 // 开始,到该行的末尾结束
return	挂起执行,返回到调用者
return x	挂起执行,将值 x 返回给调用者
while (p) *action*	只要 p 为真,重复执行 *action*
for *var* = *init* to *limit* *action*	*var* 的值从 *init* 增加到 *limit*,每增加 1 执行一次 *action*
funct($p_1, \cdots, p_k$)	以参数 $p_1, \cdots, p_k$ 调用函数 *funct*
print($s_1, \cdots, s_n$)	打印 $s_1, \cdots, s_n$ 的值
println($s_1, \cdots, s_n$)	打印 $s_1, \cdots, s_n$ 的值并换行